随机最优控制及优化理论

方洋旺　程昊宇
黄汉桥　彭维仕　编著

科学出版社
北京

内容简介

本书主要内容包括随机系统分析和状态估计理论，如线性和非线性最优状态估计及分布式估计理论；随机最优控制综合理论，如基于随机最大值原理和动态规划法的随机系统最优控制、随机最优逆控制、随机系统最优预测控制及强化学习和随机自适应最优控制等；随机稳定性理论以及包含非梯度随机搜索法和随机梯度下降法的参数优化理论等内容。

本书理论体系完整，特色鲜明，可作为高等院校自动控制、系统工程专业研究生教材及自动化类专业和其他相关专业的高年级本科生教材，也可供自动控制及相关领域科技工作者和工程技术人员等阅读参考。

图书在版编目(CIP)数据

随机最优控制及优化理论/方洋旺等编著. —北京：科学出版社，2021.3
ISBN 978-7-03-067457-9

Ⅰ. ①随… Ⅱ. ①方… Ⅲ. ①随机系统-最佳控制-高等学校-教材 Ⅳ. ①O231

中国版本图书馆 CIP 数据核字（2020）第 268387 号

责任编辑：冯 涛 李祥根 杨 昕 / 责任校对：王万红
责任印制：吕春珉 / 封面设计：东方人华平面设计部

科学出版社 出版
北京东黄城根北街 16 号
邮政编码：100717
http://www.sciencep.com

北京九州迅驰传媒文化有限公司 印刷
科学出版社发行 各地新华书店经销
*
2021 年 3 月第 一 版 开本：787 × 1092 1/16
2023 年 8 月第三次印刷 印张：31 3/4
字数：753 000

定价：118.00 元

（如有印装质量问题，我社负责调换〈九州迅驰〉）
销售部电话 010-62136230 编辑部电话 010-62135397-2032

前　　言

教育是国之大计、党之大计，教育、科技、人才是全面建设社会主义现代化国家的基础性、战略性支撑。全面建设社会主义现代化国家，必须坚持科技是第一生产力、人才是第一资源、创新是第一动力，深入实施科教兴国战略、人才强国战略、创新驱动发展战略。高等教育人才培养要树立质量意识、抓好质量建设、全面提高人才自主培养质量。

随着大数据、人工智能、物联网及 5G 技术的快速发展，多学科交叉融合势在必行。为了适应多学科交叉融合对学生培养提出的新要求，西北工业大学无人系统技术研究院牵头相关学科率先将新兴交叉学科“智能无人系统科学与技术”“随机最优控制”作为该学科硕士、博士研究生培养方案中的专业核心课程。由于目前国内外没有适合此新兴交叉学科的研究生教材，因此西北工业大学将编写适合本学科研究生教学的教材作为 2019 年研究生课程建设项目内容之一。本书除了介绍随机系统最优状态估计、随机最优控制、随机稳定性及控制参数优化方法等随机最优控制的基本内容外，还考虑“智能无人系统科学与技术”是新兴交叉学科，涵盖的学科领域和应用范围非常广泛的特点，增加了三方面内容：一是涵盖无人系统理论和技术的内容，如集群无人平台相关的滤波、控制理论和技术；二是人工智能理论和技术与自动控制交叉融合的内容，如强化学习及随机自适应最优控制、与大数据及深度学习密切相关的参数优化学习算法等；三是控制学科自身发展出的新理论和新方法，如随机非线性系统稳定性等。

本书第一作者从 1995 年在西安交通大学攻读博士学位开始就进行非线性系统控制理论等方面的研究，合作撰写了《非线性系统理论及应用》一书；特别是 2001 ~ 2004 年在俄罗斯留学期间，在随机系统分析与随机最优控制方面进行了深入细致的研究；先后主持了国家自然科学基金项目“随机跳变系统最优控制理论及其应用基础研究”（项目编号：60674031）、“空间飞行器的结构随机跳变最优控制理论研究”（项目编号：60874040）、“杂干扰条件下多拦截器编队协同中制导研究”（项目编号：61973253）等十余项相关研究。近年来，本书第一作者及团队在分布式协同状态估计、分布式协同最优控制、强化学习和随机自适应最优控制以及用于人工智能参数优化计算等方面取得一系列最新研究成果。本书在吸收随机最优控制经典研究内容的同时，增加了最新研究成果，以期尽量涵盖智能无人系统科学与技术中有关自动控制方面的主要内容。

本书是关于随机系统统计分析、随机系统最优状态估计和随机系统最优控制等理论及参数优化的教材，旨在全面系统地总结该领域的学术成就。本书汇集了作者团队近年来在随机最优控制和优化理论及其应用方面的科研、教学工作中的心得和体会，内容丰富、新颖、系统，既包括较为完备的经典理论，又包括近年来发展起来的新理论、新方法和新技术，特别是有机融入了作者团队近年来的若干研究成果。

本书第 9 章和 12.4 节由程昊宇撰写；第 8 章和 12.5 节由黄汉桥撰写；第 11 章和

常务副院长、符文星副院长、毛昭勇副院长等的鼓励、支持和帮助，在此表示衷心的感谢。此外，本书还得到国内同人的大力支持。感谢清华大学张贤达教授、西安交通大学韩崇昭教授、西安电子科技大学焦李成教授的大力支持，感谢空军工程大学于雷教授、李学仁教授、魏贤志教授、肖明清教授等的关心和帮助。还要感谢西北工业大学研究生院办公室和无人系统技术研究院办公室相关老师给予的支持和帮助。本书内容包含了第一作者的历届博士研究生伍友利、周晓滨、高翔、李锐、毛东辉等的研究工作，对他们所做的贡献表示衷心的感谢。在本书编写过程中，第一作者的博士研究生徐洋、张丹旭和第一作者指导的西北工业大学博士生吴自豪、王志凯、马文卉、邓天博和硕士研究生欧阳楚月、李欣芳和张博均等参与了本书部分文稿的录入及插图的绘制工作，在此表示感谢。本书引用了一些作者的论著及其研究成果，在此，向他们表示深深的谢意。

鉴于篇幅限制，本书对随机分布参数系统尚未涉及，只是基于最基本的随机系统模型讨论其最优控制及参数优化理论。

由于水平有限，书中不妥之处在所难免，望广大读者批评指正。

作 者

2020 年 4 月于西北工业大学

目　录

第 1 章　绪论 ······ 1
1.1　随机最优控制及参数优化概述 ······ 1
1.2　随机系统最优控制的研究历史与现状 ······ 2
1.2.1　随机最优状态估计研究现状 ······ 2
1.2.2　随机最优控制研究现状 ······ 3
1.2.3　随机多智能体系统协同最优控制研究现状 ······ 3
1.2.4　强化学习和随机自适应控制研究现状 ······ 4
1.2.5　随机系统稳定性研究现状 ······ 4
1.2.6　随机参数优化研究现状 ······ 5
1.3　本书概貌 ······ 6
第 2 章　随机系统分析 ······ 9
2.1　引言 ······ 9
2.2　随机线性系统数学模型 ······ 9
2.2.1　连续时间随机系统 ······ 9
2.2.2　离散时间随机系统 ······ 11
2.3　连续时间随机线性系统状态向量概率矩 ······ 13
2.3.1　问题描述 ······ 13
2.3.2　冲激响应函数法 ······ 15
2.3.3　概率矩微分方程 ······ 17
2.3.4　状态对有色噪声的响应 ······ 20
2.4　离散时间随机线性系统状态向量概率矩 ······ 21
2.5　随机线性系统状态向量分布函数 ······ 25
2.5.1　第一特征函数计算 ······ 25
2.5.2　概率密度函数计算 ······ 29
2.6　随机非线性系统统计线性化 ······ 32
2.6.1　非线性函数的一般线性化 ······ 32
2.6.2　非线性函数的统计线性化 ······ 33
2.6.3　随机非线性系统统计线性化系统模型 ······ 39
2.7　随机非线性系统的矩分析 ······ 39
2.7.1　冲激响应法 ······ 39
2.7.2　逼近概率矩微分方程 ······ 40
2.7.3　离散时间随机非线性系统状态向量概率的矩 ······ 43

2.8 带有信道噪声的多智能体线性系统随机分析 ······ 47
2.8.1 离散时间多智能体随机系统模型 ······ 47
2.8.2 状态向量概率矩 ······ 48
2.8.3 连续时间多智能体随机系统模型 ······ 49
2.8.4 概率矩微分方程 ······ 50
2.9 本章小结 ······ 52
第 3 章 随机系统最优状态估计 ······ 53
3.1 引言 ······ 53
3.2 连续时间随机线性系统状态估计 ······ 54
3.2.1 连续时间系统卡尔曼滤波 ······ 54
3.2.2 噪声信号相关情形 ······ 57
3.2.3 有色量测噪声情形 ······ 61
3.2.4 惯性量测情形 ······ 69
3.3 离散时间随机线性系统状态估计 ······ 71
3.3.1 量测噪声为一般白噪声情形 ······ 71
3.3.2 惯性量测情形 ······ 74
3.3.3 有色噪声情形 ······ 76
3.4 后验概率密度方程 ······ 79
3.5 非线性滤波逼近算法 ······ 91
3.6 准最优非线性滤波器 ······ 96
3.6.1 直接线性化方法 ······ 96
3.6.2 统计线性化和随机线性化方法 ······ 100
3.7 非线性无迹滤波 ······ 101
3.7.1 无迹变换 ······ 102
3.7.2 算法描述 ······ 103
3.8 非线性粒子滤波 ······ 105
3.8.1 标准粒子滤波算法 ······ 105
3.8.2 标准粒子滤波的缺点 ······ 107
3.9 非线性高斯和滤波 ······ 110
3.10 结构随机跳变系统滤波 ······ 111
3.10.1 带有混合噪声的结构随机跳变系统滤波 ······ 111
3.10.2 仅带有加性噪声的结构随机跳变系统滤波 ······ 113
3.10.3 结构随机跳变系统滤波和交互多模型（IMM）滤波算法比较 ······ 114
3.11 分布式状态估计 ······ 116
3.11.1 分布式容积滤波 ······ 116
3.11.2 分布式无迹卡尔曼滤波 ······ 122
3.12 本章小结 ······ 124

第 4 章 随机系统最优控制的一般理论 ········ 126
4.1 引言 ········ 126
4.2 随机最优控制统一模型 ········ 126
4.2.1 问题描述 ········ 126
4.2.2 最优准则（最优代价函数） ········ 128
4.2.3 最优控制方法 ········ 130
4.3 随机最大值原理 ········ 135
4.3.1 随机系统最优控制算法 ········ 135
4.3.2 最短时间控制 ········ 137
4.3.3 终值控制问题 ········ 141
4.3.4 最小能量控制问题 ········ 146
4.4 随机系统局部最优控制 ········ 149
4.5 离散随机系统的最大值原理 ········ 152
4.6 离散随机系统动态规划法 ········ 156
4.6.1 完全状态信息情形 ········ 156
4.6.2 不完全状态信息情形 ········ 162
4.7 连续时间随机系统的动态规划 ········ 168
4.7.1 固定终时情形 ········ 169
4.7.2 不固定终时情形 ········ 174
4.8 本章小结 ········ 176
第 5 章 随机最优控制 ········ 177
5.1 引言 ········ 177
5.2 连续时间随机线性系统最优控制 ········ 177
5.2.1 基于随机最大原理的随机最优控制 ········ 177
5.2.2 基于动态规划法随机最优控制 ········ 189
5.3 离散时间随机线性系统最优控制 ········ 191
5.3.1 完全状态信息情形 ········ 191
5.3.2 不完全状态信息情形 ········ 195
5.4 连续时间随机非线性系统最优控制 ········ 201
5.4.1 问题提出 ········ 201
5.4.2 准最优控制的解析结构 ········ 201
5.5 离散时间随机非线性最优控制 ········ 205
5.6 随机线性系统局部最优控制 ········ 208
5.6.1 控制不受约束情形 ········ 208
5.6.2 控制受约束情形 ········ 211
5.7 随机非线性系统局部最优控制 ········ 212
5.7.1 控制不受约束情形 ········ 212

5.7.2 控制受约束情形 ······ 214
5.8 带有乘性噪声的随机线性系统的逆最优控制 ······ 215
5.9 本章小结 ······ 221
第 6 章 基于扩展二次型代价函数的最优控制 ······ 222
6.1 引言 ······ 222
6.2 扩展二次型代价函数 ······ 222
6.3 固定终时的随机线性系统最优控制 ······ 223
6.4 不固定终时的随机线性系统最优控制 ······ 229
6.5 非线性随机系统的准最优控制 ······ 234
6.5.1 固定终时情形 ······ 235
6.5.2 不固定终时情形 ······ 237
6.6 有控制约束条件的随机系统最优控制 ······ 238
6.6.1 随机线性系统最优控制 ······ 238
6.6.2 随机非线性系统最优控制 ······ 242
6.7 基于扩展二次型的随机线性系统逆最优控制 ······ 244
6.7.1 问题描述 ······ 244
6.7.2 最优逆控制 ······ 245
6.8 本章小结 ······ 247
第 7 章 随机系统最优预测控制 ······ 248
7.1 引言 ······ 248
7.2 随机时不变线性系统最优预测控制 ······ 248
7.2.1 有限终端情形 ······ 248
7.2.2 无终端约束情形 ······ 252
7.3 随机时变线性系统的最优预测控制 ······ 258
7.4 带有加性噪声的随机非线性预测控制 ······ 263
7.4.1 转化为标准优化问题 ······ 264
7.4.2 求准最优预测控制向量 ······ 264
7.4.3 求解准最优预测控制量的算法 ······ 266
7.5 带有混合噪声的随机非线性系统预测控制 ······ 269
7.5.1 滚动预测控制算法 ······ 270
7.5.2 数值仿真 ······ 273
7.6 具有饱和输入约束的随机非线性系统预测控制 ······ 276
7.6.1 滚动预测控制算法 ······ 278
7.6.2 数值仿真 ······ 281
7.7 随机预测最优控制应用实例 ······ 282
7.7.1 问题描述 ······ 283
7.7.2 随机最优预测导引律 ······ 284

7.7.3 随机最优状态估计 ……285
7.7.4 仿真分析 ……287
7.8 本章小结 ……289
第 8 章 随机协同最优控制 ……290
8.1 引言 ……290
8.2 一阶随机多智能体系统最优控制 ……290
8.2.1 无领导一阶随机多智能体系统最优控制 ……290
8.2.2 领导–跟随一阶随机多智能体系统最优控制 ……296
8.3 一阶离散时间随机多智能体系统最优控制 ……302
8.3.1 无领导一阶离散时间随机多智能体系统最优控制 ……302
8.3.2 领导–跟随一阶离散时间随机多智能体系统最优控制 ……309
8.4 分布式随机线性系统全局最优一致性 ……317
8.4.1 领导–跟随情形全局最优一致性协议 ……318
8.4.2 无领导情形全局最优一致性协议 ……322
8.5 有向网络拓扑结构下分布式随机线性系统全局最优一致性 ……327
8.5.1 领导–跟随多智能体模型 ……327
8.5.2 一致性协议参数设计 ……328
8.5.3 全局最优一致性协议 ……335
8.6 本章小结 ……338
第 9 章 强化学习及随机自适应最优控制 ……339
9.1 引言 ……339
9.2 Markov 决策过程 ……340
9.2.1 最优连续控制 ……340
9.2.2 值的向后递归 ……341
9.2.3 动态规划 ……342
9.2.4 贝尔曼方程与贝尔曼最优性方程 ……343
9.3 强化学习和自适应动态规划法原理 ……345
9.3.1 强化学习概念 ……345
9.3.2 自适应动态规划法 ……347
9.3.3 强化学习与自适应动态规划算法比较 ……350
9.4 自适应动态规划法迭代算法 ……350
9.4.1 值函数 ……350
9.4.2 策略迭代 ……351
9.4.3 值迭代 ……352
9.4.4 策略迭代和值迭代的实现方法 ……355
9.5 离散时间随机线性系统自适应最优控制 ……356
9.5.1 问题描述 ……357

9.5.2 问题转换 ········ 357
9.5.3 ADP 算法及收敛性算法 ········ 360
9.6 离散时间非线性随机最优控制 Q 学习算法 ········ 373
9.6.1 问题描述 ········ 373
9.6.2 策略迭代 Q 学习算法 ········ 374
9.6.3 策略迭代 Q 学习算法分析 ········ 375
9.6.4 策略迭代 Q 学习算法的神经网络实现 ········ 380
9.7 本章小结 ········ 383
第 10 章 随机系统稳定性 ········ 384
10.1 引言 ········ 384
10.2 随机稳定性概念 ········ 384
10.2.1 随机微分公式 ········ 384
10.2.2 随机系统稳定性 ········ 386
10.3 带有乘性噪声的连续时间随机系统的均方稳定性 ········ 387
10.3.1 线性 Itô 随机系统均方稳定性的充要条件 ········ 387
10.3.2 随机线性时延系统均方稳定性 ········ 389
10.3.3 带有非线性干扰项的随机系统均方稳定性 ········ 390
10.3.4 随机非线性系统均方稳定性 ········ 391
10.4 带有加性噪声的随机线性系统均方实用稳定性判据 ········ 396
10.4.1 带有加性噪声的随机系统均方实用稳定性 ········ 397
10.4.2 Peuteman-Aeyels 均方实用稳定定理 ········ 399
10.5 带有加性噪声的随机线性闭环系统均方实用稳定性及鲁棒控制 ········ 401
10.5.1 预备知识 ········ 401
10.5.2 时不变随机线性系统均方实用稳定性及鲁棒控制 ········ 402
10.5.3 带加性噪声随机线性时变系统均方实用稳定性 ········ 406
10.6 本章小结 ········ 410
第 11 章 随机系统参数优化 ········ 411
11.1 引言 ········ 411
11.2 基于随机搜索法的参数优化 ········ 411
11.2.1 问题提出 ········ 411
11.2.2 随机搜索法分类 ········ 414
11.2.3 随机逼近法 ········ 415
11.2.4 带有线性策略的随机搜索法 ········ 417
11.3 非梯度随机搜索法 ········ 419
11.3.1 问题提出 ········ 419
11.3.2 非自学习搜索法 ········ 421
11.3.3 搜索速度 ········ 422

11.3.4 自学习搜索过程 ······ 424
11.4 非梯度搜索解析法 ······ 426
11.4.1 自学习搜索过程的收敛性 ······ 426
11.4.2 概率矩分析法 ······ 429
11.4.3 自学习搜索过程 ······ 432
11.5 随机梯度下降算法 ······ 434
11.5.1 问题描述 ······ 435
11.5.2 随机梯度下降法 ······ 436
11.5.3 基于动量的随机梯度下降算法 ······ 436
11.5.4 随机方差缩减梯度算法 ······ 437
11.5.5 随机近端方差缩减梯度算法 ······ 438
11.6 定常线性系统的参数优化实例 ······ 441
11.7 本章小结 ······ 445
第 12 章 随机最优控制及优化应用实例 ······ 446
12.1 引言 ······ 446
12.2 空中交通管制中的分布式协同状态估计目标信息 ······ 446
12.3 基于视线角速度的随机预测导引律 ······ 450
12.3.1 问题描述 ······ 450
12.3.2 随机预测导引律 ······ 451
12.3.3 具有控制约束的预测导引律 ······ 452
12.3.4 仿真研究 ······ 454
12.4 基于模糊-Q 学习算法的双机协同被动雷达探测航路规划 ······ 456
12.4.1 问题描述 ······ 456
12.4.2 双机协同被动雷达探测模型 ······ 458
12.4.3 基于模糊 Q 学习算法的双机协同路径规划 ······ 461
12.4.4 仿真结果分析 ······ 463
12.5 航天器再入弹头最优导引律 ······ 466
12.5.1 航天器再入弹头运动学模型 ······ 466
12.5.2 航天器再入弹头最优导引律设计 ······ 467
12.5.3 再入弹头随机最优制导仿真分析 ······ 469
12.6 基于非梯度随机搜索的导弹自寻的控制参数优化 ······ 471
12.6.1 导弹自寻的控制参数优化模型建立 ······ 471
12.6.2 基于自学习非梯度随机搜索的参数优化 ······ 473
12.6.3 算法仿真与分析 ······ 476
12.7 本章小结 ······ 478
参考文献 ······ 479
名词 ······ 493

第1章 绪 论

1.1 随机最优控制及参数优化概述

随机系统最优控制是在确定性系统最优控制理论基础上发展起来的，它包括三大部分研究内容：一是针对随机系统的不同动力学系统和系统变量的统计特性及状态估计；二是针对随机系统的最优控制器设计及稳定性分析，此部分内容虽然与确定性最优控制相似，但所使用的概念和方法与确定性有很大不同，如随机稳定性的概念；三是由于随机非线性系统不满足分离定理，即控制器和滤波器不能分开设计，必须考虑最优控制器和滤波器一体化设计，此外，即使满足分离条件，分开设计后也不能保证随机闭环系统的稳定性，因为带有加性噪声和带有乘性噪声随机系统的稳定性概念不同，所使用的判别方法也不同，如果设计控制器时不考虑噪声的影响，基于此控制器构成的闭环反馈系统并不能保证随机稳定性条件满足，因此本书主要包括以下三部分内容。

1）随机系统变量的统计特性分析和状态估计（滤波）。由于随机动力学系统的状态和量测（输出）向量受到各种噪声的干扰，因而都是随机过程。研究随机系统的最优控制问题，必须先分析和了解随机动力学系统和系统变量的统计特性，它是研究随机系统最优控制问题的基础。对于随机系统来说，状态变量是随机的，通常不能将此变量直接作为反馈变量，需要利用量测向量对状态向量进行估计，即最优状态估计（滤波），也就是根据量测向量，对状态向量进行估计，将状态向量中的噪声信号滤掉，得到有用的最优状态向量估计。

2）随机系统最优控制。最优控制的目的就是根据所给定的代价函数（准则），求出使此代价函数达到最小的状态反馈最优控制律。而在随机控制系统中，状态向量与量测向量都是随机过程，确定性系统的代价函数不可用，必须重新定义代价函数，然后基于此代价函数，推广确定性最优控制的两种最优控制设计方法，即最小（大）值原理和动态规划法，得到随机最小（大）值原理和随机动态规划法，并基于此方法求解随机系统的最优控制律。然后，针对随机系统，给出随机稳定性的定义，针对带有乘性噪声随机系统稳定性，由于存在平衡点，可以将确定性系统的李雅普诺夫稳定性推广到随机系统，即均方稳定性、p-阶矩稳定性以及依概率稳定性等；而带有加性噪声随机系统的稳定性，由于不存在平衡点，无法直接推广李雅普诺夫稳定性概念，需要重新定义随机稳定性概念，本书给出随机均方实用稳定性概念。基于以上两种随机稳定性概念，本书介绍一系列随机系统稳定性判据。

3）随机系统参数优化。随机最小（大）值原理和随机动态规划法的最大优点是能够给出清晰的数学表达式，即属于解析解法，但不足之处是对比较复杂的随机非线性系统或带有各种约束条件的随机线性系统，很难直接利用上述两种方法求解，需要利用计算机迭代求解的数值解法，即参数优化方法，在实际工程中具有非常广泛的应用。此方法不要求代价函数具有解析结构，但是，必须要求首先使用解析算法求出系统最优控制律及最优状态估计的解析结构。因此，在随机系统最优控制中，最好将两种方法结合使用，在使用解析方法时，可对实际模型及代价函数做必要的简化，求出关于此简化模型的最优控制律及最优状态估计的解析结构，然后利用数值方法求最优控制律及最优状态估计的最优参数。本书重点介绍非梯度随机搜索法和随机梯度下降法。

1.2 随机系统最优控制的研究历史与现状

本节从以下六个方面介绍随机系统最优控制相关研究内容的研究历史与发展现状，重点介绍最新研究成果。

1.2.1 随机最优状态估计研究现状

随机最优状态估计问题最早追溯到苏联数学家科尔莫戈罗夫[1] 与美国数学家维纳[2] 发展起来的滤波和预测理论，接着，在 1960 年，由卡尔曼等提出了求解滤波和预测问题的递推算法[3-5]，为滤波器和预测理论的发展作出了重要贡献[6-7]；进入二十世纪七八十年代，苏联控制论专家普加乔夫在随机非线性系统的最优估计方面做了大量工作[8-9]，提出了条件最优滤波器算法，卡扎科夫等利用统计线性化方法重复[10-17] 求解逼近非线性最优估计问题。进入 20 世纪 90 年代，针对非线性系统最优状态估计问题，相继出现了一系列最优估计算法。文献 [18] 基于无迹变化的思想提出用于计算通过变换的随机变量统计的状态估计方法，即非线性无迹滤波算法。进一步，文献 [19] ~ [21] 提出了基于蒙特卡罗和递推贝叶斯统计方法的粒子滤波算法。而针对一些强的非高斯分布的非线性系统，文献 [22] 基于非高斯概率密度能够由一些高斯概率密度函数的和来逼近的思想提出了一种非线性逼近滤波算法，即非线性高斯和滤波。针对一些复杂系统难以用一个模型来建模的随机多模型系统，苏联学者提出结构随机跳变最优滤波算法，此算法可以对模型结构参数和系统状态参数同时估计[23-25]，方洋旺及其研究团队针对随机多模型系统，在国家自然科学基金“随机跳变系统最优控制理论及应用基础研究”（项目编号：60674031）和“近空间飞行器结构随机跳变最优控制理论研究”（项目编号：60674040）的支持下进行了广泛深入的研究，取得了一系列理论及应用研究成果[26-29]。美国学者李晓榕首先提出交互多模型（IMM）滤波算法，目前在机动目标跟踪方面获得广泛应用。随着基于传感器网络分布式目标跟踪和定位、安全管理及监视、多无人机和多机器人协同控制等需求日益迫切，作为其核心技术之一的分布式状态估计已引起学者们的关注[28-30]。与集中式状态估计相比，分布式状态估计不需要获得来自各网络传感器信息的中心节点，从而既节约成本，又增加灵活性。在分布式状态估计中，每个节点只需要与它的邻居进行信息交互。特别在移动传感器网络中，分布式状态估计有更好的可扩展性和鲁棒性。近几年，分布式状态估计研究主要集中在采用非线性滤波和一致性理论相结合的方法。文献 [31]、[32] 提出分布式卡尔曼滤波算法。文献 [33]、[34] 将其推广到扩展卡尔曼滤波（EKF）中，其中，文献 [33] 总结现有的两种算法，即基于信息的一致性（CI）和基于测量的一致性（CM）算法，并提出一种新的混杂一致性滤波算法。然而，稳定性特性分析仅局限于线性时不变系统。针对非线性系统分布式滤波，文献 [35]、[36] 和文献 [37] ~ [41] 分别针对分布式无迹信息和分布式容积卡尔曼滤波进行了研究。文献 [42] 针对网络传输过程中存在故障、断续及异构节点等情况下的分布式状态估计进行了研究。

1.2.2 随机最优控制研究现状

确定性控制系统最优控制理论是从 20 世纪 50 年代开始真正发展的，以 1956 年苏联数学家庞特里亚金提出的极大值原理 [43] 和 1957 年贝尔曼提出的动态规划法 [44] 为标志。这些理论一开始应用到航空航天领域，然后广泛应用到其他很多领域。而对于随机系统最优控制理论来说，应从苏联数学家科尔莫戈罗夫与美国数学家维纳发展起来的滤波和预测理论开始，它是随机系统最优控制的一个重要理论基础，具有重大的理论价值；随后卡尔曼等提出了求解滤波和预测问题的递推算法，对滤波器和预测理论的发展作出了重要贡献；1961 年，文献 [45] 提出分离定理，根据此定理，可将线性随机系统分为独立的两部分来求解，一部分是状态估计器，另一部分是求解最优控制律。同时，还可以证明，随机最优控制律与确定性最优控制律相同，这就是所谓的确定性等价原理。进入二十世纪七八十年代，普加乔夫等在随机非线性系统的最优估计方面做了大量工作 [8,42-54]，提出了条件最优滤波器算法；卡扎科夫等利用统计线性化方法 [10,55-60] 研究了随机非线性系统的最优控制问题，获得了随机非线性系统准最优控制算法 [15,61-65]；文献 [66]~[68] 提出了非线性函数的统计线性化方法，并对其逼近性能进行了详细分析；文献 [69]~[73] 详细研究了随机最优控制，特别是随机非线性系统的最优控制综合方法，并将主要理论应用到导弹的制导中。柯拉索夫斯基通过研究二次型代价函数与求解最优控制律之间的关系，提出了扩展二次型代价函数的概念 [74-75]，并通过使用此扩展二次型代价函数，使求解最优控制律算法大大简化，避免了求解复杂的微分方程的边值问题，并成功地将其应用到飞行器的控制中 [76-77]；戈拉得科夫等深入研究了随机系统最优控制的数值解法，在利用解析方法求得最优控制律和状态估计器的结构之后，利用此数值方法，可以确定它们的最优参数 [70,78-79]。这样，就能保证随机系统最优控制算法在实际应用中满足实时性的要求。此外，随机最优控制系统在机载无线电测量及导引系统中也获得了广泛的应用 [80-87]。进入 20 世纪 90 年代，马瑟耶夫根据火控系统的特点，提出了随机系统最优预测控制理论 [88-90]，通过研究发现，此理论不但能够预测被控对象的运动轨迹，达到最佳控制效果，同时，还避免了在一般随机系统最优控制中需要求解微分方程的两点边值问题。近年来，基于状态反馈滚动策略，出现了大量有关随机预测控制的研究成果 [91-94]。此外，双重最优控制方面也存在一定的进展 [95]。

1.2.3 随机多智能体系统协同最优控制研究现状

近年来，随着人工智能（artifical intelligence，AI）的一个主要研究分支集群智能理论及技术的快速发展，特别在多无人机、多机器人及多航行器等领域协同控制的迫切需求，多智能体协同控制理论成为一个研究热点 [96-99]，在确定性多智能体协同一致性、协同控制方面取得了一系列重要的研究成果 [100-102]。在协同控制设计方面，人们自然会想到将最优控制理论应用到多智能体协同控制中，获得多智能体最优控制理论。但研究发现，直接将最优控制理论推广到多智能体系统中不可行，主要原因是多智能体系统的总体代价函数与通信网络的拓扑结构密切相关，无法事先给定，也就是说，最优控制器所要求解的里卡蒂方程中含有通信网络参数。目前，只有一阶多智能体系统可以借助里卡蒂方程求解获得协同最优控制器增益 [103-104]，此增益与网络权系数密切相关。而对于二阶及高阶多智能体系统难以直接通过求解里卡蒂方程获得协同最优控制器增益。为了突破此难点，文献 [105]~[107] 将逆最优控制理论应用到多智能体系统中，通过寻找最优控制器增益和系统矩阵之间的直接关系，即放宽性能指标要求，在满足一类性能指标的条件下，给出控制器增益参数化表达式，然后基于此表达式，寻找满足多智能体一致性要求的控制器增益参数，最后证明此分布式控制器在某性能指标下是最优的 [105]。对于随机多智能体系统最优控制问题，本书第一作者将随机最优控制理论和上述确定性最优控制和分布式逆最优控制理论相结合，分别推导一阶随机分布式多智能体系统最优控制算法和高阶随机多智能体系统随机逆最优控制算法。

1.2.4 强化学习和随机自适应控制研究现状

自适应动态规划（adaptive dynamic programming，ADP）首先由沃波斯（Werbos）[108-109] 提出，是最优控制领域新兴起的一种近似最优方法，是当前国际最优化领域的研究热点 [110-112]。ADP 方法利用函数近似结构来近似哈密顿-雅可比-贝尔曼（Hamilton-Jacobi-Bellman，HJB）方程的解，采用离线迭代或者在线更新的方法，来获得系统的近似最优控制策略，从而能够有效地解决非线性系统的优化控制问题 [113]。ADP 有一些不同的称呼，包括自适应评价设计方法（adaptive critic designs）[114-115]、自适应动态规划 [116-117]、近似动态规划（approximate dynamic programming）[118]、神经网络动态规划（neural dynamic programming）[119]、强化学习（reinforcement learning）[111, 120]。ADP 方法按规划方案通常又被分成四个主要类型：启发式动态规划（heuristic dynamic programming，HDP）、双重启发式规划（dual heuristic programming，DHP）、Q-学习（Q-Learing）算法、全局双重启发式规划（globalized DHP，GDHP）[121]。近年来，迭代 ADP 算法包括策略迭代和值迭代算法被提出来求解 HJB 方程的方法受到广泛关注 [114, 122]。文献 [122]、[123] 基于策略迭代方法研究了有限终时离散时间最优控制问题。在文献 [124] 中，采用值迭代算法研究了离散时间非线性系统最优控制问题。这些 ADP 算法也很快被推广到求解随机系统最优控制问题 [124-125]。众所周知，随机线性二次型（stochastic linear quadric，SLQ）最优控制问题的可行性等价于随机代数方程（stochastic algebra equation，SAE）的可解性。由于 SAE 的非线性特性，一般难以获得解析解。但随着一些新的数学方法的引入，求解 SAE 也越来越容易 [126-128]。但是，前提条件是系统参数必须提前已知，为了求解一些系统参数部分未知，甚至模型未知系统的 SLQ 问题，人们自然将目光转向目前很热门的方法，即强化学习算法，特别是 Q 学习算法 [129-130]。文献 [129] 利用 Q 学习算法求解 SLQ 最优控制问题，文献 [131] 利用 Q 学习算法求解无模型线性离散零和对策最优策略。方洋旺及团队成员利用 Q 学习算法求解双机被动探测目标的最优飞行航迹问题 [113, 132]。

1.2.5 随机系统稳定性研究现状

1892 年，圣彼得堡科学院通讯院士李雅普诺夫在其著名的博士论文《运动稳定性的一般问题》中，给出了运动稳定性严格、精确的数学定义，奠定了稳定性理论的基础，随后由马尔金（Malkin）、克拉索夫斯基（Krasovskii）、卡尔曼（Kalman）、伯特伦（Bertram）、拉斐尔（Rafail）等创新和发展。在理论研究方面，已经从原来的常微分方程发展到泛函微分方程、随机微分方程、随机时滞微分方程、差分方程、偏微分方程、脉冲微分方程及混合动态系统等；在实际应用领域中，已经从力学领域发展到控制、航空航天、机械和系统工程等众多领域 [133-134] 。李雅普诺夫首创的运动稳定性理论，特别是李雅普诺夫直接法（也称李雅普诺夫第二方法）受到了各国学者的高度重视。稳定性理论在美国正迅速变成训练控制论方面的工程师的一项标准，在国内也引起了研究热潮 [135-136]。目前形成的稳定性理论研究方面在国内已经出版了很多专著，比较有代表性的有：钱学森和宋健共同编著的《工程控制论》[137]，黄琳编著的《稳定性理论》《稳定性与鲁棒性的理论基础》[138-139]，秦元勋等编著的《运动稳定性理论及应用》[140] 等。随机系统理论是在概率论、随机过程、随机微分方程等学科的基础上发展而来的一门综合性科学。与确定性系统一样，稳定性是随机系统最基本也是最重要的性能之一，是任何系统分析都必须考虑的问题。经过多年的发展，随机系统稳定性理论已经从力学领域发展到众多领域，目前系统论述与随机系统稳定性与镇定的有关的著者包括：胡宣达 [141]，刘永清 [142-143] ，郭雷 [144]，库什纳（Kushner）[145] ，拉斐尔（Rafail）[146] , 方洋旺 [26, 113] 等。随机系统稳定性研究从两个方面展开，一方面是带有乘性噪声的随机系统，对于此类系统的稳定性，可以基于李雅普诺夫稳定性的思想，给出基于平衡点的随机稳定性概念，如 p-阶矩稳定性、均方稳定性、依概率稳定性、指数均方稳定性等；另一方面是带有加性噪声的随机系统，对于此类系统的稳定性，由于不存在平衡点，必须给出随机稳定性的新的定义，即均方实用稳定性 [113]。如果对于同时带有加性和乘性噪声的混合噪声随机系统，只能基于均方实用稳定性进行研究。目前在这些方面都取得了重要的研究成果 [113,147-148]。最近，在随机时变非线性系统稳定性 [149] 带有输入延时随机系统的稳定性 [150-154] 及带有参数不确定性随机系统稳定性 [155] 方面也取得了重要研究成果，给出了相关系统的随机稳定性判据。特别是文献 [153]、[154] 针对随机微分时延方程，给出了拉萨尔（LaSalle）型稳定性定理，具有重要的理论意义。

1.2.6 随机参数优化研究现状

最优控制的求解方法之一是数值方法。由于随机非线性控制问题很难直接用解析法求解，因此，在工程应用中人们通常利用各种逼近的方法求解，特别是利用一些优化理论及方法进行求解。随机搜索法就是其中最重要的方法之一。戈拉得科夫 [78-79] 对随机搜索法进行了深入研究，给出求解最优控制器参数的算法原理及步骤，并对搜索算法的收敛性进行了分析。方洋旺及研究团队将非梯度搜索法应用到制导与控制系统中 [156-157]，并取得重要研究成果。随着人工智能、大数据及强化学习和自适应最优控制理论等在实际工程中的广泛应用，其所使用的一系列优化算法也得到了广泛关注 [158]，其中之一就是随机梯度下降算法。随机梯度下降算法（stochastic radient de-scent，SGD）源于 1951 年罗宾斯（Robbins）和莫诺尔（Monro）[159] 提出的随机逼近，最初被应用于模式识别 [160] 和神经网络 [161]。这种方法在迭代过程中随机选择一个或几个样本的梯度来替代总体梯度，从而大大降低了计算复杂度。1958 年罗森布拉特（Rosenblatt）等研制出的感知机采用了随机梯度下降法的思想，即每轮随机选取一个误分类样本，求其对应损失函数的梯度，再基于给定的步长更新参数。1986 年鲁姆哈特（Rumelhart）等分析了多层神经网络的误差反向传播算法，该算法每次按顺序或随机选取一个样本来更新参数，它实际上是小批量梯度下降法的一个特例。近年来，随着深度学习、强化学习和自适应最优控制理论的快速发展，随机梯度下降算法已成为求解大规模机器学习优化、自适应最优控制理论问题的一类主流且非常有效的方法。目前，随机梯度下降算法除了求解逻辑回归、支持向量机 [160] 和神经网络 [161] 等传统的监督机器学习任务外，还被成功地应用于深度神经网络 [162]、主成分分析 [163-164]、奇异值分解 [163]、稀疏学习和编码 [160] 等其他机器学习任务。随着大数据的不断普及和对优化算法的深入研究，许多改进的随机梯度下降算法被提出, 通过在传统的随机梯度下降算法的基础上引入了许多新思想，从多个方面不同程度地提升了算法性能。搜索方向的选取和步长的确定是梯度下降算法研究的核心。按照搜索方向和步长选取方式的不同，将随机梯度下降算法的改进策略大致分为动量、方差缩减、增量梯度和自适应学习率等四种方法 [165-166] 。其中，前三种方法主要是校正梯度或搜索方向，适用于逻辑回归、岭回归等凸优化问题；第四种方法针对参数变量的不同分量自适应地设置步长，适用于深度神经网络等非凸优化问题。在传统梯度下降算法的基础上添加了动量项形成的经典动量算法（classical momentum，CM）[166-168] 可以有效避免振荡，加速逼近最优解。一般随机梯度下降算法在随机取样的过程中产生了方差并且随着迭代次数的增加而不断累加，无法保证达到线性收敛。文献 [169]、[170] 提出了随机方差缩减梯度算法（stochastic variance reduction gradient，SVRG），为了使 SVRG 能更好地应用到非光滑目标函数问题中，文献 [171]~[174] 提出了近端随机方差缩减梯度算法（proximal stochastic variance reduction gradient，Prox-SVRG），有效解决了函数的优化问题。此外，随着深度神经网络的成功应用，自适应学习率的随机梯度下降法被广泛研究 [173-179]。

1.3 本书概貌

全书共分 12 章。

第 1 章绪论，介绍随机最优控制系统的研究内容与研究方法，同时从六个方面介绍随机系统最优控制的发展历史与现状。

第 2 章随机系统分析，首先讨论连续时间与离散时间线性系统概率矩、状态向量矩、状态向量分布函数等内容；然后介绍统计线性化方法，此方法是本书用于研究非线性系统的主要工具；最后针对连续时间与离散时间非线性系统模型，介绍其矩分析方法、状态向量分布函数特性、逼近特征函数、逼近概率密度函数、中心矩和累积量等内容，这些内容是后续章节讨论随机非线性系统最优估计与最优控制时反复用到的内容。

第 3 章随机系统最优状态估计，首先介绍连续时间与离散时间随机线性系统的卡尔曼滤波算法，并根据模型噪声与测量噪声的不同类型及相互关系分别讨论此模型的线性最优滤波器算法，以及带有惯性测量的最优滤波器设计等；然后介绍后验概率及后验概率密度函数方程和几种特殊情况下的逼近算法，如高斯逼近法、准最优滤波器等内容；最后介绍随机非线性最优状态估计的最新研究成果，包括无迹滤波、粒子滤波、高斯滤波、结构随机跳变滤波及分布式滤波等内容。

第 4 章随机系统最优控制的一般理论，首先引出随机系统最优控制的代价函数的定义，介绍各种最优控制方法等；其次讨论随机最大值原理，并利用此原理研究三种常见的随机系统最优控制问题——时间最短控制、终值控制和最小能量控制问题；接着讨论随机系统局部最优控制问题；最后针对系统具有不完全信息和完全信息，使用动态规划法分别讨论离散时间和连续时间最优控制的求解算法。

第 5 章随机最优控制。首先根据控制向量有、无约束情况，分别使用随机最大值原理和动态规划法来求解最优控制问题，并给出最优控制向量的解析表达式；然后讨论随机线性系统的局部最优控制问题等；最后基于随机最大值原理与动态规划法讨论随机非线性系统的准最优控制问题，并具体给出了准最优控制的解析结构，同时研究随机非线性系统的局部最优控制问题及分布式随机逆最优控制问题。

第 6 章基于扩展二次型代价函数的最优控制。首先给出扩展二次型代价函数的定义，分别讨论固定与不固定终时随机线性系统的最优控制问题，并给出不需要求解微分方程两点边值问题的最优控制的解析解；然后在控制向量受约束的情况下，给出基于扩展二次型代价函数的最优控制向量的解析结构；最后讨论基于扩展二次型代价函数的分布式随机逆最优控制稳定，并给出最优控制器的设计方法。

第 7 章随机系统最优预测控制。详细介绍随机线性系统与随机非线性系统状态反馈滚动的预测最优控制方法，给出最优预测控制器设计步骤，证明相应的随机闭环系统的稳定性。

第 8 章随机协同最优控制。首先分别介绍连续时间和离散时间一阶分布式随机线性系统最优控制方法，给出随机分布式最优控制协议设计方法及步骤，证明多智能体闭环系统状态的协同一致性；然后针对无向通信网络下一般分布式随机线性系统，基于逆最优控制方法，给出随机分布式最优控制协议设计方法及步骤及协同一致性的证明；最后针对有向通信网络下一般分布式随机线性系统，基于逆最优控制方法，给出随机分布式最优控制协议设计方法及步骤，并证明分布式最优控制协议满足一致性要求。

第 9 章强化学习及随机自适应最优控制。首先介绍强化学习和随机自适应最优控制的基本思想和方法；然后分别针对随机线性系统和随机非线性系统，详细介绍基于强化学习和随机自适应最优控制迭代求解最优线性控制律和非线性控制律的步骤及算法收敛性的证明；最后介绍其神经网络实现方法和步骤。

第 10 章随机系统稳定性。首先给出随机系统均方实用稳定性的定义，并提出其开环均方实用稳定性判据，讨论并证明带有加性噪声随机线性系统均方实用稳定性的两类判据；然后讨论带有加性噪声线性闭环系统均方实用稳定性及鲁棒性；最后讨论复杂的随机非线性系统和随机时延系统的随机稳定性，并给出稳定性判据。

第 11 章随机系统参数优化。介绍参数优化的任务与方法以及参数优化的各种随机搜索法，重点讨论非梯度随机搜索法，包括自学习与非自学习随机搜索法，并研究自学习搜索过程的收敛性、概率变化特性以及概率矩方法等，讨论目前在人工智能领域具有广泛应用的随机梯度下降法，并针对几类应用广泛的方法进行详细的介绍。

第 12 章随机最优控制及优化应用实例。详细介绍两个方面的应用，第一部分介绍分布式状态估计理论在空中交通管制中的应用；第二部分介绍随机最优控制和强化学习方法在空空导弹制导、航天器再入弹头制导以及飞机航路规划等方向的应用。

第 2 章　随机系统分析

2.1　引　　言

由于随机动力学系统的状态和量测（输出）向量受到各种噪声的干扰，因而都是随机的过程。研究随机系统的最优控制问题，必须先分析和了解随机动力学系统和系统变量的统计特性，还须了解随机非线性系统的统计线性化方法，它是研究随机系统最优控制问题的基础 [14-16,39]。本章主要讨论连续时间和离散时间随机系统的统计特性。

2.2　随机线性系统数学模型

2.2.1　连续时间随机系统

1. 连续时间随机线性系统

本书所讨论的连续时间随机线性系统的状态模型（方程）一般可以表示为

$$\dot{\boldsymbol{X}} = \boldsymbol{g}(\boldsymbol{X}, \boldsymbol{X}_1, \boldsymbol{u}, t),\ \boldsymbol{X}(t_0) = \boldsymbol{X}_0 \tag{2.1}$$

式中，t 为时间；t_0 为初始时间；$\boldsymbol{X}_0$ 为系统的初始状态；$\boldsymbol{X}$ 为 n 维状态向量；$\boldsymbol{X}_1$ 为 n 维随机输入向量，$\boldsymbol{u}$ 为 r 维控制向量。

假设状态向量可以被测量，它由下列量测方程表示：

$$\boldsymbol{Y}(t) = \boldsymbol{\xi}(\boldsymbol{X}, t) + \boldsymbol{N}(t) \tag{2.2}$$

式中，$\boldsymbol{\xi}$ 为非线性或线性向量函数；$\boldsymbol{N}(t)$ 为连续时间高斯白噪声向量，且均值为 $\boldsymbol{0}$，强度为 $\boldsymbol{Q}(t)$，记为 $\mathcal{N}(\boldsymbol{0}, \boldsymbol{Q}(t)\delta(t))$，在后面的所有章节中，若不另外加以说明，此记号表示相同意思。

对式（2.1）和式（2.2）进行卡申（Коши）变换并使用线性化方法（包括一般线性化方法或统计线性化方法），上述模型可以转化为如下较为简单的连续时间随机线性系统的状态模型和量测模型：

$$\dot{\boldsymbol{X}}(t) = \boldsymbol{A}(t)\boldsymbol{X}(t) + \boldsymbol{B}(t)\boldsymbol{u}(t) + \boldsymbol{V}(t),\ \boldsymbol{X}(t_0) = \boldsymbol{X}_0 \tag{2.3}$$

$$\boldsymbol{Y}(t) = \boldsymbol{C}(t)\boldsymbol{X}(t) + \boldsymbol{N}(t) \tag{2.4}$$

上述方程也可以表示为增量的形式，参见文献 [46]，由方程和所确定的模型称为线性控制系统的标准形式，或称为卡申形式。本书主要使用上述两种模型。

为了研究上述模型，通常做如下假设：

1） 假设 $\boldsymbol{V}(t)$ 及 $\boldsymbol{N}(t)$ 分别为连续时间高斯白噪声向量，记为 $\mathcal{N}(\mathbf{0}, \boldsymbol{G}(t)\delta(t))$ 和 $\mathcal{N}(\mathbf{0}, \boldsymbol{Q}(t)\delta(t))$。

2）假设 $\boldsymbol{V}(t)$ 与 $\boldsymbol{N}(t)$ 分别与初始状态 $\boldsymbol{X}(t_0)$ 互不相关，即

$$E[\boldsymbol{V}(t)\boldsymbol{X}^{\mathrm{T}}(t_0)] = \mathbf{0}, E[\boldsymbol{N}(t)\boldsymbol{X}^{\mathrm{T}}(t_0)] = \mathbf{0} \quad (t > t_0) \tag{2.5}$$

$$E[\boldsymbol{V}(t_1)\boldsymbol{N}^{\mathrm{T}}(t_2)] = \mathbf{0}, \text{任意} t_1, t_2 \geqslant t_0 \tag{2.6}$$

式中，$E(\cdot)$ 表示求均值运算；$\boldsymbol{X}^{\mathrm{T}}$ 表示对任意向量或矩阵 $\boldsymbol{X}$ 进行转置运算。

3）随机初始状态 $\boldsymbol{X}(t_0)$ 服从高斯分布。

2. 连续时间随机非线性系统

对于式（2.1）和式（2.2）所表示的一般连续时间非线性系统，可以使用卡申变换将其转化为标准卡申形式，称为正则方程。

由于随机向量 $\boldsymbol{X}(t)$ 可以表示为

$$\dot{\boldsymbol{X}}(t) = \boldsymbol{\xi}(\boldsymbol{X}, t) + \boldsymbol{V}(t), \boldsymbol{X}(t_0) = \boldsymbol{X}_0 \tag{2.7}$$

式中，$\boldsymbol{V}(t)$ 为白噪声向量；$\boldsymbol{\xi}$ 为非线性或线性向量函数。

令

$$\overline{\boldsymbol{X}} = \begin{bmatrix} \boldsymbol{X} \\ \boldsymbol{X}_1 \end{bmatrix}$$

则有

$$\begin{aligned}\dot{\overline{\boldsymbol{X}}} = \begin{bmatrix} \dot{\boldsymbol{X}} \\ \dot{\boldsymbol{X}}_1 \end{bmatrix} &= \begin{bmatrix} \boldsymbol{g}(\boldsymbol{X}, \boldsymbol{X}_1, t) \\ \boldsymbol{\xi}(\boldsymbol{X}_1, t) \end{bmatrix} + \begin{bmatrix} \mathbf{0} \\ \boldsymbol{V}_1(t) \end{bmatrix} \\ &:= \boldsymbol{\psi}(\overline{\boldsymbol{X}}, t) + \boldsymbol{V}(t)\end{aligned}$$

初始条件

$$\overline{\boldsymbol{X}}(t_0) = \begin{bmatrix} \boldsymbol{X}(t_0) \\ \boldsymbol{X}_1(t_0) \end{bmatrix} = \begin{bmatrix} \boldsymbol{X}_0 \\ \boldsymbol{X}_{10} \end{bmatrix}$$

因此，一般非线性随机线性系统都可以转化为

$$\dot{\boldsymbol{X}} = \psi(\boldsymbol{X}, t) + \boldsymbol{V}(t), \boldsymbol{X}(t_0) = \boldsymbol{X}_0 \tag{2.8}$$

式中，$\boldsymbol{\psi}$ 为确定的非线性向量函数；$\boldsymbol{V}(t)$ 为白噪声向量。由式（2.8）和式（2.2）所确定的非线性系统称为非线性系统的标准卡申形式或正则方程。

若式(2.1)中只有部分分量含有随机干扰 $X_{11}, \cdots, X_{1\nu}$，且它们可以表示成式(2.7)的形式，而其余的分量

$$X_{1\nu+r} = W_r \qquad (r = 1, \cdots, p-\nu)$$

为带有指定分布规则的随机值 W_r。此时，关于向量 $\boldsymbol{X}$ 的式（2.7）中含有分量 W_r 的部分方程变为

$$\dot{\boldsymbol{W}} = \boldsymbol{0},\ \boldsymbol{W}(t_0) = \boldsymbol{W} \tag{2.9}$$

式中，$\boldsymbol{W} = [W_1, W_2, \cdots, W_{p-\nu}]^{\mathrm{T}}$。这样，利用式（2.7）和式（2.9），仍然可将式（2.1）转化为标准形式。

2.2.2 离散时间随机系统

1. 离散时间随机线性系统

离散时间随机线性系统模型通常有两种，即离散时间随机状态模型与受控自回归平移平均模型（过程），英文缩写为 CARMA (controlled autoregnessive moving processing) 或 ARMA，参见文献 [46]、[47]。在本书中, 主要使用离散时间随机状态模型。

离散时间随机状态模型 （过程）的一般形式可表示为

$$\boldsymbol{X}(k+1) = \boldsymbol{X}(k) + \boldsymbol{g}(\boldsymbol{X}(k), \boldsymbol{X}_1(k), \boldsymbol{u}(k), k),\ \boldsymbol{X}(0) = \boldsymbol{X}_0 \qquad (k = 0, 1, 2, \cdots) \tag{2.10}$$

量测方程为

$$\boldsymbol{Y}(k) = \boldsymbol{\xi}(\boldsymbol{X}(k), k) + \boldsymbol{N}(k) \tag{2.11}$$

式中，$\boldsymbol{X}_0$ 为离散系统的初始状态；$\boldsymbol{X}(k)$ 为 n 维状态向量；$\boldsymbol{X}_1(k)$ 为 n 维随机输入向量；$\boldsymbol{u}(k)$ 为 r 维控制向量；$\boldsymbol{N}(k)$ 为零均值且强度为 $\boldsymbol{Q}(k)$ 的离散时间高斯白噪声向量，记为 $\mathcal{N}(\boldsymbol{0}, \boldsymbol{Q}(k))$, 在后面的所有章节中，若不另外加以说明，此记号表示相同意义，而且，假设它与 $\boldsymbol{X}_1(k)$ 互不相关。

类似于连续时间情形，利用卡申变换及线性化方法，可以将上述模型转化为较为简单的离散时间线性随机状态模型，即

$$\begin{cases} \boldsymbol{X}(k+1) = \boldsymbol{\Phi}(k+1, k)\boldsymbol{X}(k) + \boldsymbol{B}(k)\boldsymbol{u}(k) + \boldsymbol{V}(k) \\ \boldsymbol{X}(0) = \boldsymbol{X}_0 \end{cases} \qquad (k = 0, 1, 2, \cdots) \tag{2.12}$$

$$\boldsymbol{Y}(k) = \boldsymbol{C}(k)\boldsymbol{X}(k) + \boldsymbol{N}(k) \qquad (k = 0, 1, 2, \cdots) \tag{2.13}$$

式中，$\boldsymbol{X}(k)$ 为 n 维状态向量；$\boldsymbol{V}(k)$ 为白噪声向量；$\boldsymbol{\Phi}(k+1, k)$ 为 $n\times n$ 状态转移矩阵，其余符号同上述一般模型相同。

与不含噪声干扰的确定性状态模型类似，状态转移矩阵具有下列性质：

$$\boldsymbol{\Phi}(k, k) = \boldsymbol{I} \tag{2.14}$$

$$\boldsymbol{\Phi}(k_3, k_2)\boldsymbol{\Phi}(k_2, k_1) = \boldsymbol{\Phi}(k_3, k_1) \tag{2.15}$$

$$\boldsymbol{\Phi}^{-1}(k_2, k_1) = \boldsymbol{\Phi}(k_1, k_2) \tag{2.16}$$

除此之外，状态转移矩阵还有其他性质，有兴趣的读者可参看文献 [46]。

在使用式（2.12）和式（2.13）时，常做以下假设：

1）假设噪声向量 $\boldsymbol{V}(k)$ 及 $\boldsymbol{N}(k)$ 分别为独立同分布的高斯白噪声向量，记为 $\mathcal{N}(\boldsymbol{0}, \boldsymbol{G}(k))$ 和 $\mathcal{N}(\boldsymbol{0}, \boldsymbol{Q}(k))$，即

$$E[\boldsymbol{V}(k)] = \boldsymbol{0},\ E[\boldsymbol{V}(k)\boldsymbol{V}^{\mathrm{T}}(j)] = \boldsymbol{G}(k)\delta_{kj}$$
$$E[\boldsymbol{N}(k)] = \boldsymbol{0},\ E[\boldsymbol{N}(k)\boldsymbol{N}^{\mathrm{T}}(j)] = \boldsymbol{Q}(k)\delta_{kj}$$
$$\delta_{kj} = \begin{cases} 1, & j = k \\ 0, & j \neq k \end{cases}$$

式中，$\boldsymbol{G}(k)$ 及 $\boldsymbol{Q}(k)$ 为非负定对称矩阵。

2）假设噪声向量 $\boldsymbol{V}(k)$ 及 $\boldsymbol{N}(k)$ 分别与初始状态 $\boldsymbol{X}_0$ 相互独立，即

$$E[\boldsymbol{V}(k)\boldsymbol{X}_0^{\mathrm{T}}] = \boldsymbol{0},\quad E[\boldsymbol{N}(k)\boldsymbol{X}_0^{\mathrm{T}}] = \boldsymbol{0} \tag{2.17}$$
$$E[\boldsymbol{V}(k)\boldsymbol{N}^{\mathrm{T}}(j)] = \boldsymbol{0} \quad (\forall k,\ j = 0, 1, 2, \cdots) \tag{2.18}$$

3）假设初始状态 $\boldsymbol{X}_0$ 服从高斯分布。

由于 $\boldsymbol{X}_0$ 和 $\boldsymbol{X}(k)$ 都服从高斯分布，由式（2.12）及式（2.13）可知，向量 $\boldsymbol{X}(k)$ 及 $\boldsymbol{Y}(k)$ 也服从高斯分布。

2. 离散时间随机非线性系统

将连续时间随机非线性系统离散化，可获得一般离散时间随机非线性系统模型，通常可表示为

$$\Delta\boldsymbol{X}(k) = \boldsymbol{g}(\boldsymbol{X}(k), \boldsymbol{X}_1(k), k),\ \boldsymbol{X}(0) = \boldsymbol{X}_0 \quad (k = 0, 1, 2, \cdots) \tag{2.19}$$

式中

$$\Delta\boldsymbol{X}(k) = \boldsymbol{X}(k+1) - \boldsymbol{X}(k)$$

为状态向量 $\boldsymbol{X}(k)$ 的增量函数；$\boldsymbol{g}$ 为一般的已知非线性函数；$\boldsymbol{X}_1(k)$ 为随机输入向量。量测方程可表示为

$$\boldsymbol{Y}(k) = \boldsymbol{\xi}(\boldsymbol{X}(k), k) + \boldsymbol{N}(k) \tag{2.20}$$

式中，$\boldsymbol{N}(k)$ 为离散高斯白噪声向量，且与 $\boldsymbol{X}_1(k)$ 互不相关。

类似于连续时间情形，式（2.19）也可化为如下标准卡申形式，即

$$\Delta\boldsymbol{X}(k) = \boldsymbol{\psi}(\boldsymbol{X}(k), k) + \boldsymbol{V}(k) \tag{2.21}$$

式中，$\boldsymbol{\psi}$ 为确定性的非线性向量函数；$\boldsymbol{V}(k)$ 为离散高斯白噪声向量。

注意：离散高斯白噪声向量可由其数学期望函数序列 $\boldsymbol{m}_v(k)(k = 0, 1, 2, \cdots)$ 及自协方差函数序列 $\boldsymbol{R}_v(k, j)(k, j = 0, 1, 2, \cdots)$ 决定，即

$$\boldsymbol{R}_v(k, j) = E[\boldsymbol{V}^0(k)\boldsymbol{V}^{0\mathrm{T}}(j)] = \boldsymbol{G}(k)\delta_{kj} \tag{2.22}$$

式中

$$\delta_{kj} = \begin{cases} 1, & k = j \\ 0, & k \neq j \end{cases}$$

$\boldsymbol{V}^0(k)$ 为 $\boldsymbol{V}(k)$ 的中心化向量，即

$$E[\boldsymbol{V}^0(k)] = \boldsymbol{0}$$

离散非线性系统模型通常可以通过对连续时间非线性系统的输入及输出信号采样得到。

假设采样时间间隔为 T，则有

$$\dot{\boldsymbol{X}} \approx \frac{1}{T}(\boldsymbol{X}((k+1)T) - \boldsymbol{X}(kT))$$

将此式代入式（2.19），得

$$\Delta\boldsymbol{X}(kT) = \boldsymbol{X}((k+1)T) - \boldsymbol{X}(kT) = T\boldsymbol{g}(\boldsymbol{X}(kT), \boldsymbol{X}_1(kT), kT)$$

假设采样时间间隔取单位时间，即 $T=1$，则上式转化为

$$\Delta\boldsymbol{X}(k) = \boldsymbol{X}(k+1) - \boldsymbol{X}(k) = \boldsymbol{g}(\boldsymbol{X}(k), \boldsymbol{X}_1(k), k) \qquad (k = 0, 1, 2, \cdots)$$

上式即为一般离散时间随机非线性系统的数学模型。

2.3　连续时间随机线性系统状态向量概率矩

2.3.1　问题描述

随机动力学系统概率分析的基本任务包括如下两个方面的内容：

1）从被噪声污染的信号中恢复或重新再现有用信号；

2）当被控对象存在振动干扰，并且存在参数量测随机误差时，研究系统的稳定性及控制过程的精确性等。

对这些问题的讨论不可避免地涉及关于随机向量（包括状态向量、输入和输出向量）的概率分布特性 [10, 63]，如数学期望、协方差函数及高阶矩阵等特性的研究 [95]。上述所列举的问题对于随机线性系统来说不难解决。在实际应用中，大多数情况下只需要估计随机状态向量的一、二阶概率矩。

在对第一个问题进行讨论时，通常需要对向量的数学期望函数、协方差函数矩阵或协方差矩阵进行估计，即

$$\begin{aligned}
&\boldsymbol{m}_X(t) = E[\boldsymbol{X}(t)] \\
&\boldsymbol{R}_X(t, t') = E\{[\boldsymbol{X}(t) - \boldsymbol{m}_X(t)][\boldsymbol{X}(t') - \boldsymbol{m}_X(t')]^{\mathrm{T}}\} \\
&\boldsymbol{R}_X(t, t) = E\{[\boldsymbol{X}(t) - \boldsymbol{m}_X(t)][\boldsymbol{X}(t) - \boldsymbol{m}_X(t)]^{\mathrm{T}}\} := \boldsymbol{\theta}_X(t)
\end{aligned}$$

其中，:= 表示定义为。

至于第二个问题，若对系统控制过程精确性进行估计，就必须讨论系统误差的概率矩，即确定误差向量的数学期望向量及协方差矩阵。它的误差表示为

$$\boldsymbol{\epsilon}(t) = \boldsymbol{X}(t) - \boldsymbol{X}_{\mathrm{T}}(t) \tag{2.23}$$

式中，$\boldsymbol{X}(t)$ 为系统的输出向量；$\boldsymbol{X}_{\mathrm{T}}(t)$ 为理论输出向量。

为了给出精度估计，通常使用标量 η 作为判别准则，即

$$\eta(t) = E[\boldsymbol{\epsilon}^{\mathrm{T}}(t)\boldsymbol{\epsilon}(t)] = \mathrm{tr}\{E[\boldsymbol{\epsilon}(t)\boldsymbol{\epsilon}^{\mathrm{T}}(t)]\} \tag{2.24}$$

若误差向量表示为

$$\boldsymbol{\epsilon}(t) = \boldsymbol{m}_{\epsilon}(t) + \boldsymbol{\epsilon}^{0}(t)$$

式中

$$\boldsymbol{m}_{\epsilon}(t) = \boldsymbol{m}_{X}(t) - \boldsymbol{m}_{X_{\mathrm{T}}}(t)$$

为数学期望，$\boldsymbol{\epsilon}^{0}(t)$ 为中心化随机误差向量。由式（2.24），得

$$\eta(t) = \boldsymbol{m}_{\epsilon}^{\mathrm{T}}(t)\boldsymbol{m}_{\epsilon}(t) + \mathrm{tr}[\boldsymbol{\theta}_{\epsilon}(t)] \tag{2.25}$$

式中，$\boldsymbol{\theta}_{\epsilon}(t)$ 为误差向量 $\boldsymbol{\epsilon}(t)$ 的协方差函数矩阵，即

$$\boldsymbol{\theta}_{\epsilon}(t) = E[\boldsymbol{\epsilon}^{0}(t)\boldsymbol{\epsilon}^{0\mathrm{T}}(t)]$$

tr表示矩阵的迹运算，即

$$\begin{aligned}\mathrm{tr}[\boldsymbol{\theta}_{\epsilon}(t)] &= \mathrm{tr}\{E[\boldsymbol{\epsilon}^{0}(t)\boldsymbol{\epsilon}^{0\mathrm{T}}(t)]\} \\ &= E[\boldsymbol{\epsilon}^{0\mathrm{T}}(t)\boldsymbol{\epsilon}^{0}(t)] = \sum_{i=1}^{K}\boldsymbol{\theta}_{\epsilon_i\epsilon_i}(t)\end{aligned}$$

显然，$\mathrm{tr}[\boldsymbol{\theta}_{\epsilon}(t)]$ 为矩阵 $E[\boldsymbol{\epsilon}^{0}(t)\boldsymbol{\epsilon}^{0\mathrm{T}}(t)]$ 对角线元素之和。

将式（2.25）写成标量形式，得

$$\eta_i(t) = m_{\epsilon_i}^2(t) + \theta_{\epsilon_i\epsilon_i}(t) \tag{2.26}$$

式中

$$\begin{aligned}m_{\epsilon_i}(t) &= m_{X_i}(t) - m_{X_{T_i}}(t) \\ \theta_{\epsilon_i\epsilon_i}(t) &= \theta_{ii}(t) + \theta_{T_iT_i}(t) - 2\theta_{iT_i}(t)\end{aligned}$$

并且，方差函数 θ_{ii}、$\theta_{T_iT_i}$ 和协方差函数 θ_{iT_i} 分别为

$$\begin{aligned}\theta_{ii}(t) &= E[X_i^{02}] \\ \theta_{T_iT_i}(t) &= E[X_{T_i}^0(t)X_{T_i}^0(t)] \\ \theta_{iT_i}(t) &= E[X_i^0(t)X_{T_i}^0(t)]\end{aligned}$$

注意：在实际应用中，通常使用标准差 $\sqrt{\eta_i}$，即当 $m_{\epsilon_i}(t) = 0$ 时，有

$$\sigma_{\epsilon_i} = \sqrt{\theta_{\epsilon_i\epsilon_i}(t)} = \sqrt{\eta_i}$$

2.3.2 冲激响应函数法

考虑随机线性系统式（2.3），在本节中，讨论当输入 $\boldsymbol{u}(t)=\mathbf{0}$ 时的情形。

根据线性系统理论，式（2.3）的解为 [48]

$$\boldsymbol{X}(t)=\int_{t_0}^{t}\boldsymbol{g}(t,\ \tau)\boldsymbol{V}(\tau)\mathrm{d}\tau+\boldsymbol{g}(t,\ t_0)\boldsymbol{X}_0 \tag{2.27}$$

式中，$\boldsymbol{g}(t,\ \tau)$ 为状态转移函数矩阵。对式（2.27）两边取均值，得

$$\boldsymbol{m}_X(t)=\int_{t_0}^{t}\boldsymbol{g}(t,\ \tau)\boldsymbol{m}_\nu(\tau)\mathrm{d}\tau+\boldsymbol{g}(t,\ t_0)\boldsymbol{m}_{X_0} \tag{2.28}$$

下面分别计算协方差函数矩阵及协方差矩阵。

记

$$\boldsymbol{X}^0(t)=\boldsymbol{X}(t)-\boldsymbol{m}_X(t)=\int_{t_0}^{t}\boldsymbol{g}(t,\ \tau)\boldsymbol{V}^0(\tau)\mathrm{d}\tau+\boldsymbol{g}(t,\ t_0)\boldsymbol{X}_0^0 \tag{2.29}$$

式中，$\boldsymbol{V}^0(t)$ 及 $\boldsymbol{X}_0^0$ 分别为随机向量 $\boldsymbol{V}(t)$ 及 $\boldsymbol{X}_0$ 的中心化随机向量。因此，有

$$E[\boldsymbol{X}^0(t)]=\mathbf{0}$$

则向量 $\boldsymbol{X}^0(t)$ 互相关函数矩阵可表示为

$$\boldsymbol{\theta}_X=\boldsymbol{R}_X(t,\ t)=E[\boldsymbol{X}^0(t)\boldsymbol{X}^{0\mathrm{T}}(t)]$$

通过计算，可得

$$\boldsymbol{\theta}_X=\boldsymbol{R}_X(t,t)=\int_{t_0}^{t}\int_{t_0}^{t}\boldsymbol{g}(t,\ \tau)\boldsymbol{R}_V(\tau,\ \tau')\boldsymbol{g}^{\mathrm{T}}(t,\ \tau)\mathrm{d}\tau\mathrm{d}\tau'+\boldsymbol{g}(t,\ t_0)\boldsymbol{\theta}_{X_0}\boldsymbol{g}^{\mathrm{T}}(t,\ t_0) \tag{2.30}$$

注意到

$$\boldsymbol{V}^0(t)\in\mathcal{N}(\mathbf{0},\ \boldsymbol{G}(t)\delta(t))$$

则有

$$\boldsymbol{R}_V(\tau,\ \tau')=\boldsymbol{G}(\tau)\delta(\tau-\tau') \tag{2.31}$$

将式（2.30）代入式（2.29），得

$$\boldsymbol{\theta}_X=\boldsymbol{R}_X(t,\ t)=\int_{t_0}^{t}\boldsymbol{g}(t,\ \tau)\boldsymbol{G}(\tau)\boldsymbol{g}^{\mathrm{T}}(t,\ \tau)\mathrm{d}\tau+\boldsymbol{g}(t,\ t_0)\boldsymbol{\theta}_{X_0}\boldsymbol{g}^{\mathrm{T}}(t,\ t_0) \tag{2.32}$$

在许多问题中，只知道数学期望、自相关函数及谱密度函数是不够的，还需要知道更多的概率特性及相关函数矩阵。下面给出互协方差函数矩阵的计算方法。

由互协方差函数矩阵的定义，得

$$\boldsymbol{R}_X(t,\ t')=E[\boldsymbol{X}^0(t)\boldsymbol{X}^{0\mathrm{T}}(t')]=E\{E[\boldsymbol{X}^0(t)|\boldsymbol{X}^0(t')]\boldsymbol{X}^{0\mathrm{T}}(t')\}$$

$$= E[\widehat{\boldsymbol{X}}^0(t)\boldsymbol{X}^{0\mathrm{T}}(t')] \tag{2.33}$$

式（2.33）中的条件数学期望函数由下列方程确定：

$$\dot{\widehat{\boldsymbol{X}}}^0 = \boldsymbol{A}\widehat{\boldsymbol{X}}^0,\ \widehat{\boldsymbol{X}}^0(t') = \boldsymbol{X}^0(t') \tag{2.34}$$

对式（2.34）求积分，得

$$\widehat{\boldsymbol{X}}^0(t) = \boldsymbol{g}(t,\, t')\boldsymbol{I}(t-t')\boldsymbol{X}^0(t') \tag{2.35}$$

式中，$\boldsymbol{g}(t,\, t')$ 为方程的冲激响应函数。矩阵 $\boldsymbol{I}(t-t')$ 为

$$\boldsymbol{I}(t-t') = \begin{cases} \boldsymbol{I}, & t>t' \\ \boldsymbol{0}, & t<t' \\ \dfrac{1}{2}\boldsymbol{I}, & t=t' \end{cases}$$

式中，$\boldsymbol{I}$ 为单位矩阵。

将式（2.35）代入式（2.33），得

$$\begin{aligned} \boldsymbol{R}_X(t,\, t') &= E[\boldsymbol{g}(t,\, t')\boldsymbol{I}(t-t')\boldsymbol{X}^0(t')\boldsymbol{X}^{0\mathrm{T}}(t')] \\ &= \boldsymbol{g}(t,\, t')\boldsymbol{I}(t-t')\boldsymbol{\theta}_X(t'),\ t \geqslant t' \end{aligned} \tag{2.36}$$

式中，$\boldsymbol{\theta}_X(t')$ 为方差函数矩阵。

考虑当 $t'>t$ 的情形，将式（2.36）中的 t, t' 分别用 t', t 替换，并使用等式

$$\boldsymbol{g}(t,\, t') = \boldsymbol{g}^{\mathrm{T}}(t',\, t)$$

得

$$\boldsymbol{R}_X(t,\, t') = \boldsymbol{\theta}_X(t)\boldsymbol{g}^{\mathrm{T}}(t,\, t')\boldsymbol{I}(t'-t),\ t'>t \tag{2.37}$$

对于所有关于 t, t' 的区域，必须对式（2.36）和式（2.37）进行对称化处理，这样就可获得所有关于 t, t' 区域的函数。

$$\boldsymbol{R}_X(t,\, t') = \boldsymbol{g}(t,\, t')\boldsymbol{\theta}_X(t')\boldsymbol{I}(t-t') + \boldsymbol{\theta}_X(t)\boldsymbol{g}^{\mathrm{T}}(t,\, t')\boldsymbol{I}(t'-t) \tag{2.38}$$

由于

$$\boldsymbol{g}(t,\, t) = \boldsymbol{I}(t),\ \boldsymbol{I}(t-t) = \frac{1}{2}\boldsymbol{I}$$

因此，当 $t'=t$ 时，有

$$\boldsymbol{R}_X(t,\, t) = \boldsymbol{\theta}_X(t)$$

由以上分析可知，要计算互协方差函数矩阵 $\boldsymbol{R}_X(t,\, t')$，首先应计算方差函数矩阵 $\boldsymbol{\theta}_X(t)$，然后利用式（2.37）可求出互协方差函数矩阵。

2.3.3 概率矩微分方程

直接对式（2.3）两边求数学期望，可得到关于数学期望的微分方程，即

$$\dot{\boldsymbol{m}}_X(t) = \boldsymbol{A}(t)\boldsymbol{m}_X(t) + \boldsymbol{m}_V(t),\ \boldsymbol{m}_X(t_0) = \boldsymbol{m}_0 \tag{2.39}$$

下面求相关矩阵的微分方程。

由方差函数矩阵的定义

$$\boldsymbol{\theta}_X = E(\boldsymbol{X}^0\boldsymbol{X}^{0\mathrm{T}}) \tag{2.40}$$

对式（2.40）两边关于时间 t 求微分，得

$$\dot{\boldsymbol{X}}^{0\mathrm{T}} = E(\dot{\boldsymbol{X}}\boldsymbol{X}^{0\mathrm{T}}) + E(\boldsymbol{X}^0\dot{\boldsymbol{X}}^{0\mathrm{T}})$$

将 $\boldsymbol{X}$ 及 $\dot{\boldsymbol{X}}^{0\mathrm{T}}$ 的表达式代入上式，有

$$\dot{\boldsymbol{\theta}}_X = \boldsymbol{A}\boldsymbol{\theta}_X + \boldsymbol{\theta}_X\boldsymbol{A}^{\mathrm{T}} + E(\boldsymbol{V}^0\boldsymbol{X}^{0\mathrm{T}}) + E(\boldsymbol{X}^0\boldsymbol{V}^{0\mathrm{T}}) \tag{2.41}$$

为了计算式（2.41）中的最后两项，根据式（2.27）及白噪声特性，得

$$E[\boldsymbol{X}^0(t)\boldsymbol{V}^{0\mathrm{T}}(t)] = E\left[\int_{t_0}^{t}\boldsymbol{g}(t,\ \tau)\boldsymbol{V}^0(\tau)\boldsymbol{V}^{0\mathrm{T}}(t)\mathrm{d}\tau + \boldsymbol{g}(t,\ t_0)\boldsymbol{X}_0\boldsymbol{V}^{0\mathrm{T}}(t)\right]$$

由于

$$\boldsymbol{R}_V(\tau,\ t) = \boldsymbol{G}(\tau)\delta(\tau - t)$$

且

$$E(\boldsymbol{X}_0\boldsymbol{V}^{0\mathrm{T}}) = \boldsymbol{0}$$

代入上式，得

$$E[\boldsymbol{X}^0(t)\boldsymbol{V}^{0\mathrm{T}}(t)] = \int_{t_0}^{t}\boldsymbol{g}(t,\ \tau)\boldsymbol{R}_V(\tau,\ t)\mathrm{d}\tau = \frac{1}{2}\boldsymbol{g}(t,\ t)\boldsymbol{G}(t) = \frac{1}{2}\boldsymbol{G}(t)$$

式中，$\delta(t)$ 函数关于积分上界 t 的积分只在下半区间 $(t_0,\ t-\varepsilon)$ 取值，由于有对称性，因此应取 $\dfrac{1}{2}$。

同理

$$\begin{aligned}E[\boldsymbol{V}^0(t)\boldsymbol{X}^{0\mathrm{T}}(t)] &= E\left[\int_{t_0}^{t}\boldsymbol{V}^0(t)\boldsymbol{V}^{0\mathrm{T}}(\tau)\boldsymbol{g}(t,\ \tau)\mathrm{d}\tau + \boldsymbol{V}^0(t)\boldsymbol{X}_0^{\mathrm{T}}\boldsymbol{g}^{\mathrm{T}}(t_0,\ t)\right]\\ &= \int_{t_0}^{t}\boldsymbol{R}_V(t,\ \tau)\boldsymbol{g}^{\mathrm{T}}(t,\ \tau)\mathrm{d}\tau = \frac{1}{2}\boldsymbol{g}(t,\ t)\boldsymbol{G}(t) = \frac{1}{2}\boldsymbol{G}(t)\end{aligned}$$

将上式代入式（2.41），得到关于方差函数矩阵的微分方程，即

$$\dot{\boldsymbol{\theta}}_X = \boldsymbol{A}\boldsymbol{\theta}_X + \boldsymbol{\theta}_X\boldsymbol{A}^{\mathrm{T}} + \boldsymbol{G},\ \boldsymbol{\theta}_{X_0}(t_0) = \boldsymbol{\theta}_{X_0} \tag{2.42}$$

式中，$\boldsymbol{\theta}_{X_0}=E\left(\boldsymbol{X}_0^0\boldsymbol{X}_0^{0\mathrm{T}}\right)$ 为向量初始值 $\boldsymbol{X}_0$ 的方差函数矩阵；矩阵 $\boldsymbol{\theta}_X$ 是对称的。

可以将式（2.42）表示成标量的形式，即

$$\begin{aligned}\dot{\theta}_{kl}&=\sum_{j=1}^{n}(a_{kl}\theta_{jl}+a_{lj}\theta_{kj})+G_{kl}\\ \theta_{kl}(t_0)&=\theta_{kl0}\qquad(k,\,l=1,\,2,\cdots,\,n)\end{aligned}\tag{2.43}$$

由于 θ_X 的对称性，有 $\theta_{ij}=\theta_{ji}$，因此，式（2.43）的独立方程的个数为 $\dfrac{n(n+1)}{2}$。这里 n 为向量 $\boldsymbol{X}$ 的维数。

若随机线性系统式（2.3）为稳定时不变系统（稳定性概念参见文献 [49]），则在连续时间平稳高斯白噪声的激励下，系统输出状态向量 $\boldsymbol{X}(t)$ 的数学期望及方差矩阵的微分方程变为代数方程，即为

$$\begin{aligned}\boldsymbol{A}\boldsymbol{m}_X+\boldsymbol{m}_V&=\boldsymbol{0}\\ \boldsymbol{A}\boldsymbol{\theta}_X+\boldsymbol{\theta}_X\boldsymbol{A}^{\mathrm{T}}+\boldsymbol{G}&=\boldsymbol{0}\end{aligned}$$

求解上述代数方程可获得其数学期望及方差矩阵。

由于自协方差函数矩阵包括两个关于时间的变量，要获得关于自协方差函数矩阵的微分方程，必须让其中一个时间变量暂时固定，而对另一个变量求导，从而获得关于自协方差函数矩阵的偏微分方程。

首先，对式（2.33）两边关于时间 t 求偏导数，得

$$\frac{\partial\boldsymbol{R}_X(t,\,t')}{\partial t}=E[\dot{\boldsymbol{X}}^0(t)\boldsymbol{X}^{0\mathrm{T}}(t')]\tag{2.44}$$

由于

$$\dot{\boldsymbol{X}}^0(t)=\boldsymbol{A}\boldsymbol{X}^0(t)+\boldsymbol{V}^0(t)$$

将上式代入式（2.44），得

$$\begin{aligned}\frac{\partial\boldsymbol{R}_X(t,\,t')}{\partial t}&=E[(\boldsymbol{A}\boldsymbol{X}^0(t)+\boldsymbol{V}^0(t))\boldsymbol{X}^{0\mathrm{T}}(t')]\\ &=E[\boldsymbol{A}\boldsymbol{X}^0(t)\boldsymbol{X}^{0\mathrm{T}}(t')]+E[\boldsymbol{V}^0(t)\boldsymbol{X}^{0\mathrm{T}}(t')]\\ &=\boldsymbol{A}\boldsymbol{R}_X(t,\,t')+E[\boldsymbol{V}^0(t)\boldsymbol{X}^{0\mathrm{T}}(t')]\end{aligned}\tag{2.45}$$

又由于

$$\dot{\boldsymbol{X}}^{0\mathrm{T}}=\boldsymbol{X}^{0\mathrm{T}}\boldsymbol{A}^{\mathrm{T}}+\boldsymbol{V}^{0\mathrm{T}}$$

求上式积分，得

$$\boldsymbol{X}^{0\mathrm{T}}(t')=\boldsymbol{X}_0^{0\mathrm{T}}\boldsymbol{g}^{\mathrm{T}}(t_0,\,t')+\int_{t_0}^{t'}\boldsymbol{V}^{0\mathrm{T}}(\tau)\boldsymbol{g}^{\mathrm{T}}(\tau,\,t')\mathrm{d}\tau\tag{2.46}$$

式中，$\boldsymbol{g}^{\mathrm{T}}(t,\,t')$ 为伴随系统的冲激响应函数矩阵。

将上式代入式（2.45），得

$$\frac{\partial \boldsymbol{R}_X(t,\, t')}{\partial t} = \boldsymbol{A}(t)\boldsymbol{R}_X(t,\, t') + \int_{t_0}^{t'} \boldsymbol{G}(t)\delta(t-\tau)\boldsymbol{g}^{\mathrm{T}}(\tau,\, t')\mathrm{d}\tau \tag{2.47}$$

式中

$$\boldsymbol{G}(t)\delta(t-\tau) = E[\boldsymbol{V}^0(t)\boldsymbol{V}^{0\mathrm{T}}(\tau)]$$

因此，有

$$\frac{\partial \boldsymbol{R}_X(t,\, t')}{\partial t} = \boldsymbol{A}(t)\boldsymbol{R}_X(t,\, t') + \boldsymbol{G}(t)\boldsymbol{g}^{\mathrm{T}}(t,\, t')\boldsymbol{I}(t'-t) \tag{2.48}$$

初始条件为

$$\boldsymbol{R}_X(t',\, t') = \boldsymbol{\theta}_X(t')$$

且当 $t > t'$ 时，有 $\boldsymbol{g}^{\mathrm{T}}(t,\, t') = \boldsymbol{0}$。

对函数 $\boldsymbol{R}_X(t,\, t')$ 关于 t' 求偏导数，得

$$\frac{\partial \boldsymbol{R}_X(t,\, t')}{\partial t'} = \boldsymbol{R}_X(t,\, t')\boldsymbol{A}^{\mathrm{T}}(t') + \boldsymbol{g}(t,\, t')\boldsymbol{G}(t')\boldsymbol{I}(t-t') \tag{2.49}$$

式中，当 $t' > t$ 时，有 $\boldsymbol{g}(t,\, t') = \boldsymbol{0}$，且初始条件满足

$$\boldsymbol{R}_X(t,\, t) = \boldsymbol{\theta}_X(t)$$

明显地，在关于时间 $t,\, t'$ 的所有区域，$\boldsymbol{R}_X(t,\, t')$ 的值完全由式（2.48）和式（2.49）确定。其中，包括在 $t' = t$ 的区域内自协方差函数矩阵。

在区域 $t > t'$ 内，式（2.48）的第二项为 0。因此，当 $t > t'$ 时，式（2.48）转化为

$$\frac{\partial \boldsymbol{R}_X(t,\, t')}{\partial t} = \boldsymbol{A}(t)\boldsymbol{R}_X(t,\, t'),\ \boldsymbol{R}_X(t',\, t') = \boldsymbol{\theta}_X(t') \tag{2.50}$$

这个方程确定了当 $t > t'$ 时的自协方差函数矩阵。且当 $t = t'$ 时，$\boldsymbol{R}_X(t',\, t') = \boldsymbol{\theta}_X(t')$ 已知。因此，对于固定值 $t' = t'_1,\, t'_2,\, \cdots,\, t'_n$，对式（2.50）求积分，得到一系列在区域 $t > t'$ 平行于时间轴 t 的自协方差函数矩阵截面。

同样地，对式（2.49），在区域 $t' > t$ 内，有

$$\frac{\partial \boldsymbol{R}_X(t,\, t')}{\partial t'} = \boldsymbol{R}_X(t,\, t')\boldsymbol{A}^{\mathrm{T}}(t'),\ \boldsymbol{R}_X(t,\, t) = \boldsymbol{\theta}_X(t) \tag{2.51}$$

给定时间 $t = t_1,\, t_2,\, \cdots,\, t_n$，对式（2.51）进行积分，可获得在区域 $t' > t$ 平行于时间轴 t' 的自协方差函数矩阵截面。在实际应用中，由于自协方差函数矩阵的对称性，只需计算式（2.50）或式（2.51）中的一个即可。

若系统为稳定的时不变系统，则自协方差函数矩阵只与 $t - t' = \tau$ 有关，因此式（2.50）或式（2.51）化简为

$$\frac{\mathrm{d}\boldsymbol{R}_X(\tau)}{\mathrm{d}\tau} = \boldsymbol{A}\boldsymbol{R}_X(\tau),\ \boldsymbol{R}_X(0) = \boldsymbol{\theta}_X$$

例 2.1 假设线性随机系统可表示为

$$\dot{\boldsymbol{X}} = \boldsymbol{AX} + \boldsymbol{BV},\ \boldsymbol{X}(t_0) = \boldsymbol{X}_0$$

式中

$$\boldsymbol{X} = \begin{bmatrix} X_1 \\ X_2 \end{bmatrix},\ \boldsymbol{A} = \begin{bmatrix} a_{11} & a_{12} \\ a_{21} & a_{22} \end{bmatrix},\ \boldsymbol{B} = \begin{bmatrix} b_{11} & b_{12} \\ b_{21} & b_{22} \end{bmatrix}$$

$$\boldsymbol{V} = \begin{bmatrix} V_1 \\ V_2 \end{bmatrix} \in \mathcal{N}(\boldsymbol{0},\ \boldsymbol{G}(t)\delta(t))$$

求系统状态向量的数学期望函数及自协方差函数矩阵的微分方程。

解：将上述状态方程表示成如下标量形式：

$$\begin{cases} \dot{X}_1 = a_{11}X_1 + a_{12}X_2 + b_{11}V_1 + b_{12}V_2, & X_1(t_0) = X_{10} \\ \dot{X}_2 = a_{21}X_1 + a_{22}X_2 + b_{21}V_1 + b_{22}V_2, & X_2(t_0) = X_{20} \end{cases}$$

对上述两个方程两边分别求数学期望，得

$$\begin{cases} \dot{m}_1 = a_{11}m_1 + a_{12}m_2, & m_1(t_0) = m_{10} \\ \dot{m}_2 = a_{21}m_1 + a_{22}m_2, & m_2(t_0) = m_{20} \end{cases}$$

利用式（2.43），可求得如下协方差函数的微分方程的标量表达式：

$$\begin{aligned} \dot{\theta}_{11} &= 2a_{11}\theta_{11} + 2a_{12}\theta_{12} + b_{11}^2G_{11} + 2b_{11}b_{12}G_{12} + b_{12}^2G_{22},\ \theta_{11}(t_0) = \theta_{110} \\ \dot{\theta}_{12} &= (a_{11} + a_{22})\theta_{12} + a_{21}\theta_{11} + a_{12}\theta_{22} + b_{11}b_{12}G_{11} \\ &\quad\quad + (b_{12}^2 + b_{11}b_{22})G_{12} + b_{12}b_{22}G_{22},\ \theta_{12}(t_0) = \theta_{120} \\ \dot{\theta}_{22} &= 2a_{21}\theta_{21} + 2a_{22}\theta_{22} + b_{12}^2G_{11} + 2b_{12}b_{22}G_{12} + b_{22}^2G_{22},\ \theta_{22}(t_0) = \theta_{220} \end{aligned}$$

2.3.4 状态对有色噪声的响应

在许多工程问题中，随机干扰不是白噪声，而是有色噪声。其随机微分方程为

$$\dot{\boldsymbol{X}}(t) = \boldsymbol{A}(t)\boldsymbol{X}(t) + \boldsymbol{W}(t) \tag{2.52}$$

式中，$\boldsymbol{W}(t)$ 为有色噪声向量。

由于有色噪声可以看作由白噪声通过成形滤波器产生的，即有色噪声 $\boldsymbol{W}(t)$ 是下列成形滤波器的输出。成形滤波器的方程为

$$\begin{cases} \boldsymbol{W}(t) = \boldsymbol{C}(t)\boldsymbol{Z}(t) \\ \dot{\boldsymbol{Z}}(t) = \boldsymbol{E}(t)\boldsymbol{Z}(t) + \boldsymbol{F}(t)\boldsymbol{V}(t) \end{cases} \tag{2.53}$$

式中，$\boldsymbol{V}(t)$ 为白噪声向量。

将式（2.53）代入式（2.52），则系统成形滤波器的方程为

$$\begin{cases} \dot{\boldsymbol{X}}(t) = \boldsymbol{A}(t)\boldsymbol{X}(t) + \boldsymbol{C}(t)\boldsymbol{Z}(t) \\ \dot{\boldsymbol{Z}}(t) = \boldsymbol{E}(t)\boldsymbol{Z}(t) + \boldsymbol{F}(t)\boldsymbol{V}(t) \end{cases}$$

引用扩充状态变量法，令

$$\overline{\boldsymbol{X}}(t) = \begin{bmatrix} \boldsymbol{X}(t) \\ \boldsymbol{Z}(t) \end{bmatrix}, \overline{\boldsymbol{A}}(t) = \begin{bmatrix} \boldsymbol{A}(t) & \boldsymbol{C}(t) \\ \boldsymbol{0} & \boldsymbol{E}(t) \end{bmatrix}, \overline{\boldsymbol{B}}(t) = \begin{bmatrix} \boldsymbol{0} \\ \boldsymbol{F}(t) \end{bmatrix}$$

则增广系统的随机微分方程为

$$\dot{\overline{\boldsymbol{X}}} = \overline{\boldsymbol{A}}(t)\overline{\boldsymbol{X}}(t) + \overline{\boldsymbol{B}}(t)\boldsymbol{V}(t)$$

于是系统在有色噪声作用下的响应，可以转化为增广系统在白噪声作用下的响应。

2.4 离散时间随机线性系统状态向量概率矩

考虑下列离散时间随机线性系统：

$$\boldsymbol{X}(k+1) = \boldsymbol{\Phi}(k+1,\, k)\boldsymbol{X}(k) + \boldsymbol{V}(k),\ \boldsymbol{X}(0) = \boldsymbol{X}_0 \qquad (k = 0,\, 1,\, 2, \cdots) \tag{2.54}$$

对上式两边求数学期望，并记

$$\boldsymbol{m}(k+1) = E[\boldsymbol{X}(k+1)]$$

则有

$$\boldsymbol{m}(k+1) = \boldsymbol{\Phi}(k+1,\, k)\boldsymbol{m}(k) + \boldsymbol{m}_V(k),\ \boldsymbol{m}(0) = \boldsymbol{m}_0 \qquad (k = 0,\, 1,\, 2, \cdots) \tag{2.55}$$

将其表示成标量形式，有

$$m_i(k+1) = \sum_{j=1}^{n} \phi_{ij}(k+1,\, k)m_j(k) + \sum_{\nu=1}^{n} m_{\nu i}(k),\ m_i(0) = m_{i0}$$

$$(i = 1,\, 2,\, \cdots,\, n)$$

记状态过程 $\boldsymbol{X}(k+1)$ 的中心化向量 $\boldsymbol{X}^0(k+1)$ 为

$$\boldsymbol{X}^0(k+1) = \boldsymbol{X}(k+1) - \boldsymbol{m}(k+1)$$

将式（2.54）和式（2.55）代入中心化向量的表达式，得

$$\boldsymbol{X}^0(k+1) = \boldsymbol{\Phi}(k+1,\, k)\boldsymbol{X}^0(k) + \boldsymbol{V}^0(k),\ \boldsymbol{X}^0(0) = \boldsymbol{X}_0^0 \tag{2.56}$$

方差函数矩阵 $\boldsymbol{\theta}(k+1)$ 的定义为

$$\boldsymbol{\theta}(k+1) = E[\boldsymbol{X}^0(k+1)\boldsymbol{X}^{0\mathrm{T}}(k+1)]$$

将 $\boldsymbol{X}^0(k+1)$ 及 $\boldsymbol{X}^{0\mathrm{T}}(k+1)$ 的表达式代入上式，得

$$\begin{aligned}\boldsymbol{\theta}(k+1)&=\boldsymbol{\Phi}(k+1,\,k)\boldsymbol{\theta}(k)\boldsymbol{\Phi}^{\mathrm{T}}(k+1,\,k)+\boldsymbol{G}(k),\ \boldsymbol{\theta}(0)\\&=\boldsymbol{\theta}_0\qquad(k=0,\,1,\,2,\cdots)\end{aligned}\tag{2.57}$$

在式（2.57）的推导过程中，使用以下关系：

$$\begin{aligned}&E[\boldsymbol{X}^0(k_1)\boldsymbol{V}^0(k_2)]=\mathbf{0},\quad \text{任意}\, k_1,\,k_2\\&E[\boldsymbol{V}^0(k)\boldsymbol{V}^{0\mathrm{T}}(k)]=\boldsymbol{G}(k),\quad \text{或}\,\boldsymbol{V}^0(k)\in\mathcal{N}(\mathbf{0},\,\boldsymbol{G}(k))\end{aligned}$$

将式（2.57）表示成标量形式，得

$$\begin{aligned}\theta_{ij}(k+1)=&\sum_{h,l=1}^{n}\phi_{ih}(k+1,\,k)\phi_{jl}(k+1,\,k)\theta_{hl}(k)+\sum_{h,\,l=1}^{n}G_{hl}(k),\theta_{hl}(0)=\theta_{hl0}\\&(i,\,j=1,\,2,\,\cdots,\,n)\end{aligned}\tag{2.58}$$

由于 $\boldsymbol{\theta}(k+1)$ 是对称矩阵，即 $\theta_{ij}=\theta_{ji}$，从而，式（2.58）只有 $\dfrac{n(n+1)}{2}$ 个独立方程。

类似于连续时间情形，也可以确定离散时间系统状态向量序列的自协方差函数矩阵序列，下面用两种方法给出自协方差函数矩阵序列的迭代算法。

1）假设 t 为某一指定时刻，利用中心化向量方程式（2.56），可获得如下状态向量在时刻 s 的表达式：

$$\boldsymbol{X}^0(s)=\boldsymbol{\Phi}^*(s,t)\boldsymbol{X}^0(t)+\sum_{i=t}^{s-1}\boldsymbol{\Phi}^*(s,i+1)\boldsymbol{V}(i)\qquad(s,t=0,1,2,\cdots)\tag{2.59}$$

式中

$$\boldsymbol{\Phi}^*(s,\,t)=\boldsymbol{\Phi}(s,\,s-1)\cdots\boldsymbol{\Phi}(t+1,\,t)=\prod_{k=t}^{s-1}\boldsymbol{\Phi}(k+1,\,k)\tag{2.60}$$

$$\boldsymbol{\Phi}^*(s,\,i+1)=\prod_{k=i+1}^{s-1}\boldsymbol{\Phi}(k+1,\,k)\tag{2.61}$$

当 $s\geqslant t$ 时，利用式（2.59）～式（2.61），可以求自协方差函数矩阵 $\boldsymbol{R}(s,\,t)$，即

$$\begin{aligned}\boldsymbol{R}(s,\,t)&=E[\boldsymbol{X}^0(s)\boldsymbol{X}^{0\mathrm{T}}(t)]\\&=\boldsymbol{\Phi}^*(s,\,t)E[\boldsymbol{X}^0(t)\boldsymbol{X}^{0\mathrm{T}}(t)]\\&\quad+\sum_{i=t}^{s-1}\prod_{k=i+1}^{s-1}\boldsymbol{\Phi}(k+1,\,k)E[\boldsymbol{V}(i)\boldsymbol{X}^{0\mathrm{T}}]\end{aligned}\tag{2.62}$$

考虑当 $i\geqslant t$，$s\geqslant t$ 时，$\boldsymbol{X}^0(t)$ 与 $\boldsymbol{X}(i)$ 互不相关，故式（2.62）可化简为

$$\boldsymbol{R}(s,\,t)=\boldsymbol{\Phi}^*(s,\,t)\boldsymbol{\theta}(t)\tag{2.63}$$

式中，$\boldsymbol{\theta}(t)$ 为离散系统状态向量的方差函数矩阵。它由式（2.62）确定，即

$$\boldsymbol{\theta}(l+1)=\boldsymbol{\Phi}(l+1,\,l)\boldsymbol{\theta}(l)\boldsymbol{\Phi}^{\mathrm{T}}(l+1,\,l)+\boldsymbol{G}(l),\,\boldsymbol{\theta}(0)=\boldsymbol{\theta}_0 \qquad (l=0,\,1,\,2,\,\cdots) \tag{2.64}$$

令 $s=h+1$，$t=l+1$，则式（2.63）转化为

$$\boldsymbol{R}(h+1,\,l+1)=\prod_{k=l+1}^{n}\boldsymbol{\Phi}(k+1,\,k)\boldsymbol{\theta}(l+1) \qquad (h,\,l=0,\,1,\,2,\,\cdots) \tag{2.65}$$

这样，式（2.64）和式（2.65）给出了离散线性系统状态向量序列的自协方差函数矩阵序列的迭代算法。

对于 $h>l$(或 $s>l$) 的区域，利用自协方差函数矩阵 $\boldsymbol{R}(h,\,l)$ 的性质，有

$$\boldsymbol{R}(h+1,\,l+1)=\boldsymbol{R}^{\mathrm{T}}(l+1,\,h+1) \qquad h>l \tag{2.66}$$

将式（2.65）代入式（2.66），得

$$\boldsymbol{R}(h+1,\,l+1)=\boldsymbol{\theta}(h+1)\prod_{k=h+1}^{l}\boldsymbol{\Phi}^{\mathrm{T}}(k+1,\,k) \qquad (h,\,l=0,\,1,\,2,\,\cdots) \tag{2.67}$$

可以将式（2.65）和式（2.67）合并成统一的表达式，得

$$\begin{aligned}\boldsymbol{R}(h+1,\,l+1)=&\,\boldsymbol{I}(h-l)\boldsymbol{\Phi}^{*}(h+1,\,l+1)\boldsymbol{\theta}(l+1)\\&+\boldsymbol{\theta}(h+1)\boldsymbol{\Phi}^{*}(h+1,\,l+1)\boldsymbol{I}(l-h)\end{aligned} \tag{2.68}$$

式中

$$\boldsymbol{I}(h-l)=\begin{cases}\mathbf{0}, & h<l\\ \dfrac{1}{2}\boldsymbol{I}, & h=l\\ \boldsymbol{I}, & h>l\end{cases}$$

2）直接求数学期望 $E[\boldsymbol{X}^0(k+1)\boldsymbol{X}^{0\mathrm{T}}(l+1)]$。

当 $h\geqslant l$ 时，使用式（2.66），得

$$\begin{aligned}\boldsymbol{R}(h+1,\,l+1)=&\,\boldsymbol{\Phi}(h+1,\,h)E[\boldsymbol{X}^0(h)\boldsymbol{X}^{0\mathrm{T}}(l)]\boldsymbol{\Phi}^{\mathrm{T}}(h+1,\,h)\\&+E[\boldsymbol{V}(h)\boldsymbol{X}^{0\mathrm{T}}]\boldsymbol{\Phi}^{\mathrm{T}}(l+1,\,l)\\&+\boldsymbol{\Phi}(h+1,\,h)E[\boldsymbol{X}^0(h)\boldsymbol{V}^{\mathrm{T}}(l)]+E[\boldsymbol{V}(h)\boldsymbol{V}^{\mathrm{T}}(l)]\end{aligned} \tag{2.69}$$

由于 $\boldsymbol{V}(h)$ 为高斯白噪声向量，故有

$$E[\boldsymbol{V}(h)\boldsymbol{V}^{\mathrm{T}}(l)]=\boldsymbol{G}(h)\delta_{hl} \tag{2.70}$$

将式（2.70）代入式（2.69），得

$$\boldsymbol{R}(h+1,\,l+1)=\boldsymbol{\Phi}(h+1,\,h)\boldsymbol{R}(h,\,l)\boldsymbol{\Phi}^{\mathrm{T}}(l+1,\,l)+\boldsymbol{G}(h)\delta_{hl}$$

$$
\begin{aligned}
&+E[\boldsymbol{V}(h)\boldsymbol{X}^{0\mathrm{T}}]\boldsymbol{\varPhi}^{\mathrm{T}}(l+1,\, l)\\
&+\boldsymbol{\varPhi}(h+1,\, h)E[\boldsymbol{X}^{0}(h)\boldsymbol{V}^{\mathrm{T}}(l)]
\end{aligned}
\tag{2.71}
$$

下面，利用式（2.59）～ 式（2.61）计算数学期望 $E[\boldsymbol{V}(h)\boldsymbol{X}^{0\mathrm{T}}(l)]$ 及 $E[\boldsymbol{X}^{0}(h)\boldsymbol{V}^{\mathrm{T}}(l)]$：

$$
\begin{aligned}
E[\boldsymbol{X}^{0}(h)\boldsymbol{V}^{\mathrm{T}}(l)] &= E[(\boldsymbol{\varPhi}^{*}(h,\, 0)\boldsymbol{X}^{0}(0)+\sum_{i=0}^{h-1}\boldsymbol{\varPhi}^{*}(h,\, i+1)\boldsymbol{V}(i))\boldsymbol{V}^{\mathrm{T}}(l)]\\
&= \boldsymbol{\varPhi}^{*}(h,\, 0)E[\boldsymbol{X}^{0}(0)\boldsymbol{V}^{\mathrm{T}}(l)]\\
&\quad +\sum_{i=0}^{h-1}\boldsymbol{\varPhi}^{*}(h,\, i+1)E[\boldsymbol{V}(i)\boldsymbol{V}^{\mathrm{T}}(l)]\\
&= \sum_{i=0}^{h-1}\boldsymbol{\varPhi}^{*}(h,\, i+1)\boldsymbol{G}(l)\delta_{il}
\end{aligned}
\tag{2.72}
$$

类似地，有

$$
E[\boldsymbol{V}(h)\boldsymbol{X}^{0\mathrm{T}}(l)] = \sum_{i=0}^{l-1}\boldsymbol{G}(h)\delta_{hi}\boldsymbol{\varPhi}^{*\mathrm{T}}(l,\, i+1)
\tag{2.73}
$$

将式（2.72）和式（2.73）代入式（2.71），得

$$
\begin{aligned}
\boldsymbol{R}(h+1,\, l+1) &= \boldsymbol{\varPhi}(h+1,\, h)\boldsymbol{R}(h,\, l)\boldsymbol{\varPhi}^{\mathrm{T}}(l+1,\, l)+\boldsymbol{G}(h)\delta_{hl}\\
&\quad +\sum_{i=0}^{l-1}\boldsymbol{G}(h)\delta_{hi}\boldsymbol{\varPhi}^{*\mathrm{T}}(l,\, i+1)\boldsymbol{\varPhi}^{\mathrm{T}}(l+1,\, l)\\
&\quad +\boldsymbol{\varPhi}(h+1,\, h)\sum_{i=0}^{h-1}\boldsymbol{\varPhi}^{*}(h,\, i+1)\boldsymbol{G}(l)\delta_{li}\\
&= \boldsymbol{\varPhi}(h+1,\, h)\boldsymbol{R}(h,\, l)\boldsymbol{\varPhi}^{\mathrm{T}}(l+1,\, l)+\boldsymbol{G}(h)\delta_{hl}\\
&\quad +\boldsymbol{\varPhi}(h+1,\, h)\boldsymbol{\varPhi}^{*}(h,\, l+1)\boldsymbol{G}(l)\\
&\quad (h,\, l=0,\, 1,\, 2,\, \cdots)
\end{aligned}
\tag{2.74}
$$

在式（2.74）中，令 $h=l$，有

$$
\boldsymbol{\theta}(h+1)=\boldsymbol{\varPhi}(h+1,\, h)\boldsymbol{\theta}(h)\boldsymbol{\varPhi}^{\mathrm{T}}(h+1,\, h)+\boldsymbol{G}(h)\qquad (h=0,\, 1,\, 2,\, \cdots)
\tag{2.75}
$$

注意：在上式的计算中，使用条件 $\boldsymbol{\varPhi}^{*}(h,\, h+1)=\boldsymbol{0}$。

同理，当 $h<l$ 时，可得到

$$
\begin{aligned}
\boldsymbol{R}(h+1,\, l+1) &= \boldsymbol{\varPhi}(l+1,\, l)\boldsymbol{R}(h,\, l)\boldsymbol{\varPhi}^{\mathrm{T}}(h+1,\, h)+\boldsymbol{G}(h)\delta_{hl}\\
&\quad +\boldsymbol{\varPhi}(l+1,\, l)\boldsymbol{\varPhi}^{*}(l,\, h+1)\boldsymbol{G}(h)\qquad (h,\, l=0,\, 1,\, 2,\, \cdots)
\end{aligned}
\tag{2.76}
$$

例 2.2 考虑由式（2.54）确定的二维离散时间线性系统，求其自协方差函数矩阵元素 $R_{11}(h,\, l)$，$R_{12}(h,\, l)$ 和 $R_{22}(h,\, l)$。

解：根据式 (2.56)，二维中心化向量序列方程为

$$\begin{cases} \boldsymbol{R}_1^0(h+1)=\Phi_{11}(h+1,\,h)\boldsymbol{R}_1^0(h)+\Phi_{12}(h+1,\,h)\boldsymbol{R}_2^0(h)+\boldsymbol{V}_1(h) \\ \boldsymbol{R}_2^0(h+1)=\Phi_{21}(h+1,\,h)\boldsymbol{R}_1^0(h)+\Phi_{22}(h+1,\,h)\boldsymbol{R}_2^0(h)+\boldsymbol{V}_2(h) \end{cases}$$

首先使用方法 1）来求自协方差函数矩阵元素。利用式（2.65），有

$$\begin{aligned} &\begin{bmatrix} R_{11}(h+1,\,l+1) & R_{12}(h+1,\,l+1) \\ R_{21}(h+1,\,l+1) & R_{22}(h+1,\,l+1) \end{bmatrix} \\ =&\begin{bmatrix} \Phi_{11}^*(h+1,\,l+1) & \Phi_{12}^*(h+1,\,l+1) \\ \Phi_{21}^*(h+1,\,l+1) & \Phi_{22}^*(h+1,\,l+1) \end{bmatrix}\begin{bmatrix} \theta_{11}(l+1) & \theta_{12}(l+1) \\ \theta_{21}(l+1) & \theta_{22}(l+1) \end{bmatrix} \end{aligned}$$

计算上述矩阵方程，得

$$R_{11}(h+1,\,l+1)=\Phi_{11}^*(h+1,\,l+1)\theta_{11}(l+1)+\Phi_{12}^*(h+1,\,l+1)\theta_{12}(l+1)$$

$$R_{12}(h+1,\,l+1)=\Phi_{11}^*(h+1,\,l+1)\theta_{12}(l+1)+\Phi_{12}^*(h+1,\,l+1)\theta_{22}(l+1)$$

$$R_{22}(h+1,\,l+1)=\Phi_{21}^*(h+1,\,l+1)\theta_{12}(l+1)+\Phi_{22}^*(h+1,\,l+1)\theta_{22}(l+1)$$

而矩阵 $\boldsymbol{\Phi}^*(h+1,\,l+1)$ 的分量由关系式（2.61）确定，即

$$\begin{bmatrix} \Phi_{11}^*(h+1,\,l+1) & \Phi_{12}^*(h+1,\,l+1) \\ \Phi_{21}^*(h+1,\,l+1) & \Phi_{22}^*(h+1,\,l+1) \end{bmatrix}=\prod_{k=l+1}^{h}\begin{bmatrix} \Phi_{11}(k+1,\,k) & \Phi_{12}(k+1,\,k) \\ \Phi_{21}(k+1,\,k) & \Phi_{22}(k+1,\,k) \end{bmatrix}$$

方差函数矩阵元素 $\theta_{11},\,\theta_{12},\,\theta_{22}$ 由式（2.57）确定。

下面再用方法 2）来求自协方差函数矩阵元素 $R_{11}(h,\,l),\,R_{12}(h,\,l),\,R_{22}(h,\,l)$。利用式（2.74），得

$$\begin{aligned} &\begin{bmatrix} R_{11}(h+1,\,l+1) & R_{12}(h+1,\,l+1) \\ R_{21}(h+1,\,l+1) & R_{22}(h+1,\,l+1) \end{bmatrix} \\ =&\begin{bmatrix} \Phi_{11}(h+1,\,h) & \Phi_{12}(h+1,\,h) \\ \Phi_{21}(h+1,\,h) & \Phi_{22}(h+1,\,h) \end{bmatrix}\begin{bmatrix} R_{11}(h,\,l) & R_{12}(h,\,l) \\ R_{21}(h,\,l) & R_{22}(h,\,l) \end{bmatrix} \\ &\times\begin{bmatrix} \Phi_{11}(l+1,\,l) & \Phi_{12}(l+1,\,l) \\ \Phi_{21}(l+1,\,l) & \Phi_{22}(l+1,\,l) \end{bmatrix}+\begin{bmatrix} G_{11}(h) & G_{12}(h) \\ G_{21}(h) & G_{22}(h) \end{bmatrix}\delta_{hl} \\ &+\begin{bmatrix} \Phi_{11}(h+1,\,h) & \Phi_{12}(h+1,\,h) \\ \Phi_{21}(h+1,\,h) & \Phi_{22}(h+1,\,h) \end{bmatrix}\begin{bmatrix} \Phi_{11}(h,\,l+1) & \Phi_{12}(h,\,l+1) \\ \Phi_{21}(h,\,l+1) & \Phi_{22}(h,\,l+1) \end{bmatrix} \\ &\times\begin{bmatrix} G_{11}(l) & G_{12}(l) \\ G_{21}(l) & G_{22}(l) \end{bmatrix} \end{aligned}$$

2.5 随机线性系统状态向量分布函数

2.5.1 第一特征函数计算

对于带有任意初始状态分布的任意阶线性系统，在白噪声干扰情况下，借助普加乔夫方程[62]，可获得其第一特征函数的解析解。而且，常常使用它来构造一般非线性方程

的近似解 [70]。

假设 n 阶随机线性系统表示为

$$\dot{\boldsymbol{X}}(t)=\boldsymbol{A}(t)\boldsymbol{X}(t)+\boldsymbol{V}(t),\ \boldsymbol{X}(t_0)=\boldsymbol{X}_0 \tag{2.77}$$

式中，$\boldsymbol{X}(t)$ 为 n 维状态向量；$\boldsymbol{A}=[a_{ij}(t)]$ 为已知 $n\times n$ 矩阵；$\boldsymbol{V}(t)$ 为白噪声信号；$\boldsymbol{X}_0$ 为初始状态向量，它具有指定的概率分布$F(x_0)$ 及概率特征函数，即

$$\varphi(\boldsymbol{\lambda},\ t_0)=E\left[\exp\left(i\sum_{j=1}^{n}\lambda_j X_j(t_0)\right)\right] \tag{2.78}$$

借助式（2.77）可获得状态 $\boldsymbol{X}(t)$ 的概率特征函数 $\varphi(\boldsymbol{\lambda},\ t)$，即

$$\frac{\partial\varphi(\boldsymbol{\lambda},\ t)}{\partial t}=\chi_1(\boldsymbol{\lambda},\ t)\varphi(\boldsymbol{\lambda},\ t)+\sum_{k=1}^{n}\left[\sum_{r=1}^{n}a_{rk}(t)\lambda_r\right]\frac{\partial\varphi(\boldsymbol{\lambda},\ t)}{\partial\lambda_k} \tag{2.79}$$

式中

$$\varphi(\boldsymbol{\lambda},\ t)=E\left[\exp\left(i\sum_{j=1}^{n}\lambda_j X_j(t)\right)\right]$$

引入记号

$$\chi_1(\boldsymbol{\lambda},\ t)=\chi(\boldsymbol{\lambda},\ t)+i\boldsymbol{\lambda}^{\mathrm{T}}\boldsymbol{m}_V$$

由于 $\boldsymbol{V}(t)$ 是白噪声信号，从而 $\chi_1(\boldsymbol{\lambda},\ t)$ 可表示为

$$\chi(\boldsymbol{\lambda},\ t)=-\frac{1}{2}\boldsymbol{\lambda}^{\mathrm{T}}\boldsymbol{G}(t)\boldsymbol{\lambda}=-\frac{1}{2}\sum_{k,\ r=1}^{n}G_{kr}(t)\lambda_k\lambda_r \tag{2.80}$$

因此，在指定初始条件 $\varphi(\boldsymbol{\lambda},\ t_0)=\varphi_0(\boldsymbol{\lambda})$ 及 $\varphi(\boldsymbol{0},\ t)=1$ 的情况下，可以求得式（2.79）的解。

式（2.79）与下列微分方程等效（参看文献 [15]），即

$$\frac{\mathrm{d}\lambda_j}{\mathrm{d}t}=-\sum_{r=1}^{n}a_{rj}\lambda_j\qquad(j=1,\ 2,\ \cdots,\ n) \tag{2.81}$$

$$\frac{\mathrm{d}\varphi}{\mathrm{d}t}=\chi_1(\boldsymbol{\lambda},\ t)\varphi \tag{2.82}$$

对式（2.79）两边求不定积分，求得此方程的解，它包含任意函数 $\varphi(\boldsymbol{\lambda},\ t)$，由于式（2.79）是偏微分方程，直接求解很困难，一般通过求解其等价方程来获得方程的解。下面具体求解此等价式（2.81）和式（2.82）。

对式（2.81）两边求不定积分，有

$$\boldsymbol{\lambda}=\boldsymbol{Z}(t)\boldsymbol{c} \tag{2.83}$$

式中，$\boldsymbol{Z}(t)$ 为式（2.81）的基本矩阵，满足初始条件 $\boldsymbol{Z}(t_0)=\boldsymbol{I}$，$\boldsymbol{I}$ 为单位矩阵；$\boldsymbol{c}$ 为一任意常数向量。将式（2.83）表示成标量形式，有

$$\lambda_k=\sum_{h=1}^{n}c_h Z_{kh}(t)\qquad(k=1,\,2,\,\cdots,\,n)$$

将式（2.83）代入式（2.82），得

$$\frac{\mathrm{d}\varphi}{\mathrm{d}t}=\chi_1(\boldsymbol{Z}(t)\boldsymbol{c},\,t)\varphi$$

求解上述方程，得

$$\varphi=c_{n+1}\exp\left(\int_{t_0}^{t}\chi_1(\boldsymbol{Z}(\sigma)\boldsymbol{c},\,\sigma)\mathrm{d}\sigma\right)\tag{2.84}$$

式中，c_{n+1} 为任意常数。

下面确定式（2.83）和式（2.84）中的常数 $c_1,\,\cdots,\,c_{n+1}$。

关于式（2.83）中的常数 $c_1,\,\cdots,\,c_n$，可通过逆矩阵求得，即

$$\boldsymbol{c}=\boldsymbol{Z}^{-1}(t)\boldsymbol{\lambda}\tag{2.85}$$

其标量形式为

$$c_p=\sum_{q=1}^{n}Z_{pq}^{-1}\lambda_q\qquad(p=1,\,2,\,\cdots,\,n)$$

式中，Z_{pq}^{-1} 为 $\boldsymbol{Z}^{-1}$ 的元素，即

$$Z_{pq}^{-1}=\frac{Z_{pq}}{|\boldsymbol{Z}|}\qquad(p,\,q=1,\,2,\,\cdots,\,n)$$

式中，$|\boldsymbol{Z}|$ 表示矩阵 $\boldsymbol{Z}$ 的行列式；Z_{pq} 为伴随矩阵元素。将式（2.85）代入式（2.84），得

$$c_{n+1}=\boldsymbol{\varphi}\exp\left(-\int_{t_0}^{t}\chi_1(\boldsymbol{Z}(\sigma)\boldsymbol{Z}^{-1}(t)\boldsymbol{\lambda},\,\sigma)\mathrm{d}\sigma\right)\tag{2.86}$$

现在，若用任意函数 $\psi(\boldsymbol{c},\,t)=\psi(\boldsymbol{Z}^{-1}(t)\boldsymbol{\lambda})$ 替换 c_{n+1}，并代入式（2.86），求出关于函数 φ 的解，则式（2.79）的一般解即可求得。从而，式（2.79）的积分只依赖于单个任意函数 ψ，即

$$\varphi(\boldsymbol{\lambda},\,t)=\psi(\boldsymbol{Z}^{-1}(t)\boldsymbol{\lambda})\exp\left(\int_{t_0}^{t}\boldsymbol{\chi}_1(\boldsymbol{Z}(\sigma)\boldsymbol{Z}^{-1}(t)\boldsymbol{\lambda},\,\sigma)\mathrm{d}\sigma\right)$$

上式中，函数 $\psi(\boldsymbol{Z}^{-1}(t)\boldsymbol{\lambda})$ 利用特征函数在 $t=t_0$ 的初始条件来确定，即

$$\varphi_0(\boldsymbol{\lambda})=\psi(\boldsymbol{\lambda})$$

这样，式（2.79）转化为如下表达式：

$$\varphi(\boldsymbol{\lambda}, t) = \varphi_0(\boldsymbol{Z}^{-1}(t)\boldsymbol{\lambda}) \exp\left(\int_{t_0}^{t} \boldsymbol{\chi}_1(\boldsymbol{Z}(\sigma)\boldsymbol{Z}^{-1}(t)\boldsymbol{\lambda}, \sigma)\mathrm{d}\sigma\right)$$

注意：导出矩阵 $\boldsymbol{Z}(\tau)\boldsymbol{Z}^{-1}(t)$ 是线性系统

$$\frac{\mathrm{d}\lambda_i}{\mathrm{d}t} = \sum_{r=1}^{n} a_{ir}\lambda_r \qquad (i = 1, 2, \cdots, n)$$

的冲激响应矩阵，即

$$\boldsymbol{g}(t, \tau) = \boldsymbol{Z}(\tau)\boldsymbol{Z}^{-1}(t)$$

将上式表示成标量形式，有

$$g_{qr}(t, \tau) = \sum_{p=1}^{n} Z_{pq}^{-1} Z_{rp}(\tau) \qquad (r, q = 1, 2, \cdots, n)$$

这样，式（2.79）的解最终可表示为

$$\varphi(\boldsymbol{\lambda}, t) = \varphi_0[\boldsymbol{g}(t, t_0)\boldsymbol{\lambda}] \exp\left(\int_{t_0}^{t} \boldsymbol{\chi}_1[\boldsymbol{Z}(\sigma)\boldsymbol{Z}^{-1}(t)\boldsymbol{\lambda}, \sigma]\mathrm{d}\sigma\right) \tag{2.87}$$

表示成标量形式，有

$$\begin{aligned}\varphi(\lambda_1, \cdots, \lambda_n, t) = \varphi_0 &\left[\sum_{r=1}^{n} g_{r1}(t, t_0)\lambda_r, \cdots, \sum_{r=1}^{n} g_{rn}(t, t_0)\lambda_r\right] \\ &\times \exp\left(\int_{t_0}^{t} \chi_1\left[\sum_{r=1}^{n} g_{1r}(\sigma, t)\lambda_r, \cdots, \sum_{r=1}^{n} g_{nr}(\sigma, t)\lambda_r, \sigma\right]\mathrm{d}\sigma\right)\end{aligned} \tag{2.88}$$

下面，对式（2.79）的解式（2.87）做一些讨论。

（1）$\boldsymbol{V}(t)$ 为高斯白噪声信号情形

将式（2.79）代入式（2.88），得

$$\begin{aligned}\varphi(\lambda_1, \cdots, \lambda_n, t) = \varphi_0 &\left(\sum_{r=1}^{n} g_{r1}(t, t_0)\lambda_r, \cdots, \sum_{r=1}^{n} g_{rn}(t, t_0)\lambda_r\right) \\ &\times \left[-\frac{1}{2}\sum_{p, q=1}^{n} \theta_{pq}(t)\lambda_p\lambda_q + i\sum_{q=1}^{n} m_q(t)\lambda_q\right]\end{aligned} \tag{2.89}$$

式中，$m_q(t) = E[X_q(t)]$ 为数学期望；$\theta_{pq}(t) = E[X_p^0(t)X_q^0(t)]$ 为向量 $\boldsymbol{X}^0$ 元素的互协方差函数。它们完全由下列微分方程确定，即

$$\dot{\boldsymbol{m}}_X = \boldsymbol{A}\boldsymbol{m}_X + \boldsymbol{m}_V, \ \boldsymbol{m}_X(t_0) = \boldsymbol{0}$$

$$\dot{\boldsymbol{\theta}}_X = \boldsymbol{A}\boldsymbol{\theta}_X + \boldsymbol{\theta}_X\boldsymbol{A}^{\mathrm{T}} + \boldsymbol{G}, \ \boldsymbol{\theta}_X(t_0) = \boldsymbol{0}$$

（2）单变量情形

对于某个固定的正整数 r，令 $\lambda_r \neq 0$，且对于所有 q，满足 $q \neq r$，有 $\lambda_q = 0$，则由式（2.88），可求得关于单变量 φ 的第一概率特征函数，即

$$\begin{aligned}\varphi(\lambda_r, t) = &\varphi_0(g_{r1}(t, t_0)\lambda_r, \cdots, g_{rn}(t, t_0)\lambda_r) \\ &\times \exp\left(-\frac{1}{2}\theta_{rr}(t)\lambda_r^2 + im_r(t)\lambda_r\right)\end{aligned} \tag{2.90}$$

归纳以上分析结果，给出求向量的第一概率特征函数的步骤如下：

1）对前二阶矩微分方程在当前时刻 t 进行积分，获得前二阶中心矩 m_X 与 θ_X；

2）计算原线性系统方程的状态转移矩阵 $\boldsymbol{g}(t, t')$；

3）计算式（2.88）或式（2.90）。

2.5.2 概率密度函数计算

根据第一概率特征函数与概率密度函数之间的关系，可以利用式（2.88）或式（2.90）计算概率密度函数 $f(x, t)$。

我们知道，由式（2.3）描述的正则线性系统的状态过程为马尔可夫过程，则式（2.79）和式（2.89）对于特征转移函数也成立，即在式（2.89）中令 $t_0 = \tau$，且使用如下初始条件：

$$\varphi(\boldsymbol{\lambda}, t|\boldsymbol{\xi}, \tau) = \exp(i\boldsymbol{\lambda}^{\mathrm{T}}\boldsymbol{\xi})$$

则标量的形式为

$$\begin{aligned}\varphi(\lambda_1, \cdots, \lambda_n, t|\xi_1, \cdots, \xi_n, \tau) = \exp\Bigg(&-\frac{1}{2}\sum_{p,\, q=1}^{n}\theta_{pq}(t, \tau)\lambda_p\lambda_q \\ &+ i\sum_{q=1}^{n}(m_q(t, \tau) + \xi(\tau))\lambda_q\Bigg)\end{aligned} \tag{2.91}$$

式中，$m_q(t, \tau)$ 及 $\theta_{pq}(t, \tau)$ 分别为变量的数学期望及互协方差函数，它们由在 $t_0 = \tau$ 时初始条件为零的矩阵方程确定。

由式（2.91）确定的特征转移函数的正态概率密度转移函数为 $f(\boldsymbol{y}, t|\boldsymbol{\xi}, \tau)$，它可表示为

$$f(\boldsymbol{y}, t|\boldsymbol{\xi}, \tau) = \frac{1}{\sqrt{(2\pi)^n D(t, \tau)}}\exp\left(\frac{D^*(t, \tau)}{2D(t, \tau)}\right) \tag{2.92}$$

式中，$D(t, \tau)$ 为相应于矩阵 $\boldsymbol{\theta}_X(t, \tau)$ 的行列式，行列式 $D^*(t, \tau)$ 可表示为

$$D^* = \begin{vmatrix} \theta_{11} & \cdots & \theta_{1n} & x_1 - m_1 - \xi_1 \\ \vdots & & \vdots & \vdots \\ \theta_{n1} & \cdots & \theta_{nn} & x_n - m_n - \xi_n \\ x_1 - m_1 - \xi_1 & \cdots & x_n - m_n - \xi_n & 0 \end{vmatrix}$$

式中

$$\xi_i = \sum_{r=1}^{n} g_{ir}(t,\, \tau)\xi_r$$

如果已知随机线性系统在初始时刻 t_0 的概率分布密度函数 $f(\boldsymbol{\xi},\, t_0)$，就可以由下式来确定当前时刻 t 的概率密度函数，即

$$f(\boldsymbol{y},\, t) = \int_{-\infty}^{\infty} f(\boldsymbol{\xi},\, t_0)\omega(\boldsymbol{x},\, t|\boldsymbol{\xi},\, t_0)\mathrm{d}\xi$$

式中，$f(\boldsymbol{x},\, t|\boldsymbol{\xi},\, t_0)$ 由式（2.92）确定。明显地，若能确定马尔可夫过程的第一概率密度函数与概率密度转移函数，就可以确定任意时刻的概率密度函数，从而，随机线性系统的状态向量就可以完全被确定。

例 2.3 考虑下列随机线性系统：

$$\dot{X} = -\alpha X + \gamma V$$

式中

$$\gamma = \sqrt{2D\alpha},\ V \in \mathcal{N}(0,\, \delta(t))$$

求状态变量的第一概率特征函数 $\varphi(\lambda,\, t)$。

解： 系统的状态转移函数为

$$g(t,\, t_0) = \exp\left(-\alpha(t - t_0)\right)$$

假设 $t_0 = 0$，利用式（2.87），得

$$\varphi(\lambda,\, t) = \varphi_0(\exp(-\alpha t)\lambda)\exp\left(\int_0^t X(\gamma\exp(-\alpha(t-\tau))\boldsymbol{\lambda};\, \tau)\mathrm{d}\tau\right)$$

由于

$$V \in \mathcal{N}(0,\, \delta(t))$$

则有

$$X_1(u,\, t) = -\frac{1}{2}u^{\mathrm{T}}u$$

从而，可求得第一概率特征函数为

$$\begin{aligned}
\varphi(\lambda,\, t) &= \varphi_0(\exp(-\alpha t)\lambda)\exp\left(-\frac{1}{2}\gamma^2\int_0^t \exp(-\alpha(2t-2\tau))\lambda^2\mathrm{d}\tau\right) \\
&= \varphi_0(\exp(-\alpha t)\lambda)\exp\left(-\frac{\gamma^2}{4\alpha}(\exp(2\alpha t) - 1)\exp(-2\alpha t)\lambda^2\right) \\
&= \varphi_0(\exp(-\alpha t)\lambda)\exp\left(-\frac{1}{4\alpha}\gamma^2\lambda^2(1 - \exp(-2\alpha t))\right)
\end{aligned}$$

例 2.4 假设随机线性系统由下列状态方程描述：

$$\begin{cases} \dot{X}_1 = a_{11}X_1 + a_{12}X_2 + V(t) \\ \dot{X}_2 = a_{21}X_1 + a_{22}X_2 \end{cases}$$

初始状态变量 X_{10} 在区间 $(-1, 1)$ 服从均匀分布，且概率密度函数为

$$f(x_{10}, t_0) = \frac{1}{2}$$

初始状态变量 $X_{20} = 0$，白噪声变量 $V(t) \in \mathcal{N}(0, G_1\delta(t))$。求状态变量 $X_1(t)$ 和 $X_2(t)$ 的第一概率特征函数和联合概率密度函数。

解：很容易求出 $X_1(t)$ 和 $X_2(t)$ 的数学期望 $m_1(t)$ 和 $m_2(t)$ 分别为

$$m_1(t) = m_2(t) = 0$$

利用式（2.42），可获得关于协方差函数方程

$$\begin{cases} \dot{\theta}_{11} = 2a_{11}\theta_{11} + 2a_{12}\theta_{12} + G_1, & \theta_{110} = \dfrac{2}{3} \\ \dot{\theta}_{12} = (a_{11} + a_{22})\theta_{12} + a_{21}\theta_{11} + a_{12}\theta_{22}, & \theta_{120} = 0 \\ \dot{\theta}_{22} = 2a_{21}\theta_{12} + 2a_{22}\theta_{22}, & \theta_{220} = 0 \end{cases}$$

由于系统初始状态的第一概率特征函数为

$$\varphi_0(\lambda_1, \lambda_2) = \frac{1}{\lambda_1}\sin(\lambda_1)$$

由式（2.87）得当前时刻 t 的第一概率特征函数为

$$\begin{aligned} \varphi(\lambda_1, \lambda_2, t) = & \frac{\sin[g_{11}(t, t_0)\lambda_1]}{g_{11}(t, t_0)\lambda_1} \\ & \times \exp\left(-\frac{\lambda_1^2}{2}\theta_{11}^2(t) - \theta_{12}(t)\lambda_1\lambda_2 - \frac{1}{2}\theta_{22}^2(t)\lambda_2^2\right) \end{aligned}$$

式中，$g_{11}(t, t_0)$ 为原系统的状态转移函数。

对于单变量 X_1 与 X_2，它们的第一概率特征函数分别为

$$\varphi(\lambda_1, t) = \frac{\sin(g_{11}(t, t_0)\lambda_1)}{g_{11}(t, t_0)} \exp\left(-\frac{1}{2}\theta_{11}^2(t)\lambda_1^2\right)$$

$$\varphi(\lambda_2, t) = \exp\left(-\frac{1}{2}\theta_{22}(t)\lambda_2^2\right)$$

通过对上述第一概率特征函数使用反傅里叶变换可获得概率密度函数 $f(x_1, x_2, t)$，$f(x_1, t)$ 和 $f(x_2, t)$。

由式（2.91）可以得到特征转移函数

$$\varphi(\lambda_1, \lambda_2, t|\xi_1, \xi_2, \tau) = \exp\bigg(- \frac{1}{2}(\theta_{11}\lambda_1^2 + 2\theta_{12}\lambda_1\lambda_2 + \theta_{22}\lambda_2^2)$$

$$+ [g_{11}(t,\tau)\xi_1 + g_{12}(t,\tau)\xi_2]\lambda_1$$
$$+ [g_{21}(t,\tau)\xi_1 + g_{22}(t,\tau)\xi_2]\lambda_2 \Big)$$

式中，$g_{11}, g_{12}, g_{21}, g_{22}$ 为系统的状态转移函数。

利用式（2.92），可求出联合概率特征密度函数为

$$\varphi(x_1, x_2, t) = \frac{1}{4\pi^2}\int_{-\infty}^{\infty}\int_{-\infty}^{\infty}\frac{1}{D(t)}\exp\left(\frac{D^*(t)}{D(t)}\right)\mathrm{d}\xi_1\mathrm{d}\xi_2$$

式中

$$D(t) = \begin{vmatrix} \theta_{11}(t) & \theta_{12}(t) \\ \theta_{21}(t) & \theta_{22}(t) \end{vmatrix}$$

$$D^*(t) = \begin{vmatrix} \theta_{11}(t) & \theta_{12}(t) & x_1 - \zeta_1 \\ \theta_{21}(t) & \theta_{22}(t) & x_2 - \zeta_2 \\ x_1 - \zeta_1 & x_2 - \zeta_2 & 0 \end{vmatrix}$$

$$\zeta_1 = g_{11}(t,\tau)\xi_1 + g_{12}(t,\tau)\xi_2$$

$$\zeta_2 = g_{21}(t,\tau)\xi_1 + g_{22}(t,\tau)\xi_2$$

2.6 随机非线性系统统计线性化

随机非线性控制系统的概率分析与随机线性控制系统相比要复杂得多[10,70-71]。对于连续时间情形，系统状态向量的概率密度函数或概率密度转移函数由微分方程确定；而对于离散时间情形，可以使用递归方法来求概率密度函数序列。然而，在实际分析过程中，根据递归公式求解这些方程的过程非常复杂。为了便于实际应用，通常使用近似方法，即非线性函数线性化方法。通过对非线性函数线性化，将非线性系统模型转化为逼近线性系统模型，然后，利用随机线性系统的概率分析理论比较简单地进行递归求解。

2.6.1 非线性函数的一般线性化

假设下列非线性函数：

$$Y = \boldsymbol{\psi}(\boldsymbol{X}, t)$$

可微，则函数 $\boldsymbol{\psi}(\boldsymbol{X}, t)$ 的值可以近似地用在输入信号数学期望附近进行泰勒展开后的线性函数值来表示，且误差精度是一阶的，即

$$Y = \boldsymbol{\psi}(\boldsymbol{m}_X + \boldsymbol{X}^0, t) = \boldsymbol{\psi}(\boldsymbol{m}_X, t) + \frac{\partial \boldsymbol{\psi}(\boldsymbol{m}_X, t)}{\partial \boldsymbol{m}_X}\boldsymbol{X}^0 \tag{2.93}$$

式中，$\boldsymbol{X}(t)$ 为随机输入信号；$\boldsymbol{m}_X = E[\boldsymbol{X}(t)]$ 为 $\boldsymbol{X}(t)$ 的数学期望函数；$\boldsymbol{X}^0(t) = \boldsymbol{X}(t) - \boldsymbol{m}_X(t)$ 为 $\boldsymbol{X}(t)$ 中心化随机输入向量。

对于下列多变量非线性函数：

$$Y = \boldsymbol{\psi}(X_1, \cdots, X_n, t)$$

它的一般线性化函数为

$$\begin{aligned} Y &= \boldsymbol{\psi}(X_1, \cdots, X_n, t) \\ &= \boldsymbol{\psi}(m_{X_1}, \cdots, m_{X_n}, t) + \sum_{i=1}^{n} \frac{\partial \boldsymbol{\psi}(m_{X_1}, \cdots, m_{X_n}, t)}{\partial m_{X_i}} X_i^0(t) \end{aligned} \tag{2.94}$$

但是，若函数 $\boldsymbol{\psi}(\boldsymbol{X}, t)$ 关于变量不可微，或变量 $\boldsymbol{X}(t)$ 的随机偏差非常大，则上述线性化方法不可用，必须使用下面介绍的统计线性化方法。

2.6.2 非线性性函数的统计线性化

假设非线性函数

$$Y = \boldsymbol{\psi}(X_1, \cdots, X_n, t)$$

关于变量 $(X_1, \cdots, X_n)$ 不可微，则可以使用统计线性化方法，常用的方法有如下两种。

1. *方法一*

假设函数 $\boldsymbol{\psi}(X_1, \cdots, X_n, t)$ 的统计线性化函数为

$$Y^* = \psi_0 + \sum_{i=1}^{n} k_i X_i^0$$

式中，ψ_0, $k_i (i = 1, 2, \cdots, n)$ 为待定的统计线性化参数。

利用原函数 Y 与其统计线性化函数 Y^* 的数学期望函数及方差函数矩阵相等，可求出待定的统计线性化参数，即

$$\boldsymbol{\psi}_0 = E(Y^*) = E[\boldsymbol{\psi}(\boldsymbol{X}, t)] \tag{2.95}$$

$$\boldsymbol{\theta}_{Y^*} = E[(Y^* - \psi_0)(Y^* - \psi_0)^{\mathrm{T}}] \tag{2.96}$$

将函数 Y 及 Y^* 的具体表达式分别代入式（2.95）和式（2.96），计算得

$$\psi_0 = E[\boldsymbol{\psi}(X_1, \cdots, X_n, t)] \tag{2.97}$$

$$\sum_{i,\, j=1}^{n} k_i k_j \theta_{ij} = E\{[\boldsymbol{\psi} - E(\boldsymbol{\psi})]^2\} \tag{2.98}$$

若输入向量 $\boldsymbol{X}$ 为 n 维正态分布随机过程，则 $k_i (i = 1, 2, \cdots, n)$ 可表示为

$$\begin{aligned} k_i = &\left\{ \frac{D_\psi}{\theta_{ii}} \left[\sum_{r,\, l=1}^{n} \frac{\theta_{rl}}{\sqrt{\theta_{rr}\theta_{ll}}} \operatorname{sgn}\left(\frac{\partial \psi_0}{\partial m_{X_r}}\right) \operatorname{sgn}\left(\frac{\partial \psi_0}{\partial m_{X_l}}\right) \right]^{-1} \right\}^{\frac{1}{2}} \\ &\times \operatorname{sgn}\left(\frac{\partial \psi_0}{\partial m_{X_i}}\right) \qquad (i = 1, 2, \cdots, n) \end{aligned} \tag{2.99}$$

式中

$$
\begin{aligned}
D_\psi &= \int_{-\infty}^{\infty}\cdots\int_{-\infty}^{\infty}\boldsymbol{\psi}^2(x_1,\cdots,x_n,t)f(x_1,\cdots,x_n,t)\mathrm{d}x_1\cdots\mathrm{d}x_n-\psi_0\\
&= E[(\boldsymbol{\psi}(x_1,\cdots,x_n)-\psi_0)^2]
\end{aligned}
$$

$$
f(x_1,\cdots,x_n,t)=\frac{1}{\sqrt{(2\pi)^2D}}\exp\left(\frac{D^*}{2D}\right)
$$

$$
D^*=\begin{vmatrix}\theta_{11} & \cdots & \theta_{1n} & x_1-m_{x_1}\\ \vdots & & \vdots & \vdots\\ \theta_{n1} & \cdots & \theta_{nn} & x_n-m_{x_n}\\ x_1-m_{x_1} & \cdots & x_n-m_{x_n} & 0\end{vmatrix} \tag{2.100}
$$

$$
D=\begin{vmatrix}\theta_{11} & \cdots & \theta_{1n}\\ \vdots & & \vdots\\ \theta_{n1} & \cdots & \theta_{nn}\end{vmatrix}
$$

当 $n=1$，即 ψ 为单变量非线性函数时，式（2.99）转化为

$$
k_1=\sqrt{\frac{D_\psi}{\theta_{11}}}\operatorname{sgn}\left(\frac{\partial\psi_0}{\partial m_{X_1}}\right)
$$

式中

$$
\begin{aligned}
\psi_0 &= \int_{-\infty}^{+\infty}\boldsymbol{\psi}(x_1,t)f(x_1,t)\mathrm{d}x_1\\
D_\psi &= \int_{-\infty}^{+\infty}\boldsymbol{\psi}^2(x_1,t)f(x_1,t)\mathrm{d}x_1-\psi_0^2\\
\theta_{11} &= \int_{-\infty}^{+\infty}x_1^2f(x_1,t)\mathrm{d}x_1-m_{X_1}^2\\
f(x_1,t) &= \frac{1}{\sqrt{2\pi\theta_{11}}}\exp\left(-\frac{(x_1-m_{X_1})^2}{2\theta_{11}}\right)
\end{aligned}
$$

2. 方法二

可根据逼近误差均方值最小准则来确定系数 ψ_0 及 $k_i(i=1,2,\cdots,n)$。

记

$$
\eta=E\left\{\left[\boldsymbol{\psi}(x_1,\cdots,x_n,t)-\psi_0-\sum_{i=1}^n k_iX_i^0\right]^2\right\}
$$

对函数 η 关于 ψ_0 及 $k_i\,(i=1,2,\cdots,n)$ 求偏导，并令其为 0，即

$$
\frac{\partial\eta}{\partial\psi_0}=0,\ \frac{\partial\eta}{\partial k_i}=0
$$

得

$$
\varphi_0=E[\boldsymbol{\psi}(x_1,\cdots,x_n,t)] \tag{2.101}
$$

式中

$$E[\boldsymbol{\psi}(x_1, \cdots, x_n, t)] = \int_{-\infty}^{+\infty} \cdots \int_{-\infty}^{\infty} \boldsymbol{\psi}(x_1, \cdots, x_n, t) f(x_1, \cdots, x_n, t) \mathrm{d}x_1 \cdots \mathrm{d}x_n$$

$f(x_1, \cdots, x_n, t)$ 为变量 $X_1, \cdots, X_n$ 的联合概率密度函数。待定系数 $k_i(i = 1, 2, \cdots, n)$ 由下列方程求得

$$\sum_{i=1}^{n} k_i \theta_{ij} = \theta_{\psi j} \qquad (j = 1, 2, \cdots, n) \tag{2.102}$$

式中

$$\theta_{ij} = E[X_i^0(t) X_j^0(t)],\ \theta_{\psi j} = E[\boldsymbol{\psi}(t) X_j^0(t)]$$

$$\theta_{ij}(t) = \int_{-\infty}^{+\infty} \cdots \int_{-\infty}^{+\infty} [x_i(t) - m_{X_i}(t)][x_j(t) - m_{X_j}(t)] f(x_1, \cdots, x_n, t) \mathrm{d}x_1 \cdots \mathrm{d}x_n$$

$$\theta_{\psi j}(t) = \int_{-\infty}^{+\infty} \cdots \int_{-\infty}^{+\infty} \boldsymbol{\psi}(x_1, \cdots, x_n, t)[x_j(t) - m_{X_j}(t)] f(x_1, \cdots, x_n, t) \mathrm{d}x_1 \cdots \mathrm{d}x_n$$

由式（2.102），可得

$$k_i = \sum_{j=1}^{n} (-1)^{i+j} \frac{D_j^i}{D} \theta_{\varphi j} \qquad (i = 1, 2, \cdots, n) \tag{2.103}$$

式中，D_j^i 为行列式 D 的第 i 行第 j 列元素的代数余子式。

要确定待定系数 $k_i(i = 1, 2, \cdots, n)$，必须知道输入变量 $(X_1, \cdots, X_n)$ 的联合概率密度函数 $f(x_1, \cdots, x_n, t)$，而对于闭环控制系统，通常无法知道它。在实际应用中，对于复杂的自动控制系统，总认为 $f(x_1, \cdots, x_n, t)$ 为高斯概率密度函数。这样，待定系数 ψ_0, k_i 可由输入变量 $(X_1, \cdots, X_n)$ 的随机特性 m_X, θ_X 确定。

假设 $f(x_1, \cdots, x_n, t)$ 可以表示为

$$f(x_1, \cdots, x_n, t) = \frac{1}{\sqrt{(2\pi)^2 D}} \exp\left(\frac{D^*}{2D}\right) \tag{2.104}$$

下面计算待定系数 ψ_0, k_i。

由式（2.102），得

$$\psi_0 = \int_{-\infty}^{+\infty} \cdots \int_{-\infty}^{+\infty} \boldsymbol{\psi}(x_1, \cdots, x_n, t) f(x_1, \cdots, x_n, t) \mathrm{d}x_1 \cdots \mathrm{d}x_n \tag{2.105}$$

对式（2.105）两边关于 m_{X_i} 求微分，得

$$\frac{\partial \psi_0}{\partial m_{X_i}} = \int_{-\infty}^{+\infty} \cdots \int_{-\infty}^{+\infty} \boldsymbol{\psi}(x_1, \cdots, x_n, t) \frac{\partial}{\partial m_{x_i}} f(x_1, \cdots, x_n, t) \mathrm{d}x_1 \cdots \mathrm{d}x_n \tag{2.106}$$

利用式（2.104）和式（2.100），可得

$$\frac{\partial f}{\partial m_{x_i}} = f(x_1, \cdots, x_n, t) \sum_{j=1}^{n} (-1)^{i+j} \frac{D_j^i}{D} (x_j - m_{X_j}) \tag{2.107}$$

将式（2.107）代入式（2.106），得

$$\frac{\partial \psi_0}{\partial m_{X_i}} = \sum_{j=1}^{n} (-1)^{i+j} \frac{D_j^i}{D} E[\psi X_j^0] \qquad (i=1,\ 2,\ \cdots,\ n) \tag{2.108}$$

比较式（2.103）与式（2.107），得

$$k_i = \frac{\partial \psi_0}{\partial m_{X_i}} \qquad (i=1,2,\cdots,n) \tag{2.109}$$

在实际应用中，通常用统一的向量形式来表示上述线性化函数。

假设非线性函数表示为

$$Y(t) = \boldsymbol{\psi}(\boldsymbol{X}(t),\ t) \tag{2.110}$$

式中，$\boldsymbol{\psi}$ 为任意确定的非线性向量函数。

利用上述介绍的统计线性化方法，可获得其统计线性化函数为

$$Y(t) = \boldsymbol{\psi}_0(\boldsymbol{m}_{X_1},\ \boldsymbol{\theta}_X,\ t) + \boldsymbol{K}_\psi(\boldsymbol{m}_{X_1},\ \boldsymbol{\theta}_X,\ t)\boldsymbol{X}^0(t) \tag{2.111}$$

式中，$\boldsymbol{\psi}_0$ 为函数的非线性统计特征向量；$\boldsymbol{K}_\psi$ 为统计放大系数矩阵；$\boldsymbol{m}_X$ 和 $\boldsymbol{\theta}_X$ 分别为随机向量 $\boldsymbol{X}$ 的数学期望及方差函数矩阵，$\boldsymbol{\theta}_X$ 中的元素为

$$\theta_{ij}(t) = E[X_i^0(t) X_j^0(t)]$$

比较式（2.99）和式（2.109）很容易看出，使用方法二获得的统计线性化函数要简单些。

当 x 为正态分布时，单变量的非线性函数统计线性化表达式如下：

$$f(x) \approx \widehat{f} + nr$$

式中

$$r = x - m$$

$$m = E(x)$$

$$\widehat{f} = \frac{1}{\sqrt{2\pi}\sigma} \int_{-\infty}^{\infty} f(x) \exp\left(-\frac{1}{2}\left(\frac{x-m}{\sigma}\right)^2\right) \mathrm{d}x$$

$$P = \sigma^2 = E(r^2)$$

$$n = \frac{\partial \widehat{f}}{\partial m} = \frac{1}{\sqrt{2\pi}\sigma^3} \int_{-\infty}^{\infty} (x-m) f(x) \exp\left(-\frac{1}{2}\left(\frac{x-m}{\sigma}\right)^2\right) \mathrm{d}x$$

上式中 $\widehat{f}$ 和 n 通常称为描述函数，具体表达式可参考表 2.1。

例 2.5 确定如图 2.1 所示的非线性函数

$$Y = \psi(X) = l\mathrm{sgn}(X)$$

的统计线性化系数 $\psi_0,\ k_1$。

表 2.1 单随机变量输入非线性函数的描述函数

序号	非线性函数形式 $f(x)$	描述函数 $\widehat{f}$ 和 n	
		$\widehat{f}$	n
1	$\sin(x)$	P	P
2	$\cos(x)$	P	P
3	x^2	m^2+P	$2m$
4	x^3	$m(3P+m^2)$	$3(P+m^2)$
5	x^4	$m^4+6m^2P+3P^2$	$4m(m^2+3P)$
6	x^5	$m^5+10m^3P+15P^2m$	$5(m^4+6m2P+3P^2)$
7	理想继电器 $f(x)=\mathrm{sgn}(x)$	$2PI(m/\sigma)$	$(2/\sigma)PF(m/\sigma)$
8	理想限幅器 $f(x)=\begin{cases} x, & \lvert x\rvert\leqslant\delta \\ \delta\mathrm{sgn}(x), & \lvert x\rvert>\delta \end{cases}$	$\sigma G\left(\frac{\delta+m}{\sigma}-\frac{\delta-m}{\sigma}\right)-m$	$PI\left(\frac{\delta+m}{\sigma}+\frac{\delta-m}{\sigma}\right)-1$
9	有死区的线性增益 $f(x)=\begin{cases} x, & \lvert x\rvert\leqslant\delta \\ (\lvert x\rvert-\delta)\mathrm{sgn}(x), & \lvert x\rvert>\delta \end{cases}$	$2m-\sigma G\left(\frac{\delta+m}{\sigma}-\frac{\delta-m}{\sigma}\right)$	$2-PI\left(\frac{\delta+m}{\sigma}+\frac{\delta-m}{\sigma}\right)$
10	有死区的限幅器 $f(x)=\begin{cases} 0, & \lvert x\rvert\leqslant\delta \\ 1, & \lvert x\rvert>\delta \end{cases}$	$PI\left(\frac{\delta+m}{\sigma}+\frac{\delta-m}{\sigma}\right)$	$\frac{PF}{\sigma}\left(\frac{\delta+m}{\sigma}+\frac{\delta-m}{\sigma}\right)$
11	有死区的限幅器 $f(x)=\begin{cases} 0, & \lvert x\rvert\leqslant\delta_1 \\ (\lvert x\rvert-\delta_1)\mathrm{sgn}(x), & \delta_1\leqslant\lvert x\rvert\leqslant\delta_2 \\ (\delta_2-\delta_1)\mathrm{sgn}(x), & \delta_2<\lvert x\rvert \end{cases}$	$\sigma G\left(\frac{\delta_2+m}{\sigma}-\frac{\delta_2-m}{\sigma}\right)-\sigma G\left(\frac{\delta_1+m}{\sigma}-\frac{\delta_1-m}{\sigma}\right)$	$PI\left(\frac{\delta_2+m}{\sigma}+\frac{\delta_2-m}{\sigma}\right)-PI\left(\frac{\delta_1+m}{\sigma}+\frac{\delta_1-m}{\sigma}\right)$

注：$PF(x)=\frac{1}{2\pi}\exp\left(-\frac{x^2}{2}\right)$ 称为概率函数；

$PI(x)=\frac{1}{\sqrt{2\pi}}\int_{-\infty}^{x}\exp\left(-\frac{x^2}{2}\right)\mathrm{d}x$ 称为概率积分；

$G(x)=xPI(x)+PF(x)$。

解：由式（2.97），可得

$$
\begin{aligned}
\psi_0=E[\psi(x)]&=\int_{-\infty}^{\infty}\psi(x)f(x)\mathrm{d}x\\
&=\frac{1}{\sqrt{2\pi\sigma_x}}\int_{-\infty}^{\infty}l\mathrm{sgn}(x)\exp\left(-\frac{(x-m_X)^2}{2\sigma_x^2}\right)\mathrm{d}x\\
&=\frac{l}{\sqrt{2\pi}\sigma_x}\int_{0}^{2m_X}\exp\left(-\frac{(x-m_X)^2}{2\sigma_x^2}\right)\mathrm{d}x=2l\varPhi\left(\frac{m_X}{\sigma_x}\right)
\end{aligned}
$$

式中

$$
\varPhi(z)=\frac{1}{\sqrt{2\pi}}\int_{0}^{z}\exp\left(-\frac{t^2}{2}\right)\mathrm{d}t
$$

为拉普拉斯函数。

利用式（2.99），可求得 k_1 为

$$
k_1(m_X,\sigma_x)=\frac{l}{\sigma_x}\sqrt{1-4\varPhi^2\left(\frac{m_X}{\sigma_x}\right)}
$$

再利用式（2.104），可求得 k_1 为

$$k_1(m_X,\,\sigma_x)=\frac{2l}{\sigma_x}\exp\left(-\frac{m_X^2}{\sigma_x^2}\right)$$

其统计线性化函数曲线如图 2.2 所示。

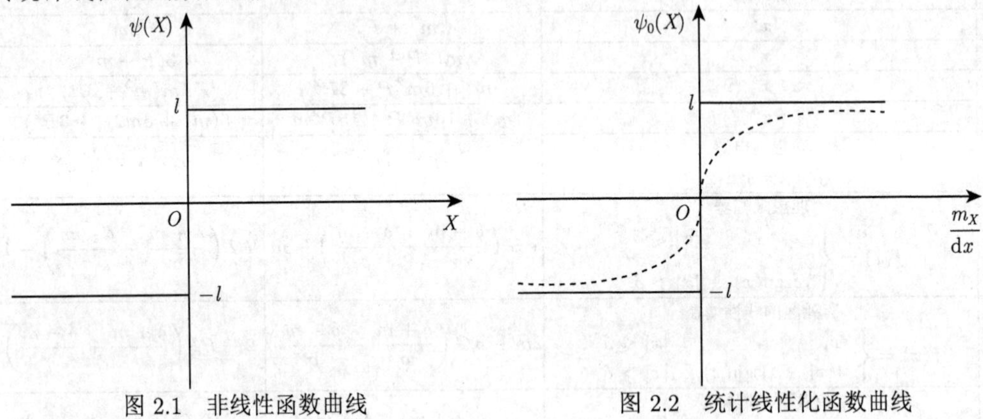

图 2.1 非线性函数曲线　　　　图 2.2 统计线性化函数曲线

例 2.6 确定非线性乘法函数 $Y=X_1X_2$ 的统计线性化函数。

解：假设它的统计线性化函数表示为

$$Y=\psi_0+k_1X_1^0+k_2X_2^0$$

式中，ψ_0, k_1, k_2 为待定系数。

首先利用式（2.101），并假设变量 X_1, X_2 的联合概率密度函数 $f(X_1, X_2, t)$ 为高斯概率密度函数，则可得 ψ_0 为

$$\psi_0=m_1m_2+\theta_{12}$$

方差 D_x 为

$$D_x=m_1^2\theta_{22}+m_2^2\theta_{11}+\theta_{11}\theta_{22}+2m_1m_2\theta_{12}+\theta_{12}^2$$

下面使用两种方法计算参数 k_1, k_2。

方法一：利用式（2.99），可计算 k_1, k_2 分别为

$$k_1=\left(m_2^2+\theta_{22}+m_1^2\frac{\theta_{22}}{\theta_{11}}+2m_1m_2\frac{\theta_{12}}{\theta_{11}}+\frac{\theta_{12}^2}{\theta_{11}}\right)^{\frac{1}{2}}\mu\mathrm{sgn}(m_1)$$

$$k_2=\left(m_1^2+\theta_{11}+m_2^2\frac{\theta_{11}}{\theta_{22}}+2m_1m_2\frac{\theta_{12}}{\theta_{22}}++\frac{\theta_{12}^2}{\theta_{22}}\right)^{\frac{1}{2}}\mu\mathrm{sgn}(m_2)$$

式中

$$\mu=\left[2\left(1+\frac{\theta_{12}}{\sqrt{\theta_{12}\theta_{22}}}\mathrm{sgn}(m_1)\mathrm{sgn}(m_2)\right)\right]^{\frac{1}{2}}$$

方法二：根据式（2.104），可以简单地计算出

$$k_1=m_2,\,k_2=m_1$$

2.6.3 随机非线性系统统计线性化系统模型

若对式(2.8)或式(2.21)所表示的随机非线性系统模型右边非线性函数 $\boldsymbol{\psi}(\boldsymbol{X}(t), t)$ 或 $\boldsymbol{\psi}(\boldsymbol{X}(k), k)$ 进行统计线性化，然后将统计线性化函数带回到原随机非线性系统模型，可获得其统计线性化系统模型。

对式（2.8）或式（2.21）中非线性函数 $\boldsymbol{\psi}(X(t), t)$ 或 $\boldsymbol{\psi}(X(k), k)$ 进行统计线性化，得

$$\boldsymbol{\psi}(\boldsymbol{X}(t), t) = \boldsymbol{\psi}_0(\boldsymbol{m}, \boldsymbol{\theta}, t) + \boldsymbol{K}_\psi(\boldsymbol{m}, \boldsymbol{\theta}, t)\boldsymbol{X}^0(t) \tag{2.112}$$

$$\boldsymbol{\psi}(\boldsymbol{X}(k), k) = \boldsymbol{\psi}_0(\boldsymbol{m}(k), \boldsymbol{\theta}(k), k) + \boldsymbol{K}_\psi(\boldsymbol{m}(k), \boldsymbol{\theta}(k), k)\boldsymbol{X}^0(k) \tag{2.113}$$

将式（2.112）与式（2.113）分别代入式（2.8）和式（2.21），得如下统计线性化模型：

$$\dot{\boldsymbol{X}}(t) = \boldsymbol{\psi}_0(\boldsymbol{m}(t), \boldsymbol{\theta}(t), t) + \boldsymbol{K}_\psi(\boldsymbol{m}(t), \boldsymbol{\theta}(t), t)\boldsymbol{X}^0(t) + \boldsymbol{V}(t),\ \boldsymbol{X}(t_0) = \boldsymbol{X}_0 \tag{2.114}$$

$$\begin{aligned}\boldsymbol{X}(k+1) = &\ \boldsymbol{X}(k) + \boldsymbol{\psi}_0(\boldsymbol{m}(k), \boldsymbol{\theta}(k), k) \\ &+ \boldsymbol{K}_\psi(\boldsymbol{m}(k), \boldsymbol{\theta}(k), k)\boldsymbol{X}^0(k) + \boldsymbol{V}(k),\ \boldsymbol{X}(0) \\ = &\ \boldsymbol{X}_0\end{aligned} \tag{2.115}$$

式中，$\boldsymbol{m}(t) = \boldsymbol{E}[\boldsymbol{X}(t)]$ 和 $\boldsymbol{\theta}(t) = E[\boldsymbol{X}^0(t)\boldsymbol{X}^{0\mathrm{T}}(t)]$ 分别为 $\boldsymbol{X}(t)$ 的数学期望函数及方差函数矩阵；$\boldsymbol{m}(k) = E[\boldsymbol{X}(k)]$ 和 $\boldsymbol{\theta}(k) = E[\boldsymbol{X}^0(k)\boldsymbol{X}^{0\mathrm{T}}(k)]$ 分别为 $\boldsymbol{X}(k)$ 的数学期望函数及方差函数矩阵。

2.7 随机非线性系统的矩分析

本章讨论随机线性系统的矩分析，对于线性系统状态向量的一、二阶矩，不但可以使用冲激响应函数来表示，而且也可简单地用微分方程表示。在 2.5 节中证明了当随机线性系统的输入信号为高斯信号时，状态向量的一维分布函数完全由其一、二矩确定，且它也是高斯信号。然而在许多实际问题中，遇到的系统常常并不是线性系统，而是随机非线性系统。它的矩分析远比线性系统复杂，但可以使用逼近矩的方法来研究它，即利用 2.6 节介绍的统计线性化方法，先将非线性系统近似地用线性系统表示，然后使用线性系统的矩分析方法来近似地研究它的一、二阶矩。

2.7.1 冲激响应法

假设随机非线性系统可以表示如下：

$$\dot{\boldsymbol{X}}(t) = \boldsymbol{\psi}(\boldsymbol{X}, t) + \boldsymbol{V}(t),\ \boldsymbol{X}(t_0) = \boldsymbol{X}_0$$

式中，$\boldsymbol{\psi}$ 为已知的非线性向量函数；噪声向量 $\boldsymbol{V}(t) \in \mathcal{N}(\boldsymbol{m}_V(t), \boldsymbol{G}(t)\delta(t))$。

利用统计线性化方法，得统计线性化微分方程如下：

$$\dot{\boldsymbol{X}}(t) = \boldsymbol{\psi}_0(\boldsymbol{m}_X, \boldsymbol{\theta}_X, t) + \boldsymbol{K}_\psi(\boldsymbol{m}_X, \boldsymbol{\theta}_X, t)\boldsymbol{X}^0(t) + \boldsymbol{V}(t),\ \boldsymbol{X}(t_0) = \boldsymbol{X}_0 \tag{2.116}$$

式中，统计特性 ψ_0 及统计放大系统矩阵 $\boldsymbol{K}$ 与状态向量 $\boldsymbol{X}(t)$ 的数学期望函数 $\boldsymbol{m}_X(t)$ 及方差函数矩阵 $\boldsymbol{\theta}_X(t)$ 有关。

由于式（2.116）为线性微分方程，可以使用前面介绍的冲激响应函数来表示状态向量，即

$$\boldsymbol{X}(t)=\int_{t_0}^{t}\boldsymbol{g}(t,\tau)\boldsymbol{V}(\tau)\mathrm{d}\tau+\boldsymbol{g}(t,t_0)\boldsymbol{X}^0(t) \tag{2.117}$$

式中

$$\boldsymbol{g}(t,\tau)=\exp\left(\int_{\tau}^{t}\boldsymbol{K}_{\psi}(\boldsymbol{m}_X,\boldsymbol{\theta}_X,t')\mathrm{d}t'\right)$$

由式（2.117）可以计算输出向量的数学期望函数，即

$$\boldsymbol{m}_X(t)=\int_{t_0}^{t}\boldsymbol{g}(t,\tau)\boldsymbol{m}_V(\tau)\mathrm{d}\tau+\boldsymbol{g}(t,t_0)\boldsymbol{m}_{X_0} \tag{2.118}$$

利用如下中心化随机向量：

$$\boldsymbol{X}^0(t)=\int_{t_0}^{t}\boldsymbol{g}(t,\tau)\boldsymbol{V}^0(\tau)\mathrm{d}\tau+\boldsymbol{g}(t,t_0)\boldsymbol{X}_0^0(t)$$

可以计算自协方差函数矩阵 $\boldsymbol{R}_X(t,t')=E[\boldsymbol{X}^0(t)\boldsymbol{X}^{0\mathrm{T}}(t')]$ 和方差函数矩阵 $\boldsymbol{\theta}_X(t)=E[\boldsymbol{X}^0(t)\boldsymbol{X}^{0\mathrm{T}}(t)]$。

类似于线性系统的计算，可得自协方差函数矩阵及方差函数矩阵分别为

$$\boldsymbol{R}_X(t,t')=\int_{t_0}^{t}\boldsymbol{g}(t,\tau)\boldsymbol{G}(\tau)\boldsymbol{g}^{\mathrm{T}}(t',\tau)\mathrm{d}\tau+\boldsymbol{g}(t,t_0)\boldsymbol{\theta}_{X_0}g^{\mathrm{T}}(t',t_0) \tag{2.119}$$

$$\boldsymbol{\theta}_X(t)=\int_{t_0}^{t}\boldsymbol{g}(t,\tau)\boldsymbol{G}(\tau)\boldsymbol{g}^{\mathrm{T}}(t,\tau)\mathrm{d}\tau+\boldsymbol{g}(t,t_0)\boldsymbol{\theta}_{X_0}\boldsymbol{g}^{\mathrm{T}}(t,t_0) \tag{2.120}$$

注意，对于非线性系统，无法单独利用式（2.118）、式（2.119）和式（2.120）分别计算 $\boldsymbol{m}_X(t)$, $\boldsymbol{R}_X(t,t')$, $\boldsymbol{\theta}_X(t)$。因为，冲激响应矩阵 $\boldsymbol{g}(t,\tau)$ 与状态向量 $\boldsymbol{X}(t)$ 的数学期望函数 $\boldsymbol{m}_X(t)$ 及方差函数矩阵 $\boldsymbol{\theta}_X(t)$ 有关，必须联立求解。

2.7.2　逼近概率矩微分方程

类似于线性系统，非线性系统的逼近概率矩也可以用微分方程来表示[10, 63]。

假设随机非线性系统的模型同 2.3 节，使用统计线性化方法，获得它的线性化模型式（2.116），然后对式（2.116）两边求数学期望，得

$$\dot{\boldsymbol{m}}_X=\boldsymbol{\psi}_0(\boldsymbol{m}_X,\boldsymbol{\theta}_X,t)+\boldsymbol{m}_V,\ \boldsymbol{m}_X(t_0)=\boldsymbol{m}_0 \tag{2.121}$$

其标量形式为

$$\dot{m}_{X_i}=\varphi_{i_0}(m_X,\theta_X,t)+m_{V_i},\ m_{X_i}(t_0)=m_{i_0}\qquad(i=1,2,\cdots,n) \tag{2.122}$$

方差矩阵为

$$\boldsymbol{\theta}_X = E[\boldsymbol{X}^0(t)\boldsymbol{X}^{0\mathrm{T}}(t)]$$

式中，$\boldsymbol{X}^0(t)$ 为 $\boldsymbol{X}(t)$ 的中心化状态向量。

完全类似于线性系统情形，可获得关于方差函数矩阵 $\boldsymbol{\theta}_X(t)$ 的微分方程，即

$$\dot{\boldsymbol{\theta}}_X = \boldsymbol{K}_\psi(\boldsymbol{m}_X,\, \boldsymbol{\theta}_X,\, t)\boldsymbol{\theta}_X + \boldsymbol{\theta}_X\boldsymbol{K}_\psi^{\mathrm{T}}(\boldsymbol{m}_X,\, \boldsymbol{\theta}_X,\, t) + \boldsymbol{G},\ \boldsymbol{\theta}_X(t_0) = \boldsymbol{\theta}_{X_0} \tag{2.123}$$

式中，$\boldsymbol{\theta}_{X_0} = E[\boldsymbol{X}_0^0\boldsymbol{X}_0^{0\mathrm{T}}]$ 为状态向量初始值 $\boldsymbol{X}_0$ 的方差函数矩阵。

将其表示为标量形式

$$\begin{cases} \dot{\theta}_{kl} = \sum\limits_{j=1}^{n}(k_{kj}\theta_{jl} + k_{lj}\theta_{kj}) + G_{kl}, \\ \theta_{kl}(t_0) = \theta_{kl0} \end{cases} \qquad (k,\, l = 1,\, 2, \cdots,\, n) \tag{2.124}$$

由于矩阵是对称的，故它的元素满足

$$\theta_{ij}(t) = \theta_{ji}(t) \qquad (i,\, j = 1,\, 2,\, \cdots,\, n)$$

从而，式 (2.124) 中独立方程的个数为 $\dfrac{n(n+1)}{2}$，其中，n 为状态向量 $\boldsymbol{X}$ 的维数。

值得注意的是，对于非线性系统，式 (2.121)、式 (2.123) 或式 (2.122)、式 (2.124) 是相互关联的。因为 $\boldsymbol{\psi}_0(\boldsymbol{m}_X,\, \boldsymbol{\theta}_X,\, t)$ 及矩阵 $\boldsymbol{K}_\psi(\boldsymbol{m}_X,\, \boldsymbol{\theta}_X,\, t)$ 依赖向量 $\boldsymbol{m}_X$ 及矩阵 $\boldsymbol{\theta}_X(t)$，因此必须联立求解。独立方程的个数为 $\dfrac{n(n+1)}{2}$，在这些方程中，式 (2.122) 中的 n 个方程明显是非线性的，而式 (2.124) 形式上是线性的，但由于 $k_{ij}(\boldsymbol{m}_X,\, \boldsymbol{\theta}_X,\, t)$ 依赖数学期望函数及方差函数矩阵，因此，本质上也是非线性的。这就说明了统计线性化的本质。虽然线性化后的方程是线性的，但原系统的本质特性仍然被保持。注意到若使用一般微分线性化，非线性函数 ψ_0 及矩阵 $\boldsymbol{K}_\psi$ 不依赖 $\boldsymbol{\theta}_X$，可以先对式 (2.121) 求积分，然后再对式 (2.123) 进行积分。

在许多实际问题中，不但要知道状态变量的一、二阶矩，还要知道更多的概率特性，如相关函数矩阵等。对于线性系统，相关函数很容易确定。而对于非线性系统，利用统计线性化方法将其转化为线性化模型后，也可近似地确定。下面介绍两种求相关函数矩阵的方法。

1. *方法一*

首先利用统计线性化方法将其转化为线性化模型，计算它的冲激响应函数矩阵，然后求解方程获得数学期望函数及方差函数矩阵。

由于自协方差函数矩阵可表示为

$$\begin{aligned} \boldsymbol{R}_X(t,\, t') &= E[\boldsymbol{X}^0(t)\boldsymbol{X}^{0\mathrm{T}}(t')] = E\{E[\boldsymbol{X}^0(t)|\boldsymbol{X}^0(t')]\boldsymbol{X}^{0\mathrm{T}}(t')\} \\ &= E[\widehat{\boldsymbol{X}}^0(t)\boldsymbol{X}^{0\mathrm{T}}(t')] \end{aligned} \tag{2.125}$$

式中

$$\widehat{\boldsymbol{X}}^0(t) = E[\boldsymbol{X}^0(t)|\boldsymbol{X}^0(t')]$$

可以完全类似于线性系统情形，求得自协方差函数矩阵，即

$$\boldsymbol{R}_X(t,\, t') = \boldsymbol{g}(t,\, t')\boldsymbol{\theta}_X(t')\boldsymbol{I}(t-t') + \boldsymbol{\theta}_X(t)\boldsymbol{g}^{\mathrm{T}}(t,\, t')\boldsymbol{I}(t'-t) \tag{2.126}$$

由于

$$\boldsymbol{g}(t,\, t) = \boldsymbol{I}(t)$$

式中, $\boldsymbol{I}(t)$ 为单位矩阵，且 $\boldsymbol{I}(t-t) = \dfrac{1}{2}\boldsymbol{I}$，因此，当 $t' = t$ 时，有

$$\boldsymbol{R}_X(t,\, t) = \boldsymbol{\theta}_X$$

2. *方法二*

将自协方差函数矩阵 $\boldsymbol{R}_X(t,\, t')$ 的其中一个变量固定，对另一个变量求偏导，即可表示为自协方差函数矩阵的偏微分方程形式。

根据自协方差函数矩阵的定义，有

$$\boldsymbol{R}_X(t,\, t') = E[\boldsymbol{X}^0(t)\boldsymbol{X}^{0\mathrm{T}}(t)] \tag{2.127}$$

对式（2.127）两边关于 t 求偏导，然后类似于 2.3.3 小节的计算，得

$$\frac{\partial \boldsymbol{R}_X(t,\, t')}{\partial t} = \boldsymbol{K}_\psi(\boldsymbol{m}_X,\, \boldsymbol{\theta}_X,\, t)\boldsymbol{R}_X(t,\, t') + \boldsymbol{G}(t)\boldsymbol{g}^{\mathrm{T}}(t,\, t')\boldsymbol{I}(t'-t) \tag{2.128}$$

式中，当 $t > t'$ 时，有 $\boldsymbol{g}^{\mathrm{T}}(t,\, t') = \boldsymbol{0}$。初始条件为

$$\boldsymbol{R}_X(t',\, t') = \boldsymbol{\theta}_X(t')$$

再对式（2.127）两边关于 t' 求偏导，得

$$\frac{\partial \boldsymbol{R}_X(t,\, t')}{\partial t'} = \boldsymbol{R}_X(t,\, t')\boldsymbol{K}_\psi^{\mathrm{T}}(\boldsymbol{m}_X,\, \boldsymbol{\theta}_X,\, t) + \boldsymbol{g}(t,\, t')\boldsymbol{G}(t')\boldsymbol{I}(t'-t) \tag{2.129}$$

式中，当 $t' > t$ 时，有 $\boldsymbol{g}(t,\, t') = \boldsymbol{0}$。初始条件为

$$\boldsymbol{R}_X(t,\, t) = \boldsymbol{\theta}_X(t)$$

这样，式（2.128）和式（2.129）完全确定了关于 t, t' 全部区域，包括 $t' = t$ 区域的自协方差函数矩阵。在实际应用中，由于自协方差函数矩阵的对称性，只需计算式（2.128）或式（2.129）中的一个方程即可。

例 2.7 假设二阶随机非线性系统状态方程为

$$\ddot{X} + \frac{1}{\alpha}\dot{X} + 4X = V_1 - \mathrm{sgn}(V_1),\; X(t_0) = 0$$

式中，V_1 随机输入信号是平稳随机过程，它的数学期望为 0，自协方差函数为

$$R_{V_1}(t-t')=\exp(-\alpha(t-t')),\quad \alpha=\sqrt{0.2}$$

求逼近概率矩微分方程。

解：由于随机输入信号 V_1 为有色信号，可以使用成形滤波器，将其表示为

$$\dot{V}_1+\alpha V_1=\sqrt{\frac{\alpha}{\pi}}V$$

式中，$V(t)\in\mathcal{N}(0,\ 2\pi\delta(t))$。

引入记号，$X=X_1$, $\dot{X}=X_2$, $X=X_3$，原二阶非线性状态方程转化为

$$\begin{cases}\dot{X}_1=X_2\\ \dot{X}_2=-4X_1-\dfrac{1}{\alpha}X_2+X_3-\text{sgn}(X_1)\\ \dot{X}_3=-\alpha X_3+\sqrt{\dfrac{\alpha}{\pi}}V\end{cases}$$

由于 $m_X=0$ 及 $X(t_0)=0$，故

$$m_{X_1}=m_{X_2}=m_{X_3}=0$$

使用统计线性化方法，有

$$\text{sgn}(X_1)\approx k_1X_1$$

式中

$$k_1=\frac{2}{\sqrt{2\pi\theta_{11}}},\ \theta_{11}=E[X_1^2(t)]$$

将上式代入上述非线性状态方程组，可获得统计线性化模型。

利用式（2.124），求得状态变量 X_1, X_2, X_3 的逼近协方差函数微分方程为

$$\begin{cases}\dot{\theta}_{11}=2\theta_{22}\\ \dot{\theta}_{22}=-8\theta_{12}-\dfrac{2}{\alpha}\theta_{22}+2\theta_{23}-2k_1\theta_{11}\theta_{12}\\ \dot{\theta}_{33}=-2\alpha\theta_{33}+2\alpha\\ \dot{\theta}_{12}=\theta_{22}-4\theta_{11}-\dfrac{1}{\alpha}\theta_{12}+\theta_{13}-k_1\theta_{11}\theta_{11}\\ \dot{\theta}_{13}=\theta_{23}-\alpha\theta_{13}\\ \dot{\theta}_{23}=-4\theta_{13}-\dfrac{1}{\alpha}\theta_{23}+\theta_{33}-k_1\theta_{11}\theta_{13}-\alpha\theta_{23}\end{cases}$$

2.7.3 离散时间随机非线性系统状态向量概率的矩

1. 数学期望函数及方差函数矩阵的计算

考虑下列离散时间随机非线性系统：

$$\boldsymbol{X}(k+1)=\boldsymbol{\varPhi}(k+1,\ k)\psi(\boldsymbol{X}(k),\ k)+\boldsymbol{V}(k),\ \boldsymbol{X}(0)=\boldsymbol{X}_0\qquad(k=0,\ 1,\ 2,\ \cdots)\quad(2.130)$$

式中，ψ 为确定性的非线性函数；$\boldsymbol{\Phi}(k+1,k)$ 为已知的矩阵序列；噪声序列 $\boldsymbol{V}(k)\in\mathcal{N}(\boldsymbol{0},\boldsymbol{G}(k))$。

利用统计线性化方法，得

$$\psi(\boldsymbol{X}(k),k)=\boldsymbol{\psi}_0(\boldsymbol{m}(k),\boldsymbol{\theta}(k)k)+\boldsymbol{K}_\psi(\boldsymbol{m}(k),\boldsymbol{\theta}(k)k)\boldsymbol{X}^0(k) \tag{2.131}$$

式中，$\boldsymbol{X}^0(k)$ 为 $\boldsymbol{X}(k)$ 的中心化向量序列。

将式（2.131）代入式（2.130），得统计线性化模型为

$$\begin{cases}\boldsymbol{X}(k+1)=\boldsymbol{\Phi}(k+1,k)\boldsymbol{\psi}_0(\boldsymbol{m}(k),\boldsymbol{\theta}(k),k)\\ \qquad\qquad +\boldsymbol{\Phi}(k+1,k)\boldsymbol{K}_\psi(\boldsymbol{m}(k),\boldsymbol{\theta}(k),k)\boldsymbol{X}^0(k)+\boldsymbol{V}(k)\\ \boldsymbol{X}(0)=\boldsymbol{X}_0\end{cases} \tag{2.132}$$

对式（2.132）两边求数学期望，得

$$\boldsymbol{m}(k)=\boldsymbol{\Phi}(k+1,k)\boldsymbol{\psi}_0(\boldsymbol{m}(k),\boldsymbol{\theta}(k),k),\ \boldsymbol{m}(0)=\boldsymbol{m}_0 \tag{2.133}$$

$\boldsymbol{X}(k)$ 的中心化分量 $\boldsymbol{X}^0(k)$ 满足

$$\boldsymbol{X}^0(k)=\boldsymbol{\Phi}(k+1,k)\boldsymbol{K}_\psi(\boldsymbol{m}(k),\boldsymbol{\theta}(k),k)\boldsymbol{X}^0(k)+\boldsymbol{V}(k) \tag{2.134}$$

则状态向量序列 $\boldsymbol{X}(k+1)$ 的方差函数矩阵为

$$\boldsymbol{\theta}(k+1)=E[\boldsymbol{X}^0(k+1)\boldsymbol{X}^{0\mathrm{T}}(k+1)]$$

由于 $\boldsymbol{V}(k)$ 是离散白噪声向量，且互协方差函数矩阵为

$$\boldsymbol{R}_V(i,j)=\boldsymbol{G}(i)\delta_{ij},\ \delta_{ij}=\begin{cases}1, & i=j\\ 0, & i\neq j\end{cases}$$

通过计算，得

$$\begin{cases}\boldsymbol{\theta}(k+1)=\boldsymbol{\Phi}(k+1,k)\boldsymbol{K}_\psi(\boldsymbol{m}(k),\boldsymbol{\theta}(k),k)\boldsymbol{\theta}(k)\\ \qquad\qquad \times\boldsymbol{K}_\psi^{\mathrm{T}}(\boldsymbol{m}(k),\boldsymbol{\theta}(k),k)\boldsymbol{\Phi}^{\mathrm{T}}(k+1,k)+\boldsymbol{G}(k)\\ \boldsymbol{\theta}_X(0)=\boldsymbol{\theta}_{X_0}\end{cases} \tag{2.135}$$

注意：式（2.133）和式（2.135）通过向量 $\boldsymbol{m}(k),\boldsymbol{\theta}(k)$ 相互关联，必须联立求解式（2.133）及式（2.135）。

例 2.8 假设二维离散随机非线性系统为

$$\begin{cases}X_1(k+1)=\Phi_{12}(k+1,k)\psi(X_2(k),k)+V_1(k), & X_1(0)=X_{10}\\ X_2(k+1)=\Phi_{21}(k+1,k)X_1(k)+\Phi_{22}(k+1,k)X_2(k)+V_2(k), & X_2(0)=0\end{cases}$$

式中

$$\boldsymbol{V}(k)=\begin{bmatrix}V_1(k)\\ V_2(k)\end{bmatrix}\in\mathcal{N}(\boldsymbol{0},\boldsymbol{G})$$

求状态变量 X_1 及 X_2 的数学期望函数及自协方差函数。

解：由式（2.133）得状态变量 X_1 和 X_2 的数学期望 m_1 和 m_2 分别为

$$m_1(k+1)=\varPhi_{12}(k+1,\,k)\psi_0(m_2(k),\,\theta_{22}(k),\,k),\qquad m_1(0)=m_{10}$$
$$m_2(k+1)=\varPhi_{21}(k+1,\,k)m_1(k)+\varPhi_{22}(k+1,\,k)m_2(k),\qquad m_2(0)=0$$

利用式（2.135）得自协方差函数为

$$\theta_{11}(k+1)=\varPhi_{12}^2(k+1,\,k)K_\psi^2(m_2(k),\,\theta_{22}(k),\,k)\theta_{22}(k)+G_{11}(k),\theta_{11}(0)=\theta_{110}$$
$$\begin{aligned}\theta_{12}(k+1)=&\varPhi_{12}(k+1,\,k)\varPhi_{21}(k+1,\,k)K_\psi(m_2(k),\,\theta_{22}(k),\,k)\\&+\varPhi_{12}(k+1,\,k)\varPhi_{22}(k+1,\,k)\theta_{22}(k)+G_{12}(k),\,\theta_{12}(0)=0\end{aligned}$$
$$\begin{aligned}\theta_{22}(k+1)=&\varPhi_{21}^2(k+1,\,k)\theta_{11}(k)+\varPhi_{22}(k+1,\,k)\theta_{22}(k)\\&+\varPhi_{21}(k+1,\,k)\varPhi_{22}(k+1,\,k)\theta_{12}(k)+G_{22}(k),\,\theta_{22}(0)=0\end{aligned}$$

式中，$\psi_0(m_2,\,\theta_{22},\,k)$ 及 $K_\psi(m_2,\,\theta_{22},\,k)$ 为非线性函数的统计线性化系数。

2. 自协方差函数矩阵的计算

类似于连续时间情形，下面计算自协方差函数矩阵:

$$\boldsymbol{R}_X(h+1,\,l+1)=E[\boldsymbol{X}^0(h+1)\boldsymbol{X}^{0\mathrm{T}}(l+1)],\quad h\geqslant l\tag{2.136}$$

将式（2.134）代入式（2.136），得

$$\begin{aligned}\boldsymbol{R}_X(h+1,\,l+1)=&\boldsymbol{\varPhi}(h+1,\,h)\boldsymbol{K}_\psi(\boldsymbol{m}(h),\,\boldsymbol{\theta}(h),\,h)E[\boldsymbol{X}^0(h)\boldsymbol{X}^{0\mathrm{T}}(l)]\\&\times\boldsymbol{K}_\psi^{\mathrm{T}}(\boldsymbol{m}(l),\,\boldsymbol{\theta}(l),\,l)\boldsymbol{\varPhi}^{\mathrm{T}}(l+1,\,l)\\&+E[\boldsymbol{V}(h)\boldsymbol{X}^{0\mathrm{T}}(l)]\boldsymbol{K}_\psi^{\mathrm{T}}(\boldsymbol{m}(l),\,\boldsymbol{\theta}(l),\,l)\boldsymbol{\varPhi}^{\mathrm{T}}(l+1,\,l)\\&+\boldsymbol{\varPhi}(h+1,\,h)\boldsymbol{K}_\psi(\boldsymbol{m}(h),\,\boldsymbol{\theta}(h),\,h)E[\boldsymbol{X}^0(h)\boldsymbol{V}^{\mathrm{T}}(l)]\\&+E[\boldsymbol{V}(h)\boldsymbol{V}^{\mathrm{T}}(l)]\\=&\boldsymbol{\varPhi}(h+1,\,h)\boldsymbol{K}_\psi(\boldsymbol{m}(h),\,\boldsymbol{\theta}(h),\,h)\boldsymbol{R}_X(h,\,l)\boldsymbol{K}_\psi^{\mathrm{T}}(\boldsymbol{m}(l),\boldsymbol{\theta}(l),\,l)\\&\times\boldsymbol{\varPhi}^{\mathrm{T}}(l+1,\,l)\\&+E[\boldsymbol{V}(h)\boldsymbol{X}^{0\mathrm{T}}(l)]\boldsymbol{K}_\psi^{\mathrm{T}}(\boldsymbol{m}(l),\,\boldsymbol{\theta}(l),\,l)\boldsymbol{\varPhi}^{\mathrm{T}}(l+1,\,l)\\&+\boldsymbol{\varPhi}(h+1,\,h)\boldsymbol{K}_\psi(\boldsymbol{m}(h),\,\boldsymbol{\theta}(h),\,h)E[\boldsymbol{X}^0(h)\boldsymbol{V}^{\mathrm{T}}(l)]+\boldsymbol{G}(h)\delta_{hl}\\&h\geqslant l\end{aligned}\tag{2.137}$$

接下来需要计算 $E[\boldsymbol{V}(h)\boldsymbol{X}^{0\mathrm{T}}(l)]$ 和 $E[\boldsymbol{X}^0(h)\boldsymbol{V}^{\mathrm{T}}(l)]$。

由于离散线性化模型的解为

$$\boldsymbol{X}(s)=\boldsymbol{\Phi}_{\psi}^{*}(s,\,t)\boldsymbol{X}^{0}(t)+\sum_{i=t}^{s-1}\boldsymbol{\Phi}_{\psi}^{*}(s,\,i+1)\boldsymbol{V}(i) \tag{2.138}$$

式中，$\boldsymbol{\Phi}_{\psi}^{*}(s,\,t)$ 为线性化系统的状态转移函数矩阵。其中，

$$\boldsymbol{\Phi}_{\psi}^{*}(s,\,t)=\prod_{k=t}^{s-1}\boldsymbol{\Phi}(k+1,\,k)\boldsymbol{K}_{\psi}(\boldsymbol{m}(k),\,\boldsymbol{\theta}(k),\,k) \tag{2.139}$$

$$\boldsymbol{\Phi}_{\psi}^{*}(s,\,i+1)=\prod_{k=i+1}^{s-1}\boldsymbol{\Phi}(k+1,\,k)\boldsymbol{K}_{\psi}(\boldsymbol{m}(k),\,\boldsymbol{\theta}(k),\,k) \tag{2.140}$$

将式（2.138）代入 $E[\boldsymbol{X}^{0}(h)\boldsymbol{V}^{\mathrm{T}}(l)]$，得

$$E[\boldsymbol{X}^{0}(h)\boldsymbol{V}^{\mathrm{T}}(l)]=\sum_{i=0}^{h-1}\boldsymbol{\Phi}_{\psi}^{*}(h,\,i+1)\boldsymbol{G}(l)\delta_{il} \tag{2.141}$$

类似地

$$E[\boldsymbol{V}(h)\boldsymbol{X}^{0\mathrm{T}}(l)]=\sum_{i=0}^{l-1}\boldsymbol{G}(h)\delta_{hi}\boldsymbol{\Phi}_{\psi}^{*\mathrm{T}}(l,\,i+1) \tag{2.142}$$

将式（2.141）和式（2.142）代入自协方差函数矩阵的表达式，得

$$\begin{aligned}\boldsymbol{R}_{X}(h+1,\,l+1)=&\,\boldsymbol{\Phi}(h+1,\,h)\boldsymbol{K}_{\psi}(\boldsymbol{m}(h),\,\boldsymbol{\theta}(h),\,h)\boldsymbol{R}_{X}(h,\,l)\\&\times\boldsymbol{K}_{\psi}^{\mathrm{T}}(\boldsymbol{m}(l),\,\boldsymbol{\theta}(l),\,l)\boldsymbol{\Phi}^{\mathrm{T}}(l+1,\,l)\\&+\boldsymbol{G}(h)\delta_{hl}+\boldsymbol{\Phi}(h+1,\,h)\boldsymbol{K}_{\psi}(\boldsymbol{m}(h),\,\boldsymbol{\theta}(h),\,h)\\&\times\boldsymbol{\Phi}_{\psi}^{*}(h,\,l+1)\boldsymbol{G}(l),\quad h\geqslant l\end{aligned} \tag{2.143}$$

例 2.9 假设二维离散随机非线性系统同例 2.6, 求随机状态变量 X_1 和 X_2 的自协方差函数矩阵。

解： 使用统计线性化方法，并求中心化变量序列 $X_1^0(k+1)$ 和 $X_2^0(k+1)$，得

$$\begin{cases}X_1^0(k+1)=\Phi_{12}(k+1,\,k)K_{\psi}(X_2(k),\,k)X_2^0(k)+V_1(k)\\X_2^0(k+1)=\Phi_{21}(k+1,\,k)X_1^0(k)+\Phi_{22}(k+1,\,k)X_2^0(k)+V_2(k)\end{cases}$$

利用式（2.143）可求出状态变量 X_1 和 X_2 的自协方差函数矩阵为

$$\begin{aligned}&\begin{bmatrix}R_{11}(h+1,\,l+1)&R_{12}(h+1,\,l+1)\\R_{12}(h+1,\,l+1)&R_{22}(h+1,\,l+1)\end{bmatrix}\\&=\begin{bmatrix}0&\Phi_{12}(h+1,\,h)K_{\psi}(m_2,\,\theta_{22},\,h)\\\Phi_{21}(h+1,\,h)&\Phi_{22}(h+1,\,h)\end{bmatrix}\begin{bmatrix}R_{11}(h,\,l)&R_{12}(h,\,l)\\R_{12}(h,\,l)&R_{22}(h,\,l)\end{bmatrix}\\&\quad\times\begin{bmatrix}0&\Phi_{21}(l+1,\,l)\\\Phi_{12}(l+1,\,l)K_{\psi}(m_2,\,\theta_{22},\,l)&\Phi_{22}(l+1,\,l)\end{bmatrix}+\begin{bmatrix}G_{11}(h)&G_{12}(h)\\G_{21}(h)&G_{22}(h)\end{bmatrix}\delta_{hl}\\&\quad+\begin{bmatrix}0&\Phi_{12}(h+1,\,h)K_{\psi}(m_2,\,\theta_{22},\,h)\\\Phi_{21}(h+1,\,h)&\Phi_{22}(h+1,\,h)\end{bmatrix}\end{aligned}$$

$$\times \begin{bmatrix} \Phi_{11}^*(h,\, l+1) & \Phi_{12}^*(h,\, l+1) \\ \Phi_{21}^*(h,\, l+1) & \Phi_{22}^*(h,\, l+1) \end{bmatrix} \begin{bmatrix} G_{11}(h) & G_{12}(h) \\ G_{21}(h) & G_{22}(h) \end{bmatrix}, \quad h > l$$

式中，$K_\psi(m_2,\,\theta_{22},\,k)$ 为非线性函数的统计线性化系数；$\Phi_{ij}^*(h,\,l+1)(i,\,j=1,2)$ 为由式（2.140）所确定的矩阵的元素。

2.8 带有信道噪声的多智能体线性系统随机分析

近年来，分布式动态系统的协同一致性、协同控制等问题吸引了很多研究者的广泛兴趣 [105,180-186]，而有信道噪声的多智能体线性系统更符合实际系统，因此，有必要对有信道噪声的多智能体系统的状态随机性进行分析。本节内容研究离散和连续时间多智能体线性系统状态的随机特性。

2.8.1 离散时间多智能体随机系统模型

考虑由 n 个智能体构成的网络，每个智能体分别用 $i(i=1,2,\cdots,N)$ 表示。智能体之间的相互作用用拓扑图 $G=(V,E,A)$[184] 表示。$V=\{v_i, i=1,2,\cdots,N\}$ 表示节点或顶点集，其中每个节点或顶点代表智能体网络中的智能体。$E\subset V\times V$ 表示边集，它的每个元素表示智能体之间的有向或无向通信连接。如果智能体 i 从智能体 j 获取信息，那么 $(v_i,v_j)\in E$；如果 G 是无向的，那么 $(v_i,v_j)\in E \Leftrightarrow (v_j,v_i)\in E$。图 G 的邻接矩阵 $\boldsymbol{A}=(a_{ij})_{N\times N}$ 满足 $a_{ij}\neq 0 \Leftrightarrow (i,j)\in\varepsilon$。相应地，拉普拉斯矩阵 $\boldsymbol{L}$ 的元素定义为

$$l_{ij}=\begin{cases} \sum\limits_{k=1,2,\cdots,n} a_{ik}, & i=j \\ -a_{ij}, & i\neq j \end{cases} \tag{2.144}$$

在本小节中，$X_i(k)$ 表示第 i 个智能体在 k 时刻的状态，智能体 i 从它的邻居 j 获得的信息为

$$\boldsymbol{Y}_{ij}(k)=\boldsymbol{X}_j(k)+\boldsymbol{N}_{ij}(k) \tag{2.145}$$

式中，$\boldsymbol{X}_j\in\mathbf{R}^n$、$\boldsymbol{Y}_{ij}(k)\in\mathbf{R}^n$ 和 $\boldsymbol{N}_{ij}(k)\in\mathbf{R}^n$ 为独立同分布的高斯白噪声向量。$\mathcal{N}(\boldsymbol{0},\boldsymbol{G}_{ij}(k))$ 和 $\boldsymbol{Y}_{ij}(k)$ 表示智能体 i 对智能体 j 的状态 $\boldsymbol{x}_j(k)$ 的度量，$\boldsymbol{N}_{ij}(k)$ 表示在 k 时刻智能体 i 和 j 的信息通道存在噪声。

在研究多智能体一致性时，通常考虑如下模型 [105]：

$$\boldsymbol{X}_i(k+1)=\boldsymbol{\Phi}(k+1,k)\boldsymbol{X}_i(k)-c\boldsymbol{BK}\sum_{j=1}^{N}a_{ij}\left(\boldsymbol{Y}_{ij}-\boldsymbol{X}_i\right) \qquad (i=1,2,\cdots,n) \tag{2.146}$$

进一步，式（2.146）可以转化为

$$\begin{aligned} \boldsymbol{X}_i(k+1)=&\boldsymbol{\Phi}(k+1,k)\boldsymbol{X}_i(k)-c\boldsymbol{BK}\sum_{j=1}^{N}a_{ij}\left(\boldsymbol{X}_j-\boldsymbol{X}_i\right) \\ &-c\boldsymbol{BK}\sum_{j=1}^{N}a_{ij}\boldsymbol{N}_{ij}(k) \qquad (i=1,2,\cdots,n) \end{aligned} \tag{2.147}$$

记 $\boldsymbol{N}_i(k)=\sum\limits_{j=1}^{N} a_{ij}\boldsymbol{N}_{ij}(k)$ 为在 k 时刻智能体 i 受到的全部干扰，则式（2.147）可以表示为

$$\boldsymbol{X}_i(k+1)=\boldsymbol{\Phi}(k+1,k)\boldsymbol{X}_i(k)-c\boldsymbol{BK}\sum_{j=1}^{N} a_{ij}\left(\boldsymbol{X}_j-\boldsymbol{X}_i\right)-c\boldsymbol{BK}\boldsymbol{N}_i(k) \tag{2.148}$$

记 $\boldsymbol{X}(k)=\left[\boldsymbol{X}_1^{\mathrm{T}}(k),\cdots,\boldsymbol{X}_N^{\mathrm{T}}(k)\right]^{\mathrm{T}},\boldsymbol{N}(k)=\left[\boldsymbol{N}_1^{\mathrm{T}}(k),\cdots,\boldsymbol{N}_N^{\mathrm{T}}(k)\right]^{\mathrm{T}}$，则式（2.148）可以转化为

$$\boldsymbol{X}(k+1)=[\boldsymbol{I}_N\otimes\boldsymbol{\Phi}(k+1,k)-c\boldsymbol{L}\otimes(\boldsymbol{BK})]\boldsymbol{X}(k)-c(\otimes(\boldsymbol{BK}))\boldsymbol{N}(k) \tag{2.149}$$

式中，“$\otimes$ ”表示克罗内克（Kronecker）积。

记 $\bar{\boldsymbol{\Phi}}(k+1,k)=\boldsymbol{I}_N\otimes\boldsymbol{\Phi}(k+1,k)-c\boldsymbol{L}\otimes(\boldsymbol{BK}),\boldsymbol{D}=-c(\boldsymbol{I}_N\otimes(\boldsymbol{BK}))$，则式（2.149）可进一步表示为

$$\boldsymbol{X}(k+1)=\bar{\boldsymbol{\Phi}}(k+1,k)\boldsymbol{X}(k)+\boldsymbol{D}\boldsymbol{N}(k),\boldsymbol{X}(0)=\boldsymbol{X}_0 \tag{2.150}$$

2.8.2 状态向量概率矩

对式（2.150）两边求数学期望，并记 $\boldsymbol{m}(k+1)=E[\boldsymbol{X}(k+1)]$，则

$$\boldsymbol{m}(k+1)=\bar{\boldsymbol{\Phi}}(k+1,k)\boldsymbol{m}(k)+\boldsymbol{D}\boldsymbol{E}[\boldsymbol{N}(k)] \tag{2.151}$$

由于

$$\boldsymbol{E}\left[\boldsymbol{N}_i(k)\right]=E\left(\sum_{j=1}^{N} a_{ij}\boldsymbol{N}_{ij}\right)=\sum_{j=1}^{N} a_{ij}E\left(\boldsymbol{N}_{ij}\right)=\mathbf{0}\qquad(\forall i=1,\cdots,N)$$

从而 $E[\boldsymbol{N}(k)]=\mathbf{0}$，代入式（2.151）得

$$\boldsymbol{m}(k+1)=\bar{\boldsymbol{\Phi}}(k+1,k)\boldsymbol{m}(k) \tag{2.152}$$

记 $\boldsymbol{X}^0(k+1)=\boldsymbol{X}(k+1)-\boldsymbol{m}(k+1)$，由式（2.150）和式（2.152）得

$$X^0(k+1)=\bar{\boldsymbol{\Phi}}(k+1,k)\boldsymbol{X}^0(k)+\boldsymbol{D}\boldsymbol{N}^0(k),\quad \boldsymbol{X}^0(0)=\boldsymbol{X}_0^0 \tag{2.153}$$

故方差函数矩阵 $\boldsymbol{\theta}(k+1)$ 为

$$\begin{aligned}\boldsymbol{\theta}(k+1)&=E\left[\boldsymbol{X}^0(k+1)\boldsymbol{X}^{0\mathrm{T}}(k+1)\right]\\&=\bar{\boldsymbol{\Phi}}(k+1,k)\boldsymbol{\theta}(k)\bar{\boldsymbol{\Phi}}^{\mathrm{T}}(k+1,k)+\boldsymbol{D}E\left[\boldsymbol{N}^0(k)\boldsymbol{N}^{0\mathrm{T}}(k)\right]\boldsymbol{D}^{\mathrm{T}}\end{aligned}$$

而

$$E\left[\boldsymbol{N}^0(k)\boldsymbol{N}^{0\mathrm{T}}(k)\right]=E\begin{bmatrix}\boldsymbol{N}_1(k)\boldsymbol{N}_1^{\mathrm{T}}(k) & \cdots & \boldsymbol{N}_1(k)\boldsymbol{N}_N^{\mathrm{T}}(k)\\ \vdots & & \vdots\\ \boldsymbol{N}_N(k)\boldsymbol{N}_N^{\mathrm{T}}(k) & \cdots & \boldsymbol{N}_N(k)\boldsymbol{N}_N^{\mathrm{T}}(k)\end{bmatrix}$$

$$= \operatorname{diag}\left\{\sum_{j=1}^{N} a_{1j}^2 \boldsymbol{G}_{1j}, \cdots, \sum_{j=1}^{N} a_{Nj}^2 \boldsymbol{G}_{Nj}\right\}$$
$$\triangleq \boldsymbol{\Omega}$$

式中，$\operatorname{diag}\{\cdot\}$ 表示对角线矩阵。

从而

$$\begin{cases} \boldsymbol{\theta}(k+1) = \bar{\boldsymbol{\Phi}}(k+1,k)\boldsymbol{\theta}(k)\bar{\boldsymbol{\Phi}}^{\mathrm{T}}(k+1,k) + \boldsymbol{D\Omega D}_1^{\mathrm{T}} \\ \boldsymbol{\theta}(0) = \boldsymbol{\theta}_0 \end{cases} \quad (k = 1, 2, \cdots, n) \tag{2.154}$$

2.8.3 连续时间多智能体随机系统模型

在本小节中，假设通信网络结构同 2.8.1节，$\boldsymbol{X}_i(t)$ 表示第 i 个智能体在 t 时刻的状态，智能体 i 从它的邻居 j 获得的信息为

$$\boldsymbol{Y}_{ij}(t) = \boldsymbol{X}_j(t) + \boldsymbol{N}_{ij}(t) \tag{2.155}$$

式中，$\boldsymbol{X}_j(t) \in \mathbf{R}^n$ 为智能体 j 的状态；$\boldsymbol{Y}_{ij}(t) \in \mathbf{R}^n$ 表示智能体 i 对智能体 j 的状态向量 $\boldsymbol{X}_j(t)$ 的度量；$\boldsymbol{N}_{ij}(t)$ 表示在 t 时刻智能体 i 和 j 的信息通道存在噪声，为连续时间高斯白噪声 $\mathcal{N}(\boldsymbol{0}, \boldsymbol{G}_{ij}(t)\delta(t))$。

研究多智能体一致性，通常考虑如下模型 [102]：

$$\begin{cases} \dot{\boldsymbol{X}}_i(t) = \bar{\boldsymbol{A}}(t)\boldsymbol{X}_i(t) - c\boldsymbol{B}(t)\boldsymbol{K}(t)\sum_{j=1}^{N} a_{ij}\left(\boldsymbol{Y}_{ij}(t) - \boldsymbol{X}_i(t)\right) \\ \boldsymbol{X}_i(0) = \boldsymbol{X}_{i0} \end{cases} \quad (i = 1, 2, \cdots, N) \tag{2.156}$$

将式（2.155）代入式（2.156）得

$$\begin{aligned} \dot{\boldsymbol{X}}_i(t) = {} & \bar{\boldsymbol{A}}(t)\boldsymbol{X}_i(t) - c\boldsymbol{B}(t)\boldsymbol{K}(t)\sum_{j=1}^{N} a_{ij}\left[\boldsymbol{X}_j(t) - \boldsymbol{X}_i(t)\right] \\ & - c\boldsymbol{B}(t)\boldsymbol{K}(t)\left[\sum_{j=1}^{N} a_{ij}\boldsymbol{N}_{ij}(t)\right] \end{aligned} \tag{2.157}$$

记 $\boldsymbol{N}_i(t) = \sum\limits_{j=1}^{N} a_{ij}\boldsymbol{N}_{ij}(t)$ 为 t 时刻智能体 i 受到的全部干扰，则式（2.157）可表示为

$$\dot{\boldsymbol{X}}_i(t) = \bar{\boldsymbol{A}}(t)\boldsymbol{X}_i(t) - c\boldsymbol{B}(t)\boldsymbol{K}(t)\sum_{j=1}^{N} a_{ij}\left(\boldsymbol{X}_j(t) - \boldsymbol{X}_i(t)\right) - c\boldsymbol{B}(t)\boldsymbol{K}(t)\boldsymbol{N}_i(t) \tag{2.158}$$

记 $\boldsymbol{X}(t) = \left[\boldsymbol{X}_1^{\mathrm{T}}(t), \cdots, \boldsymbol{X}_N^{\mathrm{T}}(t)\right]^{\mathrm{T}}, \boldsymbol{N}(t) = \left[\boldsymbol{N}_1^{\mathrm{T}}(t), \cdots, \boldsymbol{N}_N^{\mathrm{T}}(t)\right]^{\mathrm{T}}$，则式（2.158）转化为

$$\dot{\boldsymbol{X}}(t) = [\boldsymbol{I}_N \otimes \bar{\boldsymbol{A}} - c\boldsymbol{L} \otimes (\boldsymbol{BK})]\boldsymbol{X}(t) - c\left(\boldsymbol{I}_N \otimes (\boldsymbol{BK})\right)\boldsymbol{N}(t) \tag{2.159}$$

记 $\boldsymbol{A} \triangleq \boldsymbol{I}_N \otimes \bar{\boldsymbol{A}} - c\boldsymbol{L} \otimes (\boldsymbol{BK}), \boldsymbol{D} \triangleq -c(\boldsymbol{L} \otimes (\boldsymbol{BK}))$，则式（2.159）可转化为

$$\dot{\boldsymbol{X}}(t) = \boldsymbol{A}(t)\boldsymbol{X}(t) + \boldsymbol{D}(t)\boldsymbol{N}(t) \tag{2.160}$$

2.8.4 概率矩微分方程

对式（2.160）两边求数学期望得

$$\dot{\boldsymbol{m}}_X(t)=\boldsymbol{A}(t)\boldsymbol{m}_X(t)+\boldsymbol{D}(t)\boldsymbol{m}_N(t),\boldsymbol{m}_X(t_0)=\boldsymbol{m}_0 \tag{2.161}$$

式中，$\boldsymbol{m}_X(t)=E[\boldsymbol{X}(t)]$；$\boldsymbol{m}_N(t)=E[\boldsymbol{N}(t)]$。

由于

$$E[\boldsymbol{N}_i(t)]=E\left[\sum_{j=1}^{N}a_{ij}\boldsymbol{N}_{ij}(t)\right]=\sum_{i=1}^{N}a_{ij}E(\boldsymbol{N}_{ij})=\boldsymbol{0}\qquad(\forall i=1,\cdots,N)$$

从而 $\boldsymbol{m}_N(t)=\boldsymbol{0}$。故式（2.161）进一步转化为

$$\dot{\boldsymbol{m}}_X(t)=\boldsymbol{A}(t)\boldsymbol{m}_X(t),\quad \boldsymbol{m}_X(t_0)=\boldsymbol{m}_0 \tag{2.162}$$

记 $\boldsymbol{X}^0(t)=\boldsymbol{X}(t)-\boldsymbol{m}_X(t)$，则方差矩阵 $\boldsymbol{\theta}_X(t)$ 为

$$\boldsymbol{\theta}_X(t)=E\left[\boldsymbol{X}^0(t)\boldsymbol{X}^{0\mathrm{T}}(t)\right] \tag{2.163}$$

对式（2.163）两边关于时间 t 求导数得

$$\dot{\boldsymbol{\theta}}_X=E\left(\dot{\boldsymbol{X}}^0\boldsymbol{X}^{0\mathrm{T}}\right)+E\left(\boldsymbol{X}^0\dot{\boldsymbol{X}}^{0\mathrm{T}}\right) \tag{2.164}$$

将 $\boldsymbol{X}^0$ 和 $\boldsymbol{X}^{0\mathrm{T}}$ 的表达式代入式（2.164）得

$$\begin{aligned}E\left(\boldsymbol{X}^0\boldsymbol{N}^{0\mathrm{T}}\right)&=E\left[\int_{t_0}^{t}\delta(t,\tau)\boldsymbol{N}^0(\tau)\boldsymbol{N}^{0\mathrm{T}}(t)\mathrm{d}\tau+\delta(t,t_0)\boldsymbol{X}_0\boldsymbol{N}^{0\mathrm{T}}(t)\right]\\&=\int_{t_0}^{t}\delta(t,\tau)E\left[\boldsymbol{N}^0(\tau)\boldsymbol{N}^{0\mathrm{T}}(t)\right]\mathrm{d}\tau\end{aligned} \tag{2.165}$$

$$\begin{aligned}E\left[\boldsymbol{N}^0(\tau)\boldsymbol{N}^{0\mathrm{T}}(t)\right]&=E\left\{\begin{bmatrix}\boldsymbol{N}_1(\tau)\\ \vdots\\ \boldsymbol{N}_N(\tau)\end{bmatrix}\begin{bmatrix}\boldsymbol{N}_1^{\mathrm{T}}(t) & \cdots & \boldsymbol{N}_N^{\mathrm{T}}(t)\end{bmatrix}\right\}\\&=\begin{bmatrix}E\left[\boldsymbol{N}_1(\tau)\boldsymbol{N}_1^{\mathrm{T}}(t)\right] & \cdots & E\left[\boldsymbol{N}_1(\tau)\boldsymbol{N}_N^{\mathrm{T}}(t)\right]\\ \vdots & & \vdots\\ E\left[\boldsymbol{N}_N(\tau)\boldsymbol{N}_1^{\mathrm{T}}(t)\right] & \cdots & E\left[\boldsymbol{N}_N(\tau)\boldsymbol{N}_N^{\mathrm{T}}(t)\right]\end{bmatrix}\end{aligned} \tag{2.166}$$

$$\begin{aligned}E\left[\boldsymbol{N}_i(\tau)\boldsymbol{N}_i^{\mathrm{T}}(t)\right]&=E\left[\sum_{j=1}^{N}a_{ij}\boldsymbol{N}_{ij}(\tau)\sum_{k=1}^{N}a_{ik}\boldsymbol{N}_{ik}^{\mathrm{T}}(t)\right]\\&=\sum_{j=1}^{N}\sum_{k=1}^{N}a_{ij}a_{ik}E\left[\boldsymbol{N}_{ij}(\tau)\boldsymbol{N}_{ik}^{\mathrm{T}}(t)\right]\end{aligned}$$

$$
\begin{aligned}
&= \sum_{j=1}^{N} a_{ij}^2 E\left[\boldsymbol{N}_{ij}(\tau)\boldsymbol{N}_{ij}(t)\right] \\
&= \sum_{j=1}^{N} a_{ij}^2 \boldsymbol{G}_{ij}\delta(\tau - t) \qquad (i = 1, \cdots, N)
\end{aligned} \tag{2.167}
$$

在式（2.167）的计算中利用了 $\boldsymbol{N}_{ij}(\tau)$ 与 $\boldsymbol{N}_{ik}^{\mathrm{T}}(t)$ $(j \neq k)$ 是相互独立的，且 $E\left[\boldsymbol{N}_{ij}(\tau)\right] = \boldsymbol{0}$ 的性质。

当 $i \neq j$ 时，有

$$
\begin{aligned}
E\left[\boldsymbol{N}_i(\tau)\boldsymbol{N}_j^{\mathrm{T}}(t)\right] &= E\left[\sum_{l=1}^{N} a_{il}\boldsymbol{N}_{il}(\tau)\sum_{k=1}^{N} a_{jk}\boldsymbol{N}_{jk}^{\mathrm{T}}(t)\right] \\
&= \sum_{l=1}^{N}\sum_{k=1}^{N} a_{il}a_{jk}E\left[\boldsymbol{N}_{il}(\tau)\boldsymbol{N}_{jk}^{\mathrm{T}}(t)\right] \\
&= \boldsymbol{0}
\end{aligned} \tag{2.168}
$$

在式（2.168）的计算中利用了 $\boldsymbol{N}_{ij}(\tau)$ 与 $\boldsymbol{N}_{ik}^{\mathrm{T}}(t)$ $(j \neq k)$ 是相互独立的，且 $E\left[\boldsymbol{N}_{ij}(\tau)\right] = \boldsymbol{0}$ 的性质。

将式（2.167）、式（2.168）代入式（2.166）得

$$
E\left[\boldsymbol{N}^0(\tau)\boldsymbol{N}^{0\mathrm{T}}(t)\right] = \mathrm{diag}\left\{\sum_{j=1}^{N} a_{1j}^2\boldsymbol{G}_{1j}\delta(\tau - t), \cdots, \sum_{j=1}^{N} a_{Nj}^2\boldsymbol{G}_{Nj}\delta(\tau - t)\right\} \tag{2.169}
$$

将式（2.169）代入式（2.165）得

$$
\begin{aligned}
E\left[\boldsymbol{X}^0(t)\boldsymbol{N}^{0\mathrm{T}}(t)\right] &= \int_{t_0}^{t} \boldsymbol{g}(t,\tau)\mathrm{diag}\left\{\sum_{j=1}^{N} a_{1j}^2\boldsymbol{G}_{1j}\delta(\tau - t), \cdots, \sum_{j=1}^{N} a_{Nj}^2\boldsymbol{G}_{Nj}\delta(\tau - t)\right\}\mathrm{d}\tau \\
&= \frac{1}{2}\boldsymbol{g}(t,t)\mathrm{diag}\left\{\sum_{j=1}^{N} a_{1j}^2\boldsymbol{G}_{1j}, \cdots, \sum_{j=1}^{N} a_{Nj}^2\boldsymbol{G}_{Nj}\right\} \\
&= \frac{1}{2}\mathrm{diag}\left\{\sum_{j=1}^{N} a_{1j}^2\boldsymbol{G}_{1j}, \cdots, \sum_{j=1}^{N} a_{Nj}^2\boldsymbol{G}_{Nj}\right\}
\end{aligned} \tag{2.170}
$$

同理

$$
E\left[\boldsymbol{X}^0(t)\boldsymbol{N}^{0\mathrm{T}}(t)\right] = \frac{1}{2}\mathrm{diag}\left\{\sum_{j=1}^{N} a_{1j}^2\boldsymbol{G}_{1j}, \cdots, \sum_{j=1}^{N} a_{Nj}^2\boldsymbol{G}_{Nj}\right\} \tag{2.171}
$$

记

$$
\boldsymbol{\varOmega} = \frac{1}{2}\mathrm{diag}\left\{\sum_{j=1}^{N} a_{1j}^2\boldsymbol{G}_{1j}, \cdots, \sum_{j=1}^{N} a_{Nj}^2\boldsymbol{G}_{Nj}\right\} \tag{2.172}
$$

将式（2.170）～式（2.172）代入式（2.164）得

$$
\dot{\boldsymbol{\theta}}_X = \boldsymbol{A}\boldsymbol{\theta}_X + \boldsymbol{\theta}_X\boldsymbol{A}^{\mathrm{T}} + \boldsymbol{\varOmega}, \boldsymbol{\theta}_{X_0}(t_0) = \boldsymbol{\theta}_{X_0} \tag{2.173}
$$

关于自协方差函数矩阵的计算，方法与前面相关章节类似，不再赘述。

2.9　本 章 小 结

本章针对随机线性系统和随机非线性系统模型进行讲解，首先介绍了随机线性系统的连续时间和离散时间模型，详细分析了其状态向量的概率矩，并进一步分析了其状态向量的分布函数；针对随机非线性系统，基于统计线性化方法对其状态向量的概率矩进行了分析，对于其状态向量的分布函数计算问题，由于篇幅有限，有兴趣的读者可参考文献 [113]。最后，针对目前广泛关注的带有信道噪声的多智能体线性系统状态向量随机特性进行了分析。

第 3 章　随机系统最优状态估计

3.1　引　　言

在实际问题中，经常遇到根据测量结果来确定系统状态的状况。例如，当被控对象受到随机振动的干扰，并且由传感器测量的信号又伴随着随机误差时，如何估计系统状态及控制的问题。如果利用这些信号直接对系统进行控制，很难得到期望的结果。因此，必须先利用统计信号处理的方法，将有用的信号从测量结果中提取出来或估计出来；然后根据状态估计建立有效的状态反馈，即确定最优控制律。在随机控制系统中，此方法称为分离定理 [45]。因此，状态估计问题是随机控制理论的重要组成部分。系统状态估计就是根据在时间区间 (t_0, t) 的测量值来估计系统在时刻 t_1 的部分或全部状态。在实际应用中，通常根据 t 与 t_1 的关系将其分为三类 [70, 95]：若 $t_1 = t$，即对当前状态进行估计，则称为滤波；若 $t_1 > t$，即对系统将来状态进行估计，则称为预测；若 $t_1 < t$，即对系统过去状态进行估计，则称为平滑或内插，此问题在本书所讨论的最优控制问题中很少涉及，因此不在此讨论，有兴趣的读者可参看文献 [46]、[47]。

对上述所有问题的研究逐步发展成一个研究分支，称为最优系统统计理论。苏联数学家科尔莫戈罗夫与美国数学家维纳在此领域做出了奠基性的工作。由卡尔曼和布西提出的状态估计算法，称为卡尔曼滤波器理论，为此领域的发展做出了重要贡献，并且首先在航天工业，而后在多个领域得到广泛的应用。在 20 世纪 70 年代末，苏联控制论专家普加乔夫将实际问题中出现的各种被控对象及测量模型表示成统一的模型，并针对此模型提出了更一般的线性及非线性随机系统的最优状态估计算法。

在线性系统滤波器中，随机过程滤波理论基于假设有用测量信号及噪声为加性正态随机向量这样的事实，因此，最优滤波算法是线性的。但是，若有用的测量信号或噪声是非高斯的，或者测量信号要么是高斯信号，要么与某确定性的有用信号保持非线性关系，则最优滤波算法将非常复杂，且是非线性的。下面考虑这种一般情况的滤波问题。

假设 m 维观测向量 $\boldsymbol{Y}(t)$，在时间区间 $(t-T, t)$(T 为常数) 非线性地依赖状态向量 $\boldsymbol{X}(t)$ 及 m 维噪声向量 $\boldsymbol{N}(t)$，即

$$\boldsymbol{Y}(t) = \boldsymbol{\xi}(\boldsymbol{X}(t), \boldsymbol{N}(t), t) \tag{3.1}$$

式中，非线性函数 $\boldsymbol{\xi}$ 及 $\boldsymbol{X}(t)$，$\boldsymbol{N}(t)$ 的某些先验统计特性已知，因而，通常假设 $\boldsymbol{N}(t)$ 不依赖于 $\boldsymbol{X}(t)$。基于以上假设，通过 $\boldsymbol{Y}(t)$ 可获得向量 $\boldsymbol{X}(t)$ 的特征。

在观测向量 $\boldsymbol{Y}(t)$ 已知的情况下，向量 $\boldsymbol{X}(t)$ 在时刻 t 的完全特征为第一条件概率分布函数，也称为第一先验分布函数。而在实际应用中，通常需要确定的不是在某时刻 t 的状态向量 $\boldsymbol{X}(t)$ 完全概率特征，而是它的条件数学期望 $\widehat{\boldsymbol{X}}(t)$, 即

$$\widehat{\boldsymbol{X}}(t) = E[\boldsymbol{X}(t)|\boldsymbol{Y}(\tau), t-T \leqslant \tau \leqslant t]$$

可以使用不同的准则来求得 $\widehat{\boldsymbol{X}}(t)$，常用的准则有贝叶斯极小条件风险准则，有时也使用极小均方误差准则。而对于非线性滤波器，使用最大后验概率准则，即求 $\boldsymbol{X}(t)$ 的估计值 $\widehat{\boldsymbol{X}}(t)$，使后验概率函数达到最大。这样，在求解此类问题时必须确定后验概率函数。若观测信号是离散的，且滤波参数由定常随机向量表示，此时，计算非常简单；若原始信号是随机向量函数，且观测向量是连续的，则确定后验概率函数就非常困难。假设待研究的随机过程为马尔可夫过程，而噪声为高斯的，则上述困难就可以克服。马尔可夫过程的假设可以不需要，第 2 章已经介绍了一般运动状态方程可以表示为右端带有高斯白噪声的正则方程，它的状态可以用多维马尔可夫过程描述。

非线性滤波与非线性随机参数估计是目前发展的两个主要方向。第一个发展方向主要包括时不变随机参数向量的估计（滤波），主要工作基于使用贝叶斯准则对时不变随机参数的估计，而这些参数与观测向量之间保持非线性关系 [52-54]。第二个发展方向是将待估计的状态向量（参数）看作条件马尔可夫过程，从而导出状态向量第一后验全概率的微分方程，可以使用它来构造随机过程的非线性滤波器 [55-56]。

非线性随机滤波理论的发展还不成熟，主要结果包括如下几项内容：

1）当观测信号中包括加性高斯噪声时，非线性滤波获得重要发展 [56-58]。

2）1979 年，苏联学者普加乔夫提出了非线性系统条件最优滤波理论，为非线性系统滤波理论的发展作出了重要贡献 [8-9,59-60]。这种新方法基于可滤波的和可观测向量过程的先验知识，计算并构造非线性或线性预波器。它的优点是允许设计任意形式的滤波器，包括可以选择它的结构或降低设计的复杂性等。

3）近年来出现的一些新的非线性滤波算法 [37,187]，包括无迹滤波算法 [18]、粒子滤波算法 [19-21]、高斯滤波算法 [22] 和结构随机跳变滤波算法 [26-29,95] 等。

3.2 连续时间随机线性系统状态估计

3.2.1 连续时间系统卡尔曼滤波

当连续信号由线性微分方程表示，且测量信号中含有白噪声时，在极小均方误差的情况下，对上述信号进行最优估计的方法称为卡尔曼滤波方法，它是由卡尔曼首先提出的。目前，它是线性最优估计的主要方法之一，而且在很多领域得到了广泛应用。在本章中，针对由线性微分方程确定的随机线性系统模型来讨论卡尔曼滤波器。

假设 n 维随机高斯向量过程 $\boldsymbol{X}(t)$ 由下列线性微分方程表示：

$$\dot{\boldsymbol{X}}(t)=\boldsymbol{A}(t)\boldsymbol{X}(t)+\boldsymbol{B}(t)\boldsymbol{u}(t)+\boldsymbol{H}(t)\boldsymbol{V}(t),\quad \boldsymbol{X}(t_0)=\boldsymbol{X}_0 \tag{3.2}$$

m 维观测向量由下列线性观测方程确定：

$$\boldsymbol{Y}(t)=\boldsymbol{C}(t)\boldsymbol{X}(t)+\boldsymbol{N}(t) \tag{3.3}$$

式（3.2）和式（3.3）中的其他符号与第 2 章的意义相同。如果初始状态 $\boldsymbol{X}_0$ 为服从高斯分布的随机向量，则随机向量过程 $\boldsymbol{X}(t)$ 也服从高斯分布。利用卡尔曼滤波方法 [62, 70]，当由式（3.3）确定的量测向量 $\boldsymbol{Y}(t)$ 已知时，状态向量 $\boldsymbol{X}(t)$ 的最优估计由下列状态方程确定：

$$\dot{\widehat{\boldsymbol{X}}}(t)=\boldsymbol{A}(t)\widehat{\boldsymbol{X}}(t)+\boldsymbol{B}(t)\boldsymbol{u}(t)+\boldsymbol{D}(t)[\boldsymbol{Y}(t)-\boldsymbol{C}(t)\widehat{\boldsymbol{X}}(t)],\ \widehat{\boldsymbol{X}}(t_0)=\boldsymbol{m}_0 \tag{3.4}$$

式中

$$\boldsymbol{D}(t)=\boldsymbol{R}(t)\boldsymbol{C}^{\mathrm{T}}(t)\boldsymbol{Q}^{-1}(t) \tag{3.5}$$

$$\dot{\boldsymbol{R}}=\boldsymbol{B}(t)\boldsymbol{R}+\boldsymbol{R}\boldsymbol{B}(t)+\boldsymbol{H}(t)\boldsymbol{G}(t)\boldsymbol{H}(t)-\boldsymbol{R}\boldsymbol{C}(t)\boldsymbol{Q}^{-1}(t)\boldsymbol{C}(t)\boldsymbol{R},\ \boldsymbol{R}(t_0)=\boldsymbol{Q}_0 \tag{3.6}$$

这里，矩阵 $\boldsymbol{R}$ 称为状态估计误差的协方差函数矩阵。由于无偏估计 $\widetilde{\boldsymbol{X}}(t)=\boldsymbol{X}(t)-\widehat{\boldsymbol{X}}(t)$，$E[\widetilde{\boldsymbol{X}}(t)]=\boldsymbol{0}$，从而自相关函数矩阵与协方差函数矩阵相同。最优线性滤波器结构图如图 3.1 所示。

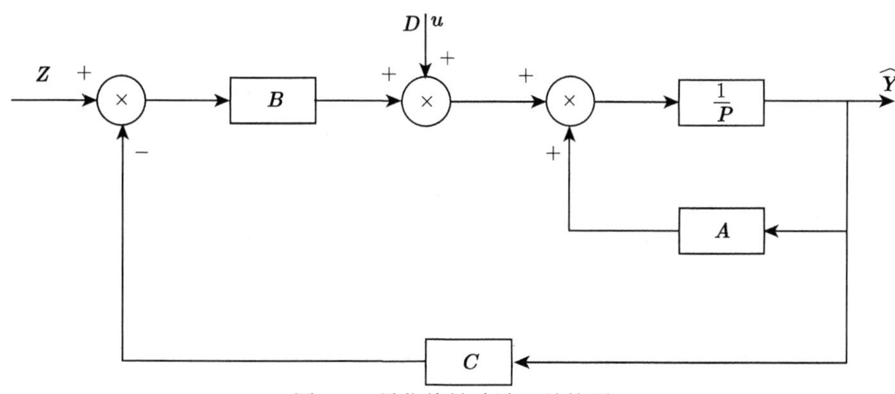

图 3.1 最优线性滤波器结构图

很容易证明卡尔曼最优估计是无偏估计。记估计误差 $\boldsymbol{\varepsilon}(t)=\widehat{\boldsymbol{X}}(t)-\boldsymbol{X}(t)$，将式（3.4）减去式（3.2），并利用式（3.3），可得估计误差方程为

$$\dot{\boldsymbol{\varepsilon}}=(\boldsymbol{A}-\boldsymbol{D}\boldsymbol{C})\boldsymbol{E}+\boldsymbol{D}\boldsymbol{N}-\boldsymbol{H}\boldsymbol{V},\ \boldsymbol{\varepsilon}(t_0)=\widehat{\boldsymbol{X}}(t_0)-\boldsymbol{X}_0 \tag{3.7}$$

对式（3.7）两边求无条件数学期望，得

$$\dot{\boldsymbol{m}}_\varepsilon=(\boldsymbol{A}-\boldsymbol{D}\boldsymbol{C})\boldsymbol{m}_\varepsilon,\ \boldsymbol{m}_\varepsilon(t_0)=\boldsymbol{m}_0-\boldsymbol{m}_0=\boldsymbol{0} \tag{3.8}$$

根据式（3.8），即可得，$\boldsymbol{m}_\varepsilon(t)=\boldsymbol{0}$，从而

$$E[\widehat{\boldsymbol{X}}(t)]=E[\boldsymbol{X}(t)]$$

在有些情况下，当系统是时不变的稳定线性系统，且白噪声向量 $\boldsymbol{V}(t)$ 与 $\boldsymbol{N}(t)$ 是平稳的，当 $t_0\to-\infty$ 时，式（3.6）有极限解 $\boldsymbol{R}^*$，它由下列代数方程确定：

$$\boldsymbol{A}\boldsymbol{R}^*+\boldsymbol{R}^*\boldsymbol{A}^{\mathrm{T}}-\boldsymbol{R}^*\boldsymbol{C}^{\mathrm{T}}\boldsymbol{Q}^{-1}\boldsymbol{C}\boldsymbol{R}^*+\boldsymbol{H}\boldsymbol{G}\boldsymbol{H}^{\mathrm{T}}=\boldsymbol{0} \tag{3.9}$$

式（3.6）在任意初始条件 $\boldsymbol{R}(t_0)=\boldsymbol{\theta}_{X_0}$ 的解在 $t_0\to-\infty$ 时都趋于相同的值 $\boldsymbol{R}^*$。此时，最优滤波器可表示为

$$\dot{\widehat{\boldsymbol{X}}}=\boldsymbol{A}\widehat{\boldsymbol{X}}+\boldsymbol{R}^*\boldsymbol{C}^{\mathrm{T}}\boldsymbol{Q}^{-1}(\boldsymbol{Y}-\boldsymbol{C}\widehat{\boldsymbol{X}}) \tag{3.10}$$

可以证明，它是渐近稳定的。

例 3.1 假设随机过程由下列方程表示：

$$\dot{X}_1 = -aX_1 + u_1 + V_1,\, X_1(t_0) = X_0$$

式中，白噪声变量 $V_1(t) \in \mathcal{N}(0, G_1\delta(t))$。观测变量由下列方程给出：

$$Y_1 = X_1 + N_1$$

式中，白噪声变量 $N_1(t) \in \mathcal{N}(0, Q_1\delta(t))$。求最优状态估计变量 $\widehat{X}_1$。

解：由卡尔曼滤波原理可知，状态估计变量 $\widehat{X}_1$ 由下列方程确定：

$$\widehat{X}_1 = -a\widehat{X}_1 + R_1Q_1(Y_1 - \widehat{X}_1) + u_1,\, \widehat{X}_1(t_0) = m_0$$

估计误差的方差函数 R_1 可表示为

$$\dot{R}_1 = -2aR_1 - R_1^2Q_1^{-1} + G_1,\, R_1(t_0) = Q_0$$

求解此方程，得

$$R_1(t) = \vartheta + \frac{\vartheta + \vartheta_1}{(\theta_0 + \vartheta_1)(\theta_0 + \vartheta)^{-1}\exp(2\sqrt{a^2 + G_1Q_1^{-1}}t) - 1}$$

式中

$$\vartheta = \theta_1(\sqrt{a_1 + G_1Q_1^{-1}} - a),\, \vartheta_1 = \theta_1(\sqrt{a_1 + G_1Q_1^{-1}} + a)$$

当 $t \to \infty$ 时，$R_1 \to R_1^* = \vartheta$，滤波器是时不变的。

例 3.2 假设线性系统是一个作用在高斯白噪声信号上的积分器，即

$$\dot{X} = V(t),\, X(t_0) = X_0$$

式中，白噪声变量 $V(t) \in \mathcal{N}(0, G_1\delta(t))$，$G_1$ 为常数。初始条件满足下式：

$$E(X_0) = 0,\, E(X_0^2) = \theta_0$$

观测方程为

$$Y(t) = X(t) + N(t)$$

式中，白噪声变量 $N(t) \in \mathcal{N}(0, Q\delta(t))$，且假设 X_0, V, N 相互之间互不相关。求最优状态估计变量 $\widehat{X}$。

解：利用卡尔曼滤波算法构造状态估计器，利用式（3.4），可得

$$\dot{\widehat{X}} = RQ^{-1}(Y - \widehat{X}),\, \widehat{X}(t_0) = 0$$

一维矩阵 R 满足

$$\dot{R} = -R^2Q^{-1} + G,\, R(t_0) = \theta_0$$

求解上述方程，得

$$R(t)=\sqrt{GQ}\frac{1+b\exp(-2\alpha t)}{1-b\exp(-2\alpha t)}, \alpha=\sqrt{\frac{G}{Q}}, b=\frac{Q_0-\sqrt{GQ}}{Q_0+\sqrt{GQ}}$$

当 $t\to\infty$ 时，$R\to\sqrt{GQ}$，从而滤波器为时不变的，它由下列方程确定：

$$\dot{\hat{X}}=\sqrt{\frac{G}{Q}}(Y-\hat{X})$$

3.2.2 噪声信号相关情形

在 3.2.1 节中，我们假设测量噪声与模型噪声互不相关，而在实际应用中，有时测量噪声与模型噪声是相关的。本小节讨论噪声信号相关时的线性最优滤波器问题。

假设系统模型与量测方程同 3.2.1 节，且假设模型噪声向量 $\boldsymbol{V}(t)$ 与系统初始状态向量 $\boldsymbol{X}(t_0)$ 互不相关，量测噪声向量 $\boldsymbol{N}(t)$ 也与系统初始状态向量 $\boldsymbol{X}(t_0)$ 互不相关，但 $\boldsymbol{V}(t)$ 与 $\boldsymbol{N}(t)$ 相关，其协方差函数矩阵为

$$E[\boldsymbol{V}(t)\boldsymbol{N}^{\mathrm{T}}(t')]=\boldsymbol{G}_{VN}(t)\delta(t-t') \tag{3.11}$$

式中，$\boldsymbol{G}_{VN}$ 为对称矩阵。

本小节的研究内容就是基于在时间区间 (t_0, t) 的测量信号 $\boldsymbol{Y}(t)$ 来确定状态向量 $\boldsymbol{X}(t)$ 的最优估计 $\widehat{\boldsymbol{X}}(t)$。文献 [52] 证明了当噪声向量 $\boldsymbol{V}(t)$、$\boldsymbol{N}(t)$ 及初始状态向量 $\boldsymbol{X}_0$ 服从正态分布时，由式（3.2）和式（3.3）所确定的随机线性系统的最优滤波器也是线性的。目前，可以使用多种方法获得最优线性滤波器，其中，最基本的方法之一就是基于使用后验概率密度方程来确定最优线性滤波器 [70]。在这里，给出较为简单但不太严格的推导方法。

假设最优线性滤波器的结构表示为

$$\dot{\widehat{\boldsymbol{X}}}=\boldsymbol{F}(t)\widehat{\boldsymbol{X}}+\boldsymbol{D}(t)\boldsymbol{Z}+\boldsymbol{B}(t)\boldsymbol{u}(t), \widehat{\boldsymbol{X}}(t_0)=\boldsymbol{m}_0 \tag{3.12}$$

式中，$\boldsymbol{F}(t)$ 为 $n\times n$ 维待定矩阵；$\boldsymbol{D}(t)$ 为 $n\times m$ 维待定矩阵。

下面根据最优滤波器的设计要求求解待定矩阵 $\boldsymbol{F}(t)$ 及 $\boldsymbol{D}(t)$，即要求估计是无偏的，同时要求估计误差 $\boldsymbol{\varepsilon}(t)=\widehat{\boldsymbol{X}}(t)-\boldsymbol{X}(t)$ 的均方误差最小。

将式（3.12）两边减去式（3.2）两边，并利用式（3.3），有

$$\dot{\boldsymbol{\varepsilon}}=(\boldsymbol{F}-\boldsymbol{A}+\boldsymbol{DC})\boldsymbol{X}+\boldsymbol{FE}+\boldsymbol{DN}-\boldsymbol{HV}, \boldsymbol{\varepsilon}(t_0)=-\boldsymbol{X}_0^0 \tag{3.13}$$

对式（3.13）两边求无条件数学期望，并利用无偏估计的条件 $E[\boldsymbol{\varepsilon}(t)]=\boldsymbol{0}$，得

$$(\boldsymbol{A}-\boldsymbol{B}+\boldsymbol{DC})E(\boldsymbol{X})=\boldsymbol{0} \tag{3.14}$$

由于 $E[\boldsymbol{X}(t)]\neq\boldsymbol{0}$，故根据式 (3.14)，求得

$$\boldsymbol{F}=\boldsymbol{A}-\boldsymbol{DC} \tag{3.15}$$

将式（3.15）代入式（3.12），可获得无偏估计的滤波器结构，即

$$\dot{\widehat{\boldsymbol{X}}} = (\boldsymbol{A} - \boldsymbol{DC})\widehat{\boldsymbol{X}} + \boldsymbol{DZ} + \boldsymbol{Bu},\ \widehat{\boldsymbol{X}}(t_0) = \boldsymbol{m}_0 \tag{3.16}$$

由于线性滤波器式（3.16）中含有待定矩阵 $\boldsymbol{D}(t)$，下面根据使估计误差 $\boldsymbol{\varepsilon}(t)$ 的协方差矩阵 $\boldsymbol{R}_\varepsilon(t) = E[\boldsymbol{\varepsilon}^{\mathrm{T}}(t)\boldsymbol{\varepsilon}(t)]$ 在任意时刻 t 达到最小来求出矩阵 $\boldsymbol{B}(t)$，即

$$\min_{\boldsymbol{D}} E[\boldsymbol{\varepsilon}^{\mathrm{T}}(t)\boldsymbol{\varepsilon}(t)] = \min_{\boldsymbol{D}} \boldsymbol{R}_\varepsilon(t) \tag{3.17}$$

式中，$R_\varepsilon(t) = \mathrm{tr}[\boldsymbol{R}(t)]$，tr 表示矩阵的迹，$\boldsymbol{R}(t) = E[\boldsymbol{\varepsilon}(t)\boldsymbol{\varepsilon}^{\mathrm{T}}(t)]$。

由于条件 (3.17) 等价于下列条件 [70, 62]，即

$$\max_{\boldsymbol{D}}[-\dot{R}_\varepsilon(t)] = \max_{\boldsymbol{D}}\{-\mathrm{tr}[\dot{\boldsymbol{R}}(t)]\} \tag{3.18}$$

为了求式（3.18）的极大值，必须先求出 $\dot{\boldsymbol{R}}(t)$ 的具体表达式。

将式（3.15）代入式（3.13），可得关于误差 $\boldsymbol{\varepsilon}(t)$ 的微分方程，即

$$\dot{\boldsymbol{\varepsilon}}(t) = (\boldsymbol{A} - \boldsymbol{DC})\boldsymbol{\varepsilon} + \boldsymbol{DN} - \boldsymbol{HV},\ \boldsymbol{\varepsilon}(t_0) = -\boldsymbol{X}_0^0 \tag{3.19}$$

求解矩阵微分方程 (3.19)，可得

$$\boldsymbol{\varepsilon}(t) = -\boldsymbol{X}_0^0\boldsymbol{g}(t, t_0) + \int_{-\infty}^{\infty} \boldsymbol{g}(t, \tau)[\boldsymbol{D}(\tau)\boldsymbol{N}(\tau) - \boldsymbol{H}(\tau)\boldsymbol{V}(\tau)]\mathrm{d}\tau \tag{3.20}$$

式中，$\boldsymbol{g}(t, \tau)$ 为冲激响应函数矩阵；$\boldsymbol{g}(t, t) = \boldsymbol{I}(t)$ 为单位矩阵。

下面计算 $\dot{\boldsymbol{R}}(t) = \dfrac{\mathrm{d}}{\mathrm{d}t}(\boldsymbol{\varepsilon}(t)\boldsymbol{\varepsilon}^{\mathrm{T}}(t))$。利用式（3.20），得

$$\begin{aligned}\dot{\boldsymbol{R}} = {} & (\boldsymbol{A} - \boldsymbol{DC})\boldsymbol{R} + \boldsymbol{R}(\boldsymbol{A} - \boldsymbol{DC})^{\mathrm{T}} + \boldsymbol{D}E[\boldsymbol{N}(t)\boldsymbol{\varepsilon}^{\mathrm{T}}(t)] + E[\boldsymbol{\varepsilon}(t)\boldsymbol{N}^{\mathrm{T}}(t)]\boldsymbol{D}^{\mathrm{T}} \\ & - \boldsymbol{H}E[\boldsymbol{V}(t)\boldsymbol{\varepsilon}^{\mathrm{T}}(t)] - E[\boldsymbol{\varepsilon}(t)\boldsymbol{V}^{\mathrm{T}}(t)]\boldsymbol{H}^{\mathrm{T}},\ \boldsymbol{R}(t_0) = \boldsymbol{\theta}_0\end{aligned} \tag{3.21}$$

由

$$E[\boldsymbol{N}(t)\boldsymbol{N}^{\mathrm{T}}(t')] = \boldsymbol{Q}(t)\delta(t - t'),\ E[\boldsymbol{V}(t)\boldsymbol{V}^{\mathrm{T}}(t')] = \boldsymbol{G}(t)\delta(t - t')$$

和式（3.20），可计算得出：

$$\left\{\begin{aligned} E[\boldsymbol{\varepsilon}(t)\boldsymbol{N}^{\mathrm{T}}(t)] &= \frac{1}{2}[\boldsymbol{D}(t)\boldsymbol{Q}(t) - \boldsymbol{H}(t)\boldsymbol{G}_{VN}(t)] \\ E[\boldsymbol{N}(t)\boldsymbol{\varepsilon}^{\mathrm{T}}(t)] &= \frac{1}{2}[\boldsymbol{Q}(t)\boldsymbol{D}^{\mathrm{T}}(t) - \boldsymbol{G}_{VN}(t)\boldsymbol{H}^{\mathrm{T}}(t)] \\ E[\boldsymbol{\varepsilon}(t)\boldsymbol{V}^{\mathrm{T}}(t)] &= -\frac{1}{2}[\boldsymbol{H}(t)\boldsymbol{G}(t) - \boldsymbol{D}(t)\boldsymbol{H}(t)\boldsymbol{G}_{VN}(t)] \\ E[\boldsymbol{V}(t)\boldsymbol{\varepsilon}^{\mathrm{T}}(t)] &= -\frac{1}{2}[\boldsymbol{G}(t)\boldsymbol{H}^{\mathrm{T}}(t) - \boldsymbol{G}_{VN}(t)\boldsymbol{D}(t)\boldsymbol{H}^{\mathrm{T}}(t)] \end{aligned}\right. \tag{3.22}$$

将式（3.22）代入式（3.21）中，得

$$\dot{\boldsymbol{R}} = (\boldsymbol{A} - \boldsymbol{DC})\boldsymbol{R} + \boldsymbol{R}(\boldsymbol{A} - \boldsymbol{DC})^{\mathrm{T}} + \boldsymbol{DQD}^{\mathrm{T}} + \boldsymbol{HGH}^{\mathrm{T}}$$

$$-\boldsymbol{D}\boldsymbol{H}\boldsymbol{G}_{VN}-\boldsymbol{H}^{\mathrm{T}}\boldsymbol{G}_{VN}\boldsymbol{D}^{\mathrm{T}},\ \boldsymbol{R}(t_0)=\boldsymbol{\theta}_0 \tag{3.23}$$

由于矩阵 $\boldsymbol{D}(t)$ 的最优值不受任何区域的限制，故使式（3.18）达到最大值的最优矩阵等价于求最优矩阵 $\boldsymbol{D}(t)$，满足

$$\frac{\partial}{\partial\boldsymbol{D}^{\mathrm{T}}}(\mathrm{tr}\dot{\boldsymbol{R}})=\boldsymbol{0} \tag{3.24}$$

将式（3.23）代入式（3.24），且仅列出与 $\boldsymbol{D}(t)$ 有关的项，得

$$\frac{\partial}{\partial\boldsymbol{D}^{\mathrm{T}}}[\mathrm{tr}(-\boldsymbol{D}\boldsymbol{C}\boldsymbol{R}-\boldsymbol{R}\boldsymbol{C}^{\mathrm{T}}\boldsymbol{D}^{\mathrm{T}}-\boldsymbol{D}\boldsymbol{H}\boldsymbol{G}_{VN}-\boldsymbol{H}^{\mathrm{T}}\boldsymbol{G}_{VN}\boldsymbol{D}^{\mathrm{T}}+\boldsymbol{D}\boldsymbol{Q}\boldsymbol{D}^{\mathrm{T}})]=\boldsymbol{0} \tag{3.25}$$

考虑对矩阵的迹求偏导数具有下列运算规则，即

$$\begin{cases}\dfrac{\partial}{\partial\boldsymbol{x}}\mathrm{tr}(\boldsymbol{a}\boldsymbol{x}\boldsymbol{b}\boldsymbol{x}^{\mathrm{T}})=\boldsymbol{a}^{\mathrm{T}}\boldsymbol{x}\boldsymbol{b}^{\mathrm{T}}+\boldsymbol{a}\boldsymbol{x}\boldsymbol{b}\\ \dfrac{\partial}{\partial\boldsymbol{x}}\mathrm{tr}(\boldsymbol{a}\boldsymbol{x})=\boldsymbol{a}^{\mathrm{T}},\ \dfrac{\partial}{\partial\boldsymbol{x}}\mathrm{tr}(\boldsymbol{a}\boldsymbol{x}^{\mathrm{T}})=\boldsymbol{a}\\ \dfrac{\partial}{\partial\boldsymbol{x}}\mathrm{tr}(\boldsymbol{x}\boldsymbol{a})=\boldsymbol{a}^{\mathrm{T}},\ \dfrac{\partial}{\partial\boldsymbol{x}}\mathrm{tr}(\boldsymbol{x}^{\mathrm{T}}\boldsymbol{a})=\boldsymbol{a}\\ \mathrm{tr}(\boldsymbol{a}\boldsymbol{b})=\mathrm{tr}(\boldsymbol{b}\boldsymbol{a}),\ \mathrm{tr}(\boldsymbol{a}\boldsymbol{b}^{\mathrm{T}})=\mathrm{tr}(\boldsymbol{b}\boldsymbol{a}^{\mathrm{T}})\end{cases} \tag{3.26}$$

式中，$\boldsymbol{a}, \boldsymbol{b}, \boldsymbol{x}$ 为相应维数的矩阵。根据式（3.26）的运算规则，可求得式（3.25）的偏导数为

$$-\boldsymbol{R}\boldsymbol{C}^{\mathrm{T}}+\boldsymbol{H}\boldsymbol{G}_{VN}+\boldsymbol{D}\boldsymbol{Q}=\boldsymbol{0} \tag{3.27}$$

从而，得

$$\boldsymbol{D}=(\boldsymbol{R}\boldsymbol{C}^{\mathrm{T}}+\boldsymbol{H}\boldsymbol{G}_{VN})\boldsymbol{Q}^{-1} \tag{3.28}$$

将式（3.28）代入式（3.23）中，可得到下列关于 $\boldsymbol{R}$ 的矩阵方程：

$$\begin{aligned}\dot{\boldsymbol{R}}=&(\boldsymbol{A}-\boldsymbol{H}\boldsymbol{G}_{VN}\boldsymbol{Q}^{-1}\boldsymbol{C})\boldsymbol{R}+\boldsymbol{R}(\boldsymbol{A}-\boldsymbol{H}\boldsymbol{G}_{VN}\boldsymbol{Q}^{-1}\boldsymbol{C})^{\mathrm{T}}-\boldsymbol{R}\boldsymbol{C}^{\mathrm{T}}\boldsymbol{Q}^{-1}\boldsymbol{C}\boldsymbol{R}\\&+\boldsymbol{H}\boldsymbol{G}\boldsymbol{H}^{\mathrm{T}}-\boldsymbol{H}\boldsymbol{G}_{VN}\boldsymbol{Q}^{-1}\boldsymbol{H}^{\mathrm{T}},\ \boldsymbol{R}(t_0)=\boldsymbol{\theta}_0\end{aligned} \tag{3.29}$$

当量测噪声与模型噪声相关时，线性最优滤波器由式（3.26）、式（3.28）和式（3.29）共同确定。明显地，当量测噪声与模型噪声不相关时，即 $\boldsymbol{G}_{VN}=\boldsymbol{0}$，故本节所得到的最优滤波器与 3.2.1 节的结果相同。

例 3.3 假设随机过程由下列二阶定常微分方程表示：

$$\ddot{X}+2\xi\omega\dot{X}+\omega^2X=u+V$$

观测方程为

$$Y(t)=X(t)+N(t)$$

式中，噪声变量 $V(t) \in \mathcal{N}(0, G\delta(t))$；噪声变量 $N(t) \in \mathcal{N}(0, Q\delta(t))$，而 $E[V(t)N(t')] = G_{VN}\delta(t-t')$，函数 $u = u_0 =$ 常数。初始状态变量 $X(t_0)$ 服从高斯分布，且满足

$$E[X(t_0)] = m_{X_0},\ E[\dot{X}(t_0)] = m_{\dot{X}_0},\ E[(X^0(t_0))^2] = Q_{11}(t_0)$$
$$E[(\dot{X}_0(t_0))^2] = Q_{22}(t_0),\ E[X^0(t_0)\dot{X}^0(t_0)] = Q_{12}(t_0)$$

假设初始状态变量 $X(t_0)$ 分别与 $V(t)$，$N(t)$ 互不相关。要求确定最优线性滤波器。

解：将上述二阶方程化为一阶线性方程组，即

$$\begin{cases} \dot{X}_1 = X_2, & X_1(t_0) = X_{10} \\ \dot{X}_2 = -\omega^2 X_1 - 2\xi\omega X_2 + u + V, & X_2(t_0) = X_{20} \end{cases}$$

观测方程化简为

$$Y_1(t) = X_1(t) + N(t)$$

由式（3.26）、式（3.28）和式（3.29），得线性最优滤波器，即

$$\begin{cases} \dot{\widehat{X}}_1 = \dfrac{1}{Q}(R_{11} + G_{VN})(Y_1 - \widehat{X}_1) + \widehat{X}_2, & \widehat{X}_1(t_0) = m_{X_0} \\ \dot{\widehat{X}}_2 = \dfrac{1}{Q}R_{12}(Y_1 - \widehat{X}_1) - \omega^2\widehat{X}_1 - 2\xi\omega\widehat{X}_2 + u, & \widehat{X}_2(t_0) = m_{\dot{X}_0} \end{cases}$$

$R_{11}(t), R_{12}(t), R_{22}(t)$ 由下列非线性微分方程组确定：

$$\begin{cases} \dot{R}_{11} = \dfrac{2}{Q}(R_{11} + G_{VN} + QR_{11})R_{11} + 2R_{12} + G_{VN} \\ R_{11}(t_0) = \theta_{11}(t_0) \\ \dot{R}_{12} = -\left(\dfrac{1}{Q}R_{12} + \omega^2\right)R_{11} + R_{22} + \left(\dfrac{1}{Q}R_{11} + \dfrac{1}{Q}G_{VN} - 2\xi\omega\right)R_{12} \\ R_{12}(t_0) = \theta_{12}(t_0) \\ \dot{R}_{22} = \left(1 - \dfrac{2}{Q}R_{12} - 2\omega^2\right)R_{12} - 4\xi\omega R_{22} + G \\ R_{22}(t_0) = \theta_{22}(t_0) \end{cases}$$

这些方程通常只有数值解。

例 3.4 假设随机信号过程 $X(t)$ 满足下列方程：

$$\dot{X} = -aX + u + V,\ X(t_0) = X_0,\ a > 0$$

测量信号为

$$Y(t) = X(t) + N(t)$$

式中，噪声变量 $V(t) \in \mathcal{N}(0, G\delta(t))$；噪声变量 $N(t) \in \mathcal{N}(0, Q\delta(t))$，而 $E[V(t)N(t')] = G_{VN}\delta(t-t')$，函数 $u = u_0 =$ 常数。初始状态变量 $X(t_0)$ 服从高斯分布，且满足下列方程：

$$E[X(t_0)] = m_{X_0},\ E[X_0^2] = \theta_{X_0}$$

假设初始状态变量 $X(t_0)$ 分别与 $V(t)$，$N(t)$ 互不相关。要求确定最优线性滤波器。

解：利用式（3.26）、式（3.28）和式（3.29），得线性最优滤波器，即

$$\dot{\widehat{X}} = -a\widehat{X} + (R + G_{VN})Q^{-1}(Y - \widehat{X}) + u,\ \widehat{X}(t_0) = m_{X_0}$$
$$\dot{R} = -2\left(a + \frac{1}{Q}G_{VN}\right)R - \frac{R^2}{Q} + G - \frac{1}{Q}G_{VN}^2,\ R(t_0) = \theta_{X_0}$$

求解关于 R 的方程，得

$$R(t) = \vartheta + \frac{(\vartheta + \vartheta_1)(\theta_{X_0} + \vartheta)}{(\theta_{X_0} + \vartheta_1)\exp(2\beta t) - (\theta_{X_0} + \vartheta)}$$

式中

$$\vartheta = \theta\left(\beta - a - \frac{1}{Q}G_{VN}\right),\ \vartheta_1 = \theta\left(\beta + a - \frac{1}{Q}G_{VN}\right)$$
$$\beta = \sqrt{\left(a + \frac{G_{VN}}{Q}\right)^2 + \frac{G}{Q}}$$

3.2.3 有色量测噪声情形

3.2.1 节和 3.2.2 节所讨论的线性最优滤波问题，都是假设量测噪声为高斯白噪声信号。然而在实际应用中，量测信号并不完全都是高斯白噪声信号，有时会出现有色噪声信号；有时在某些时刻，出现白噪声强度矩阵的某些分量为零的情况。在这些情况下，显然前面所讨论的滤波器理论无法使用，因此，必须研究带有有色量测噪声的最优滤波器设计问题。目前，可以使用多种方法来解决此问题 [46]。在本小节中，主要基于 3.2.2 节的结果来讨论。

假设 n 维随机向量过程 $\boldsymbol{X}(t)$ 满足式（3.2），而测量方程可表示为

$$\boldsymbol{Y}(t) = \boldsymbol{C}(t)\boldsymbol{X}(t) + \boldsymbol{V}_1(t) \tag{3.30}$$

式中，$\boldsymbol{C}(t)$ 为 $m\times n$ 维矩阵；$\boldsymbol{V}_1(t)$ 为服从高斯分布的随机向量过程，它由下列形成滤波器 [47] 表示：

$$\dot{\boldsymbol{V}}_1(t) = \boldsymbol{L}(t)\boldsymbol{V}_1(t) + \boldsymbol{N}(t),\ \boldsymbol{V}_1(t_0) = \boldsymbol{X}_{10} \tag{3.31}$$

式中，初始状态向量满足 $E(\boldsymbol{V}_{10}) = \boldsymbol{0}$，$E(\boldsymbol{V}_{10}\boldsymbol{V}_{10}^{\mathrm{T}}) = \boldsymbol{P}_0$ 为对称矩阵，噪声向量 $\boldsymbol{N}(t)\in\mathcal{N}(\boldsymbol{0}, \boldsymbol{Q}\delta(t))$，白噪声向量 $\boldsymbol{V}(t)$ 与 $\boldsymbol{N}(t)$ 互不相关，且与初始状态 $\boldsymbol{X}_0, \boldsymbol{V}_{10}$ 也互不相关。

对式（3.30）两边微分，并将 $\dot{\boldsymbol{X}}, \dot{\boldsymbol{V}}_1$ 的表达式代入，得

$$\dot{\boldsymbol{Y}} = (\dot{\boldsymbol{C}} + \boldsymbol{C}\boldsymbol{A})\boldsymbol{X} + \boldsymbol{L}\boldsymbol{V}_1 + \boldsymbol{C}\boldsymbol{u} + \boldsymbol{C}\boldsymbol{V} + \boldsymbol{N} \tag{3.32}$$

记

$$\boldsymbol{Y}^* = \dot{\boldsymbol{Y}} - \boldsymbol{L}\boldsymbol{Y} - \boldsymbol{C}\boldsymbol{u}$$

则式（3.32）转化为

$$\boldsymbol{Y}^* = (\dot{\boldsymbol{C}} + \boldsymbol{CA} - \boldsymbol{LC})\boldsymbol{X} + \boldsymbol{CHV} + \boldsymbol{N} \tag{3.33}$$

进一步，式（3.33）可转化为带有高斯白噪声的测量方程，即

$$\boldsymbol{Y}^*(t) = \boldsymbol{C}^*(t)\boldsymbol{X}(t) + \boldsymbol{W}(t) \tag{3.34}$$

式中

$$\boldsymbol{C}^* = \dot{\boldsymbol{C}} + \boldsymbol{CA} - \boldsymbol{LC}$$

为已知矩阵；

$$\boldsymbol{W}(t) = \boldsymbol{C}(t)\boldsymbol{H}(t)\boldsymbol{V}(t) + \boldsymbol{N}(t)$$

为带有正定对称强度矩阵 $\boldsymbol{G}_W(t)$ 的高斯白噪声信号，即

$$\boldsymbol{G}_W(t) = \boldsymbol{Q}(t) + \boldsymbol{C}(t)\boldsymbol{H}(t)\boldsymbol{G}(t)\boldsymbol{H}^{\mathrm{T}}(t)\boldsymbol{C}^{\mathrm{T}}(t) \tag{3.35}$$

注意：这里白噪声信号 $\boldsymbol{W}(t)$ 与 $\boldsymbol{V}(t)$ 相关，即

$$E[\boldsymbol{V}(t)\boldsymbol{W}(t')] = \boldsymbol{G}_{VW}(t)\delta(t-t'),\ \boldsymbol{G}_{VW}(t) = \boldsymbol{G}(t)\boldsymbol{C}^{\mathrm{T}}(t)\boldsymbol{H}^{\mathrm{T}}(t) \tag{3.36}$$

现在，利用 3.2.1 节讨论的最优滤波器理论求出如下状态估计方程：

$$\dot{\widehat{\boldsymbol{X}}} = \boldsymbol{A}\widehat{\boldsymbol{X}} + \boldsymbol{D}(\boldsymbol{Y}^* - \boldsymbol{C}^*\widehat{\boldsymbol{X}}) + \boldsymbol{Bu} \tag{3.37}$$

式中

$$\boldsymbol{D} = (\boldsymbol{RC}^{*\mathrm{T}} + \boldsymbol{G}_{VW})\boldsymbol{G}_W^{-1} = (\boldsymbol{RC}^{*\mathrm{T}} + \boldsymbol{GC}^{\mathrm{T}})(\boldsymbol{CGC}^{\mathrm{T}} + \boldsymbol{Q})^{-1} \tag{3.38}$$

注意到方程 (3.37) 中含有 $\boldsymbol{Y}^*$，而 $\boldsymbol{Y}^*$ 包含有测量信号的导数项 $\dot{\boldsymbol{Y}}$，此导数可以通过求测量信号的微分获得，但此种运算不是所希望的，因为它通常会提高噪声的等级。为了解决此问题，引进中间变量 $\boldsymbol{X}^*$，满足

$$\widehat{\boldsymbol{X}} = \boldsymbol{X}^* + \boldsymbol{BY} \tag{3.39}$$

对式（3.39）两边关于时间 t 微分，并将 $\dot{\widehat{\boldsymbol{X}}}$ 及 $\boldsymbol{Y}^*$ 的表达式代入，得

$$\dot{\boldsymbol{X}}^* = (\boldsymbol{A} - \boldsymbol{DC}^*)\widehat{\boldsymbol{X}} - (\dot{\boldsymbol{D}} + \boldsymbol{DL})\boldsymbol{Z} + (\boldsymbol{I} - \boldsymbol{DC})\boldsymbol{Bu} \tag{3.40}$$

进一步，将式（3.39）代入式（3.40），得

$$\begin{cases} \dot{\boldsymbol{X}}^* = (\boldsymbol{A} - \boldsymbol{DC}^*)\boldsymbol{X}^* + (\boldsymbol{AD} - \boldsymbol{DC}^*\boldsymbol{D} - \dot{\boldsymbol{D}} - \boldsymbol{DL})\boldsymbol{Y} + (\boldsymbol{I} - \boldsymbol{DC})\boldsymbol{Bu} \\ \dot{\boldsymbol{X}} = \boldsymbol{X}^* + \boldsymbol{DY} \end{cases} \tag{3.41}$$

相应于式（3.41）的最优线性滤波器结构图如图 3.2 所示。

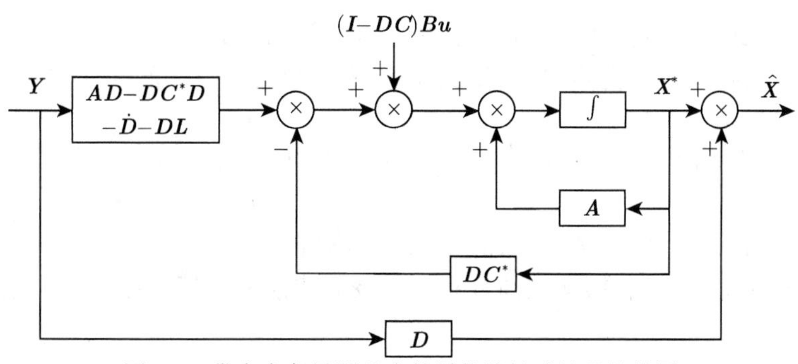

图 3.2 带有有色量测噪声的最优线性滤波器结构图

下面计算估计误差 $\boldsymbol{\varepsilon}(t)=\widehat{\boldsymbol{X}}(t)-\boldsymbol{X}(t)$ 的相关矩 $\boldsymbol{R}$。由于通过一系列的变换，将带有有色量测噪声的最优滤波器问题转化为模型噪声与量测噪声相关的最优滤波器问题。因此，可直接利用 3.2.2 节关于 $\boldsymbol{R}$ 的式（3.29），不过需要用 $\boldsymbol{G}_{VW}$ 替换 $\boldsymbol{G}_{VN}$，从而得

$$\begin{aligned}\dot{\boldsymbol{R}}=&\boldsymbol{AR}+\boldsymbol{RA}^{\mathrm{T}}-\boldsymbol{RC}^{*\mathrm{T}}\boldsymbol{G}_{VW}^{-1}\boldsymbol{C}^{*}\boldsymbol{R}-\boldsymbol{G}_{VW}\boldsymbol{G}_{W}^{-1}\boldsymbol{C}^{*}\boldsymbol{R}\\&-\boldsymbol{RC}^{*\mathrm{T}}\boldsymbol{G}_{W}^{-1}\boldsymbol{G}_{VW}+\boldsymbol{HGH}^{\mathrm{T}}-\boldsymbol{G}_{VW}\boldsymbol{G}_{W}^{-1}\boldsymbol{G}_{VW}\end{aligned}\tag{3.42}$$

式中，$\boldsymbol{G}_W, \boldsymbol{G}_{VW}$ 分别由式（3.35）和式（3.36）确定。

接下来需要确定式（3.41）和式（3.42）的初始条件。

已知初始状态 $\boldsymbol{X}_0$ 及 $\boldsymbol{V}_{10}$，根据贝叶斯原理，当初始观测向量 $\boldsymbol{Y}_0$ 确定时，在初始时刻 t_0 时的初始状态 $\boldsymbol{X}_0$ 的条件概率密度函数为

$$f(\boldsymbol{x}_0|\boldsymbol{y}_0)=\frac{f(\boldsymbol{x}_0,\,\boldsymbol{y}_0)}{f(\boldsymbol{y}_0)}\tag{3.43}$$

由式（3.30）及相应的概率公式，得

$$f(\boldsymbol{x}_0,\,\boldsymbol{y}_0)=f(\boldsymbol{x}_0,\,\boldsymbol{v}_{10})\left|\frac{\partial\boldsymbol{v}_{10}}{\partial\boldsymbol{y}_0}\right|\tag{3.44}$$

由式（3.30）可知，雅可比变换 $\left|\dfrac{\partial\boldsymbol{v}_{10}}{\partial\boldsymbol{y}_0}\right|=1$。进一步，由于 $\boldsymbol{X}_0$ 及 $\boldsymbol{V}_{10}$ 互不相关，且都服从高斯分布，故它们是相互独立的，因此有

$$f(\boldsymbol{x}_0,\,\boldsymbol{v}_{10})=f(\boldsymbol{x}_0)f(\boldsymbol{v}_{10})\tag{3.45}$$

将式（3.45）和式（3.44）代入式（3.43），得

$$f(\boldsymbol{x}_0|\boldsymbol{y}_0)=\frac{f(\boldsymbol{x}_0)f(\boldsymbol{v}_{10})}{f(\boldsymbol{y}_0)}\tag{3.46}$$

由于初始状态 $\boldsymbol{X}_0$ 与 $\boldsymbol{Y}_0$ 服从高斯分布，根据式（3.30），可具体写出 $f(\boldsymbol{x}_0)$ 及 $f(\boldsymbol{y}_0)$ 的表达式：

$$\begin{cases}f(\boldsymbol{x}_0)=C_1\exp\left(-\dfrac{1}{2}(\boldsymbol{x}_0-\boldsymbol{m}_0)^{\mathrm{T}}\boldsymbol{\theta}_0^{-1}(\boldsymbol{x}_0-\boldsymbol{m}_0)\right)\\f(\boldsymbol{v}_{10})=C_2\exp\left(-\dfrac{1}{2}(\boldsymbol{y}_0-\boldsymbol{C}\boldsymbol{x}_0)^{\mathrm{T}}\boldsymbol{P}_0^{-1}(\boldsymbol{y}_0-\boldsymbol{C}\boldsymbol{x}_0)\right)\end{cases}\tag{3.47}$$

式中，$\boldsymbol{\theta}_0 = E[(\boldsymbol{X}_0 - \boldsymbol{m}_0)(\boldsymbol{X}_0 - \boldsymbol{m}_0)^{\mathrm{T}}]$；$C_1$、$C_2$ 为常数。

在初始观测向量 $\boldsymbol{Y}_0$ 已确定的情况下，随机初始向量 $\boldsymbol{X}_0$ 的条件概率密度为

$$f(\boldsymbol{x}_0|\boldsymbol{y}_0) = C_3 \exp\left(-\frac{1}{2}(\boldsymbol{x}_0 - \widehat{\boldsymbol{X}}_0)^{\mathrm{T}}\boldsymbol{R}_0^{-1}(\boldsymbol{x}_0 - \widehat{\boldsymbol{X}}_0)\right) \tag{3.48}$$

式中，$\boldsymbol{R}_0 = E[(\boldsymbol{X}_0 - \widehat{\boldsymbol{X}}_0)(\boldsymbol{X}_0 - \widehat{\boldsymbol{X}}_0)^{\mathrm{T}}]$；$C_3$ 为常数。

由于假设 $\boldsymbol{V}_{10}$ 及 $\boldsymbol{X}_0$ 服从高斯分布，故 $\boldsymbol{Y}_0$ 也服从高斯分布，它的概率密度函数为

$$f(\boldsymbol{y}_0) = C_4 \exp\left(-\frac{1}{2}(\boldsymbol{y}_0 - \boldsymbol{m}_{Y_0})^{\mathrm{T}}\boldsymbol{S}_0^{-1}(\boldsymbol{y}_0 - \boldsymbol{m}_{Y_0})\right) \tag{3.49}$$

式中，$\boldsymbol{S}_0 = E[(\boldsymbol{Y}_0 - \boldsymbol{m}_{Y_0})(\boldsymbol{Y}_0 - \boldsymbol{m}_{Y_0})^{\mathrm{T}}]$；$C_4$ 为常数。

将式（3.47）～式（3.49）代入式（3.46），得

$$\begin{aligned}&\exp\left(-\frac{1}{2}(\boldsymbol{x}_0 - \widehat{\boldsymbol{X}}_0)^{\mathrm{T}}\boldsymbol{R}_0^{-1}(\boldsymbol{x}_0 - \widehat{\boldsymbol{X}}_0) - \frac{1}{2}(\boldsymbol{y}_0 - \boldsymbol{m}_{Y_0})^{\mathrm{T}}\boldsymbol{S}_0^{-1}(\boldsymbol{y}_0 - \boldsymbol{m}_{Y_0})\right)\\ =&\exp\left(-\frac{1}{2}(\boldsymbol{x}_0 - \boldsymbol{m}_0)^{\mathrm{T}}\boldsymbol{\theta}_0^{-1}(\boldsymbol{x}_0 - \boldsymbol{m}_0) - \frac{1}{2}(\boldsymbol{y}_0 - \boldsymbol{C}\boldsymbol{x}_0)^{\mathrm{T}}\boldsymbol{P}_0^{-1}(\boldsymbol{y}_0 - \boldsymbol{C}\boldsymbol{x}_0)\right)\end{aligned} \tag{3.50}$$

这里，常数 $C_4C_3 = C_1C_2$。

比较式（3.50）两边的指数项，得

$$\boldsymbol{R}_0^{-1} = \boldsymbol{\theta}_0^{-1} + \boldsymbol{C}_0^{\mathrm{T}}\boldsymbol{P}_0^{-1}\boldsymbol{C}_0,\ \boldsymbol{R}_0^{-1}\widehat{\boldsymbol{X}}_0 = \boldsymbol{\theta}_0^{-1}\boldsymbol{m}_0 + \boldsymbol{C}_0^{\mathrm{T}}\boldsymbol{P}_0^{-1}\boldsymbol{y}_0 \tag{3.51}$$

显然，式（3.51）包含待确定的状态估计 $\widehat{\boldsymbol{X}}_0$ 及 $\boldsymbol{R}_0$。

根据式（3.51）的第一个方程，可求出 $\boldsymbol{R}_0$；而对它的第二个方程两边同乘以 $\boldsymbol{R}_0$，可求出 $\widehat{\boldsymbol{X}}_0$，即

$$\begin{cases}\widehat{\boldsymbol{X}}_0 = (\boldsymbol{\theta}_0^{-1} + \boldsymbol{C}_0^{\mathrm{T}}\boldsymbol{P}_0^{-1}\boldsymbol{C}_0)^{-1}(\boldsymbol{\theta}_0^{-1}\boldsymbol{m}_0 + \boldsymbol{C}_0^{\mathrm{T}}\boldsymbol{P}_0^{-1}\boldsymbol{y}_0)\\ \boldsymbol{R}_0 = (\boldsymbol{\theta}_0^{-1} + \boldsymbol{C}_0^{\mathrm{T}}\boldsymbol{P}_0^{-1}\boldsymbol{C}_0)^{-1}\end{cases} \tag{3.52}$$

注意：若使用下列矩阵求逆公式，可获得关于初始条件 $\widehat{\boldsymbol{X}}_0$ 及 $\boldsymbol{R}_0$ 不同表达式。

若矩阵 $\boldsymbol{A}$ 表示为

$$\boldsymbol{A} = \boldsymbol{B} - \boldsymbol{B}\boldsymbol{H}^{\mathrm{T}}(\boldsymbol{H}\boldsymbol{B}\boldsymbol{H}^{\mathrm{T}} + \boldsymbol{Q})^{-1}\boldsymbol{H}\boldsymbol{B}$$

式中，$\boldsymbol{B}, \boldsymbol{H}, \boldsymbol{Q}$ 分别为相应维数的矩阵，则矩阵 $\boldsymbol{A}$ 的逆矩阵可表示为

$$\boldsymbol{A}^{-1} = \boldsymbol{B}^{-1} + \boldsymbol{H}^{\mathrm{T}}\boldsymbol{Q}^{-1}\boldsymbol{H}$$

利用上述矩阵 $\boldsymbol{A}$ 的求逆公式，可获得 $\widehat{\boldsymbol{X}}_0$ 及 $\boldsymbol{R}_0$ 的另外一种表达式，即

$$\begin{cases}\widehat{\boldsymbol{X}}_0 = \boldsymbol{m}_0 + \boldsymbol{\theta}_0\boldsymbol{C}_0^{\mathrm{T}}(\boldsymbol{C}_0\boldsymbol{\theta}_0\boldsymbol{C}_0^{\mathrm{T}} + \boldsymbol{P}_0)^{-1}\boldsymbol{y}_0\\ \boldsymbol{R}_0 = \boldsymbol{\theta}_0 - \boldsymbol{\theta}_0\boldsymbol{C}_0^{\mathrm{T}}(\boldsymbol{C}_0\boldsymbol{\theta}_0\boldsymbol{C}_0^{\mathrm{T}} + \boldsymbol{P}_0)^{-1}\boldsymbol{C}_0\boldsymbol{\theta}_0\end{cases} \tag{3.53}$$

若使用式（3.41）的滤波器，则初始条件 $\boldsymbol{X}_0^*$ 可表示为

$$\boldsymbol{X}_0^* = \widehat{\boldsymbol{X}}_0 - \boldsymbol{B}_0\boldsymbol{y}_0$$

式中

$$\boldsymbol{B}_0 = [\boldsymbol{R}_0\boldsymbol{C}_0^{*\mathrm{T}} + \boldsymbol{G}_{VW}(t_0)]\boldsymbol{G}_W^{-1}(t_0)$$

特例：部分状态向量可精确测量情形。

在实际应用中，有时遇到在部分状态向量可精确测量的情况下需要构造最优线性滤波器的问题。假设随机向量 $\boldsymbol{X}(t)$ 满足式 (3.2)，而观测向量 $\boldsymbol{Y}(t)$ 可表示为其部分测量分量 $\boldsymbol{Y}_1(t)$ 及 $\boldsymbol{Y}_2(t)$ 的方程，即

$$\begin{cases} \boldsymbol{Y}_1(t) = \boldsymbol{C}_1(t)\boldsymbol{X}(t) + \boldsymbol{N}_1(t) \\ \boldsymbol{Y}_2(t) = \boldsymbol{C}_2(t)\boldsymbol{X}(t) \end{cases} \tag{3.54}$$

式中，$\boldsymbol{Y}_1(t), \boldsymbol{Y}_2(t)$ 分别为 m_1 及 m_2 维向量，且 $m_1 + m_2 = m \leqslant n$；$\boldsymbol{N}_1(t)$ 为高斯白噪声向量；$\boldsymbol{Y}_2(t)$ 为可精确观测向量。

要求利用已知的观测向量 $\boldsymbol{Y}_1(t), \boldsymbol{Y}_2(t)$ 来获得状态向量 $\boldsymbol{X}(t)$ 的估计值 $\widehat{\boldsymbol{X}}(t)$。

若利用 4.3 节最优线性滤波器设计方法，必须将方程转化为

$$\begin{aligned} \boldsymbol{Y} &= \begin{bmatrix} \boldsymbol{Y}_1 \\ \boldsymbol{Y}_2 \end{bmatrix} = \begin{bmatrix} \boldsymbol{C}_1 \\ \boldsymbol{C}_2 \end{bmatrix} \boldsymbol{X} + \begin{bmatrix} \boldsymbol{N}_1 \\ \boldsymbol{0} \end{bmatrix} \\ &:= \boldsymbol{C}\boldsymbol{X} + \boldsymbol{N} \end{aligned} \tag{3.55}$$

式中

$$\boldsymbol{C} = \begin{bmatrix} \boldsymbol{C}_1 \\ \boldsymbol{C}_2 \end{bmatrix}, \boldsymbol{N} = \begin{bmatrix} \boldsymbol{N}_1 \\ \boldsymbol{0} \end{bmatrix}$$

由于

$$\begin{aligned} E[\boldsymbol{N}(t)\boldsymbol{N}^{\mathrm{T}}(t')] &= \begin{bmatrix} E[\boldsymbol{N}_1(t)\boldsymbol{N}_1^{\mathrm{T}}(t')] & \boldsymbol{0} \\ \boldsymbol{0} & \boldsymbol{0} \end{bmatrix} \\ &= \begin{bmatrix} \boldsymbol{Q}_1(t) & \boldsymbol{0} \\ \boldsymbol{0} & \boldsymbol{0} \end{bmatrix} \delta(t-t') \\ &:= \boldsymbol{Q}(t)\delta(t-t') \end{aligned}$$

显然

$$\boldsymbol{Q}(t) = \begin{bmatrix} \boldsymbol{Q}_1(t) & \boldsymbol{0} \\ \boldsymbol{0} & \boldsymbol{0} \end{bmatrix}$$

为非正定对称矩阵，$\boldsymbol{Q}^{-1}(t)$ 不存在，故无法直接利用 4.3 节的方法来构造最优线性滤波器。

下面我们利用本节介绍的方法来构造最优线性滤波器。

对 $\boldsymbol{Y}_2$ 关于时间 t 求微分，并将 $\dot{\boldsymbol{X}}$ 的表达式代入，得

$$\dot{\boldsymbol{Y}}_2=(\dot{\boldsymbol{C}}_2+\boldsymbol{C}_2\boldsymbol{B})\boldsymbol{Y}+\boldsymbol{C}_2\boldsymbol{B}\boldsymbol{u}+\boldsymbol{C}_2\boldsymbol{H}\boldsymbol{V} \tag{3.56}$$

记

$$\boldsymbol{Y}_3=\dot{\boldsymbol{Y}}_2-\boldsymbol{C}_2\boldsymbol{B}\boldsymbol{u},\ \boldsymbol{N}_3=\boldsymbol{C}_2\boldsymbol{H}\boldsymbol{V}$$

则式（3.56）转化为

$$\boldsymbol{Y}_3=\boldsymbol{C}_3\boldsymbol{X}+\boldsymbol{N}_3 \tag{3.57}$$

式中，$\boldsymbol{C}_3=\dot{\boldsymbol{C}}_2+\boldsymbol{C}_2\boldsymbol{B}$；$\boldsymbol{N}_3$ 为高斯白噪声过程，且与模型噪声相关。

进一步，将式（3.57）与式（3.54）的第一式两边同时相加，得

$$\boldsymbol{Y}=\boldsymbol{C}\boldsymbol{X}+\boldsymbol{N}$$

式中

$$\boldsymbol{Y}=\boldsymbol{Y}_1+\boldsymbol{Y}_3,\ \boldsymbol{C}=\boldsymbol{C}_1+\boldsymbol{C}_3,\ \boldsymbol{N}=\boldsymbol{N}_1+\boldsymbol{N}_3$$

注意：此时 $\boldsymbol{N}$ 为高斯白噪声信号，且与模型噪声相关，故可利用 4.3 节介绍的结果来构造最优线性滤波器。

例 3.5 假设质点运动方程为

$$\ddot{X}=0,\ X(t_0)=X_0,\ \dot{X}(t_0)=\dot{X}_0$$

式中，初始状态变量 X_0、$\dot{X}_0$ 是随机的，它们的数学期望为 $m_{X_0}, m_{\dot{X}_0}$，方差为 θ_{X_0}，$\theta_{\dot{X}_0}$；$R_{X_0\dot{X}_0}$ 为 0。在时间区间 (t_0, t)，对运动质点的运动位移进行测量。

其测量方程为

$$Y=X+V_1$$

式中，V_1 为零均值且自相关函数为 $R_{V_1}(\tau)=P_0\exp(-|\tau|)$ 的有色噪声变量。

要求构造滤波器，在均方误差最小准则下，能够最优估计质点在时刻 t 的运动位移及速度。

解：首先将高阶微分方程表示为一阶微分方程组的形式，即

$$X=X_1,\ \dot{X}=X_2$$

则状态方程为

$$\begin{cases}\dot{X}_1=X_2, & X_1(t_0)=X_0\\ \dot{X}_2=0, & X_2(t_0)=\dot{X}_0\end{cases}$$

测量方程为

$$Y=X_1+V_1$$

噪声方程为

$$\dot{V}_1 = -V_1 + N,\ V_1(t_0) = V_{10}$$

式中，噪声变量 V_1 的初始状态满足下列方程：

$$E(V_{10}) = 0,\ E(V_{10}^2) = P_0$$

白噪声满足下列方程：

$$E(N) = 0,\ E[N(t)N(t')] = 2P_0\delta(t - t')$$

下面，利用本节介绍的最优滤波器设计方法构造所求的最优滤波器。

由式（3.37），得

$$\begin{cases} \dot{\widehat{X}}_1 = \widehat{X}_2 + D_{11}(\dot{Y}_1 + Y_1 - \widehat{X}_1) \\ \dot{\widehat{X}}_2 = D_{21}(\dot{Y}_1 + Y_1 - \widehat{X}_1) \end{cases}$$

利用式（3.47）可确定状态估计方程的初始条件，即

$$\widehat{X}_1(t_0) = m_{X_0} + \frac{\theta_{X_0}}{P_0 + \theta_{X_0}} y_0,\ \widehat{X}_2(t_0) = m_{\dot{X}_0}$$

也可以利用式（3.41）中的估计式，即

$$\begin{cases} \dot{X}_1^* = X_2^* + (D_{21} - D_{11} + D_{11} - D_{11}^2)Y_1 - D_{11}X_1^* \\ \dot{X}_2^* = (D_{21} - D_{21} - D_{21}^2)Y_1 - D_{21}X_1^* \end{cases}$$

因此，有

$$\widehat{X}_1 = X_1^* + D_{11}Y_1,\ \widehat{X}_2 = X_2^* + D_{21}Y_1$$

式中

$$D_{11} = \frac{1}{2P_0R_{11}},\ D_{21} = \frac{1}{2P_0R_{12}}$$

最后，由式（3.42）确定矩阵 $\boldsymbol{R}$ 的元素，即

$$\begin{cases} \dot{R}_{11} = 2R_{12} - \dfrac{1}{2P_0}R_{12}^2, & R_{11}(t_0) = \dfrac{P_0\theta_{X_0}}{P_0 + \theta_{X_0}} \\ \dot{R}_{12} = R_{22} - \dfrac{1}{2P_0}R_{11}R_{12}, & R_{12}(t_0) = 0 \\ \dot{R}_{22} = R_{22} - \dfrac{1}{2P_0}R_{12}^2, & R_{22}(t_0) = \theta_{\dot{X}_0} \end{cases}$$

例 3.6 假设某运动质点的运动加速度可以表示为平稳高斯白噪声变量 $V(t)$，即

$$\ddot{X}(t) = V(t)$$

式中，$V(t)$ 为零均值且一维强度矩阵为 G 的高斯白噪声变量。假设它的初始条件变量 $X(t_0)$, $\dot{X}(t_0)$ 是随机的，且服从高斯分布；它的数学期望 m_{X_0}, $m_{\dot{X}_0}$ 及方差和互协方差分别为 θ_{X_0}, $\theta_{\dot{X}_0}$, $R_{X_0\dot{X}_0}$。在时间区间 (t_0, t)，连续地对运动质点的位移与速度进行测量。对位移的测量值是带有零均值且一维强度矩阵为 Q 的平稳高斯白噪声，且它与 $V(t)$ 及初始条件不相关，速度可以被精确地测量。

要求构造最优滤波器，在任意时刻 t 能够最优地估计运动质点的位移和速度。

解： 首先将高阶微分方程化为一阶微分方程组。记 $X = X_1$，则有

$$\begin{cases} \dot{X}_1 = X_2, & X_1(t_0) = X_0 \\ \dot{X}_2 = V, & X_2(t_0) = \dot{X}_0 \end{cases}$$

测量方程为

$$\begin{cases} Y_1 = X_1 + N \\ Y_2 = X_2 \end{cases}$$

由于速度的测量是精确的，因此测量误差的一维强度矩阵 Q 不可逆，从而不能直接使用 4.3 节的结果，只能使用本节最后一部分介绍的方法来构造最优滤波器。对第二个测量方程两边关于时间 t 微分，并记为 Y_3，则有

$$Y_3 = \dot{X}_2 = V$$

故原状态方程转化为

$$\begin{cases} \dot{X}_1 = X_2, & X_1(t_0) = X_0 \\ \dot{X}_2 = V, & X_2(t_0) = \dot{X}_0 \end{cases}$$

原测量方程转化为

$$\begin{cases} Y_1 = X_1 + N \\ Y_3 = V \end{cases}$$

下面，利用式（3.37）及式（3.42）来构造最优滤波器。

在这里，式（3.37）及式（3.42）中的矩阵用下列矩阵替换，即

$$\boldsymbol{C} = \begin{bmatrix} 0 & 0 \\ 0 & 0 \end{bmatrix}, \boldsymbol{R} = \begin{bmatrix} R_{11} & R_{12} \\ R_{21} & R_{22} \end{bmatrix}, \boldsymbol{G} = \begin{bmatrix} 0 & 0 \\ 0 & G \end{bmatrix}$$

$$\boldsymbol{Q} = \begin{bmatrix} Q & 0 \\ 0 & 0 \end{bmatrix}, \boldsymbol{G}_{VN} = \begin{bmatrix} 0 & 0 \\ 0 & G_{VN} \end{bmatrix}$$

根据式（3.38），矩阵 $\boldsymbol{D}$ 可表示为

$$\boldsymbol{D} = \begin{bmatrix} \dfrac{R_{11}}{Q} & 0 \\ \dfrac{R_{12}}{Q} & 1 \end{bmatrix}$$

将矩阵 $\boldsymbol{D}$ 代入式（3.37），可得到状态最优估计，即

$$\begin{cases}\dot{\widehat{X}}_1=\widehat{X}_2+\dfrac{R_{11}}{Q}(Y_1-\widehat{X}_1)\\ \dot{\widehat{X}}_2=\dfrac{R_{12}}{Q}(Y_1-\widehat{X}_1)+Y_3\end{cases}$$

关于矩阵 $\boldsymbol{R}$ 的元素的确定，可由式（3.42）求得

$$\begin{cases}\dot{R}_{11}=2R_{12}-\dfrac{1}{Q}R_{11}^2, & R_{11}(t_0)=\theta_{X_0}\\ \dot{R}_{12}=R_{22}-\dfrac{1}{Q}R_{11}R_{12}, & R_{12}(t_0)=R_{X_0\dot{X}_0}\\ \dot{R}_{22}=-\dfrac{1}{Q}R_{12}R_{22}+\boldsymbol{G}, & R_{22}(t_0)=\theta_{\dot{X}_0}\end{cases}$$

3.2.4 惯性量测情形

在实际应用中，有时会遇到具有惯性的测量器件，如何在此测量信号的情况下构造最优滤波器将是本节所讨论的内容。

假设 n 维随机向量过程 $\boldsymbol{X}(t)$ 满足式（3.2），测量方程表示为

$$\dot{\boldsymbol{Y}}(t)=\boldsymbol{L}(t)\boldsymbol{Y}(t)+\boldsymbol{C}(t)\boldsymbol{X}(t)+\boldsymbol{N}(t) \tag{3.58}$$

式中，$\boldsymbol{L}(t), \boldsymbol{C}(t)$ 为已知矩阵；白噪声向量 $\boldsymbol{N}(t)\in\mathcal{N}(\boldsymbol{0}, \boldsymbol{Q}(t)\delta(t))$。

为了构造最优滤波器，先将测量方程式（3.58）转化为 3.2.1 节介绍的标准形式，然后利用 4.2 节的结果构造最优滤波器。记

$$\boldsymbol{Y}^*=\dot{\boldsymbol{Y}}-\boldsymbol{L}\boldsymbol{Y}$$

则式（3.58）转化为

$$\boldsymbol{Y}^*=\boldsymbol{C}\boldsymbol{X}+\boldsymbol{N} \tag{3.59}$$

这样，在观测向量 $\boldsymbol{Y}^*$ 已知的情况下，利用 4.2 节的结果可直接写出最优滤波器的表达式，即

$$\dot{\widehat{\boldsymbol{X}}}=\boldsymbol{A}\widehat{\boldsymbol{Y}}+\boldsymbol{D}(\boldsymbol{Y}^*-\boldsymbol{C}\widehat{\boldsymbol{X}})+\boldsymbol{B}\boldsymbol{u},\ \widehat{\boldsymbol{X}}(t_0)=\boldsymbol{m}_0 \tag{3.60}$$

式中，$\boldsymbol{D}=\boldsymbol{R}\boldsymbol{C}^{\mathrm{T}}\boldsymbol{Q}^{-1}$，矩阵 $\boldsymbol{R}$ 满足式（3.6）。

将式（3.59）代入式（3.60），得

$$\dot{\widehat{\boldsymbol{X}}}=\boldsymbol{A}\widehat{\boldsymbol{X}}+\boldsymbol{D}(\dot{\boldsymbol{Y}}-\boldsymbol{L}\boldsymbol{Y}-\boldsymbol{C}\widehat{\boldsymbol{X}})+\boldsymbol{B}\boldsymbol{u},\ \widehat{\boldsymbol{X}}(t_0)=\boldsymbol{m}_0 \tag{3.61}$$

在实际应用中，通常将上式转化为另外一种形式。令

$$\boldsymbol{X}^*=\widehat{\boldsymbol{X}}-\boldsymbol{B}\boldsymbol{Y} \tag{3.62}$$

对式（3.62）两边关于时间 t 微分，并将 $\dot{\widehat{\boldsymbol{X}}}$ 及 $\dot{\boldsymbol{Y}}$ 的表达式代入，得

$$\begin{aligned}&\dot{\boldsymbol{X}}^{*}=(\boldsymbol{A}-\boldsymbol{DC})\boldsymbol{X}^{*}+(\boldsymbol{AD}-\boldsymbol{DCD}-\dot{\boldsymbol{D}}-\boldsymbol{DL})\boldsymbol{Y}+\boldsymbol{Bu}\\&\boldsymbol{X}^{*}(t_0)=\boldsymbol{m}_0-\boldsymbol{DY}_0\end{aligned}\tag{3.63}$$

式（3.62）和式（3.63）即为所求的最优线性滤波器。

由式（3.62）可知，状态向量的最优估计 $\widehat{\boldsymbol{X}}(t)$ 由过渡向量 $\boldsymbol{X}^{*}$ 及带有加权的测量向量 $\boldsymbol{DY}$ 之和构成，它的结构图如图 3.3 所示。

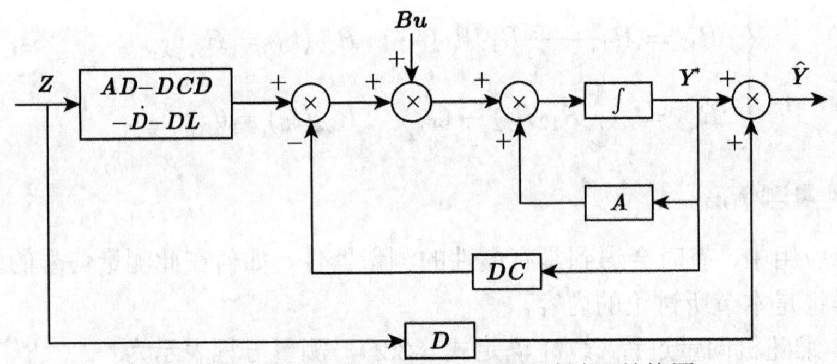

图 3.3 测量带有惯性时的最优线性滤波器结构图

例 3.7 假设随机状态向量 $\boldsymbol{X}(t)$ 由下列微分方程表示：

$$\dot{\boldsymbol{X}}(t)=-2\boldsymbol{X}(t)+3\boldsymbol{u}(t)+\boldsymbol{V}(t),\ \boldsymbol{X}(t_0)=\boldsymbol{X}_0$$

式中，$\boldsymbol{u}(t)$ 为确定性的信号；白噪声 $\boldsymbol{V}(t)\in\mathcal{N}(\boldsymbol{0},\ \boldsymbol{G}\delta(t))$。

观测方程为

$$\dot{\boldsymbol{Y}}(t)=-4\boldsymbol{Y}(t)+\boldsymbol{X}(t)+\boldsymbol{N}(t)$$

式中，白噪声向量 $\boldsymbol{N}(t)\in\mathcal{N}(\boldsymbol{0},\ \boldsymbol{Q}\delta(t))$。

要求构造最优线性滤波器。

解： 记

$$\boldsymbol{Y}^{*}(t)=\dot{\boldsymbol{Y}}(t)+4\boldsymbol{Y}(t)$$

从而，原观测方程可表示为

$$\boldsymbol{Y}^{*}(t)=\boldsymbol{X}(t)+\boldsymbol{N}(t)$$

根据最优滤波器式（3.61），得

$$\dot{\widehat{\boldsymbol{X}}}=-2\widehat{\boldsymbol{X}}+3\boldsymbol{u}+\boldsymbol{R}\boldsymbol{Q}^{-1}(\dot{\boldsymbol{X}}+4\boldsymbol{Z}-\widehat{\boldsymbol{X}})$$

$$\dot{\boldsymbol{R}}=-4\boldsymbol{R}+\boldsymbol{G}+\boldsymbol{R}^{2}\boldsymbol{Q}^{-1},\ \boldsymbol{R}(t_0)=\boldsymbol{\theta}_0$$

也可以表示成不含有观测向量微分 $\dot{\boldsymbol{X}}(t)$ 的另外一种形式。利用式（3.62）和式（3.62），得

$$\begin{cases} \dot{\boldsymbol{X}}^* = -(2+\boldsymbol{R}\boldsymbol{Q}^{-1})\boldsymbol{X}^* - (2\boldsymbol{R}\boldsymbol{Q}^{-1}+\boldsymbol{R}^2\boldsymbol{Q}^{-2}-4\boldsymbol{R}\boldsymbol{Q}^{-1}+\dot{\boldsymbol{R}}\boldsymbol{Q}^{-1})\boldsymbol{Y}+3\boldsymbol{u} \\ \widehat{\boldsymbol{X}} = \boldsymbol{X}^* + \boldsymbol{R}\boldsymbol{Q}^{-1}\boldsymbol{X},\ \boldsymbol{X}^*(t_0) = \boldsymbol{m}_0 - \boldsymbol{R}\boldsymbol{Q}^{-1}\boldsymbol{X}_0 \end{cases}$$

3.3 离散时间随机线性系统状态估计

离散时间测量信号可以用离散时间滤波器，即借助数字处理设备来进行滤波估计。而连续时间信号可首先通过模数转换设备将其转化为离散信号，然后利用数字处理设备和离散滤波算法进行滤波 [73]。为此，应首先将连续时间滤波算法转化为离散形式。类似于连续时间情形，本节分别讨论在不同噪声类型情况下的最优滤波算法。

3.3.1 量测噪声为一般白噪声情形

假设 n 维离散时间随机向量由下列线性差分方程表示：

$$\begin{cases} \boldsymbol{X}(k+1) = \boldsymbol{\Phi}(k+1,\,k)\boldsymbol{X}(k) + \boldsymbol{B}(k+1,\,k)\boldsymbol{u}(k) + \boldsymbol{V}(k) \\ \boldsymbol{X}(0) = \boldsymbol{X}_0 \end{cases} \quad (k=0,\,1,\,2,\,\cdots) \tag{3.64}$$

式中，$\boldsymbol{u}(k)$ 为 r 维确定性的向量；白噪声向量 $\boldsymbol{V}(k)\in\mathcal{N}(\boldsymbol{0},\,\boldsymbol{G}(k))$；$\boldsymbol{G}(k)$ 为非负定对称矩阵序列；矩阵 $\boldsymbol{\Phi}(k+1,\,k)$ 及 $\boldsymbol{B}(k+1,\,k)$ 为给定的相应维数的矩阵序列。

离散量测方程为

$$\boldsymbol{Y}(k+1) = \boldsymbol{C}(k+1)\boldsymbol{X}(k+1) + \boldsymbol{N}(k+1) \tag{3.65}$$

式中，$\boldsymbol{C}(k+1)$ 为已知 $m\times n$ 维矩阵序列；白噪声向量 $\boldsymbol{N}(k)\in\mathcal{N}(\boldsymbol{0},\,\boldsymbol{Q}(k))$，$\boldsymbol{Q}(k)$ 为非负定对称矩阵序列。

为了简化计算，假设白噪声向量 $\boldsymbol{V}(k)$ 与 $\boldsymbol{N}(k)$ 互不相关，同时与初始向量 $\boldsymbol{X}_0$ 也互不相关，并且假设 $\boldsymbol{X}_0$ 服从高斯分布，它的数学期望及方差矩阵分别为 $E(\boldsymbol{X}_0)=\boldsymbol{m}_0$ 及 $E[(\boldsymbol{X}_0-\boldsymbol{m}_0)(\boldsymbol{X}_0-\boldsymbol{m}_0)^{\mathrm{T}}]=\boldsymbol{\theta}_0$。

要求确定状态估计向量 $\widehat{\boldsymbol{X}}(k)$，当测量向量 $\boldsymbol{Y}(k)(k=1,\,2,\,\cdots)$ 已知时，在均方误差的条件数学期望最小意义下达到最优，即

$$\widehat{\boldsymbol{X}}(k) = \arg\min_{\widehat{\boldsymbol{X}}(k)}(E\{[\widehat{\boldsymbol{X}}(k)-\boldsymbol{X}(k)]^{\mathrm{T}}[\widehat{\boldsymbol{X}}(k)-\boldsymbol{X}(k)]\}) \tag{3.66}$$

容易证明，使均方误差的条件数学期望达到最小的最优状态向量估计 $\widehat{\boldsymbol{X}}(k)$ 为在观测向量 $\boldsymbol{Y}(k)$ 已确定时的状态向量的条件数学期望，即

$$\widehat{\boldsymbol{X}}(k) = E[\boldsymbol{X}(k)|\boldsymbol{Y}(i),\,1\leqslant i\leqslant k] \tag{3.67}$$

下面，分三步来求此条件数学期望。

（1）一步预测估计

首先，确定当观测向量 $\boldsymbol{Y}(1), \cdots, \boldsymbol{Y}(k)$ 已知时，在 $k+1$ 时刻的状态向量 $\boldsymbol{X}(k+1)$ 的先验估计 $\widehat{\boldsymbol{X}}'(k+1)$，即一步预测估计为

$$\begin{aligned}\widehat{\boldsymbol{X}}'(k+1) &= E[\boldsymbol{X}(k+1)|\boldsymbol{Y}(i), 1\leqslant i\leqslant k]\\ &= E\{[\boldsymbol{\Phi}(k+1, k)\boldsymbol{X}(k)+\boldsymbol{B}(k+1, k)\boldsymbol{u}(k)+\boldsymbol{V}(k)]|\boldsymbol{Y}(i), 1\leqslant i\leqslant k\}\\ &= \boldsymbol{\Phi}(k+1, k)E[\boldsymbol{X}(k)|\boldsymbol{Y}(i), 1\leqslant i\leqslant k]\\ &\quad +\boldsymbol{B}(k+1, k)E[\boldsymbol{u}(k)|\boldsymbol{Y}(i), 1\leqslant i\leqslant k]\\ &\quad +E[\boldsymbol{V}(k)|\boldsymbol{Y}(i), 1\leqslant i\leqslant k]\end{aligned} \tag{3.68}$$

在式（3.68）的计算中利用以下三个式子：

$$\begin{aligned}E[\boldsymbol{X}(k)|\boldsymbol{Y}(i), 1\leqslant i\leqslant k] &= \widehat{\boldsymbol{X}}(k)\\ E[\boldsymbol{u}(k)|\boldsymbol{Y}(i), 1\leqslant i\leqslant k] &= \boldsymbol{u}(k)\\ E[\boldsymbol{V}(k)|\boldsymbol{Y}(i), 1\leqslant i\leqslant k] &= \boldsymbol{0}\end{aligned}$$

上述第一个式子利用条件数学期望的定义，第二个式子利用 $\boldsymbol{u}(k)$ 是确定性的向量，第三个式子利用 $\boldsymbol{V}(k)$ 与 $\boldsymbol{Y}(i)$ 互不相关，且 $\boldsymbol{V}(k)$ 的数学期望为 $\boldsymbol{0}$。因此，式（3.68）可化简为

$$\widehat{\boldsymbol{X}}'(k+1) = \boldsymbol{\Phi}(k+1, k)\widehat{\boldsymbol{X}}(k)+\boldsymbol{B}(k+1, k)\boldsymbol{u}(k) \tag{3.69}$$

这个状态估计是在时刻 $k+1$ 获得的，而没有考虑时刻 $k+1$ 的测量值 $\boldsymbol{Y}(k+1)$ 对状态的影响。下面，应将此影响考虑进去，即应使用时刻 $k+1$ 的量测向量 $\boldsymbol{Y}(k+1)$ 对上述一步预测估计进行修正。

（2）求状态估计 $\widehat{\boldsymbol{X}}(k+1)$ 的表达式

考虑时刻 $k+1$ 的量测值与利用一步预测估计得到的理论量测值的差 $\boldsymbol{Y}(k+1)-\boldsymbol{C}(k+1)\widehat{\boldsymbol{X}}'(k+1)$，用此项来对一步预测结果进行修正，得到新的后验状态估计 $\widehat{\boldsymbol{X}}(k+1)$，即

$$\widehat{\boldsymbol{X}}(k+1) = \widehat{\boldsymbol{X}}'(k+1)+\boldsymbol{D}(k+1)(\boldsymbol{Y}(k+1)-\boldsymbol{C}(k+1)\widehat{\boldsymbol{X}}'(k+1)) \tag{3.70}$$

式中，$\boldsymbol{D}(k+1)$ 为待定系数矩阵。

为了确保后验状态估计 $\widehat{\boldsymbol{X}}(k+1)$ 为最优，必须选择 $\boldsymbol{D}(k+1)$，使估计误差的均方差达到最小，即

$$\min_{\boldsymbol{D}(k+1)}(E\{[\widehat{\boldsymbol{X}}(k+1)-\boldsymbol{X}(k+1)]^{\mathrm{T}}[\widehat{\boldsymbol{X}}(k+1)-\boldsymbol{X}(k+1)]\}) = \min_{\boldsymbol{D}(k+1)}\ \mathrm{tr}[\boldsymbol{R}(k+1)] \tag{3.71}$$

式中

$$\boldsymbol{R}(k+1) = E\{[\widehat{\boldsymbol{X}}(k+1)-\boldsymbol{X}(k+1)][\widehat{\boldsymbol{X}}(k+1)-\boldsymbol{X}(k+1)]^{\mathrm{T}}\}$$

为误差估计的协方差矩阵。

（3）确定待定系数矩阵 $\boldsymbol{D}(k+1)$

记估计误差 $\boldsymbol{\varepsilon}(k+1)=\widehat{\boldsymbol{X}}(k+1)-\boldsymbol{X}(k+1)$，利用式（3.64）、式（3.70）和式（3.71），得

$$
\begin{aligned}
\boldsymbol{\varepsilon}(k+1)=&\boldsymbol{\Phi}(k+1)\widehat{\boldsymbol{X}}(k)+\boldsymbol{B}(k+1,\,k)\boldsymbol{u}(k)+\boldsymbol{D}(k+1)(\boldsymbol{Y}(k+1)\\
&-\boldsymbol{C}(k+1)\widehat{\boldsymbol{X}}'(k+1))-\boldsymbol{\Phi}(k+1,\,k)\boldsymbol{X}(k)-\boldsymbol{B}(k+1,\,k)\boldsymbol{u}(k)-\boldsymbol{V}(k)\\
=&(\boldsymbol{I}-\boldsymbol{D}(k+1)\boldsymbol{C}(k+1))(\boldsymbol{\Phi}(k+1,\,k)\boldsymbol{\varepsilon}(k)-\boldsymbol{V}(k))+\boldsymbol{D}(k+1)\boldsymbol{N}(k+1)
\end{aligned}
$$

这样，误差估计的协方差矩阵可以表示为

$$
\begin{aligned}
\boldsymbol{R}(k+1)=&E[((\boldsymbol{I}-\boldsymbol{D}(k+1)\boldsymbol{C}(k+1)))(\boldsymbol{\Phi}(k+1,\,k)\boldsymbol{\varepsilon}(k)-\boldsymbol{V}(k)\\
&+\boldsymbol{D}(k+1)\boldsymbol{N}(k+1))((\boldsymbol{I}-\boldsymbol{D}(k+1)\boldsymbol{C}(k+1))(\boldsymbol{\Phi}(k+1,\,k)\\
&\times\boldsymbol{\varepsilon}(k)-\boldsymbol{V}(k))+\boldsymbol{D}(k+1)\boldsymbol{N}(k+1))^{\mathrm{T}}]\qquad(k=0,\,1,\,2,\,\cdots)
\end{aligned}\tag{3.72}
$$

由于先验估计误差 $\boldsymbol{\varepsilon}'(k+1)$ 为

$$
\boldsymbol{\varepsilon}'(k+1)=\widehat{\boldsymbol{X}}'(k+1)-\boldsymbol{X}(k+1)=\boldsymbol{\Phi}(k+1,\,k)\boldsymbol{\varepsilon}(k)-V(k)
$$

故一步预测误差自协方差矩阵为

$$
\begin{aligned}
\boldsymbol{R}'(k+1)&=E[\boldsymbol{\varepsilon}'(k+1)\boldsymbol{\varepsilon}'(k+1)^{\mathrm{T}}]\\
&=E\{[\boldsymbol{\Phi}(k+1,\,k)\boldsymbol{\varepsilon}(k)-\boldsymbol{V}(k)][\boldsymbol{\Phi}(k+1,\,k)\boldsymbol{\varepsilon}(k)-\boldsymbol{V}(k)]^{\mathrm{T}}\}\\
&=\boldsymbol{\Phi}(k+1,\,k)\boldsymbol{R}(k)\boldsymbol{\Phi}(k+1,\,k)^{\mathrm{T}}+\boldsymbol{G}(k)
\end{aligned}\tag{3.73}
$$

将式（3.73）代入式（3.72）得

$$
\begin{aligned}
\boldsymbol{R}(k+1)=&(\boldsymbol{I}-\boldsymbol{D}(k+1)\boldsymbol{C}(k+1))\boldsymbol{R}'(k+1)(\boldsymbol{I}-\boldsymbol{D}(k+1)\boldsymbol{C}(k+1))^{\mathrm{T}}\\
&+\boldsymbol{D}(k+1)\boldsymbol{Q}(k+1)\boldsymbol{D}^{\mathrm{T}}(k+1)
\end{aligned}\tag{3.74}
$$

将式（3.74）中的括号展开，整理得

$$
\begin{aligned}
\boldsymbol{R}(k+1)=&\boldsymbol{R}'(k+1)-\boldsymbol{D}(k+1)\boldsymbol{C}(k+1)\boldsymbol{R}'(k+1)\\
&-\boldsymbol{R}'(k+1)\boldsymbol{C}^{\mathrm{T}}(k+1)\boldsymbol{D}(k+1)+\boldsymbol{D}(k+1)\\
&\times[\boldsymbol{C}(k+1)\boldsymbol{R}'(k+1)\boldsymbol{C}^{\mathrm{T}}(k+1)+\boldsymbol{Q}(k+1)]\boldsymbol{D}^{\mathrm{T}}(k+1)
\end{aligned}\tag{3.75}
$$

对 $\boldsymbol{R}(k+1)$ 关于 $\boldsymbol{D}(k+1)$ 求偏导数，并令其为 $\mathbf{0}$，即

$$
\frac{\partial\boldsymbol{R}(k+1)}{\partial\boldsymbol{D}(k+1)}=\mathbf{0}\tag{3.76}
$$

将式（3.75）代入式（3.76），计算得

$$
\boldsymbol{D}(\boldsymbol{k}+1)=\boldsymbol{R}'(k+1)\boldsymbol{C}^{\mathrm{T}}(k+1)[\boldsymbol{C}(k+1)\boldsymbol{R}'(k+1)\boldsymbol{C}^{\mathrm{T}}(k+1)+\boldsymbol{Q}(k+1)]^{-1}\tag{3.77}
$$

这样，就求出了待定矩阵 $\boldsymbol{D}(k+1)$。

进一步，将式（3.77）代入式（3.74），可获得误差估计协方差矩阵 $\boldsymbol{R}(k+1)$ 的具体表达式，即

$$\boldsymbol{R}(k+1)=\boldsymbol{R}'(k+1)-\boldsymbol{D}(k+1)\boldsymbol{C}(k+1)\boldsymbol{R}'(k+1) \tag{3.78}$$

综合以上三个步骤，在初始条件 $\widehat{\boldsymbol{X}}(0)=\boldsymbol{m}_0$, $\boldsymbol{R}(0)=\boldsymbol{\theta}_0$ 下，通过求解式（3.69）、式（3.70）、式 (3.73)、式（3.74）和式（3.77）可获得离散线性最优滤波器的结构。

对卡尔曼滤波递推过程归纳如下：

1）一步预测协方差矩阵 $\boldsymbol{R}'(k+1)$ 为

$$\boldsymbol{R}'(k+1)=\boldsymbol{\Phi}(k+1,k)\boldsymbol{R}(k)\boldsymbol{\Phi}(k+1,k)^{\mathrm{T}}+\boldsymbol{G}(k) \tag{3.79}$$

2）卡尔曼增益 $\boldsymbol{D}(k+1)$ 为

$$\boldsymbol{D}(k+1)=\boldsymbol{R}'(k+1)\boldsymbol{C}^{\mathrm{T}}(k+1)[\boldsymbol{C}(k+1)\boldsymbol{R}'(k+1)\boldsymbol{C}^{\mathrm{T}}(k+1)+\boldsymbol{Q}(k+1)]^{-1} \tag{3.80}$$

3）更新协方差矩阵 $\boldsymbol{R}(k+1)$。

将式（3.80）代入式（3.78）得

$$\begin{aligned}\boldsymbol{R}(k+1)=&\boldsymbol{R}'(k+1)-\boldsymbol{R}'(k+1)\boldsymbol{C}^{\mathrm{T}}(k+1)(\boldsymbol{C}(k+1)\boldsymbol{R}'(k+1)\boldsymbol{C}^{\mathrm{T}}(k+1)\\&+\boldsymbol{Q}(k+1))^{\mathrm{T}}\boldsymbol{C}(k+1)\boldsymbol{R}'(k+1)\end{aligned} \tag{3.81}$$

从而卡尔曼滤波器为

$$\widehat{\boldsymbol{X}}(k+1)=\widehat{\boldsymbol{X}}'(k+1)+\boldsymbol{D}(k+1)(\boldsymbol{Y}(k+1)-\boldsymbol{C}(k+1)\widehat{\boldsymbol{X}}'(k+1)) \tag{3.82}$$

注意：当离散线性系统为时不变系统，即

$$\begin{cases}\boldsymbol{X}(k+1)=\boldsymbol{\Phi}X(k+1)+\boldsymbol{V}(k)\\ \varphi(k)=\boldsymbol{C}\boldsymbol{X}(k+1)+\boldsymbol{N}(k)\end{cases}$$

式中，$\boldsymbol{\Phi}, \boldsymbol{C}$ 为常数矩阵，且 $\boldsymbol{V}(k)\in\mathcal{N}(\boldsymbol{0},\boldsymbol{G})$，$\boldsymbol{N}(k)\in\mathcal{N}(\boldsymbol{0},\boldsymbol{Q})$。

若 $\boldsymbol{\Phi}$ 是渐近稳定，即 $\boldsymbol{\Phi}$ 的特征根均在复平面的单位圆内，则对于任意 $t_0=0$ 时刻，$\boldsymbol{R}(0)=\boldsymbol{R}'(0)\geqslant 0$，有 $\lim\limits_{k\to\infty}\boldsymbol{R}'(k+1)\to\bar{\boldsymbol{R}}'$，且满足

$$\bar{\boldsymbol{R}}'=\boldsymbol{\Phi}\left[\bar{\boldsymbol{R}}'-\bar{\boldsymbol{R}}'\boldsymbol{C}^{\mathrm{T}}(\boldsymbol{C}\boldsymbol{R}^{-1}\boldsymbol{C}^{\mathrm{T}}+\boldsymbol{G})^{-1}\boldsymbol{C}\bar{\boldsymbol{R}}'\right]\boldsymbol{\Phi}^{\mathrm{T}}+\boldsymbol{G}$$

从而稳态更新协方差矩阵为 $\bar{\boldsymbol{R}}-\bar{\boldsymbol{R}}'-\bar{\boldsymbol{R}}'\boldsymbol{C}^{\mathrm{T}}(\boldsymbol{C}\bar{\boldsymbol{R}}'\boldsymbol{C}^{\mathrm{T}}+\boldsymbol{Q})^{\mathrm{T}}\boldsymbol{C}\bar{\boldsymbol{R}}'$，证明略。

3.3.2 惯性量测情形

假设测量器件具有惯性特点，则量测方程表示为

$$\boldsymbol{Y}(k+1)=\boldsymbol{L}(k+1,k)\boldsymbol{Y}(k)+\boldsymbol{C}(k)\boldsymbol{X}(k)+\boldsymbol{N}(k) \tag{3.83}$$

在本小节中，假设离散随机系统模型及其他相关符号同 3.3.1 节。

为了构造最优线性滤波器，必须将观测方程转化为 3.3.1 节的形式。引入记号 $\boldsymbol{Y}^*(k)$ 为

$$\begin{aligned}\boldsymbol{Y}^*(k) &= \boldsymbol{Y}(k+1) - \boldsymbol{L}(k+1,\ k)\boldsymbol{Y}(k) \\ &= \boldsymbol{C}(k)\boldsymbol{X}(k) + \boldsymbol{N}(k)\end{aligned} \tag{3.84}$$

这样就可以直接利用 3.3.1 节的结果，从而有

$$\widehat{\boldsymbol{X}}'(k+1) = \boldsymbol{\Phi}(k+1,\ k)\widehat{\boldsymbol{X}}(k) + \boldsymbol{B}(k+1,\ k)\boldsymbol{u}(k) \tag{3.85}$$

$$\begin{aligned}\widehat{\boldsymbol{X}}(k+1) = \widehat{\boldsymbol{X}}'(k+1) + \boldsymbol{D}(k+1)[\boldsymbol{Y}(k+1) - \boldsymbol{L}(k+1,\ k)\boldsymbol{Y}(k) \\ - \boldsymbol{C}(k+1)\widehat{\boldsymbol{X}}'(k+1)]\end{aligned} \tag{3.86}$$

对于系数矩阵序列 $\boldsymbol{D}(k+1)$，可利用式（3.73）、式（3.74）和式（3.77）来确定；也可以如连续时间情形，引入新的中间向量序列 $\boldsymbol{X}^*(k+1)$，并将最优估计 $\widehat{\boldsymbol{X}}(k+1)$ 表示为

$$\widehat{\boldsymbol{X}}(k+1) = \boldsymbol{X}^*(k+1) + \boldsymbol{D}(k+1)\boldsymbol{Y}(k+1) \tag{3.87}$$

将式（3.87）代入式（3.86），并借助式（3.85），得

$$\begin{aligned}\boldsymbol{X}^*(k+1) = &[\boldsymbol{\Phi}(k+1,\ k) - \boldsymbol{D}(k+1)\boldsymbol{C}(k+1)\boldsymbol{\Phi}(k+1,\ k)]\boldsymbol{X}^* \\ &+ [\boldsymbol{B}(k+1,\ k) - \boldsymbol{D}(k+1)\boldsymbol{C}(k+1)\boldsymbol{B}(k+1,\ k)]\boldsymbol{u}(k) \\ &+ [\boldsymbol{\Phi}(k+1,\ k)\boldsymbol{D}(k) - \boldsymbol{D}(k+1)\boldsymbol{L}(k+1,\ k) \\ &- \boldsymbol{D}(k+1)\boldsymbol{C}(k+1)\boldsymbol{D}(k)]\boldsymbol{Y}(k)\end{aligned} \tag{3.88}$$

例 3.8 假设离散随机信号表示为

$$\boldsymbol{X}(k+1) = \boldsymbol{\Phi}(k+1,\ k)\boldsymbol{X}(k) + \boldsymbol{V}(k),\ \boldsymbol{X}(0) = \boldsymbol{X}_0 \qquad (k = 0,\ 1,\ 2,\ \cdots)$$

式中，转移矩阵

$$\boldsymbol{\Phi}(k+1,\ k) = \begin{bmatrix} a_{11}+1 & a_{12} \\ a_{21} & a_{22}+1 \end{bmatrix}, \boldsymbol{V}(k) = \begin{bmatrix} V_1(k) \\ V_2(k) \end{bmatrix} \in \mathcal{N}(\boldsymbol{0},\ \boldsymbol{G}(k))$$

离散观测方程表示为

$$\boldsymbol{Y}(k+1) = \boldsymbol{C}(k+1)\boldsymbol{X}(k+1) + \boldsymbol{N}(k+1)$$

式中

$$\boldsymbol{C}(k+1) = \begin{bmatrix} c_{11} & 0 \\ 0 & 0 \end{bmatrix}, \boldsymbol{N}(k) = \begin{bmatrix} N_1(k+1) \\ 0 \end{bmatrix}$$

要求确定离散最优滤波器。

解：利用式（3.85）及式（3.86），得

$$\begin{aligned}\widehat{\boldsymbol{X}}(k+1)=&\boldsymbol{\Phi}(k+1,k)\boldsymbol{X}(k)+\boldsymbol{D}(k+1)[\boldsymbol{Y}(k+1)\\&-\boldsymbol{C}(k+1)\boldsymbol{\Phi}(k+1,k)\widehat{\boldsymbol{X}}(k)]\end{aligned}$$

式中，$\boldsymbol{D}(k+1)$ 为待定矩阵序列。

利用式（3.77），可求待定矩阵 $\boldsymbol{D}(k+1)$ 为

$$\boldsymbol{D}(k+1)=\begin{bmatrix} d_{11} & 0 \\ d_{21} & 0 \end{bmatrix}$$

式中

$$d_{11}=\frac{(a_{11}+1)^2R_{11}(k)+a_{12}^2R_{12}(k)+G_{11}(k)}{C_{11}(a_{11}+1)^2R_{11}(k)+C_{11}a_{12}^2R_{12}(k)+C_{11}G_{11}(k)+Q_{11}(k)}$$

$$d_{21}=\frac{(a_{11}+1)a_{21}R_{11}(k)+(a_{22}+1)a_{12}R_{12}(k)}{C_{11}(a_{11}+1)^2R_{11}(k)+C_{11}a_{12}^2R_{12}(k)+C_{11}G_{11}(k)+Q_{11}(k)}$$

而矩阵 $\boldsymbol{R}(k)$ 中的元素可以由式（3.73）和式（3.74）确定。

3.3.3　有色噪声情形

假设离散时间随机线性模型同式（3.64），观测方程为

$$\boldsymbol{Y}(k+1)=\boldsymbol{C}(k+1)\boldsymbol{X}(k+1)+\boldsymbol{V}_1(k+1)\qquad(k=0,1,2,\cdots)\tag{3.89}$$

式中，$\boldsymbol{V}_1(k+1)$ 为 $m(m\leqslant n)$ 维高斯随机相关序列，它的数学期望及协方差矩阵为

$$E[\boldsymbol{V}_1(k)]=\boldsymbol{0},\ E[\boldsymbol{V}_1(h)\boldsymbol{V}_1^{\mathrm{T}}(l)]=\boldsymbol{P}_{hl}\qquad(h,\ l=0,1,2,\cdots)$$

类似于连续时间情形，可以使用成形滤波器将$\boldsymbol{V}_1(k)$ 表示为

$$\boldsymbol{V}_1(k+1)=\boldsymbol{L}(k+1,k)\boldsymbol{V}_1(k)+\boldsymbol{N}(k)\tag{3.90}$$

式中，白噪声向量 $\boldsymbol{N}(k)\in\mathcal{N}(\boldsymbol{0},\boldsymbol{Q}(k))$；$\boldsymbol{Q}(k)$ 为对称正定矩阵序列。

初始状态向量 $\boldsymbol{V}_{10}$ 具有下列概率特性：

$$E(\boldsymbol{V}_{10})=\boldsymbol{0},\ E(\boldsymbol{V}_{10}\boldsymbol{V}_{10}^{\mathrm{T}})=\boldsymbol{P}_0$$

式中，$\boldsymbol{P}_0$ 为非负定对称矩阵。

假设初始状态向量 $\boldsymbol{X}_0$, $\boldsymbol{V}_{10}$ 分别与 $\boldsymbol{V}(k)$, $\boldsymbol{N}(k)$ $(k=0,1,2,\cdots)$ 互不相关，且假设 $\boldsymbol{V}_{10}$ 服从高斯分布。

类似于连续时间情形，首先将测量模型转化为带有白噪声干扰信号的标准测量模型，然后利用 3.2 节中的结果来构造最优线性滤波器。

将式（3.64）、式（3.90）代入式（3.89），得

$$\begin{aligned}\boldsymbol{Y}(k+1)=&\boldsymbol{C}(k+1)\boldsymbol{\Phi}(k+1,\,k)\boldsymbol{X}(k)+\boldsymbol{C}(k+1)\boldsymbol{B}(k+1,\,k)\boldsymbol{u}(k)\\&+\boldsymbol{C}(k+1)\boldsymbol{V}(k)+\boldsymbol{L}(k+1,\,k)\boldsymbol{V}_1(k)+\boldsymbol{N}(k)\end{aligned}\tag{3.91}$$

记

$$\boldsymbol{Y}^*(k+1)=\boldsymbol{Y}(k+1)-\boldsymbol{L}(k+1,\,k)\boldsymbol{Y}(k)-\boldsymbol{C}(k+1)\boldsymbol{B}(k+1,\,k)\boldsymbol{u}(k)\tag{3.92}$$

将 $\boldsymbol{Y}(k+1)$，$\boldsymbol{Y}(k)$ 的表达式代入式（3.92），得

$$\begin{aligned}\boldsymbol{Y}^*(k+1)=&[\boldsymbol{C}(k+1)\boldsymbol{\Phi}(k+1,\,k)-\boldsymbol{L}(k+1,\,k)\boldsymbol{C}(k)]\boldsymbol{X}(k)\\&+\boldsymbol{C}(k+1)\boldsymbol{V}(k)+\boldsymbol{N}(k)\end{aligned}\tag{3.93}$$

从而，可将式（3.93）表示成如下带有白噪声信号的标准量测模型：

$$\boldsymbol{Y}^*(k+1)=\boldsymbol{C}^*(k+1)\boldsymbol{X}(k+1)+\boldsymbol{W}(k+1)\tag{3.94}$$

式中

$$\boldsymbol{C}^*(k+1)=\boldsymbol{C}(k+1)\boldsymbol{\Phi}(k+1,\,k)-\boldsymbol{L}(k+1,\,k)\boldsymbol{C}(k)$$

为已知矩阵，而

$$\boldsymbol{W}(k+1)=\boldsymbol{C}(k+1)\boldsymbol{V}(k)+\boldsymbol{N}(k)$$

为离散白噪声向量。

注意：白噪声向量 $\boldsymbol{W}(k)$ 与系统状态模型白噪声向量 $\boldsymbol{V}(k)$ 是相关的，即

$$\begin{aligned}&E[\boldsymbol{W}(k)]=\boldsymbol{0}\\&E[\boldsymbol{W}(h)\boldsymbol{W}^{\mathrm{T}}(l)]=[\boldsymbol{C}(h)\boldsymbol{G}(h)\boldsymbol{C}^{\mathrm{T}}(h)+\boldsymbol{Q}(h)]\delta_{hl}\\&E[\boldsymbol{V}(h)\boldsymbol{W}^{\mathrm{T}}(l)]=\boldsymbol{G}(h)\boldsymbol{C}^{\mathrm{T}}(h)\delta_{hl}\end{aligned}$$

利用 3.3.1 节的结果，即由式（3.69）和式（3.70），可给出最优滤波器方程为

$$\begin{cases}\widehat{\boldsymbol{X}}'(k+1)=\boldsymbol{\Phi}(k+1,\,k)\widehat{\boldsymbol{X}}(k)+\boldsymbol{B}(k+1,\,k)\boldsymbol{u}(k)\\\widehat{\boldsymbol{X}}(k+1)=\widehat{\boldsymbol{X}}'(k+1)+\boldsymbol{D}(k+1)[\boldsymbol{Y}^*(k+1)-\boldsymbol{C}^*(k+1)\widehat{\boldsymbol{X}}'(k+1)]\end{cases}\tag{3.95}$$

式中，$\boldsymbol{D}(k+1)$ 为待定系数矩阵序列，它由估计误差均方最小确定，即

$$\begin{aligned}&\min_{\boldsymbol{D}(k+1)}(E\{[\widehat{\boldsymbol{X}}(k+1)-\boldsymbol{X}(k+1)]^{\mathrm{T}}[\widehat{\boldsymbol{X}}(k+1)-\boldsymbol{X}(k+1)]\})\\=&\min_{\boldsymbol{D}(k+1)}\mathrm{tr}[\boldsymbol{R}(k+1)]\end{aligned}$$

式中，$\boldsymbol{R}(k+1)=E[\boldsymbol{\varepsilon}(k+1)\boldsymbol{\varepsilon}^{\mathrm{T}}(k+1)]$ 为估计误差 $\boldsymbol{\varepsilon}(k+1)=\widehat{\boldsymbol{X}}(k+1)-\boldsymbol{X}(k+1)$ 的自相关矩阵。

利用式（3.95）和式（3.64），则误差 $\boldsymbol{\varepsilon}(k+1)$ 可表示为

$$\begin{aligned}\boldsymbol{\varepsilon}(k+1)=&[\boldsymbol{I}-\boldsymbol{D}(k+1)\boldsymbol{C}^*(k+1)][\boldsymbol{\Phi}(k+1,\,k)\boldsymbol{\varepsilon}(k)-\boldsymbol{V}(k)]\\&+\boldsymbol{D}(k+1)\boldsymbol{N}(k+1)\end{aligned}\tag{3.96}$$

将式（3.96）代入 $\boldsymbol{R}(k+1)$ 表达式，得

$$\begin{cases}\boldsymbol{R}(k+1)=[\boldsymbol{I}-\boldsymbol{D}(k+1)\boldsymbol{C}^*(k+1)]\boldsymbol{R}'(k+1)[\boldsymbol{I}-\boldsymbol{D}(k+1)\boldsymbol{C}^*(k+1)]^{\mathrm{T}}\\ \qquad\qquad +\boldsymbol{D}(k+1)[\boldsymbol{C}(k+1)\boldsymbol{G}(k+1)\boldsymbol{C}^{\mathrm{T}}(k+1)+\boldsymbol{Q}(k+1)]\boldsymbol{D}^{\mathrm{T}}(k+1)\\ \boldsymbol{R}'(k+1)=\boldsymbol{\Phi}(k+1,\,k)\boldsymbol{R}(k)\boldsymbol{\Phi}^{\mathrm{T}}(k+1,\,k)+\boldsymbol{G}(k)\qquad (k=0,\,1,\,2,\,\cdots)\end{cases}\tag{3.97}$$

对式（3.97）关于 $\boldsymbol{D}(k+1)$ 求极小值，得

$$\begin{aligned}\boldsymbol{D}(k+1)=&[\boldsymbol{R}(k+1)\boldsymbol{C}^{*\mathrm{T}}(k+1)+\boldsymbol{G}(k+1)]\\&\times[\boldsymbol{C}(k+1)\boldsymbol{G}(k+1)\boldsymbol{C}^{\mathrm{T}}(k+1)+\boldsymbol{Q}(k+1)]^{-1}\\&(k=0,\,1,\,2,\,\cdots)\end{aligned}\tag{3.98}$$

这样，由式（3.95）、式（3.97）和式（3.98）就可以完全确定最优滤波器。

接下来，还需要确定初始条件 $\widehat{\boldsymbol{X}}_0$ 及矩阵 $\boldsymbol{R}_0$，根据 3.2 节的结果，有

$$\begin{cases}\widehat{\boldsymbol{X}}_0=[\boldsymbol{\theta}_0^{-1}+\boldsymbol{C}^{\mathrm{T}}(0)\boldsymbol{P}_0^{-1}\boldsymbol{C}(0)][\boldsymbol{\theta}_0^{-1}\boldsymbol{m}_0+\boldsymbol{C}^{\mathrm{T}}(0)\boldsymbol{P}_0^{-1}\boldsymbol{y}_0]\\ \boldsymbol{R}_0=[\boldsymbol{\theta}_0^{-1}+\boldsymbol{C}^{\mathrm{T}}(0)\boldsymbol{P}_0^{-1}\boldsymbol{C}(0)]^{-1}\end{cases}\tag{3.99}$$

式中，$\boldsymbol{y}_0$ 为观测向量 $\boldsymbol{Y}(k)$ 的初始值。

也可以引入中间向量 $\boldsymbol{X}^*(k+1)$，将式（3.95）变换为另外一种形式，即

$$\widehat{\boldsymbol{X}}(k+1)=\boldsymbol{X}^*(k+1)+\boldsymbol{D}(k+1)\boldsymbol{Y}(k+1)\tag{3.100}$$

将式（3.100）代入式（3.95），可获得中间向量 $\boldsymbol{Y}^*(k+1)$ 为

$$\begin{aligned}\boldsymbol{X}^*(k+1)=&[\boldsymbol{\Phi}(k+1,\,k)-\boldsymbol{D}(k+1)\boldsymbol{C}(k+1)\boldsymbol{\Phi}(k+1,\,k)]\boldsymbol{X}^*(k)\\&+[\boldsymbol{I}-\boldsymbol{D}(k+1)\boldsymbol{C}(k+1)-\boldsymbol{D}(k+1)\boldsymbol{C}^*(k+1)]\boldsymbol{B}(k+1,\,k)\boldsymbol{u}(k)\\&+[\boldsymbol{\Phi}(k+1,\,k)\boldsymbol{D}(k)-\boldsymbol{D}(k+1)\boldsymbol{L}(k+1,\,k)\\&-\boldsymbol{D}(k+1)\boldsymbol{C}(k+1)\boldsymbol{D}(k)]\boldsymbol{Y}(k)\end{aligned}\tag{3.101}$$

例 3.9 假设一阶离散时间随机线性系统为

$$X(k+1)=(a+1)X(k)+2u(k)+V(k),\,X(0)=X_0\qquad (k=0,\,1,\,2,\,\cdots)$$

式中，a 为常数；白噪声变量 $V(k)\in\mathcal{N}(0,\,G(k))$。

量测方程为

$$Y(k+1)=X(k+1)+V_1(k+1)\qquad (k=0,\,1,\,2,\,\cdots)$$

式中，$V_1(k)$ 为有色噪声变量，可由下列形成滤波器表示：

$$V_1(k+1)=(b+1)V_1(k)+N(k) \qquad (k=0,\ 1,\ 2,\ \cdots)$$

式中，b 为常数；噪声变量 $N(k)\in\mathcal{N}(0,\ Q(k))$。

初始条件的概率特性为

$$E(X_0)=m_0,\ E(V_{10})=0,\ E(V_{10}^2)=P_0,\ E[(X_0-m_0)^2]=\theta_0$$

要求构造最优线性滤波器。

解：使用式（3.97）、式（3.98）和式（3.95），得

$$\begin{cases}\widehat{X}'(k+1)=(a+1)\widehat{X}(k)+2u(k)\\ \widehat{X}(k+1)=\widehat{X}'(k+1)+D(k+1)[Y^*(k+1)-C^*(k+1)\widehat{X}'(k+1)]\end{cases}$$

式中

$$\begin{aligned}C^*(k+1)&=(a+1)C(k+1)-(b+1)C(k)\\ D(k+1)&=\frac{R(k+1)C^*(k+1)+C(k+1)^2}{G(k+1)C(k+1)^2+1}\\ R(k+1)&=(1-D(k+1)C^*(k+1))^2((a+1)^2R(k)+G(k))\\ &\quad+(R(k+1)C^*(k+1)+C(k+1)^2)^2\\ Y^*(k+1)&=Y(k+1)-(b+1)Y(k)-C(k+1)u(k)\end{aligned}$$

3.4 后验概率密度方程

后验概率是当与某种随机事件有关的测量存在时，此随机事件的概率 [71]。假设在区间 $(t-T,\ t)$ 的观测向量 $\boldsymbol{Y}(t)$ 表示为

$$\boldsymbol{Y}(t)=\boldsymbol{\xi}(\boldsymbol{X},t)+\boldsymbol{N}(t) \tag{3.102}$$

式中，$\boldsymbol{\xi}$ 为已知的非线性向量函数；$\boldsymbol{N}(t)$ 为带有强度矩阵 $\boldsymbol{Q}(t)$ 的零均值高斯白噪声向量。则后验概率就是确定在区间 $(t-T,\ t)$ 的观测向量 $\boldsymbol{Y}(t)$ 被测量时，平稳随机状态向量 $\boldsymbol{X}(t)$ 不超出某个估计向量 $\boldsymbol{x}(t)$ 的概率。记 $\boldsymbol{X}(t)$ 的后验概率密度函数为 f_{xs}。

定理 3.1 假设在区间 $(t-T,\ t)$，满足方程式（3.102）的观测向量 $\boldsymbol{Y}(t)$ 被测量时，平稳随机状态向量 $\boldsymbol{X}(t)$ 的后验概率密度函数可以表示为

$$f_{xs}(\boldsymbol{x})=\mu f_{xr}(\boldsymbol{y})\exp\left(-\frac{1}{2}\sum_{i,\nu=1}^{m}\int_{t-T}^{t}\frac{Q^{i\nu}(\tau)}{\mid\boldsymbol{Q}(\tau)\mid}(Y_i(\tau)-\xi_i(\boldsymbol{x},\tau))(Y_\nu(\tau)-\xi_\nu(\boldsymbol{x},\tau))\mathrm{d}\tau\right)$$

式中

$$\mid\boldsymbol{Q}(\tau)\mid=\det\boldsymbol{Q}(\tau)$$

式中，$\boldsymbol{Q}(\tau)$ 为白噪声向量的强度矩阵；$Q^{i\nu}$ 为 $Q_{i\nu}$ 的代数余子式, 而 $Q_{i\nu}$ 为矩阵 $\boldsymbol{Q}(\tau)$ 的元素；μ 为正态因子。

证明: 为了求连续过程的后验概率，首先每隔时间 Δt 测量一次，然后令 $\Delta t \to 0$。将整个区间 $(t-T, t)$ 分成 h 个点 $t_1, t_2, \cdots, t_h$，其中 $t_j - t_{j-1} = \Delta t\ (j = 1, 2, \cdots, h)$，随机过程分量 $\boldsymbol{Y}_i(t), \boldsymbol{\xi}_i(t), \boldsymbol{N}_i(t)\ (i = 1, 2, \cdots, m)$ 在 t_{j-1} 到 t_j 内的平均值 $\boldsymbol{Y}_{ij}, \boldsymbol{\xi}_{ij}, \boldsymbol{N}_{ij}$ 定义为

$$\boldsymbol{Y}_{ij} = \frac{1}{\Delta t}\int_{t_j-\Delta t}^{t_j} \boldsymbol{Y}_i(t)\mathrm{d}t, \boldsymbol{\xi}_{ij} = \frac{1}{\Delta t}\int_{t_j-\Delta t}^{t_j} \boldsymbol{\xi}_i(\boldsymbol{X}, t)\mathrm{d}t, \boldsymbol{N}_{ij} = \frac{1}{\Delta t}\int_{t_j-\Delta t}^{t_j} \boldsymbol{N}_i(t)\mathrm{d}t \quad (3.103)$$

式中，$\boldsymbol{N}_{ij} = \boldsymbol{Y}_{ij} - \boldsymbol{\xi}_{ij}\ (i = 1, 2, \cdots, m;\ j = 1, 2, \cdots, h)$，在离散时刻 $t_1, t_2, \cdots, t_h$ 的全部观测信号包含在带有分量 $\boldsymbol{Y}_{ij}$ 的矢量 $\boldsymbol{y}_j^*$ 中。

假设在离散时刻 $t_1, t_2, \cdots, t_h$ 的矢量 $\boldsymbol{y}_j^*$ 的联合概率密度为 $f_{y^*}(\boldsymbol{y}_1^*, \cdots, \boldsymbol{y}_h^*)$，其中，$\boldsymbol{y}_j^*$ 为分量 $\boldsymbol{Y}_{ij}$ 的 m 维向量，相应的噪声向量 $\boldsymbol{n}_j^*$ 的联合概率密度为 $f_{n^*}(\boldsymbol{n}_1^*, \cdots, \boldsymbol{n}_h^*)$，其中 $\boldsymbol{n}_j^*$ 为分量 $\boldsymbol{N}_{ij} = \boldsymbol{Y}_{ij} - \boldsymbol{\xi}_{ij}$ 的向量。在 $\boldsymbol{y}_i^*$ 被测量的情况下，向量 $\boldsymbol{X}$ 的后验概率密度为

$$f_{xs}^*(\boldsymbol{y}) = f(\boldsymbol{x}|\boldsymbol{y}_1^*, \cdots, \boldsymbol{y}_h^*) \quad (3.104)$$

由于

$$f(\boldsymbol{x}, \boldsymbol{y}_1^*, \cdots, \boldsymbol{y}_h^*) = f_{y^*}(\boldsymbol{y}_1^*, \cdots, \boldsymbol{y}_h^*) f(\boldsymbol{x}|\boldsymbol{y}_1^*, \cdots, \boldsymbol{y}_h^*) \quad (3.105)$$

进一步，$f(\boldsymbol{x}, \boldsymbol{y}_1^*, \cdots, \boldsymbol{y}_h^*)$ 可以表示成先验概率 $f_{xr}(\boldsymbol{x})$ 及条件分布函数 $f(\boldsymbol{y}_1^*, \cdots, \boldsymbol{y}_h^*|\boldsymbol{x})$ 的乘积，即

$$f(\boldsymbol{x}, \boldsymbol{y}_1^*, \cdots, \boldsymbol{y}_h^*) = f_{xr}(\boldsymbol{x}) f(\boldsymbol{y}_1^*, \cdots, \boldsymbol{y}_h^*|\boldsymbol{x}) \quad (3.106)$$

将式（3.104）代入式（3.106）右边并联合式（3.105），可获得贝叶斯后验概率密度函数为

$$f_{xs}^* = \frac{f_{xr}(\boldsymbol{x}) f(\boldsymbol{y}_1^*, \cdots, \boldsymbol{y}_h^*|\boldsymbol{x})}{f_{y^*}(\boldsymbol{y}_1^*, \cdots, \boldsymbol{y}_h^*)} \quad (3.107)$$

$f_{y^*}(\boldsymbol{y}_1^*, \cdots, \boldsymbol{y}_h^*)$ 可以表示为

$$f_{y^*}(\boldsymbol{y}_1^*, \cdots, \boldsymbol{y}_h^*) = \int_{-\infty}^{+\infty} f(\boldsymbol{x}, \boldsymbol{y}_1^*, \cdots, \boldsymbol{y}_h^*)\mathrm{d}\boldsymbol{x} = \int_{-\infty}^{+\infty} f_{xr}(\boldsymbol{x}) f(\boldsymbol{y}_1^*, \cdots, \boldsymbol{y}_h^*|\boldsymbol{x})\mathrm{d}\boldsymbol{x}$$

后验概率密度函数 (3.107) 可以表示为

$$f_{xs}^*(\boldsymbol{x}) = \frac{f_{xr}(\boldsymbol{x}) f(\boldsymbol{y}_1^*, \cdots, \boldsymbol{y}_h^*|\boldsymbol{x})}{\displaystyle\int_{-\infty}^{+\infty} f_{xr}(\boldsymbol{x}) f(\boldsymbol{y}_1^*, \cdots, \boldsymbol{y}_h^*|\boldsymbol{x})\mathrm{d}\boldsymbol{x}} \quad (3.108)$$

由式（3.108）可知，当先验概率密度 $f_{xr}(\boldsymbol{x})$ 给定时，由后验概率可获得函数 $f_{xr}(\boldsymbol{x})$ $f(\boldsymbol{y}_1^*, \cdots, \boldsymbol{y}_h^*|\boldsymbol{x})$。下面在离散观测时刻 $t_1, \cdots, t_h$ 下计算此函数。

当向量 $\boldsymbol{X}=\boldsymbol{x}$ 给定时，随机向量值 $\boldsymbol{y}_j^*$ $(j=1, 2, \cdots, h)$ 将是随机向量值 $\boldsymbol{n}_j^*$ 的函数，则有

$$f(\boldsymbol{y}_1^*,\cdots,\boldsymbol{y}_h^*|\boldsymbol{x})=f_{n^*}(\boldsymbol{n}_1^*,\cdots,\boldsymbol{n}_h^*)\left\|\frac{\partial \boldsymbol{Y}}{\partial \boldsymbol{N}}\right\|$$

式中，$\left\|\dfrac{\partial \boldsymbol{Y}}{\partial \boldsymbol{N}}\right\|$ 为式（3.102）的雅可比变换矩阵，由于 $\boldsymbol{Y}$ 与 $\boldsymbol{N}$ 之间保持线性关系，从而，$\left\|\dfrac{\partial \boldsymbol{Y}}{\partial \boldsymbol{N}}\right\|=1$。因此，条件概率密度函数 $f(\boldsymbol{y}_1^*,\cdots,\boldsymbol{y}_h^*|\boldsymbol{x})$ 就等于 $\boldsymbol{n}_j^*$ 的联合概率密度，即

$$f(\boldsymbol{y}_1^*,\cdots,\boldsymbol{y}_h^*|\boldsymbol{x})=f_{n^*}(\boldsymbol{n}_1^*,\cdots,\boldsymbol{n}_h^*) \tag{3.109}$$

带有分量 N_{ij} 的随机向量 $\boldsymbol{n}_j^*$ 为离散正态高斯白噪声，具有下列概率特性：

$$E[N_{ij}]=0, E[N_{ij}N_{\nu\mu}]=Q_{i\nu}^{j\mu}\frac{1}{\Delta t} \tag{3.110}$$

式中

$$Q_{i\nu}^{j\mu}=\begin{cases}Q_{i\nu}^{j\mu}, & i\neq\nu, j=\mu\\ 0, & i\neq\nu, j\neq\mu\end{cases}$$

$$(i,\nu=1, 2, \cdots, m; j,\mu=1, 2, \cdots, h)$$

分布函数 $f_{n^*}(\boldsymbol{n}_1^*,\cdots,\boldsymbol{n}_h^*)$ 可转化为

$$f_{n^*}(\boldsymbol{n}_1^*,\cdots,\boldsymbol{n}_h^*)=\frac{1}{\sqrt{(2\pi)^{mh}K}}\exp\left(\frac{K^*}{2K}\right) \tag{3.111}$$

式中，行列式 K 为

$$K=\begin{vmatrix}\tilde{\boldsymbol{Q}}_1 & \boldsymbol{0} & \cdots & \boldsymbol{0}\\ \boldsymbol{0} & \tilde{\boldsymbol{Q}}_2 & \cdots & \boldsymbol{0}\\ \vdots & \vdots & & \vdots\\ \boldsymbol{0} & \boldsymbol{0} & \cdots & \tilde{\boldsymbol{Q}}_h\end{vmatrix}$$

而行列式 K^* 为

$$K^*=\begin{vmatrix}\tilde{\boldsymbol{Q}}_1 & \boldsymbol{0} & \cdots & \boldsymbol{0} & \tilde{\boldsymbol{n}}_1^{\mathrm{T}}\\ \boldsymbol{0} & \tilde{\boldsymbol{Q}}_2 & \cdots & \boldsymbol{0} & \tilde{\boldsymbol{n}}_2^{\mathrm{T}}\\ \vdots & \vdots & & \vdots & \vdots\\ \boldsymbol{0} & \boldsymbol{0} & \cdots & \tilde{\boldsymbol{Q}}_h & \tilde{\boldsymbol{n}}_h^{\mathrm{T}}\\ \tilde{\boldsymbol{n}}_1 & \tilde{\boldsymbol{n}}_2 & \cdots & \tilde{\boldsymbol{n}}_h & \boldsymbol{0}\end{vmatrix}$$

$$\tilde{\boldsymbol{Q}}_j = \begin{bmatrix} \dfrac{Q_{11}^{jj}}{\Delta t} & \cdots & \dfrac{Q_{1m}^{jj}}{\Delta t} \\ \vdots & & \vdots \\ \dfrac{Q_{m1}^{jj}}{\Delta t} & \cdots & \dfrac{Q_{mm}^{jj}}{\Delta t} \end{bmatrix}$$

$$\tilde{\boldsymbol{n}}_j = \begin{bmatrix} n_{1j} & \cdots & n_{mj} \end{bmatrix} \quad (j = 1, 2, \cdots, h)$$

变量 n_{ij} 可表示为

$$n_{ij} = Y_{ij} - \xi_{ij}(x, t) \tag{3.112}$$

对 K^* 按最后一行、最后一列展开，并计算 K，可得

$$f_{n^*}(\boldsymbol{n}_1^*, \cdots, \boldsymbol{n}_h^*) = \frac{1}{(2\pi)^{mh}K} \exp\left(-\frac{1}{2}\sum_{i,\nu=1}^{m}\sum_{j=1}^{h}\frac{Q_{jj}^{i\nu}n_{jj}n_{\nu j}}{Q_j}\Delta t\right) \tag{3.113}$$

式中，行列式 Q_j 为

$$Q_j = \begin{vmatrix} Q_{11}^{jj} & \cdots & Q_{1m}^{jj} \\ \vdots & & \vdots \\ Q_{m1}^{jj} & \cdots & Q_{mm}^{jj} \end{vmatrix}$$

这里，$Q_{jj}^{i\nu}$ 为行列式 Q_j 的代数余子式 $Q_{i\nu}^{jj}$ 。借助式（3.109）将式（3.112）、式（3.113）代入式（3.108），并约去 $\sqrt{(2\pi)^{mh}K}$，得后验概率密度 $f_{xs}^*(x)$ 为

$$f_{xs}^*(\boldsymbol{x}) = \frac{f_{xr}(\boldsymbol{x})\exp\left(-\dfrac{1}{2}\displaystyle\sum_{i,\nu=1}^{m}\sum_{j=1}^{h}\frac{Q_{jj}^{j\nu}(Y_{ij}-\xi_{ij}(\boldsymbol{x},t))(Y_{\nu j}-\xi_{\nu j}(\boldsymbol{x},t))}{Q_j}\Delta t\right)}{\displaystyle\int_{-\infty}^{\infty} f_{xr}(\boldsymbol{x})\exp\left(-\frac{1}{2}\sum_{i,\nu=1}^{m}\sum_{j=1}^{h}\frac{Q_{jj}^{j\nu}(Y_{ij}-\xi_{ij}(\boldsymbol{x},t))(Y_{\nu j}-\xi_{\nu j}(\boldsymbol{x},t))}{Q_j}\Delta t\right)\mathrm{d}x}$$

注意：$f_{xs}^*(x)$ 表达式中分母与 x 无关，可表示成某个常数 $\dfrac{1}{\mu^*}$，此常数与离散区间数 h 有关。因此，它进一步可表示为

$$f_{xs}^*(\boldsymbol{x}) = \mu^* f_{xr}(\boldsymbol{x})\exp\left(-\frac{1}{2}\sum_{i,\nu=1}^{m}\sum_{j=1}^{h}\frac{Q_{jj}^{j\nu}(Y_{ij}-\xi_{ij}(\boldsymbol{x},t))(Y_{\nu j}-\xi_{\nu j}(\boldsymbol{x},t))}{Q_j}\Delta t\right) \tag{3.114}$$

现在，考虑连续观测向量 $\boldsymbol{Y}(t)$。令 $\Delta t\to 0$，即测量区间长度趋于零，从而，离散区间数 $h\to\infty$。当 $\Delta t\to 0, h\to\infty$ 时，$f_{xs}^*(\boldsymbol{x})$ 与 μ^* 的极限为

$$f_{xs}(\boldsymbol{x}) = \lim_{\substack{\Delta t\to 0\\ h\to\infty}} f_{xs}^*(\boldsymbol{x}),\ \mu = \lim_{\substack{\Delta t\to 0\\ h\to\infty}} \mu^*$$

因此，可得到第一后验概率密度函数为

$$f_{xs}(\boldsymbol{x}) = \mu f_{xr}(\boldsymbol{x}) \times \exp\left(\frac{1}{2}\sum_{i,\nu=1}^{m}\int_{t-T}^{t}\frac{Q_{jj}^{i\nu}(\tau)}{|\boldsymbol{Q}(\tau)|}(Y_i(\tau)-\xi_i(\boldsymbol{x},\tau))(Y_\nu(\tau)-\xi_\nu(\boldsymbol{x},\tau))\mathrm{d}\tau\right) \quad (3.115)$$

式中，$|\boldsymbol{Q}(\tau)| = \det\boldsymbol{Q}(t)$，$\boldsymbol{Q}(\tau)$ 为白噪声向量的强度矩阵；$Q^{i\nu}(\tau)$ 为 $Q_{i\nu}(\tau)$ 的代数余子式；ν 为正态因子。这样，就得到当有用观测信号 $\boldsymbol{\xi}(\boldsymbol{x}, t)$ 依赖于单个参数 x 时的后验概率密度表达式。

在式（3.115）中，假设 X 为标量，观测信号 Y 为标量，且噪声 $N(t)$ 表示为带有强度 Q_0 的时不变的白噪声标量信号，则式（3.115）转化为

$$f_{xs}(x) = \mu f_{xr}(x)\exp\left(-\frac{1}{2Q_0}\int_{t-T}^{t}[Y(\tau)-\xi(x,\tau)]^2\mathrm{d}\tau\right) \quad (3.116)$$

考虑如下最优信号参数估计的例子，测量信号带有加性的噪声。

例 3.10 在观测区间 $(t-T, t)$ 确定随机状态变量 X 的后验概率密度。假设观测状态方程为

$$Y(t) = X(t) + N(t)$$

式中，$N(t)$ 为带有强度 Q_0 的高斯白噪声变量。求随机参数 X 在区间 $(t-T,t)$ 的后验概率密度函数方程，并估计它的最大概率值。

解：令 $\xi(x) = x$，利用式（3.116），有

$$f_{xs}(x) = \mu_1 f_{xr}(x)\exp\left(-\frac{1}{2Q_0}(x^2T - 2x\int_{t-T}^{t}Y(\tau)\mathrm{d}\tau)\right)$$

式中

$$\mu_1 = \mu\exp\left(-\frac{1}{2Q_0}\int_{t-T}^{t}Y^2(\tau)\mathrm{d}\tau\right)$$

即 μ_1 含有不依赖于 X 的因子。因而，参数 X 的最大概率值对应于后验概率密度函数 $f_{xs}(x)$ 的最大值。对 $f_{xs}(x)$ 关于 X 求导数，并令其导数为 0，得如下微分方程：

$$f'_{xr}(x) + f_{xr}(x)\left(\frac{1}{Q_0}\int_{t-T}^{t}Y(\tau)\mathrm{d}\tau - \frac{T}{Q_0}x\right) = 0$$

当先验概率密度函数 $f_{xr}(x)$ 给定，由此方程可以求出参数 X 的最大概率值。假设 $f_{xr}(x)$ 为高斯函数，即

$$f_{xr}(x) = \frac{1}{\sqrt{2\pi D_x}}\exp\left(-\frac{1}{2D_x}(x-m_x)^2\right)$$

则 X 的最大概率值为

$$\widehat{X}^* = \frac{m_x}{1+\dfrac{D_x}{Q_0}T} + \frac{1}{T+\dfrac{Q_0}{D_x}}\int_{t-T}^{t}Y(\tau)\mathrm{d}\tau$$

从上式可以看出，当噪声很小时，X 的最大概率值主要由第二项决定；而当噪声很大时，X 的最大概率值接近于它的先验平均值，主要由第一项决定。

例 3.11 假设随机参数 X 在区间 $(t-T,t)$ 的观测方程为

$$Y(t)=\xi(X)+N(t)$$

式中，ξ 为事先给定的函数；$N(t)$ 为带有强度 Q_0 的高斯白噪声变量。求随机参数 X 在区间 $(t-T,t)$ 的后验概率密度函数方程，并估计它的最大概率值。

解：利用式（3.116），得后验概率密度函数为

$$f_{xs}(x)=\mu_1 f_{xr}(x)\exp\left(-\frac{1}{2Q_0}(\xi^2(x)T-2\xi(x)\int_{t-T}^{t}Y(\tau)\mathrm{d}\tau)\right)$$

式中

$$\mu_1=\mu\exp\left(-\frac{1}{2Q_0}\int_{t-T}^{t}Y^2(\tau)\mathrm{d}\tau\right)$$

对上式关于参数 X 微分，并令其为 0，得关于确定参数 X 的最大概率值的方程为

$$f'_{xr}(x)+f_{xr}(x)\left[\frac{1}{Q_0}\xi'(x)\left(\xi(x)T-\int_{t-T}^{t}Y(\tau)\mathrm{d}\tau\right)\right]=0$$

在有些情况下，假设在区间 $[a,\ b]$ 上为先验等概率分布，则在区间 $[a,\ b]$ 上参数 X 的最大概率值由下式确定：

$$\xi(\widehat{X}^*)=\frac{1}{T}\int_{t-T}^{t}Y(\tau)\mathrm{d}\tau,\ \widehat{X}^*=\xi^-\left(\frac{1}{T}\int_{t-T}^{t}Y(\tau)\mathrm{d}\tau\right)$$

式中，ξ^- 为 ξ 的反函数。

3.4 节已得到当区间 $(t-T,\ t)$ 的观测向量 $\boldsymbol{Y}(t)$ 已知时，随机过程 $\boldsymbol{X}(t)$ 的后验概率密度的表达式。若随机过程 $\boldsymbol{X}(t)$ 为马尔可夫过程，则后验概率密度 $f_{xs}(\boldsymbol{x},\ t)$ 可以由关于时间的微分方程来确定。在文献 [14]、[62] 中，针对 n 阶动力学随机系统，获得确定后验概率密度 $f_{xs}(\boldsymbol{x},\ t)$ 的微分方程。在本节中，假设在区间 $(t-T,\ t)$，随机状态向量由下列微分方程确定：

$$\dot{\boldsymbol{X}}=\boldsymbol{\psi}(\boldsymbol{X},t)+\boldsymbol{u}(t)+\boldsymbol{V}(t),\ \boldsymbol{X}(t_0)=\boldsymbol{X}_0 \tag{3.117}$$

式中，$\boldsymbol{u}(t)$ 为确定性函数；$\boldsymbol{V}(t)$ 带有强度矩阵 $\boldsymbol{G}$ 的零均值高斯白噪声向量；$\boldsymbol{\psi}(\boldsymbol{X},\ t)$ 是非线性向量可微函数。

定理 3.2 若随机过程 $\boldsymbol{X}(t)$ 满足状态式（3.117），且向量 $\boldsymbol{Y}(t)$ 在时间区间 $(t-T,\ t)$ 被测量，并满足式（3.102），那么，随机过程 $\boldsymbol{X}(t)$ 的后验概率密度 $f_{xs}(\boldsymbol{x},\ t)$ 可以由下列关于时间的微分方程来确定：

$$\frac{\partial f_{xs}(\boldsymbol{x},t)}{\partial t}=\frac{1}{2}\sum_{k,r=1}^{n}G_{kr}(t)\frac{\partial^2}{\partial x_k\partial x_r}f_{xs}(\boldsymbol{x},t)-\sum_{r=1}^{n}\frac{\partial}{\partial x_r}[(\boldsymbol{\varphi}_r(\boldsymbol{x},t)+u_r)f_{xs}(\boldsymbol{x},t)]$$

$$+\sum_{r,\nu=1}^{m}(F_{r\nu}(\boldsymbol{y},x,t)-F_{r\nu}^{*}(\boldsymbol{y},t))f_{xs}(\boldsymbol{x},t)$$

式中

$$F_{r\nu}(\boldsymbol{y},x,t)=-\frac{Q^{r\nu}(t)}{2|\boldsymbol{Q}(t)|}[y_r(t)-\xi_r(\boldsymbol{x},t)][y_\nu(t)-\xi_\nu(x,t)]$$

$$F_{r\nu}^{*}(\boldsymbol{y},t)=-\int_{-\infty}^{\infty}F_{r\nu}(\boldsymbol{y},\boldsymbol{x},t)f_{xs}(\boldsymbol{x},t)\mathrm{d}x \qquad (r,\nu=1,\,2,\,\cdots,\,m)$$

证明： 由于在区间 $(t-T,\,t)$，满足式（3.117）的随机向量过程 $\boldsymbol{X}(t)$ 是马尔可夫过程，记 $\boldsymbol{X}(t)$ 在区间 $(t-T,\,t)$ 的两个时刻 $t_1,\,t_1+\tau(\tau>0)$ 的取值分别为 $\boldsymbol{X}_1$ 和 $\boldsymbol{X}$。假设从状态 $\boldsymbol{X}_1$ 到状态 $\boldsymbol{X}$ 的系统转移概率为

$$f_\tau(\boldsymbol{x},t_1+\tau,\boldsymbol{\eta},t_1)=f_\tau(\boldsymbol{x},\boldsymbol{\eta})$$

下面将 t_1 固定，考虑转移概率随 τ 的变化关系。由于转移概率 $f_\tau(\boldsymbol{x},t_1+\tau,\boldsymbol{\eta},t_1)$ 满足如下方程：

$$\begin{aligned}\frac{\partial f_\tau(\boldsymbol{x},t_1+\tau,\boldsymbol{\eta},t_1)}{\partial\tau}=&-\sum_{r=1}^{n}\frac{\partial}{\partial x_r}\{[\psi_r(\boldsymbol{x},t_1+\tau)+u_r]f_\tau(\boldsymbol{x},t_1+\tau,\boldsymbol{\eta},t_1)\}\\&+\frac{1}{2}\sum_{k,r=1}^{n}G_{kr}(t_1+\tau)\frac{\partial^2 f_\tau(\boldsymbol{x},t_1+\tau,\boldsymbol{\eta},t_1)}{\partial x_r\partial x_k}\end{aligned}\tag{3.118}$$

初始条件满足

$$\lim_{\tau\to0}f_\tau(\boldsymbol{x},t_1+\tau,\boldsymbol{\eta},t_1)=\delta(\boldsymbol{x}-\boldsymbol{\eta})$$

当时间 τ 很小时，有

$$\frac{\partial f_\tau}{\partial\tau}\approx\frac{\Delta f_\tau}{\tau}$$

式中，Δf_τ 为小的时间 τ 的转移概率增量。因此，在 τ 很小时，式（3.118）由精确等式转化为关于 τ 的 n 阶无穷小量形式，即

$$\Delta f_\tau=-\tau\sum_{r=1}^{n}\frac{\partial}{\partial x_r}((\psi_r(\boldsymbol{x},t_1+\tau)+u_r)\delta(\boldsymbol{x}-\eta))t\frac{\tau}{2}\sum_{k,r=1}^{n}G_{kr}(t_1)\frac{\partial^2\delta(\boldsymbol{x}-\boldsymbol{\eta})}{\partial x_r\partial x_k}\tag{3.119}$$

因此，在很小的时间区间 τ 内，时刻 $t_1+\tau$ 的转移概率为在时刻 t_1 的起始概率 $\delta(\boldsymbol{x}-\boldsymbol{\eta})$ 加上在时间 τ 的增量 Δf_τ，即

$$\begin{aligned}f_\tau(\boldsymbol{x},t_1+\tau,\boldsymbol{\eta},t_1)=&\,\delta(\boldsymbol{x}-\boldsymbol{\eta})-\tau\sum_{r=1}^{n}\frac{\partial}{\partial x_r}\{[\varphi_r(\boldsymbol{x},t_1+\tau)+\boldsymbol{u}_r]\delta(\boldsymbol{x}-\boldsymbol{\eta})\}\\&+\frac{\tau}{2}\sum_{k,r=1}^{n}G_{kr}(t_1)\frac{\partial^2\delta(\boldsymbol{x}-\boldsymbol{\eta})}{\partial x_k\partial x_r}\end{aligned}\tag{3.120}$$

下面，计算向量 $\boldsymbol{X}(t)$ 的后验概率密度。首先将区间 $(t-T, t)$ 等分为 h 个小区间，长度为 $\Delta=\dfrac{T}{h}$，然后在第 $j(j=1, 2, \cdots, h)$ 小区间，令 $\boldsymbol{X}(t)$ 为常数，并取第 j 个区间的右端点值 $\boldsymbol{X}_j^*$。一般情况下，序列值 $\boldsymbol{X}_j^*$ 是相关的。通过分割，所有关于 $\boldsymbol{X}(t)$ 的信息都包含在联合先验或后验概率密度 $f^*(\boldsymbol{x}_1^*, \cdots, \boldsymbol{x}_h^*)$ 中，其中，$\boldsymbol{x}_j^*$ 表示分量为 $x_{ij}(i=1, 2, \cdots, n)$ 的矢量，而对于马尔可夫过程，联合概率密度可以由初始概率密度 $f^*(\boldsymbol{x}_i^*)$ 与条件概率 $f^*(\boldsymbol{x}_{i+1}^*|\boldsymbol{x}_i^*)$ 决定。

利用这些特性，可以获得向量 $\boldsymbol{X}$ 的联合后验概率在第一区间右端点，第一、第二区间右端点，第一、第二到第 h 区间右端点的表达式等，记相应的后验联合概率密度为

$$f_{xs}^*(\boldsymbol{x}_1^*), f_{xs}^*(\boldsymbol{x}_1^*, \boldsymbol{x}_2^*), \cdots, f_{xs}^*(\boldsymbol{x}_1^*, \cdots, \boldsymbol{x}_h^*)$$

这样，向量 $\boldsymbol{X}$ 在第一区间右端点的后验概率密度由式（3.115）确定，可以表示为

$$\begin{aligned}f_{xs}^*(\boldsymbol{x}_1^*) = \mu_1 f_{xr}^*(\boldsymbol{x}_1^*)\exp\Bigg(&\sum_{r,\nu=1}^{m}\int_0^{\Delta t}\frac{Q^{r\nu}(t)}{2|\boldsymbol{Q}(t)|}(y_r(t)-\xi_r(\boldsymbol{x}_1^*, t))\\&\times(y_\nu(t)-\xi_\nu(\boldsymbol{x}_1^*, t))\mathrm{d}t\Bigg)\end{aligned}\tag{3.121}$$

式中，μ_1 为正则因子；$f_{xr}^*(\boldsymbol{x}_1^*)$ 为 $\boldsymbol{X}_1^*$ 的起始先验概率密度。

进一步，将前一个区间的后验概率看作后一个区间的先验概率，而对于马尔可夫过程，它的条件概率密度函数等于转移概率密度函数，可记为

$$f^*(\boldsymbol{x}_{i+1}^*|\boldsymbol{x}_i^*) = f_{\Delta t}^*(\boldsymbol{x}_{i+1}^*, \boldsymbol{x}_i^*)$$

这样，有

$$\begin{aligned}f_{xs}^*(\boldsymbol{x}_1^*, \boldsymbol{x}_2^*) =\ &\mu_2 f_{xs}^*(\boldsymbol{x}_1^*) f_{\Delta t}^*(\boldsymbol{x}_2^*, \boldsymbol{x}_1^*)\\&\times\exp\Bigg(\sum_{r,\nu=1}^{m}\int_{\Delta t}^{2\Delta t}\frac{Q^{r\nu}(t)}{2|\boldsymbol{Q}(t)|}[y_r(t)-\xi_r(\boldsymbol{x}_2^*, t)]\\&\times[y_\nu(t)-\xi_\nu(\boldsymbol{x}_2^*, t)]\mathrm{d}t\Bigg)\end{aligned}\tag{3.122}$$

当 $l+1\leqslant h$ 时，有

$$\begin{aligned}f_{xs}^*(\boldsymbol{x}_1^*, \cdots, \boldsymbol{x}_{l+1}^*) =\ &\mu_{l+1} f_{xs}^*(\boldsymbol{x}_1^*, \cdots, \boldsymbol{x}_{l-1}^*, \boldsymbol{x}_l^*) f_{\Delta t}^*(\boldsymbol{x}_{l+1}^*, \boldsymbol{x}_l^*)\\&\times\exp\Bigg(\sum_{r,\nu=1}^{m}\int_{l\Delta t}^{(l+1)\Delta t}\frac{Q^{r\nu}(t)}{2|\boldsymbol{Q}(t)|}[y_r(l)-\xi_r(\boldsymbol{x}_{l+1}^*, t)]\\&\times[y_\nu(t)-\xi_\nu(\boldsymbol{x}_{l+1}^*, t)]\mathrm{d}t\Bigg)\end{aligned}\tag{3.123}$$

式中，μ_{l+1} 为正则因子。

下面，计算边缘后验概率密度函数 $f^*_{xs}(\boldsymbol{x}^*_{l+1})$，记

$$f_{l+1}(\boldsymbol{x}^*_{l+1}) = f^*_{xs}(\boldsymbol{x}^*_{l+1})$$

即在式（3.123）中对所有 $\boldsymbol{x}^*_1, \cdots, \boldsymbol{x}^*_l$ 进行积分，得

$$f_{l+1}(\boldsymbol{x}^*_{l+1}) = f^*_{xs}(\boldsymbol{x}^*_{l+1}) = \int_{-\infty}^{+\infty} \cdots \int_{-\infty}^{+\infty} f^*_{xs}(\boldsymbol{x}^*_1, \cdots, \boldsymbol{x}^*_l, \boldsymbol{x}^*_{l+1}) \mathrm{d}\boldsymbol{x}^*_1 \cdots \mathrm{d}\boldsymbol{x}^*_l \tag{3.124}$$

将式（3.123）代入式（3.124），得

$$f_{l+1}(\boldsymbol{x}^*_{l+1}) = \mu_{l+1} \exp\left(\sum_{r,\nu=1}^{m} \int_{l\Delta t}^{(l+1)\Delta t} F_{r\nu}(\boldsymbol{y}, \boldsymbol{x}^*_{l+1}, t)\mathrm{d}t\right) \times \int_{-\infty}^{+\infty} f_l(\boldsymbol{x}^*_l) f^*_{\Delta t}(\boldsymbol{x}^*_{l+1}, \boldsymbol{x}^*_l)\mathrm{d}\boldsymbol{x}^*_l \tag{3.125}$$

式中

$$F_{r\nu}(\boldsymbol{y}, \boldsymbol{x}^*_{l+1}, t) = -\frac{Q^{r\nu}(t)}{2|\boldsymbol{Q}(t)|}[y_r(t) - \xi_r(\boldsymbol{x}^*_{l+1}, t)][y_\nu(t) - \xi_\nu(\boldsymbol{x}^*_{l+1}, t)] \tag{3.126}$$

转移概率密度函数可以借助式（3.122）进行计算，记

$$\tau = \Delta t,\ \boldsymbol{x} = \boldsymbol{x}^*_{l+1},\ \boldsymbol{\eta} = \boldsymbol{x}^*_l$$

这样，有

$$f^*_{\Delta t}(\boldsymbol{x}^*_{l+1}, \boldsymbol{x}^*_l) = \delta(\boldsymbol{x}^*_{l+1} - \boldsymbol{x}^*_l) - \Delta t \sum_{r=1}^{n} \frac{\partial}{\partial x^*_{r,\,l+1}}\{[\psi_r(\boldsymbol{x}^*_{l+1}) + u_r]\delta(\boldsymbol{x}^*_{l+1} - \boldsymbol{x}^*_l)\} + \frac{1}{2}\Delta t \sum_{k,\,r=1}^{n} G_{kr}(t_1) \frac{\partial^2 \delta(\boldsymbol{x}^*_{l+1} - \boldsymbol{x}^*_l)}{\partial x^*_{r,\,l+1}\partial x^*_{k,\,l+1}}$$

将此式代入式（3.125）并积分，得

$$f_{l+1}(\boldsymbol{x}^*_{l+1}) = \mu_{l+1} \exp\left(\sum_{r,\,\nu=1}^{m} \int_{l\Delta t}^{(l+1)\Delta t} F_{r\nu}(\boldsymbol{y}, \boldsymbol{x}^*_{l+1}, t)\mathrm{d}t\right) \times \left(f_l(\boldsymbol{x}^*_{l+1}) - \Delta t \sum_{r=1}^{n} \frac{\partial}{\partial x^*_{r,\,l+1}}\{[\psi_r(\boldsymbol{x}^*_{l+1}) + u_r]\psi_l(\boldsymbol{x}^*_{l+1})\} + \frac{1}{2}\Delta t \sum_{k,\,r=1}^{n} G_{kr}(t_1) \frac{\partial^2 \psi_l(\boldsymbol{x}^*_{l+1})}{\partial x^*_{r,\,l+1}\partial x^*_{k,\,l+1}}\right) \tag{3.127}$$

最后，转到连续时间测量的情形。当 $\Delta t \to 0$ 时，后验概率密度 $\psi_{l+1}(\boldsymbol{x}^*_{l+1})$，$f_{l+1}(\boldsymbol{x}^*_{l+1})$ 趋向于 $f_{xs}(\boldsymbol{x},\, t_1)$，即

$$\lim_{\Delta t \to 0} f_{l+1}(\boldsymbol{x}^*_{l+1}) = \lim_{\Delta t \to 0} f_l(\boldsymbol{x}^*_{l+1}) = f_{xs}(\boldsymbol{x}, t_1) \tag{3.128}$$

式中，$t_1 \in (t-T, t)$。当 $\Delta t \to 0$ 时，式（3.127）中的指数因子趋于 1，从而得

$$\lim_{\Delta t\to 0}\mu_{l+1}=\lim_{\Delta t\to 0}\frac{f_{l+1}(\boldsymbol{x}_{l+1}^*)}{f_l(\boldsymbol{x}_{l+1}^*)}=1$$

因此，当 Δt 足够小时，可以表示为

$$\mu_{l+1}=1+\gamma\Delta t \tag{3.129}$$

且

$$\begin{aligned}\exp\left(\sum_{r,\nu=1}^{m}\int_{l\Delta t}^{(l+1)\Delta t}F_{r\nu}(\boldsymbol{y},\boldsymbol{x}_{l+1}^*,t)\mathrm{d}t\right)&=\exp\left(\sum_{r,\nu=1}^{m}F_{r\nu}(\boldsymbol{y},\boldsymbol{x}_{l+1}^*,\Delta t)\right)\\&=1+\sum_{r,\nu=1}^{m}F_{r\nu}(\boldsymbol{y},\boldsymbol{x}_{l+1}^*,t)\Delta t\end{aligned} \tag{3.130}$$

将式（3.128）、式（3.129）代入式（3.127），得

$$\begin{aligned}f_{l+1}(\boldsymbol{x}_{l+1}^*)=&\left\{1+\left[\gamma+\sum_{r,\nu=1}^{m}F_{r\nu}(\boldsymbol{y},\boldsymbol{x}_{l+1}^*,t)\right]\Delta t+\gamma(\Delta t)^2\sum_{r,\nu=1}^{m}F_{r\nu}(\boldsymbol{y},\boldsymbol{x}_{l+1}^*,t)\right\}\\&\times\left(f_l(\boldsymbol{x}_{l+1}^*)-\Delta t\sum_{r=1}^{n}\frac{\partial}{\partial x_{r,l+1}^*}\{[\psi_r(\boldsymbol{x}_{l+1}^*)+u_r]f_l(\boldsymbol{x}_{l+1}^*)\}\right.\\&\left.+\frac{1}{2}\Delta t\sum_{k,r=1}^{n}G_{kr}(t_1)\frac{\partial^2 f_l(\boldsymbol{x}_{l+1}^*)}{\partial x_{r,l+1}^*\partial x_{k,l+1}^*}\right)\end{aligned}$$

将上式表示为关于 Δt 的 1 阶无穷小形式，得

$$\begin{aligned}f_{l+1}(\boldsymbol{x}_{l+1}^*)-f_l(\boldsymbol{x}_{l+1}^*)=&\frac{1}{2}\Delta t\sum_{k,r=1}^{n}G_{kr}(t_1)\frac{\partial^2 f_l(\boldsymbol{x}_{l+1}^*)}{\partial x_{r,l+1}^*\partial x_{k,l+1}^*}\\&-\Delta t\sum_{r=1}^{n}\frac{\partial}{\partial x_{r,l+1}^*}\{[\psi_r(\boldsymbol{x}_{l+1}^*)+u_r]f_l(\boldsymbol{x}_{l+1}^*)\}\\&+\Delta t\left[\gamma+\sum_{r,\nu=1}^{m}F_{r\nu}(\boldsymbol{y},\boldsymbol{x}_{l+1}^*,t)f_l(\boldsymbol{x}_{l+1}^*)\right]\end{aligned} \tag{3.131}$$

令 $\Delta t\to 0$，并利用式（3.128）及任意 $t_1 \in (t-T, t)$，可得到如下一阶后验概率方程：

$$\begin{aligned}\frac{\partial f_{xs}(\boldsymbol{x},t)}{\partial t}=&\frac{1}{2}\sum_{k,r=1}^{n}G_{kr}(t)\frac{\partial^2}{\partial x_k\partial x_r}f_{xs}(\boldsymbol{x},t)-\sum_{r=1}^{n}\frac{\partial}{\partial x_r}\{[\psi_r(\boldsymbol{x},t)+u_r]f_{xs}(\boldsymbol{x},t)\}\\&+\sum_{r,\nu=1}^{m}[F_{r\nu}(\boldsymbol{y},\boldsymbol{x},t)+\gamma]f_{xs}(\boldsymbol{x},t)\end{aligned} \tag{3.132}$$

式中

$$F_{r\nu}(\boldsymbol{y},\boldsymbol{x},t)=-\frac{Q^{r\nu}(t)}{2|\boldsymbol{Q}(t)|}[y_r(t)-\xi_r(\boldsymbol{x},t)][y_\nu(t)-\xi_\nu(\boldsymbol{x},t)] \tag{3.133}$$

为了确定与 $\boldsymbol{x}$ 不相关的 γ 的大小，对式（3.132）两边关于变量 $\boldsymbol{x}$ 积分。由于

$$\int_{-\infty}^{\infty}\frac{\partial f_{xs}(\boldsymbol{x},t)}{\partial t}\mathrm{d}\boldsymbol{x}=\frac{\partial}{\partial t}\int_{-\infty}^{\infty}f_{xs}(\boldsymbol{x},t)\mathrm{d}\boldsymbol{x}=0$$

$$\lim_{\boldsymbol{x}\to\pm\infty}f_{\boldsymbol{x}s}(\boldsymbol{x},t)=0$$

从而，可得

$$\gamma=-\sum_{r,\,\nu=1}^{m}\int_{-\infty}^{\infty}F_{r\nu}(\boldsymbol{y},\boldsymbol{x},t)f_{xs}(\boldsymbol{x},t)\mathrm{d}\boldsymbol{x}$$

这样，对于马尔可夫过程 $\boldsymbol{X}(t)$，当 $\boldsymbol{X}(t)$ 在时间区间 $(t-T,\,t)$ 被测量时，它的一阶后验概率密度函数满足下列方程：

$$\begin{aligned}\frac{\partial f_{xs}(\boldsymbol{x},t)}{\partial t}=&\frac{1}{2}\sum_{k,r=1}^{n}G_{kr}(t)\frac{\partial^2}{\partial x_k\partial x_r}f_{xs}(\boldsymbol{x},t)-\sum_{r=1}^{n}\frac{\partial}{\partial x_r}\{[\psi_r(\boldsymbol{x},t)+u_r]\psi_{xs}(\boldsymbol{x},t)\}\\&+\sum_{r,\nu=1}^{m}[F_{r\nu}(\boldsymbol{y},\boldsymbol{x},t)-F_{r\nu}^{*}(\boldsymbol{y},t)]f_{xs}(\boldsymbol{x},t)\end{aligned}\tag{3.134}$$

式中

$$F_{r\nu}^{*}(\boldsymbol{y},t)=-\int_{-\infty}^{\infty}F_{r\nu}(\boldsymbol{y},\boldsymbol{x},t)f_{xs}(\boldsymbol{x},t)\mathrm{d}\boldsymbol{x}\tag{3.135}$$

式（3.134）为关于 $f_{xs}(\boldsymbol{x},\,t)$ 的一阶积分-微分方程。在开始时刻 $t=t_0$ 时，它的后验概率密度等于先验概率密度。因此，式（3.134）可以在初始条件 $f_{xs}(\boldsymbol{x},\,t_0)=f_{xr}(\boldsymbol{x},\,t_0)$ 进行积分，$\boldsymbol{X}(t)$ 的最优估计 $\widehat{\boldsymbol{X}}(t)$ 对应于 $\boldsymbol{X}(t)$ 的最大后验概率。对式（3.134）积分后，就可以对它进行估计。但是实际使用这些计算公式非常复杂，因此，大多数学者的兴趣都集中在研究式（3.134）的逼近解或与概率密度有关的数值参数。若概率密度函数 $f_{xs}(\boldsymbol{x},\,t)$ 逼近高斯概率密度函数，则它的概率密度方程完全由条件数学期望 $\widehat{\boldsymbol{X}}(t)$ 及方差矩阵 $\boldsymbol{R}(t)$ 的方程决定。

在很多情况下，观测信号是单维的，而系统是多维的，且测量噪声为白噪声，则关于 $f_{xs}(\boldsymbol{x},\,t)$ 的方程为

$$\begin{aligned}\frac{\partial f_{xs}(\boldsymbol{x},t)}{\partial t}=&\frac{1}{2}\sum_{k,r=1}^{n}G_{kr}(t)\frac{\partial^2}{\partial x_k\partial x_r}f_{xs}(\boldsymbol{x},t)-\sum_{r=1}^{n}\frac{\partial}{\partial x_r}\{[\psi_r(\boldsymbol{x},t)+u_r]f_{xs}(\boldsymbol{x},t)\}\\&+[F(y,\boldsymbol{x},t)-F^{*}(y,t)]f_{xs}(\boldsymbol{x},t)\end{aligned}\tag{3.136}$$

式中

$$F^{*}(y,t)=-\frac{1}{2|\boldsymbol{Q}(t)|}\int_{-\infty}^{\infty}[y(t)-\xi(\boldsymbol{x},t)]^2f_{xs}(\boldsymbol{x},t)\mathrm{d}\boldsymbol{x}$$

$$F(y,\boldsymbol{x},t)=-\frac{1}{2|\boldsymbol{Q}(t)|}[y(t)-\xi(\boldsymbol{x},t)]^2$$

例 3.12 假设随机过程 $X(t)$ 为一维的，满足

$$\dot{X} = \mathrm{sgn}(X)$$

式中，初态条件 $X(t_0) = X_0$ 服从正态分布，且观测区间为 $(t-T, t)$，其测量方程为

$$Y(t) = X(t) + N(t)$$

式中，$N(t)$ 为高斯白噪声变量，其强度为 Q。

要求构造后验概率密度 $f_{xs}(x, t)$ 的微分方程，且当 $T \to \infty$ 时，在稳态情况下，求它的后验概率分布函数。

解：令

$$n = 1, G_{kr} = 0, u_r = 0, \psi_(x, t) = \mathrm{sgn}(x), \xi(x, t) = x$$

由式（3.136），可得到关于 $f_{xs}(x, t)$ 的方程如下：

$$\frac{\partial f_{xs}(x,t)}{\partial t} = -\mathrm{sgn}(x)\frac{\partial f_{xs}(x,t)}{\partial x} - \frac{1}{2Q}[x^2 - 2Y(x - \widehat{X}) - \widehat{X}^2 - \theta_x]$$

式中

$$\widehat{X} = E(X|Y), \theta_x = E[(X - \widehat{X})^2|Y]$$

在稳定情况下，有

$$\frac{\partial f_{xs}(x,t)}{\partial t} = 0$$

从而上述方程转化为

$$\mathrm{sgn}(x)\frac{\partial f_{xs}(x,t)}{\partial x} = -\frac{1}{2Q}[x^2 - 2Y(x - \widehat{X}) - \widehat{X}^2 - \theta_x]$$

在 $x > 0$ 及 $x < 0$ 情况下，求解此方程，得

$$f_{xs}(x,t) = c\exp\left(-\frac{1}{2Q}\left[(2Y\widehat{X} - \widehat{X}^2 - \theta_x)x - Yx^2 + \frac{1}{3}x^3\right]\right)$$

由于 $f_{xs}(x, t)$ 在 $(-\infty, \infty)$ 的积分为 1，利用上式可求得常数 c，即

$$c = \left\{\int_{-\infty}^{\infty} \exp\left(-\frac{1}{2Q}\left[(2Y\widehat{X} - \widehat{X}^2 - \theta_x)x - Yx^2 + \frac{1}{3}x^3\right]\right)\mathrm{d}x\right\}^{-1}$$

最大概率值 X^* 为

$$X^* = Y \pm \sqrt{Y^2 - (2Y\widehat{X} - \widehat{X}^2 - \theta_x)}$$

而条件数学期望 $\widehat{X}$ 及方差 θ_x 为

$$\widehat{X} = c\int_{-\infty}^{\infty} x\exp\left(-\frac{1}{2Q}\left[(2Y\widehat{X} - \widehat{X}^2 - \theta_x)x - Yx^2 + \frac{1}{3}x^3\right]\right)\mathrm{d}x$$

$$\theta_x = c\int_{-\infty}^{\infty} (x - \widehat{X})^2\exp\left(-\frac{1}{2Q}\left[(2Y\widehat{X} - \widehat{X}^2 - \theta_x)x - Yx^2 + \frac{1}{3}x^3\right]\right)\mathrm{d}x$$

3.5 非线性滤波逼近算法

构造非线性滤波的实用方法之一是基于式（3.134）的条件概率密度方程进行简化 [10, 71]。

引入第一条件后验特征函数 $g_{1s}(\boldsymbol{\lambda}, t)$ 为

$$g_{1s}(\boldsymbol{\lambda},t)=\int_{-\infty}^{\infty}\exp(\mathrm{i}\boldsymbol{\lambda}^{\mathrm{T}}\boldsymbol{x})f_{xs}(\boldsymbol{x},t)\mathrm{d}\boldsymbol{x}$$

对 $g_{1s}(\boldsymbol{\lambda}, t)$ 关于 t 取偏微分，并将式（3.134）代入，得

$$\begin{aligned}\frac{\partial g_{1s}(\boldsymbol{\lambda},t)}{\partial t}=&\chi_1^*(\boldsymbol{\lambda},t)g_{1s}(\boldsymbol{\lambda},t)+\int_{-\infty}^{\infty}\exp(\mathrm{i}\boldsymbol{\lambda}^{\mathrm{T}}x)\sum_{r=1}^{n}\mathrm{i}\lambda_r\psi_r(\boldsymbol{x},t)f_{xs}(\boldsymbol{x},t)\mathrm{d}\boldsymbol{x}\\&+\sum_{r,\nu=1}^{m}\int_{-\infty}^{\infty}\exp(\mathrm{i}\boldsymbol{\lambda}^{\mathrm{T}}\boldsymbol{x})[F_{r\nu}(\boldsymbol{y},\boldsymbol{x},t)-F_{r\nu}^*(\boldsymbol{y},t)]f_{xs}(\boldsymbol{x},t)\mathrm{d}\boldsymbol{x}\end{aligned}\tag{3.137}$$

式中

$$\chi_1^*(\boldsymbol{\lambda},t)=\frac{1}{2}\sum_{r,\,\nu=1}^{n}G_{r\nu}(t)\lambda_r\lambda_\nu+\mathrm{i}\sum_{r=1}^{n}\lambda_r u_r(t)\tag{3.138}$$

对式（3.137）两边取对数，可获得后验特征函数对数形式的方程。记

$$f_{1s}(\boldsymbol{\lambda},t)=\ln g_{1s}(\boldsymbol{\lambda},t)$$

对 $f_{1s}(\boldsymbol{\lambda},t)$ 关于时间 t 求偏微分，得

$$\frac{\partial f_{1s}(\boldsymbol{\lambda},t)}{\partial t}=\frac{1}{g_{1s}(\boldsymbol{\lambda},t)}\frac{\partial g_{1s}(\boldsymbol{\lambda},t)}{\partial t}\tag{3.139}$$

由式（3.137），可得到关于 $f_{1s}(\boldsymbol{\lambda},t)$ 的方程为

$$\begin{aligned}\frac{\partial f_{1s}(\boldsymbol{\lambda},t)}{\partial t}=&\chi_1^*(\boldsymbol{\lambda},t)+\int_{-\infty}^{\infty}\exp(\mathrm{i}\boldsymbol{\lambda}^{\mathrm{T}}\boldsymbol{x}-f_{1s}(\boldsymbol{\lambda},t))\sum_{r=1}^{n}i\lambda_r\psi_r(\boldsymbol{x},t)f_{xs}(\boldsymbol{x},t)\mathrm{d}\boldsymbol{x}\\&+\sum_{r,\,\nu=1}^{m}\int_{-\infty}^{\infty}\exp(\mathrm{i}\boldsymbol{\lambda}^{\mathrm{T}}\boldsymbol{x}-f_{1s}(\boldsymbol{\lambda},t))[F_{r\nu}(\boldsymbol{y},\boldsymbol{x},t)-F_{r\nu}^*(\boldsymbol{y},t)]\\&\times f_{xs}(\boldsymbol{x},t)\mathrm{d}\boldsymbol{x}\end{aligned}\tag{3.140}$$

利用函数 $f_{1s}(\boldsymbol{\lambda},t)$，可得到 k 阶条件概率矩为

$$\widehat{\chi}_{r_1\cdots r_n}(t)=(-1)^k\left[\frac{\partial^k f_{1s}(\boldsymbol{\lambda},t)}{\partial\lambda_1^{r_1}\cdots\partial\lambda_n^{r_n}}\right]_{\lambda=0}\quad(r_1+\cdots+r_n=k;\ k=1,\,2,\,\cdots)\tag{3.141}$$

为了获得 k 阶矩微分方程，对式（3.139）微分 k 次，分别关于 λ_1 微分 r_1 次，$\cdots$，λ_n 微分 r_n 次，再乘以 $(-1)^k$，然后在所有 $\lambda_i=0(i=1,2,\cdots,n)$ 取值，从而得到关于 $\widehat{\chi}_{r_1\cdots r_n}(t)$ 的微分方程为

$$\begin{aligned}
&\dot{\widehat{\chi}}_{r_1\cdots r_n}(t)\\
&=(-1)^k\left[\frac{\partial^k f_{1s}(\boldsymbol{\lambda},t)}{\partial\lambda_1^{r_1}\cdots\partial\lambda_n^{r_n}}\right]_{\lambda=0}\\
&\quad+(-i)^k\int_{-\infty}^{\infty}\left[\frac{\partial^k}{\partial\lambda_1^{r_1}\cdots\partial\lambda_n^{r_n}}\exp(\mathrm{i}\boldsymbol{\lambda}^{\mathrm{T}}\boldsymbol{x}-f_{1s}(\boldsymbol{\lambda},t))i\boldsymbol{\lambda}^{\mathrm{T}}\boldsymbol{\psi}(\boldsymbol{x},t)\right]_{\boldsymbol{\lambda}=\boldsymbol{0}}f_{xs}(\boldsymbol{x},t)\mathrm{d}\boldsymbol{x}\\
&\quad+(-i)^k\sum_{r,\nu=1}^{m}\int_{-\infty}^{\infty}\left[\frac{\partial^k}{\partial\lambda_1^{r_1}\cdots\partial\lambda_n^{r_n}}\exp(\mathrm{i}\boldsymbol{\lambda}^{\mathrm{T}}\boldsymbol{x}-f_{1s}(\boldsymbol{\lambda},t))\right]_{\boldsymbol{\lambda}=\boldsymbol{0}}\\
&\quad\times[F_{r\nu}(\boldsymbol{y},\boldsymbol{x},t)-F_{r\nu}^*(\boldsymbol{y},t)]f_{xs}(\boldsymbol{x},t)\mathrm{d}\boldsymbol{x}
\end{aligned}\tag{3.142}$$

式中

$$r_1+\cdots+r_n=k\qquad(k=1,2,\cdots)$$

例 3.13 假设随机状态方程为

$$\dot{X}=\psi(X,t)+u(t)+V(t),\ X(t_0)=X_0$$

式中，u 为确定的函数；$V(t)$ 为强度 G 的零均值高斯白噪声变量。

观测方程为

$$Y(t)=\xi(X,t)+N(t)$$

式中，$N(t)$ 为带有强度 Q 的零均值高斯白噪声变量。求状态变量的三阶概率矩。

解：构造条件概率矩表达式如下：

$$\widehat{\chi}_1=E[X(t)|Y(\tau),\ t_0\leqslant\tau\leqslant t]=\widehat{X}(t)$$

$$\widehat{\chi}_2=E\{[X(t)-\widehat{X}(t)]^2|Y(\tau),\ t_0\leqslant\tau\leqslant t\}$$

由式（3.141），可得 k 阶条件概率矩为

$$\begin{aligned}
\dot{\widehat{\chi}}_k(t)=&(-i)^k\left[\frac{\partial^k\chi_1^*(\lambda,t)}{\partial\lambda^k}\right]_{\lambda=0}\\
&+(-i)^k\int_{-\infty}^{\infty}\left[\frac{\partial^k}{\partial\lambda^k}(\exp(i\lambda^{\mathrm{T}}x\quad f_{1s}(\lambda,t))i\lambda^{\mathrm{T}}\psi(x,t))\right]_{\lambda=0}f_{xs}(x,t)\mathrm{d}x\\
&+(-i)^k\int_{-\infty}^{\infty}\left[\frac{\partial^k}{\partial\lambda^k}(\exp(i\lambda^{\mathrm{T}}x-f_{1s}(\lambda,t))\right]_{\lambda=0}[F(y,x,t)\\
&-F^*(y,t)]f_{xs}(x,t)\mathrm{d}x\qquad(k=1,2,\cdots)
\end{aligned}$$

式中

$$\chi_1^* = -\frac{1}{2}G\lambda^2 + i\lambda u,\ F(y,x,t) = -\frac{1}{2Q}[y-\xi(x,t)]^2$$

计算前三项，得

$$\dot{\widehat{\chi}}_1 = u + \int_{-\infty}^{\infty}\psi(x,t)f_{xs}(x,t)\mathrm{d}x + \int_{-\infty}^{\infty}(x-\widehat{\chi}_1)[F(y,x,t)-F^*(y,t)]f_{xs}(x,t)\mathrm{d}x$$

$$\dot{\widehat{\chi}}_2 = G + 2\int_{-\infty}^{\infty}(x-\widehat{\chi}_1)\psi(x,t)f_{xs}(x,t)\mathrm{d}x + \int_{-\infty}^{\infty}[(x-\widehat{\chi}_1)^2-\widehat{\chi}_2][F(y,x,t)-F^*(y,t)]f_{xs}(x,t)\mathrm{d}x$$

$$\dot{\widehat{\chi}}_3 = 3\int_{-\infty}^{\infty}[(x-\widehat{\chi}_1)^2-\widehat{\chi}_2]\psi(x,t)f_{xs}(x,t)\mathrm{d}x + \int_{-\infty}^{\infty}[(x-\widehat{\chi}_1)^3+3\widehat{\chi}_2(x-\widehat{\chi}_1)-\widehat{\chi}_3][F(y,x,t)-F^*(y,t)]f_{xs}(x,t)\mathrm{d}x$$

在许多非线性滤波问题中，通常假设第一后验概率密度函数 $f_{xs}(\boldsymbol{x},\ t)$ 逼近高斯概率密度函数，这种假设更有实际意义。当测量误差具有正态分布时，可以设计由全体有用信号描述的复杂非线性系统的非线性滤波器。利用后验概率密度的高斯逼近可以获得相对简单的非线性滤波算法。为了获得在高斯逼近情况下的非线性滤波算法，令式（3.141）中的 $f_{xs}(\boldsymbol{x},\ t)$ 具有正态概率密度形式，即

$$f_{xs}^0(\boldsymbol{x},t) = \frac{1}{\sqrt{(2\pi)^n|\boldsymbol{R}|}}\exp\left(-\frac{1}{2|\boldsymbol{R}|}\sum_{p,\ q=1}^{n}R^{pq}(x_p-\widehat{x}_p)(x_q-\widehat{x}_q)\right) \tag{3.143}$$

式中，$|\boldsymbol{R}|$ 为带有元素 $R_{pq}(t)=\widehat{\chi}_{pq}(t)$ 的条件方差矩阵的行列式；R^{pq} 是元素 R_{pq} 的代数余子式；$\widehat{x}_p(t)=\widehat{\chi}_p(t)$ 是状态 $\widehat{\boldsymbol{X}}(t)$ 分量的条件概率估计。

在正态分布假设下，条件状态向量 $\boldsymbol{X}(t)$ 完全由条件向量估计 $\widehat{\boldsymbol{X}}(t)$ 及协方差矩阵 $\boldsymbol{R}(t)$ 所刻画。此时，式（3.141）可以表示为相对于条件数学期望 $\widehat{X}_p$ 及协方差矩阵元素 $R_{pq}(p,\ q=1,\ 2,\ \cdots,\ n)$ 的方程，借助式（3.133）、式（3.135）和式（3.138），并由式（3.141）可得到如下方程组：

$$\dot{\widehat{X}}_p = u_p + \int_{-\infty}^{\infty}\psi_p(\boldsymbol{x},t)f_{xs}^0(\boldsymbol{x},t)\mathrm{d}\boldsymbol{x} + \int_{-\infty}^{\infty}(x_p-\widehat{X}_p)\sum_{r,\ \nu=1}^{m}[F_{r\nu}(\boldsymbol{y},\boldsymbol{x},t)-F_{r\nu}^*(\boldsymbol{y},t)]f_{xs}^0(\boldsymbol{x},t)\mathrm{d}\boldsymbol{x} \tag{3.144}$$

$$\dot{R}_{pq} = G_{pq} + \int_{-\infty}^{\infty}[(x_p-\widehat{X}_p)\psi_q(\boldsymbol{x},t)+(x_q-\widehat{X}_q)\psi_p(\boldsymbol{x},t)]f_{xs}^0(\boldsymbol{x},t)\mathrm{d}\boldsymbol{x} + \int_{-\infty}^{\infty}[(x_p-\widehat{X}_p)(x_q-\widehat{X}_q)-R^{pq}]\sum_{r,\ \nu=1}^{m}[F_{r\nu}(\boldsymbol{y},\boldsymbol{x},t)-F_{r\nu}^*(\boldsymbol{y},t)]f_{xs}^0(\boldsymbol{x},t)\mathrm{d}\boldsymbol{x}$$

$$(p,\ q=1,\ 2,\ \cdots,\ n) \tag{3.145}$$

式中，$F_{r\nu}(\boldsymbol{y}, \boldsymbol{x}, t)$ 和 $F^*_{r\nu}(\boldsymbol{y}, t)$ 分别由式（3.133）、式（3.135）确定。在式（3.144）、式（3.145）中，使用如下等式：

$$\left[\frac{\partial f_{1s}(\boldsymbol{\lambda}, t)}{\partial \lambda_p}\right]_{\boldsymbol{\lambda}=\mathbf{0}} = i\widehat{X}_p, \quad \left[\frac{\partial^2 f_{1s}(\boldsymbol{\lambda}, t)}{\partial \lambda_p \partial \lambda_q}\right]_{\boldsymbol{\lambda}=\mathbf{0}} = (i)^2 R_{pq}$$

下面计算式（3.144）和式（3.145）中的积分项。若 ψ_p, ξ_l $(p = 1, 2, \cdots, n; l = 1, 2, \cdots, m)$ 关于变量 X_q 是可微的，则在条件概率估计 $\widehat{X}_q$ $(q = 1, 2, \cdots, n)$ 邻域内对 $\psi_p, F_{r\nu}$ 进行泰勒级数展开；若 ψ_p, ξ_l 不可微，则利用统计线性化来计算。接下来，利用统计线性化方法来计算，具体如下：

$$\psi_p(\boldsymbol{X}, t) = \psi_{p0}(\widehat{\boldsymbol{X}}, \boldsymbol{R}, t) + \sum_{q=1}^{n} \frac{\partial \psi_{p0}}{\partial \widehat{X}_q}(X_q - \widehat{X}_q) \qquad (p = 1, 2, \cdots, n) \tag{3.146}$$

$$\xi_l(\boldsymbol{X}, t) = \xi_{l0}(\widehat{\boldsymbol{X}}, \boldsymbol{R}, t) + \sum_{q=1}^{n} \frac{\partial \xi_{l0}}{\partial \widehat{X}_q}(X_q - \widehat{X}_q) \qquad (l = 1, 2, \cdots, m) \tag{3.147}$$

函数 $F_{r\nu}(\boldsymbol{Y}, \boldsymbol{X}, t)$ 被近似表示为如下二阶级数形式：

$$F_{r\nu}(\boldsymbol{Y}, \boldsymbol{X}, t) = F^*_{r\nu} + \sum_{q=1}^{n} \frac{\partial F^*_{r\nu}}{\partial \widehat{X}_q}(X_q - \widehat{X}_q) + \frac{1}{2}\sum_{l,\, q=1}^{n} \frac{\partial^2 F^*_{r\nu}}{\partial \widehat{X}_l \partial \widehat{X}_q}(X_l - \widehat{X}_l)(X_q - \widehat{X}_q) \tag{3.148}$$

式中，基于式（3.133）及式（3.147）有

$$F^*_{r\nu} = -\frac{Q^{r\nu}}{2|\boldsymbol{Q}|}(Y_r - \xi_{r0})(Y_\nu - \xi_{\nu 0})$$

$$\frac{\partial F^*_{r\nu}}{\partial \widehat{X}_q} = -\frac{Q^{r\nu}}{2|\boldsymbol{Q}|}\left[(Y_r - \xi_{r0})\frac{\partial \xi_{\nu 0}}{\partial \widehat{X}_q} + (Y_\nu - \xi_{\nu 0})\frac{\partial \xi_{r0}}{\partial \widehat{X}_q}\right]$$

$$\frac{\partial^2 F^*_{r\nu}}{\partial \widehat{X}_q \partial \widehat{X}_l} = -\frac{Q^{r\nu}}{|\boldsymbol{Q}|}\frac{\partial \xi_{r0}}{\partial \widehat{X}_q}\frac{\partial \xi_{\nu 0}}{\partial \widehat{X}_l} \qquad (r, \nu = 1, 2, \cdots, m)$$

将式（3.146）、式（3.148）代入式（3.144）并进行积分，得

$$\dot{\widehat{X}}_q = u_p + \varphi_{p0}(\widehat{X}, R, t) + \sum_{r,\, \nu=1}^{m}\sum_{l=1}^{n} \frac{\partial F^*_{r\nu}}{\partial \widehat{X}_l} R_{pl} \qquad (p = 1, 2, \cdots, m) \tag{3.149}$$

$$\begin{aligned}\dot{R}_{pq} = {} & G_{pq} + \sum_{l=1}^{n}\left(R_{lp}\frac{\partial \psi_{q0}}{\partial \widehat{X}_l} + R_{ql}\frac{\partial \psi_{p0}}{\partial \widehat{X}_l}\right) \\ & + \sum_{r,\, \nu=1}^{m}\sum_{l,\, j=1}^{n} \frac{\partial^2 F^*_{r\nu}}{\partial \widehat{X}_l \partial \widehat{X}_j} R_{pl} R_{qj} \qquad (p, q = 1, 2, \cdots, n)\end{aligned} \tag{3.150}$$

式（3.149）及式（3.150）给出了非线性滤波的近似算法，由此可获得状态向量的估计 $\widehat{\boldsymbol{X}}(t)$，这些方程是相互关联的，就像线性滤波器那样，必须同时求解。这里初始条件对应于先验数学期望与协方差矩阵。

若在测量方程中，函数 ξ_p 线性依赖状态向量 $\boldsymbol{X}(t)$，即

$$\xi_p(\boldsymbol{X},t)=\sum_{j=1}^{n}C_{pj}X_j \qquad (p=1,\ 2,\ \cdots,\ m)$$

那么式（3.149）和式（3.150）分别具有下列形式：

$$\begin{aligned}\dot{\widehat{X}}_p=&u_p+\psi_{p0}(\widehat{X},R,t)+\sum_{i,\,\nu=1}^{m}\sum_{q=1}^{n}R_{pq}\frac{Q^{q\nu}}{2|\boldsymbol{Q}|}\\&\times\left[(Y_i-\sum_{j=1}^{n}C_{ij}\widehat{X}_j)C_{\nu q}+(Y_\nu-\sum_{j=1}^{n}C_{\nu j}\widehat{X}_j)C_{iq}\right]\\&(p=1,\ 2,\ \cdots,\ m)\end{aligned}\tag{3.151}$$

$$\begin{aligned}\dot{R}_{pq}=&G_{pq}+\sum_{l=1}^{n}\left(R_{lp}\frac{\partial\psi_{q0}}{\partial\widehat{X}_l}+R_{ql}\frac{\partial\psi_{p0}}{\partial\widehat{X}_l}\right)\\&+\sum_{i,\,\nu=1}^{m}\sum_{l,\,j=1}^{n}\frac{Q^{i\nu}}{|\boldsymbol{Q}|}C_{il}C_{\nu j}R_{pl}R_{qj}\\&(p,\ q=1,\ 2,\ \cdots,\ n)\end{aligned}\tag{3.152}$$

将上述方程组表示为如下关于向量 $\widehat{\boldsymbol{X}}$ 及矩阵 $\boldsymbol{R}$ 的向量矩阵形式：

$$\dot{\widehat{\boldsymbol{X}}}=\boldsymbol{u}+\boldsymbol{\psi}_0(\widehat{\boldsymbol{X}},\boldsymbol{R},t)+\boldsymbol{R}\boldsymbol{C}^{\mathrm{T}}\boldsymbol{Q}^{-1}(\boldsymbol{Y}-\boldsymbol{C}\widehat{\boldsymbol{X}})\tag{3.153}$$

$$\dot{\boldsymbol{R}}=\boldsymbol{G}+\boldsymbol{A}\boldsymbol{R}+\boldsymbol{R}\boldsymbol{A}^{\mathrm{T}}-\boldsymbol{R}\boldsymbol{C}^{\mathrm{T}}\boldsymbol{Q}^{-1}\boldsymbol{C}\boldsymbol{R}\tag{3.154}$$

式中，$\boldsymbol{C}$ 为带有元素 C_{pq} 的矩阵；$\boldsymbol{A}=\dfrac{\partial\boldsymbol{\psi}_0}{\partial\widehat{X}}$。

滤波器式（3.153）和式（3.154）是在非高斯有用信号下使用高斯逼近得到的非线性滤波方程组，这些方程组是从非线性滤波理论推出的，与准线性滤波器相比，更具有普遍性。若用 $\widehat{\boldsymbol{X}}$ 及 $\boldsymbol{R}$ 代替 $\boldsymbol{m}_x$ 及 $\boldsymbol{\theta}_x$，则这些方程组与准线性滤波器的相同。

最后，在一维情况下，即当 $m=1,n=1$ 时，由式（3.153）及式（3.154）可以得到如下高斯逼近的非线性滤波方程组：

$$\dot{\widehat{X}}_1=u+\psi_0(\widehat{X}_1,R_{11},t)+R_{11}\frac{1}{Q}\frac{\partial\xi_0(\widehat{X}_1,R_{11},t)}{\partial\widehat{X}_1}[Y-\xi_0(\widehat{X}_1,R_{11},t)]\tag{3.155}$$

$$\dot{R}_{11}=G+2R_{11}\frac{\partial\psi_0(\widehat{X}_1,R_{11},t)}{\partial\widehat{X}_1}-R_{11}^2\frac{1}{Q}\left[\frac{\partial\xi_0(\widehat{X}_1,R_{11},t)}{\partial\widehat{X}_1}\right]^2\tag{3.156}$$

式中，ψ_0,ξ_0 分别为非线性函数的统计特征，初始条件为先验值 $m_1(t_0)$ 与 $\theta_{11}(t_0)$。

例 3.14 对于由下列方程组描述的二维随机系统，求在高斯逼近下的非线性滤波器。状态方程组为

$$\begin{cases}\dot{X}_1=\psi_1(X_1,X_2,t)+u_1(t)+V_1(t)\\\dot{X}_2=\psi_2(X_1,X_2,t)+u_2(t)+V_2(t)\end{cases}$$

测量方程为

$$Y(t) = X_1(t) + N(t)$$

式中，V_1、V_2 分别为白噪声变量，它们的强度分别为 G_{11}, G_{12}, G_{22}。假设白噪声变量 N 与 V_1, V_2 不相关，且强度为 Q。

解：利用式（3.152）和式（3.153），并令 $n = 2, m = 1$, 则函数 F_{11}^* 为

$$F_{11}^* = -\frac{1}{Q}(Y - \widehat{X}_1)^2$$

可得到下列状态估计方程组：

$$\begin{cases} \dot{\widehat{X}}_1 = \psi_{10}(\widehat{X}_1, \widehat{X}_2, R_{11}, R_{12}, R_{22}) + \dfrac{1}{Q}R_{11}(Y - \widehat{X}_1) + u_1 \\ \dot{\widehat{X}}_2 = \psi_{20}(\widehat{X}_1, \widehat{X}_2, R_{11}, R_{12}, R_{22}) + \dfrac{1}{Q}R_{12}(Y - \widehat{X}_2) + u_2 \end{cases}$$

协方差矩阵 $\boldsymbol{R}(t)$ 由下列方程组确定:

$$\begin{cases} \dot{R}_{11} = G_{11} + 2R_{11}\dfrac{\partial \psi_{10}}{\partial \widehat{X}_1} + 2R_{12}\dfrac{\partial \psi_{10}}{\partial \widehat{X}_2}\dfrac{1}{Q}R_{11}^2 \\ \dot{R}_{12} = G_{12} + R_{11}\dfrac{\partial \psi_{20}}{\partial \widehat{X}_1} + R_{12}\dfrac{\partial \psi_{10}}{\partial \widehat{X}_1} + R_{12}\dfrac{\partial \psi_{20}}{\partial \widehat{X}_2} + R_{22}\dfrac{\partial \psi_{10}}{\partial \widehat{X}_2} + \dfrac{1}{Q}R_{11}R_{22} \\ \dot{R}_{22} = G_{22} + 2R_{12}\dfrac{\partial \psi_{20}}{\partial \widehat{X}_1} + 2R_{22}\dfrac{\partial \psi_{20}}{\partial \widehat{X}_2} + \dfrac{1}{Q}R_{22}^2 \end{cases}$$

3.6 准最优非线性滤波器

3.6.1 直接线性化方法

1. 参数确定条件下的直接线性化法

在本小节中，假设随机过程 $\boldsymbol{X}(t)$ 由非线性随机微分方程式（3.117）描述，观测向量由式（3.102）确定，但假设系统参数是确定的。准最优滤波器的设计思想是首先将状态方程及观测方程中的非线性向量进行函数线性化或统计线性化, 然后利用已有的线性卡尔曼滤波方法, 获得准最优非线性滤波器设计 [88]。

假设非线性向量函数 $\boldsymbol{\psi}, \boldsymbol{\xi}$ 可微，则可对非线性向量函数 $\boldsymbol{\psi}, \boldsymbol{\xi}$ 在后验估计 $\widehat{\boldsymbol{X}}$ 处进行泰勒级数展开，并保留线性项，即

$$\boldsymbol{\psi}(\boldsymbol{X}, t) = \boldsymbol{\psi}(\widehat{\boldsymbol{X}}, t) + \frac{\partial \boldsymbol{\psi}(\widehat{\boldsymbol{X}}, t)}{\partial \widehat{\boldsymbol{X}}}(\boldsymbol{X} - \widehat{\boldsymbol{X}}) \tag{3.157}$$

$$\boldsymbol{\xi}(\boldsymbol{X}, t) = \boldsymbol{\xi}(\widehat{\boldsymbol{X}}, t) + \frac{\partial \boldsymbol{\xi}(\widehat{\boldsymbol{X}}, t)}{\partial \widehat{\boldsymbol{X}}}(\boldsymbol{X} - \widehat{\boldsymbol{X}}) \tag{3.158}$$

式中

$$\frac{\partial \boldsymbol{\psi}(\widehat{\boldsymbol{X}},t)}{\partial \widehat{\boldsymbol{X}}} = \left.\frac{\partial \boldsymbol{\psi}(\boldsymbol{X},t)}{\partial \boldsymbol{X}}\right|_{\boldsymbol{X}=\widehat{\boldsymbol{X}}}$$

后验估计 $\widehat{\boldsymbol{X}}$ 待定。

将式（3.157）、式（3.158）分别代入式（3.117）及式（3.102），得

$$\dot{\boldsymbol{X}} = \frac{\partial \boldsymbol{\psi}(\widehat{\boldsymbol{X}},t)}{\partial \widehat{\boldsymbol{X}}}\boldsymbol{X} + \left[\boldsymbol{\psi}(\widehat{\boldsymbol{X}},t) - \frac{\partial \boldsymbol{\psi}(\widehat{\boldsymbol{X}},t)}{\partial \widehat{\boldsymbol{X}}}\widehat{\boldsymbol{X}} + \boldsymbol{u}(t)\right] + \boldsymbol{V}(t) \tag{3.159}$$

$$\boldsymbol{Y}(t) = \frac{\partial \boldsymbol{\xi}(\widehat{\boldsymbol{X}},t)}{\partial \widehat{\boldsymbol{X}}}\boldsymbol{X} + \left[\boldsymbol{\xi}(\widehat{\boldsymbol{X}},t) - \frac{\partial \boldsymbol{\xi}(\widehat{\boldsymbol{X}},t)}{\partial \widehat{\boldsymbol{X}}}\widehat{\boldsymbol{X}}\right] + \boldsymbol{N}(t) \tag{3.160}$$

式（3.160）中括号内的项是确定的，记

$$\boldsymbol{Y}^*(t) = \boldsymbol{Y}(t) - \left[\boldsymbol{\xi}(\widehat{\boldsymbol{X}},t) - \frac{\partial \boldsymbol{\xi}(\widehat{\boldsymbol{X}},t)}{\partial \widehat{\boldsymbol{X}}}\widehat{\boldsymbol{X}}\right]$$

则式（3.160）转化为

$$\boldsymbol{Y}^*(t) = \frac{\partial \boldsymbol{\xi}(\widehat{\boldsymbol{X}},t)}{\partial \widehat{\boldsymbol{X}}}\boldsymbol{X} + \boldsymbol{N}(t) \tag{3.161}$$

显然，式（3.161）为线性观测方程。这样，由式（3.159）、式（3.161）组成线性系统，可以利用线性卡尔曼滤波的方法获得状态估计，则

$$\dot{\widehat{\boldsymbol{X}}} = \frac{\partial \boldsymbol{\psi}(\widehat{\boldsymbol{X}},t)}{\partial \widehat{\boldsymbol{X}}}\widehat{\boldsymbol{X}} + \left[\boldsymbol{\psi}(\widehat{\boldsymbol{X}},t) - \frac{\partial \boldsymbol{\psi}(\widehat{\boldsymbol{X}},t)}{\partial \widehat{\boldsymbol{X}}}\widehat{\boldsymbol{X}} + \boldsymbol{u}(t)\right] + \boldsymbol{B}\left[\boldsymbol{Y}^*(t) - \frac{\partial \boldsymbol{\xi}(\widehat{\boldsymbol{X}},t)}{\partial \widehat{\boldsymbol{X}}}\widehat{\boldsymbol{X}}\right] \tag{3.162}$$

记

$$\boldsymbol{A}^* = \frac{\partial \boldsymbol{\psi}(\widehat{\boldsymbol{X}},t)}{\partial \widehat{\boldsymbol{X}}},\ \boldsymbol{C}^* = \frac{\partial \boldsymbol{\xi}(\widehat{\boldsymbol{X}},t)}{\partial \widehat{\boldsymbol{X}}}$$

则式（3.162）可转化为

$$\dot{\widehat{\boldsymbol{X}}} = \boldsymbol{\psi}(\widehat{\boldsymbol{X}},t) + \boldsymbol{u}(t) + \boldsymbol{D}(\boldsymbol{Y}(t) - \boldsymbol{\xi}(\widehat{\boldsymbol{X}},\ t)), \quad \widehat{\boldsymbol{X}}(t_0) = \boldsymbol{m}_{x_0} \tag{3.163}$$

$$\dot{\boldsymbol{R}} = \boldsymbol{A}^*\boldsymbol{R} + \boldsymbol{R}\boldsymbol{A}^{*\mathrm{T}} - \boldsymbol{D}\boldsymbol{C}^*\boldsymbol{R} + \boldsymbol{G}, \quad \boldsymbol{R}(t_0) = \boldsymbol{\theta}_{x_0} \tag{3.164}$$

式中

$$\boldsymbol{D} = \boldsymbol{R}\boldsymbol{C}^{*\mathrm{T}}\boldsymbol{Q}^{-1} \tag{3.165}$$

注意：这里使用的泰勒展开不是在某个事先指定的平衡点进行的，而是在待定的后验估计$\widehat{\boldsymbol{X}}$ 进行的，这样就避免了泰勒展开式误差在卡尔曼滤波设计中的累积问题。若非线性向量函数不可微，则可以使用统计线性化方法来设计准最优非线性滤波器。

2. 带有不完全确定参数条件下的直接线性化法

假设随机过程 $\boldsymbol{X}(t)$ 可表示成下列非线性随机微分方程形式:

$$\dot{\boldsymbol{X}} = \boldsymbol{\psi}(\boldsymbol{L}, \boldsymbol{X}, t) + \boldsymbol{u}(t) + \boldsymbol{V}(t),\ \boldsymbol{X}(t_0) = \boldsymbol{X}_0 \tag{3.166}$$

式中，$\boldsymbol{L}(t)$ 为不完全确定的过程参数，通过测量可得到如下方程:

$$\boldsymbol{L}_m(t) = \boldsymbol{L}(t) + \boldsymbol{N}_L(t) \tag{3.167}$$

式中，$\boldsymbol{L}_m(t)$ 为测量输出向量; $\boldsymbol{N}_L(t)$ 为零均值高斯白噪声向量; 其余符号同式 (3.117)。

观测方程为

$$\boldsymbol{Y}(t) = \boldsymbol{\xi}(\boldsymbol{M},\ \boldsymbol{X},\ t) + \boldsymbol{N}(t) \tag{3.168}$$

式中，$\boldsymbol{M}$ 为不完全确定的参数，通过测量可得到如下方程:

$$\boldsymbol{M}_m(t) = \boldsymbol{M}(t) + \boldsymbol{N}_m(t) \tag{3.169}$$

式中，$\boldsymbol{M}_m(t)$ 为测量输出向量; $\boldsymbol{N}_m(t)$ 为零均值高斯白噪声向量; 其余符号同式(3.102)。

假设 $\boldsymbol{X}(t_0)$, $\boldsymbol{V}(t)$, $\boldsymbol{N}(t)$ 互不相关, 同时假设 $\boldsymbol{X}(t_0)$, $\boldsymbol{N}_L(t)$, $\boldsymbol{N}_m(t)$ 也互不相关。

本节准最优滤波器的设计思想与 5.8 节相同。假设向量函数 $\boldsymbol{\psi}$、$\boldsymbol{\xi}$ 关于 $\boldsymbol{X}$, $\boldsymbol{L}$, $\boldsymbol{M}$ 可微。对非线性向量函数 $\boldsymbol{\psi}$ 在点 $(\widehat{\boldsymbol{X}},\ \boldsymbol{L}_m)$ 及 $\boldsymbol{\xi}$ 在点 $(\widehat{\boldsymbol{X}},\ \boldsymbol{M}_m)$ 处进行泰勒级数展开，并保留线性项，得

$$\boldsymbol{\psi}(\boldsymbol{L}, \boldsymbol{X}, t) = \boldsymbol{\psi}(\boldsymbol{L}_m,\ \widehat{\boldsymbol{X}},\ t) + \frac{\partial \boldsymbol{\psi}(\boldsymbol{L}_m,\ \widehat{\boldsymbol{X}},\ t)}{\partial \widehat{\boldsymbol{X}}}(\boldsymbol{X} - \widehat{\boldsymbol{X}}) - \frac{\partial \boldsymbol{\psi}(\boldsymbol{L}_m,\ \widehat{\boldsymbol{X}},\ t)}{\partial \boldsymbol{L}_m}\boldsymbol{N}_L \tag{3.170}$$

$$\boldsymbol{\xi}(\boldsymbol{M},\ \boldsymbol{X},\ t) = \boldsymbol{\xi}(\boldsymbol{M}_m,\ \widehat{\boldsymbol{X}},\ t) + \frac{\partial \boldsymbol{\xi}(\boldsymbol{M}_m,\ \widehat{\boldsymbol{X}},\ t)}{\partial \widehat{\boldsymbol{X}}}(\boldsymbol{X} - \widehat{\boldsymbol{X}}) - \frac{\partial \boldsymbol{\xi}(\boldsymbol{M}_m,\ \widehat{\boldsymbol{X}},\ t)}{\partial \boldsymbol{M}_m}\boldsymbol{N}_m \tag{3.171}$$

式中

$$\frac{\partial \boldsymbol{\psi}(\boldsymbol{L}_m,\ \widehat{\boldsymbol{X}},\ t)}{\partial \widehat{\boldsymbol{X}}} = \left.\frac{\partial \boldsymbol{\psi}(\boldsymbol{L},\ \boldsymbol{X},\ t)}{\partial \boldsymbol{X}}\right|_{\boldsymbol{X}=\widehat{\boldsymbol{X}},\ \boldsymbol{L}=\boldsymbol{L}_m}$$

后验估计 $\widehat{X}$ 待定。

将式 (3.170)、式 (3.171) 分别代入式 (3.166) 及式 (3.168)，得

$$\begin{aligned}\dot{\boldsymbol{X}} = {} & \frac{\partial \boldsymbol{\psi}(\boldsymbol{L}_m,\ \widehat{\boldsymbol{X}},\ t)}{\partial \widehat{\boldsymbol{X}}}\boldsymbol{X} + \left[\boldsymbol{\psi}(\boldsymbol{L}_m,\ \widehat{\boldsymbol{X}},\ t) - \frac{\partial \boldsymbol{\psi}(\boldsymbol{L}_m,\ \widehat{\boldsymbol{X}},\ t)}{\partial \widehat{\boldsymbol{X}}}\widehat{\boldsymbol{X}} + \boldsymbol{u}(t)\right] \\ & + \left[\boldsymbol{V}(t) - \frac{\partial \boldsymbol{\psi}(\boldsymbol{L}_m,\ \widehat{\boldsymbol{X}},\ t)}{\partial \boldsymbol{L}_m}\boldsymbol{N}_L\right]\end{aligned} \tag{3.172}$$

$$\boldsymbol{Z}(t) = \frac{\partial \boldsymbol{\xi}(\boldsymbol{M}_m,\ \widehat{\boldsymbol{X}},\ t)}{\partial \widehat{\boldsymbol{X}}}\boldsymbol{X} + \left[\boldsymbol{\xi}(\boldsymbol{M}_m,\ \widehat{\boldsymbol{X}},\ t) - \frac{\partial \boldsymbol{\xi}(\boldsymbol{M}_m,\ \widehat{\boldsymbol{X}},\ t)}{\partial \widehat{\boldsymbol{X}}}\widehat{\boldsymbol{X}}\right]$$

$$+\left[\boldsymbol{N}(t)-\frac{\partial\boldsymbol{\xi}(\boldsymbol{M}_m,\widehat{\boldsymbol{X}},t)}{\partial\boldsymbol{M}_m}\boldsymbol{N}_m\right] \tag{3.173}$$

式（3.172）、式（3.173）中的第 2 项是确定的，而第 3 项是零均值的高斯白噪声。令

$$\boldsymbol{Y}^*(t)=\boldsymbol{Y}(t)-\left[\boldsymbol{\xi}(\boldsymbol{M}_m,\widehat{\boldsymbol{X}},t)-\frac{\partial\boldsymbol{\xi}(\boldsymbol{M}_m,\widehat{\boldsymbol{X}},t)}{\partial\widehat{\boldsymbol{X}}}\widehat{\boldsymbol{X}}\right]$$

则式（3.173）转化为

$$\boldsymbol{Y}^*=\frac{\partial\boldsymbol{\xi}(\boldsymbol{M}_m,\widehat{\boldsymbol{X}},t)}{\partial\widehat{\boldsymbol{X}}}\boldsymbol{X}+\left[\boldsymbol{N}(t)-\frac{\partial\boldsymbol{\xi}(\boldsymbol{M}_m,\widehat{\boldsymbol{X}},t)}{\partial\boldsymbol{M}_m}\boldsymbol{N}_m\right] \tag{3.174}$$

显然，式（3.174）为线性观测方程。这样，由式（3.174）、式（3.172）组成的线性系统，可以利用线性卡尔曼滤波的方法获得状态估计，则

$$\begin{aligned}\dot{\widehat{\boldsymbol{X}}}=&\frac{\partial\boldsymbol{\psi}(\boldsymbol{L}_m,\widehat{\boldsymbol{X}},t)}{\partial\widehat{\boldsymbol{X}}}\widehat{\boldsymbol{X}}+\left[\boldsymbol{\psi}(\boldsymbol{L}_m,\widehat{\boldsymbol{X}},t)-\frac{\partial\boldsymbol{\psi}(\boldsymbol{L}_m,\widehat{\boldsymbol{X}},t)}{\partial\widehat{\boldsymbol{X}}}\widehat{\boldsymbol{X}}+\boldsymbol{u}(t)\right]\\&+\boldsymbol{D}\left[\boldsymbol{Y}^*(t)-\frac{\partial\boldsymbol{\xi}(\boldsymbol{M}_m,\widehat{\boldsymbol{X}},t)}{\partial\widehat{\boldsymbol{X}}}\widehat{\boldsymbol{X}}\right]\end{aligned} \tag{3.175}$$

记

$$\boldsymbol{A}^*=\frac{\partial\boldsymbol{\psi}(\boldsymbol{L}_m,\widehat{\boldsymbol{X}},t)}{\partial\widehat{\boldsymbol{X}}},\ \boldsymbol{C}^*=\frac{\partial\boldsymbol{\xi}(\boldsymbol{M}_m,\widehat{\boldsymbol{X}},t)}{\partial\widehat{\boldsymbol{X}}}$$

则式（3.175）可转化为

$$\dot{\widehat{\boldsymbol{X}}}=\boldsymbol{\psi}(\boldsymbol{L}_m,\widehat{\boldsymbol{X}},t)+\boldsymbol{u}(t)+\boldsymbol{D}[\boldsymbol{Y}(t)-\boldsymbol{\xi}(\boldsymbol{M}_m,\widehat{\boldsymbol{X}},t)],\quad \widehat{\boldsymbol{X}}(t_0)=\boldsymbol{m}_{x_0} \tag{3.176}$$

$$\dot{\boldsymbol{R}}=\boldsymbol{A}^*\boldsymbol{R}+\boldsymbol{R}\boldsymbol{A}^{*\mathrm{T}}-\boldsymbol{D}\boldsymbol{C}^*\boldsymbol{R}+\boldsymbol{G}^*,\quad \boldsymbol{R}(t_0)=\boldsymbol{\theta}_{x_0} \tag{3.177}$$

式中

$$\boldsymbol{D}=\boldsymbol{R}\boldsymbol{C}^{*\mathrm{T}}\boldsymbol{Q}^{*-1} \tag{3.178}$$

$\boldsymbol{G}^*$ 与 $\boldsymbol{Q}^*$ 都为白噪声向量，它们的强度矩阵分别为

$$\left[\boldsymbol{V}(t)-\frac{\partial\boldsymbol{\psi}(\boldsymbol{L}_m,\widehat{\boldsymbol{X}},t)}{\partial\boldsymbol{L}_m}\boldsymbol{N}_L\right],\ \left[\boldsymbol{N}(t)-\frac{\partial\boldsymbol{\xi}(\boldsymbol{M}_m,\widehat{\boldsymbol{X}},t)}{\partial\boldsymbol{M}_m}\boldsymbol{N}_m\right]$$

注意：若非线性向量函数不可微，则可以使用统计线性化方法来设计准最优非线性滤波器。

3.6.2 统计线性化和随机线性化方法

1. 统计线性化方法

若非线性向量函数 $\boldsymbol{\psi}, \boldsymbol{\xi}$ 不可微，则可利用统计线性化方法，有

$$\boldsymbol{\psi}(\boldsymbol{X},t)=\boldsymbol{\psi}_0(\boldsymbol{m},\boldsymbol{\theta},t)+\boldsymbol{K}_\psi(\boldsymbol{m},\boldsymbol{\theta},t)(\boldsymbol{X}-\boldsymbol{m}) \tag{3.179}$$

$$\boldsymbol{\xi}(\boldsymbol{X},t)=\boldsymbol{\xi}_0(\boldsymbol{m},\boldsymbol{\theta},t)+\boldsymbol{K}_\xi(\boldsymbol{m},\boldsymbol{\theta},t)(\boldsymbol{X}-\boldsymbol{m}) \tag{3.180}$$

式中

$$\boldsymbol{m}=E(\boldsymbol{X}),\ \boldsymbol{\theta}=E[(\boldsymbol{X}-\boldsymbol{m})(\boldsymbol{X}-\boldsymbol{m})^{\mathrm{T}}]$$

从而，统计线性化状态方程为

$$\dot{\boldsymbol{X}}=\boldsymbol{K}_\psi(\boldsymbol{m},\boldsymbol{\theta},t)\boldsymbol{X}+\boldsymbol{\psi}_0'(\boldsymbol{m},\boldsymbol{\theta},t)+\boldsymbol{u}+\boldsymbol{V},\ \boldsymbol{X}(t_0)=\boldsymbol{X}_0 \tag{3.181}$$

式中

$$\boldsymbol{\psi}_0'=\boldsymbol{\psi}_0-\boldsymbol{K}_\psi\boldsymbol{m}$$

统计线性化测量方程为

$$\boldsymbol{Y}(t)=\boldsymbol{\psi}_0(\boldsymbol{m},\boldsymbol{\theta},t)+\boldsymbol{K}_\psi(\boldsymbol{m},\boldsymbol{\theta},t)(\boldsymbol{X}-\boldsymbol{m})+\boldsymbol{N}(t) \tag{3.182}$$

记

$$\boldsymbol{Y}^*=\boldsymbol{Y}(t)-\boldsymbol{\xi}_0(\boldsymbol{m},\boldsymbol{\theta},t)+\boldsymbol{K}_\xi(\boldsymbol{m},\boldsymbol{\theta},t)\boldsymbol{m}$$

则式（3.182）转化为

$$\boldsymbol{Y}^*=\boldsymbol{K}_\xi(\boldsymbol{m},\boldsymbol{\theta},t)\boldsymbol{X}+\boldsymbol{N}(t) \tag{3.183}$$

显然，式（3.183）为线性观测方程。这样，由式（3.181）和式（3.183）组成的线性系统，可以利用线性卡尔曼滤波的方法获得状态估计，则有

$$\dot{\widehat{\boldsymbol{X}}}=\boldsymbol{\psi}(\widehat{\boldsymbol{X}},t)+\boldsymbol{u}(t)+\boldsymbol{D}[\boldsymbol{Y}(t)-\boldsymbol{\xi}(\widehat{\boldsymbol{X}},t)],\quad \widehat{\boldsymbol{X}}(t_0)=\boldsymbol{m}_0 \tag{3.184}$$

$$\dot{\boldsymbol{R}}=\boldsymbol{A}^*\boldsymbol{R}+\boldsymbol{R}\boldsymbol{A}^{*\mathrm{T}}-\boldsymbol{D}\boldsymbol{C}^*\boldsymbol{R}+\boldsymbol{G},\ \boldsymbol{R}(t_0)=\boldsymbol{\theta}_{x_0} \tag{3.185}$$

式中

$$\boldsymbol{D}=\boldsymbol{R}\boldsymbol{C}^{*\mathrm{T}}\boldsymbol{Q}^{-1},\ \boldsymbol{A}^*=\boldsymbol{K}_\varphi(\boldsymbol{m},\boldsymbol{\theta},t)$$

$$\dot{\boldsymbol{m}}=\boldsymbol{\psi}_0(\boldsymbol{m},\boldsymbol{\theta},t)+\boldsymbol{u},\ \boldsymbol{m}(t_0)=\boldsymbol{m}_0 \tag{3.186}$$

$$\dot{\boldsymbol{\theta}}=\boldsymbol{K}_\psi(\boldsymbol{m},\boldsymbol{\theta},t)\boldsymbol{\theta}+\boldsymbol{\theta}\boldsymbol{K}_\psi^{\mathrm{T}}(\boldsymbol{m},\boldsymbol{\theta},t)+\boldsymbol{G},\quad \boldsymbol{\theta}(t_0)=\boldsymbol{\theta}_0 \tag{3.187}$$

这是无偏估计。

2. 随机线性化方法

若非线性向量函数 $\boldsymbol{\psi}$, $\boldsymbol{\xi}$ 不可微，利用统计线性化方法，有

$$\boldsymbol{\psi}(\boldsymbol{L},\ \boldsymbol{X},\ t) = \boldsymbol{\psi}_0 + \boldsymbol{K}_{\psi}^{(1)}(\boldsymbol{X} - \boldsymbol{m}_x) + \boldsymbol{K}_{\psi}^{(2)}(\boldsymbol{L} - \boldsymbol{m}_{_L}) \tag{3.188}$$

$$\boldsymbol{\xi}(\boldsymbol{M},\ \boldsymbol{X},\ t) = \boldsymbol{\xi}_0 + \boldsymbol{K}_{\xi}^{(1)}(\boldsymbol{X} - \boldsymbol{m}_x) + \boldsymbol{K}_{\xi}^{(2)}(\boldsymbol{M} - \boldsymbol{m}_{_M}) \tag{3.189}$$

式中，$\boldsymbol{m}_x, \boldsymbol{m}_L, \boldsymbol{m}_M$ 分别为向量 $\boldsymbol{X}, \boldsymbol{L}, \boldsymbol{M}$ 的数学期望。从而，统计线性化状态方程为

$$\begin{aligned}\dot{\boldsymbol{X}} = {} & \boldsymbol{K}_{\psi}^{(1)}\boldsymbol{X} + (\boldsymbol{\psi}_0 - \boldsymbol{K}_{\psi}^{(1)}\boldsymbol{m}_x + \boldsymbol{u}) \\ & + [\boldsymbol{K}_{\psi}^{(2)}(\boldsymbol{L}_m - \boldsymbol{m}_{_{L_m}} - \boldsymbol{N}_L) + \boldsymbol{V}],\ \boldsymbol{X}(t_0) = \boldsymbol{X}_0\end{aligned} \tag{3.190}$$

观测方程转化为

$$\boldsymbol{Y}(t) = \boldsymbol{\xi}_0 + \boldsymbol{K}_{\xi}^{(1)}(\boldsymbol{X} - \boldsymbol{m}_x)[\boldsymbol{K}_{\xi}^{(2)}(\boldsymbol{M}_m - \boldsymbol{m}_{_{M_m}} - \boldsymbol{N}_L) + \boldsymbol{N}] \tag{3.191}$$

记

$$\boldsymbol{Y}^* = \boldsymbol{Y} - \boldsymbol{\xi}_0 + \boldsymbol{K}_{\xi}^{(1)}\boldsymbol{m}_x$$

则式（3.191）转化为

$$\boldsymbol{Y}^* = \boldsymbol{K}_{\xi}^{(1)}\boldsymbol{X} + [\boldsymbol{K}_{\xi}^{(2)}(\boldsymbol{M}_m - \boldsymbol{m}_{_{M_m}} - \boldsymbol{N}_m) + \boldsymbol{N}] \tag{3.192}$$

显然，式（3.192）为线性观测方程。这样，由式（3.190）和式（3.192）组成的线性系统，可以利用线性卡尔曼滤波的方法获得状态估计，则有

$$\dot{\widehat{\boldsymbol{X}}} = \boldsymbol{\psi}(\boldsymbol{m}_{_{L_m}}, \widehat{\boldsymbol{X}}, t) + \boldsymbol{u}(t) + \boldsymbol{D}[\boldsymbol{Y}(t) - \boldsymbol{\xi}(\boldsymbol{m}_{_{M_m}}, \widehat{\boldsymbol{X}},\ t)],\ \widehat{\boldsymbol{X}}(t_0) = \boldsymbol{m}_0 \tag{3.193}$$

$$\dot{\boldsymbol{R}} = \boldsymbol{A}^*\boldsymbol{R} + \boldsymbol{R}\boldsymbol{A}^{*\mathrm{T}} - \boldsymbol{D}\boldsymbol{C}^*\boldsymbol{R} + \boldsymbol{G}^*,\ \boldsymbol{R}(t_0) = \boldsymbol{\theta}_0 \tag{3.194}$$

式中

$$\begin{aligned}&\boldsymbol{D} = \boldsymbol{R}\boldsymbol{C}^{*\mathrm{T}}\boldsymbol{Q}^{*-1},\ \boldsymbol{A}^* = \boldsymbol{K}_{\psi}(\boldsymbol{m},\ \boldsymbol{\theta},\ t) \\ &\dot{\boldsymbol{m}}_x = \boldsymbol{\psi}_0 + \boldsymbol{u},\ \boldsymbol{m}_x(t_0) = \boldsymbol{m}_0 \\ &\dot{\boldsymbol{\theta}}_x = \boldsymbol{K}_{\psi}^{(1)}\boldsymbol{\theta} + \boldsymbol{\theta}\boldsymbol{K}_{\psi}^{(1)\mathrm{T}} + \boldsymbol{G}^*,\ \boldsymbol{\theta}_x(t_0) = \boldsymbol{\theta}_0 \\ &\boldsymbol{m}_{_L} = \boldsymbol{m}_{_{L_m}},\ \boldsymbol{\theta}_L = \boldsymbol{\theta}_{L_m} + \boldsymbol{G}_{N_L}\end{aligned}$$

$\boldsymbol{G}^*$ 及 $\boldsymbol{Q}^*$ 都为白噪声向量，它们的强度矩阵分别为

$$[\boldsymbol{V} + \boldsymbol{K}_{\psi}^{(2)}(\boldsymbol{L}_m - \boldsymbol{m}_{_{L_m}} - \boldsymbol{N}_L)],\ [\boldsymbol{K}_{\xi}^{(2)}(\boldsymbol{M}_m - \boldsymbol{m}_{_{M_m}} - \boldsymbol{N}_m) + \boldsymbol{N}] \tag{3.195}$$

这也是无偏估计。

3.7 非线性无迹滤波

比较常用的次优非线性贝叶斯滤波方法是无迹卡尔曼滤波（Unscented Kalman filter，UKF）[18]，该方法是在无迹变换的基础上发展起来的。无迹变换的基本思想是由 Juiler 等首先提出来的，它是用于计算经过非线性变换的随机变量统计的一种新方法。

3.7.1 无迹变换

无迹变换用固定数量的参数近似一个高斯分布，这样做比近似非线性函数的线性变换更容易。其实现原理为：在原先状态分布中按照某一规则取一些点，使这些点的均值和协方差等于原状态分布的均值和协方差；将这些点代入非线性函数中，相应得到非线性函数点集，通过该点集求得变换后的均值和协方差。由于这样得到的函数值没有经过线性化，没有忽略其高阶项，因而由此得到的均值和协方差的估计比扩展卡尔曼滤波（extended Kalman filter，EKF）要精确。

假设 n_x 维状态向量 $\boldsymbol{X}$ 的统计特性为：均值为 $\bar{\boldsymbol{X}}$，方差为 $\boldsymbol{P}_x$，$\boldsymbol{X}$ 通过任意一个非线性函数 $\boldsymbol{f}:\mathbf{R}^{n_x}\to\mathbf{R}^{n_y}$ 变换得到 n_y 维变量 $\boldsymbol{Y}:\boldsymbol{Y}=\boldsymbol{f}(\boldsymbol{X})$，$\bar{\boldsymbol{X}}$ 的统计特性通过非线性函数 $\boldsymbol{f}(\cdot)$ 进行传播，得到 $\boldsymbol{Y}$ 的统计特性 $\bar{\boldsymbol{Y}}$ 和 $\boldsymbol{P}_y$。

无迹变化的基本思想是：根据 $\boldsymbol{X}$ 的均值 $\bar{\boldsymbol{X}}$ 和方差 $\boldsymbol{P}_x$，选择 $2n_x+1$ 个加权样点 $\boldsymbol{S}_i=\{W_i,\boldsymbol{X}_i\}\ (i=1,2,\cdots,2n_x+1)$ 来近似随机变量 X 的分布，称 X_i 为 σ 点（粒子）；基于设定的粒子 X_i 计算其经过传播所得的结果 $\gamma_i\,(i=0,1,\cdots,L)$，然后基于 γ_i，计算随机变量的后验统计 $\left(\bar{\boldsymbol{Y}},\boldsymbol{P}_y\right)$。

无迹 (UT) 变换具体实现过程描述如下：

根据所选择的采样策略，利用 $\boldsymbol{X}$ 的统计特性 $\left(\bar{\boldsymbol{X}},\boldsymbol{P}_x\right)$ 计算西格玛（Sigma）采样点及其权系数。对应于 $\xi_i\,(i=0,1,\cdots,L)$ 的权值为 $W_i^{(m)}$ 和 $W_i^{(c)}$，它们分别为求一阶和二阶统计特性时的权系数，即

$$\boldsymbol{X}_0=\bar{\boldsymbol{X}},W_0=\frac{\lambda}{n_x+\lambda}\qquad(i=0)\tag{3.196}$$

$$\boldsymbol{X}_i=\bar{\boldsymbol{X}}+\left(\sqrt{(n_x+\lambda)\,\boldsymbol{P}_x}\right)_i\qquad(i=1,2,\cdots,n_x)\tag{3.197}$$

$$\boldsymbol{X}_i=\bar{\boldsymbol{X}}-\left(\sqrt{(n_x+\lambda)\,\boldsymbol{P}_x}\right)_i\qquad(i=n_x+1,n_x+2,\cdots,2n_x)\tag{3.198}$$

$$W_0^{(m)}=\frac{\lambda}{n_x+\lambda},W_0^{(c)}=\frac{\lambda}{n_x+\lambda}+\left(1-\alpha^2+\beta\right),\lambda=\alpha^2\,(n+k)-n\tag{3.199}$$

$$W_i^{(m)}=W_i^{(c)}=\frac{\lambda}{2\,(n_x+k)}\qquad(i=1,2,\cdots,2n_x)\tag{3.200}$$

式中，n_x 为状态空间维数；α,β,λ,k 是调节参数，α 为正值比例缩放因子，它主要是控制采样点的分布状态，调节 α 以使高阶项的影响到达最小，α 应取 [0，1] 上的小数，一般函数非线性程度严重时，采样点的非局域性影响，通常取一个小的正值（如 0.01）；β 用来描述 X 的分布信息（高斯情况下 β 的最优值为 2）；λ 是尺度参数，用于调节西格玛点和先验均值的距离远近，一般取 0 或 $3-n_x$；k 的具体取值虽然没有界限，但通常应确保矩阵 $(n_x+\lambda)\,\boldsymbol{P}_x$ 为半正定，若为 0，则西格玛点和它的权值将会与 n 有关，若为 $3-nx$，则可以使四阶矩信息被获取；$W_i^{(m)}$ 是求一阶统计特性时的权系数，$W_i^{(c)}$ 是求二阶矩统计特性时的权系数。

变换过程如下：

1）选定参数 k、α 和 β 的数值。

2）按照式（3.196）~ 式（3.200）计算得到 $2n_x+1$ 个调整后的粒子及其权值。

3） 对每个粒子点进行非线性变换，形成变换后的点集 $\boldsymbol{Y}_i = f(\boldsymbol{X}_i)\,(i = 1, 2, \cdots, 2n_x)$。

4）变换后的点集的均值 $\bar{y}$ 和方差 P_y 由下式计算：

$$\bar{\boldsymbol{Y}} = \sum_{i=0}^{2n_x} W_i^{(m)} X_i, \quad \boldsymbol{P}_y = \sum_{i=0}^{2n_x} W_i^{(c)} \left(\boldsymbol{Y}_i - \bar{\boldsymbol{Y}}\right)\left(\boldsymbol{Y}_i - \bar{\boldsymbol{Y}}\right)^{\mathrm{T}} \tag{3.201}$$

由于无迹变换得到的函数值没有经过线性化，没有忽略其高阶项，同时因为避免了雅可比矩阵 (线性化) 的计算，因而由此得到的均值和协方差的估计比 EKF 方法要精确，该算法对于 x 均值和协方差的计算精确到真实后验分布的二阶矩，而且误差可以通过 k 来调节，而 EKF 只是非线性函数的一阶近似，因此，该算法具有比 EKF 更高的精度。如果已知 x 概率密度分布的形状，可以通过将 β 设为一个非零值来减小四阶项以上带来的误差。

3.7.2 算法描述

在无迹变换基础上建立起来的 UKF 是 1966 年由剑桥大学的 Julier 首次提出来的。UKF 是无迹变换和标准卡尔曼滤波体系的结合。与 EKF 不同，UKF 是通过上述无迹变换使非线性系统方程适用于线性假设下的标准卡尔曼滤波体系，而不是像 EKF 那样通过线性化非线性函数实现递推滤波。由于 UKF 不需要求导，它比 EKF 能更好地逼近状态方程的非线性特性，具有更高的估计精度，计算量却与 EKF 同阶，因而获得了广泛关注。

假设系统如下所示：

$$\begin{cases} \boldsymbol{X}_k = \boldsymbol{f}\left(\boldsymbol{X}_{k-1}, \boldsymbol{u}_{k-1}, \boldsymbol{W}_{k-1}\right) \\ \boldsymbol{Z}_k = \boldsymbol{h}\left(\boldsymbol{X}_k, \boldsymbol{V}_k\right) \end{cases} \tag{3.202}$$

式中，$\boldsymbol{X}_k \in \mathbf{R}^n$ 表示 k 时刻的系统状态向量；$\boldsymbol{Z}_k \in \mathbf{R}^n$ 是 k 时刻含有加性噪声的量测矢量；$\boldsymbol{W}_{k-1}$ 是过程噪声向量；$\boldsymbol{V}_k$ 为量测噪声向量；$\boldsymbol{W}_{k-1}$ 和 $\boldsymbol{V}_k$ 是相互独立、协方差分别为 $\boldsymbol{Q}_{k-1}$ 和 $\boldsymbol{R}_k$ 的零均值加性噪声向量；$\boldsymbol{u}_k$ 表示已知输入量 UKF 滤波算法如下所述。

（1）初始化

初始状态向量 $\boldsymbol{X}_0$ 的统计特性为

$$E(\boldsymbol{X}_0) = \bar{\boldsymbol{X}}_0, \mathrm{var}(\boldsymbol{X}_0) = E[(\boldsymbol{X}_0 - \bar{\boldsymbol{X}}_0)(\boldsymbol{X}_0 - \bar{\boldsymbol{X}}_0)^{\mathrm{T}}] = \boldsymbol{P}_0$$

且 $E[\boldsymbol{X}_0 \boldsymbol{W}_k] = \boldsymbol{0}, E[\boldsymbol{X}_0 \boldsymbol{V}_k] = \boldsymbol{0}$。考虑噪声，扩展后的初始状态向量及其方差为

$$\boldsymbol{X}_0^a = \left[\bar{\boldsymbol{X}}^{\mathrm{T}} \quad \boldsymbol{0} \quad \boldsymbol{0}\right], \ \boldsymbol{P}_0^a = E\left[\left(\boldsymbol{X}_0^a - \bar{\boldsymbol{X}}_0^a\right)\left(\boldsymbol{X}_0^a - \bar{\boldsymbol{X}}_0^a\right)^{\mathrm{T}}\right] = \begin{bmatrix} \boldsymbol{P}_0 & 0 & 0 \\ 0 & \boldsymbol{Q} & 0 \\ 0 & 0 & \boldsymbol{R} \end{bmatrix}$$

（2）扩展向量

系统的扩展向量表示为

$$\boldsymbol{X}_k^a=\left[\bar{\boldsymbol{X}}_k^{\mathrm{T}} \quad \boldsymbol{W}_k^{\mathrm{T}} \quad \boldsymbol{V}_k^{\mathrm{T}}\right], \boldsymbol{P}_k^a=E\left[\left(\boldsymbol{X}_k^a-\bar{\boldsymbol{X}}_k^a\right)\left(\boldsymbol{X}_k^a-\bar{\boldsymbol{X}}_k^a\right)^{\mathrm{T}}\right]=\left[\begin{array}{ccc}\boldsymbol{P}_k & 0 & 0 \\ 0 & \boldsymbol{Q}_k & 0 \\ 0 & 0 & \boldsymbol{R}_k\end{array}\right] \tag{3.203}$$

选取粒子

$$\boldsymbol{X}_{k-1}^a=\left[\bar{\boldsymbol{X}}_{k-1}^a \quad \bar{\boldsymbol{X}}_{k-1}^a+\sqrt{\left(n_a+\lambda\right) \boldsymbol{P}_{k-1}^a} \quad \bar{\boldsymbol{X}}_{k-1}^a-\sqrt{\left(n_a+\lambda\right) \boldsymbol{P}_{k-1}^a}\right] \tag{3.204}$$

且

$$\boldsymbol{X}_{k-1}^a=\left[\boldsymbol{X}_{k-1}^x \quad \boldsymbol{X}_{k-1}^w \quad \boldsymbol{X}_{k-1}^v\right]^{\mathrm{T}} \tag{3.205}$$

式中，$n_a=n_x+n_w+n_v$, n_x, n_w, n_v 分别为系统状态向量、过程噪声和量测噪声的维数；$\boldsymbol{X}_{k-1}^x$, $\boldsymbol{X}_{k-1}^w$, $\boldsymbol{X}_{k-1}^v$ 分别为 $\boldsymbol{X}_{k-1}^a$ 中对应于状态向量、过程噪声和量测噪声的分量。

（3）时间更新

若不考虑有输入作用，由式（3.199）和式（3.200）可计算权值 W_i，则有

$$\boldsymbol{X}_{k|k-1}^x=\boldsymbol{f}\left(\boldsymbol{X}_{k-1}^x, \boldsymbol{U}_{k-1}, \boldsymbol{X}_{k-1}^w\right) \tag{3.206}$$

$$\bar{\boldsymbol{X}}_{k|k-1}=\sum_{i=0}^{2 n_a} W_i^{(m)} \boldsymbol{X}_{i, k|k-1}^x \tag{3.207}$$

$$\boldsymbol{P}_{k|k-1}=\sum_{i=0}^{2 n_a} W_i^{(c)}\left(\boldsymbol{X}_{i, k|k-1}^x-\bar{\boldsymbol{X}}_{k|k-1}\right)\left(\boldsymbol{X}_{i, k|k-1}^x-\bar{\boldsymbol{X}}_{k|k-1}\right)^{\mathrm{T}} \tag{3.208}$$

$$\boldsymbol{Z}_{k|k-1}=\boldsymbol{h}\left(\boldsymbol{X}_{k|k-1}^x, \boldsymbol{X}_{k|k-1}^v\right) \tag{3.209}$$

$$\bar{\boldsymbol{Z}}_{k|k-1}=\sum_{i=0}^{2 n_a} W_i^{(m)} \boldsymbol{Z}_{i, k|k-1} \tag{3.210}$$

式中，$\bar{\boldsymbol{X}}_{k|k-1}$ 为所有粒子点的一步预测加权和。

（4）测量更新

从而获得状态估计和协方差矩阵更新表达式如下：

$$\boldsymbol{P}_{z_{k|k-1} z_{k|k-1}}=\sum_{i=0}^{2 n_a} W_i^{(c)}\left(\boldsymbol{Z}_{i, k|k-1}-\bar{\boldsymbol{Z}}_{k|k-1}\right)\left(\boldsymbol{Z}_{i, k|k-1}-\bar{\boldsymbol{Z}}_{k|k-1}\right)^{\mathrm{T}} \tag{3.211}$$

$$\boldsymbol{P}_{x_{k|k-1} z_{k|k-1}}=\sum_{i=0}^{2 n_a} W_i^{(c)}\left(\boldsymbol{X}_{i, k|k-1}^x-\bar{\boldsymbol{X}}_{k|k-1}\right)\left(\boldsymbol{Z}_{i, k|k-1}-\bar{\boldsymbol{Z}}_{k|k-1}\right)^{\mathrm{T}} \tag{3.212}$$

$$\boldsymbol{K}_k=\boldsymbol{P}_{X_{k|k-1} Z_{k|k-1}} \boldsymbol{P}_{Z_{k|k-1} Z_{k|k-1}}^{-1} \tag{3.213}$$

$$\bar{\boldsymbol{X}}_k=\bar{\boldsymbol{X}}_{k|k-1}+\boldsymbol{K}_k\left(\boldsymbol{Z}_k-\bar{\boldsymbol{Z}}_{k|k-1}\right) \tag{3.214}$$

$$\boldsymbol{P}_k=\boldsymbol{P}_{k|k-1}+\boldsymbol{K}_k P_{Z_{k|k-1} Z_{k|k-1}} \boldsymbol{K}_k^{\mathrm{T}} \tag{3.215}$$

至此，得到了 UKF 在 k 时刻的滤波状态和方差。

如果系统的状态噪声和量测噪声为加性噪声，则无须增广状态向量，算法中的时间更新和状态更新方程得以简化。当量测方程和状态方程均为线性方程时，由 UKF 得到的滤波结果和由标准的线性卡尔曼滤波得到的结果相同。

尽管 UKF 的估计精度比 EKF 高，但 UKF 不能应用于非高斯分布系统，而粒子滤波可以解决这一问题。

3.8 非线性粒子滤波

粒子滤波是一种基于蒙特卡罗方法和递推贝叶斯估计的统计滤波方法 [18]，它依据大数定律采用蒙特卡罗方法求解贝叶斯估计中的积分运算。其基本思想是：首先依据系统状态向量的经验条件分布在状态空间产生一组随机样本的集合，这些样本称为粒子，然后根据量测不断调整粒子的权重和位置，通过调整后的粒子信息修正最初的经验条件分布。其实质是用由粒子及其权重组成的离散随机测量近似相关的概率分布，并且算法递推更新离散随机测度。当样本容量很大时，这种蒙特卡罗描述就近似于状态变量真实的后验概率密度函数。这种技术适用于任何能够用状态空间模型表示的非高斯背景的非线性随机系统，精度可以逼近最优估计，是一种有效的非线性滤波技术。

3.8.1 标准粒子滤波算法

已知动态系统的状态先验条件概率 $p(x_0)$，利用 $\left\{\boldsymbol{X}_{0:k}^i, w_k^i\right\}_{i=1}^{N_S}$ 描述 k 时刻目标状态 $\boldsymbol{X}_k$ 的后验概率分布 $p(\boldsymbol{x}_{0:k}|\,\boldsymbol{z}_{1:k})$，$\{x_{0:k}, i=0,\cdots,N_S\}$ 是对应权值为 $\{w_k^i, i=0,\cdots,N_S\}$ 的粒子集，其中，$\boldsymbol{X}_{0:k}=\{\boldsymbol{X}_j, j=0,\cdots,k\}$ 是 0 到 k 时刻的状态集，权值被归一化为 $\sum_i w_k^i=1$，则 k 时刻目标状态的后验概率分布可离散地加权为

$$p(\boldsymbol{x}_{0:k}|\,\boldsymbol{z}_{1:k}) \approx \sum_{i=1}^{N_S} w_k^i \delta(\boldsymbol{x}_{0:k}-\boldsymbol{x}_{0:k}^i) \tag{3.216}$$

式中，权值通过重要采样法选择。若粒子集 $\left\{\boldsymbol{X}_{0:k}^i\right\}_{i=1}^{N_S}$ 可由重要密度函数 $q(\boldsymbol{x}_{0:k}|\,\boldsymbol{z}_{1:k})$ 得到，则权重为

$$w_k^i \infty \frac{p(\boldsymbol{x}_{0:k}|\,\boldsymbol{z}_{1:k})}{q(\boldsymbol{x}_{0:k}|\,\boldsymbol{z}_{1:k})} \tag{3.217}$$

若重要密度分解为

$$q(\boldsymbol{x}_{0:k}|\,\boldsymbol{z}_{1:k}) = q(\boldsymbol{x}_k|\,\boldsymbol{x}_{0:k-1}, \boldsymbol{z}_{1:k})q(\boldsymbol{x}_{0:k-1}|\,\boldsymbol{z}_{1:k-1}) \tag{3.218}$$

则通过由 $q(\boldsymbol{x}_k|\,\boldsymbol{x}_{0:k-1}, \boldsymbol{z}_{1:k})$ 得到的粒子 $\left\{\boldsymbol{X}_k^i\right\}_{i=1}^{N_S}$ 和由 $q(\boldsymbol{x}_{0:k-1}|\,\boldsymbol{z}_{1:k-1})$ 得到的粒子集 $\left\{\boldsymbol{X}_{0:k-1}^i\right\}_{i=1}^{N_S}$ 可以得到新的粒子集 $\left\{\boldsymbol{X}_{0:k}^i\right\}_{i=1}^{N_S}$。

由于后验概率密度函数可表示为

$$p(\boldsymbol{x}_{0:k}|\,\boldsymbol{z}_{1:k}) = \frac{p(\boldsymbol{z}_k|\,\boldsymbol{x}_{0:k}, \boldsymbol{z}_{1:k-1})p(\boldsymbol{x}_{0:k}|\,\boldsymbol{z}_{1:k-1})}{p(\boldsymbol{z}_k|\,\boldsymbol{z}_{1:k-1})}$$

$$
\begin{aligned}
&= \frac{p(\boldsymbol{z}_k|\,\boldsymbol{x}_{0:k},\boldsymbol{z}_{1:k-1})p(\boldsymbol{x}_k|\,\boldsymbol{x}_{0:k-1},\boldsymbol{z}_{1:k-1})}{p(\boldsymbol{z}_k|\,\boldsymbol{z}_{1:k-1})}p(\boldsymbol{x}_{0:k-1}|\,\boldsymbol{z}_{1:k-1}) \\
&= \frac{p(\boldsymbol{z}_k|\,\boldsymbol{x}_k)p(\boldsymbol{x}_k|\,\boldsymbol{x}_{k-1})}{p(\boldsymbol{z}_k|\,\boldsymbol{z}_{1:k-1})}p(\boldsymbol{x}_{0:k-1}|\,\boldsymbol{z}_{1:k-1}) \\
&\propto p(\boldsymbol{z}_k|\,\boldsymbol{x}_k)\boldsymbol{p}(\boldsymbol{x}_k|\,\boldsymbol{x}_{k-1})p(\boldsymbol{x}_{0:k-1}|\,\boldsymbol{z}_{1:k-1})
\end{aligned} \tag{3.219}
$$

将式（11.22）、式（11.23）代入式（11.24），即可得到重要性权值更新公式为

$$
w_k^i \propto \frac{p(\boldsymbol{z}_k|\,\boldsymbol{x}_k^i)p(\boldsymbol{x}_k^i|\,\boldsymbol{x}_{k-1}^i)p(\boldsymbol{x}_{0:k-1}^i|\,\boldsymbol{z}_{1:k-1})}{q(\boldsymbol{x}_k^i|\,\boldsymbol{x}_{0:k-1},\boldsymbol{z}_{1:k})q(\boldsymbol{x}_{0:k-1}^i|\,\boldsymbol{z}_{1:k-1})} = w_{k-1}^i\frac{p(\boldsymbol{z}_k|\,\boldsymbol{x}_k^i)p(\boldsymbol{x}_k^i|\,\boldsymbol{x}_{k-1}^i)}{q(\boldsymbol{x}_k^i|\,\boldsymbol{x}_{0:k-1},\boldsymbol{z}_{1:k})} \tag{3.220}
$$

如果 $q(\boldsymbol{x}_k|\,\boldsymbol{x}_{0:k-1},\boldsymbol{z}_{1:k}) = q(\boldsymbol{x}_k|\,\boldsymbol{x}_{k-1},\boldsymbol{z}_k)$，则重要密度函数仅依赖于 $\boldsymbol{X}_{k-1}$ 和 $\boldsymbol{Z}_k$，在计算时，仅需存储粒子 $\left\{\boldsymbol{X}_k^i\right\}_{i=1}^{N_S}$，而不必担心粒子集 $\left\{\boldsymbol{X}_{0:k-1}^i\right\}_{i=1}^{N_S}$ 和过去测量值 $\boldsymbol{Z}_{1:k-1}$。修正后的权值为

$$
w_k^i \propto w_{k-1}^i\frac{p(\boldsymbol{z}_k|\,\boldsymbol{x}_k^i)p(\boldsymbol{x}_k^i|\,\boldsymbol{x}_{k-1}^i)}{q(\boldsymbol{x}_k^i|\,\boldsymbol{x}_{k-1},\boldsymbol{z}_k)} \tag{3.221}
$$

标准粒子滤波算法选择更易于实现的先验概率密度作为重要密度函数，即

$$
q(\boldsymbol{x}_k^i|\,\boldsymbol{x}_{k-1}^i,\boldsymbol{z}_k) = p(\boldsymbol{x}_k^i|\,\boldsymbol{x}_{k-1}^i) \tag{3.222}
$$

将式（3.223）代入式（3.222），可将重要性权值化简为

$$
w_k^i \propto w_{k-1}^i p(\boldsymbol{z}_k|\,\boldsymbol{x}_k^i) \tag{3.223}
$$

将权值 w_k^i 归一化，即

$$
w_k^i = \frac{w_k^i}{\sum\limits_{i=1}^{N_S} w_k^i} \tag{3.224}
$$

而后验概率密度 $p(\boldsymbol{x}_k|\,\boldsymbol{z}_{1:k})$ 可表示为

$$
p(\boldsymbol{x}_k|\,\boldsymbol{z}_{1:k}) \approx \sum_{i=1}^{N_S} w_k^i\delta(\boldsymbol{x}_k - \boldsymbol{x}_k^i) \tag{3.225}
$$

式中，权值如式（3.225）所示。可见，当 $N_S \to \infty$ 时，有大数定理即可保证式（3.225）可逼近真实后验概率 $p(\boldsymbol{x}_k|\,\boldsymbol{z}_{1:k})$。

标准粒子滤波算法归纳如下：

1）初始化。由先验概率 $p(\boldsymbol{x}_0)$ 产生粒子群 $\left\{\boldsymbol{X}_0^i\right\}_{i=1}^{N_S}$，所有粒子权值为 $1/N_S$。

2）更新。在 k 时刻，更新粒子权值，即

$$
w_k^i = w_{k-1}^i p(\boldsymbol{z}_k|\,\boldsymbol{x}_k^i) = w_{k-1}^i p_{e_k}(\boldsymbol{z}_k - \boldsymbol{h}(\boldsymbol{x}_k^i)) \qquad (i = 0,\cdots,N_S) \tag{3.226}
$$

并且归一化为

$$
w_k^i = \frac{w_k^i}{\sum\limits_{i=1}^{N_S} w_k^i} \tag{3.227}
$$

即可得到 k 时刻位置参数 x 的最小均方估计为

$$\widehat{\boldsymbol{X}}_k \approx \sum_{i=1}^{N_S} w_k^i \boldsymbol{X}_k^i \tag{3.228}$$

3）重采样。得到新的粒子集合 $\left\{\boldsymbol{X}_{0:k}^{i*}, i=0,\cdots,N_S\right\}$。

4）预测。利用状态方程 f 预测未知参数 $\boldsymbol{X}_{k+1}^i$。

5）时刻 $k=k+1$，转到第 2）步。

3.8.2 标准粒子滤波的缺点

当用重要性函数替代后验概率分布作为采样函数时，理想情况是重要性函数非常接近后验概率，也就是希望重要性函数的方差基本为零，即

$$\operatorname{var}_{q(\cdot|\boldsymbol{z}_{1:k})}\left(\frac{p(\boldsymbol{x}_{0:k}^i|\,\boldsymbol{z}_{1:k})}{q(\boldsymbol{x}_{0:k}^i|\,\boldsymbol{z}_{1:k})}\right) = \operatorname{var}_{q(\cdot|\boldsymbol{z}_{1:k})}(w_k^i) = 0$$

但是，由于标准粒子滤波算法选择先验概率密度作为重要密度函数，若在对量测精度要求低的场合，这种选取方法能够获得较好的结果。不过，由于没有考虑当前的量测值，从重要性概率密度中取样得到的样本与从真实后验概率密度采样得到的样本有很大的偏差，尤其当似然函数位于系统状态转移概率密度的尾部或似然函数呈尖峰状态时，这种偏差就更加明显。似然函数与先验分布关系的具体情况如图 3.4 和图 3.5 所示。

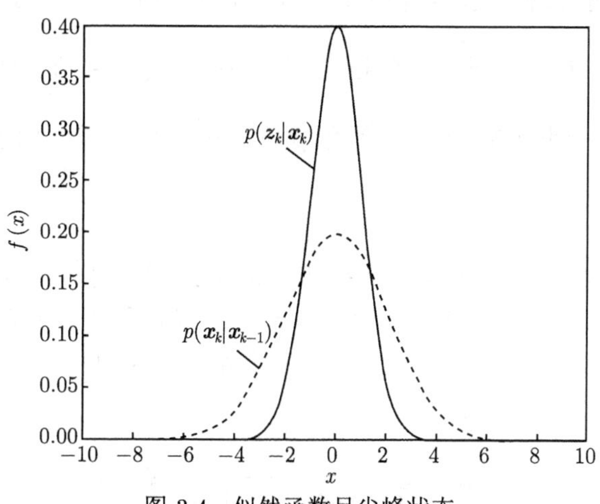

图 3.4 似然函数呈尖峰状态

因此，重要性权值的方差随着时间而随机递增，使得粒子的权重集中到少数粒子上，甚至在经过几步的递推之后，可能只有一个粒子有非零权值，其他粒子的权值很小，可以忽略不计，从而使得大量的计算工作都被浪费在用来更新那些对 $p(\boldsymbol{x}_k|\,\boldsymbol{z}_{1:k})$ 的估计几乎不起作用的粒子上，结果粒子集无法表达实际的后验概率分布，这就是粒子滤波算法的退化问题。

为避免粒子退化现象发生，引入重采样技术。

（1）重采样技术

设粒子和其权重组成二元组 $\left\{\boldsymbol{X}_{0:k}^i, w_k^i\right\}_{i=1}^N$，重采样的目的就是去掉权重较小的粒子，将较大权重对应的二元组 $\left\{\boldsymbol{X}_{0:k}^i, w_k^i\right\}_{i=1}^N$ 分成若干个 N^{-1} 的二元组 $\left\{\boldsymbol{X}_{0:k}^i, N^{-1}\right\}_{i=1}^N$，

可以通过从二元组集合 $\left\{\boldsymbol{X}_{0:k}^{i}, w_{k}^{i}\right\}_{i=1}^{N}$ 中按照权值概率 w_k^i 来采样得到新的二元组 $\left\{\boldsymbol{X}_{0:k}^{i}, N^{-1}\right\}_{i=1}^{N}$。

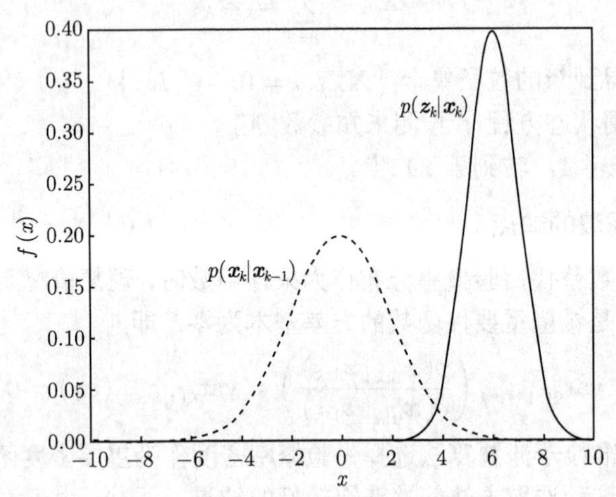

图 3.5 似然函数位于先验分布的尾部

下面描述重采样过程: 首先计算粒子的概率累加和 $(a_j)_{j=1}^{N}$，并假设 $a_0=0$，随机采样第 $i\,(i=1,2,\cdots,N)$ 个服从 $[0,1]$ 均匀分布的数 ξ_i，若 $a_{j-1}<\xi_i<a_j$，则可以取得第 i 次随机采样的结果为 $x_{0:k}^{i}$，这样就达到了复制大权值粒子的效果。

重采样的基本思想是通过对后验概率密度 $p\left(\boldsymbol{x}_k|\boldsymbol{z}_{1:k}\right)\approx\sum\limits_{i=1}^{N_s}w_k^i\delta\left(\boldsymbol{x}_k-\boldsymbol{x}_k^i\right)$ 重采样 N_s 次，产生新的粒子集 $\left(\boldsymbol{X}_k^{i^*}\right)_{i=1}^{N_s}$，使得 $p\left(\boldsymbol{x}_k^{i^*}=\boldsymbol{x}_k^j\right)=w_k^j$。由于重采样是独立同分布的，权值被重新设置为 $w_k^j=\dfrac{1}{N_s}$。

接下来就是如何确定退化程度。格韦克（Geweke）等提出一种用相对效率（relative effectivess，RE）的概念来度量重要性采样带来的退化程度，其倒数可以近似表示为 $(\mathrm{RE})^{-1}\approx\left(1+\mathrm{var}_{q(\cdot|\boldsymbol{z}_{1:k})}(w)\right)$。因此，可以给出相对效率的一种近似测量尺度，这种有效抽样尺度 N_{eff} 的定义为

$$N_{\mathrm{eff}}=\frac{N_s}{1+\mathrm{var}_{q(\cdot|\boldsymbol{z}_{1:k})}\left(w_k^i\right)}\leqslant N_s \tag{3.229}$$

式中，w_k^i 由式（11.28）和式（11.29）确定；$\mathrm{var}\left(w_k^j\right)$ 为 w_k^j 的方差。一般无法确切计算 N_{eff} 的数值，但可以通过下式近似估计：

$$\widehat{N}_{\mathrm{eff}}=\frac{1}{\sum\limits_{i=1}^{N_s}\left(w_k^i\right)^2} \tag{3.230}$$

由式（11.34）可知，$N_{\mathrm{eff}}\leqslant N_s$，$N_{\mathrm{eff}}$ 越小，意味着退化现象越严重。增加粒子数目 N_s 个可以解决退化问题，但可使计算量上升，影响算法的实时性。一般粒子的数量由状态方程的维数、后验概率密度函数和重要概率密度函数的相似度及迭代次数决定。因此，通常要考虑与其他策略结合，一般是在判断相对效率小于某门限值之后进行重要

性样本的重采样，判断是否重采样的依据是粒子的退化程度。首先设定一个有效样本数 $N_{\text{threshold}}$ 作为阈值，当 $N_{\text{eff}} = 1\Big/\sum\limits_{i=1}^{N_s}\left(w_k^i\right)^2 < N_{\text{threshold}}$ 时，则进行重采样，这样就无须在每个时刻都进行重采样，从而能够自适应地根据样本情况决定是否要进行重采样，可以在一定程度上降低算法复杂度。

重采样的副作用是样本枯竭，即有较大权值的粒子被多次选择，采样结果中包含许多重复点，从而损失了粒子的多样性。这个问题还有待深入研究，也是当前粒子滤波研究的重点。

克服退化现象的另一个方法是选取好的重要密度函数 $q(\cdot)$。

（2）选取好的重要密度函数

重要密度函数 $q(\cdot)$ 的选择不仅影响算法效率，还关系权系数的退化速度。选择重要密度函数一般遵循两大原则——使重要密度函数容易采样和使权系数的方差最小。杜塞（Doucet）等给出了在给定 $\left\{\boldsymbol{X}_{0:k-1}^i\right\}_{i=1}^{N_s}$ 及 $\boldsymbol{Z}_{1:k}$ 的情形下使权系数方差最小的最优重要密度函数为

$$q\left(\boldsymbol{x}_k|\boldsymbol{x}_{k-1}^i,\boldsymbol{z}_k\right)_{opt} = p\left(\boldsymbol{x}_k|\boldsymbol{x}_{k-1}^i,\boldsymbol{z}_k\right) = \frac{p\left(\boldsymbol{z}_k|\boldsymbol{x}_k,\boldsymbol{x}_{k-1}^i\right)p\left(\boldsymbol{x}_k|\boldsymbol{x}_{k-1}^i\right)}{p\left(\boldsymbol{z}_k|x_{k-1}^i\right)} \tag{3.231}$$

将式（3.232）代入式（3.222）得

$$w_k^i \infty w_{k-1}^i p\left(\boldsymbol{z}_k|\boldsymbol{x}_{k-1}^i\right) = w_{k-1}^i\int p\left(\boldsymbol{z}_k|\boldsymbol{x}_k^i\right)p\left(\boldsymbol{x}_k^i|\boldsymbol{x}_{k-1}^i\right)\mathrm{d}\boldsymbol{x}_k^i \tag{3.232}$$

可见，选取重要密度函数时，需要从 $p\left(\boldsymbol{x}_k|\boldsymbol{x}_{k-1}^i,\boldsymbol{z}_k\right)$ 抽取样本并估算积分 $\int p(\boldsymbol{z}_k|\boldsymbol{x}_k^i)$ $p\left(\boldsymbol{x}_k^i|\boldsymbol{x}_{k-1}^i\right)\mathrm{d}\boldsymbol{x}_k^i$。当 x_k 为有限集或 $p\left(\boldsymbol{x}_k|\boldsymbol{x}_{k-1}^i,\boldsymbol{z}_k\right)$ 为高斯函数时这是可行的，但在一般情况下，并不能直接解决这两个问题，得到最优的重要密度函数的困难程度与直接从目标概率中抽取样本的困难程度相同，从最优重要密度函数的形式可以看出，产生下一个预测样本依赖于已有的样本和量测数据。

由此可见，如何平衡效率和实现难易度之间的矛盾，选择合适的重要密度函数是粒子滤波算法设计中最关键的步骤。

由此可得到如下粒子滤波算法的步骤：

1）初始化 k=0，采样 $x_0^i \sim p\left(\boldsymbol{x}_0\right)$，即根据 $p\left(\boldsymbol{x}_0\right)$ 分布采样得到 $\boldsymbol{X}_0^i(i=1,2,\cdots,N)$。

2）重要性权值计算。设定 $k := k+1$，采样 $\boldsymbol{X}_k^i \sim q\left(\boldsymbol{x}_k|\boldsymbol{x}_{0:k-1}^i,\boldsymbol{z}_{0:k}\right)$ $(i=1,2,\cdots,N)$；

计算重要性权值：$w_k^i = w_{k-1}^i \cdot p\left(\boldsymbol{z}_k|\boldsymbol{x}_{k-1}^i\right) = w_{k-1}^i\dfrac{p\left(\boldsymbol{z}_k|\boldsymbol{x}_k^i\right)p\left(\boldsymbol{x}_k^i|\boldsymbol{x}_{k-1}^i\right)}{q\left(\boldsymbol{x}_k^i|\boldsymbol{x}_{k-1}^i,\boldsymbol{z}_k\right)}(i=1,2,\cdots,N)$；

归一化重要性权值：$w_k^i = w_k^i\Big/\sum\limits_{i=1}^{N}w_k^i$。

3）重采样。若 $N_{\text{eff}} = 1\Big/\sum\limits_{i=1}^{N_s}\left(w_k^i\right)^2 < N_{\text{threshold}}$，则进行重采样，将原来的带权样本 $\left\{\boldsymbol{X}_{0:k}^i, w_k^i\right\}_{i=1}^N$ 映射为等权样本 $\left\{\boldsymbol{X}_{0:k}^i, N^{-1}\right\}_{i=1}^N$。

4）输出。

状态估计：$\widehat{\boldsymbol{X}}_k = \sum\limits_{i=1}^{N} w_k^i \boldsymbol{X}_k^i$。

方差估计：$\boldsymbol{P}_k = \sum\limits_{i=1}^{N} w_k^i \left(\boldsymbol{X}_k^i - \widehat{\boldsymbol{X}}_k\right)\left(\boldsymbol{X}_k^i - \widehat{\boldsymbol{X}}_k\right)^{\mathrm{T}}$。

5）判断是否结束，若是则退出本算法，若不是则返回第 2）步。

PF 的优点是其并没有近似非线性动态模型和量测模型，而是直接利用原系统模型。当状态量通过实际非线性系统之后，后验均值和协方差可以精确到三阶，且对任何非线性系统都有这一近似精度。而且，由于不需要系统可微，也不需要计算复杂的雅可比矩阵，因此粒子滤波更具有实际应用价值 [190]。

3.9 非线性高斯和滤波

非线性高斯和滤波，是基于非高斯概率密度函数能够由一些高斯概率密度函数的和来近似的思想。这种思想类似于任何的曲线都能用分段常值函数近似。因为过程噪声和量测噪声真正的概率密度函数，能够由 M 个高斯概率密度函数的和近似，可以并行运行 M 个卡尔曼滤波，每个卡尔曼滤波都是最优滤波，然后将它们结合在一起，获得一个近似最优估计。滤波器的数量 M 是在近似精度（最优性）和计算量之间的一个权衡。在文献 [253] 中描述的高斯和滤波总结如下：

1）n 维离散系统的状态方程和量测方程为

$$\begin{cases}\boldsymbol{X}_k = \boldsymbol{f}_{k-1}\left(\boldsymbol{X}_{k-1}, \boldsymbol{U}_{k-1}, \boldsymbol{W}_{k-1}\right) \\ \boldsymbol{Z}_k = \boldsymbol{h}_k\left(\boldsymbol{X}_k, \boldsymbol{V}_k\right) \\ \boldsymbol{W}_k \in \mathcal{N}\left(\boldsymbol{0}, \boldsymbol{Q}_k\right) \\ \boldsymbol{V}_k \in \mathcal{N}\left(\boldsymbol{0}, \boldsymbol{R}_k\right)\end{cases} \tag{3.233}$$

2）通过高斯概率密度函数加权求和近似初始化滤波器，即

$$\boldsymbol{f}\left(\widehat{\boldsymbol{X}}_0^+\right) = \sum_{i=1}^{m} a_{0i} \mathcal{N}\left(\widehat{\boldsymbol{X}}_{0i}^+, \boldsymbol{P}_{0i}^+\right) \tag{3.234}$$

式中，权系数 a_{0i}（正数，且和为 1）；$\mathcal{N}\left(\widehat{\boldsymbol{X}}_{0i}^+, \boldsymbol{P}_{0i}^+\right)$ 为高斯概率密度函数；均值 $\widehat{\boldsymbol{X}}_{0i}^+$ 和协方差 $\boldsymbol{P}_{0i}^+$ 的选取都是为了更好地近似初始状态的概率密度函数。

3）循环 k=1,2,$\cdots$，完成以下步骤。

① 首先循环 $i = 1, 2, \cdots, M$，执行下列时间更新方程获得先验状态估计：

$$\begin{cases}\widehat{\boldsymbol{X}}_{ki}^- = \boldsymbol{f}_{k-1}\left(\widehat{\boldsymbol{X}}_{k-1,i}^+, \boldsymbol{u}_{k-1}, 0\right) \\ \boldsymbol{F}_{k-1,i} = \left.\dfrac{\partial \boldsymbol{f}_{k-1}}{\partial \boldsymbol{X}_{k-1}}\right|_{\widehat{\boldsymbol{X}}_{k-1,i}^+} \\ \boldsymbol{P}_{ki}^- = \boldsymbol{F}_{k-1,i} \boldsymbol{P}_{k-1,i}^+ \boldsymbol{F}_{k-1,i}^{\mathrm{T}} + \boldsymbol{Q}_{k-1} \\ a_{ki} = a_{k-1,i}\end{cases} \tag{3.235}$$

先验状态估计的概率密度函数通过以下求和得到：

$$f\left(\widehat{\boldsymbol{X}}_k^-\right)=\sum_{i=1}^{m}a_{ki}\mathcal{N}\left(\widehat{\boldsymbol{X}}_{ki}^-,\boldsymbol{P}_{ki}^-\right) \tag{3.236}$$

② 循环 $i=1,2,\cdots,M$，执行以下量测更新方程获得后验状态估计：

$$\begin{cases}\boldsymbol{H}_{ki}=\left.\dfrac{\partial \boldsymbol{h}_k}{\partial \boldsymbol{X}_k}\right|_{\widehat{\boldsymbol{X}}_{ki}^-}\\ \boldsymbol{K}_{ki}=\boldsymbol{P}_{ki}^{\mathrm{T}}\left(\boldsymbol{H}_{ki}\boldsymbol{P}_{ki}^-\boldsymbol{H}_{ki}^{\mathrm{T}}+\boldsymbol{R}_k\right)^{-1}\\ \boldsymbol{P}_{ki}^+=\boldsymbol{P}_{ki}^--\boldsymbol{K}_{ki}\boldsymbol{H}_{ki}\boldsymbol{P}_{ki}^-\\ \widehat{\boldsymbol{X}}_{ki}^+=\widehat{\boldsymbol{X}}_{ki}^-+\boldsymbol{K}_{ki}\left[\boldsymbol{Y}_k-\boldsymbol{h}_k\left(\widehat{\boldsymbol{X}}_{ki}^-,0\right)\right]\end{cases} \tag{3.237}$$

每个估计的权系数 a_{ki} 通过下式获得：

$$\begin{cases}\boldsymbol{r}_{ki}=\boldsymbol{Y}_k-\boldsymbol{h}_k\left(\widehat{\boldsymbol{X}}_{ki}^-,0\right)\\ \boldsymbol{S}_{ki}=\boldsymbol{H}_{ki}\boldsymbol{P}_{ki}^-\boldsymbol{H}_{ki}^{\mathrm{T}}+\boldsymbol{R}_k\\ \beta_{ki}=\dfrac{\exp\left[-\boldsymbol{r}_{ki}^{\mathrm{T}}\boldsymbol{S}_{ki}^{-1}\boldsymbol{r}_{ki}/2\right]}{(2\pi)^{n/2}\left|\boldsymbol{S}_{ki}\right|^{1/2}}\\ a_{ki}=\dfrac{a_{k-1,i}\beta_{ki}}{\sum\limits_{j=1}^{M}a_{k-1,j}\beta_{kj}}\end{cases} \tag{3.238}$$

注意：权值系数 a_{ki} 的计算是在利用量测值 y_k 获得状态估计 $\widehat{\boldsymbol{X}}_{ki}^-$ 的相对可信度 β_{ki} 基础上计算得到的。后验状态估计的概率密度函数可通过以下求和获得：

$$f(\widehat{\boldsymbol{X}}_k^+)=\sum_{i=1}^{M}a_{ki}\mathcal{N}(\widehat{\boldsymbol{X}}_{ki}^+,\boldsymbol{P}_{ki}^+) \tag{3.239}$$

这种方法可以扩展到平滑估计方法中 [188]，也可以用类似的方法用非高斯函数将概率密度函数展开 [189-191]。在过程噪声或者量测噪声是严格高斯过程，而另一个噪声是在高斯概率密度函数曲线尾部较重的情况下，文献 [190] 给出的滤波器的推导过程。这个想法是由于实际中的很多噪声都是近似高斯但带有较为严重的尾部的高斯密度函数 [191]。

3.10 结构随机跳变系统滤波

结构随机跳变系统也称随机多模型系统 [25-29]，又称马尔可夫随机跳变系统。其状态估计方法有结构随机跳变最优滤波算法和交互式多模型（interaction multi-model，IMM）滤波算法。本节简单介绍上述两种方法，并进行简单的比较。

3.10.1 带有混合噪声的结构随机跳变系统滤波

假设结构随机跳变系统的状态方程和观测方程分别表示为 [25-26]

$$\boldsymbol{X}_{k+1}=\boldsymbol{A}_k(s_{k+1},s_k)\boldsymbol{X}_k+[\boldsymbol{F}_k(s_{k+1},s_k)+\boldsymbol{g}_k(s_{k+1},s_k)\boldsymbol{X}_k^{\mathrm{T}}]\boldsymbol{\xi}_k \tag{3.240}$$

$$\boldsymbol{Y}_{k+1}=\boldsymbol{D}_k(s_{k+1})\boldsymbol{Y}_k+[\boldsymbol{C}_{k+1}(s_{k+1})\boldsymbol{X}_{k+1}+\boldsymbol{H}_{k+1}(s_{k+1})]\boldsymbol{\zeta}_k \tag{3.241}$$

结构参数与结构参数指示分别由马尔可夫链 s_k 表示，它们的转移概率为

$$q(s_{k+1}|s_k) \qquad (s_k=1,\cdots,l;\ k=0,1,\cdots) \tag{3.242}$$

式中，$k=0,1,\cdots$ 为离散时间；$\boldsymbol{X}_k$ 为维状态向量序列；$\boldsymbol{Y}_k$ 为 n_y 维状态观测向量序列；s_k 为结构参数序列，s_k 取有限值；模型噪声为 $\boldsymbol{\xi}_k$；观测噪声为 $\boldsymbol{\zeta}_k$，它们为随机向量序列，且对于不同的 k 是相互独立的，$\boldsymbol{\xi}_k$ 和 $\boldsymbol{\zeta}_k$ 分别为强度为 $\boldsymbol{G}_k,\boldsymbol{Q}_k$ 的中心化离散高斯白噪声向量，它们的互相协方差矩阵为 $\bar{\boldsymbol{L}}_k$；$\boldsymbol{g}_k(\cdot)$ 为已知向量函数；$\boldsymbol{A}_k(\cdot),\boldsymbol{C}_k(\cdot),\boldsymbol{D}_k(\cdot),\boldsymbol{H}_k(\cdot),\boldsymbol{F}_k(\cdot)$ 分别为已知的关于随机变量和时间的确定矩阵。

初始条件为：$\boldsymbol{X}_0$ 服从高斯分布，其条件密度函数 $\tilde{\boldsymbol{f}}_0(\boldsymbol{x}_0|s_0)(s_0=1,\cdots,n^{(s)})$。由于 $\boldsymbol{\xi}_k,\boldsymbol{\zeta}_k$ 服从高斯分布，故当 s_k 固定时，$\widehat{\boldsymbol{f}}_k(\boldsymbol{x}_k|s_k)$ 也是高斯的。

利用逼近最优滤波算法，可以获得模型结构参数 s_k 和状态向量 $\boldsymbol{X}_k$ 的估计如下 [27-28]：

$$\widehat{p}(s_{k+1})=\bar{f}^{-1}(\boldsymbol{y}_{k+1})\alpha(s_{k+1}) \tag{3.243}$$

式中

$$\begin{cases}\alpha(s_{k+1})=\tilde{p}(s_{k+1})[\det\tilde{\boldsymbol{\theta}}(s_{k+1})]^{-1/2}\exp(-\boldsymbol{h}(s_{k+1}))\\ \tilde{\boldsymbol{\theta}}(s_{k+1})=\boldsymbol{C}(s_{k+1})\tilde{\boldsymbol{R}}(s_{k+1})\boldsymbol{C}^{\mathrm{T}}(s_{k+1})+\boldsymbol{N}(s_{k+1})\\ \boldsymbol{h}(s_{k+1})=\dfrac{1}{2}\boldsymbol{\Delta}^{\mathrm{T}}(s_{k+1})\tilde{\boldsymbol{\theta}}^{-1}(s_{k+1})\boldsymbol{\Delta}(s_{k+1})\\ \boldsymbol{\Delta}(s_{k+1})=\boldsymbol{Y}_{k+1}-\boldsymbol{D}(s_{k+1})s_k-\boldsymbol{C}(s_{k+1})\tilde{\boldsymbol{X}}(s_{k+1})\\ \boldsymbol{N}(s_{k+1})=\boldsymbol{H}(s_{k+1})\boldsymbol{Q}_{k+1}\boldsymbol{H}^{\mathrm{T}}(s_{k+1})\\ \bar{f}(\boldsymbol{y}_{k+1})=\displaystyle\sum_{s_{k+1}}\tilde{p}(s_{k+1})[\det\tilde{\boldsymbol{\theta}}(s_{k+1})]^{-\frac{1}{2}}\exp(-\boldsymbol{h}(s_{k+1}))\\ \tilde{p}(s_{k+1})=q(s_{k+1}|s_k)\widehat{p}(s_k)\end{cases} \tag{3.244}$$

称 $\tilde{p}(s_{k+1})$ 为结构参数预测概率。

关于最优后验状态估计 $\widehat{\boldsymbol{X}}(s_{k+1})$ 满足下列方程：

$$\widehat{\boldsymbol{X}}(s_{k+1})=\tilde{\boldsymbol{X}}(s_{k+1})+\tilde{\boldsymbol{R}}(s_{k+1})\boldsymbol{C}^{\mathrm{T}}(s_{k+1})\tilde{\boldsymbol{\theta}}^{-1}(s_{k+1})\boldsymbol{\Delta}(s_{k+1}) \tag{3.245}$$

$$\tilde{\boldsymbol{X}}(s_{k+1})=\tilde{p}^{-1}(s_{k+1})\sum_{s_k}[\boldsymbol{A}(s_{k+1})\tilde{\boldsymbol{X}}(s_k)+\boldsymbol{K}(s_{k+1},s_k)\widehat{\boldsymbol{\Delta}}(s_{k+1})]q(s_{k+1}|s_k)\widehat{p}(s_k) \tag{3.246}$$

式中，$\boldsymbol{K}(s_{k+1},s_k)=\boldsymbol{F}(s_{k+1},s_k)\bar{\boldsymbol{L}}_k\boldsymbol{H}^{\mathrm{T}}(s_k)\boldsymbol{N}^{-1}(s_k)$；$\widehat{\boldsymbol{\Delta}}(s_{k+1})=\boldsymbol{Y}_k-\boldsymbol{D}(s_k)\boldsymbol{Y}_{k-1}-\boldsymbol{C}(s_k)\widehat{\boldsymbol{X}}(s_k)(s_{k+1}=1,\ k=0,1,2,\cdots)$。

关于最优估计误差的协方差 $\widehat{\boldsymbol{R}}(s_{k+1})$，满足下列方程：

$$\widehat{\boldsymbol{R}}(s_{k+1})=\tilde{\boldsymbol{R}}(s_{k+1})-\tilde{\boldsymbol{R}}(s_{k+1})\boldsymbol{C}^{\mathrm{T}}(s_{k+1})\tilde{\boldsymbol{\theta}}^{-1}(s_{k+1})\boldsymbol{C}(s_{k+1})\tilde{\boldsymbol{R}}(s_{k+1}) \tag{3.247}$$

$$\begin{aligned}\tilde{\boldsymbol{R}}(s_{k+1})=&\tilde{p}^{-1}(s_{k+1})\sum_{s_k}\{[\boldsymbol{F}(s_{k+1},s_k)+\boldsymbol{g}(s_{k+1},s_k)\widehat{\boldsymbol{X}}^{\mathrm{T}}(s_k)]\\&\times[\boldsymbol{G}_k-\bar{\boldsymbol{L}}_k\boldsymbol{H}^{\mathrm{T}}(s_k)\boldsymbol{N}^{-1}(s_k)\boldsymbol{H}(s_k)\boldsymbol{L}_k{}^{\mathrm{T}}][\boldsymbol{F}(s_{k+1},s_k)+\boldsymbol{g}(s_{k+1},s_k)\widehat{\boldsymbol{X}}^{\mathrm{T}}(s_k)]^{\mathrm{T}}\\&+\boldsymbol{g}(s_{k+1},s_k)\mathrm{tr}[\boldsymbol{G}_k\widehat{\boldsymbol{R}}(s_k)]\boldsymbol{g}^{\mathrm{T}}(s_{k+1},s_k)+\boldsymbol{A}(s_{k+1},s_k)\widehat{\boldsymbol{R}}(s_k)\boldsymbol{A}^{\mathrm{T}}(s_{k+1},s_k)\\&+[\widehat{\boldsymbol{X}}(s_{k+1})-\boldsymbol{A}(s_{k+1},s_k)\widehat{\boldsymbol{X}}(s_k)-\boldsymbol{K}(s_{k+1},s_k)\widehat{\boldsymbol{\Delta}}(s_k)]\\&\times[\widehat{\boldsymbol{X}}(s_{k+1})-\boldsymbol{A}(s_{k+1},s_k)\widehat{\boldsymbol{X}}(s_k)-\boldsymbol{K}(s_{k+1},s_k)\widehat{\boldsymbol{\Delta}}(s_k)]^{\mathrm{T}}\}q(s_{k+1}|s_k)\widehat{p}(s_k)\end{aligned}\tag{3.248}$$

关于结构参数辨识 s_k^* ，满足下列方程：

$$s_k^*=\arg\max_{s_k}\widehat{p}(s_k)\tag{3.249}$$

因此，逼近最优滤波算法仍由四大模块构成，其中，分类器由式（3.249）确定，逼近最优滤波器由式（5.162）和式（5.163）确定，而估计误差的协方差矩阵由式（5.164）和式（5.165）确定，结构参数辨识器由式（5.166）确定。

3.10.2 仅带有加性噪声的结构随机跳变系统滤波

假设观测器无惯性，即在观测方程式（5.158）中令 $\boldsymbol{D}(s_{k+1})\equiv\boldsymbol{0}$，而且乘法（并行）干扰噪声不存在，即在观测方程式（5.158）中令 $\boldsymbol{g}(s_{k+1})\equiv\boldsymbol{0}$；同时模型噪声 ξ_k,ζ_k 互不相关，即令 $\bar{\boldsymbol{L}}_k\equiv\boldsymbol{0}$，此时，逼近最优滤波可简化为 [26, 29]

$$\widehat{p}(s_{k+1})=\bar{f}^{-1}(\boldsymbol{y}_{k+1})\boldsymbol{\alpha}(s_{k+1})\tag{3.250}$$

式中

$$\begin{cases}\boldsymbol{\alpha}(s_{k+1})=\tilde{p}(s_{k+1})[\det\tilde{\boldsymbol{\theta}}(s_{k+1})]^{-1/2}\exp(-\boldsymbol{h}(s_{k+1}))\\\tilde{\boldsymbol{\theta}}(s_{k+1})=\boldsymbol{C}(s_{k+1})\tilde{\boldsymbol{R}}(s_{k+1})\boldsymbol{C}^{\mathrm{T}}(s_{k+1})+\boldsymbol{N}(s_{k+1})\\\boldsymbol{h}(s_{k+1})=\dfrac{1}{2}\boldsymbol{\Delta}^{\mathrm{T}}(s_{k+1})\tilde{\boldsymbol{\theta}}^{-1}(s_{k+1})\boldsymbol{\Delta}(s_{k+1})\\\boldsymbol{\Delta}(s_{k+1})=\boldsymbol{Y}_{k+1}-\boldsymbol{C}(s_{k+1})\tilde{\boldsymbol{X}}(s_{k+1})\\\boldsymbol{N}(s_{k+1})=\boldsymbol{H}(s_{k+1})\boldsymbol{Q}_{k+1}\boldsymbol{H}^{\mathrm{T}}(s_{k+1})\end{cases}\tag{3.251}$$

结构参数预测概率 $\tilde{p}(s_{k+1})$ 满足下列方程：

$$\tilde{p}(s_{k+1})=\sum_{s_k}q(s_{k+1}|s_k)\widehat{p}(s_k)\tag{3.252}$$

关于最优后验状态估计 $\widehat{\boldsymbol{X}}(s_{k+1})$ 满足下列方程：

$$\widehat{\boldsymbol{X}}(s_{k+1})=\tilde{\boldsymbol{X}}(s_{k+1})+\tilde{\boldsymbol{R}}(s_{k+1})\boldsymbol{C}^{\mathrm{T}}(s_{k+1})\tilde{\boldsymbol{\theta}}^{-1}(s_{k+1})[\boldsymbol{Y}_{k+1}-\boldsymbol{C}(s_{k+1})\tilde{\boldsymbol{X}}(s_{k+1})]\tag{3.253}$$

$$\tilde{\boldsymbol{X}}(s_{k+1})=\tilde{p}^{-1}(s_{k+1})\sum_{s_k}[\boldsymbol{A}(s_{k+1})\widehat{\boldsymbol{X}}(s_k)]q(s_{k+1}|s_k)\widehat{p}(s_k)\tag{3.254}$$

关于最优估计误差的协方差矩阵 $\widehat{\boldsymbol{R}}(s_{k+1})$，满足下列方程：

$$\widehat{\boldsymbol{R}}(s_{k+1})=\tilde{\boldsymbol{R}}(s_{k+1})-\tilde{\boldsymbol{R}}(s_{k+1})\boldsymbol{C}^{\mathrm{T}}(s_{k+1})\tilde{\boldsymbol{\theta}}^{-1}(s_{k+1})\boldsymbol{C}(s_{k+1})\tilde{\boldsymbol{R}}(s_{k+1})\tag{3.255}$$

$$\tilde{\boldsymbol{R}}(s_{k+1})=\tilde{p}^{-1}(s_{k+1})\sum_{s_k}\{\boldsymbol{A}(s_{k+1},s_k)\widehat{\boldsymbol{R}}(s_k)\boldsymbol{A}^{\mathrm{T}}(s_{k+1},s_k)+\boldsymbol{F}(s_{k+1},s_k)\boldsymbol{G}_k\boldsymbol{F}^{\mathrm{T}}(s_{k+1},s_k)$$

$$+[\widehat{\boldsymbol{X}}(s_{k+1})-\boldsymbol{A}(s_{k+1},s_k)\widehat{\boldsymbol{X}}(s_k)][\widehat{\boldsymbol{X}}(s_{k+1})-\boldsymbol{A}(s_{k+1},s_k)\widehat{\boldsymbol{X}}(s_k)]^{\mathrm{T}}\}$$
$$\times q(s_{k+1}|s_k)\widehat{p}(s_k) \tag{3.256}$$

由算法式（3.251）~式（3.257）可知，尽管被控对象和观测对象是线性的，但滤波算法仍为非线性，这是由状态坐标向量与结构参数的依赖关系造成的。

若系统结构是确定的，即 $s_k\equiv 1$，则上述最优滤波就转化为线性卡尔曼滤波。

3.10.3　结构随机跳变系统滤波和交互多模型（IMM）滤波算法比较

针对 3.10.1 节中的随机多模型系统和假设，分别采用结构随机跳变最优滤波理论和交互多模型（IMM）滤波理论，给出具体的算法步骤。为了便于比较两种算法，将对于具有马尔可夫结构的模型和 IMM 算法 [95] 列写如下。

（1）模型交互

由上一时刻模型 s 的估计 $\widehat{\boldsymbol{X}}^{(s)}_{k-1|k-1}$ 及其协方差 $\boldsymbol{P}^{(s)}_{k-|k-1}$，计算匹配于模型 $m^{(t)}$ 的滤波器的混合初始条件，即

$$\widehat{\boldsymbol{X}}^{(t)}_{k-1|k-1}=\sum_{j=1}^{M}\widehat{\boldsymbol{X}}^{(j)}_{k-1|k-1}\mu^{(j/t)}_{k-1|k-1} \tag{3.257}$$

$$\boldsymbol{P}^{(t)}_{k-1|k-1}=\sum_{j=1}^{M}[\boldsymbol{P}^{(j)}_{k-1|k-1}+(\widehat{\boldsymbol{X}}^{(j)}_{k-1|k-1}-\widehat{\boldsymbol{X}}^{(t)}_{k-1|k-1})(\widehat{\boldsymbol{X}}^{(j)}_{k-1|k-1}-\widehat{\boldsymbol{X}}^{(t)}_{k-1|k-1})^{\mathrm{T}}]\mu^{(j/t)}_{k-1|k-1} \tag{3.258}$$

$$\mu^{(j/t)}_{k-1|k-1}=p(m^{(j)}_{k-1}|m^{(t)}_k,\boldsymbol{Z}^{k-1})=\frac{1}{\bar{c}_t}\pi_{jt}\mu^{(j)}_{k-1}\qquad (j,t=1,2,\cdots,l) \tag{3.259}$$

式中，$\bar{c}_t=\sum\limits_{i=1}^{l}\pi_{it}\mu^{(i)}_{k-1}$ 是正则化常数；$\mu^{(j)}_{k-1}$ 是模型 $m^{(j)}$ 的概率；π_{jt} 是模型 $m^{(j)}$ 到模型 $m^{(t)}$ 的转移概率。

（2）各个模型一步预测

对第 $t=1,\cdots,l$ 个模型以 $\widehat{\boldsymbol{X}}^{(t)}_{k-1|k-1}$ 和 $\boldsymbol{P}^{(t)}_{k-1|k-1}$ 进行卡尔曼滤波。首先利用各个模型的状态 $\widehat{\boldsymbol{X}}^{(t)}_{k-1|k-1}$ 和 $\boldsymbol{P}^{(t)}_{k-1|k-1}$ 进行一步预测，得到如下状态预测和协方差预测方程：

$$\widehat{\boldsymbol{X}}^{(t)}_{k|k-1}=\boldsymbol{A}_{(t)}\widehat{\boldsymbol{X}}^{(t)}_{k-1|k-1}+\boldsymbol{B}_{(t)}\boldsymbol{u}_k \tag{3.260}$$

$$\boldsymbol{P}^{(t)}_{k|k-1}=\boldsymbol{A}_{(t)}\boldsymbol{P}^{(t)}_{k-1|k-1}\boldsymbol{A}^{\mathrm{T}}_{(t)}+\boldsymbol{F}_{(t)}\boldsymbol{\Xi}_{k-1}\boldsymbol{F}^{\mathrm{T}}_{(t)} \tag{3.261}$$

（3）模型更新

计算增益的方程为

$$\boldsymbol{K}^{(t)}=\frac{\boldsymbol{P}^{(t)}_{k|k-1}}{\boldsymbol{S}^{(t)}(k)+\boldsymbol{E}_{(t)}\boldsymbol{Q}_k\boldsymbol{E}^{\mathrm{T}}_{(t)}} \tag{3.262}$$

状态更新的方程为

$$\widehat{\boldsymbol{X}}^{(t)}_{k|k}=\widehat{\boldsymbol{X}}^{(t)}_{k|k-1}+\boldsymbol{K}^{(t)}[\boldsymbol{Z}(k)-\boldsymbol{C}^{(t)}\widehat{\boldsymbol{X}}^{(t)}_{k|k-1}] \tag{3.263}$$

协方差更新的方程为

$$\boldsymbol{P}_{k|k}^{(t)} = \boldsymbol{P}_{k|k-1}^{(t)} - \boldsymbol{K}^{(t)}[\boldsymbol{S}^{(t)}(k) + \boldsymbol{R}(k)](\boldsymbol{K}^{(t)})^{\mathrm{T}} \tag{3.264}$$

概率更新的方程为

$$\mu_k^{(t)} = \frac{1}{c}\Lambda_k^{(t)}\bar{c}_t \qquad (t = 1, 2, \cdots, l) \tag{3.265}$$

式中

$$\bar{c}_t = \sum_{j=1}^{l} \pi_{jt}\mu_{k-1}^{(j)}, c = \sum_{j=1}^{l} \Lambda_k^{(j)}\bar{c}_j$$

$$\Lambda_k^{(t)} = \left|2\pi \boldsymbol{S}_k^{(t)}\right|^{-1/2} \exp\left(-\frac{1}{2}\left(\tilde{\boldsymbol{Z}}_k^{(t)}\right)^{\mathrm{T}}\left(\boldsymbol{S}_k^{(t)}\right)^{-1}\left(\tilde{\boldsymbol{Z}}_k^{(t)}\right)\right)$$

（4）结果交互输出

从而获得最优状态估计和协方差矩阵计算公式如下：

$$\widehat{\boldsymbol{X}}_{k|k} = \sum_{i=1}^{l} \widehat{\boldsymbol{X}}_{k|k}^{(i)}\mu_k^{(i)} \tag{3.266}$$

$$\boldsymbol{P}_{k|k} = \sum_{i=1}^{l} [\boldsymbol{P}_{k|k}^{(i)} + (\widehat{\boldsymbol{X}}_{k|k} - \widehat{\boldsymbol{X}}_{k|k}^{(i)})(\widehat{\boldsymbol{X}}_{k|k} - \widehat{\boldsymbol{X}}_{k|k}^{(i)})^{\mathrm{T}}]\mu_k^{(i)} \tag{3.267}$$

从形式上看，IMM 根据各个模型估计值和模型概率首先进行各个模型的交互，交互值作为各个模型状态参数结果参与一步预测方程计算进而得到状态的估计值和协方差。SJF 首先由各个模型状态中上一步的预测值，根据模型自身状态方程计算一步预测状态值和协方差，再根据转移概率的预测值进行各模型的交互，交互结果作为各个模型的预测值，状态估计方程与 IMM 基本相同。两种滤波算法的计算过程在图 3.6 中进行比较。

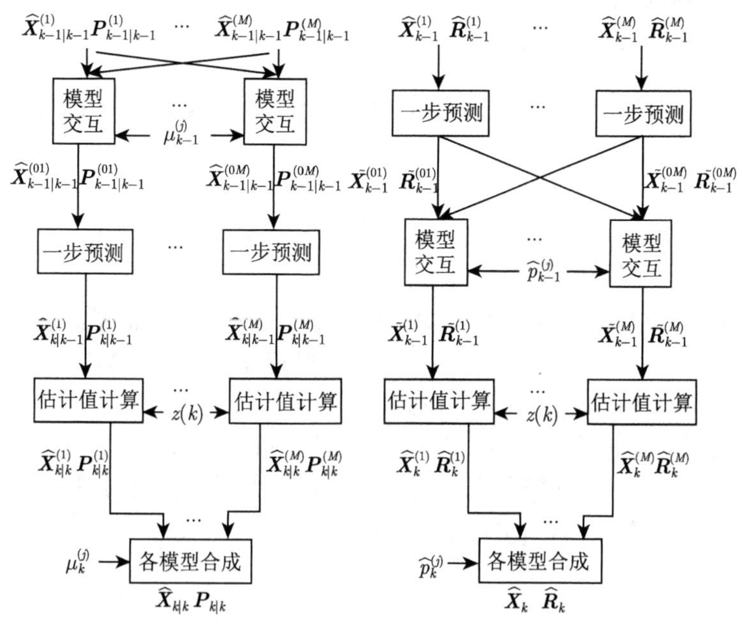

图 3.6 两种滤波算法的计算过程

目前关于 IMM 算法比较理想的结果都是针对比较简单的具有马尔可夫结构的随机跳变系统研究的，而对于系统结构与状态有关的具有条件马尔可夫结构的随机多模型尚未有好的算法。所以本节推导得到的结构随机跳变最优滤波算法的适用条件更为宽松，IMM 算法也可以看作结构随机跳变最优滤波算法的应用特例。

3.11　分布式状态估计

随着基于传感器网络分布式目标跟踪和定位、安全管理及监视、多无人机和多机器人协同控制等的迫切需求，作为其核心技术之一的分布式状态估计已引起学者们的关注 [192]。与集中式状态估计相比，分布式状态估计不需要获得来自各网络传感器信息的中心节点，从而既节约成本，又增加灵活性。在分布式状态估计中，每个节点只需要与它的邻居进行信息交互。特别在移动传感器网络中，分布式状态估计有更好的可扩展性和鲁棒性。

在近几年，分布式状态估计研究主要集中在采用非线性滤波和一致性理论相结合的方法。文献 [193]、[194] 提出分布式卡尔曼滤波算法。文献 [33]、[34] 将其推广到扩展卡尔曼滤波 (EKF) 中。巴蒂斯特尼（Battistelli）等总结现有的两种算法，即基于信息的一致性 (CI) 和基于测量的一致性 (CM) 算法，并提出一种新的混杂一致性滤波算法 [33]。然而，稳定性特性分析仅局限于线性时不变系统。针对非线性系统分布式滤波，文献 [41]、[37] 和文献 [35]~[40] 分别针对分布式无迹信息和分布式容积卡尔曼滤波进行了研究。文献 [42] 针对网络传输过程中存在的故障、断续及异构节点等情况下的分布式状态估计进行了研究。

本节重点介绍具有代表性的一类分布式状态估计，即分布式容积滤波算法。

3.11.1　分布式容积滤波

1. 传感器网络模型

考虑有 N 个传感器网络节点的离散时间动态系统。每个节点为带有高斯白噪声的如下非线性系统：

$$\begin{cases} \boldsymbol{X}_k = \boldsymbol{f}\left(\boldsymbol{X}_{k-1}\right) + \boldsymbol{W}_{k-1} \\ \boldsymbol{Z}_k^s = \boldsymbol{h}^s\left(\boldsymbol{X}_k\right) + \boldsymbol{V}_k^s \end{cases} \quad (s = 1, 2, \cdots, N) \tag{3.268}$$

式中，$\boldsymbol{X}_k \in \mathbf{R}^n$ 为状态向量；$\boldsymbol{Z}_k^s \in \mathbf{R}^m$ 为第 s 个节点的观测向量；$\boldsymbol{f}(\cdot), \boldsymbol{h}(\cdot)$ 为非线性系统动态测量函数，假设它们是连续可微的；过程噪声向量为 $\boldsymbol{W}_k \in \mathcal{N}(\mathbf{0}, \boldsymbol{\theta}_k)$；观测噪声向量为 $\boldsymbol{V}_k^s \in \mathcal{N}(\mathbf{0}, \boldsymbol{R}_k^s)$，且互不相关。

通信网络拓扑为一个无向网络 $g(\mathbf{N}, \varepsilon)$，其中，$\mathbf{N} = \{1, 2, \cdots, N\}$ 是传感器节点集，ε 为边集。边 $(s, j) \in \varepsilon$ 意味着节点 j 可以接收到节点 s 作为它的邻居的信息，反之亦然，又得每一个 $s \in \mathbf{N}, \mathbf{N}_s = \{j | (j, s) \in \varepsilon\}$。

2. 容积滤波算法

对于每个传感器节点 s，容积信息滤波 (cubature information filter，CIF) 算法总结如下，包括时间更新和测量更新两个阶段 [40]。

（1）时间更新

令 $m=2n$ 个容积点 $\boldsymbol{X}_{k-1|k-1}^{s,i}\in\mathbf{R}^n$，是基于第 $k-1$ 步状态估计 $\widehat{\boldsymbol{X}}_{k-1|k-1}^{s}$ 和平方根矩阵 $\boldsymbol{S}_{k-1|k-1}^{s}$ 生成的，即

$$\boldsymbol{X}_{k-1|k-1}^{s,i}=\boldsymbol{S}_{k-1|k-1}^{s}\xi_i+\widehat{\boldsymbol{X}}_{k-1|k-1}^{s}\qquad(i=1,2,\cdots,m)\tag{3.269}$$

式中

$$\xi_i=\begin{cases}\sqrt{n}e_i & (1\leqslant i\leqslant n)\\ -\sqrt{n}e_{i-n} & (n+1\leqslant i\leqslant m)\end{cases}\tag{3.270}$$

e_i 为第 i 个元素为 1 的 n 维单位向量；$\boldsymbol{S}_{k-1|k-1}^{s}$ 是矩阵 $(\boldsymbol{L}_{k-1|k-1}^{s})^{-1}$ 的平方根，其中，

$$\boldsymbol{L}_{k-1|k-1}^{s}=E\left[\left(\boldsymbol{X}_{k-1}^{s}-\widehat{\boldsymbol{X}}_{k-1}^{s}\right)\left(\boldsymbol{X}_{k-1}^{s}-\widehat{\boldsymbol{X}}_{k-1}^{s}\right)^{\mathrm{T}}\right]\tag{3.271}$$

每个容积点 $\boldsymbol{X}_{k-1|k-1}^{s,i}$ 通过非线性状态转移函数映射到如下点：

$$\boldsymbol{X}_{k|k-1}^{*s,i}=\boldsymbol{f}(\boldsymbol{X}_{k-1|k-1}^{s,i})\in\mathbf{R}^n\qquad(i=1,2,\cdots,m)\tag{3.272}$$

这样，预测状态 $\tilde{\boldsymbol{X}}_{k|k-1}^{s}$、预测信息与矩阵 $\boldsymbol{L}_{k|k-1}^{s}$ 和预测信息状态 $\widehat{\boldsymbol{Y}}_{k|k-1}^{s}$ 为

$$\begin{cases}\widehat{\boldsymbol{X}}_{k|k-1}^{s}=\dfrac{1}{m}\displaystyle\sum_{i=1}^{m}\boldsymbol{X}_{k|k-1}^{*s,i}\\ \boldsymbol{L}_{k|k-1}^{s}=\left[\dfrac{1}{m}\displaystyle\sum_{i=1}^{m}\boldsymbol{X}_{k|k-1}^{*s,i}(\boldsymbol{X}_{k|k-1}^{*s,i})^{\mathrm{T}}-\widehat{\boldsymbol{X}}_{k|k-1}^{s}(\widehat{\boldsymbol{X}}_{k|k-1}^{s})^{\mathrm{T}}+\boldsymbol{\theta}_{k-1}\right]^{-1}\\ \widehat{\boldsymbol{Y}}_{k|k-1}^{s}=\boldsymbol{L}_{k|k-1}^{s}\widehat{\boldsymbol{X}}_{k|k-1}^{s}\end{cases}\tag{3.273}$$

（2）量测更新

首先，基于预测状态 $\widehat{\boldsymbol{X}}_{k|k-1}^{s}$ 产生一个新的容积点 $\boldsymbol{X}_{k|k-1}^{s,i}\in\mathbf{R}^n$ 的集合，且其平方根矩阵 $\boldsymbol{S}_{k-1|k-1}^{s}$ 满足 $\boldsymbol{S}_{k-1|k-1}^{s}(\boldsymbol{S}_{k-1|k-1}^{s})^{\mathrm{T}}=(\boldsymbol{L}_{k|k-1}^{s})^{-1}$，故

$$\boldsymbol{X}_{k|k-1}^{s,i}=\boldsymbol{S}_{k|k-1}^{s}\xi_i+\widehat{\boldsymbol{X}}_{k|k-1}^{s}\qquad(i=1,2,\cdots,m)\tag{3.274}$$

其次，用过量测函数传播容积点为

$$\boldsymbol{Z}_{k|k-1}^{s,i}=\boldsymbol{h}^s(\boldsymbol{X}_{k|k-1}^{s,i})\qquad(i=1,2,\cdots,m)\tag{3.275}$$

从而，预测量测为

$$\widehat{\boldsymbol{Z}}_{k|k-1}^{s,i}=\frac{1}{m}\sum_{i=1}^{m}\boldsymbol{Z}_{k|k-1}^{s,i}\tag{3.276}$$

接下来，信息状态分布 $\boldsymbol{i}_k^s$ 和相应的信息矩阵 $\boldsymbol{I}_k^s$ 为

$$\begin{cases}\boldsymbol{i}_k^s=\boldsymbol{L}_{k|k-1}^{s}\boldsymbol{P}_{xz,k|k-1}^{s}(\boldsymbol{R}_k^s)^{-1}\left[\boldsymbol{V}_k^s+(\boldsymbol{P}_{xz,k|k-1}^{s})^{\mathrm{T}}\boldsymbol{L}_{k|k-1}^{s}\widehat{\boldsymbol{X}}_{k|k-1}^{s}\right]\\ \boldsymbol{I}_k^s=\boldsymbol{L}_{k|k-1}^{s}\boldsymbol{P}_{xz,k|k-1}^{s}(\boldsymbol{R}_k^s)^{-1}(\boldsymbol{P}_{xz,k|k-1}^{s})^{-1}\boldsymbol{L}_{k|k-1}^{s}\end{cases}\tag{3.277}$$

式中，$\boldsymbol{P}^{s}_{xz,k|k-1}=\dfrac{1}{m}\sum\limits_{i=1}^{m}\boldsymbol{X}^{s,i}_{k|k-1}(\boldsymbol{Z}^{s,i}_{k|k-1})^{\mathrm{T}}-\widehat{\boldsymbol{X}}^{s}_{k|k-1}(\widehat{\boldsymbol{Z}}^{s}_{k|k-1})^{\mathrm{T}}$；$\boldsymbol{V}^{s}_{k}=\boldsymbol{Z}^{s}_{k}-\widehat{\boldsymbol{Z}}^{s}_{k|k-1}$。

最后，可以得到信息状态向量估计 $\widehat{\boldsymbol{Y}}^{s}_{k|k}$、信息矩阵估计 $\boldsymbol{L}^{s}_{k|k}$ 和状态估计 $\widehat{\boldsymbol{X}}^{s}_{k|k}$ 为

$$\begin{cases}\widehat{\boldsymbol{Y}}^{s}_{k|k}=\boldsymbol{L}^{s}_{k|k-1}+\boldsymbol{i}^{s}_{k}\\ \boldsymbol{L}^{s}_{k|k}=\boldsymbol{L}^{s}_{k|k-1}+\boldsymbol{I}^{s}_{k}\\ \widehat{\boldsymbol{X}}^{s}_{k|k}=(\boldsymbol{L}_{k|k})^{-1}\widehat{\boldsymbol{Y}}^{s}_{k|k}\end{cases}\tag{3.278}$$

3. 分布式容积滤波一致性

本小节研究加权平均一致性算法，使所有传感器节点在信息状态向量估计和信息矩阵估计达到一致性。这里假设网络通信满足：信息交互仅在每个节点和邻居之间进行；局部信息状态向量估计和矩阵估计只基于所接收到的信息。

为了便于介绍，称 $(\widehat{\boldsymbol{Y}}^{s}_{k|k},\boldsymbol{L}^{s}_{k|k}),s\in\mathbf{N}$，如果对于所有 $s\in\mathbf{N}$，下面的极限存在：

$$(\widehat{\boldsymbol{Y}}^{*}_{k|k},\boldsymbol{L}^{*}_{k|k})=\lim_{l\to\infty}(\widehat{\boldsymbol{Y}}^{s}_{k,l},\boldsymbol{L}^{s}_{k,l})\tag{3.279}$$

式中，$(\widehat{\boldsymbol{Y}}^{s}_{k,l},\boldsymbol{L}^{s}_{k,l}),s\in\mathbf{N}$ 为第 l 次内部迭代之后在 k 时刻的第 s 个节点的信息对，即

$$\begin{cases}\widehat{\boldsymbol{Y}}^{s}_{k,l+1}=\pi^{s,s}\widehat{\boldsymbol{Y}}^{s}_{k,l}+\sum\limits_{j\in\mathbf{N}_s}\pi^{s,j}\widehat{\boldsymbol{Y}}^{j}_{k,l}\\ \boldsymbol{L}^{s}_{k,l+1}=\pi^{s,s}\boldsymbol{L}^{s}_{k,l}+\sum\limits_{j\in\mathbf{N}_s}\pi^{s,j}\boldsymbol{L}^{j}_{k,l}\end{cases}\tag{3.280}$$

式中，$\pi^{s,j}\geqslant 0,j\in\mathbf{N}_s\cup\{s\}$ 是加权系数，且 $\sum\limits_{j\in\mathbf{N}_s\cup\{s\}}\pi^{s,j}=1$，初始条件 $\widehat{\boldsymbol{Y}}^{s}_{k,0}=\widehat{\boldsymbol{Y}}^{s}_{k|k}$，$\boldsymbol{L}^{s}_{k,0}=\boldsymbol{L}^{s}_{k|k}$，则称信息对达到加权平均一致性。

注意：上述 l 为一致性不是指标。

定理 3.3 考虑传感器网络拓扑 $\mathcal{G}(\mathbf{N},\varepsilon)$，假设邻接矩阵 $\boldsymbol{\Pi}=\{\pi^{s,j}\}\in\mathbf{R}^{n\times n}$ 是不可约矩阵，则每个信息矩阵对 $(\widehat{\boldsymbol{Y}}^{s}_{k|k},\boldsymbol{L}^{s}_{k|k})(s\in\mathbf{N})$ 能获得加权平均一致性，即极限式（3.280）满足。

证明：参考文献 [40]。

基于以上分析，可以总结如下分布式容积滤波的算法步骤。

1）计算每个节点 s 的初始信息对 $(\widehat{\boldsymbol{Y}}^{s}_{k,0},\boldsymbol{L}^{s}_{k,0})$，即

$$\begin{cases}\widehat{\boldsymbol{Y}}^{s}_{k,0}=\widehat{\boldsymbol{Y}}^{s}_{k|k-1}+\boldsymbol{L}^{s}_{k|k-1}\boldsymbol{P}^{s}_{xz,k|k-1}(\boldsymbol{R}^{s}_{k})^{-1}\left[\boldsymbol{V}^{s}_{k}+(\boldsymbol{P}^{s}_{xz,k|k-1})^{\mathrm{T}}\boldsymbol{L}^{s}_{k|k-1}\widehat{\boldsymbol{X}}^{s}_{k|k-1}\right]\\ \widehat{\boldsymbol{L}}^{s}_{k,0}=\boldsymbol{L}^{s}_{k|k-1}+\boldsymbol{L}^{s}_{k|k-1}\boldsymbol{P}^{s}_{xz,k|k-1}(\boldsymbol{R}^{s}_{k})^{-1}(\boldsymbol{P}^{s}_{xz,k|k-1})^{\mathrm{T}}\boldsymbol{L}^{s}_{k|k-1}\end{cases}$$

2）对于 $l=0,1,\cdots,L-1$，实现平均一致性算法，即

①广播信息 $(\widehat{\boldsymbol{Y}}^{s}_{k,l},\boldsymbol{L}^{s}_{k,l})$ 到邻居 $j\in\mathbf{N}_s$。

②从所有的邻居 $j\in\mathbf{N}_s$ 接收信息 $(\widehat{\boldsymbol{Y}}_{k,l},\boldsymbol{L}^{j}_{k,l})$。

③融合所接收的信息：

$$\widehat{\boldsymbol{Y}}^{s}_{k,l+1}=\pi^{s,s}\widehat{\boldsymbol{Y}}^{s}_{k,l}+\sum_{j\in\mathbf{N}_s}\pi^{s,j}\widehat{\boldsymbol{Y}}^{j}_{k,l}$$

$$L_{k,l+1}^{s}=\pi^{s,s}L_{k,l}^{s}+\sum_{j\in\mathbf{N}_s}\pi^{s,j}L_{k,l}^{s}$$

3）更新状态信息估计和信息矩阵估计，即

$$\begin{cases}\widehat{Y}_{k|k}^{s}=\widehat{Y}_{k,L}^{s}, L_{k|k}^{s}=L_{k,L}^{s}\\ \widehat{X}_{k|k}^{s}=(L_{k|k}^{s})^{-1}\widehat{Y}_{k|k}^{s}\end{cases}$$

4）计算下一时刻 $k+1$ 的预测量，即

$$\begin{cases}\widehat{X}_{k+1|k}^{s}=\dfrac{1}{m}\sum_{i=1}^{m}X_{k+1|k}^{*s,i}\\ L_{k+1|k}^{s}=\left[\dfrac{1}{m}\sum_{i=1}^{m}X_{k+1|k}^{*s,i}(X_{k+1|k}^{*s,i})^{\mathrm{T}}-\widehat{X}_{k+1|k}^{s}(\widehat{X}_{k+1|k}^{s})^{\mathrm{T}}+\theta_k\right]^{-1}\\ \widehat{Y}_{k+1|k}^{s}=L_{k+1|k}^{s}\widehat{X}_{k+1|k}^{s}\end{cases}$$

注解 3.1 加权矩阵 Π 是不可约的当且仅当无向传感器网络是连通的。当网络是有限的，则 Π 是不可约的必要条件是它的拓扑图是强连通的。

分布式滤波的一致性分析包括估计的一致性和估计误差的有界性。由文献 [16] 推导，互协方差矩阵 $P_{xz,k|k-1}^{s}$ 可近似表示为

$$\begin{aligned}P_{xz,k|k-1}^{s}&=E\left[(X_k-X_{k|k-1}^{s})(Z_k-\widehat{Z}_{k|k-1}^{s})^{\mathrm{T}}\right]\\&\approx(L_{k|k-1}^{s})^{-1}(H_k^{s})^{\mathrm{T}}\end{aligned}\tag{3.281}$$

式中，$H_k^s\triangleq\partial h^s(X)/\partial X\big|_{X=\widehat{X}_{k|k-1}^{s}}$。

则有

$$H_k^s\approx(P_{xz,k|k-1}^{s})^{\mathrm{T}}L_{k|k-1}^{s}\tag{3.282}$$

因此，定义伪量测矩阵 $\tilde{H}_k^s$ 为

$$\tilde{H}_k^s=(P_{xz,k|k-1}^{s})^{\mathrm{T}}L_{k|k-1}^{s}\tag{3.283}$$

类似地，由于

$$\begin{aligned}P_{X_{k-1},X_{k|k-1}}^{s}&=E\left[(X_{k-1}-\widehat{X}_{k-1|k-1}^{s})(X_k-\widehat{X}_{k|k-1}^{s})^{\mathrm{T}}\right]\\&\approx E\left\{(X_{k-1}-\widehat{X}_{k-1|k-1}^{s})\left[F_{k-1}^{s}(X_{k-1}-\widehat{X}_{k-1|k-1})+W_{k-1}\right]^{\mathrm{T}}\right\}^{\mathrm{T}}\\&=P_{k-1|k-1}^{s}(F_{k-1}^{s})^{\mathrm{T}}\end{aligned}\tag{3.284}$$

式中，$F_{k-1}^s\triangleq\partial f(X)/\partial X\big|_{X=\widehat{X}_{k-1|k-1}^{s}}$。

因此，定义伪系统矩阵为

$$\tilde{F}_{k-1}^{s}\triangleq(P_{k-1|k-1}^{s})^{\mathrm{T}}L_{k-1|k-1}^{s}\tag{3.285}$$

式中，$\boldsymbol{L}^s_{k-1|k-1} = (\boldsymbol{P}^s_{k-1|k-1})^{-1}$，而 $\boldsymbol{P}^s_{X_{k-1},X_{k|k-1}}$ 为

$$\boldsymbol{P}^s_{X_{k-1},X_{k|k-1}} = \frac{1}{m}\sum_{i=1}^{m}(\boldsymbol{X}^{s,i}_{k-1|k-1} - \widehat{\boldsymbol{X}}^s_{k-1|k-1})(\boldsymbol{X}^{*s,i}_{k|k-1} - \widehat{\boldsymbol{X}}^s_{k|k-1})^{\mathrm{T}} \tag{3.286}$$

这样，离散时间非线性传感器网络可以被线性化为如下模型：

$$\begin{cases} \boldsymbol{X}_k = \boldsymbol{\alpha}^s_{k-1}\tilde{\boldsymbol{F}}_{k-1}\boldsymbol{X}_{k-1} + \boldsymbol{W}_{k-1} \\ \boldsymbol{X}^s_k = \boldsymbol{\beta}^s_k \tilde{\boldsymbol{H}}^s_k \boldsymbol{X}_k + \boldsymbol{V}^s_k \end{cases} \quad (s = 1, 2, \cdots, N) \tag{3.287}$$

式中，未知的辅助矩阵 $\boldsymbol{\alpha}^s_k = \mathrm{diag}(\alpha^s_{k,1}, \cdots, \alpha^s_{k,n})$ 和 $\boldsymbol{\beta}^s_k = \mathrm{diag}(\beta^s_{k,v}, \cdots, \beta^s_{k,r})$ 是在线性化逼近过程中被用来补偿逼近误差的。

为了证明分布式容积滤波的一致性，需要做以下假设。

假设 3.1 动态模型 $\boldsymbol{f}(\cdot)$ 和观测模型为连续可微的

假设 3.2 存在实数 $\alpha, f, \beta, h \neq 0$ 和 $\bar{\alpha}, \bar{f}, \bar{\beta}, \bar{h} \neq 0$ 及 $q, \bar{q}, r, \bar{r} \neq 0$，使得下列不等式对于任意 $k \geqslant 1$ 都成立，即

$$\begin{cases} \underline{\alpha}^2 \boldsymbol{I}_n \leqslant \boldsymbol{\alpha}^s_k (\boldsymbol{\alpha}^s_k)^{\mathrm{T}} \leqslant \overline{\alpha}^2 \boldsymbol{I}_n, \underline{f}^2 \boldsymbol{I}_n \leqslant \tilde{\boldsymbol{F}}^s_k (\tilde{\boldsymbol{F}}^s_k)^{\mathrm{T}} \leqslant \overline{f}^2 \boldsymbol{I}_n \\ \underline{\beta}^2 \boldsymbol{I}_r \leqslant \boldsymbol{\beta}^s_k (\boldsymbol{\beta}^s_k)^{\mathrm{T}} \leqslant \overline{\beta}^2 \boldsymbol{I}_r, \underline{h}^2 \boldsymbol{I}_r \leqslant \tilde{\boldsymbol{H}}^s_k (\tilde{\boldsymbol{H}}^s_k)^{\mathrm{T}} \leqslant \overline{h}^2 \boldsymbol{I}_n \end{cases}$$

假设 3.3 存在实数 $p_{\max} \geqslant p_{\min} > 0$，$\overline{q} \geqslant \underline{q} > 0$，$\overline{r} \geqslant \underline{r} > 0$ 和 $\overline{p} \geqslant \underline{p} > 0$，使得对每一个 $k > 0$，有

$$p_{\min} \leqslant p^s \leqslant p_{\max}, \underline{q}\boldsymbol{I}_n \leqslant \boldsymbol{Q}_K \leqslant \overline{q}\boldsymbol{I}_n$$

$$\underline{r}\boldsymbol{I}_r \leqslant \boldsymbol{R}^s_K \leqslant \overline{r}\boldsymbol{I}_r, \underline{p}\boldsymbol{I}_n \leqslant (\boldsymbol{Y}^s_{K|K})^{-1} \leqslant \overline{p}\boldsymbol{I}_n$$

假设 3.4 一致性加权矩阵 $\boldsymbol{\Pi}$ 是随机且不可约的。

1）首先证明分布式估计的一致性。

定义 3.1[40] 考虑一个随机向量 $\boldsymbol{X}$，令 $\widehat{\boldsymbol{X}}$ 是 $\boldsymbol{X}$ 的一个估计，$\boldsymbol{P}$ 是相应的估计误差的协方差。如果 $E[(\boldsymbol{X} - \widehat{\boldsymbol{X}})(\boldsymbol{X} - \widehat{\boldsymbol{X}})^{\mathrm{T}}] \leqslant \boldsymbol{P}$，则称数对 $(\widehat{\boldsymbol{X}}, \boldsymbol{P})$ 具有一致性。

注解 3.2 由定义 3.2 可知，一致性意味着估计误差的协方差是实际误差协方差的一个上界。由信息对 $(\boldsymbol{Y}, \boldsymbol{L}) = (\boldsymbol{P}^{-1}\widehat{\boldsymbol{X}}, \boldsymbol{P}^{-1})$ 可知，如果 $\boldsymbol{Y} \leqslant \{E[(\boldsymbol{X} - \boldsymbol{L}^{-1}\boldsymbol{Y})(\boldsymbol{X} - \boldsymbol{L}^{-1}\boldsymbol{Y})^{\mathrm{T}}]\}^{-1}$，则 $(\boldsymbol{Y}, \boldsymbol{L})$ 具有一致性。

引理 3.1[40] 假设函数 $\psi(\cdot)$ 是单调非递减的，即对任意两个半正定矩阵 $\boldsymbol{L}_1$ 和 $\boldsymbol{L}_2$，满足 $\boldsymbol{L}_1 \leqslant \boldsymbol{L}_2$，则有 $0 \leqslant \psi(\boldsymbol{L}_1) \leqslant \psi(\boldsymbol{L}_2)$。

定理 3.4 如果初始预测估计 $\{\widehat{\boldsymbol{X}}^s_{1|0}\}^N_{s=1}$ 具有一致性，即

$$\boldsymbol{L}^s_{1|0} = E[(\boldsymbol{X} - \widehat{\boldsymbol{X}}^s_{1|0})(\boldsymbol{X} - \widehat{\boldsymbol{X}}^s_{1|0})^{\mathrm{T}}] \tag{3.288}$$

则对于每个时间步 $k > 1$ 和 $s \in \mathbf{N}$，$\boldsymbol{L}^s_{k|k-1} \leqslant \{E[(\boldsymbol{X}_k - \widehat{\boldsymbol{X}}^s_{k|k-1})(\boldsymbol{X}_k - \widehat{\boldsymbol{X}}^s_{k|k-1})^{\mathrm{T}}]\}^{-1}$ 和 $\boldsymbol{L}^s_{k|k} \leqslant \{E[(\boldsymbol{X}_k - \widehat{\boldsymbol{X}}^s_{k|k-1})(\boldsymbol{X}_k - \widehat{\boldsymbol{X}}^s_{k|k})^{\mathrm{T}}]\}^{-1}$，分布式容积滤波算法保持一致性。

证明：记节点 s 的先验估计误差和实际先验误差的协方差为

$$\widehat{\boldsymbol{X}}^{s}_{k|k-1} \triangleq \boldsymbol{X}_k - \widehat{\boldsymbol{X}}^{s}_{k|k-1}, \widehat{\boldsymbol{P}}^{s}_{k|k-1} \triangleq E\left[\widehat{\boldsymbol{X}}^{s}_{k|k-1}(\widehat{\boldsymbol{X}}^{s}_{k|k-1})^{\mathrm{T}}\right]$$

定义后验估计误差和实际后验估计的协方差为

$$\widehat{\boldsymbol{X}}^{s}_{k} \triangleq \boldsymbol{X}_k - \widehat{\boldsymbol{X}}^{s}_{k|k}, \widehat{\boldsymbol{P}}^{s}_{k|k} \triangleq E\left[\widehat{\boldsymbol{X}}^{s}_{k}(\widehat{\boldsymbol{X}}^{s}_{k})^{\mathrm{T}}\right]$$

由式（3.287），得

$$\begin{cases}\tilde{\boldsymbol{P}}^{s}_{k|k} = (\boldsymbol{I}_n - \boldsymbol{W}^{s}_{k}\beta^{s}_{k}\tilde{\boldsymbol{H}}^{s}_{k})\tilde{\boldsymbol{P}}^{s}_{k|k-1}[(\boldsymbol{I}_n - \boldsymbol{W}^{s}_{k}\beta^{s}_{k}\tilde{\boldsymbol{H}}^{s}_{k})\tilde{\boldsymbol{P}}^{s}_{k|k-1}]^{\mathrm{T}} + \boldsymbol{W}^{s}_{k}\boldsymbol{R}^{s}_{k}(\boldsymbol{W}^{s}_{k}\boldsymbol{R}^{s}_{K})^{\mathrm{T}} \\ \boldsymbol{P}^{s}_{k|k} = (\boldsymbol{I}_n - \boldsymbol{W}^{s}_{k}\boldsymbol{\beta}^{s}_{k}\tilde{\boldsymbol{H}}^{s}_{k})\tilde{\boldsymbol{P}}^{s}_{k|k-1}[(\boldsymbol{I}_n - \boldsymbol{W}^{s}_{k}\boldsymbol{\beta}^{s}_{k}\tilde{\boldsymbol{H}}^{s}_{k})\tilde{\boldsymbol{P}}^{s}_{k|k-1}]^{\mathrm{T}} + \boldsymbol{W}^{s}_{k}\boldsymbol{R}^{s}_{k}(\boldsymbol{W}^{s}_{k}\boldsymbol{R}^{s}_{k})^{\mathrm{T}}\end{cases} \tag{3.289}$$

式中，$\boldsymbol{W}^{s}_{k}$ 为 CKF 增益；$\boldsymbol{P}^{s}_{k|k}=(\boldsymbol{L}^{s}_{k|k})^{-1}$。

假设在每一个时间步 k，有

$$\boldsymbol{L}^{s}_{k|k-1} \leqslant \{E[(\boldsymbol{X}_k - \widehat{\boldsymbol{X}}^{s}_{k|k-1})(\boldsymbol{X}_k - \widehat{\boldsymbol{X}}^{s}_{k|k-1})^{\mathrm{T}}]\}^{-1} \quad (\forall s \in \mathbf{N}) \tag{3.290}$$

则式（3.290）说明

$$\{E[(\boldsymbol{X}_k - \widehat{\boldsymbol{X}}^{s}_{k,0})(\boldsymbol{X}_k - \widehat{\boldsymbol{X}}^{s}_{k,0})^{\mathrm{T}}]\}^{-1} \geqslant \boldsymbol{L}^{s}_{k,0} = (\boldsymbol{P}^{s}_{k,0})^{-1} \tag{3.291}$$

式中，$\widehat{\boldsymbol{X}}^{s}_{k,0}=(\boldsymbol{L}^{s}_{k,0})^{-1}\widehat{\boldsymbol{Y}}^{s}_{k,0}, \boldsymbol{P}^{s}_{k|k-1} = (\boldsymbol{L}^{s}_{k|k-1})^{-1}$。

注意到交互协方差保持一致性，即 $\{E[(\boldsymbol{X}_k - \widehat{\boldsymbol{X}}^{s}_{k,l})(\boldsymbol{X}_k - \widehat{\boldsymbol{X}}^{s}_{k,l})^{\mathrm{T}}]\}^{-1} \geqslant \boldsymbol{L}^{s}_{k,l}$，从而有

$$\{E[(\boldsymbol{X}_k - \widehat{\boldsymbol{X}}^{s}_{k,l+1})(\boldsymbol{X}_k - \widehat{\boldsymbol{X}}^{s}_{k,l+1})^{\mathrm{T}}]\}^{-1} \geqslant \boldsymbol{L}^{s}_{k,l+1} \quad (l = 0, 1, \cdots, L-1) \tag{3.292}$$

因此，也可得

$$\{E[(\boldsymbol{X}_k - \widehat{\boldsymbol{X}}^{s}_{k,L})(\boldsymbol{X}_k - \widehat{\boldsymbol{X}}^{s}_{k,L})^{\mathrm{T}}]\}^{-1} \geqslant \boldsymbol{L}^{s}_{k,L}$$

这里 $\widehat{\boldsymbol{X}}^{s}_{k|k}=\widehat{\boldsymbol{X}}^{s}_{k,L}, \widehat{\boldsymbol{L}}^{s}_{k|k} = \boldsymbol{L}^{s}_{k,L}$。

由引理 3.1，得

$$\begin{aligned}\boldsymbol{L}^{s}_{k+1|k} &= \boldsymbol{\psi}(\boldsymbol{L}^{s}_{k|k}) \leqslant \boldsymbol{\psi}\{E[(\boldsymbol{X}_k - \widehat{\boldsymbol{X}}^{s}_{k|k})(\boldsymbol{X}_k - \widehat{\boldsymbol{X}}^{s}_{k|k})^{\mathrm{T}}]\}^{-1} \\ &= \{E[(\boldsymbol{X}_{k+1} - \widehat{\boldsymbol{X}}^{s}_{k+1|k})(\boldsymbol{X}_{k+1} - \widehat{\boldsymbol{X}}^{s}_{k+1|k})^{\mathrm{T}}]\}^{-1}\end{aligned} \tag{3.293}$$

式中，向量函数 $\boldsymbol{\psi}$ 为

$$\boldsymbol{\psi}(\boldsymbol{L}) = [(\boldsymbol{\alpha}^{s}_{k}\tilde{\boldsymbol{F}}^{s}_{k})^{-1}]^{\mathrm{T}}\boldsymbol{L}[(\boldsymbol{\alpha}^{s}_{k}\tilde{\boldsymbol{F}}^{s}_{k})^{-1} - [(\boldsymbol{\alpha}^{s}_{k}\tilde{\boldsymbol{F}}^{s}_{k})^{-1}]^{\mathrm{T}}$$

$$\times \boldsymbol{L}(\boldsymbol{L}+\boldsymbol{\alpha}_k^s\tilde{\boldsymbol{F}}_k^s)^{\mathrm{T}}\boldsymbol{Q}_k^{-1}\boldsymbol{\alpha}_k^s\boldsymbol{F}_k^s]^{-1}\boldsymbol{L}(\boldsymbol{\alpha}_k^s\tilde{\boldsymbol{F}}_k^s)^{-1}$$

证毕。

注解 3.3 函数 ψ 是根据式（3.287）推导的信息矩阵给出的，即由式（3.287）得预测信息矩阵 $\boldsymbol{Y}_{k+1|k}^s=\psi(\boldsymbol{Y}_{k|k}^s)$。

2）证明估计误差的有界性。

定理 3.5 考虑离散时间传感器网络系统式（3.268）及线性化模型式（3.287），基于分布式容积估计算法，如果假设 3.1~3.4 成立，则估计误差 $\tilde{\boldsymbol{X}}_{k+1}^s=\boldsymbol{X}_{k+1}-\widehat{\boldsymbol{X}}_{k+1|k+1}^s$ 对于任意 $s\in\mathbf{N}$，在均方意义下是指数有界的。

证明：参见文献 [40] 的定理 3。

3.11.2 分布式无迹卡尔曼滤波

本小节介绍将无迹卡尔曼滤波算法和分布式网络一致性原理相结合推导出分布式无迹卡尔曼滤波算法。

假设传感器网络模型及网络拓扑结构同 3.11.1节。

1. 无迹卡尔曼滤波

对于每个传感器节点，无迹卡尔曼滤波算法（UKF）总结如下 [194]。

（1）预测

在 $k-1$ 时刻基于状态估计 $\widehat{\boldsymbol{X}}_{k-1}^s$ 和误差协方差矩阵 $\boldsymbol{P}_{k-1}^s$ 选择 $2n$ 个 σ 点，则有

$$\begin{cases}\boldsymbol{\chi}_{k-1}^{s,0}=\widehat{\boldsymbol{X}}_{k-1}^i\\ \boldsymbol{\chi}_{k-1}^{s,i}=\widehat{\boldsymbol{X}}_{k-1}^s+\left[\sqrt{(n+\chi)\boldsymbol{P}_{k-1}^s}\right]_i & (i=1,2,\cdots,n)\\ \boldsymbol{\chi}_{k-1}^{s,i}=\widehat{\boldsymbol{X}}_{k-1}^s+\left[\sqrt{(n+\chi)\boldsymbol{P}_{k-1}^s}\right]_{i-n} & (i=n+1,\cdots,2n)\end{cases}\tag{3.294}$$

式中，$\boldsymbol{\chi}$ 是标量因子；$[\sqrt{(n+\chi)\boldsymbol{P}_{k-1}^s}]_i$ 是矩阵 $(n+\chi)\boldsymbol{P}_{k-1}^s$ 的平方根的第 i 列。

注意：通常使用楚列斯基 Cholesky 分解来计算矩阵的平方根。

σ 点通过非线性函数 $\boldsymbol{f}(\boldsymbol{X}_{k-1})$ 映射到：

$$\boldsymbol{\chi}_{k|k-1}^{s,i}=\boldsymbol{f}(\boldsymbol{X}_{k-1}^{s,i})\qquad(i=0,1,\cdots,2n)$$

下面基于加权 σ 点计算预测状态和协方差矩阵，有

$$\begin{cases}\widehat{\boldsymbol{X}}_{k|k-1}^s=\sum\limits_{i=0}^{2n}W^i\boldsymbol{\chi}_{k|k-1}^{s,i} & (s=1,2,\cdots,N)\\ \boldsymbol{P}_{k|k-1}^s=\sum\limits_{i=0}^{2n}W^i(\boldsymbol{\chi}_{k|k-1}^{s,i}-\widehat{\boldsymbol{X}}_{k|k-1}^s)(\boldsymbol{\chi}_{k|k-1}^{s,i}-\widehat{\boldsymbol{X}}_{k|k-1}^s)^{\mathrm{T}}+\boldsymbol{Q}_k\end{cases}\tag{3.295}$$

式中，权函数 W^i 为

$$W^i=\begin{cases}\dfrac{\chi}{n+\chi}, & s=0\\ \dfrac{1}{2(n+\chi)}, & s=1,2,\cdots,2n\end{cases}$$

（2）更新

σ 点通过观测函数 $\boldsymbol{h}^s(\boldsymbol{X}_k)(s=1,2,\cdots,N)$ 传播到如下点：

$$\boldsymbol{r}_k^{s,i}=\boldsymbol{h}^s(\boldsymbol{\chi}_{k|k-1}^{s,i})\qquad(i=0,1,\cdots,2n)\tag{3.296}$$

量测预测值、量测预测值协方差、状态-量测互协方差矩阵为

$$\begin{cases}\widehat{\boldsymbol{Z}}_k^s=\sum_{i=0}^{2n}W^i\boldsymbol{r}_k^{s,i}\qquad(s=1,2,\cdots,N)\\ \boldsymbol{P}_{z_kz_k}^s=\sum_{i=0}^{2n}W^i(\boldsymbol{r}_k^{s,i}-\widehat{\boldsymbol{Z}}_k^s)(\boldsymbol{r}_k^{s,i}-\widehat{\boldsymbol{Z}}_k^s)^{\mathrm{T}}+\boldsymbol{R}_k^s\\ \boldsymbol{P}_{x_kz_k}^s=\sum_{i=0}^{2n}W^i(\boldsymbol{\chi}_{k|k-1}^{s,i}-\widehat{\boldsymbol{X}}_{k|k-1}^s)(\boldsymbol{r}_k^{s,i}-\widehat{\boldsymbol{Z}}_k^s)^{\mathrm{T}}\end{cases}\tag{3.297}$$

UKF 增益为

$$\boldsymbol{K}_k^s=\boldsymbol{P}_{x_kz_k}^s(\boldsymbol{P}_{z_kz_k}^s)^{-1}\qquad(s=1,2,\cdots,N)\tag{3.298}$$

最终，得到状态估计及协方差矩阵为

$$\begin{cases}\widehat{\chi}_k^s=\widehat{\boldsymbol{X}}_{k|k-1}^s+\boldsymbol{K}_k^s(\boldsymbol{Z}_k^s-\widehat{\boldsymbol{Z}}_k^s)\\ \boldsymbol{P}_k^s=\boldsymbol{P}_{k|k-1}^s-\boldsymbol{K}_k^s\boldsymbol{P}_{z_kz_k}^s(\boldsymbol{K}_k^s)^{\mathrm{T}}\end{cases}\tag{3.299}$$

2. 加权平均一致性

假设信息对的定义及网络一致性权矩阵 $\boldsymbol{\pi}=(\pi^{i,j})_{N\times N}$ 同 3.11.1 节。首先给出 UKF 的加权平均一致性算法 [35]。

1）对于每个节点 $s\in\mathbf{N}$，收集量测信息 $\boldsymbol{Z}_k^s$，得

$$\begin{cases}\widehat{\chi}_k^s=\widehat{\boldsymbol{X}}_{k|k-1}^s+\boldsymbol{K}_k^s(\boldsymbol{Z}_k^s-\widehat{\boldsymbol{Z}}_k^s)\\ \boldsymbol{P}_k^s=\boldsymbol{P}_{k|k-1}^s-\boldsymbol{K}_k^s\boldsymbol{P}_{z_kz_k}^s(\boldsymbol{K}_k^s)^{\mathrm{T}}\end{cases}$$

2）初始化：$\widehat{\boldsymbol{X}}_{k,0}^s=\widehat{\boldsymbol{X}}_k^s,\boldsymbol{P}_{k,0}^s=\boldsymbol{P}_k^s$。

3）对于 $l=0,1,\cdots,L-1$，进行如下的加权平均一致性算法：

① 广播信息 $\widehat{\boldsymbol{X}}_{k,l}^s$ 和 $\boldsymbol{P}_{k,l}^s$ 到 s 的邻域 $\mathbf{N}_s\backslash\{s\}$。

② 等待直到接收到来自邻居 $j\in\mathbf{N}_s\backslash\{s\}$ 的信息 $\widehat{\boldsymbol{X}}_{k,l}^j$ 和 $\boldsymbol{P}_{k,l}^j$。

③ 加权求和 $\widehat{\boldsymbol{X}}_{k,l}^j$，$\boldsymbol{P}_{k,l}^j$，得

$$\begin{cases}\widehat{\boldsymbol{X}}_{k,l+1}^s=\sum_{j\in\mathbf{N}_s}\pi^{s,j}\widehat{\boldsymbol{X}}_{k,l}^j\\ \boldsymbol{P}_{k,l+1}^s=\sum_{j\in\mathbf{N}_s}\pi^{i,j}\boldsymbol{P}_{k,l}^j\end{cases}$$

4）设置状态估计为

$$\begin{cases}\widehat{\boldsymbol{X}}_k^s=\widehat{\boldsymbol{X}}_{k,L}^s\\ \boldsymbol{P}_k^s=\boldsymbol{P}_{k,L}^s\end{cases}$$

5）预测估计为

$$\begin{cases}\widehat{\boldsymbol{X}}_{k+1|k}^s=\sum\limits_{i=0}^{2n}W^i\boldsymbol{\chi}_{k+1|k}^{s,i}\\ \boldsymbol{P}_{k+1|k}^s=\sum\limits_{i=0}^{2n}W^i(\boldsymbol{\chi}_{k+1|k}^{s,i}-\widehat{\boldsymbol{X}}_{k+1|k}^s)(\boldsymbol{\chi}_{k+1|k}^{s,i}-\widehat{\boldsymbol{X}}_{k+1|k}^s)^{\mathrm{T}}+\boldsymbol{Q}_k\end{cases}$$

注解 3.4 在上述计算步骤中，利用定理 3.1 的信息对 $(\widehat{\boldsymbol{X}}_{k|k}^s,\boldsymbol{P}_{k|k}^s),s\in\mathbf{N}$ 和对所有 $s\in\mathbf{N}$，下面极限存在：

$$(\widehat{\boldsymbol{X}}_{k|k}^*,\boldsymbol{P}_{k,k}^*)=\lim_{l\to\infty}(\widehat{\boldsymbol{X}}_{k,l}^s,\boldsymbol{P}_{k,l}^s)$$

式中，$(\widehat{\boldsymbol{X}}_{k,l}^s,\boldsymbol{P}_{k,l}^s)(s\in\mathbf{N})$ 为在第 l 次内部迭代后在 k 时刻的第 s 个节点的信息对，即

$$\begin{cases}\widehat{\boldsymbol{X}}_{k,l+1}^s=\sum\limits_{j\in\mathbf{N}_s}\pi^{s,j}\widehat{\boldsymbol{X}}_{k,l}^j\\ \boldsymbol{P}_{k,l+1}^s=\sum\limits_{j\in\mathbf{N}_s}\pi^{s,j}\boldsymbol{P}_{k,l}^j\end{cases}$$

式中，$\pi^{s,j}\geqslant 0,j\in\mathbf{N}_s$ 是加权系数，且 $\sum\limits_{j\in\mathbf{N}_s}\pi^{s,j}=1$。初始条件 $\widehat{\boldsymbol{X}}_{k,0}^s=\widehat{\boldsymbol{X}}_{k|k}^s,\boldsymbol{P}_{k,0}^s=\boldsymbol{P}_{k|k}^s$。

注解 3.5 当 $L\to\infty$，$\pi^L\to 1/N$。

下面分析估计误差的有界性。

首先，对模型中非线性函数线性化，通过引入伪系统矩阵和伪量测矩阵，将离散非线性传感器网络模型转化为式（3.287）的线性系统模型，然后基于此模型分析估计误差在均方意义下的指数有界性。

定理 3.6 假设离散时间传感器网络系统式（3.268）及线性化模型式（3.287）基于分布式 UKF 算法，如果假设 3.1~3.4 成立，则估计误差 $\widetilde{\boldsymbol{X}}_{k+1}^s=\boldsymbol{X}_{k+1}-\widehat{\boldsymbol{X}}_{k+1|k+1}^s$ 对于任意 $s\in\mathbf{N}$ 在均方意义下是指数有界的。

证明：参见文献 [35] 的附录 A。

3.12 本章小结

本章共分四部分，介绍了随机系统自由状态估计。第一部分针对连续时间和离散时间线性系统，详细讨论了在不同噪声和不同量测情况下的滤波算法；第二部分针对随机非线性系统，从最优状态估计的基本问题即计算后验概率密度函数出发，给出了相应的计算公式和逼近算法，从而获得一系列的逼近滤波算法；第三部分从函数变换的思想与

蒙特卡罗统计方法讨论了非线性滤波算法；第四部分针对分布式多智能体系统，基于分布式多传感器量测信息，无须像信息融合那样在获得所有传感器网络量测信息后集中估计目标状态信息，只需局部传感器网络信息，借助协同一致性理论来估计目标信息。此方面研究目前还处于发展阶段。

第 4 章　随机系统最优控制的一般理论

4.1　引　　言

本书我们仅对其中一种常用的最优控制算法进行讨论，此算法需要被控对象的先验知识，且需要使用泛函变分法来求解最优控制律及系统的最优运动轨迹。由于随机系统最优控制中准则或代价函数多样，各种约束条件不同 [13-14]，如果分门别类去讨论，不但分散精力，而且不具有代表性。同时，将最近引起学者广泛关注的无限终时的分布式多智能体最优控制的一般理论进行介绍 [103-105]。

4.2　随机最优控制统一模型

4.2.1　问题描述

随机系统最优控制的综合问题是现代控制理论中非常重要的问题之一，它包括求解最优算法或最优控制律，以确保在随机振动或干扰信号条件下获得最优控制效果。在随机最优控制理论中已有很多能确保整体或平均最优性的算法。

假设一般随机控制系统可表示为

$$\dot{\boldsymbol{X}}(t) = \boldsymbol{f}(\boldsymbol{X}(t),\, \boldsymbol{u}(t),\, \boldsymbol{V}(t),\, t),\ \boldsymbol{X}(t_0) = \boldsymbol{X}_0 \tag{4.1}$$

式中，$\boldsymbol{X}(t)$ 为 n 维状态向量；$\boldsymbol{X}_0(t_0)$ 为随机初始向量；$\boldsymbol{V}(t)$ 为带有指定随机特性的白噪声向量；$\boldsymbol{u}(t)$ 为 $r(r\leqslant n)$ 维待寻找的控制向量。

被控对象的状态通过带有误差的量测设备进行测量。测量值可表示为如下一般形式:

$$\boldsymbol{Y}(t) = \boldsymbol{\xi}(\boldsymbol{X},\, t) + \boldsymbol{N}(t) \tag{4.2}$$

式中，白噪声向量 $\boldsymbol{N}(t)\in\mathcal{N}(\boldsymbol{0},\, \boldsymbol{Q}(t)\delta(t))$，且与 $\boldsymbol{V}(t)$ 互不相关。式 (4.2) 通常被称为观测方程或量测方程。

若量测方程是线性的，则式 (4.2) 可表示为

$$\boldsymbol{Y}(t) = \boldsymbol{C}(t)\boldsymbol{X}(t) + \boldsymbol{N}(t) \tag{4.3}$$

式中，$\boldsymbol{C}(t)$ 为已知 $m{\times}n$ 矩阵；$\boldsymbol{Y}(t)$ 在时间区间 $(t_0,\, t)$ 可观测。

控制向量 $\boldsymbol{u}(t)$ 是通过观测向量 $\boldsymbol{Y}(t)$ 来表示的某个确定的物理量，即

$$\boldsymbol{u} = \boldsymbol{u}(\boldsymbol{Y}(\tau),\, \tau),\ t_0 \leqslant \tau \leqslant t \tag{4.4}$$

这意味着控制向量仅依赖物理可测量的系统状态的信息。

在实际应用中，由于被控对象的物理特性及控制元件功率的限制，$\boldsymbol{u}(t)$ 不可能取任意值，它必须受到某种确定的限制。通常表示为

$$|u_i|\leqslant U_{0i} \qquad (i=1,2,\cdots,r) \tag{4.5}$$

这种限制常由一些线段构成的可容许区域 U_0 来表示。故式 (4.5) 又可以表示为

$$\boldsymbol{u}\in U_0 \tag{4.6}$$

若对控制信号作均值限制，即满足如下不等式：

$$E[\boldsymbol{u}^{\mathrm{T}}(t)\boldsymbol{K}^{-1}(t)\boldsymbol{u}(t)]\leqslant \rho(t) \tag{4.7}$$

式中，$\rho(t)$ 为时间的标量函数或常量；$\boldsymbol{K}(t)$ 为对称正定矩阵或具有正系数的对角矩阵。

若对整个控制资源进行限制，则满足如下不等式：

$$\int_{t_0}^{t_k} E[\boldsymbol{u}^{\mathrm{T}}(t)\boldsymbol{K}^{-1}(t)\boldsymbol{u}(t)\mathrm{d}t]\leqslant \alpha \tag{4.8}$$

式中，α 为常值。

最优控制问题的求解就是寻找物理可实现的分段连续向量函数 $\boldsymbol{u}=\boldsymbol{u}(\boldsymbol{Y},t)$ 及相应的状态向量 $\boldsymbol{X}(t)$，使运动轨迹满足由最优准则或最优性能代价函数所确定的需求。

最优控制问题的求解与第 3 章介绍的最优滤波设计问题类似，它与动力学系统的某些特性，如可控性有关。可控性在 1961 年首先被提出来，并被应用到确定性的线性控制系统中 [5]。在确定性控制系统中，可控性或不可控性是指能否存在分段的连续向量，在某个指定的时间内将系统从已知的初始状态转移到需求的终止状态。有关可控性的详细研究可参看文献 [48]、[195]。

对于随机系统也可以考虑它的随机可控性 [6, 49, 70]，当被控对象受随机振动或干扰信号作用时，它能否可控直接与系统状态的后验概率分布的渐近收敛性有关。在实际应用中，最简单的方法就是使用控制误差的后验概率分布的相关矩（方差矩阵）来确定它的随机可控性。例如，假设随机连续系统的状态向量为 $\boldsymbol{X}(t)$，它的确定性的理论需求值为 $\boldsymbol{x}_{\mathrm{T}}(t)$，则当观测信号被量测时，控制误差信号 $\boldsymbol{E}(t)=\boldsymbol{X}(t)-\boldsymbol{x}_{\mathrm{T}}(t)$ 的后验概率协方差矩阵为

$$\boldsymbol{R}(t)=E[(\boldsymbol{X}(t)-\boldsymbol{x}_{\mathrm{T}}(t))(\boldsymbol{X}(t)-\boldsymbol{x}_{\mathrm{T}}(t))^{\mathrm{T}}\big|\boldsymbol{Y}(\tau),\, t_0\leqslant\tau\leqslant t]$$

在条件

$$E[\boldsymbol{X}(t)-\boldsymbol{x}_{\mathrm{T}}(t)\big|\boldsymbol{Y}(\tau),\, t_0\leqslant\tau\leqslant t]=\boldsymbol{0}$$

被满足的情况下，若当 $t\to\infty$ 时，矩阵 $\boldsymbol{R}(t)$ 的迹 $\mathrm{tr}[\boldsymbol{R}(t)]$ 是有限的，则误差信号的模 $|\boldsymbol{E}(t)|$ 也是有限的，从而，此随机控制系统是可控的。这意味着在此系统中，随机干扰信号的影响是有限的。对于线性系统，文献 [48] 给出了可控性的充分必要条件。需要指出的是，通过本书后面章节所介绍的控制算法所获得的控制律都能确保闭环系统是可控的。

4.2.2 最优准则（最优代价函数）

准则（代价函数）的最优性是依据所解决问题的内容而确定的。在实际应用中，通常选取技术及经济指标作为准则（代价函数），如工作点、能量消耗、流量（供给量）及其他特性。一般情况下，准则的最优性取决于被控对象的振动特性、状态向量的需求值、控制向量、控制时间。最优准则为上述特性的泛函数或函数，最优控制应该确保所提出的准则（代价函数）达到最优。

一般情况下，泛函数可表示为

$$F_0(\boldsymbol{X}(t), \boldsymbol{u}(t), \boldsymbol{V}(t), t_k) \tag{4.9}$$

式中，t_0 为控制开始时间；t_k 为控制终止时间。

由于向量 $\boldsymbol{X}(t)$ 具有随机值，故泛函数 F_0 为随机标量函数，而准则一般应该取非随机函数。例如，取泛函数的概率估计 $\widehat{F}_0$，即在观测区间 (t_0, t_k) 观测向量 $\boldsymbol{Y}(\tau)$ 被测量的情况下，估计泛函的随机值。通常求解函数 F_0 最优估计值 $\widehat{F}_0$，使估计误差平方的数学期望的最小值，即最优估计值 $\widehat{F}_0$ 应满足下列方程：

$$E[(\widehat{F}_0 - F_0)^2] = \min_{\widehat{F}_0} E[(\widehat{F}_0 - F_0)^2] \tag{4.10}$$

可以证明，在均方误差最小条件下得到的最优泛函估计值 $\widehat{F}_0$ 为当观测向量 $\boldsymbol{Y}(\tau)$ 在时间区间 $[t_0, t_k]$ 可测量情况下泛函 F_0 的条件数学期望 $E[F_0|\boldsymbol{Y}(\tau), t_0 \leqslant \tau \leqslant t_k]$，即

$$\widehat{F}_0(\boldsymbol{X}(t), \boldsymbol{u}(t), \boldsymbol{V}(t), t_k) = E[F_0(\boldsymbol{X}(t), \boldsymbol{u}(t), \boldsymbol{V}(t), t_k|\boldsymbol{Y}(\tau), t_0 \leqslant \tau \leqslant t_k)] \tag{4.11}$$

下面具体证明式 (4.11)。

由于等式 (4.10) 可以分解为

$$E[(\widehat{F}_0 - F_0)^2] = E\{E[(\widehat{F}_0 - F_0)^2|\boldsymbol{Y}(\tau), t_0 \leqslant \tau \leqslant t_k]\} \tag{4.12}$$

显然，式 (4.12) 可以分为两步进行计算。

1）在随机测量函数样本 $\boldsymbol{Y}(\tau)\,(t_0 \leqslant \tau \leqslant t_k)$ 已确定的情况下，对估计误差函数平方求均值，即

$$E[(\widehat{F}_0 - F_0)^2|\boldsymbol{Y}(\tau), t_0 \leqslant \tau \leqslant t_k]$$

记

$$E_Y(F) = E[F|\boldsymbol{Y}(\tau), t_0 \leqslant \tau \leqslant t_k]$$

式中，F 为任意给定的函数。

由于

$$E_Y[(\widehat{F}_0 - F_0)^2] = E_Y(\widehat{F}_0^2) + E_Y(F_0^2) - 2E_Y(\widehat{F}_0 F_0) \tag{4.13}$$

考虑

$$E_Y(\widehat{F}_0) = \widehat{F}_0,\ E_Y(\widehat{F}_0^2) = \widehat{F}_0^2 = [E_Y(\widehat{F}_0)]^2$$
$$E_Y(\widehat{F}_0 F_0) = \widehat{F}_0 E_Y(F_0) = E_Y(\widehat{F}_0) E_Y(F_0)$$

将上述等式代入式 (4.12)，得

$$E_Y[(\widehat{F}_0 - F_0)^2] = [\widehat{F}_0 - E_Y(F_0)]^2 + E_Y(F_0^2) - [E_Y(F_0)]^2 \tag{4.14}$$

2）对所求条件均值关于随机量测函数求均值。

将式 (4.14) 代入式 (4.11)，得

$$E[(\widehat{F}_0 - F_0)^2] = E\{[\widehat{F}_0 - E_Y(F_0)]^2\} + E[E_Y(F_0^2)] - E\{[E_Y(F_0)]^2\} \tag{4.15}$$

由式 (4.15) 可看出，它的右边后两项与 $\widehat{F}_0$ 无关，若求泛函 F_0 最优估计值使式 (4.15) 达到极小值，这等价于使式

$$E\{[\widehat{F}_0 - E_Y(F_0)]^2\}$$

达到极小值。由于

$$E\{[\widehat{F}_0 - E_Y(F_0)]^2\} \geqslant 0$$

故必须

$$\widehat{F}_0 - E_Y(F_0) = 0 \tag{4.16}$$

从而，有

$$\widehat{F}_0 = E_Y(F_0)$$

由于式 (4.15) 仍为随机函数，为了方便起见，在实际应用中，可使用确定的泛函值，即对式 (4.15) 再求均值作为最优准则或最优代价函数，即

$$F_0^*(\boldsymbol{m}_y, \boldsymbol{u}, t_k) = E\{E[F_0(\boldsymbol{X}(t), \boldsymbol{u}(t), \boldsymbol{V}(t), t_k)|\boldsymbol{Y}(\tau), t_0 \leqslant \tau \leqslant t_k]\} \tag{4.17}$$

注意：使用最优准则式 (4.11) 或式 (4.17)，求出的最优控制向量及最优状态轨迹是相同的。

在实际应用过程中，我们通常根据控制终止时间将准则或代价函数分为如下两类：

1）固定终止时间准则或终值准则。这是一种常用的准则，此时，$t_k - t_0 =$ 常数，最优准则等价于当观测向量 $\boldsymbol{Y}(\tau)$ 在时间区间 $[t_0, t_k]$ 被量测情况下泛函的条件数学期望 $E[F_0|\boldsymbol{Y}(\tau), t_0 \leqslant \tau \leqslant t_k]$。

2）不固定终止时间准则或局部准则。此时，$t_k - t_0 := T$ 不固定。在此情况下，最优准则等价于当观测向量 $\boldsymbol{Y}(\tau)$ 在时间区间 $[t_0, t_0 + T]$ 被量测情况下泛函的条件数学期望。由于准则或代价函数的条件数学期望通常为关于控制时间的递增正函数，因此，准则的最优性等价于选择局部最优的控制向量 $\boldsymbol{u}(t)$，在任意当前时刻 t，确保泛函值 F_0 的条件数学期望 $E[F_0|\boldsymbol{Y}(\tau), t_0 \leqslant \tau \leqslant t]$ 增长速度最慢，它进一步等价于选择局部最优的控制向量 $\boldsymbol{u}(t)$，在任意当前时刻 t，确保泛函值 F_0 的条件数学期望 $E[F_0|\boldsymbol{Y}(\tau), t_0 \leqslant \tau \leqslant t]$ 关于时间 t 的导数达到最小或关于时间 t 的负导数达到最大，即

$$\min_{\boldsymbol{u}}[\dot{\widehat{F}}_0(\boldsymbol{X}(t), \boldsymbol{u}(t), \boldsymbol{V}(t), t)] = \min_{\boldsymbol{u}}\left\{\frac{\mathrm{d}}{\mathrm{d}t}E[F_0(\boldsymbol{X}(t), \boldsymbol{u}(t), \boldsymbol{V}(t), t)|\boldsymbol{Y}(\tau), t_0 \leqslant \tau \leqslant t]\right\} \tag{4.18}$$

由于

$$\max_{\boldsymbol{u}}\{-\dot{\hat{F}}_0[\boldsymbol{X}(t),\,\boldsymbol{u}(t),\,\boldsymbol{V}(t),\,t]\}=\min_{\boldsymbol{u}}\{\dot{\hat{F}}_0[\boldsymbol{X}(t),\,\boldsymbol{u}(t),\,\boldsymbol{V}(t),\,t]\}$$

因此准则的最优性又等价于选择局部最优的控制向量 $\boldsymbol{u}(t)$，在任意当前时刻 t，确保泛函值 F_0 的条件数学期望的负值 $-E[F_0|\boldsymbol{Y}(\tau),\,t_0\leqslant\tau\leqslant t]$ 关于时间 t 的导数达到最大，即

$$\begin{aligned}&\max_{\boldsymbol{u}}\{-\dot{\hat{F}}_0[\boldsymbol{X}(t),\,\boldsymbol{u}(t),\,\boldsymbol{V}(t),\,t]\}\\=&\max_{\boldsymbol{u}}\left\{-\frac{\mathrm{d}}{\mathrm{d}t}E\{F_0[\boldsymbol{X}(t),\,\boldsymbol{u}(t),\,\boldsymbol{V}(t),\,t)|\boldsymbol{Y}(\tau),\,t_0\leqslant\tau\leqslant t\}\right\}\end{aligned}\tag{4.19}$$

同样地，也可以使用泛函值的数学期望代替泛函值的条件数学期望。从而，准则的最优性又等价于选择局部最优的控制向量 $\boldsymbol{u}(t)$，在任意当前时刻 t，确保泛函值 F_0 的数学期望的负值 $F_0^*[\boldsymbol{m}_x(t),\,\boldsymbol{u}(t),\,\boldsymbol{V}(t),\,t]$ 关于时间 t 的导数达到最大，即

$$\begin{aligned}&\max_{\boldsymbol{u}}\{-\dot{F}_0^*[\boldsymbol{m}_x(t),\,\boldsymbol{u}(t),\,\boldsymbol{V}(t),\,t]\}\\=&\max_{\boldsymbol{u}}\left\{-\frac{\mathrm{d}}{\mathrm{d}t}E\{F_0[\boldsymbol{X}(t),\,\boldsymbol{u}(t),\,\boldsymbol{V}(t),\,t]\}\right\}\end{aligned}\tag{4.20}$$

本小节开始就指出，准则或代价函数是由控制任务的特性决定的，在工程实践中，常选择二次型代价函数，即

$$\begin{aligned}F_0(\boldsymbol{X}(t),\,\boldsymbol{x}(t)_{\mathrm{T}},\,\boldsymbol{u}(t),\,\boldsymbol{V}(t),\,t_k)=&\left\{[\boldsymbol{X}(t_k)-\boldsymbol{x}_{\mathrm{T}}(t_k)]^{\mathrm{T}}\boldsymbol{\Gamma}(t_k)[\boldsymbol{X}(t_k)-\boldsymbol{x}_{\mathrm{T}}(t_k)]\right\}\\&+\int_{t_0}^{t_k}\left\{[\boldsymbol{X}(\tau)-\boldsymbol{x}_{\mathrm{T}}(\tau)]^{\mathrm{T}}\boldsymbol{L}(\tau)[\boldsymbol{X}(\tau)-\boldsymbol{x}_{\mathrm{T}}(\tau)]\right.\\&\left.+\boldsymbol{u}^{\mathrm{T}}(\tau)\boldsymbol{K}^{-1}(t)\boldsymbol{u}(\tau)\right\}\mathrm{d}\tau\end{aligned}\tag{4.21}$$

式中，$\boldsymbol{L}(\tau)$ 为非负定确定性矩阵；$\boldsymbol{K}(t)$ 为正定对称矩阵；$\boldsymbol{\Gamma}(t_k)$ 为对称非负定矩阵；$\boldsymbol{x}_{\mathrm{T}}$ 为理论需求状态，它可以事先指定或由下列方程确定，即

$$\dot{\boldsymbol{x}}_{\mathrm{T}}=\boldsymbol{f}_{\mathrm{T}}(\boldsymbol{x}_{\mathrm{T}},\,t),\;\boldsymbol{x}_{\mathrm{T}}(t_0)=\boldsymbol{x}_{\mathrm{T}0}\tag{4.22}$$

不失一般性，在本书的后几章中通常假设 $\boldsymbol{x}_{\mathrm{T}}(t)=\boldsymbol{0}$ 以简化计算。

注意：在第 9 章使用的准则或代价函数比式 (4.21) 多一项，称为广义二次型准则或广义二次型代价函数，目的是避免求解微分方程的两点边值问题，从而使计算得以简化。

4.2.3　最优控制方法

在 4.1 节已介绍过，本书主要使用泛函数变分法或差分法求解最优控制问题。虽然泛函数变分法的提出已有很长时间了，但将此方法应用到自动控制领域来求解最优控制问题的时间并不长。求解最优控制问题并不总是将其转化为经典的变分问题来计算，也可以直接构造一些特殊算法。在 20 世纪 50 年代中、后期，苏联控制论专家庞特里亚金

及美国学者贝尔曼几乎同时分别提出了求解最优控制问题的两种方法，即庞特里亚金最大值原理 [43] 与贝尔曼动态规划法 [44]。它们是泛函数变分法向两个不同方向发展的结果。最大值原理利用泛函数变分法和欧拉方程来求解动力学系统的极值问题，而动态规划法是基于非经典的哈密顿–雅可比法，侧重于构造及考虑整个的极值空间，但这两种方法是等价的，并得以证明 [196]。此证明方法也很容易推广到随机控制系统中 [70]。使用这些方法可以求解带有很多限制条件的复杂系统的最优控制问题，而此问题无法使用函数变分法来直接求解。但是，利用这些算法通常也只能给出一般的求解公式，实际求解计算量非常大。一般情况下，只能用计算机计算以获得数值解。特别值得注意的是，虽然这两种方法都能用于求解最优控制问题，但它们的适用范围不尽相同，最大值原理适用于求解连续时间系统的最优控制问题，而动态规划法比较适用于求解离散时间系统的最优控制问题。这两种方法开始都被使用来求解确定性的最优控制问题。后来，它们被推广到求解随机系统的最优控制问题。

利用最大值原理可以求解控制系统的各种优化问题。因此，在实际应用过程中，通常先将控制系统的各种具体优化问题转化为统一标准的优化问题，然后使用最大值原理来求解。目前，根据控制目的可将所有最优控制问题分为三类：时间最短控制、最优终端状态控制和能量花费最小控制。通过扩大状态空间的维数，可以将三类问题转化为统一的标准优化问题。下面具体讨论如何将这三种问题转化为统一的标准优化问题。

1. 有限终时随机最优控制

（1）时间最短控制

此种控制的目的是将被控对象从初始状态 $\boldsymbol{X}(t_0)$ 转移到指定的终止状态 $\boldsymbol{X}(t_k)$，使转移时间 $t_k - t_0 = T$ 达到最小。它的准则或代价函数定义为

$$F_0 = \int_{t_0}^{t_k} \mathrm{d}t \tag{4.23}$$

添加新的状态变量 X_{n+1} 为

$$\dot{X}_{n+1}(t) = 1,\ X_{n+1}(t_0) = t_0$$

则式 (4.23) 转化为

$$X_{n+1}(t_k) = F_0 = \int_{t_0}^{t_k} \mathrm{d}t = t_k - t_0 \tag{4.24}$$

这样，求解最优控制向量 $\boldsymbol{u}$，使代价函数达到最小问题就转化为求解最优控制向量 $\boldsymbol{u}(t)$，使新的状态 $X_{n+1}(t)$ 在时刻 t_k 达到最小问题。

（2）最优终端状态控制

此种控制的目的是将被控对象从初始状态 $\boldsymbol{X}(t_0)$ 转移到指定的终止状态 $\boldsymbol{X}(t_k)$，并使得只与终止状态有关的代价函数达到最小值。

其准则或代价函数定义为

$$F_0 = F_0(\boldsymbol{X}(t_k),\ t_k) \tag{4.25}$$

添加新的状态变量 $X_{n+1}(t)$ 为

$$X_{n+1}(t) = F_0(\boldsymbol{X}(t), t) \tag{4.26}$$

假设函数 $F_0(\boldsymbol{X}(t), t)$ 关于时间 t 可微分，对式 (4.26) 两边关于时间 t 求微分，并将系统状态方程式 (4.1) 代入，得

$$\dot{X}_{n+1}(t) = \frac{\partial F_0}{\partial t} + \sum_{r=1}^{n} \frac{\partial F_0}{\partial X_r} f_r(\boldsymbol{X}, \boldsymbol{u}, \boldsymbol{V}, t), X_{n+1}(t_0) = F_0(\boldsymbol{X}(t_0), t_0) \tag{4.27}$$

则

$$X_{n+1}(t_k) = F_0(\boldsymbol{X}(t_k), t_k)$$

因此，原优化问题就转化为使新的状态 $X_{n+1}(t)$ 在时刻 t_k 达到最小问题。

（3）能量花费最小控制

此种控制的目的是将被控对象从初始状态 $\boldsymbol{X}(t_0)$ 转移到指定的终止状态 $\boldsymbol{X}(t_k)$，并使在整个控制过程中，所花费的能量达到最小。其准则或代价函数定义为

$$F_0 = \int_{t_0}^{t_k} q(\boldsymbol{X}, \boldsymbol{x}_{\mathrm{T}}, \boldsymbol{u}, t)\mathrm{d}t \tag{4.28}$$

添加新的状态变量 $X_{n+1}(t)$ 为

$$\dot{X}_{n+1}(t) = q(\boldsymbol{X}, \boldsymbol{x}_{\mathrm{T}}, \boldsymbol{u}, t), X_{n+1}(t_0) = 0 \tag{4.29}$$

则

$$X_{n+1}(t_k) = F_0 = \int_{t_0}^{t_k} q(\boldsymbol{X}, \boldsymbol{x}_{\mathrm{T}}, \boldsymbol{u}, t)$$

从而，同样将原优化问题转化为使新的状态 $X_{n+1}(t)$ 在时刻 t_k 达到最小问题。

以上讨论了如何将三种常见的最优控制问题转化为统一的标准优化问题。然而在实际控制过程中，控制系统的终止状态还要受到各种其他因素的限制，而且这些因素可能还是随机的。通常假设这些限制可以表示为

$$g_r(\boldsymbol{X}_1(t_k), \cdots, \boldsymbol{X}_n(t_k)) = 0 \qquad (r = 1, 2, \cdots, l) \tag{4.30}$$

式中，$g_r(r = 1, 2, \cdots, l)$ 为任意可微函数，$t_k - t_0 = T$ 为固定值。

对于非固定终止时间控制问题，通常假设限制条件可以表示为

$$g_r(\boldsymbol{X}_1(t_k), \cdots, \boldsymbol{X}_n(t_k), t_k) = 0 \qquad (r = 1, 2, \cdots, l) \tag{4.31}$$

通过以上分析，可以总结出一般确定性控制系统的统一标准优化问题的提法为：求解最优控制向量 $\boldsymbol{u}(t)$，在满足终止状态限制条件式 (4.30) 或式 (4.31) 的情况下，使新的状态 $X_{n+1}(t)$ 在时刻 t_k 达到最小值。

很明显，上述标准优化问题是一个条件极值问题，使用拉格朗日法，可以将其转化为无条件极值问题。定义泛函为

$$\pi(t_k) = X_{n+1}(t_k) + \sum_{r=1}^{l} \lambda_r g_r(X_1(t_k), \cdots, X_n(t_k)) \tag{4.32}$$

式中，$\lambda_r(r=1,2,\cdots,l)$ 为待定参数。函数 π 常被称为庞特里亚金泛函。

这样，确定性控制系统的统一标准优化问题的最终提法为：求解最优控制向量 $\boldsymbol{u}(t)$，使庞特里亚金泛函 π 达到极小值。

对于随机系统最优控制问题，也可以类似地给出统一的标准优化问题提法。下面结合一般随机控制系统状态模型式 (4.1) 及量测模型式 (4.2)，以及控制向量的限制条件式 (4.5) 或式 (4.6)，给出随机系统最优控制的统一的标准提法，即求解最优控制向量 $\boldsymbol{u}(t)$，满足限制条件式 (4.5) 或式 (4.6)，而且，将由状态模型式 (4.1) 及量测模型式 (4.2) 描述的随机被控对象从初始状态 $\boldsymbol{X}(t_0)$ 转移到事先指定的终止状态 $\boldsymbol{X}(t_k)$ 区域时，确保如下庞特里亚金泛函 $\pi(t_k)$ 的条件数学期望：

$$\widehat{\pi}(t_k) = E[\pi(t_k)|\boldsymbol{Y}(\tau), t_0 \leqslant \tau \leqslant t_k]$$

达到极小值。

注意：通常只考虑极小值问题，若要求极大值问题，只要在庞特里亚金泛函前乘以 -1 即可。

将上述介绍的随机控制系统的统一标准优化问题用简洁的数学公式描述，即最优控制向量满足

$$u = \arg\min_{\boldsymbol{u}\in U_0}\left[\widehat{\pi}(t_k)\right] = \arg\min_{\boldsymbol{u}\in U_0}\left\{E[\pi(t_k)|\boldsymbol{Y}(t), t_0 \leqslant \tau \leqslant t_k]\right\} \tag{4.33}$$

如何求解满足条件式 (4.33) 的最优控制向量 $\boldsymbol{u}(t)$ 将是后几章需要讨论的内容。我们将使用庞特里亚金最大值原理与动态规划法来求解。由于此方法是在 1958 年由庞特里亚金和他的学生们首先提出的，因此称为庞特里亚金最大值原理。

2. 无限终时标准最优控制问题

对于无限终时最优控制问题，即 $t_k=\infty$ 时，代价函数通常只存在能量花费最小控制。

此种控制的目的是将被控对象从初始状态 $\boldsymbol{X}(t_0)$ 转移到终止状态 $\boldsymbol{X}(t_k) \to \boldsymbol{0}$（当 $t_k \to \infty$），并使在整个控制过程中，所花费的能量达到最小。它的准则或代价函数定义为

$$F_0 = \int_{t_0}^{\infty} q(\boldsymbol{X}, \boldsymbol{X}_{\mathrm{T}}, \boldsymbol{u}, t)\mathrm{d}t = \lim_{t_k\to\infty}\int_{t_0}^{t_k} q(\boldsymbol{X}, \boldsymbol{X}_{\mathrm{T}}, \boldsymbol{u}, t)\,\mathrm{d}t \tag{4.34}$$

添加新的状态变量 $X_{n+1}(t)$ 为

$$\dot{X}_{n+1}(t) = q(\boldsymbol{X}, \boldsymbol{x}_T, \boldsymbol{u}, t), X_{n+1}(t_0) = 0 \tag{4.35}$$

则

$$\lim_{t_k\to\infty} X_{n+1}(t_k) = F_0 = \lim_{t_k\to\infty}\int_{t_0}^{t_k} q(\boldsymbol{X},\boldsymbol{x}_{\mathrm{T}},\boldsymbol{u},t)\,\mathrm{d}t \tag{4.36}$$

注意：在无限终时最优控制情形，终端约束条件不存在，取而代之的是 $\lim\limits_{t_k\to\infty} X_{n+1}(t_k)=0$，即要求系统是稳定的。

当代价函数为二次型代价函数时，即

$$F_0 = \int_{t_0}^{\infty}\left[\boldsymbol{X}^{\mathrm{T}}(t)\boldsymbol{L}(t)\boldsymbol{X}(t)+\boldsymbol{u}^{\mathrm{T}}(t)\boldsymbol{K}^{-1}(t)\boldsymbol{u}(t)\right]\mathrm{d}t \tag{4.37}$$

时，新的状态变量 $X_{n+1}(t)$ 为

$$\dot{X}_{n+1}(t)=\boldsymbol{X}^{\mathrm{T}}(t)\boldsymbol{L}(t)\boldsymbol{X}(t)+\boldsymbol{u}^{\mathrm{T}}(t)\boldsymbol{K}^{-1}(t)\boldsymbol{u}(t), X_{n+1}(t_0)=0 \tag{4.38}$$

则

$$\lim_{t_k\to\infty} X_{n+1}(t_k) = F_0 = \lim_{t_k\to\infty}\int_{t_0}^{t_k}\left[\boldsymbol{X}^{\mathrm{T}}(t)\boldsymbol{L}(t)\boldsymbol{X}(t)+\boldsymbol{u}^{\mathrm{T}}(t)\boldsymbol{K}^{-1}(t)\boldsymbol{u}(t)\right]\mathrm{d}t \tag{4.39}$$

从而使 F_0 达到最小转化为使

$$\lim_{t_k\to\infty} X_{n+1}(t_k) \tag{4.40}$$

达到最小。

对于随机控制系统状态模型式 (4.34) 及量测模型式 (4.35)，以及控制向量的限制条件式 (4.38) 或式 (4.39)，给出无限终时条件下随机系统最优控制的统一标准提法如下：求解最优控制向量 $\boldsymbol{u}(t)$，满足限制条件式 (4.38) 或式 (4.39)，且将状态模型式 (4.34) 及量测模型式 (4.35) 描述的随机被控对象从初始状态 $\boldsymbol{X}(t_0)$ 转移到终止状态 $\boldsymbol{X}(t_k)\to\boldsymbol{0}$（当 $t_k\to\infty$），并确保庞特里亚金泛函 $\pi(t_k)=X_{n+1}(t_k)$ 的条件数学期望，即

$$\lim_{t_k\to\infty}\widehat{\pi}(t_k)=\lim_{t_k\to\infty}E\left[\pi(t_k)\,|\boldsymbol{Y}(\tau),t_0\leqslant\tau\leqslant t_k\right]=\lim_{t_k\to\infty}E\left[\boldsymbol{X}(t_k)\,|\boldsymbol{Y}(\tau),t_0\leqslant\tau\leqslant t_k\right] \tag{4.41}$$

达到极小值。

用数学公式描述，则

$$\boldsymbol{u}=\arg\min_{\boldsymbol{u}\in U_0}\left[\lim_{t_k\to\infty}\widehat{\pi}(t_k)\right]=\arg\min_{\boldsymbol{u}\in U_0}\left\{\lim_{t_k\to\infty}E\left[\boldsymbol{X}(t_k)\,|\boldsymbol{Y}(\tau),t_0\leqslant\tau\leqslant t_k\right]\right\} \tag{4.42}$$

对于由 N 个节点组成的一阶多智能体系统，即

$$\begin{cases}\dot{\boldsymbol{x}}_i(t)=\boldsymbol{u}_i(t)+\boldsymbol{V}_i(t)\\ \boldsymbol{y}_i(t)=\boldsymbol{C}\boldsymbol{x}_i(t)+\boldsymbol{W}_i(t)\end{cases}\quad (i=1,2,\cdots,N) \tag{4.43}$$

假设 N 个智能体的总的代价函数为

$$J_0=E\left\{\int_0^{\infty}\sum_{i=1}^{N}\sum_{j=1}^{N-1}c_{ij}\left[\boldsymbol{x}_i(t)-\boldsymbol{x}_j(t)\right]^{\mathrm{T}}\left[\boldsymbol{x}_i(t)-\boldsymbol{x}_j(t)\right]+\sum_{i=1}^{N}\gamma_i\boldsymbol{u}_i^{\mathrm{T}}(t)\boldsymbol{u}_i(t)\mathrm{d}t\right\} \tag{4.44}$$

式 (4.43) 和式 (4.44) 中的所有符号及含义在 8.2.1 节中有详细介绍。

记 $\boldsymbol{X}=\left[\boldsymbol{x}_1^{\mathrm{T}}(t),\cdots,\boldsymbol{x}_n^{\mathrm{T}}(t)\right]^{\mathrm{T}},\boldsymbol{U}(t)=\left[\boldsymbol{u}_1^{\mathrm{T}}(t),\cdots,\boldsymbol{u}_n^{\mathrm{T}}(t)\right]^{\mathrm{T}}$，则式 (4.43) 转化为

$$\left\{\begin{array}{l}\dot{\boldsymbol{X}}(t)=\boldsymbol{U}(t)+\boldsymbol{V}(t)\\ \boldsymbol{Y}(t)=\left(\boldsymbol{I}_n\otimes\boldsymbol{C}\right)\boldsymbol{x}(t)+\boldsymbol{W}(t)\end{array}\right.\tag{4.45}$$

而代价函数式 (4.44) 转化为

$$J_0=E\left\{\int_0^{\infty}\left[\boldsymbol{X}^{\mathrm{T}}(t)\left(\boldsymbol{Q}\otimes\boldsymbol{I}_n\right)\boldsymbol{X}(t)+\boldsymbol{U}^{\mathrm{T}}(t)\left(\boldsymbol{Q}\otimes\boldsymbol{I}_n\right)\boldsymbol{U}(t)\right]\mathrm{d}t\right\}\tag{4.46}$$

式中，$\boldsymbol{Q}$ 为对称矩阵，且 (j,i) 和 (i,j) 均为 $-c_{ij}$，对角线元素为 (i,i) 为 $\sum\limits_{j=1,j\neq i}^{N}c_{ij}$；$\boldsymbol{R}$ 为对角正定矩阵，对角线元素为 r_i，其他符号在 8.2.1 节中有详细介绍。

将其转化为标准最优控制问题。添加新的状态变量 $X_{n+1}(t)$ 为

$$\dot{X}_{n+1}(t)=\boldsymbol{X}^{\mathrm{T}}(t)\left(\boldsymbol{Q}\otimes\boldsymbol{I}_n\right)\boldsymbol{X}(t)+\boldsymbol{U}^{\mathrm{T}}(t)\left(\boldsymbol{Q}\otimes\boldsymbol{I}_n\right)\boldsymbol{U}(t),\dot{X}_{n+1}(t_0)=0\tag{4.47}$$

则

$$\lim_{t_k\to\infty}X_{n+1}(t_k)=\dot{J}_0=\lim_{t_k\to\infty}\int_{t_0}^{t_k}\left[\boldsymbol{X}^{\mathrm{T}}(t)\left(\boldsymbol{Q}\otimes\boldsymbol{I}_n\right)\boldsymbol{X}(t)+\boldsymbol{U}^{\mathrm{T}}(t)\left(\boldsymbol{Q}\otimes\boldsymbol{I}_n\right)\boldsymbol{U}(t)\right]\mathrm{d}t\tag{4.48}$$

即分布式一阶多智能体系统协同最优控制统一标准提法为：求解最优控制向量 $\boldsymbol{U}(t)$，将状态及量测模型式 (4.45) 从初始状态 $\boldsymbol{X}(t_0)$ 转移到终止状态 $\boldsymbol{X}(t_k)\to\mathbf{0}$(当 $t_k\to\infty$)，并确定庞特里亚金泛函 $\pi(t_k)=X_{n+1}(t_k)$ 的条件数学期望

$$\lim_{t_k\to\infty}\widehat{\Pi}(t_k)=\lim_{t_k\to\infty}E\left[X_{n+1}(t_k)\,|\boldsymbol{Y}(\tau),t_0\leqslant\tau\leqslant t_k\right]\tag{4.49}$$

达到最小值。

注意：当 $\boldsymbol{X}(t_k)\to\mathbf{0}$（当 $t_k\to\infty$）时，$\boldsymbol{x}_i(t)\to\boldsymbol{x}_j(t)\to\mathbf{0}(\forall i,j=1,2,\cdots,N)$，即一阶多智能体系统达到一致性。

4.3 随机最大值原理

在 4.2 节将各种形式的随机系统最优控制问题转化为统一的标准优化问题。对此优化问题的求解可以转化为求解最优控制向量 $\boldsymbol{u}(t)$，使其满足式 (4.31)。下面使用最大值原理，具体求解最优控制向量。

4.3.1 随机系统最优控制算法

本小节利用最大值原理给出随机系统最优控制一般算法。首先介绍随机最大值原理。

随机最大值原理 [14]：若存在最优控制向量 $\boldsymbol{u}(t)$，满足限制条件式 (4.5) 或式 (4.6)，而且，将由状态模型式 (4.1) 及量测模型式 (4.2) 描述的随机被控对象从初始状态 $\boldsymbol{X}(t_0)$

转移到事先指定的终止状态 $\boldsymbol{X}(t_k)$ 区域时，确保庞特里亚金泛函 $\pi(t_k)$ 的条件数学期望 $\widehat{\pi}(t_k)$ 达到极小值，则在时间区间 $[t_0, t_k]$，最优控制向量 $\boldsymbol{u}(t)$ 使下列哈密顿函数 $H(\boldsymbol{Y}, \boldsymbol{u}, \boldsymbol{\psi}, t)$ 的条件数学期望 $\widehat{H}(\widehat{\boldsymbol{X}}, \boldsymbol{u}, \widehat{\boldsymbol{\psi}}, t)$ 达到最大值或上确界，即控制向量 $\boldsymbol{u}(t)$ 满足下式：

$$\boldsymbol{u} = \max_{\boldsymbol{u} \in U_0} \widehat{H}(\widehat{\boldsymbol{X}}, \boldsymbol{u}, \widehat{\boldsymbol{\psi}}, t) \tag{4.50}$$

或

$$\boldsymbol{u} = \sup_{\boldsymbol{u} \in U_0} \widehat{H}(\widehat{\boldsymbol{X}}, \boldsymbol{u}, \widehat{\boldsymbol{\psi}}, t) \tag{4.51}$$

式中，哈密顿函数定义为

$$H(\boldsymbol{X}, \boldsymbol{u}, \boldsymbol{\psi}, \boldsymbol{V}, t) = \boldsymbol{\psi}^{\mathrm{T}} \boldsymbol{f} = \sum_{i=1}^{n+1} \psi_i f_i \tag{4.52}$$

函数 $f_i\,(i = 1, 2, \cdots, n)$ 为式 (4.1) 中右边的向量函数 $\boldsymbol{f}$ 的分量，$\boldsymbol{\psi}$ 为拉格朗日乘子，它为待定的伴随函数。哈密顿函数条件数学期望为

$$\widehat{H}(\widehat{\boldsymbol{X}}, \boldsymbol{u}, \widehat{\boldsymbol{\psi}}, t) = E[H(\boldsymbol{X}, \boldsymbol{u}, \boldsymbol{\psi}, V, t) | \boldsymbol{Y}(\tau), t_0 \leqslant \tau \leqslant t_k] \tag{4.53}$$

状态向量 $\boldsymbol{X}(t)$ 与伴随函数 $\boldsymbol{\psi}(t)$ 的条件数学期望为

$$\widehat{\boldsymbol{X}} = E[\boldsymbol{X} | \boldsymbol{Y}(\tau), t_0 \leqslant \tau \leqslant t_k] := E_Y(\boldsymbol{X}),\ \widehat{\boldsymbol{\psi}} = E_Y(\boldsymbol{\psi})$$

它们可由下列微分方程确定：

$$\widehat{X}_i = E_Y\left(\frac{\partial H}{\partial \psi_i}\right) \qquad (i = 1, 2, \cdots, n+1) \tag{4.54}$$

$$\widehat{\psi}_i = -E_Y\left(\frac{\partial H}{\partial X_i}\right) \qquad (i = 1, 2, \cdots, n+1) \tag{4.55}$$

边值条件为

$$\widehat{X}_i(t_0) = m_{i_0} \qquad (i = 1, 2, \cdots, n+1) \tag{4.56}$$

$$\widehat{\psi}_i(t_k) = -E_Y\left(\frac{\partial \pi(t_k)}{\partial X_i}\right) \quad (i = 1, 2, \cdots, n+1) \tag{4.57}$$

式中，E_Y 表示在时间区间 $[t_0, t_k]$ 观测向量已被测量时的条件数学期望。

若被控对象式 (4.1) 是非线性系统，最大值原理仅给出最优控制存在的必要条件，而对于线性系统来说，它给出了最优控制存在的充要条件。利用最大值原理求解最优控制问题就是寻找最优控制 $\boldsymbol{u}(t)$，满足限制条件式 (4.5) 或式 (4.6)，且在控制时间区间 $[t_0, t_k]$，使哈密顿函数 $H(\boldsymbol{X}, \boldsymbol{u}, \boldsymbol{\psi}, \boldsymbol{V}, t)$ 的条件数学期望 $E_Y[H(\boldsymbol{X}, \boldsymbol{u}, \boldsymbol{\psi}, \boldsymbol{V}, t)]$ 达到最大值。

假设控制向量 $\boldsymbol{u}(t)$ 不受约束，利用求极值的方法即可求出最优控制向量 $\boldsymbol{u}(t)$，即求解下列方程：

$$\frac{\partial \widehat{H}}{\partial \boldsymbol{u}} = \boldsymbol{0} \tag{4.58}$$

若 $\widehat{H}$ 的极值存在，则由方程式 (4.58) 可求出最优控制向量 $\boldsymbol{u}(t)$。

注意：以上讨论的都是基于固定终止时间的假设。

若终止时间不固定，且终止状态满足式 (4.31) 的约束条件时，为了获得方程式 (4.54) 和式 (4.55) 的解，还需要添加一些约束条件，称它为横截条件 [197]，即

$$\widehat{H}\Big|_{t=t_k} = -\sum_{r=1}^{l} \lambda_r \frac{\partial \widehat{g}_r}{\partial t}\Big|_{t=t_k} \tag{4.59}$$

若终止时间不固定，且终止状态满足式 (4.31) 的约束条件，即为隐性约束条件时，横截条件为

$$\widehat{H}\Big|_{t=t_k} = \boldsymbol{0} \tag{4.60}$$

此时，结合式 (4.58) 可推出，哈密顿函数条件数学期望 $\widehat{H}$ 的最大值为 0。

综上所述，利用最大值原理求解最优控制问题可分为以下三步：

1）通过求由式 (4.50) 或式 (4.51) 确定的哈密顿函数条件数学期望 $\widehat{H}$ 的极值来获得最优控制向量 $\boldsymbol{u}(t)$。

2）列出状态估计方程式 (4.54)、伴随函数估计方程式 (4.55) 及边值条件式 (4.56) 和式 (4.57)；若终止时间 t_k 不固定时，还要增加横截条件式 (4.59) 或式 (4.60)。

3）求解微分方程两点边值问题获得方程式 (4.54) 及式 (4.55) 的解。

注意：在实际应用中，通常不是按照上述三个步骤逐一进行，而是同时求解最优控制向量 $\boldsymbol{u}(t)$ 与状态向量估计 $\widehat{\boldsymbol{X}}(t)$。为了便于读者更好地掌握最大值原理，下面使用它来求解三种常见的随机系统最优控制问题。

4.3.2 最短时间控制

最短时间控制是控制理论中首先使用泛函变分法求解最优控制器的问题。对于无随机干扰的确定性系统的最短时间控制问题的研究已经很成熟。它的最优控制器是继电器式的，具有 n 个常数值区间，$n-1$ 个转换开关。此控制问题的研究在最优控制理论的发展方面起着非常重要的作用。但是在实际应用过程中，系统状态的测量不可避免地带有误差，且被控对象本身也受到外界干扰的影响，同时，被控对象的初始及终止状态也是随机向量。因此，必须使用随机最大值原理来求解此随机系统的最短时间控制问题。

假设被控对象由正则随机非线性微分方程表示，即

$$\dot{\boldsymbol{X}} = \boldsymbol{\varphi}(\boldsymbol{X}, t) + \boldsymbol{D}\boldsymbol{u} + \boldsymbol{V}(t),\ \boldsymbol{X}(t_0) = \boldsymbol{X}_0 \tag{4.61}$$

式中，$\boldsymbol{\varphi}$ 为已知非线性向量函数；$\boldsymbol{X}$ 为 n 维状态向量；$\boldsymbol{u}$ 为 r 维控制向量；$\boldsymbol{D}$ 为 $n\times r$ 维已知矩阵；白噪声 $\boldsymbol{V}(t)\in\mathcal{N}(\boldsymbol{0},\ \boldsymbol{G}(t)\delta(t))$。

终止状态 $\boldsymbol{X}(t_k)$ 满足下列方程：

$$\boldsymbol{X}(t_k) = \boldsymbol{X}_k \tag{4.62}$$

量测方程同式 (4.2)。

假设系统初始及终止状态的数学期望 $\boldsymbol{m}_{x_0}, \boldsymbol{m}_{x_k}$ 及方差矩阵 $\boldsymbol{\theta}_{x_0}, \boldsymbol{\theta}_{x_k}$ 是已知的。目的：求解最优控制向量 $\boldsymbol{u}(t)$，满足限制条件 $|u_i(t)| \leqslant U_{0i}$，使被控对象在最短的时间内从初始状态 $\boldsymbol{X}_0$ 转移到终止状态 $\boldsymbol{X}_k$。

它的准则或代价函数定义为

$$F_0 = \int_{t_0}^{t_k} \mathrm{d}t$$

下面我们按前面介绍的步骤来求解。

1. 转化为标准优化问题

添加第 $n+1$ 个状态变量 X_{n+1}，满足下列方程：

$$\dot{X}_{n+1}(t) = 1,\ X_{n+1}(t_0) = t_0 \tag{4.63}$$

则代价函数转化为

$$X_{n+1}(t_k) = F_0 = \int_{t_0}^{t_k} \mathrm{d}t = t_k - t_0$$

定义庞特里亚金泛函为

$$\pi(t_k) = X_{n+1}(t_k) + \sum_{i=1}^{n} \lambda_i [X_i(t_k) - y_{ki}] \tag{4.64}$$

从而，最短时间控制问题转化为求解最优控制向量 $\boldsymbol{u}(t)$，满足限制条件 $|u_i(t)| \leqslant U_{0i}$，使庞特里亚金泛函的条件数学期望 $E_y[\pi(t_k)]$ 达到最小值。

2. 求最优控制向量

定义哈密顿函数为

$$H = \boldsymbol{\psi}^{\mathrm{T}}[\boldsymbol{\varphi}(\boldsymbol{X},\ t) + \boldsymbol{D}\boldsymbol{u} + \boldsymbol{V}(t)] + \psi_{n+1} \tag{4.65}$$

则它的条件数学期望为

$$\widehat{H} = E_y[\boldsymbol{\psi}^{\mathrm{T}}\boldsymbol{\varphi}(\boldsymbol{X},\ t)] + (\widehat{\boldsymbol{\psi}}^{\mathrm{T}}\boldsymbol{D})\boldsymbol{u} + E_y(\boldsymbol{\psi}^{\mathrm{T}}\boldsymbol{V}(t)) + \widehat{\psi}_{n+1} \tag{4.66}$$

利用随机最大值原理，即求最优控制向量 $\boldsymbol{u}(t)$，使式 (4.66) 达到最大值，故可推出

$$(\widehat{\boldsymbol{\psi}}^{\mathrm{T}}\boldsymbol{D})\boldsymbol{u} > 0,\ \boldsymbol{u} \in U_0 \tag{4.67}$$

表示成标量形式为

$$\sum_{i=1}^{n} (\widehat{\psi}^{\mathrm{T}} D)_i u_i > 0,\ |u_i| \leqslant U_{0i} \tag{4.68}$$

因此，最优控制向量 $\boldsymbol{u}(t)$ 可以表示为

$$u_i = U_{0i}\mathrm{sgn}(\widehat{\boldsymbol{\psi}}^{\mathrm{T}}\boldsymbol{D})_i \qquad (i=1,2,\cdots,n) \tag{4.69}$$

式中，$\left(\widehat{\boldsymbol{\psi}}^{\mathrm{T}}\boldsymbol{D}\right)_i$ 为 $\widehat{\boldsymbol{\psi}}^{\mathrm{T}}\boldsymbol{D}$ 的第 i 个分量。$\widehat{\psi}$ 为伴随函数 ψ 的条件数学期望。

由式 (4.69) 可知，最优控制器 $\boldsymbol{u}(t)$ 是继电器式的，开关由函数 $\left(\widehat{\boldsymbol{\psi}}^{\mathrm{T}}\boldsymbol{D}\right)_i$ 的符号来确定。

3. *确定状态估计及伴随函数估计方程*

利用式 (4.53) 及边值条件 (4.55)，得

$$\dot{\widehat{\psi}}_j = -\sum_{i=1}^{n} E_y\Big(\psi_i\frac{\partial\varphi_i}{\partial X_j}\Big),\ \widehat{\psi}_j(t_k) = -\lambda_j \qquad (j=1,2,\cdots,n) \tag{4.70}$$

$$\dot{\widehat{\psi}}_{n+1} = 0,\ \widehat{\psi}_{n+1}(t_k) = -E_y\Big(\frac{\partial\pi(t_k)}{\partial X_i}\Big) = -1 \tag{4.71}$$

4. *求解状态估计及伴随函数估计方程两点边值问题获得方程的解*

此步计算涉及状态方程 (4.63) 函数 $\boldsymbol{\varphi}$ 与观测方程 (4.2) 中的函数 $\boldsymbol{\xi}$ 的具体类型。它们的类型不同，系统状态向量的估计方法也不同。下面我们针对线性系统情形给出方程式 (4.70) 和式 (4.71) 的求解算法。

假设被控对象由随机线性微分方程表示，即函数 $\boldsymbol{\varphi}$ 及函数 $\boldsymbol{\xi}$ 可以表示为

$$\boldsymbol{\varphi}(\boldsymbol{X},t) = \boldsymbol{A}(t)\boldsymbol{X},\ \boldsymbol{\xi}(\boldsymbol{X},t) = \boldsymbol{C}(t)\boldsymbol{X}$$

式中，$\boldsymbol{A}(t)$ 和 $\boldsymbol{C}(t)$ 分别为 $n\times n$ 和 $m\times n\,(m\leqslant n)$ 维的已知矩阵。白噪声 $\boldsymbol{V}(t)\in\mathcal{N}(\boldsymbol{0},\boldsymbol{G}(t)\delta(t))$，$\boldsymbol{N}(t)\in\mathcal{N}(\boldsymbol{0},\boldsymbol{Q}(t)\delta(t))$，且它们互不相关。

利用第 3 章的分析结果，可获得状态估计方程为

$$\dot{\widehat{\boldsymbol{X}}} = \boldsymbol{A}\widehat{\boldsymbol{X}} + \boldsymbol{R}\boldsymbol{C}^{\mathrm{T}}\boldsymbol{Q}^{-1}(\boldsymbol{Y}-\boldsymbol{C}\widehat{\boldsymbol{X}}) + \boldsymbol{D}\boldsymbol{U}_0\mathrm{sgn}(\widehat{\boldsymbol{\psi}}^{\mathrm{T}}\boldsymbol{D}),\ \widehat{\boldsymbol{X}}(t_0) = \boldsymbol{m}_{x_0} \tag{4.72}$$

式中，矩阵 $\boldsymbol{R}(t)$ 满足下列方程：

$$\dot{\boldsymbol{R}} = \boldsymbol{A}\boldsymbol{R} + \boldsymbol{R}\boldsymbol{A}^{\mathrm{T}} - \boldsymbol{R}\boldsymbol{C}^{\mathrm{T}}\boldsymbol{Q}^{-1}\boldsymbol{C}\boldsymbol{R} + \boldsymbol{G},\ \boldsymbol{R}(t_0) = \boldsymbol{\theta}_{x_0} \tag{4.73}$$

它的伴随方程为

$$\dot{\widehat{\boldsymbol{\psi}}} = -\widehat{\boldsymbol{\psi}}\boldsymbol{A}^{\mathrm{T}},\ \widehat{\boldsymbol{\psi}}(t_k) = -\boldsymbol{\lambda} \tag{4.74}$$

$$\dot{\widehat{\psi}}_{n+1} = 0,\ \widehat{\psi}_{n+1}(t_k) = -1 \tag{4.75}$$

假若已知终止状态的某随机特性，如 $E(\boldsymbol{X}_k^{\mathrm{T}}\boldsymbol{X}_k)$，则求解联立方程式 (4.72)～式 (4.75) 的两点边值问题，可获得伴随函数的估计值 $\widehat{\boldsymbol{\psi}}$，代入式 (4.69)，即可求出最优控制向量 $\boldsymbol{u}(t)$ 的具体表达式。注意，此类问题在通常情况下只有数值解。

例 4.1 假设被控对象由下列随机线性微分方程描述：

$$\begin{cases} \dot{X}_1 = X_2, & X_1(t_0) = X_{10} \\ \dot{X}_2 = -X_1 - 3X_2 + u + V, & X_2(t_0) = X_{20} \end{cases}$$

式中，白噪声 $v(t)\in\mathcal{N}(0, G\delta(t))$。

初始状态变量的数学期望 $m_{x_{10}}, m_{x_{20}}$ 及方差 $\theta_{x_{10}}, \theta_{x_{20}}$ 已知。终止状态变量 $X_1(t_k)=X_{1k}, X_2(t_k)=X_{2k}$ 满足下列方程：

$$E(X_{1k}^2+X_{2k}^2)=\rho$$

量测方程为

$$X_1(t)=X_1(t)+N(t)$$

式中，白噪声变量 $N(t)\in\mathcal{N}(0, Q\delta(t))$，且与 $V(t)$ 互不相关。要求确定最优控制变量 $u(t)$，满足限制条件 $|u(t)|\leqslant U_0$，使得在最短时间内将被控对象从初始状态转移到终止状态。

解：定义新的状态变量 $X_3(t)$ 为

$$\dot{X}_3(t)=1,\ X_3(t_0)=t_0$$

再定义庞特里亚金泛函为

$$\pi(t_k)=X_3(t_k)+\lambda_1(X_1(t_k)-X_{1k})+\lambda_2(X_2(t_k)-X_{2k})$$

则时间最短问题转化为求解最优控制变量 $\boldsymbol{u}(t)$，满足限制条件 $|u(t)|\leqslant U_0$，使庞特里亚金泛函的条件数学期望 $E_y[\pi(t_k)]$ 达到最小值。

下面利用最大值原理求解。

定义哈密顿函数为

$$H=\psi_1X_2+\psi_2(-X_1-3X_2+u+V)+\psi_3$$

则时间最短问题又转化为求解最优控制变量 $u(t)$，满足限制条件 $|u(t)|\leqslant U_0$，使哈密顿函数的条件数学期望 $E_y[H]$ 达到最大值。

利用极值定理，可求出最优控制为

$$u=U_0\mathrm{sgn}(\widehat{\psi}_2)$$

下面需要给出伴随函数的估计表达式。利用伴随方程式 (4.70) 和式 (4.71)，得

$$\begin{cases}\dot{\widehat{\psi}}_1=-\widehat{\psi}_2, & \widehat{\psi}_1(t_k)=-\lambda_1\\ \dot{\widehat{\psi}}_2=\widehat{\psi}_1-3\widehat{\psi}_2, & \widehat{\psi}_2(t_k)=-\lambda_2\end{cases}$$

上述两个方程等价于

$$\ddot{\widehat{\psi}}_2-3\dot{\widehat{\psi}}_2+\widehat{\psi}_2=0$$

求解此方程，得

$$\widehat{\psi}_2(t)=\mathrm{e}^{\frac{3}{2}t}(a_1\mathrm{e}^{\frac{5}{2}t}+a_2\mathrm{e}^{-\frac{5}{2}t})$$

式中，a_1, a_2 均为待定参数。

为了求出待定参数 a_1,a_2，首先将伴随函数的估计表达式代入最优控制变量的表达式，得

$$u = U_0 \mathrm{sgn}\left[\mathrm{e}^{\frac{3}{2}t}(a_1 \mathrm{e}^{\frac{5}{2}t} + a_2 \mathrm{e}^{-\frac{5}{2}t})\right]$$

然后，列出状态估计方程及其边值条件为

$$\begin{cases} \dot{\widehat{X}}_1 = \widehat{X}_2 + R_{11}\dfrac{1}{Q}(Y_1 - \widehat{X}_1), & \widehat{X}_1(t_0) = m_{x_{10}} \\ \dot{\widehat{X}}_2 = -\widehat{X}_1 - 3\widehat{X}_2 + u + R_{12}\dfrac{1}{Q}(Y_1 - \widehat{X}_1), & \widehat{X}_2(t_0) = m_{x_{20}} \end{cases}$$

式中，$R_{11}(t)$、$R_{12}(t)$ 和 $R_{22}(t)$ 满足下列方程：

$$\begin{cases} \dot{R}_{11} = 2R_{12} - \dfrac{1}{Q}(R_{11}^2 + R_{12}^2), & R_{11}(t_0) = \theta_{x_{10}} \\ \dot{R}_{12} = -R_{11} - 3R_{12} + R_{22} - \dfrac{1}{Q}(R_{11}R_{12} + R_{12}R_{22}), & R_{12}(t_0) = \theta_{x_{10}x_{20}} \\ \dot{R}_{22} = -2R_{12} - 6R_{22} - \dfrac{1}{Q}(R_{12}^2 + R_{22}^2) + G, & R_{22}(t_0) = \theta_{x_{20}} \end{cases}$$

最后，利用终止状态变量 X_{1k},X_{2k} 的已知概率特性，并求解关于 $\widehat{\psi}_1,\widehat{\psi}_2$ 及 $\widehat{X}_1,\widehat{X}_2$ 的联立方程，从而获得最优控制变量中的待定参数 a_1,a_2。由最优控制变量表达式可知，它只有两个常值 $\pm U_0$。

4.3.3 终值控制问题

终值控制问题是最优控制的基本问题之一，有非常广泛的实际应用。下面仍然使用最大值原理来求解。

假设随机系统的状态方程与观测方程分别同式 (4.59) 及式 (4.2)，并假设控制时间 $t_k - t_0 = T$ 固定。

准则或代价函数定义为

$$F_0 = F(\boldsymbol{X}(t_k))$$

式中，F 为已知的确定性函数。

目的：求解最优控制向量 $\boldsymbol{u}(t)$，满足限制条件 $|u_i(t)| \leqslant U_{0i}$，且使代价函数 F 的条件数学期望 $E_y(F)$ 达到最小。

下面按照 4.1 节和 4.2 节介绍的步骤来求解。

1. 转化为标准优化问题

引进第 $n+1$ 个状态变量 $X_{n+1}(t)$ 为

$$X_{n+1}(t) = F(\boldsymbol{X}(t), t) \tag{4.76}$$

对式 (4.76) 两边关于时间求导数，并将式 (4.61) 代入，得

$$\dot{X}_{n+1} = \sum_{j=1}^{n} \frac{\partial F}{\partial X_j}[\varphi_j(\boldsymbol{X}, t) + u_j + V_j],\ X_{n+1}(t_0) = F(\boldsymbol{X}(t_0), t_0) \tag{4.77}$$

则有

$$X_{n+1}(t_k) = F(\boldsymbol{X}(t_k)) \tag{4.78}$$

进一步，定义庞特里亚金泛函为

$$\pi(t_k) = X_{n+1}(t_k) \tag{4.79}$$

注意：由于系统终止状态 $\boldsymbol{X}(t_k)$ 没有限制，因此，庞特里亚金泛函 $\pi(t_k)$ 与第 $n+1$ 个状态变量 X_{n+1} 在时刻 t_k 的函数值相同。

从而，终值控制问题转化为求解最优控制向量 $\boldsymbol{u}(t)$，满足限制条件 $|u_i(t)| \leqslant U_{0i}$，使庞特里亚金泛函 $\pi(t_k)$ 的条件数学期望 $E_Y[\pi(t_k)]$ 达到最小值。

2. 求最优控制向量

定义哈密顿函数为

$$H = \sum_{j=1}^{n} \left(\psi_j + \psi_{n+1}\frac{\partial F}{\partial X_j}\right)[\varphi_j(\boldsymbol{X}, t) + (\boldsymbol{Du})_j + V_j] \tag{4.80}$$

为了得到哈密顿函数的条件数学期望 $E_y(H)$ 的具体表达式，首先直接使用伴随方程，而不是用伴随估计方程来对哈密顿函数进行化简。因为满足伴随方程的函数的估计值必满足伴随估计方程。

伴随函数应满足下列微分方程：

$$\dot{\psi}_i = -\sum_{j=1}^{n}\left[\left(\psi_j + \psi_{n+1}\frac{\partial F}{\partial X_j}\right)\frac{\partial \varphi_j}{\partial X_i} + \psi_{n+1}\frac{\partial^2 F}{\partial X_i \partial X_j}\dot{X}_j\right] \tag{4.81}$$

$$\dot{\psi}_{n+1} = 0 \tag{4.82}$$

终止条件为

$$\psi_i(t_k) = 0,\ \psi_{n+1}(t_k) = -1 \qquad (i = 1, 2, \cdots, n) \tag{4.83}$$

由式 (4.82) 及终止条件式 (4.83) 的最后一个等式可知

$$\psi_{n+1}(t) = -1$$

从而，式 (4.81) 转化为

$$\dot{\psi}_i - \sum_{j=1}^{n} \frac{\partial^2 F}{\partial X_i \partial X_j}\dot{X}_j = -\sum_{j=1}^{n}\left(\psi_j - \frac{\partial F}{\partial X_j}\right)\frac{\partial \varphi_j}{\partial X_i} \qquad (i = 1, 2, \cdots, n) \tag{4.84}$$

记

$$Z_i = \psi_i - \frac{\partial F}{\partial X_i} \qquad (i = 1, 2, \cdots, n) \tag{4.85}$$

则式 (4.84) 化简为

$$\dot{Z}_i = -\sum_{j=1}^{n} Z_j \frac{\partial \varphi_j}{\partial X_i} \qquad (i = 1, 2, \cdots, n) \tag{4.86}$$

利用式 (4.83) 与式 (4.85)，求得向量的终止条件为

$$Z_i(t_k) = -\frac{\partial F(X(t_k),\, t_k)}{\partial X_i} \tag{4.87}$$

这样，利用式 (4.85) 及 $\psi_{n+1}(t) = -1$，可将哈密顿函数化简为

$$H = \sum_{j=1}^{n} Z_j[\varphi_j(\boldsymbol{X},\, t) + (\boldsymbol{Du})_j + V_j] \tag{4.88}$$

从而，它的条件数学期望 $E_y[H]$ 可化简为

$$\widehat{H} = \sum_{j=1}^{n} E_y[Z_j(\varphi_j(\boldsymbol{X},\, t) + (\boldsymbol{Du})_j + V_j)] \tag{4.89}$$

下面使用随机最大值原理。显然，要使 $\widehat{H}$ 关于控制变量 $u_j(j = 1, 2, \cdots, n)$ 达到最大值，必须使 $\sum\limits_{j=1}^{n} E_y[(\boldsymbol{Z}^{\mathrm{T}}\boldsymbol{D})_j]u_j$ 达到最大，故可推出

$$u_j = U_{0j}\mathrm{sgn}(E_y[(\boldsymbol{X}^{\mathrm{T}}\boldsymbol{D})_j]) \qquad (j = 1, 2, \cdots, n) \tag{4.90}$$

式中，向量 $\boldsymbol{Z}(t)$ 的条件数学期望 $E_y[\boldsymbol{Z}]$ 由下式确定：

$$\widehat{Z}_j(t) = \widehat{\psi}_j(t) - E_y\left[\frac{\partial F(\boldsymbol{X},\, t)}{\partial X_j}\right] \qquad (j = 1, 2, \cdots, n) \tag{4.91}$$

因此，要求解最优控制向量 $\boldsymbol{u}(t)$，必须获得状态向量及伴随向量的估计值 $\widehat{\boldsymbol{X}}$、$\widehat{\boldsymbol{\psi}}$。

3. 列出状态估计方程及伴随函数估计方程及其边值条件

我们知道，要获得状态向量的估计值 $\widehat{\boldsymbol{X}}$，必须已知状态向量 $\boldsymbol{X}(t)$ 的先验概率分布。若假设状态向量 $\boldsymbol{X}(l)$ 的先验概率服从高斯分布，则可求出最优状态向量估计 $\widehat{\boldsymbol{X}}$ 的近似表达式。利用第 3 章介绍的逼近最优估计算法，可获得状态向量的逼近最优估计方程，即

$$\dot{\widehat{X}}_p = (\boldsymbol{Du})_p + \varphi_{p0}(\widehat{\boldsymbol{X}},\, \boldsymbol{R},\, t) + \sum_{\rho,\, \nu=1}^{m} \sum_{q=1}^{n} \frac{\partial F_{\rho\nu}^*}{\partial \widehat{X}_q} R_{pq},\ \widehat{X}_p(t_0) = m_p(t_0) \tag{4.92}$$

$$\begin{aligned}\dot{R}_{pq} = {} & G_{pq} + \sum_{i=1}^{n}\left(R_{ip}\frac{\partial \varphi_{q0}}{\partial \widehat{X}_i} + R_{qi}\frac{\partial \varphi_{p0}}{\partial \widehat{X}_i}\right) \\ & + \sum_{\rho,\, \nu=1} \sum_{i,\, j=1}^{n} \frac{\partial^2 F_{\rho\nu}^*}{\partial \widehat{X}_i \partial \widehat{X}_j} R_{pi}R_{qj},\ R_{pq}(t_0) = \theta_{pq}(t_0) \qquad (p,\, q = 1, 2, \cdots, n)\end{aligned} \tag{4.93}$$

式中，$\dfrac{\partial F_{\rho\nu}^*}{\partial \widehat{X}_q}$ 及 $\dfrac{\partial^2 F_{\rho\nu}^*}{\partial \widehat{X}_l \partial \widehat{X}_j}$ 由 3.5 节逼近方程确定。它们的初始条件为在 $t = t_0$ 时的先验条件数学期望及方差矩。

为了求出伴随函数的估计值 $\widehat{\psi}(t)$，对式 (4.84) 两边取条件数学期望，得

$$\dot{\widehat{\psi}}_i = -\sum_{j=1}^{n} E_y\Big[\Big(\psi_j - \frac{\partial F}{\partial X_j}\Big)\frac{\partial \varphi_j}{\partial X_i} + \frac{\partial^2 F}{\partial X_j \partial X_i}\dot{X}_i\Big] \qquad (i = 1, 2, \cdots, n) \tag{4.94}$$

将 φ_j 的统计线性化表达式代入式 (4.94)，得

$$\dot{\widehat{\psi}}_i = -\sum_{j=1}^{n}\Big[\widehat{\psi}_j - E_y\Big(\frac{\partial F}{\partial X_j}\Big)\Big]\frac{\partial \varphi_{j_0}}{\partial \widehat{X}_i} - \sum_{j=1}^{n} E_y\Big(\frac{\partial^2 F}{\partial X_j \partial X_i}\dot{X}_i\Big) \qquad (i = 1, 2, \cdots, n) \tag{4.95}$$

终值条件为 $\widehat{\psi}_i(t_k) = 0$。

4. 求解微分方程式 (4.92)~ 式 (4.95) 的两点边值问题获得最优闭环控制

注意：此类最优控制问题通常也只有数值解。

例 4.2 假设随机被控对象由下列微分方程表示：

$$\begin{cases} \dot{X}_1 = a_{11}(t)X_1 + a_{12}(t)X_2 + u_1, & X_1(t_0) = X_{10} \\ \dot{X}_2 = a_{21}(t)X_1 + a_{22}(t)X_2, & X_2(t_0) = X_{20} \end{cases}$$

量测方程为

$$Y_1(t) = X_1(t) + N(t)$$

式中，白噪声变量 $N(t) \in \mathcal{N}(0, Q\delta(t))$。要求确定最优控制变量 $u_1(t)$，满足 $|u_1(t)| \leqslant U_0$，且使代价函数 $F_0 = X_1^2(t_k)$ 的条件数学期望达到最小。

解：引入新的状态变量 $X_3(t)$ 为

$$\dot{X}_3 = 2X_1,\ X_3(t_0) = X_{10}^2$$

则由式 (4.85) 与式 (4.90)，可求得最优控制变量 $u_1(t)$ 为

$$u_1(t) = U\text{sgn}(\widehat{\psi}_1 - 2\widehat{X}_1)$$

下面需要进行伴随函数估计 $\widehat{\psi_1}$ 和状态变量估计 $\widehat{X_1}$。由式 (4.95) 可得伴随函数估计方程，即

$$\begin{cases} \dot{\widehat{\psi}}_1 = -a_{11}\widehat{\psi}_1 - a_{21}\widehat{\psi}_2 - 2, & \widehat{\psi}_1(t_k) = 0 \\ \dot{\widehat{\psi}}_2 = -a_{12}\widehat{\psi}_1 - a_{22}\widehat{\psi}_2, & \widehat{\psi}_2(t_k) = 0 \end{cases}$$

状态变量估计可由线性最优滤波估计方程确定，即

$$\begin{cases} \dot{\widehat{X}}_1 = a_{11}\widehat{X}_1 + a_{12}\widehat{X}_2 + u_1 + \dfrac{R_{11}}{Q}(Y_1 - \widehat{X}_1), & \widehat{X}_1(t_0) = m_{x_{10}} \\ \dot{\widehat{X}}_2 = a_{21}\widehat{X}_2 + a_{22}\widehat{X}_2 + \dfrac{R_{12}}{Q}(Y_1 - \widehat{X}_1), & \widehat{X}_2(t_0) = m_{x_{20}} \end{cases}$$

式中，矩阵 $\boldsymbol{R}(t)$ 的元素 $R_{11}(t)$、$R_{12}(t)$ 及 $R_{22}(t)$ 由下列方程组确定：

$$\dot{R}_{11}=2a_{11}R_{11}+2a_{12}R_{12}-\frac{1}{Q}(R_{11}^2+R_{12}^2),\ R_{11}(t_0)=\theta_{12}(t_0)$$

$$\dot{R}_{12}=a_{21}R_{11}+a_{11}R_{12}+(a_{12}+a_{22})R_{22}-\frac{1}{Q}(R_{11}R_{12}+R_{12}R_{22})$$

$$R_{12}(t_0)=\theta_{12}(t_0)$$

$$\dot{R}_{22}=2a_{21}R_{12}+2a_{22}R_{22}-\frac{1}{Q}(R_{12}^2+R_{22}^2),\ R_{22}(t_0)=\theta_{22}(t_0)$$

联立求解上述伴随函数估计方程与线性最优滤波估计方程，可获得它们的估计值，从而可求出最优控制变量 $u_1(t)$。

例 4.3 假设被控对象由下列一维随机非线性微分方程表示：

$$\dot{X}_1=-2X_1^3+u+V,\ X_1(t_0)=X_{10}$$

式中，白噪声变量 $V(t)\in\mathcal{N}(0,\ G\delta(t))$，初始状态的概率特性为

$$E(X_{10})=0,\ E(X_{10}^2)=\theta_0$$

在时间区间 $[t_0,\ t_k]$，量测方程为

$$Y_1(t)=X_1(t)+N(t)$$

式中，白噪声 $N(t)\in\mathcal{N}(0,\ Q\delta(t))$，且它与 $V(t)$ 互不相关。要求确定最优控制变量 $u(t)$，满足 $|u(t)|\leqslant U_0$，且使终止状态变量 $X_1(t_k)$ 平方的条件数学期望达到最小，即代价函数为

$$F(X_1(t_k))=X_1^2(t_k)$$

解：引入新的状态变量 $X_2(t)$，满足下列方程：

$$\dot{X}_2=2X_1(2X_1^3+u+V),\ X_2(t_0)=X_1^2(t_0)$$

定义哈密顿函数为

$$H=(\psi_1-2X_1)(2X_1^3+u+V)$$

利用式 (4.90) 求出最优控制变量 $u(t)$ 为

$$u(t)=U_0\mathrm{sgn}[\widehat{\psi}_1(t)-2\widehat{X}_1(t)]$$

下面需要获得伴随函数估计 $\widehat{\psi}_1$ 和状态变量估计 $\widehat{X}_1$。由式 (4.95) 可得如下伴随函数估计方程：

$$\dot{\widehat{\psi}}_1=6(\widehat{\psi}_1-2\widehat{X}_1)R+2\widehat{X}_1,\ \widehat{\psi}(t_k)=0$$

由于被控对象是非线性的，为了获得状态估计 $\widehat{Y}_1(t)$，必须使用统计线性化方法，获得状态方程的统计线性化方程，然后使用第 5 章介绍的逼近最优状态估计算法。即

$$\dot{\widehat{X}}_1 = u + 6R\widehat{X}_1 + \frac{R}{Q}(Y_1 - \widehat{X}_1),\ \widehat{X}_1(t_0) = 0$$

$$\dot{R} = G + \left(12 - \frac{1}{Q}\right)R^2,\ R(t_0) = \theta_0$$

联立求解上述伴随函数估计和状态变量估计方程，可伴随函数估计 $\widehat{\psi}_1$ 和状态变量估计 $\widehat{X}_1$，从而求出最优控制变量 $\boldsymbol{u}(t)$。

4.3.4 最小能量控制问题

随机最优控制的第三种类型为最小能量控制, 即使用如下积分形式的准则函数

$$F_0 = \int_{t_0}^{t_k} q(\boldsymbol{X}(t),\ \boldsymbol{u}(t),\ t)\mathrm{d}t \tag{4.96}$$

本小节假设状态方程与量测方程分别为式 (4.61) 与式 (4.2)。要求确定最优控制向量 $\boldsymbol{u}(t)$, 满足限制条件 $|u_i| \leqslant U_{0i}$, 且在时间区间 $[t_0,\ t_k]$ 将被控对象从初始状态 $\boldsymbol{X}(t_0)$ 转移到指定的终止状态 $\boldsymbol{X}(t_k) = \boldsymbol{X}_k$, 并使准则函数 F 的条件数学期望 $E_y(F)$ 达到最小。

假设它的初始条件 $\boldsymbol{X}(t_0)$ 与终止条件 $\boldsymbol{X}(t_k) = \boldsymbol{X}_k$ 的某些概率特性已知，即

$$\begin{cases} E(\boldsymbol{X}_0^{\mathrm{T}}\boldsymbol{X}_0) = \boldsymbol{m}_{X_0}^{\mathrm{T}}\boldsymbol{m}_{X_0} + \boldsymbol{\theta}_0 \\ E(\boldsymbol{X}_k^{\mathrm{T}}\boldsymbol{X}_k) = \boldsymbol{m}_{X_k}^{\mathrm{T}}\boldsymbol{m}_{X_k} + \boldsymbol{\theta}_k \end{cases} \tag{4.97}$$

下面使用随机最大值原理来求解最优控制向量 $\boldsymbol{u}(t)$。求解过程类似于随机最优控制的前两种类型，同样分为如下四步。

1. 转化为标准优化问题

引进新的状态变量 $X_{n+1}(t)$，满足下列方程：

$$\dot{X}_{n+1} = q(\boldsymbol{X}(t),\ \boldsymbol{u}(t),\ t),\ X_{n+1}(t_0) = 0 \tag{4.98}$$

对式 (4.98) 两边在时间区间 $[t_0,\ t_k]$ 求定积分，得

$$X_{n+1}(t_k) = F_0 = \int_{t_0}^{t_k} q(\boldsymbol{X}(t),\ \boldsymbol{u}(t),\ t)\mathrm{d}t$$

定义庞特里亚金泛函为

$$\pi(t_k) = X_{n+1}(t_k) + \sum_{i=1}^{n} \lambda_i(X_i(t_k) - X_{ki}) \tag{4.99}$$

从而，最小能量控制问题转化为求解最优控制向量 $\boldsymbol{u}(t)$，满足限制条件 $|u_i| \leqslant U_{0i}$，使庞特里亚金泛函 $\pi(t_k)$ 的条件数学期望 $E_y[\pi(t_k)]$ 达到最小值。

2. 求最优控制向量 $\boldsymbol{u}(t)$

定义哈密顿函数为

$$H = \psi_{n+1} q(\boldsymbol{X},\, u,\, t) + \sum_{i=1}^{n} \psi_i [\varphi_i(\boldsymbol{X},\, t) + (\boldsymbol{D}\boldsymbol{u})_i + V_i] \tag{4.100}$$

为了求出哈密顿函数条件数学期望 $E_y[H]$ 的具体表达式，首先直接使用伴随方程，而不是用伴随估计方程来对哈密顿函数进行化简。因为满足伴随方程的函数估计值必满足伴随估计方程。伴随函数应满足下列微分方程：

$$\begin{cases} \dot{\psi}_i = -\displaystyle\sum_{j=1}^{n} \psi_j \frac{\partial \varphi_j}{\partial X_i} - \psi_{n+1} \frac{\partial q}{\partial X_i}, & \psi_i(t_k) = -\lambda_i \\ \dot{\psi}_{n+1} = 0, & \psi_{n+1}(t_k) = -1 \end{cases} \quad (i = 1, 2, \cdots, n) \tag{4.101}$$

由方程式 (4.101) 的第二式可知

$$\psi_{n+1}(t) = -1$$

将上式代入式 (4.100)，并对两边求条件数学期望，得哈密顿函数的条件数学期望为

$$\widehat{H} = \sum_{i=1}^{n} E_y[\psi_i(\varphi_i(\boldsymbol{X},\, t) + (\boldsymbol{D}\boldsymbol{u})_i + V_i)] - E_y[q(\boldsymbol{X},\, \boldsymbol{u},\, t)]$$

下面利用随机最大值原理求最优控制器 $\boldsymbol{u}(t)$。我们分以下两种情况进行讨论。

1）当控制向量 $\boldsymbol{u}(t)$ 在区域 U_0 内部变化，即满足 $|u_i| \leqslant U_{0i} (i = 1, 2, \cdots, r)$ 时，对哈密顿函数的条件数学期望 $E_y[H]$ 关于时间 t 求导数，并令其为 0，即可求出最优控制器 $\boldsymbol{u}(t)$，即

$$\frac{\partial \widehat{H}}{\partial u_i} = \widehat{\psi}_i - \frac{\partial}{\partial u_i} E_y[q(\boldsymbol{X},\, \boldsymbol{u},\, t)] = 0 \qquad (i = 1, 2, \cdots, n) \tag{4.102}$$

得

$$u_i = v_i(\widehat{\boldsymbol{X}},\, \widehat{\boldsymbol{\psi}},\, t)$$

2）当控制向量 $\boldsymbol{u}(t)$ 达到或超过区域 U_0 边界时，哈密顿函数的条件数学期 $E_y[H]$ 的最大值应在控制向量区域 U_0 边界上取得，从而求出最优控制器为 $u_i = \pm U_{0i}$。它的符号与函数 v_i 的符号相同。

综合以上两种情况，最优控制向量可表示为

$$u_i = \begin{cases} v_i(\widehat{\boldsymbol{X}},\, \widehat{\boldsymbol{\psi}},\, t), & |v_i| \leqslant U_{0i} \\ |U_{0i}| \mathrm{sgn} v_i, & |v_i| > U_{0i} \end{cases} \quad (i = 1, 2, \cdots, n) \tag{4.103}$$

显然，要求解最优控制向量 $\boldsymbol{u}(t)$，还必须获得状态向量及伴随向量的估计值 $\widehat{\boldsymbol{X}}(t)$、$\widehat{\boldsymbol{\psi}}(t)$。

3. 列出状态估计方程、伴随函数估计方程及边值条件

为了求伴随向量的估计值 $\widehat{\psi}(t)$，对式 (4.101) 两边求条件数学期望，得

$$\dot{\widehat{\psi}}_i=-\sum_{j=1}^{n}E_y\Big[\psi_j\frac{\partial\varphi_j(\boldsymbol{X},t)}{\partial X_i}\Big]+E_y\Big[\frac{\partial q(\boldsymbol{X},\boldsymbol{u},t)}{\partial X_i}\Big]$$

$$\widehat{\psi}_i(t_k)=-\lambda_i\qquad(i=1,2,\cdots,n)$$

将 $\boldsymbol{\varphi}(\boldsymbol{X},t)$ 的统计线性化函数代入上式，得如下伴随向量的逼近估计方程：

$$\dot{\widehat{\psi}}_i=-\sum_{j=1}^{n}\widehat{\psi}_j\frac{\partial\varphi_{j0}}{\partial\widehat{X}_i}+E_y\Big[\frac{\partial q(\boldsymbol{X},\boldsymbol{u},t)}{\partial X_i}\Big]$$

$$\widehat{\psi}_i(t_k)=-\lambda_i\qquad(i=1,2,\cdots,n)\tag{4.104}$$

关于状态估计 $\widehat{\boldsymbol{X}}(t)$，使用第 2 章介绍的高斯逼近非线性最优估计方法确定，它的估计方程同式 (4.92) 及式 (4.93)。

4. 求解微分方程

通过联立求解状态估计及伴随函数估计方程，可获得估计值 $\widehat{\boldsymbol{X}}(t)$,$\widehat{\boldsymbol{\psi}}(t)$，从而求出最优控制向量 $\boldsymbol{u}(t)$。

注意：这里仍然需要求解微分方程两点边值问题，因此，通常它只有数值解。

例 4.4 假设随机状态方程为

$$\dot{X}=-3X+2u+V,\ X(t_0)=0,\ X(t_k)=1$$

式中，白噪声变量 $V(t)\in\mathcal{N}(0,G\delta(t))$，初始状态的概率特性为

$$E(X_{10})=0,\ E(X_{10}^2)=\theta_0$$

量测方程为

$$Y(t)=X(t)+N(t)$$

式中，白噪声变量 $N(t)\in\mathcal{N}(0,Q\delta(t))$，且它与 $V(t)$ 互不相关。要求确定最优控制变量 $u(t)$ 满足限制条件 $|u(t)|\leqslant U_0$，在时间区间 $[t_0,t_k]$ 将系统从初始状态变量 $X(t_0)$ 转移到终止状态变量 $X(t_k)$，并使下列代价函数 F_0 的条件数学期望达到最小：

$$F_0=\int_{t_0}^{t_k}(X^2(\tau)+u^2(\tau))\mathrm{d}\tau$$

解：引入新的状态变量 $X_2(t)$，满足下列方程：

$$\dot{X}_2=X_1^2+u^2,\ X_2(t_0)=0$$

这样，可将原状态方程重新表示为

$$\dot{X}_1 = -3X_1 + 2u + V,\ X_1(t_0) = 0$$

定义庞特里亚金泛函为

$$\pi(t_k) = X_2(t_k) + \lambda_1 X_1(t_k)$$

从而，此能量最小控制问题转化为求解最优控制变量 $u(t)$，满足限制条件 $|u(t)|\leqslant U_0$，使庞特里亚金泛函的条件数学期望 $E_y[\pi(t_k)]$ 达到最小值。

下面利用随机最大值原理来求解。定义哈密顿泛函为

$$H = \psi_1(-3X_1 + 2u + V) + \psi_2(X_1^2 + u^2)$$

由式 (4.99) 可得如下伴随方程：

$$\begin{cases} \dot{\psi}_1 = 3\psi_1 + 2X_1,\ \psi_1(t_k) = -\lambda_1, & \psi_1(t_k) = -\lambda_1 \\ \dot{\psi}_2 = 0, & \psi_2(t_k) = -1 \end{cases}$$

由上述方程的第二式，立即求出 $\psi_2(t) = -1$。进一步，由式 (4.103) 可求得最优控制器，即

$$u = \begin{cases} \widehat{\psi}_1, & |\psi_1|\leqslant U_0 \\ |U_0|\mathrm{sgn}\widehat{\psi}_1, & |\psi_1| > U_0 \end{cases}$$

接下来，利用式 (4.92)、式 (4.93) 与式 (4.102)，列出状态估计方程与伴随函数估计方程，即

$$\dot{\widehat{\psi}}_1 = 3\widehat{\psi}_1 + 2\widehat{X}_1,\ \widehat{\psi}_1(t_k) = -\lambda_1$$

$$\dot{\widehat{X}}_1 = -3\widehat{X}_1 + \frac{R}{Q}(Y - \widehat{X}_1) + 2u,\ \widehat{X}_1(t_0) = 0$$

$$\dot{R} = -6R - R^2\frac{1}{Q} + G,\ R(t_0) = 0$$

联立求解上述微分方程两点边值问题，并使用条件 $X(t_k) = 1$，可求出待定参数 λ_1，从而最终获得最优控制器 $u(t)$。

4.4 随机系统局部最优控制

在某些飞行器及技术设备控制中，人们常常对控制系统任意当前时刻 t 的最优状态感兴趣。这时，人们总要给出一种代价函数，以确保它在任何时刻 t 的值是非负的，即

$$F(\boldsymbol{X}, \boldsymbol{x}_{\mathrm{T}}, \boldsymbol{u}, t)\geqslant 0$$

下面我们讨论一般随机非线性系统局部最优控制问题。

假设状态方程与量测方程分别为式 (4.59) 与式 (4.2)。理论需求状态方程为

$$\dot{\boldsymbol{x}}_{\mathrm{T}}=\boldsymbol{\varphi}(\boldsymbol{x}_{\mathrm{T}},t)$$

要求确定最优控制向量 $\boldsymbol{u}(t)$ 满足限制条件 $\boldsymbol{u}(t)\in U_0$，在任意时刻 t，使代价函数的条件数学期望 $E[F(\boldsymbol{X},\boldsymbol{x}_{\mathrm{T}},\boldsymbol{u},t)|\boldsymbol{Y}(\tau),t_0\leqslant\tau\leqslant t]$ 达到最小。

下面我们仍然使用随机最大值原理来求解。

由第 4.2.2 节的分析结果可知，此优化问题转化为：求解最优控制向量 $\boldsymbol{u}(t)$，满足限制条件 $\boldsymbol{u}(t)\in U_0$ 且在任意时刻 t，满足下列方程：

$$\max_{\boldsymbol{u}\in U_0}\{-E_y[\dot{F}(\boldsymbol{X},\boldsymbol{x}_{\mathrm{T}},\boldsymbol{u},t)]\}=\max_{\boldsymbol{u}\in U_0}\{-\dot{\hat{F}}\}\tag{4.105}$$

式中

$$\begin{aligned}\dot{\hat{F}}=&\sum_{i=1}^{n}E_y\Big[\frac{\partial F}{\partial X_i}(\varphi_i(\boldsymbol{X},t)+u_i+V_i)\\&+\frac{\partial F}{\partial x_{\mathrm{T}i}}\varphi_i(\boldsymbol{x}_{\mathrm{T}},t)+\frac{\partial F}{\partial u_i}\dot{u}_i\Big]+E_y\left(\frac{\partial F}{\partial t}\right)\end{aligned}$$

下面求最优控制向量 $\boldsymbol{u}(t)$。我们分以下两种情况进行讨论。

1）当控制向量在区域 U_0 内部变化时，使用极值定理可以求泛函 $\dot{\hat{F}}$ 的最大值，即对泛函 $\dot{\hat{F}}$ 关于 $\boldsymbol{u}$ 求导数，并令其为 0，即

$$\begin{aligned}&\sum_{j=1}^{n}\Big\{E_y\Big[\frac{\partial^2F}{\partial u_i\partial X_j}(\varphi_j(\boldsymbol{X},t)+u_j+V_j)+\frac{\partial F}{\partial X_i}+\frac{\partial^2F}{\partial u_i\partial x_{\mathrm{T}j}}\varphi_j(x_{\mathrm{T}},t)\\&+\frac{\partial^2F}{\partial u_i\partial u_j}\dot{u}_j\Big]\Big\}+E_y\Big(\frac{\partial^2F}{\partial u_i\partial t}\Big)=0\qquad(i=1,2,\cdots,n)\end{aligned}\tag{4.106}$$

为了获得上述关于控制变量 $\boldsymbol{u}(t)$ 的方程的解，必须知道状态向量 $\boldsymbol{X}(t)$ 的先验条件概率分布函数。在实际应用中，要确定此分布函数非常困难，因此，通常使用高斯概率分布来逼近它。在高斯概率分布的假设条件下，式 (4.106) 中的 F 及 $\boldsymbol{\varphi}$ 可转化为只与待定的控制向量 $\boldsymbol{u}$、状态向量估计 $\widehat{\boldsymbol{X}}$ 及协方差矩阵 $\boldsymbol{R}=E[(\boldsymbol{X}-\widehat{\boldsymbol{X}})(\boldsymbol{X}-\widehat{\boldsymbol{X}})^{\mathrm{T}}]$ 有关的非线性函数。

使用第 2 章介绍的非线性系统的逼近最优滤波理论，可获得状态向量的逼近最优估计 $\widehat{\boldsymbol{X}}$，即

$$\dot{\widehat{X}}_p=(\boldsymbol{D}\boldsymbol{u})_p+\varphi_{p0}(\widehat{\boldsymbol{X}},\boldsymbol{R},t)+\sum_{\rho,\nu=1}^{m}\sum_{q=1}^{n}\frac{\partial F^*_{\rho\nu}}{\partial\widehat{X}_q}R_{pq},\ \widehat{X}_p(t_0)=m_p(t_0)\tag{4.107}$$

$$\begin{aligned}\dot{R}_{pq}=&G_{pq}+\sum_{i=1}^{n}\left(R_{ip}\frac{\partial\varphi_{q0}}{\partial\widehat{X}_i}+R_{qi}\frac{\partial\varphi_{p0}}{\partial\widehat{X}_i}\right)\\&+\sum_{\rho,\nu=1}\sum_{i,j=1}^{n}\frac{\partial^2F^*_{\rho\nu}}{\partial\widehat{X}_i\partial\widehat{X}_j}R_{pi}R_{qj},\ R_{pq}(t_0)\\=&\theta_{pq}(t_0)\qquad(p,q=1,2,\cdots,n)\end{aligned}\tag{4.108}$$

式中，$\dfrac{\partial F_{\rho\nu}^*}{\partial \widehat{X}_q}$ 及 $\dfrac{\partial^2 F_{\rho\nu}^*}{\partial \widehat{X}_l \partial \widehat{X}_j}$ 由 3.5 节逼近方程确定。它们的初始条件为在 $t=t_0$ 时的先验条件数学期望及方差矩阵。求解上述方程最优状态估计 $\widehat{\boldsymbol{X}}$，从而可获得最优控制向量 $u_i = v_i(\widehat{\boldsymbol{X}}, t)$。

2）当控制向量 $\boldsymbol{u}(t)$ 在区域 U_0 边界上变化时，泛函 $\dot{\hat{F}}$ 的最大值在控制向量区域 U_0 的边界上获得，从而求出最优控制器为 $u_i = \pm U_{0i}$，它的符号与函数 $v_i(\widehat{\boldsymbol{X}}, t)$ 的符号相同。

综合以上两种情况，最优控制变量 $u(t)$ 的第 i 个分量 $u_i(t)$ 可表示为

$$u_i(t) = \begin{cases} v_i(\widehat{\boldsymbol{X}}, t), & |v_i| < U_{0i} \\ |U_{0i}|\mathrm{sgn} v_i, & |v_i| \geqslant U_{0i} \end{cases} \qquad (i = 1, 2, \cdots, n) \tag{4.109}$$

注意：在某些情况下，代价函数 F 不含有控制向量 $\boldsymbol{u}(t)$，利用式 (4.106)，可求出最优控制向量 $\boldsymbol{u}(t)$ 的第 i 个分量 $u_i(t)$ 为

$$u_i(t) = |U_{0i}|\mathrm{sgn}\left[E_y\left(\frac{\partial F}{\partial X_i}\right)\right] \qquad (i = 1, 2, \cdots, n)$$

由以上分析可知，局部最优控制问题不存在求解微分方程的两点边值问题。一般情况下，求解此问题的难点在于解方程式 (4.106)。但是，通过使用统计线性化方法可以较容易地求出它的近似解析解。

例 4.5 假设随机系统的一维状态变量 $X(t)$ 由下列非线性微分方程表示：

$$\dot{X} = \varphi(X, t) + 3u + V, \; X(t_0) = X_0$$

式中，白噪声变量 $V(t) \in \mathcal{N}(0, G\delta(t))$，初始状态的概率特性为

$$E[X_{10}] = 0, \; E[X_{10}^2] = \theta_0$$

量测方程为

$$Y(t) = X(t) + N(t)$$

式中，白噪声变量 $N(t) \in \mathcal{N}(0, Q\delta(t))$，且它与 $V(t)$ 互不相关。要求确定最优控制变量 $u(t)$，满足限制条件 $|u(t)| \leqslant U_0$，使下列代价函数的条件数学期望达到最小：

$$F(X, u, t) = \eta(X) + \frac{1}{k}\int_{t_0}^{t} u^2(\tau)\mathrm{d}\tau$$

式中，$\eta(X) = X\mathrm{sgn}(X), \; k > 0$。

解：由于此局部最优控制问题等价于求解最优控制变量 $u(t)$，满足限制条件 $|u(t)| \leqslant U_0$，且在任意时刻 t，满足下式

$$\max_u \left\{-E_y\left[\frac{\partial \mu}{\partial X}\dot{X} + \frac{1}{k}u^2\right]\right\}$$

利用泛函的极值原理，可求出最优控制变量 $u(t)$ 为

$$u(t) = -\frac{1}{6}kE_y\left[\frac{\partial \mu}{\partial X}\right]$$

为了获得最优控制变量 $u(t)$ 的具体表达式，使用统计线性化方法，可求出它的近似表达式。

函数 $\eta(X)$ 的线性化函数为

$$\eta(X) = \eta_0'(m_x,\, \theta_x)X + k_1'(m_x,\, \theta_x)X^2$$

式中

$$\eta_0'(m_x,\, \theta_x) = 2\varPhi\Big(\frac{m_x}{\sqrt{\theta_x}}\Big) - \frac{2m_x}{\sqrt{2\pi\theta_x}}\mathrm{e}^{-\frac{m_x^2}{2\theta_x}}$$

$$k_1'(m_x,\, \theta_x) = \frac{2}{\sqrt{2\pi\theta_x}}\mathrm{e}^{-\frac{m_x^2}{2\theta_x}}$$

将 $\eta(X)$ 的逼近表达式代入关于 $u(t)$ 的表达式，得

$$u(t) = -\frac{1}{6}k(\eta_0' + 2k_1'\widehat{X})$$

接下来，需要求出状态变量的估计 $\widehat{X}$。对非线性函数 φ 使用统计线性化，并代入状态方程，得

$$\dot{X} = \varphi_0(m_x,\, \theta_x,\, t) + k_1(m_x,\, \theta_x,\, t)(X - m_x) + 3u + V$$

式中，φ_0,k_1 分别为 φ 的非线性特性及统计放大系数；状态变量的数学期望 m_x 及方差 θ_x 分别由下列方程确定，即

$$\dot{m}_x = \varphi_0 - \frac{1}{6}k\eta_0',\ m_x(t_0) = m_0$$

$$\dot{\theta}_x = (k_1 - kk_1')\theta_x + \theta_x(k_1 - kk_1') + G,\ \theta_x(t_0) = \theta_0$$

使用逼近线性滤波估计方程即可求出状态变量的逼近最优估计 $\widehat{X}$，即

$$\dot{\widehat{X}} = \varphi_0' + k\widehat{X} + 3u + RQ^{-1}(Y - \widehat{X}),\ \widehat{X}(t_0) = m_0$$

$$\dot{R} = 2k_1R - \frac{1}{Q}R^2 + G,\ R(t_0) = \theta_0$$

4.5　离散随机系统的最大值原理

在前面我们已经介绍过，对于离散时间随机系统的最优控制问题，使用动态规划方法求解要比使用随机最大值原理简单、适用。但在有些情况下，也可以使用离散时间最大值原理。

严格地讲，最大值原理不适用离散时间系统。若离散时间系统的状态序列不能逼近某个有限维连续过程，则使用离散时间最大值原理求解此问题是不正确的 [198]。要想将最大值原理应用到离散时间系统，必须对最大值原理做适当的修改 [198-199]。

本节将离散时间最大值原理应用于连续时间随机系统的离散化模型中，以便于使用计算机求解。注意，在这里，假设控制约束集 U_0 应为凸集，而且采样步长 T 可以任意的小。若采样步长 T 不能足够小，或者不是凸集，则最大值原理不能使用 [199]。

假设连续时间随机系统的离散化模型为

$$\boldsymbol{X}(k+1)=\boldsymbol{X}(k)+\boldsymbol{f}(\boldsymbol{X}(k),\,\boldsymbol{u}(k),\,\boldsymbol{V}(k),\,k)T,\,\boldsymbol{X}(0)=\boldsymbol{X}_0 \tag{4.110}$$

离散时间观测方程为

$$\boldsymbol{Y}(k+1)=\boldsymbol{C}(k+1)\boldsymbol{X}(k+1)+\boldsymbol{N}(k+1) \tag{4.111}$$

其他符号同第 2 章。

假设控制满足约束条件 $\boldsymbol{u}(k)\in U_0$ $(k=0,\,1,\,2,\cdots)$，U_0 为凸集。终止状态满足如下约束条件：

$$g_r(\boldsymbol{X}(N),\,N)=0 \qquad (r=1,2,\cdots,l) \tag{4.112}$$

式中，$g_r(r=1,2,\cdots,l)$ 为已知函数。

定义代价函数为

$$F=\sum_{k=0}^{N-1}\boldsymbol{q}(\boldsymbol{X}(k),\,\boldsymbol{x}_{\mathrm{T}}(k),\,\boldsymbol{u}(k),\,N) \tag{4.113}$$

或者代价函数为

$$F=q(\boldsymbol{X}(N),\,N) \tag{4.114}$$

下面利用最大值原理的计算步骤进行求解。

1. 转化为标准优化问题

由于本节给出两种代价函数的定义，因此引入新的状态变量也有以下两种。

1）添加第 $n+1$ 个状态变量 $X_{n+1}(t)$，即

$$X_{n+1}(k)=q(\boldsymbol{X}(k),\,\boldsymbol{x}_{\mathrm{T}}(k),\,\boldsymbol{u}(k),\,k) \tag{4.115}$$

记

$$f_{n+1}(k)=q(\boldsymbol{X}(k),\,\boldsymbol{x}_{\mathrm{T}}(k),\,\boldsymbol{u}(k),\,k) \tag{4.116}$$

2）添加第 $n+1$ 个状态变量 $X_{n+1}(t)$，即

$$X_{n+1}(k+1)=\sum_{j=1}^{n}\frac{\partial q(\boldsymbol{X}(k),\,k)}{\partial X_j(k)}f_j(\boldsymbol{X}(k),\,\boldsymbol{u}(k),\,\boldsymbol{V}(k),\,k) \tag{4.117}$$

记

$$f_{n+1}(k)=\sum_{j=1}^{n}\frac{\partial q(\boldsymbol{X}(k),\,k)}{\partial X_j(k)}f_j(\boldsymbol{X}(k),\,\boldsymbol{u}(k),\,\boldsymbol{V}(k),\,k) \tag{4.118}$$

将上述两种情况用统一的形式表示，即添加第 $n+1$ 个状态变量 $X_{n+1}(k)$，满足下列方程：

$$X_{n+1}(k)=f_{n+1}(k) \tag{4.119}$$

进一步，定义庞特里亚金泛函为

$$\pi(N) = X_{n+1}(N) + \sum_{i=1}^{l} \lambda_i g_i(X(N), N) \tag{4.120}$$

从而，离散时间最优控制问题转化为求解最优控制向量 $\boldsymbol{u}(k)\,(k=0,1,\cdots)$，满足限制条件 $\boldsymbol{u}(k)\in U_0\ (k=0,1,\cdots)$，使庞特里亚金泛函的条件数学期望 $E_y[\pi(N)]$ 达到最小值。

2. 求最优控制向量序列

定义离散时间哈密顿函数为

$$H(\boldsymbol{X}(k), \boldsymbol{u}(k), \boldsymbol{\psi}(k), \boldsymbol{V}(k), k) = \boldsymbol{\psi}^{\mathrm{T}}(k)\boldsymbol{f}(k) + \psi_{n+1}(k) f_{n+1}(k) \tag{4.121}$$

类似于连续时间最大值原理，离散最大值原理可以叙述为：若存在最优状态序列 $\boldsymbol{u}(k)\,(k=0,1,\cdots)$，满足限制条件 $\boldsymbol{u}(k)\in U_0\ (k=0,1,\cdots)$，且当离散时间随机系统从初始状态 $\boldsymbol{X}(0)$ 转移到终止状态 $\boldsymbol{X}(N)$ 的指定区域时，使庞特里亚金泛函的条件数学期望 $E_y[\pi(N)]$ 达到最小值，则在时间区间 $[0, NT]$，最优控制向量序列 $\boldsymbol{u}(k)\,(k=0,1,\cdots)$ 满足限制条件 $\boldsymbol{u}(k)\in U_0\ (k=0,1,\cdots)$，并使哈密顿函数的条件数学期望 $E_y[H]$ 达到最大值或上确界，即控制向量 $u(k)$ 满足下列方程：

$$u(k) = \arg \sup_{\boldsymbol{u}(k)\in U_0} \left\{E_y[H(\boldsymbol{X}(k), \boldsymbol{u}(k), \boldsymbol{\psi}(k), \boldsymbol{V}(k), k)]\right\} \quad (k=0,1,\cdots) \tag{4.122}$$

显然，利用式 (4.122) 可以求出最优控制向量 $\boldsymbol{u}(k)\,(k=0,1,\cdots)$，它是状态向量估计 $\widehat{\boldsymbol{X}}(k)$ 及伴随函数序列估计 $\widehat{\boldsymbol{\psi}}(k)$ 的函数。接下来需要确定状态向量序列及伴随函数序列估计方程。

3. 确定状态估计及伴随函数估计方程

类似于连续时间系统情形，状态向量估计及伴随函数估计估计方程可表示为

$$\begin{cases} \widehat{\boldsymbol{X}}(k+1) = \widehat{\boldsymbol{X}}(k) + TE_y\left[\dfrac{\partial H}{\partial \boldsymbol{\psi}(k)}\right], & \widehat{\boldsymbol{X}}(0) = \boldsymbol{m}_0 \\ \widehat{\boldsymbol{\psi}}(k+1) = -\widehat{\boldsymbol{\psi}}(k) - TE_y\left[\dfrac{\partial H}{\partial \boldsymbol{Y}(k)}\right], & \widehat{\boldsymbol{\psi}}(N) = -E_y\left[\dfrac{\partial \pi(N)}{\partial \boldsymbol{X}(N)}\right] \end{cases} \tag{4.123}$$

式中，状态向量估计 $\boldsymbol{X}(t)$ 及伴随函数序列 $\boldsymbol{\psi}(k)$ 的条件数学期望为

$$\widehat{\boldsymbol{X}}(k) = E[\boldsymbol{X}(k)|\boldsymbol{Y}(k'), 0\leqslant k'\leqslant N], \ \widehat{\boldsymbol{\psi}}(k) = E[\boldsymbol{\psi}(k)|\boldsymbol{Y}(k'), 0\leqslant k'\leqslant N]$$

这样，利用式 (4.122) 和式 (4.123) 可以求出最优控制向量 $\boldsymbol{u}(k)$。

下面给出一个例子，说明并不是所有的离散时间系统都可使用离散时间最大值原理。

例 4.6 假设离散时间被控对象由下列离散时间差分方程表示：

$$\begin{cases} X_1(k+1) = X_1(k) + 2u(k) \\ X_2(k+1) = X_2(k) - X_1^2(k) + u^2(k) \end{cases} \quad (k=0,1,\cdots)$$

初始条件为

$$X_1(0) = 3,\ X_2(0) = 0$$

代价函数定义为

$$F = -X_2(2)$$

要求确定最优控制变量 $\boldsymbol{u}(k)(k = 0,\ 1)$，满足 $|u(k)| < 5$，使代价函数 F 达到最小。

解：首先利用直接迭代方法求解。利用离散时间状态方程进行迭代，得

$$\begin{gathered}
X_1(1) = 3 + 2u(0) \\
X_2(1) = -9 + u^2(0) \\
X_1(2) = 3 + 2u(0) + 2u(1) \\
X_2(2) = -18 - 12u(0) - 3u^2(0) + u^2(1)
\end{gathered}$$

将上述状态变量代入代价函数 F，得

$$F = [18 + 12u(0) + 3u^2(0)] - u^2(1)$$

由于 $|u(k)| < 5$，故要使 F 达到最小值，必须有

$$u(0) = -2,\ u(1) = \pm 5$$

这样，求得最优状态轨迹为

$$\widetilde{X}(1) = -1,\ \widetilde{X}_2(1) = 5,\ F = -19$$

接下来，再用离散时间随机最大值原理求解。由于本例是确定性的最优控制问题，因此，只需用离散时间最大值原理求解即可。

利用式 (4.120)，得庞特里亚金泛函为

$$\pi(2) = -X_2(2)$$

定义哈密顿函数为

$$H(k) = 2\psi_1(k)u(k) + (\psi_2(k) + 1)(-X_1^2(k) + u^2(k))$$

它的伴随方程为

$$\begin{cases} \psi_1(k+1) = \psi_1(k) + 2X_1(k)(\psi_2(k) + 1), & \psi_1(2) = 0 \\ \psi_2(k+1) = \psi_2(k), & \psi_2(2) = 1 \end{cases}$$

利用离散时间最大值原理，对哈密顿函数 $H(k)$ 关于 $u(k)$ 求导数，并令其为 0，即

$$\frac{\partial H(k)}{\partial u(k)} = 0$$

从而，有

$$u(k) = -\frac{1}{2}\psi_1(k) \qquad (k = 0, 1, \cdots)$$

根据状态方程、伴随方程及最优控制变量的表达式，可求得

$$u(0) = -4, u(1) = \pm 5, F = -6$$
$$\widetilde{X}_1(1) = -5, \widetilde{X}_2(1) = 7$$

显然，使用上述两种方法得到的结果不相同，从而可以看出，对于一般离散时间系统，若采样步长 T 固定，或控制约束集 U_0 不是凸集，则离散时间最大值原理不适用。只有当离散时间随机系统模型是通过对连续时间随机系统模型进行离散化得到的，且采样步长 T 可以任意小，才可以使用离散时间最大值原理。

4.6 离散随机系统动态规划法

动态规划法是与极大值原理同时提出的用于解决含有控制约束条件的最优控制问题的另外一种方法 [44]。这种方法足够解决离散、离散–连续时间系统或通过对连续时间系统离散化所得到的离散时间系统的最优控制问题。此问题可以被看作多步骤的简单任务求解过程，此求解过程就是按顺序一步一步地迭代。这样，多步骤过程可以用单步骤过程序列来代替。“规划”可以理解为求解控制向量，以确保控制过程最优，而“动态”说明时间和顺序在执行此过程中的重要性。

与使用最大值原理相比，使用动态规划法求解各种类型的最优控制问题时，可降低求解微分方程两点边值问题的难度，但是出现了与系统状态维数大小有关的计算复杂度。

利用动态规划方法求解各种不同的最优控制问题时，状态向量、控制向量与准则或代价函数之间的联系可以以方程、图像和表格形式出现，它具有广泛性与适用性。动态规划法也可以应用到由微分方程表示的连续系统中。不过，在此情况下，求解最优控制问题通常要转化为求解某种形式的偏微分方程，从而导致求解难度的增加。

随机控制系统按照有无量测方程可分为两种情况：完全状态信息（完全观测）情况，不完全状态信息（部分观测）情况 [70, 46]。完全观测情况不需要量测方程，状态向量既是被控量，又是量测量，它是随机控制系统的简单情况；而不完全状态信息情况比较复杂，通常状态向量不能直接被量测，需要量测方程，且存在量测噪声，它是随机控制系统的一般形式。下面我们分别讨论这两种情况。

4.6.1 完全状态信息情形

1. 问题描述

假设被控对象由下列差分方程表示：

$$\boldsymbol{X}(k+1) = \boldsymbol{X}(k) + \boldsymbol{g}(\boldsymbol{X}(k), \boldsymbol{u}(k), \boldsymbol{Z}(k), k), \boldsymbol{X}(0) = \boldsymbol{X}_0 \qquad (k = 0, 1, \cdots) \quad (4.124)$$

式中，$\boldsymbol{Z}(k)$ 为带有概率密度函数 $\boldsymbol{f}(\boldsymbol{x}(k))$ 的离散随机过程；$\boldsymbol{u}(k)$ 为 $r(r\leqslant n)$ 维控制向量序列。

假设被控对象的初始状态 $\boldsymbol{X}(0)$ 是随机的，它的概率密度函数为 $f(\boldsymbol{x}_0)$，控制向量序列 $\boldsymbol{u}(k)$ 满足约束条件 $\boldsymbol{u}(k)\in U_0$。

定义准则函数或代价函数为

$$F_0 = \sum_{k=0}^{N-1} q(\boldsymbol{X}(k), \boldsymbol{u}(k), k) + \sigma(\boldsymbol{X}(N)) \tag{4.125}$$

式中

$$F_0 = F_0(\boldsymbol{X}(0), \cdots, \boldsymbol{X}(N); \boldsymbol{u}(0), \cdots, \boldsymbol{u}(N_1); 0, \cdots, (N-1))$$

q 和 σ 为已知函数，N 为总的计算步骤，终止状态 $\boldsymbol{Y}(N)$ 可以是随机的，也可以是给定的。

它的数学期望表示为

$$\begin{aligned}\widehat{F}_0 &= \sum_{k=0}^{N-1} E[q(\boldsymbol{X}(k), \boldsymbol{u}(k), k)] + E[\sigma(\boldsymbol{X}(k))] \\ &= \sum_{k=0}^{N-1} q^*(\boldsymbol{m}(k), \boldsymbol{u}(k), k) + \sigma^*(\boldsymbol{m}(k))\end{aligned} \tag{4.126}$$

式中，$\boldsymbol{m}(k)$ 为状态向量序列 $\boldsymbol{X}(k)$ 的数学期望；函数 q^* 及 σ^* 分别为与函数 q 及 σ 有关的函数，但可能与函数 q 及 σ 不相同。

我们知道，最优控制的目的是：求解最优控制向量 $\boldsymbol{u}(k)(k = 0, 1, \cdots, N-1)$，满足限制条件 $\boldsymbol{u}(k)\in U_0$，并使代价函数的数学期望 F_0 或条件数学期望 $E_y(F_0)$ 达到最小。

显然，要直接求解此问题非常复杂，但是，美国学者贝尔曼 (Bellman) 发现，可以将关于多变量函数的单一优化问题转化为关于单变量函数序列的优化问题，然后使用迭代算法，可以较为简单地求得最优控制向量 $\boldsymbol{u}(k)(k = 0, 1, \cdots, N-1)$[44]。

为了求解此问题，通常需要假设分布密度函数 $f(\boldsymbol{X}(k), \boldsymbol{Z}(k), k)$ 是已知的。在实际应用中，常假设它服从高斯分布。

对于连续时间系统，可使用离散化方法将其转化为离散时间系统，即令采样时间 $t(k) = kT$，采样间隔 $T = \dfrac{t_k - t_0}{N}$，其中，N 为总的采样数，则可将连续时间系统转化为离散时间系统。

2. *动态规划算法*

利用动态规划法求解最优控制问题通常从终止时刻 N 开始，首先按照逆时针方向求出最优控制向量序列与状态估计序列之间的关系；然后按照顺时针方向进行迭代，具体求出优控制向量序列与最优状态估计序列。该算法可分成以下两大步骤。

（1）按照逆时针方向求出最优控制向量序列与状态估计序列之间的关系

利用迭代算法，具体可分为以下三步。

1）求最优控制向量 $\boldsymbol{u}(N-1)$。在时间区间 $[(N-1)T, NT]$，求解最优控制向量 $\boldsymbol{u}(N-1)$。假设状态向量 $\boldsymbol{X}(N-1)$ 的数学期望 $\boldsymbol{m}(N-1)=E[\boldsymbol{X}(N-1)]$ 已知，则在此区间，控制向量 $\boldsymbol{u}(N-1)$ 只与向量 $\boldsymbol{m}(N-1)$ 有关，且满足限制条件 $\boldsymbol{u}(N-1)\in\boldsymbol{U}_0$。

记在此时间区间的代价函数的数学期望为

$$\widehat{F}_{N-1}=E\{q[\boldsymbol{X}(N-1), \boldsymbol{u}(N-1), (N-1)+\sigma(\boldsymbol{X}(N))]\} \tag{4.127}$$

或

$$\widehat{F}_{N-1}=q^*(\boldsymbol{m}(N-1), \boldsymbol{u}(N-1), (N-1))+\sigma^*(\boldsymbol{m}(N)) \tag{4.128}$$

由状态方程式 (4.124) 可知，在时刻 N 的状态向量 $\boldsymbol{X}(N)$ 可以表示为

$$\boldsymbol{X}(N)=\boldsymbol{X}(N-1)+\boldsymbol{g}(\boldsymbol{X}(N-1), \boldsymbol{u}(N-1), \boldsymbol{Z}(N-1), (N-1)) \tag{4.129}$$

将式 (4.129) 代入式 (4.128)，得

$$\begin{aligned}\widehat{F}_{N-1}=\ & E[q(\boldsymbol{X}(N-1), \boldsymbol{u}(N-1), (N-1))\\ & +\sigma(\boldsymbol{X}(N-1)+\boldsymbol{f}(\boldsymbol{X}(N-1), \boldsymbol{u}(N-1), \boldsymbol{Z}(N-1), (N-1)))]\end{aligned} \tag{4.130}$$

或

$$\begin{aligned}\widehat{F}_{N-1}=\ & q^*(\boldsymbol{X}(N-1), \boldsymbol{u}(N-1), (N-1))\\ & +\sigma^*(\boldsymbol{m}(N-1)+\boldsymbol{g}^*(\boldsymbol{X}(N-1), \boldsymbol{u}(N-1), \boldsymbol{Z}(N-1), (N-1)))\end{aligned}$$

式中，函数 g^* 为与函数 g 有关的函数，但可能与函数 g 不相同。

注意：上式依赖控制向量 $\boldsymbol{u}(N-1)$，且它可以从约束集 U_0 中选取，并确保使 $\widehat{F}_{N-1}$ 达到最小。

当 $\boldsymbol{u}(N-1)$ 取最优控制向量时，泛函 $\widehat{F}_{N-1}$ 的极小值只依赖于 $\boldsymbol{m}(N-1)$。记它的最小值为 $S_{N-1}(\boldsymbol{m}(N-1))$，即

$$S_{N-1}(\boldsymbol{m}(N-1))=\min_{\boldsymbol{u}(N-1)\in U_0}\widehat{F}_{N-1}(\boldsymbol{m}(N-1), \boldsymbol{u}(N-1), (N-1)) \tag{4.131}$$

2）求解最优控制向量 $\boldsymbol{u}(N-1),\boldsymbol{u}(N-2)$。下面将时间区间扩大到 $[(N-2)t, NT]$，求解最优控制向量 $\boldsymbol{u}(N-1)$ 及 $\boldsymbol{u}(N-2)$。

在此时间区间，它的准则函数与 $\boldsymbol{X}(N-2),\boldsymbol{u}(N-2)$ 及 $\boldsymbol{X}(N-1),\boldsymbol{u}(N-1)$ 有关，记它的数学期望为

$$\begin{aligned}\widehat{F}_{N-2}=\ & E[q(\boldsymbol{X}(N-2), \boldsymbol{u}(N-2), (N-2))]\\ & +\widehat{F}_{N-1}(\boldsymbol{m}(N-1), \boldsymbol{u}(N-1), (N-1))\\ =\ & q^*(\boldsymbol{m}(N-2), \boldsymbol{u}(N-2), (N-2))\\ & +\widehat{F}_{N-1}(\boldsymbol{m}(N-1), \boldsymbol{u}(N-1), (N-1))\end{aligned} \tag{4.132}$$

由状态方程式 (4.124) 可知，在时刻 $N-1$ 的状态向量 $\boldsymbol{X}(N-1)$ 可以表示为

$$\boldsymbol{X}(N-1)=\boldsymbol{X}(N-2)+\boldsymbol{g}(\boldsymbol{X}(N-2),\ \boldsymbol{u}(N-2),\ \boldsymbol{Z}(N-2),\ (N-2))$$

对上式两边求数学期望，得

$$\boldsymbol{m}(N-1)=\boldsymbol{m}(N-2)+E[\boldsymbol{g}(\boldsymbol{X}(N-2),\ \boldsymbol{u}(N-2),\ \boldsymbol{Z}(N-2),\ (N-2))] \tag{4.133}$$

将式 (4.133) 代入式 (4.132)，得

$$\begin{aligned}\widehat{F}_{N-2} =\ & q^*(\boldsymbol{m}(N-2),\ \boldsymbol{u}(N-2),\ (N-2)) \\ & +\widehat{F}_{N-1}(\{\boldsymbol{m}(N-2)+E[\boldsymbol{g}(\boldsymbol{Y}(N-2),\ \boldsymbol{u}(N-2), \\ & \boldsymbol{Z}(N-2),\ (N-2))]\},\ \boldsymbol{u}(N-1),\ (N-1))\end{aligned} \tag{4.134}$$

或

$$\begin{aligned}& \widehat{F}_{N-2}(\boldsymbol{m}(N-2),\ \boldsymbol{u}(N-2),\ \boldsymbol{u}(N-1),\ (N-2),\ (N-1)) \\ =\ & q^*(\boldsymbol{m}(N-2),\ \boldsymbol{u}(N-2),\ (N-2)) \\ & +\widehat{F}_{N-1}(\boldsymbol{m}(N-2),\ \boldsymbol{u}(N-2),\ \boldsymbol{u}(N-1),\ (N-2),\ (N-1))\end{aligned} \tag{4.135}$$

这样，通过求上述泛函在区间 $[(N-2)T,\ NT]$ 的条件极值问题，就可获得最优控制向量 $\boldsymbol{u}(N-1)$、$\boldsymbol{u}(N-2)$，并满足限制条件 $\boldsymbol{u}(k)\in U_0(k=N-1,\ N)$。

记泛函为

$$\widehat{F}_{N-2}(\boldsymbol{m}(N-2),\ \boldsymbol{u}(N-2),\ \boldsymbol{u}(N-1),\ (N-2),\ (N-1))$$

的极小值为 $S_{N-2}(\boldsymbol{m}(N-2))$，即

$$S_{N-2}(\boldsymbol{m}(N-2))=\min_{\substack{\boldsymbol{u}(N-2)\in U_0 \\ \boldsymbol{u}(N-1)\in U_0}}(\widehat{F}_{N-2}) \tag{4.136}$$

对式 (4.136) 关于 $\boldsymbol{u}(N-1)$ 求极小值，得

$$\begin{aligned}& S_{N-2}(\boldsymbol{m}(N-2)) \\ =\ & \min_{\boldsymbol{u}(N-2)\in U_0}\{q^*(\boldsymbol{m}(N-2),\ \boldsymbol{u}(N-2),\ (N-2)) \\ & +S_{N-1}[\boldsymbol{m}(N-2)+\boldsymbol{g}^*(\boldsymbol{m}(N-2),\ \boldsymbol{u}(N-2),\ (N-2))]\}\end{aligned} \tag{4.137}$$

若 $\boldsymbol{m}(N-2)$ 已知，对上式关于 $\boldsymbol{u}(N-2)$ 求极小值，可求出最优控制向量 $\boldsymbol{u}(N-2)$，再将它的表达式代入式 (4.136)，根据同样的道理，可求出最优控制向量 $\boldsymbol{u}(N-1)$。

3）求解最优控制向量 $\boldsymbol{u}(k)(k=N-1,\ N-2,\ \cdots,\ 0)$。

现在，将时间区间进一步扩大到 $[0,\ NT]$，而对于任意时间区间 $[kT,\ NT]$，求解最优控制向量 $\boldsymbol{u}(k)(k=N-1,\ N-2,\ \cdots,\ 0)$。

在此时间区间，它的准则函数与 $\boldsymbol{X}(k)$ 及 $\boldsymbol{u}(k)(k=N-1, N-2, \cdots, 0)$ 有关，记它的数学期望为

$$\begin{aligned}S_k(\boldsymbol{m}(k)) = \min_{u(k)\in U_0} & \{q^*(\boldsymbol{m}(k), \boldsymbol{u}(k), (k)) \\ & +S_{k+1}[\boldsymbol{m}(k)+\boldsymbol{g}^*(\boldsymbol{m}(k), \boldsymbol{u}(k), (k))]\} \\ & (k=N-1, \cdots, 0)\end{aligned} \tag{4.138}$$

这样，当 $\boldsymbol{m}(k)$ 已知时，利用类似于前两步的方法，可求出在时刻 $t(k)=kT$ 的最优控制向量 $\boldsymbol{u}(k)$。式 (4.138) 通常称为贝尔曼泛函方程，而 $S_k(\boldsymbol{m}(k))$ 称为贝尔曼泛函。

这样，对于不同的值 $k=N-1, \cdots, 0$，按顺序利用式 (4.138) 可求解最优控制向量 $\boldsymbol{u}(k)$，并计算关于 $\boldsymbol{m}(k)$ 的泛函值 $S_k(\boldsymbol{m}(k))$，以便下一次迭代时使用。重复上述计算步骤，直到 $k=0$，即时间区间扩展到 $[0, NT]$ 为止。此时，可求出最优控制向量 $\boldsymbol{u}(k)(k=N-1, \cdots, 0)$ 及在总的时间区间 $[0, NT]$ 的最优代价函数 S_0。

由于所求出的最优控制向量 $\boldsymbol{u}(k)\,(k=N-1, \cdots, 0)$ 与状态向量的数学期望 $\boldsymbol{m}(k)$ $(k=N-1, \cdots, 0)$ 有关，要具体求出最优控制向量 $\boldsymbol{u}(k)\,(k=N-1, \cdots, 0)$ 及最优状态估计 $\boldsymbol{m}(k)\,(k=N-1, \cdots, 0)$，还必须按照顺时针方向再进行迭代求解。

（2）按照顺时针方向求出最优控制向量序列与最优状态估计序列

假设已知 $\boldsymbol{u}(0)$ 及 $\boldsymbol{X}(0)$，利用式 (4.124) 可计算 $\boldsymbol{X}(1)$ 和它的数学期望 $\boldsymbol{m}(1)$（通过计算随机向量 $\boldsymbol{X}(0)$ 及 $\boldsymbol{Z}(0)$ 的均值），利用在第一步获得的关系式 $\boldsymbol{u}(1)=\boldsymbol{u}(m(1))$，可求出在时刻 $t(1)=T$ 时的最优控制向量 $\boldsymbol{u}(1)$。进一步，利用式 (4.124) 计算 $\boldsymbol{X}(2)$ 和它的数学期望 $\boldsymbol{m}(2)$，即

$$\boldsymbol{m}(2)=\boldsymbol{m}(1)+E[\boldsymbol{g}(\boldsymbol{X}(1), \boldsymbol{u}(1), \boldsymbol{Z}(1), 1)]$$

由最优控制向量 $\boldsymbol{u}(2)$ 与系统在时刻 $t(2)=2T$ 的状态向量估计 $\boldsymbol{m}(2)$ 的依赖关系可求出最优控制向量 $\boldsymbol{u}(2)$。重复以上过程，可求出在时刻 $kT(k=0, 1, 2, \cdots, N-1)$ 时的最优控制向量 $\boldsymbol{u}(k)\,(k=0, 1, 2, \cdots, N-1)$ 与最优状态向量估计 $\boldsymbol{m}(k)\,(k=0, 1, 2, \cdots, N-1)$。

注意：在计算过程中，每一步都必须记下两个函数 $S_k(\boldsymbol{m}(k))$ 和 $S_{k+1}(\boldsymbol{m}(k+1))$，以及作为状态向量估计 $\boldsymbol{m}(k)$ 函数的控制向量 $\boldsymbol{u}(k)$。若它们很难用解析表达式来表示，则当系统的维数 n 很大时，计算机必须要有很大的容量来保存这些中间结果。对于复杂的实际问题，只能借助近似算法求解，这就大大增加了使用动态规划法的难度。

例 4.7 考虑一维离散时间随机系统，即

$$X(k+1)=X(k)+u(k)+Z(k) \qquad (k=0, 1, \cdots, N-1)$$

式中，$Z(k)$ 为中心化随机正态分布序列，且互不相关，且具有方差 $G(k)$。

假设系统初始状态变量 $X(0)=X_0$ 是随机的，它的数学期望 m_0、方差 θ_0 已知。要求确定最优控制变量 $u(k)(k=0, 1, \cdots, N-1)$，满足限制条件 $u(k)\in U_0$，且在时间 $[0, NT]$，将系统从初始状态变量 $X(0)$ 转移到某个终止状态变量 $X(N)$（或指定终

止状态），并确保下列和式（准则）$\widehat{F}_0$ 最小，即

$$\begin{aligned}\widehat{F}_0 &= \min_{\substack{u(k)\in U_0\\ k=\overline{0,\,N-1}}}\sum_{k=0}^{N-1}\{E[X^2(k)+\beta u^2(k)]+E[X^2(N)]\}\\ &= \min_{\substack{u(k)\in U_0\\ k=\overline{0,\,N-1}}}\left\{\sum_{k=0}^{N-1}[m^2(k)+\theta(k)+\beta u^2(k)]+m^2(N)+\theta(N)\right\}\end{aligned}$$

解：按照本节介绍的步骤进行求解。

按逆时针方向求出最优控制变量与状态估计变量之间关系。

1）求最优控制变量 $u(N-1)$。

在时间区间 $[(N-1)T,\ NT]$，它的代价函数为

$$\begin{aligned}\widehat{F}_{N-1} &= E[X^2(N-1)+\beta u^2(N-1)]+E[X^2(N)]\\ &= m^2(N-1)+\theta(N-1)+\beta u^2(N-1)+m^2(N)+\theta(N)\end{aligned}$$

利用状态方程，求出状态变量 $Y(N)$ 的表达式，并代入上式，得

$$\begin{aligned}\widehat{F}_{N-1} &= E[X^2(N-1)+\beta u^2(N-1)]\\ &\quad +E[(X^2(N-1)+u(N-1)+Z(N-1))^2]\\ &= m^2(N-1)+2\theta(N-1)+\beta u^2(N-1)+m^2(N-1)\\ &\quad +u^2(N-1)+2m(N-1)u(N-1)+G(N-1)\\ &= m^2(N-1)+2\theta(N-1)+G(N-1)\\ &\quad +(1+\beta)u^2(N-1)+2m(N-1)u(N-1)\end{aligned}$$

为了求解最优控制变量 $u(N-1)$，必须对上式求关于 $u(N-1)$ 的极小值。注意到此例中，终止状态变量 $Y(N)$ 无限制条件。因此，这是一个无条件极值问题，很容易求出最优控制变量 $u(N-1)$ 为

$$u(N-1)=-\text{sat}\left[\frac{1}{1+\beta}m(N-1)|U_0\right]$$

式中，函数 $\text{sat}(f(t)|U_0)$ 定义为

$$\text{sat}(f(t)|U_0)=\begin{cases}f(t), & |f(t)|\leqslant U_0\\ U_0\text{sgn}(f(t)), & |f(t)|>U_0\end{cases}$$

式中，t 为变量；$f(t)$ 为任意给定的函数；U_0 为任意给定的值。

贝尔曼泛函为

$$S_{N-1}(m(N-1))=\begin{cases}\dfrac{1+2\beta}{1+\beta}m^2(N-1)+2\theta(N-1)+G(N-1),\ u(N-1)\\ =-\dfrac{1}{1+\beta}m(N-1)\\ m^2(N-1)+2\theta(N-1)+G(N-1)+(1+\beta)U_0^2\\ -2U_0^2m(N-1)\text{sgn}(m(N-1)),\ u(N-1)=-U_0\text{sgn}(m(N-1))\end{cases}$$

由于在上式中，第二式的值大于第一式，故在下面的迭代中不使用它。

2）求解最优控制变量 $u(N-1)$、$u(N-2)$。

下面将时间区间扩大到 $[N-2, N]$。它的代价函数因为原和式（代价函数）的后两项，即

$$\widehat{F}_{N-2} = m^2(N-2) + \theta(N-2) + \beta u^2(N-2) \\ + S_{N-1}(m(N-2) + u(N-2))$$

将 $u(N-1)$ 的表达式代入上式，求函数 $\widehat{F}_{N-2}$ 关于 $u(N-2)$ 的极小值，求最优控制变量 $u(N-2)$，它具有与 $u(N-1)$ 类似的形式。

3）求解最优控制变量 $u(k)(k = N-1, N-2, \cdots, 0)$。

按照上述步骤，继续一步一步地计算，直到时间区间扩大到整个控制区间 $[0, NT]$，从而求出最优控制变量 $u(0)$，它可表示为

$$u(0) = -\text{sat}\left[\frac{1}{1+\beta}m(0)\Big|U_0\right]$$

接下来，根据本节给出的第二步，按照顺时针方向迭代，从初始状态变量 $X(0)$ 及最优初始控制变量 $u(0)$，以及最优控制变量的解析关系 $u(k) = -\text{sat}\left[\dfrac{1}{1+\beta}m(k)\Big|U_0\right]$，可以求出最优状态估计轨迹 $m(k)$。

4.6.2　不完全状态信息情形

1. 问题提出

在上一节我们提到，随机控制系统按照有无量测方程分为完全信息情形与不完全信息情形，且对于完全状态信息情形的随机系统最优控制问题，已给出求解最优控制向量的动态规划算法。对于不完全状态信息情形，也可以给出类似的求解最优控制向量的动态规划算法 [17]。不过，它的算法要比第一种情形复杂。

假设被控对象由下列离散差分方程表示：

$$\boldsymbol{X}(k+1) = \boldsymbol{X}(k) + \varphi(\boldsymbol{X}(k), k) + \boldsymbol{D}(k)\boldsymbol{u}(k) + \boldsymbol{V}(k) \qquad (k = 0, 1, \cdots) \tag{4.139}$$

式中，φ 为已知非线性函数；$\boldsymbol{D}(k)$ 和 $\boldsymbol{u}(k)$ 分别为确定性的矩阵及向量序列；白噪声向量 $\boldsymbol{V}(k) \in \mathcal{N}(\boldsymbol{0}, \boldsymbol{G}(k))$。

假设状态向量被量测，它的量测方程可以表示为

$$\boldsymbol{Y}(k) = \boldsymbol{C}(k)\boldsymbol{X}(k) + \boldsymbol{N}(k) \tag{4.140}$$

式中，$\boldsymbol{C}(k)$ 为确定性的矩阵序列；白噪声向量 $\boldsymbol{N}(k) \in \mathcal{N}(\boldsymbol{0}, \boldsymbol{Q}(k))$，且与 $\boldsymbol{V}(k)$ 互不相关。

要求确定最优控制向量 $\boldsymbol{u}(k)(k = 0, 1, \cdots, N-1)$，满足限制条件 $\boldsymbol{u}(k) \in U_0$，并使下列准则（代价函数）$F_0$ 的条件数学期望达到最小，即

$$\widehat{F}_0 = E[F_0|\boldsymbol{Y}(k), 0 \leqslant k \leqslant N] := E_y(F_0)$$

式中

$$F_0 = \sum_{k=0}^{N-1} q(\boldsymbol{X}(k),\, \boldsymbol{u}(k),\, k) + \sigma(\boldsymbol{X}(N))$$

式中，q 及 σ 为已知函数。进一步，代价函数 F_0 的条件数学期望 $\widehat{F}_0$ 可以表示为

$$\widehat{F}_0 = \sum_{k=0}^{N-1} E_y[q(\boldsymbol{X}(k),\, \boldsymbol{u}(k),\, k)] + E_y[\sigma(\boldsymbol{X}(N))] \tag{4.141}$$

2. *动态规划算法*

使用贝尔曼最优性原理，将关于控制向量的极小化问题转化为关于单个控制向量的极小函数序列问题。类似于第一种情形，我们分成以下两大步骤来求解。

（1）按照逆时针方向求出最优控制向量序列与状态估计序列之间关系

利用迭代算法，具体可分为以下三步。

1）求最优控制向量 $\boldsymbol{u}(N-1)$。

在时间区间 $[(N-1)T,\, NT]$，求解最优控制向量 $\boldsymbol{u}(N-1)$，且满足限制条件 $\boldsymbol{u}(N-1)\in U_0$。

利用状态方程式 (4.139)，则在时刻 $t(N)=NT$ 的状态向量 $\boldsymbol{X}(N)$ 可以表示为

$$\boldsymbol{X}(N) = \boldsymbol{X}(N-1) + \boldsymbol{\varphi}(\boldsymbol{X}(N-1),\, N-1) + \boldsymbol{u}(N-1) + \boldsymbol{V}(N-1) \tag{4.142}$$

将式 (4.142) 代入式 (4.141)，得

$$\begin{aligned}\widehat{F}_0 =& \sum_{k=0}^{N-1} E_y[q(\boldsymbol{Y}(k),\, \boldsymbol{u}(k),\, k)] + E_y[\sigma(\boldsymbol{Y}(N-1)\\ &+\varphi(\boldsymbol{X}(N-1),\, N-1) + \boldsymbol{u}(N-1) + \boldsymbol{V}(N-1))]\end{aligned} \tag{4.143}$$

由式 (4.143) 可以看出，$\boldsymbol{u}(N-1)$ 只与下列部分和有关，即

$$\begin{aligned}&\widehat{F}_{N-1}(\widehat{\boldsymbol{X}}(N-1), \boldsymbol{u}(N-1),\, N-1)\\ =\;& E_y[q(\boldsymbol{X}(N-1), \boldsymbol{u}(N-1),\, (N-1))]\\ &+E_y[\sigma(\boldsymbol{X}(N-1) + \boldsymbol{\varphi}(\boldsymbol{X}(N-1),\, N-1) + \boldsymbol{u}(N-1) + \boldsymbol{V}(N-1))]\end{aligned} \tag{4.144}$$

显然，求关于式 (4.144) 中泛函 $\widehat{F}_{N-1}$ 的极小值，可获得最优控制向量 $\boldsymbol{u}(N-1)$。但要计算条件数学期望 $\widehat{F}_{N-1}$，必须知道状态向量的条件分布密度函数 $f(\boldsymbol{X}|\boldsymbol{Y})$，而要确定它非常困难。一般情况下，只能给出它的逼近条件分布密度函数，如在正态分布的基础上使用正交多项式对其进行逼近，且它的一阶项近似地用正态分布密度函数表示，它可由条件数学期望 $\widehat{\boldsymbol{X}} = E_y(\boldsymbol{X})$ 及协方差矩阵 $\boldsymbol{R}$ 确定，然后使用线性或准线性最优滤波器来构造状态向量估计 $\widehat{\boldsymbol{X}} = E_y(\boldsymbol{X})$ 及协方差矩阵 $\boldsymbol{R}$ 的方程。

下面我们假设条件分布密度函数已知，且与终止控制时刻 NT 有关，计算泛函为

$$\widehat{F}_{N-1} = \widehat{F}_{N-1}(\widehat{\boldsymbol{X}}(N-1),\, \boldsymbol{u}(N-1),\, (N-1))$$

上式表明，泛函 $\widehat{F}_{N-1}$ 与在时刻 $N-1$ 的状态向量估计 $\widehat{\boldsymbol{X}}(N-1)$ 及控制向量 $\boldsymbol{u}(N-1)$ 有关。假设状态向量估计 $\widehat{\boldsymbol{X}}(N-1)$ 已知，则它只与控制向量 $\boldsymbol{u}(N-1)$ 有关，在限制条件 $\boldsymbol{u}(N-1)\in U_0$ 下，求泛函 $\widehat{F}_{N-1}$ 关于控制向量 $\boldsymbol{u}(N-1)$ 的极小值，即可获得最优控制向量 $\boldsymbol{u}(N-1)$，同时获得泛函的极小值，记为 $S_{N-1}(\widehat{\boldsymbol{X}}(N-1))$，即

$$S_{N-1}(\widehat{\boldsymbol{X}}(N-1)) = \min_{\boldsymbol{u}(N-1)\in U_0} [\widehat{F}_{N-1}(\widehat{\boldsymbol{X}}(N-1), \boldsymbol{u}(N-1), (N-1))] \tag{4.145}$$

显然，它只与状态估计 $\widehat{\boldsymbol{X}}(N-1)$ 及时刻 $t(N-1)=(N-1)T$ 有关。

2）求解最优控制向量 $\boldsymbol{u}(N-1)$、$\boldsymbol{u}(N-2)$。

现在，将时间区间扩大到 $[(N-2)t, NT]$，求解最优控制向量 $\boldsymbol{u}(N-1)$ 及 $\boldsymbol{u}(N-2)$。

在此时间区间，它的准则函数与 $\boldsymbol{X}(N-2)$、$\boldsymbol{u}(N-2)$ 及 $\boldsymbol{X}(N-1)$、$\boldsymbol{u}(N-1)$ 有关，记它的条件数学期望为

$$\begin{aligned}\widehat{F}_{N-2} = {} & E_y[q(\boldsymbol{X}(N-2), \boldsymbol{u}(N-2), (N-2))] \\ & +\widehat{F}_{N-1}(\widehat{\boldsymbol{X}}(N-1), \boldsymbol{u}(N-1), (N-1))\end{aligned} \tag{4.146}$$

在式 (4.146) 中，包含状态向量估计 $\widehat{\boldsymbol{X}}(N-1)$，由于状态方程式 (4.142) 为非线性的，很难直接求出状态向量估计 $\widehat{\boldsymbol{X}}(N-1)$，必须使用统计线性化的方法求出它的近似估计值。对非线性函数 φ 进行统计线性化，即

$$\boldsymbol{\varphi}(\boldsymbol{X}(k), k) = \boldsymbol{\varphi}_0'(\widehat{\boldsymbol{X}}(k), \boldsymbol{R}(k), k) + \boldsymbol{A}(\widehat{\boldsymbol{X}}(k), \boldsymbol{R}(k), k)\boldsymbol{X}(k)$$

式中

$$\boldsymbol{\varphi}_0'(\widehat{\boldsymbol{X}}(k), \boldsymbol{R}(k), k) = \boldsymbol{\varphi}_0(\widehat{\boldsymbol{X}}(k), \boldsymbol{R}(k), k) - \boldsymbol{A}(\widehat{\boldsymbol{X}}(k), \boldsymbol{R}(k), k)\widehat{\boldsymbol{Y}}(k)$$

$\boldsymbol{\varphi}_0$ 为非线性随机特性向量，$\boldsymbol{A}(k)$ 为随机放大系数矩阵。故非线性系统模型式 (4.142) 的统计线性化模型为

$$\boldsymbol{X}(k+1) = \boldsymbol{\phi}(k+1, k)\boldsymbol{X}(k) + \boldsymbol{D}(k)\boldsymbol{u}(k) + \boldsymbol{\varphi}_0'(k) + \boldsymbol{V}(k) \qquad (k=0, 1, \cdots) \tag{4.147}$$

式中，$\boldsymbol{\phi}(k+1, k) = \boldsymbol{I} + \boldsymbol{A}(k)$ 为系数矩阵。

根据式 (4.140) 及式 (4.147)，以及第 3 章介绍的准最优线性滤波原理，可以给出如下状态向量的滤波估计方程：

$$\widehat{\boldsymbol{X}}(k+1) = \widehat{\boldsymbol{X}}'(k+1) + \boldsymbol{B}(k+1)[\boldsymbol{Y}(k+1) - \boldsymbol{C}(k+1)\widehat{\boldsymbol{X}}'(k+1)] \tag{4.148}$$

$$\widehat{\boldsymbol{X}}'(k+1) = \boldsymbol{\phi}(k+1, k)\widehat{\boldsymbol{X}}(k) + \boldsymbol{D}(k)\boldsymbol{u}(k) + \boldsymbol{\varphi}_0'(k) \tag{4.149}$$

式中，矩阵 $\boldsymbol{B}(k+1)$ 为

$$\boldsymbol{B}(k+1) = \boldsymbol{R}'(k+1)\boldsymbol{C}(k+1)^{\mathrm{T}}[\boldsymbol{C}(k+1)\boldsymbol{R}'(k+1)\boldsymbol{C}^{\mathrm{T}}(k+1) + \boldsymbol{Q}(k+1)]^{-1} \tag{4.150}$$

估计误差的协方差矩阵 $\boldsymbol{R}(k+1)$ 满足下列方程：

$$\boldsymbol{R}(k+1)=[\boldsymbol{I}-\boldsymbol{B}(k+1)\boldsymbol{C}(k+1)]\boldsymbol{R}'(k+1)[\boldsymbol{I}-\boldsymbol{B}(k+1)\boldsymbol{C}(k+1)]^{\mathrm{T}} +\boldsymbol{B}(k+1)\boldsymbol{Q}(k+1)\boldsymbol{B}(k+1)^{\mathrm{T}} \tag{4.151}$$

$$\boldsymbol{R}'(k+1)=\boldsymbol{\phi}(k+1,\,k)\boldsymbol{R}(k)\boldsymbol{\phi}(k+1,\,k)^{\mathrm{T}}+\boldsymbol{G}(k) \tag{4.152}$$

这样，由式 (4.148)~ 式 (4.152)，以及统计特性 $\boldsymbol{\varphi}_0$ 和系数矩阵 $\boldsymbol{A}(k)$，可获得关于 $\boldsymbol{X}(k)$ 的状态估计 $\widehat{\boldsymbol{X}}(k)(k=0,\,1,\,\cdots,\,N-1)$。

利用式 (4.148) 及式 (4.149)，可求出状态向量在时刻 $N-1$ 的估计 $\widehat{\boldsymbol{X}}(N-1)$，并将其代入式 (4.146)，得

$$\begin{aligned}\widehat{F}_{N-2}=\;&E_y[q(\boldsymbol{X}(N-2),\boldsymbol{u}(N-2),(N-2))]\\&+\widehat{F}_{N-1}((\boldsymbol{\phi}(N-1,N-2)\widehat{\boldsymbol{X}}(N-2)+\boldsymbol{\varphi}'_0(N-2)+\boldsymbol{u}(N-2)\\&+\boldsymbol{B}(N-1)(\boldsymbol{Z}(N-1)-\boldsymbol{C}(N-1)\boldsymbol{\phi}(N-1,N-2)\widehat{\boldsymbol{X}}(N-2)\\&-\boldsymbol{C}(N-1)\boldsymbol{u}(N-2)-\boldsymbol{C}(N-1)\boldsymbol{\varphi}'_0(N-2))),\boldsymbol{u}(N-1),(N-1))\end{aligned} \tag{4.153}$$

显然，泛函 $\widehat{F}_{N-2}$ 与向量 $\boldsymbol{u}(N-1)$、$\boldsymbol{u}(N-2)$ 及 $\widehat{\boldsymbol{X}}(N-2)$ 有关，即

$$\widehat{F}_{N-2}=\widehat{F}_{N-2}(\widehat{\boldsymbol{X}}(N-2),\,\boldsymbol{u}(N-2),\,\boldsymbol{u}(N-1),\,(N-2),\,(N-1))$$

在 $\widehat{\boldsymbol{X}}(N-2)$ 已知的情况下，此泛函与两个变量 $\boldsymbol{u}(N-1)$、$\boldsymbol{u}(N-2)$ 有关。对此泛函关于 $\boldsymbol{u}(N-1)$、$\boldsymbol{u}(N-2)$ 求极小值，记它的最小值为

$$\begin{aligned}&S_{N-2}(\widehat{\boldsymbol{X}}(N-2))\\&=\min_{\substack{\boldsymbol{u}(N-2)\in U_0\\\boldsymbol{u}(N-1)\in U_0}}[\widehat{F}_{N-2}(\widehat{\boldsymbol{X}}(N-2),\,\boldsymbol{u}(N-2),\,\boldsymbol{u}(N-1),\,(N-2),\,(N-1))]\end{aligned} \tag{4.154}$$

将式 (4.153) 代入式 (4.154)，得

$$\begin{aligned}&S_{N-2}(\widehat{\boldsymbol{X}}(N-2))\\&=\min_{\boldsymbol{u}(N-2)\in U_0}\big\{E_y[q(\boldsymbol{X}(N-2),\,\boldsymbol{u}(N-2),\,(N-2))]\\&+\min_{\boldsymbol{u}(N-1)\in U_0}[\widehat{F}_{N-1}((\boldsymbol{\phi}(N-1,\,N-2)\widehat{\boldsymbol{X}}(N-2)+\boldsymbol{\varphi}_0'(N-2)+\boldsymbol{u}(N-2)\\&+\boldsymbol{B}(N-1)(\boldsymbol{Y}(N-1)-\boldsymbol{C}(N-1)\boldsymbol{\phi}(N-1,\,N-2)\widehat{\boldsymbol{X}}(N-2)\\&-\boldsymbol{C}(N-1)\boldsymbol{u}(N-2)-\boldsymbol{C}(N-1)\boldsymbol{\varphi}_0'(N-2))),\,\boldsymbol{u}(N-1),\,(N-1))]\big\}\end{aligned}$$

再将式 (4.145) 代入上式，则获得它的最终表达式为

$$\begin{aligned}S_{N-2}(\widehat{\boldsymbol{X}}(N-2))=\;&\min_{\boldsymbol{u}(N-2)\in U_0}\{E_y[q(\boldsymbol{X}(N-2),\,\boldsymbol{u}(N-2),\,(N-2))]\\&+S_{N-1}(\boldsymbol{\phi}(N-1,N-2)\widehat{\boldsymbol{X}}(N-2)+\boldsymbol{\varphi}'_0(N-2)+\boldsymbol{u}(N-2)\\&+\boldsymbol{B}(N-1)(\boldsymbol{Y}(N-1)-\boldsymbol{C}(N-1)\boldsymbol{\phi}(N-1,N-2)\widehat{\boldsymbol{X}}(N-2)\\&-\boldsymbol{C}(N-1)\boldsymbol{u}(N-2)-\boldsymbol{C}(N-1)\boldsymbol{\varphi}'_0(N-2)))\}\end{aligned} \tag{4.155}$$

对上式右边关于变量 $\boldsymbol{u}(N-1)$、$\boldsymbol{u}(N-2)$ 求极小值，即可求出在时刻 $t(N-2)=(N-2)T$ 时的最优控制向量 $\boldsymbol{u}(N-2)=\boldsymbol{u}(\widehat{\boldsymbol{X}}(N-2))$ 及最优泛函值 $S_{N-2}(\widehat{\boldsymbol{X}}(N-2))$。

3）求解最优控制向量序列 $\boldsymbol{u}(k)(k=N-1,N-2,\cdots,0)$。

现在，将时间区间进一步扩大到 $[0,NT]$，而对于任意时间区间 $[kT,NT]$，求解最优控制向量序列 $\boldsymbol{u}(k)(k=N-1,N-2,\cdots,0)$。

在此时间区间，它的准则函数与 $\widehat{\boldsymbol{X}}(k)$ 及 $\boldsymbol{u}(k)(k=N-1,N-2,\cdots,0)$ 有关，记它的条件数学期望为

$$
\begin{aligned}
S_k(\widehat{\boldsymbol{X}}(k)) = \min_{\boldsymbol{u}(k)\in U_0} &\{E_y[q(\boldsymbol{X}(k),\boldsymbol{u}(k),(k))]+S_{k+1}(\boldsymbol{\phi}(k+1,k)\widehat{\boldsymbol{X}}(k)\\
&+\boldsymbol{\varphi'}_0(k)+\boldsymbol{u}(k)+\boldsymbol{B}(k+1)(\boldsymbol{Y}(k+1)-\boldsymbol{C}(k+1)\boldsymbol{\phi}(k+1,k)\widehat{\boldsymbol{X}}(k)\\
&-\boldsymbol{C}(k+1)\boldsymbol{u}(k)-\boldsymbol{C}(k+1)\boldsymbol{\varphi'}_0(k))\}\\
&(k=0,1,\cdots,N-1)
\end{aligned}
\tag{4.156}
$$

这样，当 $\widehat{\boldsymbol{X}}(k)$ 已知时，利用类似于前两步的方法，可求出在时刻 $t(k)=kT$ 的最优控制向量 $\boldsymbol{u}(k)$。式 (4.156) 通常称为贝尔曼泛函方程，而 $S_k(\widehat{\boldsymbol{X}}(k))$ 称为贝尔曼泛函。

这样，对于不同的值 $k=N-1,\cdots,0$，按照顺序利用式 (4.156) 可求解最优控制向量 $\boldsymbol{u}(k)$，并计算关于 $\widehat{\boldsymbol{X}}(k)$ 的泛函值 $S_k(\widehat{\boldsymbol{X}}(k))$，以便下一次迭代时使用。重复上述计算步骤，直到 $k=0$，即时间区间扩展到 $[0,NT]$ 为止。此时可求出最优控制向量 $\boldsymbol{u}(k)(k=N-1,\cdots,0)$ 及在总的时间区间 $[0,NT]$ 的最优代价函数 S_0。

由于所求出的最优控制向量 $\boldsymbol{u}(k)(k=N-1,\cdots,0)$ 与状态向量的数学期望 $\widehat{\boldsymbol{X}}(k)$ $(k=N-1,\cdots,0)$ 有关，要具体求出 $\boldsymbol{u}(k)(k=N-1,\cdots,0)$ 及 $\widehat{\boldsymbol{X}}(k)(k=N-1,\cdots,0)$，还必须按照顺时针方向再进行迭代求解。

（2）按顺时针方向求出最优控制向量序列与最优状态估计序列

以上，按照逆时针方向给出最优控制向量与状态向量估计之间的关系。下面再按照上述得到的关系具体求出最优控制向量及最优状态向量。具体计算过程如下：假设已知 $\boldsymbol{u}(0)$ 及 $\widehat{\boldsymbol{X}}(0)=\boldsymbol{m}_0$，利用式 (4.148)~ 式 (4.152) 可计算 $\widehat{\boldsymbol{X}}(1)$，利用第一步获得的关系式 $\boldsymbol{u}(1)=\boldsymbol{u}(\widehat{\boldsymbol{X}}(1))$，可求出在时刻 $t(1)=T$ 时的最优控制向量 $\boldsymbol{u}(1)$。进一步，利用式 (4.148)~ 式 (4.152) 计算 $\widehat{\boldsymbol{X}}(2)$，由最优控制向量 $\boldsymbol{u}(2)$ 与系统在时刻 $t(2)=2T$ 的状态向量估计 $\widehat{\boldsymbol{X}}(2)$ 的依赖关系 $\boldsymbol{u}(2)=u(\widehat{\boldsymbol{X}}(2))$，可求出最优控制向量 $\boldsymbol{u}(2)$。重复以上过程，可求出在时刻 $kT(k=0,1,2,\cdots,N-1)$ 时的最优控制向量 $\boldsymbol{u}(k)\,(k=0,1,2,\cdots,N-1)$ 与最优状态向量估计 $\widehat{\boldsymbol{X}}(k)\,(k=0,1,2,\cdots,N-1)$。

以前，人们认为动态规划法只适用于固定时间区间的情形，其实，时间区间可以是任意的。利用动态规划法求解最优控制问题主要基于贝尔曼泛函方程式 (4.156)。若使用反向顺序求解最优控制问题，贝尔曼泛函方程具有形式 (4.138) 或式 (4.156)。借助此泛函方程，可以将极小化问题转化为关于单变量的泛函极小值问题，此问题的求解相对简单，然后可以使用“相反”或“直接”顺序求得。此求解顺序主要由准则类型及被控对象的运动方程确定。求解此问题可以从某个指定点——开始点或终止点到另外一点。

利用“反向”顺序是从终止状态开始确定系统状态最优轨迹。使用“直接”顺序是从初始状态开始确定系统状态最优轨迹。显然，对于无约束的终止状态和已知初始状态随机系统的最优控制问题，用“直接”顺序求解非常方便。对于固定终止状态及无约束的初始状态随机系统最优控制问题，适合用“反向”顺序求解。求解顺序也与控制时间区间有关，若时间区间是任意的，那么从开始点求解很适用。若终止时间区间被指定，从终止点开始求解很方便。注意，求解最优控制的所有过程都可以由计算机来完成。

例 4.8 假设被控对象由下列一维线性差分方程表示：

$$X(k+1)=X(k)+u(k)+V(k) \qquad (k=0,1,\cdots,N-1)$$

式中，白噪声变量 $V(k)\in\mathcal{N}(0,G(k))$。

量测方程表示为

$$Y(k)=X(k)+N(k)$$

式中，白噪声变量 $N(k)\in\mathcal{N}(0,Q(k))$，且与 $V(k)$ 互不相关。假设初始状态变量 $X(0)=X_0$ 是随机的，它的数学期望 m_0 及方差 θ_0 已知。要求确定最优控制变量，$u(k)(k=0,1,\cdots,N-1)$，满足限制条件 $u(k)\in U_0$，且在时间 $[0,NT]$，将系统从初始状态变量 $X(0)$ 转移到某个终止状态变量 $X(N)$（或指定终止状态），并确保下列和式（准则）$\widehat{F}_0$ 达到最小，即 $\widehat{F}_0=\sum\limits_{k=0}^{N-1}E_y[X^2(k)+\beta u^2(k)]+E_y[X^2(N)]$。

解：利用本节介绍的方法，分两步来求解。

按逆时针方向求出最优控制变量与状态估计变量之间关系。

1）求最优控制变量 $u(N-1)$。

在时间区间 $[(N-1)T,NT]$，它的代价函数的条件数学期望为

$$\widehat{F}_0=\sum_{k=0}^{N-1}E_y[X^2(k)+\beta u^2(k)]+E_y[X^2(N)]$$

利用状态方程，求出终止状态变量 $X(N)$ 的表达式，并代入上式，得

$$\begin{aligned}\widehat{F}_{N-1}\ &=2\widehat{X}^2(N-1)+2R(N-1)+E_y[V^2(N-1)]\\&\quad+(1+\beta)u^2(N-1)+2X^2(N-1)u(N-1)\end{aligned}$$

为了求解最优控制变量 $u(N-1)$，必须对上式求关于 $u(N-1)$ 的极小值。注意到此例中，终止状态变量 $X(N)$ 无限制条件。因此，这是一个无条件极值问题，很容易求出最优控制变量 $u(N-1)$ 为

$$u(N-1)=-\mathrm{sat}\left[\frac{1}{1+\beta}\widehat{X}(N-1)\Big|U_0\right]$$

式中，函数 $\mathrm{sat}(\cdot)$ 的定义同例 4.7。此时，贝尔曼泛函为

$$
S_{N-1}(\widehat{X}(N-1))=\begin{cases}\dfrac{1+2\beta}{1+\beta}\widehat{X}^2(N-1)+2R(N-1)+E_y[V^2(N-1)]\\ u(K-1)=-\dfrac{1}{1+\beta}\widehat{X}(N-1)\\ 2\widehat{X}^2(N-1)+2R(N-1)+E_y[V^2(N-1)]\\ +(1+\beta)U_0^2-2U_0\widehat{X}(N-1)\mathrm{sgn}\widehat{X}(N-1)\\ u(N-1)=-U_0\mathrm{sgn}\widehat{X}(N-1)\end{cases}
$$

由于在上式中，第二式的值大于第一式，故在下面的迭代中舍去它。

2）求解最优控制变量 $u(N-1)$、$u(N-2)$。

下面将时间区间扩大到 $[N-2, N]$。它的代价函数为原和式（代价函数）的后两项，即

$$
\widehat{F}_{N-2}=E_y[Y^2(N-2)+\beta u^2(N-2)]+S_{N-1}(\widehat{X}(N-1))
$$

明显地，上式中含有状态变量估计 $\widehat{X}(N-1)$，因此必须先求出它。使用第 3 章介绍的最优状态估计算法，可获得最优状态估计方程，即

$$
\begin{gathered}
\widehat{X}(k+1)=\widehat{X}'(k+1)+B(k+1)(Y(k+1)-\widehat{X}'(k+1))\\
\widehat{X}'(k+1)=\widehat{X}(k)+u(k)\\
B(k+1)=R'(k+1)(R'(k+1)+Q(k+1))^{-1}\\
R(k+1)=(1-B(k+1))^2R'(k+1)+B^2(k+1)Q(k+1)\\
R'(k+1)=R(k)+G(k)\\
(k=0,1,\cdots,N-1)
\end{gathered}
$$

在时刻 $t(N-1)=(N-1)T$，利用上述状态估计方程，求出状态变量估计 $\widehat{X}(N-1)$，并将其代入泛函 $\widehat{F}_{N-2}$，求它关于 $u(N-2)$ 的极小值，可得最优控制变量 $u(N-2)$，它具有与 $u(N-1)$ 类似的形式。

3）求解最优控制变量 $u(k)(k=N-1, N-2, \cdots, 0)$。

按照上述步骤，继续一步一步地计算，直到时间区间扩大到整个控制区间 $[0, NT]$，从而求出最优控制变量 $u(0)$，它可表示为

$$
u(0)=-\mathrm{sat}\left[\frac{1}{1+\beta}m(0)|U_0\right]
$$

接下来，根据本节给出的第二步，按照顺时针方向迭代，从初始状态变量估计 m_0 及最优初始控制变量 $u(0)$，以及最优控制变量序列的解析关系 $u(k)=-\mathrm{sat}\left[\frac{1}{1+\beta}\widehat{X}(k)|U_0\right]$，可以求出最优状态估计轨迹 $\widehat{X}(k)$ 及最优控制变量 $u(k)$。

4.7　连续时间随机系统的动态规划

动态规划法在某种假设条件下也可以用于连续时间系统 [14]。在此情况下，利用动态规划法求解最优控制问题最终将转化为求解偏微分方程。本节仅针对不完全信息情形

进行讨论，且只考察下列两个具有代表性的问题。

1）固定终止时间区间和自由终止状态的最优控制问题；

2）不固定终止时间区间和指定初始及终止状态的最优控制问题。

4.7.1 固定终时情形

假设随机系统的状态方程与观测方程分别同式 (4.59) 及式 (4.2)，并假设控制时间 $t_k - t_0 = T$ 固定。

定义准则（代价函数）为

$$F_0 = \int_{t_0}^{t_k} q(\boldsymbol{X}(t), \boldsymbol{u}(t), t)\mathrm{d}t + \sigma(\boldsymbol{X}(t)) \tag{4.157}$$

式中，q 及 σ 为已知的确定性函数。它的条件数学期望为

$$\begin{aligned}\widehat{F}_0 &= E\left\{\int_{t_0}^{t_k} [q(\boldsymbol{X}(t), \boldsymbol{u}(t), t)\mathrm{d}t + \sigma(\boldsymbol{X}(t))]|\boldsymbol{Y}(\tau), t_0 \leqslant \tau \leqslant t_k\right\} \\ &= \int_{t_0}^{t_k} q^*(\widehat{\boldsymbol{X}}(t), \boldsymbol{u}(t), t)\mathrm{d}t + \sigma^*(\widehat{\boldsymbol{X}}(t_k))\end{aligned} \tag{4.158}$$

式中，q^* 及 σ^* 分别为与 q 及 σ 有关的泛函，但可能与 q 及 σ 不同，而状态向量的条件数学期望 $\widehat{\boldsymbol{X}}(t)$ 必须通过后验概率密度函数来获得。在实际应用中，通常用高斯概率密度函数来逼近它，而高斯概率密度函数完全由状态向量 $\boldsymbol{Y}(t)$ 的条件数学期望 $\widehat{\boldsymbol{X}}(t) = E_y[\boldsymbol{X}(t)]$ 及估计误差的协方差矩阵 $\boldsymbol{R}(t)$ 来确定。

要求确定最优控制向量 $\boldsymbol{u}(t)$，满足限制条件 $\boldsymbol{u}(t) \in U_0$，且在指定的时间区间 $[t_0, t_k]$ 将被控对象从初始状态 $\boldsymbol{X}(t_0)$ 转移到某个终止状态 $\boldsymbol{X}(t_k)$，并使准则函数 F_0 的条件数学期望 $E_y(F_0)$ 达到最小。

下面使用动态规划法来求解此最优控制问题。它的求解过程完全类似于离散时间情形，按照“反向”时间顺序求解最优控制问题。求解此问题的关键就是在任意控制时间区间 $[t, t_k]$, $t \in [t_0, t_k]$ 获得贝尔曼泛函方程。

如图 4.1 所示，考虑从时刻 t, $t \in [t_0, t_k]$ 开始的时间区间 $[t, t_k]$，在此区间上定义代价函数为

$$F_t(\boldsymbol{X}(t), \boldsymbol{u}(t), t) = \int_{t}^{t_k} q(\boldsymbol{X}(\tau), \boldsymbol{u}(\tau), \tau)\mathrm{d}\tau + \sigma(\boldsymbol{X}(t_k)) \tag{4.159}$$

此函数与开始时刻 t 有关，当 $t = t_0$ 时，此代价函数即为总的代价函数 F_0。

首先，在时间区间 $[t, t_k]$，求解最优控制向量 $\boldsymbol{u}(\tau)$, $\tau \in [t, t_k]$，满足限制条件 $\boldsymbol{u}(\tau) \in U_0$，使代价函数的条件数学期望 $E_y(F_t) = \widehat{F}_t$ 达到极小值。记它的极小值为 $S(\widehat{\boldsymbol{X}}(t), t)$，即

$$S(\widehat{\boldsymbol{X}}(t), t) = \min_{\substack{\boldsymbol{u}(\tau) \in U_0 \\ t \leqslant \tau \leqslant t_k}} \{E[F_t(\boldsymbol{X}(t), \boldsymbol{u}(t), t)|\boldsymbol{Y}(\tau), t \leqslant \tau \leqslant t_k]\} \tag{4.160}$$

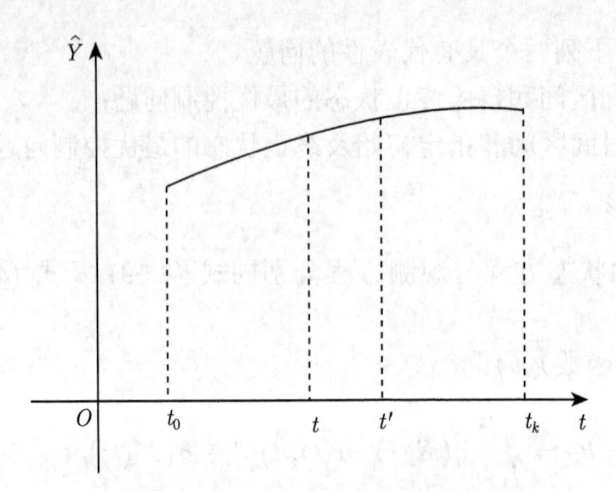

图 4.1　最优状态估计运动轨迹 (一)

注意：当系统为时不变系统时，上述泛函不显含时间 t。

显然，当 $t = t_0$ 时，$S(\widehat{\boldsymbol{X}}(t), t)$ 即为总的代价函数的条件数学期望 $\widehat{F}_0$ 的极小值，此时，相应的最优控制向量 $\boldsymbol{u}(t)$ 即为所求的最优控制向量。$S(\widehat{\boldsymbol{X}}(t), t)$ 通常称为贝尔曼泛函。

下面给出具体的求解过程，以获得贝尔曼泛函方程。

在时间区间 $[t_0, t_k]$ 选取两个相邻时刻 t 和 t'，则式 (4.160) 可以表示为

$$\begin{aligned} S(\widehat{\boldsymbol{X}}(t), t) = \min_{\substack{\boldsymbol{u}(\tau)\in U_0 \\ t\leqslant\tau\leqslant t_k}} \bigg(E\bigg\{ \int_t^{t'} q(\boldsymbol{X}(\tau), \boldsymbol{u}(\tau), \tau)\mathrm{d}\tau + E\bigg[\int_{t'}^{t_k} q(\boldsymbol{X}(\tau), \boldsymbol{u}(\tau), \tau)\mathrm{d}\tau \\ +\sigma(\boldsymbol{X}(t_k))|\boldsymbol{Y}(\nu), t' \leqslant \nu\leqslant t_k \bigg]\bigg| \boldsymbol{Y}(\mu), t \leqslant \mu\leqslant t_k \bigg\}\bigg) \end{aligned} \tag{4.161}$$

记 $t' = t + \Delta t$，其中，Δt 为充分小的增量，则上式进一步转化为

$$\begin{aligned} S(\widehat{\boldsymbol{X}}(t), t) = \min_{\boldsymbol{u}(t)\in U_0} \bigg(& E\{q(\boldsymbol{X}(t), \boldsymbol{u}(t), t)\Delta t \\ & + \min_{\substack{\boldsymbol{u}(\tau_2)\in U_0 \\ t+\Delta t\leqslant\tau_2\leqslant t_k}} E\bigg[\int_{t+\Delta t}^{t_k} q(\boldsymbol{X}(\tau), \boldsymbol{u}(\tau), \tau)\mathrm{d}\tau \\ & +\sigma(\boldsymbol{X}(t_k))|\boldsymbol{Y}(\nu), t+\Delta t \leqslant \nu\leqslant t_k \bigg]\bigg| \boldsymbol{Y}(\mu), t \leqslant \mu\leqslant t_k\}\bigg) \end{aligned} \tag{4.162}$$

式 (4.162) 右边的第一项只与时刻 t 的控制向量 $\boldsymbol{u}(t)$ 有关，第二项与时间区间 $[t+\Delta t, t_k]$ 的所有容许控制向量 $\boldsymbol{u}(\tau), \tau\in[t+\Delta t, t_k]$ 有关。对第二项求关于控制向量 $\boldsymbol{u}(\tau)$ 的极小值，得 $S(\widehat{\boldsymbol{X}}(t+\Delta t), t+\Delta t)$。这样，式 (4.162) 可转化为

$$\begin{aligned} S(\widehat{\boldsymbol{X}}(t), t) = \min_{\boldsymbol{u}(t)\in U_0} \Big\{ & q^*(\widehat{\boldsymbol{X}}(t), \boldsymbol{u}(t), t)\Delta t \\ & +E[S(\widehat{\boldsymbol{X}}(t+\Delta t), t+\Delta t)|\boldsymbol{Y}(\mu), t \leqslant \mu\leqslant t_k] \Big\} \end{aligned} \tag{4.163}$$

假设泛函 $S(\widehat{\boldsymbol{X}}(t), t)$ 是连续的，且对所有变量 $\widehat{X}_i(i = 1, 2, \cdots, n)$ 及 t 是可微的。

利用泰勒展开，得

$$\begin{aligned} S(\widehat{\boldsymbol{X}}(t+\Delta t),\, t+\Delta t) &= S(\widehat{\boldsymbol{X}}(t)+\Delta \boldsymbol{X},\, t+\Delta t) \\ &= S(\widehat{\boldsymbol{X}}(t),\, t)+\left[\frac{\partial S(\widehat{\boldsymbol{X}}(t),\, t)}{\partial \widehat{\boldsymbol{X}}}\right]^{\mathrm{T}} \Delta \boldsymbol{X} \\ &\quad +\frac{1}{2} \operatorname{tr}\left\{\left[\frac{\partial^{2} S(\widehat{\boldsymbol{X}}(t),\, t)}{\partial \widehat{\boldsymbol{X}} \partial \widehat{\boldsymbol{X}}^{\mathrm{T}}}\right](\Delta \boldsymbol{X} \Delta \boldsymbol{X}^{\mathrm{T}})\right\} \\ &\quad +\frac{\partial S(\widehat{\boldsymbol{X}}(t),\, t)}{\partial t} \Delta t+O(\Delta t)+O(\Delta \boldsymbol{X}) \end{aligned}$$

在上式计算中，利用等式

$$\widehat{\boldsymbol{X}}(t+\Delta t)=\widehat{\boldsymbol{X}}(t)+\Delta \widehat{\boldsymbol{X}}$$

下面求条件数学期望 $E[S(\widehat{\boldsymbol{X}}(t+\Delta t),\, t+\Delta t)|\boldsymbol{Y}(\mu),\, t \leqslant \mu \leqslant t_k]$。

将泰勒展开式代入条件数学期望表达式中，得

$$\begin{aligned} E_y[S(\widehat{\boldsymbol{X}}(t+\Delta t),\, t+\Delta t)] &= S(\widehat{\boldsymbol{X}}(t),\, t)+\left[\frac{\partial S(\widehat{\boldsymbol{X}}(t),\, t)}{\partial \widehat{\boldsymbol{X}}}\right]^{\mathrm{T}} E_y(\Delta \boldsymbol{X}) \\ &\quad +\frac{1}{2} \operatorname{tr}\left\{\left[\frac{\partial^{2} S(\widehat{\boldsymbol{X}}(t),\, t)}{\partial \widehat{\boldsymbol{X}} \partial \widehat{\boldsymbol{X}}^{\mathrm{T}}}\right] E_y(\Delta \boldsymbol{X} \Delta \boldsymbol{X}^{\mathrm{T}})\right\} \\ &\quad +\frac{\partial S(\widehat{\boldsymbol{X}}(t),\, t)}{\partial t} \Delta t+O(\Delta t)+E_y[O(\Delta \boldsymbol{X})] \end{aligned} \tag{4.164}$$

将式 (4.164) 代入式 (4.163)。由于 $S(\widehat{\boldsymbol{X}}(t),\, t)$ 和 $\dfrac{\partial S(\widehat{\boldsymbol{X}}(t),\, t)}{\partial t}$ 与 $\boldsymbol{u}(t)$ 无关，可直接提到求极小值符号外，并两边同时除以 Δt，且令 $\Delta t \to 0$，得

$$\begin{aligned} -\frac{\partial S(\widehat{\boldsymbol{X}}(t),\, t)}{\partial t} &= \min_{\boldsymbol{u}(t) \in U_0}\left\{q^*(\widehat{\boldsymbol{X}}(t),\, \boldsymbol{u}(t),\, t)+\left[\frac{\partial S(\widehat{\boldsymbol{X}}(t),\, t)}{\partial \widehat{\boldsymbol{X}}}\right]^{\mathrm{T}} \lim_{\Delta \to 0} \frac{E_y(\Delta \boldsymbol{X})}{\Delta t}\right. \\ &\quad +\frac{1}{2} \operatorname{tr}\left[\frac{\partial^{2} S(\widehat{\boldsymbol{X}}(t),\, t)}{\partial \widehat{\boldsymbol{X}} \partial \widehat{\boldsymbol{X}}^{\mathrm{T}}} \lim_{\Delta t \to 0} \frac{E_y(\Delta \boldsymbol{X} \Delta \boldsymbol{X}^{\mathrm{T}})}{\Delta t}\right] \\ &\quad \left.+\lim_{\Delta t \to 0} \frac{O(\Delta t)}{\Delta t}+\lim_{\Delta t \to 0} \frac{O(E_y(\Delta \boldsymbol{X}))}{\Delta t}\right\} \end{aligned} \tag{4.165}$$

由于由式 (4.59) 所确定的随机过程是马尔可夫过程，故有

$$\lim_{\Delta t \to 0} \frac{E_y(\Delta \boldsymbol{X})}{\Delta t}=\boldsymbol{\varphi}(\widehat{\boldsymbol{X}},\, t)+\boldsymbol{D}(t) \boldsymbol{u}(t)$$

$$\lim_{\Delta t \to 0} \frac{E_y(\Delta \boldsymbol{X} \Delta \boldsymbol{X}^{\mathrm{T}})}{\Delta t}=\boldsymbol{G}(t)$$

$$\lim_{\Delta t \to 0} \frac{O(E_y(\Delta \boldsymbol{X}))}{\Delta t}=\mathbf{0},\ \lim_{\Delta t \to 0} \frac{O(\Delta t)}{\Delta t}=\mathbf{0}$$

将上述等式代入式 (4.165) 中，化简得

$$-\frac{\partial S(\widehat{\boldsymbol{X}}(t),t)}{\partial t}=\min_{\substack{\boldsymbol{u}(t)\in U_0\\ t\in(t_0,t_k)}}\Big\{q^*(\widehat{\boldsymbol{X}}(t),\boldsymbol{u}(t),t)+\Big[\frac{\partial S(\widehat{\boldsymbol{X}},t)}{\partial\widehat{\boldsymbol{X}}}\Big]^{\mathrm{T}}\times[\varphi(\widehat{\boldsymbol{X}},t)+\boldsymbol{D}(t)\boldsymbol{u}(t)]+\frac{1}{2}\mathrm{tr}\Big[\frac{\partial^2 S(\widehat{\boldsymbol{X}},t)}{\partial\widehat{\boldsymbol{X}}\partial\widehat{\boldsymbol{X}}^{\mathrm{T}}}\boldsymbol{G}(t)\Big]\Big\}\tag{4.166}$$

终止条件为

$$S(\widehat{\boldsymbol{X}},t_k)=\sigma^*(\widehat{\boldsymbol{X}}(t_k))\tag{4.167}$$

式 (4.166) 称为贝尔曼泛函方程。

注意：若代价函数 F_0 中没有第二项，则 $S(\widehat{\boldsymbol{X}}(t),t_k)=0$。

明显地，若利用贝尔曼泛函方程来求解最优控制向量 $\boldsymbol{u}(t)$，首先，因对式 (4.166) 右边的表达式关于 $\boldsymbol{u}(t)$ 求极小值，获得控制向量 $\boldsymbol{u}(t)$ 关于函数 $\dfrac{\partial S(\widehat{\boldsymbol{X}}(t),t)}{\partial\widehat{\boldsymbol{X}}}$ 的表达式；然后，将所求的 $\boldsymbol{u}(t)$ 的表达式代入式 (4.166) 的右边，并求解偏微分方程，获得关于泛函 $S(\widehat{\boldsymbol{X}}(t),t)$ 的具体表达式；最后，将此泛函代入控制向量 $\boldsymbol{u}(t)$ 的表达式中，以求得最优控制向量。

假设泛函 $S(\widehat{\boldsymbol{X}}(t),t)$ 二阶可微分，则贝尔曼方程式 (4.166) 给出求解最优控制向量 $\boldsymbol{u}(t)$ 的必要条件。至于充分条件，必须专门研究，本书不作进一步的介绍。由于贝尔曼方程是一个偏微分方程，通常很难求解，只有在很少的情况下，才有解析解。在大多数情况下，只能给出数值解。

例 4.9　假设运动目标方程可表示为

$$\dot{X}_i=\sum_{j=1}^{n}\alpha_{ij}X_j+k_iu+V_i,\ X_i(t_0)=X_{i0}\qquad(i=1,2,\cdots,n)$$

式中，$a_{ij}(i,j=1,2,\cdots,n)$ 与 k_i 为已知常数。$V_i(t)$ 为中心化的带有强度矩阵 $\boldsymbol{G}(t)=(G_{ij}(t))$ 的高斯白噪声。初始状态变量 $X_i(0)$ 的数学期望 m_{i0} 及方差矩阵 $\boldsymbol{\theta}_0=(\theta_{ij0})$ 已知。

观测方程为

$$Y_i=\sum_{j=1}^{n}C_{ij}X_j+N_i$$

式中，$N_i(t)$ 为中心化的带有强度矩阵为 $\boldsymbol{Q}(t)=(Q_{ij}(t))$ 的高斯白噪声，且与 $V_i(t)$ 互不相关。要求确定最优控制变量 $u(t)$，在无限时间内将系统从初始状态变量 X_{i0} 转移到平衡点 0，并使下列代价函数的条件数学期望达到最小：

$$F_0=\int_0^\infty\Big(\sum_{i,j=1}^{n}d_{ij}X_i(t)X_j(t)+\frac{1}{K}u^2(t)\Big)\mathrm{d}t$$

式中，d_{ij} 与 K 为给定常数，控制变量 $u(t)$ 不受约束。

解：在时间区间 $(t, +\infty)$，定义代价函数为

$$F_t = \int_t^{\infty}\Big(\sum_{i,\,j=1}^{n} d_{ij}X_i(\tau)X_j(\tau) + \frac{1}{K}u^2(\tau)\Big)\mathrm{d}\tau$$

由式 (4.160) 可得贝尔曼泛函 $S(\widehat{X}(t), t)$。由于系统为时不变系统，故 $\dfrac{\partial S}{\partial t}$=0。这样，由贝尔曼方程 (4.166)，得

$$\begin{aligned}&\min_u\Big\{E_y\Big[\sum_{i,\,j=1}^{n} d_{ij}X_i(t)X_j(t) + \frac{1}{K}u^2(t)\Big]\\&+\sum_{i=1}^{n}\frac{\partial S(\widehat{X})}{\partial \widehat{X}_i}\Big(\sum_{j=1}^{n} a_{ij}\widehat{X}_j + k_i u\Big) + \frac{1}{2}\mathrm{tr}\Big[\frac{\partial^2 S(\widehat{X})}{\partial \widehat{X}\partial \widehat{X}^{\mathrm{T}}}\boldsymbol{G}\Big]\Big\} = 0\end{aligned}$$

首先，对上述方程的左边表达式关于 $u(t)$ 求极小值，得

$$\frac{2}{K}u + \sum_{i=1}^{n} k_i\frac{\partial S(\widehat{\boldsymbol{X}})}{\partial \widehat{X}_i} = 0$$

进一步，有

$$u = -\frac{K}{2}\sum_{i=1}^{n} k_i\frac{\partial S(\widehat{\boldsymbol{X}})}{\partial \widehat{X}_i}$$

将 $u(t)$ 的表达式再代入贝尔曼方程的左边，去掉极小值符号，并求条件数学期望，得

$$\begin{aligned}&\sum_{i,\,j=1}^{n} d_{ij}(\widehat{X}_i\widehat{X}_j + R_{ij}) + \frac{1}{4}K\Big(\sum_{i=1}^{n} k_i\frac{\partial S}{\partial \widehat{X}_i}\Big)^2\\&+\sum_{i=1}^{n}\frac{\partial S}{\partial \widehat{X}_i}\Big(\sum_{j=1}^{n} a_{ij}\widehat{X}_i - \frac{k_i K}{2}\sum_{\nu=1}^{n} k_\nu\frac{\partial S}{\partial \widehat{X}_\nu}\Big) + \frac{1}{2}\sum_{i,\,j=1}^{n}\frac{\partial^2 S}{\partial \widehat{X}_i\partial \widehat{X}_j}G_{ij} = 0\end{aligned}$$

式中

$$R_{ij} = E_y[(X_i - \widehat{X}_i)(X_j - \widehat{X}_j)]$$

为了求解上述非线性方程，假设它的解可以表示为关于待定系数 l_i, l_{ij} $(i, j = 1, 2, \cdots, n)$ 及 l_0 的表达式，即

$$S(\widehat{\boldsymbol{X}}) = l_0 + \sum_{i=1}^{n} l_i\widehat{X}_i + \sum_{i,\,j=1}^{n} l_{ij}\widehat{X}_i\widehat{X}_j$$

将此表达式代入上述方程，获得关于系数 $l_i, l_{ij}(i, j = 1, 2, \cdots, n)$ 及 l_0 的代数方程，然后求解代数方程确定待定系数，从而可以贝尔曼泛函的具体表达式，再回代到最优控制变量的表达式中获得最优控制变量 $u(t)$。至于状态变量的估计 $\widehat{X}(t)$，可使用第 3 章介绍的最优线性滤波器方法进行估计。此问题通常只具有数值解。

4.7.2 不固定终时情形

假设系统状态方程及观测方程同固定终时情形。

要求确定最优控制向量 $\boldsymbol{u}(t)$，满足限制条件 $\boldsymbol{u}(t)\in U_0$，在时间 $t-t_0=T(T$ 不固定) 内将系统从初始状态 $\boldsymbol{X}(t_0)$ 转移到终止状态 $\boldsymbol{X}(t)=\boldsymbol{X}_k$，并使下列泛函的条件数学期望达到最小，即

$$F_0=\int_{t_0}^{t} q(\boldsymbol{X}(\tau),\boldsymbol{u}(\tau),\tau)\mathrm{d}\tau \tag{4.168}$$

式中，q 为指定函数。

假设最优状态轨迹 $\widehat{\boldsymbol{X}}=E[\boldsymbol{X}(t)|\boldsymbol{Y}(\nu),t_0\leqslant\nu\leqslant t]$ 如图 4.2 所示，最优控制向量 $\boldsymbol{u}(t)$ 已确定。

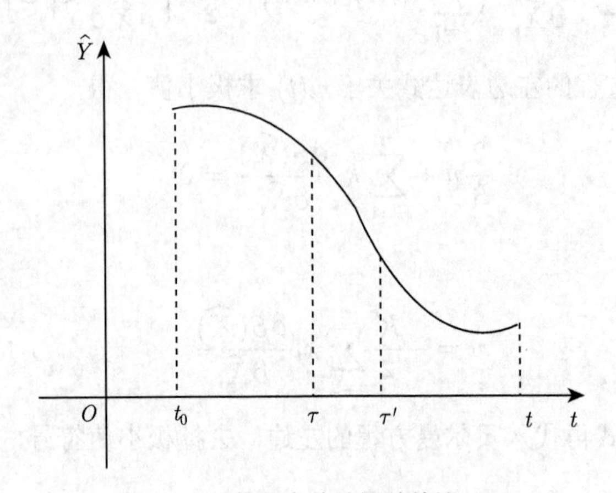

图 4.2 最优状态估计运动轨迹 (二)

在时间区间 (t_0,t) 任取一时刻 τ，考虑从此时刻开始的时间区间 (τ,t)，定义代价函数为

$$F_\tau(\boldsymbol{X}(\tau),\tau)=\int_{\tau}^{t} q(\boldsymbol{X}(\sigma),\boldsymbol{u}(\sigma),\sigma)\mathrm{d}\sigma$$

根据最优性原理，在时间区间 (τ,t) 系统的最优状态轨迹应是整个最优状态轨迹的一部分。

类似于第一种情况的推导过程，记代价函数的条件数学期望的最小值为

$$S(\widehat{\boldsymbol{X}}(\tau),\tau)=\min_{\substack{\boldsymbol{u}(\nu)\in U_0\\ t_0\leqslant\nu\leqslant t}}\left\{E[F_\tau(\boldsymbol{Y}(\tau),\tau)|\boldsymbol{Y}(\nu),t_0\leqslant\nu\leqslant t]\right\} \tag{4.169}$$

此泛函通常称为贝尔曼泛函。

在时间区间 (t_0,t) 选取两个相邻时刻 $\tau,\tau'(\tau'>\tau)$，记 $\tau'=\tau+\Delta t$，其中 Δt 为充分小增量。在区间 $(\tau,\tau+\Delta t)$ 与 $(\tau+\Delta t,t)$ 分别使用式 (4.169)，得

$$\begin{aligned}S(\widehat{\boldsymbol{X}}(\tau),\tau)=&\min_{\boldsymbol{u}(\tau)\in U_0}\Big\{E_y[q(\boldsymbol{X}(\tau),\boldsymbol{u}(\tau),\tau)]\Delta t\\&+\min_{\boldsymbol{u}(\sigma)\in U_0}E_y\Big[\int_{\tau+\Delta t}^{t} q(\boldsymbol{X}(\sigma),\boldsymbol{u}(\sigma),\sigma)\mathrm{d}\sigma\Big]\Big\}\end{aligned}$$

将式 (4.169) 代入上式，得

$$S(\widehat{\boldsymbol{X}}(\tau), \tau) = \min_{\boldsymbol{u}(\tau)\in U_0}\Big\{E_y[q(\boldsymbol{X}(\tau), \boldsymbol{u}(\tau), \tau)]\Delta t + S(\widehat{\boldsymbol{X}}(\tau+\Delta t), \tau+\Delta t)\Big\} \tag{4.170}$$

假设泛函 $S(\widehat{\boldsymbol{X}}(t), t)$ 是连续的，且对所有变量 $\widehat{X}_i(i=1, 2, \cdots, n)$ 及 t 是可微的。完全类似于固定终时情形中式 (4.163)～ 式 (4.166) 的计算，利用泰勒展开，并化简可得贝尔曼泛函方程为

$$\begin{aligned}-\frac{\partial S(\widehat{\boldsymbol{X}}(\tau), \tau)}{\partial \tau} &= \min_{\boldsymbol{u}(\tau)\in U_0}\Big\{E_y[q(\widehat{\boldsymbol{X}}(\tau), \boldsymbol{u}(\tau), \tau)] + \Big[\frac{\partial S(\widehat{\boldsymbol{X}}, \tau)}{\partial \widehat{\boldsymbol{X}}}\Big]^{\mathrm{T}} \\ &\quad\times[\boldsymbol{\varphi}(\widehat{\boldsymbol{X}}, \tau) + \boldsymbol{D}(\tau)\boldsymbol{u}(\tau)] + \frac{1}{2}\mathrm{tr}\Big[\frac{\partial^2 S(\widehat{\boldsymbol{X}}, \tau)}{\partial \widehat{\boldsymbol{X}}\partial \widehat{\boldsymbol{X}}^{\mathrm{T}}}\boldsymbol{G}(\tau)\Big]\Big\}\end{aligned} \tag{4.171}$$

为了求解上述贝尔曼泛函方程，首先，求解方程式 (4.171) 右边关于 $\boldsymbol{u}(t)$ 的极小值，得到控制向量 $\boldsymbol{u}(t)$ 与函数 $\dfrac{\partial S(\widehat{\boldsymbol{X}}(t), t)}{\partial \widehat{\boldsymbol{X}}}$ 的关系式；然后，将 $\boldsymbol{u}(t)$ 的表达式代回泛函方程式 (4.171) 中，并在终止条件 $\widehat{\boldsymbol{X}}(t_k) = \widehat{\boldsymbol{X}}_k$ 及 $S(\widehat{\boldsymbol{X}}_k, t_k) = \boldsymbol{0}$ 下求解偏微分方程，获得关于泛函 $S(\widehat{\boldsymbol{X}}(t), t)$ 的具体表达式；最后，将此泛函代入控制向量 $\boldsymbol{u}(t)$ 的表达式中，以求得最优控制向量。

为了加深对贝尔曼泛函方程的理解，我们讨论两种特殊情况。

（1）时不变情况

假设被控对象是时不变的，且泛函 q 不显含 t，则泛函 S 也不显含 t，从而由式 (4.171) 得贝尔曼泛函方程为

$$\min_{\boldsymbol{u}\in U_0}\Big\{\widehat{q}(\widehat{\boldsymbol{X}}, u) + \Big[\frac{\partial S(\widehat{\boldsymbol{X}})}{\partial \widehat{\boldsymbol{X}}}\Big]^{\mathrm{T}}(\boldsymbol{\varphi}(\widehat{\boldsymbol{X}}) + \boldsymbol{D}\boldsymbol{u}) + \frac{1}{2}\mathrm{tr}\Big[\frac{\partial^2 S(\widehat{\boldsymbol{X}})}{\partial \widehat{\boldsymbol{X}}\partial \widehat{\boldsymbol{X}}^{\mathrm{T}}}\boldsymbol{G}\Big]\Big\} = 0 \tag{4.172}$$

（2）时间最短控制问题

对于时间最短控制问题，它所对应的代价函数中泛函 $q(\boldsymbol{X}, \boldsymbol{u}, t)$ 应为 $q(\boldsymbol{X}, \boldsymbol{u}, t) = 1$。从而，由式 (4.171) 得贝尔曼泛函方程为

$$\min_{\boldsymbol{u}\in U_0}\Big\{\Big[\frac{\partial S(\widehat{\boldsymbol{X}})}{\partial \widehat{\boldsymbol{X}}}\Big]^{\mathrm{T}}[\boldsymbol{\varphi}(\widehat{\boldsymbol{X}}) + \boldsymbol{D}\boldsymbol{u}] + \frac{1}{2}\mathrm{tr}\Big[\frac{\partial^2 S(\widehat{\boldsymbol{X}})}{\partial \widehat{\boldsymbol{X}}\partial \widehat{\boldsymbol{X}}^{\mathrm{T}}}\boldsymbol{G}\Big]\Big\} = -1 \tag{4.173}$$

例 4.10 假设系统状态方程及测量方程同例 4.9。要求确定最优控制变量 $u(t)$，满足限制条件 $u(t)\in U_0$，且确保在最短时间内将系统从初始状态变量 X_{i0} 转移到平衡点 0。

解：显然，这是时间最短控制问题，它的代价函数定义为

$$F_0 = t - t_0 = \int_{t_0}^{t} \mathrm{d}\nu$$

利用贝尔曼泛函方程式 (4.173)，得

$$\min_{|u_i|\leqslant U_{i0}}\Big\{\sum_{i=1}^{n}\frac{\partial S}{\partial \widehat{X}_i}\Big(\sum_{j=1}^{n} d_{ij}\widehat{X}_j + u_i\Big) + \frac{1}{2}\sum_{i,j=1}^{n}\frac{\partial^2 S}{\partial \widehat{X}_i \partial \widehat{X}_j}G_{ij}\Big\} = -1$$

对上式左边关于控制变量 $u_i(t)(i=1, 2, \cdots, n)$ 求极小值，得

$$u_i = -U_{i0}\mathrm{sgn}\left\{\frac{\partial S(\widehat{X})}{\partial \widehat{X}_i}\right\} \qquad (i=1, 2, \cdots, n)$$

将 $u_i(t)$ 的表达式代入上述贝尔曼泛函方程，并去掉极小值符号，得

$$\sum_{i=1}^{n}\frac{\partial S}{\partial \widehat{X}_i}\left(\sum_{j=1}^{n}d_{ij}\widehat{X}_j - U_{i0}\mathrm{sgn}\left\{\frac{\partial S(\widehat{X})}{\partial \widehat{X}_i}\right\}\right) + \frac{1}{2}\sum_{i,\, j=1}^{n}\frac{\partial^2 S}{\partial \widehat{X}_i \partial \widehat{X}_j}G_{ij} = -1$$

关于状态变量的估计，使用线性最优滤波理论，则状态变量估计的 $\widehat{Y}(t)$ 的分量 $\widehat{Y}_i(t)$ 满足

$$\dot{\widehat{X}}_i = \sum_{j=1}^{n}d_{ij}\widehat{X}_j + u_i + \sum_{p=1}^{m}B_{ip}\left(Y_p - \sum_{q=1}^{n}C_{pq}\widehat{X}_q\right) \qquad (i=1, 2, \cdots, n)$$

式中，B_{ip} 为矩阵 $\boldsymbol{B}(t) = \boldsymbol{R}\boldsymbol{C}^{\mathrm{T}}\boldsymbol{Q}$ 的元素，而估计误差的协方差矩阵 $\boldsymbol{R}(t) = (R_{ij})$ 满足下列方程：

$$\dot{R}_{ij} = \sum_{p,\, q=1}^{n}(d_{ip}R_{qj} + d_{jq}R_{pi}) + G_{ij}$$

4.8 本 章 小 结

本章共分为五部分。第一部分介绍将实际工程中遇到的各种控制问题转化为统一的最优控制问题；第二部分介绍随机最大值原理以及在三种代价函数情况下的求解最优控制方法；第三部分针对连续时间最优控制问题，分别基于最大值原理和动态规划法求解最优控制问题；第四部分给出离散时间最优控制器的求解算法；最后一部分给出局部最优控制方法。

第 5 章　随机最优控制

5.1　引　　言

解析综合方法或控制最优解析结构是控制系统理论与应用的重要研究方向之一。最优调节器的“解析结构”理论首先由列达韦提出 [200-203]，而在实际应用方面，卡尔曼给出了一些求解算法，从而使此问题的讨论更具有广泛性 [204-205]。

目前，解析综合控制系统方法获得了很大发展。使用此方法可以确定控制系统的结构及参数，且在某些限制条件下，能使给定的代价函数达到最小。

对于确定性的线性控制系统，求解它的解析综合控制是可能的 [206]，基本问题就是选择代价函数使其达到最小值。如果代价函数选择为二次型函数，则解析综合控制问题可转化为求解里卡蒂（Riccati）矩阵微分或差分方程。通过求解此微分或差分方程可以获得控制系统的最优解析结构。

对于带有高斯随机信号及噪声干扰的随机线性控制系统，若选择二次型函数作为其代价函数，则它的解析综合控制问题可转化为分别按照顺序求解用于状态估计的最优线性滤波器及确定性的最优调节器问题。此结论通常称为分离理论 [45]。它的重要性在于将整个系统解析综合控制问题分解成两个可独立进行设计的最优滤波子系统与最优调节子系统的级联系统。

5.2　连续时间随机线性系统最优控制

5.2.1　基于随机最大原理的随机最优控制

1. 控制不受约束情形

（1）问题描述

假设被控对象由下列线性微分方程表示：

$$\dot{\boldsymbol{X}}(t)=\boldsymbol{A}(t)\boldsymbol{X}(t)+\boldsymbol{D}(t)\boldsymbol{u}(t)+\boldsymbol{V}(t) \tag{5.1}$$

式中，$\boldsymbol{A}(t)$、$\boldsymbol{D}(t)$ 为已知的确定性的矩阵；白噪声向量 $\boldsymbol{V}(t)\in\mathcal{N}(\boldsymbol{0},\,\boldsymbol{G}(t)\delta(t))$。假设初始状态向量 $\boldsymbol{X}(0)$ 的数学期望及方差矩分别为 $\boldsymbol{m}_0$ 及 $\boldsymbol{\theta}_0$。

量测方程为

$$\boldsymbol{Y}(t)=\boldsymbol{C}(t)\boldsymbol{X}(t)+\boldsymbol{N}(t) \tag{5.2}$$

式中，$\boldsymbol{C}(t)$ 为已知的确定性的矩阵；白噪声向量 $\boldsymbol{N}(t)\in\mathcal{N}(\boldsymbol{0},\,\boldsymbol{Q}(t)\delta(t))$，且与 $\boldsymbol{V}(t)$ 互不相关。

定义二次型代价函数

$$F_0 = \int_{t_0}^{t_k} [\boldsymbol{X}^{\mathrm{T}}(\tau)\boldsymbol{L}\boldsymbol{X}(\tau) + \boldsymbol{u}^{\mathrm{T}}(\tau)\boldsymbol{K}^{-1}\boldsymbol{u}(\tau)]\mathrm{d}\tau + \boldsymbol{X}^{\mathrm{T}}(t_k)\boldsymbol{\Gamma}\boldsymbol{X}(t_k) \tag{5.3}$$

式中，$\boldsymbol{K}$ 为对称正定矩阵；$\boldsymbol{L}$ 和 $\boldsymbol{\Gamma}$ 为对称半正定矩阵。

在上述泛函中，积分号内的第一项表示暂态误差的总度量，第二项表示暂态过程中控制能量消耗的总和，自由项表示控制终止时刻 t_k 的稳态误差。

代价函数的条件数学期望定义为

$$\widehat{F}_0 = E[F_0|\boldsymbol{Y}(\tau),\, t_0 \leqslant \tau \leqslant t_k] := E_y(F_0) \tag{5.4}$$

由第 4 章的讨论我们知道，最优控制问题就是求解最优控制向量 $\boldsymbol{u}(t)$，使系统在指定时间区间 (t_0, t_k) 从初始状态 $\boldsymbol{X}(0)$ 转移到终止状态 $\boldsymbol{X}(t_k)$，并使代价函数的条件数学期望 $E_y(F_0)$ 达到最小，即

$$\min_{\boldsymbol{u}} \widehat{F}_0 = \min_{\boldsymbol{u}} E[F_0|\boldsymbol{Y}(\tau),\, t_0 \leqslant \tau \leqslant t_k] \tag{5.5}$$

注意：在本节中，假设控制向量 $\boldsymbol{u}(t)$ 不受限制。

对于上述优化问题的求解，既可以使用庞特里亚金最大值原理，也可以使用动态规划法。本节使用最大值原理来求解。

（2）解析综合控制算法

按照第 4 章介绍的最大值原理进行求解，可分为以下四步。

1）转化为统一的标准优化问题。

定义新的状态变量 $Y_{n+1}(t)$，满足下列方程：

$$\dot{X}_{n+1} = \dot{F}_0 = \boldsymbol{X}^{\mathrm{T}}\boldsymbol{L}\boldsymbol{X} + \boldsymbol{u}^{\mathrm{T}}\boldsymbol{K}^{-1}\boldsymbol{u} + 2\dot{\boldsymbol{X}}^{\mathrm{T}}\boldsymbol{\Gamma}\boldsymbol{X} \tag{5.6}$$

初始条件

$$X_{n+1}(t_0) = \boldsymbol{X}^{\mathrm{T}}(t_0)\boldsymbol{\Gamma}\boldsymbol{X}(t_0)$$

由于终止状态向量 $\boldsymbol{X}(t_k)$ 不受约束，故庞特里亚金泛函 $\pi(t_k)$ 可定义为

$$\pi(t_k) = X_{n+1}(t_k)$$

因此，最优控制问题就转化为求解最优控制向量 $\boldsymbol{u}(t)$，使庞特里亚金泛函的条件数学期望 $E_y(\pi(t_k))$ 达到最小，即

$$\min_{\boldsymbol{u}} E_y[X_{n+1}(t_k)]$$

2）求最优控制向量。

定义哈密顿函数

$$H = \boldsymbol{\psi}^{\mathrm{T}}\dot{\boldsymbol{X}} + \psi_{n+1}\dot{X}_{n+1}$$

式中，$\boldsymbol{\psi}(t)$ 为待定的伴随函数，满足下列伴随方程：

$$\dot{\boldsymbol{\psi}}=-\frac{\partial H}{\partial \boldsymbol{X}}, \dot{\psi}_{n+1}=-\frac{\partial H}{\partial X_{n+1}}=0 \tag{5.7}$$

类似 4.2 节，首先对哈密顿函数进行必要的简化计算，然后再求它的条件数学期望。将式 (5.1) 和式 (5.6) 代入哈密顿函数 H，得

$$\begin{aligned}H=&\boldsymbol{\psi}^{\mathrm{T}}(\boldsymbol{AX}+\boldsymbol{Du}+\boldsymbol{V})+\psi_{n+1}[\boldsymbol{X}^{\mathrm{T}}\boldsymbol{LX}+\boldsymbol{u}^{\mathrm{T}}\boldsymbol{K}^{-1}\boldsymbol{u}\\&+2(\boldsymbol{X}^{\mathrm{T}}\boldsymbol{A}^{\mathrm{T}}+\boldsymbol{u}^{\mathrm{T}}\boldsymbol{D}^{\mathrm{T}}+\boldsymbol{V}^{\mathrm{T}})\boldsymbol{\Gamma X}]\end{aligned} \tag{5.8}$$

将式 (5.8) 代入伴随函数方程式 (5.7)，得

$$\dot{\boldsymbol{\psi}}=-\frac{\partial H}{\partial \boldsymbol{X}}=-\boldsymbol{\psi}^{\mathrm{T}}\boldsymbol{A}-\psi_{n+1}(2\boldsymbol{LX}+2\boldsymbol{A}^{\mathrm{T}}\boldsymbol{\Gamma X}+2\boldsymbol{\Gamma}\dot{\boldsymbol{X}}) \tag{5.9}$$

式中，$\boldsymbol{\psi}^{\mathrm{T}}\boldsymbol{A}=\boldsymbol{A}^{\mathrm{T}}\boldsymbol{\psi}$。

约束条件为

$$\boldsymbol{\psi}(t_k)=-\frac{\partial \pi(t_k)}{\partial \boldsymbol{X}(t_k)}=\mathbf{0}, \psi_{n+1}(t_k)=-\frac{\partial \pi(t_k)}{\partial X_{n+1}(t_k)}=-1$$

由 $\dot{\psi}_{n+1}=0$ 及 $\psi_{n+1}(t_k)=-1$，得

$$\psi_{n+1}(t)=-1$$

将上式代入式 (5.8)，得

$$\begin{aligned}H=&\boldsymbol{\psi}^{\mathrm{T}}(\boldsymbol{AX}+\boldsymbol{Du}+\boldsymbol{V})-[\boldsymbol{X}^{\mathrm{T}}\boldsymbol{LX}+\boldsymbol{u}^{\mathrm{T}}\boldsymbol{K}^{-1}\boldsymbol{u}\\&+2(\boldsymbol{X}^{\mathrm{T}}\boldsymbol{A}^{\mathrm{T}}+\boldsymbol{u}^{\mathrm{T}}\boldsymbol{D}^{\mathrm{T}}+\boldsymbol{V}^{\mathrm{T}})\boldsymbol{\Gamma X}]\end{aligned}$$

将 $\psi_{n+1}(t)=-1$ 代入式 (5.9)，得

$$\dot{\boldsymbol{\psi}}=-\boldsymbol{\psi}^{\mathrm{T}}\boldsymbol{A}+2(\boldsymbol{LX}+\boldsymbol{A}^{\mathrm{T}}\boldsymbol{\Gamma X}+\boldsymbol{\Gamma}\dot{\boldsymbol{X}}) \tag{5.10}$$

下面利用最大值原理对哈密顿函数的条件数学期望 $E_y(H)$ 求极大值，以获得最优控制向量 $\boldsymbol{u}(t)$ 的表达式。

对哈密顿函数的条件数学期望 $E_y(H)$ 关于 $\boldsymbol{u}(t)$ 求导数，并令其为 $\mathbf{0}$，即

$$\max_{\boldsymbol{u}} E_y(H) \quad 或 \quad \frac{\partial}{\partial \boldsymbol{u}}E_y(H)=\mathbf{0}$$

将 H 的具体表达式代入上式，并去掉与 $\boldsymbol{u}$ 无关的项，得

$$\frac{\partial}{\partial \boldsymbol{u}}E_y(\boldsymbol{\psi}^{\mathrm{T}}\boldsymbol{Du}-\boldsymbol{u}^{\mathrm{T}}\boldsymbol{K}^{-1}\boldsymbol{u}-2\boldsymbol{u}^{\mathrm{T}}\boldsymbol{D}^{\mathrm{T}}\boldsymbol{\Gamma X})=\mathbf{0}$$

对上式求微分，得

$$E_y(\boldsymbol{D}^{\mathrm{T}}\boldsymbol{\psi} - 2\boldsymbol{K}^{-1}\boldsymbol{u} - 2\boldsymbol{D}^{\mathrm{T}}\boldsymbol{\Gamma}\boldsymbol{X}) = \mathbf{0} \tag{5.11}$$

进一步，对式 (5.11) 左边求条件数学期望，得

$$\boldsymbol{D}^{\mathrm{T}}\widehat{\boldsymbol{\psi}} - 2\boldsymbol{K}^{-1}\boldsymbol{u} - 2\boldsymbol{D}^{\mathrm{T}}\boldsymbol{\Gamma}\widehat{\boldsymbol{X}} = \mathbf{0}$$

从而，得

$$\boldsymbol{u} = -\boldsymbol{K}\boldsymbol{D}^{\mathrm{T}}\left(\boldsymbol{\Gamma}\widehat{\boldsymbol{X}} - \frac{1}{2}\widehat{\boldsymbol{\psi}}\right) \tag{5.12}$$

3）求解里卡蒂矩阵微分方程。

在此步中，我们利用 4.3.3 节介绍的第三步，将伴随函数估计方程的求解转化为里卡蒂矩阵微分方程的求解，记

$$\boldsymbol{Z} = \boldsymbol{\Gamma}\boldsymbol{X} - \frac{1}{2}\boldsymbol{\psi}$$

对上式两边求条件数学期望，得

$$\widehat{\boldsymbol{Z}} = \boldsymbol{\Gamma}\widehat{\boldsymbol{Z}} - \frac{1}{2}\widehat{\boldsymbol{\psi}}$$

对 $X(t)$ 的表达式两边微分，并将式 (5.1) 和式 (5.10) 代入，化简得

$$\dot{\boldsymbol{Z}} = -\boldsymbol{A}^{\mathrm{T}}\boldsymbol{X} - \boldsymbol{L}\boldsymbol{X} \tag{5.13}$$

边值条件

$$\boldsymbol{Z}(t_k) = \boldsymbol{\Gamma}\boldsymbol{X}(t_k)$$

对式 (5.13) 两边求条件数学期望，得

$$\dot{\widehat{\boldsymbol{Z}}} = -\boldsymbol{A}^{\mathrm{T}}\widehat{\boldsymbol{X}} - \boldsymbol{L}\widehat{\boldsymbol{X}},\ \widehat{\boldsymbol{X}}(t_k) = \boldsymbol{\Gamma}\widehat{\boldsymbol{X}}(t_k) \tag{5.14}$$

再对式 (5.1) 两边求条件数学期望，得

$$\dot{\widehat{\boldsymbol{X}}} = \boldsymbol{A}\widehat{\boldsymbol{X}} + \boldsymbol{D}\boldsymbol{u} + \widehat{\boldsymbol{V}},\ \widehat{\boldsymbol{X}}(t_0) = \boldsymbol{m}_0 \tag{5.15}$$

明显地，$\widehat{\boldsymbol{Z}}$ 与 $\widehat{\boldsymbol{X}}$ 之间存在线性关系，令

$$\widehat{\boldsymbol{Z}}(t) = \boldsymbol{P}(t)\widehat{\boldsymbol{X}}(t)$$

式中，矩阵 $\boldsymbol{P}(t)$ 为待定矩阵。

对上式两边关于时间 t 求微分，得

$$\dot{\widehat{\boldsymbol{X}}} = \dot{\boldsymbol{P}}\widehat{\boldsymbol{X}} + \boldsymbol{P}\dot{\widehat{\boldsymbol{X}}}$$

将式 (5.14) 和式 (5.15) 代入上式，得

$$(\dot{\boldsymbol{P}}+\boldsymbol{PA}+\boldsymbol{A}^{\mathrm{T}}\boldsymbol{P}-\boldsymbol{PDKD}^{\mathrm{T}}\boldsymbol{P}+\boldsymbol{L})\widehat{\boldsymbol{X}}+\boldsymbol{P}\widehat{\boldsymbol{V}}=\boldsymbol{0}$$

对上式两边求无条件数学期望，得

$$(\dot{\boldsymbol{P}}+\boldsymbol{PA}+\boldsymbol{A}^{\mathrm{T}}\boldsymbol{P}-\boldsymbol{PDKD}^{\mathrm{T}}\boldsymbol{P}+\boldsymbol{L})\boldsymbol{m}_x=\boldsymbol{0} \tag{5.16}$$

由于 $\boldsymbol{m}_x$ 是任意的，故

$$\dot{\boldsymbol{P}}=-\boldsymbol{PA}-\boldsymbol{A}^{\mathrm{T}}\boldsymbol{P}+\boldsymbol{PDKD}^{\mathrm{T}}\boldsymbol{P}-\boldsymbol{L} \tag{5.17}$$

终止条件

$$\boldsymbol{P}(t_k)=\boldsymbol{\Gamma}$$

式 (5.17) 称为里卡蒂矩阵微分方程。

这样，最优控制向量 $\boldsymbol{u}(t)$ 的结构为

$$\boldsymbol{u}=-\boldsymbol{KD}^{\mathrm{T}}\boldsymbol{P}\widehat{\boldsymbol{X}} \tag{5.18}$$

式中，矩阵 $\boldsymbol{P}$ 由式 (5.17) 确定。

4）确定最优状态估计。

由于最优控制向量中含有状态估计 $\widehat{\boldsymbol{X}}(t)$，因此接下来要求出最优状态估计。利用第 4 章介绍的线性最优估计算法，可以确定状态估计方程为

$$\dot{\widehat{\boldsymbol{X}}}=\boldsymbol{A}\widehat{\boldsymbol{X}}+\boldsymbol{Du}+\boldsymbol{B}(\boldsymbol{Y}-\boldsymbol{C}\widehat{\boldsymbol{X}}),\ \widehat{\boldsymbol{X}}(t_0)=\boldsymbol{m}_0 \tag{5.19}$$

式中，$\boldsymbol{B}=\boldsymbol{RC}^{\mathrm{T}}\boldsymbol{Q}^{-1}$。估计误差的协方差矩阵 $\boldsymbol{R}(t)$ 满足

$$\dot{\boldsymbol{R}}=\boldsymbol{AR}+\boldsymbol{RA}-\boldsymbol{RC}^{\mathrm{T}}\boldsymbol{Q}^{-1}\boldsymbol{CR}+\boldsymbol{G},\ \boldsymbol{R}(t_0)=\boldsymbol{\theta}_0 \tag{5.20}$$

通过以上分析可知，最优控制 $\boldsymbol{u}(t)$ 的解析结构完全由式 (5.19) 和式 (5.20) 确定的最优滤波器和由式 (5.17) 和式 (5.18) 所确定的调节器决定，如图 5.1 所示。

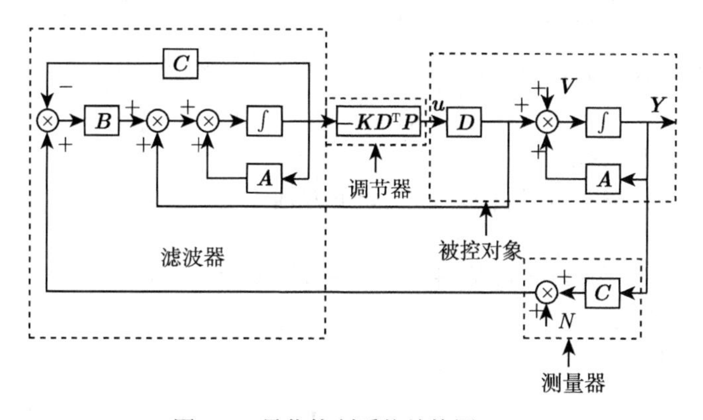

图 5.1 最优控制系统结构图 (一)

定理 5.1（**分离定理**）[95] 假设随机线性系统满足式 (5.1) 和式 (5.2)，二次型代价函数满足式 (5.3) 和式 (5.4)，则随机系统闭环最优控制率具有线性控制律，即

$$\boldsymbol{u}(t) = -\boldsymbol{K}\boldsymbol{D}^{\mathrm{T}}(t)\boldsymbol{P}(t)\widehat{\boldsymbol{X}}(t)$$

式中，矩阵 $\boldsymbol{P}(t)$ 为里卡蒂方程 (5.17) 的解；$\widehat{\boldsymbol{X}}(t)$ 为卡尔曼滤波方程式 (5.19) 和式 (5.20) 中的解。

注解 5.1 由于最优控制向量中增益矩阵函数中所包含的矩阵 $\boldsymbol{P}$ 的求解与状态向量估计 $\widehat{\boldsymbol{X}}$ 及估计误差协方差矩阵 $\boldsymbol{R}$ 无关；而状态向量估计 $\widehat{\boldsymbol{X}}$ 和估计误差协方差矩阵 $\boldsymbol{R}$ 也不受最优控制向量的影响。因此，可以将随机线性系统最优控制问题分成确定性最优线性反馈控制和线性系统卡尔曼滤波两个问题独立求解。最后将确定性反馈中的状态 $\boldsymbol{X}(t)$ 用状态估计 $\widehat{\boldsymbol{X}}(t)$ 代替，即为闭环最优解。

注解 5.2 若线性系统具有完全状态信息，则闭环最优控制下确定性最优控制完全相同，即 $\boldsymbol{u}(t) = -\boldsymbol{K}\boldsymbol{D}^{\mathrm{T}}(t)\boldsymbol{P}(t)\boldsymbol{X}(t)$。

注解 5.3 若系统的噪声并不服从高斯分布，而是一般的零均值白噪声过程，仍然可以得出近似结论。

例 5.1 假设被控对象由下列一维随机线性微分方程表示：

$$\dot{X}_1 = -aX_1 + du + V,\ X_1(t_0) = X_{10}$$

式中，$a > 0, d$ 为已知常数；白噪声变量 $V(t) \in \mathcal{N}(0,\ G\delta(t))$，初始状态的概率特性为

$$E(X_{10}) = 0,\ E(X_{10}^2) = \theta_0$$

在时间区间 $[t_0,\ t_k]$，量测方程为

$$Y_1(t) = c_1 X_1(t) + N(t)$$

式中，c_1 为已知常数；白噪声变量 $N(t) \in \mathcal{N}(0,\ Q\delta(t))$，且它与 $V(t)$ 互不相关。要求确定最优控制变量 $u(t)$，在时间区间 $[t_0,\ t_k]$，将系统从初始状态变量 $X_1(t_0)$ 转移到终止状态变量 $X_1(t_k)$，并使下列二次型代价函数的条件数学期望达到最小，即

$$F(X_1,\ u,\ t_k) = X_1^2(t_k) + \int_{t_0}^{t_k} [X_1^2(t) + K^{-1}u^2(t)]\mathrm{d}t$$

式中，$K > 0$ 为已知常数。

解：引入新的状态变量 $X_2(t)$，满足如下方程：

$$\dot{X}_2 = 2X_1\dot{X}_1 + X_1^2 + \frac{1}{K}u^2,\ X_2(t_0) = 0$$

定义哈密顿函数为

$$H = \psi_1(-aX_1 + du + V) - 2X_1(-aX_1 + du + V) - X_1^2 - \frac{1}{K}u^2$$

利用式 (5.12)，求出最优控制变量 $u(t)$ 为

$$u(t)=-\frac{1}{2}kd(2\widehat{X}_1-\widehat{\psi}_1)=-kd\widehat{Z}$$

式中

$$\widehat{Z}=\frac{1}{2}(2\widehat{X}_1-\widehat{\psi}_1)$$

由于 $\widehat{Z}$ 与 $\widehat{X}$ 之间存在线性关系，令

$$\widehat{Z}(t)=P(t)\widehat{X}(t)$$

式中，一维矩阵 $P(t)$ 满足下列里卡蒂微分方程

$$\dot{P}=2aP+Kd^2P^2-1,\ P(t_k)=1$$

故，最优控制变量 $u(t)$ 可表示为

$$u(t)=-KdP\widehat{X}_1(t)$$

下面需要求出状态估计变量 $\widehat{X}_1$。利用第 4 章介绍的最优线性状态估计器算法，得

$$\dot{\widehat{X}}_1=-a\widehat{X}_1-Kd^2P\widehat{X}_1+B(Y_1-c_1\widehat{X}_1),\ \widehat{X}_1(t_0)=m_0$$

式中，矩阵 $B=R_{11}c_1Q^{-1}$，状态估计误差的方差 R_{11} 满足

$$\dot{R}_{11}=-2aR_{11}-c_1^2Q^{-1}R_{11}^2+G,\ R_{11}(t_0)=\theta_0$$

2. 控制受约束情形

（1）问题描述

在实际应用中，控制向量通常是受限制的。如果在求解最优控制问题时考虑此限制，则此问题就变得很复杂。但是对于随机线性控制系统，若选择二次型函数为其代价函数，则可以构造比较简单的准最优控制的近似解析算法。

在本节中，我们仍然假设随机线性系统的状态方程及观测方程分别同式 (5.1) 及式 (5.2)；二次型代价函数同式 (5.3)，而且仅考虑控制时间 $t_k-t_0=T$ 固定、终止状态 $\boldsymbol{X}(t_k)$ 不受限制的最优控制问题。要求确定最优控制向量 $\boldsymbol{u}(t)$，满足如下约束条件：

$$\boldsymbol{u}(t)\in U_0 \quad 或 \quad |u_i(t)|\leqslant U_{i0} \qquad (i=1,2,\cdots,r)$$

并在时间区间 (t_0,t_k)，使系统从初始状态 $\boldsymbol{X}(t_0)$ 转移到终止状态 $\boldsymbol{X}(t_k)$，并使二次型代价函数的条件数学期望 $E_y(F_0)$ 达到最小。

（2）逼近解析综合控制算法

下面利用随机最大值原理求解。类似于上一节的求解，仍然分为以下四步进行。

1）转化为统一的标准优化问题。

定义新的状态变量 $X_{n+1}(t)$，满足

$$\dot{X}_{n+1} = \boldsymbol{X}^{\mathrm{T}}\boldsymbol{L}\boldsymbol{X} + \boldsymbol{u}^{\mathrm{T}}\boldsymbol{K}^{-1}\boldsymbol{u} + 2\dot{\boldsymbol{X}}^{\mathrm{T}}\boldsymbol{\varGamma}\boldsymbol{X},\ X_{n+1}(t_0) = \boldsymbol{X}^{\mathrm{T}}(t_0)\boldsymbol{\varGamma}\boldsymbol{X}(t_0) \tag{5.21}$$

由于终止状态向量 $\boldsymbol{X}(t_k)$ 不受约束限制，则庞特里亚金泛函为

$$\pi(t_k) = X_{n+1}(t_k) \tag{5.22}$$

从而，最优控制问题转化为求解最优控制向量 $\boldsymbol{u}(t)$，满足限制条件 $\boldsymbol{u}(t)\in U_0$，并使庞特里亚金泛函的条件数学期望 $\widehat{\pi}(t_k) = E_y[\pi(t_k)]$ 达到最小，即

$$\min_{\boldsymbol{u}\in U_0} \widehat{\pi}(t_k)$$

2）求最优控制向量。

定义哈密顿泛函为

$$H = \boldsymbol{\psi}^{\mathrm{T}}(\boldsymbol{A}\boldsymbol{X} + \boldsymbol{D}\boldsymbol{u} + \boldsymbol{V}) + \psi_{n+1}(\boldsymbol{X}^{\mathrm{T}}\boldsymbol{L}\boldsymbol{X} + \boldsymbol{u}^{\mathrm{T}}\boldsymbol{K}^{-1}\boldsymbol{u} + 2\boldsymbol{X}^{\mathrm{T}}\boldsymbol{\varGamma}\boldsymbol{X}) \tag{5.23}$$

式中，$\boldsymbol{\psi}(t)$ 为待定的伴随函数，满足如下伴随方程：

$$\begin{cases} \dot{\boldsymbol{\psi}} = -\dfrac{\partial H}{\partial \boldsymbol{X}} \\ \quad = -\boldsymbol{\psi}^{\mathrm{T}}\boldsymbol{A} - \psi_{n+1}(2\boldsymbol{L}\boldsymbol{X} + 2\boldsymbol{A}^{\mathrm{T}}\boldsymbol{\varGamma}\boldsymbol{X} + 2\boldsymbol{\varGamma}\dot{\boldsymbol{X}}), \boldsymbol{\psi}(t_k) = \boldsymbol{0} \\ \dot{\psi}_{n+1} = -\dfrac{\partial H}{\partial X_{n+1}} = 0,\ \psi_{n+1}(t_k) = -1 \end{cases} \tag{5.24}$$

由式 (5.24) 中的第二式，得

$$\psi_{n+1}(t) = -1$$

根据随机最大值原理，最优控制问题进一步转化为求解最优控制向量 $\boldsymbol{u}(t)$，满足限制条件 $\boldsymbol{u}(t)\in U_0$，并使哈密顿泛函的条件数学期望 $\widehat{H}$ 达到最大值，即

$$\max_{\boldsymbol{u}\in U_0} E_y(H) = \max_{\boldsymbol{u}\in U_0} \widehat{H} \tag{5.25}$$

将 $\psi_{n+1}(t) = -1$ 代入式 (5.23)，并删除与 $\boldsymbol{u}$ 无关的项，则式 (5.25) 转化为

$$\max_{\boldsymbol{u}\in U_0}\left[E_y(\boldsymbol{\psi}^{\mathrm{T}}\boldsymbol{D}\boldsymbol{u} - 2\boldsymbol{u}^{\mathrm{T}}\boldsymbol{D}^{\mathrm{T}}\boldsymbol{\varGamma}\boldsymbol{X} - \boldsymbol{u}^{\mathrm{T}}\boldsymbol{K}^{-1}\boldsymbol{u})\right] \tag{5.26}$$

为了求式 (5.26) 的最大值，我们分以下两种情况进行讨论。

① 若 $\widehat{H}$ 的最大值在区域 U_0 内达到，则有

$$\frac{\partial}{\partial \boldsymbol{u}}(\widehat{\boldsymbol{\psi}}^{\mathrm{T}}\boldsymbol{D}\boldsymbol{u} - \boldsymbol{u}^{\mathrm{T}}\boldsymbol{K}^{-1}\boldsymbol{u} - 2\boldsymbol{u}^{\mathrm{T}}\boldsymbol{D}^{T}\boldsymbol{\varGamma}\boldsymbol{X}) = \boldsymbol{0} \tag{5.27}$$

利用等式 $\boldsymbol{u}^{\mathrm{T}}\boldsymbol{D}^{\mathrm{T}}\widehat{\boldsymbol{\psi}}=\widehat{\boldsymbol{\psi}}^{\mathrm{T}}\boldsymbol{D}\boldsymbol{u}$，将式 (5.27) 化简为

$$\boldsymbol{D}^{\mathrm{T}}\widehat{\boldsymbol{\psi}}-2\boldsymbol{K}^{-1}\boldsymbol{u}-2\boldsymbol{D}^{\mathrm{T}}\boldsymbol{\Gamma}\widehat{\boldsymbol{X}}=\boldsymbol{0} \tag{5.28}$$

从而，有

$$\boldsymbol{u}=-\boldsymbol{K}\boldsymbol{D}^{\mathrm{T}}\left[\boldsymbol{\Gamma}\widehat{\boldsymbol{X}}-\frac{1}{2}\widehat{\boldsymbol{\psi}}\right] \tag{5.29}$$

② 若 $\widehat{H}$ 在区域 U_0 的边界上达到最大值，即 $u_i=\pm U_{i0}$，则其符号与

$$\boldsymbol{\Gamma}\widehat{\boldsymbol{X}}-\frac{1}{2}\widehat{\boldsymbol{\psi}}$$

的符号相同。

综合以上两种情况，得

$$\boldsymbol{u}=\begin{cases}-\boldsymbol{K}\boldsymbol{D}^{\mathrm{T}}\widehat{\boldsymbol{Z}}, & \boldsymbol{K}\boldsymbol{D}^{\mathrm{T}}\widehat{\boldsymbol{Z}}\in U_0\\ |U_0|\mathrm{sgn}(\boldsymbol{K}\boldsymbol{D}^{\mathrm{T}}\widehat{\boldsymbol{Z}}), & \boldsymbol{K}\boldsymbol{D}^{\mathrm{T}}\widehat{\boldsymbol{Z}}\notin U_0\end{cases} \tag{5.30}$$

式中

$$\boldsymbol{Z}=-\frac{1}{2}\boldsymbol{\psi}+\boldsymbol{\Gamma}\boldsymbol{X} \tag{5.31}$$

$\widehat{\boldsymbol{Z}}=E_y(\boldsymbol{Z})$ 为 $\boldsymbol{Z}$ 的条件数学期望。

3）求解里卡蒂矩阵微分方程。

在此步中，我们利用 5.2.1 节介绍的解析综合控制算法的第三步，将伴随函数估计方程的求解转化为里卡蒂矩阵微分方程的求解。

对式 (5.31) 两边关于时间 t 求导数，并将式 (5.1) 和式 (5.24) 代入化简，得

$$\dot{\boldsymbol{Z}}=-\boldsymbol{A}^{\mathrm{T}}\boldsymbol{Z}-\boldsymbol{L}\boldsymbol{X},\ \boldsymbol{Z}(t_k)=\boldsymbol{\Gamma}\boldsymbol{X}(t_k) \tag{5.32}$$

定义函数 Sat 为

$$\mathrm{Sat}(\boldsymbol{x}|\Omega)=\begin{cases}\boldsymbol{x}, & \boldsymbol{x}\in\Omega\\ |\Omega|\mathrm{sgn}(\boldsymbol{x}), & \boldsymbol{x}\notin\Omega\end{cases}$$

式中，$\boldsymbol{x}$ 为任意向量；区域 Ω 为多边形，$|\Omega|$ 为区域的边界。

则式 (5.30) 可表示为

$$\boldsymbol{u}=-\mathrm{Sat}(\boldsymbol{K}\boldsymbol{D}^{\mathrm{T}}\widehat{\boldsymbol{X}}|U_0) \tag{5.33}$$

由最优控制的表达式 (5.33) 可知，要获得它的解析结构，必须求出向量估计 $\widehat{\boldsymbol{Z}}$。下面利用统计线性化方法来求解。由于 $\widehat{\boldsymbol{Z}}$ 与 $\widehat{\boldsymbol{X}}$ 之间存在线性关系，令

$$\widehat{\boldsymbol{Z}}=\boldsymbol{P}\widehat{\boldsymbol{X}} \tag{5.34}$$

进一步将式 (5.33) 表示为

$$\boldsymbol{u} = -\boldsymbol{g}(\widehat{\boldsymbol{w}}) \tag{5.35}$$

式中

$$\boldsymbol{g}(\widehat{\boldsymbol{w}}) = \mathrm{Sat}(\widehat{\boldsymbol{w}}|U_0),\ \widehat{\boldsymbol{w}} = \boldsymbol{K}\boldsymbol{D}^{\mathrm{T}}\boldsymbol{P}\widehat{\boldsymbol{X}}$$

对式 (5.35) 进行统计线性化，得

$$\boldsymbol{g}(\widehat{\boldsymbol{w}}) = \boldsymbol{g}_0(\boldsymbol{m}_w,\ \boldsymbol{\theta}_w) + \boldsymbol{K}_g(\boldsymbol{m}_w,\ \boldsymbol{\theta}_w)(\widehat{\boldsymbol{w}} - \boldsymbol{m}_w) \tag{5.36}$$

式中

$$\begin{aligned}
&\boldsymbol{m}_w = \boldsymbol{K}\boldsymbol{D}^{\mathrm{T}}\boldsymbol{P}\boldsymbol{m}\\
&\boldsymbol{\theta}_w = E[\widehat{\boldsymbol{w}}^0\widehat{\boldsymbol{w}}^{0\mathrm{T}}] = \boldsymbol{E}\boldsymbol{D}^{\mathrm{T}}\boldsymbol{P}\boldsymbol{\theta}\boldsymbol{P}\boldsymbol{D}\boldsymbol{K}^{\mathrm{T}}\\
&\boldsymbol{m} = E[\widehat{\boldsymbol{X}}],\ \boldsymbol{\theta} = \boldsymbol{E}[\widehat{\boldsymbol{X}}^0\widehat{\boldsymbol{X}}^{0\mathrm{T}}]\\
&\boldsymbol{g}_0 = E[\mathrm{Sat}(\widehat{\omega}|\boldsymbol{U}_0)],\ \boldsymbol{K}_g = \frac{\partial \boldsymbol{g}_0}{\partial \boldsymbol{m}_w}
\end{aligned}$$

将式 (5.36) 代入式 (5.1)，得

$$\dot{\boldsymbol{X}} = \boldsymbol{A}\boldsymbol{X} - \boldsymbol{D}\boldsymbol{g}_0(\boldsymbol{m}_w,\ \boldsymbol{\theta}_w) - \boldsymbol{D}\boldsymbol{K}_g(\boldsymbol{m}_w,\ \boldsymbol{\theta}_w)\widehat{\boldsymbol{w}}^0 + \boldsymbol{V} \tag{5.37}$$

对式 (5.32) 与式 (5.37) 两边求条件数学期望，得

$$\begin{cases}
\dot{\widehat{\boldsymbol{Z}}} = -\boldsymbol{A}^{\mathrm{T}}\widehat{\boldsymbol{Z}} - \boldsymbol{L}\widehat{\boldsymbol{X}}\\
\dot{\widehat{\boldsymbol{X}}} = \boldsymbol{A}\widehat{\boldsymbol{X}} - \boldsymbol{D}\boldsymbol{g}_0(\boldsymbol{m}_w,\ \boldsymbol{\theta}_w) - \boldsymbol{D}\boldsymbol{K}_g(\boldsymbol{m}_w,\ \boldsymbol{\theta}_w)\widehat{\boldsymbol{w}}^0 + \widehat{\boldsymbol{V}}
\end{cases} \tag{5.38}$$

将式 (5.34) 代入式 (5.38)，化简得

$$\begin{aligned}
&(\dot{\boldsymbol{P}} + \boldsymbol{P}\boldsymbol{A} + \boldsymbol{A}^{\mathrm{T}}\boldsymbol{P} + \boldsymbol{L} - \boldsymbol{P}\boldsymbol{D}\boldsymbol{K}_g\boldsymbol{K}\boldsymbol{D}^{\mathrm{T}}\boldsymbol{P})\widehat{\boldsymbol{X}}\\
&+\boldsymbol{P}\boldsymbol{D}\boldsymbol{K}_g\boldsymbol{K}\boldsymbol{D}^{\mathrm{T}}\boldsymbol{P}\boldsymbol{m} - \boldsymbol{P}\boldsymbol{D}\boldsymbol{g}_0 + \boldsymbol{P}\widehat{\boldsymbol{V}} = \boldsymbol{0}
\end{aligned} \tag{5.39}$$

对式 (5.39) 两边求无条件数学期望，得

$$(\dot{\boldsymbol{P}} + \boldsymbol{P}\boldsymbol{A} + \boldsymbol{A}^{\mathrm{T}}\boldsymbol{P} + \boldsymbol{L} - \boldsymbol{P}\boldsymbol{D}\boldsymbol{K}_g\boldsymbol{K}\boldsymbol{D}^{\mathrm{T}}\boldsymbol{P})\boldsymbol{m} + \boldsymbol{P}\boldsymbol{D}\boldsymbol{g}_0(\boldsymbol{m}_w,\ \boldsymbol{\theta}_w) = \boldsymbol{0} \tag{5.40}$$

记

$$\boldsymbol{g}_0(\boldsymbol{m}_w,\ \boldsymbol{\theta}_w) = \boldsymbol{K}_0(\boldsymbol{m}_w,\ \boldsymbol{\theta}_w)\boldsymbol{m}_w$$

由于 $\boldsymbol{m}_w = \boldsymbol{K}\boldsymbol{D}^{\mathrm{T}}\boldsymbol{P}\boldsymbol{m}$，故式 (5.40) 转化为

$$(\dot{\boldsymbol{P}} + \boldsymbol{P}\boldsymbol{A} + \boldsymbol{A}^{\mathrm{T}}\boldsymbol{P} + \boldsymbol{L} - \boldsymbol{P}\boldsymbol{D}\boldsymbol{K}_0(\boldsymbol{m}_w,\ \boldsymbol{\theta}_w)\boldsymbol{K}\boldsymbol{D}^{\mathrm{T}}\boldsymbol{P})\boldsymbol{m} = \boldsymbol{0} \tag{5.41}$$

因为 $\boldsymbol{m}$ 的任意性，故

$$(\dot{\boldsymbol{P}}+\boldsymbol{PA}+\boldsymbol{A}^{\mathrm{T}}\boldsymbol{P}+\boldsymbol{L}-\boldsymbol{PDK}_0(\boldsymbol{m}_w,\,\boldsymbol{\theta}_w)\boldsymbol{KD}^{\mathrm{T}}\boldsymbol{P})=\boldsymbol{0},\ \boldsymbol{P}(t_k)=\boldsymbol{\Gamma} \tag{5.42}$$

式中

$$\boldsymbol{m}_w=\boldsymbol{KD}^{\mathrm{T}}\boldsymbol{Pm},\,\boldsymbol{\theta}_w=\boldsymbol{KD}^{\mathrm{T}}\boldsymbol{P\theta PDK}^{\mathrm{T}}$$

方程 (5.40) 被称为里卡蒂矩阵微分方程。此方程可以确定矩阵 $\boldsymbol{P}$，但此方程不能单独求解，必须联立下列方程组来求解：

$$\dot{\boldsymbol{m}}=\boldsymbol{Am}-\boldsymbol{Dg}_0(\boldsymbol{m}_w,\,\boldsymbol{\theta}_w),\ \boldsymbol{m}(t_0)=\boldsymbol{m}_0 \tag{5.43}$$

$$\begin{aligned}\dot{\boldsymbol{\theta}}=&(\boldsymbol{A}-\boldsymbol{DK}_g(\boldsymbol{m}_w,\,\boldsymbol{\theta}_w)\boldsymbol{KD}^{\mathrm{T}}\boldsymbol{P})\boldsymbol{\theta}\\&+\boldsymbol{\theta}(\boldsymbol{A}-\boldsymbol{DK}_g(\boldsymbol{m}_w,\,\boldsymbol{\theta}_w)\boldsymbol{KD}^{\mathrm{T}}\boldsymbol{P})^{\mathrm{T}}+\boldsymbol{G},\ \boldsymbol{\theta}(t_0)=\boldsymbol{\theta}_0\end{aligned} \tag{5.44}$$

故，通过联立求解式 (5.42)$\sim$ 式 (5.44)，可得到最优控制向量为

$$\boldsymbol{u}=-\mathrm{Sat}(\boldsymbol{KD}^{\mathrm{T}}\boldsymbol{P}\widehat{\boldsymbol{X}}|U_0) \tag{5.45}$$

4）确定最优状态估计。

由于最优控制向量中含有状态估计向量 $\widehat{\boldsymbol{X}}(t)$，因此接下来要求出最优状态估计。利用第 4 章介绍的线性最优估计算法，可以确定状态估计方程为

$$\dot{\widehat{\boldsymbol{X}}}=\boldsymbol{A}\widehat{\boldsymbol{X}}+\boldsymbol{Du}+\boldsymbol{B}(\boldsymbol{Y}-\boldsymbol{C}\widehat{\boldsymbol{X}}) \tag{5.46}$$

式中，$\boldsymbol{B}=\boldsymbol{RC}^{\mathrm{T}}\boldsymbol{Q}^{-1}$，估计误差的协方差矩阵 $\boldsymbol{R}(t)$ 满足下列方程：

$$\dot{\boldsymbol{R}}=\boldsymbol{AR}+\boldsymbol{RA}^{\mathrm{T}}-\boldsymbol{RC}^{\mathrm{T}}\boldsymbol{Q}^{-1}\boldsymbol{CR}+\boldsymbol{G},\ \boldsymbol{R}(t_0)=\boldsymbol{\theta}_0 \tag{5.47}$$

综上所述，最优控制的解析结构完全由式 (5.46) 和式 (5.47) 确定的最优滤波器和由式 (5.42)$\sim$ 式 (5.44) 确定的调节器决定，如图 5.2 所示。

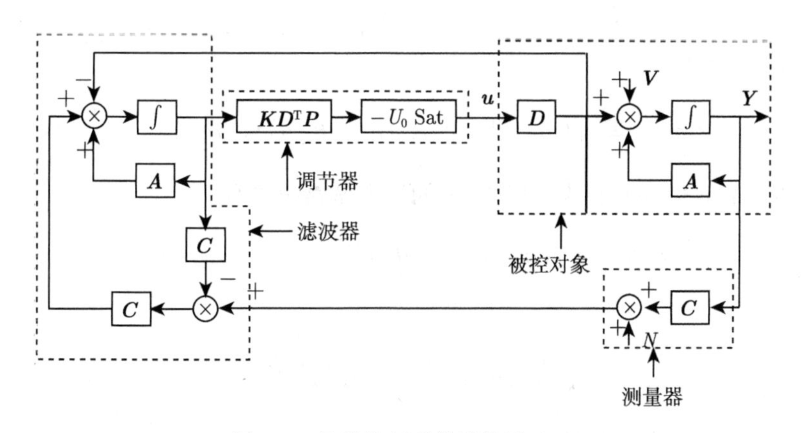

图 5.2 最优控制系统结构图 (二)

注解 5.4 由于在控制受约束条件下连续时间随机线性系统闭环最优控制 $\boldsymbol{u}(t) = -\text{Sat}(\boldsymbol{K}\boldsymbol{D}^{\text{T}}\boldsymbol{P}\widehat{\boldsymbol{X}}/U_0)$，其中 $\boldsymbol{P}$ 由式 (5.42) 里卡蒂微分方程确定，$\widehat{\boldsymbol{X}}$ 由式 (5.46) 和式 (5.47) 卡尔曼滤波方程确定。从式 (5.46) 和式 (5.47) 可以看出，估计误差的协方差矩阵中不包含控制向量 $\boldsymbol{u}(t)$。因此卡尔曼滤波器不受最优控制器设计的影响，可以单独提前设计。但由式 (5.42) 的里卡蒂微分方程可知，正定矩阵 $\boldsymbol{P}$ 受滤波估计均值 $\boldsymbol{m}$ 及估计误差的协方差矩阵 $\boldsymbol{Q}$ 的影响，因而不能独立进行设计，必须依赖滤波器的设计。

例 5.2 假设随机控制系统的状态变量模型与观测变量模型同例 5.1，要求确定最优控制变量 $u(t)$，满足限制条件 $u(t)\in U_0$，且在时间区间 $[t_0, t_k]$，将系统从初始状态变量 $X_1(t_0)$ 转移到终止状态变量 $X_1(t_k)$，并使下列二次型代价函数的条件数学期望达到最小，即

$$F(X_1, u, t_k) = X_1^2(t_k) + \int_{t_0}^{t_k} [X_1^2(t) + K^{-1}u^2(t)]\mathrm{d}t$$

式中，$K > 0$ 为已知常数。

解：引入新的状态变量 $X_2(t)$，满足下列方程：

$$\dot{X}_2 = 2X_1\dot{X}_1 + X_1^2 + \frac{1}{K}u^2,\ X_2(t_0) = 0$$

定义哈密顿函数为

$$H = \psi_1(-aX_1 + du + V) - 2X_1(-aY_1 + du + V) - X_1^2 - \frac{1}{K}u^2$$

利用式 (5.33)，求出最优控制变量 $u(t)$ 为

$$u(t) = \begin{cases} -Kd\widehat{Z}, & Kd\widehat{Z}\in U_0 \\ -|U_0|\text{sgn}(Kd\widehat{Z}), & Kd\widehat{Z}\notin U_0 \end{cases}$$

为了求出状态估计 $\widehat{Z}$，必须对最优控制变量 $u(t)$ 的表达式进行统计线性化，记

$$u(t) = -g(\widehat{w})$$

式中，$\widehat{w} = Kd\widehat{Z} = KdP\widehat{X}$，$g(\widehat{w}) = -\text{Sat}(\widehat{w}|U_0)$，$P$ 为待定正定对称矩阵。对非线性函数 g 进行统计线性化，得

$$g(\widehat{w}) = g_0(m_w, \theta_w) + K_g(m_w, \theta_w)(\widehat{w} - m_w)$$

由式 (5.40) 可获得关于待定矩阵 P 的里卡蒂微分方程

$$\dot{P} = 2aP + Kd^2K_0(m_w, \theta_w)P^2 - 1,\ P(t_k) = 1$$

式中

$$m_w = KdPm,\ \theta_w = K^2d^2P^2\theta$$

状态变量 $X_1(t)$ 的数学期望 m 及方差 θ 满足

$$\dot{m} = -am - dg_0(m_w, \theta_w), m(t_0) = m_0$$
$$\dot{\theta} = -2a\theta - 2Kd^2K_g(m_w, \theta_w)P\theta + G, \theta(t_0) = \theta_0$$

下面利用第 4 章介绍的线性最优估计算法，可以确定状态估计方程为

$$\dot{\widehat{X}}_1 = (-a - dK_g(m_w, \theta_w))\widehat{X}_1 - dg_0(m_w, \theta_w) + B(Y_1 - c_1\widehat{X}_1)$$

式中，$B = R_{11}c_1Q^{-1}$，估计误差的方差 $R_{11}(t)$ 满足

$$\dot{R}_{11} = -2aR_{11} - c_1^2R_{11}^2Q^{-1} + G, R_{11}(t_0) = \theta_0$$

5.2.2 基于动态规划法随机最优控制

本节使用动态规划法来求解连续时间随机线性系统的最优控制问题。假设系统的状态方程、观测方程及二次型代价函数同 5.2.1 节。为了简化计算，假设控制向量不受约束。

由 4.5 节可知，利用动态规划法求解最优控制向量的核心问题就是求解贝尔曼泛函方程。首先构造贝尔曼泛函为

$$S(\widehat{\boldsymbol{X}}, t) = \min_{\boldsymbol{u}} E_y[F_0(\boldsymbol{X}, \boldsymbol{u}, t, t_k)] \tag{5.48}$$

利用 4.6.2 节的结果，贝尔曼泛函 $S(\widehat{\boldsymbol{X}}, t)$ 应满足下列贝尔曼泛函方程:

$$\begin{aligned}-\frac{\partial S(\widehat{\boldsymbol{X}}, t)}{\partial t} = &\min_{\boldsymbol{u}}\Big\{\Big[\frac{\partial}{\boldsymbol{X}}(\widehat{\boldsymbol{X}}, t)\Big]^{\mathrm{T}}(\boldsymbol{A}\widehat{\boldsymbol{X}} + \boldsymbol{D}\boldsymbol{u}) \\ &+\frac{1}{2}\mathrm{tr}\Big[\frac{\partial^2 S(\widehat{\boldsymbol{X}}, t)}{\partial\widehat{\boldsymbol{X}}\partial\widehat{\boldsymbol{X}}^{\mathrm{T}}}G\Big] + \boldsymbol{u}^{\mathrm{T}}\boldsymbol{K}^{-1}\boldsymbol{u} + E_y(\boldsymbol{X}^{\mathrm{T}}\boldsymbol{L}\boldsymbol{X})\Big\}\end{aligned} \tag{5.49}$$

终止条件为

$$S(\widehat{\boldsymbol{X}}, t_k) = E_y[\boldsymbol{X}^{\mathrm{T}}(t_k)\boldsymbol{\Gamma}\boldsymbol{X}(t_k)] \tag{5.50}$$

为了求解偏微分方程 (5.49)，可以按 4.5 节介绍的步骤来求解。

对方程 (5.49) 的右边关于控制向量 $\boldsymbol{u}$ 取极小值，即

$$\Big[\frac{\partial S(\widehat{\boldsymbol{X}}, t)}{\partial\widehat{\boldsymbol{X}}}\Big]^{\mathrm{T}}\boldsymbol{D} + 2\boldsymbol{u}^{\mathrm{T}}\boldsymbol{K}^{-1} = \boldsymbol{0}$$

从而，求出最优控制向量 $\boldsymbol{u}(t)$ 为

$$\boldsymbol{u}(t) = -\frac{1}{2}\boldsymbol{K}\boldsymbol{D}^{\mathrm{T}}\frac{\partial S(\widehat{\boldsymbol{X}}, t)}{\partial\widehat{\boldsymbol{X}}} \tag{5.51}$$

将式 (5.51) 代入式 (5.49) 的右边，并去掉极小值符号，则式 (5.49) 转化为

$$\begin{aligned}-\frac{\partial S}{\partial t} = &\Big(\frac{\partial S}{\partial\widehat{\boldsymbol{X}}}\Big)^{\mathrm{T}}\Big(\boldsymbol{A}\widehat{\boldsymbol{X}} - \frac{1}{2}\boldsymbol{D}\boldsymbol{K}\boldsymbol{D}^{\mathrm{T}}\frac{\partial S}{\partial\widehat{\boldsymbol{X}}}\Big) + \frac{1}{2}\mathrm{tr}\Big(\frac{\partial^2\boldsymbol{S}}{\partial\widehat{\boldsymbol{X}}\partial\widehat{\boldsymbol{X}}^{T}}\boldsymbol{G}\Big) \\ &+\frac{1}{4}\Big(\boldsymbol{K}\boldsymbol{D}^{\mathrm{T}}\frac{\partial S}{\partial\widehat{\boldsymbol{X}}}\Big)^{\mathrm{T}}\boldsymbol{K}^{-1}\Big(\boldsymbol{K}\boldsymbol{D}^{\mathrm{T}}\frac{\partial S}{\partial\widehat{\boldsymbol{X}}}\Big) + E_y(\boldsymbol{X}^{\mathrm{T}}\boldsymbol{L}\boldsymbol{X})\end{aligned} \tag{5.52}$$

由式 (5.52) 可以明显看出，泛函 $S(\widehat{\boldsymbol{X}}, t)$ 可表示为关于 $\widehat{\boldsymbol{X}}$ 的二次型形式，即

$$S(\widehat{\boldsymbol{X}}, t) = \widehat{\boldsymbol{X}}^{\mathrm{T}}\boldsymbol{P}\widehat{\boldsymbol{X}} + \Lambda_0 \tag{5.53}$$

式中，$\boldsymbol{P}$ 为待定的正定对称矩阵；Λ_0 为待定的标量函数。将式 (5.53) 代入式 (5.52)，并对等式两边求无条件数学期望，得

$$\begin{aligned}
&-\boldsymbol{m}^{\mathrm{T}}\dot{\boldsymbol{P}}\boldsymbol{m} - \mathrm{tr}[\boldsymbol{\theta}\dot{\boldsymbol{P}}] - \dot{\Lambda} \\
&= \boldsymbol{m}^{\mathrm{T}}\boldsymbol{P}\boldsymbol{A}\boldsymbol{m} + \boldsymbol{m}^{\mathrm{T}}\boldsymbol{A}^{\mathrm{T}}\boldsymbol{P}\boldsymbol{m} + \mathrm{tr}(\boldsymbol{\theta}\boldsymbol{P}\boldsymbol{A}) \\
&\quad -2\boldsymbol{m}^{\mathrm{T}}\boldsymbol{P}\boldsymbol{D}\boldsymbol{K}\boldsymbol{D}^{\mathrm{T}}\boldsymbol{P}\boldsymbol{m} - 2\mathrm{tr}(\boldsymbol{\theta}\boldsymbol{P}\boldsymbol{D}\boldsymbol{K}\boldsymbol{D}^{\mathrm{T}}\boldsymbol{P}) \\
&\quad +\mathrm{tr}(\boldsymbol{G}\boldsymbol{P}) + \boldsymbol{m}^{\mathrm{T}}\boldsymbol{P}\boldsymbol{D}\boldsymbol{K}\boldsymbol{D}^{\mathrm{T}}\boldsymbol{P}\boldsymbol{m} + \boldsymbol{m}^{\mathrm{T}}\boldsymbol{L}\boldsymbol{m} + \mathrm{tr}(\boldsymbol{\theta}\boldsymbol{L})
\end{aligned} \tag{5.54}$$

式中

$$\boldsymbol{m} = E[\widehat{\boldsymbol{X}}(t)],\ \boldsymbol{\theta} = E[(\widehat{\boldsymbol{X}}(t) - \boldsymbol{m}(t))(\widehat{\boldsymbol{X}}(t) - \boldsymbol{m}(t))^{\mathrm{T}}]$$

将式 (5.54) 两边分成按照平方依赖 $\boldsymbol{m}$ 的项和与 $\boldsymbol{m}$ 无关的项两部分。为了确保式 (5.54) 成立，必须使其左、右两边按照平方依赖 $\boldsymbol{m}$ 的项和与 $\boldsymbol{m}$ 无关的项分别对应相等，从而有

$$\dot{\boldsymbol{P}} = -\boldsymbol{P}\boldsymbol{A} - \boldsymbol{A}^{\mathrm{T}}\boldsymbol{P} + \boldsymbol{P}\boldsymbol{D}\boldsymbol{K}\boldsymbol{D}^{\mathrm{T}}\boldsymbol{P} - \boldsymbol{L} \tag{5.55}$$

$$\begin{aligned}
\dot{\Lambda}_0 = &-\mathrm{tr}(\boldsymbol{G}\boldsymbol{P}) - \mathrm{tr}(\boldsymbol{\theta}\boldsymbol{L}) - \mathrm{tr}(\boldsymbol{\theta}\dot{\boldsymbol{P}}) \\
&-2\mathrm{tr}(\boldsymbol{\theta}\boldsymbol{P}\boldsymbol{A}) + 2\mathrm{tr}(\boldsymbol{\theta}\boldsymbol{P}\boldsymbol{D}\boldsymbol{K}\boldsymbol{D}^{\mathrm{T}}\boldsymbol{P})
\end{aligned} \tag{5.56}$$

终止条件可由式 (5.50) 给出

$$\boldsymbol{P}(t_k) = \boldsymbol{\Gamma},\ \Lambda_0(t_k) = \mathrm{tr}[\boldsymbol{\theta}(t_k)\boldsymbol{\Gamma}] \tag{5.57}$$

可以看出，在无控制约束条件下，式 (5.55) 与利用最大值求得的式 (5.17) 完全重合。此方程称为里卡蒂矩阵微分方程。式 (5.56) 不影响式 (5.55) 对矩阵 $\boldsymbol{P}$ 的求解。

当利用里卡蒂式 (5.55) 求出正定矩阵 $\boldsymbol{P}$ 之后，再返回到式 (5.53)，求出 $S(\widehat{\boldsymbol{X}}, t)$ 关于 $\widehat{\boldsymbol{X}}$ 的偏微分表达式为

$$\frac{\partial S(\widehat{\boldsymbol{X}}, t)}{\partial \widehat{\boldsymbol{X}}} = 2\boldsymbol{P}\widehat{\boldsymbol{X}} \tag{5.58}$$

将式 (5.58) 代入式 (5.51)，最终求出最优控制向量为

$$\boldsymbol{u} = -\boldsymbol{K}\boldsymbol{D}^{\mathrm{T}}\boldsymbol{P}\widehat{\boldsymbol{X}} \tag{5.59}$$

显然，Λ_0 的取值对最优控制向量 $\boldsymbol{u}(t)$ 不起作用。接下来，还要求出状态向量估计 $\widehat{\boldsymbol{X}}$，可以利用第 4 章介绍的最优线性滤波器方法确定。

5.3 离散时间随机线性系统最优控制

第 4 章介绍了动态规划法非常适合求解离散时间随机系统最优控制问题，同时对使用动态规划法求解离散时间随机系统最优控制问题进行了一般原理性的研究。在这一节，我们将第 4 章的结果应用到离散时间随机线性系统最优控制中，并给出求解最优控制向量序列的具体算法。

随机控制系统按照有无量测方程分为完全信息情形与不完全信息情形。下面首先讨论完全信息情形的动态规划法。

5.3.1 完全状态信息情形

假设被控对象由下列线性差分方程表示：

$$\boldsymbol{X}(k+1)=\boldsymbol{\Phi}(k+1,\,k)\boldsymbol{X}(k)+\boldsymbol{D}(k)\boldsymbol{u}(k)+\boldsymbol{V}(k),\ \boldsymbol{X}(0)=\boldsymbol{X}_0 \qquad (k=0,\,1,\,\cdots) \tag{5.60}$$

式中，$\boldsymbol{X}(k)$ 为 n 维状态向量；$\boldsymbol{u}(k)$ 为 r 维控制向量；$\boldsymbol{\Phi}(k+1,\,k)$ 为 $n\times n$ 状态转移矩阵序列；白噪声信号序列为 $\boldsymbol{V}(k)\in\mathcal{N}(\boldsymbol{0},\,\boldsymbol{G}(k))$。

由于本节只讨论完全状态信息情形，故量测状态向量 $\boldsymbol{Y}(k)$ 即为系统状态向量序列 $\boldsymbol{X}(k)$。

定义二次型代价函数为

$$F_0=\boldsymbol{X}^{\mathrm{T}}(N)\boldsymbol{\Gamma}\boldsymbol{X}(N)+\sum_{k=0}^{N-1}[\boldsymbol{X}^{\mathrm{T}}(k)\boldsymbol{L}(k)\boldsymbol{X}(k)+\boldsymbol{u}^{\mathrm{T}}(k)\boldsymbol{K}^{-1}(k)\boldsymbol{u}(k)] \tag{5.61}$$

它的条件数学期望为

$$\begin{aligned}\widehat{F}_0 = {} & E\{\boldsymbol{X}^{\mathrm{T}}(N)\boldsymbol{\Gamma}\boldsymbol{X}(N)+\sum_{k=0}^{N-1}[\boldsymbol{X}^{\mathrm{T}}(k)\boldsymbol{L}(k)\boldsymbol{X}(k)\\ & +\boldsymbol{u}^{\mathrm{T}}(k)\boldsymbol{K}^{-1}(k)\boldsymbol{u}(k)\big|\boldsymbol{X}(\nu),\,0\leqslant\nu\leqslant N]\}\end{aligned} \tag{5.62}$$

式中，$\boldsymbol{\Gamma}$, $\boldsymbol{L}(k)$, $\boldsymbol{K}(k)$ 为加权对称矩阵，为了计算方便，假设 $\boldsymbol{\Gamma}$, $\boldsymbol{L}(k)$ 为非负定对称矩阵，$\boldsymbol{K}(k)$ 为正定对称矩阵。

最优控制目的：要求确定最优控制向量 $\boldsymbol{u}(k)(k=0,\,1,\,\cdots,\,N-1)$，在时间区间 $[0,\,NT]$，将系统从初始状态向量 $\boldsymbol{X}(0)$ 转移到终止状态向量 $\boldsymbol{X}(N)$，并使二次型代价函数的条件数学期望 $\widehat{F}_0$ 达到最小，即

$$u(k)=\arg\min_{\substack{\boldsymbol{u}(k)\\ k=\overline{0,\,N-1}}}\{E[F_0(\boldsymbol{X},\,\boldsymbol{u},\,0,\,N)|\boldsymbol{X}(\nu),\,0\leqslant\nu\leqslant N]\} \tag{5.63}$$

下面利用 4.5 节介绍的算法步骤来求解最优控制问题。按照“反向”顺序来求解，首先考虑时间区间 $(N-1)T\leqslant t\leqslant NT$，$T$ 为采样周期。首先根据使二次型代价函数的条件数学期望达到最小求出最优控制向量 $\boldsymbol{u}(N-1)$；然后将区间扩大到 $(N-2)T\leqslant t\leqslant NT$，再根据使二次型代价函数的条件数学期望达到最小求出最优控制向量 $\boldsymbol{u}(N-2)$；最后

直到时间区间 $0\leqslant t\leqslant NT$，从而求出全部最优控制向量序列 $\boldsymbol{u}(k)(k=0,1,\cdots,N-1)$。在这个求解过程中，最核心的问题是构造贝尔曼泛函及求解贝尔曼泛函方程。

假设对任意时间区间 $kT\leqslant t\leqslant NT(k=0,1,\cdots,N-1)$，记在此时间区间的二次型代价函数的条件数学期望为

$$\begin{aligned}\widehat{F}_k = E\Big\{&\boldsymbol{X}^{\mathrm{T}}(N)\boldsymbol{\Gamma}\boldsymbol{X}(N)+\sum_{j=k}^{N-1}[\boldsymbol{X}^{\mathrm{T}}(j)\boldsymbol{L}(j)\boldsymbol{X}(j)\\&+\boldsymbol{u}^{\mathrm{T}}(j)\boldsymbol{K}^{-1}(j)\boldsymbol{u}(j)]\Big|\boldsymbol{X}(\nu),\,k\leqslant\nu\leqslant N\Big\}\end{aligned}\tag{5.64}$$

对泛函 $\widehat{F}_k$ 关于 $\boldsymbol{u}(k),\boldsymbol{u}(k+1),\cdots,\boldsymbol{u}(N-1)$ 求极小值，并记为 $S(\boldsymbol{X}(k),k)$，称它为贝尔曼泛函，则它可以表示为

$$\begin{aligned}S(\boldsymbol{X}(k),k) &= \min_{\substack{\boldsymbol{u}(j)\\ j=\overline{k,N-1}}}\big\{\widehat{F}_k\big\}\\
&= \min_{\substack{\boldsymbol{u}(j)\\ j=\overline{k,N-1}}} E\Big\{\boldsymbol{X}^{\mathrm{T}}(N)\boldsymbol{\Gamma}\boldsymbol{X}(N)+\sum_{j=k}^{N-1}[\boldsymbol{X}^{\mathrm{T}}(j)\boldsymbol{L}(j)\boldsymbol{X}(j)\\
&\quad+\boldsymbol{u}^{\mathrm{T}}(j)\boldsymbol{K}^{-1}(j)\boldsymbol{u}(j)]\Big|\boldsymbol{X}(\nu),\,k\leqslant\nu\leqslant N\Big\}\\
&=\min_{\boldsymbol{u}(k)}E\Big\{\boldsymbol{X}^{\mathrm{T}}(k)\boldsymbol{L}(k)\boldsymbol{X}(k)+\boldsymbol{u}^{\mathrm{T}}(k)\boldsymbol{K}^{-1}(k)\boldsymbol{u}(k)\\
&\quad+\min_{\substack{\boldsymbol{u}(j)\\ j=\overline{k+1,N-1}}} E\Big\{\boldsymbol{X}^{\mathrm{T}}(N)\boldsymbol{\Gamma}\boldsymbol{X}(N)+\sum_{j=k+1}^{N-1}[\boldsymbol{X}^{\mathrm{T}}(j)\boldsymbol{L}(j)\boldsymbol{X}(j)\\
&\quad+\boldsymbol{u}^{\mathrm{T}}(j)\boldsymbol{K}^{-1}(j)\boldsymbol{u}(j)]\Big|\boldsymbol{X}(\nu),\,k+1\leqslant\nu\leqslant N\Big\}\Big|\boldsymbol{X}(k)\Big\}\\
&=\min_{\boldsymbol{u}(k)}E\Big\{\boldsymbol{X}^{\mathrm{T}}(k)\boldsymbol{L}(k)\boldsymbol{X}(k)+\boldsymbol{u}^{\mathrm{T}}(k)\boldsymbol{K}^{-1}(k)\boldsymbol{u}(k)\\
&\quad+S(\boldsymbol{X}(k+1),k+1)\Big|\boldsymbol{X}(k)\Big\}\\
&=\min_{\boldsymbol{u}(k)}\Big\{\boldsymbol{X}^{\mathrm{T}}(k)\boldsymbol{L}(k)\boldsymbol{X}(k)+\boldsymbol{u}^{\mathrm{T}}(k)\boldsymbol{K}^{-1}(k)\boldsymbol{u}(k)\\
&\quad+E[S(\boldsymbol{X}(k+1),k+1)]\Big|\boldsymbol{X}(k)\Big\}\end{aligned}\tag{5.65}$$

上式推导过程中，在第五个等号后的表达式中，去掉了关于 $\boldsymbol{X}(k)$ 及 $\boldsymbol{u}(k)$ 的二次型前均值符号，是因为 $\boldsymbol{u}(k)$ 为 $\boldsymbol{X}(k)$ 的函数，从而，它们都是 $\boldsymbol{X}(k)$ 的函数，而它们关于自身变量求条件数学期望即为它本身。式 (5.65) 称为贝尔曼泛函方程。

下面求解此泛函方程。

由贝尔曼泛函方程 (5.65) 的特点知，它的解应为二次型，即

$$S(\boldsymbol{X}(k),k)=\boldsymbol{X}^{\mathrm{T}}(k)\boldsymbol{P}(k)\boldsymbol{X}(k)+\varLambda_0(k)\tag{5.66}$$

式中，$\boldsymbol{P}(k)$ 为待定正定对称矩阵序列；$\varLambda_0(k)$ 为待定标量函数序列。利用式 (5.66)，求贝尔曼泛函在时刻 $(k+1)T$ 的表达式如下：

$$\begin{aligned}S(\boldsymbol{X}(k+1),k+1) &= \boldsymbol{X}^{\mathrm{T}}(k+1)\boldsymbol{P}(k+1)\boldsymbol{X}(k+1)+\varLambda_0(k+1)\\
&=[\boldsymbol{\varPhi}(k+1,k)\boldsymbol{X}(k)+\boldsymbol{D}(k)\boldsymbol{u}(k)+\boldsymbol{V}(k)]^{\mathrm{T}}\boldsymbol{P}(k+1)\\
&\quad\times[\boldsymbol{\varPhi}(k+1,k)\boldsymbol{X}(k)+\boldsymbol{D}(k)\boldsymbol{u}(k)+\boldsymbol{V}(k)]+\varLambda_0(k+1)\end{aligned}\tag{5.67}$$

它的条件数学期望为

$$\begin{aligned}&E[S(\boldsymbol{X}(k+1),\, k+1)|\boldsymbol{X}(k)]\\ =\ &E[\boldsymbol{X}^{\mathrm{T}}(k+1)\boldsymbol{P}(k+1)\boldsymbol{X}(k+1)|\boldsymbol{X}(k)]+\Lambda_0(k+1)\\ =\ &[\boldsymbol{\Phi}(k+1,\, k)\boldsymbol{X}(k)+\boldsymbol{D}(k)\boldsymbol{u}(k)]^{\mathrm{T}}\boldsymbol{P}(k+1)\\ &\times[\boldsymbol{\Phi}(k+1,\, k)\boldsymbol{X}(k)+\boldsymbol{D}(k)\boldsymbol{u}(k)]+\mathrm{tr}[\boldsymbol{P}(k+1)\boldsymbol{R}_1]+\Lambda_0(k+1)\end{aligned}\tag{5.68}$$

式中

$$E[\boldsymbol{X}(k+1)]=\boldsymbol{\Phi}(k+1,\, k)\boldsymbol{X}(k)+\boldsymbol{D}(k)\boldsymbol{u}(k)$$

$$\boldsymbol{R}_1=E(\{\boldsymbol{X}(k+1)-E[\boldsymbol{X}(k+1)]\}\{\boldsymbol{X}(k+1)-E[\boldsymbol{X}(k+1)]\}^{\mathrm{T}})$$

注意：在式 (5.68) 的计算中，使用下列公式：

$$E[\boldsymbol{Z}^{\mathrm{T}}\boldsymbol{S}\boldsymbol{Z}]=\boldsymbol{m}^{\mathrm{T}}\boldsymbol{S}\boldsymbol{m}+\mathrm{tr}(\boldsymbol{S}\boldsymbol{R})$$

式中，$\boldsymbol{Z}$ 为任意 $n\times 1$ 高斯 $N(\boldsymbol{m},\, \boldsymbol{R})$ 随机向量；$\boldsymbol{S}$ 为任意 $n\times n$ 确定性的矩阵。

将式 (5.68) 代入贝尔曼泛函方程式 (5.65)，得

$$\begin{aligned}S(\boldsymbol{X}(k),\, k)\ &=\ \min_{\boldsymbol{u}(k)}\big\{\boldsymbol{X}^{\mathrm{T}}(k)\boldsymbol{L}(k)\boldsymbol{X}(k)+\boldsymbol{u}^{\mathrm{T}}(k)\boldsymbol{K}^{-1}(k)\boldsymbol{u}(k)\\ &\quad+[\boldsymbol{\Phi}(k+1,\, k)\boldsymbol{X}(k)+\boldsymbol{D}(k)\boldsymbol{u}(k)]^{\mathrm{T}}\boldsymbol{P}(k+1)[\boldsymbol{\Phi}(k+1,\, k)\boldsymbol{X}(k)\\ &\quad+\boldsymbol{D}(k)\boldsymbol{u}(k)]+\mathrm{tr}[\boldsymbol{P}(k+1)\boldsymbol{R}_1]+\Lambda_0(k+1)\big\}\\ &:=\ \min_{\boldsymbol{u}(k)}W(k)\end{aligned}\tag{5.69}$$

对式 (5.69) 的右边关于 $\boldsymbol{u}(k)$ 求极小值，由

$$\frac{\partial W(k)}{\partial \boldsymbol{u}(k)}=\boldsymbol{0}$$

得

$$\begin{aligned}\boldsymbol{u}(k)\ &=\ -[\boldsymbol{K}^{-1}(k)+\boldsymbol{D}^{\mathrm{T}}(k)\boldsymbol{P}(k+1)\boldsymbol{D}(k)]^{-1}\boldsymbol{D}^{\mathrm{T}}(k)\boldsymbol{P}(k+1)\boldsymbol{\Phi}(k+1,\, k)\boldsymbol{X}(k)\\ &:=\ -\boldsymbol{H}(k)\boldsymbol{X}(k)\end{aligned}\tag{5.70}$$

式中

$$\boldsymbol{H}(k)=[\boldsymbol{K}^{-1}(k)+\boldsymbol{D}^{\mathrm{T}}(k)\boldsymbol{P}(k+1)\boldsymbol{D}(k)]^{-1}\boldsymbol{D}^{\mathrm{T}}(k)\boldsymbol{P}(k+1)\boldsymbol{\Phi}(k)$$

称为卡尔曼增益。接下来需要求待定矩阵 $\boldsymbol{P}(k)$ 及标量 $\Lambda_0(k)$。将式 (5.70) 代入式 (5.69)，去掉极小值符号，合并整理，得

$$\begin{aligned}S(\boldsymbol{X}(k),\, k)\ =\ &\boldsymbol{X}^{\mathrm{T}}(k)\{\boldsymbol{L}(k)+\boldsymbol{\Phi}^{\mathrm{T}}(k+1,\, k)\boldsymbol{P}(k+1)[\boldsymbol{\Phi}(k+1,\, k)\\ &-\boldsymbol{D}(k)\boldsymbol{H}(k)]\}\boldsymbol{X}(k)+\Lambda_0(k+1)+\mathrm{tr}[\boldsymbol{P}(k+1)\boldsymbol{R}_1]\end{aligned}\tag{5.71}$$

比较式 (5.71) 和式 (5.66)，得

$$\begin{aligned}\boldsymbol{P}(k)=&\boldsymbol{L}(k)+\boldsymbol{\Phi}^{\mathrm{T}}(k+1,k)\boldsymbol{P}(k+1)\boldsymbol{\Phi}(k+1,k)\\&-\boldsymbol{\Phi}^{\mathrm{T}}(k+1,k)\boldsymbol{P}(k+1)\boldsymbol{D}(k)\boldsymbol{H}(k)\end{aligned}\tag{5.72}$$

$$\Lambda_0(k)=\Lambda_0(k+1)+\mathrm{tr}[\boldsymbol{P}(k+1)\boldsymbol{R}_1]\tag{5.73}$$

终值条件为

$$\boldsymbol{P}(N)=\boldsymbol{\Gamma}(N),\ \Lambda_0(N)=0$$

差分方程式 (5.72) 称为里卡蒂矩阵差分方程。

综上所述，对于完全状态信息情形，求解最优控制问题可转化为求解里卡蒂矩阵差分方程式 (5.72) 获得正定对称矩阵序列 $\boldsymbol{P}(k)$，然后，由式 (5.70) 求出最优控制向量 $\boldsymbol{u}(k)$, $0\leqslant k\leqslant N-1$。

例 5.3 假设被控对象由下列一维随机线性差分方程表示：

$$X(k+1)=X(k)+u(k)+V(k),\ X(0)=X_0$$

式中，白噪声变量 $V(k)\in\mathcal{N}(0,G)$，初始状态变量 $Y(0)$ 为高斯 $\mathcal{N}(m_0,\theta_0)$，并与 $V(k)$ 互相独立。假设系统状态完全被测量，即量测状态变量序列 $Z(k)$ 为系统状态变量序列 $Y(k)$。代价函数定义为

$$F_0=X^2(3)+\sum_{k=0}^{2}[X^2(k)+u^2(k)]$$

要求确定最优控制变量 $u(k)(k=0,1,2)$，在时间区间 $[0,3T]$，将系统从初始状态变量 $X(0)$ 转移到终止状态变量 $X(3)$，并使上述二次型代价函数的条件数学期望 $\widehat{F}_0$ 达到最小。

解： 由式 (5.60) 及式 (5.61) 可知

$$\Phi(k+1,k)=D(k)=1,\ \Gamma=L(k)=K(k)=1\qquad(k=0,1,2)$$

由式 (5.70) 及式 (5.72)，可求出最优控制变量 $u(k)$ 及正定对称序列 $P(k)$，即

$$u(k)=-H(k)X(k)$$

式中

$$H(k)=\frac{P(k+1)}{1+P(k+1)}\qquad(k=0,1,2)$$

里卡蒂矩阵差分方程为

$$P(k)=\frac{1+2P(k+1)}{1+P(k+1)}\qquad(k=0,1,2)$$

终止条件为

$$P(3)=1$$

下面利用上述迭代公式具体计算 $u(k)(k=0,\ 1,\ 2)$。

当 $k=2$ 时，有

$$H(2)=\frac{1}{2},\ P(2)=\frac{3}{2},\ u(2)=-\frac{1}{2}X(2)$$

当 $k=1$ 时，有

$$H(1)=\frac{3}{5},\ P(1)=\frac{8}{5},\ u(2)=-\frac{3}{5}X(1)$$

当 $k=0$ 时，有

$$H(0)=\frac{8}{13},\ P(0)=\frac{21}{13},\ u(2)=-\frac{8}{13}X(0)$$

5.3.2 不完全状态信息情形

本节讨论在不完全状态信息的情况下，利用动态规划法求解离散时间随机系统最优控制问题。在这里，假设状态向量 $\boldsymbol{X}(k)$ 不能直接被测量，需要通过测量设备进行测量，而且存在量测噪声。因此，在系统模型中，应包含量测方程。在本小节中，假设被控对象的状态差分方程同 5.3.1 节，而量测方程为

$$\boldsymbol{Y}(k+1)=\boldsymbol{C}(k+1)\boldsymbol{X}(k+1)+\boldsymbol{N}(k+1) \tag{5.74}$$

式中，白噪声向量序列 $\boldsymbol{N}(k)\in\mathcal{N}(\boldsymbol{0},\ \boldsymbol{Q}(k))$，且与 $\boldsymbol{V}(k)$ 互不相关。

定义二次型代价函数为

$$F_0=\boldsymbol{X}^{\mathrm{T}}(N)\boldsymbol{\Gamma}\boldsymbol{X}(N)+\sum_{k=0}^{N-1}[\boldsymbol{X}^{\mathrm{T}}(k)\boldsymbol{L}(k)\boldsymbol{X}(k)+\boldsymbol{u}^{\mathrm{T}}(k)\boldsymbol{K}^{-1}(k)\boldsymbol{u}(k)] \tag{5.75}$$

它的条件数学期望为

$$\begin{aligned}\widehat{F}_0=&\ E\Big\{\boldsymbol{X}^{\mathrm{T}}(N)\boldsymbol{\Gamma}\boldsymbol{X}(N)+\sum_{k=0}^{N-1}[\boldsymbol{X}^{\mathrm{T}}(k)\boldsymbol{L}(k)\boldsymbol{X}(k)\\&+\boldsymbol{u}^{\mathrm{T}}(k)\boldsymbol{K}^{-1}(k)\boldsymbol{u}(k)\Big|\boldsymbol{Y}(\nu),\ 0\leqslant\nu\leqslant N]\Big\}\end{aligned} \tag{5.76}$$

式中，$\boldsymbol{\Gamma}$, $\boldsymbol{L}(k)$, $\boldsymbol{K}(k)$ 为加权对称矩阵，为了计算方便，假设 $\boldsymbol{\Gamma}$, $\boldsymbol{L}(k)$ 为非负定对称矩阵，$\boldsymbol{K}(k)$ 为正定对称矩阵。

最优控制目的：要求确定最优控制向量 $\boldsymbol{u}(k)(k=0,1,\cdots,N-1)$，在时间区间 $[0,NT]$，将系统从初始状态向量 $\boldsymbol{X}(0)$ 转移到终止状态向量 $\boldsymbol{X}(N)$，并使二次型代价函数的条件数学期望 $\widehat{F}_0$ 达到最小，即

$$\boldsymbol{u}=\arg\min_{\substack{\boldsymbol{u}(k)\\ k=\overline{0,\ N-1}}}\big\{E[F_0(\boldsymbol{X},\ \boldsymbol{u},\ 0,\ N)|\boldsymbol{Y}(\nu),\ 0\leqslant\nu\leqslant N]\big\} \tag{5.77}$$

同 5.3.1 节一样，按“反向”顺序来求解。在这个求解过程中，最核心的问题是构造贝尔曼泛函及求解贝尔曼泛函方程。

假设对于任意时间区间 $kT \leqslant t \leqslant NT (k = 0, 1, \cdots, N-1)$，记在此时间区间的二次型代价函数为

$$F_k = \boldsymbol{X}^{\mathrm{T}}(N)\boldsymbol{\varGamma}\boldsymbol{X}(N) + \sum_{j=k}^{N-1}[\boldsymbol{X}^{\mathrm{T}}(j)\boldsymbol{L}(j)\boldsymbol{X}(j) + \boldsymbol{u}^{\mathrm{T}}(j)\boldsymbol{K}^{-1}(j)\boldsymbol{u}(j)] \tag{5.78}$$

它的条件数学期望为

$$\widehat{F}_k = E[F_k|\boldsymbol{Y}(\nu), k \leqslant \nu \leqslant N] := E_y(F_k) \tag{5.79}$$

对泛函 $\widehat{F}_k$ 关于 $\boldsymbol{u}(k), \boldsymbol{u}(k+1), \cdots, \boldsymbol{u}(N-1)$ 求极小值，并记为 $S(\boldsymbol{X}(k), k)$，称它为贝尔曼泛函。它可以表示为

$$\begin{aligned} S(\widehat{\boldsymbol{X}}(k), k) &= \min_{\substack{\boldsymbol{u}(j) \\ j=k,\, N-1}} (\widehat{F}_k) \\ &= \min_{\substack{\boldsymbol{u}(j) \\ j=k,\, N-1}} E\big\{\boldsymbol{X}^{\mathrm{T}}(N)\boldsymbol{\varGamma}\boldsymbol{X}(N) + \sum_{j=k}^{N-1}[\boldsymbol{X}^{\mathrm{T}}(j)\boldsymbol{L}(j)\boldsymbol{X}(j) \\ &\quad + \boldsymbol{u}^{\mathrm{T}}(j)\boldsymbol{K}^{-1}(j)\boldsymbol{u}(j)]\big|Y(\nu), k \leqslant \nu \leqslant N\big\} \\ &= \min_{\boldsymbol{u}(k)} E\big\{\boldsymbol{X}^{\mathrm{T}}(k)\boldsymbol{L}(k)\boldsymbol{X}(k) + \boldsymbol{u}^{\mathrm{T}}(k)\boldsymbol{K}^{-1}(k)\boldsymbol{u}(k) \\ &\quad + \min_{\substack{\boldsymbol{u}(j) \\ j=k+1,\, N-1}} E\big(\boldsymbol{X}^{\mathrm{T}}(N)\boldsymbol{\varGamma}\boldsymbol{X}(N) + \sum_{j=k+1}^{N-1}[\boldsymbol{X}^{\mathrm{T}}(j)\boldsymbol{L}(j)\boldsymbol{X}(j) \\ &\quad + \boldsymbol{u}^{\mathrm{T}}(j)\boldsymbol{K}^{-1}(j)\boldsymbol{u}(j)]\big|\boldsymbol{Y}(\nu), k+1 \leqslant \nu \leqslant N\Big|\boldsymbol{Z}(k)\big\} \\ &= \min_{\boldsymbol{u}(k)} E\big[\boldsymbol{X}^{\mathrm{T}}(k)\boldsymbol{L}(k)\boldsymbol{X}(k) + \boldsymbol{u}^{\mathrm{T}}(k)\boldsymbol{K}^{-1}(k)\boldsymbol{u}(k) \\ &\quad + S(\widehat{\boldsymbol{X}}(k+1), k+1)\big|\boldsymbol{Y}(k)\big] \end{aligned} \tag{5.80}$$

式 (5.80) 称为贝尔曼泛函方程。下面，求解此泛函方程。由贝尔曼泛函方程式 (5.65) 的特点可知，它的解应为二次型，即

$$S(\widehat{\boldsymbol{X}}(k), k) = \widehat{\boldsymbol{X}}(k)\boldsymbol{P}(k)\widehat{\boldsymbol{X}}(k) + \varLambda_0(k) \tag{5.81}$$

式中，$\boldsymbol{P}(k)$ 为待定正定对称矩阵序列；$\varLambda_0(k)$ 为待定标量函数。利用式 (5.81)，求贝尔曼泛函在时刻 $(k+1)T$ 的表达式为

$$S(\widehat{\boldsymbol{X}}(k+1), k+1) = \widehat{\boldsymbol{X}}(k+1)\boldsymbol{P}(k+1)\widehat{\boldsymbol{X}}(k+1) + \varLambda_0(k+1) \tag{5.82}$$

至于式 (5.82) 中的状态向量估计 $\widehat{\boldsymbol{X}}(k+1)$，可以利用第 3 章介绍的线性最优滤波器来确定，即

$$\widehat{\boldsymbol{X}}(k+1) = \widehat{\boldsymbol{X}}'(k+1) + \boldsymbol{B}(k+1)[\boldsymbol{Y}(k+1) - \boldsymbol{C}(k+1)\widehat{\boldsymbol{X}}'(k+1)] \tag{5.83}$$

式中

$$\widehat{\boldsymbol{X}}'(k+1)=\boldsymbol{\Phi}(k+1,\,k)\widehat{\boldsymbol{X}}(k)+\boldsymbol{D}(k)\boldsymbol{u}(k)$$
$$\boldsymbol{B}(k+1)=\boldsymbol{R}'(k+1)\boldsymbol{C}^{\mathrm{T}}(k+1)(\boldsymbol{C}(k+1)\boldsymbol{R}'(k+1)\boldsymbol{C}^{\mathrm{T}}(k+1)+\boldsymbol{Q}(k+1))^{-1}$$
$$\boldsymbol{R}'(k+1)=\boldsymbol{\Phi}(k+1,\,k)\boldsymbol{R}(k)\boldsymbol{\Phi}^{\mathrm{T}}(k+1,\,k)+\boldsymbol{G}(k)$$
$$\boldsymbol{R}(k)=[\boldsymbol{I}-\boldsymbol{B}(k)\boldsymbol{C}(k)]\boldsymbol{R}'(k)[\boldsymbol{I}-\boldsymbol{B}(k)\boldsymbol{C}(k)]^{\mathrm{T}}+\boldsymbol{B}(k)\boldsymbol{Q}(k)\boldsymbol{B}^{\mathrm{T}}(k)\qquad(k=0,\,1,\,\cdots)$$

式中，估计误差的协方差矩阵 $\boldsymbol{R}(k+1)$ 为

$$\boldsymbol{R}(k+1)=E\{[\widehat{\boldsymbol{X}}(k+1)-\boldsymbol{X}(k+1)][\widehat{\boldsymbol{X}}(k+1)-\boldsymbol{X}(k+1)]^{\mathrm{T}}\}$$

下面，计算状态向量估计的均值 $E[\widehat{\boldsymbol{X}}(k+1)]$ 及协方差矩阵 $\boldsymbol{R}(k+1)$。

将量测方程式 (5.74) 代入式 (5.83)，化简得

$$\widehat{\boldsymbol{X}}(k+1)=\widehat{\boldsymbol{X}}'(k+1)+\boldsymbol{B}(k+1)[\boldsymbol{C}(k+1)\boldsymbol{E}'(k+1)+\boldsymbol{N}(k+1)]\tag{5.84}$$

式中

$$\boldsymbol{E}'(k+1)=\boldsymbol{X}(k+1)-\widehat{\boldsymbol{X}}'(k+1)=\boldsymbol{\Phi}(k+1,\,k)\boldsymbol{E}(k)+\boldsymbol{V}(k)\tag{5.85}$$

式中，$\boldsymbol{E}(k)=\boldsymbol{X}(k)-\widehat{\boldsymbol{X}}(k)$ 为第 k 步估计误差。利用式 (5.83)、式 (5.84) 及线性最优滤波器的无偏估计，得均值序列 $E[\widehat{\boldsymbol{X}}(k+1)]$ 为

$$E[\widehat{\boldsymbol{X}}(k+1)]=E[\widehat{\boldsymbol{X}}'(k+1)]=\boldsymbol{\Phi}(k+1,\,k)\widehat{\boldsymbol{X}}(k)+\boldsymbol{D}(k)\boldsymbol{u}(k)\tag{5.86}$$

协方差矩阵 $\boldsymbol{R}(k+1)$ 为

$$\begin{aligned}\boldsymbol{R}(k+1)&=E(\{\widehat{\boldsymbol{X}}(k+1)-E[\widehat{\boldsymbol{X}}(k+1)]\}\{\widehat{\boldsymbol{X}}(k+1)-E[\widehat{\boldsymbol{X}}(k+1)]\}^{\mathrm{T}})\\&=E\{\boldsymbol{B}(k+1)[\boldsymbol{C}(k+1)\boldsymbol{E}'(k+1)+\boldsymbol{N}(n+1)]\\&\quad\times[\boldsymbol{C}(k+1)\boldsymbol{E}'(k+1)+\boldsymbol{N}(n+1)]^{\mathrm{T}}\boldsymbol{B}^{\mathrm{T}}(k+1)\}\\&=\boldsymbol{B}(k+1)\boldsymbol{C}(k+1)E[\boldsymbol{E}'(k+1)\boldsymbol{E}'^{\mathrm{T}}(k+1)]\\&\quad\times\boldsymbol{C}^{\mathrm{T}}(k+1)\boldsymbol{B}^{\mathrm{T}}(k+1)+\boldsymbol{B}(k+1)\boldsymbol{Q}(k+1)\boldsymbol{B}^{\mathrm{T}}(k+1)\\&=\boldsymbol{B}(k+1)\boldsymbol{C}(k+1)[\boldsymbol{\Phi}(k+1,\,k)\boldsymbol{R}(k)\boldsymbol{\Phi}^{\mathrm{T}}(k+1,\,k)+\boldsymbol{G}(k)]\\&\quad\times\boldsymbol{C}^{\mathrm{T}}(k+1)\boldsymbol{B}^{\mathrm{T}}(k+1)+\boldsymbol{B}(k+1)\boldsymbol{Q}(k+1)\boldsymbol{B}^{\mathrm{T}}(k+1)\end{aligned}\tag{5.87}$$

注意：在式 (5.87) 中，第二个等式利用式 (5.86) 和等式 $E[\widehat{\boldsymbol{Y}}'(k+1)]=\widehat{\boldsymbol{Y}}'(k+1)$；第三个等式利用 $\boldsymbol{N}(k)\in\mathcal{N}(\boldsymbol{0},\,\boldsymbol{Q}(k))$、状态向量 $\boldsymbol{X}(k)$ 和量测噪声向量 $\boldsymbol{N}(k)$ 的互不相关性；第四个等式利用 $\boldsymbol{V}(k)\in\mathcal{N}(\boldsymbol{0},\,\boldsymbol{G}(k))$、状态向量 $\boldsymbol{X}(k)$ 与模型噪声向量 $\boldsymbol{V}(k)$ 的

互不相关性。将式 (5.86) 及式 (5.87) 代入式 (5.82)，化简得

$$
\begin{aligned}
S(\widehat{\boldsymbol{X}}(k), k) = & \min_{\boldsymbol{u}(k)}\big(\widehat{\boldsymbol{X}}^{\mathrm{T}}(k)\boldsymbol{L}(k)\widehat{\boldsymbol{X}}(k) + \mathrm{tr}(\boldsymbol{L}(k)\boldsymbol{R}(k)) \\
& +\boldsymbol{u}^{\mathrm{T}}(k)\boldsymbol{K}^{-1}(k)\boldsymbol{u}(k) + E\{S[\widehat{\boldsymbol{X}}(k+1), k+1]\}\big) \\
= & \min_{\boldsymbol{u}(k)}\big(\widehat{\boldsymbol{X}}^{\mathrm{T}}(k)\boldsymbol{L}(k)\widehat{\boldsymbol{X}}(k) + \mathrm{tr}[\boldsymbol{L}(k)\boldsymbol{R}(k)] \\
& +\widehat{\boldsymbol{X}}'^{\mathrm{T}}(k+1)\boldsymbol{P}(k+1)\widehat{\boldsymbol{X}}'(k+1) \\
& +\mathrm{tr}\{\boldsymbol{P}(k+1)\boldsymbol{R}[\widehat{\boldsymbol{X}}(k+1)]\} + \Lambda_0(k+1)\big)
\end{aligned} \tag{5.88}
$$

在式 (5.88) 的计算中，第一个等式利用下列等式

$$
E(\boldsymbol{X}^{\mathrm{T}}\boldsymbol{S}\boldsymbol{X}|\boldsymbol{Y}) = \widehat{\boldsymbol{X}}^{\mathrm{T}}\boldsymbol{S}\widehat{\boldsymbol{X}} + \mathrm{tr}[\boldsymbol{S}\boldsymbol{R}(\widehat{\boldsymbol{X}})]
$$

式中

$$
\widehat{\boldsymbol{X}} = E(\boldsymbol{X}|\boldsymbol{Y}),\ \boldsymbol{R}(\widehat{\boldsymbol{X}}) = E[(\boldsymbol{X}-\widehat{\boldsymbol{X}})(\boldsymbol{X}-\widehat{\boldsymbol{X}})^{\mathrm{T}}]
$$

和

$$
E[S(\widehat{\boldsymbol{X}}(k+1), k+1)|\boldsymbol{Y}(k)] = E[S(\widehat{\boldsymbol{X}}(k+1), k+1)]
$$

第二个等式利用 $S(\widehat{\boldsymbol{X}}(k+1), k+1)$ 的表达式及求二次型代价函数的条件数学期望的公式。

类似于 5.3.1 节，为了获得最优控制向量 $\boldsymbol{u}(k)$，必须对式 (5.88) 的右边关于 $\boldsymbol{u}(k)$ 取极小值。利用无条件极值原理，求得

$$
\begin{aligned}
\boldsymbol{u}(k) = & -[\boldsymbol{K}^{-1}(k) + \boldsymbol{D}^{\mathrm{T}}(k)\boldsymbol{P}(k+1)\boldsymbol{D}(k)]^{-1}\boldsymbol{D}^{\mathrm{T}}(k)\boldsymbol{P}(k+1)\boldsymbol{\Phi}(k)\widehat{\boldsymbol{X}}(k) \\
:= & -\boldsymbol{H}(k)\widehat{\boldsymbol{X}}(k)
\end{aligned} \tag{5.89}
$$

式中，

$$
H(k) = [\boldsymbol{K}^{-1}(k) + \boldsymbol{D}^{\mathrm{T}}(k)\boldsymbol{P}(k+1)\boldsymbol{D}(k)]^{-1}\boldsymbol{D}^{\mathrm{T}}(k)\boldsymbol{P}(k+1)\boldsymbol{\Phi}(k)
$$

称为控制增益。接下来，需要求出待定正定对称矩阵 $\boldsymbol{P}(k)$ 及标量函数 $\Lambda_0(k)$。将式 (5.89) 代入式 (5.88) 的右边，去掉极小值符号，合并整理，得

$$
\begin{aligned}
S(\widehat{\boldsymbol{X}}(k), k) = & \widehat{\boldsymbol{X}}^{\mathrm{T}}(k)[\boldsymbol{L}(k) + \boldsymbol{\Phi}^{\mathrm{T}}(k+1, k)\boldsymbol{P}(k+1)\boldsymbol{\Phi}(k+1, k) \\
& -\boldsymbol{\Phi}^{\mathrm{T}}(k+1, k)\boldsymbol{P}(k+1)\boldsymbol{D}(k)\boldsymbol{H}(k)]\widehat{\boldsymbol{X}}(k) + \Lambda_0(k+1) \\
& +\mathrm{tr}[\boldsymbol{L}(k)\boldsymbol{R}(k)] + \mathrm{tr}\{\boldsymbol{P}(k+1)\boldsymbol{R}[\widehat{\boldsymbol{X}}(k+1)]\}
\end{aligned} \tag{5.90}
$$

比较式 (5.81) 与式 (5.90)，得

$$
\begin{aligned}
\boldsymbol{P}(k) = & \boldsymbol{L}(k) + \boldsymbol{\Phi}^{\mathrm{T}}(k+1, k)\boldsymbol{P}(k+1)\boldsymbol{\Phi}(k+1, k) \\
& -\boldsymbol{\Phi}^{\mathrm{T}}(k+1, k)\boldsymbol{P}(k+1)\boldsymbol{D}(k)H(k)
\end{aligned} \tag{5.91}
$$

$$
\Lambda_0(k) = \Lambda_0(k+1) + \mathrm{tr}[\boldsymbol{L}(k)\boldsymbol{R}(k)] + \mathrm{tr}\{\boldsymbol{P}(k+1)\boldsymbol{R}[\widehat{X}(k+1)]\} \tag{5.92}
$$

终止条件为

$$\boldsymbol{P}(N)=\boldsymbol{\Gamma}(N),\ \Lambda_0(N)=0$$

差分方程 (5.91) 称为里卡蒂矩阵差分方程。

综上所述，对于不完全状态信息情形，求解最优控制问题可分为以下三步：

1）求解里卡蒂矩阵差分方程式 (5.91) 获得正定对称矩阵序列 $\boldsymbol{P}(k)$；

2）利用线性最优滤波器 (5.83) 获得最优估计向量 $\widehat{\boldsymbol{X}}(k)$；

3）由式 (5.89) 求出最优控制向量序列 $\boldsymbol{u}(k)(0\leqslant k\leqslant N-1)$。

定理 5.2（分离定理） 假设离散时间随机线性系统满足式 (5.60) 和式 (5.74)，二次型代价函数满足式 (5.75) 和式 (5.76)，则离散时间随机系统闭环最优控制律是式 (5.89) 的线性控制律。其中 $\boldsymbol{H}(k)$ 为控制增益矩阵，正定矩阵 $\boldsymbol{P}(k)$ 与式 (5.91) 的差分里卡蒂方程确定。状态向量 $\widehat{\boldsymbol{X}}(k)(k=0,1,\cdots)$ 由卡尔曼滤波方程式 (5.83) 确定。

注解 5.5 类似于连续时间随机线性系统的分离定理，离散时间随机系统闭环最优控制仍满足分离定理，而且其他结论也与连续时间随机线性系统闭环最优控制类似。

例 5.4 假设被控对象由下列一维随机线性差分方程表示：

$$X(k+1)=X(k)+u(k)+V(k),\ X(0)=X_0$$

式中，白噪声变量 $V(k)\in\mathcal{N}(0,\ 25)$；初始状态变量 $X(0)$ 为高斯 $\mathcal{N}(0,\ 100)$。观测方程为

$$Y(k)=X(k)+N(k)$$

式中，白噪声变量 $N(k)\in\mathcal{N}(0,\ 15)$，且 $V(k)$、$N(k)$、$X(0)$ 互相独立。代价函数定义为

$$F_0=X^2(3)+\sum_{k=0}^{2}[X^2(k)+u^2(k)]$$

要求确定最优控制变量 $u(k)(k=0,\ 1,\ 2)$，在时间区间 $[0,\ 3T]$，将系统从初始状态变量 $Y(0)$ 转移到终止状态变量 $Y(3)$，并使上述二次型代价函数的条件数学期望 $\widehat{F}_0$ 达到最小。

解：由式 (5.60)、式 (5.74) 和式 (5.75) 可知

$$\begin{aligned}&\Phi(k+1,\ k)=D(k)=1,\ \Gamma=L(k)=K(k)=1\\&G(k)=25,\ Q(k)=15,\ \theta_0=100,\ \widehat{X}=0\qquad(k=0,\ 1,\ 2)\end{aligned}$$

首先，求最优控制变量 $u(0),\ u(1),\ u(2)$。利用式 (5.89) 和式 (5.92)，得

$$u(k)=-H(k)\widehat{X}(k)$$

式中

$$H(k)=\frac{P(k+1)}{1+P(k+1)}\qquad(k=0,\ 1,\ 2)$$

里卡蒂矩阵差分方程为

$$P(k)=\frac{1+2P(k+1)}{1+P(k+1)} \quad (k=0,\,1,\,2)$$

终止条件为

$$P(3)=1$$

下面利用上述迭代公式具体计算 $u(k)(k=0,\,1,\,2)$。

当 $k=2$ 时，有

$$H(2)=\frac{1}{2},\,P(2)=\frac{3}{2},\,u(2)=-\frac{1}{2}\widehat{X}(2)$$

当 $k=1$ 时，有

$$H(1)=\frac{3}{5},\,P(1)=\frac{8}{5},\,u(2)=-\frac{3}{5}\widehat{X}(1)$$

当 $k=0$ 时，有

$$H(0)=\frac{8}{13},\,P(0)=\frac{21}{13},\,u(2)=-\frac{8}{13}\widehat{X}(0)$$

关于状态变量估计 $\widehat{X}(k)(k=0,\,1,\,2)$，使用式 (5.83)，得

$$\widehat{X}(k+1)=\widehat{X}'(k+1)+B(k+1)[Y(k+1)-\widehat{X}'(k+1)],\,\widehat{X}(0)=0$$

式中

$$\begin{aligned}
&\widehat{X}'(k+1)=[1-H(k)]\widehat{X}(k)\\
&B(k+1)=R'(k+1)(R'(k+1)+15)^{-1}\\
&R'(k+1)=R(k)+25,\,R(0)=100\\
&R(k)=(1-B(k))^2R'(k)+15B^2(k) \qquad (k=0,\,1,\,2)
\end{aligned}$$

下面，具体求出 $\widehat{X}(0),\,\widehat{X}(1),\,\widehat{X}(2)$。显然，$\widehat{X}(0)=m_0=0$。

当 $k=0$ 时，有

$$R(0)=100,\,R'(1)=125,\,B(1)=0.9,\,\widehat{X}'(1)=0,\,\widehat{X}(1)=0.9Y(1)$$

当 $k=1$ 时，有

$$\begin{aligned}
&R(1)=13.4,\,R'(2)=38.4,\,B(2)=0.72\\
&\widehat{X}'(2)=0.36Y(1),\,\widehat{X}(2)=0.1Y(1)+0.72Y(2)
\end{aligned}$$

综合上述计算，可获得如下控制变量 $u(0),\,u(1),\,u(2)$ 的解析表达式：

$$u(0)=0,\,u(1)=-0.54Y(1),\,u(2)=-0.05Y(1)-0.36Y(2)$$

5.4 连续时间随机非线性系统最优控制

5.4.1 问题提出

假设被控对象由下列非线性微分方程表示：

$$\dot{\boldsymbol{X}}(t)=\boldsymbol{\varphi}(\boldsymbol{X},t)+\boldsymbol{D}(t)\boldsymbol{u}(t)+\boldsymbol{V}(t),\ \boldsymbol{X}(t_0)=\boldsymbol{X}_0 \tag{5.93}$$

式中，$\boldsymbol{\varphi}(\boldsymbol{X},t)$,$\boldsymbol{D}(t)$ 分别为已知的确定性的非线性向量函数和矩阵；白噪声向量 $\boldsymbol{V}(t)\in\mathcal{N}(\boldsymbol{0},\boldsymbol{G}(t)\delta(t))$，假设初始状态向量 $\boldsymbol{Y}(0)$ 的数学期望和方差矩阵分别为 $\boldsymbol{m}_0$ 和 $\boldsymbol{\theta}_0$。

量测方程表示为

$$\boldsymbol{Y}(t)=\boldsymbol{C}(t)\boldsymbol{X}(t)+\boldsymbol{N}(t) \tag{5.94}$$

式中，$\boldsymbol{C}(t)$ 为已知的确定性的矩阵；白噪声向量 $\boldsymbol{N}(t)\in\mathcal{N}(\boldsymbol{0},\boldsymbol{Q}(t)\delta(t))$，且 $\boldsymbol{N}(t)$,$\boldsymbol{V}(t)$ 和 $\boldsymbol{Y}(0)$ 互不相关。

定义二次型代价函数

$$F_0=\int_{t_0}^{t_k}[\boldsymbol{X}^{\mathrm{T}}(\tau)\boldsymbol{L}(\tau)\boldsymbol{X}(\tau)+\boldsymbol{u}^{\mathrm{T}}(\tau)\boldsymbol{K}^{-1}(\tau)\boldsymbol{u}(\tau)]\mathrm{d}\tau+\boldsymbol{X}^{\mathrm{T}}(t_k)\boldsymbol{\Gamma}\boldsymbol{X}(t_k) \tag{5.95}$$

式中，$\boldsymbol{K}$ 为对称正定矩阵；$\boldsymbol{L}$ 和 $\boldsymbol{\Gamma}$ 为对称半正定矩阵。

根据第 4 章非线性最优控制的一般理论可知，求解非线性最优控制的目的是求解最优控制向量 $\boldsymbol{u}(t)$，满足限制条件 $\boldsymbol{u}(t)\in U_0$，在指定时间区间 (t_0,t_k)，将系统从初始状态向量 $\boldsymbol{X}(0)$ 转移到终止状态向量 $\boldsymbol{X}(t_k)$，并使上述二次型代价函数的条件数学期望 $E_y[F_0]$ 达到最小。

一般情况下，精确求解非线性最优控制问题非常困难，而且很难获得解析解。但是，如果使用第 2 章介绍的统计线性化方法对非线性模型进行统计线性化，针对统计线性化模型，利用介绍的线性系统最优控制算法，可获得此非线性系统的准最优控制的解析结构。类似于线性系统情形，可以使用随机最大值原理或动态规划法求解准最优控制。本节使用随机最大值原理求解。

5.4.2 准最优控制的解析结构

按照第 4 章介绍的使用最大值原理求解的四个步骤进行。

（1）转化为统一的标准优化问题

定义新的状态变量 $X_{n+1}(t)$，满足如下方程：

$$\begin{aligned}\dot{X}_{n+1}(t)&=\boldsymbol{X}^{\mathrm{T}}(t)\boldsymbol{L}(t)\boldsymbol{X}(t)+\boldsymbol{u}^{\mathrm{T}}(t)\boldsymbol{K}^{-1}\boldsymbol{u}(t)+2\dot{\boldsymbol{X}}^{\mathrm{T}}(t)\boldsymbol{\Gamma}\boldsymbol{X}(t),\\ X_{n+1}(t_0)&=\boldsymbol{X}_0^{\mathrm{T}}\boldsymbol{\Gamma}\boldsymbol{X}_0\end{aligned} \tag{5.96}$$

由于终止状态向量 $\boldsymbol{X}(t_k)$ 不受约束，故庞特里亚金泛函可定义为

$$\pi(t_k)=X_{n+1}(t_k)$$

因此，最优控制问题就转化为求解最优控制向量 $\boldsymbol{u}(t)$，满足限制条件 $\boldsymbol{u}(t)\in U_0$，在指定时间区间 (t_0, t_k)，使系统从初始状态向量 $\boldsymbol{X}(0)$ 转移到终止状态向量 $\boldsymbol{X}(t_k)$，并使庞特里亚金泛函的条件数学期望 $E_y[\pi(t_k)]$ 达到最小，即

$$\min_{\boldsymbol{u}\in U_0} E_y[\pi(t_k)] = \min_{\boldsymbol{u}\in U_0} E_y[X_{n+1}(t_k)] \tag{5.97}$$

（2）求准最优控制向量

定义哈密顿函数

$$\begin{aligned} H &= \boldsymbol{\psi}^{\mathrm{T}}\dot{\boldsymbol{X}} + \psi_{n+1}\dot{X}_{n+1} \\ &= \boldsymbol{\psi}^{\mathrm{T}}[\boldsymbol{\varphi}(\boldsymbol{X}, t) + \boldsymbol{D}(t)\boldsymbol{u}(t) + \boldsymbol{V}(t)] \\ &\quad + \psi_{n+1}[\boldsymbol{X}^{\mathrm{T}}(t)\boldsymbol{L}(t)\boldsymbol{X}(t) + \boldsymbol{u}^{\mathrm{T}}(t)\boldsymbol{K}^{-1}(t)\boldsymbol{u}(t) + 2\dot{\boldsymbol{X}}^{\mathrm{T}}(t)\boldsymbol{\Gamma}\boldsymbol{X}(t)] \end{aligned} \tag{5.98}$$

式中，$\boldsymbol{\psi}, \psi_{n+1}$ 为待定的伴随函数。类似于 5.2.1 节，首先对哈密顿函数进行必要的计算，再求它的条件数学期望。由第 6 章知，伴随函数 $\boldsymbol{\psi}, \psi_{n+1}$ 满足下列伴随方程：

$$\begin{cases} \dot{\boldsymbol{\psi}} = -\dfrac{\partial H}{\partial \boldsymbol{X}} \\ \quad = -\dfrac{\partial \boldsymbol{\varphi}^{\mathrm{T}}}{\partial \boldsymbol{X}}\boldsymbol{\psi} - \psi_{n+1}\left[2\boldsymbol{L}(t)\boldsymbol{X}(t) + 2\dfrac{\partial \boldsymbol{\varphi}^{\mathrm{T}}}{\partial \boldsymbol{X}}\boldsymbol{\Gamma}\boldsymbol{X}(t) + 2\boldsymbol{\Gamma}\dot{\boldsymbol{X}}(t)\right] \\ \dot{\psi}_{n+1} = -\dfrac{\partial H}{\partial X_{n+1}} = 0 \end{cases} \tag{5.99}$$

边界条件为

$$\boldsymbol{\psi}(t_k) = 0,\ \psi_{n+1}(t_k) = -1$$

由方程组 (5.99) 的第二式及相应的边界条件，得 $\psi_{n+1}(t) = -1$。从而，方程组 (5.99) 的第一个方程转化为

$$\dot{\boldsymbol{\psi}} = -\frac{\partial \boldsymbol{\varphi}^{\mathrm{T}}}{\partial \boldsymbol{X}}\boldsymbol{\psi} + 2\boldsymbol{L}(t)\boldsymbol{X}(t) + 2\frac{\partial \boldsymbol{\varphi}^{\mathrm{T}}}{\partial \boldsymbol{X}}\boldsymbol{\Gamma}\boldsymbol{X}(t) + 2\boldsymbol{\Gamma}\dot{\boldsymbol{X}}(t), \boldsymbol{\psi}(t_k) = \boldsymbol{0} \tag{5.100}$$

下面利用最大值原理，对哈密顿函数的条件数学期望 $E_y(H)$ 求极值，以获得最优控制向量 $\boldsymbol{u}(t)$ 的表达式。

由于最优控制向量 $\boldsymbol{u}(t)$ 满足

$$\begin{aligned} \max_{\boldsymbol{u}\subset U_0} E_y(H) &= \max_{\boldsymbol{u}\subset U_0} E_y\{\boldsymbol{\psi}^{\mathrm{T}}[\boldsymbol{\varphi}(\boldsymbol{X}, t) + \boldsymbol{D}(t)\boldsymbol{u}(t) + \boldsymbol{V}(t)] \\ &\quad -\boldsymbol{X}^{\mathrm{T}}(t)\boldsymbol{L}(t)\boldsymbol{X}(t) - \boldsymbol{u}^{\mathrm{T}}(t)\boldsymbol{K}^{-1}(t)\boldsymbol{u}(t) - 2\dot{\boldsymbol{X}}^{\mathrm{T}}(t)\boldsymbol{\Gamma}\boldsymbol{X}(t)\} \end{aligned} \tag{5.101}$$

去掉式 (5.101) 中与 $\boldsymbol{u}(t)$ 无关的项，得

$$\max_{\boldsymbol{u}\in U_0} E_y(\boldsymbol{\psi}^{\mathrm{T}}\boldsymbol{D}\boldsymbol{u} - \boldsymbol{u}^{\mathrm{T}}\boldsymbol{K}^{-1}\boldsymbol{u} - 2\boldsymbol{u}\boldsymbol{D}^{\mathrm{T}}\boldsymbol{\Gamma}\boldsymbol{X}) \tag{5.102}$$

这是一个条件极值问题，类似于 5.2.1 节的方法，可求出最优控制向量为

$$\boldsymbol{u}=\begin{cases}-\boldsymbol{K}\boldsymbol{D}^{\mathrm{T}}\left(-\dfrac{1}{2}\widehat{\boldsymbol{\psi}}+\boldsymbol{\varGamma}\widehat{\boldsymbol{X}}\right), & -\boldsymbol{K}\boldsymbol{D}^{\mathrm{T}}\left(-\dfrac{1}{2}\widehat{\boldsymbol{\psi}}+\boldsymbol{\varGamma}\widehat{\boldsymbol{X}}\right)\in U_0\\ -|U_0|\mathrm{sgn}\left[\boldsymbol{K}\boldsymbol{D}^{\mathrm{T}}\left(-\dfrac{1}{2}\widehat{\boldsymbol{\psi}}+\boldsymbol{\varGamma}\widehat{\boldsymbol{X}}\right)\right], & -\boldsymbol{K}\boldsymbol{D}^{\mathrm{T}}\left(-\dfrac{1}{2}\widehat{\boldsymbol{\psi}}+\boldsymbol{\varGamma}\widehat{\boldsymbol{X}}\right)\notin U_0\end{cases}\tag{5.103}$$

或

$$\boldsymbol{u}=-\mathrm{Sat}\left\{\boldsymbol{K}\boldsymbol{D}^{\mathrm{T}}\left(-\frac{1}{2}\widehat{\boldsymbol{\psi}}+\boldsymbol{\varGamma}\widehat{\boldsymbol{X}}\right)\middle|U_0\right\}\tag{5.104}$$

式中, 函数 Sat 的定义见 5.2.1 节。

(3) 求解里卡蒂矩阵微分方程

记

$$\widehat{\boldsymbol{Z}}=-\frac{1}{2}\widehat{\boldsymbol{\psi}}+\boldsymbol{\varGamma}\widehat{\boldsymbol{Y}}\tag{5.105}$$

则

$$\boldsymbol{u}=-\mathrm{Sat}(\boldsymbol{K}\boldsymbol{D}^{\mathrm{T}}\widehat{\boldsymbol{Z}}|U_0)\tag{5.106}$$

下面求向量 $\boldsymbol{X}(t)$ 的状态估计 $\widehat{\boldsymbol{X}}(t)$，即需要求状态向量与伴随函数的估计值 $\widehat{\boldsymbol{Y}}(t)$ 及 $\widehat{\boldsymbol{\psi}}(t)$。

对式 (5.93) 及式 (5.100) 两边求条件数学期望，得

$$\begin{cases}\dot{\widehat{\boldsymbol{X}}}=E_y[\boldsymbol{\varphi}(\boldsymbol{X},t)]-\boldsymbol{D}\mathrm{Sat}(\boldsymbol{K}\boldsymbol{D}^{\mathrm{T}}\widehat{\boldsymbol{Z}}|U_0)+\boldsymbol{V}\\ \dot{\widehat{\boldsymbol{\psi}}}=-E_y\Big[\dfrac{\partial\boldsymbol{\varphi}^{\mathrm{T}}(\boldsymbol{X},t)}{\partial\boldsymbol{X}}\boldsymbol{\psi}\Big]+2\boldsymbol{L}\dot{\widehat{\boldsymbol{X}}}+2E_y\Big[\dfrac{\partial\boldsymbol{\varphi}^{\mathrm{T}}(\boldsymbol{X},t)}{\partial\boldsymbol{X}}\boldsymbol{\varGamma}\boldsymbol{X}\Big]+2\boldsymbol{\varGamma}\dot{\widehat{\boldsymbol{X}}}\end{cases}\tag{5.107}$$

将式 (5.105) 代入式 (5.107)，化简得

$$\begin{cases}\dot{\widehat{\boldsymbol{Z}}}=-E_y\Big(\dfrac{\partial\boldsymbol{\varphi}^{\mathrm{T}}}{\partial\boldsymbol{X}}\boldsymbol{Z}\Big)-\boldsymbol{L}\widehat{\boldsymbol{X}}, & \widehat{\boldsymbol{Z}}(t_k)=\boldsymbol{\varGamma}\widehat{\boldsymbol{X}}(t_k)\\ \dot{\widehat{\boldsymbol{X}}}=E_y[\boldsymbol{\varphi}(\boldsymbol{X},t)]-\boldsymbol{D}\mathrm{Sat}(\boldsymbol{K}\boldsymbol{D}^{\mathrm{T}}\widehat{\boldsymbol{Z}}|U_0)+\widehat{\boldsymbol{V}}, & \widehat{\boldsymbol{X}}(t_0)=\boldsymbol{m}_0\end{cases}\tag{5.108}$$

若先验分布函数已知，利用方程组 (5.108) 可求出状态估计 $\widehat{\boldsymbol{X}}$, $\widehat{\boldsymbol{Y}}$，但一般很难得到解析解。如果利用统计线性化方法将方程转化为统计线性化模型，则可求出它们的近似解析解。下面对非线性函数 Sat 进行统计线性化。记

$$\boldsymbol{g}(\widehat{\boldsymbol{W}})=\mathrm{Sat}(\widehat{\boldsymbol{W}}|U_0),\ \widehat{\boldsymbol{W}}=\boldsymbol{K}\boldsymbol{D}^{\mathrm{T}}\widehat{\boldsymbol{Z}}\tag{5.109}$$

则

$$\boldsymbol{\varphi}(\boldsymbol{X},t)=\boldsymbol{\varphi}_0'(\boldsymbol{m},\boldsymbol{\theta},t)+\boldsymbol{K}_{\varphi}(\boldsymbol{m},\boldsymbol{\theta},t)\boldsymbol{X}\tag{5.110}$$

$$\boldsymbol{g}(\widehat{\boldsymbol{W}})=\boldsymbol{g}_0'(\boldsymbol{m}_w,\boldsymbol{\theta}_w)+\boldsymbol{K}_g(\boldsymbol{m}_w,\boldsymbol{\theta}_w)\widehat{\boldsymbol{W}}\tag{5.111}$$

式中

$$\boldsymbol{\varphi}_0' = \boldsymbol{\varphi}_0 - \boldsymbol{K}_\varphi(\boldsymbol{m}, \boldsymbol{\theta}, t)\boldsymbol{m},\ \boldsymbol{g}_0' = \boldsymbol{g}_0 - \boldsymbol{K}_g(\boldsymbol{m}_w, \boldsymbol{\theta}_w)\boldsymbol{m}_w$$

将式 (5.110) 及式 (5.111) 代入式 (5.108)，得

$$\begin{cases} \dot{\widehat{\boldsymbol{X}}} = \boldsymbol{\varphi}_0 + \boldsymbol{K}_\varphi \widehat{\boldsymbol{X}} + \widehat{\boldsymbol{V}} - \boldsymbol{D}\boldsymbol{g}_0' - \boldsymbol{D}\boldsymbol{K}_g \widehat{\boldsymbol{W}} \\ \dot{\widehat{\boldsymbol{Z}}} = -\boldsymbol{K}_\varphi^{\mathrm{T}} \widehat{\boldsymbol{Z}} - \boldsymbol{L}\widehat{\boldsymbol{X}} \end{cases} \tag{5.112}$$

由式 (5.112) 可知，$\widehat{\boldsymbol{Z}}$ 与 $\widehat{\boldsymbol{X}}$ 之间具有线性关系，令

$$\widehat{\boldsymbol{Z}} = \boldsymbol{P}\widehat{\boldsymbol{X}} + \boldsymbol{P}_1 \tag{5.113}$$

式中，$\boldsymbol{P}(t)$ 和 $\boldsymbol{P}_1(t)$ 分别为待定矩阵及向量。将式 (5.113) 代入式 (5.112)，化简得

$$\begin{aligned} &\dot{\boldsymbol{P}}\widehat{\boldsymbol{X}} + \boldsymbol{P}(\boldsymbol{\varphi}_0' - \boldsymbol{D}\boldsymbol{g}_0' + \boldsymbol{K}_\varphi \widehat{\boldsymbol{X}} - \boldsymbol{D}\boldsymbol{K}_g \widehat{\boldsymbol{W}} + \widehat{\boldsymbol{V}}) \\ &= -\boldsymbol{K}_\varphi^{\mathrm{T}} \boldsymbol{P}\widehat{X} - \boldsymbol{K}_\varphi^{\mathrm{T}} \boldsymbol{P}_1 - \boldsymbol{L}\widehat{\boldsymbol{X}} \end{aligned} \tag{5.114}$$

进一步，合并整理得

$$\begin{aligned} &(\dot{\boldsymbol{P}} + \boldsymbol{P}\boldsymbol{K}_\varphi + \boldsymbol{K}_\varphi^{\mathrm{T}}\boldsymbol{P} - \boldsymbol{P}\boldsymbol{D}\boldsymbol{K}_g\boldsymbol{K}\boldsymbol{D}^{\mathrm{T}}\boldsymbol{P} + \boldsymbol{L})\widehat{\boldsymbol{X}} + \boldsymbol{P}\widehat{\boldsymbol{V}} \\ &+\dot{\boldsymbol{P}}_1 + \boldsymbol{P}\boldsymbol{\varphi}_0' - \boldsymbol{P}\boldsymbol{D}\boldsymbol{g}_0 + \boldsymbol{K}_\varphi^{\mathrm{T}}\boldsymbol{P}_1 - \boldsymbol{P}\boldsymbol{D}\boldsymbol{K}_g\boldsymbol{D}^{\mathrm{T}}\boldsymbol{P}_1 = \boldsymbol{0} \end{aligned} \tag{5.115}$$

对式 (5.115) 两边求无条件数学期望，得

$$\begin{aligned} &(\dot{\boldsymbol{P}} + \boldsymbol{P}\boldsymbol{K}_\varphi + \boldsymbol{K}_\varphi^{\mathrm{T}}\boldsymbol{P} - \boldsymbol{P}\boldsymbol{D}\boldsymbol{K}_g\boldsymbol{K}\boldsymbol{D}^{\mathrm{T}}\boldsymbol{P} + \boldsymbol{L})\boldsymbol{m} \\ &+\dot{\boldsymbol{P}}_1 + \boldsymbol{P}\boldsymbol{\varphi}_0' - \boldsymbol{P}\boldsymbol{D}\boldsymbol{g}_0' + \boldsymbol{K}_\varphi^{\mathrm{T}}\boldsymbol{P}_1 - \boldsymbol{P}\boldsymbol{D}\boldsymbol{K}_g\boldsymbol{D}^{\mathrm{T}}\boldsymbol{P}_1 = \boldsymbol{0} \end{aligned} \tag{5.116}$$

由于 $\boldsymbol{m}$ 的任意性，故

$$\dot{\boldsymbol{P}} + \boldsymbol{P}\boldsymbol{K}_\varphi + \boldsymbol{K}_\varphi^{\mathrm{T}}\boldsymbol{P} - \boldsymbol{P}\boldsymbol{D}\boldsymbol{K}_g\boldsymbol{K}\boldsymbol{D}^{\mathrm{T}}\boldsymbol{P} + \boldsymbol{L} = \boldsymbol{0},\ \boldsymbol{P}(t_k) = \boldsymbol{\varGamma} \tag{5.117}$$

式中，函数 $\boldsymbol{K}_g(\boldsymbol{m}_w, \boldsymbol{\theta}_w)$ 中的变量 $\boldsymbol{m}_w, \boldsymbol{\theta}_w$ 为

$$\boldsymbol{m}_w = \boldsymbol{K}\boldsymbol{D}^{\mathrm{T}}(\boldsymbol{P}\boldsymbol{m} + \boldsymbol{P}_1),\ \boldsymbol{\theta}_w = \boldsymbol{K}\boldsymbol{D}^{\mathrm{T}}\boldsymbol{P}\boldsymbol{\theta}\boldsymbol{P}\boldsymbol{D}\boldsymbol{K}$$

式 (5.117) 称为里卡蒂矩阵微分方程。为了获得此方程的解，必须先求出 $\boldsymbol{m}$、$\boldsymbol{\theta}$ 和 $\boldsymbol{P}_1$。

关于 $\boldsymbol{m}$ 及 $\boldsymbol{\theta}$，可由下列方程求得

$$\begin{cases} \dot{\boldsymbol{m}} = \boldsymbol{\varphi}_0(\boldsymbol{m}, \boldsymbol{\theta}, t) - \boldsymbol{D}\boldsymbol{g}_0(\boldsymbol{m}_w, \boldsymbol{\theta}_w), & \boldsymbol{m}(t_0) = \boldsymbol{m}_0 \\ \dot{\boldsymbol{\theta}} = [\boldsymbol{K}_\varphi(\boldsymbol{m}, \boldsymbol{\theta}, t) - \boldsymbol{D}\boldsymbol{K}_g(\boldsymbol{m}_w, \boldsymbol{\theta}_w)\boldsymbol{K}\boldsymbol{D}^{\mathrm{T}}\boldsymbol{P}]\boldsymbol{\theta} & \\ \qquad +\boldsymbol{\theta}[\boldsymbol{K}_\varphi(\boldsymbol{m}, \boldsymbol{\theta}, t) - \boldsymbol{D}\boldsymbol{K}_g(\boldsymbol{m}_w, \boldsymbol{\theta}_w)\boldsymbol{K}\boldsymbol{D}^{\mathrm{T}}\boldsymbol{P}]^{\mathrm{T}} + \boldsymbol{G}, & \boldsymbol{\theta}(t_0) = \boldsymbol{\theta}_0 \end{cases} \tag{5.118}$$

关于待定向量 $\boldsymbol{P}_1$，利用式 (5.116)，有

$$\begin{aligned} &\dot{\boldsymbol{P}}_1 + \boldsymbol{P}\boldsymbol{\varphi}_0'(\boldsymbol{m}, \boldsymbol{\theta}, t) - \boldsymbol{P}\boldsymbol{D}\boldsymbol{g}_0'(\boldsymbol{m}_w, \boldsymbol{\theta}_w) + \boldsymbol{K}_\varphi^{\mathrm{T}}(\boldsymbol{m}, \boldsymbol{\theta}, t)\boldsymbol{P}_1 \\ &-\boldsymbol{P}\boldsymbol{D}\boldsymbol{K}_g(\boldsymbol{m}_w, \boldsymbol{\theta}_w)\boldsymbol{K}\boldsymbol{D}^{\mathrm{T}}\boldsymbol{P}_1 = \boldsymbol{0},\ \boldsymbol{P}_1(t_k) = \boldsymbol{0} \end{aligned} \tag{5.119}$$

这样，通过求解式 (5.116)~ 式 (5.119)，可以求出待定矩阵 $\boldsymbol{P}$ 及向量 $\boldsymbol{P}_1$，从而最优控制向量为

$$\boldsymbol{u} = -\mathrm{Sat}\{\boldsymbol{K}\boldsymbol{D}^{\mathrm{T}}(\boldsymbol{P}\widehat{\boldsymbol{Y}} + \boldsymbol{P}_1)|U_0\} \tag{5.120}$$

（4）确定最优状态估计

为了获得准最优控制的解析结构，还需要求出状态向量的最优估计 $\widehat{\boldsymbol{X}}(t)$。针对统计线性化模型，利用线性最优滤波方法可获得状态向量的准最优估计，即

$$\dot{\widehat{\boldsymbol{X}}} = (\boldsymbol{K}_\varphi - \boldsymbol{D}\boldsymbol{K}_g\boldsymbol{K}\boldsymbol{D}^{\mathrm{T}}\boldsymbol{P})\widehat{\boldsymbol{X}} + \boldsymbol{\varphi}_0' - \boldsymbol{D}\boldsymbol{g}_0' + \boldsymbol{B}(\boldsymbol{Y} - \boldsymbol{C}\widehat{\boldsymbol{X}}) - \boldsymbol{D}\boldsymbol{K}_g\boldsymbol{K}\boldsymbol{D}^{\mathrm{T}}\boldsymbol{P}_1 \tag{5.121}$$

式中

$$\boldsymbol{B} = \boldsymbol{R}\boldsymbol{C}^{\mathrm{T}}\boldsymbol{Q}^{-1}$$

估计误差的协方差矩阵 $\boldsymbol{R}(t)$ 满足下列方程：

$$\dot{\boldsymbol{R}} = \boldsymbol{K}_\varphi\boldsymbol{R} + \boldsymbol{R}\boldsymbol{K}_\varphi^{\mathrm{T}} - \boldsymbol{R}\boldsymbol{C}^{\mathrm{T}}\boldsymbol{Q}^{-1}\boldsymbol{C}\boldsymbol{R} + \boldsymbol{G} \tag{5.122}$$

这样，利用式 (5.116)~ 式 (5.122)，可求出准最优控制向量 $\boldsymbol{u}(t)$ 的解析结构。

注解 5.6 由式 (5.120) 可以看出，最优控制向量 $\boldsymbol{u}(t)$ 的表达式由正定矩阵 $\boldsymbol{P}$ 和向量 $\boldsymbol{P}_1$ 及最优滤波向量 $\widehat{\boldsymbol{X}}$ 确定，而关于 $\boldsymbol{P}$ 及 $\boldsymbol{P}_1$ 的式 (5.117) 和式 (5.119) 包含最优滤波估计的均值及估计误差的协方差 $\boldsymbol{Q}$，而最优估计方程式 (5.121) 也包含向量 $\boldsymbol{P}_1$。因而分离定理不成立，无法将最优控制器和最优状态滤波器分开来独立进行设计。

5.5 离散时间随机非线性最优控制

假设随机非线性系统状态向量模型、测量模型、控制向量的约束条件及二次型代价函数完全同 5.3 节。在本节中，使用动态规划法来求解非线性系统的最优控制问题。

我们知道，利用动态规划法求解连续时间随机最优控制问题，关键是求解贝尔曼泛函方程。因此，将根据以下三步进行求解。

（1）构造贝尔曼泛函方程

在时间区间 (t, t_k) 定义二次型代价函数为

$$F_t = \int_t^{t_k} [\boldsymbol{X}^{\mathrm{T}}(\tau)\boldsymbol{L}(\tau)\boldsymbol{X}(\tau) + \boldsymbol{u}^{\mathrm{T}}(\tau)\boldsymbol{K}^{-1}(\tau)\boldsymbol{u}(\tau)]\mathrm{d}\tau + \boldsymbol{X}^{\mathrm{T}}(t_k)\boldsymbol{\Gamma}\boldsymbol{X}(t_k) \tag{5.123}$$

此泛函只依赖于时刻 t 及之后的控制向量 $\boldsymbol{u}(\tau), \tau\in(t, t_k)$，而与时刻 t 以前的控制向量无关。

根据 4.5 节的分析可知，贝尔曼泛函定义为

$$S = \min_{\boldsymbol{u}\in U_0} E_y(F_t) \tag{5.124}$$

显然，贝尔曼泛函 S 只依赖于时刻 t 的状态，而此状态是未知的，只能通过它的后验概率分布函数来确定。但在一般情况下，很难获得它的解析解，必须使用逼近的方

法求其近似解。假设系统状态向量服从高斯分布，这样，它的后验概率分布函数完全由状态向量估计 $\widehat{\boldsymbol{X}}(t)$ 及估计误差的协方差矩阵 $\boldsymbol{R}(t)$ 确定，即

$$E_y[\boldsymbol{X}(t)] = \widehat{\boldsymbol{X}}(t),\ \boldsymbol{R} = E_y[(\boldsymbol{X} - \widehat{\boldsymbol{X}})(\boldsymbol{X} - \widehat{\boldsymbol{X}})^{\mathrm{T}}] \tag{5.125}$$

假设 $\widehat{\boldsymbol{X}}(t)$ 及 $\boldsymbol{R}(t)$ 已知，则贝尔曼泛函 S 只依赖于时刻 t 的状态估计值 $\widehat{\boldsymbol{X}}(t)$，即

$$S(\widehat{\boldsymbol{X}}(t), t) = \min_{\boldsymbol{u}\in U_0} E_y(F_t) \tag{5.126}$$

根据 4.5 节的分析可知，得贝尔曼泛函方程为

$$\begin{aligned} -\frac{\partial S(\widehat{\boldsymbol{X}}(t), t)}{\partial t} = \min_{\boldsymbol{u}\in U_0}\Big\{& E_y[\boldsymbol{X}^{\mathrm{T}}(t)\boldsymbol{L}\boldsymbol{X}(t) + \boldsymbol{u}(t)\boldsymbol{K}^{-1}\boldsymbol{u}(t)] + \Big[\frac{\partial S(\widehat{\boldsymbol{X}}, t)}{\partial \widehat{\boldsymbol{X}}}\Big]^{\mathrm{T}} \\ &\times[\boldsymbol{\varphi}(\widehat{\boldsymbol{X}}, t) + \boldsymbol{D}(t)\boldsymbol{u}(t)] + \frac{1}{2}\mathrm{tr}\Big[\frac{\partial^2 S(\widehat{\boldsymbol{X}}, t)}{\partial \widehat{\boldsymbol{X}}\partial \widehat{\boldsymbol{X}}^{\mathrm{T}}}\boldsymbol{G}(t)\Big]\Big\} \end{aligned} \tag{5.127}$$

终止条件为

$$S(\widehat{\boldsymbol{X}}, t_k) = E_y[\boldsymbol{X}^{\mathrm{T}}(t_k)\boldsymbol{\Gamma}\boldsymbol{X}(t_k)] \tag{5.128}$$

利用下列等式:

$$E_y(\boldsymbol{X}^{\mathrm{T}}\boldsymbol{S}\boldsymbol{X}) = \widehat{\boldsymbol{X}}^{\mathrm{T}}\boldsymbol{S}\widehat{\boldsymbol{X}} + \mathrm{tr}[\boldsymbol{S}\boldsymbol{R}(\widehat{\boldsymbol{X}})]$$

式中

$$\widehat{\boldsymbol{X}} = E_y(\boldsymbol{X}),\ \boldsymbol{R}(\widehat{\boldsymbol{X}}) = E[(\boldsymbol{X} - \widehat{\boldsymbol{X}})(\boldsymbol{X} - \widehat{\boldsymbol{X}})^{\mathrm{T}}]$$

式 (5.127) 和式 (5.128) 可转化为

$$\begin{aligned} -\frac{\partial S(\widehat{\boldsymbol{X}}(t), t)}{\partial t} = \min_{\boldsymbol{u}\in U_0}\Big\{& \widehat{\boldsymbol{X}}^{\mathrm{T}}(t)\boldsymbol{L}\widehat{\boldsymbol{X}}(t) + \boldsymbol{u}(t)K^{-1}\boldsymbol{u}(t) + \mathrm{tr}[\boldsymbol{L}\boldsymbol{R}(\widehat{\boldsymbol{X}})] + \Big[\frac{\partial S(\widehat{\boldsymbol{X}}, t)}{\partial \widehat{\boldsymbol{X}}}\Big]^{\mathrm{T}} \\ &\times[\varphi(\widehat{\boldsymbol{X}}, t) + \boldsymbol{D}(t)\boldsymbol{u}(t)] + \frac{1}{2}\mathrm{tr}\Big[\frac{\partial^2 S(\widehat{\boldsymbol{X}}, t)}{\partial \widehat{\boldsymbol{X}}\partial \widehat{\boldsymbol{X}}^{T}}\boldsymbol{G}(t)\Big]\Big\} \end{aligned} \tag{5.129}$$

终止条件为

$$S(\widehat{\boldsymbol{X}}(t_k), t_k) = \widehat{\boldsymbol{X}}^{\mathrm{T}}(t_k)\boldsymbol{\Gamma}\widehat{\boldsymbol{X}}(t_k) + \mathrm{tr}[\boldsymbol{\Gamma}\boldsymbol{R}(\widehat{\boldsymbol{X}}(t_k))] \tag{5.130}$$

（2）求解贝尔曼泛函方程

为了求解式 (5.127)，必须先对此式的右边进行极小化运算，求出控制向量 $\boldsymbol{u}(t)$，即

$$\begin{aligned} \frac{\partial}{\partial \boldsymbol{u}}\Big\{& \widehat{\boldsymbol{X}}^{\mathrm{T}}(t)\boldsymbol{L}\widehat{\boldsymbol{X}}(t) + \boldsymbol{u}(t)\boldsymbol{K}^{-1}\boldsymbol{u}(t) + \mathrm{tr}[\boldsymbol{L}\boldsymbol{R}(\widehat{\boldsymbol{X}})] + \Big[\frac{\partial S(\widehat{\boldsymbol{X}}, t)}{\partial \widehat{\boldsymbol{X}}}\Big]^{\mathrm{T}} \\ &\times[\boldsymbol{\varphi}(\widehat{\boldsymbol{X}}, t) + \boldsymbol{D}(t)\boldsymbol{u}(t)] + \frac{1}{2}\mathrm{tr}\Big[\frac{\partial^2 S(\widehat{\boldsymbol{X}}, t)}{\partial \widehat{\boldsymbol{X}}\partial \widehat{\boldsymbol{X}}^{\mathrm{T}}}\boldsymbol{G}(t)\Big]\Big\} = \boldsymbol{0} \end{aligned}$$

或

$$\left(\frac{\partial S}{\partial \widehat{\boldsymbol{X}}}\right)^{\mathrm{T}} \boldsymbol{D} - 2\boldsymbol{u}^{\mathrm{T}}\boldsymbol{K}^{-1} = \boldsymbol{0} \tag{5.131}$$

从而

$$\boldsymbol{u} = -\frac{1}{2}\boldsymbol{K}\boldsymbol{D}^{\mathrm{T}}\frac{\partial S}{\partial \widehat{\boldsymbol{X}}} \tag{5.132}$$

由于 $\boldsymbol{u}(t)$ 满足限制条件 $\boldsymbol{u}(t)\in U_0$，则

$$\boldsymbol{u} = -\frac{1}{2}\mathrm{Sat}\left[\boldsymbol{K}\boldsymbol{D}^{\mathrm{T}}\frac{\partial S(\widehat{\boldsymbol{X}},\, t)}{\partial \widehat{\boldsymbol{X}}}|U_0\right] := -\frac{1}{2}\boldsymbol{g}(\widehat{\boldsymbol{W}}) \tag{5.133}$$

式中

$$\widehat{\boldsymbol{W}} = \boldsymbol{K}\boldsymbol{D}^{\mathrm{T}}\frac{\partial S(\widehat{\boldsymbol{X}},\, t)}{\partial \widehat{\boldsymbol{X}}},\ \boldsymbol{g} = \mathrm{Sat}(\widehat{\boldsymbol{W}}|U_0)$$

下面对非线性函数 $\boldsymbol{g}$ 及 $\boldsymbol{\varphi}$ 进行统计线性化，得

$$\boldsymbol{\varphi}(\boldsymbol{X},\, t) = \boldsymbol{\varphi}_0'(\boldsymbol{m},\, \boldsymbol{\theta},\, t) + \boldsymbol{K}_{\varphi}(\boldsymbol{m},\, \boldsymbol{\theta},\, t)X \tag{5.134}$$

$$\boldsymbol{g}(\widehat{\boldsymbol{W}}) = \boldsymbol{g}_0'(\boldsymbol{m}_w,\, \boldsymbol{\theta}_w) + \boldsymbol{K}_g(\boldsymbol{m}_w,\, \boldsymbol{\theta}_w)\boldsymbol{K}\boldsymbol{D}^{\mathrm{T}}\frac{\partial S}{\partial \widehat{\boldsymbol{X}}} \tag{5.135}$$

将式 (5.133)、式 (5.134) 和式 (5.135) 代入贝尔曼泛函方程式 (5.127)，得

$$\begin{aligned}
-\frac{\partial S}{\partial t} =& \left(\frac{\partial S}{\partial \widehat{\boldsymbol{X}}}\right)^{\mathrm{T}}\left(\boldsymbol{\varphi}_0' + \boldsymbol{K}_{\varphi}\widehat{\boldsymbol{X}} - \frac{1}{4}\boldsymbol{D}\boldsymbol{g}_0'\boldsymbol{D}\boldsymbol{K}_g\widehat{\boldsymbol{W}}\right) + \frac{1}{2}\mathrm{tr}\left(\frac{\partial^2 S}{\partial \widehat{\boldsymbol{X}}\partial \widehat{\boldsymbol{X}}}\boldsymbol{G}\right)\\
&+\frac{1}{4}\left(\boldsymbol{g}_0' + \boldsymbol{K}_g\boldsymbol{K}\boldsymbol{D}^{\mathrm{T}}\frac{\partial S}{\partial \widehat{\boldsymbol{X}}}\right)^{\mathrm{T}}\boldsymbol{K}^{-1}\left(\boldsymbol{g}_0' + \boldsymbol{K}_g\boldsymbol{K}\boldsymbol{D}^{\mathrm{T}}\frac{\partial S}{\partial \widehat{\boldsymbol{X}}}\right)\\
&+\widehat{\boldsymbol{X}}^{\mathrm{T}}\boldsymbol{L}\widehat{\boldsymbol{X}} + \mathrm{tr}[\boldsymbol{R}\boldsymbol{L}(\widehat{\boldsymbol{X}})]
\end{aligned} \tag{5.136}$$

终止条件为

$$S(\widehat{\boldsymbol{X}}(t_k),\, t_k) = \widehat{\boldsymbol{X}}(t_k)\boldsymbol{\varGamma}\widehat{\boldsymbol{X}}(t_k) + \mathrm{tr}\{\boldsymbol{\varGamma}\boldsymbol{R}[\widehat{\boldsymbol{X}}(t_k)]\}$$

由线性偏微分方程式 (5.136) 的特点，可知它的解应为

$$S = \widehat{\boldsymbol{X}}^{\mathrm{T}}\boldsymbol{P}\widehat{\boldsymbol{X}} + 2\boldsymbol{P}_1^{\mathrm{T}}\widehat{\boldsymbol{X}} + P_0 \tag{5.137}$$

式中，$\boldsymbol{P}(t)$、$\boldsymbol{P}_1(t)$ 及 $P_0(t)$ 分别为待定的系数矩阵、向量及标量。

下面分别求出这些待定系数。将式 (5.137) 代入式 (5.136)，两边求无条件数学期望，得

$$\begin{aligned}
&\dot{\boldsymbol{P}} + \boldsymbol{K}_{\varphi}^{\mathrm{T}}(\boldsymbol{m},\, \boldsymbol{\theta},\, t)\boldsymbol{P} + \boldsymbol{P}\boldsymbol{K}_{\varphi}(\boldsymbol{m},\, \boldsymbol{\theta},\, t)\\
&\quad -\boldsymbol{P}\boldsymbol{D}\boldsymbol{K}_g(\boldsymbol{m}_w,\, \boldsymbol{\theta}_w)\boldsymbol{K}\boldsymbol{D}^{\mathrm{T}}\boldsymbol{P} + \boldsymbol{L} = \boldsymbol{0}
\end{aligned} \tag{5.138}$$

$$\begin{aligned}
&\dot{\boldsymbol{P}}_1 + \boldsymbol{P}\boldsymbol{\varphi}_0'(\boldsymbol{m},\, \boldsymbol{\theta},\, t) - \boldsymbol{P}\boldsymbol{D}\boldsymbol{g}_0'(\boldsymbol{m}_w,\, \boldsymbol{\theta}_w)\\
&\quad +\boldsymbol{K}_{\varphi}^{\mathrm{T}}(\boldsymbol{m},\, \boldsymbol{\theta},\, t)\boldsymbol{P}_1 - \boldsymbol{P}\boldsymbol{D}\boldsymbol{K}_g(\boldsymbol{m}_w,\, \boldsymbol{\theta}_w)\boldsymbol{K}\boldsymbol{D}^{\mathrm{T}}\boldsymbol{P}_1 = \boldsymbol{0}
\end{aligned} \tag{5.139}$$

$$\begin{aligned}
&\dot{P}_0 + \mathrm{tr}(\boldsymbol{\theta}\dot{\boldsymbol{P}}) + 2\mathrm{tr}[\boldsymbol{\theta}\boldsymbol{P}\boldsymbol{K}_{\varphi}(\boldsymbol{m},\, \boldsymbol{\theta},\, t)] + 2\boldsymbol{m}^{\mathrm{T}}\boldsymbol{P}\\
&\quad \times[\boldsymbol{\varphi}_0'(\boldsymbol{m},\, \boldsymbol{\theta},\, t) - \boldsymbol{D}\boldsymbol{g}_0'(\boldsymbol{m}_w,\, \boldsymbol{\theta}_w)] + \mathrm{tr}(\boldsymbol{G}\boldsymbol{P}) + \mathrm{tr}(\boldsymbol{\theta}\boldsymbol{L}) = \boldsymbol{0}
\end{aligned} \tag{5.140}$$

式中

$$\boldsymbol{m}_w = \boldsymbol{K}\boldsymbol{D}^{\mathrm{T}}(\boldsymbol{P}\boldsymbol{m} + \boldsymbol{P}_1),\ \boldsymbol{\theta}_w = \boldsymbol{K}\boldsymbol{D}^{\mathrm{T}}\boldsymbol{P}\boldsymbol{\theta}\boldsymbol{P}\boldsymbol{D}\boldsymbol{K}$$

边值条件为

$$\boldsymbol{P}(t_k) = \boldsymbol{\Gamma},\ \boldsymbol{P}_1(t_k) = \boldsymbol{0},\ P_0(t_k) = \mathrm{tr}[\boldsymbol{\theta}(t_k)\boldsymbol{\Gamma}]$$

通过求解式 (5.138)~ 式 (5.140) 和式 (5.118)，可获得待定的系数矩阵 $\boldsymbol{P}(t)$ 及向量 $\boldsymbol{P}_1(t)$，将它们代入式 (5.118)，并借助式 (5.137)，得

$$\boldsymbol{u} = -|U_0|\mathrm{Sat}[\boldsymbol{K}\boldsymbol{D}^{\mathrm{T}}(\boldsymbol{P}\widehat{\boldsymbol{Y}} + \boldsymbol{P}_1)|U_0] \tag{5.141}$$

注意：本节使用动态规划法求得的待定矩阵 $\boldsymbol{P}(t)$ 及向量 $\boldsymbol{P}_1(t)$ 与使用最大值原理求得的完全相同。从而，所求的最优控制向量也相同。

（3）确定最优状态估计

接下来，还需要确定状态向量估计 $\widehat{\boldsymbol{X}}(t)$，可以使用第 3 章的非线性最优滤波器的结果，即

$$\begin{aligned}\dot{\widehat{\boldsymbol{X}}} =& [\boldsymbol{K}_\varphi(\boldsymbol{m}, \boldsymbol{\theta}, t) - \boldsymbol{D}\boldsymbol{K}_g(\boldsymbol{m}_w, \boldsymbol{\theta}_w)]\widehat{\boldsymbol{X}} - \boldsymbol{D}\boldsymbol{K}_g(\boldsymbol{m}_w, \boldsymbol{\theta}_w)\boldsymbol{K}\boldsymbol{D}^{\mathrm{T}}\boldsymbol{P}_1 \\ &+\boldsymbol{\varphi}_0'(\boldsymbol{m}, \boldsymbol{\theta}, t) - \boldsymbol{D}\boldsymbol{g}_0'(\boldsymbol{m}_w, \boldsymbol{\theta}_w) + \boldsymbol{B}(\boldsymbol{Y} - \boldsymbol{C}\widehat{\boldsymbol{X}}),\ \widehat{\boldsymbol{X}}(t_0) = \boldsymbol{m}_0\end{aligned} \tag{5.142}$$

式中

$$\boldsymbol{B} = \boldsymbol{R}\boldsymbol{C}^{\mathrm{T}}\boldsymbol{Q}^{-1}$$

估计误差的协方差矩阵 $\boldsymbol{R}(t)$ 满足下列方程：

$$\dot{\boldsymbol{R}} = \boldsymbol{K}_\varphi(\boldsymbol{m}, \boldsymbol{\theta}, t)\boldsymbol{R} + \boldsymbol{R}\boldsymbol{K}_\varphi^{\mathrm{T}}(\boldsymbol{m}, \boldsymbol{\theta}, t) + \boldsymbol{G} - \boldsymbol{R}\boldsymbol{C}^{\mathrm{T}}\boldsymbol{Q}^{-1}\boldsymbol{C}\boldsymbol{R} \tag{5.143}$$

综上所述，利用高斯逼近法可以确定控制向量的准最优结构及它的参数。但是，由于必须在局部给定的初始及终止条件下求解微分方程，因此，问题的最终解决将伴随着巨大的求解难度。在实际应用中，我们常通过别的途径来解决，如先使用逼近算法求出准最优控制向量的结构，然后使用随机并行搜索法来获取它的参数。此随机搜索法将在本书的第 11 章进行介绍。

5.6 随机线性系统局部最优控制

5.6.1 控制不受约束情形

4.4 节指出，在某些飞行器及技术设备控制中，通常使用局部最优控制算法作为它们的程序控制。下面，首先从较简单的情形开始讨论，即先讨论控制不受约束的情况；在 5.6.2 节，讨论较复杂的情形，即控制受约束的情形。

假设系统状态向量方程与量测方程同 5.2.1 节，它的理论状态向量由下列方程确定：

$$\dot{\boldsymbol{x}}_{T}(t)=\boldsymbol{A}(t)\boldsymbol{x}_{T}(t),\ \boldsymbol{x}_{T}(t_0)=\boldsymbol{x}_{T0}$$

根据 4.4 节的分析可知，局部最优控制问题就是求解最优控制向量 $\boldsymbol{u}(t)$，使其满足下列方程：

$$\begin{aligned}&\max_{\boldsymbol{u}}\{-\dot{\hat{F}}(\boldsymbol{X}(t),\,\boldsymbol{x}_{T}(t),\,\boldsymbol{u}(t),\,t)\}\\&=\max_{\boldsymbol{u}}\left\{-\frac{\mathrm{d}}{\mathrm{d}t}E[F(\boldsymbol{X}(t),\,\boldsymbol{x}_{T}(t),\,\boldsymbol{u}(t),\,t)|\boldsymbol{Y}(\tau),\,t_0\leqslant\tau\leqslant t]\right\}\end{aligned}\tag{5.144}$$

上式包含了二次型代价函数 $F(\boldsymbol{X}(t),\boldsymbol{x}_{T}(t),\boldsymbol{u}(t),t)$，其定义为

$$\begin{aligned}F(\boldsymbol{X},\,\boldsymbol{x}_{T},\,\boldsymbol{u},\,t)=&\ [(\boldsymbol{X}(t)-\boldsymbol{x}_{T}(t))^{\mathrm{T}}\boldsymbol{\Gamma}(t)(\boldsymbol{X}(t)-\boldsymbol{x}_{T}(t))^{\mathrm{T}}]\\&+\int_{t_0}^{t}\{[\boldsymbol{X}(\tau)-\boldsymbol{x}_{T}(\tau)]^{\mathrm{T}}\boldsymbol{L}(\tau)[\boldsymbol{X}(\tau)-\boldsymbol{x}_{T}(\tau)]\\&+\boldsymbol{u}^{\mathrm{T}}(\tau)\boldsymbol{K}^{-1}\boldsymbol{u}(\tau)\}\mathrm{d}\tau\end{aligned}\tag{5.145}$$

式中，$\boldsymbol{\Gamma}(t)$, $\boldsymbol{L}(t)$ 为事先确定的正定对称矩阵，但它们之间必须保持某种关系。通常让矩阵 $\boldsymbol{\Gamma}(t)$ 的元素反映实际的物理需求，而选择矩阵 $\boldsymbol{L}(t)$，确保控制系统稳定。也就是说，可以事先给定正定对称矩阵 $\boldsymbol{L}(t)$，然后通过求解下列方程：

$$\dot{\boldsymbol{\Gamma}}+\boldsymbol{A}^{\mathrm{T}}\boldsymbol{\Gamma}+\boldsymbol{\Gamma}^{\mathrm{T}}\boldsymbol{A}+\boldsymbol{L}=\boldsymbol{0},\ \boldsymbol{\Gamma}(t_0)=\boldsymbol{\Gamma}_0\tag{5.146}$$

获得矩阵 $\boldsymbol{\Gamma}(t)$。式中，矩阵 $\boldsymbol{\Gamma}_0$ 为事先给定的。因此，通过此方法获得的矩阵 $\boldsymbol{\Gamma}(t)$，既考虑了被控对象的特性，因为矩阵 $\boldsymbol{\Gamma}(t)$ 与矩阵 $\boldsymbol{A}(t)$ 有关；又可以使控制系统保持稳定，因为，这样选取的矩阵 $\boldsymbol{\Gamma}(t)$ 是正定对称矩阵。对矩阵 $\boldsymbol{K}$ 的选取应考虑被控对象的特性及用途。

如果被控对象不稳定，可以先在每个状态向量前乘以 $\mathrm{e}^{-\lambda_0 t}$，使被控对象稳定，其中，$\lambda_0>0$ 为被控对象的最大特征值。即记 $\boldsymbol{X}^*=\mathrm{e}^{-\lambda_0 t}\boldsymbol{X}$, 则有 $\boldsymbol{X}=\nu\boldsymbol{X}^*$，式中，$\nu=\mathrm{e}^{\lambda_0}t$。将 $\boldsymbol{X}=\nu\boldsymbol{X}^*$ 代入状态方程式 (5.1)，得

$$\dot{\boldsymbol{X}}^*=\frac{\dot{\nu}}{\nu}\boldsymbol{X}^*+\boldsymbol{A}\boldsymbol{X}^*+\frac{1}{\nu}\boldsymbol{D}\boldsymbol{u}+\frac{1}{\nu}\boldsymbol{V},\ \frac{\dot{\nu}}{\nu}=\lambda_0$$

显然，若 $\dot{\nu}/\nu$ 足够大，则新的被控对象是稳定的，故可以使用上述方法来获得矩阵 $\boldsymbol{\Gamma}$。

若被控对象是时不变的，则矩阵 $\boldsymbol{\Gamma}$ 可由下列代数方程确定：

$$\boldsymbol{A}^{\mathrm{T}}\boldsymbol{\Gamma}+\boldsymbol{\Gamma}^{\mathrm{T}}\boldsymbol{A}=-\boldsymbol{L}\tag{5.147}$$

为了求式 (5.144) 的极大值，先对二次型代价函数进行化简。由式 (5.145)，得

$$\begin{aligned}F(\boldsymbol{X},\,\boldsymbol{x}_{T},\,\boldsymbol{u},\,t)=&\ \{[\boldsymbol{X}(t_0)-\boldsymbol{x}_{T}(t_0)]^{\mathrm{T}}\boldsymbol{\Gamma}(t_0)[\boldsymbol{X}(t_0)-\boldsymbol{x}_{T}(t_0)]\}\\&+\int_{t_0}^{t}\{[\dot{\boldsymbol{X}}(\tau)-\dot{\boldsymbol{x}}_{T}(\tau)]^{\mathrm{T}}\boldsymbol{\Gamma}(\tau)[\boldsymbol{X}(\tau)-\boldsymbol{x}_{T}(\tau)]\\&+[\boldsymbol{X}(\tau)-\boldsymbol{x}_{T}(\tau)]^{\mathrm{T}}\boldsymbol{\Gamma}[\dot{\boldsymbol{X}}(\tau)-\dot{\boldsymbol{x}}_{T}(\tau)]+[\boldsymbol{X}(\tau)-\boldsymbol{x}_{T}(\tau)]^{\mathrm{T}}\\&\times\dot{\boldsymbol{\Gamma}}(\tau)[\boldsymbol{X}(\tau)-\boldsymbol{x}_{T}(\tau)]^{\mathrm{T}}+\boldsymbol{u}^{\mathrm{T}}(\tau)\boldsymbol{K}^{-1}\boldsymbol{u}(\tau)\\&+[\boldsymbol{X}(\tau)-\boldsymbol{x}_{T}(\tau)]^{\mathrm{T}}\boldsymbol{L}(\tau)[\boldsymbol{X}(\tau)-\boldsymbol{x}_{T}(\tau)]^{\mathrm{T}}\}\mathrm{d}\tau\end{aligned}\tag{5.148}$$

定义新的状态变量 $X_{n+1}(t)$，满足下列方程：

$$\begin{cases} \dot{X}_{n+1}(t) = & 2(\dot{\boldsymbol{X}} - \dot{\boldsymbol{x}}_{T})^{\mathrm{T}}\boldsymbol{\Gamma}(\boldsymbol{X} - \boldsymbol{x}_{T}) + (\boldsymbol{X} - \boldsymbol{x}_{T})^{\mathrm{T}}\dot{\boldsymbol{\Gamma}}(\boldsymbol{X} - \boldsymbol{x}_{T}) \\ & +(\boldsymbol{X} - \boldsymbol{x}_{T})^{\mathrm{T}}\boldsymbol{L}(\boldsymbol{X} - \boldsymbol{x}_{T}) + \boldsymbol{u}^{\mathrm{T}}\boldsymbol{K}^{-1}\boldsymbol{u} \\ X_{n+1}(t_0) = 0 \end{cases} \tag{5.149}$$

利用式 (5.149)，将式 (5.148) 转化为

$$F(\boldsymbol{X}, \boldsymbol{x}_{T}, \boldsymbol{u}, t) = \{[\boldsymbol{X}(t_0) - \boldsymbol{x}_{T}(t_0)]^{\mathrm{T}}\boldsymbol{\Gamma}(t_0)[\boldsymbol{X}(t_0) - \boldsymbol{x}_{T}(t_0)]\} + X_{n+1}(t) \tag{5.150}$$

将式 (5.150) 代入式 (5.144)，化简得

$$\max_{\boldsymbol{u}}\{-E[\dot{X}_{n+1}(t)|\boldsymbol{Y}(\tau), t_0 \leqslant \tau \leqslant t]\} \tag{5.151}$$

将式 (5.149) 代入式 (5.151)，化简并去掉与控制向量 $\boldsymbol{u}(t)$ 无关的项，得

$$\max_{\boldsymbol{u}}\{-E[(2\boldsymbol{u}^{\mathrm{T}}\boldsymbol{D}^{\mathrm{T}}\boldsymbol{\Gamma}(\boldsymbol{X} - \boldsymbol{x}_{T}) + \boldsymbol{u}^{\mathrm{T}}\boldsymbol{K}^{-1}\boldsymbol{u})|\boldsymbol{Y}(\tau), t_0 \leqslant \tau \leqslant t]\} \tag{5.152}$$

在无控制约束下，求解式 (5.152) 关于 $\boldsymbol{u}(t)$ 的极大值。利用无条件极值原理，由

$$\frac{\partial \widehat{X}_{n+1}}{\partial \boldsymbol{u}} = E_x[\boldsymbol{D}^{\mathrm{T}}\boldsymbol{\Gamma}(\boldsymbol{X} - \boldsymbol{x}_{T}) + \boldsymbol{K}^{-1}\boldsymbol{u}] = \boldsymbol{0} \tag{5.153}$$

得

$$\boldsymbol{D}^{\mathrm{T}}\boldsymbol{\Gamma}(\widehat{\boldsymbol{X}} - \boldsymbol{x}_{T}) + \boldsymbol{K}^{-1}\boldsymbol{u} = \boldsymbol{0} \tag{5.154}$$

从而有

$$\boldsymbol{u} = -\boldsymbol{K}\boldsymbol{D}^{\mathrm{T}}\boldsymbol{\Gamma}(\widehat{\boldsymbol{X}} - \boldsymbol{x}_{T}) \tag{5.155}$$

接下来，需要求状态估计向量 $\widehat{\boldsymbol{X}}(t)$，可以利用第 4 章介绍的线性最优滤波器来确定。

明显地，最优控制向量 $\boldsymbol{u}(t)$ 是关于状态向量估计 $\widehat{\boldsymbol{X}}(t)$ 的确定性的线性函数。由于在求解最优控制向量过程中使用了局部代价函数，故此最优控制常称为局部最优控制。它不同于在固定时间区间 (t_0, t_k) 使二次型代价函数极小化的终端最优控制。使用终端最优控制方法与局部最优控制方法所求得的最优控制向量 $\boldsymbol{u}(t)$ 不同，但当 $t = t_k$ 时，两者控制相同。通过比较可知，局部最优控制可能更有效，因为它需要在任意当前时刻 t 使代价函数达到最小。也正因为如此，局部最优控制可能很不经济。

例 5.5 假设被控对象由下列二维随机线性微分方程表示：

$$\begin{cases} \dot{X}_1 = X_2, & X_1(t_0) = X_0 \\ \dot{X}_2 = -X_1 - 2X_2 + u + V + 1, & X_2(t_0) = 0 \end{cases}$$

观测方程为

$$Y_1(t) = X_1(t) + N(t)$$

式中，白噪声变量 $V(t)\in\mathcal{N}(0,\ G\delta(t))$；$N(t)\in\mathcal{N}(0,\ Q\delta(t))$，且 $V(t)$、$N(t)$、$X_1(t_0)$和$X_2(t_0)$互相独立。

理论状态方程为

$$\ddot{x}_T+2\dot{x}_T+x_T=1,\ x_T(t_0)=\dot{x}_T=0$$

求局部最优控制变量 $u(t)$，使代价函数式 (5.145) 在任意当前时刻 t 达到最小，这里有

$$\boldsymbol{L}=\begin{pmatrix}1&0\\0&1\end{pmatrix},\ \boldsymbol{K}=\begin{pmatrix}k_1&0\\0&k_2\end{pmatrix},\ \boldsymbol{D}=\begin{pmatrix}0&0\\0&1\end{pmatrix}$$

解： 由式 (5.155)，可得局部最优控制变量 $u(t)$ 为

$$u(t)=-k_2[\gamma_{12}(\widehat{X}_1-x_{T1})+\gamma_{22}(\widehat{X}_2-x_{T2})]$$

为了求系数 γ_{12},γ_{22}，使用代数方程式 (5.147)，得

$$\gamma_{11}=\frac{3}{2},\ \gamma_{12}=\frac{1}{2},\ \gamma_{22}=\frac{1}{2}$$

下面求状态变量估计 $\widehat{Y}_1,\widehat{Y}_2$，由最优线性状态估计器，得

$$\begin{cases}\dot{\widehat{X}}_1=\widehat{X}_2+\dfrac{1}{Q}R_{11}(Y_1-\widehat{X}_1), & \widehat{X}_1(t_0)=m_{10}\\ \dot{\widehat{X}}_2=-\widehat{X}_1-2\widehat{X}_2+\dfrac{1}{Q}R_{12}(Y_1-\widehat{X}_1)+u+1, & \widehat{X}_2(t_0)=0\end{cases}$$

估计误差的协方差矩阵 $\boldsymbol{R}$ 的元素 R_{11},R_{12} 由下列方程组确定：

$$\begin{cases}\dot{R}_{11}=2R_{12}-\dfrac{1}{Q}(R_{11}^2+R_{12}^2), & R_{11}(t_0)=\theta_{10}\\ \dot{R}_{12}=-R_{11}-2R_{12}+R_{22}-\dfrac{1}{Q}(R_{11}+R_{22})R_{12}, & R_{12}(t_0)=0\\ \dot{R}_{22}=-2R_{12}-4R_{22}-\dfrac{1}{Q}(R_{12}^2+R_{22}^2)+G, & R_{22}(t_0)=0\end{cases}$$

5.6.2 控制受约束情形

本节讨论有控制约束的随机线性系统的局部最优控制。

假设被控对象的状态方程及量测方程及初始条件同 5.6.1 节，而控制约束同 5.2 节。

根据 4.4 节的分析可知，局部最优控制问题就是求解最优控制向量 $\boldsymbol{u}(t)$，$\boldsymbol{u}(t)\in U_0$，使其满足

$$\max_{\boldsymbol{u}\in U_0}\{-E[(2\boldsymbol{u}^{\mathrm{T}}\boldsymbol{D}^{\mathrm{T}}\boldsymbol{\Gamma}(\boldsymbol{X}-\boldsymbol{x}_T)+\boldsymbol{u}^{\mathrm{T}}\boldsymbol{K}^{-1}\boldsymbol{u})|\boldsymbol{Y}(\tau),\ t_0\leqslant\tau\leqslant t]\}\tag{5.156}$$

类似 5.2.3 节的计算，可求出如下最优控制向量：

$$\boldsymbol{u}=\begin{cases}-\boldsymbol{K}\boldsymbol{D}^{\mathrm{T}}\boldsymbol{\Gamma}(\widehat{\boldsymbol{X}}-\boldsymbol{x}_T), & \text{当}\boldsymbol{K}\boldsymbol{D}^{\mathrm{T}}\boldsymbol{\Gamma}(\widehat{\boldsymbol{X}}-\boldsymbol{x}_T)\in U_0\\ -|U_0|\operatorname{sgn}[\boldsymbol{K}\boldsymbol{D}^{\mathrm{T}}\boldsymbol{\Gamma}(\widehat{\boldsymbol{X}}-\boldsymbol{x}_T)], & \text{其他}\end{cases}\tag{5.157}$$

若泛函 F 不包含控制向量 $\boldsymbol{u}(t)$，则由式 (5.156)，得

$$\boldsymbol{u} = -\mathrm{Sat}[\boldsymbol{D}^{\mathrm{T}}\boldsymbol{P}(\widehat{\boldsymbol{X}} - \boldsymbol{x}_{T})|U_0] \tag{5.158}$$

下面需要确定矩阵 $\boldsymbol{\Gamma}$ 及状态向量估计 $\widehat{\boldsymbol{X}}$。矩阵 $\boldsymbol{\Gamma}$ 由式 (5.147) 确定，状态向量估计 $\widehat{\boldsymbol{X}}$ 可以由第 3 章介绍的最优线性滤波器确定。

显然，在控制受约束的条件下，使用局部最优控制算法比在固定时间区间 (t_0, t_k) 的终端最优控制算法简单，而且很容易求得最优控制向量 $\boldsymbol{u}(t)$ 的解析结构。但是，由于局部最优控制算法需要在任意当前时刻 t 使代价函数达到最小，因此很不经济。

例 5.6 假设被控对象由下列一维随机线性微分方程表示：

$$\dot{X} = 2u + V$$

观测方程为

$$Y(t) = X(t) + N(t)$$

式中，白噪声变量 $V(t)\in\mathcal{N}(0, G\delta(t))$；$N(t)\in\mathcal{N}(0, Q\delta(t))$，且 $V(t)$、$N(t)$ 及 $X(t_0)$ 互相独立。要求确定局部最优控制变量 $u(t)$，满足限制条件 $|u(t)|\leqslant U_0$，使下列代价函数在任意当前时刻 t 达到最小：

$$F(X, u, t) = \int_{t_0}^{t} X^2(\tau)\mathrm{d}\tau$$

解：由式 (5.158)，可求出局部最优控制变量 $u(t)$ 为

$$u(t) = -\mathrm{Sat}(\widehat{Y}|U_0)$$

关于状态变量估计 $\widehat{X}$，由最优线性滤波器算法，得

$$\dot{\widehat{X}} = -2\mathrm{Sat}(\widehat{X}|U_0) + \frac{R}{Q}(Y - \widehat{X}),\ \widehat{X}(t_0) = 0$$

$$\dot{R} = -\frac{R^2}{Q} + G,\ R(t_0) = \theta_0$$

5.7 随机非线性系统局部最优控制

5.7.1 控制不受约束情形

4.3 节讨论了随机线性系统的局部最优控制问题。本小节讨论随机非线性系统的局部最优控制问题。类似于线性系统情形，首先从较简单的情形开始讨论，即先讨论控制不受约束的情况；在 5.7.2 节讨论较复杂的情形，即控制受约束的情形。

假设系统状态向量方程与量测方程同 5.4 节，它的理论状态向量由下列方程确定：

$$\dot{\boldsymbol{x}}_{\mathrm{T}}(t) = \boldsymbol{\varphi}(\boldsymbol{x}_{T}(t), t),\ \boldsymbol{x}_{T}(t_0) = \boldsymbol{x}_{T0}$$

二次型代价泛函同 5.4 节。对于非线性系统局部最优控制问题，5.6 节中式 (5.148)~式 (5.155) 仍然成立。因此，局部最优控制仍是状态向量估计的确定线性函数。但是，对于非线性系统，状态向量估计非常复杂。而且，也不可能像线性系统那样选择正定矩阵，只能基于线性化系统近似地选取。在实际应用中，可以使用以下两种统计线性化方法来近似地求解。

（1）相对于后验概率估计线性化

对非线性函数 $\boldsymbol{\varphi}(\boldsymbol{X}, t)$ 相对于状态向量后验概率估计 $\widehat{\boldsymbol{X}}$ 进行线性化，得

$$\boldsymbol{\varphi}(\boldsymbol{X}, t)=\boldsymbol{\varphi}_0(\widehat{\boldsymbol{X}}, \boldsymbol{R}, t)+\boldsymbol{K}_{\varphi}(\widehat{\boldsymbol{X}}, \boldsymbol{R}, t)(\boldsymbol{X}-\widehat{\boldsymbol{X}}) \tag{5.159}$$

式中，$\boldsymbol{R}$ 为状态向量后验概率估计误差的协方差矩阵。将式 (5.159) 代入非线性系统状态模型 (5.93)，得

$$\dot{\boldsymbol{X}}=\boldsymbol{\varphi}_0(\widehat{\boldsymbol{X}}, \boldsymbol{R}, t)+\boldsymbol{K}_{\varphi}(\widehat{\boldsymbol{X}}, \boldsymbol{R}, t)(\boldsymbol{X}-\widehat{\boldsymbol{X}})+\boldsymbol{D}\boldsymbol{u}+\boldsymbol{V},\ \boldsymbol{X}(t_0)=\boldsymbol{X}_0 \tag{5.160}$$

记控制误差 $\boldsymbol{E}(t)=\boldsymbol{X}(t)-\boldsymbol{x}_{T}(t)$，则根据式 (5.93) 和式 (5.160)，得如下控制误差向量方程：

$$\dot{\boldsymbol{E}}=\boldsymbol{K}_{\varphi}(\widehat{\boldsymbol{X}}, \boldsymbol{R}, t)\boldsymbol{E}+\boldsymbol{D}\boldsymbol{u}+\boldsymbol{V}+\boldsymbol{f}_{10} \tag{5.161}$$

式中

$$\boldsymbol{f}_{10}=\boldsymbol{\varphi}_0(\widehat{\boldsymbol{X}}, \boldsymbol{R}, t)-\boldsymbol{\varphi}(\boldsymbol{x}_{T}(t), t)+\boldsymbol{K}_{\varphi}(\widehat{\boldsymbol{X}}, \boldsymbol{R}, t)(\boldsymbol{x}_{T}-\widehat{\boldsymbol{X}})$$

关于矩阵 $\boldsymbol{\Gamma}$ 的确定，可以通过求解下述方程得到：

$$\dot{\boldsymbol{\Gamma}}+\boldsymbol{K}_{\varphi}^{\mathrm{T}}(\widehat{\boldsymbol{X}}, \boldsymbol{R}, t)\boldsymbol{\Gamma}+\boldsymbol{\Gamma}\boldsymbol{K}_{\varphi}(\widehat{\boldsymbol{X}}, \boldsymbol{R}, t)+\boldsymbol{L}=\boldsymbol{0},\ \boldsymbol{\Gamma}(t_0)=\boldsymbol{\Gamma}_0 \tag{5.162}$$

关于状态向量估计 $\widehat{\boldsymbol{X}}$，利用第 3 章介绍的非线性准最优滤波器算法，得

$$\dot{\widehat{\boldsymbol{X}}}=\boldsymbol{\varphi}_0(\widehat{\boldsymbol{X}}, \boldsymbol{R}, t)+\boldsymbol{K}_{\varphi}(\widehat{\boldsymbol{X}}, \boldsymbol{R}, t)\widehat{\boldsymbol{X}}+\boldsymbol{D}\boldsymbol{u}+\boldsymbol{R}\boldsymbol{C}^{\mathrm{T}}\boldsymbol{Q}^{-1}(\boldsymbol{Y}-\boldsymbol{C}\widehat{\boldsymbol{X}}),\ \widehat{\boldsymbol{X}}(t_0)=\boldsymbol{m}_0 \tag{5.163}$$

状态估计误差的协方差矩阵 $\boldsymbol{R}$ 满足下列方程：

$$\dot{\boldsymbol{R}}=\boldsymbol{K}_{\varphi}(\widehat{\boldsymbol{X}}, \boldsymbol{R}, t)\boldsymbol{R}+\boldsymbol{R}\boldsymbol{K}_{\varphi}^{\mathrm{T}}(\widehat{\boldsymbol{X}}, \boldsymbol{R}, t)+\boldsymbol{R}\boldsymbol{C}^{\mathrm{T}}\boldsymbol{Q}^{-1}\boldsymbol{C}\boldsymbol{R}+\boldsymbol{G},\ \boldsymbol{R}(t_0)=\boldsymbol{\theta}_0 \tag{5.164}$$

（2）相对于无条件数学期望线性化

对非线性函数 $\boldsymbol{\varphi}(\boldsymbol{X}, t)$ 相对于状态向量的无条件数学期望后 $\boldsymbol{m}(t)=E[\boldsymbol{X}(t)]$ 进行线性化，得

$$\boldsymbol{\varphi}(\boldsymbol{X}, t)=\boldsymbol{\varphi}_0(\boldsymbol{m}, \boldsymbol{\theta}, t)+\boldsymbol{K}_{\varphi}(\boldsymbol{m}, \boldsymbol{\theta}, t)(\boldsymbol{X}-\boldsymbol{m}) \tag{5.165}$$

式中，自协方差矩阵 $\boldsymbol{\theta}(t)=E[(\boldsymbol{X}(t)-\boldsymbol{m}(t))(\boldsymbol{X}(t)-\boldsymbol{m}(t))^{\mathrm{T}}]$。将式 (5.165) 代入非线性系统状态模型 (5.93)，得

$$\dot{\boldsymbol{X}}=\boldsymbol{\varphi}_0(\boldsymbol{m}, \boldsymbol{\theta}, t)+\boldsymbol{K}_{\varphi}(\boldsymbol{m}, \boldsymbol{\theta}, t)(\boldsymbol{X}-\boldsymbol{m})+\boldsymbol{D}\boldsymbol{u}+\boldsymbol{V},\ \boldsymbol{X}(t_0)=\boldsymbol{X}_0 \tag{5.166}$$

记控制误差 $\boldsymbol{E}(t)=\boldsymbol{X}(t)-\boldsymbol{x}_T(t)$，则根据式 (5.93) 和式 (5.166)，得控制误差向量方程如下：

$$\dot{\boldsymbol{E}}=\boldsymbol{K}_\varphi(\boldsymbol{m},\boldsymbol{\theta},t)\boldsymbol{E}+\boldsymbol{D}\boldsymbol{u}+\boldsymbol{V}+\boldsymbol{f}_{20} \tag{5.167}$$

式中

$$\boldsymbol{f}_{20}=\boldsymbol{\varphi}_0(\boldsymbol{m},\boldsymbol{\theta},t)-\boldsymbol{\varphi}(\boldsymbol{x}_T(t),t)+\boldsymbol{K}_\varphi(\boldsymbol{m},\boldsymbol{\theta},t)(\boldsymbol{x}_T-\boldsymbol{m})$$

关于矩阵 $\boldsymbol{\Gamma}$ 的确定，可以通过求解下述方程得到：

$$\begin{cases}\dot{\boldsymbol{\Gamma}}+\boldsymbol{K}_\varphi^{\mathrm{T}}(\boldsymbol{m},\boldsymbol{\theta},t)\boldsymbol{\Gamma}+\boldsymbol{\Gamma}\boldsymbol{K}_\varphi(\boldsymbol{m},\boldsymbol{\theta},t)+\boldsymbol{L}=\boldsymbol{0}, & \boldsymbol{\Gamma}(t_0)=\boldsymbol{\Gamma}_0\\ \dot{\boldsymbol{m}}=\boldsymbol{\varphi}_0(\boldsymbol{m},\boldsymbol{\theta},t)-\boldsymbol{D}\boldsymbol{K}\boldsymbol{D}^{\mathrm{T}}\boldsymbol{P}\boldsymbol{m}, & \boldsymbol{m}(t_0)=\boldsymbol{m}_0\\ \dot{\boldsymbol{\theta}}=\boldsymbol{K}_\varphi(\boldsymbol{m},\boldsymbol{\theta},t)\boldsymbol{\theta}+\boldsymbol{\theta}\boldsymbol{K}_\varphi^{\mathrm{T}}(\boldsymbol{m},\boldsymbol{\theta},t)+\boldsymbol{G}, & \boldsymbol{\theta}(t_0)=\boldsymbol{\theta}_0\end{cases} \tag{5.168}$$

关于状态向量估计 $\widehat{\boldsymbol{X}}$，利用第 3 章介绍的非线性准最优滤波器算法，得

$$\begin{aligned}\dot{\widehat{\boldsymbol{X}}}=&\ \boldsymbol{K}_\varphi(\boldsymbol{m},\boldsymbol{\theta},t)\widehat{\boldsymbol{X}}+\boldsymbol{\varphi}_0(\boldsymbol{m},\boldsymbol{\theta},t)-\boldsymbol{K}_\varphi(\boldsymbol{m},\boldsymbol{\theta},t)\boldsymbol{m}+\boldsymbol{D}\boldsymbol{u}\\&+\boldsymbol{R}\boldsymbol{C}^{\mathrm{T}}\boldsymbol{Q}^{-1}(\boldsymbol{Y}-\boldsymbol{C}\widehat{\boldsymbol{X}}),\ \widehat{\boldsymbol{X}}(t_0)=\boldsymbol{m}_0\end{aligned} \tag{5.169}$$

状态估计误差的协方差矩阵 $\boldsymbol{R}$ 满足下列方程：

$$\dot{\boldsymbol{R}}=\boldsymbol{K}_\varphi(\boldsymbol{m},\boldsymbol{\theta},t)\boldsymbol{R}+\boldsymbol{R}\boldsymbol{K}_\varphi^{\mathrm{T}}(\boldsymbol{m},\boldsymbol{\theta},t)+\boldsymbol{R}\boldsymbol{C}^{\mathrm{T}}\boldsymbol{Q}^{-1}\boldsymbol{C}\boldsymbol{R}+\boldsymbol{G},\ \boldsymbol{R}(t_0)=\boldsymbol{\theta}_0 \tag{5.170}$$

5.7.2 控制受约束情形

本节讨论有控制约束的随机线性系统的局部最优控制。

假设被控对象的状态方程、量测方程及初始条件同 5.7.1 节，控制约束同 5.2 节。

根据 5.6 节的分析可知，局部最优控制问题就是求解最优控制向量 $\boldsymbol{u}(t)$，$\boldsymbol{u}(t)\in U_0$，使其满足下列方程：

$$\max_{\boldsymbol{u}\in U_0}\left\{-E[(2\boldsymbol{u}^{\mathrm{T}}\boldsymbol{D}^{\mathrm{T}}\boldsymbol{\Gamma}(\boldsymbol{X}-\boldsymbol{x}_T)+\boldsymbol{u}^{\mathrm{T}}\boldsymbol{K}^{-1}\boldsymbol{u})|\boldsymbol{Y}(\tau),t_0\leqslant\tau\leqslant t]\right\} \tag{5.171}$$

类似于 5.2 节的计算，可求出如下最优控制向量：

$$\boldsymbol{u}=\begin{cases}-\boldsymbol{K}\boldsymbol{D}^{\mathrm{T}}\boldsymbol{\Gamma}(\widehat{\boldsymbol{X}}-\boldsymbol{x}_T), & \boldsymbol{K}\boldsymbol{D}^{\mathrm{T}}\boldsymbol{\Gamma}(\widehat{\boldsymbol{X}}-\boldsymbol{x}_T)\in U_0\\ -|U_0|\mathrm{sgn}[\boldsymbol{K}\boldsymbol{D}^{\mathrm{T}}\boldsymbol{\Gamma}(\widehat{\boldsymbol{X}}-\boldsymbol{x}_T)], & \text{其他}\end{cases} \tag{5.172}$$

若泛函 F 不包含控制向量 $\boldsymbol{u}(t)$，则由式 (5.171)，得

$$\boldsymbol{u}=-\mathrm{sgn}(\boldsymbol{D}^{\mathrm{T}}\boldsymbol{\Gamma}(\widehat{\boldsymbol{X}}-\boldsymbol{x}_T)|U_0) \tag{5.173}$$

关于矩阵 $\boldsymbol{\Gamma}$ 及状态向量估计 $\widehat{\boldsymbol{X}}$ 的确定，完全类似于控制不受约束情形。矩阵 $\boldsymbol{\Gamma}$ 由式 (5.162) 或式 (5.168) 确定；状态向量估计 $\widehat{\boldsymbol{X}}$ 由式 (5.163)、式 (5.164) 或式 (5.169)、式 (5.170) 确定。

5.8 带有乘性噪声的随机线性系统的逆最优控制

考虑如下连续时间随机线性系统：

$$\mathrm{d}\boldsymbol{X} = (\boldsymbol{AX} + \boldsymbol{Bu})\mathrm{d}t + \boldsymbol{EX}\mathrm{d}\boldsymbol{W} \tag{5.174}$$

式中，$\boldsymbol{X} \in \mathbf{R}^n$ 为状态向量；$\boldsymbol{u} \in \mathbf{R}^m$ 是控制输入向量；假设式 (5.174) 对 $(\boldsymbol{A}, \boldsymbol{B})$ 可控；$\mathrm{d}\boldsymbol{W}$ 为标准的布朗运动，假设状态是完全可观测的随机线性二次最优调节器问题 (linear quadratic regulator, LQR) 的目标是寻找如下形式状态反馈控制器：

$$\boldsymbol{u} = -\boldsymbol{KX} \tag{5.175}$$

使得如下二次性能指标：

$$J(\boldsymbol{X}_0) = E\left[\int_0^{\infty} \left(\boldsymbol{X}^{\mathrm{T}}\boldsymbol{QX} + \boldsymbol{u}^{\mathrm{T}}\boldsymbol{Ru}\right)\mathrm{d}t\right] \tag{5.176}$$

取得最小。

由随机最优控制理论可知，若 $\boldsymbol{Q} \geqslant 0$ ，$\boldsymbol{R} > 0$ 给定，则随机线性二次最优控制器具有线性形式 $\boldsymbol{u} = -\boldsymbol{KX}$，其中：

$$\boldsymbol{K} = \boldsymbol{R}^{-1}\boldsymbol{B}^{\mathrm{T}}\boldsymbol{P} \tag{5.177}$$

矩阵 $\boldsymbol{P}$ 是如下代数里卡蒂方程的唯一正定对称解：

$$\boldsymbol{A}^{\mathrm{T}}\boldsymbol{P} + \boldsymbol{PA} - \boldsymbol{PBR}^{-1}\boldsymbol{B}^{\mathrm{T}}\boldsymbol{P} + r(\boldsymbol{E}, \boldsymbol{P}) + \boldsymbol{Q} = \boldsymbol{0} \tag{5.178}$$

式中，$r(\boldsymbol{E}, \boldsymbol{P}) = \boldsymbol{E}^{\mathrm{T}}\boldsymbol{PE}$。

式 (5.177) 和式 (5.178) 等价于如下形式：

$$\begin{cases} \boldsymbol{A}^{\mathrm{T}}\boldsymbol{P} + \boldsymbol{PA} - \boldsymbol{K}^{\mathrm{T}}\boldsymbol{RK} + r(\boldsymbol{E}, \boldsymbol{P}) + \boldsymbol{Q} = \boldsymbol{0} \\ \boldsymbol{B}^{\mathrm{T}}\boldsymbol{P} = \boldsymbol{RK} \end{cases} \tag{5.179}$$

逆最优控制问题：寻找满足系数矩阵 $\boldsymbol{A}, \boldsymbol{B}$ 并给定如下线性形式的控制器

$$\boldsymbol{u} = -\boldsymbol{KX} \tag{5.180}$$

之间的关系，使得控制器式 (5.175) 最小化具有某些特定的对称半正定状态权矩阵 $\boldsymbol{Q}$ 和对称正定输入权矩阵 $\boldsymbol{R}$ 构成的性能指标式 (5.176)。

定义 5.1 对于由 $\mathbf{R}^{n\times n}$ 的邻域 D 所覆盖的仿射子流形 S，若存在一个二次型 $V: D \to \mathbf{R}$，$V(\boldsymbol{X}) = \boldsymbol{X}^{\mathrm{T}}\boldsymbol{PX} \geqslant 0$，使得 $(EV)' = E(\mathcal{L}V) \leqslant 0$，$\forall \boldsymbol{X} \in D$ ，且 $\{\boldsymbol{X} \in D | (EV)' = 0\} = \{\boldsymbol{X} | E(\|\boldsymbol{PX}\|)^2 = 0\} = S$，则称随机系统的均方稳定到 S 上，S 称为 $\boldsymbol{P}$ 的均方核空间。这里，$\mathcal{L}V$ 表示 V 的弱微分算子。

引理 5.1 如果 KB 是可对角化的并且特征值非负, 并满足 $\mathrm{rank}(\boldsymbol{KB}) = \mathrm{rank}(\boldsymbol{K})$, 则存在矩阵 $\boldsymbol{K}=\boldsymbol{K}^{\mathrm{T}}, \boldsymbol{K}>\mathbf{0}$，$\boldsymbol{P}=\boldsymbol{P}^{\mathrm{T}}, \boldsymbol{P}>\mathbf{0}$，使得 $\boldsymbol{K}=\boldsymbol{R}^{-1}\boldsymbol{B}^{\mathrm{T}}\boldsymbol{P}$。如果 $\boldsymbol{KB}$ 是可对角化的，且所有特征值为正，则 $\mathrm{rank}(\boldsymbol{K}) = \mathrm{rank}(\boldsymbol{B}) = \mathrm{rank}(\boldsymbol{KB}) = m$, 从而存在 $\boldsymbol{R}=\boldsymbol{R}^{\mathrm{T}}, \boldsymbol{R}>0$ 和 $\boldsymbol{P}=\boldsymbol{P}^{\mathrm{T}}, \boldsymbol{P}>\mathbf{0}$，使得 $\boldsymbol{K}=\boldsymbol{R}^{-1}\boldsymbol{B}^{\mathrm{T}}\boldsymbol{P}$。

证明：参见文献 [207]。

命题 5.1 如果如下两个条件成立：

1）$\boldsymbol{RKB}$ 是可对角化的是具有非负的特征值，且还满足 $\mathrm{rank}(\boldsymbol{KB}) = \mathrm{rank}(\boldsymbol{K})$，即存在矩阵 $\boldsymbol{R}=\boldsymbol{R}^{\mathrm{T}}, \boldsymbol{R}>0$，$\boldsymbol{P}=\boldsymbol{P}^{\mathrm{T}}, \boldsymbol{P}\geqslant\mathbf{0}$，使得 $\boldsymbol{K}=\boldsymbol{R}^{-1}\boldsymbol{B}^{\mathrm{T}}\boldsymbol{P}$。

2）$\boldsymbol{RK}$ 均方渐近稳定到 $\boldsymbol{P}$ 的均方核空间。

则对于随机逆最优问题式 (5.180)，$\boldsymbol{K}$ 是最优反馈控制增益，$\boldsymbol{P}$ 是关于某些权矩阵 $\boldsymbol{R}=\boldsymbol{R}^{\mathrm{T}}, \boldsymbol{R}>\mathbf{0}$，$\boldsymbol{Q}=\boldsymbol{Q}^{\mathrm{T}}$ 所构成的代入里卡蒂-Itô 型方程的对称半正定解。

证明：将 $\boldsymbol{Q}$ 按如下方法设计：

$$\boldsymbol{Q}=-\boldsymbol{A}^{\mathrm{T}}-\boldsymbol{PA}+\boldsymbol{PBR}^{-1}\boldsymbol{B}^{\mathrm{T}}\boldsymbol{P}-r(\boldsymbol{E},\boldsymbol{P}) \tag{5.181}$$

考虑如下二次性能指标：

$$\begin{aligned}
J(\boldsymbol{X}_0)=&E\left[\int_0^{\infty}\boldsymbol{X}^{\mathrm{T}}(t)\boldsymbol{QX}(t)+\boldsymbol{u}^{\mathrm{T}}(t)\boldsymbol{Ru}(t)\mathrm{d}t\right]\\
=&E\left\{\int_0^{\infty}\left[\boldsymbol{X}^{\mathrm{T}}(t)\boldsymbol{QX}(t)+\boldsymbol{X}^{\mathrm{T}}(t)\boldsymbol{K}^{\mathrm{T}}\boldsymbol{RKX}(t)\right]\mathrm{d}t\right\}\\
=&\int_0^{\infty}-\left(E\left(\mathcal{L}V\right)\right)\mathrm{d}t\\
&+\int_0^{\infty}E\left[\boldsymbol{X}^{\mathrm{T}}(t)\left(\boldsymbol{K}-\boldsymbol{R}^{-1}\boldsymbol{B}^{\mathrm{T}}\boldsymbol{P}\right)^{\mathrm{T}}\boldsymbol{R}\left(\boldsymbol{K}-\boldsymbol{R}^{-1}\boldsymbol{B}^{\mathrm{T}}\boldsymbol{P}\right)\boldsymbol{X}(t)\right]\mathrm{d}t\\
=&\int_0^{\infty}-(EV)'\,\mathrm{d}t\\
&+E\left\{\int_0^{\infty}\left[\boldsymbol{X}^{\mathrm{T}}(t)\left(\boldsymbol{K}-\boldsymbol{R}^{-1}\boldsymbol{B}^{\mathrm{T}}\boldsymbol{P}\right)^{\mathrm{T}}\boldsymbol{R}\left(\boldsymbol{K}-\boldsymbol{R}^{-1}\boldsymbol{B}^{\mathrm{T}}\boldsymbol{P}\right)\boldsymbol{X}(t)\right]\mathrm{d}t\right\}\\
=&-E\left(V(t)\right)\Big|_0^{\infty}\\
&+E\left\{\int_0^{\infty}\left[\boldsymbol{X}^{\mathrm{T}}(t)\left(\boldsymbol{K}-\boldsymbol{R}^{-1}\boldsymbol{B}^{\mathrm{T}}\boldsymbol{P}\right)^{\mathrm{T}}\boldsymbol{R}\left(\boldsymbol{K}-\boldsymbol{R}^{-1}\boldsymbol{B}^{\mathrm{T}}\boldsymbol{P}\right)\boldsymbol{X}(t)\right]\mathrm{d}t\right\}\\
=&E\left\{\boldsymbol{X}^{\mathrm{T}}(0)\boldsymbol{PX}(0)\right)-E\left(\boldsymbol{X}^{\mathrm{T}}(\infty)\boldsymbol{PX}(\infty)\right\}\\
&+E\left\{\int_0^{\infty}\left[\boldsymbol{X}^{\mathrm{T}}(t)\left(\boldsymbol{K}-\boldsymbol{R}^{-1}\boldsymbol{B}^{\mathrm{T}}\boldsymbol{P}\right)^{\mathrm{T}}\boldsymbol{R}\left(\boldsymbol{K}-\boldsymbol{R}^{-1}\boldsymbol{B}^{\mathrm{T}}\boldsymbol{P}\right)\boldsymbol{X}(t)\right]\mathrm{d}t\right\}
\end{aligned} \tag{5.182}$$

由 $\boldsymbol{K}$ 均方渐近稳定到矩阵 $\boldsymbol{P}$ 的均方核空间，因此 $\lim\limits_{t\to\infty}[E\|\boldsymbol{PX}(t)\|^2]=0$，从而 $E\left[\boldsymbol{X}^{\mathrm{T}}(\infty)\boldsymbol{PX}(\infty)\right]\leqslant[E\|\boldsymbol{X}(\infty)\|^2]E[\|\boldsymbol{PX}(\infty)\|^2]=0$。

$J(\boldsymbol{X}_0)$ 取得最小值时，有

$$\boldsymbol{K}=\boldsymbol{R}^{-1}\boldsymbol{B}^{\mathrm{T}}\boldsymbol{P}$$

从而 $\boldsymbol{u}=-\boldsymbol{K}\boldsymbol{X}$ 是最优的，且式 (5.181) 就是相应的代数里卡蒂-Itô 方程。反过来，还可以得到如下结论。

命题 5.2 对于逆最优问题 (5.180)，如果反馈增益矩阵 $\boldsymbol{K}$ 关于代价函数 J 是最优的且对于某些矩阵 $\boldsymbol{Q}=\boldsymbol{Q}^{\mathrm{T}}$ 及 $\boldsymbol{R}=\boldsymbol{R}^{\mathrm{T}},\boldsymbol{R}>0$，相应的代数里卡蒂-Itô 方程有一个对称半正定矩阵 $\boldsymbol{P}$，则

1）$\boldsymbol{K}$ 渐近稳定到矩阵 $\boldsymbol{P}$ 的均方核空间；

2）$\boldsymbol{KB}$ 可对角化，且特征值为非负。

证明：1）由于 $\boldsymbol{K}$ 是随机最优反馈控制增益，且使得如下的二次性能指标最小化：

$$J=\frac{1}{2}E\left\{\int_0^{\infty}\left[\boldsymbol{X}^{\mathrm{T}}(t)\boldsymbol{Q}\boldsymbol{X}(t)+\boldsymbol{u}^{\mathrm{T}}(t)\boldsymbol{R}\boldsymbol{u}(t)\right]\mathrm{d}t\right\} \tag{5.183}$$

且相应的代数里卡蒂-Itô 方程式 (5.179) 有一个对称的半正定解矩阵 $\boldsymbol{P}$，则可知 J 的二阶变分必然满足如下不等式：

$$\delta^2 J=E\left\{\int_0^{\infty}\left[\delta\boldsymbol{X}^{\mathrm{T}}(t)\boldsymbol{Q}\delta\boldsymbol{X}(t)+\delta\boldsymbol{u}^{\mathrm{T}}(t)\boldsymbol{R}\delta\boldsymbol{u}(t)\right]\mathrm{d}t\right\}\geqslant 0 \tag{5.184}$$

式中，$\delta^n(*)$ 表示泛函“$*$”的 n 阶变分。

由式 (5.184) 得

$$\begin{aligned}E\left(\delta^2 J\right)=&E\left[\delta\boldsymbol{X}^{\mathrm{T}}(0)\boldsymbol{P}\delta\boldsymbol{X}(0)\right]-E\left[\delta\boldsymbol{X}^{\mathrm{T}}(\infty)\boldsymbol{P}\delta\boldsymbol{X}(\infty)\right]\\&+E\int_0^{\infty}\left[\delta\boldsymbol{u}(t)-\delta\boldsymbol{u}^*(t)\right]^{\mathrm{T}}\boldsymbol{K}\left[\delta\boldsymbol{u}(t)-\delta\boldsymbol{u}^*(t)\right]\mathrm{d}t\end{aligned}$$

式中，$\delta\boldsymbol{u}^*(t)=\boldsymbol{R}^{-1}\boldsymbol{B}^{\mathrm{T}}\boldsymbol{P}\delta\boldsymbol{X}(t)$。

对于 $\boldsymbol{R}>0$，$\boldsymbol{P}\geqslant 0$ 及 $\forall\delta\boldsymbol{X}(0)$，$E(\delta^2 J)\geqslant 0$ 意味着 $\boldsymbol{K}$ 均方渐近稳定到 $\boldsymbol{P}$ 的均方核空间中。否则，$\boldsymbol{A}-\boldsymbol{BK}$ 必然不稳定。从而存在一个不稳定的特征根，记为 $\boldsymbol{\lambda}$，令 $\boldsymbol{\xi}$ 是其对应的特征向量。对于 $E[\delta\boldsymbol{X}(0)]=c\boldsymbol{\xi}$，$c>0$。求解下列随机微分方程 $\mathrm{d}\delta\boldsymbol{X}(t)=(\boldsymbol{A}-\boldsymbol{BK})\delta\boldsymbol{X}(t)\mathrm{d}t+\boldsymbol{E}[\delta\boldsymbol{X}(t)]\mathrm{d}\boldsymbol{W}(t)$。

利用 Itô 积分公式得

$$\delta\boldsymbol{X}(t)=c\mathrm{e}^{*t}\boldsymbol{\xi}+(I)\int_0^{\infty}\boldsymbol{E}\delta\boldsymbol{X}(s)\mathrm{d}\boldsymbol{W}(s) \tag{5.185}$$

由于 $E\left[(I)\displaystyle\int_0^t\boldsymbol{E}\delta\boldsymbol{X}(s)\mathrm{d}\boldsymbol{W}(s)\right]=0$，$E\left[(I)\int_0^t\|\boldsymbol{E}\delta\boldsymbol{X}(s)\|^2\mathrm{d}\boldsymbol{W}\right]=M<+\infty$。从而 $E[\|\delta\boldsymbol{X}(t)\|^2]=\left(c\mathrm{e}^{\lambda t}\boldsymbol{\xi}\right)^2+M$，故 $\lim\limits_{t\to\infty}E[\|\delta\boldsymbol{X}(t)\|^2]=\infty$。

然而，$\lim\limits_{t\to\infty}E[\|\boldsymbol{P}\delta\boldsymbol{X}(t)\|^2]\neq 0$，下面证明 $\lim\limits_{t\to\infty}E\left\{[\delta\boldsymbol{X}(t)]^{\mathrm{T}}\boldsymbol{P}[\delta\boldsymbol{X}(t)]\right\}=\infty$。

由于 $\boldsymbol{P}=\boldsymbol{P}^{\mathrm{T}},\boldsymbol{P}\geqslant\boldsymbol{0}$，存在酉矩阵 $\boldsymbol{U}$，使 $\boldsymbol{U}^{\mathrm{T}}\boldsymbol{P}\boldsymbol{U}=\left(\begin{array}{c|c}\boldsymbol{0}&\boldsymbol{0}\\\hline\boldsymbol{0}&\boldsymbol{\Lambda}\end{array}\right)$，其中，$\boldsymbol{\Lambda}$ 为对角正矩阵。

记 $\boldsymbol{U}^{\mathrm{T}}\delta\boldsymbol{X}(t)=\begin{pmatrix}\delta\tilde{\boldsymbol{X}}_1(t)\\ \delta\tilde{\boldsymbol{X}}_2(t)\end{pmatrix}$ 和 $\boldsymbol{U}^{\mathrm{T}}\boldsymbol{P}\boldsymbol{U}$ 对应分块，则有

$$\begin{aligned}E\left\{[\delta\boldsymbol{X}(t)]^{\mathrm{T}}\boldsymbol{P}[\delta\boldsymbol{X}(t)]\right\}&=E\left\{\left[\boldsymbol{U}^{\mathrm{T}}\delta\boldsymbol{X}(t)\right]^{\mathrm{T}}\begin{pmatrix}\boldsymbol{0}&\boldsymbol{0}\\ \boldsymbol{0}&\boldsymbol{\Lambda}\end{pmatrix}\left[\boldsymbol{U}^{\mathrm{T}}\delta\boldsymbol{X}(t)\right]\right\}\\&=E\left(\delta\tilde{\boldsymbol{X}}_2(t)\right)^{\mathrm{T}}\boldsymbol{\Lambda}\left(\delta\tilde{\boldsymbol{X}}_2(t)\right)\\&\geqslant\lambda_{\min}(\boldsymbol{\Lambda})(n)E(\|\delta\tilde{\boldsymbol{X}}_2(t)\|^2)\end{aligned}\tag{5.186}$$

由于 $E[\|\delta\boldsymbol{X}(t)\|^2]=E[\|\boldsymbol{U}^{\mathrm{T}}\delta\boldsymbol{X}(t)\|^2]=E[\|\boldsymbol{U}^{\mathrm{T}}\delta\tilde{\boldsymbol{X}}_1(t)\|^2]+E[\|\boldsymbol{U}^{\mathrm{T}}\delta\tilde{\boldsymbol{X}}_2(t)\|^2]\to\infty$，从而 $E[\|\boldsymbol{U}^{\mathrm{T}}\delta\tilde{\boldsymbol{X}}_2(t)\|^2]\to\infty$，故 $E\left\{[\delta\boldsymbol{X}(t)]^{\mathrm{T}}\boldsymbol{P}[\delta\boldsymbol{X}(t)]\right\}\to\infty$。因此，$E(\delta^2J)\to\infty$，这与 $\boldsymbol{K}$ 是最优相矛盾。

2）令 $\boldsymbol{R}=\boldsymbol{T}\boldsymbol{T}^{\mathrm{T}}$，其中 $\boldsymbol{T}$ 为非奇异，考虑 $\boldsymbol{R}\boldsymbol{K}\boldsymbol{B}=\boldsymbol{B}^{\mathrm{T}}\boldsymbol{P}\boldsymbol{B}$，有

$$\boldsymbol{T}^{-1}(\boldsymbol{B}^{\mathrm{T}}\boldsymbol{P}\boldsymbol{B})(\boldsymbol{T}^{\mathrm{T}})^{-1}=\boldsymbol{T}^{\mathrm{T}}(\boldsymbol{K}\boldsymbol{B})(\boldsymbol{T}^{\mathrm{T}})^{-1}$$

又因为 $\boldsymbol{B}^{\mathrm{T}}\boldsymbol{P}\boldsymbol{B}$ 是对称半正定矩阵，从而 $\boldsymbol{K}\boldsymbol{B}$ 是可对角化且特征值为负。证毕。

命题 5.3　对于随机线性系统 (5.180)，若存在矩阵 $\boldsymbol{P}\geqslant\boldsymbol{0}$ 及 $\boldsymbol{R}=\boldsymbol{R}^{\mathrm{T}},\boldsymbol{R}>\boldsymbol{0}$，使得反馈增益 $\boldsymbol{K}=\boldsymbol{R}^{-1}\boldsymbol{B}^{\mathrm{T}}\boldsymbol{P}$。记李雅普诺夫函数 $V(\boldsymbol{X})=\boldsymbol{X}^{\mathrm{T}}\boldsymbol{P}\boldsymbol{X}$。若 $E(\mathcal{L}V(\boldsymbol{X})\big|_{\boldsymbol{u}=\frac{1}{2}\boldsymbol{K}\boldsymbol{X}})\leqslant 0,\forall\boldsymbol{X}\in D$，则 $\boldsymbol{u}=-\boldsymbol{K}\boldsymbol{X}$ 使闭环系统关于如下形式二次型 $J(\boldsymbol{X}(0))=E\left[\int_0^t(\boldsymbol{Q}(\boldsymbol{X})+\boldsymbol{u}^{\mathrm{T}}\boldsymbol{R}\boldsymbol{u})\mathrm{d}t\right]$，$\boldsymbol{Q}(\boldsymbol{X})\geqslant\boldsymbol{0}$ 是最优的，且所构成的闭环系统二次渐近稳定到 $\boldsymbol{P}$ 的均方核空间上。

证明：首先证明均方渐近稳定性。

由于

$$E\left[\mathcal{L}V(\boldsymbol{X})\Big|_{\boldsymbol{u}=\frac{1}{2}\boldsymbol{K}\boldsymbol{X}}\right]=E\left[\boldsymbol{X}^{\mathrm{T}}\left(\boldsymbol{A}^{\mathrm{T}}\boldsymbol{P}+\boldsymbol{P}\boldsymbol{A}-\boldsymbol{P}\boldsymbol{B}\boldsymbol{R}^{-1}\boldsymbol{B}^{\mathrm{T}}\boldsymbol{P}+\boldsymbol{E}^{\mathrm{T}}\boldsymbol{P}\boldsymbol{E}\right)\boldsymbol{X}\right]\leqslant 0$$

故

$$\boldsymbol{A}^{\mathrm{T}}\boldsymbol{P}+\boldsymbol{P}\boldsymbol{A}-\boldsymbol{P}\boldsymbol{B}\boldsymbol{R}^{-1}\boldsymbol{B}^{\mathrm{T}}\boldsymbol{P}+\boldsymbol{E}^{\mathrm{T}}\boldsymbol{P}\boldsymbol{E}\leqslant\boldsymbol{0}$$

记

$$\boldsymbol{Q}=-\boldsymbol{A}^{\mathrm{T}}\boldsymbol{P}+\boldsymbol{P}\boldsymbol{A}+\boldsymbol{P}\boldsymbol{B}^{-1}\boldsymbol{R}^{-1}\boldsymbol{\Lambda}^{\mathrm{T}}\boldsymbol{P}-\boldsymbol{E}^{\mathrm{T}}\boldsymbol{P}\boldsymbol{E}+\boldsymbol{P}\boldsymbol{B}\boldsymbol{R}^{-1}\boldsymbol{B}^{\mathrm{T}}\boldsymbol{P}\geqslant\boldsymbol{0}$$

则

$$E\left[\mathcal{L}V(\boldsymbol{X})\,|_{\boldsymbol{u}=\boldsymbol{K}\boldsymbol{X}}\right]=-E\left[\boldsymbol{X}^{\mathrm{T}}\boldsymbol{Q}\boldsymbol{X}\right]\leqslant-\lambda_{\min}(\boldsymbol{Q})E(V)\triangleq-\mu E(V)$$

其中，$\mu=\lambda_{\min}(\boldsymbol{Q})\geqslant 0$。

$$(EV)'=E\left[\mathcal{L}V(\boldsymbol{X})\,|_{\boldsymbol{u}=\boldsymbol{K}\boldsymbol{X}}\right]\leqslant-\mu E(V)$$

利用比较原理，从而

$$E(V)\leqslant E[V(\boldsymbol{X}_0)]\mathrm{e}^{-\mu(t-t_0)}$$

而

$$E(\|\boldsymbol{P}\boldsymbol{X}\|^2) \leqslant \|\boldsymbol{P}\| E\left(\boldsymbol{X}^{\mathrm{T}}\boldsymbol{P}\boldsymbol{X}\right) \leqslant \|\boldsymbol{P}\| E(V) \leqslant \|\boldsymbol{P}\| E(V(t_0))\mathrm{e}^{-\mu(t-t_0)}$$

故 $\lim\limits_{t\to\infty} E(\|\boldsymbol{P}\boldsymbol{X}\|^2) = 0$，即 $\boldsymbol{K}$ 使闭环系统稳定到 $\boldsymbol{P}$ 的均方稳定核上。

下面证明最优性。

考虑如下二次性能指标：

$$\begin{aligned}
E\left[J\left(\boldsymbol{X}_0\right)\right] &= E\left\{\int_0^{\infty}\left[\boldsymbol{X}(t)^{\mathrm{T}}\boldsymbol{Q}\boldsymbol{X}(t) + \boldsymbol{u}(t)^{\mathrm{T}}\boldsymbol{R}\boldsymbol{u}(t)\right]\mathrm{d}t\right\} \\
&= -\int_0^{\infty}(EV)'\mathrm{d}t \\
&\quad + E\left\{\int_0^{\infty}\left[\boldsymbol{X}(t)^{\mathrm{T}}\left(\boldsymbol{K} - \boldsymbol{R}^{-1}\boldsymbol{B}^{\mathrm{T}}\boldsymbol{P}\right)^{\mathrm{T}}\boldsymbol{R}\left(\boldsymbol{K} - \boldsymbol{R}^{-1}\boldsymbol{B}^{\mathrm{T}}\boldsymbol{P}\right)\boldsymbol{X}(t)\right]\mathrm{d}t\right\} \\
&= E\left[\boldsymbol{X}^{\mathrm{T}}(0)\boldsymbol{P}\boldsymbol{X}(0)\right] - E\left[\boldsymbol{X}^{\mathrm{T}}(\infty)\boldsymbol{P}\boldsymbol{X}(\infty)\right] \\
&\quad + E\left\{\int_0^{\infty}\left[\boldsymbol{X}(t)^{\mathrm{T}}\left(\boldsymbol{K} - \boldsymbol{R}^{-1}\boldsymbol{B}^{\mathrm{T}}\boldsymbol{P}\right)^{\mathrm{T}}\boldsymbol{R}\left(\boldsymbol{K} - \boldsymbol{R}^{-1}\boldsymbol{B}^{\mathrm{T}}\boldsymbol{P}\right)\boldsymbol{X}(t)\right]\mathrm{d}t\right\}
\end{aligned}$$

对 $\boldsymbol{P}$ 进行相似变换，得

$$\boldsymbol{P} = \boldsymbol{U}^{\mathrm{T}}\begin{bmatrix} \mathbf{0} & \mathbf{0} \\ \mathbf{0} & \boldsymbol{\varLambda} \end{bmatrix}\boldsymbol{U}$$

式中，$\boldsymbol{U}$ 为酉矩阵，$\boldsymbol{\varLambda} > \mathbf{0}$ 为包含 $\boldsymbol{P}$ 的所有特征根组成的对角矩阵。

令 $\boldsymbol{U}\boldsymbol{X} \triangleq \tilde{\boldsymbol{X}} = \begin{bmatrix} \boldsymbol{X}_1 \\ \boldsymbol{X}_2 \end{bmatrix}$，则

$$\boldsymbol{X}^{\mathrm{T}}\boldsymbol{P}\boldsymbol{X} = (\boldsymbol{U}\boldsymbol{X})^{\mathrm{T}}\begin{bmatrix} \mathbf{0} & \mathbf{0} \\ \mathbf{0} & \boldsymbol{\varLambda} \end{bmatrix}(\boldsymbol{U}\boldsymbol{X}) = \begin{bmatrix} \tilde{\boldsymbol{X}}_1 & \tilde{\boldsymbol{X}}_2 \end{bmatrix}\begin{bmatrix} \mathbf{0} & \mathbf{0} \\ \mathbf{0} & \boldsymbol{\varLambda} \end{bmatrix}\begin{bmatrix} \tilde{\boldsymbol{X}}_1 \\ \tilde{\boldsymbol{X}}_2 \end{bmatrix} = \tilde{\boldsymbol{X}}_2\boldsymbol{\varLambda}\tilde{\boldsymbol{X}}_2$$

从而，$\boldsymbol{X}^{\mathrm{T}}\boldsymbol{P}^2\boldsymbol{X} = \tilde{\boldsymbol{X}}_2\boldsymbol{\varLambda}^2\tilde{\boldsymbol{X}}_2$。

由于

$$\begin{aligned}
E(\|\boldsymbol{P}\boldsymbol{X}\|^2) &= E\left(\boldsymbol{X}^{\mathrm{T}}\boldsymbol{P}\boldsymbol{X}\right) \\
&= E\left(\tilde{\boldsymbol{X}}_2^{\mathrm{T}}\boldsymbol{\varLambda}\tilde{\boldsymbol{X}}_2^{\mathrm{T}}\right) \\
&\geqslant \lambda_{\min}(\boldsymbol{\varLambda})\, E\left(\tilde{\boldsymbol{X}}_2^{\mathrm{T}}\boldsymbol{\varLambda}\tilde{\boldsymbol{X}}_2^{\mathrm{T}}\right) \\
&= \lambda_{\min}(\boldsymbol{\varLambda})\, E\left(\boldsymbol{X}^{\mathrm{T}}\boldsymbol{P}\boldsymbol{X}\right)
\end{aligned}$$

故

$$E(\boldsymbol{X}^{\mathrm{T}}\boldsymbol{P}\boldsymbol{X}) \leqslant \frac{1}{\lambda_{\min}(\varLambda)}E||\boldsymbol{P}\boldsymbol{X}||^2$$

由于 $\lim\limits_{t\to\infty} E(||\boldsymbol{P}\boldsymbol{X}(t)||^2) = 0$, 故

$$\lim_{t\to\infty} E(\boldsymbol{X}^{\mathrm{T}}\boldsymbol{P}\boldsymbol{X}) = E[\boldsymbol{X}^{\mathrm{T}}(\infty)\boldsymbol{P}\boldsymbol{X}(\infty)] = 0$$

从而，当 $J(\boldsymbol{X}_0)$ 取最小值时，有 $\boldsymbol{K}=\boldsymbol{R}^{-1}\boldsymbol{B}^{\mathrm{T}}\boldsymbol{P}$。

故 $\boldsymbol{u}=-\boldsymbol{K}\boldsymbol{X}$ 是最优的。

注解 5.7 $E\left[\mathcal{L}V(\boldsymbol{X})\Big|_{\boldsymbol{u}=-\frac{1}{2}\boldsymbol{K}\boldsymbol{X}}\right]<0$ 等价于里卡蒂-Itô 不等式存在正定解 $\boldsymbol{P}$，即 $\boldsymbol{P}$ 满足 $\boldsymbol{A}^{\mathrm{T}}\boldsymbol{P}+\boldsymbol{P}\boldsymbol{A}-\boldsymbol{P}\boldsymbol{B}\boldsymbol{R}^{-1}\boldsymbol{B}^{\mathrm{T}}\boldsymbol{P}+r(\boldsymbol{E},\boldsymbol{P})<\boldsymbol{0}$。

命题 5.4 对于随机线性系统式 (5.174)，若存在矩阵 $\boldsymbol{P}>\boldsymbol{0}$, 以及 $\boldsymbol{R}=\boldsymbol{R}^{\mathrm{T}},\boldsymbol{R}>\boldsymbol{0}$ 使得反馈增益 $\boldsymbol{K}=\boldsymbol{R}^{-1}\boldsymbol{B}^{\mathrm{T}}\boldsymbol{P}$。记李雅普诺夫函数 $V(\boldsymbol{X})=\boldsymbol{X}^{\mathrm{T}}\boldsymbol{P}\boldsymbol{X}$，若 $E[\mathcal{L}V(\boldsymbol{X})|_{\boldsymbol{u}=\frac{1}{2}\boldsymbol{K}\boldsymbol{X}}]<0$，$\forall\boldsymbol{X}\in D$，则 $\boldsymbol{u}=-\boldsymbol{K}\boldsymbol{X}$ 使闭环系统关于如下形式二次型：

$$J(\boldsymbol{X}_0)=E\left\{\int_0^{\infty}\left[\boldsymbol{Q}(\boldsymbol{X})+\boldsymbol{u}^{\mathrm{T}}\boldsymbol{R}\boldsymbol{u}\right]\mathrm{d}t\right\}$$

式中，$\boldsymbol{Q}(\boldsymbol{X})>0$ 是最优的，且所构成的闭环系统渐近均方稳定。

证明：首先证明当 $\boldsymbol{Q}(\boldsymbol{X})>0$，$\boldsymbol{P}>0$ 时，$\boldsymbol{P}$ 的均方核为 $\{\boldsymbol{0}\}$，即

$$\{\boldsymbol{X}|E(\|\boldsymbol{P}\boldsymbol{X}\|^2)=0\}=\{\boldsymbol{0}\}$$

显然 $\{\boldsymbol{0}\}\subseteq\{\boldsymbol{X}\Big|E(\|\boldsymbol{P}\boldsymbol{X}\|^2)=0\}$。

下面证明 $\{\boldsymbol{X}|E\|\boldsymbol{P}\boldsymbol{X}\|^2=0\}\subseteq\{\boldsymbol{0}\}$。

对于 $\forall\boldsymbol{X}\in\{\boldsymbol{X}|E(\|\boldsymbol{P}\boldsymbol{X}\|^2)=0\}$，但 $\boldsymbol{X}\neq\boldsymbol{0}$。用反证法证明。

由于 $\boldsymbol{X}\neq\boldsymbol{0}$，故 $\boldsymbol{X}^{\mathrm{T}}\boldsymbol{X}>0$，从而 $E(\|\boldsymbol{X}\|^2)>0$，则有

$$E(\|\boldsymbol{P}\boldsymbol{X}\|^2)=E\left(\boldsymbol{X}^{\mathrm{T}}\boldsymbol{P}^2\boldsymbol{X}\right)\geqslant\lambda_{\min}\left(\boldsymbol{P}^2\right)(E\|\boldsymbol{X}\|^2)>0$$

上式成立是因为 $\boldsymbol{P}>0$，从而 $\lambda_{\min}(\boldsymbol{P}^2)>0$。因此，与假设矛盾。从而 $\{\boldsymbol{X}|E(\|P\boldsymbol{X}\|^2)=0\}=\{\boldsymbol{0}\}$。

关于 $\boldsymbol{u}=-\boldsymbol{K}\boldsymbol{X}$ 使 $J(\boldsymbol{X}_0)$ 是最优的证明同命题 5.3。

而命题 5.3 中使闭环系统渐近稳定到 $\boldsymbol{P}$ 的均方核空间上成为本命题中使闭环系统渐近均方稳定。

注解 5.8 命题 5.4 中的 $\boldsymbol{P}$ 即为如下里卡蒂-Itô 型不等式的对称正定解，即

$$\boldsymbol{A}^{\mathrm{T}}\boldsymbol{P}+\boldsymbol{P}\boldsymbol{A}-\boldsymbol{P}\boldsymbol{B}\boldsymbol{R}^{-1}\boldsymbol{B}^{\mathrm{T}}\boldsymbol{P}+r(\boldsymbol{E},\boldsymbol{P})<0$$

命题 5.5 对于逆最优问题式 (5.174)，如果反馈增益矩阵 $\boldsymbol{K}$ 关于代价函数 J 是最优的，且对于 $\boldsymbol{R}=\boldsymbol{R}^{\mathrm{T}},\boldsymbol{R}>0$。相应的代数里卡蒂-Itô 不等式有对称正定解 $\boldsymbol{P}$，则：

1）$\boldsymbol{K}$ 使闭环系统渐近均方稳定；

2）$\boldsymbol{K}\boldsymbol{B}$ 可对角化，且特征值为非负。

证明：

1）由于当 $\boldsymbol{P}>0$ 时，$\boldsymbol{P}$ 的均方核空间为 $\{\boldsymbol{0}\}$，故 $\boldsymbol{K}$ 使闭环系统渐近均方稳定。

2）证明类似于命题 5.2 的证明。

注解 5.9

1）对某些 $\boldsymbol{Q}=\boldsymbol{Q}^{\mathrm{T}}$, $\boldsymbol{R}+\boldsymbol{R}^{\mathrm{T}}>0$ 相应的代数里卡蒂-Itô 方程有对称正定解，等价于对 $\boldsymbol{R}+\boldsymbol{R}^{\mathrm{T}}>0$ 及相应的代数里卡蒂-Itô 不等式有对称的正定解。

2）当矩阵 $\boldsymbol{B}$ 为列满秩矩阵时，则 $\boldsymbol{K}\boldsymbol{B}$ 可对角化，且特征值为正。

5.9 本章小结

本章主要讨论三部分内容，第一部分针对随机线性系统，给出了具体求解最优控制器的方法和步骤；第二部分针对随机非线性系统，首先利用统计线性化方法对非线性模型进行逼近，然后给出了逼近最优控制器的求解方法及步骤，最后针对乘性噪声线性系统在无限终时情况下，分析了系数矩阵 $\boldsymbol{A}, \boldsymbol{B}$ 最优控制器与增益 $\boldsymbol{K}$ 之间的关系及稳定性条件。

第 6 章　基于扩展二次型代价函数的最优控制

6.1　引　言

目前，对控制系统的优化算法及准则或代价函数使用方面的优缺点还没有一个统一的观点。对于控制系统的每一种优化算法来说，它的应用领域、最终计算方法及最优控制算法的实际有效性等非常重要。综合算法的实际有效性取决于被控对象数学模型的实现程度、最优准则的类型及必要的计算及先验信息的接受程度，甚至包括这些算法的简单可实现性等。在前几章所考虑的准则及最优方法有一系列的缺点，如果使用最大值原理求解最优控制问题，要求解复杂的微分方程两点边值问题；若使用动态规划法求解最优控制问题，又要求更复杂的偏微分方程。局部最优控制虽然较简单，但它的使用范围有限。因此，人们对寻找别的随机系统最优控制的解析综合方法很感兴趣。文献 [74]、[75]、[204]、[205] 给出了扩展二次型代价函数，并基于此代价函数可以避免求解微分方程的两点边值问题，从而简化计算。本书作者将扩展二次型代价函数和逆最优控制结合，给出基于扩展二次型代价函数的逆最优控制方法。

6.2　扩展二次型代价函数

苏联学者克纳索夫斯基首先提出了基于“广义准则函数”或“扩展二次型代价函数”的解析综合控制原理 [75,204-205]。研究表明，这些准则在计算方面有很多优点，且有很好的过程控制效果。它对于线性及非线性被控对象在精确测量情况下的综合问题及被控对象在有很短时间的脉冲干扰时的综合问题有很详细的研究 [74]。但对于不精确的测量情形，包括被控对象及测量器件受到多种类型的随机振动干扰时的综合问题等没有讨论，此方法目前只是在扩展二次型代价函数的假设下针对线性控制问题有很好的应用。本章只讨论理论状态 $\boldsymbol{X}_{\mathrm{T}} = \mathbf{0}$ 的情形，而对于 $\boldsymbol{X}_{\mathrm{T}} \neq \mathbf{0}$ 的情形，通过状态向量变换 $\boldsymbol{X}^* = \boldsymbol{X} - \boldsymbol{X}_{\mathrm{T}}$ 可以将其转化为 $\boldsymbol{X}_{\mathrm{T}} = \mathbf{0}$ 的情形。下面我们给出广义准则函数或扩展二次型代价函数的定义，即

$$
\begin{aligned}
F_0(\boldsymbol{X},\boldsymbol{u},t_k) = {} & \boldsymbol{X}^{\mathrm{T}}(t_k)\boldsymbol{\Gamma}_k\boldsymbol{X}(t_k) + \int_{t_0}^{t_k}[\boldsymbol{X}^{\mathrm{T}}(t)\boldsymbol{L}(t)\boldsymbol{X}(t) + \boldsymbol{u}^{\mathrm{T}}(t)\boldsymbol{K}^{-1}\boldsymbol{u}(t) \\
& + \boldsymbol{X}^{\mathrm{T}}(t)\boldsymbol{\Gamma}(t)\boldsymbol{D}(t)\boldsymbol{K}\boldsymbol{D}^{\mathrm{T}}(t)\boldsymbol{\Gamma}(t)\boldsymbol{X}(t)]\mathrm{d}t
\end{aligned} \tag{6.1}
$$

式中，$\boldsymbol{\Gamma}_k, \boldsymbol{L}(t), \boldsymbol{K}$ 为已知对称正定矩阵，而矩阵 $\boldsymbol{\Gamma}(t)$ 由补充方程式 (6.15) 确定，但它必须是对称正定的，且满足条件 $\boldsymbol{\Gamma}(t_k) = \boldsymbol{\Gamma}_k$；矩阵 $\boldsymbol{D}(t)$ 为状态向量模型中控制向量 $\boldsymbol{u}(t)$ 的系数矩阵。

显然，式 (6.1) 不同于前几章介绍的二次型代价函数，它多了最后一项，因此，称为扩展二次型代价函数，这一项能起到简化控制综合算法并导致简单实现的作用。此泛

函的改变，本质上是把控制信号的积分限制加在控制装置的输入端，从而加深了工程综合的内容。下面基于上述扩展二次型代价函数，来讨论各种类型的最优控制问题。

6.3 固定终时的随机线性系统最优控制

首先讨论基于上述扩展二次型代价函数的随机线性系统固定终值控制问题。假设系统状态方程及观测方程同 5.2 节。

在固定时间 (t_0, t_k) 内，扩展二次型代价函数由式 (6.1) 确定，它的条件数学期望为

$$\begin{aligned} E_y[F_0] = & E_y[\boldsymbol{X}^{\mathrm{T}}(t_k)\boldsymbol{\Gamma}_k\boldsymbol{X}(t_k)] + \int_{t_0}^{t_k} E[\boldsymbol{X}^{\mathrm{T}}(t)\boldsymbol{L}(t)\boldsymbol{X}(t) + \boldsymbol{u}^{\mathrm{T}}(t)\boldsymbol{K}^{-1}\boldsymbol{u}(t) \\ & + \boldsymbol{X}^{\mathrm{T}}(t)\boldsymbol{\Gamma}(t)\boldsymbol{D}(t)\boldsymbol{K}\boldsymbol{D}^{\mathrm{T}}(t)\boldsymbol{\Gamma}(t)\boldsymbol{X}(t)]\mathrm{d}t \end{aligned} \tag{6.2}$$

最优控制问题就是求解最优控制向量 $\boldsymbol{u}(t)$，使系统在指定时间区间 (t_0, t_k) 从初始状态向量 $\boldsymbol{X}(0)$ 转移到终止状态向量 $\boldsymbol{X}(t_k)$，并使代价函数的条件数学期望 $E_y(F_0)$ 达到最小，即

$$\min_u \widehat{F}_0 = \min_u E[F_0|\boldsymbol{Y}(\tau),\ t_0 \leqslant \tau \leqslant t_k] \tag{6.3}$$

注意：在本节中，假设控制向量 $\boldsymbol{u}(t)$ 不受限制。

对于上述优化问题的求解，既可以使用庞特里亚金最大值原理，也可以采用动态规划法。本节使用最大值原理来求解。求解步骤类似于 5.2 节，可分为以下四步。

（1）转化为统一的标准优化问题

定义新的状态变量 $X_{n+1}(t)$，满足下列方程：

$$\dot{X}_{n+1} = \dot{F}_0 = \boldsymbol{X}^{\mathrm{T}}\boldsymbol{L}\boldsymbol{X} + \boldsymbol{u}^{\mathrm{T}}\boldsymbol{K}^{-1}\boldsymbol{u} + 2\dot{\boldsymbol{X}}^{\mathrm{T}}\boldsymbol{\Gamma}\boldsymbol{X} + \boldsymbol{X}^{\mathrm{T}}(t)\boldsymbol{\Gamma}(t)\boldsymbol{D}(t)\boldsymbol{K}\boldsymbol{D}^{\mathrm{T}}(t)\boldsymbol{\Gamma}(t)\boldsymbol{X}(t) \tag{6.4}$$

初始条件

$$X_{n+1}(t_0) = \boldsymbol{X}^{\mathrm{T}}(t_0)\boldsymbol{\Gamma}_k\boldsymbol{X}(t_0)$$

由于终止状态向量 $\boldsymbol{X}(t_k)$ 不受约束，故庞特里亚金泛函 $\pi(t_k)$ 可定义为

$$\pi(t_k) = X_{n+1}(t_k)$$

因此，最优控制问题转化为求解最优控制向量 $\boldsymbol{u}(t)$，使庞特里亚金泛函的条件数学期望 $E_y[\pi(t_k)]$ 达到最小，即

$$\min_u E_y[X_{n+1}(t_k)]$$

（2）求最优控制向量

定义哈密顿函数为

$$H = \boldsymbol{\psi}^{\mathrm{T}}\dot{\boldsymbol{X}} + \psi_{n+1}\dot{X}_{n+1}$$

式中，$\boldsymbol{\psi}(t)$ 为待定的伴随函数，满足如下伴随方程：

$$\dot{\boldsymbol{\psi}}=-\frac{\partial H}{\partial \boldsymbol{X}},\ \dot{\psi}_{n+1}=-\frac{\partial H}{\partial X_{n+1}}=0 \tag{6.5}$$

类似于 4.2 节，首先对哈密顿函数进行必要的简化计算，然后再求它的条件数学期望。将式 (5.1) 和式 (6.4) 代入哈密顿函数 H，得

$$\begin{aligned}H=&\ \boldsymbol{\psi}^{\mathrm{T}}(\boldsymbol{AX}+\boldsymbol{Du}+\boldsymbol{V})+\psi_{n+1}[\boldsymbol{X}^{\mathrm{T}}\boldsymbol{LX}+\boldsymbol{u}^{\mathrm{T}}\boldsymbol{K}^{-1}\boldsymbol{u}+\boldsymbol{X}^{\mathrm{T}}\boldsymbol{\Gamma DKD}^{\mathrm{T}}\boldsymbol{\Gamma X}\\&+2(\boldsymbol{X}^{\mathrm{T}}\boldsymbol{A}^{\mathrm{T}}+\boldsymbol{u}^{\mathrm{T}}\boldsymbol{D}^{\mathrm{T}}+\boldsymbol{V}^{\mathrm{T}})\boldsymbol{\Gamma X}]\end{aligned} \tag{6.6}$$

将式 (6.6) 代入伴随函数方程式 (6.5)，得

$$\dot{\boldsymbol{\psi}}=-\frac{\partial H}{\partial \boldsymbol{X}}=-\boldsymbol{\psi}^{\mathrm{T}}\boldsymbol{A}-\psi_{n+1}(2\boldsymbol{LX}+2\boldsymbol{A}^{\mathrm{T}}\boldsymbol{\Gamma X}+2\boldsymbol{\Gamma}\dot{\boldsymbol{X}}+2\boldsymbol{\Gamma DKD}^{\mathrm{T}}\boldsymbol{\Gamma X}) \tag{6.7}$$

式中，$\boldsymbol{\psi}^{\mathrm{T}}\boldsymbol{A}=\boldsymbol{A}^{\mathrm{T}}\boldsymbol{\psi}$。

约束条件为

$$\boldsymbol{\psi}(t_k)=-\frac{\partial \pi(t_k)}{\partial \boldsymbol{X}(t_k)}=\mathbf{0},\ \psi_{n+1}(t_k)=-\frac{\partial \pi(t_k)}{\partial X_{n+1}(t_k)}=-1$$

由 $\dot{\psi}_{n+1}=0$ 及 $\psi_{n+1}(t_k)=-1$，得

$$\psi_{n+1}(t)=-1$$

将上式代入式 (6.6)，得

$$\begin{aligned}H=&\ \boldsymbol{\psi}^{\mathrm{T}}(\boldsymbol{AX}+\boldsymbol{Du}+\boldsymbol{V})-[\boldsymbol{X}^{\mathrm{T}}\boldsymbol{LX}+\boldsymbol{u}^{\mathrm{T}}\boldsymbol{K}^{-1}\boldsymbol{u}-\boldsymbol{X}^{\mathrm{T}}\boldsymbol{\Gamma DKD}^{\mathrm{T}}\boldsymbol{\Gamma X}\\&+2(\boldsymbol{X}^{\mathrm{T}}\boldsymbol{A}^{\mathrm{T}}+\boldsymbol{u}^{\mathrm{T}}\boldsymbol{D}^{\mathrm{T}}+\boldsymbol{V}^{\mathrm{T}})\boldsymbol{\Gamma X}]\end{aligned}$$

将 $\psi_{n+1}(t)=-1$ 代入式 (6.7)，得

$$\dot{\boldsymbol{\psi}}=-\boldsymbol{\psi}^{\mathrm{T}}\boldsymbol{A}+2(\boldsymbol{LX}+\boldsymbol{A}^{\mathrm{T}}\boldsymbol{\Gamma X}+\boldsymbol{\Gamma}\dot{\boldsymbol{X}}+\boldsymbol{\Gamma DKD}^{\mathrm{T}}\boldsymbol{\Gamma X}) \tag{6.8}$$

下面利用最大值原理，对哈密顿函数的条件数学期望 $E_y(H)$ 求极大值，以获得最优控制向量 $\boldsymbol{u}(t)$ 的表达式。

对哈密顿函数的条件数学期望 $E_y(H)$ 关于 $\boldsymbol{u}(t)$ 求导数，并令其为 $\mathbf{0}$，即

$$\max_{\boldsymbol{u}} E_y(H)\quad 或\quad \frac{\partial}{\partial \boldsymbol{u}}E_y(H)=\mathbf{0}$$

将 H 的具体表达式代入上式，并去掉与 $\boldsymbol{u}$ 无关的项，得

$$\frac{\partial}{\partial \boldsymbol{u}}E_y(\boldsymbol{\psi}^{\mathrm{T}}\boldsymbol{Du}-\boldsymbol{u}^{\mathrm{T}}\boldsymbol{K}^{-1}\boldsymbol{u}-2\boldsymbol{u}^{\mathrm{T}}\boldsymbol{D}^{\mathrm{T}}\boldsymbol{\Gamma X})=\mathbf{0}$$

对上式求微分，得

$$E_y(\boldsymbol{D}^{\mathrm{T}}\boldsymbol{\psi}-2\boldsymbol{K}^{-1}\boldsymbol{u}-2\boldsymbol{D}^{\mathrm{T}}\boldsymbol{\Gamma X})=\mathbf{0} \tag{6.9}$$

进一步，对上式左边求条件数学期望，得

$$\boldsymbol{D}^{\mathrm{T}}\widehat{\psi}-2\boldsymbol{K}^{-1}\boldsymbol{u}-2\boldsymbol{D}^{\mathrm{T}}\boldsymbol{\Gamma}\widehat{\boldsymbol{X}}=\boldsymbol{0}$$

从而，有

$$\boldsymbol{u}=-\boldsymbol{K}\boldsymbol{D}^{\mathrm{T}}\left(\boldsymbol{\Gamma}\widehat{\boldsymbol{X}}-\frac{1}{2}\widehat{\psi}\right) \tag{6.10}$$

（3）求解矩阵微分方程

在此步中，我们利用 5.2 节介绍的第三步，将伴随函数估计方程的求解转化为矩阵微分方程的求解。记

$$\boldsymbol{Z}=\boldsymbol{\Gamma}\boldsymbol{X}-\frac{1}{2}\psi$$

对上式两边求条件数学期望，得

$$\widehat{\boldsymbol{Z}}=\boldsymbol{\Gamma}\widehat{\boldsymbol{X}}-\frac{1}{2}\widehat{\psi}$$

对 $\boldsymbol{Z}(t)$ 的表达式两边微分，并将式 (5.1) 及式 (6.8) 代入，化简，得

$$\dot{\boldsymbol{Z}}=-\boldsymbol{A}^{\mathrm{T}}\boldsymbol{Z}-\boldsymbol{L}\boldsymbol{X}-\boldsymbol{\Gamma}\boldsymbol{D}\boldsymbol{K}\boldsymbol{D}^{\mathrm{T}}\boldsymbol{\Gamma}\boldsymbol{X} \tag{6.11}$$

边值条件为

$$\boldsymbol{Z}(t_k)=\boldsymbol{\Gamma}_k\boldsymbol{X}(t_k)$$

对式 (6.11) 两边求条件数学期望，得

$$\dot{\widehat{\boldsymbol{Z}}}=-\boldsymbol{A}^{\mathrm{T}}\widehat{\boldsymbol{Z}}-\boldsymbol{L}\widehat{\boldsymbol{X}}-\boldsymbol{\Gamma}\boldsymbol{D}\boldsymbol{K}\boldsymbol{D}^{\mathrm{T}}\boldsymbol{\Gamma}\widehat{\boldsymbol{X}},\ \widehat{\boldsymbol{Z}}(t_k)=\boldsymbol{\Gamma}_k\widehat{\boldsymbol{X}}(t_k) \tag{6.12}$$

再对式 (5.1) 两边求条件数学期望，得

$$\dot{\widehat{\boldsymbol{X}}}=\boldsymbol{A}\widehat{\boldsymbol{X}}+\boldsymbol{D}\boldsymbol{u}+\widehat{\boldsymbol{V}},\ \widehat{\boldsymbol{X}}(t_0)=\boldsymbol{m}_0 \tag{6.13}$$

明显地，$\widehat{\boldsymbol{Z}}$ 与 $\widehat{\boldsymbol{X}}$ 之间存在线性关系，令

$$\widehat{\boldsymbol{Z}}(t)=\boldsymbol{\Gamma}(t)\widehat{\boldsymbol{X}}(t)$$

式中，矩阵 $\boldsymbol{\Gamma}(t)$ 为扩展二次型代价函数中的待定矩阵。

对上式两边关于时间 t 求微分，得

$$\dot{\widehat{\boldsymbol{Z}}}=\dot{\boldsymbol{\Gamma}}\widehat{\boldsymbol{X}}+\boldsymbol{\Gamma}\dot{\widehat{\boldsymbol{X}}}$$

将式 (6.12) 及式 (6.13) 代入上式，得

$$(\dot{\boldsymbol{\Gamma}}+\boldsymbol{\Gamma}\boldsymbol{A}+\boldsymbol{A}^{\mathrm{T}}\boldsymbol{\Gamma}+\boldsymbol{L})\widehat{\boldsymbol{X}}+\boldsymbol{\Gamma}\widehat{\boldsymbol{V}}=\boldsymbol{0}$$

对上式两边求无条件数学期望，得

$$(\dot{\boldsymbol{\Gamma}} + \boldsymbol{\Gamma}\boldsymbol{A} + \boldsymbol{A}^{\mathrm{T}}\boldsymbol{\Gamma} + \boldsymbol{L})\boldsymbol{m}_x = \boldsymbol{0} \tag{6.14}$$

由于 $\boldsymbol{m}_x$ 是任意的，因此

$$\dot{\boldsymbol{\Gamma}} = -\boldsymbol{\Gamma}\boldsymbol{A} - \boldsymbol{A}^{\mathrm{T}}\boldsymbol{\Gamma} - \boldsymbol{L} \tag{6.15}$$

终止条件为

$$\boldsymbol{\Gamma}(t_k) = \boldsymbol{\Gamma}_k$$

显然，式 (6.14) 与 5.2 节中矩阵微分方程相比少了一项，求解比较简单。此方程可以利用模拟或数字计算机来求解, 算法包括解析的或数值积分的方法。求解此方程的难点在于方程的解必须满足终止条件 $\boldsymbol{\Gamma}(t_k) = \boldsymbol{\Gamma}_k$。下面我们给出两种求解算法。

方法一：对式 (6.15) 按照反向时间顺序进行积分，即进行变量替换，令 $s = t_k - t$，代入式 (6.15)，得

$$\frac{\mathrm{d}\boldsymbol{\Gamma}^*}{\mathrm{d}s} = -\boldsymbol{\Gamma}^*\boldsymbol{A} - \boldsymbol{A}^{\mathrm{T}}\boldsymbol{\Gamma}^* - \boldsymbol{L},\ \boldsymbol{\Gamma}^*(0) = \boldsymbol{\Gamma}_k \tag{6.16}$$

在区间 $(0,\ s)$ 对式 (6.16) 两边进行积分，得

$$\boldsymbol{\Gamma}^*(s) = \boldsymbol{\Gamma}_k\boldsymbol{q}(s,\ t) + \int_0^s \boldsymbol{L}\boldsymbol{q}(s,\ \tau)\mathrm{d}\tau,\ 0\leqslant s\leqslant t_k - t \tag{6.17}$$

式中，$\boldsymbol{q}(s,\ t)$ 为线性微分方程式 (6.16) 的状态转移函数。因此，对任意当前时刻 t，有

$$\boldsymbol{\Gamma}(t) = \boldsymbol{\Gamma}^*(t_k - t) = \boldsymbol{\Gamma}_k\boldsymbol{q}(t_k - t,\ 0) + \int_0^{t_k - t} \boldsymbol{L}\boldsymbol{q}(t_k - t,\ \tau)\mathrm{d}\tau \tag{6.18}$$

方法二：式 (6.15) 的解也可以借助系统状态方程式 (5.1) 的状态转移矩阵来表示。即式 (6.15) 的解可以表示为

$$\boldsymbol{\Gamma}(t) = \boldsymbol{g}^{\mathrm{T}}(t_k, t)\boldsymbol{\Gamma}_k\boldsymbol{g}(t_k, t) + \int_t^{t_k} \boldsymbol{g}^{\mathrm{T}}(t', t)\boldsymbol{L}(t')\boldsymbol{g}(t', t)\mathrm{d}t' \tag{6.19}$$

式中，$\boldsymbol{g}(t_k,\ t)$ 为线性系统状态方程式 (5.1) 的冲激响应函数矩阵，$\boldsymbol{g}^{\mathrm{T}}(t_k,\ t)$ 为它的转置矩阵。

为了证明式 (6.19)，必须证明它满足式 (6.15) 及终止条件。由于冲激响应函数矩阵满足下列方程:

$$\boldsymbol{g}(t_k,\ t_k) = \boldsymbol{g}^{\mathrm{T}}(t_k,\ t_k) = \boldsymbol{I}$$

式中，$\boldsymbol{I}$ 为单位矩阵。令 $t = t_k$，则式 (6.19) 转化为

$$\boldsymbol{\Gamma}(t_k) = \boldsymbol{g}^{\mathrm{T}}(t_k, t_k)\boldsymbol{\Gamma}_k\boldsymbol{g}(t_k, t_k) = \boldsymbol{\Gamma}_k$$

从而，终止条件满足。

下面证明它满足式 (6.15)。由于冲激响应函数矩阵 $\boldsymbol{g}(t, t')$ 还满足下列方程:

$$\frac{\partial \boldsymbol{g}(t,t')}{\partial t} = \boldsymbol{A}(t)\boldsymbol{g}(t,t'),\ \boldsymbol{g}(t',t') = \boldsymbol{I}(t') \tag{6.20}$$

又由于冲激响应函数矩阵 $\boldsymbol{g}(t, t')$ 具有传递性，即

$$\boldsymbol{g}(t,t')\boldsymbol{g}(t',\tau) = \boldsymbol{g}(t,\tau),\ t > t' > \tau$$

对上式关于 t' 变量两边微分，得

$$\frac{\partial \boldsymbol{g}(t,t')}{\partial t'} + \boldsymbol{g}(t,t')\frac{\partial \boldsymbol{g}(t',\tau)}{\partial t'} = \boldsymbol{0} \tag{6.21}$$

根据式 (6.20)，得

$$\frac{\partial \boldsymbol{g}(t,t')}{\partial t'} = \boldsymbol{A}(t')\boldsymbol{g}(t',\tau) \tag{6.22}$$

将式 (6.22) 代入式 (6.21)，得

$$\left[\frac{\partial \boldsymbol{g}(t,t')}{\partial t'} + \boldsymbol{g}(t,t')\boldsymbol{A}(t')\right]\boldsymbol{g}(t',\tau) = \boldsymbol{0}$$

由于 $\boldsymbol{g}(t', \tau)$ 的任意性，则必须

$$\left[\frac{\partial \boldsymbol{g}(t,t')}{\partial t'} + \boldsymbol{g}(t,t')\boldsymbol{A}(t')\right] = \boldsymbol{0}$$

即

$$\frac{\partial \boldsymbol{g}(t,t')}{\partial t'} = -\boldsymbol{g}(t,t')\boldsymbol{A}(t'),\ \boldsymbol{g}(t,t) = \boldsymbol{I}(t) \tag{6.23}$$

将矩阵 $\boldsymbol{g}(t,t')$ 进行转置，得

$$\frac{\partial \boldsymbol{g}^{\mathrm{T}}(t,t')}{\partial t'} = -\boldsymbol{A}^{\mathrm{T}}(t)\boldsymbol{g}^{\mathrm{T}}(t,t'),\ \boldsymbol{g}^{\mathrm{T}}(t,t) = \boldsymbol{I}(t) \tag{6.24}$$

现在，对式 (6.19) 两边求导数，得

$$\begin{aligned}\dot{\boldsymbol{\Gamma}}(t) =& \frac{\partial \boldsymbol{g}^{\mathrm{T}}(t_k,t)}{\partial t}\boldsymbol{\Gamma}_k\boldsymbol{g}(t_k,t) + \boldsymbol{g}^{\mathrm{T}}(t_k,t)\boldsymbol{\Gamma}_k\frac{\partial \boldsymbol{g}(t_k,t)}{\partial t} - \boldsymbol{L}(t)\\ &+\int_t^{t_k}\frac{\partial \boldsymbol{g}^{\mathrm{T}}(t',t)}{\partial t}\boldsymbol{L}(t')\boldsymbol{g}(t',t)\mathrm{d}t' + \int_t^{t_k}\boldsymbol{g}^{\mathrm{T}}(t',t)\boldsymbol{L}(t')\frac{\partial \boldsymbol{g}(t',t)}{\partial t}\mathrm{d}t'\end{aligned}$$

将式 (6.23) 和式 (6.24) 代入上式，得

$$\begin{aligned}\dot{\boldsymbol{\Gamma}}(t) =& -\boldsymbol{A}^{\mathrm{T}}(t)[\boldsymbol{g}^{\mathrm{T}}(t_k,t)\boldsymbol{\Gamma}_k\boldsymbol{g}(t_k,t) + \int_t^{t_k}\boldsymbol{g}^{\mathrm{T}}(t',t)\boldsymbol{L}(t')\boldsymbol{g}(t',t)\mathrm{d}t']\\ &-[\boldsymbol{g}^{\mathrm{T}}(t_k,t)\boldsymbol{\Gamma}_k\boldsymbol{g}(t_k,t) + \int_t^{t_k}\boldsymbol{g}^{\mathrm{T}}(t',t)\boldsymbol{L}(t')\boldsymbol{g}(t',t)\mathrm{d}t']\boldsymbol{A}(t) - \boldsymbol{L}(t)\end{aligned} \tag{6.25}$$

将式 (6.19) 代入式 (6.25)，得

$$\dot{\boldsymbol{\Gamma}}(t) = -\boldsymbol{A}^{\mathrm{T}}\boldsymbol{\Gamma} - \boldsymbol{\Gamma}\boldsymbol{A} - \boldsymbol{L}$$

这样，就证明了式 (6.19) 为矩阵方程式 (6.15) 的解。

因此，最优控制向量 $\boldsymbol{u}(t)$ 可表示为

$$\boldsymbol{u} = -\boldsymbol{K}\boldsymbol{D}^{\mathrm{T}}\boldsymbol{\Gamma}\widehat{\boldsymbol{X}} \tag{6.26}$$

式中，矩阵 $\boldsymbol{\Gamma}$ 由式 (6.19) 确定。

（4）确定最优状态估计

由于最优控制向量中含有状态估计 $\widehat{\boldsymbol{X}}(t)$，因此，须求出最优状态估计。利用第 3 章介绍的线性最优估计算法，可以确定状态估计方程为

$$\dot{\widehat{\boldsymbol{X}}} = (\boldsymbol{A} - \boldsymbol{D}\boldsymbol{K}\boldsymbol{D}^{\mathrm{T}}\boldsymbol{\Gamma})\widehat{\boldsymbol{X}} + \boldsymbol{B}(\boldsymbol{Y} - \boldsymbol{C}\widehat{\boldsymbol{X}}),\ \widehat{\boldsymbol{X}}(t_0) = \boldsymbol{m}_0 \tag{6.27}$$

式中，$\boldsymbol{B} = \boldsymbol{R}\boldsymbol{C}^{\mathrm{T}}\boldsymbol{Q}^{-1}$。估计误差的协方差矩阵 $R(t)$ 满足下列方程：

$$\dot{\boldsymbol{R}} = \boldsymbol{A}\boldsymbol{R} + \boldsymbol{R}\boldsymbol{A} - \boldsymbol{R}\boldsymbol{C}^{\mathrm{T}}\boldsymbol{Q}^{-1}\boldsymbol{C}\boldsymbol{R} + \boldsymbol{G},\ \boldsymbol{R}(t_0) = \boldsymbol{\theta}_0 \tag{6.28}$$

通过以上分析可知，最优控制向量 $\boldsymbol{u}(t)$ 的解析结构完全由式 (6.27) 和式 (6.28) 确定的最优滤波器和由式 (6.19)、式 (6.26) 所确定的调节器决定。由于式 (6.26) 中最优控制向量 $\boldsymbol{u}(t)$ 只与 $\boldsymbol{P}$ 及状态估计 $\widehat{\boldsymbol{X}}$ 有关，而式 (6.15) 中的 $\boldsymbol{P}$ 求解和式 (6.28) 的估计误差的协方差求解可以独立进行，从而分离定理仍成立，并且式 (6.15) 中的求解非常简单，避免了非常复杂的微分方程两点边值问题求解。

例 6.1 假设被控对象由下列一维随机线性微分方程表示：

$$\dot{X} = 2u + V,\ X(t_0) = X_0$$

式中，白噪声变量 $V(t) \in \mathcal{N}(0, G\delta(t))$，初始状态的概率特性为

$$E(X_0) = m_0,\ E(X_0^2) = \theta_0$$

在时间区间 $[t_0, t_k]$，量测方程为

$$Y(t) = X(t) + N(t)$$

式中，白噪声变量 $N(t) \in \mathcal{N}(0, Q\delta(t))$，且它与 $V(t)$ 及初始状态 X_0 互不相关。要求确定最优控制变量 $u(t)$，在时间区间 $[t_0, t_k]$，将系统从初始状态变量 $X(t_0)$ 转移到终止状态变量 $X(t_k)$，并使下列扩展二次型代价函数的条件数学期望达到最小，即

$$F(X, u, t_k) = X^2(t_k) + \int_{t_0}^{t_k} (X^2(t) + k^{-1}u^2(t) + k\gamma^2(t)X^2(t))\mathrm{d}t$$

式中，$k > 0$ 为已知常数。

解：利用式 (6.26)，求出最优控制变量 $u(t)$ 为

$$u(t) = -2k\gamma(t)\widehat{X}(t)$$

关于一维矩阵 $\boldsymbol{\gamma}(t)$，利用式 (6.15)，可得

$$\dot{\gamma} = -1,\ \gamma(t_k) = 1$$

求解上述方程，得

$$\gamma(t) = 1 - t_k - t$$

故最优控制变量 $u(t)$ 为

$$u(t) = -2k(1 - t_k - t)\widehat{X}(t)$$

下面需要求出状态估计变量 $\widehat{X}$。利用第 3 章介绍的最优状态估计器算法，得

$$\dot{\widehat{X}} = -(2R\gamma + RQ^{-1})\widehat{X} + RQ^{-1}Y,\ \widehat{X}(t_0) = m_0$$

$$\dot{R} = -R^2Q^{-1} + G,\ R(t_0) = \theta_0$$

6.4 不固定终时的随机线性系统最优控制

在许多实际应用中，要求固定终止控制时刻是不可能的，如飞机按航线飞行时的稳定及控制问题。对于由 5.2 节描述的线性控制系统，非固定终时控制问题就是要求在任意时刻 t_0 及 t_k，使扩展二次型代价函数的数学期望极小化。可以将此问题分为两种情况讨论：第一种情况是除去矩阵 $\boldsymbol{\Gamma}$ 在终止时刻 t_k 的限制条件，即 $\boldsymbol{\Gamma}_k = \boldsymbol{\Gamma}(t_k)$。这样，式 (6.2) 转化为

$$\begin{aligned}E_y(F) = {} & E_y[\boldsymbol{X}^{\mathrm{T}}(t_k)\boldsymbol{\Gamma}(t_k)\boldsymbol{X}(t_k)] + \int_{t_0}^{t_k} E[\boldsymbol{X}^{\mathrm{T}}(t')\boldsymbol{L}(t')\boldsymbol{X}(t') \\ & + \boldsymbol{X}^{\mathrm{T}}(t')\boldsymbol{\Gamma}(t')\boldsymbol{D}(t')\boldsymbol{K}\boldsymbol{D}^{\mathrm{T}}(t')\boldsymbol{\Gamma}(t')\boldsymbol{X}(t') + \boldsymbol{u}^{\mathrm{T}}(t')\boldsymbol{K}^{-1}\boldsymbol{u}(t')]\mathrm{d}t' \end{aligned} \tag{6.29}$$

第二种情况是在泛函使用时间区间的平滑窗 $(t,\ t+\tau)$，且相应的在时刻 $t+\tau$ 的约束条件为 $\boldsymbol{\Gamma}(t+\tau) = \boldsymbol{\Gamma}_k$，从而，式 (6.2) 转化为

$$\begin{aligned}E_y(F) = {} & E_y[\boldsymbol{X}^{\mathrm{T}}(t+\tau)\boldsymbol{\Gamma}_k\boldsymbol{X}(t+k)] + \int_{t}^{t+\tau} E[\boldsymbol{X}^{\mathrm{T}}(t')\boldsymbol{L}(t')\boldsymbol{X}(t') \\ & + \boldsymbol{X}^{\mathrm{T}}(t')\boldsymbol{\Gamma}(t')\boldsymbol{D}(t')\boldsymbol{K}\boldsymbol{D}^{\mathrm{T}}(t')\boldsymbol{\Gamma}(t')\boldsymbol{X}(t') + \boldsymbol{u}^{\mathrm{T}}(t')\boldsymbol{K}^{-1}\boldsymbol{u}(t')]\mathrm{d}t' \end{aligned} \tag{6.30}$$

下面针对以上两种情况分别进行讨论。

1. 情形 1

式 (6.29) 很容易转化为式 (6.2)，因此，类似于 6.3 节的算法，可获得类似于式 (6.26) 的最优控制向量。但是矩阵 $\boldsymbol{\Gamma}(t)$ 只满足式 (6.15) 的方程，不满足其终止条件。在矩阵 $\boldsymbol{L}(t)$ 是正定对称矩阵的条件下，矩阵 $\boldsymbol{\Gamma}(t)$ 才是正定对称的。此方法的使用取决于原状态方程的稳定性。被控对象的稳定性是使用此方法的充分条件。下面针对被控对象是否稳定分两种情况进行讨论。

（1）稳定的被控对象情形

使用式 (6.19)，可求出矩阵 $\boldsymbol{\Gamma}(t)$ 为

$$\boldsymbol{\Gamma}(t)=\int_{t}^{t_k}\boldsymbol{g}^{\mathrm{T}}(t',t)\boldsymbol{L}(t')\boldsymbol{g}(t',t)\mathrm{d}t' \tag{6.31}$$

式中，时刻 t_k 是不固定的。令 $\xi=t'-t$，则式 (6.31) 转化为

$$\boldsymbol{\Gamma}(t)=\int_{0}^{t_k-t}\boldsymbol{g}^{\mathrm{T}}(t+\xi,t)\boldsymbol{L}(t+\xi)\boldsymbol{g}(t+\xi,t)\mathrm{d}\xi \tag{6.32}$$

由于 t_k 是任意的，可选择 $t_k=\infty$。这样，式 (6.32) 转化为

$$\boldsymbol{\Gamma}(t)=\int_{0}^{\infty}\boldsymbol{g}^{\mathrm{T}}(t+\xi,t)\boldsymbol{L}(t+\xi)\boldsymbol{g}(t+\xi,t)\mathrm{d}\xi \tag{6.33}$$

若被控对象是时不变的，则矩阵 $\boldsymbol{L}$ 应选择常量，从而最优控制的系数矩阵也是定常的，并由下式确定：

$$\boldsymbol{\Gamma}=\int_{0}^{\infty}\boldsymbol{g}^{\mathrm{T}}(\xi)\boldsymbol{L}\boldsymbol{g}(\xi)\mathrm{d}\xi \tag{6.34}$$

接下来需要确定状态向量估计 $\widehat{\boldsymbol{X}}(t)$，可利用第 3 章介绍的最优状态估计算法求出。

（2）不稳定的被控对象情形

对状态变量进行变量替换，可将不稳定的被控对象转化为稳定的被控对象。引进新变量 $X_i^*(t)$：

$$X_i^*(t)=\frac{1}{\chi(t)}\boldsymbol{X}_i(t) \tag{6.35}$$

式中，$X_i(t)$ 为状态变量 $X_i^*(t)$ 的分量；标量 $\chi(t)>0$，且单调递增。通常选取

$$\chi(t)=\mathrm{e}^{\lambda t}$$

式中，$\lambda>0$ 为大于或等于被控对象的最大特征数。将式 (6.35) 代入状态方程式 (5.1)，得

$$\dot{\boldsymbol{X}}^*=-\frac{\dot{\chi}}{\chi}\boldsymbol{I}\boldsymbol{X}^*+\boldsymbol{A}\boldsymbol{X}^*+\frac{1}{\chi}\boldsymbol{D}\boldsymbol{u}+\frac{1}{\chi}\boldsymbol{V} \tag{6.36}$$

式中，$\boldsymbol{I}$ 为单位矩阵。

若 $\dot{\chi}/\chi$ 值够大，则关于状态向量 $\boldsymbol{X}^*$ 的非扰动系统是稳定的。对于由式 (6.36) 描述的稳定的被控对象，使用上述方法及由式 (6.29) 确定的扩展二次型代价函数，类似于 6.2 节的方法，可求出如下最优控制向量：

$$\boldsymbol{u} = -\boldsymbol{K}\frac{1}{\chi(t)}\boldsymbol{D}^{\mathrm{T}}(t)\boldsymbol{\Gamma}^*(t)\boldsymbol{X}^*(t) \tag{6.37}$$

考虑 $\boldsymbol{X}^*(t)$ 与 $\boldsymbol{X}(t)$ 之间的关系，利用式 (6.35)，可得

$$\boldsymbol{u} = -\boldsymbol{K}\frac{1}{\chi(t)^2}\boldsymbol{D}^{\mathrm{T}}(t)\boldsymbol{\Gamma}^*(t)\widehat{\boldsymbol{X}}(t) \tag{6.38}$$

若 $\chi(t) = \mathrm{e}^{\lambda t}$，则最优控制向量可表示为

$$\boldsymbol{u} = -\mathrm{e}^{-2\lambda t}\boldsymbol{K}\boldsymbol{D}^{\mathrm{T}}(t)\boldsymbol{\Gamma}^*(t)\widehat{\boldsymbol{X}} \tag{6.39}$$

矩阵 $\boldsymbol{\Gamma}^*(t)$ 可由下式确定

$$\dot{\boldsymbol{\Gamma}}^* + (\boldsymbol{A}^{\mathrm{T}} - \lambda\boldsymbol{I})\boldsymbol{\Gamma}^* + \boldsymbol{\Gamma}^*(\boldsymbol{A} - \boldsymbol{\lambda}\boldsymbol{I}) + \boldsymbol{L} = \boldsymbol{0} \tag{6.40}$$

根据情形（1），可求出式 (6.40) 的解 $\boldsymbol{\Gamma}^*(t)$ 为

$$\boldsymbol{\Gamma}^* = \int_t^{t_k} \mathrm{e}^{-2\lambda(t'-t)}\boldsymbol{g}^{\mathrm{T}}(t',t)\boldsymbol{L}(t')\boldsymbol{g}(t',t)\mathrm{d}t' \tag{6.41}$$

式中，$\boldsymbol{g}(t', t)$ 为状态方程式 (5.1) 的冲激响应函数矩阵。记 $\xi = t' - t$ 及 $t_k = \infty$，则式 (6.41) 转化为

$$\boldsymbol{\Gamma}^*(t) = \int_0^{\infty} \mathrm{e}^{-2\lambda\xi}\boldsymbol{g}^{\mathrm{T}}(t+\xi,t)\boldsymbol{L}(t+\xi)\boldsymbol{g}(t+\xi,t)\mathrm{d}\xi \tag{6.42}$$

若被控对象是时不变的，则取 $\boldsymbol{L}$ 为常量矩阵，从而矩阵 $\boldsymbol{\Gamma}^*$ 也是常量矩阵，可表示为

$$\boldsymbol{\Gamma}^* = \int_0^{\infty} \mathrm{e}^{-2\lambda\xi}\boldsymbol{g}(\xi)\boldsymbol{L}\boldsymbol{g}(\xi)\mathrm{d}\xi \tag{6.43}$$

此定常矩阵可以通过求解下面代数方程得到

$$(\boldsymbol{A}^{\mathrm{T}} - \lambda\boldsymbol{I})\boldsymbol{\Gamma}^* + \boldsymbol{\Gamma}^*(\boldsymbol{A} - \lambda\boldsymbol{I}) = -\boldsymbol{L} \tag{6.44}$$

记 $\boldsymbol{K}' = \boldsymbol{K}\mathrm{e}^{-2\lambda t}$，则最优控制向量 $\boldsymbol{u}(t)$ 为

$$\boldsymbol{u} = -\boldsymbol{K}'\boldsymbol{D}^{\mathrm{T}}(t)\boldsymbol{\Gamma}^*(t)\widehat{\boldsymbol{X}} \tag{6.45}$$

关于状态向量估计 $\widehat{\boldsymbol{X}}(t)$，使用式 (6.27)，得

$$\dot{\widehat{\boldsymbol{X}}} = (\boldsymbol{A} - \boldsymbol{D}\boldsymbol{K}'\boldsymbol{D}^{\mathrm{T}}\boldsymbol{\Gamma}^*)\widehat{\boldsymbol{X}} + \boldsymbol{R}\boldsymbol{C}^{\mathrm{T}}\boldsymbol{Q}^{-1}(\boldsymbol{Y} - \boldsymbol{C}\widehat{\boldsymbol{X}}),\ \widehat{\boldsymbol{X}}(t_0) = \boldsymbol{m}_0 \tag{6.46}$$

式中，$\boldsymbol{B} = \boldsymbol{R}\boldsymbol{C}^{\mathrm{T}}\boldsymbol{Q}^{-1}$，估计误差的协方差矩阵 $\boldsymbol{R}(t)$ 满足下列方程：

$$\dot{\boldsymbol{R}} = \boldsymbol{A}\boldsymbol{R} + \boldsymbol{R}\boldsymbol{A} - \boldsymbol{R}\boldsymbol{C}^{\mathrm{T}}\boldsymbol{Q}^{-1}\boldsymbol{C}\boldsymbol{R} + \boldsymbol{G},\ \boldsymbol{R}(t_0) = \boldsymbol{\theta}_0 \tag{6.47}$$

2. 情形 2

此种情况与 6.2 节相比，仅是积分区间不同。因此，最优控制向量同式 (6.26)，而矩阵 $\boldsymbol{\Gamma}(t)$ 由式 (6.15) 在满足边值 $\boldsymbol{\Gamma}(t+\tau)=\boldsymbol{\Gamma}_k$ 的条件下确定。和固定终时控制问题一样，当矩阵 $\boldsymbol{\Gamma}_k$ 及 $\boldsymbol{L}(t)$ 正定时，$\boldsymbol{\Gamma}(t)$ 也是正定矩阵。利用此方法求解最优控制问题没有受到被控对象是否稳定的限制，因此它适用于任何被控对象。在区间平滑窗 $(t,\, t+\tau)$，式 (6.15) 的解具有下列形式：

$$\boldsymbol{\Gamma}(t)=\boldsymbol{g}^{\mathrm{T}}(t+\tau,t)\boldsymbol{\Gamma}_k\boldsymbol{g}(t+\tau,t)+\int_t^{t+\tau}\boldsymbol{g}^{\mathrm{T}}(t',t)\boldsymbol{L}(t')\boldsymbol{g}(t',t)\mathrm{d}t' \tag{6.48}$$

对于时不变系统，$\boldsymbol{\Gamma}(t)$ 是常量矩阵，可表示为

$$\boldsymbol{\Gamma}=\boldsymbol{g}^{\mathrm{T}}(\tau)\boldsymbol{\Gamma}_k\boldsymbol{g}(\tau)+\int_0^{\tau}\boldsymbol{g}^{\mathrm{T}}(t)\boldsymbol{L}\boldsymbol{g}(t)\mathrm{d}t \tag{6.49}$$

对于状态向量估计 $\widehat{\boldsymbol{X}}(t)$，可使用类似于式 (6.27) 和式 (6.28) 的线性最优滤波器算法。

例 6.2 假设被控对象由下列一维随机线性微分方程表示：

$$\dot{X}=-3X+2u+V,\ X(t_0)=X_0$$

式中，白噪声变量 $V(t)\in\mathcal{N}(0,\, G\delta(t))$。初始状态的概率特性为

$$E[X_0]=m_0,\ E[X_0^2]=\theta_0$$

在时间区间 $[t_0,\, t_k]$，量测方程为

$$Y(t)=X(t)+N(t)$$

式中，白噪声变量 $N(t)\in\mathcal{N}(0,\, Q\delta(t))$，且它与 $V(t)$ 及初始状态 X_0 互不相关。要求确定最优控制变量 $u(t)$，在任意时间区间 $[t_0,\, t_k]$，将系统从初始状态变量 $X(t_0)$ 转移到终止状态变量 $X(t_k)$，并使下列扩展二次型代价函数的条件数学期望达到最小，即

$$F_0(X,\, u,\, t_k)=\gamma(t_k)X^2(t_k)+\int_{t_0}^{t_k}(lX^2(t)+k^{-1}u^2(t)+4k\gamma^2(t)X^2(t))\mathrm{d}t$$

或

$$F_0(X,\, u,\, t_k)=\gamma_kX^2(t+\tau)+\int_t^{t+\tau}(lX^2(t')+k^{-1}u^2(t')+4k\gamma^2(t')X^2(t'))\mathrm{d}t'$$

式中，$k>0$ 为已知常数；$\gamma(t)$ 为待定系数。

解：根据情形 1，由于被控系统是稳定的，利用式 (6.26)，求出最优控制变量 $u(t)$ 为

$$u(t)=-2k\gamma(t)\widehat{X}(t)$$

关于待定系数 $\gamma(t)$，利用式 (6.34)，可得

$$\gamma(t)=l\int_0^{\infty}\mathrm{e}^{-6\xi}\mathrm{d}\xi=\frac{l}{6}$$

故最优控制变量 $u(t)$ 为

$$u(t)=-\frac{1}{3}kl\widehat{X}(t)$$

下面需要求出状态变量估计 $\widehat{X}$。利用第 3 章介绍的最优状态估计器算法，得

$$\dot{\widehat{X}}=-\left(3+\frac{kl}{3}\right)\widehat{X}+\frac{R}{Q}Y,\ \widehat{X}(t_0)=m_0$$

$$\dot{R}=-6R-\frac{1}{Q}R^2+G,\ R(t_0)=\theta_0$$

根据情形 2，同样利用式 (6.26)，求出最优控制变量 $u(t)$ 为

$$u(t)=-2k\gamma(t)\widehat{X}(t)$$

关于待定系数 $\gamma(t)$，利用式 (6.49)，可得

$$\gamma(t)=\frac{l}{6}+(\gamma_k-\frac{l}{6})\mathrm{e}^{-6\tau}$$

显然，若取 $\gamma_k=l/6$，则使用以上两种方法求出的 γ 相等。状态变量估计 $\widehat{X}$ 与情形 1 完全相同。

例 6.3 假设被控对象由下列一维随机线性微分方程表示：

$$\dot{X}=2X+u+V,\ X(t_0)=X_0$$

式中，白噪声变量 $V(t)\in\mathcal{N}(0,\ G\delta(t))$。初始状态的概率特性为

$$E(X_0)=m_0,\ E(X_0^2)=\theta_0$$

在时间区间 $[t_0,\ t_k]$，量测方程为

$$Y(t)=X(t)+N(t)$$

式中，白噪声变量 $N(t)\in\mathcal{N}(0,\ Q\delta(t))$，且它与 $V(t)$ 及初始状态 X_0 互不相关。要求确定最优控制变量 $u(t)$，在任意时间区间 $[t_0,\ t_k]$，将系统从初始状态变量 $X(t_0)$ 转移到终止状态变量 $X(t_k)$，并使下列扩展二次型代价函数的条件数学期望达到最小，即

$$F_0(X,\ u,\ t_k)=\gamma(t_k)X^2(t_k)+\int_{t_0}^{t_k}(lX^2(t)+k^{-1}u^2(t)+4k\gamma^2(t)X^2(t))\mathrm{d}t$$

式中，$k>0$ 为已知常数；$\gamma(t)$ 为待定系数。

解：利用变量替换式 (6.35)，即

$$X^*(t) = \frac{1}{\chi(t)} X(t)$$

式中

$$\chi(t) = \mathrm{e}^{\lambda t},\ \lambda > 2$$

故由式 (6.36)，得

$$\dot{X}^* = (2-\lambda)X^* + \mathrm{e}^{-\lambda t}u + \mathrm{e}^{-\lambda t}V$$

从而，关于变量 X^* 的被控对象是稳定的，利用式 (6.26)，可求得最优控制变量 $u(t)$ 为

$$u(t) = -\mathrm{e}^{-\lambda t} k l \gamma^* \widehat{X}^*(t)$$

关于待定系数 γ^*，利用式 (6.42)，可得

$$\gamma^* = \frac{l}{2(\lambda-2)}$$

由于 $\widehat{X}^*(t) = \widehat{X}(t)\mathrm{e}^{-\lambda t}$，将 γ^*, $\widehat{X}^*(t)$ 的表达式代入 $u(t)$ 的表达式，得

$$u(t) = \mathrm{e}^{-2\lambda t} \frac{kl}{2(\lambda-2)} \widehat{X}(t)$$

若取 $k = k_1 \mathrm{e}^{2\lambda t}$，式中 k_1 为正常数，则 $u(t)$ 为定常的，即

$$u(t) = -\frac{k_1 l}{2(\lambda-2)} \widehat{X}(t)$$

关于状态变量估计 $\widehat{X}$，利用第 4 章介绍的最优线性状态估计器算法，得

$$\dot{\widehat{X}} = -\left[2 - \frac{k_1 l}{2(\lambda-2)}\right]\widehat{X} + \frac{R}{Q}(Y - \widehat{X}),\ \widehat{X}(t_0) = m_0$$

$$\dot{R} = 4R - \frac{1}{Q}R^2 + G,\ R(t_0) = \theta_0$$

6.5　非线性随机系统的准最优控制

假设非线性随机系统状态方程与量测方程同 6.2 节，扩展二次型代价函数同式 (6.1)，要求确定最优控制向量 $\boldsymbol{u}(t)$，使扩展二次型代价函数的条件数学期望式 (6.2)（在终时确定的条件下）或式 (6.29)、式 (6.30)（在终时不确定的条件下）达到极小值。

对于非线性随机系统，精确求解最优控制问题非常困难，且很难获得解析解。但是，在对非线性随机模型进行统计线性化后，利用线性系统最优控制方法不难求得准最优控制向量 [70]。下面分终时固定与终时不固定两种情况进行讨论。

6.5.1 固定终时情形

类似 4.2 节，可以使用以下两种统计线性化方法来近似地求解。

1. 相对于后验概率估计线性化

对非线性函数 $\varphi(X, t)$ 相对于状态向量后验概率估计 $\widehat{\boldsymbol{X}}$ 进行线性化，即

$$\varphi(X, t) = \varphi_0(\widehat{\boldsymbol{X}}, \boldsymbol{R}, t) + \boldsymbol{K}_\varphi(\widehat{\boldsymbol{X}}, \boldsymbol{R}, t)(\boldsymbol{X} - \widehat{\boldsymbol{X}}) \tag{6.50}$$

式中，$\boldsymbol{R}$ 为状态向量后验概率估计误差的协方差矩阵。将式 (6.50) 代入非线性系统状态模型式 (5.93)，得

$$\dot{\boldsymbol{X}} = \varphi_0(\widehat{\boldsymbol{X}}, \boldsymbol{R}, t) + \boldsymbol{K}_\varphi(\widehat{\boldsymbol{X}}, \boldsymbol{R}, t)(\boldsymbol{X} - \widehat{\boldsymbol{X}}) + \boldsymbol{D}\boldsymbol{u} + \boldsymbol{V},\ \boldsymbol{X}(t_0) = \boldsymbol{X}_0 \tag{6.51}$$

这样可以使用 6.3 节关于线性随机系统最优控制的结果，得

$$\dot{\boldsymbol{\Gamma}} + \boldsymbol{K}_\varphi^{\mathrm{T}}(\widehat{\boldsymbol{X}}, \boldsymbol{R}, t)\boldsymbol{\Gamma} + \boldsymbol{\Gamma}\boldsymbol{K}_\varphi(\widehat{\boldsymbol{X}}, \boldsymbol{R}, t) + \boldsymbol{L} = \boldsymbol{0},\ \boldsymbol{\Gamma}(t_k) = \boldsymbol{\Gamma}_k \tag{6.52}$$

注意：这里矩阵 $\boldsymbol{K}_\varphi(\widehat{\boldsymbol{X}}, \boldsymbol{R}, t)$ 依赖于状态向量估计 $\widehat{\boldsymbol{X}}$。关于状态向量估计 $\widehat{\boldsymbol{X}}$，利用第 3 章介绍的非线性准最优滤波器算法，得

$$\dot{\widehat{\boldsymbol{X}}} = \varphi_0(\widehat{\boldsymbol{X}}, \boldsymbol{R}, t) - \boldsymbol{D}\boldsymbol{K}\boldsymbol{D}^{\mathrm{T}}\boldsymbol{\Gamma}\widehat{\boldsymbol{X}} + \boldsymbol{R}\boldsymbol{C}^{\mathrm{T}}\boldsymbol{Q}^{-1}(\boldsymbol{Y} - \boldsymbol{C}\widehat{\boldsymbol{X}}),\ \widehat{\boldsymbol{X}}(t_0) = \boldsymbol{m}_0 \tag{6.53}$$

状态估计误差的协方差矩阵 $\boldsymbol{R}$ 满足下列方程：

$$\dot{\boldsymbol{R}} = \boldsymbol{K}_\varphi(\widehat{\boldsymbol{X}}, \boldsymbol{R}, t)\boldsymbol{R} + \boldsymbol{R}\boldsymbol{K}_\varphi^{\mathrm{T}}(\widehat{\boldsymbol{X}}, \boldsymbol{R}, t) + \boldsymbol{R}\boldsymbol{C}^{\mathrm{T}}\boldsymbol{Q}^{-1}\boldsymbol{C}\boldsymbol{R} + \boldsymbol{G},\ \boldsymbol{R}(t_0) = \boldsymbol{\theta}_0 \tag{6.54}$$

由上面分析可知，为了求解随机非线性系统最优控制向量，首先联立求解方程式 (6.52)∼ 式 (6.54) 以获得正定矩阵 $\boldsymbol{\Gamma}(t)$ 及状态向量估计 $\widehat{\boldsymbol{X}}(t)$，然后利用式 (6.26) 求出最优控制向量 $\boldsymbol{u}(t)$。

2. 相对于无条件数学期望线性化

对非线性函数 $\varphi(\boldsymbol{X}, t)$ 相对于状态向量的无条件数学期望后 $\boldsymbol{m}(t) = E[\boldsymbol{X}(t)]$ 进行线性化，即

$$\varphi(\boldsymbol{X}, t) = \varphi_0(\boldsymbol{m}, \boldsymbol{\theta}, t) + \boldsymbol{K}_\varphi(\boldsymbol{m}, \boldsymbol{\theta}, t)(\boldsymbol{X} - \boldsymbol{m}) \tag{6.55}$$

式中，自协方差矩阵 $\boldsymbol{\theta}(t) = E\{[\boldsymbol{X}(t) - \boldsymbol{m}(t)][\boldsymbol{X}(t) - \boldsymbol{m}(t)]^{\mathrm{T}}\}$。将式 (6.55) 代入非线性系统状态模型式 (5.93)，得

$$\dot{\boldsymbol{X}} = \varphi_0(\boldsymbol{m}, \boldsymbol{\theta}, t) + \boldsymbol{K}_\varphi(\boldsymbol{m}, \boldsymbol{\theta}, t)(\boldsymbol{X} - \boldsymbol{m}) + \boldsymbol{D}\boldsymbol{u} + \boldsymbol{V},\ \boldsymbol{X}(t_0) = \boldsymbol{X}_0 \tag{6.56}$$

下面使用 4.2 节关于线性随机系统最优控制的结果，首先确定矩阵 $\boldsymbol{\Gamma}(t)$，即它满足如下方程：

$$\begin{cases} \dot{\boldsymbol{\Gamma}} + \boldsymbol{K}_\varphi^{\mathrm{T}}(\boldsymbol{m}, \boldsymbol{\theta}, t)\boldsymbol{\Gamma} + \boldsymbol{\Gamma}\boldsymbol{K}_\varphi(\boldsymbol{m}, \boldsymbol{\theta}, t) + \boldsymbol{L} = \boldsymbol{0}, & \boldsymbol{\Gamma}(t_0) = \boldsymbol{\Gamma}_0 \\ \dot{\boldsymbol{m}} = \varphi_0(\boldsymbol{m}, \boldsymbol{\theta}, t) - \boldsymbol{D}\boldsymbol{K}\boldsymbol{D}^{\mathrm{T}}\boldsymbol{\Gamma}\boldsymbol{m}, & \boldsymbol{m}(t_0) = \boldsymbol{m}_0 \\ \dot{\boldsymbol{\theta}} = \boldsymbol{K}_\varphi(\boldsymbol{m}, \boldsymbol{\theta}, t)\boldsymbol{\theta} + \boldsymbol{\theta}\boldsymbol{K}_\varphi^{\mathrm{T}}(\boldsymbol{m}, \boldsymbol{\theta}, t) + \boldsymbol{G}, & \boldsymbol{\theta}(t_0) = \boldsymbol{\theta}_0 \end{cases} \tag{6.57}$$

这样，可直接求出最优控制向量为

$$\boldsymbol{u} = -\boldsymbol{K}\boldsymbol{D}^{\mathrm{T}}\boldsymbol{\Gamma}(t)\widehat{\boldsymbol{X}}(t) \tag{6.58}$$

关于状态向量估计 $\widehat{\boldsymbol{X}}$，利用第 3 章介绍的非线性准最优滤波器算法，得

$$\begin{aligned}\dot{\widehat{\boldsymbol{X}}} &= \boldsymbol{K}_{\varphi}(\boldsymbol{m}, \boldsymbol{\theta}, t)\widehat{\boldsymbol{X}} + \boldsymbol{\varphi}_0(\boldsymbol{m}, \boldsymbol{\theta}, t) - \boldsymbol{K}_{\varphi}(\boldsymbol{m}, \boldsymbol{\theta}, t)\boldsymbol{m} - \boldsymbol{D}\boldsymbol{K}\boldsymbol{D}^{\mathrm{T}}\boldsymbol{\Gamma}\widehat{\boldsymbol{X}} \\ &\quad + \boldsymbol{R}\boldsymbol{C}^{\mathrm{T}}\boldsymbol{Q}^{-1}(\boldsymbol{Y} - \boldsymbol{C}\widehat{\boldsymbol{X}}),\ \widehat{\boldsymbol{X}}(t_0) \\ &= \boldsymbol{m}_0\end{aligned} \tag{6.59}$$

状态估计误差的协方差矩阵 $\boldsymbol{R}$ 满足下列方程：

$$\begin{aligned}\dot{\boldsymbol{R}} &= \boldsymbol{K}_{\varphi}(\boldsymbol{m}, \boldsymbol{\theta}, t)\boldsymbol{R} + \boldsymbol{R}\boldsymbol{K}_{\varphi}^{\mathrm{T}}(\boldsymbol{m}, \boldsymbol{\theta}, t) + \boldsymbol{R}\boldsymbol{C}^{\mathrm{T}}\boldsymbol{Q}^{-1}\boldsymbol{C}\boldsymbol{R} + \boldsymbol{G},\ \boldsymbol{R}(t_0) \\ &= \boldsymbol{\theta}_0\end{aligned} \tag{6.60}$$

由上面的分析可知，利用此方法求解非线性随机系统最优控制向量，首先联立求解方程式 (6.57)、式 (6.58) 和式 (6.59) 以获得正定矩阵 $\boldsymbol{\Gamma}(t)$ 及状态向量估计 $\widehat{\boldsymbol{X}}(t)$；然后利用式 (6.58) 求出最优控制向量 $\boldsymbol{u}(t)$。

例 6.4 假设被控对象由下列一维随机非线性微分方程表示：

$$\dot{X} = \varphi(X, t) + u + V,\ X(t_0) = X_0$$

式中，白噪声变量 $V(t)\in\mathcal{N}(0, G\delta(t))$。初始状态的概率特性为

$$E(X_0) = m_0,\ E(X_0^2) = \theta_0$$

在时间区间 $[t_0, t_k]$，量测方程为

$$Y(t) = X(t) + N(t)$$

式中，白噪声变量 $N(t)\in\mathcal{N}(0, Q\delta(t))$，且它与 $V(t)$ 及初始状态 X_0 互不相关。要求确定最优控制变量 $u(t)$，在固定时间区间 $[t_0, t_k]$，将系统从初始状态变量 $X(t_0)$ 转移到终止状态变量 $X(t_k)$，并使下列扩展二次型代价函数的条件数学期望达到最小，即

$$F_0(X, u, t_k) = \gamma(t_k)X^2(t_k) + \int_{t_0}^{t_k}(lX^2(t) + k^{-1}u^2(t) + k\gamma^2(t)X^2(t))\mathrm{d}t$$

式中，$k > 0$ 为已知常数；$\gamma(t)$ 为待定系数。

解：对非线性函数进行统计线性化，得

$$\varphi(X, t) = \varphi_0(m_x, \theta_x, t) + k_1(m_x, \theta_x, t)(X - m)$$

则由式 (6.58)，得最优控制变量为

$$u(t) = -k\gamma_1\widehat{X}(t)$$

关于变量 $\gamma_1(t)$，利用式 (6.57)，得

$$\dot{\gamma}_1 + 2k_1(m,\,\theta,\,t)\gamma_1 + l = 0,\ \gamma_1(t_k) = \gamma_k$$
$$\dot{m} = \varphi_0(m,\,\theta,\,t) - k\gamma_1 m,\ m(t_0) = m_0$$
$$\dot{\theta} = 2k_1(m,\,\theta,\,t) + G,\ \theta(t_0) = \theta_0$$

关于状态变量估计 $\widehat{X}$，利用第 4 章介绍的最优线性状态估计器算法，得

$$\dot{\widehat{X}} = (k_1(m,\,\theta,\,t) - k\gamma_1)\widehat{X} + \frac{1}{Q}R(Y - \widehat{X}),\ \widehat{X}(t_0) = m_0$$
$$\dot{R} = 2k_1(m,\,\theta,\,t)R - \frac{1}{Q}R^2 + G,\ R(t_0) = \theta_0$$

6.5.2 不固定终时情形

类似于 6.4 节的线性系统情形，同样可以使用两种方法，扩展二次型代价函数同式 (6.29) 或式 (6.30)，但对于非线性随机系统准最优控制问题，差别在于如何确定矩阵 $\boldsymbol{\Gamma}(t)$。下面具体讨论使用这两种方法的区别。

方法一：若被控对象是稳定的，可直接使用式 (6.52) 或式 (6.57) 求得矩阵 $\boldsymbol{\Gamma}(t)$，但要注意，这些方程的求解与所使用的统计线性化方法有关，若使用相对于后验概率估计线性化方法，必须在初始条件 $\boldsymbol{\Gamma}(t_0) = 0,\ \widehat{\boldsymbol{X}}(t_0) = \boldsymbol{m}_0,\ \boldsymbol{R}(t_0) = \boldsymbol{\theta}_0$ 下联立求解方程式 (6.52)、式 (6.53) 及关于 $\boldsymbol{R}$ 的方程式 (6.54)；若使用相对于无条件数学期望线性化方法，必须在初始条件 $\boldsymbol{\Gamma}_1(t_0) = \boldsymbol{0},\ \boldsymbol{m}(t_0) = \boldsymbol{m}_0$，$\boldsymbol{\theta}(t_0) = \boldsymbol{\theta}_0$ 下求解方程组 (6.57)。

方法二：在无条件数学期望 $E[\boldsymbol{X}(t)] = \boldsymbol{m}(t)$ 下对非线性函数 $\boldsymbol{\varphi}(\boldsymbol{X},\,t)$ 进行统计线性化，然后在边值条件 $\boldsymbol{\Gamma}_1(t+\tau) = \boldsymbol{\Gamma}_k$ 下求解方程组 (6.57) 得到矩阵 $\boldsymbol{\Gamma}(t)$。由于方程组 (6.57) 的复杂性，通常很难求得解析解，只能进行数值计算。

例 6.5 假设一维随机非线性系统的状态方程及观测方程同例 6.4。假设终时 t_k 不固定，要求确定最优控制变量 $u(t)$，在任意时间区间 $[t_0,\,t_k]$，将系统从初始状态变量 $X(t_0)$ 转移到终止状态变量 $X(t_k)$，并使下列扩展二次型代价函数的条件数学期望达到最小，即

$$F(X,\,u,\,t_k) = \gamma(t_k)X^2(t_k) + \int_{t_0}^{t_k}(lX^2(t) + k^{-1}u^2(t) + k\gamma^2(t)X^2(t))\mathrm{d}t$$

式中，$k > 0$ 为已知常数；$\gamma(t)$ 为待定系数。

解：对非线性函数进行统计线性化，得

$$\varphi(X,\,t) = \varphi_0(m,\,\theta_1,\,t) + k_1(m,\,\theta_1,\,t)(X - m)$$

则由式 (6.58)，得最优控制变量为

$$u(t) = -k\gamma_1\widehat{X}(t)$$

关于变量 $\gamma_1(t)$，根据方法一，得

$$\dot{\gamma}_1 + 2k_1(m,\,\theta,\,t)\gamma_1 + l = 0,\ \gamma_1(t_0) = 0$$
$$\dot{m} = \varphi_0(m,\,\theta,\,t) - k\gamma_1 m,\ m(t_0) = m_0$$
$$\dot{\theta} = 2k_1(m,\,\theta,\,t) + G,\ \theta(t_0) = \theta_0$$

关于状态变量估计 $\widehat{X}$，利用第 4 章介绍的最优线性状态估计器算法，得

$$\dot{\widehat{X}} = (k_1(m, \theta, t) - k\gamma_1)\widehat{X} + \frac{1}{Q}R(Y - \widehat{X}), \widehat{X}(t_0) = m_0$$

$$\dot{R} = 2k_1(m, \theta, t)R - \frac{1}{Q}R^2 + G, R(t_0) = \theta_0$$

6.6 有控制约束条件的随机系统最优控制

前面几节介绍了基于扩展二次型代价函数的随机系统最优控制问题，从以上分析可以看出，利用此方法避免了求解复杂的微分方程两点边值问题，从而达到简化计算的目的，具有重要的工程应用价值。但是，在前几节的讨论中没有考虑控制向量受约束的情况，而在实际应用过程中通常遇到控制向量受约束的情况，因此本节讨论有控制约束条件随机线性系统与随机非线性系统的最优控制问题。此问题要远比前面几种情况复杂，而且扩展二次型代价函数的定义也与前面有所不同。

6.6.1 随机线性系统最优控制

假设随机线性系统的状态方程及观测方程分别同式 (5.1) 及式 (5.2)。扩展二次型代价函数定义为

$$F_0 = \boldsymbol{X}^{\mathrm{T}}(t_k)\boldsymbol{\Gamma}\boldsymbol{X}(t_k) + \int_{t_0}^{t_k} [\boldsymbol{X}^{\mathrm{T}}(\tau)\boldsymbol{L}\boldsymbol{X}(\tau) + \boldsymbol{u}^{\mathrm{T}}(\tau)\boldsymbol{K}^{-1}\boldsymbol{u}(\tau) + \kappa(\tau)]\mathrm{d}\tau \tag{6.61}$$

式中，$\kappa(\tau)$ 为待定的二次型函数；其余符号同 5.2 节。本小节仅考虑控制时间 $t_k - t_0 = T$ 固定、终止状态 $\boldsymbol{X}(t_k)$ 不受限制的最优控制问题。要求确定最优控制向量 $\boldsymbol{u}(t)$，满足下列约束条件：

$$\boldsymbol{u}(t)\in U_0 \quad \text{或} \quad |u_i(t)|\leqslant U_{i0} \qquad (i = 1, 2, \cdots, r)$$

在时间区间 (t_0, t_k)，使系统从初始状态 $\boldsymbol{X}(t_0)$ 转移到终止状态 $\boldsymbol{X}(t_k)$，并使上述扩展二次型代价函数的条件数学期望 $E_y[F_0]$ 达到最小。

下面利用随机最大值原理求解。类似于 5.2 节分为四个步骤进行求解。

1. 转化为统一的标准优化问题

定义新的状态变量 $X_{n+1}(t)$，满足下列方程：

$$\dot{X}_{n+1} = \boldsymbol{X}^{\mathrm{T}}\boldsymbol{L}\boldsymbol{X} + \boldsymbol{u}^{\mathrm{T}}\boldsymbol{K}^{-1}\boldsymbol{u} + 2\dot{\boldsymbol{X}}^{\mathrm{T}}\boldsymbol{\Gamma}\boldsymbol{X} + \kappa(t), \boldsymbol{X}_{n+1}(t_0) = \boldsymbol{X}^{\mathrm{T}}(t_0)\boldsymbol{\Gamma}\boldsymbol{X}(t_0) \tag{6.62}$$

由于终止状态 $\boldsymbol{X}(t_k)$ 不受约束限制，则庞特里亚金泛函为

$$\pi(t_k) = X_{n+1}(t_k) \tag{6.63}$$

从而，最优控制问题转化为求解最优控制向量 $\boldsymbol{u}(t)$，满足限制条件 $\boldsymbol{u}(t)\in U_0$，并使庞特里亚金泛函的条件数学期望 $\widehat{\pi}(t_k) = E_y[\pi(t_k)]$ 达到最小，即

$$\min_{\boldsymbol{u}\in U_0} \widehat{\pi}(t_k) \tag{6.64}$$

2. 求最优控制向量

定义哈密顿泛函为

$$H = \boldsymbol{\psi}^{\mathrm{T}}(\boldsymbol{AX}+\boldsymbol{Du}+\boldsymbol{V})+\psi_{n+1}(\boldsymbol{X}^{\mathrm{T}}\boldsymbol{LX}+\boldsymbol{u}^{\mathrm{T}}\boldsymbol{K}^{-1}\boldsymbol{u}+2\boldsymbol{X}^{\mathrm{T}}\boldsymbol{\Gamma X}+\kappa) \tag{6.65}$$

式中，$\boldsymbol{\psi}(t)$ 为待定的伴随函数，满足如下伴随方程：

$$\begin{cases} \dot{\boldsymbol{\psi}} = -\dfrac{\partial H}{\partial \boldsymbol{X}} \\ \quad = -\boldsymbol{\psi}^{\mathrm{T}}\boldsymbol{A} - \psi_{n+1}\left(2\boldsymbol{LX}+2\boldsymbol{A}^{\mathrm{T}}\boldsymbol{\Gamma X}+2\boldsymbol{\Gamma}\dot{\boldsymbol{X}}+\dfrac{\partial \kappa}{\partial \boldsymbol{X}}\right), \psi(t_k)=\boldsymbol{0} \\ \dot{\boldsymbol{\psi}}_{n+1} = -\dfrac{\partial H}{\partial X_{n+1}} = 0,\ \psi_{n+1}(t_k) = -1 \end{cases} \tag{6.66}$$

由式 (6.66) 第二式，得

$$\psi_{n+1}(t) = -1$$

根据随机最大值原理，最优控制问题进一步转化为求解最优控制向量 $\boldsymbol{u}(t)$，满足限制条件 $\boldsymbol{u}(t)\in U_0$，并使哈密顿泛函的条件数学期望 $\widehat{H}$ 达到最大值，即

$$\max_{\boldsymbol{u}\in U_0} E_y(H) = \max_{\boldsymbol{u}\in U_0} \widehat{H} \tag{6.67}$$

将 $\psi_{n+1}(t) = -1$ 代入式 (6.66)，并去掉与 $\boldsymbol{u}$ 无关的项，则式 (6.67) 转化为

$$\max_{\boldsymbol{u}\in U_0}\left[E_y(\boldsymbol{\psi}^{\mathrm{T}}\boldsymbol{Du}-2\boldsymbol{u}^{\mathrm{T}}\boldsymbol{D}^{\mathrm{T}}\boldsymbol{\Gamma X}-\boldsymbol{u}^{\mathrm{T}}\boldsymbol{K}^{-1}\boldsymbol{u})\right] \tag{6.68}$$

类似 5.4 节的计算，可求出最优控制向量为

$$u = \begin{cases} -\boldsymbol{KD}^{\mathrm{T}}\widehat{\boldsymbol{Z}}, & \boldsymbol{KD}^{\mathrm{T}}\widehat{\boldsymbol{Z}}\in U_0 \\ -|U_0|\mathrm{sgn}(\boldsymbol{KD}^{\mathrm{T}}\widehat{\boldsymbol{Z}}), & \boldsymbol{KD}^{\mathrm{T}}\widehat{\boldsymbol{Z}}\notin U_0 \end{cases} \tag{6.69}$$

式中，$|U_0|$ 记为 U_0 的边界。

$$\boldsymbol{Z} = -\frac{1}{2}\boldsymbol{\psi}+\boldsymbol{\Gamma X} \tag{6.70}$$

$\widehat{\boldsymbol{X}} = E_y(\boldsymbol{Z})$ 为 $\boldsymbol{Z}$ 的条件数学期望。

3. 求解矩阵微分方程

在此步中，将伴随函数估计方程的求解转化为矩阵微分方程的求解。对式 (6.70) 两边关于时间 t 求导数，并将式 (5.1) 及式 (6.66) 代入化简，得

$$\dot{\boldsymbol{X}} = -\boldsymbol{A}^{\mathrm{T}}\boldsymbol{X}-\boldsymbol{LZ}-\frac{1}{2}\frac{\partial \kappa}{\partial \boldsymbol{X}},\ \boldsymbol{X}(t_k) = \boldsymbol{\Gamma X}(t_k) \tag{6.71}$$

利用 5.2 节函数 Sat 的定义，可将式 (6.69) 表示为

$$\boldsymbol{u} = -\mathrm{Sat}(\boldsymbol{KD}^{\mathrm{T}}\widehat{\boldsymbol{Z}}|U_0) \tag{6.72}$$

由最优控制向量的表达式 (6.72) 可知，要获得它的解析结构，必须求出向量估计 $\widehat{\boldsymbol{Z}}$。下面利用统计线性化方法来求解。由于 $\widehat{\boldsymbol{Z}}$ 与 $\widehat{\boldsymbol{X}}$ 之间存在线性关系，令

$$\widehat{\boldsymbol{Z}} = \boldsymbol{P}\widehat{\boldsymbol{X}} + \boldsymbol{\Lambda} \tag{6.73}$$

式中，$\boldsymbol{P}(t)$ 和 $\boldsymbol{\Lambda}(t)$ 分别为待定的矩阵和向量。进一步将式 (6.72) 表示为

$$\boldsymbol{u} = -\boldsymbol{g}(\widehat{\boldsymbol{w}}) \tag{6.74}$$

式中

$$\boldsymbol{g}(\widehat{\boldsymbol{w}}) = \mathrm{Sat}(\widehat{\boldsymbol{w}}|U_0),\ \widehat{\boldsymbol{w}} = \boldsymbol{K}\boldsymbol{D}^{\mathrm{T}}\boldsymbol{P}\widehat{\boldsymbol{X}} \tag{6.75}$$

对式 (6.75) 进行统计线性化，得

$$\boldsymbol{g}(\widehat{\boldsymbol{w}}) = \boldsymbol{g}_0(\boldsymbol{m}_w,\ \boldsymbol{\theta}_w) + \boldsymbol{K}_g(\boldsymbol{m}_w,\ \boldsymbol{\theta}_w)(\widehat{\boldsymbol{w}} - \boldsymbol{m}_w) \tag{6.76}$$

式中

$$\begin{gathered}
\boldsymbol{m}_w = \boldsymbol{K}\boldsymbol{D}^{\mathrm{T}}\boldsymbol{P}\boldsymbol{m} \\
\boldsymbol{\theta}_w = E(\widehat{\boldsymbol{w}}^0\widehat{\boldsymbol{w}}^{0\mathrm{T}}) = \boldsymbol{K}\boldsymbol{D}^{\mathrm{T}}\boldsymbol{P}\boldsymbol{\theta}\boldsymbol{P}\boldsymbol{D}\boldsymbol{K}^{\mathrm{T}} \\
\boldsymbol{m} = E(\widehat{\boldsymbol{X}}),\ \boldsymbol{\theta} = E(\widehat{\boldsymbol{X}}^0\widehat{\boldsymbol{X}}^{0\mathrm{T}}) \\
\boldsymbol{g}_0 = E[\mathrm{Sat}(\widehat{\boldsymbol{w}}|U_0)],\ \boldsymbol{K}_g = \frac{\partial \boldsymbol{g}_0}{\partial \boldsymbol{m}_w}
\end{gathered}$$

将式 (6.76) 代入式 (5.1)，得

$$\dot{\boldsymbol{X}} = \boldsymbol{A}\boldsymbol{X} - \boldsymbol{D}\boldsymbol{g}_0(\boldsymbol{m}_w,\ \boldsymbol{\theta}_w) - \boldsymbol{D}\boldsymbol{K}_g(\boldsymbol{m}_w,\ \boldsymbol{\theta}_w)\widehat{\boldsymbol{w}}^0 + \boldsymbol{V} \tag{6.77}$$

定义扩展二次型的附加项 $\kappa(t)$ 为

$$\kappa(t) = (\widehat{\boldsymbol{Z}}^{\mathrm{T}}\boldsymbol{D}\boldsymbol{K}\boldsymbol{K}_g^{\mathrm{T}} + \boldsymbol{g}_0^{\mathrm{T}})\boldsymbol{K}^{-1}\boldsymbol{K}_g^{-1}(\boldsymbol{K}_g\boldsymbol{K}\boldsymbol{D}^{\mathrm{T}}\widehat{\boldsymbol{Z}} + \boldsymbol{g}_0) \tag{6.78}$$

将式 (6.73) 代入式 (6.78)，计算 $-\dfrac{1}{2}E_y\left(\dfrac{\partial \kappa}{\partial \boldsymbol{X}}\right)$，得

$$-\frac{1}{2}E_y\left(\frac{\partial \kappa}{\partial \boldsymbol{X}}\right) = -\boldsymbol{P}\boldsymbol{D}\boldsymbol{K}\boldsymbol{K}_g\boldsymbol{D}^{\mathrm{T}}\widehat{\boldsymbol{Z}} - \boldsymbol{g}_0^{\mathrm{T}}\boldsymbol{D}^{\mathrm{T}} \tag{6.79}$$

对式 (6.71) 与式 (6.77) 两边求条件数学期望，并将式 (6.77) 代入，得

$$\begin{cases}
\dot{\widehat{\boldsymbol{Z}}} = -\boldsymbol{A}^{\mathrm{T}}\widehat{\boldsymbol{Z}} - \boldsymbol{L}\widehat{\boldsymbol{Z}} - \boldsymbol{P}\boldsymbol{D}\boldsymbol{K}\boldsymbol{K}_g\boldsymbol{D}^{\mathrm{T}}\widehat{\boldsymbol{Z}} - \boldsymbol{g}_0^{\mathrm{T}}\boldsymbol{D}^{\mathrm{T}},\ \widehat{\boldsymbol{Z}}(t_k) = \boldsymbol{\Gamma}\widehat{\boldsymbol{X}}(t_k) \\
\dot{\widehat{\boldsymbol{X}}} = \boldsymbol{A}\widehat{\boldsymbol{X}} - \boldsymbol{D}\boldsymbol{g}_0(\boldsymbol{m}_w,\ \boldsymbol{\theta}_w) - \boldsymbol{D}\boldsymbol{K}_g(\boldsymbol{m}_w,\ \boldsymbol{\theta}_w)\widehat{\boldsymbol{w}}^0 + \widehat{\boldsymbol{V}},\ \widehat{\boldsymbol{X}}(t_0) = \boldsymbol{m}_0
\end{cases} \tag{6.80}$$

将式 (6.73) 代入式 (6.80)，得

$$(\dot{\boldsymbol{P}} + \boldsymbol{P}\boldsymbol{A} + \boldsymbol{A}^{\mathrm{T}}\boldsymbol{P} + \boldsymbol{L})\widehat{\boldsymbol{X}} + \dot{\boldsymbol{\Lambda}} + \boldsymbol{A}^{\mathrm{T}}\boldsymbol{\Lambda} + \boldsymbol{P}\boldsymbol{D}\boldsymbol{K}_g\boldsymbol{m}_w - \boldsymbol{P}\boldsymbol{D}\boldsymbol{g}_0 + \boldsymbol{P}\widehat{\boldsymbol{V}} = \boldsymbol{0} \tag{6.81}$$

对式 (6.81) 两边求无条件数学期望，得

$$(\dot{\boldsymbol{P}}+\boldsymbol{PA}+\boldsymbol{A}^{\mathrm{T}}\boldsymbol{P}+\boldsymbol{L})\boldsymbol{m}+\dot{\boldsymbol{\varLambda}}+\boldsymbol{A}^{\mathrm{T}}\boldsymbol{\varLambda}+\boldsymbol{PDK}_g\boldsymbol{m}_w-\boldsymbol{PD}g_0=\mathbf{0} \tag{6.82}$$

由于 $\boldsymbol{m}$ 具有任意性，故

$$\dot{\boldsymbol{P}}+\boldsymbol{PA}+\boldsymbol{A}^{\mathrm{T}}\boldsymbol{P}+\boldsymbol{L}=\mathbf{0},\ \boldsymbol{P}(t_k)=\boldsymbol{\varGamma} \tag{6.83}$$

$$\dot{\boldsymbol{\varLambda}}+\boldsymbol{A}^{\mathrm{T}}\boldsymbol{\varLambda}+\boldsymbol{PDK}_g\boldsymbol{m}_w-\boldsymbol{PD}\boldsymbol{g}_0=\mathbf{0},\ \boldsymbol{\varLambda}(t_k)=\mathbf{0} \tag{6.84}$$

由式 (6.85) 可以看出，$\boldsymbol{\varLambda}\approx\mathbf{0}$，且矩阵 $\boldsymbol{P}(t)$ 不依赖于式 (6.84)，可以事先求解。它只与系统参数矩阵 $\boldsymbol{D}(t)$ 及扩展二次型代价函数中的矩阵 $\boldsymbol{\varGamma}$ 及 $\boldsymbol{L}(t)$ 有关。与 5.2 节相比，基于扩展二次型代价函数的最优控制算法要简单得多。为了求解方程式 (6.84)，必须联立下列方程组来求解：

$$\dot{\boldsymbol{m}}=\boldsymbol{Am}-\boldsymbol{D}\boldsymbol{g}_0(\boldsymbol{m}_w,\ \boldsymbol{\theta}_w),\ \boldsymbol{m}(t_0)=\boldsymbol{m}_0 \tag{6.85}$$

$$\begin{cases}\dot{\boldsymbol{\theta}}=[\boldsymbol{A}-\boldsymbol{DK}_g(\boldsymbol{m}_w,\ \boldsymbol{\theta}_w)\boldsymbol{KD}^{\mathrm{T}}\boldsymbol{P}]\boldsymbol{\theta}\\ \qquad +\boldsymbol{\theta}[\boldsymbol{A}-\boldsymbol{DK}_g(\boldsymbol{m}_w,\ \boldsymbol{\theta}_w)\boldsymbol{KD}^{\mathrm{T}}\boldsymbol{P}]^{\mathrm{T}}+\boldsymbol{G}\\ \boldsymbol{\theta}(t_0)=\boldsymbol{\theta}_0\end{cases} \tag{6.86}$$

通过联立求解方程式 (6.83)~ 式 (6.86)，可得到如下最优控制向量：

$$\boldsymbol{u}=-\mathrm{Sat}(\boldsymbol{KD}^{\mathrm{T}}(\boldsymbol{P}\widehat{\boldsymbol{X}}+\boldsymbol{\varLambda})|U_0) \tag{6.87}$$

4. *确定最优状态估计*

关于最优状态向量估计 $\widehat{\boldsymbol{X}}(t)$，完全类似于 5.2 节。综上所述，最优控制的解析结构完全由式 (5.46) 及式 (5.47) 确定的最优滤波器和由式 (6.83)~ 式 (6.87) 确定的调节器决定。

例 6.6 假设随机控制系统的状态向量模型与观测向量模型同例 5.1，要求确定最优控制变量 $u(t)$，满足限制条件 $u(t)\in U_0$，且在时间区间 $[t_0,\ t_k]$，将系统从初始状态变量 $X_1(t_0)$ 转移到终止状态变量 $X_1(t_k)$，并使下列二次型代价函数的条件数学期望达到最小，即

$$F(X_1,\ u,\ t_k)=X_1^2(t_k)+\int_{t_0}^{t_k}(X_1^2(t)+K^{-1}u^2(t))\mathrm{d}t$$

式中，$K>0$ 为已知常数。

解：引入新的状态变量 $X_2(t)$，满足下列方程：

$$\dot{X}_2=2X_1\dot{X}_1+X_1^2+\frac{1}{K}u^2,\ X_2(t_0)=0$$

定义哈密顿函数为

$$H=\psi_1(-aX_1+du+V)-2X_1(-aX_1+du+V)-X_1^2-\frac{1}{K}u^2$$

利用式 (5.33)，求出最优控制变量 $u(t)$ 为

$$u=\begin{cases}-Kd\widehat{Z}, & Kd\widehat{Z}\in U_0\\ -U_0\mathrm{sgn}(Kd\widehat{Z}), & Kd\widehat{Z}\notin U_0\end{cases}$$

为了求出状态变量估计 $\widehat{Z}$，必须对最优控制变量 $u(t)$ 的表达式进行统计线性化。记

$$u=-g(\widehat{w})$$

式中，$g=\mathrm{Sat}(\widehat{w}|U_0)$，$\widehat{w}=Kd\widehat{Z}=KdP\widehat{X}$；$P$ 为待定一维正定对称矩阵。对非线性函数 g 进行统计线性化，得

$$g(\widehat{w})=g_0(m_w,\,\theta_w)+K_g(m_w,\,\theta_w)(\widehat{w}-m_w)$$

由式 (5.40)，可获得关于待定一维矩阵 P 的里卡蒂微分方程，即

$$\dot{P}=2aP+Kd^2K_0(m_w,\,\theta_w)P^2-1,\,P(t_k)=1$$

式中，

$$m_w=KdPm,\,\theta_w=K^2d^2P^2\theta$$

状态变量 $X(t)$ 的数学期望 m 及方差矩 θ 满足下列方程：

$$\dot{m}=-am-dg_0(m_w,\,\theta_w),\,m(t_0)=m_0$$

$$\dot{\theta}=-2a\theta-2Kd^2K_g(m_w,\,\theta_w)P\theta+G,\,\theta(t_0)=\theta_0$$

下面利用第 4 章介绍的线性最优估计算法，可以确定状态估计方程为

$$\dot{\widehat{X}}=(-a-dK_g(m_w,\,\theta_w))\widehat{X}-dg_0(m_w,\,\theta_w)+B(Y-c_1\widehat{X})$$

式中，$B=R_{11}c_1Q^{-1}$，估计误差的方差 $R_{11}(t)$ 满足下列方程：

$$\dot{R}_{11}=-2aR_{11}-c_1^2R_{11}^2Q^{-1}+G,\,R_{11}(t_0)=\theta_0$$

6.6.2 随机非线性系统最优控制

假设随机非线性系统的状态方程及观测方程分别同式 (5.93) 及式 (5.94)。扩展二次型代价函数定义同 6.6.1 节。控制条件与要求也 6.6.1 节。

下面利用随机最大值原理求解。类似于 5.6 节的求解，仍然分为四步进行。在第一、第二步计算中，除掉将 6.6.1 节中线性函数 $\boldsymbol{A}(t)\boldsymbol{X}(t)$ 用非线性函数 $\boldsymbol{\varphi}(\boldsymbol{X}(t),\,t)$ 替换所有式子外，其余完全相同，第四步的状态向量估计也同 5.6 节，下面仅针对第三步求解矩阵微分方程进行讨论。

在本步计算中，大部分都与 6.6.1 节类似，只需要对两个非线性函数 $\boldsymbol{\varphi}(\boldsymbol{X},\,t)$ 和 $\boldsymbol{g}(\widehat{\boldsymbol{w}})$ 进行统计线性化。列方程如下：

$$\boldsymbol{\varphi}(\boldsymbol{X},\,t)=\boldsymbol{\varphi}_0'(\boldsymbol{m},\,\boldsymbol{\theta},\,t)+\boldsymbol{K}_\varphi(\boldsymbol{m},\,\boldsymbol{\theta},\,t)\boldsymbol{X} \tag{6.88}$$

$$\boldsymbol{g}(\widehat{\boldsymbol{w}})=\boldsymbol{g}_0'(\boldsymbol{m}_w,\,\boldsymbol{\theta}_w)+\boldsymbol{K}_g(\boldsymbol{m}_w,\,\boldsymbol{\theta}_w)\widehat{\boldsymbol{w}} \tag{6.89}$$

式中

$$\boldsymbol{\varphi}_0'=\boldsymbol{\varphi}_0-\boldsymbol{K}_\varphi(\boldsymbol{m},\,\boldsymbol{\theta},\,t)\boldsymbol{m},\ \boldsymbol{g}_0'=\boldsymbol{g}_0-\boldsymbol{K}_g(\boldsymbol{m}_w,\,\boldsymbol{\theta}_w)\boldsymbol{m}_w$$

定义扩展二次型的附加项 $\kappa(t)$ 为

$$\kappa(t)=(\widehat{\boldsymbol{Z}}^{\mathrm{T}}\boldsymbol{D}\boldsymbol{K}\boldsymbol{K}_g^{\mathrm{T}}+\boldsymbol{g}_0^{\mathrm{T}})\boldsymbol{K}^{-1}\boldsymbol{K}_g^{-1}(\boldsymbol{K}_g\boldsymbol{K}\boldsymbol{D}^{\mathrm{T}}\widehat{\boldsymbol{Z}}+\boldsymbol{g}_0) \tag{6.90}$$

故

$$-\frac{1}{2}E_y\left(\frac{\partial\kappa}{\partial\boldsymbol{X}}\right)=-\boldsymbol{P}\boldsymbol{D}\boldsymbol{K}\boldsymbol{K}_g\boldsymbol{D}^{\mathrm{T}}\widehat{\boldsymbol{Z}}-\boldsymbol{g}_0^{\mathrm{T}}\boldsymbol{D}^{\mathrm{T}} \tag{6.91}$$

这样，可得下列方程组：

$$\begin{cases}\dot{\widehat{\boldsymbol{X}}}=\boldsymbol{\varphi}_0+\boldsymbol{K}_\varphi\widehat{\boldsymbol{X}}+\widehat{\boldsymbol{V}}-\boldsymbol{D}\boldsymbol{g}_0'-\boldsymbol{D}\boldsymbol{K}_g\widehat{\boldsymbol{w}}, & \widehat{\boldsymbol{X}}(t_0)=\boldsymbol{m}_0\\ \dot{\widehat{\boldsymbol{Z}}}=-\boldsymbol{K}_\varphi^{\mathrm{T}}\widehat{\boldsymbol{X}}-\boldsymbol{L}\widehat{\boldsymbol{X}}-\boldsymbol{P}\boldsymbol{D}\boldsymbol{K}\boldsymbol{K}_g\boldsymbol{D}^{\mathrm{T}}\widehat{\boldsymbol{Z}}-\boldsymbol{g}_0^{\mathrm{T}}\boldsymbol{D}^{\mathrm{T}}, & \widehat{\boldsymbol{Z}}(t_k)=\boldsymbol{\varGamma}\widehat{\boldsymbol{X}}(t_k)\end{cases} \tag{6.92}$$

由式 (6.92) 可知，$\widehat{\boldsymbol{Z}}$ 与 $\widehat{\boldsymbol{X}}$ 之间具有线性关系，令

$$\widehat{\boldsymbol{Z}}=\boldsymbol{P}\widehat{\boldsymbol{X}}+\boldsymbol{\varLambda} \tag{6.93}$$

式中，$\boldsymbol{P}(t)$ 和 $\boldsymbol{\varLambda}(t)$ 分别为待定矩阵和向量。类似于 6.6.1 节的计算，得

$$\dot{\boldsymbol{P}}+\boldsymbol{P}\boldsymbol{K}_\varphi+\boldsymbol{K}_\varphi^{\mathrm{T}}\boldsymbol{P}+\boldsymbol{L}=\boldsymbol{0},\ \boldsymbol{P}(t_k)=\boldsymbol{\varGamma} \tag{6.94}$$

$$\begin{cases}\dot{\boldsymbol{\varLambda}}+\boldsymbol{K}_\varphi^{\mathrm{T}}(\boldsymbol{m},\,\boldsymbol{\theta},\,t)\boldsymbol{\varLambda}+\boldsymbol{P}\varphi_0(\boldsymbol{m},\,\boldsymbol{\theta},\,t)-\boldsymbol{P}\boldsymbol{K}_\varphi(\boldsymbol{m},\,\boldsymbol{\theta},\,t)\boldsymbol{m}\\ -\boldsymbol{P}\boldsymbol{D}\boldsymbol{g}_0(\boldsymbol{m}_w,\,\boldsymbol{\theta}_w)+\boldsymbol{P}\boldsymbol{D}\boldsymbol{K}_g(\boldsymbol{m}_w,\,\boldsymbol{\theta}_w)\boldsymbol{m}_w=\boldsymbol{0}\\ \boldsymbol{\varLambda}(t_k)=\boldsymbol{0}\end{cases} \tag{6.95}$$

式中，函数 $\boldsymbol{K}_g(\boldsymbol{m}_w,\,\boldsymbol{\theta}_w)$ 中的变量 $\boldsymbol{m}_w,\,\boldsymbol{\theta}_w$ 为

$$\boldsymbol{m}_w=\boldsymbol{K}\boldsymbol{D}^{\mathrm{T}}(\boldsymbol{P}\boldsymbol{m}+\boldsymbol{\varLambda}),\ \boldsymbol{\theta}_w=\boldsymbol{K}\boldsymbol{D}^{\mathrm{T}}\boldsymbol{P}\boldsymbol{\theta}\boldsymbol{P}\boldsymbol{D}\boldsymbol{K}$$

为了求出式 (6.94) 和式 (6.95) 的解，必须先求出 $\boldsymbol{m},\,\boldsymbol{\theta}$。关于 $\boldsymbol{m}$ 及 $\boldsymbol{\theta}$，可由下列方程组求得

$$\begin{cases}\dot{\boldsymbol{m}}=\boldsymbol{\varphi}_0(\boldsymbol{m},\,\boldsymbol{\theta},\,t)-\boldsymbol{D}\boldsymbol{g}_0(\boldsymbol{m}_w,\,\boldsymbol{\theta}_w), & \boldsymbol{m}(t_0)=\boldsymbol{m}_0\\ \dot{\boldsymbol{\theta}}=[\boldsymbol{K}_\varphi(\boldsymbol{m},\,\boldsymbol{\theta},\,t)-\boldsymbol{D}\boldsymbol{K}_g(\boldsymbol{m}_w,\,\boldsymbol{\theta}_w)\boldsymbol{K}\boldsymbol{D}^{\mathrm{T}}\boldsymbol{P}]\boldsymbol{\theta} & \\ \qquad+\boldsymbol{\theta}[\boldsymbol{K}_\varphi(\boldsymbol{m},\,\boldsymbol{\theta},\,t)-\boldsymbol{D}\boldsymbol{K}_g(\boldsymbol{m}_w,\,\boldsymbol{\theta}_w)\boldsymbol{K}\boldsymbol{D}^{\mathrm{T}}\boldsymbol{P}]^{\mathrm{T}}+\boldsymbol{G}, & \boldsymbol{\theta}(t_0)=\boldsymbol{\theta}_0\end{cases} \tag{6.96}$$

这样，通过求解式 (6.94)~ 式 (6.96)，可以求出待定矩阵 $\boldsymbol{P}$ 和向量 $\boldsymbol{\Lambda}$，从而最优控制向量为

$$\boldsymbol{u} = \mathrm{Sat}(\boldsymbol{K}\boldsymbol{D}^{\mathrm{T}}(\boldsymbol{P}\widehat{\boldsymbol{X}} + \boldsymbol{\Lambda})|U_0) \tag{6.97}$$

注解 6.1 由于随机非线性系统闭环最优控制不满足分离定理，控制向量和状态向量估计在设计中相互影响，在有些文献中称为双重作用，目前已有一些关于这方面研究的最新进展，有兴趣的读者可参看文献 [95]。

6.7 基于扩展二次型的随机线性系统逆最优控制

6.7.1 问题描述

本节主要针对如下带有乘性噪声的连续时间随机线性系统：

$$\mathrm{d}\boldsymbol{X} = (\boldsymbol{A}\boldsymbol{X} + \boldsymbol{B}\boldsymbol{u})\mathrm{d}t + \boldsymbol{E}\boldsymbol{X}\mathrm{d}W \tag{6.98}$$

式中，$\boldsymbol{X} \in \mathbf{R}^n$ 为状态向量，$\boldsymbol{u} \in \mathbf{R}^m$ 是控制输入向量，假设式 (6.98) 对 $(\boldsymbol{A}, \boldsymbol{B})$ 可控。$\mathrm{d}W$ 为标准的布朗运动，假设状态是完全可观测的。

基于扩展二次型最优调节器问题 (LQR) 的目标是寻找如下形式状态反馈控制器：

$$\boldsymbol{u} = -\boldsymbol{K}\boldsymbol{X} \tag{6.99}$$

使得如下二次性能指标：

$$J(X_0) = E\left[\int_0^{\infty} \left(\boldsymbol{X}^{\mathrm{T}}\boldsymbol{Q}\boldsymbol{X} + \boldsymbol{u}^{\mathrm{T}}\boldsymbol{R}\boldsymbol{u} + \boldsymbol{X}^{\mathrm{T}}\boldsymbol{P}\boldsymbol{B}\boldsymbol{R}^{-1}\boldsymbol{B}^{\mathrm{T}}\boldsymbol{P}\boldsymbol{X}\right)\mathrm{d}t\right] \tag{6.100}$$

取得最小。

由基于扩展二次型代价函数随机最优控制理论可知，若 $\boldsymbol{Q} \geqslant 0$ ，$\boldsymbol{R} > 0$ 给定，则随机线性系统使扩展二次型代价函数达到最小的最优控制器为 $\boldsymbol{u} = -\boldsymbol{K}\boldsymbol{X}$，其中：

$$\boldsymbol{K} = \boldsymbol{R}^{-1}\boldsymbol{B}^{\mathrm{T}}\boldsymbol{P} \tag{6.101}$$

矩阵 $\boldsymbol{P}$ 是如下代数李雅普诺夫-Itô 方程的唯一正定对称解：

$$\boldsymbol{A}^{\mathrm{T}}\boldsymbol{P} + \boldsymbol{P}\boldsymbol{A} - \boldsymbol{P}\boldsymbol{B}\boldsymbol{R}^{-1}\boldsymbol{B}^{\mathrm{T}}\boldsymbol{P} + r(\boldsymbol{E}, \boldsymbol{P}) + \boldsymbol{Q} = \boldsymbol{0} \tag{6.102}$$

式中，$r(\boldsymbol{E}, \boldsymbol{P}) = \boldsymbol{E}^{\mathrm{T}}\boldsymbol{P}\boldsymbol{E}$。

式 (6.101) 和式 (6.102) 等价于如下形式：

$$\begin{cases} \boldsymbol{A}^{\mathrm{T}}\boldsymbol{P} + \boldsymbol{P}\boldsymbol{A} - \boldsymbol{K}^{\mathrm{T}}\boldsymbol{R}\boldsymbol{K} + r(\boldsymbol{E}, \boldsymbol{P}) + \boldsymbol{Q} = \boldsymbol{0} \\ \boldsymbol{B}^{\mathrm{T}}\boldsymbol{P} = \boldsymbol{R}\boldsymbol{K} \end{cases} \tag{6.103}$$

逆最优控制问题：寻找满足系数矩阵 $\boldsymbol{A}$, $\boldsymbol{B}$ 和给定如下线性形式的控制器：

$$\boldsymbol{u} = -\boldsymbol{K}\boldsymbol{X} \tag{6.104}$$

之间的关系，使得控制器式 (6.104) 最小化具有某些特定的对称半正定状态权矩阵 $\boldsymbol{Q}$ 和对称正定输入权矩阵 $\boldsymbol{R}$ 构成的性能指标式 (6.100)。

6.7.2 最优逆控制

定理 6.1 如果下列两个条件成立：

1）如果 $\boldsymbol{KB}$ 是可对角化的并且特征值非负, 并满足 $\mathrm{rank}(\boldsymbol{KB})=\mathrm{rank}(\boldsymbol{K})$，则存在矩阵 $\boldsymbol{K}=\boldsymbol{K}^{\mathrm{T}},\boldsymbol{K}>0$，$\boldsymbol{P}=\boldsymbol{P}^{\mathrm{T}},\boldsymbol{P}>0$，使得 $\boldsymbol{K}=\boldsymbol{R}^{-1}\boldsymbol{B}^{\mathrm{T}}\boldsymbol{P}$。

2）$\boldsymbol{K}$ 均方渐近稳定到 P 的均方核空间。

对于基于扩展二次型代价函数的最优逆控制问题式 (6.104)，$\boldsymbol{K}$ 是最优反馈控制增益，$\boldsymbol{P}$ 是关于某些权矩阵 $\boldsymbol{R}=\boldsymbol{R}^{\mathrm{T}},\boldsymbol{R}>0,\boldsymbol{Q}=\boldsymbol{Q}^{\mathrm{T}}$ 所构成的代数李雅普诺夫-Itô 型方程的对称半正定解。

证明： 将 $\boldsymbol{Q}$ 按以下方法设计可表示为

$$\boldsymbol{Q}=-\boldsymbol{A}^{\mathrm{T}}-\boldsymbol{PA}-r(\boldsymbol{E},\boldsymbol{P}) \tag{6.105}$$

考虑如下扩展二次型性能指标：

$$\begin{aligned}J(\boldsymbol{X}_0)&=E\left[\int_0^{\infty}\left(\boldsymbol{X}^{\mathrm{T}}\boldsymbol{QX}+\boldsymbol{u}^{\mathrm{T}}\boldsymbol{R}^{-1}\boldsymbol{u}+\boldsymbol{X}^{\mathrm{T}}\boldsymbol{PBR}^{-1}\boldsymbol{B}^{\mathrm{T}}\boldsymbol{PX}\right)\mathrm{d}t\right]\\&=E\left[\int_0^{\infty}\left(\boldsymbol{X}^{\mathrm{T}}\boldsymbol{QX}+\boldsymbol{X}^{\mathrm{T}}\boldsymbol{K}^{\mathrm{T}}\boldsymbol{RKX}+\boldsymbol{X}^{\mathrm{T}}\boldsymbol{PBR}^{-1}\boldsymbol{B}^{\mathrm{T}}\boldsymbol{PX}\right)\mathrm{d}t\right]\end{aligned}$$

将式（6.105）代入上式中，化简得

$$\begin{aligned}J(\boldsymbol{X}_0)=&E\int_0^{+\infty}-(\boldsymbol{E}\,(\mathcal{L}V))\,\mathrm{d}t+\int_0^{\infty}E\left[\boldsymbol{X}^{\mathrm{T}}\left(\boldsymbol{K}-\boldsymbol{R}^{-1}\boldsymbol{B}^{\mathrm{T}}\boldsymbol{P}\right)^{\mathrm{T}}\boldsymbol{R}\left(\boldsymbol{K}-\boldsymbol{R}^{-1}\boldsymbol{B}^{\mathrm{T}}\boldsymbol{P}\right)\boldsymbol{X}(t)\right]\mathrm{d}t\\=&-\int_0^{+\infty}(EV)'\,\mathrm{d}t+\int_0^{\infty}E\left[\boldsymbol{X}^{\mathrm{T}}\left(\boldsymbol{K}-\boldsymbol{R}^{-1}\boldsymbol{B}^{\mathrm{T}}\boldsymbol{P}\right)^{\mathrm{T}}R\left(\boldsymbol{K}-\boldsymbol{R}^{-1}\boldsymbol{B}^{\mathrm{T}}\boldsymbol{P}\right)\boldsymbol{X}\,(t)\right]\mathrm{d}t\\=&E\left[\boldsymbol{X}^{\mathrm{T}}\,(0)\,\boldsymbol{PX}\,(0)\right]-E\left[\boldsymbol{X}^{\mathrm{T}}\,(\infty)\,\boldsymbol{PX}\,(\infty)\right]\\&+\int_0^{\infty}E\left[\boldsymbol{X}^{\mathrm{T}}\left(\boldsymbol{K}-\boldsymbol{R}^{-1}\boldsymbol{B}^{\mathrm{T}}\boldsymbol{P}\right)^{\mathrm{T}}\boldsymbol{R}\left(\boldsymbol{K}-\boldsymbol{R}^{-1}\boldsymbol{B}^{\mathrm{T}}\boldsymbol{P}\right)\boldsymbol{X}\,(t)\right]\mathrm{d}t\end{aligned} \tag{6.106}$$

式中，$V(t)=\boldsymbol{X}^{\mathrm{T}}\boldsymbol{PX}$；$\mathcal{L}V=\boldsymbol{X}^{\mathrm{T}}\left[(\boldsymbol{A}-\boldsymbol{BK})^{\mathrm{T}}\boldsymbol{P}+\boldsymbol{P}(\boldsymbol{A}-\boldsymbol{BK})+\boldsymbol{E}^{\mathrm{T}}\boldsymbol{PE}\right]\boldsymbol{X}$。

由 $\boldsymbol{K}$ 均方渐近稳定到矩阵 $\boldsymbol{P}$ 的均方核空间，则有

$$\lim_{t\to\infty}E[\|\boldsymbol{PX}\,(t)\|^2]=0$$

从而有

$$E[\boldsymbol{X}^{\mathrm{T}}(\infty)\boldsymbol{PX}(\infty)]\leqslant E[\|\boldsymbol{X}^{\mathrm{T}}(\infty)\|^2]E[\|\boldsymbol{PX}(\infty)\|^2]=0$$

故，$J(\boldsymbol{X}_0)$ 取得最小值时，有

$$\boldsymbol{K}=\boldsymbol{R}^{-1}\boldsymbol{B}^{\mathrm{T}}\boldsymbol{P}$$

从而 $\boldsymbol{u}=-\boldsymbol{KX}$ 是最优的，且式 (6.105) 就是相应的代数里卡蒂-Itô 方程，证毕。

定理 6.2 对于随机线性系统式 (6.98)，若满足下列条件：

1）$\boldsymbol{KB}$ 可对角化，且具有非负特征根及 $\operatorname{rank}(\boldsymbol{KB})=\operatorname{rank}(\boldsymbol{K})$，即存在矩阵 $\boldsymbol{R}=\boldsymbol{R}^{\mathrm{T}},\boldsymbol{R}>\boldsymbol{0}$，$\boldsymbol{P}=\boldsymbol{P}^{\mathrm{T}}$，$\boldsymbol{P}\geqslant\boldsymbol{0}$，使得 $\boldsymbol{K}=\boldsymbol{R}^{-1}\boldsymbol{B}^{\mathrm{T}}\boldsymbol{P}$。

2）矩阵 $\boldsymbol{P}$ 为如下不等式的解：

$$\boldsymbol{A}^{\mathrm{T}}\boldsymbol{P}+\boldsymbol{PA}+r(\boldsymbol{E},\boldsymbol{P})\leqslant 0 \tag{6.107}$$

则，$\boldsymbol{u}=-\boldsymbol{KX}$ 使闭环系统关于如下扩展二次型代价函数：

$$J(\boldsymbol{X}_0)=E\left[\int_0^{\infty}\left(\boldsymbol{Q}(\boldsymbol{X})+\boldsymbol{u}^{\mathrm{T}}\boldsymbol{Ru}+\boldsymbol{X}^{\mathrm{T}}\boldsymbol{PBR}^{-1}\boldsymbol{B}^{\mathrm{T}}\boldsymbol{PX}\right)\mathrm{d}t\right] \tag{6.108}$$

达到最小，且所构成的闭环系统渐近稳定到 $\boldsymbol{P}$ 的均方稳定核上。上式 $\boldsymbol{Q}(\boldsymbol{X})\geqslant 0$。

证明：首先证明均方渐近稳定到 $\boldsymbol{P}$ 的均方核上。

定义李雅普诺夫函数 $V(\boldsymbol{X})=\boldsymbol{X}^{\mathrm{T}}\boldsymbol{PX}$，则有

$$E\left(\mathcal{L}V\left(\boldsymbol{X}\right)|_{\boldsymbol{u}=-\boldsymbol{KX}}\right)=E\left(\boldsymbol{X}^{\mathrm{T}}\left(\boldsymbol{A}^{\mathrm{T}}\boldsymbol{P}+\boldsymbol{PA}-2\boldsymbol{PBR}^{-1}\boldsymbol{B}^{\mathrm{T}}\boldsymbol{P}+\boldsymbol{E}^{\mathrm{T}}\boldsymbol{PE}\right)\boldsymbol{X}\right) \tag{6.109}$$

记 $-\boldsymbol{Q}=\boldsymbol{A}^{\mathrm{T}}\boldsymbol{P}+\boldsymbol{PA}+r(\boldsymbol{E},\boldsymbol{P})$，由式 (6.107) 可知，$\boldsymbol{Q}\geqslant 0$。

再记

$$\boldsymbol{Q}_1=\boldsymbol{Q}+2\boldsymbol{PBR}^{-1}\boldsymbol{B}^{\mathrm{T}}\boldsymbol{P}\geqslant 0 \tag{6.110}$$

将式（6.110）代入式（6.109）中，得

$$\begin{aligned}E\left(\mathcal{L}V\left(\boldsymbol{X}\right)|_{\boldsymbol{u}=-\boldsymbol{KX}}\right)&=E\left(\boldsymbol{X}^{\mathrm{T}}\left(-\boldsymbol{Q}_1\right)\boldsymbol{X}\right)\\&=-E\left(\boldsymbol{X}^{\mathrm{T}}\left(\boldsymbol{Q}_1\right)\boldsymbol{X}\right)\\&\leqslant-\lambda_{\min}\left(\boldsymbol{Q}_1\right)E\left(V\left(\boldsymbol{X}\right)\right)\\&\triangleq-\mu E\left(V\left(\boldsymbol{X}\right)\right)\end{aligned} \tag{6.111}$$

式中，$\mu=\lambda_{\min}\left(\boldsymbol{Q}_1\right)\geqslant 0$。

$(EV)'=E\left[\mathcal{L}V\left(\boldsymbol{X}\right)|_{\boldsymbol{u}=-\boldsymbol{KX}}\right]\leqslant-\mu EV$，利用比较原理，得

$$EV\leqslant EV\left(t_0\right)\mathrm{e}^{-\mu(t-t_0)}$$

且有

$$E(\|\boldsymbol{PX}\|^2)\leqslant\|\boldsymbol{P}\|\,E\left(\boldsymbol{X}^{\mathrm{T}}\boldsymbol{PX}\right)\leqslant\|\boldsymbol{P}\|\,E(\dot{V})\leqslant\|\boldsymbol{P}\|\,E(V\left(t_0\right))\mathrm{e}^{-\mu(t-t_0)}$$

故 $\lim\limits_{t\to\infty}E(\|\boldsymbol{PX}\|^2)=\boldsymbol{0}$，即 $\boldsymbol{K}$ 使闭环系统稳定到 $\boldsymbol{P}$ 的均方稳定核上。最优性的证明同定理 6.1，证毕。

推论 6.1 对于随机线性系统式 (6.98)，若满足下列条件：

1）$\boldsymbol{KB}$ 可对角化，且具有正特征根，$\operatorname{rank}(\boldsymbol{KB})=\operatorname{rank}(\boldsymbol{K})$，即存在矩阵 $\boldsymbol{R}=\boldsymbol{R}^{\mathrm{T}},\boldsymbol{R}>0$，使得 $\boldsymbol{K}=\boldsymbol{R}^{-1}\boldsymbol{B}^{\mathrm{T}}\boldsymbol{P}$。

2）矩阵 $\boldsymbol{P}$ 为如下不等式的解：

$$\boldsymbol{A}^{\mathrm{T}}\boldsymbol{P}+\boldsymbol{PA}+r(\boldsymbol{E},\boldsymbol{P})<0 \tag{6.112}$$

则 $\boldsymbol{u}=-\boldsymbol{KX}$ 使闭环系统关于扩展二次型代价函数式（6.108）是最优的，且所构成的闭环系统是渐近均方稳定的。

证明：由于 $\boldsymbol{P}>0$，则 $\mathrm{Ker}(\boldsymbol{P})=\{\boldsymbol{0}\}$，即 $\{\boldsymbol{X}|E(\|\boldsymbol{PX}\|^2=\boldsymbol{0})\}=\{0\}$，证明同命题 6.2，故 $\boldsymbol{u}=-\boldsymbol{KX}$ 使闭环系统均方渐近稳定。

关于 $\boldsymbol{u}=-\boldsymbol{KX}$ 使扩展型代价函数式（6.108）是最优的证明同定理 6.7.2。

注解 6.2 从推论 6.1 可以看出要设计一个反馈控制器，使扩展二次型代价函数达到最优，首先须设计一个增益 $\boldsymbol{K}$，使得 $\boldsymbol{KB}$ 对角化且具有正特征根；然后使 $\boldsymbol{P}$ 满足李雅普诺夫-Itô 不等式（6.112）。由定理 10.3 可知，当 $\mathrm{Re}\lambda\left(\boldsymbol{A}\oplus\boldsymbol{A}+\boldsymbol{E}\otimes\boldsymbol{E}\right)<0$，则不等式（6.112）自然成立。或由定理 10.6 知，当 $\|\boldsymbol{E}\|_F^2<\left\|(\boldsymbol{A}\oplus\boldsymbol{A})^{-1}\right\|_2^{-1}$，则不等式（6.112）也自然成立。

注解 6.3 显然，求解李雅普诺夫-Itô 不等式（6.112）比求解里卡蒂-Itô 不等式简单。但缺点是扩展二次型代价函数的最小值一般比二次型代价函数的最小值要大一些。

6.8 本章小结

本章研究内容分为四部分。第一部分给出了扩展二次型代价函数的定义；第二部分基于此代价函数给出了最优控制器的设计方法；第三部分基于统计线性化方法，给出了基于此代价函数的非线性逼近最优控制器算法；最后一部分针对无限终时最优控制问题，研究基于此代价函数下随机最优传递控制器的设计方法。

第 7 章　随机系统最优预测控制

7.1　引　言

随机最优控制理论虽然能给出明确的解析表达式，但不可避免地需要求解微分方程的两点边值，这是一个非常困难的问题，且不是在所有情况下都可求解。通常是去除或简化微分方程的两点边值，如采用第 6 章的扩展二次型代价函数或局部二次型代价函数。然后尽可能地获得最优控制的解析解。与此最优控制理论有关的方法有卡尔曼及克纳索夫斯基提出的一些算法 [204]。最优预测控制是由马斯耶夫首先提出的 [208]，它也与构造解析解有关，虽然此方法所使用的代价函数（准则）很复杂，但其具有很清晰的物理意义，且有很多构造控制器的可能性，同时还有预测运动轨迹的特点。近年来，基于滚动策略的最优预测控制得到快速发展 [91-94,209-210]，取得了一系列研究成果，主要原因是此方法既继承了最优控制的大部分优点，又克服了求解微分方程边值问题的难点，便于工程应用。

7.2　随机时不变线性系统最优预测控制

7.2.1　有限终端情形

考虑如下连续随机线性系统：

$$\mathrm{d}\boldsymbol{X}(t)=[\boldsymbol{A}\boldsymbol{X}(t)+\boldsymbol{B}\boldsymbol{u}(t)]\,\mathrm{d}t+\sum_{i=1}^{n}\boldsymbol{F}_i\boldsymbol{X}\mathrm{d}\boldsymbol{V}_i(t)+\sum_{j=1}^{m}\boldsymbol{E}_j\mathrm{d}\boldsymbol{W}_j(t) \tag{7.1}$$

式中，$\boldsymbol{X}(t)$ 满足左连续假设，即有 $\boldsymbol{X}(t^+)=\lim\limits_{h\to0^+}\boldsymbol{X}(t+h),\boldsymbol{X}(t^-)=\lim\limits_{h\to0^+}\boldsymbol{X}(t+h),\boldsymbol{X}(t^-)=\boldsymbol{X}(t)$；$\boldsymbol{V}_i(t),\boldsymbol{W}_i(t)$ 为相互独立的标准维纳过程。

二次型代价函数为

$$J_T(t)=E\left\{\int_t^{t+T}\left[\boldsymbol{X}^{\mathrm{T}}(s)\boldsymbol{Q}\boldsymbol{X}(s)+\boldsymbol{u}^{\mathrm{T}}(s)\boldsymbol{R}\boldsymbol{u}(s)\right]\mathrm{d}s+\boldsymbol{X}^{\mathrm{T}}(t+T)\boldsymbol{Q}_T\boldsymbol{X}(t+T)\right\} \tag{7.2}$$

状态反馈预测控制的目标是寻找状态反馈预测控制律 $\boldsymbol{u}(s)=\boldsymbol{K}\boldsymbol{X}(s),s\in[t,t+T]$，使性能指标 $J_T(t)$ 最小或具有最小上界，且在滚动策略下，闭环随机系统式 (3.20) 均方实用稳定，即

$$\begin{aligned}\min_{\boldsymbol{u}(s),s\in[t,t+T]}J_T(t)=E\bigg\{&\int_t^{t+T}\left[\boldsymbol{X}^{\mathrm{T}}(s)\boldsymbol{Q}\boldsymbol{X}(s)+\boldsymbol{u}^{\mathrm{T}}(s)\boldsymbol{R}\boldsymbol{u}(s)\right]\mathrm{d}s\\&+\boldsymbol{X}^{\mathrm{T}}(t+T)\boldsymbol{Q}_T\boldsymbol{X}(t+T)\bigg\}\end{aligned} \tag{7.3}$$

注解 7.1

1）均方实用稳定性定义参见第 10 章或者文献 [113]、[211]、[212]。

2）上述优化问题中要求性能指标 $J_T(t)$ 最小或具有最小上界，因此首先必须先回答性能指标 $J_T(t)$ 是否有界及具有哪些特点。下面通过引理回答此问题。

考虑一般形式的连续随机系统：

$$\dot{\boldsymbol{X}}(t)=f\left(\boldsymbol{X}(t),\boldsymbol{u}(t),\boldsymbol{W}(t)\right) \tag{7.4}$$

式中，$\boldsymbol{X}(t)\in\mathbf{R}^n$ 为状态向量，且有 $\boldsymbol{X}(t^+)=\lim\limits_{h\to0^+}\boldsymbol{X}(t+h),\boldsymbol{X}(t^-)=\lim\limits_{h\to0^+}\boldsymbol{X}(t+h),\boldsymbol{X}(t^-)=\boldsymbol{X}(t)$，即 $\boldsymbol{X}(t)$ 左连续；$\boldsymbol{u}(t)$ 为控制向量；$\boldsymbol{W}(t)$ 为系统中的随机过程。预测控制的目的是在每个时刻 t，求解以下优化问题：

$$\begin{cases}\min\limits_{\boldsymbol{u}(s),s\in[t,t+T]}J_T(t)=E\left[\displaystyle\int_t^{t+T}F(\boldsymbol{X}(s),\boldsymbol{u}(s))\mathrm{d}s+\varPsi\left(\boldsymbol{X}(t+T)\right)\right]\\ \text{s.t.}\dot{\boldsymbol{X}}(s)=\boldsymbol{f}\left(\boldsymbol{X}(s),\boldsymbol{u}(s),\boldsymbol{W}(s)\right)\end{cases} \tag{7.5}$$

寻找最优控制 $\boldsymbol{u}(s),s\in[t,t+T]$，使得预测代价函数 $J_T(t)$ 最小并实施于系统，在下一个优化时刻 $t+\delta$，重复上述过程。

引理 7.1 对于随机系统式 (7.4)，若存在预测控制律 $\boldsymbol{L}(\boldsymbol{X})$，终端代价函数 $\varPsi$ 与过程代价函数 $F(\cdot,\cdot)$ 满足以下关系：

$$D\left\{E[\varPsi(\boldsymbol{X},t)]\right\}\leqslant-E\left\{F\left[\boldsymbol{X},\boldsymbol{L}(\boldsymbol{X})\right]\right\} \tag{7.6}$$

式中，$F(\cdot)$ 为正定二次型代价函数；$D(\cdot)$ 表示微分符号。对于随机系统的优化问题式 (7.5)，有以下结论：

1）若在 t 时刻存在优化控制律 $\boldsymbol{L}(\boldsymbol{X})$，则在下一个优化时刻 $t+\delta$，该控制律仍然可行，其中 δ 为优化周期；

2）滚动优化策略下，系统性能指标单调不增，且最大值为初始时刻的优化值；

3）系统性能指标 $J_T(t)$ 存在上界，其值为 $E(\varPsi(\boldsymbol{X},t))$。

证明： 若在 t 时刻存在最优预测控制律 $\boldsymbol{L}(\boldsymbol{X})$，相应的系统最优性能指标记为

$$\begin{aligned}J_T^*(t)&=E\left[\int_t^{t+T}F\left(\boldsymbol{X}(s),\boldsymbol{u}(s)\right)\mathrm{d}s+\varPsi\left(\boldsymbol{X}(t+T)\right)\right]\\&=E\left[\int_t^{t+T}F\left(\boldsymbol{X}(s),\boldsymbol{L}\left(\boldsymbol{X}(s)\right)\right)\mathrm{d}s+\varPsi\left(\boldsymbol{X}(t+T)\right)\right]\end{aligned} \tag{7.7}$$

在 τ 时刻，其中 $\tau\geqslant t,\tau\in[t,t+T],T\geqslant\delta$，系统的性能指标为

$$\begin{aligned}J_T(\tau)=&E\left[\int_\tau^{\tau+T}F\left(\boldsymbol{X}(s),\boldsymbol{u}(s)\right)\mathrm{d}s+\varPsi\left(\boldsymbol{X}(\tau+T)\right)\right]\\=&E\left[\int_\tau^{t+T}F\left(\boldsymbol{X}(s),\boldsymbol{u}(s)\right)\mathrm{d}s+\int_{t+T}^{\tau+T}F\left(\boldsymbol{X}(s),\boldsymbol{u}(s)\right)\mathrm{d}s\right]\\&+E[\varPsi(\boldsymbol{X}(\tau+T))]\end{aligned} \tag{7.8}$$

若 τ 时刻仍使用控制律 $\boldsymbol{L}(\boldsymbol{X})$，则有

$$\begin{aligned}J_T(\tau)=&E\left[\int_{\tau}^{t+T}F\left(\boldsymbol{X}(s),\boldsymbol{L}\left(\boldsymbol{X}(s)\right)\right)\mathrm{d}s+\int_{t+T}^{\tau+T}F\left(\boldsymbol{X}(s),\boldsymbol{L}\left(\boldsymbol{X}(s)\right)\right)\mathrm{d}s\right]\\&+E[\Psi(\boldsymbol{X}(\tau+T))]\\=&J_T^*(t)-E\left[\int_t^{\tau}F\left(\boldsymbol{X}(s),\boldsymbol{L}\left(\boldsymbol{X}(s)\right)\right)\mathrm{d}s\right]\\&-E[\Psi(\boldsymbol{X}(t+T))]+E[\Psi(\boldsymbol{X}(\tau+T))]\\&+E\left[\int_{t+T}^{\tau+T}F\left(\boldsymbol{X}(s),\boldsymbol{L}\left(\boldsymbol{X}(s)\right)\right)\mathrm{d}s\right]\end{aligned}\tag{7.9}$$

由式 (7.6) 可知，若满足以下条件：

$$E[\Psi(\boldsymbol{X}(\tau+T))]-E[\Psi(\boldsymbol{X}(t+T))]+E\left[\int_{t+T}^{\tau+T}F\left(\boldsymbol{X}(s),\boldsymbol{L}\left(\boldsymbol{X}(s)\right)\right)\mathrm{d}s\right]\leqslant 0\tag{7.10}$$

将式 (7.7) 代入式 (7.6) 右端，则有

$$J_T(\tau)\leqslant J_T^*(t)-E\left[\int_t^{\tau}F\left(\boldsymbol{X}(s),\boldsymbol{L}\left(\boldsymbol{X}(s)\right)\right)\mathrm{d}s\right]\leqslant J_T^*(t),\tau\in[t,t+\delta]\tag{7.11}$$

即 t 时刻的优化控制策略 [控制律 $\boldsymbol{L}(\boldsymbol{X})$] 在下一个优化时刻 $t+\delta$ 仍然可行。显然若式 (7.3) 成立，则式 (7.7) 满足，因此结论 1）得证。

若 τ 时刻对应的最优性能指标为 $J_T^*(\tau)$，则由式 (7.8) 可得以下关系成立：

$$J_T^*(\tau)\leqslant J_T(\tau)\leqslant J_T^*(t),\tau\in[t,t+\delta]\tag{7.12}$$

结论 2）得证。

进一步，对式 (10.47) 两端同时从 $s=t$ 到 $s=t+T$ 积分可得

$$J_T(t)=E[\Psi(\boldsymbol{X}(t+T))]+E\left[\int_t^{t+T}F\left(\boldsymbol{X}(s),\boldsymbol{u}(s)\right)\mathrm{d}s\right]\leqslant E[\Psi(\boldsymbol{X}(t))]\tag{7.13}$$

因此，结论 3）得证。

注解 7.2　与最优控制不同，预测控制问题优化求解往往获得的是次优解或可行解，因此预测控制是一种次优算法。

利用引理 7.1 很容易获得连续时间随机线性系统在二次型代价函数下反馈预测控制器的增益矩阵 $\boldsymbol{K}$。

定理 7.1　对随机系统式 (7.1)，若状态反馈预测控制增益 $\boldsymbol{K}$ 满足以下不等式：

$$(\boldsymbol{A}+\boldsymbol{BK})^{\mathrm{T}}\boldsymbol{Q}_T+\boldsymbol{Q}_T(\boldsymbol{A}+\boldsymbol{BK})+\sum_{i=1}^{n}\boldsymbol{F}_i^{\mathrm{T}}\boldsymbol{Q}_T\boldsymbol{F}_i+\boldsymbol{Q}+\boldsymbol{K}^{\mathrm{T}}\boldsymbol{RK}\leqslant 0\tag{7.14}$$

式中，$\boldsymbol{Q}_T > \boldsymbol{0}$，则存在状态反馈预测控制律 $\boldsymbol{u}(s) = \boldsymbol{K}\boldsymbol{X}(s), s \in [t, t+T]$，使闭环系统预测性能指标存在上界，且滚动闭环系统均方实用稳定。

证明：选取如下辅助代价函数：

$$\varPsi(\boldsymbol{X}(s), s) = \boldsymbol{X}^{\mathrm{T}}(s)\boldsymbol{Q}_T\boldsymbol{X}(s) + \int_s^{t+T}\left(\sum_{j=1}^{m}\boldsymbol{E}_j^{\mathrm{T}}\boldsymbol{Q}_T\boldsymbol{E}_j\right)\mathrm{d}s, s \in [t, t+T] \tag{7.15}$$

则有

$$\begin{cases} \varPsi(\boldsymbol{X}(t+T), t+T) = \boldsymbol{X}^{\mathrm{T}}(t+T)\boldsymbol{Q}_T\boldsymbol{X}(t+T) \\ \varPsi(\boldsymbol{X}(t), t) = \boldsymbol{X}^{\mathrm{T}}(t)\boldsymbol{Q}_T\boldsymbol{X}(t) + \left(\sum_{j=1}^{m}\boldsymbol{E}_j^{\mathrm{T}}\boldsymbol{Q}_T\boldsymbol{E}_j\right)T \end{cases} \tag{7.16}$$

对辅助代价函数计算最小微分算子，则其沿闭环系统的轨道为

$$\begin{aligned} \mathscr{L}\varPsi =& \boldsymbol{X}^{\mathrm{T}}(s)\left[(\boldsymbol{A}+\boldsymbol{B}\boldsymbol{K})^{\mathrm{T}}\boldsymbol{Q}_T + \boldsymbol{Q}_T(\boldsymbol{A}+\boldsymbol{B}\boldsymbol{K}) + \sum_{i=1}^{n}\boldsymbol{F}_i^{\mathrm{T}}\boldsymbol{Q}_T\boldsymbol{F}_i\right]\boldsymbol{X}(s) \\ &+ \mathrm{tr}\left(\sum_{j=1}^{m}\boldsymbol{E}_j\boldsymbol{Q}_T\boldsymbol{E}_j^{\mathrm{T}}\right) - \sum_{j=1}^{m}\boldsymbol{E}_j^{\mathrm{T}}\boldsymbol{Q}_T\boldsymbol{E}_j \\ =& \boldsymbol{X}^{\mathrm{T}}(s)\left[(\boldsymbol{A}+\boldsymbol{B}\boldsymbol{K})^{\mathrm{T}}\boldsymbol{Q}_T + \boldsymbol{Q}_T(\boldsymbol{A}+\boldsymbol{B}\boldsymbol{K}) + \sum_{i=1}^{n}\boldsymbol{F}_i^{\mathrm{T}}\boldsymbol{Q}_T\boldsymbol{F}_i\right]\boldsymbol{X}(s) \end{aligned} \tag{7.17}$$

将式 (7.16) 代入上式，并在两端同取数学期望可得

$$D\varPsi = E(\mathscr{L}\varPsi) \leqslant -E\left[\boldsymbol{X}^{\mathrm{T}}\left(\boldsymbol{Q}+\boldsymbol{K}^{\mathrm{T}}\boldsymbol{R}\boldsymbol{K}\right)\boldsymbol{X}\right] \tag{7.18}$$

对上式两端同时从 t 到 $t+T$ 积分，可知系统性能指标的上界为

$$J_T(t) \leqslant E(\varPsi(\boldsymbol{X}(t), t)) = E\left[\boldsymbol{X}^{\mathrm{T}}(t)\boldsymbol{Q}_T\boldsymbol{X}(t)\right] + \left(\sum_{j=1}^{m}\boldsymbol{E}_j^{\mathrm{T}}\boldsymbol{Q}_T\boldsymbol{E}_j\right)T \tag{7.19}$$

下面证明系统的闭环稳定性。在滚动策略下，设优化周期为 δ，每个优化时刻均获得满足式 (7.11) 条件的状态反馈增益 $\boldsymbol{K}_i, i = 1, 2, \cdots$，初始时刻为 t_0，当前时刻 $t \in [t_0 + (i-1)\delta, t_0 + i\delta]$，在优化区间 $[t_0 + (i-1)\delta, t_0 + i\delta]$ 定义李雅普诺夫函数：$V = \boldsymbol{X}^{\mathrm{T}}\boldsymbol{Q}_T\boldsymbol{X}$，则闭环系统的弱微分算子为

$$\begin{aligned} \mathscr{L}V =& \boldsymbol{X}^{\mathrm{T}}(t)\left[(\boldsymbol{A}+\boldsymbol{B}\boldsymbol{K}_i)^{\mathrm{T}}\boldsymbol{Q}_T + \boldsymbol{Q}_T(\boldsymbol{A}+\boldsymbol{B}\boldsymbol{K}_i) + \sum_{i=1}^{n}\boldsymbol{F}_i^{\mathrm{T}}\boldsymbol{Q}_T\boldsymbol{F}_i\right]\boldsymbol{X}(t) + \sum_{j=1}^{m}\boldsymbol{E}_j^{\mathrm{T}}\boldsymbol{Q}_T\boldsymbol{E}_j \\ \leqslant& -\boldsymbol{X}^{\mathrm{T}}(t)\left(\boldsymbol{Q}+\boldsymbol{K}_i^{\mathrm{T}}\boldsymbol{R}\boldsymbol{K}_i\right)\boldsymbol{X}(t) + \sum_{j=1}^{m}\boldsymbol{E}_j^{\mathrm{T}}\boldsymbol{Q}_T\boldsymbol{E}_j, t \in [t_0 + (i-1)\delta, t_0 + i\delta] \end{aligned} \tag{7.20}$$

进而有

$$\left\{E[\|\boldsymbol{X}(t)\|^2\right\}' \leqslant -\frac{\lambda_{\min}\left(\boldsymbol{Q}+\boldsymbol{K}_i^{\mathrm{T}}\boldsymbol{R}\boldsymbol{K}_i\right)}{\lambda_{\max}\left(\boldsymbol{Q}_T\right)}E[\|\boldsymbol{X}(t_0+(i-1)\delta)\|^2]+\frac{1}{\lambda_{\max}\left(\boldsymbol{Q}_T\right)}\sum_{j=1}^{m}\boldsymbol{E}_j^{\mathrm{T}}\boldsymbol{Q}_T\boldsymbol{E}_j \tag{7.21}$$

此时总存在满足矩阵不等式 (7.21) 的一个 $\boldsymbol{K}_o$，使得下式成立：

$$\begin{aligned}
&\left[E\left(\|\boldsymbol{X}(s)\|^2\right)\right]' \\
&\leqslant -\frac{\lambda_{\min}\left(\boldsymbol{Q}+\boldsymbol{K}_i^{\mathrm{T}}\boldsymbol{R}\boldsymbol{K}_i\right)}{\lambda_{\max}\left(\boldsymbol{Q}_T\right)}E\left[\|\boldsymbol{X}(t_0+(i-1)\delta)\|^2\right]+\frac{1}{\lambda_{\max}\left(\boldsymbol{Q}_T\right)}\sum_{j=1}^{m}\boldsymbol{E}_j^{\mathrm{T}}\boldsymbol{Q}_T\boldsymbol{E}_j \\
&\leqslant -\frac{\lambda_{\min}\left(\boldsymbol{Q}+\boldsymbol{K}_o^{\mathrm{T}}\boldsymbol{R}\boldsymbol{K}_o\right)}{\lambda_{\max}\left(\boldsymbol{Q}_T\right)}E\left[\|\boldsymbol{X}(t_0+(i-1)\delta)\|^2\right]+\frac{1}{\lambda_{\max}\left(\boldsymbol{Q}_T\right)}\sum_{j=1}^{m}\boldsymbol{E}_j^{\mathrm{T}}\boldsymbol{Q}_T\boldsymbol{E}_j
\end{aligned} \tag{7.22}$$

记 $v=\dfrac{\lambda_{\min}\left(\boldsymbol{Q}+\boldsymbol{K}_o^{\mathrm{T}}\boldsymbol{R}\boldsymbol{K}_o\right)}{\lambda_{\max}\left(\boldsymbol{Q}_T\right)}>0, c=\dfrac{1}{\lambda_{\max}\left(\boldsymbol{Q}_T\right)}\sum_{j=1}^{m}\boldsymbol{E}_j^{\mathrm{T}}\boldsymbol{Q}_T\boldsymbol{E}_j$，可得如下当前状态均方的估计式：

$$\begin{aligned}
E[\|\boldsymbol{X}(t)\|^2] \leqslant\, & \mathrm{e}^{-v\cdot[t-t_0-(i-1)\delta]}E[\|\boldsymbol{X}(t_0+(i-1)\delta)\|^2] \\
& +c\left(1-\mathrm{e}^{-v\cdot(s-t_0-(i-1)\delta)}\right) \qquad (i=1,2,\cdots)
\end{aligned} \tag{7.23}$$

由式 (7.20) 可得以下递推关系：

$$\begin{aligned}
E[\|\boldsymbol{X}(t_0+(i-1)\delta)\|^2] &\leqslant \mathrm{e}^{-v\cdot(i-1)\delta}E[\|\boldsymbol{X}(t_0)\|^2]+\sum_{j=0}^{i-2}c(1-\mathrm{e}^{-v\cdot\delta})\mathrm{e}^{-j\cdot v\cdot\delta} \\
&\leqslant \mathrm{e}^{-v\cdot(i-1)\delta}E[\|\boldsymbol{X}(t_0)\|^2]+c \qquad (i=2,3,\cdots)
\end{aligned} \tag{7.24}$$

将式 (7.21) 代入式 (7.20)，进一步即有

$$\begin{aligned}
E[\|\boldsymbol{X}(t)\|^2] &\leqslant \mathrm{e}^{-v\cdot(t-t_0-(i-1)\delta)}E[\|\boldsymbol{X}(t_0+(i-1)\delta)\|^2]+c\left(1-\mathrm{e}^{-v\cdot(t-t_0-(i-1)\delta)}\right) \\
&\leqslant \mathrm{e}^{-v\cdot(t-t_0)}E[\|\boldsymbol{X}(t_0)\|^2]+c\cdot\mathrm{e}^{-v\cdot(t-t_0-(i-1)\delta)}+c\left(1-\mathrm{e}^{-v\cdot(t-t_0-(i-1)\delta)}\right) \\
&< E[\|\boldsymbol{X}(t_0)\|^2]+c, \forall t\geqslant t_0
\end{aligned} \tag{7.25}$$

若存在 $E[\|\boldsymbol{X}(t_0)\|^2]<\lambda$，则存在一个正常数 $\Lambda=\lambda+c>\lambda$，使得 $E[\|\boldsymbol{X}(s)\|^2]<\Lambda$，根据均方实用稳定性定义（见 10.2.2 节），系统均方实用稳定。证毕。

7.2.2 无终端约束情形

终端代价函数对于随机系统预测控制的闭环稳定性十分重要，当系统代价函数中显示含该终端约束时，通过引理 7.1 便可方便地求解满足性能要求的控制律，但更为一般的情况是代价函数中不显示含该函数，即零终端情形，有如下预测优化问题：

$$\left\{\begin{array}{l}\min\limits_{\boldsymbol{u}(s),s\in[t,t+T]} J_T(t)=E\left[\int_t^{t+T}\boldsymbol{X}^{\mathrm{T}}(s)\boldsymbol{Q}\boldsymbol{X}(s)+\boldsymbol{u}^{\mathrm{T}}(s)\boldsymbol{R}\boldsymbol{u}(s)\mathrm{d}s\right]\\ \text{s.t.}\quad \mathrm{d}\boldsymbol{X}(s)=\left[\boldsymbol{A}\boldsymbol{X}(s)+\boldsymbol{B}\boldsymbol{u}(s)\right]\mathrm{d}t+\sum\limits_{i=1}^{n}\boldsymbol{F}_i\boldsymbol{X}\mathrm{d}\boldsymbol{V}_i(s)+\sum\limits_{j=1}^{m}\boldsymbol{E}_j\mathrm{d}\boldsymbol{W}_j(s)\end{array}\right. \tag{7.26}$$

关于优化问题式 (7.26)，有以下结论。

定理 7.2 在全信息条件下，对于随机系统的预测优化问题式 (7.26)，存在正定矩阵 $\boldsymbol{X}>\boldsymbol{0}$，$\boldsymbol{Y}$ 及标量 γ,γ_1 满足以下优化问题：

$$\left\{\begin{array}{l}\min\limits_{\gamma,\gamma_1,\boldsymbol{X},\boldsymbol{Y}}\gamma+T\gamma_1\\ \text{s.t.}\begin{bmatrix}\gamma & \boldsymbol{X}^{\mathrm{T}}(t)\\ \boldsymbol{X}(t) & \boldsymbol{X}\end{bmatrix}\geqslant 0\\ \quad\ \ \begin{bmatrix}\gamma_1 & \sum\limits_{j=1}^{m}\boldsymbol{E}_j^{\mathrm{T}}\\ \sum\limits_{j=1}^{m}\boldsymbol{E}_j & \boldsymbol{X}\end{bmatrix}\geqslant 0\\ \quad\ \ \begin{bmatrix}\boldsymbol{A}\boldsymbol{X}+\boldsymbol{B}\boldsymbol{Y}+\boldsymbol{X}\boldsymbol{A}^{\mathrm{T}}+\boldsymbol{Y}^{\mathrm{T}}\boldsymbol{B}^{\mathrm{T}}+\sum\limits_{j=1}^{n}\boldsymbol{F}_j^{\mathrm{T}}\boldsymbol{X}\boldsymbol{F}_j & \boldsymbol{X} & \boldsymbol{Y}^{\mathrm{T}}\\ * & -\boldsymbol{Q}^{-1} & \boldsymbol{0}\\ * & * & -\boldsymbol{R}^{-1}\end{bmatrix}\leqslant\boldsymbol{0}\end{array}\right. \tag{7.27}$$

则存在状态反馈控制律为 $\boldsymbol{u}(s)=\boldsymbol{K}\boldsymbol{X}(s)$，其中 $\boldsymbol{K}=\boldsymbol{Y}\boldsymbol{X}^{-1}$，使得性能指标 $J_T(t)\leqslant\gamma+T\gamma_1$。

证明：定义如下辅助代价函数：

$$\varPsi\left(\boldsymbol{X}(s),s\right)=\boldsymbol{X}^{\mathrm{T}}(s)\boldsymbol{Q}_T\boldsymbol{X}(s)+\int_s^{t+T}\left(\sum_{j=1}^{m}\boldsymbol{E}_j^{\mathrm{T}}\boldsymbol{Q}_T\boldsymbol{E}_j\right)\mathrm{d}s \tag{7.28}$$

式中，$s\in[t,t+T]$，与式 (3.21) 不同，此时 $\boldsymbol{Q}_T$ 为待定正定对称矩阵，则函数 $\varPsi$ 沿系统的随机无穷小算子为

$$\mathscr{L}\varPsi=\boldsymbol{X}^{\mathrm{T}}(s)\left((\boldsymbol{A}+\boldsymbol{B}\boldsymbol{K})^{\mathrm{T}}\boldsymbol{Q}_T+\boldsymbol{Q}_T\left(\boldsymbol{A}+\boldsymbol{B}\boldsymbol{K}\right)+\sum_{i=1}^{n}\boldsymbol{F}_i^{\mathrm{T}}\boldsymbol{Q}_T\boldsymbol{F}_i\right)\boldsymbol{X}(s) \tag{7.29}$$

令下式成立：

$$E(\mathscr{L}\varPsi)\leqslant -E\left[\boldsymbol{X}^{\mathrm{T}}(s)\boldsymbol{Q}\boldsymbol{X}(s)+\boldsymbol{u}^{\mathrm{T}}(s)\boldsymbol{R}\boldsymbol{u}(s)\right] \tag{7.30}$$

代入 $\boldsymbol{u}(s)=\boldsymbol{K}\boldsymbol{X}(s)$，即有以下矩阵不等式成立：

$$(\boldsymbol{A}+\boldsymbol{B}\boldsymbol{K})^{\mathrm{T}}\boldsymbol{Q}_T+\boldsymbol{Q}_T(\boldsymbol{A}+\boldsymbol{B}\boldsymbol{K})+\sum_{i=1}^{n}\boldsymbol{F}_i^{\mathrm{T}}\boldsymbol{Q}_T\boldsymbol{F}+\boldsymbol{Q}+\boldsymbol{K}^{\mathrm{T}}\boldsymbol{R}\boldsymbol{K}\leqslant\boldsymbol{0} \tag{7.31}$$

令 $\boldsymbol{Q}_T=\boldsymbol{X}^{-1},\boldsymbol{Y}=\boldsymbol{K}\boldsymbol{X}$，则上式即为

$$\begin{bmatrix} \boldsymbol{A}\boldsymbol{X}+\boldsymbol{B}\boldsymbol{Y}+\boldsymbol{X}\boldsymbol{A}^{\mathrm{T}}+\boldsymbol{Y}^{\mathrm{T}}\boldsymbol{B}^{\mathrm{T}}+\sum_{j=1}^{n}\boldsymbol{F}_j^{\mathrm{T}}\boldsymbol{X}\boldsymbol{F}_j & \boldsymbol{X} & \boldsymbol{Y}^{\mathrm{T}} \\ * & -\boldsymbol{Q}^{-1} & \boldsymbol{0} \\ * & * & -\boldsymbol{R}^{-1} \end{bmatrix}\leqslant\boldsymbol{0} \tag{7.32}$$

对式 (7.30) 从 $s=t$ 到 $s=t+T$ 积分可得

$$\begin{aligned} E[\varPsi(\boldsymbol{X}(t))] &> E[\varPsi(\boldsymbol{X}(t))]-E[\varPsi(\boldsymbol{X}(t+T))] \\ &\geqslant E\left[\int_t^{t+T}\boldsymbol{X}^{\mathrm{T}}(s)Q\boldsymbol{X}(s)+\boldsymbol{u}^{\mathrm{T}}(s)\boldsymbol{R}\boldsymbol{u}(s)\mathrm{d}s\right]=J_T(t) \end{aligned} \tag{7.33}$$

因此，$E[\varPsi(\boldsymbol{X}(t))]=E\left[\boldsymbol{X}^{\mathrm{T}}(t)\boldsymbol{Q}_T\boldsymbol{X}(t)\right]+T\sum\limits_{j=1}^{m}\boldsymbol{E}_j^{\mathrm{T}}\boldsymbol{Q}_T\boldsymbol{E}_j$ 即为性能指标的上界。

状态向量 $\boldsymbol{X}(t)$ 为随机变量，在完全信息条件下，有

$$E\left[\boldsymbol{X}^{\mathrm{T}}(t)\boldsymbol{Q}_T\boldsymbol{X}(t)\right]=\boldsymbol{X}^{\mathrm{T}}(t)\boldsymbol{Q}_T\boldsymbol{X}(t) \tag{7.34}$$

令正常数 γ,γ_1，满足

$$\begin{cases} \boldsymbol{X}^{\mathrm{T}}(t)\boldsymbol{Q}_T\boldsymbol{X}(t)\leqslant\gamma \\ \sum\limits_{j=1}^{m}\boldsymbol{E}_j^{\mathrm{T}}\boldsymbol{Q}_T\boldsymbol{E}_j\leqslant\gamma_1 \end{cases} \tag{7.35}$$

进而性能指标存在上界

$$J_T(t)\leqslant\gamma+T\gamma_1 \tag{7.36}$$

将式 (7.35) 转化为线性矩阵不等式 (LMI)，即为优化问题 (7.26)。得证。

下面分别研究在次优策略和滚动策略下，由定理 7.2 优化算法得到的状态反馈控制律的闭环随机稳定性。

定理 7.3（次优策略稳定性） 采用次优策略，即若初始时刻优化问题式 (7.27) 有解，则存在状态反馈控制律为 $\boldsymbol{u}(s)=\boldsymbol{K}\boldsymbol{X}(s)$，其中 $\boldsymbol{K}=\boldsymbol{Y}\boldsymbol{X}^{-1}$，使得闭环随机线性系统均方实用稳定。

证明： 由引理 7.1 可知，若优化问题式 (7.26) 在初始时刻有可行解，则在后续时刻该解仍然可行，此时在整个控制时域内构造次优控制策略，即令 $\boldsymbol{u}(t)=\boldsymbol{K}\boldsymbol{X}(t)$，其中 $\boldsymbol{K}$ 为初始时刻由优化问题式 (7.26) 获得的状态反馈控制律，将其代入系统可得

$$\mathrm{d}\boldsymbol{X}(t)=[\boldsymbol{A}\boldsymbol{X}(t)+\boldsymbol{B}\boldsymbol{K}\boldsymbol{X}(t)]\,\mathrm{d}t+\sum_{i=1}^{n}\boldsymbol{F}_i\boldsymbol{X}\mathrm{d}\boldsymbol{V}_i(t)+\sum_{j=1}^{m}\boldsymbol{E}_j\mathrm{d}\boldsymbol{W}_j(t) \tag{7.37}$$

由于优化问题有解，故存在正定矩阵 $\boldsymbol{I} = \boldsymbol{Q}_T^{-1} > 0$，定义李雅普诺夫函数 $V = \boldsymbol{X}^{\mathrm{T}}\boldsymbol{I}^{-1}\boldsymbol{X}$，则函数沿闭环系统的弱微分算子为

$$\mathscr{L}V = \boldsymbol{X}^{\mathrm{T}}(t)\left[(\boldsymbol{A}+\boldsymbol{B}\boldsymbol{K})^{\mathrm{T}}\boldsymbol{I}^{-1}+\boldsymbol{I}^{-1}(\boldsymbol{A}+\boldsymbol{B}\boldsymbol{K})+\sum_{i=1}^{n}\boldsymbol{F}_i^{\mathrm{T}}\boldsymbol{I}^{-1}\boldsymbol{F}_i\right]\boldsymbol{X}(t)+\sum_{j=1}^{m}\boldsymbol{E}_j^{\mathrm{T}}\boldsymbol{I}^{-1}\boldsymbol{E}_j \tag{7.38}$$

由式 (7.31) 可知

$$\mathscr{L}V \leqslant -\boldsymbol{X}^{\mathrm{T}}(t)\left(\boldsymbol{Q}+\boldsymbol{K}^{\mathrm{T}}\boldsymbol{R}\boldsymbol{K}\right)\boldsymbol{X}(t)+\sum_{j=1}^{m}\boldsymbol{E}_j^{\mathrm{T}}\boldsymbol{I}^{-1}\boldsymbol{E}_j \tag{7.39}$$

对上式两端同取期望可得

$$\{E[\|\boldsymbol{X}(t)\|^2]\}' \leqslant -\frac{\lambda_{\min}\left(\boldsymbol{Q}+\boldsymbol{K}^{\mathrm{T}}\boldsymbol{R}\boldsymbol{K}\right)}{\lambda_{\max}\left(\boldsymbol{I}^{-1}\right)}E(\|\boldsymbol{X}(t)\|^2)+\frac{1}{\lambda_{\max}\left(\boldsymbol{I}^{-1}\right)}\sum_{j=1}^{m}\boldsymbol{E}_j^{\mathrm{T}}\boldsymbol{I}^{-1}\boldsymbol{E}_j \tag{7.40}$$

并从时间 t_0 到 t 积分可得

$$\begin{aligned}E[\|\boldsymbol{X}(t)\|^2] \leqslant{}& \mathrm{e}^{-\frac{\lambda_{\min}\left(\boldsymbol{Q}+\boldsymbol{K}^{\mathrm{T}}\boldsymbol{R}\boldsymbol{K}\right)}{\lambda_{\max}\left(\boldsymbol{I}^{-1}\right)}(t-t_0)}E[\|\boldsymbol{X}(t_0)\|^2]\\ &+\frac{1}{\lambda_{\max}\left(\boldsymbol{I}^{-1}\right)}\sum_{j=1}^{m}\boldsymbol{E}_j^{\mathrm{T}}\boldsymbol{I}^{-1}\boldsymbol{E}_j\left(1-\mathrm{e}^{-\frac{\lambda_{\min}(\boldsymbol{Q}+\boldsymbol{K}^{\mathrm{T}}\boldsymbol{R}\boldsymbol{K})}{\lambda_{\max}(\boldsymbol{I}^{-1})}(t-t_0)}\right)\\ &< E[\|\boldsymbol{X}(t_0)\|^2]+\lambda_{\max^{-1}}\left(\boldsymbol{I}^{-1}\right)\sum_{j=1}^{m}\boldsymbol{E}_j^{\mathrm{T}}\boldsymbol{I}^{-1}\boldsymbol{E}_j,\quad \forall t>t_0\end{aligned} \tag{7.41}$$

由上式可知，若 $E(\|\boldsymbol{X}_0\|^2)<\lambda$，则存在 $E[\|\boldsymbol{X}(t)\|^2]<\Lambda=\lambda+\lambda_{\max}^{-1}\left(\boldsymbol{I}^{-1}\right)\sum_{j=1}^{m}\boldsymbol{E}_j^{\mathrm{T}}\boldsymbol{I}^{-1}\boldsymbol{E}_j$，$t>t_0$，且 $0<\lambda<\Lambda$，根据均方实用稳定性定义可知系统均方实用稳定性。证毕。

定理 7.4（滚动策略稳定性） 求解优化问题式 (7.26) 并采用滚动优化策略，设优化周期为 $0<\delta\leqslant T$，状态左连续，若滚动实施时第 i 次优化时获得式 (7.26) 的解为 $\boldsymbol{I}_i$，第 $i+1$ 次优化时获得的解为 $\boldsymbol{I}_{i+1}$，且满足 $\boldsymbol{I}_i\leqslant\boldsymbol{I}_{i+1}(i\in\{1,2,\cdots,k\})$，则闭环随机系统均方实用稳定。

证明： 记 $\boldsymbol{Q}_T^{(i)}=\boldsymbol{I}_i^{-1}$，当 $t\in[t_0+(i-1)\delta,t_0+i\delta)(i\in\{1,2,\cdots,k\})$ 时，取辅助函数为

$$\begin{cases}\varPsi_i\left(\boldsymbol{X}(s),s\right)=\boldsymbol{X}^{\mathrm{T}}(s)\boldsymbol{Q}_T^{(i)}\boldsymbol{X}(s)+\displaystyle\int_s^{t+T}\left(\sum_{j=1}^{m}\boldsymbol{E}_j^{\mathrm{T}}\boldsymbol{Q}_T^{(i)}\boldsymbol{E}_j\right)\mathrm{d}s\\ s\in[t,t+T]\qquad i\in\{1,2,\cdots,k\}\end{cases} \tag{7.42}$$

若在每个时刻优化问题均有解，则在不同的优化时刻对应不同的 $\boldsymbol{Q}_T^{(i)}=\boldsymbol{I}_i^{-1}$，有如

下集合：

$$\begin{cases} W_i = \left\{ \boldsymbol{X} \in R^n | \boldsymbol{X}^{\mathrm{T}} \boldsymbol{Q} \boldsymbol{X} > \sum_{j=1}^{m} \boldsymbol{E}_j^{\mathrm{T}} \boldsymbol{Q}_T^{(i)} \boldsymbol{E}_j \right\} \\ \Xi_i = \left\{ \boldsymbol{X} \in R^n | \boldsymbol{X}^{\mathrm{T}} \boldsymbol{Q} \boldsymbol{X} \leqslant \sum_{j=1}^{m} \boldsymbol{E}_j^{\mathrm{T}} \boldsymbol{Q}_T^{(i)} \boldsymbol{E}_j \right\} \end{cases} \tag{7.43}$$

又由于 $\boldsymbol{I}_i \leqslant \boldsymbol{I}_{i+1}(i \in \{1, 2, \cdots, k\})$，故有 $\boldsymbol{Q}_T^{(i)} \leqslant \boldsymbol{Q}_T^{(1)}(i \in \{1, 2, \cdots, k\})$，因此有如下关系：

$$W_1 = \bigcap_{i=1}^{k} W_i, \Xi_1 = \bigcup_{i=1}^{k} \Xi_i = R^n \Big/ \bigcap_{i=1}^{k} W_i = R^n / W_1 \tag{7.44}$$

1）当 $\boldsymbol{X} \in \bigcap\limits_{i=1}^{k} W_i$ 时，记优化周期为 $0 < \delta < T$，由于优化问题有解，即式 (7.30) 成立，当 $t \in [t_0, t_0 + \delta)$ 时，有

$$E[\varPsi_1(\boldsymbol{X}(t), t)] - E[\varPsi_1(\boldsymbol{X}(t_0), t_0)] \leqslant -E\left[\int_{t_0}^{t} \boldsymbol{X}^{\mathrm{T}}(s) \boldsymbol{Q} \boldsymbol{X}(s) + \boldsymbol{u}^{\mathrm{T}}(s) \boldsymbol{R} \boldsymbol{u}(s) \mathrm{d}s\right] \tag{7.45}$$

即

$$\begin{aligned} & E[\boldsymbol{X}^{\mathrm{T}}(t) \boldsymbol{Q}_T^{(1)} \boldsymbol{X}(t)] - E[\boldsymbol{X}^{\mathrm{T}}(t_0) \boldsymbol{Q}_T^{(1)} \boldsymbol{X}(t_0)] \\ \leqslant & -E\left[\int_{t_0}^{t} \boldsymbol{X}^{\mathrm{T}}(s) \boldsymbol{Q} \boldsymbol{X}(s) + \boldsymbol{u}^{\mathrm{T}}(s) \boldsymbol{R} \boldsymbol{u}(s) \mathrm{d}s\right] + \left(\sum_{j=1}^{m} \boldsymbol{E}_j^{\mathrm{T}} \boldsymbol{Q}_T^{(1)} \boldsymbol{E}_j\right)(t - t_0) \end{aligned} \tag{7.46}$$

由于 $\boldsymbol{X} \in \bigcap\limits_{i=1}^{k} W_i$，$\boldsymbol{u}^{\mathrm{T}} \boldsymbol{R} \boldsymbol{u} > 0$，可得

$$E\left[\int_{t_0}^{t_0+\delta} \boldsymbol{X}^{\mathrm{T}}(s) \boldsymbol{Q} \boldsymbol{X}(s) + \boldsymbol{u}^{\mathrm{T}}(s) \boldsymbol{R} \boldsymbol{u}(s) \mathrm{d}s\right] \geqslant \delta \sum_{j=1}^{m} \boldsymbol{E}_j^{\mathrm{T}} \boldsymbol{Q}_T^{(1)} \boldsymbol{E}_j \tag{7.47}$$

代入式 (7.46)，进一步有

$$E\left[\boldsymbol{X}^{\mathrm{T}}(t_0 + \delta^-) \boldsymbol{Q}_T^{(1)} \boldsymbol{X}(t_0 + \delta^-)\right] \leqslant E\left[\boldsymbol{X}^{\mathrm{T}}(t_0) \boldsymbol{Q}_T^{(1)} \boldsymbol{X}(t_0)\right] \tag{7.48}$$

当 $t \in [t_0 + \delta, t_0 + 2\delta)$ 时，优化问题有解，可得

$$\begin{aligned} & E\left[\boldsymbol{X}^{\mathrm{T}}(t) \boldsymbol{Q}_T^{(2)} \boldsymbol{X}(t)\right] - E\left[\boldsymbol{X}^{\mathrm{T}}(t_1) \boldsymbol{Q}_T^{(2)} \boldsymbol{X}(t_1)\right] \\ \leqslant & -E\left[\int_{t_1}^{t} \boldsymbol{X}^{\mathrm{T}}(s) \boldsymbol{Q} \boldsymbol{X}(s) + \boldsymbol{u}^{\mathrm{T}}(s) \boldsymbol{R} \boldsymbol{u}(s) \mathrm{d}s\right] + \left(\sum_{j=1}^{m} \boldsymbol{E}_j^{\mathrm{T}} \boldsymbol{Q}_T^{(2)} \boldsymbol{E}_j\right)(t - t_1) \end{aligned} \tag{7.49}$$

由于 $\boldsymbol{X} \in \bigcap\limits_{i=1}^{k} W_i$，$\boldsymbol{u}^{\mathrm{T}} \boldsymbol{R} \boldsymbol{u} > 0$，可得

$$E\left[\boldsymbol{X}^{\mathrm{T}}(t) \boldsymbol{Q}_T^{(2)} \boldsymbol{X}(t)\right] \leqslant E\left[\boldsymbol{X}^{\mathrm{T}}(t_0 + \delta) \boldsymbol{Q}_T^{(2)} \boldsymbol{X}(t_0 + \delta)\right] \tag{7.50}$$

由于状态左连续 $\boldsymbol{X}(t_0+\delta)=\boldsymbol{X}(t_0+\delta^-)$ 且 $\boldsymbol{Q}_T^{(1)}\geqslant\boldsymbol{Q}_T^{(2)}$，由式 (7.48)、式 (7.50) 可得

$$E\left[\boldsymbol{X}^{\mathrm{T}}(t)\boldsymbol{Q}_T^{(2)}\boldsymbol{X}(t)\right]\leqslant E\left[\boldsymbol{X}^{\mathrm{T}}(t_0)\boldsymbol{Q}_T^{(1)}\boldsymbol{X}(t_0)\right] \tag{7.51}$$

同理，当 $t\in[t_0+(k-1)\delta,t_0+k\delta)$ 时，有

$$E\left[\boldsymbol{X}^{\mathrm{T}}(t)\boldsymbol{Q}_T^{(k)}\boldsymbol{X}(t)\right]\leqslant E\left[\boldsymbol{X}^{\mathrm{T}}(t_0)\boldsymbol{Q}_T^{(1)}\boldsymbol{X}(t_0)\right] \tag{7.52}$$

进而可得以下估计式：

$$E\left[\|\boldsymbol{X}(t)\|^2\right]\leqslant\frac{\lambda_{\min}\left(\boldsymbol{Q}_T^{(1)}\right)}{\lambda_{\max}\left(\boldsymbol{Q}_T^{(k)}\right)}E\left[\|\boldsymbol{X}(t_0)\|^2\right] \tag{7.53}$$

对任意 $\boldsymbol{X}(t_0)\in\bigcap\limits_{i=1}^{k}W_i$,若取 $\lambda>0$ 使得 $E\left[\|\boldsymbol{X}(t_0)\|^2\right]<\lambda$,则有 $E\left[\|\boldsymbol{X}(t)\|^2\right]<\varLambda$，其中 $\varLambda=\lambda_{\min}\left(\boldsymbol{Q}_T^{(1)}\right)\lambda_{\max}^{-1}\left(\boldsymbol{Q}_T^{(k)}\right)\lambda+\varepsilon$，$\forall\varepsilon>0$，故闭环系统随机均方实用稳定。

2）当 $\boldsymbol{X}\in\bigcup\limits_{i=1}^{k}\Xi_i=R^n\Big/\bigcap\limits_{i=1}^{k}W_i$ 时,由 $\boldsymbol{X}^{\mathrm{T}}\boldsymbol{Q}\boldsymbol{X}<\sum\limits_{j=1}^{m}\boldsymbol{E}_j^{\mathrm{T}}\boldsymbol{Q}_T^{\max}\boldsymbol{E}_j,\boldsymbol{Q}_T^{\max}=\max\limits_{1\leqslant i\leqslant k}\boldsymbol{Q}_T^{(i)}$ 可得

$$E\left[\|\boldsymbol{X}(t)\|^2\right]<\lambda_{\max}^{-1}(\boldsymbol{Q})\sum_{j=1}^{m}\boldsymbol{E}_j^{\mathrm{T}}\boldsymbol{Q}_T^{\max}\boldsymbol{E}_j \tag{7.54}$$

对任意 $\boldsymbol{X}(t_0)\in\bigcup\limits_{i=1}^{k}\Xi_i$，$E\left[\|\boldsymbol{X}(t_0)\|^2\right]<\lambda$，存在 $E\left[\|\boldsymbol{X}(t)\|^2\right]<\varLambda$，$\varLambda=\lambda_{\max}^{-1}(\boldsymbol{Q})\cdot\sum\limits_{j=1}^{m}\boldsymbol{E}_j^{\mathrm{T}}\boldsymbol{Q}_T^{\max}\boldsymbol{E}_j>\lambda$。

综合上述，可得闭环系统均方实用稳定。证毕。

由定理 7.4，给出以下具有闭环均方实用稳定性保证的滚动预测控制算法。

算法 7.1

1）在优化时刻 $t_0+(i-1)\delta(i=1,2,\cdots)$，求解优化问题式 (7.26)，获得状态反馈控制律 $\boldsymbol{u}(t)=\boldsymbol{K}_i\boldsymbol{X}(t),t\in[t_0+(i-1)\delta,t_0+i\delta)$，其中 $\boldsymbol{K}_i=\boldsymbol{Y}_i\boldsymbol{X}_i^{-1}$，并将其作用于系统；

2）在下一个优化时刻 $t_0+i\delta$，获得状态信息并求解优化问题式 (7.26)，获得状态反馈控制律 $\boldsymbol{u}(t)=\boldsymbol{K}_{i+1}\boldsymbol{X}(t),t\in[t_0+i\delta,t_0+(i+1)\delta)$，其中 $\boldsymbol{K}_{i+1}=J_{i+1}\boldsymbol{I}_{i+1}^{-1}$，若 $\boldsymbol{I}_{i+1}\geqslant\boldsymbol{I}_i$，则状态反馈控制律增益切换为 $\boldsymbol{K}_{i+1}$；若优化问题式 (7.27) 无可行解，或 $\boldsymbol{X}_{i+1}<\boldsymbol{X}_i$，则保持上一时刻控制律不变；

3）重复步骤 2)，由定理 7.4 可知，若采用滚动策略使系统闭环均方实用稳定需要满足 $\boldsymbol{Q}_T^{(i+1)}\leqslant\boldsymbol{Q}_T^{(i)}(i\in\{1,2,\cdots,k\})$，则求解 $\boldsymbol{Q}_T^{\max}$ 即可获得使系统均方实用稳定的最大初始域，令 $\boldsymbol{X}^{-1}=\boldsymbol{Q}_T^{\max}$，算法如下：

$$
\min_{I,J} \log(\det(\boldsymbol{X}))
$$

$$
\text{s.t.} \begin{bmatrix} \boldsymbol{AI}+\boldsymbol{BJ}+\boldsymbol{IA}^{\mathrm{T}}+\boldsymbol{J}^{\mathrm{T}}\boldsymbol{B}^{\mathrm{T}}+\sum_{j=1}^{n}\boldsymbol{F}_j^{\mathrm{T}}\boldsymbol{IF}_j & \boldsymbol{I} & \boldsymbol{J}^{\mathrm{T}} \\ * & -\boldsymbol{Q}^{-1} & \boldsymbol{0} \\ * & * & -\boldsymbol{R}^{-1} \end{bmatrix} \leqslant \boldsymbol{0} \tag{7.55}
$$

7.3　随机时变线性系统的最优预测控制

考虑如下时变连续时间随机系统：

$$
\mathrm{d}\boldsymbol{X}(t)=[\boldsymbol{A}(t)\boldsymbol{X}(t)+\boldsymbol{B}(t)\boldsymbol{u}(t)]\,\mathrm{d}t+\sum_{i=1}^{n}\boldsymbol{F}_i(t)\boldsymbol{X}\mathrm{d}\boldsymbol{V}_i(t)+\sum_{j=1}^{m}\boldsymbol{E}_j(t)\mathrm{d}\boldsymbol{W}_j(t) \tag{7.56}
$$

式中，$\boldsymbol{A}(t),\boldsymbol{B}(t),\boldsymbol{F}_i(t),\boldsymbol{E}_j(t)$ 均为时变的适维矩阵；$\boldsymbol{X}(t)$ 满足左连续假设，即有 $\boldsymbol{X}(t^+)=\lim\limits_{h\to 0^+}\boldsymbol{X}(t+h),\boldsymbol{X}(t^-)=\lim\limits_{h\to 0^+}\boldsymbol{X}(t+h),\boldsymbol{X}(t^-)=\boldsymbol{X}(t)$；$\boldsymbol{V}_i(t),\boldsymbol{W}_i(t)$ 为相互独立的标准维纳过程。

优化问题描述如下：

$$
\begin{cases} \min\limits_{\boldsymbol{u}(s),s\in[t,t+T]} J_T(t)=E\Big\{\displaystyle\int_t^{t+T}[\boldsymbol{X}^{\mathrm{T}}(s)\boldsymbol{Q}(s)\boldsymbol{X}(s)+\boldsymbol{u}^{\mathrm{T}}(s)\boldsymbol{R}(s)\boldsymbol{u}(s)]\mathrm{d}s \\ \qquad\qquad +\boldsymbol{X}^{\mathrm{T}}(t+T)\boldsymbol{Q}_T(t+T)\boldsymbol{X}(t+T)\Big\} \\ \text{s.t.}\ \ \mathrm{d}\boldsymbol{X}(s)=(\boldsymbol{A}(s)\boldsymbol{X}(s)+\boldsymbol{B}(s)\boldsymbol{u}(s))\,\mathrm{d}t \\ \qquad\qquad +\displaystyle\sum_{i=1}^{n}\boldsymbol{F}_i(s)\boldsymbol{X}\mathrm{d}\boldsymbol{V}_i(s)+\sum_{j=1}^{m}\boldsymbol{E}_j(s)\mathrm{d}\boldsymbol{W}_j(s) \end{cases} \tag{7.57}
$$

状态反馈预测控制的目标是寻找状态反馈预测控制律 $\boldsymbol{u}(s)=\boldsymbol{K}(s)\boldsymbol{X}(s),s\in[t,t+T]$，使性能指标 $J_T(t)$ 最小或具有最小上界，且在滚动策略下，闭环随机系统均方实用稳定。

定理 7.5　记函数为

$$
\boldsymbol{P}(t)=\begin{cases} \boldsymbol{P}_1(t), & t\in[t_0,t_0+\delta) \\ \boldsymbol{P}_2(t), & t\in[t_0+\delta,t_0+2\delta) \\ \ \ \vdots & \ \ \vdots \\ \boldsymbol{P}_k(t), & t\in[t_0+(k-1)\delta,t_0+k\delta) \end{cases} \tag{7.58}
$$

式中，$\boldsymbol{P}_i(t)$ 满足以下里卡蒂微分方程：

$$
\begin{cases} \dot{\boldsymbol{P}}_i(t)+\boldsymbol{A}^{\mathrm{T}}(t)\boldsymbol{P}_i(t)+\boldsymbol{P}_i(t)\boldsymbol{A}(t)+\displaystyle\sum_{j=1}^{n}\boldsymbol{F}_j^{\mathrm{T}}(t)\boldsymbol{P}_i(t)\boldsymbol{F}_j(t) \\ \qquad -\boldsymbol{P}_i(t)\boldsymbol{B}(t)\boldsymbol{R}^{-1}(t)\boldsymbol{B}(t)\boldsymbol{P}_i(t)+\boldsymbol{Q}(t)=\boldsymbol{0} \\ \boldsymbol{P}_i(t+T)=\boldsymbol{Q}_T(t+T) \\ \qquad t\in[t_0+(i-1)\delta,t_0+i\delta] \qquad (i=\{1,2,\cdots,k\}) \end{cases} \tag{7.59}
$$

式中，i 表示第 i 次滚动优化；δ 为优化周期，$0<\delta<T$。

若 $\boldsymbol{P}_i(t)$ 为连续单调递减函数，且满足 $\boldsymbol{P}_i(t_0+i\delta)\geqslant \boldsymbol{P}_{i+1}(t_0+i\delta)$，则存在状态反馈预测控制增益 $\boldsymbol{K}_i(t)=-\boldsymbol{R}^{-1}(t)\boldsymbol{B}^{\mathrm{T}}(t)\boldsymbol{P}_i(t)$，使得性能指标有界，滚动时域策略下闭环系统均方实用稳定。

证明：定义李雅普诺夫函数 $V_i(s)=\boldsymbol{X}^{\mathrm{T}}(s)\boldsymbol{P}_i(s)\boldsymbol{X}(s)(i=\{1,2,\cdots,k\})$，对其沿系统式 (7.57) 求弱微分算子可得

$$
\begin{aligned}
\mathscr{L}V_i=&\boldsymbol{X}^{\mathrm{T}}(s)\Bigg\{\dot{\boldsymbol{P}}_i(s)+[\boldsymbol{A}(s)+\boldsymbol{B}(s)\boldsymbol{K}(s)]^{\mathrm{T}}\boldsymbol{P}_i(s)\\
&+\boldsymbol{P}_i(s)\left[\boldsymbol{A}(s)+\boldsymbol{B}(s)\boldsymbol{K}(s)\right]\\
&+\sum_{i=1}^{n}\boldsymbol{F}_i(s)\boldsymbol{P}_i(s)\boldsymbol{F}_i(s)\Bigg\}\boldsymbol{X}(s)+\sum_{j=1}^{m}\boldsymbol{E}_j^{\mathrm{T}}(s)\boldsymbol{P}_i(s)\boldsymbol{E}_j(s)
\end{aligned}\tag{7.60}
$$

将状态反馈控制律 $\boldsymbol{K}_i(s)=-\boldsymbol{R}^{-1}(s)\boldsymbol{B}^{\mathrm{T}}(s)\boldsymbol{P}_i(s)$ 代入上式可得

$$
\begin{aligned}
\mathscr{L}V_i=&\boldsymbol{X}^{\mathrm{T}}(s)\Bigg[\dot{\boldsymbol{P}}_i(s)+\boldsymbol{A}^{\mathrm{T}}(s)\boldsymbol{P}_i(s)+\boldsymbol{P}_i(s)\boldsymbol{A}(s)\\
&-2\boldsymbol{P}_i(s)\boldsymbol{B}(s)\boldsymbol{R}^{-1}(s)\boldsymbol{B}^{\mathrm{T}}(s)\boldsymbol{P}_i(s)\\
&+\sum_{i=1}^{n}\boldsymbol{F}_i(s)\boldsymbol{P}_i(s)\boldsymbol{F}_i(s)\Bigg]\boldsymbol{X}(s)+\sum_{j=1}^{m}\boldsymbol{E}_j^{\mathrm{T}}(s)\boldsymbol{P}_i(s)\boldsymbol{E}_j(s)
\end{aligned}\tag{7.61}
$$

将式 (7.59) 代入上式可得

$$
\begin{aligned}
\mathscr{L}V_i=&\boldsymbol{X}^{\mathrm{T}}(s)\Bigg[\dot{\boldsymbol{P}}_i(s)+\boldsymbol{A}^{\mathrm{T}}(s)\boldsymbol{P}_i(s)+\boldsymbol{P}_i(s)\boldsymbol{A}(s)\\
&-2\boldsymbol{P}_i(s)\boldsymbol{B}(s)\boldsymbol{R}^{-1}(s)\boldsymbol{B}^{\mathrm{T}}(s)\boldsymbol{P}_i(s)\\
&+\sum_{i=1}^{n}\boldsymbol{F}_i(s)\boldsymbol{P}_i(s)\boldsymbol{F}_i(s)\Bigg]\boldsymbol{X}(s)+\sum_{j=1}^{m}\boldsymbol{E}_j^{\mathrm{T}}(s)\boldsymbol{P}_i(s)\boldsymbol{E}_j(s)\\
=&-\boldsymbol{X}^{\mathrm{T}}(s)\left[\boldsymbol{Q}(s)+\boldsymbol{P}_i(s)\boldsymbol{B}(s)\boldsymbol{R}^{-1}(s)\boldsymbol{B}^{\mathrm{T}}(s)\boldsymbol{P}_i(s)\right]\boldsymbol{X}(s)\\
&+\sum_{j=1}^{m}\boldsymbol{E}_j^{\mathrm{T}}(s)\boldsymbol{P}_i(s)\boldsymbol{E}_j(s)\\
=&-\boldsymbol{X}^{\mathrm{T}}(s)\boldsymbol{Q}(s)-\boldsymbol{u}^{\mathrm{T}}(s)\boldsymbol{R}(s)\boldsymbol{u}(s)+\sum_{j=1}^{m}\boldsymbol{E}_j^{\mathrm{T}}(s)\boldsymbol{P}_i(s)\boldsymbol{E}_j(s)
\end{aligned}\tag{7.62}
$$

对上式两端同时取数学期望，并从 t 到 $t+T$ 积分可得

$$
\begin{aligned}
&E\left[\int_t^{t+T}\boldsymbol{X}^{\mathrm{T}}(s)\boldsymbol{Q}\boldsymbol{X}(s)+\boldsymbol{u}^{\mathrm{T}}(s)\boldsymbol{R}\boldsymbol{u}(s)\mathrm{d}s+\boldsymbol{X}^{\mathrm{T}}(t+T)\boldsymbol{Q}_T(t+T)\boldsymbol{X}(t+T)\right]\\
=&E\left[\boldsymbol{X}^{\mathrm{T}}(t)\boldsymbol{P}_i(t)\boldsymbol{X}(t)\right]+\int_t^{t+T}\sum_{j=1}^{m}\boldsymbol{E}_j(s)\boldsymbol{P}_i(s)\boldsymbol{E}_j(s)\mathrm{d}s
\end{aligned}\tag{7.63}
$$

$$\leqslant E\left[\boldsymbol{X}^{\mathrm{T}}(t)\boldsymbol{P}_1(t_0)\boldsymbol{X}(t)\right]+\int_t^{t+T}\sum_{j=1}^{m}\boldsymbol{E}_j(s)\boldsymbol{P}_1(t_0)\boldsymbol{E}_j(s)\mathrm{d}s$$

因此，性能指标有界得证。下面进一步证明滚动时域控制下闭环系统的均方实用稳定性。记有如下集合：

$$W_i=\left\{\boldsymbol{X}\in\mathbf{R}^n|\boldsymbol{X}^{\mathrm{T}}\boldsymbol{Q}_{\min}\boldsymbol{X}>\sum_{j=1}^{m}\boldsymbol{E}_j^{\mathrm{T}}\boldsymbol{P}_i(t)\boldsymbol{E}_j,t_0+(i-1)\delta\leqslant t\leqslant t_0+i\delta\right\}$$

$$\Xi_i=\left\{\boldsymbol{X}\in\mathbf{R}^n|\boldsymbol{X}^{\mathrm{T}}\boldsymbol{Q}_{\min}\boldsymbol{X}\leqslant\sum_{j=1}^{m}\boldsymbol{E}_j^{\mathrm{T}}\boldsymbol{P}_i(t)\boldsymbol{E}_j,t_0+(i-1)\delta\leqslant t\leqslant t_0+i\delta\right\}$$

式中，$\boldsymbol{Q}_{\min}=\min\left(\boldsymbol{Q}(t)\right)$，$t\in[t_0,t_0+k\delta)(i=\{1,2,\cdots,k\})$。

由于 $\boldsymbol{P}_i(t)$ 为单调递减函数，且 $\boldsymbol{P}_i(t_0+i\delta)\geqslant\boldsymbol{P}_{i+1}(t_0+i\delta)$，则有如下关系：

$$W_1=\bigcap_{i=1}^{k}W_i,\Xi_1=\bigcup_{i=1}^{k}\Xi_i=R^n\bigg/\bigcap_{i=1}^{k}W_i=R^n/W_1 \tag{7.64}$$

1）若 $\boldsymbol{X}\in\bigcap\limits_{i=1}^{k}W_i$，采用滚动优化策略，当 $t\in[t_0,t_0+\delta)$ 时，由式 (7.63) 可得

$$\begin{aligned}&E\left[\boldsymbol{X}^{\mathrm{T}}(t)\boldsymbol{P}_1(t)\boldsymbol{X}(t)\right]-E\left[\boldsymbol{X}^{\mathrm{T}}(t_0)\boldsymbol{P}_1(t_0)\boldsymbol{X}(t_0)\right]\\&\leqslant-E\left[\int_{t_0}^{t}\boldsymbol{X}^{\mathrm{T}}(s)\boldsymbol{Q}(s)\boldsymbol{X}(s)+\boldsymbol{u}^{\mathrm{T}}(s)\boldsymbol{R}(s)\boldsymbol{u}(s)\mathrm{d}s\right]+\int_{t_0}^{t}\sum_{j=1}^{m}\boldsymbol{E}_j\boldsymbol{P}_1(s)\boldsymbol{E}_j\mathrm{d}s\\&\leqslant-E\left\{\int_{t_0}^{t}\sum_{j=1}^{m}\boldsymbol{X}^{\mathrm{T}}(s)[\boldsymbol{Q}_{\min}+\boldsymbol{P}_1(s)\boldsymbol{B}^{\mathrm{T}}(s)\boldsymbol{R}^{-1}(s)\boldsymbol{B}^{\mathrm{T}}(s)\boldsymbol{P}_1(s)]\boldsymbol{X}(s)\mathrm{d}s\right\}\\&\quad+\int_{t_0}^{t}\sum_{j=1}^{m}\boldsymbol{E}_j\boldsymbol{P}_1(s)\boldsymbol{E}_j\mathrm{d}s\end{aligned} \tag{7.65}$$

由于 $\boldsymbol{X}\in W_1$，进一步可得

$$E\left[\boldsymbol{X}^{\mathrm{T}}(t_0+\delta^-)\boldsymbol{P}_1(t_0+\delta)\boldsymbol{X}(t_0+\delta^-)\right]\leqslant E\left[\boldsymbol{X}^{\mathrm{T}}(t_0)\boldsymbol{P}_1(t_0)\boldsymbol{X}(t_0)\right] \tag{7.66}$$

当 $t\in[t_0+\delta,t_0+2\delta)$ 时，$\boldsymbol{X}\in W_2$，同理有

$$E\left[\boldsymbol{X}^{\mathrm{T}}(t_0+2\delta^-)\boldsymbol{P}_2(t_0+2\delta)\boldsymbol{X}(t_0+2\delta^-)\right]\leqslant E\left[\boldsymbol{X}^{\mathrm{T}}(t_0+\delta)\boldsymbol{P}_2(t_0+\delta)\boldsymbol{X}(t_0+\delta)\right] \tag{7.67}$$

由于状态左连续，即 $\boldsymbol{X}(t_0+\delta)=\boldsymbol{X}(t_0+\delta^-)$，且两次优化分别求解式 (7.59)，获得解满足 $\boldsymbol{P}_1(t_0+\delta)\geqslant\boldsymbol{P}_2(t_0+\delta)$，由式 (7.66) 和式 (7.67) 可得

$$E\left[\boldsymbol{X}^{\mathrm{T}}(t_0+2\delta)\boldsymbol{P}_2(t_0+2\delta)\boldsymbol{X}(t_0+2\delta)\right]\leqslant E\left[\boldsymbol{X}^{\mathrm{T}}(t_0)\boldsymbol{P}_1(t_0)\boldsymbol{X}(t_0)\right] \tag{7.68}$$

因此，当 $t\in[t_0+(k-1)\delta,t_0+k\delta](k\in\{1,2,\cdots\})$ 时，可推得

$$E\left[\|\boldsymbol{X}(t)\|^2\right] \leqslant \frac{\lambda_{\min}\left(\boldsymbol{P}_1(t_0)\right)}{\lambda_{\max}\left(\boldsymbol{P}_k(t)\right)} E\left[\|\boldsymbol{X}(t_0)\|^2\right] \tag{7.69}$$

2）若 $\boldsymbol{X} \in \bigcup_{i=1}^{k} \Xi_i$，并考虑到 $\boldsymbol{P}_k(t) \leqslant \boldsymbol{P}_1(t)$，则有

$$\boldsymbol{X}^{\mathrm{T}}\boldsymbol{Q}_{\min}\boldsymbol{X} \leqslant \sum_{j=1}^{m} \boldsymbol{E}_j^{\mathrm{T}}\boldsymbol{P}_k(t)\boldsymbol{E}_j \leqslant \sum_{j=1}^{m} \boldsymbol{E}_j^{\mathrm{T}}\boldsymbol{P}_1(t_0)\boldsymbol{E}_j \tag{7.70}$$

进而可得

$$E\left[\|\boldsymbol{X}(t)\|^2\right] \leqslant \lambda_{\max}^{-1}\left(\boldsymbol{Q}_{\min}\right) \sum_{j=1}^{m} \boldsymbol{E}_j^{\mathrm{T}}\boldsymbol{P}_1(t_0)\boldsymbol{E}_j \tag{7.71}$$

易得 $E\left[\|\boldsymbol{X}(t)\|^2\right] < \Lambda$，其中，

$$\Lambda = \lambda_{\max}^{-1}\left(\boldsymbol{Q}_{\min}\right) \sum_{j=1}^{m} \boldsymbol{E}_j^{\mathrm{T}}\boldsymbol{P}_1(t_0)\boldsymbol{E}_j + \varepsilon, \quad \forall \varepsilon > 0 \tag{7.72}$$

综合上述，可知系统均方实用稳定。证毕。

注解 7.3 由定理 7.5 进一步可知，如何选取 $\boldsymbol{Q}_T$ 及预测时间 T 使得 $\boldsymbol{P}_i(t_0+i\delta) \geqslant \boldsymbol{P}_{i+1}(t_0+i\delta)$，仍然是值得研究的问题。若 T 取足够大，则 $\boldsymbol{P}_i(t_0+i\delta) = \boldsymbol{P}_{i+1}(t_0+i\delta) \to \bar{\boldsymbol{P}}$，即趋向于里卡蒂方程的稳态解，但较大的预测时域增大了计算负担，且其中的大部分解并不在控制量的计算中使用，因而浪费了资源。若选取的 $\boldsymbol{Q}_T$ 即为里卡蒂方程的稳态解，此时需要较小的预测时间即可满足要求。

例 7.1 已知一阶随机系统状态方程为

$$\dot{X}(t) = \frac{1}{4}X(t) + u(t) + \frac{1}{\sqrt{2}}X(t)V(t) + \mathrm{e}^{-\frac{1}{2}t}W(t) \tag{7.73}$$

式中，$V(t), W(t)$ 为标准高斯噪声变量。性能指标为

$$J(t) = E\left[\int_t^{t+T} \frac{1}{2}\mathrm{e}^{-t}X^2(s) + 2\mathrm{e}^{-t}u^2(s)\mathrm{d}s\right] \tag{7.74}$$

要求确定最优预测控制变量 $u(t)$，使代价函数 $J(t)$ 达到最小，且确保在滚动预测控制律下闭环系统均方实用稳定。

解：系统里卡蒂方程为

$$-\dot{P}(s) = P(s) - \frac{1}{2}\mathrm{e}^{s}P^2(s) + \frac{1}{2}\mathrm{e}^{-s}, \quad s \in [t, t+T]$$

由于上式为变系数非线性微分方程，可进行如下等价变换，令

$$\widehat{X}(s) = \mathrm{e}^{-\frac{1}{2}s}X(s), \quad \widehat{u}(s) = \mathrm{e}^{-\frac{1}{2}s}u(s)$$

则有

$$\dot{\widehat{X}}(s)=-\frac{1}{2}\mathrm{e}^{-\frac{1}{2}s}X(s)+\mathrm{e}^{-\frac{1}{2}s}\left[\frac{1}{4}X(s)+u(s)+\frac{1}{\sqrt{2}}X(s)V(s)+\mathrm{e}^{-\frac{1}{2}s}W(s)\right]$$

状态方程等价于

$$\dot{\widehat{X}}(s)=-\frac{1}{4}\widehat{X}(s)+\widehat{u}(s)+\frac{1}{\sqrt{2}}\widehat{X}(s)V(s)+\mathrm{e}^{-s}W(s)$$

等价性能指标为

$$J(t)=E\left[\int_t^{t+T}\frac{1}{2}\widehat{X}^2(s)+2\widehat{u}^2(s)\mathrm{d}s\right] \tag{7.75}$$

等价系统的里卡蒂方程为

$$-\dot{\widehat{P}}(s)=-\frac{1}{2}\widehat{P}^2(s)+\frac{1}{2},\widehat{P}(t+T)=0 \tag{7.76}$$

解得，$\widehat{P}(t)=\widehat{P}(s)|_{s=t}=\dfrac{1-\mathrm{e}^{-T}}{1+\mathrm{e}^{-T}}$，从而等价系统的滚动预测控制律为

$$\widehat{u}(t)=-\widehat{R}^{-1}\widehat{B}^T(t)\widehat{P}(t)\widehat{X}(t)=-\frac{1}{2}\mathrm{e}^{-\frac{1}{2}t}\widehat{P}(t)X(t) \tag{7.77}$$

原系统的滚动预测控制律为

$$u(t)=\mathrm{e}^{\frac{1}{2}t}\widehat{u}(t)=-\frac{1}{2}\cdot\frac{1-\mathrm{e}^{-T}}{1+\mathrm{e}^{-T}}X(t) \tag{7.78}$$

因为

$$u(t)=-R^{-1}(t)B^T(t)P(t)X(t)=-\frac{1}{2}\mathrm{e}^tP(t)X(t) \tag{7.79}$$

所以原系统里卡蒂方程的解为

$$P(t)=\frac{1-\mathrm{e}^{-T}}{\mathrm{e}^t(1+\mathrm{e}^{-T})} \tag{7.80}$$

由于 $P(t)$ 为一个单调递减函数，由定理 7.5 可知系统在滚动预测控制律下闭环系统均方实用稳定。

仿真条件：控制终止时刻 $t_f=5\mathrm{s}$，采样周期 $T_c=0.02\mathrm{s}$，初始时刻 $X_0=1$，预测时间取 $T=t_f-t$。系统在自治状态下和施加控制后的状态变化曲线如图 7.1(a) 和 (b) 所示，在预测控制律的作用下系统被镇定，控制量曲线如图 7.1(c) 所示。

滚动时域控制作为预测控制的一种策略，虽然在开环稳定系统中得到了广泛应用，但对一般随机非线性闭环系统的稳定性仍然缺乏保证。但另一方面，滚动时域控制（receding horizon control，RHC）作为一种次优策略，能够显著减小控制量计算负担，仍然吸引了很多学者的关注，赛宾・戈纳（Sabine Gorner）[213] 用线性二次调节器（LQR）控制并结合 RHC 策略求解了一类伯格（Burger）次优控制问题，皮特・本纳（Peter Benner）[214] 在文献 [213] 的基础上，将 RHC 策略扩展到时变（time-variant）系统，但

文中并未考虑随机因素的特性，而是将随机噪声认为是一种确定性有界干扰，利用泰勒展开方法将非线性系统线性化。文献 [215]、[216] 针对一类无限时域的周期性随机非线性最优控制问题，将 HJB 方程转化为特征值问题，从而降低了计算量，增强了算法的实时性。针对一般非线性系统，文献 [217] 利用包含状态相关里卡蒂方程（state-dependent Riccati equation，SDRE）方法设计非线性系统控制器，并使用冻结里卡蒂方程（frozen Riccati equation，FRE）方法 [210] 求解，这种方法被认为是无限时域最优控制问题的一种逼近方法，由于该设计方法具有良好的实时性，因而受到了广泛关注 [218-222]。

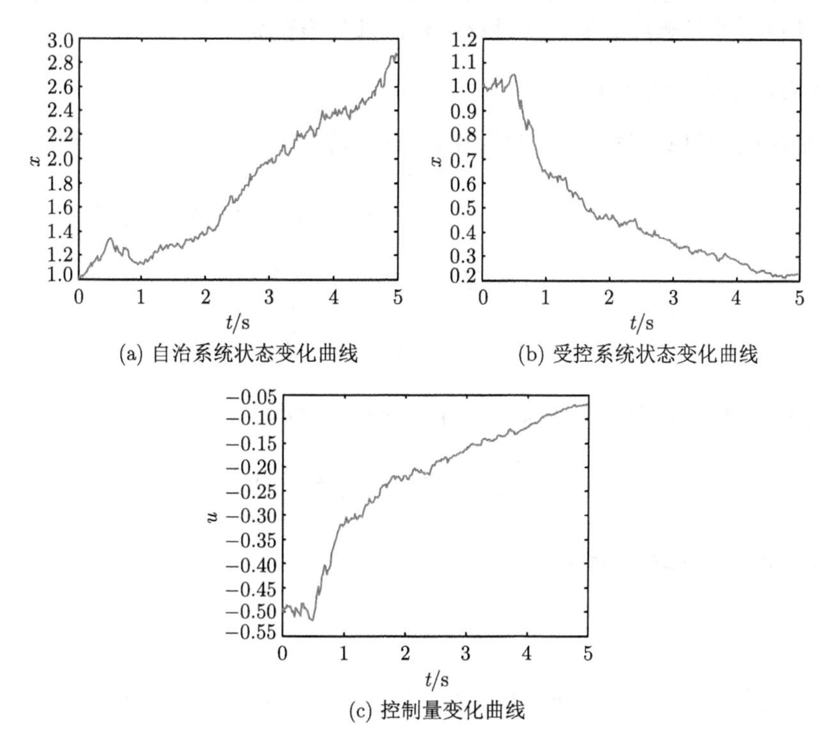

(a) 自治系统状态变化曲线 (b) 受控系统状态变化曲线 (c) 控制量变化曲线

图 7.1 滚动预测控制律下闭环系统仿真曲线

7.4 带有加性噪声的随机非线性预测控制

本节针对随机非线性预测控制模型，在随机非线性系统的统计线性化基础上，使用极大值原理及动态规划法，分别对随机非线性系统和具有输入饱和的随机非线性系统进行研究，求解随机非线性系统的准最优预测控制问题。由于存在两点边值问题（TPBV），计算量显著增大。本节利用基于 FRE 方法的 RHC 预测控制策略求解控制量的次优解以减少计算量，并分别进行仿真验证所提出的随机非线性 RHC 方法的有效性 [91-94,210]。

考虑如下连续非线性随机系统：

$$\mathrm{d}\boldsymbol{X}(t) = (\boldsymbol{\varphi}(\boldsymbol{X}(t)) + \boldsymbol{B}\boldsymbol{u}(t))\,\mathrm{d}t + \boldsymbol{F}\mathrm{d}\boldsymbol{V}(t), \boldsymbol{X}(0) = \boldsymbol{X}_0 \tag{7.81}$$

式中，$\boldsymbol{\varphi}$ 为已知非线性函数；过程噪声向量 $\mathrm{d}\boldsymbol{V}(t) \in \mathcal{N}(\boldsymbol{m}_v(t), \boldsymbol{G}(t)\mathrm{d}t)$。

优化代价函数为

$$\begin{cases} J = E\left\{\int_t^{t+T} \left[\boldsymbol{X}^{\mathrm{T}}(s)\boldsymbol{Q}\boldsymbol{X}(s) + \boldsymbol{u}^{\mathrm{T}}(s)\boldsymbol{R}\boldsymbol{u}(s)\right] \mathrm{d}s + \boldsymbol{X}^{\mathrm{T}}(t+T)\boldsymbol{P}_T\boldsymbol{X}(t+T)\right\} \\ \text{s.t. } \mathrm{d}\boldsymbol{X}(s) = \left[\varphi(\boldsymbol{X}(s)) + \boldsymbol{B}\boldsymbol{u}(s)\right]\mathrm{d}s + \boldsymbol{F}\mathrm{d}\boldsymbol{V}(s), s \in [t, t+T] \end{cases} \tag{7.82}$$

式中，$\boldsymbol{Q}, \boldsymbol{R}$ 分别为正定权矩阵；$\boldsymbol{P}_T$ 为终端代价矩阵。

针对此非线性模型，首先利用统计线性化方法将其表示成逼近随机线性系统模型，然后利用随机线性预测控制的方法进行求解，具体步骤如下 [209]。

7.4.1 转化为标准优化问题

利用随机极大值原理求解。定义新的状态变量为

$$\dot{X}_{n+1} = \boldsymbol{X}^{\mathrm{T}}\boldsymbol{Q}\boldsymbol{X} + \boldsymbol{u}^{\mathrm{T}}\boldsymbol{R}\boldsymbol{u} + 2\dot{\boldsymbol{X}}^{\mathrm{T}}\boldsymbol{P}_T\boldsymbol{X} \tag{7.83}$$

初始条件为 $X_{n+1}(t) = \boldsymbol{X}^{\mathrm{T}}(t)\boldsymbol{P}_T\boldsymbol{X}(t)$，庞特里亚金泛函为

$$\pi(t+T) = X_{n+1}(t+T) \tag{7.84}$$

求解最优控制量使庞特里亚金泛函的条件数学期望最小，即

$$\min_{\boldsymbol{u}(s), s\in[t,t+T]} E\left[X_{n+1}(t+T)\right] \tag{7.85}$$

7.4.2 求准最优预测控制向量

定义哈密顿泛函为

$$H = \boldsymbol{\Psi}^{\mathrm{T}}\left[\varphi(\boldsymbol{X}(s)) + \boldsymbol{B}\boldsymbol{u}(s) + \boldsymbol{F}\boldsymbol{V}(s)\right] + \Psi_{n+1}(\boldsymbol{X}^{\mathrm{T}}\boldsymbol{Q}\boldsymbol{X} + \boldsymbol{u}^{\mathrm{T}}\boldsymbol{R}\boldsymbol{u} + 2\dot{\boldsymbol{X}}^{\mathrm{T}}\boldsymbol{P}_T\boldsymbol{X}) \tag{7.86}$$

式中，$\boldsymbol{\Psi}$ 为伴随函数，且满足如下伴随方程：

$$\begin{cases} \dot{\boldsymbol{\Psi}} = -\dfrac{\partial H}{\partial \boldsymbol{X}} \\ \quad = -\dfrac{\partial \varphi^{\mathrm{T}}}{\partial \boldsymbol{X}}\boldsymbol{\Psi} - \Psi_{n+1}\left(2\boldsymbol{Q}\boldsymbol{X} + 2\dfrac{\partial \varphi^{\mathrm{T}}}{\partial \boldsymbol{X}}\boldsymbol{P}_T\boldsymbol{X} + 2\boldsymbol{P}_T\dot{\boldsymbol{X}}\right) \\ \dot{\Psi}_{n+1} = -\dfrac{\partial H}{\partial X_{n+1}} = 0 \end{cases} \tag{7.87}$$

边界条件为 $\Psi(t+T) = 0, \Psi_{n+1}(t+T) = -1$，进一步可得

$$\begin{gathered} \dot{\boldsymbol{\Psi}} = -\boldsymbol{\Psi}^{\mathrm{T}}\frac{\partial \varphi}{\partial \boldsymbol{X}} + 2\left(\boldsymbol{Q}\boldsymbol{X} + \frac{\partial \varphi^{\mathrm{T}}}{\partial \boldsymbol{X}}\boldsymbol{P}_T\boldsymbol{X} + \boldsymbol{P}_T\dot{\boldsymbol{X}}\right) \\ H = \boldsymbol{\Psi}^{\mathrm{T}}\left[\varphi\left(\boldsymbol{X}(s)\right) + \boldsymbol{B}\boldsymbol{u}(s) + \boldsymbol{F}\boldsymbol{V}(s)\right] - (\boldsymbol{X}^{\mathrm{T}}\boldsymbol{Q}\boldsymbol{X} + \boldsymbol{u}^{\mathrm{T}}\boldsymbol{R}\boldsymbol{u} + 2\dot{\boldsymbol{X}}^{\mathrm{T}}\boldsymbol{P}_T\boldsymbol{X}) \end{gathered} \tag{7.88}$$

利用随机极大值原理，对哈密顿函数的条件数学期望关于 $\boldsymbol{u}(s)$ 求导，并令其为 0，即

$$\frac{\partial E(H)}{\partial \boldsymbol{u}} = \boldsymbol{0}$$

将式 (7.88) 代入上式，去掉与 $\boldsymbol{u}(s)$ 无关的项，得

$$\frac{\partial}{\partial \boldsymbol{u}} E\left(\boldsymbol{\Psi}^{\mathrm{T}} \boldsymbol{B} \boldsymbol{u}(s) - \boldsymbol{u}^{\mathrm{T}} \boldsymbol{R} \boldsymbol{u} - 2\boldsymbol{u}^{\mathrm{T}} \boldsymbol{B}^{\mathrm{T}} \boldsymbol{P}_T \boldsymbol{X}\right) = \boldsymbol{0}$$

进而可得最优预测控制向量为

$$\boldsymbol{u}(s) = -\boldsymbol{R}^{-1} \boldsymbol{B}^{\mathrm{T}} \left(\boldsymbol{P}_T \bar{\boldsymbol{X}}(s) - \frac{1}{2}\bar{\boldsymbol{\Psi}}\right)$$

式中，$E(\boldsymbol{\Psi}) = \bar{\boldsymbol{\Psi}}$，$E[\boldsymbol{X}(s)] = \bar{\boldsymbol{X}}(s)$，分别为伴随函数和状态的预测向量。

进一步求解伴随函数。令

$$\boldsymbol{Z} = \boldsymbol{P}_T \boldsymbol{X} - \frac{1}{2}\boldsymbol{\Psi}$$

对上式两端求条件数学期望，得

$$\bar{\boldsymbol{Z}} = \boldsymbol{P}_T \bar{\boldsymbol{X}} - \frac{1}{2}\bar{\boldsymbol{\Psi}} \tag{7.89}$$

对式 (7.89) 两端求条导，得

$$\dot{\bar{\boldsymbol{Z}}} = \boldsymbol{P}_T \dot{\bar{\boldsymbol{X}}} - \frac{1}{2}\dot{\bar{\boldsymbol{\Psi}}} \tag{7.90}$$

其中，

$$\dot{\bar{\boldsymbol{X}}}(s) = E\left[\boldsymbol{\varphi}\left(\boldsymbol{X}(s)\right)\right] - \boldsymbol{B}\boldsymbol{R}^{-1}\boldsymbol{B}^{\mathrm{T}}\bar{\boldsymbol{Z}} \tag{7.91}$$

$$\dot{\bar{\boldsymbol{\Psi}}} = -E\left(\boldsymbol{\Psi}^{\mathrm{T}}\frac{\partial \boldsymbol{\varphi}}{\partial \boldsymbol{X}}\right) + 2\left[(\boldsymbol{Q}\bar{\boldsymbol{X}} + E\left(\frac{\partial \boldsymbol{\varphi}^{\mathrm{T}}}{\partial \boldsymbol{X}}\boldsymbol{P}_T\boldsymbol{X}\right) + \boldsymbol{P}_T\dot{\bar{\boldsymbol{X}}}\right] \tag{7.92}$$

最后可以化简为

$$\dot{\bar{\boldsymbol{Z}}} = -E\left(\frac{\partial \boldsymbol{\varphi}^{\mathrm{T}}}{\partial \boldsymbol{X}}\right)\bar{\boldsymbol{X}} - \boldsymbol{Q}\bar{\boldsymbol{X}} \tag{7.93}$$

终止条件为 $\bar{\boldsymbol{Z}}(t+T) = \boldsymbol{P}_T\bar{\boldsymbol{X}}(t+T)$。

对式 (7.90) 两端求条件数学期望，结合式 (7.93)，可得

$$\begin{cases} \dot{\bar{\boldsymbol{Z}}} = -E\left(\dfrac{\partial \boldsymbol{\varphi}^{\mathrm{T}}}{\partial \boldsymbol{X}}\right)\bar{\boldsymbol{X}} - \boldsymbol{Q}\bar{\boldsymbol{X}}, & \bar{\boldsymbol{X}}(t+T) = \boldsymbol{P}_T\bar{\boldsymbol{X}}(t+T) \\ \dot{\bar{\boldsymbol{X}}}(s) = E\left[\boldsymbol{\varphi}(\boldsymbol{X}(s))\right] + \boldsymbol{B}\boldsymbol{R}^{-1}\boldsymbol{B}^{\mathrm{T}}\bar{\boldsymbol{X}}, & \bar{\boldsymbol{X}}(t) = \boldsymbol{m}_X \end{cases} \tag{7.94}$$

式 (7.94) 即为非线性微分方程的两点边值问题，但很难获得解析解。利用统计线性化方法，将系统状态方程转化为线性化模型，则可求出一种近似解析解。

对非线性函数 $\boldsymbol{\varphi}(\boldsymbol{X}(s))$ 进行统计线性化，有

$$\boldsymbol{\varphi}\left(\boldsymbol{X}(s)\right)=\boldsymbol{\varphi}_0'\left(\boldsymbol{m},\boldsymbol{\theta},s\right)+\boldsymbol{K}_{\varphi}\left(\boldsymbol{m},\boldsymbol{\theta},s\right)\boldsymbol{X}(s) \tag{7.95}$$

式中，$\boldsymbol{\varphi}_0'=\boldsymbol{\varphi}_0(\boldsymbol{m},\boldsymbol{\theta},s)-\boldsymbol{K}_{\varphi}(\boldsymbol{m},\boldsymbol{\theta},s)\boldsymbol{m}(s)$。

将式 (7.95) 代入式 (7.94) 可得

$$\begin{cases}\dot{\bar{\boldsymbol{X}}}=-\boldsymbol{K}_{\varphi}^{\mathrm{T}}\bar{\boldsymbol{Z}}-\boldsymbol{Q}\bar{\boldsymbol{X}}, & \bar{\boldsymbol{Z}}(t+T)=\boldsymbol{P}_T\bar{\boldsymbol{X}}(t+T)\\ \dot{\bar{\boldsymbol{X}}}(s)=\boldsymbol{\varphi}'_0+\boldsymbol{K}_{\varphi}\bar{\boldsymbol{X}}-\boldsymbol{B}\boldsymbol{R}^{-1}\boldsymbol{B}^{\mathrm{T}}\bar{\boldsymbol{Z}}, & \bar{\boldsymbol{X}}(t)=\boldsymbol{m}_X\end{cases} \tag{7.96}$$

若 $\bar{\boldsymbol{Z}}$ 与 $\bar{\boldsymbol{X}}$ 存在线性关系，令

$$\bar{\boldsymbol{Z}}=\boldsymbol{P}(s)\bar{\boldsymbol{X}}(s)+\boldsymbol{P}_1(s) \tag{7.97}$$

则准最优预测控制量为

$$\boldsymbol{u}(s)=-\boldsymbol{R}^{-1}\boldsymbol{B}^{\mathrm{T}}\left(\boldsymbol{P}(s)\bar{\boldsymbol{X}}(s)+\boldsymbol{P}_1(s)\right) \tag{7.98}$$

对式 (7.97) 两端关于时间求微分，可得

$$\dot{\bar{\boldsymbol{Z}}}=\dot{\boldsymbol{P}}\bar{\boldsymbol{X}}+\boldsymbol{P}\dot{\bar{\boldsymbol{X}}}+\dot{\boldsymbol{P}}_1 \tag{7.99}$$

将式 (7.94) 和式 (7.97) 代入式 (7.99) 可得

$$\begin{aligned}&(\dot{\boldsymbol{P}}+\boldsymbol{P}\boldsymbol{K}_{\varphi}+\boldsymbol{K}_{\varphi}^{\mathrm{T}}\boldsymbol{P}+\boldsymbol{Q}-\boldsymbol{P}\boldsymbol{B}\boldsymbol{R}^{-1}\boldsymbol{B}^{\mathrm{T}}\boldsymbol{P})\bar{\boldsymbol{X}}(s)+\dot{\boldsymbol{P}}_1+\boldsymbol{K}_{\varphi}^{\mathrm{T}}\boldsymbol{P}_1\\&\quad+\boldsymbol{P}\boldsymbol{\varphi}_0'-\boldsymbol{P}\boldsymbol{B}\boldsymbol{R}^{-1}\boldsymbol{B}^{\mathrm{T}}\boldsymbol{P}_1=\boldsymbol{0}\end{aligned} \tag{7.100}$$

由于 $\bar{\boldsymbol{X}}(s)$ 的任意性，$\boldsymbol{P}(s)$、$\boldsymbol{P}_1(s)$ 应满足以下微分方程：

$$\dot{\boldsymbol{P}}+\boldsymbol{P}\boldsymbol{K}_{\varphi}+\boldsymbol{K}_{\varphi}^{\mathrm{T}}\boldsymbol{P}+\boldsymbol{Q}-\boldsymbol{P}\boldsymbol{B}\boldsymbol{R}^{-1}\boldsymbol{B}^{\mathrm{T}}\boldsymbol{P}=\boldsymbol{0} \tag{7.101}$$

$$\dot{\boldsymbol{P}}_1+\boldsymbol{K}_{\varphi}^{\mathrm{T}}\boldsymbol{P}_1+\boldsymbol{P}\boldsymbol{\varphi}_0'-\boldsymbol{P}\boldsymbol{B}\boldsymbol{R}^{-1}\boldsymbol{B}^{\mathrm{T}}\boldsymbol{P}_1=\boldsymbol{0} \tag{7.102}$$

终止条件为 $\boldsymbol{P}(t+T)=\boldsymbol{P}_T,\boldsymbol{P}_1(t+T)=\boldsymbol{0}$。式中，$\boldsymbol{K}_{\varphi},\boldsymbol{\varphi}_0'$ 与 $\boldsymbol{m},\boldsymbol{\theta}$ 有关，可由系统的期望和方差传递方程获得，即

$$\begin{cases}\dot{\boldsymbol{m}}=\boldsymbol{\varphi}'_0-\boldsymbol{B}\boldsymbol{R}^{-1}\boldsymbol{B}^{\mathrm{T}}(\boldsymbol{P}\boldsymbol{m}+\boldsymbol{P}_1), & \boldsymbol{m}(t_0)=\boldsymbol{m}_0\\ \dot{\boldsymbol{\theta}}=\left(\boldsymbol{K}_{\varphi}-\boldsymbol{B}\boldsymbol{R}^{-1}\boldsymbol{B}^{\mathrm{T}}\boldsymbol{P}\right)\boldsymbol{\theta}+\boldsymbol{\theta}\left(\boldsymbol{K}_{\varphi}-\boldsymbol{B}\boldsymbol{R}^{-1}\boldsymbol{B}^{\mathrm{T}}\boldsymbol{P}\right)^{\mathrm{T}}+\boldsymbol{W}, & \boldsymbol{\theta}(t_0)=\boldsymbol{\theta}_0\end{cases} \tag{7.103}$$

联立式 (7.101)~ 式 (7.103)，求解出待定矩阵 $\boldsymbol{P}(t)=\boldsymbol{P}(s)|_{s=t}$，$\boldsymbol{P}_1(t)=\boldsymbol{P}_1(s)|_{s=t}$，即可求得准最优预测控制向量 $\boldsymbol{u}(t)=-\boldsymbol{R}^{-1}\boldsymbol{B}^{\mathrm{T}}\left[\boldsymbol{P}(s)\bar{\boldsymbol{X}}(s)+\boldsymbol{P}_1(s)\right]|_{s=t}$。

7.4.3 求解准最优预测控制量的算法

下面给出随机非线性系统式 (7.82) 的准最优预测控制求解算法，步骤如下。

1）设采样时间为 Δt，假设在任意时刻获得 $\boldsymbol{m}(t)$, $\boldsymbol{\theta}(t)$，将 $\boldsymbol{m}(t)$, $\boldsymbol{\theta}(t)$ 代入得到 $\boldsymbol{K}_{\varphi}(\boldsymbol{m},\boldsymbol{\theta})$, $\boldsymbol{\varphi}_0'(\boldsymbol{m},\boldsymbol{\theta})$；

2）将 $\boldsymbol{K}_{\varphi}(\boldsymbol{m},\boldsymbol{\theta}),\boldsymbol{\varphi}_0'(\boldsymbol{m},\boldsymbol{\theta})$ 代入式 (7.104)、式 (7.105)，根据方程的终止条件，倒向求解得到 $\boldsymbol{P}(t)$、$\boldsymbol{P}_1(t)$ 如下：

$$\frac{\mathrm{d}\boldsymbol{P}}{\mathrm{d}s}+\boldsymbol{P}\boldsymbol{K}_{\varphi}(\boldsymbol{m}(t),\boldsymbol{\theta}(t))+\boldsymbol{K}_{\varphi}^{\mathrm{T}}(\boldsymbol{m}(t),\boldsymbol{\theta}(t))\boldsymbol{P}+\boldsymbol{Q}-\boldsymbol{P}\boldsymbol{B}\boldsymbol{R}^{-1}\boldsymbol{B}^{\mathrm{T}}\boldsymbol{P}=\boldsymbol{0} \tag{7.104}$$

$$\frac{\mathrm{d}\boldsymbol{P}_1}{\mathrm{d}s}+\boldsymbol{K}_{\varphi}^{\mathrm{T}}(\boldsymbol{m}(t),\boldsymbol{\theta}(t))\boldsymbol{P}_1+\boldsymbol{P}\boldsymbol{\varphi}_0'(\boldsymbol{m}(t),\boldsymbol{\theta}(t))-\boldsymbol{P}\boldsymbol{B}\boldsymbol{R}^{-1}\boldsymbol{B}^{\mathrm{T}}\boldsymbol{P}_1=\boldsymbol{0} \tag{7.105}$$

终止条件为 $\boldsymbol{P}(t+T)=\boldsymbol{P}_T,\boldsymbol{P}_1(t+T)=\boldsymbol{0}$;

3）将 $\boldsymbol{P}(t)$、$\boldsymbol{P}_1(t)$ 代入式 (7.103)，获得下一时刻的 $\boldsymbol{m}(t+\Delta t),\boldsymbol{\theta}(t+\Delta t)$;

4）根据 $\boldsymbol{P}(t)$、$\boldsymbol{P}_1(t)$ 计算当前控制向量 $\boldsymbol{u}(t)$，实施于系统并返回 1)，令 $t=t+\Delta t$，重复上述步骤。

对于终止时间不固定，以及终止时间为无穷大的随机最优控制问题，都可以转化为有限预测时域的滚动预测控制问题求解其次优解。采用滚动策略时，由于系统仅实施当前时刻的预测控制量，而其余部分并未利用，因此控制系统的实际性能与预测时域的选取有关，预测时域 T 越大则系统实际性能越接近最优性能，但预测时域过大导致计算速度降低及计算资源浪费，因此需要合理设置。

例 7.2 数值仿真。考虑一个简单的随机非线性系统：

$$\mathrm{d}X(t)=\left(X^2(t)+u(t)\right)\mathrm{d}t+\mathrm{d}W$$

式中，$\mathrm{d}W$ 为维纳过程，均值为 0，强度为 0.09。代价函数如式 (7.82)，其权矩阵 $R=0.1,Q=2,P_T=2$。求准最优预测控制变量 $u(t)$。

解：仿真条件为终止时间 $t_f=3\mathrm{s}$，仿真步长 $T_c=0.02\mathrm{s}$，仿真设定初始状态 $X(0)=1,m(0)=1,\theta(0)=2$。通过查表 [59] 可知

$$K_{\varphi}=3(\theta+m^3),\varphi_0'=\varphi_0-K_{\varphi}m=m^3-3m^4 \tag{7.106}$$

1）预测时域 $T=t_f-t$，仿真结果如图 7.2 所示。

2）预测时域分别为 0.02s、0.1s、0.5s 得到仿真结果如图 7.3 所示。

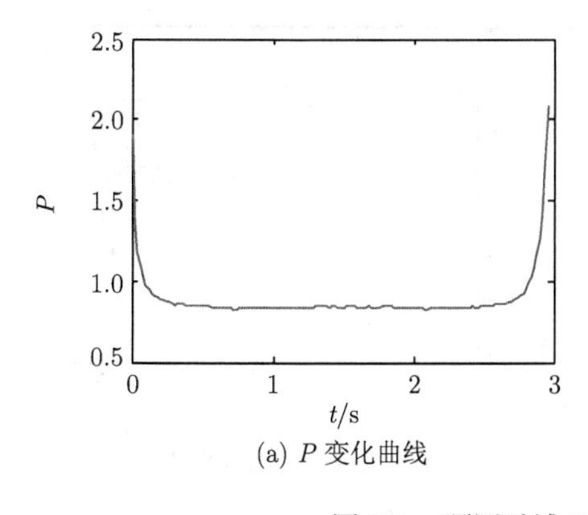

(a) P 变化曲线

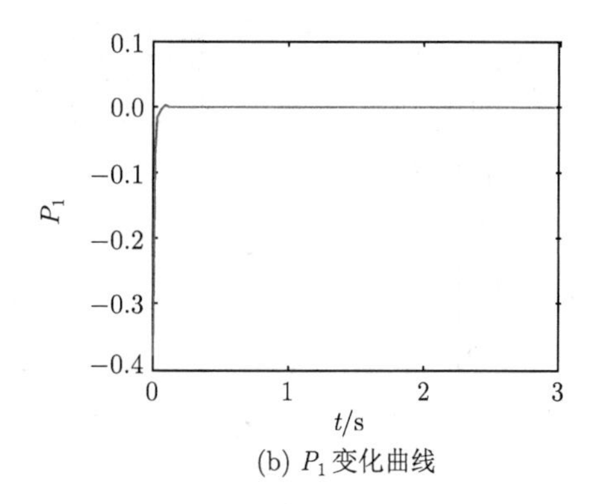

(b) P_1 变化曲线

图 7.2 预测时域 $T=t_f-t$ 时的仿真结果

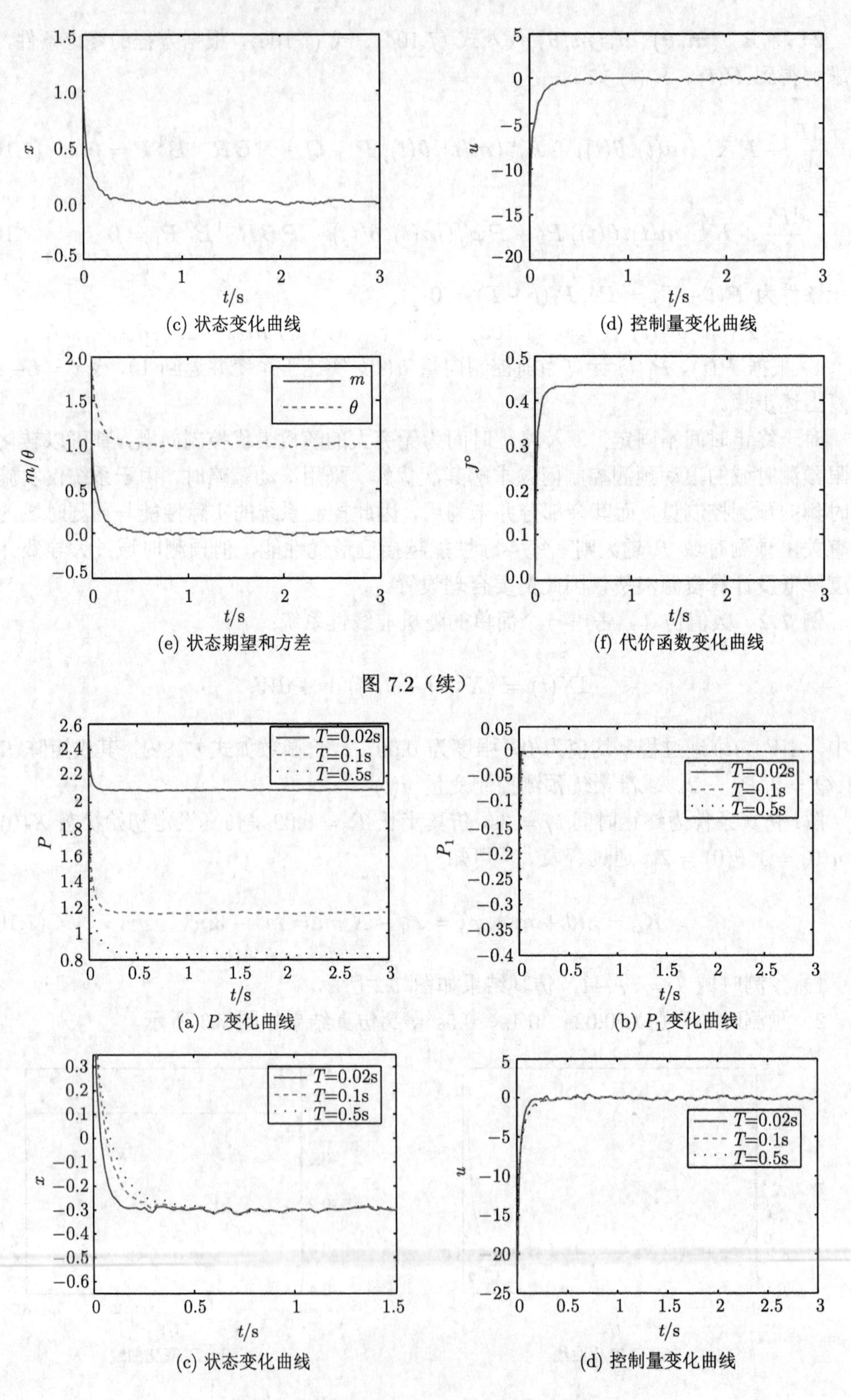

(c) 状态变化曲线

(d) 控制量变化曲线

(e) 状态期望和方差

(f) 代价函数变化曲线

图 7.2（续）

(a) P 变化曲线

(b) P_1 变化曲线

(c) 状态变化曲线

(d) 控制量变化曲线

图 7.3 预测时域为 0.02s、0.1s、0.5s 时的仿真结果

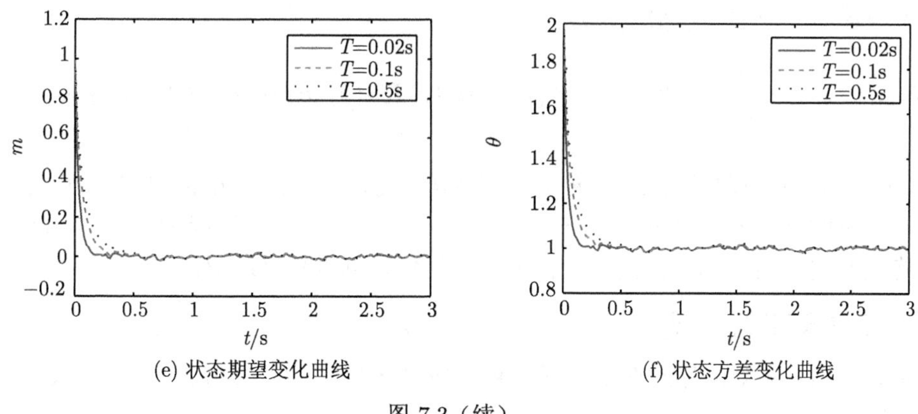

(e) 状态期望变化曲线 (f) 状态方差变化曲线

图 7.3（续）

本节利用随机极大值原理及统计线性化方法，将随机非线性控制问题转化为求解复杂类里卡蒂方程的准最优预测控制问题，避免了直接求解两点边值问题。由仿真结果可以看出，利用变时域滚动策略和固定时域滚动策略均可求解此类复杂的随机非线性控制问题。状态反馈控制律可使系统镇定，如图 7.3 所示，系统状态期望趋于原点，系统方差趋于 1。采用固定时域策略，其实际性能指标随预测时域的增大而减小，如表 7.1 所示，当预测时域为 1s 时，系统性能指标优于变时域策略，但增加了预测时域的同时将增大计算量，计算实时性能降低。

表 7.1 预测时域与性能指标

项目	固定预测时域				变时域
预测时域/s	0.02	0.1	0.5	1	t_f-t
性能指标	0.8050	0.5159	0.4342	0.4335	0.4336

7.5 带有混合噪声的随机非线性系统预测控制

上节利用随机极大值原理及统计线性化方法求解了一类加性噪声的随机非线性预测控制问题，为研究随机非线性系统的预测控制提供了一般思路和方法。但当系统中含有复杂噪声情形时，利用极大值原理求解随机非线性的准最优问题就显得较为烦琐，下面利用动态规划方法求解这类问题。

考虑如下具有多源混合噪声的连续时间非线性随机系统：

$$\mathrm{d}\boldsymbol{X}(t)=[\boldsymbol{f}(\boldsymbol{X}(t))+\boldsymbol{B}\boldsymbol{u}(t)]\,\mathrm{d}t+\sum_{i=0}^{L_1}\boldsymbol{g}_i(\boldsymbol{X}(t))\mathrm{d}\boldsymbol{V}_i(t)+\sum_{j=0}^{L_2}\boldsymbol{G}_j\mathrm{d}\boldsymbol{W}_j(t),\boldsymbol{X}(0)=\boldsymbol{X}_0 \tag{7.107}$$

式中，$\boldsymbol{X}\in\mathbf{R}^n$ 为系统状态向量；$\boldsymbol{u}\in\mathbf{R}^p$ 为系统控制输入向量；$\boldsymbol{f}(\cdot)\in\mathbf{R}^n$ 为已知的非线性状态矩阵函数；$\boldsymbol{g}(\cdot)\in\mathbf{R}^n$ 为与状态相关的非线性函数；$\mathrm{d}\boldsymbol{W}$、$\mathrm{d}\boldsymbol{V}$ 分别为相互独立的标准维纳过程。

考虑如下二次型性能指标函数：

$$J(\boldsymbol{X}(t),t)=E\left\{\int_{t}^{t+T}\left[\boldsymbol{X}^{\mathrm{T}}(\tau)\boldsymbol{Q}\boldsymbol{X}(\tau)+\boldsymbol{u}^{\mathrm{T}}(\tau)\boldsymbol{R}\boldsymbol{u}(\tau)\right]\mathrm{d}\tau+\boldsymbol{X}^{\mathrm{T}}(t+T)\boldsymbol{Q}_{T}\boldsymbol{X}(t+T)\right\} \tag{7.108}$$

式中，$\boldsymbol{Q}$ 为状态加权矩阵；$\boldsymbol{R}$ 为控制加权矩阵；$\boldsymbol{Q}_T$ 为预测终端加权矩阵；T 为预测周期。在每个时刻求解优化策略 $\boldsymbol{u}(\tau)\in U, t\leqslant\tau\leqslant t+T$，使得性能指标式 (7.108) 最小，并实施控制向量 $\boldsymbol{u}(t)=\boldsymbol{u}(\tau)|_{\tau=t}$，在下一个优化时刻重复该过程。

7.5.1 滚动预测控制算法

定理 7.6 在全信息条件下，混合噪声随机非线性系统式 (7.107) 存在状态反馈控制律 [14-16]：

$$\boldsymbol{u}(\tau)=\boldsymbol{K}(\tau)\boldsymbol{X}(\tau)+\boldsymbol{C}(\tau),\quad t\leqslant\tau\leqslant t+T \tag{7.109}$$

式中，$\boldsymbol{K}=-\boldsymbol{R}^{-1}\boldsymbol{B}\boldsymbol{P}, \boldsymbol{C}=-\boldsymbol{R}^{-1}\boldsymbol{B}\boldsymbol{P}_1$，使得二次型性能指标式 (7.108) 最小，且有

$$J(\boldsymbol{X}(t),t)=\boldsymbol{X}^{\mathrm{T}}(t)\boldsymbol{P}(t)\boldsymbol{X}(t)+2\boldsymbol{X}^{\mathrm{T}}(t)\boldsymbol{P}_1(t)+P_0(t)$$

式中，$\boldsymbol{P}$、$\boldsymbol{P}_1$、P_0 分别满足以下方程：

$$\begin{cases}\dot{\boldsymbol{P}}+\boldsymbol{Q}+\displaystyle\sum_{i=0}^{L}\boldsymbol{N}_{g_i}^{\mathrm{T}}\boldsymbol{P}\boldsymbol{N}_{g_i}-\boldsymbol{P}\boldsymbol{B}\boldsymbol{R}^{-1}\boldsymbol{B}\boldsymbol{P}+\boldsymbol{P}\boldsymbol{N}_f+\boldsymbol{N}_f\boldsymbol{P}=\boldsymbol{0}\\ \dot{\boldsymbol{P}}_1-\boldsymbol{P}\boldsymbol{B}\boldsymbol{R}^{-1}\boldsymbol{B}\boldsymbol{P}_1+\boldsymbol{P}_1^{\mathrm{T}}\boldsymbol{N}_f+\boldsymbol{P}\boldsymbol{f}_0+2\displaystyle\sum_{i=0}^{L}\boldsymbol{g}_{i0}'^{\mathrm{T}}\boldsymbol{P}\boldsymbol{N}_{g_i}=\boldsymbol{0}\\ \dot{P}_0-\boldsymbol{P}_1^{\mathrm{T}}\boldsymbol{B}\boldsymbol{R}^{-1}\boldsymbol{B}\boldsymbol{P}_1+\boldsymbol{P}_1\boldsymbol{f}_0+\boldsymbol{f}_0^{\mathrm{T}}\boldsymbol{P}_1+\displaystyle\sum_{i=0}^{N}\boldsymbol{g}_{i0}'^{\mathrm{T}}\boldsymbol{P}\boldsymbol{g}_{i0}'+\displaystyle\sum_{i=0}^{N}\boldsymbol{G}_i^{\mathrm{T}}\boldsymbol{P}\boldsymbol{G}_i=0\end{cases} \tag{7.110}$$

终值条件为 $\boldsymbol{P}(t+T)=\boldsymbol{Q}_T, \boldsymbol{P}_1(t+T)=\boldsymbol{0}, P_0(t+T)=0$。式中，$\boldsymbol{f}_0$、$\boldsymbol{N}_f$ 由 $f(\boldsymbol{X})$ 统计线性化得到；$\boldsymbol{g}_{i0}'=\boldsymbol{g}_{i0}-\boldsymbol{N}_{gi}m$，$\boldsymbol{g}_{i0}$、$\boldsymbol{N}_{gi}$ 由 $g(X)$ 统计线性化得到，满足以下闭合系统期望和方差传递方程：

$$\begin{cases}\dot{\boldsymbol{m}}(t)=\boldsymbol{f}_0+\boldsymbol{B}\left(\boldsymbol{K}\boldsymbol{m}+\boldsymbol{C}\right)\\ \dot{\boldsymbol{\theta}}(t)=\boldsymbol{\theta}(t)(\boldsymbol{N}_f+\boldsymbol{B}\boldsymbol{K})^{\mathrm{T}}+(\boldsymbol{N}_f+\boldsymbol{B}\boldsymbol{K})\boldsymbol{\theta}(t)+\displaystyle\sum_{i=0}^{L_1}\boldsymbol{N}_{gi}\boldsymbol{\theta}(t)\boldsymbol{N}_{gi}^{\mathrm{T}}\\ \qquad+\displaystyle\sum_{i=0}^{L_1}\boldsymbol{g}_{i0}\boldsymbol{g}_{i0}^{\mathrm{T}}+\displaystyle\sum_{i=0}^{L_2}\boldsymbol{G}_i\boldsymbol{G}_i^{\mathrm{T}}\end{cases} \tag{7.111}$$

证明：利用动态规划方法求解，记代价函数的数学期望最小值为

$$E\left[S(\boldsymbol{X}(t),t)\right]=\min_{\substack{\boldsymbol{u}(\tau)\in U\\ t\leqslant\tau\leqslant t+T}}\left[J(\boldsymbol{X}(t),t)\right] \tag{7.112}$$

选取相邻的两个时间 t、$t+\Delta t$，其中 Δt 为充分小增量，可得

$$E\left[S(\boldsymbol{X}(t),t)\right]=\min_{\boldsymbol{u}(t)\in U}\{E[\boldsymbol{X}^{\mathrm{T}}(t)\boldsymbol{Q}(t)\boldsymbol{X}(t)+\boldsymbol{u}^{\mathrm{T}}(t)\boldsymbol{R}(t)\boldsymbol{u}(t)]\Delta t$$

$$+S(\boldsymbol{X}(t+\Delta t),t+\Delta t)\} \tag{7.113}$$

进而可得贝尔曼泛函方程为

$$\begin{aligned}-\frac{\partial E(S)}{\partial \tau}=&\min_{\boldsymbol{u}(\tau)\in U}E\left[\boldsymbol{X}^{\mathrm{T}}\boldsymbol{Q}\boldsymbol{X}+\boldsymbol{u}^{\mathrm{T}}\boldsymbol{R}\boldsymbol{u}+\left(\frac{\partial S}{\partial \boldsymbol{X}}\right)^{\mathrm{T}}(\boldsymbol{f}+\boldsymbol{B}\boldsymbol{u})\right.\\&\left.+\frac{1}{2}\sum_{i=0}^{L_1}\mathrm{tr}\left(\frac{\partial^2 S}{\partial \boldsymbol{X}^2}\boldsymbol{g}_i\boldsymbol{g}_i^{\mathrm{T}}\right)+\frac{1}{2}\sum_{j=0}^{L_2}\mathrm{tr}\left(\frac{\partial^2 S}{\partial \boldsymbol{X}^2}\boldsymbol{G}_j\boldsymbol{G}_j^{\mathrm{T}}\right)\right]\end{aligned} \tag{7.114}$$

终止条件为

$$S(\boldsymbol{X}(t+T),t+T)=\boldsymbol{X}^{\mathrm{T}}(t+T)\boldsymbol{Q}_T\boldsymbol{X}(t+T)$$

求解贝尔曼方程式 (7.113)，首先求解 $\boldsymbol{u}(\tau)$ 使式 (7.114) 右端最小，令

$$\begin{aligned}&\frac{\partial}{\partial \boldsymbol{u}(\tau)}E\left[\boldsymbol{X}^{\mathrm{T}}\boldsymbol{Q}\boldsymbol{X}+\boldsymbol{u}^{\mathrm{T}}\boldsymbol{R}\boldsymbol{u}+\left(\frac{\partial S}{\partial \boldsymbol{X}}\right)^{\mathrm{T}}(\boldsymbol{f}+\boldsymbol{B}\boldsymbol{u})\right.\\&\left.+\frac{1}{2}\sum_{i=0}^{L_1}\boldsymbol{g}_i^{\mathrm{T}}\frac{\partial^2 S}{\partial \boldsymbol{X}^2}\boldsymbol{g}_i+\frac{1}{2}\sum_{j=0}^{L_2}\boldsymbol{G}_j^{\mathrm{T}}\frac{\partial^2 S}{\partial \boldsymbol{X}^2}\boldsymbol{G}_j\right]=\boldsymbol{0}\end{aligned} \tag{7.115}$$

可求得

$$\boldsymbol{u}(\tau)=-\frac{1}{2}\boldsymbol{R}^{-1}\boldsymbol{B}\frac{\partial S}{\partial \boldsymbol{X}} \tag{7.116}$$

将式 (7.116) 代入式 (7.115)，得

$$\begin{aligned}-\frac{\partial S}{\partial \tau}=&\min_{\boldsymbol{u}(\tau)\in U}E\left[\boldsymbol{X}^{\mathrm{T}}\boldsymbol{Q}\boldsymbol{X}-\frac{1}{4}\left(\frac{\partial S}{\partial \boldsymbol{X}}\right)^{\mathrm{T}}\boldsymbol{B}\boldsymbol{R}^{-1}\boldsymbol{B}^{\mathrm{T}}\frac{\partial S}{\partial \boldsymbol{X}}+\left(\frac{\partial S}{\partial \boldsymbol{X}}\right)^{\mathrm{T}}f\right.\\&\left.+\frac{1}{2}\sum_{i=0}^{L_1}\boldsymbol{g}_i^{\mathrm{T}}\frac{\partial^2 S}{\partial \boldsymbol{X}^2}\boldsymbol{g}_i+\frac{1}{2}\sum_{j=0}^{L_2}\boldsymbol{G}_j^{\mathrm{T}}\frac{\partial^2 S}{\partial \boldsymbol{X}^2}\boldsymbol{G}_j\right]\end{aligned} \tag{7.117}$$

假设泛函的解满足如下形式：

$$S(\boldsymbol{X},\tau)=\boldsymbol{X}^{\mathrm{T}}\boldsymbol{P}(\tau)\boldsymbol{X}+2\boldsymbol{X}^{\mathrm{T}}\boldsymbol{P}_1(\tau)+P_0(\tau) \tag{7.118}$$

则关于预测时间、状态的一阶和二阶偏导分别为

$$\left\{\begin{aligned}&\frac{\partial S(\boldsymbol{X},\tau)}{\partial \tau}=\boldsymbol{X}^{\mathrm{T}}\dot{\boldsymbol{P}}(\tau)\boldsymbol{X}+2\boldsymbol{X}^{\mathrm{T}}\dot{\boldsymbol{P}}_1(\tau)+\dot{P}_0(\tau)\\&\frac{\partial S(\boldsymbol{X},\tau)}{\partial \boldsymbol{X}}=2\boldsymbol{P}\boldsymbol{X}+2\boldsymbol{P}_1\\&\frac{\partial^2 S(\boldsymbol{X},\tau)}{\partial \boldsymbol{X}^2}=2\boldsymbol{P}\end{aligned}\right. \tag{7.119}$$

则有

$$\boldsymbol{u}(\tau)=\boldsymbol{K}\boldsymbol{X}(\tau)+\boldsymbol{C}(\tau),t\leqslant\tau\leqslant t+T \tag{7.120}$$

式中，$\boldsymbol{K}=-\boldsymbol{R}^{-1}\boldsymbol{B}\boldsymbol{P},\boldsymbol{C}=-\boldsymbol{R}^{-1}\boldsymbol{B}\boldsymbol{P}_1$。

非线性函数 $\boldsymbol{f}(\boldsymbol{X},t),\boldsymbol{g}_i(\boldsymbol{X},t)$ 统计线性化后可得

$$\begin{cases}\boldsymbol{f}(\boldsymbol{X})=\boldsymbol{f}_0+\boldsymbol{N}_f(\boldsymbol{X}-\boldsymbol{m})\\ \boldsymbol{g}_i(\boldsymbol{X})=\boldsymbol{g}_{i0}+\boldsymbol{N}_{gi}(\boldsymbol{X}-\boldsymbol{m})\end{cases}\tag{7.121}$$

将其代入式 (7.107) 中可得

$$\begin{aligned}\mathrm{d}\boldsymbol{X}(t)=&[\boldsymbol{f}_0+\boldsymbol{N}_f(\boldsymbol{X}-\boldsymbol{m})+\boldsymbol{B}\boldsymbol{u}(t)]\,\mathrm{d}t\\&+\sum_{i=0}^{L_1}[\boldsymbol{g}_{i0}+\boldsymbol{N}_{gi}(\boldsymbol{X}-\boldsymbol{m})]\,\mathrm{d}\boldsymbol{V}_i(t)+\sum_{j=0}^{L_2}\boldsymbol{G}_j\mathrm{d}\boldsymbol{W}_j(t)\end{aligned}\tag{7.122}$$

将滚动控制律 $\boldsymbol{u}(t)=\boldsymbol{K}(t)\boldsymbol{X}(t)+\boldsymbol{C}(t)$ 代入式 (7.122)，系统的期望和方差传递方程为

$$\begin{aligned}\dot{\boldsymbol{m}}(t)=&\boldsymbol{f}_0+\boldsymbol{B}\boldsymbol{K}\boldsymbol{m}+\boldsymbol{B}\boldsymbol{C}\\ \dot{\boldsymbol{\theta}}(t)=&\boldsymbol{\theta}(t)(\boldsymbol{N}_f+\boldsymbol{B}\boldsymbol{K})^{\mathrm{T}}+(\boldsymbol{N}_f+\boldsymbol{B}\boldsymbol{K})\boldsymbol{\theta}(t)\\&+\sum_{i=0}^{L_1}\boldsymbol{N}_{gi}\boldsymbol{\theta}(t)\boldsymbol{N}_{gi}^{\mathrm{T}}+\sum_{i=0}^{L_1}\boldsymbol{g}_{i0}\boldsymbol{g}_{i0}^{\mathrm{T}}+\sum_{i=0}^{L_2}\boldsymbol{G}_i\boldsymbol{G}_i^{\mathrm{T}}\end{aligned}\tag{7.123}$$

由于

$$\begin{aligned}\boldsymbol{g}_i^{\mathrm{T}}\frac{\partial^2 S}{\partial \boldsymbol{X}^2}\boldsymbol{g}_i&=[(\boldsymbol{g}_{i0}-\boldsymbol{N}_{gi}\boldsymbol{m})+\boldsymbol{N}_{gi}\boldsymbol{X}]^{\mathrm{T}}\boldsymbol{P}\,[(\boldsymbol{g}_{i0}-\boldsymbol{N}_{gi}\boldsymbol{m})+\boldsymbol{N}_{gi}\boldsymbol{X}]\\&=\boldsymbol{g}_{i0}'^{\mathrm{T}}\boldsymbol{P}\boldsymbol{g}_{i0}'+\boldsymbol{X}^{\mathrm{T}}\boldsymbol{N}_{gi}^{\mathrm{T}}\boldsymbol{P}\boldsymbol{N}_{gi}\boldsymbol{X}+2\boldsymbol{X}^{\mathrm{T}}\boldsymbol{N}_{gi}^{\mathrm{T}}\boldsymbol{P}\boldsymbol{g}_{i0}'\end{aligned}$$

式中，$\boldsymbol{g}_{i0}'=\boldsymbol{g}_{i0}-\boldsymbol{N}_{gi}\boldsymbol{m}$，将上式代入式 (5.39)，两端整理后可得

$$\begin{aligned}&\boldsymbol{X}^{\mathrm{T}}\left(\dot{\boldsymbol{P}}+\boldsymbol{Q}+\sum_{i=0}^{L}\boldsymbol{N}_{g_i}^{\mathrm{T}}\boldsymbol{P}\boldsymbol{N}_{g_i}-\boldsymbol{P}\boldsymbol{B}\boldsymbol{R}^{-1}\boldsymbol{B}^{\mathrm{T}}\boldsymbol{P}+\boldsymbol{P}\boldsymbol{N}_f+\boldsymbol{N}_f^{\mathrm{T}}\boldsymbol{P}\right)\boldsymbol{X}\\&+2\boldsymbol{X}^{\mathrm{T}}\left(\dot{\boldsymbol{P}}_1-\boldsymbol{P}\boldsymbol{B}\boldsymbol{R}^{-1}\boldsymbol{B}^{\mathrm{T}}\boldsymbol{P}_1+\boldsymbol{N}_f^{\mathrm{T}}\boldsymbol{P}_1+\boldsymbol{P}\boldsymbol{f}_0'+\sum_{i=0}^{L_1}\boldsymbol{N}_{g_0}^{\mathrm{T}}\boldsymbol{P}\boldsymbol{g}_{i0}'\right)\\&+\left(\dot{P}_0-\boldsymbol{P}_1^{\mathrm{T}}\boldsymbol{B}\boldsymbol{R}^{-1}\boldsymbol{B}^{\mathrm{T}}\boldsymbol{P}_1+2\boldsymbol{P}_1^{\mathrm{T}}\boldsymbol{f}_0'+\sum_{i=0}^{L_1}\boldsymbol{g}_{i0}'^{\mathrm{T}}\boldsymbol{P}\boldsymbol{g}_{i0}'+\sum_{i=0}^{L_2}\boldsymbol{G}_i^{\mathrm{T}}\boldsymbol{P}\boldsymbol{G}_i\right)=0\end{aligned}$$

式中，$\boldsymbol{f}_0'=\boldsymbol{f}_0-\boldsymbol{N}_f\boldsymbol{m}$。由于状态的任意性，上式成立需要满足以下等式成立：

$$\begin{aligned}&\dot{\boldsymbol{P}}+\boldsymbol{Q}+\sum_{i-0}^{L}\boldsymbol{N}_{g_i}^{\mathrm{T}}\boldsymbol{P}\boldsymbol{N}_{g_i}-\boldsymbol{P}\boldsymbol{B}\boldsymbol{R}^{-1}\boldsymbol{B}^{\mathrm{T}}\boldsymbol{P}+\boldsymbol{P}\boldsymbol{N}_f+\boldsymbol{N}_f^{\mathrm{T}}\boldsymbol{P}=\boldsymbol{0}\\&\dot{\boldsymbol{P}}_1-\boldsymbol{P}\boldsymbol{B}\boldsymbol{R}^{-1}\boldsymbol{B}^{\mathrm{T}}\boldsymbol{P}_1+\boldsymbol{N}_f^{\mathrm{T}}\boldsymbol{P}_1+\boldsymbol{P}\boldsymbol{f}_0'+\sum_{i=0}^{L_1}\boldsymbol{N}_{g_0}^{\mathrm{T}}\boldsymbol{P}\boldsymbol{g}_{i0}'=\boldsymbol{0}\\&\dot{P}_0-\boldsymbol{P}_1^{\mathrm{T}}\boldsymbol{B}\boldsymbol{R}^{-1}\boldsymbol{B}^{\mathrm{T}}\boldsymbol{P}_1+2\boldsymbol{P}_1^{\mathrm{T}}\boldsymbol{f}_0'+\sum_{i=0}^{L_1}\boldsymbol{g}_{i0}'^{T}\boldsymbol{P}\boldsymbol{g}_{i0}'+\sum_{i=0}^{L_2}\boldsymbol{G}_i^{\mathrm{T}}\boldsymbol{P}\boldsymbol{G}_i=0\end{aligned}$$

终值条件为 $\boldsymbol{P}(t+T)=\boldsymbol{Q}_T, \boldsymbol{P}_1(t+T)=\boldsymbol{0}, P_0(t+T)=0$。

在全信息条件下由 $S(\boldsymbol{X},\tau)$ 的解析形式可知，系统的性能指标为

$$J_T(t)=E\left[S(\boldsymbol{X},t)\right]=\boldsymbol{X}^{\mathrm{T}}(t)\boldsymbol{P}(t)\boldsymbol{X}(t)+2\boldsymbol{X}^{\mathrm{T}}(t)\boldsymbol{P}_1(t)+P_0(t)$$

证毕。

下面给出滚动时域预测算法的求解步骤：

1）选择合适的预测时间 T 及采样周期 T_c，给定初始状态期望 $\boldsymbol{m}_0$ 和方差 $\boldsymbol{\theta}_0$，代入式 (7.111)；

2）在每个采样时刻 $t=kT_c$，将得到的 $\boldsymbol{m}$、$\boldsymbol{\theta}$ 值代入式 (7.110)，并逆向求解得到 $\boldsymbol{P}(t)$、$\boldsymbol{P}_1(t)$、$P_0(t)$，将其代入式 (7.109) 获得控制向量 $\boldsymbol{u}(t)$；

3）将 $\boldsymbol{u}(t)$ 代入系统，在下个采样时刻重复步骤 2)；

4）若$\|\dot{\boldsymbol{m}}\|>\alpha, \|\dot{\boldsymbol{\theta}}\|>\beta$，则停止，返回步骤 1)，重新选择状态期望 $\boldsymbol{m}_0$ 和方差 $\boldsymbol{\theta}_0$。

注意：步骤 4）表明系统发散，因此需要重新选择合适的迭代初始值；预测时间 T 的选择应考虑计算量和最优性的权衡。

7.5.2 数值仿真

考虑如下多维混合噪声随机非线性系统：

$$\frac{\mathrm{d}}{\mathrm{d}t}\begin{bmatrix} X_1 \\ X_2 \end{bmatrix}=\left(\begin{bmatrix} X_1\sin(X_2) \\ X_1X_2 \end{bmatrix}+\begin{bmatrix} 1 & 0 \\ 0 & 1 \end{bmatrix}\boldsymbol{u}(t)\right)\mathrm{d}t+\begin{bmatrix} X_1^2 \\ X_2^2 \end{bmatrix}\mathrm{d}V+\begin{bmatrix} 1 \\ 1 \end{bmatrix}\mathrm{d}W$$

式中，V, W 为维纳过程，且 $V\in\mathcal{N}(0,0.16), W\in\mathcal{N}(0,0.16)$。状态加权矩阵 $\boldsymbol{Q}=\boldsymbol{Q}_T=\boldsymbol{I}$，控制量权矩阵 $\boldsymbol{R}=0.1\boldsymbol{I}$。设仿真时长 $t_f=4\mathrm{s}$，采样周期为 $T_c=0.05\mathrm{s}$，状态初始值为

$$\boldsymbol{X}_0=\begin{bmatrix} 0.5 \\ -0.5 \end{bmatrix}, \boldsymbol{m}_0=\begin{bmatrix} 0.5 \\ -0.5 \end{bmatrix}, \boldsymbol{\theta}_0=\begin{bmatrix} 1 & 0 \\ 0 & 1 \end{bmatrix}$$

非线性函数的统计线性化方程如下：

$$\begin{aligned} X_1\sin(X_2)&=f_1+n_{11}(X_1-m_1)+n_{12}(X_2-m_2) \\ X_1X_2&=f_2+n_{21}(X_1-m_1)+n_{22}(X_2-m_2) \\ X^2&=f_3+n_3(X-m) \end{aligned}$$

式中

$$\begin{aligned} &f_1=\mathrm{e}^{-\frac{1}{2}\theta_{22}}(m_1\sin m_2+\theta_{12}\cos m_2) \\ &n_{11}=\mathrm{e}^{-\frac{1}{2}\theta_{22}}\sin m_2, n_{12}=\mathrm{e}^{-\frac{1}{2}\theta_{22}}(m_1\cos m_2-\theta_{12}\sin m_2) \\ &f_2=m_1m_2+\theta_{12}, n_{21}=m_2, n_{22}=m_1, f_3=m^2+\theta, n_3=2m \end{aligned}$$

将状态反馈控制律 $u(s)=\boldsymbol{K}(s)\boldsymbol{X}(s)+\boldsymbol{C}(s)$ 代入，则系统的期望和方差传递方程为

$$\begin{bmatrix} \dot{m}_1 \\ \dot{m}_2 \end{bmatrix}=\begin{bmatrix} f_1 \\ f_2 \end{bmatrix}+\begin{bmatrix} 1 & 0 \\ 0 & 1 \end{bmatrix}\left(\boldsymbol{K}\begin{bmatrix} m_1 \\ m_2 \end{bmatrix}+\boldsymbol{C}\right)$$

$$\begin{bmatrix} \dot{\theta}_{11} & \dot{\theta}_{12} \\ \dot{\theta}_{21} & \dot{\theta}_{22} \end{bmatrix}=\left(\begin{bmatrix} n_{11} & n_{12} \\ n_{21} & n_{22} \end{bmatrix}+\boldsymbol{BK}\right)\begin{bmatrix} \theta_{11} & \theta_{12} \\ \theta_{21} & \theta_{22} \end{bmatrix}$$

$$+\begin{bmatrix}\theta_{11} & \theta_{12}\\ \theta_{21} & \theta_{22}\end{bmatrix}\left(\begin{bmatrix}n_{11} & n_{12}\\ n_{21} & n_{22}\end{bmatrix}+\boldsymbol{BK}\right)^{\mathrm{T}}$$
$$+\begin{bmatrix}2m_1 & 0\\ 0 & 2m_2\end{bmatrix}\begin{bmatrix}\theta_{11} & \theta_{12}\\ \theta_{21} & \theta_{22}\end{bmatrix}\begin{bmatrix}2m_1 & 0\\ 0 & 2m_2\end{bmatrix}^{\mathrm{T}}$$
$$+\begin{bmatrix}m_1^2+\theta_{11}\\ m_2^2+\theta_{22}\end{bmatrix}\begin{bmatrix}m_1^2+\theta_{11}\\ m_2^2+\theta_{22}\end{bmatrix}^{\mathrm{T}}+\begin{bmatrix}1 & 1\\ 1 & 1\end{bmatrix} \tag{7.124}$$

式中，$\boldsymbol{K}=-\boldsymbol{R}^{-1}\boldsymbol{B}^{\mathrm{T}}\boldsymbol{P},\boldsymbol{C}=-\boldsymbol{R}^{-1}\boldsymbol{B}^{\mathrm{T}}\boldsymbol{P}_1$，$\boldsymbol{P}$、$\boldsymbol{P}_1$ 由以下两式确定：

$$\dot{\boldsymbol{P}}+\boldsymbol{Q}+\boldsymbol{N}_g^{\mathrm{T}}\boldsymbol{P}\boldsymbol{N}_g-\boldsymbol{P}\boldsymbol{B}\boldsymbol{R}^{-1}\boldsymbol{B}^{\mathrm{T}}\boldsymbol{P}+\boldsymbol{P}\boldsymbol{N}_f+\boldsymbol{N}_f^{\mathrm{T}}\boldsymbol{P}=\boldsymbol{0}$$
$$\dot{\boldsymbol{P}}_1-\boldsymbol{P}\boldsymbol{B}\boldsymbol{R}^{-1}\boldsymbol{B}^{\mathrm{T}}\boldsymbol{P}_1+\boldsymbol{N}_f^{\mathrm{T}}\boldsymbol{P}_1+\boldsymbol{P}\boldsymbol{f}_0'+\boldsymbol{N}_g^{\mathrm{T}}\boldsymbol{P}\boldsymbol{g}_0'=\boldsymbol{0}$$

终值条件为

$$\boldsymbol{P}(t+T)=\boldsymbol{Q}_T,\boldsymbol{P}_1(t+T)=\boldsymbol{0}$$

式中

$$\boldsymbol{N}_f=\begin{bmatrix}n_{11} & n_{12}\\ n_{21} & n_{22}\end{bmatrix}$$

$$\boldsymbol{f'}_0=\begin{bmatrix}\mathrm{e}^{-\frac{1}{2}\theta_{22}}\sin m_2-n_{11}m_1-n_{12}m_2\\ \mathrm{e}^{-\frac{1}{2}\theta_{11}}\cos m_1-n_{21}m_1-n_{22}m_2\end{bmatrix}$$

$$\boldsymbol{N}_g=\begin{bmatrix}2m_1 & 0\\ 0 & 2m_2\end{bmatrix}$$

$$\boldsymbol{g'}_0=\begin{bmatrix}m_1^2+\theta_{11}-2m_1^2\\ m_2^2+\theta_{22}-2m_2^2\end{bmatrix}$$

1）时域预测 $T=t_f-t$，全信息条件下仿真结果如图 7.4 所示。

2）预测时域 $T=0.1\mathrm{s}$，全信息条件下仿真结果如图 7.5 所示。

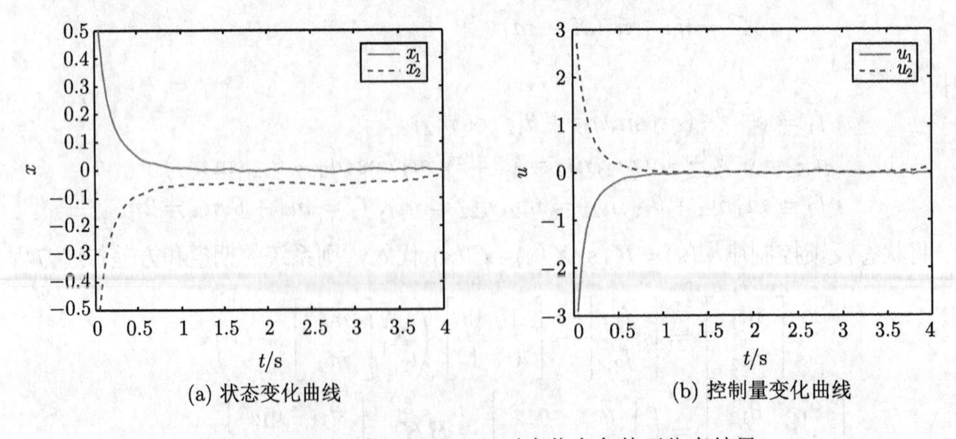

(a) 状态变化曲线　　(b) 控制量变化曲线

图 7.4 预测时域 $T=t_f-t$ 时全信息条件下仿真结果

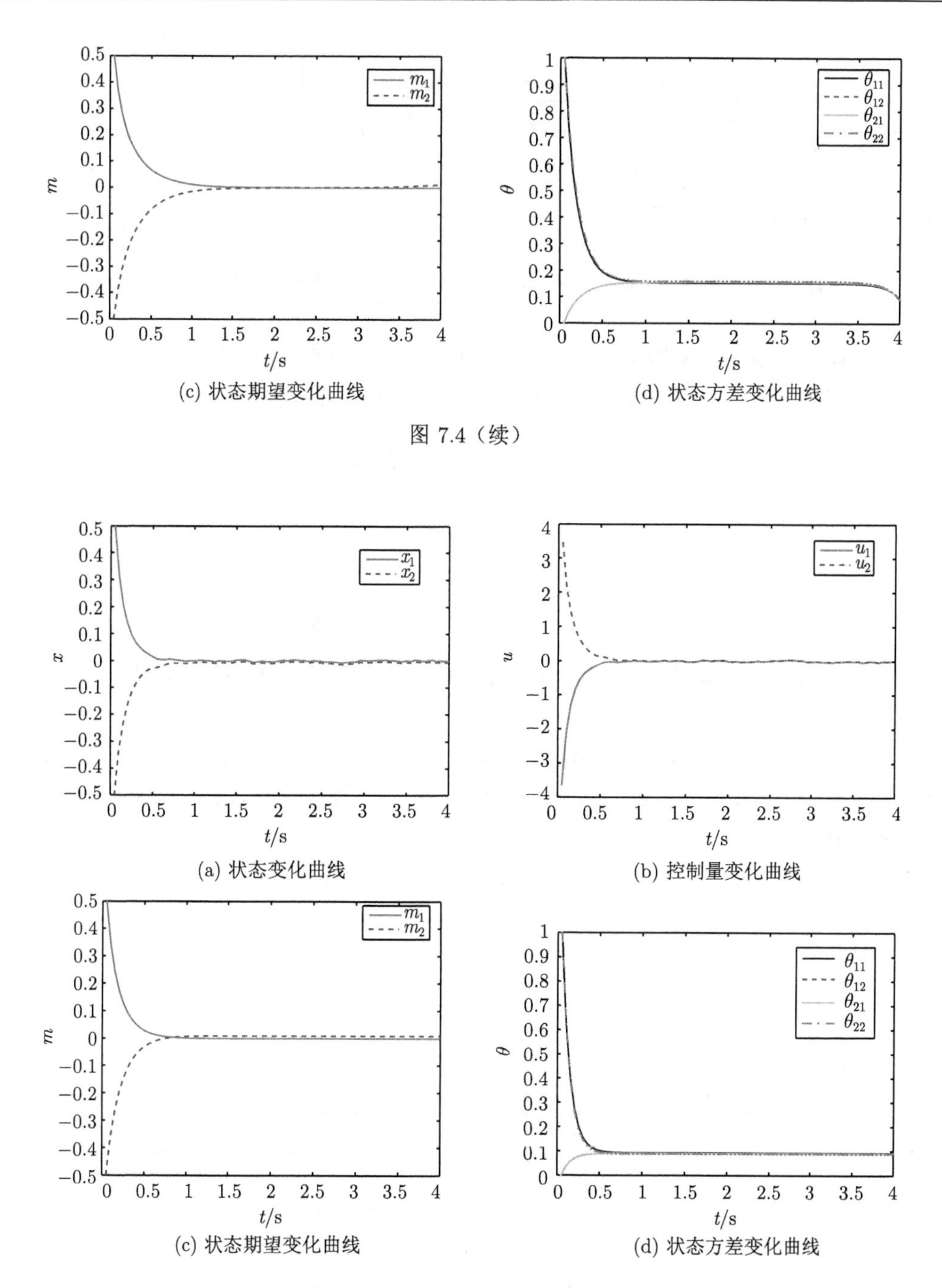

(c) 状态期望变化曲线

(d) 状态方差变化曲线

图 7.4（续）

(a) 状态变化曲线

(b) 控制量变化曲线

(c) 状态期望变化曲线

(d) 状态方差变化曲线

图 7.5 预测时域 $T = 0.1\text{s}$ 时全信息条件下仿真结果

由仿真结果可知，采用变时域策略和固定时域策略均可使随机系统镇定，固定时域策略付出了较大的控制量使得系统收敛速度加快。与变时域策略比较，固定时域策略的另一个优势在于通过选择合适的预测时域，获得性能与计算速度上的平衡，固定时域策略下不同预测时间与变时域策略的计算时间及实际性能指标如表 7.2 所示，当固定预测时间为 0.5s 时，性能与算法的实际计算时间均小于变时域策略。

表 7.2 预测时域与计算时间及性能指标

项目	固定预测时域			变时域
预测时域/s	0.1	0.2	0.5	t_f-t
计算时间/s	1.256	1.267	1.34	1.47
性能指标	0.224	0.1946	0.1829	0.1841

7.6 具有饱和输入约束的随机非线性系统预测控制

上节针对控制无约束情形的预测控制问题进行了研究，而对于实际控制系统，控制量往往受到一定的约束。定义紧集（compact set）U_0，控制量 $\boldsymbol{u}$ 属于此集合，即

$$U_0 = \{\boldsymbol{u} | \, \|\boldsymbol{u}\| \leqslant |U_0|\} \tag{7.125}$$

引入非线性饱和函数 Sat：

$$\mathrm{Sat}\,(\boldsymbol{u}|U_0) = \begin{cases} \boldsymbol{u}, & \boldsymbol{u} \in U_0 \\ |U_0|\,\mathrm{sgn}(\boldsymbol{u}), & \boldsymbol{u} \notin U_0 \end{cases} \tag{7.126}$$

其物理含义为：当控制量 $\boldsymbol{u}$ 包含在集合 U_0 内，则控制为其本身；当控制量 $\boldsymbol{u}$ 超出集合 U_0 时，则取相应的边界值 $|U_0|$。

这里以一维控制量 u 为例，对饱和函数 Sat 进行统计线性化。首先，通过变量代换，令 $y = (u - m_u)/\sigma_u$，其中 m_u 为 u 的均值，σ_u 为误差的方差，则 $u = \sigma_u y + m_u$，由此可得到

$$\widehat{f}_u = \frac{1}{\sqrt{2\pi}} \int_{-\infty}^{\infty} \mathrm{Sat}\,(\sigma_u y + m_u)\, p\,(y) \mathrm{d}y \tag{7.127}$$

对式进行分段积分，得

$$\widehat{f}_u = \frac{1}{\sqrt{2\pi}} \left\{ \int_{-\infty}^{y^-} -U_0 p\,(y) \mathrm{d}y + \int_{y^-}^{y^+} (\sigma_u y + m_u) p\,(y)\, \mathrm{d}y + \int_{y^+}^{\infty} U_0 p\,(y)\, \mathrm{d}y \right\} \tag{7.128}$$

式中，$y^- = -\dfrac{U_0 + m_u}{\sigma_u}$；$y^+ = \dfrac{U_0 - m_u}{\sigma_u}$。令 $\widehat{f}_u = \widehat{f}_1 + \widehat{f}_2 + \widehat{f}_3$，则有

$$\widehat{f}_1 = \frac{1}{\sqrt{2\pi}} \int_{-\infty}^{y^-} -U_0 p\,(y) \mathrm{d}y$$

$$\widehat{f}_2 = \frac{1}{\sqrt{2\pi}} \int_{y^-}^{y^+} (\sigma_u y + m_u) p\,(y)\, \mathrm{d}y$$

$$\widehat{f}_3 = \frac{1}{\sqrt{2\pi}} \int_{y^+}^{\infty} U_0 p\,(y)\, \mathrm{d}y$$

分别计算得

$$\widehat{f}_1 = -U_0 \varPhi\left(-\frac{U_0 + m_u}{\sigma_u}\right) = -U_0 \left\{1 - \varPhi\left(\frac{U_0 + m_u}{\sigma_u}\right)\right\} \tag{7.129}$$

$$\widehat{f}_2 = \frac{\sigma_u}{\sqrt{2\pi}}\left[\exp\left(-\frac{(U_0+m_u)^2}{2\sigma_u^2}\right)-\exp\left(-\frac{(U_0-m_u)^2}{2\sigma_u^2}\right)\right] + m_u\left[\varPhi\left(\frac{U_0-m_u}{\sigma_u}\right)-\varPhi\left(-\frac{U_0+m_u}{\sigma_u}\right)\right] \tag{7.130}$$

$$\widehat{f}_3 = U_0\left[1-\varPhi\left(\frac{U_0-m_u}{\sigma_u}\right)\right] \tag{7.131}$$

式中，$\varPhi(\cdot)$ 为正态分布函数，利用 $\varPhi(-X)=1-\varPhi(X)$，得

$$\widehat{f}_u = U_0\left[\varPhi\left(\frac{U_0+m_u}{\sigma_u}\right)-\varPhi\left(\frac{U_0-m_u}{\sigma_u}\right)\right] + m_u\left[\varPhi\left(\frac{U_0+m_u}{\sigma_u}\right)+\varPhi\left(\frac{U_0-m_u}{\sigma_u}\right)-1\right] + \frac{\sigma_u}{\sqrt{2\pi}}\left[\exp\left(-\frac{(U_0+m_u)^2}{2\sigma_u^2}\right)-\exp\left(-\frac{(U_0-m_u)^2}{2\sigma_u^2}\right)\right] \tag{7.132}$$

相应的得到 N_u 为

$$N_u = \varPhi\left(\frac{U_0+m_u}{\sigma_u}\right)+\varPhi\left(\frac{U_0-m_u}{\sigma_u}\right)-1 \tag{7.133}$$

取 $U_0=1$，得到饱和函数的统计线性化结果，如图 7.6 所示。

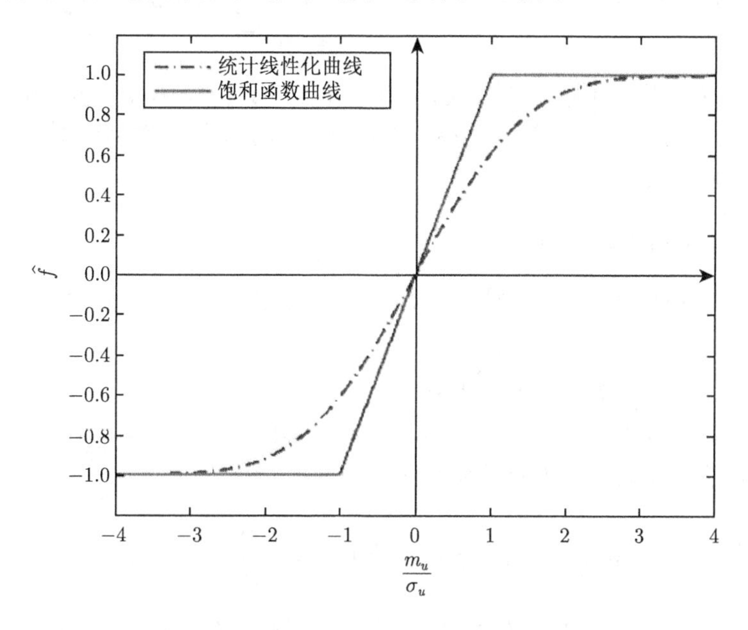

图 7.6 饱和函数的统计线性化结果

非线性饱和控制量通过统计线性化之后变为

$$u_s = \widehat{f}_u + N_u(u-m_u) = f_0^u + N_u u \tag{7.134}$$

当控制量 $\boldsymbol{u}$ 为多维向量时，式 (7.134) 成立。

7.6.1　滚动预测控制算法

定理 7.7　在完全信息条件下,对于具有约束的混合噪声随机非线性系统式 (7.107),存在如下满足控制约束的状态反馈控制律：

$$\boldsymbol{u}(\tau)=\boldsymbol{K}(\tau)\boldsymbol{X}(\tau)+\boldsymbol{C}(\tau),t\leqslant\tau\leqslant t+T$$

式中，$\boldsymbol{K}=-\boldsymbol{N}_u\boldsymbol{R}^{-1}\boldsymbol{B}^{\mathrm{T}}\boldsymbol{P},\boldsymbol{C}=\boldsymbol{f}_0^u-\boldsymbol{N}_u\boldsymbol{R}^{-1}\boldsymbol{B}^{\mathrm{T}}\boldsymbol{P}_1$。使得系统的最优性能指标为

$$J(\boldsymbol{X}(t),t)=\boldsymbol{X}^{\mathrm{T}}(t)\boldsymbol{P}(t)\boldsymbol{X}(t)+2\boldsymbol{X}^{\mathrm{T}}(t)\boldsymbol{P}_1(t)+P_0(t)$$

式中，$\boldsymbol{P}$, $\boldsymbol{P}_1$, P_0 分别满足以下类里卡蒂微分方程组：

$$\begin{aligned}
&\dot{\boldsymbol{P}}+\boldsymbol{Q}+\boldsymbol{P}\boldsymbol{B}^{\mathrm{T}}\boldsymbol{N}_u^{\mathrm{T}}\boldsymbol{R}^{-1}(\boldsymbol{N}_u-2\boldsymbol{I})\boldsymbol{B}^{\mathrm{T}}\boldsymbol{P}+\boldsymbol{P}\boldsymbol{N}_f+\boldsymbol{N}_f^{\mathrm{T}}\boldsymbol{P}+\sum_{i=0}^{L_1}\boldsymbol{N}_{gi}^{\mathrm{T}}\boldsymbol{P}\boldsymbol{N}_{gi}=\boldsymbol{0}\\
&\dot{\boldsymbol{P}}_1+\boldsymbol{f}_0'^{\mathrm{T}}\boldsymbol{P}+(\boldsymbol{f}_0^u)^{\mathrm{T}}\boldsymbol{B}^{\mathrm{T}}\boldsymbol{P}+\boldsymbol{P}_1\boldsymbol{B}^{\mathrm{T}}\boldsymbol{N}_u^{\mathrm{T}}\boldsymbol{R}^{-1}\boldsymbol{N}_u\boldsymbol{B}^{\mathrm{T}}\boldsymbol{P}-(\boldsymbol{f}_0^u)^{\mathrm{T}}\boldsymbol{N}_u\boldsymbol{B}^{\mathrm{T}}\boldsymbol{P}\\
&\quad-2\boldsymbol{P}_1^{\mathrm{T}}\boldsymbol{B}\boldsymbol{R}^{-1}\boldsymbol{N}_u\boldsymbol{B}^{\mathrm{T}}\boldsymbol{P}+\sum_{i=0}^{L_1}\boldsymbol{N}_{gi}^{\mathrm{T}}\boldsymbol{P}\boldsymbol{g}_{i0}'=\boldsymbol{0}\\
&\dot{P}_0+(\boldsymbol{f}_0^u)^{\mathrm{T}}\boldsymbol{R}\boldsymbol{f}_0^u-2\boldsymbol{P}_1^{\mathrm{T}}\boldsymbol{B}\boldsymbol{R}^{-1}\boldsymbol{N}_u\boldsymbol{B}^{\mathrm{T}}\boldsymbol{f}_0^u+\boldsymbol{P}_1\boldsymbol{B}^{\mathrm{T}}\boldsymbol{N}_u^{\mathrm{T}}\boldsymbol{R}^{-1}\boldsymbol{N}_u\boldsymbol{B}^{\mathrm{T}}\boldsymbol{P}_1\\
&\quad-2\boldsymbol{P}_1^{\mathrm{T}}\boldsymbol{f}_0'+2\boldsymbol{P}_1^{\mathrm{T}}\boldsymbol{B}\boldsymbol{f}_0^u-2\boldsymbol{P}_1^{\mathrm{T}}\boldsymbol{B}\boldsymbol{N}_u\boldsymbol{R}^{-1}\boldsymbol{B}^{\mathrm{T}}\boldsymbol{P}_1+\sum_{i=0}^{L_1}\boldsymbol{g}_{i0}'^{\mathrm{T}}\boldsymbol{P}\boldsymbol{g}_{i0}'+\sum_{i=0}^{L_2}\boldsymbol{G}_j^{\mathrm{T}}\boldsymbol{P}\boldsymbol{G}_j=0
\end{aligned}\tag{7.135}$$

终端条件为 $\boldsymbol{P}(t+T)=\boldsymbol{Q}_T,\boldsymbol{P}_1(t+T)=\boldsymbol{0},\boldsymbol{P}_0(t+T)=0$。式中，$\boldsymbol{f}_0$, $\boldsymbol{N}_f$ 由 $\boldsymbol{f}(\boldsymbol{X})$ 统计线性化得到；$\boldsymbol{g}_{i0}'=\boldsymbol{g}_{i0}-\boldsymbol{N}_{gi}\boldsymbol{m}$; $\boldsymbol{g}_{i0}$、$\boldsymbol{N}_{gi}$ 由 $\boldsymbol{g}(\boldsymbol{X})$ 统计线性化得到，满足以下闭合系统期望和方差传递方程：

$$\begin{cases}
\dot{\boldsymbol{m}}(t)=\boldsymbol{f}_0+\boldsymbol{B}\left(\boldsymbol{K}\boldsymbol{m}+\boldsymbol{C}\right)\\
\dot{\boldsymbol{\theta}}(t)=\boldsymbol{\theta}(t)(\boldsymbol{N}_f+\boldsymbol{B}\boldsymbol{K})^{\mathrm{T}}+(\boldsymbol{N}_f+\boldsymbol{B}\boldsymbol{K})\boldsymbol{\theta}(t)+\displaystyle\sum_{i=0}^{L_1}\boldsymbol{N}_{gi}\boldsymbol{\theta}(t)\boldsymbol{N}_{gi}^{\mathrm{T}}\\
\qquad+\displaystyle\sum_{i=0}^{L_1}\boldsymbol{g}_{i0}\boldsymbol{g}_{i0}^{\mathrm{T}}+\sum_{i=0}^{L_2}\boldsymbol{G}_i\boldsymbol{G}_i^{\mathrm{T}}
\end{cases}\tag{7.136}$$

证明：仍然考虑如下贝尔曼泛函方程：

$$\begin{aligned}
-\frac{\partial E\left(S\right)}{\partial\tau}=\min_{\boldsymbol{u}(\tau)\in U}E&\left[\boldsymbol{X}^{\mathrm{T}}\boldsymbol{Q}\boldsymbol{X}+\boldsymbol{u}^{\mathrm{T}}\boldsymbol{R}\boldsymbol{u}+\left(\frac{\partial S}{\partial\boldsymbol{X}}\right)^{\mathrm{T}}(\boldsymbol{f}+\boldsymbol{B}\boldsymbol{u})\right.\\
&\left.+\frac{1}{2}\sum_{i=0}^{L_1}\mathrm{tr}\left(\frac{\partial^2S}{\partial\boldsymbol{X}^2}\boldsymbol{g}_i\boldsymbol{g}_i^{\mathrm{T}}\right)+\frac{1}{2}\sum_{j=0}^{L_2}\mathrm{tr}\left(\frac{\partial^2S}{\partial\boldsymbol{X}^2}\boldsymbol{G}_j\boldsymbol{G}_j^{\mathrm{T}}\right)\right]
\end{aligned}\tag{7.137}$$

为了使上式右端取极小值，对其取关于 $\boldsymbol{u}$ 的偏导并令之为零，可得

$$\boldsymbol{u}=-\frac{1}{2}\boldsymbol{R}^{-1}\boldsymbol{B}^{\mathrm{T}}\left(\frac{\partial S}{\partial\boldsymbol{X}}\right)\tag{7.138}$$

根据控制量不同可分为两种情形：当 $\boldsymbol{u}$ 在容许控制集内取值时，即为式 (7.138) 所示；若控制量超出容许控制集时，则在 U_0 的边界上取值，有 $u=\pm U_0$。因此，在控制量约束情形下，控制量 $\boldsymbol{u}$ 的表达式为

$$\boldsymbol{u}(\tau)=-\mathrm{Sat}\left[\frac{1}{2}\boldsymbol{R}^{-1}\boldsymbol{B}^{\mathrm{T}}\left(\frac{\partial S}{\partial \boldsymbol{X}}\right)\bigg|U_0\right] \tag{7.139}$$

式中，函数 Sat(·) 见式 (7.126)。

由于 Sat(·) 为一非线性函数，故 $\boldsymbol{u}$ 为非线性向量，根据饱和函数的统计线性化可得

$$\boldsymbol{u}=\boldsymbol{f}_0^u+\boldsymbol{N}_u\left[-\frac{1}{2}\boldsymbol{R}^{-1}\boldsymbol{B}^{\mathrm{T}}E\left(\frac{\partial S}{\partial \boldsymbol{X}}\right)\right] \tag{7.140}$$

式中，$\boldsymbol{f}_0^u=\widehat{\boldsymbol{f}}_u-\boldsymbol{N}_u\boldsymbol{m}_u$，$\boldsymbol{m}_u=E\left[-\frac{1}{2}\boldsymbol{R}^{-1}\boldsymbol{B}^{\mathrm{T}}E\left(\frac{\partial S}{\partial \boldsymbol{X}}\right)\right]$。将式 (7.140) 代入式 (7.137) 可得

$$\begin{aligned}
-\frac{\partial E(S)}{\partial \tau}=&\min_{\boldsymbol{u}(\tau)\in U_0}E\left[\boldsymbol{X}^{\mathrm{T}}\boldsymbol{Q}\boldsymbol{X}+\boldsymbol{u}^{\mathrm{T}}\boldsymbol{R}\boldsymbol{u}+\left(\frac{\partial S}{\partial \boldsymbol{X}}\right)^{\mathrm{T}}(\boldsymbol{f}+\boldsymbol{B}\boldsymbol{u})\right.\\
&\left.+\frac{1}{2}\sum_{i=0}^{L_1}\mathrm{tr}\left(\frac{\partial^2 S}{\partial \boldsymbol{X}^2}\boldsymbol{g}_i\boldsymbol{g}_i^{\mathrm{T}}\right)+\frac{1}{2}\sum_{j=0}^{L_2}\mathrm{tr}\left(\frac{\partial^2 S}{\partial \boldsymbol{X}^2}\boldsymbol{G}_j\boldsymbol{G}_j^{\mathrm{T}}\right)\right]\\
=&E(\boldsymbol{X}^{\mathrm{T}}\boldsymbol{Q}\boldsymbol{X})+E\left\{\boldsymbol{f}_0^u+\boldsymbol{N}_u\left[-\frac{1}{2}\boldsymbol{R}^{-1}\boldsymbol{B}^{\mathrm{T}}\left(\frac{\partial S}{\partial \boldsymbol{X}}\right)\right]\right\}^{\mathrm{T}}\\
&\times R\left\{\boldsymbol{f}_0^u+\boldsymbol{N}_u\left[-\frac{1}{2}\boldsymbol{R}^{-1}\boldsymbol{B}^{\mathrm{T}}\left(\frac{\partial S}{\partial \boldsymbol{X}}\right)\right]\right\}\\
&+E\left(\frac{\partial S}{\partial \boldsymbol{X}}\right)^{\mathrm{T}}\left(\boldsymbol{f'}_0+\boldsymbol{N}_f\boldsymbol{X}+\boldsymbol{B}\left\{\boldsymbol{f}_0^u+\boldsymbol{N}_u\left[-\frac{1}{2}\boldsymbol{R}^{-1}\boldsymbol{B}^{\mathrm{T}}\boldsymbol{E}\left(\frac{\partial S}{\partial \boldsymbol{X}}\right)\right]\right\}\right)\\
&+\frac{1}{2}\sum_{i=0}^{L_1}g_i^{\mathrm{T}}\frac{\partial^2 S}{\partial \boldsymbol{X}^2}\boldsymbol{g}_i+\frac{1}{2}\sum_{j=0}^{L_2}\boldsymbol{G}_j^{\mathrm{T}}\frac{\partial^2 S}{\partial \boldsymbol{X}^2}\boldsymbol{G}_j
\end{aligned} \tag{7.141}$$

假设该偏微分方程的解为

$$S(\boldsymbol{X},\tau)=\boldsymbol{X}^{\mathrm{T}}\boldsymbol{P}(\tau)\boldsymbol{X}+2\boldsymbol{X}^{\mathrm{T}}\boldsymbol{P}_1(\tau)+P_0(\tau) \tag{7.142}$$

$$\begin{cases}
\dfrac{\partial S(\boldsymbol{X},\tau)}{\partial \tau}=\boldsymbol{X}^{\mathrm{T}}\dot{\boldsymbol{P}}(\tau)\boldsymbol{X}+2\boldsymbol{X}^{\mathrm{T}}\dot{\boldsymbol{P}}_1(\tau)+\dot{P}_0(\tau)\\
\dfrac{\partial S(\boldsymbol{X},\tau)}{\partial \boldsymbol{X}}=2\boldsymbol{P}\boldsymbol{X}+2\boldsymbol{P}_1\\
\dfrac{\partial^2 S(\boldsymbol{X},\tau)}{\partial X^2}=2\boldsymbol{P}
\end{cases} \tag{7.143}$$

非线性函数 $\boldsymbol{f}(\boldsymbol{X},t)$, $\boldsymbol{g}_i(\boldsymbol{X},t)$ 统计线性化后可得

$$\begin{cases}
\boldsymbol{f}(\boldsymbol{X})=\boldsymbol{f}_0+\boldsymbol{N}_f(\boldsymbol{X}-\boldsymbol{m})=\boldsymbol{f'}_0+\boldsymbol{N}_f\boldsymbol{X}\\
\boldsymbol{g}_i(\boldsymbol{X})=\boldsymbol{g}_{i0}+\boldsymbol{N}_{gi}(\boldsymbol{X}-\boldsymbol{m})=\boldsymbol{g}'_{i0}+\boldsymbol{N}_{gi}\boldsymbol{X}
\end{cases} \tag{7.144}$$

且有

$$\begin{aligned}\frac{1}{2}\boldsymbol{g}_i^{\mathrm{T}}\frac{\partial^2 S}{\partial \boldsymbol{X}^2}\boldsymbol{g}_i &= (\boldsymbol{g}'_{i0}+\boldsymbol{N}_{gi}\boldsymbol{X})^{\mathrm{T}}\boldsymbol{P}\,(\boldsymbol{g}'_{i0}+\boldsymbol{N}_{gi}\boldsymbol{X})\\ &= \boldsymbol{g}'^{\mathrm{T}}_{i0}\boldsymbol{P}\boldsymbol{g}'_{i0}+\boldsymbol{X}^{\mathrm{T}}\boldsymbol{N}_{gi}^{\mathrm{T}}\boldsymbol{P}\boldsymbol{N}_{gi}\boldsymbol{X}+2\boldsymbol{X}^{\mathrm{T}}\boldsymbol{N}_{gi}^{\mathrm{T}}\boldsymbol{P}\boldsymbol{g}'_{i0}\end{aligned}\tag{7.145}$$

将式 (7.143)~ 式 (7.145) 代入式 (7.141) 可得

$$\begin{aligned}&E\Bigg\{\boldsymbol{X}^{\mathrm{T}}\left[\boldsymbol{Q}+\boldsymbol{P}\boldsymbol{B}^{\mathrm{T}}\boldsymbol{N}_u^{\mathrm{T}}\boldsymbol{R}^{-1}(\boldsymbol{N}_u-2\boldsymbol{I})\boldsymbol{B}^{\mathrm{T}}\boldsymbol{P}+\boldsymbol{P}\boldsymbol{N}_f+\boldsymbol{N}_f^{\mathrm{T}}\boldsymbol{P}+\sum_{i=0}^{L_1}\boldsymbol{N}_{gi}^{\mathrm{T}}\boldsymbol{P}\boldsymbol{N}_{gi}\right]\boldsymbol{X}\\ &\quad+2\Bigg(\boldsymbol{P}\boldsymbol{f}'_0+\boldsymbol{P}\boldsymbol{B}^{\mathrm{T}}\boldsymbol{f}_0^u+\boldsymbol{P}\boldsymbol{B}^{\mathrm{T}}\boldsymbol{N}_u^{\mathrm{T}}\boldsymbol{R}^{-1}\boldsymbol{N}_u\boldsymbol{B}^{\mathrm{T}}\boldsymbol{P}_1\\ &\quad-\boldsymbol{P}\boldsymbol{B}\boldsymbol{N}_u^{\mathrm{T}}\boldsymbol{f}_0^u-2\boldsymbol{P}\boldsymbol{B}\boldsymbol{R}^{-1}\boldsymbol{N}_u\boldsymbol{B}^{\mathrm{T}}\boldsymbol{P}_1+\boldsymbol{N}_f^{\mathrm{T}}\boldsymbol{P}_1+\sum_{i=0}^{L_1}\boldsymbol{N}_{gi}^{\mathrm{T}}\boldsymbol{P}\boldsymbol{g}'_{i0}\Bigg)\boldsymbol{X}\\ &\quad+(\boldsymbol{f}_0^u)^{\mathrm{T}}\boldsymbol{R}\boldsymbol{f}_0^u-2\boldsymbol{P}_1^{\mathrm{T}}\boldsymbol{B}\boldsymbol{R}^{-1}\boldsymbol{N}_u^{\mathrm{T}}\boldsymbol{R}\boldsymbol{f}_0^u+\boldsymbol{P}_1\boldsymbol{B}^{\mathrm{T}}\boldsymbol{N}_u^{\mathrm{T}}\boldsymbol{R}^{-1}\boldsymbol{N}_u\boldsymbol{B}^{\mathrm{T}}\boldsymbol{P}_1\\ &\quad+2\boldsymbol{P}_1^{\mathrm{T}}\boldsymbol{f}'_0+2\boldsymbol{P}_1^{\mathrm{T}}\boldsymbol{B}\boldsymbol{f}_0^u-2\boldsymbol{P}_1^{\mathrm{T}}\boldsymbol{B}\boldsymbol{N}_u\boldsymbol{R}^{-1}\boldsymbol{B}^{\mathrm{T}}\boldsymbol{P}_1\\ &\quad+\sum_{i=0}^{L_1}(\boldsymbol{g}')_{i0}^{\mathrm{T}}\boldsymbol{P}(\boldsymbol{g}')_{i0}+\sum_{j=0}^{L_2}\boldsymbol{G}_j^{\mathrm{T}}\boldsymbol{P}\boldsymbol{G}_j\Bigg\}=-\frac{\partial E(S)}{\partial \tau}\end{aligned}\tag{7.146}$$

对上式两端取系数相等，可得

$$\dot{\boldsymbol{P}}+\boldsymbol{Q}+\boldsymbol{P}\boldsymbol{B}^{\mathrm{T}}\boldsymbol{N}_u^{\mathrm{T}}\boldsymbol{R}^{-1}(\boldsymbol{N}_u-2\boldsymbol{I})\boldsymbol{B}^{\mathrm{T}}\boldsymbol{P}+\boldsymbol{P}\boldsymbol{N}_f+\boldsymbol{N}_f^{\mathrm{T}}\boldsymbol{P}+\sum_{i=0}^{L_1}\boldsymbol{N}_{gi}^{\mathrm{T}}\boldsymbol{P}\boldsymbol{N}_{gi}=\boldsymbol{0}\tag{7.147}$$

$$\begin{aligned}&\dot{\boldsymbol{P}}_1+\boldsymbol{P}\boldsymbol{f}'_0+\boldsymbol{P}\boldsymbol{B}^{\mathrm{T}}\boldsymbol{f}_0^u+\boldsymbol{P}\boldsymbol{B}^{\mathrm{T}}\boldsymbol{N}_u^{\mathrm{T}}\boldsymbol{R}^{-1}\boldsymbol{N}_u\boldsymbol{B}^{\mathrm{T}}\boldsymbol{P}_1-\boldsymbol{P}\boldsymbol{B}\boldsymbol{N}_u^{\mathrm{T}}\boldsymbol{f}_0^u\\ &\quad-2\boldsymbol{P}\boldsymbol{B}\boldsymbol{R}^{-1}\boldsymbol{N}_u\boldsymbol{B}^{\mathrm{T}}\boldsymbol{P}_1+\boldsymbol{N}_f^{\mathrm{T}}\boldsymbol{P}_1+\sum_{i=0}^{L_1}\boldsymbol{N}_{gi}^{\mathrm{T}}\boldsymbol{P}\boldsymbol{g}'_{i0}=\boldsymbol{0}\end{aligned}\tag{7.148}$$

$$\begin{aligned}&\dot{P}_0+(\boldsymbol{f}_0^u)^{\mathrm{T}}\boldsymbol{R}\boldsymbol{f}_0^u-2\boldsymbol{P}_1^{\mathrm{T}}\boldsymbol{B}\boldsymbol{R}^{-1}\boldsymbol{N}_u\boldsymbol{B}^{\mathrm{T}}\boldsymbol{f}_0^u+\boldsymbol{P}_1\boldsymbol{B}^{\mathrm{T}}\boldsymbol{N}_u^{\mathrm{T}}\boldsymbol{R}^{-1}\boldsymbol{N}_u\boldsymbol{B}^{\mathrm{T}}\boldsymbol{P}_1\\ &\quad+2\boldsymbol{P}_1^{\mathrm{T}}\boldsymbol{f}'_0+2\boldsymbol{P}_1^{\mathrm{T}}\boldsymbol{B}\boldsymbol{f}_0^u-2\boldsymbol{P}_1^{\mathrm{T}}\boldsymbol{B}\boldsymbol{N}_u\boldsymbol{R}^{-1}\boldsymbol{B}^{\mathrm{T}}\boldsymbol{P}_1+\sum_{i=0}^{L_1}\boldsymbol{g}'^{\mathrm{T}}_{i0}\boldsymbol{P}\boldsymbol{g}'_{i0}+\sum_{j=0}^{L_2}\boldsymbol{G}_j^{\mathrm{T}}\boldsymbol{P}\boldsymbol{G}_j=0\end{aligned}\tag{7.149}$$

并有终端条件：$\boldsymbol{P}(t+T)=\boldsymbol{Q}_T, \boldsymbol{P}_1(t+T)=\boldsymbol{0}, P_0(t+T)=0$。因此，得到的控制量为

$$\begin{aligned}\boldsymbol{u}(\tau)&=\boldsymbol{f}_0^u+\boldsymbol{N}_u(-\boldsymbol{R}^{-1}\boldsymbol{B}^{\mathrm{T}}(\boldsymbol{P}(\tau)\boldsymbol{X}(\tau)+\boldsymbol{P}_1(\tau)))\\ &=-\boldsymbol{N}_u\boldsymbol{R}^{-1}\boldsymbol{B}^{\mathrm{T}}\boldsymbol{P}(\tau)\boldsymbol{X}(\tau)+\boldsymbol{f}_0^u-\boldsymbol{N}_u\boldsymbol{R}^{-1}\boldsymbol{B}^{\mathrm{T}}\boldsymbol{P}_1(\tau)\end{aligned}\tag{7.150}$$

令 $\boldsymbol{K}=-\boldsymbol{N}_u\boldsymbol{R}^{-1}\boldsymbol{B}^{\mathrm{T}}\boldsymbol{P}(\tau), \boldsymbol{C}=\boldsymbol{f}_0^u-\boldsymbol{N}_u\boldsymbol{R}^{-1}\boldsymbol{B}^{\mathrm{T}}\boldsymbol{P}_1(\tau)$，则在全信息条件下，系统具有 $\boldsymbol{u}(t)=\boldsymbol{K}(t)\boldsymbol{X}(t)+\boldsymbol{C}(t)$ 形式的状态反馈控制律，代入后可得

$$\mathrm{d}\boldsymbol{X}(t)=[\boldsymbol{f}_0+\boldsymbol{N}_f(\boldsymbol{X}-\boldsymbol{m})+\boldsymbol{B}(\boldsymbol{K}\boldsymbol{X}+\boldsymbol{C})]\,\mathrm{d}t$$

$$+\sum_{i=0}^{L_1}\left[\boldsymbol{g}_{i0}+\boldsymbol{N}_{gi}(\boldsymbol{X}-\boldsymbol{m})\right]\mathrm{d}\boldsymbol{V}_i(t)+\sum_{j=0}^{L_2}\boldsymbol{G}_j\mathrm{d}\boldsymbol{W}_j(t) \tag{7.151}$$

进而可得系统的期望和方差传递方程为

$$\begin{cases}\dot{\boldsymbol{m}}(t)=\boldsymbol{f}_0+\boldsymbol{B}\left(\boldsymbol{K}\boldsymbol{m}+\boldsymbol{C}\right)\\ \dot{\boldsymbol{\theta}}(t)=\boldsymbol{\theta}(t)(\boldsymbol{N}_f+\boldsymbol{B}\boldsymbol{K})^{\mathrm{T}}+(\boldsymbol{N}_f+\boldsymbol{B}\boldsymbol{K})\boldsymbol{\theta}(t)+\sum_{i=0}^{L_1}\boldsymbol{N}_{gi}\theta(t)\boldsymbol{N}_{gi}^{\mathrm{T}}\\ \qquad+\sum_{i=0}^{L_1}\boldsymbol{g}_{i0}\boldsymbol{g}_{i0}^{\mathrm{T}}+\sum_{i=0}^{L_2}\boldsymbol{G}_i\boldsymbol{G}_i^{\mathrm{T}}\end{cases} \tag{7.152}$$

在全信息条件下由 $S(X,\tau)$ 的解析形式可知，系统的性能指标为

$$J_T(t)=E\left[S(\boldsymbol{X},t)\right]=\boldsymbol{X}^{\mathrm{T}}(t)\boldsymbol{P}(t)\boldsymbol{X}(t)+2\boldsymbol{X}^{\mathrm{T}}(t)\boldsymbol{P}_1(t)+P_0(t) \tag{7.153}$$

证毕。

7.6.2 数值仿真

仍然采用与上节相同的仿真条件，控制量约束 $\|\boldsymbol{u}\|\leqslant 2$。

1）预测时域 $T=t_f-t$ 时全信息条件下仿真结果如图 7.7 所示。

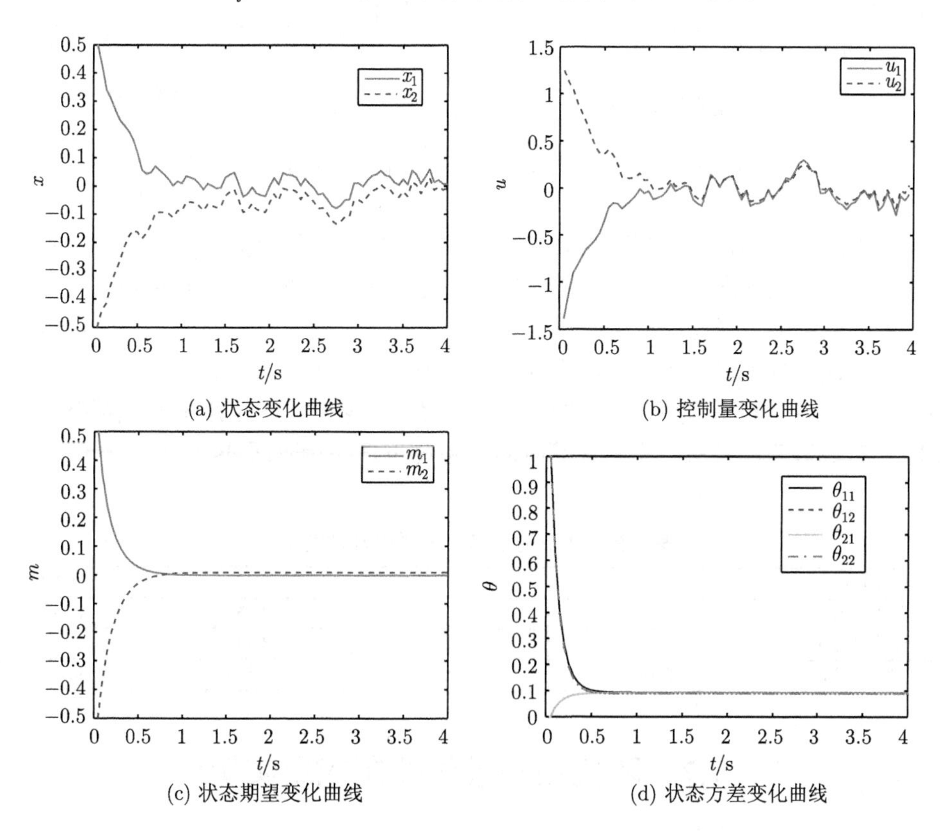

图 7.7 预测时域 $T=t_f-t$ 时全信息条件下仿真结果

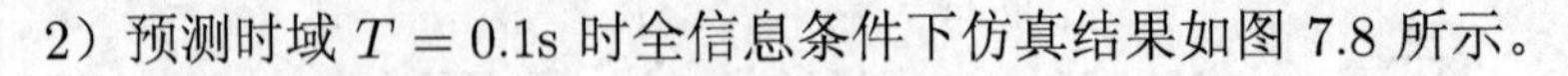

2）预测时域 $T = 0.1\text{s}$ 时全信息条件下仿真结果如图 7.8 所示。

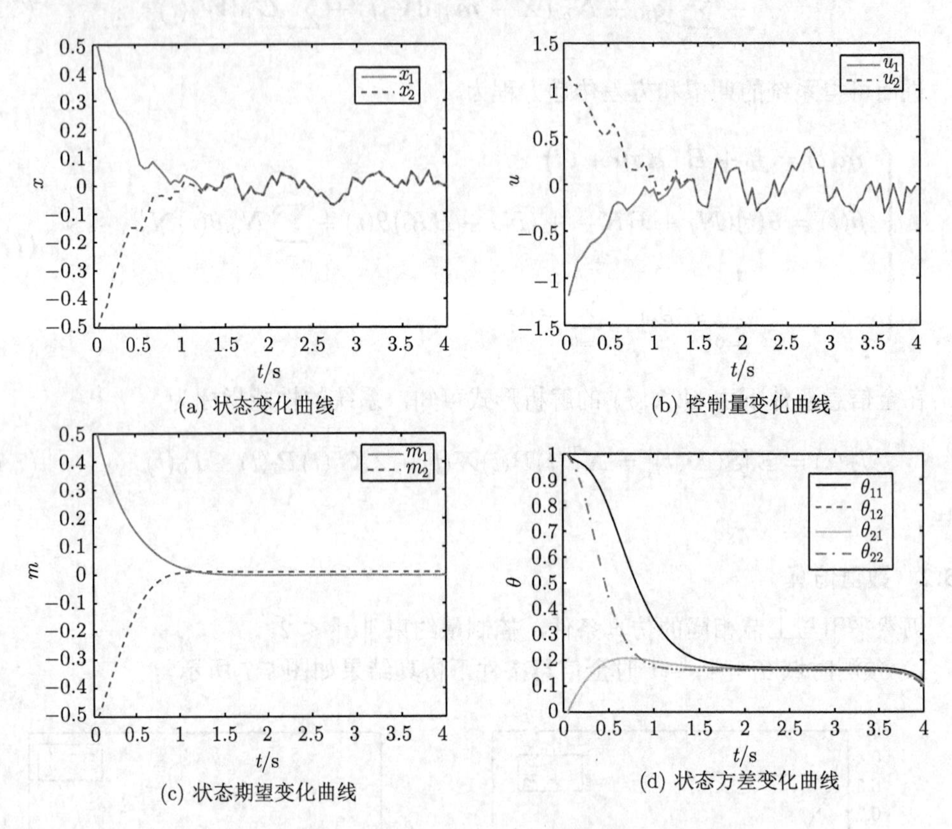

(a) 状态变化曲线　(b) 控制量变化曲线　(c) 状态期望变化曲线　(d) 状态方差变化曲线

图 7.8　预测时域为 $T = 0.1\text{s}$ 时全信息条件下仿真结果

由仿真结果可知，与控制无约束条件比较，在控制受约束条件下系统状态受到了一定程度的影响，但状态期望和方差仍然趋于稳定，平均代价小于无约束情形，受算法计算复杂程度的影响，平均计算时间增大。在固定时域策略下预测时间与变时域策略的计算时间及性能指标如表 7.3 所示，代价函数随预测时域的增大而减小，相应的计算时间也随之增大。与控制无约束情形不同，在控制受约束条件下，采用变时域策略代价函数大于固定时域策略，且所需实际计算时间已超过仿真终止时间 4s。

表 7.3　预测时域与计算时间及性能指标

项目	固定预测时域			变时域
预测时域/s	0.01	0.02	0.05	$t_f - t$
计算时间/s	3.58	3.61	3.73	4.4
性能指标	0.1684	0.1678	0.1663	0.1697

7.7　随机预测最优控制应用实例

本小节介绍将上述随机预测最优控制理论应用到空空导弹末制导中 [210]。

7.7.1 问题描述

在空空导弹末制导中，通常根据零控脱靶量（zero effort miss，ZEM）的大小来确定导弹是否击中目标。为了使问题便于理解，首先介绍零控脱靶量的概念。

定义 7.1 零控脱靶量 [223-225]。

空空导弹从当前时刻到制导终止时刻不再输出控制指令，而目标仍然按照以前的机动方式运动，到制导结束时的脱靶量大小。它相当于对目标运动的一种预测，始终指向目标将来的位置，而不将重点放在目标的当前状态上。

文献 [226] 提出在零控拦截面附近，三维空间中的拦截问题可解耦为两个独立的平面拦截问题，且相对弹道可沿初始视线方向线性化，此结论在制导问题的研究中被广泛采用。在惯性坐标系下，导弹和目标的运动关系如图 7.9 所示，并做如下假设：

假设 7.1 导弹和目标的加速度控制系统具有一阶动态特性，时间常数分别为 τ_M，τ_T。

假设 7.2 通过中制导阶段的弹道调整后，末制导阶段开始于零控拦截面附近。

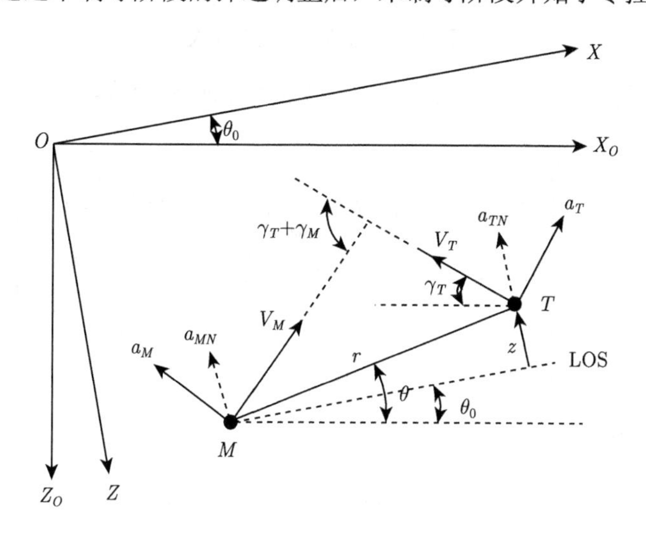

图 7.9 导弹和目标的运动关系

考虑导弹加速度指令的一阶动态延迟特性，则导弹加速度响应模型为

$$\dot{a}_{MN} = \frac{1}{\tau_M}\left(a_{MN}^c - a_{MN}\right) \tag{7.154}$$

式中，a_{MN}^c 为导弹的视线角法向控制量。

辛格（Singer）提出机动模型是相关噪声模型，而不是通常假定的白噪声，因此目标机动为一阶高斯–马尔可夫（Gauss-Markov）随机过程，目标加速度的一阶时间相关模型为

$$\dot{a}_{TN} = \frac{1}{\tau_T}\left(a_{TN}^c - a_{TN}\right) + W \tag{7.155}$$

式中，W 为零均值高斯白噪声，定常功率谱密度为 $\boldsymbol{Q}$。定义状态向量 $\boldsymbol{X} = [z, \dot{z}, a_{MN}, a_{TN}]^{\mathrm{T}}$，

由式 (7.154)、式 (7.155) 可得

$$\dot{\boldsymbol{X}} = \boldsymbol{A}\boldsymbol{X} + \boldsymbol{B}_M a_{MN}^c + \boldsymbol{B}_T a_{TN}^c + \boldsymbol{G}W \tag{7.156}$$

式中

$$\boldsymbol{A} = \begin{bmatrix} 0 & 1 & 0 & 0 \\ 0 & 0 & -1 & 1 \\ 0 & 0 & -\dfrac{1}{\tau_M} & 0 \\ 0 & 0 & 0 & -\dfrac{1}{\tau_T} \end{bmatrix}, \boldsymbol{B}_M = \begin{bmatrix} 0 \\ 0 \\ \dfrac{1}{\tau_M} \\ 0 \end{bmatrix}, \boldsymbol{B}_T = \begin{bmatrix} 0 \\ 0 \\ 0 \\ \dfrac{1}{\tau_T} \end{bmatrix}, \boldsymbol{G} = \begin{bmatrix} 0 \\ 0 \\ 0 \\ 1 \end{bmatrix}, u = a_M^c$$

在线性模型式 (7.156) 下推导零控脱靶量的计算公式。

根据零控脱靶量的定义 [223-224]，设制导时间为 T，当前时刻直至制导终止时刻，令目标加速度指令 a_{TN}^c 及导弹制导控制指令 a_{MN}^c 均为 0，则当前时刻的零控脱靶量 $Z_o(t)$ 为

$$Z_o(t) = \boldsymbol{D}\boldsymbol{\Phi}(t+T,t)\,\boldsymbol{X} \tag{7.157}$$

式中，$\boldsymbol{D} = [1,0,0,0]$；$\boldsymbol{\Phi}(t+T,t)$ 为式 (6.3) 的状态转移矩阵，即

$$\begin{aligned} \boldsymbol{\Phi}(t+T,t) &= \mathrm{e}^{\boldsymbol{A}T} \\ &= \begin{bmatrix} 1 & T & -\tau_M^2\Psi\left(\dfrac{T}{\tau_M}\right) & \tau_T^2\Psi\left(\dfrac{T}{\tau_M}\right) \\ 0 & 1 & -\tau_M\left(1-\mathrm{e}^{-\frac{T}{\tau_M}}\right) & \tau_T\left(1-\mathrm{e}^{-\frac{T}{\tau_M}}\right) \\ 0 & 0 & \mathrm{e}^{-\frac{T}{\tau_M}} & 0 \\ 0 & 0 & 0 & \mathrm{e}^{-\frac{T}{\tau_T}} \end{bmatrix} \end{aligned} \tag{7.158}$$

对式 (7.157) 求导，由于

$$\dot{\boldsymbol{\Phi}}(t+T,t) = -\boldsymbol{A}\boldsymbol{\Phi}(t+T,t) \tag{7.159}$$

进而可得零控脱靶量 $Z_o(t)$ 的状态方程为

$$\dot{Z}_o(t) = \boldsymbol{D}\boldsymbol{\Phi}(t+T,t)\,\boldsymbol{B}_M u + \boldsymbol{D}\Phi(t+T,t)\,\boldsymbol{G}W \tag{7.160}$$

当前时刻的 ZEM 为

$$Z_o(t) = z + \dot{z}T - a_{MN}\tau_M^2\Psi\left(\frac{T}{\tau_M}\right) + a_{TN}\tau_T^2\Psi\left(\frac{T}{\tau_T}\right) \tag{7.161}$$

式中，$\Psi(s) = \mathrm{e}^{-s} + s - 1$。

7.7.2 随机最优预测导引律

随机最优预测制导性能指标为

$$J(t) = E\left[cZ_o^2(t+T) + \int_t^{t+T} r^2 u(s)\mathrm{d}s\right] \tag{7.162}$$

式中，r 为能量加权系数；c 为预测终端加权系数；T 为预测时间长度。系统随机最优预测控制量为

$$u(s)=-r^{-1}\boldsymbol{D\Phi}\left(t+T,s\right)\boldsymbol{B}_M P(s)Z_o(s) \tag{7.163}$$

式中，$P(s)$ 满足以下里卡蒂方程：

$$\dot{P}(s)=r^{-1}(s)(\boldsymbol{D\Phi}\left(t+T,s\right)\boldsymbol{B}_M)^2P^2(s),s\in[t,t+T] \tag{7.164}$$

终端条件为 $P(t+T)=c$，此时记

$$w'(s)=P^{-1}(s) \tag{7.165}$$

则有

$$\dot{w}'(s)=-P^{-2}(s)\dot{P}(s) \tag{7.166}$$

代入后可得

$$\dot{w}'(s)=-r^{-1}(s)(\boldsymbol{D\Phi}\left(t+T,s\right)\boldsymbol{B}_M)^2,s\in[t,t+T] \tag{7.167}$$

考虑终端条件 $w'(t+T)=c^{-1}$，则方程的解析解为

$$w'(s)=c^{-1}+\int_s^{t+T}r^{-1}(\tau)(\boldsymbol{D\Phi}\left(t_f,\tau\right)\boldsymbol{B}_M)^2\mathrm{d}\tau \tag{7.168}$$

将式 (7.168) 代入式 (7.163) 可得预测导引律为

$$u(t)=K(t)Z_o(t) \tag{7.169}$$

式中

$$\begin{aligned}K(t)&=\frac{-r^{-1}\boldsymbol{D\Phi}\left(t+T,t\right)\boldsymbol{B}_M}{c^{-1}+\displaystyle\int_t^{t+T}r^{-1}(\boldsymbol{D\Phi}(t+T,\tau)\boldsymbol{B}_M)^2\mathrm{d}\tau}\\&=\frac{\tau_M\left(\mathrm{e}^{-\frac{T}{\tau_M}}+\dfrac{T}{\tau_M}-1\right)}{c^{-1}+\dfrac{\tau_M^3}{6}\left[2\left(\dfrac{T}{\tau_M}\right)^3+6\left(\dfrac{T}{\tau_M}\right)+3-6\left(\dfrac{T}{\tau_M}\right)^2-12\left(\dfrac{T}{\tau_M}\right)\mathrm{e}^{-\frac{T}{\tau_M}}-3\mathrm{e}^{-2\frac{T}{\tau_M}}\right]}\end{aligned}$$

7.7.3 随机最优状态估计

由于随机线性状态方程式 (7.160) 满足分离定理，因此可分别设计控制器与估计器，实现式 (7.169) 的导引律需要获得弹目距离、接近速度、导弹自身的加速度及目标加速度估计信息。弹目相对运动的状态空间表示为

$$\dot{\boldsymbol{X}}=\boldsymbol{AX}+\boldsymbol{B}_M a_{MN}^c+\boldsymbol{B}_T a_{TN}^c+\boldsymbol{G}W \tag{7.170}$$

等价的离散时间模型为

$$\boldsymbol{X}(k+1)=\boldsymbol{\varphi}(k+1|k)\boldsymbol{X}(k)+\boldsymbol{U}_M(k)a_{MN}^c(k)+\boldsymbol{U}_T(k)a_{TN}^c(k)+W(k) \tag{7.171}$$

式中

$$\varphi(k+1|k)=\begin{bmatrix}1 & T_c & -\tau_M^2\Psi\left(\dfrac{T_c}{\tau_M}\right) & \tau_T^2\Psi\left(\dfrac{T_c}{\tau_T}\right)\\ 0 & 1 & -\tau_M\left(1-\mathrm{e}^{-\frac{T_c}{\tau_M}}\right) & \tau_T\left(1-\mathrm{e}^{-\frac{T_c}{\tau_T}}\right)\\ 0 & 0 & \mathrm{e}^{-\frac{T_c}{\tau_M}} & 0\\ 0 & 0 & 0 & \mathrm{e}^{-\frac{T_c}{\tau_T}}\end{bmatrix} \tag{7.172}$$

$$\left\{\begin{aligned}\boldsymbol{U}_M(k)&=\begin{bmatrix}-\tau_M^2\left(1-\mathrm{e}^{-T_c/\tau_M}\right)+T_c\tau_M-{T_c}^2/2\\ -T_c+\tau_M\left(1-\mathrm{e}^{-T_c/\tau_M}\right)\\ 1-\mathrm{e}^{-T_c/\tau_M}\\ 0\end{bmatrix}\\ \boldsymbol{U}_T(k)&=\begin{bmatrix}\tau_T^2\left(1-\mathrm{e}^{-T_c/\tau_T}\right)-T_c\tau_T+{T_c}^2/2\\ T_c-\tau_T\left(1-\mathrm{e}^{-T_c/\tau_T}\right)\\ 0\\ 1-\mathrm{e}^{-T_c/\tau_T}\end{bmatrix}\end{aligned}\right. \tag{7.173}$$

式中，T_c 为采样周期；a_{TN}^c 为机动加速度均值；τ 为机动时间常数；$W(k)$ 是均值为零、方差为 $\boldsymbol{S}=2\tau_T^{-1}\sigma_T^2\boldsymbol{Q}$ 的白噪声；σ_T^2 为目标加速度方差；$\boldsymbol{Q}$ 是 T_c 和 τ 有关的常量矩阵，$\boldsymbol{Q}$ 的表达式为

$$\boldsymbol{Q}=\boldsymbol{\Gamma}\boldsymbol{\Gamma}^{\mathrm{T}}=\begin{bmatrix}q_{11} & q_{12} & q_{13} & q_{14}\\ q_{21} & q_{22} & q_{23} & q_{24}\\ q_{31} & q_{32} & q_{33} & q_{34}\\ q_{41} & q_{42} & q_{43} & q_{44}\end{bmatrix} \tag{7.174}$$

式中

$$\boldsymbol{\Gamma}=\int_0^{T_c}\mathrm{e}^{\boldsymbol{A}t}\mathrm{d}t\cdot\boldsymbol{G}=\begin{bmatrix}\tau_T^3\left(1-\mathrm{e}^{-T_c/\tau_T}\right)-T_c\tau_T^2+{T_c}^2\tau_T/2\\ T_c\tau_T-\tau_T^2\left(1-\mathrm{e}^{-T_c/\tau_T}\right)\\ 0\\ \tau_T-\tau_T\mathrm{e}^{-T_c/\tau_T}\end{bmatrix}$$

末制导阶段状态 X 的观测主要通过弹载惯性测量单元和导引头完成，假设弹载雷达导引头测量弹目相对距离为 R_m，考虑测量中包含高斯白噪声 V_R，且 $V_R\in\mathcal{N}(0,\sigma_R^2)$，则可得关于 Y 的观测方程为

$$Y_m=Y+V_R \tag{7.175}$$

另外，导弹加速度 a_{MN}^c 可通过弹上加速度计测量得到，测量噪声服从高斯分布 $\mathcal{N}(0,\sigma_a^2)$，则综合式 (7.175)，可得到末制导问题的观测方程为

$$\boldsymbol{Y}=\begin{bmatrix}1 & 0 & 0 & 0\\ 0 & 0 & 1 & 0\end{bmatrix}\boldsymbol{X}+\begin{bmatrix}V_R\\ V_a\end{bmatrix} \tag{7.176}$$

目标的观测方程为

$$\boldsymbol{Y}(k)=\boldsymbol{H}(k)\boldsymbol{X}(k)+\boldsymbol{V}(k) \tag{7.177}$$

式中，$\boldsymbol{H}(k)=\begin{bmatrix}1&0&0&0\\0&0&1&0\end{bmatrix}$；$\boldsymbol{V}(k)$ 是均值为零、方差为 $\boldsymbol{G}(k)$ 的高斯观测噪声。

"当前"统计模型自适应滤波算法 [197] 采用标准卡尔曼滤波算法（简记 AF），并把加速度的一步预测值看作"当前"加速度，即随机机动加速度的均值 $a_T^c(k)=\widehat{a}_T(k|k-1)$，该算法采用如下方法对加速度协方差自适应调整。

1）"当前" 加速度为正时，取

$$\sigma_T^2=\frac{4-\pi}{\pi}[a_{\max}-\widehat{a}_T(k-1|k-1)]^2 \tag{7.178}$$

2）"当前" 加速度为负时，取

$$\sigma_T^2=\frac{4-\pi}{\pi}[a_{-\max}-\widehat{a}_T(k-1|k-1)]^2 \tag{7.179}$$

式中，$a_{\max}$ 与 $a_{-\max}$ 分别为估计目标最大、最小可能发生的机动加速度。

AF 算法基本过程如下。

状态一步预测为

$$\widehat{\boldsymbol{X}}(k|k-1)=\boldsymbol{\varphi}(k|k-1)\widehat{\boldsymbol{X}}(k-1|k-1)+\boldsymbol{U}_M(k)u(k-1)+\boldsymbol{U}_T(k)\widehat{a}_T(k|k-1) \tag{7.180}$$

一步预测误差为

$$\boldsymbol{P}(k|k-1)=\boldsymbol{\varphi}(k|k-1)\boldsymbol{P}(k-1|k-1)\boldsymbol{\varphi}^{\mathrm{T}}(k|k-1)+\boldsymbol{W}(k) \tag{7.181}$$

滤波增益为

$$\boldsymbol{K}(k)=\boldsymbol{P}(k|k-1)\boldsymbol{H}^{\mathrm{T}}(k)\times[\boldsymbol{H}(k)\boldsymbol{P}(k|k-1)\boldsymbol{H}^{\mathrm{T}}(k)+\boldsymbol{G}(k)]^{-1} \tag{7.182}$$

状态估计值为

$$\widehat{\boldsymbol{X}}(k|k)=\widehat{\boldsymbol{X}}(k|k-1)+\boldsymbol{K}(k)[\boldsymbol{Y}(k)-\boldsymbol{H}(k)\widehat{\boldsymbol{X}}(k|k-1)] \tag{7.183}$$

状态估计误差为

$$\boldsymbol{P}(k|k)=[\boldsymbol{I}-\boldsymbol{K}(k)\boldsymbol{H}(k)]\boldsymbol{P}(k|k-1) \tag{7.184}$$

7.7.4 仿真分析

制导仿真条件：初始弹目距离 $R_0=9.9\text{km}$，目标速度 $v_T=340\text{m/s}$，导弹平均速度 $v_M=750\text{m/s}$，仿真步长为 0.01s，在导弹开始发射时目标开始机动，速度初始倾角 45°。观测噪声 V 强度 $G=\text{diag}(400,1)$，机动时间常数的倒数 $\tau=0.01$，算法中 $a_{\max}$ 与取 90m/s^2 和 -90m/s^2，目标加速度估计结果如图 7.10 所示。分别采用最优导引律（optimal guidance law，OGL）和预测导引律（predictive guidance law，PGL）进行仿

真比较，在最优导引律下，制导工作时间由弹目初始相对距离及相对速度决定；在滚动预测时导引律下，预测时域分别取 0.05s 和 0.2s，脱靶量统计比较如图 7.11 所示。

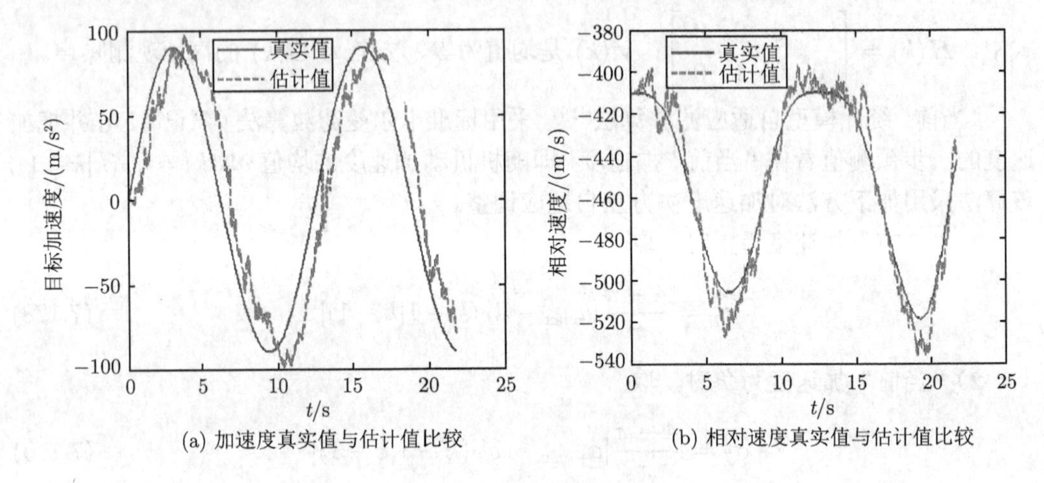

(a) 加速度真实值与估计值比较 (b) 相对速度真实值与估计值比较

图 7.10 目标加速度估计结果

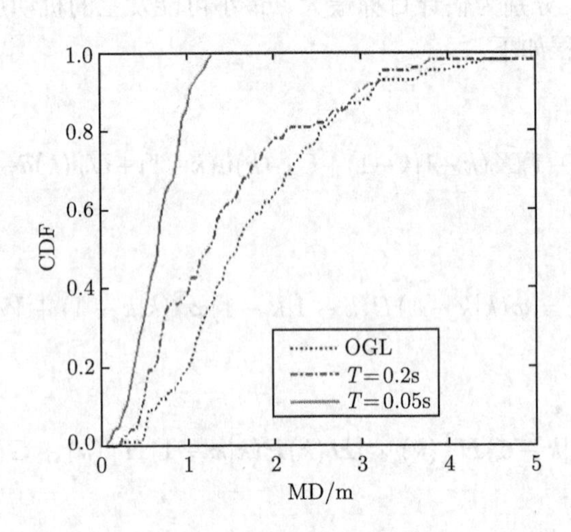

图 7.11 脱靶量统计比较

在相同条件下，采用蒙特卡罗方法仿真 100 次试验，给出最优制导与滚动时域预测制导性能比较，如图 7.11 所示，采用滚动时域预测的 ZEM 导引律性能要优于最优导引律。最优导引律的制导终止时间由制导初始时刻弹目距离除以相对运动速度获得，当目标机动频繁时，剩余制导时间的计算误差较大，获得的 ZEM 误差也相应较大，而预测导引律的预测时域较小，目标在较短预测时间内的机动估计误差较小，其 ZEM 误差较最优导引律小。最优导引律对导弹导引工作时间的精度要求高，利用初始时刻的弹目距离及相对速度信息估计与真实值的误差较大，因此如何提高导弹剩余飞行时间的估计精度仍然是一个值得探讨的问题，但目前还没有较为成熟的理论，而利用滚动时域的预测制导避免了估计剩余飞行时间。

7.8 本 章 小 结

本章内容共分为五部分，第一部分针对随机时不变和随机时变线性系统，给出了其最优预测控制器设计方法；第二部分针对带有加性噪声的随机非线性系统，给出了次优预测控制策略及算法；第三部分针对带有混合噪声的随机非线性预测控制问题，基于统计线性化逼近思想，将非线性系统转化为线性系统，给出逼近非线性最优预测控制器算法；第四部分给出了具有饱和输入约束的随机非线性最优预测控制算法；第五部分将随机最优预测控制算法应用到导弹制导中，详细介绍了本章理论在导弹制导中的应用过程。

第 8 章 随机协同最优控制

8.1 引 言

近年来，随着人工智能的一个重要研究分支——集群智能理论及技术的快速发展，特别是多无人机、多机器人及多航行器协同控制的迫切需求，多智能体协同控制理论成为一个研究热点，在确定性多智能体协同一致性、协同控制方面取得了一系列重要研究或成果 [100-103,105,183-184]。但在分布式协同最优控制方面的研究成果不多 [103, 105]，主要原因是多智能体系统的总体代价函数与通信网络的拓扑结构密切相关，无法事先给定，难以将现有的最优控制理论直接推广到多分布式智能体系中。另外，由于网络在通信过程中存在信道噪声、延时、丢包等很多随机因素，对随机多智能最优控制的理论研究就更少。

8.2 一阶随机多智能体系统最优控制

本节分为无领导一阶随机多智能体系统最优控制和领导-跟随一阶随机多智能体系统最优控制两部分进行讨论。

8.2.1 无领导一阶随机多智能体系统最优控制

1. 无领导一阶随机多智能体系统模型

假设有 N 个节点组成的一阶连续时间随机多智能体系统，即

$$\begin{cases} \dot{\boldsymbol{x}}_i(t) = \boldsymbol{u}_i(t) + \boldsymbol{V}_i(t) \\ \boldsymbol{y}_i(t) = \boldsymbol{C}\boldsymbol{x}_i(t) + \boldsymbol{W}_i(t) \end{cases} \quad (i = 1, 2, \cdots, N) \tag{8.1}$$

式中，$\boldsymbol{x}_i(t) = [x_{i1}(t), \cdots, x_{in}(t)]^{\mathrm{T}} \in \mathbf{R}^n$ 为状态向量；$\boldsymbol{y}_i(t) = [y_{i1}(t), \cdots, y_{im}(t)]^{\mathrm{T}} \in \mathbf{R}^m$ 为观测向量；$\boldsymbol{C}$ 为相应维数的矩阵；控制向量 $\boldsymbol{u}_i(t) = [u_{i1}(t), \cdots, u_{in}(t)]^{\mathrm{T}} \in \mathbf{R}^n$；$\boldsymbol{V}_i(t) \in \mathbf{R}^n$、$\boldsymbol{W}_i(t) \in \mathbf{R}^n$ 分别为独立同分布的高斯白噪声 $\mathcal{N}(\mathbf{0}, \bar{\boldsymbol{G}}_i\delta(t))$ 和 $\mathcal{N}(\mathbf{0}, \boldsymbol{Q}_i\delta(t))$。

假设多智能体网络有一个无向加权图 $g = (\mathbf{N}, \varepsilon)$，其中顶点集 $\mathbf{N} = (1, 2, \cdots, N)$，边集 $\varepsilon = \{(i, j)|i, j \in \mathbf{N}\}$。$\boldsymbol{A} = [a_{ij}] \in \mathbf{R}^{N\times N}$ 表示图的加权邻接矩阵，$\boldsymbol{L} = [l_{ij}] \in \mathbf{R}^{n\times n}$ 表示 g 的拉普拉斯矩阵。

假设 N 个智能体的总的代价函数为

$$J_f = E\left\{\int_0^{\infty} \sum_{i=1}^{N}\sum_{j=1}^{i-1} c_{ij}[\boldsymbol{x}_i(t) - \boldsymbol{x}_j(t)]^{\mathrm{T}}[\boldsymbol{x}_i(t) - \boldsymbol{x}_j(t)] + \sum_{i=1}^{N} \gamma_i \boldsymbol{u}_i{}^{\mathrm{T}}(t)\boldsymbol{u}_i(t)\mathrm{d}t\right\} \tag{8.2}$$

式中，$c_{ij} \geqslant 0, \gamma_i > 0$，可自由选择；$E(\cdot)$ 表示数学期望。

记全局状态变量 $\boldsymbol{X}(t) = [\boldsymbol{x}_1{}^{\mathrm{T}}(t), \cdots, \boldsymbol{x}_n{}^{\mathrm{T}}(t)]^{\mathrm{T}}, \boldsymbol{U}(t) = [\boldsymbol{u}_1{}^{\mathrm{T}}(t), \cdots, \boldsymbol{u}_n{}^{\mathrm{T}}(t)]^{\mathrm{T}}$，则式（8.1）转换为

$$\begin{cases} \dot{\boldsymbol{X}}(t) = \boldsymbol{U}(t) + \boldsymbol{V}(t) \\ \boldsymbol{Y}(t) = (\boldsymbol{I}_n \otimes \boldsymbol{C})\, \boldsymbol{X}(t) + \boldsymbol{W}(t) \end{cases} \tag{8.3}$$

噪声向量为

$$\begin{aligned} \boldsymbol{V}(t) &= [\boldsymbol{V}_1^{\mathrm{T}}(t), \cdots, \boldsymbol{V}_N^{\mathrm{T}}(t)]^{\mathrm{T}} \\ \boldsymbol{W}(t) &= [\boldsymbol{W}_1^{\mathrm{T}}(t), \cdots, \boldsymbol{W}_N^{\mathrm{T}}(t)]^{\mathrm{T}} \end{aligned}$$

代价函数为

$$J_f = E\left\{\int_0^{\infty} [\boldsymbol{X}^{\mathrm{T}}(t)(\boldsymbol{Q} \otimes \boldsymbol{I}_n)\boldsymbol{X}(t) + \boldsymbol{U}^{\mathrm{T}}(t)(\boldsymbol{R} \otimes \boldsymbol{I}_n)\boldsymbol{U}(t)]\mathrm{d}t\right\} \tag{8.4}$$

式中，$\boldsymbol{Q}$ 为对称矩阵，且 (i,j) 和 (j,i) 均为一 c_{ij} ，对角线为 $\sum\limits_{j=1,j\neq i}^{N} c_{ij}$；$\boldsymbol{R}$ 为对角正定矩阵，对角线元素为 γ_i。

2. 无领导一阶随机多智能体系统最优控制

假设随机分布式控制协议为

$$\boldsymbol{u}_i(t) = -\sum_{j=1}^{n} a_{ij}[\widehat{\boldsymbol{x}}_i(t) - \widehat{\boldsymbol{x}}_j(t)] \tag{8.5}$$

式中，$\widehat{\boldsymbol{x}}_i$ 为 $\boldsymbol{x}_i$ 的状态估计值。则全局控制协议表达式为

$$\boldsymbol{U}(t) = -(\boldsymbol{L} \otimes \boldsymbol{I}_n)\widehat{\boldsymbol{X}}(t) \tag{8.6}$$

下面讨论如何选择网络节点的邻接权系数 $a_{ij}(i,j=1,2,\cdots,N)$，即邻接矩阵 $\boldsymbol{A}$ 或拉普拉斯矩阵 $\boldsymbol{L}$ 确保代价函数式 (8.4) 达到最小。

为了设计随机分布式最优控制协议式 (8.6)，需要求解最优邻接矩阵 $\boldsymbol{A}$ 或拉普拉斯矩阵 $\boldsymbol{L}$，确保代价函数式 (8.4) 达到最小之前，需要如下引理。

定义 8.1[227] 假设 $\boldsymbol{B} \in \mathbf{R}^{n\times n}$，若 $\boldsymbol{B}$ 满足 $\boldsymbol{B} = \varepsilon \boldsymbol{I}_n - \boldsymbol{C}, \varepsilon > 0, \boldsymbol{C} \geqslant \boldsymbol{0}, \rho(\boldsymbol{C}) \leqslant \varepsilon$，则称 $\boldsymbol{B}$ 为 M 矩阵。若 $\rho(\boldsymbol{C}) < \varepsilon$，则 $\boldsymbol{B}$ 为非奇异 M 矩阵。

引理 8.1[227] 若 M 矩阵 $\boldsymbol{A}$ 只有单零特征根，则其平方根 $\sqrt{\boldsymbol{A}}$ 仍为一个 M 矩阵。

引理 8.2[227] 非奇异矩阵 $\boldsymbol{A}$ 必然有一个平方根矩阵，且 $\sqrt{\boldsymbol{A}}$ 是非奇异 M 矩阵。

引理 8.3[204,227] 若 $\boldsymbol{L} = (l_{ij}) \in \mathbf{R}^{n\times n}$ 是一个拉普拉斯矩阵，则 $\boldsymbol{L}$ 必然是一个 M 矩阵。

证明： 若 $\boldsymbol{L} = (l_{ij}) \in \mathbf{R}^{n\times n}$ 是拉普拉斯矩阵，则有

$$l_{ij} \leqslant 0, l_{ii} \geqslant 0, \quad (i \neq j, i, j = 1, 2, \cdots, n)$$

选取 $S > 2\max\{l_{ii}\}(i = 1, \cdots, n)$，则

$$\boldsymbol{L} = s\boldsymbol{I}_n - (s\boldsymbol{I}_n - \boldsymbol{L})$$

记 $\boldsymbol{P} = s\boldsymbol{I} - \boldsymbol{L}$，由于 $\boldsymbol{L}$ 为对角占优矩阵，故

$$\rho(\boldsymbol{L}) \leqslant \max\{l_{ii}\}$$

从而有

$$\rho(\boldsymbol{P}) = s - \rho(\boldsymbol{L}) = s - \max\{\lambda_i(\boldsymbol{L})\} \leqslant s$$

由于

$$s\boldsymbol{I} - \boldsymbol{L} = \boldsymbol{P} = (p_{ij})_{m\times n}$$

故

$$p_{ii} = s - l_{ii} > 2\max\{l_{ii}\} - l_{ii} \geqslant l_{ii} > 0$$

$$p_{ij}(i \neq j) = -l_{ij} \geqslant 0$$

$\boldsymbol{P} \geqslant \boldsymbol{0}$，故 $\boldsymbol{P}$ 为非负矩阵，因此 $\boldsymbol{L} = s\boldsymbol{I}_n - \boldsymbol{P}$ 为 M 矩阵。

注解 8.1 若一个方阵的非对角元素均为非正，且其主子式为非负，则该方阵为 M 矩阵：可以证明拉普拉斯矩阵 $\boldsymbol{L}$ 为 M 矩阵。

引理 8.4[227] 一个有零特征根且对应特征向量为 $\boldsymbol{I}_n$ 的 M 矩阵是一个拉普拉斯矩阵。

引理 8.5[104,227] 若 $\boldsymbol{Q}_1, \boldsymbol{Q}_2$ 为对称半正定拉普拉斯矩阵，且 $\boldsymbol{Q}_1, \boldsymbol{Q}_2$ 分别有一个单零特征根，$\boldsymbol{R}$ 是一个对角正定阵，则有且仅有一个拉普拉斯矩阵 $\boldsymbol{H}_1$，满足 $\boldsymbol{H}_1 = \sqrt{\boldsymbol{R}^{-1}\boldsymbol{Q}_1}$，有且仅有一个拉普拉斯矩阵 $\boldsymbol{H}_2 = \sqrt{\boldsymbol{R}^{-1}\boldsymbol{Q}_2 + 2\sqrt{\boldsymbol{R}^{-1}\boldsymbol{Q}_1}}$，且 $\boldsymbol{H}_1$、$\boldsymbol{H}_2$ 分别为一个单零特征根，另外，拉普拉斯矩阵 $\sqrt{\boldsymbol{R}^{-1}\boldsymbol{Q}}$ 和 $\sqrt{\boldsymbol{R}^{-1}\boldsymbol{Q}_2 + 2\sqrt{\boldsymbol{R}^{-1}\boldsymbol{Q}_1}}$ 分别对应一个强连通的有向图。

定理 8.1 对于一阶随机多智能体系统式（8.1），若矩阵 $\boldsymbol{Q}$ 只有单零特征根，矩阵 $\boldsymbol{C}$ 为可逆矩阵，那么关于代价函数式（8.4）存在一致性最优协议，即

$$\boldsymbol{U}^*(t) = -(\sqrt{\boldsymbol{R}^{-1}\boldsymbol{Q}_1} \otimes \boldsymbol{I}_n)\widehat{\boldsymbol{X}}(t) \tag{8.7}$$

式中，最优拉普拉斯矩阵 $\boldsymbol{L}^* = \sqrt{\boldsymbol{R}^{-1}\boldsymbol{Q}}$。

证明：由于随机系统式（8.1）为随机线性系统，满足分离定理，可以将控制器和滤波器分开设计。下面分四步进行证明。

1）求最优控制器增益 $\bar{\boldsymbol{L}} \triangleq \boldsymbol{L} \otimes \boldsymbol{I}_n$，即求最优 $\boldsymbol{U}^*(t) = -\bar{\boldsymbol{L}}^*\widehat{\boldsymbol{X}}(t)$。

$\bar{\boldsymbol{Q}} \triangleq \boldsymbol{Q} \otimes \boldsymbol{I}_n$，$\bar{\boldsymbol{R}} \triangleq \boldsymbol{R} \otimes \boldsymbol{I}_n$，则代价函数式（8.4）转化为

$$J_f = E\left\{\int_0^\infty \left[\boldsymbol{X}^{\mathrm{T}}(t)\bar{\boldsymbol{Q}}\boldsymbol{X}(t) + \boldsymbol{U}^{\mathrm{T}}(t)\bar{\boldsymbol{R}}(t)\boldsymbol{U}(t)\right]\mathrm{d}t\right\} \tag{8.8}$$

记 $\bar{\boldsymbol{C}} \triangleq \boldsymbol{I}_n \otimes \boldsymbol{C}$，则系统模型（8.3）中观测方程为

$$\boldsymbol{Y}(t) = \bar{\boldsymbol{C}}\boldsymbol{X}(t) + \boldsymbol{W}(t) \tag{8.9}$$

式中，$\boldsymbol{W}(t)=[\boldsymbol{W}_1^{\mathrm{T}}(t),\cdots,\boldsymbol{W}_2^{\mathrm{T}}(t)]^{\mathrm{T}}$。

下面利用代数里卡蒂方程求最优控制器增益 $\bar{\boldsymbol{L}}^*$。由最优控制原理可知下列代数里卡蒂方程：

$$\bar{\boldsymbol{A}}^{\mathrm{T}}\bar{\boldsymbol{P}}+\bar{\boldsymbol{P}}\bar{\boldsymbol{A}}-\bar{\boldsymbol{P}}\bar{\boldsymbol{B}}\bar{\boldsymbol{R}}^{-1}\bar{\boldsymbol{B}}^{\mathrm{T}}\bar{\boldsymbol{P}}+\bar{\boldsymbol{Q}}=\boldsymbol{0} \tag{8.10}$$

存在对称正定矩阵 $\bar{\boldsymbol{P}}$。将具体的矩阵表达式代入式（8.10），由于 $\bar{\boldsymbol{A}}=\boldsymbol{0}$，从而得

$$-\bar{\boldsymbol{P}}(\boldsymbol{I}_N\otimes\boldsymbol{I}_n)(\boldsymbol{R}^{-1}\otimes\boldsymbol{I}_n)(\boldsymbol{I}_N\otimes\boldsymbol{I}_n)^{\mathrm{T}}\bar{\boldsymbol{P}}+(\boldsymbol{Q}\otimes\boldsymbol{I}_n)=0$$

进一步，有

$$(\boldsymbol{R}\otimes\boldsymbol{I}_n)^{-1}\bar{\boldsymbol{P}}(\boldsymbol{R}\otimes\boldsymbol{I}_n)^{-1}\bar{\boldsymbol{P}}=(\boldsymbol{R}^{-1}\otimes\boldsymbol{I}_n)(\boldsymbol{Q}\otimes\boldsymbol{I}_n)$$

故

$$[(\boldsymbol{R}\otimes\boldsymbol{I}_n)^{-1}\bar{\boldsymbol{P}}]^2=(\boldsymbol{R}^{-1}\boldsymbol{Q}\otimes\boldsymbol{I}_n)$$

从而

$$(\boldsymbol{R}\otimes\boldsymbol{I}_n)^{-1}\bar{\boldsymbol{P}}=\sqrt{\boldsymbol{R}^{-1}\boldsymbol{Q}\otimes\boldsymbol{I}_n}=\sqrt{\boldsymbol{R}^{-1}\boldsymbol{Q}}\otimes\boldsymbol{I}_n$$

故

$$\bar{\boldsymbol{P}}=(\boldsymbol{R}\otimes\boldsymbol{I}_n)\left(\sqrt{\boldsymbol{R}^{-1}\boldsymbol{Q}}\otimes\boldsymbol{I}_n\right)=\boldsymbol{R}\sqrt{\boldsymbol{R}^{-1}\boldsymbol{Q}}\otimes\boldsymbol{I}_n \tag{8.11}$$

因此，由最优控制理论可得分布式最优控制协议为

$$\begin{aligned}\boldsymbol{U}^*(t)&=-\bar{\boldsymbol{R}}^{-1}\bar{\boldsymbol{B}}^{-1}\bar{\boldsymbol{P}}\widehat{\boldsymbol{X}}(t)\\&=-(\boldsymbol{R}^{-1}\otimes\boldsymbol{I}_n)(\boldsymbol{I}_N\otimes\boldsymbol{I}_n)(\boldsymbol{R}\sqrt{\boldsymbol{R}^{-1}\boldsymbol{Q}}\otimes\boldsymbol{I}_n)\widehat{\boldsymbol{X}}(t)\\&=-\left(\sqrt{\boldsymbol{R}^{-1}\boldsymbol{Q}}\otimes\boldsymbol{I}_n\right)\widehat{\boldsymbol{X}}(t)\end{aligned}$$

在最优控制协议作用下性能指标的最小值为

$$J_f{}^*=E(\boldsymbol{X}_0{}^{\mathrm{T}}\bar{\boldsymbol{P}}\boldsymbol{X}_0)=E[\boldsymbol{X}_0{}^{\mathrm{T}}(\boldsymbol{R}\sqrt{\boldsymbol{R}^{-1}\boldsymbol{Q}}\otimes\boldsymbol{I}_n)\boldsymbol{X}_0] \tag{8.12}$$

由式（8.6）可知，分布式协议的形式必须确保 $\sqrt{\boldsymbol{R}^{-1}\boldsymbol{Q}}$ 是拉普拉斯矩阵。下面证明 $\sqrt{\boldsymbol{R}^{-1}\boldsymbol{Q}}$ 为拉普拉斯矩阵，从而作为网络的加权矩阵。

2）证明 $\sqrt{\boldsymbol{R}^{-1}\boldsymbol{Q}}$ 为拉普拉斯矩阵。

由于 $\boldsymbol{Q}$ 是实对称拉普拉斯矩阵且只有零单根，故 $\boldsymbol{Q}$ 对应的图是无向网络图，$\boldsymbol{R}$ 为对角正定矩阵，从而 $\boldsymbol{R}^{-1}\boldsymbol{Q}$ 是拉普拉斯矩阵。

由于

$$\begin{bmatrix}r_1^{-1}&&\\&\ddots&\\&&r_n^{-1}\end{bmatrix}\begin{bmatrix}Q_{11}&Q_{12}&\cdots&Q_{1n}\\\vdots&&&\vdots\\Q_{n1}&Q_{n2}&\cdots&Q_{nn}\end{bmatrix}=\begin{bmatrix}r_1^{-1}Q_{11}&\cdots&r_1^{-1}Q_{1n}\\\vdots&&\vdots\\r_n^{-1}Q_{n1}&\cdots&r_n^{-1}Q_{nn}\end{bmatrix}$$

当 $Q_{ij}\leqslant 0(i\neq j)$，则 $r_i^{-1}Q_{ij}\leqslant 0$，而

$$-\sum_{j=1,j\neq i}^{N}Q_{ij}=Q_{ii}$$

则

$$-\sum_{j=1,j\neq i}^{N} r_i{}^{-1}Q_{ij} = r_i{}^{-1}Q_{ii}$$

因此 $\boldsymbol{R}^{-1}\boldsymbol{Q}$ 仍是拉普拉斯矩阵，且 $\boldsymbol{R}^{-1}\boldsymbol{Q}$ 同样只有单零根，且 $\boldsymbol{R}^{-1}\boldsymbol{Q}$ 是 M 矩阵。由引理 8.1 可知，$\boldsymbol{R}^{-1}\boldsymbol{Q}$ 也存在且是 M 矩阵。下面证明 $\boldsymbol{R}^{-1}\boldsymbol{Q}$ 是拉普拉斯矩阵。

假设 $\boldsymbol{v}_i$ 是 $\boldsymbol{R}^{-1}\boldsymbol{Q}$ 对应于特征值 $\lambda_i(\sqrt{\boldsymbol{R}^{-1}\boldsymbol{Q}})$ 的特征向量 $(i=1,2,\cdots,n)$，显然有

$$\left(\boldsymbol{R}^{-1}\boldsymbol{Q}\right)\boldsymbol{v}_i = (\sqrt{\boldsymbol{R}^{-1}\boldsymbol{Q}})^2\boldsymbol{v}_i = \sqrt{\boldsymbol{R}^{-1}\boldsymbol{Q}}\lambda_i(\sqrt{\boldsymbol{R}^{-1}\boldsymbol{Q}})\boldsymbol{v}_i = \lambda_i^2\left(\sqrt{\boldsymbol{R}^{-1}\boldsymbol{Q}}\right)\boldsymbol{v}_i \tag{8.13}$$

故

$$\lambda_i(\boldsymbol{R}^{-1}\boldsymbol{Q})\boldsymbol{v}_i = \lambda_i^2\left(\sqrt{\boldsymbol{R}^{-1}\boldsymbol{Q}}\right) \tag{8.14}$$

且 $\boldsymbol{v}_i$ 保持不变，由于 $\boldsymbol{R}^{-1}\boldsymbol{Q}$ 是拉普拉斯矩阵，故 $\boldsymbol{R}^{-1}\boldsymbol{Q}$ 存在零特征根，且对应的特征向量为 $\boldsymbol{I}_n$。

由于 $\boldsymbol{R}^{-1}\boldsymbol{Q}$ 为 M 矩阵，从而 $\sqrt{\boldsymbol{R}^{-1}\boldsymbol{Q}}$ 为 M 矩阵，故非对角线元素为小于等于零。且 $\sqrt{\boldsymbol{R}^{-1}\boldsymbol{Q}}$ 存在零特征根且对应的向量为 $\boldsymbol{I}_n$，故 $\sqrt{\boldsymbol{R}^{-1}\boldsymbol{Q}}$ 为拉普拉斯矩阵。因此

$$\boldsymbol{U}^*(t) = -\bar{\boldsymbol{R}}^{-1}\bar{\boldsymbol{B}}^{\mathrm{T}}\bar{\boldsymbol{P}}\widehat{\boldsymbol{X}}(t) = -\left(\sqrt{\boldsymbol{R}^{-1}\boldsymbol{Q}}\otimes\boldsymbol{I}_n\right)\widehat{\boldsymbol{X}}(t) \tag{8.15}$$

满足分布式控制协议形式。

3）求最优状态估计 $\widehat{\boldsymbol{X}}(t)$。

假设 $\boldsymbol{V}_i\in\mathcal{N}\left(\boldsymbol{0},\boldsymbol{G}_i\delta(t)\right),\boldsymbol{W}_i(t)\in\mathcal{N}\left(\boldsymbol{0},\boldsymbol{Q}_{1i}\delta(t)\right)$，从而 $\boldsymbol{V}=[\boldsymbol{V}_1^{\mathrm{T}},\cdots,\boldsymbol{V}_N^{\mathrm{T}}]^{\mathrm{T}},\boldsymbol{W}=[\boldsymbol{W}_1^{\mathrm{T}},\cdots,\boldsymbol{W}_N^{\mathrm{T}}]^{\mathrm{T}}$ 仍然为高斯白噪声，即 $\boldsymbol{V}\in\mathcal{N}\left(\boldsymbol{0},\bar{\boldsymbol{G}}\delta(t)\right),\boldsymbol{W}\in\mathcal{N}\left(\boldsymbol{0},\boldsymbol{Q}_1\delta(t)\right)$，$\bar{\boldsymbol{G}}=\mathrm{diag}\{\bar{\boldsymbol{G}}_1,\cdots,\bar{\boldsymbol{G}}_N\}$，$\boldsymbol{Q}_1=\mathrm{diag}\{\boldsymbol{Q}_{11},\cdots,\boldsymbol{Q}_{NN}\}$。

由卡尔曼滤波估计误差公式，得

$$\bar{\boldsymbol{A}}\bar{\boldsymbol{R}}_2+\bar{\boldsymbol{R}}_2\bar{\boldsymbol{A}}^{\mathrm{T}}-\bar{\boldsymbol{R}}_2\bar{\boldsymbol{C}}^{\mathrm{T}}\boldsymbol{Q}_1^{-1}\bar{\boldsymbol{C}}\bar{\boldsymbol{R}}_2+\boldsymbol{G}=\boldsymbol{0} \tag{8.16}$$

将 $\bar{\boldsymbol{A}}=\boldsymbol{0}$ 代入得

$$\left[\bar{\boldsymbol{R}}_2\sqrt{(\bar{\boldsymbol{C}}^{\mathrm{T}}\boldsymbol{Q}_1^{-1}\bar{\boldsymbol{C}})}\right]^2=\boldsymbol{G}$$

从而

$$\boldsymbol{R}_2=\sqrt{\boldsymbol{G}(\bar{\boldsymbol{C}}^{\mathrm{T}}\boldsymbol{Q}_1^{-1}\bar{\boldsymbol{C}})} \tag{8.17}$$

由于 $\bar{\boldsymbol{C}}$ 为可逆矩阵，故 $\rho(\bar{\boldsymbol{C}})=nN$，从而 $\rho\begin{bmatrix}\bar{\boldsymbol{C}}\\ \bar{\boldsymbol{C}}\bar{\boldsymbol{A}}\\ \vdots\\ \bar{\boldsymbol{C}}\bar{\boldsymbol{A}}^m\end{bmatrix}=nN$，因此 $(\bar{\boldsymbol{A}},\bar{\boldsymbol{C}})$ 是可观测对，故状态估计是收敛的。

从而状态估计式为

$$\dot{\widehat{\boldsymbol{X}}}=\boldsymbol{U}+\boldsymbol{B}(\boldsymbol{Y}-\bar{\boldsymbol{C}}\widehat{\boldsymbol{X}}),\widehat{\boldsymbol{X}}(t_0)=\boldsymbol{m}_0 \tag{8.18}$$

式中，修正系数矩阵 $\boldsymbol{B}=\bar{\boldsymbol{R}}_2\bar{\boldsymbol{C}}^{\mathrm{T}}\boldsymbol{Q}_1^{-1}=\sqrt{\bar{\boldsymbol{G}}(\bar{\boldsymbol{C}}^{\mathrm{T}}\boldsymbol{Q}_1^{-1}\bar{\boldsymbol{C}})}\bar{\boldsymbol{C}}^{\mathrm{T}}\boldsymbol{Q}_1^{-1}$。

4）证明在实用均方收敛意义下状态保持一致性。

由于随机系统式（8.1）带有加性白噪声，需要利用 10.2.2 节实用均方随机稳定性的概念。记 $\tilde{\boldsymbol{X}}=\widehat{\boldsymbol{X}}-\boldsymbol{X}$，则

$$
\begin{aligned}
\dot{\boldsymbol{X}}(t)&=\boldsymbol{U}(t)+\boldsymbol{V}(t)\\
&=-(\boldsymbol{L}\otimes\boldsymbol{I}_n)\widehat{\boldsymbol{X}}(t)+\boldsymbol{V}(t)\\
&=-(\boldsymbol{L}\otimes\boldsymbol{I}_n)\boldsymbol{X}-(\boldsymbol{L}\otimes\boldsymbol{I}_n)\tilde{\boldsymbol{X}}+\boldsymbol{V}(t)
\end{aligned}\tag{8.19}
$$

由于

$$
\dot{\widehat{\boldsymbol{X}}}=\boldsymbol{U}+\boldsymbol{B}\boldsymbol{Y}-\boldsymbol{B}\bar{\boldsymbol{C}}\widehat{\boldsymbol{X}}\tag{8.20}
$$

则

$$
\begin{aligned}
\dot{\tilde{\boldsymbol{X}}}&=\dot{\widehat{\boldsymbol{X}}}-\dot{\boldsymbol{X}}\\
&=\boldsymbol{U}+\boldsymbol{B}\boldsymbol{Y}-\boldsymbol{B}\bar{\boldsymbol{C}}\widehat{\boldsymbol{X}}-\boldsymbol{U}-\boldsymbol{V}\\
&=\boldsymbol{B}\bar{\boldsymbol{C}}\boldsymbol{X}+\boldsymbol{B}\boldsymbol{W}-\boldsymbol{B}\bar{\boldsymbol{C}}\widehat{\boldsymbol{X}}-\boldsymbol{V}\\
&=-\boldsymbol{B}\bar{\boldsymbol{C}}(\widehat{\boldsymbol{X}}-\boldsymbol{X})+\boldsymbol{B}\boldsymbol{W}-\boldsymbol{V}\\
&=-\boldsymbol{B}\bar{\boldsymbol{C}}(\widehat{\boldsymbol{X}}-\boldsymbol{X})+\boldsymbol{B}\boldsymbol{W}-\boldsymbol{V}\\
&=-\boldsymbol{B}\bar{\boldsymbol{C}}\tilde{\boldsymbol{X}}+\boldsymbol{B}\boldsymbol{W}-\boldsymbol{V}
\end{aligned}\tag{8.21}
$$

从而有

$$
\begin{aligned}
\frac{\mathrm{d}}{\mathrm{d}t}\begin{bmatrix}\boldsymbol{X}\\ \tilde{\boldsymbol{X}}\end{bmatrix}&=\begin{bmatrix}-(\boldsymbol{L}\otimes\boldsymbol{I}_n) & -(\boldsymbol{L}\otimes\boldsymbol{I}_n)\\ \boldsymbol{0} & -\boldsymbol{B}\bar{\boldsymbol{C}}\end{bmatrix}\begin{bmatrix}\boldsymbol{X}\\ \tilde{\boldsymbol{X}}\end{bmatrix}+\begin{bmatrix}\boldsymbol{V}\\ \boldsymbol{B}\boldsymbol{W}-\boldsymbol{V}\end{bmatrix}\\
&=\begin{bmatrix}-(\boldsymbol{L}\otimes\boldsymbol{I}_n) & -(\boldsymbol{L}\otimes\boldsymbol{I}_n)\\ \boldsymbol{0} & -\boldsymbol{B}(\boldsymbol{I}_n\otimes\boldsymbol{C})\end{bmatrix}\begin{bmatrix}\boldsymbol{X}\\ \tilde{\boldsymbol{X}}\end{bmatrix}+\begin{bmatrix}\boldsymbol{I} & \boldsymbol{0}\\ -\boldsymbol{I} & \boldsymbol{B}\end{bmatrix}\begin{bmatrix}\boldsymbol{V}\\ \boldsymbol{W}\end{bmatrix}
\end{aligned}\tag{8.22}
$$

显然，矩阵

$$
\begin{bmatrix}-(\boldsymbol{L}\otimes\boldsymbol{I}_n) & -(\boldsymbol{L}\otimes\boldsymbol{I}_n)\\ \boldsymbol{0} & -\boldsymbol{B}(\boldsymbol{I}_n\otimes\boldsymbol{C})\end{bmatrix}
$$

的全部特征根由 $-(\boldsymbol{L}^*\otimes\boldsymbol{I}_n)$ 和 $-\boldsymbol{B}(\boldsymbol{I}_n\otimes\boldsymbol{C})$ 的特征根组成，当 $\boldsymbol{L}^*=\sqrt{\boldsymbol{R}^{-1}\boldsymbol{Q}}$ 为拉普拉斯矩阵，则 $-(\boldsymbol{L}^*\otimes\boldsymbol{I}_n)=-(\sqrt{\boldsymbol{R}^{-1}\boldsymbol{Q}}\otimes\boldsymbol{I}_n)$ 的特征根都具有负实部。

由于 $\bar{\boldsymbol{A}}=\boldsymbol{0}$，且 $\boldsymbol{C}$ 为可逆矩阵时，$\boldsymbol{B}\bar{\boldsymbol{C}}=\bar{\boldsymbol{R}}_2\bar{\boldsymbol{C}}^{\mathrm{T}}\boldsymbol{Q}_1^{-1}\bar{\boldsymbol{C}}$ 为正定矩阵，故其特征根大于零，$-\boldsymbol{B}\bar{\boldsymbol{C}}$ 的特征根具有负实部，从而 $\begin{bmatrix}-(\boldsymbol{L}\otimes\boldsymbol{I}_n) & -(\boldsymbol{L}\otimes\boldsymbol{I}_n)\\ \boldsymbol{0} & -\boldsymbol{B}(\boldsymbol{I}_n\otimes\boldsymbol{C})\end{bmatrix}$ 的特征根都是负实数，且可对角化。由 10.2.2 解均方实用稳定性的理论可知，多智能体状态 $\boldsymbol{X}$ 及误差 $\tilde{\boldsymbol{X}}=\widehat{\boldsymbol{X}}-\boldsymbol{X}$ 均方实用稳定，因此，多智能体系统状态在均方实用稳定意义下保持一致性。

定理 8.2 对于一阶随机多智能体系统，若任意通信网络拓扑图的拉普拉斯矩阵 $\boldsymbol{L}$ 只有单零特征根，那么代价函数为

$$J=E\left\{\int_0^{\infty}\left[\boldsymbol{X}^{\mathrm{T}}(t)(\boldsymbol{L}^2\otimes\boldsymbol{I}_n)\boldsymbol{X}(t)+\boldsymbol{U}^{\mathrm{T}}(t)\boldsymbol{U}(t)\right]\mathrm{d}t\right\}$$

达到最小的分布式最优控制器 $\boldsymbol{U}^*(t)=-(\boldsymbol{L}\otimes\boldsymbol{I}_n)\widehat{\boldsymbol{X}}(t)$，其中 $\widehat{\boldsymbol{X}}(t)$ 为 $\boldsymbol{X}(t)$ 的最优状态估计。

证明：取 $\bar{\boldsymbol{Q}}=\boldsymbol{L}^2\otimes\boldsymbol{I}_n$，$\bar{\boldsymbol{R}}=\boldsymbol{I}_N\otimes\boldsymbol{I}_n$，可得

$$\boldsymbol{U}^*(t)=-(\boldsymbol{L}\otimes\boldsymbol{I}_n)\widehat{\boldsymbol{X}}(t)$$

注解 8.2 此定理说明任何一个有向生成树网络，分布式协议 $\boldsymbol{U}(t)=-(\boldsymbol{L}\otimes\boldsymbol{I}_n)\widehat{\boldsymbol{X}}(t)$ 都是某一性能指标下最优的。

8.2.2 领导-跟随一阶随机多智能体系统最优控制

1. 领导-跟随一阶随机多智能体系统模型

假设有 N 个跟随者节点组成的一阶连续时间随机多智能体系统，即

$$\begin{cases}\dot{\boldsymbol{x}}_i(t)=\boldsymbol{u}_i(t)+\boldsymbol{V}_i(t)\\ \boldsymbol{y}_i(t)=\boldsymbol{C}\boldsymbol{x}_i(t)+\boldsymbol{W}_i(t)\end{cases}\quad(i=1,2,\cdots,N)\tag{8.23}$$

式中，$\boldsymbol{x}_i(t)=[x_{i1}(t),\cdots,x_{in}(t)]^{\mathrm{T}}\in\mathbf{R}^n$ 为状态向量；$\boldsymbol{y}_i(t)=[y_{i1}(t),\cdots,y_{im}(t)]^{\mathrm{T}}\in\mathbf{R}^m$ 为观测向量；$\boldsymbol{C}$ 为相应维数的矩阵；控制向量 $\boldsymbol{u}_i(t)=[u_{i1}(t),\cdots,u_{in}(t)]^{\mathrm{T}}\in\mathbf{R}^n$，$\boldsymbol{V}_i(t)\in\mathbf{R}^n$，$\boldsymbol{W}_i(t)\in\mathbf{R}^n$ 分别为独立同分布的高斯白噪声 $\mathcal{N}(\boldsymbol{0},\bar{\boldsymbol{G}}_i\delta(t))$ 和 $\mathcal{N}(\boldsymbol{0},\boldsymbol{Q}_i\delta(t))$。

领导状态 $\boldsymbol{x}_0=[x_{01},\cdots,x_{0n}]^{\mathrm{T}}$ 为常量，静止目标位置或恒定目标速度，$\boldsymbol{x}_0$ 为确定性向量。

假设多智能体网络有一个无向加权图 $g=(\mathbf{N},\varepsilon)$，其中顶点集 $\mathbf{N}=\{1,2,\cdots,N\}$，边集 $\varepsilon=\{(i,j)|i,j\in\mathbf{N}\}$，$\boldsymbol{A}=[a_{ij}]\in\mathbf{R}^{N\times N}$ 表示图的加权邻接矩阵，$\boldsymbol{L}=[l_{ij}]\in\mathbf{R}^{n\times n}$ 表示 g 的拉普拉斯矩阵。领导与跟随之间通信矩阵为 $\boldsymbol{G}=\mathrm{diag}\{g_1,\cdots,g_N\}$，其中，$g_i>0$ 表示领导对第 i 个跟随存在牵制作用，$g_i=0$ 表示不联系。$\boldsymbol{G}$ 被称为牵制增益矩阵。假设 N 个智能体的总的代价函数为

$$\begin{aligned}J_f=&E\left(\int_0^{\infty}\left\{\sum_{i=1}^{N}\sum_{j=1}^{i-1}c_{ij}[\boldsymbol{x}_i(t)-\boldsymbol{x}_j(t)]^{\mathrm{T}}[\boldsymbol{x}_i(t)-\boldsymbol{x}_j(t)]\right.\right.\\&\left.\left.+\sum_{i=1}^{N}[\boldsymbol{x}_i(t)-\boldsymbol{x}_0]^{\mathrm{T}}\alpha[\boldsymbol{x}_i(t)-\boldsymbol{x}_0]\right\}\mathrm{d}t+\sum_{i=1}^{N}\boldsymbol{u}_i^{\mathrm{T}}(t)\boldsymbol{u}_i(t)\mathrm{d}t\right)\end{aligned}\tag{8.24}$$

式中，$c_{ij}\geqslant 0,\alpha>0$，可自由选择；$E(\cdot)$ 表示数学期望。

假设分布式协议为

$$\boldsymbol{u}_i(t)=-\left\{\sum_{j=1}^{N}a_{ij}[\widehat{\boldsymbol{x}}_i(t)-\widehat{\boldsymbol{x}}_j(t)]+g_i[\widehat{\boldsymbol{x}}_i(t)-\boldsymbol{x}_0]\right\}\tag{8.25}$$

记全局状态变量 $\boldsymbol{X}(t)=[\boldsymbol{x}_1^{\mathrm{T}}(t),\cdots,\boldsymbol{x}_n^{\mathrm{T}}(t)]^{\mathrm{T}},\boldsymbol{U}(t)=[\boldsymbol{u}_1^{\mathrm{T}}(t),\cdots,\boldsymbol{u}_n^{\mathrm{T}}(t)]^{\mathrm{T}}$，$\boldsymbol{V}(t)=[\boldsymbol{V}_1^{\mathrm{T}}(t),\cdots,\boldsymbol{V}_N^{\mathrm{T}}(t)]^{\mathrm{T}}$，则式（8.23）转换为

$$\begin{cases}\dot{\boldsymbol{X}}(t)=\boldsymbol{U}(t)+\boldsymbol{V}(t)\\ \boldsymbol{Y}(t)=(\boldsymbol{I}_n\otimes\boldsymbol{C})\,\boldsymbol{X}(t)+\boldsymbol{W}(t)\end{cases}\tag{8.26}$$

式中，a_{ij} 为 $\boldsymbol{A}$ 的某 (i,j) 项元素；$\boldsymbol{\delta}_i$ 表示领导对第 i 个跟随的牵制增益。

分布式控制协议式（8.25）转化为

$$\boldsymbol{U}(t)=-[(\boldsymbol{L}+\boldsymbol{G})\otimes\boldsymbol{I}_n][\widehat{\boldsymbol{X}}(t)-\boldsymbol{X}_0]\tag{8.27}$$

式中，$\boldsymbol{X}_0=\boldsymbol{I}_n\otimes\boldsymbol{x}_0$，令第 i 个智能体状态和领导状态之间的局部跟踪误差 $\boldsymbol{\delta}_i(t)=\boldsymbol{x}_i(t)-\boldsymbol{x}_0$，则全局跟踪误差，故式（8.26）中的第一个方程转化为

$$\dot{\boldsymbol{\delta}}(t)=\boldsymbol{U}(t)+\boldsymbol{V}(t)\tag{8.28}$$

$$\boldsymbol{U}(t)=-[(\boldsymbol{L}+\boldsymbol{G})\otimes\boldsymbol{I}_n]\widehat{\boldsymbol{\delta}}(t)\tag{8.29}$$

式中，$\widehat{\boldsymbol{\delta}}(t)=\widehat{\boldsymbol{X}}(t)-\boldsymbol{X}_0$ 为全局跟踪误差 $\boldsymbol{\delta}(t)$ 的最优状态估计。

全局代价函数式（8.24）转化为

$$J_f=E\left(\int_0^{\infty}\{\boldsymbol{\delta}^{\mathrm{T}}(t)[(\boldsymbol{Q}+\boldsymbol{G}_1)\otimes\boldsymbol{I}_n]\boldsymbol{\delta}(t)+\boldsymbol{U}^{\mathrm{T}}(t)\boldsymbol{U}(t)\}\mathrm{d}t\right)\tag{8.30}$$

式中，$\boldsymbol{G}_1=\alpha\boldsymbol{I}_N$；$\boldsymbol{Q}$ 中第 (i,j) 元素为 c_{ij}，对角线元素为 $\sum\limits_{j=1,j\neq i}^{N}a_{ij}$。式（8.30）推导过程如下：

$$\sum_{i=1}^{N}\sum_{j=0}^{i-1}[\boldsymbol{x}_i(t)-\boldsymbol{x}_j(t)]^{\mathrm{T}}c_{ij}[\boldsymbol{x}_i(t)-\boldsymbol{x}_j(t)]=\boldsymbol{X}^{\mathrm{T}}(t)(\boldsymbol{Q}\otimes\boldsymbol{I}_n)\boldsymbol{X}(t)\tag{8.31}$$

由于 $\boldsymbol{X}_0=\boldsymbol{I}_N\otimes\boldsymbol{x}_0$，故

$$\boldsymbol{X}_0^{\mathrm{T}}(\boldsymbol{Q}\otimes\boldsymbol{I}_n)=(\boldsymbol{Q}\otimes\boldsymbol{I}_n)\boldsymbol{X}_0=(\boldsymbol{Q}\otimes\boldsymbol{I}_n)\,(\boldsymbol{I}_N\otimes\boldsymbol{x}_0)=\boldsymbol{0}$$

从而

$$\boldsymbol{\delta}^{\mathrm{T}}(t)(\boldsymbol{Q}\otimes\boldsymbol{I}_n)\boldsymbol{\delta}(t)=(\boldsymbol{X}(t)-\boldsymbol{x}_0)^{\mathrm{T}}(\boldsymbol{Q}\otimes\boldsymbol{I}_n)(\boldsymbol{X}(t)-\boldsymbol{x}_0)=\boldsymbol{X}^{\mathrm{T}}(t)(\boldsymbol{Q}\otimes\boldsymbol{I}_n)\boldsymbol{X}(t)\tag{8.32}$$

故

$$\sum_{i=1}^{N}\sum_{j=1}^{i-1}[\boldsymbol{x}_i(t)-\boldsymbol{x}_j(t)]^{\mathrm{T}}c_{ij}[\boldsymbol{x}_i(t)-\boldsymbol{x}_j(t)]=\boldsymbol{\delta}^{\mathrm{T}}(t)(\boldsymbol{Q}\otimes\boldsymbol{I}_n)\boldsymbol{\delta}(t)\tag{8.33}$$

类似地

$$\sum_{i=1}^{N}[\boldsymbol{x}_i(t)-\boldsymbol{x}_0]^{\mathrm{T}}\alpha[\boldsymbol{x}_i(t)-\boldsymbol{x}_0]=\boldsymbol{\delta}^{\mathrm{T}}(t)[\alpha\boldsymbol{I}_N\otimes\boldsymbol{I}_n]\boldsymbol{\delta}(t)=\boldsymbol{\delta}^{\mathrm{T}}(t)(\boldsymbol{G}_1\otimes\boldsymbol{I}_n)\boldsymbol{\delta}(t)\tag{8.34}$$

将式（8.31）～式（8.34）代入式（8.24），即得到式（8.30）。

2. 领导-跟随一阶随机多智能体系统最优控制

下面讨论如何选择网络节点的邻接权系数 $a_{ij}(i,j=1,2,\cdots,N)$ 和牵制权系数 g_i，即邻接矩阵 $\boldsymbol{A}$ 或 $\boldsymbol{L}$ 以及牵制矩阵 $\boldsymbol{G}$ 确保代价函数式（8.30）达到最小。

为了设计随机分布式最优控制协议式（8.6），需要求解最优邻接矩阵 $\boldsymbol{A}$ 或 $\boldsymbol{L}$ 和 $\boldsymbol{G}$，确保代价函数式（8.30）达到最小之前，需要如下引理。

引理 8.6[104] 假设 M 矩阵 $\boldsymbol{S}\in\mathbf{R}^{n\times n}$ 存在零特征值且对应特征向量为 $\boldsymbol{I}_n$，即 $\boldsymbol{S}=\varepsilon\boldsymbol{I}_n-\boldsymbol{C}$，其中 $\varepsilon>0,\boldsymbol{C}>\boldsymbol{0},\rho(\boldsymbol{C})\leqslant\varepsilon$，且 $s\boldsymbol{I}_n=\boldsymbol{0}$。另假设矩阵 $\boldsymbol{E}=\alpha\boldsymbol{I}_n,\alpha>0$，则

1）矩阵 $\boldsymbol{S}+\boldsymbol{E}$ 是非奇异 M 矩阵且 $\mathrm{Re}(\lambda_i(\boldsymbol{S}+\boldsymbol{E}))=\alpha(i=1,\cdots,n)$，同时 $\boldsymbol{S}+\boldsymbol{E}$ 存在特征值 α 且对应特征向量为 $\boldsymbol{I}_n$。

2）矩阵 $\boldsymbol{S}+\boldsymbol{E}$ 存在，$\sqrt{\boldsymbol{S}+\boldsymbol{E}}$ 也是非奇异 M 矩阵，且 $\sqrt{\boldsymbol{S}+\boldsymbol{E}}$ 可分解为另一个拉普拉斯矩阵 $\sqrt{\boldsymbol{S}+\boldsymbol{E}}-\sqrt{\alpha}\boldsymbol{I}_n$，其中 $\lambda_i(\boldsymbol{S}+\boldsymbol{E})=\alpha+\lambda_i(\boldsymbol{S})\geqslant\alpha>0(i=1,2,\cdots,n)$ 和一个对角矩阵 $\boldsymbol{g}=\sqrt{\alpha}\boldsymbol{I}_n$。

证明：假设 $\boldsymbol{S}$ 的所有特征根均为实数，注意，当 $\boldsymbol{S}$ 的特征根存在复数时，上述结论依然成立。

1）由于 $\boldsymbol{S}$ 为 M 矩阵，$\boldsymbol{E}=\alpha\boldsymbol{I}_n,\alpha>0$，则

$$\boldsymbol{S}+\boldsymbol{E}=(\varepsilon+\alpha)\boldsymbol{I}_n-\boldsymbol{C} \tag{8.35}$$

式中 $\varepsilon+\alpha>0,\boldsymbol{C}\geqslant\boldsymbol{0},\rho(\boldsymbol{C})\leqslant\varepsilon<\varepsilon+\alpha$，故 $\boldsymbol{S}+\boldsymbol{E}$ 是非奇异 M 矩阵。由于 $\lambda_i(\boldsymbol{S})\geqslant 0$，所以

$$\lambda_i(\boldsymbol{S}+\boldsymbol{E})=\alpha+\lambda_i(\boldsymbol{S})\geqslant\alpha>0\qquad(i=1,2,\cdots,n)$$

由于 $\boldsymbol{S}$ 存在零特征值且对应特征向量为 $\boldsymbol{I}_n$，因此，$\boldsymbol{S}+\boldsymbol{E}$ 存在特征值 α 且对应特征向量为 $\boldsymbol{I}_n$。

2）由于 $(\boldsymbol{S}+\boldsymbol{E})\boldsymbol{v}_i=(\sqrt{\boldsymbol{S}+\boldsymbol{E}})^2\boldsymbol{v}_i=\sqrt{\boldsymbol{S}+\boldsymbol{E}}\lambda_i(\sqrt{\boldsymbol{S}+\boldsymbol{E}})\boldsymbol{v}_i=\lambda_i^2(\sqrt{\boldsymbol{S}+\boldsymbol{E}})\boldsymbol{v}_i$ 为非奇异 M 矩阵，故 $\sqrt{\boldsymbol{S}+\boldsymbol{E}}$ 同样是非奇异 M 矩阵。假设 $\boldsymbol{v}_i$ 是 $\lambda_i(\sqrt{\boldsymbol{S}+\boldsymbol{E}})$ 对应于特征根 $\lambda_i(\sqrt{\boldsymbol{S}+\boldsymbol{E}})$ 的特征向量 $(i=1,\cdots,n)$，则有

$$(\boldsymbol{S}+\boldsymbol{E})\boldsymbol{v}_i=(\sqrt{\boldsymbol{S}+\boldsymbol{E}})^2\boldsymbol{v}_i=\sqrt{\boldsymbol{S}+\boldsymbol{E}}\lambda_i(\sqrt{\boldsymbol{S}+\boldsymbol{E}})\boldsymbol{v}_i=\lambda_i^2(\sqrt{\boldsymbol{S}+\boldsymbol{E}})\boldsymbol{v}_i$$

从而 $\lambda_i(\boldsymbol{S}+\boldsymbol{E})={\lambda_i}^2(\sqrt{\boldsymbol{S}+\boldsymbol{E}})$，且特征值对应的特征向量不变。

又由于 $\boldsymbol{S}+\boldsymbol{E}$ 存在对应特征向量为 $\boldsymbol{I}_n$ 的特征值 α，且 $\lambda_i(\boldsymbol{S}+\boldsymbol{E})\geqslant\alpha$，因此 $\sqrt{\boldsymbol{S}+\boldsymbol{E}}$ 存在对应特征向量为 $\boldsymbol{I}_n$ 的特征值 $\sqrt{\alpha}$，同时 $\lambda_i(\sqrt{\boldsymbol{S}+\boldsymbol{E}})\geqslant\sqrt{\alpha}$，前面已证 $\sqrt{\boldsymbol{S}+\boldsymbol{E}}$ 是非奇异 M 矩阵，选取合适的系数 $s_1>\sqrt{\alpha}$，则有

$$\sqrt{\boldsymbol{S}+\boldsymbol{E}}=\boldsymbol{s}_1\boldsymbol{I}_n-\boldsymbol{C}_1 \tag{8.36}$$

式中，$\boldsymbol{s}_1>\sqrt{\alpha}>0$，$\boldsymbol{C}_1\geqslant 0$，$\rho(\boldsymbol{C}_1)\leqslant\boldsymbol{s}_1-\sqrt{\alpha}<\boldsymbol{s}_1$，故

$$\sqrt{\boldsymbol{S}+\boldsymbol{E}}-\sqrt{\alpha}\boldsymbol{I}_n=(\boldsymbol{s}_1-\sqrt{\alpha})\boldsymbol{I}_n-\boldsymbol{C}_1 \tag{8.37}$$

式中，$\boldsymbol{s}_1-\sqrt{\alpha}>0$，$\boldsymbol{C}_1\geqslant\boldsymbol{0}$，$\rho(\boldsymbol{C}_1)\leqslant\boldsymbol{s}_1-\sqrt{\alpha}$。从而 $\sqrt{\boldsymbol{S}+\boldsymbol{E}}-\sqrt{\alpha}\boldsymbol{I}_n$ 是 M 矩阵。由于 $\sqrt{\boldsymbol{S}+\boldsymbol{E}}$ 存在特征值 $\sqrt{\alpha}$ 且对应特征向量为 $\boldsymbol{I}_n$，故 $\sqrt{\boldsymbol{S}+\boldsymbol{E}}-\sqrt{\alpha}\boldsymbol{I}_n$ 存在零特征值且对应特征向量为 $\boldsymbol{I}_n$。再由于 $\sqrt{\boldsymbol{S}+\boldsymbol{E}}-\sqrt{\alpha}\boldsymbol{I}_n$ 是一个拉普拉斯矩阵，从而 $\sqrt{\boldsymbol{S}+\boldsymbol{E}}$ 可以分解为一个拉普拉斯矩阵 $\sqrt{\boldsymbol{S}+\boldsymbol{E}}-\sqrt{\alpha}\boldsymbol{I}_n$ 和一个对角矩阵 $\boldsymbol{g}=\sqrt{\alpha}\boldsymbol{I}_n$。证毕。

定理 8.3 对于领导-跟随一阶随机多智能体系统式（8.1），若矩阵 $\boldsymbol{C}$ 为可逆矩阵，那么关于代价函数式（8.30）存在一致性最优协议，即

$$\boldsymbol{U}^*(t)=-[(\boldsymbol{L}^*+\boldsymbol{G}^*)\otimes\boldsymbol{I}_n]\widehat{\boldsymbol{\delta}}(t) \tag{8.38}$$

式中，最优拉普拉斯矩阵 $\boldsymbol{L}^*=\sqrt{\boldsymbol{Q}+\boldsymbol{G}_1}-\sqrt{\alpha}\boldsymbol{I}_N$；最优牵制矩阵 $\boldsymbol{G}^*=\sqrt{\alpha}\boldsymbol{I}_N$。

证明：由于随机系统式（8.1）为随机线性系统，满足分离定理，可以将控制器和滤波器分开设计。下面分四步进行证明。

1）求最优控制器增益记 $\boldsymbol{G}^*=\sqrt{\alpha}\boldsymbol{I}_N$，即求最优 $\boldsymbol{U}^*(t)=-\boldsymbol{K}^*\widehat{\boldsymbol{\delta}}(t)$，其中 $\boldsymbol{K}^*=(\boldsymbol{L}^*+\boldsymbol{G}_1{}^*)\otimes\boldsymbol{I}_n$。

记 $\bar{\boldsymbol{Q}}=(\boldsymbol{Q}+\boldsymbol{G}_1)\otimes\boldsymbol{I}_n,\bar{\boldsymbol{R}}=\boldsymbol{I}_N\otimes\boldsymbol{I}_n$，则代价函数式（8.30）转化为

$$J_f=E\left\{\int_0^{\infty}[\boldsymbol{\delta}^{\mathrm{T}}(t)\bar{\boldsymbol{Q}}\boldsymbol{\delta}(t)+\boldsymbol{U}^{\mathrm{T}}(t)\bar{\boldsymbol{R}}\boldsymbol{U}(t)]\mathrm{d}t\right\}$$

由最优控制原理可知, 下述代数里卡蒂方程:

$$\bar{\boldsymbol{A}}^{\mathrm{T}}\bar{\boldsymbol{P}}+\bar{\boldsymbol{P}}\bar{\boldsymbol{A}}-\bar{\boldsymbol{P}}\bar{\boldsymbol{B}}\bar{\boldsymbol{R}}^{-1}\bar{\boldsymbol{B}}^{\mathrm{T}}\bar{\boldsymbol{P}}+\bar{\boldsymbol{Q}}=\boldsymbol{0} \tag{8.39}$$

存在对称正定矩阵 $\bar{\boldsymbol{P}}$。将具体的矩阵表达式 $\bar{\boldsymbol{A}}=0$，$\bar{\boldsymbol{B}}=\boldsymbol{I}_N\otimes\boldsymbol{I}_n$，$\bar{\boldsymbol{Q}}=(\boldsymbol{Q}+\boldsymbol{G}_1)\otimes\boldsymbol{I}_n$，$\bar{\boldsymbol{R}}=\boldsymbol{I}_N\otimes\boldsymbol{I}_n$ 代入式（8.39）得

$$\bar{\boldsymbol{P}}\cdot\bar{\boldsymbol{P}}=\bar{\boldsymbol{Q}}=(\boldsymbol{Q}+\boldsymbol{G}_1)\otimes\boldsymbol{I}_n\Rightarrow\bar{\boldsymbol{P}}=\sqrt{\boldsymbol{Q}+\boldsymbol{G}_1}\otimes\boldsymbol{I}_n \tag{8.40}$$

从而得最优控制协议

$$\boldsymbol{U}^*(t)=-\bar{\boldsymbol{R}}^{-1}\bar{\boldsymbol{B}}^{\mathrm{T}}\bar{\boldsymbol{P}}\widehat{\boldsymbol{\delta}}(t)=-\bar{\boldsymbol{P}}\widehat{\boldsymbol{\delta}}(t)=-(\sqrt{\boldsymbol{Q}+\boldsymbol{G}_1}\otimes\boldsymbol{I}_n)\widehat{\boldsymbol{\delta}}(t) \tag{8.41}$$

在最优控制协议作用下性能指标的最小值为

$$J_f{}^*=E[\boldsymbol{X}_0^{\mathrm{T}}\bar{\boldsymbol{P}}\boldsymbol{X}_0]=E[\boldsymbol{X}_0^{\mathrm{T}}(\sqrt{\boldsymbol{Q}+\boldsymbol{G}_1}\otimes\boldsymbol{I}_n)\boldsymbol{X}_0] \tag{8.42}$$

由式（8.25）可知，所获得的最优控制协议必须满足分布式协议的条件，即证明 $\sqrt{\boldsymbol{Q}+\boldsymbol{G}_1}=\boldsymbol{L}^*+\boldsymbol{G}_1{}^*$，其中 $\boldsymbol{L}^*$ 为拉普拉斯矩阵，$\boldsymbol{G}_1{}^*$ 为对角正矩阵。

2）证明 $\boldsymbol{U}^*(t)=-(\sqrt{\boldsymbol{Q}+\boldsymbol{G}_1}\otimes\boldsymbol{I}_n)\widehat{\boldsymbol{\delta}}(t)$ 满足分布式协议的条件。

下面证明 $\sqrt{\boldsymbol{Q}+\boldsymbol{G}_1}$ 可以分解为 $\boldsymbol{L}^*+\boldsymbol{G}_1{}^*$，其中 $\boldsymbol{L}^*$ 为拉普拉斯矩阵，$\boldsymbol{G}_1{}^*$ 为对角正矩阵。

由于 $\boldsymbol{Q}$ 是一个拉普拉斯矩阵，则 $\boldsymbol{Q}$ 是 M 矩阵，且只有零根且对应特征向量为 $\boldsymbol{I}_n$，故 $\boldsymbol{Q}+\boldsymbol{G}_1$ 是非奇异 M 矩阵，从而 $\sqrt{\boldsymbol{Q}+\boldsymbol{G}_1}$ 也是非奇异 M 矩阵。

由于 $\boldsymbol{G}_1$ 为对角矩阵，故 $\boldsymbol{Q}+\boldsymbol{G}_1$ 存在对应特征向量为 $\boldsymbol{I}_n$ 的特征根，记为 α，且

$$\lambda_i(\boldsymbol{Q}+\boldsymbol{G}_1) \geqslant \alpha \qquad (i=1,\cdots,N)$$

故 $\sqrt{\boldsymbol{Q}+\boldsymbol{G}_1}$ 存在对应特征向量为 $\boldsymbol{I}_n$ 的特征根 $\sqrt{\alpha}$，且

$$\lambda_i(\sqrt{\boldsymbol{Q}+\boldsymbol{G}_1}) \geqslant \sqrt{\alpha}$$

令

$$\boldsymbol{L}^* = \sqrt{\boldsymbol{Q}+\boldsymbol{G}_1} - \sqrt{\alpha}\boldsymbol{I}_N, \boldsymbol{G}^* = \sqrt{\alpha}\boldsymbol{I}_N \tag{8.43}$$

则 $\boldsymbol{L}^*$ 为 M 矩阵，且 0 为其特征根，$\boldsymbol{I}_N$ 为特征向量，故 $\boldsymbol{L}^*$ 为拉普拉斯矩阵。

而 $\boldsymbol{G}^*$ 为对角正矩阵，从而满足分布式控制要求，因此

$$\boldsymbol{U}^*(t) = -[(\boldsymbol{L}^*+\boldsymbol{G}^*)\otimes \boldsymbol{I}_n]\widehat{\boldsymbol{\delta}}(t)$$

式中，最优拉普拉斯矩阵 $\boldsymbol{L}^* = \sqrt{\boldsymbol{Q}+\boldsymbol{G}_1} - \sqrt{\alpha}\boldsymbol{I}_N$，最优牵制矩阵 $\boldsymbol{G}_1^* = \sqrt{\alpha}\boldsymbol{I}_N$ 为分布式最优控制协议。最优性能指标 $J_f^* = E[\boldsymbol{\delta}_0^{\mathrm{T}}(\sqrt{\boldsymbol{Q}+\boldsymbol{G}_1}\otimes \boldsymbol{I}_n)\boldsymbol{\delta}_0]$。

3）求最优状态估计 $\widehat{\boldsymbol{X}}(t)$。

假设 $\boldsymbol{V}_i \in \mathcal{N}\left(\boldsymbol{0}, \bar{\boldsymbol{G}}_i\delta(t)\right)$，$\boldsymbol{W}_i(t) \in \mathcal{N}(\boldsymbol{0}, \boldsymbol{Q}_{1i}\delta(t))$，从而 $\boldsymbol{V} = [\boldsymbol{V}_1^{\mathrm{T}},\cdots,\boldsymbol{V}_N^{\mathrm{T}}]^{\mathrm{T}}$，$\boldsymbol{W} = [\boldsymbol{W}_1^{\mathrm{T}},\cdots,\boldsymbol{W}_N^{\mathrm{T}}]^{\mathrm{T}}$ 仍然为高斯白噪声，即 $\boldsymbol{V} \in \mathcal{N}\left(\boldsymbol{0}, \bar{\boldsymbol{G}}\delta(t)\right)$，$\boldsymbol{W} \in \mathcal{N}(\boldsymbol{0}, \boldsymbol{Q}_1\delta(t))$，$\bar{\boldsymbol{G}} = \mathrm{diag}\{\bar{G}_1,\cdots,\bar{G}_N\}$，$\boldsymbol{Q}_1 = \mathrm{diag}\{Q_{11},\cdots,Q_{1N}\}$。

由卡尔曼滤波估计误差公式，得

$$\bar{\boldsymbol{A}}\bar{\boldsymbol{R}}_2 + \bar{\boldsymbol{R}}_2\bar{\boldsymbol{A}}^{\mathrm{T}} - \bar{\boldsymbol{R}}_2\bar{\boldsymbol{C}}^{\mathrm{T}}\boldsymbol{Q}_1^{-1}\bar{\boldsymbol{C}}\bar{\boldsymbol{R}}_2 + \bar{\boldsymbol{G}} = \boldsymbol{0} \tag{8.44}$$

将 $\bar{\boldsymbol{A}} = \boldsymbol{0}$ 代入得

$$(\bar{\boldsymbol{R}}_2\sqrt{(\bar{\boldsymbol{C}}^{\mathrm{T}}\boldsymbol{Q}_1^{-1}\bar{\boldsymbol{C}})})^2 = \bar{\boldsymbol{G}}$$

从而

$$\boldsymbol{R}_2 = \sqrt{\bar{\boldsymbol{G}}(\bar{\boldsymbol{C}}^{\mathrm{T}}\boldsymbol{Q}_1^{-1}\bar{\boldsymbol{C}})} \tag{8.45}$$

由于 $\bar{\boldsymbol{C}}$ 为可逆矩阵，故 $\rho(\bar{\boldsymbol{C}}) = nN$，从而 $\rho\begin{bmatrix}\bar{\boldsymbol{C}}\\ \bar{\boldsymbol{C}}\bar{\boldsymbol{A}}\\ \vdots\\ \bar{\boldsymbol{C}}\bar{\boldsymbol{A}}^m\end{bmatrix} = nN$ 是可观测的，故状态估计是收敛的。

关于 $\boldsymbol{\delta}(t)$ 的方程，即

$$\dot{\boldsymbol{\delta}}(t) = \boldsymbol{U}(t) + \boldsymbol{V}(t)$$

记 $\tilde{\boldsymbol{Y}}(t) = \boldsymbol{Y}(t) - \boldsymbol{C}\boldsymbol{X}_0$，则

$$\tilde{\boldsymbol{Y}}(t) = \bar{\boldsymbol{C}}\boldsymbol{\delta}(t) + \boldsymbol{W}(t) \tag{8.46}$$

从而 $\boldsymbol{\delta}(t)$ 的状态估计 $\widehat{\boldsymbol{\delta}}(t)$ 为

$$\dot{\widehat{\boldsymbol{\delta}}}(t)=\boldsymbol{U}(t)+\boldsymbol{B}(\tilde{\boldsymbol{Y}}-\bar{\boldsymbol{C}}\widehat{\boldsymbol{\delta}}(t)),\widehat{\boldsymbol{\delta}}(t_0)=\widehat{\boldsymbol{X}}(t_0)-\boldsymbol{X}_0 \tag{8.47}$$

式中，修正系数矩阵 $\boldsymbol{B}=\bar{\boldsymbol{R}}_2\bar{\boldsymbol{C}}^{\mathrm{T}}\boldsymbol{Q}_1^{-1}=\sqrt{\bar{\boldsymbol{G}}(\bar{\boldsymbol{C}}^{\mathrm{T}}\boldsymbol{Q}_1^{-1}\bar{\boldsymbol{C}})}\bar{\boldsymbol{C}}^{\mathrm{T}}\boldsymbol{Q}_1^{-1}$。

4）证明在实用均方收敛意义下状态保持一致性。

由于随机系统式（8.23）带有加性白噪声，需要利用 10.2.2 节实用均方随机稳定性的概念。记 $\tilde{\boldsymbol{\delta}}=\widehat{\boldsymbol{\delta}}-\boldsymbol{\delta}$，则

$$\begin{aligned}\dot{\boldsymbol{\delta}}(t)&=\boldsymbol{U}(t)+\boldsymbol{V}(t)\\&=-[(\boldsymbol{L}^*+\boldsymbol{G}_1^*)\otimes\boldsymbol{X}_n]\boldsymbol{\delta}-[(\boldsymbol{L}^*+\boldsymbol{G}_1^*)\otimes\boldsymbol{I}_n]\tilde{\boldsymbol{\delta}}+\boldsymbol{V}(t)\end{aligned} \tag{8.48}$$

由于

$$\dot{\widehat{\boldsymbol{\delta}}}(t)=\boldsymbol{U}+\boldsymbol{B}\tilde{\boldsymbol{Y}}-\boldsymbol{B}\bar{\boldsymbol{C}}\widehat{\boldsymbol{\delta}}(t) \tag{8.49}$$

则

$$\begin{aligned}\dot{\tilde{\boldsymbol{\delta}}}(t)&=\dot{\widehat{\boldsymbol{\delta}}}-\dot{\boldsymbol{\delta}}\\&=\boldsymbol{U}+\boldsymbol{B}\tilde{\boldsymbol{Y}}-\boldsymbol{B}\bar{\boldsymbol{C}}\widehat{\boldsymbol{\delta}}-\boldsymbol{U}-\boldsymbol{V}(t)\\&=\boldsymbol{B}\bar{\boldsymbol{C}}\boldsymbol{\delta}(t)+\boldsymbol{B}\boldsymbol{W}(t)-\boldsymbol{B}\bar{\boldsymbol{C}}\widehat{\boldsymbol{\delta}}-\boldsymbol{V}(t)\\&=-\boldsymbol{B}\bar{\boldsymbol{C}}\left(\widehat{\boldsymbol{\delta}}(t)-\boldsymbol{\delta}(t)\right)+\boldsymbol{B}\boldsymbol{W}(t)-\boldsymbol{V}(t)\\&=-\boldsymbol{B}\bar{\boldsymbol{C}}\tilde{\boldsymbol{\delta}}(t)+\boldsymbol{B}\boldsymbol{W}-\boldsymbol{V}\end{aligned} \tag{8.50}$$

从而

$$\frac{\mathrm{d}}{\mathrm{d}t}\begin{bmatrix}\boldsymbol{\delta}\\\tilde{\boldsymbol{\delta}}\end{bmatrix}=\begin{bmatrix}-(\boldsymbol{L}^*+\boldsymbol{G}_1^*)\otimes\boldsymbol{I}_n & -(\boldsymbol{L}^*+\boldsymbol{G}_1^*)\otimes\boldsymbol{I}_n\\\boldsymbol{0} & -\boldsymbol{B}\bar{\boldsymbol{C}}\end{bmatrix}\begin{bmatrix}\boldsymbol{X}\\\tilde{\boldsymbol{X}}\end{bmatrix}+\begin{bmatrix}\boldsymbol{V}\\\boldsymbol{B}\boldsymbol{W}-\boldsymbol{V}\end{bmatrix} \tag{8.51}$$

类似于 8.2.1节无领导问题，可证明当最优控制器取 $\boldsymbol{U}^*=-(\boldsymbol{L}^*+\boldsymbol{G}_1^*)\widehat{\boldsymbol{\delta}}(t)$，且 $\boldsymbol{C}$ 是可逆矩阵时，随机分布式最优控制协议在实用均方收敛意义下保持跟踪一致性。证毕。

定理 8.4 对于一阶领导-跟随随机多智能体系统，对于任意实对称拓扑图的拉普拉斯矩阵 $\boldsymbol{L}=[l_{ij}]\in\mathbf{R}^{N\times N}$ 和牵制增益矩阵 $\boldsymbol{G}=\mathrm{diag}\{g_1,\cdots,g_N\}\in\mathbf{R}^{N\times N}$，那么使代价函数

$$J=E\left(\int_0^{\infty}\left\{\boldsymbol{\delta}^{\mathrm{T}}(t)[(\boldsymbol{L}+\boldsymbol{G})^2\otimes\boldsymbol{I}_n]\boldsymbol{\delta}(t)+\boldsymbol{U}^{\mathrm{T}}(t)\boldsymbol{U}(t)\right\}\mathrm{d}t\right)$$

达到最小的分布式最优控制器 $\boldsymbol{U}^*(t)=-((\boldsymbol{L}+\boldsymbol{G})\otimes\boldsymbol{I}_n)\widehat{\boldsymbol{\delta}}(t)$，其中 $\widehat{\boldsymbol{\delta}}(t)$ 为 $\boldsymbol{\delta}(t)$ 的最优状态估计。

证明：取 $\bar{\boldsymbol{Q}}=(\boldsymbol{L}+\boldsymbol{G})^2\otimes\boldsymbol{I}_n$，$\bar{\boldsymbol{R}}=\boldsymbol{I}_N\otimes\boldsymbol{I}_n$，可得 $\boldsymbol{U}^*(t)=-((\boldsymbol{L}+\boldsymbol{G})\otimes\boldsymbol{I}_n)\widehat{\boldsymbol{\delta}}(t)$。证毕。

注解 8.3 此定理说明任何一个有向生成树网络，分布式协议 $\boldsymbol{U}^*(t)=-[(\boldsymbol{L}+\boldsymbol{G})\otimes\boldsymbol{I}_n]\widehat{\boldsymbol{\delta}}(t)$ 在某一性能指标下都是最优的。

8.3　一阶离散时间随机多智能体系统最优控制

8.3.1　无领导一阶离散时间随机多智能体系统最优控制

1. 无领导一阶离散时间随机多智能体系统模型

假设有 N 个节点组成的一阶连续时间随机多智能体系统，即

$$\begin{cases} \boldsymbol{x}_i(k+1) = \boldsymbol{x}_i(k) + \boldsymbol{u}_i(k) + \boldsymbol{V}_i(k) \\ \boldsymbol{y}_i(k+1) = \boldsymbol{C}\boldsymbol{x}_i(k+1) + \boldsymbol{W}_i(k+1) \end{cases} \quad (i=1,\cdots,N) \tag{8.52}$$

式中，$\boldsymbol{x}_i(k) = [x_{i_1}(k),\cdots,x_{i_n}(k)]^{\mathrm{T}} \in \mathbf{R}^n$ 为状态向量；$\boldsymbol{y}_i(k) = [y_{i1}(k),\cdots,y_{in}(k)]^{\mathrm{T}} \in \mathbf{R}^n$ 为观测向量；控制向量 $\boldsymbol{u}_i(t) = [u_{i1}(t),\cdots,u_{in}(t)]^{\mathrm{T}} \in \mathbf{R}^n$。$\boldsymbol{V}_i(k) \in \mathcal{N}(\mathbf{0},\boldsymbol{G})$，$\boldsymbol{W}_i(k) \in \mathcal{N}(\mathbf{0},\boldsymbol{Q})$ 分别为独立同分布的高斯白噪声。

假设多智能体网络有一个无向加权图 $g=(\mathbf{N},\varepsilon)$，其中顶点集 $\mathbf{N}=\{1,2,\cdots,N\}$，边集 $\varepsilon=\{(i,j)|i,j\in\mathbf{N}\}$，$\boldsymbol{A}=[a_{ij}]\in\mathbf{R}^{N\times N}$ 表示图的加权邻接矩阵，$\boldsymbol{L}=[l_{ij}]\in\mathbf{R}^{n\times n}$ 表示 g 的拉普拉斯矩阵。

假设 N 个智能体的总的代价函数为

$$J_f = E\left[\sum_{k=0}^{\infty}\sum_{i=1}^{N}\sum_{j=1}^{i-1}(\boldsymbol{x}_i(k)-\boldsymbol{x}_j(k))^{\mathrm{T}}c_{ij}(\boldsymbol{x}_i(k)-\boldsymbol{x}_j(k)) + \sum_{k=0}^{\infty}\sum_{i=1}^{N}d_i\boldsymbol{u}_i^{\mathrm{T}}(k)\boldsymbol{u}_i(k)\right] \tag{8.53}$$

式中，系数 $c_{ij}\geqslant 0$，$d_i>0$ 可自由选择；$E(\cdot)$ 表示数学期望。

令全局状态变量 $\boldsymbol{X}(k)=[\boldsymbol{x}_1^{\mathrm{T}}(k),\cdots,\boldsymbol{x}_N^{\mathrm{T}}(k)]^{\mathrm{T}}$，$\boldsymbol{U}(k)=[\boldsymbol{u}_1^{\mathrm{T}}(k),\cdots,\boldsymbol{u}_N^{\mathrm{T}}(k)]^{\mathrm{T}}$，则式（8.52）转换为

$$\begin{cases} \boldsymbol{X}(k+1) = \boldsymbol{X}(k) + \boldsymbol{U}(k) + \boldsymbol{V}(k) \\ \boldsymbol{Y}(k+1) = (\boldsymbol{I}_N\otimes\boldsymbol{C})\boldsymbol{X}(k+1) + \boldsymbol{W}(k+1) \end{cases} \tag{8.54}$$

噪声向量为

$$\boldsymbol{V}(k) = \left[\boldsymbol{V}_1^{\mathrm{T}}(k),\cdots,\boldsymbol{V}_N^{\mathrm{T}}(k)\right]^{\mathrm{T}}$$

$$\boldsymbol{W}(k+1) = \left[\boldsymbol{W}_1^{\mathrm{T}}(k),\cdots,\boldsymbol{W}_N^{\mathrm{T}}(k)\right]^{\mathrm{T}}$$

将 J_f 表示为全局变量，则

$$J_f = E\left[\sum_{k=0}^{\infty}\boldsymbol{X}^{\mathrm{T}}(k)(\boldsymbol{Q}_1\otimes\boldsymbol{I}_n)\boldsymbol{X}(k) + \boldsymbol{U}^{\mathrm{T}}(k)(\boldsymbol{R}_1\otimes\boldsymbol{I}_n)\boldsymbol{U}(k)\right] \tag{8.55}$$

式中，$\boldsymbol{Q}_1=[q_{ij}]\in\mathbf{R}^{N\times N}$ 中除对角元素为 $q_{ij}=q_{ji}=-c_{ij}$，对角线元素为 $q_{ii}=\sum\limits_{j=1,j\neq i}^{N}c_{ij}$，显然，$\boldsymbol{Q}_1$ 是一个实对称拉普拉斯矩阵；$\boldsymbol{R}_1=[r_{ij}]\in\mathbf{R}^{N\times N}$ 为对角正定矩阵，对角线元素为 $r_{ii}=d_i$。

2. 无领导随机分布式最优控制协议

假设随机分布式控制协议为

$$\boldsymbol{u}_i(k) = -\sum_{j=1}^{N} a_{ij}\left(\widehat{\boldsymbol{x}}_i(k) - \widehat{\boldsymbol{x}}_j(k)\right) \tag{8.56}$$

则全局控制变量表达式为

$$\boldsymbol{U}(k) = -(\boldsymbol{L}\otimes \boldsymbol{I}_n)\widehat{\boldsymbol{X}}(k) \tag{8.57}$$

式中，$\widehat{\boldsymbol{X}}(k) = [\widehat{\boldsymbol{x}}_1^{\mathrm{T}}(k),\cdots,\widehat{\boldsymbol{x}}_i^{\mathrm{T}}(k)]^{\mathrm{T}}$，$\widehat{\boldsymbol{x}}_i(k)$ 为 $\boldsymbol{x}_i(k)$ 的状态估计值。

下面讨论如何选择网络节点的邻接权系数 $a_{ij}, i,j=1,2,\cdots,N$，即邻接矩阵 $\boldsymbol{A}$ 或 $\boldsymbol{L}$ 确保代价函数式（8.53）达到最小。

为了设计随机分布式最优控制协议式 (8.56)，需要求解最优邻接矩阵 $\boldsymbol{A}$ 或 $\boldsymbol{L}$，确保代价函数式（8.57）达到最小之前，首先给出如下引理。

引理 8.7[104] 如果拉普拉斯矩阵 $\boldsymbol{L}$ 只有单零特征根，对于任意的 $\rho>0$，则 $\sqrt{\boldsymbol{L}^2+\rho\boldsymbol{L}}-\boldsymbol{L}$ 同样是拉普拉斯矩阵，且只有单零特征根。

定理 8.5 对于一阶离散时间随机多智能体系统式 (8.54)，若矩阵 $\boldsymbol{Q}_1$ 只有单零特征根，矩阵 $\boldsymbol{C}$ 为可逆矩阵，那么关于代价函数式（8.55）存在一致性分布式最优协议，即

$$\boldsymbol{U}^*(k) = -\frac{\left\{\sqrt{\left[\left(\boldsymbol{R}_1{}^{-1}\boldsymbol{Q}_1\right)^2+4\boldsymbol{R}_1{}^{-1}\boldsymbol{Q}_1\right]}-\boldsymbol{R}_1{}^{-1}\boldsymbol{Q}_1\right\}\otimes \boldsymbol{I}_n}{2}\widehat{\boldsymbol{X}}(k) \tag{8.58}$$

证明： 由于随机系统式（8.54）为随机线性系统，满足分离定理，可以将控制器和滤波器分开设计。类似于 8.2节连续时间分布式最优控制协议的证明，仍分四步进行证明。

1）求最优控制器增益 $\bar{\boldsymbol{L}}\triangleq \boldsymbol{L}\otimes\boldsymbol{I}_n$，即求最优 $\boldsymbol{U}^*(k)=-\bar{\boldsymbol{L}}^*\widehat{\boldsymbol{X}}(k)$。记 $\bar{\boldsymbol{Q}}\triangleq\boldsymbol{Q}_1\otimes\boldsymbol{I}_n$，$\bar{\boldsymbol{R}}\triangleq\boldsymbol{R}_1\otimes\boldsymbol{I}_n$，则代价函数可表示为

$$J_f = E\left[\sum_{k=0}^{\infty}\boldsymbol{X}^{\mathrm{T}}(k)\bar{\boldsymbol{Q}}\boldsymbol{X}(k)+\boldsymbol{U}^{\mathrm{T}}(k)\bar{\boldsymbol{R}}\boldsymbol{U}(k)\right] \tag{8.59}$$

状态方程为

$$\boldsymbol{X}(k+1) = \boldsymbol{X}(k)+\boldsymbol{U}(k)+\boldsymbol{V}(k) \tag{8.60}$$

观测方程为

$$\boldsymbol{Y}(k+1) = \bar{\boldsymbol{C}}\boldsymbol{X}(k+1)+\boldsymbol{W}(k+1) \tag{8.61}$$

式中，$\bar{\boldsymbol{C}}=\boldsymbol{I}_n\otimes\boldsymbol{C}$。

由离散 LQR 最优控制相关系统矩阵和加权矩阵如下：

$$\bar{\boldsymbol{A}}=\boldsymbol{I}_N\otimes\boldsymbol{I}_n, \bar{\boldsymbol{B}}=\boldsymbol{I}_N\otimes\boldsymbol{I}_n, \bar{\boldsymbol{Q}}=\boldsymbol{Q}_1\otimes\boldsymbol{I}_n, \bar{\boldsymbol{R}}=\boldsymbol{R}_1\otimes\boldsymbol{I}_n \tag{8.62}$$

显然，一阶离散系统是可控的，因此存在矩阵 $\bar{\boldsymbol{P}}$ 满足如下离散里卡蒂方程：

$$\bar{\boldsymbol{P}} = \bar{\boldsymbol{Q}}+\bar{\boldsymbol{A}}\left(\bar{\boldsymbol{P}}-\bar{\boldsymbol{P}}\bar{\boldsymbol{B}}\left(\bar{\boldsymbol{R}}+\bar{\boldsymbol{B}}^{\mathrm{T}}\bar{\boldsymbol{P}}\bar{\boldsymbol{B}}\right)^{-1}\bar{\boldsymbol{B}}^{\mathrm{T}}\bar{\boldsymbol{P}}\right)\bar{\boldsymbol{A}} \tag{8.63}$$

将式（8.62）代入式（8.63），得

$$\bar{\boldsymbol{P}} = \bar{\boldsymbol{Q}} + \bar{\boldsymbol{P}} - \bar{\boldsymbol{P}}\left(\bar{\boldsymbol{R}} + \bar{\boldsymbol{P}}\right)^{-1}\bar{\boldsymbol{P}} \tag{8.64}$$

从而有

$$\bar{\boldsymbol{Q}} = \bar{\boldsymbol{P}}\left(\bar{\boldsymbol{R}} + \bar{\boldsymbol{P}}\right)^{-1}\bar{\boldsymbol{P}} = \bar{\boldsymbol{P}}\left(\bar{\boldsymbol{I}} + \bar{\boldsymbol{R}}^{-1}\bar{\boldsymbol{P}}\right)^{-1}\bar{\boldsymbol{R}}^{-1}\bar{\boldsymbol{P}} \tag{8.65}$$

两边乘 $\bar{\boldsymbol{R}}^{-1}$，则有

$$\bar{\boldsymbol{R}}^{-1}\bar{\boldsymbol{Q}} = \bar{\boldsymbol{R}}^{-1}\bar{\boldsymbol{P}}\left(\bar{\boldsymbol{I}} + \bar{\boldsymbol{R}}^{-1}\bar{\boldsymbol{P}}\right)^{-1}\bar{\boldsymbol{R}}^{-1}\bar{\boldsymbol{P}} \tag{8.66}$$

利用矩阵求逆公式，即

$$\left(\bar{\boldsymbol{I}} + \bar{\boldsymbol{R}}^{-1}\bar{\boldsymbol{P}}\right)^{-1} + \bar{\boldsymbol{R}}^{-1}\bar{\boldsymbol{P}}\left(\bar{\boldsymbol{I}} + \bar{\boldsymbol{R}}^{-1}\bar{\boldsymbol{P}}\right)^{-1} = \bar{\boldsymbol{I}} \tag{8.67}$$

将式（8.67）代入式（8.66）中，得

$$\bar{\boldsymbol{R}}^{-1}\bar{\boldsymbol{Q}} = \left(\bar{\boldsymbol{I}} - \left(\bar{\boldsymbol{I}} + \bar{\boldsymbol{R}}^{-1}\bar{\boldsymbol{P}}\right)^{-1}\right)\bar{\boldsymbol{R}}^{-1}\bar{\boldsymbol{P}} = \bar{\boldsymbol{R}}^{-1}\bar{\boldsymbol{P}} - \left(\bar{\boldsymbol{I}} + \bar{\boldsymbol{R}}^{-1}\bar{\boldsymbol{P}}\right)^{-1}\bar{\boldsymbol{R}}^{-1}\bar{\boldsymbol{P}} \tag{8.68}$$

整理得

$$\left(\bar{\boldsymbol{R}}^{-1}\bar{\boldsymbol{Q}} - \bar{\boldsymbol{R}}^{-1}\bar{\boldsymbol{P}}\right) = -\left(\bar{\boldsymbol{I}} + \bar{\boldsymbol{R}}^{-1}\bar{\boldsymbol{P}}\right)^{-1}\bar{\boldsymbol{R}}\bar{\boldsymbol{P}} = -\bar{\boldsymbol{R}}\bar{\boldsymbol{P}}\left(\bar{\boldsymbol{I}} + \bar{\boldsymbol{R}}^{-1}\bar{\boldsymbol{P}}\right)^{-1} \tag{8.69}$$

从而有

$$\left(\bar{\boldsymbol{R}}^{-1}\bar{\boldsymbol{Q}} - \bar{\boldsymbol{R}}^{-1}\bar{\boldsymbol{P}}\right)\left(\bar{\boldsymbol{I}} + \bar{\boldsymbol{R}}^{-1}\bar{\boldsymbol{P}}\right) = -\bar{\boldsymbol{R}}\bar{\boldsymbol{P}} \tag{8.70}$$

故有

$$\left(\bar{\boldsymbol{R}}^{-1}\bar{\boldsymbol{P}}\right)^2 - \left(\bar{\boldsymbol{R}}^{-1}\bar{\boldsymbol{Q}}_l\right)\left(\bar{\boldsymbol{R}}^{-1}\bar{\boldsymbol{P}}\right) + \bar{\boldsymbol{R}}^{-1}\bar{\boldsymbol{Q}}_1 = \boldsymbol{0}$$

上述矩阵方程的一个解为

$$\bar{\boldsymbol{R}}^{-1}\bar{\boldsymbol{P}} = \frac{\bar{\boldsymbol{R}}^{-1}\bar{\boldsymbol{Q}} + \sqrt{\left(\bar{\boldsymbol{R}}^{-1}\bar{\boldsymbol{Q}}\right)^2 + 4\bar{\boldsymbol{R}}^{-1}\bar{\boldsymbol{Q}}}}{2} \tag{8.71}$$

从而有

$$\bar{\boldsymbol{P}} = \bar{\boldsymbol{R}}\frac{\bar{\boldsymbol{R}}^{-1}\bar{\boldsymbol{Q}} + \sqrt{\left(\bar{\boldsymbol{R}}^{-1}\bar{\boldsymbol{Q}}\right)^2 + 4\bar{\boldsymbol{R}}^{-1}\bar{\boldsymbol{Q}}}}{2} = \frac{\bar{\boldsymbol{Q}} + \bar{\boldsymbol{R}}\sqrt{\left(\bar{\boldsymbol{R}}^{-1}\bar{\boldsymbol{Q}}\right)^2 + 4\bar{\boldsymbol{R}}^{-1}\bar{\boldsymbol{Q}}}}{2} \tag{8.72}$$

由于离散 LQR 最优控制器 $\boldsymbol{U}^*(k)$ 可表示为

$$\boldsymbol{U}^*(k) = -\left(\bar{\boldsymbol{R}} + \bar{\boldsymbol{B}}^{\mathrm{T}}\bar{\boldsymbol{P}}\bar{\boldsymbol{B}}\right)^{-1}\bar{\boldsymbol{B}}^{\mathrm{T}}\bar{\boldsymbol{P}}\bar{\boldsymbol{A}}\boldsymbol{X}(k) \tag{8.73}$$

故有

$$\boldsymbol{U}^*(k) = -\left(\bar{\boldsymbol{R}} + \bar{\boldsymbol{P}}\right)\bar{\boldsymbol{P}}\widehat{\boldsymbol{X}}(k) = -\left(\bar{\boldsymbol{I}} + \bar{\boldsymbol{R}}^{-1}\bar{\boldsymbol{P}}\right)\left(\bar{\boldsymbol{R}}^{-1}\bar{\boldsymbol{P}}\right)\widehat{\boldsymbol{X}}(k) \tag{8.74}$$

将 $\bar{\boldsymbol{R}}^{-1}\bar{\boldsymbol{P}}$ 表达式代入，则有

$$
\begin{aligned}
&\boldsymbol{U}^*(k)\\
&=-\frac{\sqrt{\left(\bar{\boldsymbol{R}}_l^{-1}\bar{\boldsymbol{Q}}_l\right)^2+4\bar{\boldsymbol{R}}_l^{-1}\bar{\boldsymbol{Q}}_l}-\bar{\boldsymbol{R}}_l^{-1}\bar{\boldsymbol{Q}}_l}{2}\widehat{\boldsymbol{X}}(k)\\
&=-\frac{\sqrt{\left[(\boldsymbol{R}_1\otimes\boldsymbol{I}_n)^{-1}(\boldsymbol{Q}_1\otimes\boldsymbol{I}_n)\right]^2+4(\boldsymbol{R}_1\otimes\boldsymbol{I}_n)^{-1}(\boldsymbol{Q}_1\otimes\boldsymbol{I}_n)}-(\boldsymbol{R}_1\otimes\boldsymbol{I}_n)^{-1}(\boldsymbol{Q}_1\otimes\boldsymbol{I}_n)}{2}\widehat{\boldsymbol{X}}(k)\\
&=-\frac{\sqrt{\left[\left(\boldsymbol{R}_1{}^{-1}\boldsymbol{Q}_1\right)^2+4\boldsymbol{R}_1{}^{-1}\boldsymbol{Q}_1\right]\otimes\boldsymbol{I}_n}-\left(\boldsymbol{R}_1{}^{-1}\boldsymbol{Q}_1\otimes\boldsymbol{I}_n\right)}{2}\widehat{\boldsymbol{X}}(k)
\end{aligned}
\tag{8.75}
$$

利用克罗内克（Kronecker）积相关性质，得

$$
\boldsymbol{U}^*(k)=-\frac{\left[\sqrt{\left(\boldsymbol{R}_1{}^{-1}\boldsymbol{Q}_1\right)^2+4\boldsymbol{R}_1{}^{-1}\boldsymbol{Q}_1}-\boldsymbol{R}_1{}^{-1}\boldsymbol{Q}_1\right]\otimes\boldsymbol{I}_n}{2}\widehat{\boldsymbol{X}}(k) \tag{8.76}
$$

由式(8.6)可知,分布式协议的形式必须确保 $\left[\sqrt{\left(\boldsymbol{R}_1{}^{-1}\boldsymbol{Q}_1\right)^2+4\boldsymbol{R}_1{}^{-1}\boldsymbol{Q}_1}-\boldsymbol{R}_1{}^{-1}\boldsymbol{Q}_1\right]\Big/2$ 是拉普拉斯矩阵。下面证明 $\left[\sqrt{\left(\boldsymbol{R}_1{}^{-1}\boldsymbol{Q}_1\right)^2+4\boldsymbol{R}_1{}^{-1}\boldsymbol{Q}_1}-\boldsymbol{R}_1{}^{-1}\boldsymbol{Q}_1\right]\Big/2$ 为拉普拉斯矩阵，从而作为网络的加权矩阵。

2）证明 $\left[\sqrt{\left(\boldsymbol{R}_1{}^{-1}\boldsymbol{Q}_1\right)^2+4\boldsymbol{R}_1{}^{-1}\boldsymbol{Q}_1}-\boldsymbol{R}_1{}^{-1}\boldsymbol{Q}_1\right]\Big/2$ 为拉普拉斯矩阵。

由于 $\boldsymbol{Q}_1$ 是实对称拉普拉斯矩阵且只有单零特征值，故 $\boldsymbol{R}_1{}^{-1}\boldsymbol{Q}_1$ 是拉普拉斯矩阵且只有单零特征值，$\sqrt{\left(\boldsymbol{R}_1{}^{-1}\boldsymbol{Q}_1\right)^2+4\boldsymbol{R}_1{}^{-1}\boldsymbol{Q}_1}-\boldsymbol{R}_1{}^{-1}\boldsymbol{Q}_1$ 同样是拉普拉斯矩阵且只有单零特征值。因此，$\left[\sqrt{\left(\boldsymbol{R}_1{}^{-1}\boldsymbol{Q}_1\right)^2+4\boldsymbol{R}_1{}^{-1}\boldsymbol{Q}_1}-\boldsymbol{R}_1{}^{-1}\boldsymbol{Q}_1\right]\Big/2$ 是拉普拉斯矩阵且只有单零特征值，故 $\boldsymbol{U}^*(k)$ 满足分布式要求。

3）求最优状态估计 $\widehat{\boldsymbol{X}}(k)$。

假设 $\boldsymbol{V}_i(k)\in\mathcal{N}(\boldsymbol{0},\boldsymbol{G}_i(k))$，$\boldsymbol{W}_i(k)\in\mathcal{N}(\boldsymbol{0},\boldsymbol{Q}_{2i}(k))$，从而有 $\boldsymbol{V}=[\boldsymbol{V}_1^{\mathrm{T}},\cdots,\boldsymbol{V}_N^{\mathrm{T}}]^{\mathrm{T}}$，$\boldsymbol{W}=[\boldsymbol{W}_1^{\mathrm{T}},\cdots,\boldsymbol{W}_N^{\mathrm{T}}]^{\mathrm{T}}$，可知 $\boldsymbol{V}\in\mathcal{N}(\boldsymbol{0},\boldsymbol{G}(k))$，$\boldsymbol{W}\in\mathcal{N}(\boldsymbol{0},\boldsymbol{Q}_2(k))$ 仍为高斯白噪声向量序列。

将 $\bar{\boldsymbol{A}}=\boldsymbol{I}_N\otimes\boldsymbol{I}_n$，$\bar{\boldsymbol{B}}=\boldsymbol{I}_N\otimes\boldsymbol{I}_n$ 代入状态一步预测公式，得

$$
\left\{\begin{array}{l}
\widehat{\boldsymbol{X}}(k+1|k)=\widehat{\boldsymbol{X}}(k|k)\\
\boldsymbol{R}_2(k+1|k)=\boldsymbol{R}_2(k|k)+\boldsymbol{G}(k)
\end{array}\right. \tag{8.77}
$$

状态估计更新公式如下：

$$\begin{cases}\widehat{\boldsymbol{X}}(k+1|k+1)=\widehat{\boldsymbol{X}}(k|k)+\boldsymbol{K}(k+1)[\boldsymbol{Y}(k+1)-\bar{\boldsymbol{C}}\widehat{\boldsymbol{X}}(k|k)]\\ \boldsymbol{R}_2(k+1|k+1)=\boldsymbol{R}_2(k|k)+\boldsymbol{G}-[\boldsymbol{R}_2(k|k)+\boldsymbol{G}]\bar{\boldsymbol{C}}^{\mathrm{T}}\{\bar{\boldsymbol{C}}[\boldsymbol{R}_2(k|k)+\boldsymbol{G}]\bar{\boldsymbol{C}}^{\mathrm{T}}+\boldsymbol{Q}_2\}^{-1}\\ \qquad\times\{[\boldsymbol{R}_2(k|k)+\boldsymbol{G}]\bar{\boldsymbol{C}}^{\mathrm{T}}\}^{\mathrm{T}}\\ \boldsymbol{K}(k+1|k+1)=(\boldsymbol{R}_2(k|k)+\boldsymbol{G})\bar{\boldsymbol{C}}^{\mathrm{T}}\{\bar{\boldsymbol{C}}[\boldsymbol{R}_2(k|k)+\boldsymbol{G}]\bar{\boldsymbol{C}}^{\mathrm{T}}+\boldsymbol{Q}_2\}^{-1}\end{cases} \tag{8.78}$$

从而卡尔曼滤波公式为

$$\begin{cases}\widehat{\boldsymbol{X}}(k+1|k+1)=\widehat{\boldsymbol{X}}(k|k)+\boldsymbol{K}(k+1)[\boldsymbol{Y}(k+1)-\bar{\boldsymbol{C}}\widehat{\boldsymbol{X}}(k|k)]\\ \boldsymbol{R}_2(k+1|k+1)=\boldsymbol{R}_2(k|k)+\boldsymbol{G}-[\boldsymbol{R}_2(k|k)+\boldsymbol{G}]\bar{\boldsymbol{C}}^{\mathrm{T}}\{\bar{\boldsymbol{C}}[\boldsymbol{R}_2(k|k)+\boldsymbol{G}]\bar{\boldsymbol{C}}^{\mathrm{T}}+\boldsymbol{Q}_2\}^{-1}\\ \qquad\times\{[\boldsymbol{R}_2(k|k)+\boldsymbol{G}]\bar{\boldsymbol{C}}^{\mathrm{T}}\}^{\mathrm{T}}\\ \boldsymbol{K}(k+1|k+1)=\{[\boldsymbol{R}_2(k|k)+\boldsymbol{G}]\bar{\boldsymbol{C}}^{\mathrm{T}}\bar{\boldsymbol{C}}[\boldsymbol{R}_2(k|k)+\boldsymbol{G}]\bar{\boldsymbol{C}}^{\mathrm{T}}+\boldsymbol{Q}_2\}^{-1}\end{cases} \tag{8.79}$$

由于假设 $\boldsymbol{C}$ 为可逆矩阵，故 $\bar{\boldsymbol{C}}$ 为方阵且是可逆的，从而有

$$\rho\begin{bmatrix}\bar{\boldsymbol{C}}\\ \bar{\boldsymbol{C}}\bar{\boldsymbol{A}}\\ \vdots\\ \bar{\boldsymbol{C}}\boldsymbol{A}^{n-1}\end{bmatrix}=nN$$

即 $(\bar{\boldsymbol{A}},\bar{\boldsymbol{C}})$ 可观测。故卡尔曼滤波是收敛的。

当状态估计为稳态，即 $\lim\limits_{k\to\infty}\boldsymbol{R}_2(k|k)\to\bar{\boldsymbol{R}}_2$ 时，有

$$\bar{\boldsymbol{R}}_2=\bar{\boldsymbol{R}}_2+\boldsymbol{G}-(\bar{\boldsymbol{R}}_2+\boldsymbol{G})\bar{\boldsymbol{C}}^{\mathrm{T}}\left[\bar{\boldsymbol{C}}(\bar{\boldsymbol{R}}_2+\boldsymbol{G})\bar{\boldsymbol{C}}^{\mathrm{T}}+\boldsymbol{Q}_2\right]^{-1}\left[(\bar{\boldsymbol{R}}_2+\boldsymbol{G})\bar{\boldsymbol{C}}^{\mathrm{T}}\right]^{\mathrm{T}} \tag{8.80}$$

从而有

$$(\bar{\boldsymbol{R}}_2+\boldsymbol{G})\bar{\boldsymbol{C}}^{\mathrm{T}}\left[\bar{\boldsymbol{C}}(\bar{\boldsymbol{R}}_2+\boldsymbol{G})\bar{\boldsymbol{C}}^{\mathrm{T}}+\boldsymbol{Q}_2\right]^{-1}\bar{\boldsymbol{C}}(\bar{\boldsymbol{R}}_2+\boldsymbol{G})=\boldsymbol{G} \tag{8.81}$$

故

$$\bar{\boldsymbol{C}}(\bar{\boldsymbol{R}}_2+\boldsymbol{G})\bar{\boldsymbol{C}}^{\mathrm{T}}\left[\bar{\boldsymbol{C}}(\bar{\boldsymbol{R}}_2+\boldsymbol{G})\bar{\boldsymbol{C}}^{\mathrm{T}}+\boldsymbol{Q}_2\right]^{-1}\bar{\boldsymbol{C}}(\bar{\boldsymbol{R}}_2+\boldsymbol{G})\bar{\boldsymbol{C}}^{\mathrm{T}}=\bar{\boldsymbol{C}}\boldsymbol{G}\bar{\boldsymbol{C}}^{\mathrm{T}} \tag{8.82}$$

记

$$\boldsymbol{\Sigma}=\bar{\boldsymbol{C}}(\bar{\boldsymbol{R}}_2+\boldsymbol{G})\bar{\boldsymbol{C}}^{\mathrm{T}},\bar{\boldsymbol{C}}\boldsymbol{G}\bar{\boldsymbol{C}}^{\mathrm{T}}=\bar{\boldsymbol{G}}_1,\boldsymbol{\Sigma}(\boldsymbol{\Sigma}+\boldsymbol{Q}_2)^{-1}\boldsymbol{\Sigma}=\bar{\boldsymbol{G}}_1$$

下面求 $\boldsymbol{\Sigma}$。由于

$$\boldsymbol{\Sigma}(\boldsymbol{\Sigma}+\boldsymbol{Q}_2)^{-1}=\boldsymbol{I}-\boldsymbol{Q}_2(\boldsymbol{\Sigma}+\boldsymbol{Q}_2)^{-1}$$

故

$$\left[\boldsymbol{I}-\boldsymbol{Q}_2(\boldsymbol{\Sigma}+\boldsymbol{Q}_2)^{-1}\right]\boldsymbol{\Sigma}=\bar{\boldsymbol{G}}_1 \tag{8.83}$$

进一步

$$\boldsymbol{Q}_2^{-1}\boldsymbol{\Sigma}-\left(\boldsymbol{Q}_2^{-1}\boldsymbol{\Sigma}+\boldsymbol{I}\right)^{-1}\boldsymbol{Q}_2^{-1}\boldsymbol{\Sigma}=\boldsymbol{Q}_2^{-1}\bar{\boldsymbol{G}}_1$$

从而有

$$\left(\boldsymbol{Q}_2^{-1}\boldsymbol{\Sigma}-\boldsymbol{Q}_2^{-1}\bar{\boldsymbol{G}}_1\right)=\left(\boldsymbol{Q}_2^{-1}\boldsymbol{\Sigma}+\boldsymbol{I}\right)^{-1}\boldsymbol{Q}_2^{-1}\boldsymbol{\Sigma}=\boldsymbol{Q}_2^{-1}\boldsymbol{\Sigma}\left(\boldsymbol{Q}_2^{-1}\boldsymbol{\Sigma}+\boldsymbol{I}\right)^{-1} \tag{8.84}$$

故

$$\left(\boldsymbol{Q}_2^{-1}\boldsymbol{\Sigma}\right)^2-\left(\boldsymbol{Q}_2^{-1}\bar{\boldsymbol{G}}_1\right)\left(\boldsymbol{Q}_2^{-1}\boldsymbol{\Sigma}\right)-\boldsymbol{Q}_2^{-1}\bar{\boldsymbol{G}}_1=\mathbf{0} \tag{8.85}$$

从而有

$$\boldsymbol{Q}_2^{-1}\boldsymbol{\Sigma}=\frac{\boldsymbol{Q}_2^{-1}\bar{\boldsymbol{G}}_1+\sqrt{\left[\boldsymbol{Q}_2^{-1}\bar{\boldsymbol{G}}_1\right]^2+4\boldsymbol{Q}_2^{-1}\bar{\boldsymbol{G}}_1}}{2}$$

故

$$\boldsymbol{\Sigma}=\frac{\bar{\boldsymbol{G}}_1+\boldsymbol{Q}_2\sqrt{\left(\boldsymbol{Q}_2^{-1}\bar{\boldsymbol{G}}_1\right)^2+4\boldsymbol{Q}_2^{-1}\bar{\boldsymbol{G}}_1}}{2} \tag{8.86}$$

从而有

$$\begin{aligned}\bar{\boldsymbol{R}}_2&=\bar{\boldsymbol{C}}^{-1}\boldsymbol{\Sigma}\left(\bar{\boldsymbol{C}}^{-1}\right)^{\mathrm{T}}-\boldsymbol{G}=\bar{\boldsymbol{C}}^{-1}\boldsymbol{\Sigma}\left(\bar{\boldsymbol{C}}^{-1}\right)^{\mathrm{T}}-\bar{\boldsymbol{C}}^{-1}\bar{\boldsymbol{G}}_1\left(\bar{\boldsymbol{C}}^{-1}\right)^{\mathrm{T}}\\&=\bar{\boldsymbol{C}}^{-1}\left(\boldsymbol{\Sigma}-\bar{\boldsymbol{G}}_1\right)\left(\bar{\boldsymbol{C}}^{-1}\right)^{\mathrm{T}}\\&=\bar{\boldsymbol{C}}^{-1}\left(\frac{\boldsymbol{Q}_2\sqrt{\left(\boldsymbol{Q}_2^{-1}\bar{\boldsymbol{G}}_1\right)^2+4\boldsymbol{Q}_2^{-1}\bar{\boldsymbol{G}}_1}}{2}-\frac{\bar{\boldsymbol{G}}_1}{2}\right)\left(\bar{\boldsymbol{C}}^{-1}\right)^{\mathrm{T}}\end{aligned} \tag{8.87}$$

从而有

$$\lim_{k\to\infty}\boldsymbol{K}\left(k+1|\,k\right)\to\bar{\boldsymbol{K}}=\bar{\boldsymbol{R}}_2\bar{\boldsymbol{C}}^{\mathrm{T}}\left(\bar{\boldsymbol{C}}\bar{\boldsymbol{R}}_2\bar{\boldsymbol{C}}^{\mathrm{T}}+\boldsymbol{Q}_2\right)^{-1} \tag{8.88}$$

因此，稳态卡尔曼滤波为

$$\widehat{\boldsymbol{X}}\left(k+1|\,k+1\right)=\widehat{\boldsymbol{X}}\left(k|\,k\right)+\bar{\boldsymbol{K}}\left[\boldsymbol{Y}\left(k+1\right)-\bar{\boldsymbol{C}}\widehat{\boldsymbol{X}}\left(k|\,k\right)\right] \tag{8.89}$$

式中，修正系数矩阵 $\bar{\boldsymbol{K}}=\bar{\boldsymbol{R}}_2\bar{\boldsymbol{C}}^{\mathrm{T}}\left(\bar{\boldsymbol{C}}\bar{\boldsymbol{R}}_2\bar{\boldsymbol{C}}^{\mathrm{T}}+\boldsymbol{Q}_2\right)^{-1}$。

4）证明在实用均方收敛意义下状态保持一致性

由于随机系统式（8.54）带有加性白噪声，需要利用 10.2.2 节实用均方随机稳定性的概念。

记

$$\tilde{\boldsymbol{X}}(k)=\widehat{\boldsymbol{X}}(k)-\boldsymbol{X}(k) \tag{8.90}$$

则有

$$\begin{aligned}\boldsymbol{X}\left(k+1\right)&=\boldsymbol{X}\left(k\right)+\boldsymbol{U}\left(k\right)+\boldsymbol{V}\left(k\right)\\&=\boldsymbol{X}\left(k\right)-\left(\boldsymbol{L}\otimes\boldsymbol{I}_n\right)\widehat{\boldsymbol{X}}\left(k\right)+\boldsymbol{V}\left(k\right)\\&=\left[\boldsymbol{I}_N\otimes\boldsymbol{I}_n-\left(\boldsymbol{L}\otimes\boldsymbol{I}_n\right)\right]\boldsymbol{X}\left(k\right)-\left(\boldsymbol{L}\otimes\boldsymbol{I}_n\right)\tilde{\boldsymbol{X}}\left(k\right)+\boldsymbol{V}\left(k\right)\end{aligned} \tag{8.91}$$

由于

$$\widehat{\boldsymbol{X}}(k+1)=\widehat{\boldsymbol{X}}(k)+\boldsymbol{K}(k+1)\left[\boldsymbol{Y}(k+1)-\bar{\boldsymbol{C}}\widehat{\boldsymbol{X}}(k)\right]+\boldsymbol{U}(k) \tag{8.92}$$

将式（8.91）、式（8.92）代入式（8.90），得

$$\begin{aligned}\tilde{\boldsymbol{X}}(k+1)&=\tilde{\boldsymbol{X}}(k)+\boldsymbol{K}(k+1)\bar{\boldsymbol{C}}\tilde{\boldsymbol{X}}(k)+\boldsymbol{W}(k)-\boldsymbol{V}(k)\\&=\left[\boldsymbol{I}_N\otimes\boldsymbol{I}_n+\boldsymbol{K}(k+1)\bar{\boldsymbol{C}}\right]\tilde{\boldsymbol{X}}(k)+\boldsymbol{W}(k)-\boldsymbol{V}(k)\end{aligned} \tag{8.93}$$

从而有

$$\begin{bmatrix}\boldsymbol{X}(k+1)\\\tilde{\boldsymbol{X}}(k+1)\end{bmatrix}=\begin{bmatrix}\boldsymbol{I}_N\otimes\boldsymbol{I}_n-(\boldsymbol{L}\otimes\boldsymbol{I}_n) & -\boldsymbol{L}\otimes\boldsymbol{I}_n\\\boldsymbol{0} & \boldsymbol{I}_N\otimes\boldsymbol{I}_n+\boldsymbol{K}\bar{\boldsymbol{C}}\end{bmatrix}+\begin{bmatrix}\boldsymbol{I} & \boldsymbol{0}\\-\boldsymbol{I} & \boldsymbol{K}\bar{\boldsymbol{C}}\end{bmatrix}\begin{bmatrix}\boldsymbol{V}\\\boldsymbol{W}\end{bmatrix} \tag{8.94}$$

显然，矩阵

$$\begin{bmatrix}\boldsymbol{I}_N\otimes\boldsymbol{I}_n-(\boldsymbol{L}\otimes\boldsymbol{I}_n) & -\boldsymbol{L}\otimes\boldsymbol{I}_n\\\boldsymbol{0} & \boldsymbol{I}_N\otimes\boldsymbol{I}_n+\boldsymbol{K}\bar{\boldsymbol{C}}\end{bmatrix}$$

的全部特征根由 $(\boldsymbol{I}_N\otimes\boldsymbol{I}_n-\boldsymbol{L}\otimes\boldsymbol{I}_n)$ 和 $(\boldsymbol{I}_N\otimes\boldsymbol{I}_n-\boldsymbol{K}\bar{\boldsymbol{C}})$ 的特征根组成。下面分别分析它们的特征根。由分布式最优控制协议可知

$$\boldsymbol{L}^*=\frac{\left[\sqrt{\left(\boldsymbol{R}_1{}^{-1}\boldsymbol{Q}_1\right)^2+4\boldsymbol{R}_1{}^{-1}\boldsymbol{Q}_1}-\boldsymbol{R}_1{}^{-1}\boldsymbol{Q}_1\right]}{2}$$

记 $\boldsymbol{S}=\boldsymbol{R}_1{}^{-1}\boldsymbol{Q}_1$，假设 $\boldsymbol{v}_i(i=1,2,\cdots,N)$ 是 $\sqrt{\boldsymbol{S}^2+4\boldsymbol{S}}$ 对应特征值 $\lambda_i(\sqrt{\boldsymbol{S}^2+4\boldsymbol{S}})$ 的特征向量，由于

$$\left(\boldsymbol{S}^2+4\boldsymbol{S}\right)\boldsymbol{v}_i=\left(\sqrt{\boldsymbol{S}^2+4\boldsymbol{S}}\right)^2\boldsymbol{v}_i=\lambda_i^2\left(\sqrt{\boldsymbol{S}^2+4\boldsymbol{S}}\right)\boldsymbol{v}_i \tag{8.95}$$

故 $\sqrt{\boldsymbol{S}^2+4\boldsymbol{S}}$ 和 $\boldsymbol{S}^2+4\boldsymbol{S}$ 有相同的特征向量，且特征值 $\lambda_i\left(\boldsymbol{S}^2+4\boldsymbol{S}\right)=\lambda_i^2\left(\sqrt{\boldsymbol{S}^2+4\boldsymbol{S}}\right)$。

类似的

$$\lambda_i\left(\sqrt{\boldsymbol{S}^2+4\boldsymbol{S}}\right)=\sqrt{\lambda_i^2(\boldsymbol{S})+4\lambda_i(\boldsymbol{S})}$$

且

$$\frac{\lambda_i\left(\boldsymbol{I}_N-\sqrt{\boldsymbol{S}^2+4\boldsymbol{S}}-\boldsymbol{S}\right)}{2}=1-\frac{\left[\sqrt{\lambda_i^2(\boldsymbol{S})+4\lambda_i(\boldsymbol{S})}-\lambda_i(\boldsymbol{S})\right]}{2} \tag{8.96}$$

由拉普拉斯矩阵性质可知，$\lambda_i(\boldsymbol{S})\geqslant 0$，对函数 $\sqrt{\lambda_i^2(\boldsymbol{S})+4\lambda_i(\boldsymbol{S})}-\lambda_i(\boldsymbol{S})$ 进行求导和求极限相关运算可知，当 $\lambda_i(\boldsymbol{S})>0$ 时，则

$$0<\frac{1-\left[\sqrt{\lambda_i^2(\boldsymbol{S})+4\lambda_i(\boldsymbol{S})}-\lambda_i(\boldsymbol{S})\right]}{2}<1$$

仅当 $\lambda_i(\boldsymbol{S})=0$ 时，

$$1-\frac{\left[\sqrt{\lambda_i^2(\boldsymbol{S})+4\lambda_i(\boldsymbol{S})}-\lambda_i(\boldsymbol{S})\right]}{2}=1$$

由于 $\boldsymbol{S} = \boldsymbol{R}_1{}^{-1}\boldsymbol{Q}_1$ 是一个拉普拉斯矩阵且有单零特征值，故 $(\boldsymbol{I}_N \otimes \boldsymbol{I}_n - \boldsymbol{L} \otimes \boldsymbol{I}_n)$ 的一个根是 1，其余的根都大于 0 小于 1。

而对于矩阵 $(\boldsymbol{I}_N \otimes \boldsymbol{I}_n + \boldsymbol{K}\boldsymbol{C})$ 的特征根，由于

$$\bar{\boldsymbol{K}} = \bar{\boldsymbol{R}}_2\bar{\boldsymbol{C}}^{\mathrm{T}}\left(\bar{\boldsymbol{C}}\bar{\boldsymbol{R}}_2\bar{\boldsymbol{C}}^{\mathrm{T}} + \boldsymbol{Q}_2\right)^{-1}$$

故

$$\bar{\boldsymbol{K}}\bar{\boldsymbol{C}} = \bar{\boldsymbol{R}}_2\bar{\boldsymbol{C}}^{\mathrm{T}}\left(\bar{\boldsymbol{C}}\bar{\boldsymbol{R}}_2\bar{\boldsymbol{C}}^{\mathrm{T}} + \boldsymbol{Q}_2\right)^{-1}\bar{\boldsymbol{C}} \tag{8.97}$$

当 $\boldsymbol{Q}_2 > \boldsymbol{0}$ 时，则 $\bar{\boldsymbol{K}}\,\bar{\boldsymbol{C}}$ 的全部特征根大于 0 小于 1，从而 $(\boldsymbol{I}_N \otimes \boldsymbol{I}_n - \boldsymbol{K}\bar{\boldsymbol{C}})$ 的特征根大于 0 小于 1。

综合以上两个矩阵的特征根，可得

$$\begin{bmatrix} \boldsymbol{I}_N \otimes \boldsymbol{I}_n - (\boldsymbol{L} \otimes \boldsymbol{I}_n) & -\boldsymbol{L} \otimes \boldsymbol{I}_n \\ \boldsymbol{0} & \boldsymbol{I}_N \otimes \boldsymbol{I}_n + \boldsymbol{K}\bar{\boldsymbol{C}} \end{bmatrix}$$

的全部特征根除一个根是 1 外，其余都大于 0 小于 1 从而是赫尔维茨稳定的。由第 10 章均方实用稳定性的理论可知，多智能体状态 X 及误差 $\tilde{\boldsymbol{X}} = \widehat{\boldsymbol{X}} - \boldsymbol{X}$ 均方实用稳定，因此，多智能体系统状态在均方实用稳定意义下保持一致性。证毕。

8.3.2 领导-跟随一阶离散时间随机多智能体系统最优控制

1. 领导-跟随一阶离散时间随机多智能体系统模型

考虑 $N+1$ 个智能体组成的离散时间领导-跟随系统。其中序号 0 表示领导，即

$$\boldsymbol{x}_0(k+1) = \beta\boldsymbol{x}_0(k), 0 < \beta \leqslant 1, \beta \neq 0, \tag{8.98}$$

这里假设 $\boldsymbol{x}_0(k)$ 的信息完全可测。

序号 $1, \cdots, N$ 为跟随智能体，即

$$\begin{cases} \boldsymbol{x}_i(k+1) = \beta\boldsymbol{x}_i(k) + \boldsymbol{u}_i(k) + \boldsymbol{V}_i(k) \\ \boldsymbol{y}_i(k) = C\boldsymbol{x}_i(k) + \boldsymbol{W}_i(k) \end{cases} \quad (i = 1, \cdots, N) \tag{8.99}$$

其余符号同 8.3.1节无领导情形。

假设多智能体网络有一个无向加权图 $g = (\mathbf{N}, \varepsilon)$，其中顶点集 $\mathbf{N} = \{1, 2, \cdots, N\}$，边集 $\varepsilon = \{(i,j)|i,j \in \mathbf{N}\}$, $\boldsymbol{A} = [a_{ij}] \in \mathbf{R}^{N\times N}$ 表示图的加权邻接矩阵，$\boldsymbol{L} = [l_{ij}] \in \mathbf{R}^{n\times n}$ 表示 g 的拉普拉斯矩阵。领导与跟随者之间通信矩阵为 $\boldsymbol{G} = \mathrm{diag}\{g_1, \cdots, g_N\}$, 其中，$g_i > 0$ 表示领导对第 i 个跟随存在牵制作用，$g_i = 0$ 表示不联系。G 被称为牵制增益矩阵。

假设 N 个智能体的总的代价函数为

$$\begin{aligned} J_f = & E\Bigg\{\sum_{k=0}^{\infty}\sum_{i=1}^{N}\sum_{j=1}^{i-1}\left[\boldsymbol{x}_i(k) - \boldsymbol{x}_j(k)\right]^{\mathrm{T}} c_{ij}\left[\boldsymbol{x}_i(k) - \boldsymbol{x}_j(k)\right] \\ & + \sum_{k=0}^{\infty}\sum_{i=1}^{N}\left[\boldsymbol{x}_i(k) - \boldsymbol{x}_0(k)\right]^{\mathrm{T}}\alpha\left[\boldsymbol{x}_i(k) - \boldsymbol{x}_0(k)\right] + \sum_{k=0}^{\infty}\sum_{i=1}^{N}\boldsymbol{u}_i^{\mathrm{T}}(k)\,\boldsymbol{u}_i(k)\Bigg\} \end{aligned} \tag{8.100}$$

式中，$c_{ij} \geqslant 0, \alpha \geqslant 0$ 可自由选取。

假设分布式协议为

$$\boldsymbol{u}_i(k) = -\left\{\sum_{j=1}^{N} a_{ij}\left(\widehat{\boldsymbol{x}}_i(k) - \widehat{\boldsymbol{x}}_j(k)\right) + g_i\left(\widehat{\boldsymbol{x}}_i(k) - \boldsymbol{x}_0(k)\right)\right\} \tag{8.101}$$

式中，a_{ij} 为 A 的某 (i,j) 项元素；g_i 表示领导对第 i 个跟随的牵制增益。

记全局状态变量 $\boldsymbol{X}(k) = [\boldsymbol{x}_1^{\mathrm{T}}(k), \cdots, \boldsymbol{x}_N^{\mathrm{T}}(k)]^{\mathrm{T}}$，$\boldsymbol{U}(k) = [\boldsymbol{u}_1^{\mathrm{T}}(k), \cdots, \boldsymbol{u}_N^{\mathrm{T}}(k)]^{\mathrm{T}}$，$\boldsymbol{V}(k) = [\boldsymbol{V}_1^{\mathrm{T}}(k), \cdots, \boldsymbol{V}_N^{\mathrm{T}}(k)]^{\mathrm{T}}$，$\boldsymbol{W}(k) = [\boldsymbol{W}_1^{\mathrm{T}}(k), \cdots, \boldsymbol{W}_N^{\mathrm{T}}(k)]^{\mathrm{T}}$，则式（8.99）转换为

$$\begin{cases} \boldsymbol{X}(k+1) = \beta\boldsymbol{X}(k) + \boldsymbol{U}(k) + \boldsymbol{V}(k) \\ \boldsymbol{Y}(k) = (\boldsymbol{I}_n \otimes \boldsymbol{C})\boldsymbol{X}(k) + \boldsymbol{W}(k) \end{cases} \tag{8.102}$$

领导者状态方程为

$$\boldsymbol{X}_0(k+1) = \beta\boldsymbol{X}_0(k) \tag{8.103}$$

式中，$\boldsymbol{X}_0(k) = \boldsymbol{I}_N \otimes \boldsymbol{x}_0(k)$。

分布式控制协议式（8.101）转化为

$$\boldsymbol{U}(k) = -\left[(\boldsymbol{L}+\boldsymbol{G}) \otimes \boldsymbol{I}_n\right]\left[\widehat{\boldsymbol{X}}(k) - \boldsymbol{X}_0(k)\right] \tag{8.104}$$

式中，$\boldsymbol{L}$ 为图 G 的拉普拉斯矩阵；$\boldsymbol{G}$ 为领导针对跟随的牵制增益矩阵；$\boldsymbol{X}_0(k) = \boldsymbol{I}_N \otimes \boldsymbol{x}_0(k)$；$\widehat{\boldsymbol{X}}(k)$ 为 $\boldsymbol{X}(k)$ 的最优状态估计。

令第 i 个智能体状态和领导状态之间的局部跟踪误差 $\boldsymbol{\delta}_i(k) = \boldsymbol{x}_i(k) - \boldsymbol{x}_0$，则全局跟踪误差 $\boldsymbol{\delta}(k) = \boldsymbol{X}(k) - \boldsymbol{X}_0(k)$，故式（8.99）第一个方程转化为

$$\boldsymbol{\delta}(k+1) = \beta\boldsymbol{\delta}(k) + \boldsymbol{U}(k) + \boldsymbol{V}(k) \tag{8.105}$$

$$\boldsymbol{U}(k) = -[(\boldsymbol{L}+\boldsymbol{G}) \otimes \boldsymbol{I}_n]\widehat{\boldsymbol{\delta}}(k) \tag{8.106}$$

式中，$\widehat{\boldsymbol{\delta}}(k)$ 为全局跟踪误差 $\boldsymbol{\delta}(k)$ 的最优状态估计。

全局代价函数式（8.100）转化为

$$J_f = E\left\{\sum_{k=0}^{\infty} \boldsymbol{\delta}^{\mathrm{T}}(k)\left[(\boldsymbol{Q}_1 + \boldsymbol{G}_1) \otimes \boldsymbol{I}_n\right]\boldsymbol{\delta}(k) + \boldsymbol{U}^{\mathrm{T}}(k)\boldsymbol{U}(k)\right\} \tag{8.107}$$

式中，$\boldsymbol{G}_1 = \alpha\boldsymbol{I}_N$；$\boldsymbol{Q}_1$ 的非对角线元素第 (i,j) 和 (j,i) 项均为 $-c_{ij}$，对角线元素为 $\sum\limits_{j=1, j\neq i}^{N} c_{ij}$，显然，$\boldsymbol{Q}_1$ 为实对称拉普拉斯矩阵。

2. 领导-跟随随机分布式最优控制协议

下面讨论如何选择网络节点的邻接权系数 $a_{ij}(i,j=1,2,\cdots,N)$ 和牵制权系数 g_i，即邻接矩阵 $\boldsymbol{A}$ 或 $\boldsymbol{L}$ 以及牵制矩阵 $\boldsymbol{G}$ 确保代价函数式（8.107）达到最小。

为了设计随机分布式最优控制协议式（8.106），需要求解最优邻接矩阵 $\boldsymbol{A}$ 或 $\boldsymbol{L}$ 和 $\boldsymbol{G}$，确保代价函数式（8.107）达到最小之前，需要如下引理。

引理 8.8[227] 定义 $Z^{n\times n}=\{\boldsymbol{A}=(a_{ij})\in\mathbf{R}^{n\times n}|a_{ij}\leqslant 0,i\neq j\}$，那么 $\boldsymbol{B}\in Z^{n\times n}$ 是非奇异 M 矩阵 $\Leftrightarrow\boldsymbol{B}^{-1}$ 存在且 $\boldsymbol{B}^{-1}\geqslant\boldsymbol{0}$。

引理 8.9[104] 假设 $\boldsymbol{R}=\boldsymbol{Q}+\boldsymbol{G}$，其中 $\boldsymbol{Q}\in\mathbf{R}^{N\times N}$ 是一个对称拉普拉斯矩阵，$\boldsymbol{G}=\alpha\boldsymbol{I}_N,\alpha>0$,若系数 ε、C 满足 $\varepsilon\geqslant 0,C\geqslant 0,C^2-4\varepsilon>0$,那么矩阵 $\sqrt{\boldsymbol{R}^2+C\boldsymbol{R}+\varepsilon\boldsymbol{I}_N}$ 是一个非奇异 M 矩阵,且可以被分解成一个拉普拉斯矩阵 $\sqrt{\boldsymbol{R}^2+C\boldsymbol{R}+\varepsilon\boldsymbol{I}_N}-\sqrt{(\alpha^2+C\alpha+\varepsilon)}\boldsymbol{I}_N$ 和一个对角阵 $\sqrt{(\alpha^2+C\alpha+\varepsilon)}\boldsymbol{I}_N$。

证明：由于 $\boldsymbol{R}=\boldsymbol{Q}+\boldsymbol{G}$，则有

$$\boldsymbol{R}^2+C\boldsymbol{R}+\varepsilon\boldsymbol{I}_N=\boldsymbol{Q}^2+\boldsymbol{Q}(2\alpha+C)+(\alpha^2+C\alpha+\varepsilon)\boldsymbol{I}_N \tag{8.108}$$

当系数 C、ε 满足 $\varepsilon\geqslant 0$，$C\geqslant 0$，$C^2-4\varepsilon>0$ 时，上式可分解因式得

$$\boldsymbol{Q}^2+\boldsymbol{Q}(2\alpha+C)+(\alpha^2+C\alpha+\varepsilon)\boldsymbol{I}_N=(\boldsymbol{Q}+C_1\boldsymbol{I}_N)(\boldsymbol{Q}+C_2\boldsymbol{I}_N) \tag{8.109}$$

式中，系数 $C_1>C_2>0$。则有

$$\sqrt{\boldsymbol{R}^2+C\boldsymbol{R}+\varepsilon\boldsymbol{I}_N}=\sqrt{(\boldsymbol{Q}+C_1\boldsymbol{I}_N)}\sqrt{(\boldsymbol{Q}+C_2\boldsymbol{I}_N)} \tag{8.110}$$

显然，$\sqrt{(\boldsymbol{Q}+C_1\boldsymbol{I}_N)}$ 和 $\sqrt{(\boldsymbol{Q}+C_2\boldsymbol{I}_N)}$ 均为非奇异矩阵。由于

$$\begin{aligned}\sqrt{(\boldsymbol{Q}+C_1\boldsymbol{I}_N)(\boldsymbol{Q}+C_2\boldsymbol{I}_N)}&=\sqrt{(\boldsymbol{Q}+C_2\boldsymbol{I}_N)+(C_1-C_2)\boldsymbol{I}_N}\sqrt{(\boldsymbol{Q}+C_2\boldsymbol{I}_N)}\\&\triangleq\sqrt{\boldsymbol{L}+(C_1-C_2)\boldsymbol{I}_N}\sqrt{\boldsymbol{L}}\end{aligned} \tag{8.111}$$

式中，$\boldsymbol{L}:=\boldsymbol{Q}+C_2\boldsymbol{I}_N$ 可以类似于文献 [103] 中引理 5 证明过程，得

$$\sqrt{(\boldsymbol{Q}+C_1\boldsymbol{I}_N)(\boldsymbol{Q}+C_2\boldsymbol{I}_N)}$$

的非对角线元素均非正。由于为实对称拉普拉斯矩阵，则也是拉普拉斯矩阵，从而可对角化，即

$$\boldsymbol{R}=\boldsymbol{P}\begin{bmatrix}\lambda_1(R)&&\\&\ddots&\\&&\lambda_N(R)\end{bmatrix}\boldsymbol{P}^{-1}=\boldsymbol{P}\boldsymbol{\Lambda}C_1^{-1} \tag{8.112}$$

式中，$\boldsymbol{P}$ 为正交矩阵；$\lambda_1(R),\cdots,\lambda_N(R)$ 为 R 的所有特征值。基于矩阵运算得

$$\boldsymbol{R}^2+C\boldsymbol{R}+\varepsilon\boldsymbol{I}_N=\boldsymbol{P}\left(\boldsymbol{\Lambda}^2+C\boldsymbol{\Lambda}+\varepsilon\boldsymbol{I}_N\right)\boldsymbol{P}^{-1} \tag{8.113}$$

故

$$\sqrt{\boldsymbol{R}^2+C\boldsymbol{R}+\varepsilon\boldsymbol{I}_N}=\boldsymbol{P}\sqrt{\boldsymbol{\Lambda}^2+C\boldsymbol{\Lambda}+\varepsilon\boldsymbol{I}_N}\boldsymbol{P}^{-1} \tag{8.114}$$

由于 $\boldsymbol{Q}$ 有零特征根且对应特征向量为 $\boldsymbol{I}_n$，且所有特征值 $\lambda_i(\boldsymbol{Q})\geqslant 0(i=1,\cdots,n)$，故 $\boldsymbol{R}=\boldsymbol{Q}+\boldsymbol{G}$ 有特征值 α 且对应特征向量为 $\boldsymbol{I}_n$，且 $\lambda_i(\boldsymbol{R})\geqslant\alpha(i=1,\cdots,n)$，从而 $\sqrt{\boldsymbol{R}^2+C\boldsymbol{R}+\varepsilon\boldsymbol{I}_N}$ 有特征值 $\sqrt{\alpha^2+C\alpha+\varepsilon}$ 且对应特征向量为 $\boldsymbol{I}_n$。故所有特征根 $\lambda_i(\sqrt{\boldsymbol{R}^2+C\boldsymbol{R}+\varepsilon\boldsymbol{I}_N})\geqslant\sqrt{\alpha^2+C\alpha+\varepsilon}$，又由式（8.111）前面可得 $\sqrt{\boldsymbol{R}^2+C\boldsymbol{R}+\varepsilon\boldsymbol{I}_N}$

的非对角线元素非正的条件，因此，$\sqrt{\boldsymbol{R}^2+C\boldsymbol{R}+\varepsilon\boldsymbol{I}_N}$ 的对角线元素均为正值。选一个足够大的 s，有

$$\sqrt{\boldsymbol{R}^2+C\boldsymbol{R}+\varepsilon\boldsymbol{I}_N}=s\boldsymbol{I}_N-\boldsymbol{P} \tag{8.115}$$

式中，$s>0,\boldsymbol{P}\geqslant 0$。由于

$$\lambda_i(\boldsymbol{P})<s-\lambda_i(\sqrt{\boldsymbol{R}^2+C\boldsymbol{R}+\varepsilon\boldsymbol{I}_N})<s$$

即 $\rho(\boldsymbol{P})<s$，由 M 矩阵定义可知，$\sqrt{\boldsymbol{R}^2+C\boldsymbol{R}+\varepsilon\boldsymbol{I}_N}$ 是非奇异 M 矩阵。又由于

$$\sqrt{\boldsymbol{R}^2+C\boldsymbol{R}+\varepsilon\boldsymbol{I}_N}-\sqrt{(\alpha^2+C\alpha+\varepsilon)}\boldsymbol{I}_N$$

存在零特征值且对应特征向量为 $\boldsymbol{I}_n$，同时其余特征值均为正，故

$$\sqrt{\boldsymbol{R}^2+C\boldsymbol{R}+\varepsilon\boldsymbol{I}_N}-\sqrt{(\alpha^2+C\alpha+\varepsilon)}\boldsymbol{I}_N$$

是拉普拉斯矩阵，故 $\sqrt{\boldsymbol{R}^2+C\boldsymbol{R}+\varepsilon\boldsymbol{I}_N}$ 可以分解成一个拉普拉斯矩阵和一个对角矩阵。证毕。

引理 8.10[104] 假设 $\boldsymbol{R}=\boldsymbol{Q}+\boldsymbol{G}$，其中 $\boldsymbol{Q}\in\mathbf{R}^{N\times N}$ 为一个对称拉普拉斯矩阵，$\boldsymbol{G}=\alpha\boldsymbol{I}_N,\alpha>0$。如果 C,ε 满足 $C\geqslant 0,\varepsilon\geqslant 0,C^2-4\varepsilon>0$，那么矩阵 $\sqrt{\boldsymbol{R}^2+C\boldsymbol{R}+\varepsilon\boldsymbol{I}_N}-\boldsymbol{R}$ 是一个非奇异 M 矩阵，且可将其分解成拉普拉斯矩阵 $\sqrt{\boldsymbol{R}^2+C\boldsymbol{R}+\varepsilon\boldsymbol{I}_N}-\sqrt{(\alpha^2+C\alpha+\varepsilon)}\times\boldsymbol{I}_N-\boldsymbol{Q}$ 和一个对角矩阵 $\left(\sqrt{\alpha^2+C\alpha+\varepsilon}-\alpha\right)\boldsymbol{I}_N$。

证明：考虑如下矩阵方程：

$$\boldsymbol{P}^2-2\boldsymbol{R}\boldsymbol{P}-(C\boldsymbol{R}+\varepsilon\boldsymbol{I}_N)=\boldsymbol{0} \tag{8.116}$$

该方程存在的解为

$$\boldsymbol{P}=\sqrt{\boldsymbol{R}^2+C\boldsymbol{R}+\varepsilon\boldsymbol{I}_N}+\boldsymbol{R} \tag{8.117}$$

由逆性质可知

$$\boldsymbol{P}(2\boldsymbol{P}+C\boldsymbol{I}_N)^{-1}=\frac{1}{2}\left[\boldsymbol{I}_N-C(2\boldsymbol{P}+C\boldsymbol{I}_N)^{-1}\right] \tag{8.118}$$

由式（8.116）和式（8.117），得

$$\begin{aligned}\boldsymbol{R}&=\left(\boldsymbol{P}^2-\varepsilon\boldsymbol{I}_N\right)(2\boldsymbol{P}+C\boldsymbol{I}_N)^{-1}\\&=\frac{1}{2}\boldsymbol{P}\left[\boldsymbol{I}_N-C(2\boldsymbol{P}+C\boldsymbol{I}_N)^{-1}\right]-\varepsilon(2\boldsymbol{P}+C\boldsymbol{I}_N)^{-1}\end{aligned} \tag{8.119}$$

故

$$\frac{1}{2}\boldsymbol{P}-\boldsymbol{R}=\frac{1}{2}C\boldsymbol{P}(2\boldsymbol{P}+C\boldsymbol{I}_N)^{-1}+\varepsilon(2\boldsymbol{P}+C\boldsymbol{I}_N)^{-1} \tag{8.120}$$

由式（8.117）和式（8.120）可得

$$\sqrt{\boldsymbol{R}^2+C\boldsymbol{R}+\varepsilon\boldsymbol{I}_N}-\boldsymbol{R}=\boldsymbol{P}-2\boldsymbol{R}=C\boldsymbol{P}(2\boldsymbol{P}+C\boldsymbol{I}_N)^{-1}+2\varepsilon(2\boldsymbol{P}+C\boldsymbol{I}_N)^{-1}$$

$$
\begin{aligned}
&= \frac{1}{2}C\left(\boldsymbol{I}_N - C(2\boldsymbol{P}+C\boldsymbol{I}_N)^{-1}\right) + 2\varepsilon(2\boldsymbol{P}+C\boldsymbol{I}_N)^{-1} \\
&= \frac{1}{2}\left[C\boldsymbol{I}_N - \left(C^2-4\varepsilon\right)\left(2\boldsymbol{P}+C\boldsymbol{I}_{\boldsymbol{N}}\right)^{-1}\right]
\end{aligned}
\tag{8.121}
$$

由于 $\boldsymbol{P} = \sqrt{\boldsymbol{R}^2+C\boldsymbol{R}+\varepsilon\boldsymbol{I}_N} + \boldsymbol{R}$ 可以被分解成矩阵：$\sqrt{\boldsymbol{R}^2+C\boldsymbol{R}+\varepsilon\boldsymbol{I}_N} - \sqrt{(\alpha^2+C\alpha+\varepsilon)}\boldsymbol{I}_N+\boldsymbol{Q}$ 和对角矩阵 $\left(\sqrt{\alpha^2+C\alpha+\varepsilon}+\alpha\right)\boldsymbol{I}_N$。由引理 8.9 可知，

$$
\sqrt{\boldsymbol{R}^2+C\boldsymbol{R}+\varepsilon\boldsymbol{I}_N} - \sqrt{(\alpha^2+C\alpha+\varepsilon)}\boldsymbol{I}_N
$$

是拉普拉斯矩阵，从而

$$
\sqrt{\boldsymbol{R}^2+C\boldsymbol{R}+\varepsilon\boldsymbol{I}_N} - \sqrt{(\alpha^2+C\alpha+\varepsilon)}\boldsymbol{I}_N+\boldsymbol{Q}
$$

也是拉普拉斯矩阵。

由于

$$
\boldsymbol{P}\boldsymbol{I}_N = \left(\sqrt{\boldsymbol{R}^2+C\boldsymbol{R}+\varepsilon\boldsymbol{I}_N}+\boldsymbol{R}\right)\boldsymbol{I}_N = \left(\sqrt{\alpha^2+C\alpha+\varepsilon}+\alpha\right)\boldsymbol{I}_N \tag{8.122}
$$

类似于引理 8.9 的证明，可知 $\boldsymbol{P}$ 为非奇异 M 矩阵。

当 $C>0$ 时，$2\boldsymbol{P}+C\boldsymbol{I}_N$ 仍为非奇异 M 矩阵时，$C(2\boldsymbol{P}+C\boldsymbol{I}_N)^{-1}\geqslant 0$。

若 $C^2-4\varepsilon>0$，则有

$$
\left[C\boldsymbol{I}_N - \left(C^2-4\varepsilon\right)\left(2\boldsymbol{P}+C\boldsymbol{I}_N\right)^{-1}\right]
$$

中的非对角线元素非正，即 $\sqrt{\boldsymbol{R}^2+C\boldsymbol{R}+\varepsilon\boldsymbol{I}_N}-\boldsymbol{R}$ 非对角线元素非正。

又 $\sqrt{\boldsymbol{R}^2+C\boldsymbol{R}+\varepsilon\boldsymbol{I}_N}-\boldsymbol{R}$ 分解为矩阵 $\sqrt{\boldsymbol{R}^2+C\boldsymbol{R}+\varepsilon\boldsymbol{I}_N}-\sqrt{(\alpha^2+C\alpha+\varepsilon)}\boldsymbol{I}_N-\boldsymbol{Q}$ 和对角矩阵 $\left(\sqrt{\alpha^2+C\alpha+\varepsilon}-\alpha\right)\boldsymbol{I}_N$。类似上述证明，可得

$$
\sqrt{\boldsymbol{R}^2+C\boldsymbol{R}+\varepsilon\boldsymbol{I}_N} - \sqrt{(\alpha^2+C\alpha+\varepsilon)}\boldsymbol{I}_N-\boldsymbol{Q}
$$

是拉普拉斯矩阵。证毕。

定理 8.6 对于领导-跟随一阶离散时间随机多智能体系统式 (8.99)，若矩阵 $\boldsymbol{C}$ 为可逆矩阵，且系数 $\alpha>1-\beta^2$，那么关于代价函数式 (8.100) 存在如下一致性分布式最优协议：

$$
\boldsymbol{U}^*(k) = -[(\boldsymbol{L}_{\rm opt}+\boldsymbol{G}_{\rm opt})\otimes\boldsymbol{I}_N]\widehat{\boldsymbol{\delta}}(k) \tag{8.123}
$$

式中，最优拉普拉斯矩阵 $\boldsymbol{L}_{\rm opt}$ 和最优牵制增益矩阵 $\boldsymbol{G}_{\rm opt}$ 分别为

$$
\boldsymbol{L}_{\rm opt} = \frac{\sqrt{(\boldsymbol{Q}_C+\boldsymbol{G}_2)^2+4\boldsymbol{Q}_C} - \sqrt{(\boldsymbol{G}_1+\boldsymbol{G}_2)^2+4\boldsymbol{G}_1} - \boldsymbol{Q}_1}{2\beta} \tag{8.124}
$$

$$\boldsymbol{G}_{\text{opt}} = \frac{\sqrt{(\boldsymbol{G}_1 + \boldsymbol{G}_2)^2 + 4\boldsymbol{G}_1} + \boldsymbol{G}_2 - \boldsymbol{G}_1}{2\beta} \tag{8.125}$$

式中，$\boldsymbol{G}_1 = \alpha \boldsymbol{I}_N$；$\boldsymbol{G}_2 = (\beta^2 - 1)\boldsymbol{I}_N$；$\boldsymbol{Q}_C = \boldsymbol{Q}_1 + \boldsymbol{G}_1$。此时分布式最优控制协议 $\boldsymbol{U}^*(k)$ 作用下的二次型性能指标函数最小值为

$$J_f^* = \boldsymbol{\delta}_0^{\text{T}} \frac{\left[\sqrt{(\boldsymbol{Q}_C + \boldsymbol{G}_2)^2 + 4\boldsymbol{Q}_C} + (\boldsymbol{Q}_C + \boldsymbol{G}_2)\right] \otimes \boldsymbol{I}_n}{2} \boldsymbol{\delta}_0$$

证明：由于随机系统式（8.99）为随机线性系统，满足分离定理，可以将控制器和滤波器分开设计。类似于 8.2.2节的证明，下面分四步进行证明。

1）求最优控制器增益。

记

$$\bar{\boldsymbol{A}} = \beta(\boldsymbol{I}_N \otimes \boldsymbol{I}_n), \bar{\boldsymbol{B}} = (\boldsymbol{I}_N \otimes \boldsymbol{I}_n), \bar{\boldsymbol{Q}} = (\boldsymbol{Q}_1 + \boldsymbol{G}_1) \otimes \boldsymbol{I}_n, \bar{\boldsymbol{R}} = \boldsymbol{I}_N \otimes \boldsymbol{I}_n \tag{8.126}$$

由于系统可控，因此存在正定对称矩阵 $\bar{\boldsymbol{P}}$ 满足下列离散时间里卡蒂方程：

$$\bar{\boldsymbol{P}} = \bar{\boldsymbol{Q}} + \bar{\boldsymbol{A}}^{\text{T}}[\bar{\boldsymbol{P}} - \bar{\boldsymbol{P}}\bar{\boldsymbol{B}}^{\text{T}}(\bar{\boldsymbol{R}}\bar{\boldsymbol{B}}^{\text{T}}\bar{\boldsymbol{P}}\bar{\boldsymbol{B}})^{-1}\bar{\boldsymbol{B}}\bar{\boldsymbol{P}}]\bar{\boldsymbol{A}} \tag{8.127}$$

将式 (8.126) 代入式 (8.127)，得

$$\bar{\boldsymbol{Q}} = \beta^2 \bar{\boldsymbol{P}}[(\boldsymbol{I}_N \otimes \boldsymbol{I}_n) + \bar{\boldsymbol{P}}]^{-1}\bar{\boldsymbol{P}} + (1 - \beta^2)\bar{\boldsymbol{P}} \tag{8.128}$$

由矩阵逆性质：

$$[(\boldsymbol{I}_N \otimes \boldsymbol{I}_n) + \bar{\boldsymbol{P}}]^{-1} + \bar{\boldsymbol{P}}[(\boldsymbol{I}_N \otimes \boldsymbol{I}_n) + \bar{\boldsymbol{P}}]^{-1} = \boldsymbol{I}_N \tag{8.129}$$

利用式 (8.129) 可以构造如下矩阵方程：

$$\bar{\boldsymbol{P}}^2 - [\bar{\boldsymbol{Q}} + (\beta^2 - 1)(\boldsymbol{I}_N \otimes \boldsymbol{I}_n)]\bar{\boldsymbol{P}} - \bar{\boldsymbol{Q}} = \boldsymbol{0} \tag{8.130}$$

事实上

$$\begin{aligned}
&\bar{\boldsymbol{P}}^2 - [\bar{\boldsymbol{Q}} + (\beta^2 - 1)(\boldsymbol{I}_N \otimes \boldsymbol{I}_n)]\bar{\boldsymbol{P}} - \bar{\boldsymbol{Q}} \\
=&\beta^2[(\boldsymbol{I}_N \otimes \boldsymbol{I}_n) + \bar{\boldsymbol{P}}]^{-1}\bar{\boldsymbol{P}}^2 + \beta^2[(\boldsymbol{I}_N \otimes \boldsymbol{I}_n) + \bar{\boldsymbol{P}}]^{-1}\bar{\boldsymbol{P}} - \beta^2\bar{\boldsymbol{P}} \\
=&\beta^2[(\boldsymbol{I}_N \otimes \boldsymbol{I}_n) + \bar{\boldsymbol{P}}]^{-1}[(\boldsymbol{I}_N \otimes \boldsymbol{I}_n) + \bar{\boldsymbol{P}}]\bar{\boldsymbol{P}} - \beta^2\bar{\boldsymbol{P}} \\
=&\beta^2\bar{\boldsymbol{P}} - \beta^2\bar{\boldsymbol{P}} \\
=&\boldsymbol{0}
\end{aligned}$$

故可求出式（8.130）的解为

$$\bar{\boldsymbol{P}} = \frac{[\bar{\boldsymbol{Q}} + (\beta^2 - 1)(\boldsymbol{I}_N \otimes \boldsymbol{I}_n)] + \sqrt{\bar{\boldsymbol{Q}} + (\beta^2 - 1)(\boldsymbol{I}_N \otimes \boldsymbol{I}_n)^2 + 4\bar{\boldsymbol{Q}}}}{2}$$

为方便后续描述，记 $\boldsymbol{F}=(\beta^2-1)\boldsymbol{I}_N$，$\boldsymbol{Q}_c=\boldsymbol{Q}_1+\boldsymbol{G}_1$，则 $\bar{\boldsymbol{Q}}=\boldsymbol{Q}_C\otimes\boldsymbol{I}_n$。从而

$$\bar{\boldsymbol{P}}=\frac{(\boldsymbol{Q}_C+\boldsymbol{F})\otimes\boldsymbol{I}_n+\sqrt{[(\boldsymbol{Q}_C+\boldsymbol{F})^2+4\boldsymbol{Q}_C]\otimes\boldsymbol{I}_n}}{2} \tag{8.131}$$

此时，由上述方程可得

$$[(\boldsymbol{I}_N\otimes\boldsymbol{I}_n)+\bar{\boldsymbol{P}}]^{-1}\bar{\boldsymbol{P}}=\frac{1}{\beta^2}(\bar{\boldsymbol{P}}-\bar{\boldsymbol{Q}})$$

故最优控制协议为

$$\begin{aligned}\boldsymbol{U}^*(k)&=-(\bar{\boldsymbol{R}}+\bar{\boldsymbol{B}}^{\mathrm{T}}\bar{\boldsymbol{P}}\bar{\boldsymbol{B}})^{-1}\bar{\boldsymbol{B}}^{\mathrm{T}}\bar{\boldsymbol{P}}\bar{\boldsymbol{A}}\widehat{\boldsymbol{\delta}}(k)\\&=-\beta[(\boldsymbol{I}_N\otimes\boldsymbol{I}_n)+\bar{\boldsymbol{P}}]^{-1}\bar{\boldsymbol{P}}\widehat{\boldsymbol{\delta}}(k)\\&=-\left(\frac{1}{\beta}\bar{\boldsymbol{P}}-\frac{1}{\rho}\bar{\boldsymbol{Q}}\right)\widehat{\boldsymbol{\delta}}(k)\end{aligned}$$

从而有

$$\boldsymbol{U}^*(k)=-\frac{\left[\sqrt{(\boldsymbol{Q}_C+\boldsymbol{F})^2+4\boldsymbol{Q}_C}-\boldsymbol{Q}_C+\boldsymbol{F}\right]\otimes\boldsymbol{I}_N}{2\beta}\widehat{\boldsymbol{\delta}}(k) \tag{8.132}$$

由式（8.101）可知，所获得的最优控制协议必须满足分布式协议的条件，即证明: $\left(\sqrt{(\boldsymbol{Q}_C+\boldsymbol{F})^2+4\boldsymbol{Q}_C}-\boldsymbol{Q}_C+\boldsymbol{F}\right)\Big/2\beta=\boldsymbol{L}_{\mathrm{opt}}+\boldsymbol{G}_{\mathrm{opt}}$，其中 $\boldsymbol{L}_{\mathrm{opt}}$ 为拉普拉斯矩阵，$\boldsymbol{G}_{\mathrm{opt}}$ 为对角正矩阵。

2）证明 $\boldsymbol{U}^*(k)=-\left\{\left[\sqrt{(\boldsymbol{Q}_C+\boldsymbol{F})^2+4\boldsymbol{Q}_C}-\boldsymbol{Q}_C+\boldsymbol{F}\right]\otimes\boldsymbol{I}_N\right\}\widehat{\boldsymbol{\delta}}(k)/2\beta$ 满足分布式协议的条件。

下面证明 $\sqrt{(\boldsymbol{Q}_C+\boldsymbol{F})^2+4\boldsymbol{Q}_C}-\boldsymbol{Q}_C+\boldsymbol{F}$ 可以分解成一个拉普拉斯矩阵和一个牵制增益对角矩阵，从而满足最优控制协议的分布式要求。

由于

$$\begin{aligned}\sqrt{(\boldsymbol{Q}_C+\boldsymbol{F})^2+4\boldsymbol{Q}_C}-\boldsymbol{Q}_C+\boldsymbol{G}=&\sqrt{(\boldsymbol{Q}_C+\boldsymbol{F})^2+4(\boldsymbol{Q}_C+\boldsymbol{F})+4(1-\beta^2)\boldsymbol{I}_N}\\&-(\boldsymbol{Q}_C+\boldsymbol{F})+2\boldsymbol{F}\end{aligned} \tag{8.133}$$

利用引理 8.9 中的矩阵 $\boldsymbol{R}=(\boldsymbol{Q}_C+\boldsymbol{F})$，此时 $C=4$，$\varepsilon=4(1-\beta^2)>0$，$C-4\varepsilon=16\beta^2>0$，满足引理 8.9 中相关条件，故由引理 8.9 可知

$$\sqrt{(\boldsymbol{Q}_C+\boldsymbol{F})^2+4(\boldsymbol{Q}_C+\boldsymbol{F})+4(1-\beta^2)\boldsymbol{I}_N}-(\boldsymbol{Q}_C+\boldsymbol{F})$$

是非奇异 M 矩阵，同时，其可以分解为如下一个拉普拉斯矩阵:

$$\sqrt{(\boldsymbol{Q}_C+\boldsymbol{F})^2+4\boldsymbol{Q}_C}-\sqrt{(\boldsymbol{G}_1+\boldsymbol{F})^2+4\boldsymbol{G}_1}-\boldsymbol{Q}_1$$

和一个牵制增益对角阵

$$\sqrt{(\boldsymbol{G}_1+\boldsymbol{F})^2+4\boldsymbol{G}_1}-(\boldsymbol{G}_1+\boldsymbol{F})$$

根据 $\boldsymbol{G}_1, \boldsymbol{F}$ 的定义有

$$\sqrt{(\boldsymbol{G}_1+\boldsymbol{F})^2+4\boldsymbol{G}_1}-(\boldsymbol{G}_1+\boldsymbol{F})+2\boldsymbol{F}=\left(\sqrt{(\alpha+\beta^2-1)^2+4\alpha}+\beta^2-1-\alpha\right)\boldsymbol{I}_N$$

式中，$\sqrt{(\alpha+\beta^2-1)^2+4\alpha}+\beta^2-1-\alpha>0$。因此，矩阵 $\sqrt{(\boldsymbol{Q}_C+\boldsymbol{F})^2+4\boldsymbol{Q}_C}-\boldsymbol{Q}_C+\boldsymbol{F}$ 可以分解成一个拉普拉斯矩阵 $\sqrt{(\boldsymbol{Q}_C+\boldsymbol{F})^2+4\boldsymbol{Q}_C}-\sqrt{(\boldsymbol{G}_1+\boldsymbol{F})^2+4\boldsymbol{G}_1}-\boldsymbol{Q}_1$ 和一个牵制增益阵 $\sqrt{(\boldsymbol{G}_1+\boldsymbol{F})^2+4\boldsymbol{G}_1}-(\boldsymbol{F}-\boldsymbol{G}_1)$，故最优控制协议式（8.132）可以改写成

$$\boldsymbol{U}^*(k)=-[(\boldsymbol{L}_{\text{opt}}+\boldsymbol{G}_{\text{opt}})\otimes\boldsymbol{I}_N]\widehat{\boldsymbol{\delta}}(k) \tag{8.134}$$

式中

$$\boldsymbol{L}_{\text{opt}}=\frac{\sqrt{(\boldsymbol{Q}_C+\boldsymbol{F})^2+4\boldsymbol{Q}_C}-\sqrt{(\boldsymbol{G}_1+\boldsymbol{F})^2+4\boldsymbol{G}_1}-\boldsymbol{Q}_1}{2\beta}$$

$$\boldsymbol{G}_{\text{opt}}=\frac{\sqrt{(\boldsymbol{G}_1+\boldsymbol{F})^2+4\boldsymbol{G}_1}-(\boldsymbol{F}-\boldsymbol{G}_1)}{2\beta}$$

最优性能指标为

$$J_f^*=\boldsymbol{\delta}_0^{\mathrm{T}}\frac{\left(\sqrt{(\boldsymbol{Q}_C+\boldsymbol{F})^2+4\boldsymbol{Q}_C}+(\boldsymbol{Q}_C+\boldsymbol{F})\right)\otimes\boldsymbol{I}_n}{2}\boldsymbol{\delta}_0$$

3）求最优状态估计。

证明方法与 8.2.2节无领导情形类似，略去。

4）证明在实用均方收敛意义下状态保持一致性。

证明方法与 8.2.2节无领导情形类似，这里只考虑确定性系统情形，其余类似。将最优控制向量式（8.123）代入全局跟踪动态误差方程式（8.105），得

$$\boldsymbol{\delta}(k+1)=\left\{\beta\boldsymbol{I}_N-\frac{\sqrt{(\boldsymbol{Q}_C+\boldsymbol{F})^2+4\boldsymbol{Q}_C}-\boldsymbol{Q}_C+\boldsymbol{F}}{2\beta}\otimes\boldsymbol{I}_n\right\}\boldsymbol{\delta}(k) \tag{8.135}$$

由于实对称矩阵 $\boldsymbol{Q}_C=\boldsymbol{Q}_1+\boldsymbol{G}_1$ 可以分解成如下对角化形式：

$$\boldsymbol{Q}_C=\boldsymbol{P}_1\begin{pmatrix}\lambda_1 & & \\ & \ddots & \\ & & \lambda_n\end{pmatrix}\boldsymbol{P}_1{}^{-1}=\boldsymbol{P}_1\boldsymbol{\Lambda}\boldsymbol{P}_1^{-1} \tag{8.136}$$

式中，λ_n 为 $\boldsymbol{Q}_c$ 的特征根；$\boldsymbol{P}_1$ 为相应的特征向量组成的正交矩阵。显然，$\lambda_i > \alpha$。故可通过矩阵运算，有

$$(\boldsymbol{Q}_C+\boldsymbol{F})^2+4\boldsymbol{Q}_C=\boldsymbol{P}_1[(\boldsymbol{\Lambda}+\boldsymbol{F})^2+4\boldsymbol{\Lambda}]\boldsymbol{P}_1{}^{-1} \tag{8.137}$$

即

$$\sqrt{(\boldsymbol{Q}_C+\boldsymbol{F})^2+4\boldsymbol{Q}_C}=\boldsymbol{P}_1\sqrt{[(\boldsymbol{\Lambda}+\boldsymbol{F})^2+4\boldsymbol{\Lambda}]}\boldsymbol{P}_1{}^{-1}$$

从而，得

$$\begin{aligned}&\beta\boldsymbol{I}_N-\frac{\sqrt{((\boldsymbol{Q}_C+\boldsymbol{F})^2+4\boldsymbol{Q}_C)}-\boldsymbol{Q}_C+\boldsymbol{F}}{2\beta}\\&=\boldsymbol{P}_1\left\{\beta\boldsymbol{I}_N-\frac{\sqrt{[(\boldsymbol{\Lambda}+\boldsymbol{F})^2+4\boldsymbol{\Lambda}]}-\boldsymbol{\Lambda}+\boldsymbol{F}}{2\beta}\right\}\boldsymbol{P}_1{}^{-1}\end{aligned} \tag{8.138}$$

下面，证明

$$-1<\beta-\frac{\sqrt{((\lambda_i+\beta^2-1)^2+4\lambda_i)}-\lambda_i+\beta^2-1}{2\beta}<1 \qquad (i=1,\cdots,N) \tag{8.139}$$

即可证明误差方程的所有特征根在单位圆内，从而证明跟踪误差方程式（8.135）收敛。由上面不等式（8.139），得如下不等式，当 $0<\beta\leqslant 1$ 时，则有

$$\begin{cases}4\beta\lambda_i+4\beta+4\beta^3-8\beta^2>0\\2\beta\lambda_i+4\beta+4\beta^3+8\beta^2>0\end{cases} \qquad (i=1,\cdots,N) \tag{8.140}$$

当 $0<\beta\leqslant 1, \lambda_i>\alpha>1-\beta^2$ 时，不等式组（8.140）总是成立。

当 $-1<\beta<0$ 时，则有

$$\begin{cases}4\beta\lambda_i+4\beta+4\beta^3-8\beta^2<0\\2\beta\lambda_i+4\beta+4\beta^3+8\beta^2<0\end{cases} \tag{8.141}$$

当 $\lambda_i>\alpha>1-\beta^2(i=1,\cdots,N)$ 时，不等式组（8.141）也总是成立。

由于当 $-1<\beta\leqslant 1, \beta\neq 0$ 且 $\alpha>1-\beta^2$ 时，不等式（8.140）和不等式组（8.141）总是成立，从而说明不等式（8.139）成立，即跟踪误差方程式（8.135）收敛，因此，在确定性情况下领导-跟随多智能体系统可以保持一致性。其余部分类似于 8.2.2节，可以证明在均方实用稳定意义下一阶离散时间领导-跟随随机多智能体系统可以保持一致性。证毕。

8.4 分布式随机线性系统全局最优一致性

8.2 节和 8.3 节分别研究了一阶连续时间和离散时间多智能体系统的最优控制问题，本节和下一节主要研究高阶多智能系统，统一转化为一般多智能体线性系统模型。考虑如下由 N 个节点组成的带有乘性噪声的连续时间线性多智能体系统：

$$\mathrm{d}\boldsymbol{x}_i=(\boldsymbol{A}\boldsymbol{x}_i+\boldsymbol{B}\boldsymbol{u}_i)\,\mathrm{d}t+\boldsymbol{F}\boldsymbol{x}_i\mathrm{d}\boldsymbol{W}(t) \qquad (i=1,\cdots,N) \tag{8.142}$$

式中，$\boldsymbol{x}_i \in \mathbf{R}^n$ 是状态向量；$\boldsymbol{u}_i \in \mathbf{R}^m$ 是控制输入向量；$\boldsymbol{W}(t)$ 为标准布朗运动；$\boldsymbol{A}$、$\boldsymbol{B}$ 和 $\boldsymbol{F}$ 为相应维数的矩阵。

假设存在一个领导智能体，其动态方程为

$$\mathrm{d}\boldsymbol{x}_0 = \boldsymbol{A}\boldsymbol{x}_0\mathrm{d}t + \boldsymbol{F}\boldsymbol{x}_0\mathrm{d}\boldsymbol{W}(t) \tag{8.143}$$

式中，$\boldsymbol{x}_0 \in \mathbf{R}^n$ 为状态向量，其他符号同式 (8.142)。

假设多智能体网络构成一个有向图或无向图 $g = \{\mathbf{N}, \varepsilon\}$，其中的顶点集 $\mathbf{N} = \{1, 2, \cdots,$
$N\}$，边集 $\varepsilon = \{(i,j)|i,j \in \mathbf{N}\}$。$\boldsymbol{A} = [a_{ij}]$ 表示 g 的邻接矩阵，$\boldsymbol{L} = [l_{ij}]$ 表示 $\boldsymbol{g}$ 的拉普拉斯矩阵。

假设领导节点和 N 个跟随节点的信息是完全可观测的，即状态向量 $\boldsymbol{x}_i(i = 1, 2, \cdots, N)$ 是完全可量测的，且领导节点的信息可以被拓扑图 g 中的一部分跟随着智能体节点观测到。

如果节点 i 可以观测到领导智能体的信息，则边 (o, i) 存在并且有一个加权增益 $g_i > 0$。该节点被称为一个牵引节点，牵引矩阵即为 $\boldsymbol{G} = \mathrm{diag}\{g_1, \cdots, g_N\}$。

8.4.1 领导-跟随情形全局最优一致性协议

领导-跟随多智能体一致性问题：所有跟随节点状态最终与领导智能体状态在均方条件下趋于一致，即当 $t \to \infty$ 时，$E\|\boldsymbol{x}_i - \boldsymbol{x}_0\|^2 \to 0, \forall i \in \mathbf{N}$。

领导-跟随多智能体系统全局最优一致性：设计一个基于局部信息的分布式协议 $\boldsymbol{u}_i(t)$，$\forall i \in \mathbf{N}$，使得所有跟随者的状态最终与领导的状态在均方条件下趋于一致，且同时优化如下某些全局二次性能指标，即使

$$E(J_0) = E\left[\int_0^{\infty} \left(\boldsymbol{X}^{\mathrm{T}}\boldsymbol{Q}\boldsymbol{X} + \boldsymbol{u}^{\mathrm{T}}\boldsymbol{R}\boldsymbol{u}\right)\mathrm{d}t\right] \tag{8.144}$$

达到最小。式中，$\boldsymbol{X} = (\boldsymbol{x}_1^{\mathrm{T}}, \cdots, \boldsymbol{x}_N^{\mathrm{T}})^{\mathrm{T}} \in \mathbf{R}^{nN}$ 为全局状态变量；$\boldsymbol{u} = (\boldsymbol{u}_1^{\mathrm{T}}, \cdots, \boldsymbol{u}_N^{\mathrm{T}})^{\mathrm{T}} \in \mathbf{R}^{mN}$ 为全局控制输入变量。

1. 领导-跟随多智能体全局动态模型

将式 (8.142) 中的 N 个跟随多智能体动态模型表达成紧凑形式，即

$$\mathrm{d}\boldsymbol{X} = [(\boldsymbol{I}_N \otimes \boldsymbol{A})\boldsymbol{X} + (\boldsymbol{I}_N \otimes \boldsymbol{B})\boldsymbol{u}]\mathrm{d}t + [(\boldsymbol{I}_N \otimes \boldsymbol{F})\boldsymbol{X}]\mathrm{d}\boldsymbol{W}(t) \tag{8.145}$$

式中，$\boldsymbol{X} = (\boldsymbol{x}_1^{\mathrm{T}}, \cdots, \boldsymbol{x}_N^{\mathrm{T}})^{\mathrm{T}} \in \mathbf{R}^{nN}$；$\boldsymbol{u} = (\boldsymbol{u}_1^{\mathrm{T}}, \cdots, \boldsymbol{u}_N^{\mathrm{T}})^{\mathrm{T}} \in \mathbf{R}^{mN}$。记 $\bar{\boldsymbol{A}} = \boldsymbol{I}_N \otimes \boldsymbol{A}$，$\bar{\boldsymbol{B}} = \boldsymbol{I}_N \otimes \boldsymbol{B}$，$\bar{\boldsymbol{F}} = \boldsymbol{I}_N \otimes \boldsymbol{F}$。

则式 (8.145) 进一步表示为

$$\mathrm{d}\boldsymbol{X} = (\bar{\boldsymbol{A}}\boldsymbol{X} + \bar{\boldsymbol{B}}\boldsymbol{u})\mathrm{d}t + (\bar{\boldsymbol{F}}\boldsymbol{X})\mathrm{d}\boldsymbol{W}(t) \tag{8.146}$$

2. 全局随机最优一致性协议

定义局部邻居误差为

$$\boldsymbol{\varepsilon}_i = \sum_{j \in N} a_{ij}(\boldsymbol{x}_i - \boldsymbol{x}_j) + g_i(\boldsymbol{x}_i - \boldsymbol{x}_0) \tag{8.147}$$

则全局邻居误差可表示为

$$\boldsymbol{\varepsilon} = ((\boldsymbol{L}+\boldsymbol{G})\otimes \boldsymbol{I}_n)\boldsymbol{\delta} \tag{8.148}$$

式中，$\boldsymbol{\delta} = \boldsymbol{X} - \boldsymbol{I}_n \otimes \boldsymbol{x}_0 \in \mathbf{R}^{nN}$ 是全局状态追踪误差；$\boldsymbol{\varepsilon} = [\boldsymbol{\varepsilon}_1^{\mathrm{T}}, \cdots, \boldsymbol{\varepsilon}_n^{\mathrm{T}}]^{\mathrm{T}}$。

本节考虑采用如下线性分布式控制协议：

$$\boldsymbol{u}_i = -c\boldsymbol{K}\boldsymbol{\varepsilon}_i \tag{8.149}$$

式中，标量 $c>0$ 为耦合增益；$\boldsymbol{K}$ 是控制增益矩阵。

分布式控制协议的全局形式可以表示为

$$\boldsymbol{u} = -c[(\boldsymbol{u}+\boldsymbol{G})\otimes \boldsymbol{K}]\boldsymbol{\delta} \tag{8.150}$$

式中，$\boldsymbol{G} = \mathrm{diag}\{g_1, g_2, \cdots, g_N\}$ 是牵引矩阵。

显然，当所有跟随状态与领导状态在均方条件下趋于一致性时，即当 $t\to\infty$ 时，$E\left(\|\boldsymbol{x}_i - \boldsymbol{x}_0\|^2\right)\to 0$，则 $E(\|\boldsymbol{\delta}\|^2)\to 0$。故只要设计关于全局状态跟踪误差 $\boldsymbol{\delta}$ 的分布式控制协议，使关于全局状态跟踪误差的闭环动态系统的均方渐近稳定即可。

对 $\boldsymbol{\delta} = \boldsymbol{X} - \boldsymbol{I}_N \otimes \boldsymbol{x}_0$ 求微分，将式 (8.143)、式 (8.145) 和式 (8.150) 代入 $\mathrm{d}\boldsymbol{\delta}$ 的表达式，化简得

$$\mathrm{d}\boldsymbol{\delta} = ((\tilde{\boldsymbol{A}} - c(\boldsymbol{L}+\boldsymbol{G})\otimes \boldsymbol{B}\boldsymbol{K}))\boldsymbol{\delta}\mathrm{d}t + (\boldsymbol{F}\boldsymbol{\delta})\mathrm{d}\boldsymbol{W}(t) \tag{8.151}$$

在给定最优分布式控制协议之间，需要对网络拓扑图作如下假设。

假设 8.1 拓扑 g 包含一个生成树且根节点 S_r 可以观测到领导节点的信息，即 $g_{r0}>0$。

假设 8.1 意味着拓扑图矩阵 $\boldsymbol{L}+\boldsymbol{G}$ 的所有特征值都有正实数。记 $\lambda_i(i\in\mathbf{N})$ 表示拓扑图矩阵 $\boldsymbol{L}+\boldsymbol{G}$ 的全体特征根，则有 $\lambda_i>0(i\in\mathbf{N})$。下面给出最优分布式控制协议定理。

定理 8.7 对于领导-跟随多智能体系统式 (8.142) 和式 (8.143)。若里卡蒂-Itô 矩阵不等式

$$\boldsymbol{A}^{\mathrm{T}}\boldsymbol{P} + \boldsymbol{P}\boldsymbol{A} - \boldsymbol{P}\boldsymbol{B}\boldsymbol{R}^{-1}\boldsymbol{B}^{\mathrm{T}}\boldsymbol{P} + r(\boldsymbol{E},\boldsymbol{P}) < 0 \tag{8.152}$$

存在对称正定解 $\boldsymbol{P}, \boldsymbol{P}>0$，且存在 $\boldsymbol{R}=\boldsymbol{R}^{\mathrm{T}}, \boldsymbol{R}>0$，反馈增益 $\bar{\boldsymbol{K}} = c[(\boldsymbol{L}+\boldsymbol{G})\otimes\boldsymbol{K}]$。若拓扑图 g 为无向连通网络，且耦合增益 c 满足下式：

$$c \geqslant \frac{1}{\min_{i\in\mathbf{N}}\{\lambda_i\}} \tag{8.153}$$

且 $\boldsymbol{K} = \boldsymbol{R}^{-1}\boldsymbol{B}^{\mathrm{T}}\boldsymbol{P}$，则分布式控制协议

$$\boldsymbol{u}_i = -c\boldsymbol{K}\boldsymbol{\varepsilon}_i = -c\boldsymbol{K}\left[\sum_{j\in\mathbf{N}} a_{ij}(\boldsymbol{x}_i - \boldsymbol{x}_j) + g_j(\boldsymbol{x}_j - \boldsymbol{x}_0)\right]$$

对于某些形如式 (8.144) 的全局二次型性能指标是最优的。

证明：由前面的分析可知，领导-跟随多智能体一致性问题可以转化为在分布式控制协议式（8.150）作用下，使闭环系统式 (8.151) 均方渐近稳定。而最优性问题转化为设计 $\boldsymbol{u}=-c((\boldsymbol{L}+\boldsymbol{G})\otimes\boldsymbol{K})\boldsymbol{\delta}$，使如下类型代价函数：

$$E\left(J_0\right)=E\left[\int_0^{\infty}\left(\boldsymbol{Q}\left(\boldsymbol{\delta}\right)+\boldsymbol{u}^{\mathrm{T}}\boldsymbol{R}\boldsymbol{u}\right)\mathrm{d}t\right] \tag{8.154}$$

达到最小。式中，$\boldsymbol{Q}(\boldsymbol{\delta})>0$；$\boldsymbol{R}=\boldsymbol{R}^{\mathrm{T}}$。

由于拓扑图 g 是无向图，故 $\boldsymbol{L}+\boldsymbol{G}$ 是对称的，从而存在正交矩阵 $\boldsymbol{U}$，使得

$$\boldsymbol{U}^{\mathrm{T}}(\boldsymbol{L}+\boldsymbol{G})\boldsymbol{U}=\boldsymbol{\Lambda} \tag{8.155}$$

为了证明分布式协议 $\boldsymbol{u}$ 的最优性，将 $\boldsymbol{u}=-c((\boldsymbol{L}+\boldsymbol{G})\otimes\boldsymbol{K})\boldsymbol{\delta}$ 表示为

$$\begin{aligned}\boldsymbol{u}&=-c((\boldsymbol{L}+\boldsymbol{G})\otimes\boldsymbol{K})\boldsymbol{\delta}\\&=-\{(\boldsymbol{I}_N\otimes\boldsymbol{R})^{-1}(\boldsymbol{I}_N\otimes\boldsymbol{B})^{\mathrm{T}}c((\boldsymbol{L}+\boldsymbol{G})\otimes\boldsymbol{P})\}\boldsymbol{\delta}\end{aligned} \tag{8.156}$$

记 $\bar{\boldsymbol{R}}=\boldsymbol{I}_N\otimes\boldsymbol{R}$，$\bar{\boldsymbol{P}}=c(\boldsymbol{L}+\boldsymbol{G})\otimes\boldsymbol{P}$，$\bar{\boldsymbol{B}}=\boldsymbol{I}_N\otimes\boldsymbol{B}$，则式 (8.156) 转化为

$$\boldsymbol{u}=-(\bar{\boldsymbol{R}}^{-1}\bar{\boldsymbol{B}}^{\mathrm{T}}\bar{\boldsymbol{P}})\boldsymbol{\delta} \tag{8.157}$$

记 $\bar{\boldsymbol{K}}=\bar{\boldsymbol{R}}^{-1}\bar{\boldsymbol{B}}^{\mathrm{T}}\bar{\boldsymbol{P}}$, 则

$$\boldsymbol{u}=-\bar{\boldsymbol{K}}\boldsymbol{\delta} \tag{8.158}$$

由于 $\boldsymbol{P}$ 为对称矩阵，从而不难得到 $(\boldsymbol{L}+\boldsymbol{G})\otimes\boldsymbol{P}$ 仍是一个对称正定矩阵。故选二次型 $V(\boldsymbol{\delta})=\boldsymbol{\delta}^{\mathrm{T}}[c(\boldsymbol{L}+\boldsymbol{G})\otimes\boldsymbol{P}]\boldsymbol{\delta}=\boldsymbol{\delta}^{\mathrm{T}}\bar{\boldsymbol{P}}\boldsymbol{\delta}$ 作为李雅普诺夫函数，并沿着 $\boldsymbol{u}=-\dfrac{1}{2}\bar{\boldsymbol{K}}\boldsymbol{\delta}$ 作用的闭环控制系统

$$\mathrm{d}\boldsymbol{\delta}=\left[\left(\bar{\boldsymbol{A}}-\frac{1}{2}\bar{\boldsymbol{B}}\bar{\boldsymbol{K}}\right)\boldsymbol{\delta}\right]\mathrm{d}t+(\bar{\boldsymbol{F}}\boldsymbol{\delta})\mathrm{d}\boldsymbol{W}(t) \tag{8.159}$$

关于时间 t 求弱微分算子，基于 Itô 微分公式，得

$$\begin{aligned}\mathscr{L}V(t,\boldsymbol{\delta}(t))|_{\boldsymbol{u}=-\frac{1}{2}\bar{\boldsymbol{K}}\boldsymbol{\delta}}=&-\boldsymbol{\delta}^{\mathrm{T}}\left[\left(\bar{\boldsymbol{A}}-\frac{1}{2}\bar{\boldsymbol{B}}\boldsymbol{K}\right)^{\mathrm{T}}\bar{\boldsymbol{P}}+\bar{\boldsymbol{P}}\left(\bar{\boldsymbol{A}}-\frac{1}{2}\bar{\boldsymbol{B}}\bar{\boldsymbol{K}}\right)+\bar{\boldsymbol{F}}^{\mathrm{T}}\bar{\boldsymbol{P}}\bar{\boldsymbol{F}}\right]\boldsymbol{\delta}\\=&c\boldsymbol{\delta}^{\mathrm{T}}\left[\boldsymbol{I}_N\otimes\boldsymbol{A}-\frac{c}{2}(\boldsymbol{L}+\boldsymbol{G})\otimes\boldsymbol{B}\boldsymbol{K}\right]^{\mathrm{T}}[(\boldsymbol{L}+\boldsymbol{G})\otimes\boldsymbol{P}]\boldsymbol{\delta}\\&+c\boldsymbol{\delta}^{\mathrm{T}}[(\boldsymbol{L}+\boldsymbol{G})\otimes\boldsymbol{P}]\left[\boldsymbol{I}_N\otimes\boldsymbol{A}-\frac{c}{2}(\boldsymbol{C}+\boldsymbol{G}\otimes\boldsymbol{B}\boldsymbol{K})\right]\boldsymbol{\delta}\\&+c\boldsymbol{\delta}[(\boldsymbol{L}+\boldsymbol{G})\otimes\boldsymbol{F}^{\mathrm{T}}\boldsymbol{P}\boldsymbol{F}]\boldsymbol{\delta}\\=&c\boldsymbol{\delta}^{\mathrm{T}}(\boldsymbol{U}\otimes\boldsymbol{I}_N)^{\mathrm{T}}\left\{\left[\boldsymbol{\Lambda}\otimes\boldsymbol{A}^{\mathrm{T}}\boldsymbol{P}-\frac{c}{2}\boldsymbol{\Lambda}^2\otimes\boldsymbol{K}^{\mathrm{T}}\boldsymbol{B}^{\mathrm{T}}\boldsymbol{P}\right]\right.\\&\left.+\left[\boldsymbol{\Lambda}\otimes\boldsymbol{P}\boldsymbol{A}-\frac{c}{2}\boldsymbol{\Lambda}^2\otimes(\boldsymbol{P}\boldsymbol{B}\boldsymbol{K})\right]\right\}(\boldsymbol{U}\otimes\boldsymbol{I}_N)\,\boldsymbol{\delta}\end{aligned}$$

$$
\begin{aligned}
&+c\boldsymbol{\delta}^{\mathrm{T}}(\boldsymbol{U}\otimes\boldsymbol{I}_N)^{\mathrm{T}}\left(\boldsymbol{\Lambda}\otimes\boldsymbol{F}^{\mathrm{T}}\boldsymbol{P}\boldsymbol{F}\right)(\boldsymbol{U}\otimes\boldsymbol{I}_N)\boldsymbol{\delta}\\
=&c\delta^{\mathrm{T}}(\boldsymbol{U}\otimes\boldsymbol{I}_N)^{\mathrm{T}}\Big[\boldsymbol{\Lambda}\otimes\boldsymbol{A}^{\mathrm{T}}\boldsymbol{P}+\boldsymbol{\Lambda}\otimes\boldsymbol{P}\boldsymbol{A}\\
&-c\boldsymbol{\Lambda}^2\boldsymbol{P}\boldsymbol{B}\boldsymbol{R}^{-1}\boldsymbol{B}^{\mathrm{T}}\boldsymbol{P}+\boldsymbol{\Lambda}\otimes\boldsymbol{F}^{\mathrm{T}}\boldsymbol{P}\boldsymbol{F}\Big](\boldsymbol{U}\otimes\boldsymbol{I}_N)\boldsymbol{\delta}\\
=&c\boldsymbol{\delta}^{\mathrm{T}}(\boldsymbol{U}\otimes\boldsymbol{I}_N)^{\mathrm{T}}\mathrm{diag}\left\{\tilde{\boldsymbol{P}}_1,\tilde{\boldsymbol{P}}_2,\cdots,\tilde{\boldsymbol{P}}_N\right\}(\boldsymbol{U}\otimes\boldsymbol{I}_N)\,\boldsymbol{\delta}
\end{aligned}\tag{8.160}
$$

显然，当 $c\geqslant 1/\min\{\lambda_i,i\in\mathbf{N}\}$ 时，有 $c\lambda_i>0,\forall i=(1,2,\cdots,N)$，从而得

$$
\begin{aligned}
&\boldsymbol{A}^{\mathrm{T}}\boldsymbol{P}+\boldsymbol{P}\boldsymbol{A}-c\lambda_i\boldsymbol{P}\boldsymbol{B}\boldsymbol{R}^{-1}\boldsymbol{B}\boldsymbol{P}+\boldsymbol{F}^{\mathrm{T}}\boldsymbol{P}\boldsymbol{F}\\
\leqslant&\boldsymbol{A}^{\mathrm{T}}\boldsymbol{P}+\boldsymbol{P}\boldsymbol{A}-\boldsymbol{P}\boldsymbol{B}\boldsymbol{R}^{-1}\boldsymbol{B}\boldsymbol{P}+\boldsymbol{F}^{\mathrm{T}}\boldsymbol{P}\boldsymbol{F}<\mathbf{0}
\end{aligned}\tag{8.161}
$$

故 $\tilde{\boldsymbol{P}}_i<0(i=1,2,\cdots,N)$，进一步有 $\mathrm{diag}\{\tilde{\boldsymbol{P}}_1,\tilde{\boldsymbol{P}}_2,\cdots,\tilde{\boldsymbol{P}}_N\}<\mathbf{0}$，则有

$$
E[\mathscr{L}V(t,\boldsymbol{\delta}(t))]|_{\boldsymbol{u}=-\frac{1}{2}\boldsymbol{K}\boldsymbol{\delta}}=E[c\boldsymbol{\delta}^{\mathrm{T}}(\boldsymbol{U}\otimes\boldsymbol{I}_N)^{\mathrm{T}}\mathrm{diag}\{\tilde{\boldsymbol{P}}_1,\tilde{\boldsymbol{P}}_2,\cdots,\tilde{\boldsymbol{P}}_N\}(\boldsymbol{U}\otimes\boldsymbol{I}_N)\boldsymbol{\delta}]<0
$$

因此，$\boldsymbol{u}=-c[(\boldsymbol{L}+\boldsymbol{G})\otimes\boldsymbol{K}]\boldsymbol{\delta}$ 使 $E(J_0)$ 达到最小值，且使所构成的闭环系统式 (8.151) 均方渐近稳定，从而进一步说明上述分布式控制协议不但使某些类似式 (8.154) 的二次型代价函数达到最小，而且使领导-跟随多智能体状态在均方收敛意义下达到一致。证毕。

注解 8.4 $J(\boldsymbol{\delta}_0)=E\left\{\int_0^{\infty}\left[\boldsymbol{\delta}^{\mathrm{T}}\bar{Q}\boldsymbol{\delta}+\boldsymbol{u}^{\mathrm{T}}(\boldsymbol{I}_N\otimes\boldsymbol{R})\,\boldsymbol{u}\right]\mathrm{d}t\right\}$ 就是定理 8.7 的一个被优化的全局性性能指标。式中

$$
\begin{aligned}
-\bar{\boldsymbol{Q}}=&[\boldsymbol{I}_N\otimes\boldsymbol{A}-c(\boldsymbol{L}+\boldsymbol{G})\otimes\boldsymbol{B}\boldsymbol{K}]^{\mathrm{T}}[c(\boldsymbol{L}+\boldsymbol{G})\otimes\boldsymbol{P}]\\
&+[c(\boldsymbol{L}+\boldsymbol{G})\otimes\boldsymbol{P}][\boldsymbol{I}_N\otimes\boldsymbol{A}-c(\boldsymbol{L}+\boldsymbol{G})\otimes\boldsymbol{B}\boldsymbol{K}]\\
&+(\boldsymbol{I}_N\otimes\boldsymbol{F})^{\mathrm{T}}[c(\boldsymbol{L}+\boldsymbol{G})\otimes\boldsymbol{P}](\boldsymbol{I}_N\otimes\boldsymbol{F})
\end{aligned}
$$

由于 $\bar{\boldsymbol{Q}}$ 可以表示为

$$
\begin{aligned}
-\bar{\boldsymbol{Q}}=&\left[\boldsymbol{I}_N\otimes\boldsymbol{A}-\frac{c}{2}(\boldsymbol{L}+\boldsymbol{G})\otimes\boldsymbol{B}\boldsymbol{K}\right]^{\mathrm{T}}[c(\boldsymbol{L}+\boldsymbol{G})\otimes\boldsymbol{P}]\\
&+[c(\boldsymbol{L}+\boldsymbol{G})\otimes\boldsymbol{P}]\left[\boldsymbol{I}_N\otimes\boldsymbol{A}-\frac{c}{2}(\boldsymbol{L}+\boldsymbol{G})\otimes\boldsymbol{B}\boldsymbol{K}\right]\\
&+(\boldsymbol{I}_N\otimes\boldsymbol{F})^{\mathrm{T}}[c(\boldsymbol{L}+\boldsymbol{G})\otimes\boldsymbol{P}](\boldsymbol{I}_N\otimes\boldsymbol{F})-c^2(\boldsymbol{L}+\boldsymbol{G})^2\otimes\left(\boldsymbol{P}\boldsymbol{B}\boldsymbol{R}^{-1}\boldsymbol{B}\boldsymbol{K}\right)\\
=&c(\boldsymbol{U}\otimes\boldsymbol{I}_n)^{\mathrm{T}}\mathrm{diag}\left\{\tilde{\boldsymbol{P}}_1,\tilde{\boldsymbol{P}}_2,\cdots,\tilde{\boldsymbol{P}}_N\right\}(\boldsymbol{U}\otimes\boldsymbol{I}_n)-c^2(\boldsymbol{L}+\boldsymbol{G})^2\otimes\left(\boldsymbol{P}\boldsymbol{B}\boldsymbol{R}^{-1}\boldsymbol{B}\boldsymbol{K}\right)
\end{aligned}
$$

当 $c\geqslant 1/\min\{\lambda_i,i\in\mathbf{N}\}$ 时，由定理 8.7 证明可知

$$
c(\boldsymbol{U}\otimes\boldsymbol{I}_n)^{\mathrm{T}}\mathrm{diag}\left\{\tilde{\boldsymbol{P}}_1,\tilde{\boldsymbol{P}}_2,\cdots,\tilde{\boldsymbol{P}}_N\right\}(\boldsymbol{U}\otimes\boldsymbol{I}_n)<0
$$

又因为 $-c^2(\boldsymbol{L}+\boldsymbol{G})^2\otimes(\boldsymbol{P}\boldsymbol{B}\boldsymbol{R}^{-1}\boldsymbol{B}\boldsymbol{K})<0$，故 $-\bar{\boldsymbol{Q}}<0$，从而 $\bar{\boldsymbol{Q}}>0$。

注解 8.5 耦合增益 c 只依赖于图矩阵的最小特征根。

注解 8.6 二次型代价函数中矩阵 $\bar{Q}$ 与拓扑图矩阵 $L+G$ 密切相关，因此所给出的性能指标是与图的拓扑结构耦合在一起的。这类指标被称为是交互关联的 (interaction-related)。

定理 8.8 对于领导-跟随多智能体系统式 (8.142) 和式 (8.143)，若里卡蒂-Itô 矩阵不等式 (8.152) 存在对称正定解 $P>0$，且存在 $R+R^{\mathrm{T}}>0$，反馈增益 $\bar{K}=c[(L+G)\otimes K]$，$K=R^{-1}B^{\mathrm{T}}P$，若拓扑图 g 满足假设 8.1，且 $L+G$ 可对角化及其特征根全为实数。如果耦合增益 c 满足式 (8.153)，则分布式控制协议 $u=-cK\varepsilon$ 对于某些形如式 (8.144) 的全局二次性能指标是最优的。

证明：由于 $L+G$ 可对角化，故存在非奇异矩阵 T，使得 $T^{-1}(L+G)T=\tilde{\Lambda}$，其中 $\tilde{\Lambda}=\mathrm{diag}\left(\tilde{\lambda}_1,\tilde{\lambda}_2,\cdots,\tilde{\lambda}_N\right)$。由假设 8.1 可知，$L+G$ 的所有特征根 $\tilde{\lambda}_1,\tilde{\lambda}_2,\cdots,\tilde{\lambda}_N$ 具有正实部。根据定理假设条件，其所有的特征根为实数，从而 $\tilde{\lambda}_i>0(i\in\mathbf{N})$。构造如下的李雅普诺夫函数，$V(\delta)=\delta^{\mathrm{T}}\left[c\left(T^{\mathrm{T}}\Lambda^2T\right)\otimes P\right]\delta$，则余下的证明可以仿照定理 8.1 的证明过程，略去。证毕。

注解 8.7 $J(\delta)=E\left\{\int_0^{\infty}\left[\delta^{\mathrm{T}}\bar{Q}\delta+u^{\mathrm{T}}(I_N\otimes R)u\right]\mathrm{d}t\right\}$ 就是定理 8.8 的一个被优化的全局性能指标，其中

$$
\begin{aligned}
-\bar{Q}=&[T_N\otimes A-c(L+G)\otimes BK]^{\mathrm{T}}\left[c\left(T^{\mathrm{T}}\Lambda^2T\right)\otimes P\right]\\
&+\left[c\left(T^{\mathrm{T}}\Lambda^2T\right)\otimes P\right][T_N\otimes A-c(L+G)\otimes BK]\\
&+(T_N\otimes F)^{\mathrm{T}}\left[c\left(T^{\mathrm{T}}\Lambda^2T\right)\otimes P\right](T_N\otimes F)
\end{aligned}
$$

类似注解 8.4 的分析，得 $\bar{Q}>0$。从而 $J(\delta_0)$ 为某型二次型性能指标。

8.4.2 无领导情形全局最优一致性协议

无领导多智能体一致性问题：所有节点状态在均方条件下趋于一致，即当 $t\to\infty$，$E(\|x_i-x_j\|^2)\to 0$，$\forall i,j\in\mathbf{N}$。

无领导多智能体全局最优一致性问题：设计一个基于局部信息的分布式协议 $u_i(t)$，$\forall i\in\mathbf{N}$，使得所有节点的状态在均方收敛意义下趋于一致，且同时优化某些全局二次型性能指标式 (8.144)，即使式 (8.144) 达到最小。

首先，定义局部邻居误差为

$$
\varepsilon_i=\sum_{j\in N}a_{ij}(x_i-x_j),\forall i\in\mathbf{N} \tag{8.162}
$$

则全局邻居误差为

$$
\varepsilon=(L\otimes I_n)X \tag{8.163}
$$

考虑如下形式的线性分布式协议：

$$
u_i=-cK\varepsilon_i,\forall i\in\mathbf{N} \tag{8.164}
$$

式中，$c>0$ 为耦合增益；$\boldsymbol{K}$ 为控制增益矩阵。

则全局分布式控制协议为

$$\boldsymbol{u}=-c(\boldsymbol{L}\otimes\boldsymbol{K})\boldsymbol{X} \tag{8.165}$$

将式 (8.165) 代入式 (8.166) 中，得全局闭环随机系统为

$$\mathrm{d}\boldsymbol{X}=[\bar{\boldsymbol{A}}-c\bar{\boldsymbol{B}}(\boldsymbol{L}\otimes\boldsymbol{K})]\mathrm{d}t+(\bar{\boldsymbol{F}}X)\mathrm{d}\boldsymbol{W} \tag{8.166}$$

假设 8.2 假设拓扑图 g 为连通无向图。

在假设 8.2 条件下，$\mu=0$ 是拉普拉斯矩阵 $\boldsymbol{L}$ 的单重根，其余为 $N-1$ 个特征值都是正实数，即 $\mu_i>0(i=2,\cdots,N)$。由于 $\boldsymbol{L}$ 是对称的，从而存在一个正交矩阵 $\boldsymbol{U}$，使

$$\boldsymbol{U}^{\mathrm{T}}\boldsymbol{L}\boldsymbol{U}=\boldsymbol{\varPi}=\mathrm{diag}\{0,\mu_2,\cdots,\mu_N\} \tag{8.167}$$

下面给出最优分布式控制协议的定理。

定理 8.9 对于无领导多智能体系统式 (8.142)，若里卡蒂-Itô 矩阵不等式 (8.152) 存在对称正定解 $\boldsymbol{P},\boldsymbol{P}>0$，且存在 $\boldsymbol{R}=\boldsymbol{R}^{\mathrm{T}},\boldsymbol{R}>0$，反馈增益 $\bar{\boldsymbol{K}}=c(\boldsymbol{L}\otimes\boldsymbol{K})$，$\boldsymbol{K}=\boldsymbol{R}^{-1}\boldsymbol{B}^{\mathrm{T}}\boldsymbol{P}$，如果拓扑图 g 满足假设 8.2，且耦合增益 c 满足下式

$$c\geqslant\frac{1}{\min\limits_{i=2,\cdots,N}\{\mu_i\}} \tag{8.168}$$

则分布式协议 $\boldsymbol{u}_i=-c\boldsymbol{K}\varepsilon_i=-c\boldsymbol{K}\sum\limits_{j\in\mathbf{N}}a_{ij}\left(\boldsymbol{x}_i-\boldsymbol{x}_j\right)$ 对于某些形如式 (8.144) 的全局二次型性能指标是最优的。

证明： 首先，将 $\boldsymbol{u}=-c(\boldsymbol{L}\otimes\boldsymbol{K})\boldsymbol{X}$ 表示为

$$\boldsymbol{u}=-c(\boldsymbol{L}\otimes\boldsymbol{K})\boldsymbol{X}=-\left\{(\boldsymbol{I}_N\otimes\boldsymbol{R})^{-1}(\boldsymbol{I}_N\otimes\boldsymbol{B})^{\mathrm{T}}[c(\boldsymbol{L}\otimes\boldsymbol{P})]\right\}\boldsymbol{X} \tag{8.169}$$

记 $\bar{\boldsymbol{R}}=\boldsymbol{I}_N\otimes\boldsymbol{R}$，$\bar{\boldsymbol{B}}=\boldsymbol{I}_N\otimes\boldsymbol{B}$，$\bar{\boldsymbol{P}}=c(\boldsymbol{L}\otimes\boldsymbol{P})$，故式 (8.169) 可转化为

$$\boldsymbol{u}=-c(\bar{\boldsymbol{K}}^{-1}\bar{\boldsymbol{B}}^{\mathrm{T}}\bar{\boldsymbol{P}})\boldsymbol{X}=-\bar{\boldsymbol{K}}\boldsymbol{X} \tag{8.170}$$

式中，$\bar{\boldsymbol{K}}=\bar{\boldsymbol{R}}^{-1}\bar{\boldsymbol{B}}^{\mathrm{T}}\bar{\boldsymbol{P}}$。

由于 $\boldsymbol{P}$ 为对称矩阵，不难证明 $\boldsymbol{L}\otimes\boldsymbol{P}$ 仍然是一个对称矩阵。故选二次型 $V(\boldsymbol{X})=\boldsymbol{X}^{\mathrm{T}}(c(\boldsymbol{L}\otimes\boldsymbol{P}))\boldsymbol{X}=\boldsymbol{X}^{\mathrm{T}}\bar{\boldsymbol{P}}\boldsymbol{X}$ 作为李雅普诺夫函数，并沿着 $\boldsymbol{u}=-\dfrac{1}{2}\bar{\boldsymbol{K}}\boldsymbol{X}$ 作用的闭环控制系统

$$\mathrm{d}\boldsymbol{X}=\left(\bar{\boldsymbol{A}}-\frac{1}{2}\bar{\boldsymbol{B}}\bar{\boldsymbol{K}}\right)\mathrm{d}t+(\bar{\boldsymbol{F}}\boldsymbol{X})\mathrm{d}\boldsymbol{W} \tag{8.171}$$

关于时间 t 求随机导数，基于 Itô 微分公式，得

$$\mathscr{L}V(t,\boldsymbol{X})|_{\boldsymbol{u}=-\frac{1}{2}\bar{\boldsymbol{K}}\boldsymbol{X}}$$

$$
\begin{aligned}
&=c\boldsymbol{X}^{\mathrm{T}}\left\{\left[\boldsymbol{I}_N\otimes\boldsymbol{A}-\frac{c}{2}\boldsymbol{L}\otimes\boldsymbol{K}\right]\right\}^{\mathrm{T}}(\boldsymbol{L}\otimes\boldsymbol{P})\boldsymbol{X}\\
&\quad+c\boldsymbol{X}^{\mathrm{T}}(\boldsymbol{L}\otimes\boldsymbol{P})\left\{\left[\boldsymbol{I}_N\otimes\boldsymbol{A}-\frac{c}{2}\boldsymbol{L}\otimes(\boldsymbol{B}\boldsymbol{K})\right]\right\}\boldsymbol{X}+\boldsymbol{X}^{\mathrm{T}}\left(\bar{\boldsymbol{F}}^{\mathrm{T}}\bar{\boldsymbol{P}}\bar{\boldsymbol{F}}\right)\boldsymbol{X}\\
&=c\boldsymbol{X}^{\mathrm{T}}(\boldsymbol{U}\otimes\boldsymbol{I}_N)^{\mathrm{T}}\left\{\left[\boldsymbol{\Lambda}\otimes\boldsymbol{A}^{\mathrm{T}}\boldsymbol{P}-\frac{c}{2}\boldsymbol{\Lambda}^2\otimes\left(\boldsymbol{K}^{\mathrm{T}}\boldsymbol{B}^{\mathrm{T}}\boldsymbol{P}\right)\right]\right.\\
&\quad\left.+\left[\boldsymbol{\Lambda}\otimes\boldsymbol{A}^{\mathrm{T}}\boldsymbol{P}-\frac{c}{2}\boldsymbol{\Lambda}^2\otimes(\boldsymbol{P}\boldsymbol{B}\boldsymbol{K})\right]\right\}\\
&\quad+\boldsymbol{X}^{\mathrm{T}}(\boldsymbol{I}_N\otimes\boldsymbol{F})^{\mathrm{T}}\left[c(\boldsymbol{U}\boldsymbol{\Lambda}\boldsymbol{U})^{\mathrm{T}}\otimes\boldsymbol{P}\right](\boldsymbol{I}_N\otimes\boldsymbol{F})\boldsymbol{X}\\
&=c\boldsymbol{X}^{\mathrm{T}}(\boldsymbol{U}\otimes\boldsymbol{I}_N)^{\mathrm{T}}\{[\boldsymbol{\Lambda}\otimes\left(\boldsymbol{A}^{\mathrm{T}}\boldsymbol{P}\right)+\boldsymbol{\Lambda}\otimes(\boldsymbol{P}\boldsymbol{A})+\boldsymbol{\Lambda}\otimes\left(\boldsymbol{F}^{\mathrm{T}}\boldsymbol{P}\boldsymbol{F}\right)\\
&\quad-c\boldsymbol{\Lambda}^2(\boldsymbol{P}\boldsymbol{B}\boldsymbol{R}^{-1}\boldsymbol{B}^{\mathrm{T}}\boldsymbol{P})]\}(\boldsymbol{U}\otimes\boldsymbol{I}_N)\boldsymbol{X}\\
&=c\boldsymbol{X}^{\mathrm{T}}(\boldsymbol{U}\otimes\boldsymbol{I}_N)^{\mathrm{T}}\mathrm{diag}\{W_1,\cdots,W_N\}(\boldsymbol{U}\otimes\boldsymbol{I}_N)\boldsymbol{X}
\end{aligned}\tag{8.172}
$$

式中，$\boldsymbol{W}_1=\boldsymbol{0}$，$\boldsymbol{W}_i=\mu_i(\boldsymbol{A}^{\mathrm{T}}\boldsymbol{P}+\boldsymbol{P}\boldsymbol{A}-c\mu_i\boldsymbol{P}\boldsymbol{B}\boldsymbol{R}^{-1}\boldsymbol{B}^{\mathrm{T}}\boldsymbol{P}+\boldsymbol{F}^{\mathrm{T}}\boldsymbol{P}\boldsymbol{F})(i=2,\cdots,N)$。

当 $c\geqslant\dfrac{1}{\min_{i=2,\cdots,N}\{\mu_i\}}$ 时，$c\mu>1,\forall i=2,\cdots,N$，从而有

$$
\boldsymbol{A}^{\mathrm{T}}\boldsymbol{P}+\boldsymbol{P}\boldsymbol{A}-c\mu_i\boldsymbol{P}\boldsymbol{B}\boldsymbol{R}^{-1}\boldsymbol{B}^{\mathrm{T}}\boldsymbol{P}+\boldsymbol{F}^{\mathrm{T}}\boldsymbol{P}\boldsymbol{F}<\boldsymbol{A}^{\mathrm{T}}\boldsymbol{P}+\boldsymbol{P}\boldsymbol{A}-\boldsymbol{P}\boldsymbol{B}\boldsymbol{R}^{-1}\boldsymbol{B}^{\mathrm{T}}\boldsymbol{P}+\boldsymbol{F}^{\mathrm{T}}\boldsymbol{P}\boldsymbol{F}
$$

而 $\boldsymbol{P}$ 为

$$
\boldsymbol{A}^{\mathrm{T}}\boldsymbol{P}+\boldsymbol{P}\boldsymbol{A}-\boldsymbol{P}\boldsymbol{B}\boldsymbol{R}^{-1}\boldsymbol{B}^{\mathrm{T}}\boldsymbol{P}+\boldsymbol{F}^{\mathrm{T}}\boldsymbol{P}\boldsymbol{F}<\boldsymbol{0}
$$

的对称正定解，从而有

$$
\boldsymbol{A}^{\mathrm{T}}\boldsymbol{P}+\boldsymbol{P}\boldsymbol{A}-c\mu_i\boldsymbol{P}\boldsymbol{B}\boldsymbol{R}^{-1}\boldsymbol{B}^{\mathrm{T}}\boldsymbol{P}+\boldsymbol{F}^{\mathrm{T}}\boldsymbol{P}\boldsymbol{F}<\boldsymbol{0}\qquad(\forall i=2,\cdots,N)
$$

故 $\boldsymbol{W}_i<\boldsymbol{0}(\forall i=2,\cdots,N)$。从而有 $\left[\mathscr{L}V(t,\boldsymbol{X})\Big|_{\boldsymbol{u}=-\frac{1}{2}\bar{\boldsymbol{K}}\boldsymbol{X}}\right]\leqslant 0$，即

$$
[E(V)]'=E\left\{[\mathscr{L}V(t,\boldsymbol{X})]\Big|_{\boldsymbol{u}=-\frac{1}{2}\bar{\boldsymbol{K}}\boldsymbol{X}}\right\}\leqslant 0\tag{8.173}
$$

故 $\boldsymbol{u}=-\bar{\boldsymbol{K}}\boldsymbol{X}$ 关于代价函数 $J(\boldsymbol{X}_0)$ 是最优的，且所构成的闭环系统均方渐近稳定到 $\bar{\boldsymbol{P}}$ 的均方稳定域内。

下面证明 $\bar{\boldsymbol{P}}$ 的均方稳定域为 $\mathrm{span}\{\boldsymbol{I}_N\otimes\boldsymbol{\eta}\}$，即 $\left\{\boldsymbol{X}|E(\|\bar{\boldsymbol{P}}\boldsymbol{X}\|^2)=0\right\}=\mathrm{span}\{\boldsymbol{I}_N\otimes\boldsymbol{\eta}\}$。

首先证明对 $\forall\boldsymbol{X}\in\{\boldsymbol{X}|E(\|\bar{\boldsymbol{P}}\boldsymbol{X}\|^2)=0\}$，有

$$
\left(\boldsymbol{U}^{\mathrm{T}}\otimes\boldsymbol{I}_n\right)\boldsymbol{X}=\begin{bmatrix}1\\0\\\vdots\\0\end{bmatrix}\otimes\boldsymbol{\xi}\tag{8.174}
$$

式中，$\boldsymbol{\xi}\in\mathbf{R}^n$。

对于 $\forall\boldsymbol{X}\in\{\boldsymbol{X}|E(\|\bar{\boldsymbol{P}}\boldsymbol{X}\|^2)=\boldsymbol{0}\}$，有

$$
\left\|\bar{\boldsymbol{P}}\boldsymbol{X}\right\|^2=\boldsymbol{X}^{\mathrm{T}}\bar{\boldsymbol{P}}\bar{\boldsymbol{P}}\boldsymbol{X}
$$

$$
\begin{aligned}
&= \boldsymbol{X}^{\mathrm{T}} (\boldsymbol{L} \otimes \boldsymbol{P}) (\boldsymbol{L} \otimes \boldsymbol{P}) \boldsymbol{X} \\
&= \boldsymbol{X}^{\mathrm{T}} \left(\boldsymbol{U}\boldsymbol{\Pi}^2\boldsymbol{U}^{\mathrm{T}} \otimes \boldsymbol{P}^2\right) \boldsymbol{X} \\
&= \left[\left(\boldsymbol{U}^{\mathrm{T}} \otimes \boldsymbol{I}_n\right) \boldsymbol{X}\right]^{\mathrm{T}} \left(\boldsymbol{\Pi}^2 \otimes \boldsymbol{P}^2\right) \left[\left(\boldsymbol{U}^{\mathrm{T}} \otimes \boldsymbol{I}_n\right) \boldsymbol{X}\right] \\
&= \left[\left(\boldsymbol{U}^{\mathrm{T}} \otimes \boldsymbol{I}_n\right) \boldsymbol{X}\right]^{\mathrm{T}} \mathrm{diag}\left\{0, {u_2}^2\boldsymbol{P}^2, \cdots, {u_N}^2\boldsymbol{P}^2\right\} \left[\left(\boldsymbol{U}^{\mathrm{T}} \otimes \boldsymbol{I}_n\right) \boldsymbol{X}\right]
\end{aligned} \tag{8.175}
$$

记 $\left(\boldsymbol{U}^{\mathrm{T}} \otimes \boldsymbol{I}_n\right) \boldsymbol{X} = \begin{bmatrix} \xi_1 \\ \xi_2 \\ \vdots \\ \xi_N \end{bmatrix}$，$\xi_i(i=1,\cdots,N) \in \mathbf{R}^n$，则 $\|\bar{\boldsymbol{P}}\boldsymbol{X}\|^2 = \sum\limits_{i=2}^{N} \mu_i^2 \boldsymbol{\xi}_i^{\mathrm{T}} \boldsymbol{P}^2 \boldsymbol{\xi}_i^{\mathrm{T}}$。

由于 $\|\bar{\boldsymbol{P}}\boldsymbol{X}\|^2 \geqslant 0$，因此 $E(\|\bar{\boldsymbol{P}}^2\boldsymbol{X}\|^2) = \mathbf{0} \Leftrightarrow \|\bar{\boldsymbol{P}}\boldsymbol{X}\|^2 = 0$。

如果 $\|\bar{\boldsymbol{P}}\boldsymbol{X}\|^2 = 0$，即 $\sum\limits_{i=2}^{N} {\mu_i}^2 {\boldsymbol{\xi}_i}^{\mathrm{T}} \boldsymbol{P}^2 {\boldsymbol{\xi}_i}^{\mathrm{T}}$，由于 $\boldsymbol{P} > \mathbf{0}$，故 $\boldsymbol{\xi}_i = 0(i=2,\cdots,N)$。则有

$$
\left(\boldsymbol{U}^{\mathrm{T}} \otimes \boldsymbol{I}_n\right) \boldsymbol{X} = \begin{bmatrix} \boldsymbol{\xi}_1 \\ \mathbf{0} \\ \vdots \\ \mathbf{0} \end{bmatrix} = \begin{bmatrix} 1 \\ 0 \\ \vdots \\ 0 \end{bmatrix} \otimes \boldsymbol{\xi}_1, \boldsymbol{\xi}_1 \in R^n \tag{8.176}
$$

$$
\begin{aligned}
(\boldsymbol{L} \otimes \boldsymbol{P}) \boldsymbol{X} &= c\left(\boldsymbol{U}^{\mathrm{T}} \otimes \boldsymbol{I}_n\right)^{\mathrm{T}} (\boldsymbol{\Pi} \otimes \boldsymbol{P}) \left(\boldsymbol{U}^{\mathrm{T}} \otimes \boldsymbol{I}_n\right) \boldsymbol{X} \\
&= c\left(\boldsymbol{U}^{\mathrm{T}} \otimes \boldsymbol{I}_n\right)^{\mathrm{T}} (\boldsymbol{\Pi} \otimes \boldsymbol{P}) \begin{bmatrix} 1 \\ 0 \\ \vdots \\ 0 \end{bmatrix} \boldsymbol{\xi}_1 \\
&= c\left(\boldsymbol{U}^{\mathrm{T}} \otimes \boldsymbol{I}_n\right)^{\mathrm{T}} \begin{bmatrix} \mathbf{0} & & & \\ & u_2\boldsymbol{P} & & \\ & & \ddots & \\ & & & u_N\boldsymbol{P} \end{bmatrix} \begin{bmatrix} 1 \\ 0 \\ \vdots \\ 0 \end{bmatrix} \boldsymbol{\xi}_1 \\
&= \mathbf{0}
\end{aligned} \tag{8.177}
$$

故 $\boldsymbol{X} \in \mathrm{Ker}(\boldsymbol{L} \otimes \boldsymbol{P}) = \mathrm{Ker}(\bar{\boldsymbol{P}})$。

反之，若 $\boldsymbol{X} \in \mathrm{Ker}(\boldsymbol{L} \otimes \boldsymbol{P})$，即 $\bar{\boldsymbol{P}}\boldsymbol{X} = \mathbf{0}$，从而 $E(\|\bar{\boldsymbol{P}}\boldsymbol{X}\|^2) = 0$，故得 $\boldsymbol{X} \in \{\boldsymbol{X}|E(\|\bar{\boldsymbol{P}}\boldsymbol{X}\|^2) = 0\}$，即 $\mathrm{Ker}(\bar{\boldsymbol{P}}) = \{\boldsymbol{X}|E(\|\bar{\boldsymbol{P}}\boldsymbol{X}\|^2) = 0\}$。

而

$$
\mathrm{Ker}(\bar{\boldsymbol{P}}) = \mathrm{Ker}(\boldsymbol{L} \otimes \boldsymbol{P}) = \mathrm{Ker}(\boldsymbol{L} \otimes \boldsymbol{I}_n) = \mathrm{span}\{\boldsymbol{I}_n \otimes \boldsymbol{\eta}\}
$$

从而 $\{\boldsymbol{X}|E(\|\bar{\boldsymbol{P}}\boldsymbol{X}\|^2) = 0\} = \mathrm{span}\{\boldsymbol{I}_n \otimes \boldsymbol{\eta}\}$。

故当 $\boldsymbol{u}=-\bar{\boldsymbol{K}}\boldsymbol{X}$ 使闭环系统均方渐近稳定到 $\bar{\boldsymbol{P}}$ 的均方稳定域上，即 $\lim\limits_{t\to\infty} E(\|\boldsymbol{X}-\boldsymbol{I}_N\otimes\boldsymbol{\eta}\|)\to 0$。

从而 $\lim\limits_{t\to\infty} E(\|\boldsymbol{x}_i-\boldsymbol{\eta}\|)\to 0(i=1,\cdots,N)$，即所有节点的状态 $\boldsymbol{X}_i$ 在均方意义下趋于某个状态 $\boldsymbol{\eta}$，即在均方意义下达到一致性。证毕。

注解 8.8 $J(\delta_0)=E\left[\int_0^\infty \left(\boldsymbol{X}^{\mathrm{T}}\tilde{\boldsymbol{Q}}\boldsymbol{X}+\boldsymbol{u}^{\mathrm{T}}(\boldsymbol{I}_n\otimes\boldsymbol{R})\boldsymbol{u}\right)\mathrm{d}t\right.$ 就是定理 8.9 的一个被优化的全局性能指标。其中

$$
\begin{aligned}
-\bar{\boldsymbol{Q}}=&(\boldsymbol{I}_N\otimes\boldsymbol{A}-c\boldsymbol{L}\otimes\boldsymbol{BK})^{\mathrm{T}}(c\boldsymbol{L}\otimes\boldsymbol{P})+(c\boldsymbol{L}\otimes\boldsymbol{P})(\boldsymbol{I}_N\otimes\boldsymbol{A}-c\boldsymbol{L}\otimes\boldsymbol{BK})\\
&+(\boldsymbol{I}_N\otimes\boldsymbol{F})^{\mathrm{T}}(c\boldsymbol{L}\otimes\boldsymbol{P})(\boldsymbol{I}_N\otimes\boldsymbol{F})
\end{aligned}
$$

类似于注解 8.4 的说明，$\|\bar{\boldsymbol{Q}}\|>0$。

注解 8.9 耦合增益 c 只依赖于图矩阵的最小非零特征根。

注解 8.10 二次型代价函数中矩阵 $\bar{\boldsymbol{Q}}$ 与拓扑矩阵 $\boldsymbol{L}$ 密切相关。

定理 8.10 对于无领导的多智能体系统式 (8.142),若里卡蒂-Itô 矩阵不等式 (8.152) 存在对称正定解 $\boldsymbol{P}>\boldsymbol{0}$ 且存在 $\boldsymbol{R}=\boldsymbol{R}^{\mathrm{T}}>\boldsymbol{0}$, 反馈增益 $\bar{\boldsymbol{K}}=c(\boldsymbol{L}\otimes\boldsymbol{K})$, $\bar{\boldsymbol{K}}=\boldsymbol{R}^{-1}\boldsymbol{B}^{\mathrm{T}}\boldsymbol{P}$, 如果拓扑图 g 是有向图且包含一个有向生成树，且对应的拉普拉斯矩阵 $\boldsymbol{L}$ 可以对角化，并且 $\boldsymbol{L}$ 的所有特征根为实数，耦合增益 c 满足下式:

$$
c\geqslant\frac{1}{\min\limits_{i=2,\cdots,N}\{\mu_i\}} \tag{8.178}
$$

则分布式控制协议 $\boldsymbol{u}_i=-c\boldsymbol{K}\boldsymbol{\varepsilon}_i=-c\boldsymbol{K}\sum\limits_{j\in\mathbf{N}}a_{ij}\left(\boldsymbol{x}_i-\boldsymbol{x}_j\right)$ 对于某些形和式 (8.144) 的全局二次型性能指标是最优的。

证明：由于 $\boldsymbol{L}$ 可对角化，故存在非奇异矩阵 $\boldsymbol{T}$，使得

$$
\boldsymbol{T}^{-1}\boldsymbol{L}\boldsymbol{T}=\tilde{\boldsymbol{\Lambda}}
$$

式中，$\tilde{\boldsymbol{\Lambda}}=\mathrm{diag}\{\tilde{\mu}_1,\tilde{\mu}_2,\cdots,\tilde{\mu}_N\}$。

由于拓扑图 g 是有向连接图且包含一个有向生成树，以及所有特征根为实数，故 $\tilde{\mu}_1=0,\tilde{\mu}_i>0(i=2,\cdots,N)$。

构造如下的李雅普诺夫函数 $V(t,\boldsymbol{X})=\boldsymbol{X}^{\mathrm{T}}[c(\boldsymbol{T}^{\mathrm{T}}\tilde{\boldsymbol{\Lambda}}\boldsymbol{T})\otimes\boldsymbol{P}]\boldsymbol{X}$。其他证明过程类似于定理 8.3。证毕。

注解 8.11：$J(\boldsymbol{X})=E\left\{\int_0^\infty\left[\boldsymbol{X}^{\mathrm{T}}\bar{\boldsymbol{Q}}\boldsymbol{X}+\boldsymbol{u}^{\mathrm{T}}\left(\boldsymbol{I}_N\otimes\boldsymbol{R}\right)\boldsymbol{u}\right]\mathrm{d}t\right\}$ 就是定理 8.10 的一个被优化的全局性能指标，其中

$$
\begin{aligned}
-\bar{\boldsymbol{Q}}-&[\boldsymbol{I}_N\otimes\boldsymbol{A}-c\boldsymbol{L}\otimes(\boldsymbol{BK})]^{\mathrm{T}}\left[c\left(\boldsymbol{T}^{\mathrm{T}}\tilde{\boldsymbol{\Lambda}}\boldsymbol{T}\right)\otimes\boldsymbol{P}\right]\\
&+\left[c\left(\boldsymbol{T}^{\mathrm{T}}\tilde{\boldsymbol{\Lambda}}\boldsymbol{T}\right)\otimes\boldsymbol{P}\right][\boldsymbol{I}_N\otimes\boldsymbol{A}-c\boldsymbol{L}\otimes(\boldsymbol{BK})]\\
&+(\boldsymbol{I}_N\otimes\boldsymbol{F})^{\mathrm{T}}\left[c\left(\boldsymbol{T}^{\mathrm{T}}\tilde{\boldsymbol{\Lambda}}\boldsymbol{T}\right)\otimes\boldsymbol{P}\right](\boldsymbol{I}_N\otimes\boldsymbol{F})
\end{aligned}
$$

类似于注解 8.1 的分析，得 $\bar{\boldsymbol{Q}}>0$，从而 $J(\boldsymbol{X}_0)$ 为某型二次型性能指标。

8.5 有向网络拓扑结构下分布式随机线性系统全局最优一致性

本节主要基于有向网络拓扑结构研究分布式随机线性系统全局最优一致性。本节多智能领导与跟随的随机线性模型同 8.4节，网络结构为有向网络拓扑结构。对于分布式随机线性系统全局最优一致性，主要基于逆最优控制方法进行研究。

8.5.1 领导-跟随多智能体模型

本小节领导智能体模型为式 (8.143)，多智能体随机线性模型为式 (8.142)，即领导者智能体随机模型为

$$\mathrm{d}\boldsymbol{x}_0 = \boldsymbol{A}\boldsymbol{x}_0\mathrm{d}t + \boldsymbol{F}\boldsymbol{x}_0\mathrm{d}\boldsymbol{W}(t) \tag{8.179}$$

跟随者智能体随机模型为

$$\mathrm{d}\boldsymbol{x}_i = (\boldsymbol{A}\boldsymbol{x}_i + \boldsymbol{B}\boldsymbol{u}_i)\,\mathrm{d}t + \boldsymbol{F}\boldsymbol{x}_i\mathrm{d}\boldsymbol{W}(t) \qquad (i=1,\cdots,N) \tag{8.180}$$

本节仍然假设多智能体系统为完全信息状态，即 $\boldsymbol{x}_i(i=1,2,\cdots,N)$ 和 $\boldsymbol{x}_0$ 是完全可量测的。

假设矩阵 $\boldsymbol{B}$ 为列满秩，$\boldsymbol{F}$ 为可逆矩阵。不失一般性，可假设 $\boldsymbol{F}=\boldsymbol{I}_n$。

由于假设 $\boldsymbol{F}$ 是可逆的，可以先做变换 $\boldsymbol{x}_i=\boldsymbol{F}\boldsymbol{z}_i$，将式（8.180）转化为

$$\mathrm{d}\boldsymbol{z}_i = \left(\bar{\boldsymbol{A}}\boldsymbol{z}_i + \bar{\boldsymbol{B}}\boldsymbol{u}_i\right)\mathrm{d}t + \boldsymbol{x}_i\mathrm{d}\boldsymbol{W} \tag{8.181}$$

又由于 $\boldsymbol{B}$ 是列满秩的，故 $\bar{\boldsymbol{B}}=\boldsymbol{F}\boldsymbol{B}$ 仍是列满秩的。

因此，可假设式（8.180）为

$$\mathrm{d}\boldsymbol{x}_i = (\boldsymbol{A}\boldsymbol{x}_i + \boldsymbol{B}\boldsymbol{u}_i)\,\mathrm{d}t + \boldsymbol{x}_i\mathrm{d}\boldsymbol{W} \qquad (i=1,\cdots,N) \tag{8.182}$$

式中，$\boldsymbol{A}=\begin{bmatrix}\boldsymbol{A}_{11} & \boldsymbol{A}_{12}\\ \boldsymbol{A}_{21} & \boldsymbol{A}_{22}\end{bmatrix}$，$\boldsymbol{B}=\begin{bmatrix}\boldsymbol{0}\\ \boldsymbol{B}_2\end{bmatrix}$，$\boldsymbol{A}_{11}\in\mathbf{R}^{(n-m)\times(n-m)}$，$\boldsymbol{A}_{22}\in\mathbf{R}^{m\times m}$，$\boldsymbol{B}_2\in\mathbf{R}^{m\times m}$ 是非奇异的。

假设（$\boldsymbol{A},\boldsymbol{B}$）是可控的，从而矩阵（$\boldsymbol{A}_{11},\boldsymbol{A}_{12}$）是可控的。

由 10.2.2 节随机系统稳定性理论可知，对于如下线性随机系统

$$\mathrm{d}\boldsymbol{X} = \boldsymbol{A}\boldsymbol{X}\mathrm{d}t + \boldsymbol{F}\boldsymbol{X}\mathrm{d}\boldsymbol{W} \tag{8.183}$$

若随机系统式（8.183）是均方渐近稳定的充要条件是下列李雅普诺夫-Itô 型微分方程对于任意正定矩阵 $\boldsymbol{Q}$

$$\boldsymbol{A}^{\mathrm{T}}\boldsymbol{P} + \boldsymbol{P}\boldsymbol{A} + \boldsymbol{F}^{\mathrm{T}}\boldsymbol{P}\boldsymbol{F} = -\boldsymbol{Q}$$

存在正定解 $\boldsymbol{P}$；也等价于 $\boldsymbol{M}=\boldsymbol{A}\otimes\boldsymbol{I}+\boldsymbol{I}\otimes\boldsymbol{A}+\boldsymbol{F}\otimes\boldsymbol{F}$ 所有特征根具有负实部，即 $\mathrm{Re}\,\lambda(\boldsymbol{M})<0$，由此可得如下引理。

引理 8.11 对于如下随机线性系统：

$$\mathrm{d}\boldsymbol{X} = \boldsymbol{A}\boldsymbol{X}\mathrm{d}t + \boldsymbol{X}\mathrm{d}\boldsymbol{W} \tag{8.184}$$

随机系统式（8.184）均方渐近稳定等价于如下时不变系统：

$$\dot{\boldsymbol{x}} = \left(\boldsymbol{A} + \frac{1}{2}\boldsymbol{I}\right)\boldsymbol{x} \tag{8.185}$$

在平衡点渐近稳定的。

证明：若随机系统式（8.184）均方渐近稳定，则对于任意正定矩阵 $\boldsymbol{Q}$，有

$$\boldsymbol{A}^{\mathrm{T}}\boldsymbol{P} + \boldsymbol{P}\boldsymbol{A} + \boldsymbol{F}^{\mathrm{T}}\boldsymbol{P}\boldsymbol{F} = -\boldsymbol{Q}$$

存在正定解 $\boldsymbol{P}$。由于 $\boldsymbol{F} = \boldsymbol{I}$，因此有

$$\left(\boldsymbol{A} + \frac{1}{2}\boldsymbol{I}\right)^{\mathrm{T}}\boldsymbol{P} + \boldsymbol{P}\left(\boldsymbol{A} + \frac{1}{2}\boldsymbol{I}\right) = -\boldsymbol{Q} \tag{8.186}$$

从而说明 $\dot{\boldsymbol{x}} = \left(\boldsymbol{A} + \frac{1}{2}\boldsymbol{I}\right)\boldsymbol{x}$ 在平衡点是渐近稳定的。反之，若 $\dot{\boldsymbol{x}} = \left(\boldsymbol{A} + \frac{1}{2}\boldsymbol{I}\right)\boldsymbol{x}$ 是渐近稳定的，则对于任意正定矩阵 $\boldsymbol{Q}$，有 $\left(\boldsymbol{A} + \frac{1}{2}\boldsymbol{I}\right)^{\mathrm{T}}\boldsymbol{P} + \boldsymbol{P}\left(\boldsymbol{A} + \frac{1}{2}\boldsymbol{I}\right) = -\boldsymbol{Q}$，即

$$\boldsymbol{A}^{\mathrm{T}}\boldsymbol{P} + \boldsymbol{P}\boldsymbol{A} + \boldsymbol{F}^{\mathrm{T}}\boldsymbol{P}\boldsymbol{F} = -\boldsymbol{Q}$$

存在对称解，从而说明随机线性系统式（8.184）均方渐近稳定。证毕。

注解 8.12 引理 8.11 说明可以将随机系统式（8.184）均方稳定性判据转化为确定系统式（8.185）渐近稳定判据。

8.5.2 一致性协议参数设计

类似于 8.4节，将领导-跟随多智能体一致性协议问题转化为关于全局状态跟踪误差在分布式控制协议

$$\boldsymbol{u} = -c[(\boldsymbol{L} + \boldsymbol{G}) \otimes \boldsymbol{K}]\boldsymbol{\delta} \tag{8.187}$$

下的闭环动态系统

$$\mathrm{d}\boldsymbol{\delta} = \{\boldsymbol{I}_N \otimes \boldsymbol{A} - c[(\boldsymbol{L} + \boldsymbol{G}) \otimes \boldsymbol{B}\boldsymbol{K}]\boldsymbol{\delta}\}\mathrm{d}t + (\boldsymbol{I}_N \otimes \boldsymbol{I}_n)\boldsymbol{\delta}\mathrm{d}\boldsymbol{W} \tag{8.188}$$

的渐近稳定性。

为了研究领导-跟随多智能体一致性，需要对有向拓扑图作如下假设。

假设 8.3 拓扑图 G 包含一个有向生成树且根据节点 S_r 可以观测到领导节点信息，即 $G_{S_r} > 0$。

注解 8.13 上述假设意味着拓扑图 $\boldsymbol{L} + \boldsymbol{G}$ 的所有特征根都具有正实部 [184]。

引理 8.12 假设有向图拓扑结构满足假设 8.3，对于领导 跟随多智能体系统式（8.142），在分布式协议式 (8.149) 的作用下，如果如下 N 个矩阵：

$$\left(\boldsymbol{A} + \frac{1}{2}\boldsymbol{I}\right) - c\lambda_i\boldsymbol{B}\boldsymbol{K} \quad (\forall i \in \mathbf{N}) \tag{8.189}$$

是赫尔维茨稳定的，则领导-跟随多智能体系统在均方收敛意义下达成一致性。

证明：由引理 8.11 可知，当确定系统式 (8.188) 渐近稳定时，闭环动态系统式（8.188）随机均方渐近稳定，从而领导-跟随多智能体系统在均方收敛意义下达到一致性。

对于确定系统式（8.188），当 $\boldsymbol{I}_N \otimes \left(\boldsymbol{A}+\frac{1}{2}\boldsymbol{I}_n\right) - c(\boldsymbol{L}+\boldsymbol{G})\boldsymbol{Q} \otimes \boldsymbol{BK}$ 的所有特征根都具有负实部，即是赫尔维茨稳定的，则它是渐近稳定的。

由于拓扑图满足假设 8.3，故所有特征根都具有正实部，即 $\mathrm{Re}\,(\lambda_i) > 0 (i=1,2,\cdots,N)$，故存在非奇异矩阵 $\boldsymbol{T}$，使

$$\boldsymbol{T}^{-1}(\boldsymbol{L}\otimes\boldsymbol{G})\boldsymbol{T} = \boldsymbol{\Lambda} = \mathrm{diag}\,\{\lambda_1,\cdots,\lambda_N\} \tag{8.190}$$

故

$$\begin{aligned}
&\boldsymbol{I}_N \otimes \left(\boldsymbol{A}+\frac{1}{2}\boldsymbol{I}_n\right) - c(\boldsymbol{L}+\boldsymbol{G})\otimes(\boldsymbol{BK}) = \boldsymbol{I}_N \otimes \left(\boldsymbol{A}+\frac{1}{2}\boldsymbol{I}_n\right) - c(\boldsymbol{T\Lambda})\otimes(\boldsymbol{BK})\\
&=(\boldsymbol{T}\otimes\boldsymbol{I}_N)\left[\boldsymbol{I}_N \otimes \left(\boldsymbol{A}+\frac{1}{2}\boldsymbol{I}_n\right)\right](\boldsymbol{T}\otimes\boldsymbol{I}_n)^{-1} - (\boldsymbol{T}\otimes\boldsymbol{I}_n)\left[(c\boldsymbol{\Lambda})\otimes\boldsymbol{BK}\right](\boldsymbol{T}\otimes\boldsymbol{I}_n)^{-1}\\
&=(\boldsymbol{T}\otimes\boldsymbol{I}_n)\left[\boldsymbol{I}_N \otimes \left(\boldsymbol{A}+\frac{1}{2}\boldsymbol{I}_n\right) - c\boldsymbol{\Lambda}\otimes\boldsymbol{BK}\right](\boldsymbol{T}\otimes\boldsymbol{I}_n)^{-1}\\
&=(\boldsymbol{T}\otimes\boldsymbol{I}_n)\,\mathrm{diag}\left\{\left(\boldsymbol{A}+\frac{1}{2}\boldsymbol{I}_n\right) - c\boldsymbol{\lambda}_1\boldsymbol{BK},\cdots,\left(\boldsymbol{A}+\frac{1}{2}\boldsymbol{I}_n\right) - c\lambda_N\boldsymbol{BK}\right\}(\boldsymbol{T}\otimes\boldsymbol{I}_n)
\end{aligned}$$

显然，$\boldsymbol{I}_N \otimes \left(\boldsymbol{A}+\frac{1}{2}\boldsymbol{I}_n\right) - c\boldsymbol{\Lambda}\otimes\boldsymbol{BK}$ 的所有特征根即是所有

$$\left(\boldsymbol{A}+\frac{1}{2}\boldsymbol{I}_n\right) - c\lambda_i\boldsymbol{BK} \qquad (i=1,\cdots,N) \tag{8.191}$$

的全部特征根。

故当所有 $\left(\boldsymbol{A}+\frac{1}{2}\boldsymbol{I}_n\right) - c\lambda_i\boldsymbol{BK} (i=1,\cdots,N)$ 都是赫尔维茨稳定的，则 $\boldsymbol{I}_N \otimes \left(\boldsymbol{A}+\frac{1}{2}\boldsymbol{I}_n\right) - c\boldsymbol{\Lambda}\otimes\boldsymbol{BK}$ 也是赫尔维茨稳定的，$\boldsymbol{I}_N \otimes \left(\boldsymbol{A}+\frac{1}{2}\boldsymbol{I}_n\right) - c(\boldsymbol{L}+\boldsymbol{G})\otimes\boldsymbol{K}$ 也是赫尔维茨稳定的，从而确定系统式（8.188）是渐近稳定的，进一步可知闭环动态系统式 (8.188) 是随机均方渐近稳定的，从而说明领导-跟随多智能体系统在均方收敛意义下达到一致。证毕。

由于系统式（8.182）中，假设 $\boldsymbol{A}$ 和 $\boldsymbol{B}$ 都是分块矩阵，因此可假设反馈增益 $\boldsymbol{K}=[\boldsymbol{K}_1,\boldsymbol{K}_2]$，式中 $\boldsymbol{K}_1\in\mathbf{R}^{m\times(n-m)}$，$\boldsymbol{K}_2\in\mathbf{R}^{m\times m}$。

首先分析如何选择参数化的 $\boldsymbol{K}$，使 $\boldsymbol{A}+\frac{1}{2}\boldsymbol{I}_n - \boldsymbol{BK}$ 是赫尔维茨稳定的。令

$$\boldsymbol{T}=\begin{bmatrix}\boldsymbol{I}_{n-m} & \boldsymbol{0}\\ \boldsymbol{0} & \boldsymbol{I}_m\end{bmatrix} \tag{8.192}$$

则 $\boldsymbol{A}+\frac{1}{2}\boldsymbol{I}_n-\boldsymbol{BK}$ 可以替换为

$$\boldsymbol{T}\left[\boldsymbol{A}+\frac{1}{2}\boldsymbol{I}_n-\boldsymbol{BK}\right]\boldsymbol{T}^{-1}=\begin{bmatrix}\boldsymbol{A}_{11}+\frac{1}{2}\boldsymbol{I}_{n-m}-\boldsymbol{A}_{12}\boldsymbol{S} & \boldsymbol{A}_n \\ \boldsymbol{M} & \boldsymbol{S}\boldsymbol{A}_{11}+\boldsymbol{A}_{22}+\frac{1}{2}\boldsymbol{I}_n-\boldsymbol{B}_2\boldsymbol{K}_2\end{bmatrix} \tag{8.193}$$

式中，$\boldsymbol{M}=\boldsymbol{S}\left(\boldsymbol{A}_{11}+\frac{1}{2}\boldsymbol{I}_{n-m}\right)+\boldsymbol{A}_{21}-\left(\boldsymbol{S}\boldsymbol{A}_{12}+\boldsymbol{A}_{22}+\frac{1}{2}\boldsymbol{I}_m\right)\boldsymbol{S}-\boldsymbol{B}_2(\boldsymbol{K}_1-\boldsymbol{K}_2\boldsymbol{S})$。

如果选择 $\boldsymbol{K}_1$、$\boldsymbol{K}_2$，使 $\boldsymbol{M}=\boldsymbol{0}$，则 $\boldsymbol{A}+\frac{1}{2}\boldsymbol{I}_n-\boldsymbol{BK}$ 是赫尔维茨稳定的等价于 $\left(\boldsymbol{A}_{11}+\frac{1}{2}\boldsymbol{I}_{n-m},\boldsymbol{A}_{12}\right)$ 是可控的，故可以选择 $\boldsymbol{S}$，使 $\left(\boldsymbol{A}_{11}+\frac{1}{2}\boldsymbol{I}_{n-m}-\boldsymbol{A}_{11}\boldsymbol{S}\right)$ 的 $n-m$ 个特征根配置到任意指定区域，从而可以选择 $\boldsymbol{S}$，使 $n-m$ 个特征根具有负实部。

记 $\boldsymbol{P}=\boldsymbol{S}\left(\boldsymbol{A}_{11}+\frac{1}{2}\boldsymbol{I}_{n-m}\right)+\boldsymbol{A}_{21}-\left(\boldsymbol{S}\boldsymbol{A}_{12}+\boldsymbol{A}_{22}+\frac{1}{2}\boldsymbol{I}_m\right)\boldsymbol{S}$，则由 $\boldsymbol{M}=0$，可得

$$\boldsymbol{K}_1=\boldsymbol{B}_1^{-1}\boldsymbol{P}+\boldsymbol{B}_2^{-1}\boldsymbol{\Phi}\boldsymbol{S},\quad \boldsymbol{K}_2=\boldsymbol{B}_2^{-1}\boldsymbol{\Phi} \tag{8.194}$$

式中

$$\boldsymbol{P}=\boldsymbol{S}\left(\boldsymbol{A}_{11}+\frac{1}{2}\boldsymbol{I}_{n-m}\right)+\boldsymbol{A}_{21}-\left(\boldsymbol{S}\boldsymbol{A}_{12}+\boldsymbol{A}_{22}+\frac{1}{2}\boldsymbol{I}_m\right)\boldsymbol{S}=(\boldsymbol{S},\boldsymbol{I}_m)\left(\boldsymbol{A}+\frac{1}{2}\boldsymbol{I}_n\right)\begin{pmatrix}\boldsymbol{I}_m\\-\boldsymbol{S}\end{pmatrix}$$

从而有

$$\boldsymbol{K}=\boldsymbol{B}_2^{-1}[\boldsymbol{P}\quad \boldsymbol{0}]+\boldsymbol{B}_2^{-1}\boldsymbol{\Phi}[\boldsymbol{S},\boldsymbol{I}_m] \tag{8.195}$$

当选择合适的 $\boldsymbol{\Phi}$，使 $\boldsymbol{K}_2=\boldsymbol{B}_2^{-1}\boldsymbol{\Phi}$，确保 $\boldsymbol{S}\boldsymbol{A}_{12}+\boldsymbol{A}_{22}+\frac{1}{2}\boldsymbol{I}_{n-m}-\boldsymbol{K}_2$ 的特征根具有负实部。故 $\left(\boldsymbol{A}+\frac{1}{2}\boldsymbol{I}_n\right)-\boldsymbol{BK}$ 是赫尔维茨稳定的。证毕。

注解 8.14 式（8.195）即是参数化的反馈增益矩阵 $\boldsymbol{K}$。

基于以上分析，给出下面引理。

引理 8.13 如果有向网络拓扑图 G 满足假设 8.3，即 $\boldsymbol{L}+\boldsymbol{G}$ 的 N 个特征根 λ_i 满足 $\mathrm{Re}\{\lambda_i\}>0$，若选择矩阵 $\boldsymbol{S}$，使得由反馈增益式（8.195）作用得到的闭环矩阵 $\left(\boldsymbol{A}+\frac{1}{2}\boldsymbol{I}_n\right)-c\lambda_i(\boldsymbol{BK})$ 都是赫尔维茨稳定的。

证明：利用式（8.192）的非奇异矩阵 $\boldsymbol{T}$，则有

$$\begin{aligned}&\boldsymbol{E}_i-\boldsymbol{T}\left[\left(\boldsymbol{A}+\frac{1}{2}\boldsymbol{I}_n\right)-c\lambda_i(\boldsymbol{BK})\right]\boldsymbol{T}^{-1}\\&=\begin{bmatrix}\boldsymbol{A}_{11}+\frac{1}{2}\boldsymbol{I}_{n-m}-\boldsymbol{A}_n\boldsymbol{S} & \boldsymbol{A}_n\\ \boldsymbol{\Sigma} & \boldsymbol{S}\boldsymbol{A}_{11}+\boldsymbol{A}_{22}+\frac{1}{2}\boldsymbol{I}_n-c\lambda_i\boldsymbol{K}_2\end{bmatrix}\end{aligned} \tag{8.196}$$

式中

$$\boldsymbol{\Sigma}=\boldsymbol{S}\left(\boldsymbol{A}_{11}+\frac{1}{2}\boldsymbol{I}_{n-m}\right)+\boldsymbol{A}_{21}-\left(\boldsymbol{S}\boldsymbol{A}_{12}+\boldsymbol{A}_{22}+\frac{1}{2}\boldsymbol{I}_m\right)\boldsymbol{S}-c\lambda_i\boldsymbol{B}_2(\boldsymbol{K}_1-\boldsymbol{K}_2\boldsymbol{S})$$

显然，$\boldsymbol{E}_i$ 相似于 $\left(\boldsymbol{A}+\frac{1}{2}\boldsymbol{I}_n\right)-c\lambda_i(\boldsymbol{B}\boldsymbol{K})(\forall i\in\mathbf{N})$，选择 $\boldsymbol{K}$ 为式（8.195）的形式，即

$$\boldsymbol{K}=\boldsymbol{B}_2^{-1}[\boldsymbol{P}\quad \mathbf{0}]+\boldsymbol{B}_2^{-1}\boldsymbol{\Phi}[\boldsymbol{S},\boldsymbol{I}_m]$$

则 $\boldsymbol{\Sigma}=(1-c\lambda_i)\boldsymbol{P}$。

下面证明 $\boldsymbol{E}_i$ 是赫尔维茨稳定的。

令

$$\boldsymbol{E}_i^{\mathrm{H}}\begin{bmatrix}\boldsymbol{\Psi} & \mathbf{0}\\ \mathbf{0} & \boldsymbol{I}_m\end{bmatrix}+\begin{bmatrix}\boldsymbol{\Psi} & \mathbf{0}\\ \mathbf{0} & \boldsymbol{I}_m\end{bmatrix}\boldsymbol{E}_i=\begin{bmatrix}\boldsymbol{\Pi}_{11i} & \boldsymbol{\Pi}_{12i}\\ \boldsymbol{\Pi}_{21i} & \boldsymbol{\Pi}_{22i}\end{bmatrix}=\boldsymbol{\Pi}_i \tag{8.197}$$

式中，$*^{\mathrm{H}}$ 表示矩阵 $*$ 的对称性转置，矩阵 $\boldsymbol{\Psi}\in \boldsymbol{S}\mathbf{R}^{(n-m)\times(n-m)}$，且 $\boldsymbol{\Pi}_i$ 具有如下形式：

$$\boldsymbol{\Pi}_{11i}=\left(\boldsymbol{A}_{11}+\frac{1}{2}\boldsymbol{I}_{n-m}-\boldsymbol{A}_{12}\boldsymbol{S}\right)^{\mathrm{T}}\boldsymbol{\Psi}+\boldsymbol{\Psi}\left(\boldsymbol{A}_{11}+\frac{1}{2}\boldsymbol{I}_{n-m}-\boldsymbol{A}_{12}\boldsymbol{S}\right)$$

$$\boldsymbol{\Pi}_{12i}=\boldsymbol{\Pi}_{21i}^{\mathrm{H}}=(1-c\lambda_i)\boldsymbol{P}^{\mathrm{H}}+\boldsymbol{\Psi}\boldsymbol{A}_{12}$$

$$\boldsymbol{\Pi}_{22i}=\left(S\boldsymbol{A}_{12}+\boldsymbol{A}_{22}+\frac{1}{2}\boldsymbol{I}_n-c\lambda_i\boldsymbol{\Psi}\right)^{H}+(\boldsymbol{S}\boldsymbol{A}_{12}+\boldsymbol{A}_{22}-c\lambda_i\boldsymbol{\Phi})$$

因此，如果存在矩阵 $\boldsymbol{\Psi}=\boldsymbol{\Psi}_T,\boldsymbol{\Psi}>0$ 和 $\boldsymbol{\Phi}>0$，使 $\boldsymbol{\Pi}_i>0$，则可得矩阵 $\boldsymbol{E}_i$ 是赫尔维茨稳定的。

根据舒尔（Schur）补定理，$\boldsymbol{\Pi}<0$ 的充要条件是：

1）$\boldsymbol{\Pi}_{11i}<0$;

2）$(\boldsymbol{\Pi}_{22i}-\boldsymbol{\Pi}_{21i}\boldsymbol{\Pi}_{11i}^{-1}\boldsymbol{\Pi}_{12i})<0$。

对于条件 1)，由于 $\boldsymbol{S}$ 使得 $\left(\boldsymbol{A}_{11}+\frac{1}{2}\boldsymbol{I}_{n-m}\right)-\boldsymbol{A}_{12}\boldsymbol{S}$ 是赫尔维茨稳定的，从而存在矩阵 $\boldsymbol{\Psi}=\boldsymbol{\Psi}^{\mathrm{T}}>\mathbf{0}$，得

$$\boldsymbol{\Pi}_{11i}=\left[\left(\boldsymbol{A}_{11}+\frac{1}{2}\boldsymbol{I}_{n-m}\right)-\boldsymbol{A}_{22}\boldsymbol{S}\right]^{\mathrm{T}}\boldsymbol{\Psi}+\boldsymbol{\Psi}\left[\left(\boldsymbol{A}_{11}+\frac{1}{2}\boldsymbol{I}_{n-m}\right)-\boldsymbol{A}_{22}\boldsymbol{S}\right]<\mathbf{0} \tag{8.198}$$

下面验证条件 2)。由于

$$\begin{aligned}\boldsymbol{\Psi}_{22i}&=\left(\boldsymbol{S}\boldsymbol{A}_{12}+\boldsymbol{A}_{22}+\frac{1}{2}\boldsymbol{I}_m-c\lambda_i\boldsymbol{\Phi}\right)^{H}+\left(\boldsymbol{S}\boldsymbol{A}_{12}+\boldsymbol{A}_{22}+\frac{1}{2}\boldsymbol{I}_m-c\lambda_i\boldsymbol{\Phi}\right)\\&=\left(\boldsymbol{S}\boldsymbol{A}_{12}+\boldsymbol{A}_{22}+\frac{1}{2}\boldsymbol{I}_m\right)^{\mathrm{T}}+\boldsymbol{S}\boldsymbol{A}_{12}+\boldsymbol{A}_{22}+\frac{1}{2}\boldsymbol{I}_m-2c\mathrm{Re}(\lambda_i)\boldsymbol{\Phi}\end{aligned} \tag{8.199}$$

记 $\rho=\min\{\mathrm{Re}(\lambda_i),i=1,2,\cdots,N\}$，则对于任意 $\forall i\in\mathbf{N}$，选择 $\boldsymbol{\Phi}$ 满足如下不等式：

$$\boldsymbol{\Phi}>\frac{1}{2c\rho}\left[\left(\boldsymbol{S}\boldsymbol{A}_{12}+\boldsymbol{A}_{22}+\frac{1}{2}\boldsymbol{I}_m\right)^{\mathrm{T}}+\left(\boldsymbol{S}\boldsymbol{A}_{12}+\boldsymbol{A}_{22}+\frac{1}{2}\boldsymbol{I}_m\right)\right] \tag{8.200}$$

则 $\boldsymbol{\Pi}_{22i}<0$。

为简单起见，选择 $\boldsymbol{\Phi}=\omega\boldsymbol{I}_m$，且标量 ω 满足下式：

$$\omega>\frac{1}{2c\rho}\sigma_{\max}\left[\left(\boldsymbol{SA}_{11}+\boldsymbol{A}_{22}+\frac{1}{2}\boldsymbol{I}_m\right)^{\mathrm{T}}+\left(\boldsymbol{SA}_{11}+\boldsymbol{A}_{22}+\frac{1}{2}\boldsymbol{I}_m\right)\right] \tag{8.201}$$

由于矩阵 $\boldsymbol{S}$ 的选取使 $\boldsymbol{\Pi}_{11i}<0$，从而 $\boldsymbol{\Pi}_{11i}^{-1}<0$，进而可知，$\boldsymbol{\Pi}_{21i}\boldsymbol{\Pi}_{11i}^{-1}\boldsymbol{\Pi}_{12i}$ 是一个有限埃米尔特矩阵。记 $\sigma_{\max}^2(-\boldsymbol{\Pi}_{21i}\boldsymbol{\Pi}_{11i}^{-1}\boldsymbol{\Pi}_{12i})=\eta_i,\eta=\max\{\eta_i\}(i=1,2,\cdots,N)$，则当选择 ω 满足

$$\omega>\frac{1}{2c\rho}\left\{\sigma_{\max}\left[\left(\boldsymbol{SA}_{12}+\boldsymbol{A}_{22}+\frac{1}{2}\boldsymbol{I}_n\right)^{\mathrm{T}}+\left(\boldsymbol{SA}_{12}+\boldsymbol{A}_{22}+\frac{1}{2}\boldsymbol{I}_n\right)\right]+\eta\right\} \tag{8.202}$$

则对于任意 i，有

$$\boldsymbol{\Pi}_{22i}<\boldsymbol{\Pi}_{21i}\boldsymbol{\Pi}_{11i}^{-1}\boldsymbol{\Pi}_{12i}\qquad(\forall i\in\mathbf{N}) \tag{8.203}$$

从而条件 2）满足。$\boldsymbol{\Phi}=\omega\boldsymbol{I}_m$ 为一个公共的 $\boldsymbol{\Phi}$，确保 $\left(\boldsymbol{A}+\dfrac{1}{2}\boldsymbol{I}_n\right)-c\lambda_i(\boldsymbol{BK})$ 都是赫尔维茨稳定的。证毕。

定理 8.11 假设领导-跟随多智能体系统模型分别为式（8.179）和式（8.182）以及有向拓扑图结构满足假设 8.3，则当反馈增益矩阵采用引理 8.13 的参数化设计，以及基于分布式控制协议式（8.187) 的作用下，领导-跟随多智能体系统在均方收敛意义下状态达到一致性。

证明：当按照引理 8.13 的步骤选取矩阵 $\boldsymbol{S}$ 和 $\boldsymbol{\Phi}$，从而获得形如式（8.195）的增益矩阵时，所有 $\left(\boldsymbol{A}+\dfrac{1}{2}\boldsymbol{I}_n\right)-c\lambda_i(\boldsymbol{BK})$ 都是赫尔维茨稳定的。

由引理 8.12 可知，领导-跟随多智能体系统均方收敛意义下达到一致。证毕。

从上面的分析可以看出，领导-跟随多智能体系统在均方收敛意义下达到一致本质上是设计反馈增益 $\boldsymbol{K}$，将矩阵 $\left(\boldsymbol{A}+\dfrac{1}{2}\boldsymbol{I}_n\right)-c\lambda_i(\boldsymbol{BK})(i=1,2,3,\cdots,N)$ 的全部特征根配置到左半平面内。由于 λ_i 为网络拓扑图 G 的矩阵 $\boldsymbol{L}+\boldsymbol{G}$ 的特征根，即网络拓扑的交互影响，将全部的极点配置到指定位置是不可行的，但是将每个智能体系统的部分极点配置到指定位置是可能的。

为获得理想的收敛性能，对于领导-跟随一致性问题，需要考虑 $\left(\boldsymbol{A}+\dfrac{1}{2}\boldsymbol{I}_n\right)-c\lambda_i(\boldsymbol{BK})$
$(\forall i\in\mathbf{N})$ 的特征根情况。

引理 8.14[228] 考虑如下矩阵方程：

$$\boldsymbol{DW}_0-(\boldsymbol{W}_{22}+\boldsymbol{L}_0\boldsymbol{W}_{12})\boldsymbol{D}-\boldsymbol{DW}_{12}\boldsymbol{D}+\boldsymbol{L}_0\boldsymbol{W}_0=\boldsymbol{0} \tag{8.204}$$

如果 $\boldsymbol{W}_{22}$ 是非奇异，且满足 $\left\|\boldsymbol{W}_{22}^{-1}\right\|<{}^1/_3(\|\boldsymbol{W}_0\|+\|\boldsymbol{W}_{12}\|\,\|\boldsymbol{L}_0\|)^{-1}$，则式（8.204）有唯一解，且满足 $0\leqslant\|\boldsymbol{D}\|\leqslant\dfrac{2\|\boldsymbol{W}_0\|\,\|\boldsymbol{L}_0\|}{\|\boldsymbol{W}_0\|+\|\boldsymbol{W}_{12}\|\,\|\boldsymbol{L}_0\|}$。

定理 8.12 选取矩阵 $\boldsymbol{S}$，使得 $\boldsymbol{A}_{11}+\dfrac{1}{2}\boldsymbol{I}_{n-m}-\boldsymbol{A}_{12}\boldsymbol{S}$ 是赫尔维茨稳定的，如果反馈增益 $\boldsymbol{K}$ 为

$$\boldsymbol{K}=\boldsymbol{B}_2^{-1}[\boldsymbol{P}\quad 0]+\boldsymbol{B}_2^{-1}\omega[\boldsymbol{S}\quad \boldsymbol{I}_m] \tag{8.205}$$

式中，$\boldsymbol{P}=[\boldsymbol{S}\quad \boldsymbol{I}_m]\left(\boldsymbol{A}+\dfrac{1}{2}\boldsymbol{I}_{n-m}\right)\begin{bmatrix}\boldsymbol{I}_m\\-\boldsymbol{S}\end{bmatrix}$; $\omega>0$。矩阵 $\boldsymbol{S}$ 将闭环矩阵 $\left(\boldsymbol{A}+\dfrac{1}{2}\boldsymbol{I}_n\right)-c\lambda_i(\boldsymbol{BK})$ 的 $n-m$ 个特征根配置在左半平面上的点 $\{s_1^d,s_2^d,\cdots,s_{n-1}^d\}$，则当 $\omega\to+\infty$ 时，对于任意复数 $\lambda_i(i\in\mathbf{N})$，有

1） 矩阵 $\left(\boldsymbol{A}+\dfrac{1}{2}\boldsymbol{I}_n\right)-c\lambda_i(\boldsymbol{BK})$ 的 $n-m$ 个特征根 $\{s_1^i,s_2^i,\cdots,s_{n-m}^i\}$，满足 $s_j^i\to s_j^d$。

2）矩阵 $\left(\boldsymbol{A}+\dfrac{1}{2}\boldsymbol{I}_n\right)-c\lambda_i(\boldsymbol{BK})$ 的 m 个特征根 $\{s_{m+1}^i,s_{m+2}^i,\cdots,s_n^i\}$，满足 $s_j^i\to -c\omega\lambda_i$。

证明：考虑如下动态系统：

$$\dot{\boldsymbol{\delta}}_i=\left(\boldsymbol{A}+\frac{1}{2}\boldsymbol{I}_n-c\lambda_i\boldsymbol{BK}\right)\boldsymbol{\delta}_i \tag{8.206}$$

作变换 $\boldsymbol{z}_i=\boldsymbol{T}\boldsymbol{\delta}_i$，其中 $\boldsymbol{T}=\begin{bmatrix}\boldsymbol{I}_{n-m}&\mathbf{0}\\\boldsymbol{S}&\boldsymbol{I}_m\end{bmatrix}$，$\boldsymbol{z}_i=\begin{bmatrix}\boldsymbol{z}_i^1\\\boldsymbol{z}_i^2\end{bmatrix}$，则 $\boldsymbol{A}+\dfrac{1}{2}\boldsymbol{I}_n-c\lambda_i(\boldsymbol{BK})$ 可转换为

$$\boldsymbol{T}\left(\boldsymbol{A}+\frac{1}{2}\boldsymbol{I}_n-c\lambda_i\boldsymbol{BK}\right)\boldsymbol{T}^{-1}=\begin{bmatrix}\boldsymbol{A}_{11}+\dfrac{1}{2}\boldsymbol{I}_{n-m}-\boldsymbol{A}_{12}\mathrm{d}\boldsymbol{S}&\boldsymbol{A}_{12}\\\boldsymbol{\Sigma}&\boldsymbol{S}\boldsymbol{A}_{12}+\boldsymbol{A}_{22}+\dfrac{1}{2}\boldsymbol{I}_m-c\lambda_i\omega\boldsymbol{I}_m\end{bmatrix}$$

式中，$\boldsymbol{\Sigma}=(1-c\lambda_i)(\boldsymbol{S}\boldsymbol{A}_{11}+\boldsymbol{A}_{21}-\boldsymbol{S}\boldsymbol{A}_{12}\boldsymbol{S}-\boldsymbol{A}_{22}\boldsymbol{S})$。

记

$$\boldsymbol{H}_{11}=\boldsymbol{A}_{11}+\frac{1}{2}\boldsymbol{I}_{n-m}-\boldsymbol{A}_{12}\boldsymbol{S},\boldsymbol{H}_{12}=\boldsymbol{A}_{12},\boldsymbol{H}_{21}=\boldsymbol{\Sigma},\boldsymbol{H}_{22}=\boldsymbol{S}\boldsymbol{A}_{12}+\boldsymbol{A}_{22}+\frac{1}{2}\boldsymbol{I}_m$$

并令 $\mu=\omega^{-1}$，则 $\dot{\boldsymbol{z}}_i=\boldsymbol{T}\left(\boldsymbol{A}+\dfrac{1}{2}\boldsymbol{I}_n-c\lambda_i\boldsymbol{BK}\right)\boldsymbol{T}^{-1}\boldsymbol{z}_i$，得

$$\begin{cases}\dot{\boldsymbol{z}}_i^1=\boldsymbol{H}_{11}\boldsymbol{z}_i^1+\boldsymbol{H}_{12}\boldsymbol{z}_i^2\\\mu\boldsymbol{z}_i^2=\mu\boldsymbol{H}_{21}\boldsymbol{z}_i^1+(\mu\boldsymbol{H}_{22}-c\lambda_i\boldsymbol{I}_m)\boldsymbol{z}_i^2\end{cases}$$

令 $\boldsymbol{y}_i=\boldsymbol{z}_i^2+\mu\boldsymbol{L}\boldsymbol{z}_i^1$，其中 μ 为待定标量，$\boldsymbol{L}$ 为待定矩阵，则有

$$\begin{aligned}\mu\dot{\boldsymbol{y}}_i=&\mu\dot{\boldsymbol{z}}_i^2+\mu^2\boldsymbol{L}\boldsymbol{z}_i^1\\=&\left\{\mu\boldsymbol{H}_{21}+\mu^2\boldsymbol{L}\boldsymbol{H}_{11}-\left[\mu^2\boldsymbol{L}\boldsymbol{H}_{12}+(\mu\boldsymbol{H}_{22}-\lambda_i\boldsymbol{I}_m)\right](\mu\boldsymbol{L})\right\}\boldsymbol{z}_i^1\\&+\left[\mu\boldsymbol{L}\boldsymbol{H}_{12}-(\mu\boldsymbol{H}_{22}-\lambda_i\boldsymbol{I}_m)\right]\boldsymbol{y}_i\end{aligned}$$

如果存在 $\mu,\boldsymbol{L}$，使得

$$\mu\boldsymbol{H}_{12}+\mu^2\boldsymbol{L}\boldsymbol{H}_{11}-[\mu^2\boldsymbol{L}\boldsymbol{H}_{22}+(\mu\boldsymbol{H}_{22}-\lambda_i\boldsymbol{I}_m)](\mu\boldsymbol{L})=\mathbf{0}$$

则式（8.207）可以转化为

$$\begin{bmatrix} \dot{\boldsymbol{z}}_i \\ \dot{\boldsymbol{y}}_i \end{bmatrix} = \begin{bmatrix} \boldsymbol{H}_{11} - \mu \boldsymbol{H}_{12}\boldsymbol{L} & \boldsymbol{H}_{12} \\ \boldsymbol{0} & \mu \boldsymbol{L}\boldsymbol{H}_{12} + (\boldsymbol{H}_{22} - \omega\lambda_i \boldsymbol{I}_m) \end{bmatrix} \begin{bmatrix} \dot{\boldsymbol{z}}_i \\ \boldsymbol{y}_i \end{bmatrix}$$

随着 $\omega \to +\infty$，$\mu \to 0$，则有

$$\boldsymbol{H}_{11} - \mu \boldsymbol{H}_{12}\boldsymbol{L} \to \boldsymbol{H}_{11} = \boldsymbol{A}_{11} + \frac{1}{2}\boldsymbol{I}_{n-m} - \boldsymbol{A}_{12}\boldsymbol{S}$$
$$\mu \boldsymbol{L}\boldsymbol{H}_{12} + (\boldsymbol{H}_{22} - \omega\lambda_i \boldsymbol{I}_m) \to -\omega\lambda_i \boldsymbol{I}_m$$

由于 $\begin{bmatrix} \dot{\boldsymbol{z}}_i \\ \boldsymbol{y}_i \end{bmatrix} = \begin{bmatrix} \boldsymbol{I}_m & \boldsymbol{0} \\ \mu\boldsymbol{L} & \boldsymbol{I} \end{bmatrix} \begin{bmatrix} \boldsymbol{z}_i^1 \\ \boldsymbol{z}_i^2 \end{bmatrix} \triangleq \boldsymbol{R} \begin{bmatrix} \boldsymbol{z}_i^1 \\ \boldsymbol{z}_i^2 \end{bmatrix}$，其中 $\boldsymbol{R}$ 为可逆矩阵，则当 $\omega \to +\infty$，$\mu \to 0$ 时，$\boldsymbol{H}_{11} - \mu \boldsymbol{H}_{12}\boldsymbol{L}$ 的 $n-m$ 个特征根趋近于 $\boldsymbol{A}_{11} + \frac{1}{2}\boldsymbol{I}_{n-m} - \boldsymbol{A}_{12}\boldsymbol{S}$ 的特征根 $s_1^d, s_2^d, \cdots, s_{n-m}^d$，即矩阵 $\boldsymbol{A} + \frac{1}{2}\boldsymbol{I}_n - c\lambda_i(\boldsymbol{B}\boldsymbol{K})$ 的 $n-m$ 特征根 $\left\{s_1^i, \cdots, s_{n-m}^i\right\}$ 趋近于 $\left\{s_1^d, \cdots, s_{n-m}^d\right\}$。

而 $\mu \boldsymbol{L}\boldsymbol{H}_{12} + (\boldsymbol{H}_{22} - \omega\lambda_i \boldsymbol{I}_m)$ 的 m 个特征根趋近于 $\boldsymbol{S}\boldsymbol{A}_{12} + \boldsymbol{A}_{22} + \frac{1}{2}\boldsymbol{I}_m - c\lambda_i\omega \boldsymbol{I}_m$ 的 m 个特征值 $\left\{s_{n-m+1}^i, \cdots, s_n^i\right\} \to \{-c\omega\lambda_i, \cdots, -c\omega\lambda_i\}$。

下面证明 μ 和矩阵 $\boldsymbol{L}$ 存在唯一性。注意到对于 $\mu \neq 0$，有

$$\mu \boldsymbol{H}_{12} + \mu^2 \boldsymbol{L}\boldsymbol{H}_{11} - [\mu^2 \boldsymbol{L}\boldsymbol{H}_{22} + (\mu \boldsymbol{H}_{22} - \lambda_i \boldsymbol{I}_m)](\mu \boldsymbol{L}) = 0$$

转化为

$$\boldsymbol{H}_{12} + (\mu\boldsymbol{L})\boldsymbol{H}_{21} - (\mu\boldsymbol{L})\boldsymbol{H}_{12}(\mu\boldsymbol{L}) - (\boldsymbol{H}_{22} - \omega\lambda_i \boldsymbol{I}_m)(\mu\boldsymbol{L}) = \boldsymbol{0}$$

令 $\mu\boldsymbol{L} = \boldsymbol{L}_0 + \boldsymbol{D}$，其中 $\boldsymbol{L}_0 = (\boldsymbol{H}_{22} - \omega\lambda_i \boldsymbol{I}_m)^{-1}\boldsymbol{H}_{21}$，$D$ 为待定。令

$$\boldsymbol{W}_{22} = \boldsymbol{H}_{22} - \omega\lambda_i \boldsymbol{I}_m, \boldsymbol{W}_0 = \boldsymbol{H}_{11} - \boldsymbol{H}_{12}(\boldsymbol{H}_{22} - \omega\lambda_i \boldsymbol{I}_m)^{-1}\boldsymbol{H}_{21}, \boldsymbol{W}_{12} = \boldsymbol{H}_{12}$$

则上式转化为

$$\boldsymbol{D}\boldsymbol{W}_0 - (\boldsymbol{W}_{22} + \boldsymbol{L}_0\boldsymbol{W}_{12})\boldsymbol{D} - \boldsymbol{D}\boldsymbol{W}_{12}\boldsymbol{D} + \boldsymbol{L}_0\boldsymbol{W}_0 = \boldsymbol{0} \tag{8.207}$$

显然，对于足够大的 ω，矩阵 $\boldsymbol{W}_{22}$ 必然非奇异。注意到 $\lim\limits_{\omega\to\infty} \boldsymbol{W}_{22}^{-1} = 0$，以及

$$\lim_{\omega\to\infty} \|\boldsymbol{W}_0\| = \left\| \boldsymbol{A}_{11} + \frac{1}{2}\boldsymbol{I}_{n-m} - \boldsymbol{A}_{11}\boldsymbol{S} \right\| > 0$$

则有

$$\lim_{\omega\to\infty} \frac{1}{3}(\|\boldsymbol{W}_0\| + \|\boldsymbol{W}_{12}\|\|\boldsymbol{L}_0\|)^{-1} = \frac{1}{3}\|\boldsymbol{A}_{11} - \boldsymbol{A}_{12}\boldsymbol{S}\|^{-1} > 0$$

因此，存在充分大的标量 ω，使得 $\|\boldsymbol{W}_{22}\|^{-1} < \frac{1}{3}(\|\boldsymbol{W}_0\| + \|\boldsymbol{W}_{12}\|\|\boldsymbol{L}_0\|)^{-1}$。

根据引理 8.14，式（8.207）的唯一解 $\boldsymbol{D}$ 存在，从而存在标量 μ 和矩阵 $\boldsymbol{L}$。因此，结论（1）和（2）是正确的。证毕。

注解 8.15 定理 8.12 表明，随着 $\omega \to +\infty$，矩阵 $\boldsymbol{A}+\dfrac{1}{2}\boldsymbol{I}_m - c\lambda_i(\boldsymbol{BK})$ 的特征值渐近地趋近于 $\boldsymbol{A}+\dfrac{1}{2}\boldsymbol{I}_m - \boldsymbol{BK}$ 的特征值，而且 $n-m$ 个有限特征值 $\left\{s_1^i,\cdots,s_{n-m}^i\right\}$ 是主导极点，它们决定多智能体系统的收敛速度和阻尼比。因此，可以通过配置这一部分主导极点 $\left\{s_1^i,\cdots,s_{n-m}^i\right\}$ 来获得理想的多智能体系统的一致性性能。

注解 8.16 定理 8.12 还表明，随着 ω 的增大，网络拓扑结构对于单个智能体的影响在逐步减弱，当 ω 趋于无穷大时，实际上矩阵 $\boldsymbol{A}+\dfrac{1}{2}\boldsymbol{I}_m - c\lambda_i(\boldsymbol{BK})$ 的特征值与 $\boldsymbol{A}+\dfrac{1}{2}\boldsymbol{I}_m - \boldsymbol{BK}$ 的特征值达到完全协同。这说明对于连续线性多智能体系统，参数 ω 起到了抑制网络结构交互影响的作用。

8.5.3 全局最优一致性协议

本小节将研究领导-跟随多智能体系统在有向拓扑结构下的全局最优一致性协议问题。

定理 8.13 对于领导-跟随多智能体式（8.179）和式 (8.182)，若里卡蒂-Itô 矩阵不等式 (8.152) 存在对阵正定解 $\boldsymbol{P},\boldsymbol{P}>\boldsymbol{0}$，且存在 $\boldsymbol{R}=\boldsymbol{R}^{\mathrm{T}},\boldsymbol{R}>\boldsymbol{0}$，反馈增益 $\bar{\boldsymbol{K}}=c\left[(\boldsymbol{L}+\boldsymbol{G})\otimes\boldsymbol{K}\right]$，$\boldsymbol{K}=\boldsymbol{R}^{-1}\boldsymbol{B}^{\mathrm{T}}\boldsymbol{P}$，若拓扑图 G 满足假设 1，则存在形如式（8.187）的分布式协议，既能使领导-跟随多智能体系统在均方收敛意义下达到一致，又能最小化某些具有如下形式的性能指标：

$$J=E\left[\int_0^{\infty}\left(\boldsymbol{\delta}^{\mathrm{T}}\bar{\boldsymbol{Q}}\delta+\boldsymbol{u}^{\mathrm{T}}\bar{\boldsymbol{R}}\boldsymbol{u}\right)\mathrm{d}t\right] \tag{8.208}$$

式中，$\bar{\boldsymbol{Q}}=\bar{\boldsymbol{Q}}^{\mathrm{T}},\bar{\boldsymbol{Q}}>\boldsymbol{0}$，$\bar{\boldsymbol{R}}=\bar{\boldsymbol{R}}^{\mathrm{T}},\boldsymbol{R}>\boldsymbol{0}$，其充分必要条件是图矩阵 $\boldsymbol{L}+\boldsymbol{G}$ 可对角化且其所有的特征根为正实数。

证明：必要性，记 $\bar{\boldsymbol{K}}=c\left[(\boldsymbol{L}+\boldsymbol{G})\otimes\boldsymbol{K}\right]$，则 $\boldsymbol{u}=-\bar{\boldsymbol{K}}\boldsymbol{\delta}$ 关于某些性能指标 J 是最优的，则 $\bar{\boldsymbol{K}}\bar{\boldsymbol{B}}=\left[(\boldsymbol{L}+\boldsymbol{G})\otimes\boldsymbol{K}\right](\boldsymbol{I}_N\otimes\boldsymbol{B})=\left[(\boldsymbol{L}+\boldsymbol{G})\otimes\boldsymbol{KB}\right]$ 是可对角化的，从而 $(\boldsymbol{L}+\boldsymbol{G})\otimes(\boldsymbol{KB})$ 是可对角化的且所有特征值为非负。由于拓扑图 G 满足假设 8.3，故所有特征值为正实数，从而存在一个非奇异矩阵 $\boldsymbol{X}\in\mathbf{R}^{mN\otimes mN}$，使得

$$(\boldsymbol{L}+\boldsymbol{G})\otimes(\boldsymbol{KB})=\boldsymbol{X}^{-1}\boldsymbol{\Lambda}\boldsymbol{X} \tag{8.209}$$

式中，$\boldsymbol{\Lambda}=\mathrm{diag}\left\{\mathcal{K}_1,\cdots,\mathcal{K}_{mN}\right\}$，$\mathcal{K}_j>0(j=1,\cdots,mN)$。

假设矩阵 $\boldsymbol{L}+\boldsymbol{G}$ 和 $\boldsymbol{KB}$ 的约当（Jordan）标准型为

$$\boldsymbol{L}+\boldsymbol{G}=\boldsymbol{Y}^{-1}\boldsymbol{J}_1\boldsymbol{Y} \tag{8.210}$$

$$\boldsymbol{KB}=\boldsymbol{Z}^{-1}\boldsymbol{J}_2\boldsymbol{Z} \tag{8.211}$$

式中，$\boldsymbol{J}_1\in\mathbf{R}^{N\times N}$ 是上三角形并且特征值 $\{\lambda_i,\cdots,\lambda_N\}$ 位于对角线上，$\boldsymbol{Y}\in\mathbf{R}^{N\times N}$ 是非奇异的，$\boldsymbol{J}_2\in\mathbf{R}^{m\times m}$ 是上三角形并且特征值 $\mathcal{U}_N,\cdots,\mathcal{U}_m$ 位于对角线上，$\boldsymbol{Z}\in\mathbf{R}^{m\times m}$ 是非奇异的。

根据式（8.209），得到

$$(\boldsymbol{Y}\otimes\boldsymbol{Z})^{-1}(\boldsymbol{J}_1\otimes\boldsymbol{J}_2)(\boldsymbol{Y}\otimes\boldsymbol{Z})=\boldsymbol{X}^{-1}\boldsymbol{\Lambda}\boldsymbol{X} \tag{8.212}$$

从而 $\boldsymbol{J}_1$ 和 $\boldsymbol{J}_2$ 必然是对角矩阵，故 $\boldsymbol{L}+\boldsymbol{G}$ 可以对角化。

由于有向拓扑图满足假设 1，从而 $\boldsymbol{L}+\boldsymbol{G}$ 的所有特征根具有正实部。不妨假设 $\boldsymbol{L}+\boldsymbol{G}$ 有一对复根 $\alpha_i\pm\beta_i\mathrm{j}$，其中 $\alpha_i>0$，$\beta_i\neq 0\in\mathrm{R}$，j 为虚数单位，满足 $\mathrm{j}^2=-1$。令 $\mathcal{U}_s$ 为 $\boldsymbol{KB}$ 的一个特征根，则 $\mathcal{U}_s(\alpha_i\pm\beta_i\mathrm{j})$ 必然是 $\boldsymbol{\Lambda}$ 的两个特征根，从而有

$$\begin{aligned}k_p=\mathcal{U}_s\left(\alpha_i+\beta_i\mathrm{j}\right)=\mathcal{U}_s\alpha_i+\mathcal{U}_s\beta_i\mathrm{j}>0\\ \mathcal{U}_q=\mathcal{U}_s\left(\alpha_i-\beta_i\mathrm{j}\right)=\mathcal{U}_s\alpha_i-\mathcal{U}_s\beta_i\mathrm{j}>0\end{aligned}$$

不难看出，$\beta_t=0,\mathcal{U}_s>0$，即 $\boldsymbol{L}+\boldsymbol{G}$ 的所有特征根都是正实数。因此，$\boldsymbol{L}+\boldsymbol{G}$ 可对角化且所有的特征值为正实数。

充分性：分两个步骤来证明。

1）证明存在 $\boldsymbol{K}=[\boldsymbol{K}_1,\boldsymbol{K}_2]\in\mathrm{R}^{m\times n}$，使得 $(\boldsymbol{L}+\boldsymbol{G})\otimes(\boldsymbol{KB})$ 是可对角化的并且正定的。

由于图矩阵 $\boldsymbol{L}+\boldsymbol{G}$ 可对角化且所有的特征根为正定数，则存在一个对称正定矩阵 $\boldsymbol{\Phi}\in\mathrm{R}^{m\times m}$（如 $\boldsymbol{\Phi}=\boldsymbol{I}_m$），使 $(\boldsymbol{L}+\boldsymbol{G})\otimes\boldsymbol{\Phi}$ 可对角化且其所有特征值为正实数。

令 $\boldsymbol{K}=[\boldsymbol{K}_1\quad\boldsymbol{K}_2]$，其中任意的 $\boldsymbol{K}_1\in\mathrm{R}^{m\times(n-m)}$，$\boldsymbol{K}_2=\boldsymbol{\Phi}\boldsymbol{B}_2^{-1}$，则控制增益矩阵为

$$\boldsymbol{K}=[\boldsymbol{K}_1\quad\boldsymbol{\Phi}\boldsymbol{B}_2^{-1}] \tag{8.213}$$

故 $\boldsymbol{KB}=\begin{bmatrix}\boldsymbol{K}_1 & \boldsymbol{\Phi}\boldsymbol{B}_2^{-1}\end{bmatrix}\begin{bmatrix}\boldsymbol{0}\\ \boldsymbol{B}_2\end{bmatrix}=\boldsymbol{\Phi}$，因此 $(\boldsymbol{L}+\boldsymbol{G})\otimes\boldsymbol{KB}=(\boldsymbol{L}+\boldsymbol{G})\otimes\boldsymbol{\Phi}$ 可对角化且所有的特征值为正实数。

2）证明通过进一步选择合适的 $\boldsymbol{K}=[\boldsymbol{K}_1,\boldsymbol{\Phi}\boldsymbol{B}_2^{-1}]$ 使 $\boldsymbol{A}+\dfrac{1}{2}\boldsymbol{I}_m-c\lambda_i(\boldsymbol{BK})(i=1,2,\cdots,N)$ 是赫尔维茨稳定的。

令 $\boldsymbol{T}=\begin{bmatrix}\boldsymbol{I} & \boldsymbol{0}\\ \boldsymbol{S} & \boldsymbol{I}\end{bmatrix}$，则

$$\begin{aligned}&\boldsymbol{T}\left(\boldsymbol{A}+\frac{1}{2}\boldsymbol{I}_n-c\lambda_i(\boldsymbol{BK})\right)\boldsymbol{T}^{-1}\\ &-\begin{bmatrix}\boldsymbol{A}_{11}+\dfrac{1}{2}\boldsymbol{I}_{n-m}-\boldsymbol{A}_{12}\boldsymbol{S} & \boldsymbol{A}_{12}\\ \boldsymbol{\Sigma} & \boldsymbol{S}\boldsymbol{A}_{12}+\boldsymbol{A}_{22}+\dfrac{1}{2}\boldsymbol{I}_n-c\lambda_i\boldsymbol{B}_2\boldsymbol{K}_2\end{bmatrix}\end{aligned} \tag{8.214}$$

式中

$$\boldsymbol{\Sigma}=\boldsymbol{S}\left(\boldsymbol{A}_{11}+\frac{1}{2}\boldsymbol{I}_{n-m}\right)+\boldsymbol{A}_{21}-c\lambda_i\boldsymbol{B}_2\boldsymbol{K}_1-\left(\boldsymbol{S}\boldsymbol{A}_{12}+\boldsymbol{A}_{22}+\frac{1}{2}\boldsymbol{I}_m-c\lambda_i\boldsymbol{B}_2\boldsymbol{K}_2\right)\boldsymbol{S}$$

记

$$
\begin{aligned}
\boldsymbol{P} &= \boldsymbol{S}\left(\boldsymbol{A}_{11}+\frac{1}{2}\boldsymbol{I}_{n\text{-}m}\right)+\boldsymbol{A}_{21}-\left(\boldsymbol{S}\boldsymbol{A}_{12}+\boldsymbol{A}_{22}+\frac{1}{2}\boldsymbol{I}_m\right)\\
&= \begin{bmatrix}\boldsymbol{S} & \boldsymbol{I}_m\end{bmatrix}\boldsymbol{A}\begin{bmatrix}\boldsymbol{I}_m\\ -\boldsymbol{S}\end{bmatrix}
\end{aligned}
$$

则 $\boldsymbol{\Sigma}=\boldsymbol{P}-c\lambda_i\boldsymbol{B}_2(\boldsymbol{K}_1-\boldsymbol{K}_2\boldsymbol{S})$，取反馈增益 $\boldsymbol{K}$ 为

$$
\boldsymbol{K}=\boldsymbol{B}_2^{-1}\begin{bmatrix}\boldsymbol{P} & \boldsymbol{0}\end{bmatrix}+\boldsymbol{B}_2^{-1}\boldsymbol{W}\begin{bmatrix}\boldsymbol{S} & \boldsymbol{I}_m\end{bmatrix} \tag{8.215}
$$

则由引理 8.12 可知，通过选择充分大的 ω，使 $\boldsymbol{A}+\frac{1}{2}\boldsymbol{I}_n-c\lambda_i(\boldsymbol{B}\boldsymbol{K})$ 的 $n-m$ 个特征值趋于 $\boldsymbol{A}+\frac{1}{2}\boldsymbol{I}_{n-m}-\boldsymbol{A}_{12}\boldsymbol{S}$ 的特征值，而另外的 m 个特征值趋于 $\boldsymbol{S}\boldsymbol{A}_{12}+\boldsymbol{A}_{22}+\frac{1}{2}\boldsymbol{I}_m-c\lambda_i\omega\boldsymbol{I}_m$ 的特征值。

由于 $\left(\boldsymbol{A}_{11}+\frac{1}{2}\boldsymbol{I}_{n-m},\boldsymbol{A}_{12}\right)$ 是可控的，总可以选择 $\boldsymbol{S}$ 使 $\boldsymbol{A}+\frac{1}{2}\boldsymbol{I}_{n-m}-\boldsymbol{A}_{12}\boldsymbol{S}$ 的全部特征值在左半平面，从而当 ω 取充分大，使 $\boldsymbol{A}+\frac{1}{2}\boldsymbol{I}_n-c\lambda_i(\boldsymbol{B}\boldsymbol{K})$ 的 $n-m$ 个特征值落在左半平面的指定位置。由于 $c>0$，λ_i 为 $\boldsymbol{L}+\boldsymbol{G}$ 的第 i 个特征值，从而 $\lambda_i>0$。因此，$c\lambda_i\boldsymbol{B}_2\boldsymbol{K}_2=c\lambda_i\omega\boldsymbol{I}_m$ 的特征值为 $c\lambda_i\omega>0$，故当 ω 足够大时，$\boldsymbol{S}\boldsymbol{A}_{12}+\boldsymbol{A}_{22}+\frac{1}{2}\boldsymbol{I}_m-c\lambda_i\boldsymbol{B}_2\boldsymbol{K}_2$ 的所有特征值都落在左半平面 $-c\lambda_i\omega$ 点。

通过选择合适的满足式(8.215)的反馈增益，使 $\boldsymbol{A}+\frac{1}{2}\boldsymbol{I}_m-\lambda_i(\boldsymbol{B}\boldsymbol{K})(i=1,2,\cdots,N)$ 是赫尔维茨稳定的。

由引理 8.12 可知，领导-跟随多智能体系统在均方收敛意义下达到一致。

再由已知证明存在 $\boldsymbol{K}=[\boldsymbol{K}_1,\boldsymbol{K}_2]\in\mathbf{R}^{m\times n}$，使 $(\boldsymbol{L}+\boldsymbol{G})\otimes\boldsymbol{K}\boldsymbol{B}$ 可对角化且是正定的，故由定理 8.8 可知，形如式（8.204）的分布式协议使形如式（8.208）的性能指标最小化，即形如式（8.204）的分布式协议是最优的。证毕。

注解 8.17 记 $\varDelta=\min\{\lambda_i,i\in\mathbf{N}\}$，取 $\forall c\geqslant\frac{1}{\lambda}$，则 $-c\lambda_i\boldsymbol{B}_2\boldsymbol{K}_2=-c\lambda_i\omega\boldsymbol{I}_m<-\omega\boldsymbol{I}_m$，而 $\boldsymbol{S}\boldsymbol{A}_{12}+\boldsymbol{A}_{22}+\frac{1}{2}\boldsymbol{I}_m-c\lambda_i\boldsymbol{B}_2\boldsymbol{K}_2$ 的特征根为 $\lambda\left(\boldsymbol{S}\boldsymbol{A}_{12}+\boldsymbol{A}_{22}+\frac{1}{2}\boldsymbol{I}_m\right)-c\lambda_i\omega$，$\lambda\left(\boldsymbol{S}\boldsymbol{A}_{12}+\boldsymbol{A}_{22}+\frac{1}{2}\boldsymbol{I}_m\right)$ 表示 $\boldsymbol{S}\boldsymbol{A}_{12}+\boldsymbol{A}_{22}+\frac{1}{2}\boldsymbol{I}_m$ 的特征值。因此，当 $c\geqslant\frac{1}{\lambda}$，$\omega$ 取足够大时，可以使 $\boldsymbol{S}\boldsymbol{A}_{12}+\boldsymbol{A}_{22}+\frac{1}{2}\boldsymbol{I}_m-c\lambda_i\boldsymbol{B}_2\boldsymbol{K}_2(\forall i\in\mathbf{N})$ 的特征值配置到 $-\omega$ 的左边。$\boldsymbol{S}\boldsymbol{A}_{12}+\boldsymbol{A}_{22}+\frac{1}{2}\boldsymbol{I}_m-c\lambda_i\boldsymbol{B}_2\boldsymbol{K}_2$ 的特征值所配置的位置不受 λ_i 的影响，即不受网络拓扑图 G 的影响。而 $\boldsymbol{K}$ 的参数 $\boldsymbol{S}$ 和标量 ω 选取可保证单个智能体系统的稳定性 $\left(\text{即 }\boldsymbol{A}+\frac{1}{2}\boldsymbol{I}_n-\boldsymbol{B}\boldsymbol{K}\text{ 是赫尔维茨稳定的}\right)$，而不考虑拓扑网络结构，也就是说，$\boldsymbol{K}$ 的设计与图的拓扑网络结构被解耦了。因此，选择 $c\geqslant\frac{1}{\lambda}$ 是非常重要的。

8.6 本 章 小 结

本章共分为四部分。第一部分介绍连续时间一阶随机多智能体系统分布式最优控制器设计方法；第二部分针对离散时间一阶随机多智能体系统，给出了分布式最优控制协议算法并证明协议满足一致性条件；第三部分给出无向网络条件下领导-跟随和无领导多智能体系统最优一致性协议；第四部分针对有向网络拓扑结构下，领导-跟随多智能体系统，给出分布最优协议设计方法，并证明其满足一致性条件。

第 9 章 强化学习及随机自适应最优控制

9.1 引 言

大数据、人工智能及深度学习是目前信息科技领域三类最新话题。深度学习的出现使神经网络再次成为研究热点 [159-160,162]。它在人工智能的各个分支领域中都取得了巨大的成功，如机器学习、模式识别、语音识别、机器视觉及自然语言处理。同时，在研究大数据时常会用到机器学习及深度学习相关理论。AI 的一个特别研究项目——围棋游戏在处理大数据方面就面临着巨大的挑战。围棋游戏的棋盘是由 19×19 的正方形网格组成。游戏开始时，两个玩家中的每一个都有大约 360 个放置每个棋子的选项。但是，潜在正确的棋盘下子位置数量呈指数级增长，并且迅速变得非常大。这样的数目导致可以移动的方向非常多，使得计算机不可能通过暴力计算所有可能的结果来下棋。

以前的计算机程序较少集中于评估棋盘下子位置的状态，而是集中于模拟游戏玩法。蒙特卡罗树搜索方法常用于游戏程序中，该程序仅在每个步骤中随机采样一些可能的游戏顺序。DeepMind 公司用此开发了一个名为 AlphaGo 的程序，该程序实现的效率大大超过了前人所想。AlphaGo 不会探索各种动作顺序，而是通过评估棋子在棋盘上的位置强度来学习并做出动作，也正是由于神经网络（neural network，NN）的深度学习能力使这种评估成为可能。同时，位置评估（用于逼近最佳游戏成本）是 AlphaGo 成功的关键。在 AlphaGo 和 TD-Gammon 中采用了一种称为 TD(λ) 的强化学习技术进行位置评估。使用 TD-Gammon，该程序已经学会了以大师级水平玩双陆棋。AlphaGo 也击败了众多围棋高手。

在这种情况下，强化学习（reinforcement learning，RL）技术成功依赖于神经网络的深度学习能力 [111,229]。AlphaGo 中使用的 NN 具有 13 层的深层结构。虽然在围棋游戏中也使用了 RL 和相关计算，但由于网络深度不够，而只有 AlphaGo 才使深度神经网络获得价值网络，以实现更高的目标——评估准确性。因此，即使人们已经考虑使用位置评估和深度学习来构建围棋游戏的程序，但它们并未达到 AlphaGo 的水平。2016 年 3 月，AlphaGo 与李世石的比赛则更是具有历史意义的赛事，同时也是追求 AI 的里程碑。机器击败人类，引起了全世界人工智能技术的巨大公众兴趣，尤其是在中国、韩国、美国和英国。这将对人工智能、深度学习和 RL 的研究产生深远的影响。

RL 是采用动态规划（dynamic programming，DP）的最优原理来解决优化问题的非常有用的工具。特别是在控制系统领域，RL 是处理未知非线性系统最优控制问题的重要方法 [230-232]。DP 为理解 RL 提供了必要的基础。实际上，大多数 RL 方法都可以看作不采用理想环境模型情况下，以较少的计算量实现与 DP 几乎相同的效果的尝试。一类 RL 方法建立在行为者评判结构的基础上，即自适应评判设计，其中行为者组件将动作或控制策略应用于环境，而评判者组件则评估该行为的价值以及由此产生的状态。DP、NN 和行为者评判结构的组合产生了自适应动态规划算法（ADP）[110]。

9.2 Markov 决策过程

研究强化学习的一个框架是基于马尔可夫决策过程 (Markov decision process, MDP)[132]。许多动态决策问题可以表述为 MDP，包括人类工程系统的反馈控制系统、物种种群平衡和生存的反馈调节机制、多人游戏的决策、全球金融市场的经济调节机制。

MDP 为研究强化学习提供了一个框架。考虑 MDP (X, U, P, R)，其中 X 是一组状态，U 是一组行为或控制。转换概率 $P: X \times U \times X \to [0,1]$ 描述，对于每一个状态量 $\boldsymbol{x} \in X$ 和行为 $\boldsymbol{u} \in U$，在给定 MDP 的情况下，转换到状态 $\boldsymbol{x}^{\mathrm{T}} \in X$ 的条件概率 $P_{x,x'}^{u} = \Pr\{\boldsymbol{x}'|\boldsymbol{x}, \boldsymbol{u}\}$ 是在状态 $\boldsymbol{x}$ 中，并采取行为 $\boldsymbol{u}$。在 MDP 处于状态 $\boldsymbol{x}$ 并采取行为 $\boldsymbol{u} \in U$ 过渡到状态 $\boldsymbol{x}' \in X$ 后，代价函数 $R: X \times U \times X \to R$ 是预期的即时代价 R_{xx}^{u}。马尔可夫（Markov）性质指的是转移概率 $P_{x,x'}^{u}$ 仅依赖于当前状态 $\boldsymbol{x}$，而不是过去 MDP 是如何达到那种状态的。

MDP 的基本问题是找到一个映射 $\pi: X \times U \to [0,1]$，对于每个状态量 $\boldsymbol{x}$ 和行为 $\boldsymbol{u}$，假设 MDP 在状态 $\boldsymbol{x}$ 下，行为 $\boldsymbol{u}$ 下的条件概率为 $\pi(\boldsymbol{x}, \boldsymbol{u}) = \Pr\{\boldsymbol{u}|\boldsymbol{x}\}$。这种映射称为闭环控制或行为策略或策略。如果在状态 $\boldsymbol{x}$ 时选择多个控制的概率不为零，这种策略 $\pi(\boldsymbol{x}, \boldsymbol{u}) = \Pr\{\boldsymbol{u}|\boldsymbol{x}\}$ 被称为随机或混合的。混合策略可以看作一个概率分布向量，它的第 i 个组成部分是选择状态 $\boldsymbol{x} \in X$ 下第 i 个控制行为的概率。如果映射 $\pi: X \times U \to [0,1]$ 只允许一个控制，概率为 1，在每个状态 $\boldsymbol{x}$ 中，此映射称为确定性策略。这样，$\pi(\boldsymbol{x}, \boldsymbol{u}) = \Pr\{\boldsymbol{u}|\boldsymbol{x}\}$ 对应于将状态映射到控制的函数 $\mu(\boldsymbol{x}): X \to U$。具有有限状态和操作空间的 MDP 称为有限 MDP。

9.2.1 最优连续控制

动态系统随时间而有因果性地发展。考虑连续决策问题，并引入一个离散阶段指数 k，使得 MDP 在非负整数阶段值 k 处采取行为并改变状态。这些阶段可能与时间相对应，或者更一般地与事件序列相对应。我们把阶段值称为时间 k。时间 k 的 $\boldsymbol{x}_k$、$\boldsymbol{u}_k$ 表示当时的状态值和行为。MDP 按离散时间演化。

在节约成本、时间、燃料和能源等资源方面，人类工程系统通常是最理想的。因此，在为 MDP 选择控制策略时应该捕捉到最优性的概念。定义 k 时刻的阶段成本 $r_k = r_k(\boldsymbol{x}_k, \boldsymbol{u}_k, \boldsymbol{x}_{k+1})$。这样，$R_{xx'}^{u} = E\{r_k|\boldsymbol{x}_k = \boldsymbol{x}, \boldsymbol{u}_k = \boldsymbol{u}, \boldsymbol{x}_{k+1} = \boldsymbol{x}'\}$，$E\{\cdot\}$ 为期望值算子。将性能指标定义为时间间隔 $[k, k+T]$ 内未来成本的总和，即

$$J_{k,T} = \sum_{i=0}^{\mathrm{T}} \gamma^{i} r_{k+i} = \sum_{i=k}^{k+T} \gamma^{i-k} r_i \tag{9.1}$$

式中，$0 \leqslant \gamma < 1$ 是衰减系数，它可以减少未来产生的成本的权重。

在计算智能和经济学领域中，MDP 的使用通常将 r_k 视为在 k 时刻产生的回报，也称为效用，而 $J_{k,T}$ 则是衰减回报，也称为策略回报，指阶段成本和未来成本是一致的目标控制的动态系统。

假设代理选择控制策略 $\pi_k(\boldsymbol{x}_k, \boldsymbol{u}_k)$ 在 MDP 的每个阶段 k 都被用到。我们主要对固定策略感兴趣，其中条件概率 $\pi_k(\boldsymbol{x}_k, \boldsymbol{u}_k)$ 基于 k 是独立的。这样对于所有 k，$\pi_k(\boldsymbol{x}, \boldsymbol{u}) = \pi(\boldsymbol{x}, \boldsymbol{u}) = \Pr\{\boldsymbol{u}|\boldsymbol{x}\}$。非平稳确定性策略的形式为 $\pi = \{\mu_0, \mu_1, \cdots\}$，其中每项都是函数 $\mu_k(\boldsymbol{x}) : X \to U(k = 0, 1, \cdots)$。平稳的确定性策略是独立于时间的，即具有形式 $\pi = \{\mu, \mu, \cdots\}$。

选择固定的固定策略 $\pi(\boldsymbol{x}, \boldsymbol{u}) = \Pr\{\boldsymbol{u}|\boldsymbol{x}\}$。然后，“闭环” MDP 简化为一个状态空间为 X 的马尔可夫链，即状态之间的转移概率是固定的，没有进一步行动选择的自由。该马尔可夫链的转移概率为

$$p_{x,x'} \equiv P_{x,x'}^{\pi} = \sum_{\boldsymbol{u}} \Pr\{\boldsymbol{x}'|\boldsymbol{x}, \boldsymbol{u}\} \Pr\{\boldsymbol{u}|\boldsymbol{x}\} = \sum_{\boldsymbol{u}} \pi(\boldsymbol{x}, \boldsymbol{u}) P_{x,x'}^{u} \tag{9.2}$$

其中使用到查普曼-柯尔莫哥洛夫（Chapman-Kolmogorov）特性。

如果所有状态都是正周期和非周期的，则马尔可夫链是遍历的。假设每个策略对应的马尔可夫链是遍历的，其转移概率如式 (9.2) 所示，则可以得到每个 MDP 都有一个平稳的确定性最优策略。然后，对于给定的策略，存在 X 的平稳分布 $p_\pi(\boldsymbol{x})$，它给出了状态 X 下的马尔可夫链的稳态概率。

策略值被定义为从状态 x 开始的 k 时刻的未来成本的条件期望值策略值，则策略 $\pi(\boldsymbol{x}, \boldsymbol{u})$ 为

$$V_k^{\pi}(\boldsymbol{x}) = E_\pi\{J_{k,T}|\boldsymbol{x}_k = \boldsymbol{x}\} = E_\pi\left(\sum_{i=k}^{k+T} \gamma^{i-k} r_i | \boldsymbol{x}_k = \boldsymbol{x}\right) \tag{9.3}$$

式中，$E_\pi\{\cdot\}$ 是给定代理遵循策略 $\pi(\boldsymbol{x}, \boldsymbol{u})$ 的期望值算子；$V_k^{\pi}(\boldsymbol{x})$ 称为策略 $\pi(\boldsymbol{x}, \boldsymbol{u})$ 的值函数，即在给定策略 $\pi(\boldsymbol{x}, \boldsymbol{u})$ 的情况下，处于状态 $\boldsymbol{x}$ 的值。

MDP 的主要目标是确定一个策略 $\pi(\boldsymbol{x}, \boldsymbol{u})$ 来最小化预期的未来成本，即

$$\pi^*(\boldsymbol{x}, \boldsymbol{u}) = \arg_\pi \min V_k^{\pi}(\boldsymbol{x}) = \arg\min_\pi E_\pi\left(\sum_{i=k}^{k+T} \gamma^{i-k} r_i | \boldsymbol{x}_k = \boldsymbol{x}\right) \tag{9.4}$$

该策略称为最优策略，其最优值为

$$V_k^*(\boldsymbol{x}) = \min_\pi V_k^{\pi}(\boldsymbol{x}) = \min_\pi E_\pi\left(\sum_{i=k}^{k+T} \gamma^{i-k} r_i | \boldsymbol{x}_k = \boldsymbol{x}\right) \tag{9.5}$$

在计算智能和经济学中，人们关心的是效用和回报，即关心的是期望性能指标的最大化。

9.2.2 值的向后递归

通过使用查普曼-柯尔莫哥洛夫等式和马尔可夫性质，策略值 $\pi(\boldsymbol{x}, \boldsymbol{u})$ 为

$$V_k^{\pi}(\boldsymbol{x}) = E_\pi\{J_k|\boldsymbol{x}_k = \boldsymbol{x}\} = E_\pi\left(\sum_{i=k}^{k+T} \gamma^{i-k} r_i | \boldsymbol{x}_k = \boldsymbol{x}\right) \tag{9.6}$$

$$V_k^{\pi}(\boldsymbol{x}) = E_\pi\left(r_k + \gamma \sum_{i=k+1}^{k+T} \gamma^{i-(k+1)} r_i | \boldsymbol{x}_k = \boldsymbol{x}\right) \tag{9.7}$$

$$V_k^\pi(\boldsymbol{x}) = \sum_u \pi(\boldsymbol{x},\boldsymbol{u}) \sum_{x'} P_{xx'}^u \left[R_{xx'}^u + \gamma E_\pi \left(\sum_{i=k+1}^{k+T} \gamma^{i-(k+1)} r_i | \boldsymbol{x}_{k+1} = \boldsymbol{x}' \right) \right] \tag{9.8}$$

因此策略值函数 $\pi(\boldsymbol{x},\boldsymbol{u})$ 满足如下方程：

$$V_k^\pi(\boldsymbol{x}) = \sum_u \pi(\boldsymbol{x},\boldsymbol{u}) \sum_{x'} P_{xx'}^u \left[R_{xx'}^u + \gamma V_{k+1}^\pi(\boldsymbol{x}') \right] \tag{9.9}$$

这个方程根据 $k+1$ 时刻的值得到 k 时刻的值，反向递归。

9.2.3 动态规划

最优代价是在 $\boldsymbol{x}$ 取最优的代价函数，可表示为

$$\begin{aligned} V_k^*(\boldsymbol{x}) &= \min_\pi V_k^\pi(\boldsymbol{x}) \\ &= \min_\pi \sum_u \pi(\boldsymbol{x},\boldsymbol{u}) \sum_{x'} P_{xx'}^u \left[R_{xx'}^u + \gamma V_{k+1}^\pi(\boldsymbol{x}') \right] \end{aligned} \tag{9.10}$$

贝尔曼（Bellman）的最优性原则指出，最优策略的特性是，无论先前的控制行为是什么，其余的控制都构成了与先前控制产生的状态相关的最优策略。这个原则意味着式 (9.10) 可以写成

$$V_k^*(\boldsymbol{x}) = \min_\pi \sum_u \pi(\boldsymbol{x},\boldsymbol{u}) \sum_{x'} P_{xx^*}^u \left[R_{xx'}^u + \gamma V_{k+1}^*(\boldsymbol{x}') \right] \tag{9.11}$$

假设在时刻 k 应用任意控制 $\boldsymbol{u}$，从时刻 $k+1$ 开始应用最优策略。然后利用贝尔曼最优性原理给出了时刻 k 的最优控制策略，即

$$\pi^*(\boldsymbol{x},\boldsymbol{u}) = \arg\min_\pi \sum_u \pi(\boldsymbol{x},\boldsymbol{u}) \sum_{x'} P_{xx'}^u \left[R_{xx'}^u + \gamma V_{k+1}^*(\boldsymbol{x}') \right] \tag{9.12}$$

假设每个策略对应的马尔可夫链是遍历的，且转移概率如式 (9.2) 所示，则每个 MDP 都有一个平稳确定性最优策略。我们可以等价地最小化状态中所有行为的条件期望，因此

$$V_k^*(\boldsymbol{x}) = \min_{\boldsymbol{u}} \sum_{x'} P_{xx}^u \left[R_{xx'}^u + \gamma V_{k+1}^*(\boldsymbol{x}') \right] \tag{9.13}$$

$$\boldsymbol{u}_k^* = \arg\min_{\boldsymbol{u}} \sum_{x'} P_{xx'}^u \left[R_{xx'}^u + \gamma V_{k+1}^*(\boldsymbol{x}') \right] \tag{9.14}$$

反向递归式 (9.11)、式 (9.13) 构成了动态规划 [18] 的基础，它给出了时间回推工作以确定最优策略的离线方法。DP 是一个寻找最优值和最优策略的离线过程，需要以转移概率 $P_{x,x'}^u = \Pr\{\boldsymbol{x}'|\boldsymbol{x},\boldsymbol{u}\}$ 和期望代价 $R_{xx'}^u = E\{r_k|\boldsymbol{x}_k = \boldsymbol{x}, \boldsymbol{u}_k = \boldsymbol{u}, \boldsymbol{x}_{k+1} = \boldsymbol{x}'\}$ 的形式了解整个系统的动态。

9.2.4 贝尔曼方程与贝尔曼最优性方程

动态规划是一种寻找最优值和最优策略的时间回推方法。相比之下，强化学习是通过执行基于当前策略的观察结果的改进控制行动的顺序决策，从而根据因果经验来寻找最优策略。此过程需要推导出寻找最优值的方法和时间向前执行的最优策略。其中的关键是贝尔曼方程。

为了推导出寻找最优值和最优策略的时间向前方法，将时间范围 T 设为无穷大，并定义无穷大范围内的代价为

$$J_k = \sum_{i=0}^{\infty} \gamma^i r_{k+i} = \sum_{i=k}^{\infty} \gamma^{i-k} r_i \tag{9.15}$$

策略 $\pi(\boldsymbol{x}, \boldsymbol{u})$ 的关联无穷范围值函数为

$$V^\pi(\boldsymbol{x}) = E_\pi \left\{ J_k | \boldsymbol{x}_k = \boldsymbol{x} \right\} = E_\pi \left\{ \sum_{i=k}^{\infty} \gamma^{i-k} r_i | \boldsymbol{x}_k = \boldsymbol{x} \right\} \tag{9.16}$$

利用 $T=\infty$ 时的式 (9.8)，可以看出策略 $\pi(\boldsymbol{x}, \boldsymbol{u})$ 的值函数满足贝尔曼方程，即

$$V^\pi(\boldsymbol{x}) = \sum_u \pi(\boldsymbol{x}, \boldsymbol{u}) \sum_{x'} P_{xx'}^u \left[R_{xx'}^u + \gamma V^\pi\left(\boldsymbol{x}'\right) \right] \tag{9.17}$$

推导该方程的关键是在方程两边出现相同的值函数，这里采用了无限范围代价。因此，贝尔曼方程式 (9.17) 可以被解释为一个一致性方程，在每个阶段的值函数都必须满足这个一致性方程。它表达了假设采用策略 $\pi(\boldsymbol{x}, \boldsymbol{u})$，处于 $\boldsymbol{x}$ 状态的当前值与处于下一个状态 $\boldsymbol{x}'$ 的值之间的关系。贝尔曼方程的解是由式 (9.16) 中的无穷和给出的值。

贝尔曼方程式 (9.17) 是开发一系列强化学习算法的起点，这些算法通过使用在向前时间逐级得到的因果经验来寻找最优策略。贝尔曼最优性方程式 (9.11) 涉及“最小”算子，因此不包含任何特定的策略 $\pi(\boldsymbol{x}, \boldsymbol{u})$。它的解决方案依赖于以转移概率的形式了解动态。与此相反，贝尔曼方程的形式比最优性方程更简单，也更容易求解。贝尔曼方程的解产生特定策略 $\pi(\boldsymbol{x}, \boldsymbol{u})$ 的值函数。因此，贝尔曼方程非常适合于图 9.1 所示强化学习的执行器-评估器方法。随后显示，贝尔曼方程提供了实现图 9.1 中评估器的方法，评估器负责评估特定当前策略的性能。还有两种关键成分有待落实。首先，证明策略迭代和值迭代方法利用贝尔曼方程及时求解最优控制问题。其次，通过参数结构逼近式 (9.17) 中的值函数，这些方法可以通过递归最小二乘等标准自适应控制系统辨识算法在线实现。

在使用贝尔曼方程进行强化学习的情况下，$V^\pi(\boldsymbol{x})$ 可视为预测性能，$V^\pi(\boldsymbol{x}^{\mathrm{T}})$ 为对未来行为的当前估计，$\sum\limits_{\boldsymbol{u}} \pi(\boldsymbol{x}, \boldsymbol{u}) \sum\limits_{x'} P_{xx'}^u R_{xx'}^u$ 为观测的每步奖励。这些概念在随后时间差异学习的讨论中用于开发能够在实时应用中在线学习最优行为的自适应控制算法。

如果 MDP 是有限的，并且有 N 个状态，那么在当前策略 $\pi(\boldsymbol{x}, \boldsymbol{u})$ 下的每个状态 x 下的值 $V^\pi(\boldsymbol{x})$，贝尔曼方程是 N 个线性方程组。

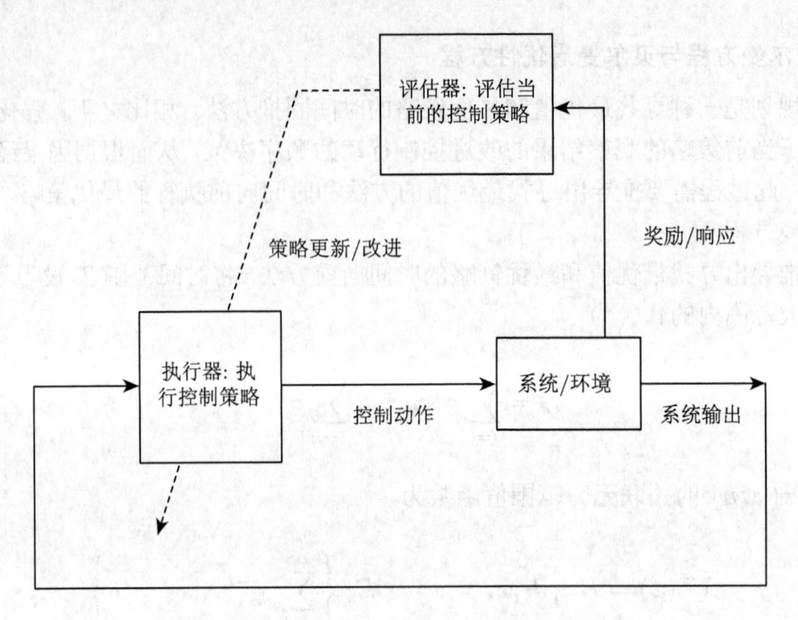

图 9.1 基于执行器-评估器结构的强化学习框图

最优值满足下列方程:

$$
\begin{aligned}
V^*(\boldsymbol{x}) &= \min_{\pi} V^{\pi}(\boldsymbol{x}) \\
&= \min_{\pi} \sum_{\boldsymbol{u}} \pi(\boldsymbol{x},\boldsymbol{u}) \sum_{x'} P^{\boldsymbol{u}}_{xx'} \left[R^{\boldsymbol{u}}_{xx'} + \gamma V^{\pi}(\boldsymbol{x}')\right]
\end{aligned} \tag{9.18}
$$

根据贝尔曼最优性原理，得出贝尔曼最优性方程为

$$
\begin{aligned}
V^*(\boldsymbol{x}) &= \min_{\pi} V^{\pi}(\boldsymbol{x}) \\
&= \min_{\pi} \sum_{\boldsymbol{u}} \pi(\boldsymbol{x},\boldsymbol{u}) \sum_{x'} P^{\boldsymbol{u}}_{xx'} \left[R^{\boldsymbol{u}}_{xx'} + \gamma V^{*}(\boldsymbol{x}')\right]
\end{aligned} \tag{9.19}
$$

同样地，在每个策略对应的马尔可夫链上的遍历性假设下，贝尔曼最优性方程可以表示为

$$
V^*(\boldsymbol{x}) = \min_{\pi} \sum_{x'} P^{\boldsymbol{u}}_{xx'} \left[R^{\boldsymbol{u}}_{xx'} + \gamma V^{*}(\boldsymbol{x}')\right] \tag{9.20}
$$

这个方程在控制系统中称为 HJB 方程。如果 MDP 是有限的，并且有 N 个状态，那么贝尔曼最优性方程就是一个包含 N 个非线性方程的系统，其中 $V^*(\boldsymbol{x})$ 是每个状态下的最优值。最优控制由以下方程给出:

$$
\boldsymbol{u}^* = \arg\min_{\boldsymbol{u}} \sum_{\boldsymbol{x}'} P^{\boldsymbol{u}}_{xx'} \left[R^{\boldsymbol{u}}_{xx'} + \gamma V^{*}(\boldsymbol{x}')\right] \tag{9.21}
$$

这些方程可以写在动态系统的反馈控制的背景下。“离散时间 LQR 的贝尔曼方程，李雅普诺夫方程”表明，对于线性二次调节器 (LQR)，贝尔曼方程式 (9.17) 成为李雅普诺夫方程。

9.3 强化学习和自适应动态规划法原理

9.3.1 强化学习概念

有限马尔可夫决策过程是一种通过交互式学习来实现目标的理论框架 [132]。进行学习及实施决策的机器被称为智能体（agent）。智能体之外所有与其相互作用的事物都被称为环境（environment）。这些事物之间持续进行交互，智能体选择动作，环境对这些动作做出相应的响应，并向智能体呈现新的状态。环境也会产生一个收益，通常是特定的数值，这就是智能体在动作选择过程中想要最大化的目标。马尔可夫决策过程的“智能体-环境”交互如图 9.2 所示。

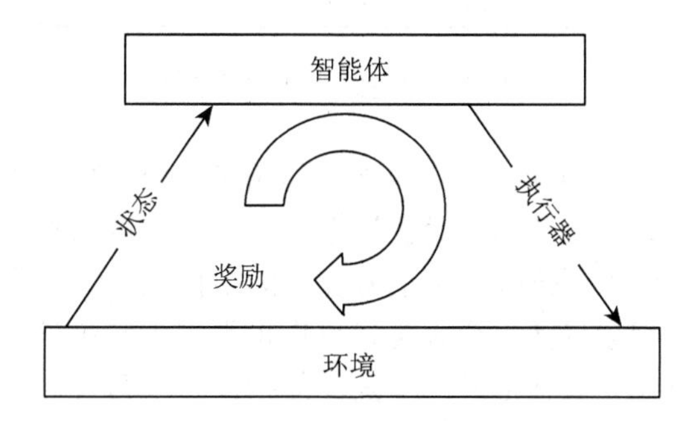

图 9.2　马尔可夫决策过程的“智能体-环境”交互

更具体地说，在每个离散时刻 $t=0,1,2,\cdots$，智能体和环境都发生了交互。在每个时刻 t，智能体观察到所在的环境状态的某种特征表达，$S_t\in S$，并且在此基础上选择一个动作，$A_t\in A(s)$。下一时刻，作为其动作的结果，智能体接收到一个数值化的收益，$R_{t+1}\in R\subset \mathbf{R}$，并进入一个新的状态 S_{t+1}。从而 MDP 和智能体共同给出了一个序列或轨迹，类似这样

$$S_0,A_0,R_1,S_1,A_1,R_2,S_2,A_2,R_3$$

在有限 MDP 中，状态、动作和收益的集合（S,A,R）都只有有限个元素。在这种情况下，随机变量 R_t 和 S_t 具有定义明确的离散概率分布，并且只依赖于前继状态和动作。也就是说，给定前继状态和动作的值时，这些随机变量的特定值，$s'\in S$ 和 $r\in R$，在 t 时刻出现的概率是

$$p\left(s',r|s,a\right)=\Pr\left\{S_t=s',R_t=r|S_{t-1}=s,A_{t-1}=a\right\} \tag{9.22}$$

对于任意 s'，$s\in S$，$r\in R$，以及 $a\in A\left(s\right)$。函数 p 定义了 MDP 的动态特性。

在马尔可夫决策过程中，由 p 给出的概率完全刻画了环境的动态特性。也就是说，S_t 和 R_t 的每个可能的值出现的概率只取决于前一个状态 S_{t-1} 和前一个动作 A_{t-1}，并且与更早之前的状态和动作完全无关。这个限制并不是针对决策过程，而是针对状态的。状态必须包括过去智能体和环境交互的方方面面的信息，这些信息会对未来产生一定的影响。这样，状态就被认为是马尔可夫性质。

增强学习是以动物学习心理学的“试错法”（trail and error）原理为基础，强调与环境的交互，根据学习系统的输出获得环境的评价性反馈信号来引导学习过程，但不需要给出各种输入状态下的期望输出。典型的增强学习系统如图 9.3 所示。

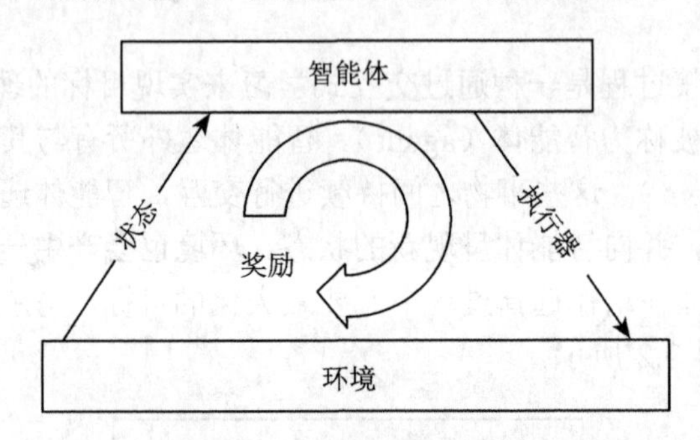

图 9.3　典型的增强学习系统

与监督学习和无监督学习相比，增强学习强调在环境的交互中学习，学习系统不需要获得各种状态下的期望输出信号，而仅根据从环境中获得的评价性反馈信号（增强信号）来实现学习目标。这种评价性反馈信号在实际中往往易于获得，因此增强学习能够在不确定和复杂环境中得以应用。增强学习目标也不同于监督学习和无监督学习，增强学习以极大化（或极小化）增强信号的泛函性能指针为学习目标，而监督学习通常以极小化学习系统输出与期望教师信号的误差函数为学习目标，无监督学习则以极小化模式分类性能指标函数为目标。

由于增强学习是以极大化环境的增强信号为目标，并在这个过程中学会如何匹配状态行动对。与其他机器学习不同，学习者没有被告知应采取的动作，而是通过“试错法”来寻找能够产生最大化的增强信号的动作。一般情况下，所采取的动作不仅能够影响立即增强信号，还能够影响下一个状态的增强信号，甚至是随后的所有增强信号。所以，“试错法”和延迟回报是增强学习两个最重要的显著特征。在这一试探过程中，尽管外界没有明显的教师信号给出正确的指令，代理体只通过与外部世界（或环境）的交互得到反馈的评价信息（增强信号）来学习如何执行恰当的动作。代理体从失败的教训中增强自身，积累起来的失败将导致成功而不是灭亡。这种学习方法可以认为是一种调节行为的简单方式，在动物对待自然环境的学习能力中可以找到。它也与我们的常识相符合。

如果一项行动产生了令人满意的状况，或是情形改变了，则产生该行动的趋势将会得到加强式增强（或奖励）。否则，趋势将被减弱或禁止（受惩罚）。

强化学习暗示了行为与奖励或惩罚之间的因果关系。它暗示了目标有目的的行为，至少在代理人对奖赏与缺乏奖赏或惩罚的理解范围内是这样。强化学习算法的思想是，必须通过强化信号来记住有效的控制决策，从而使它们更有可能被再次使用。强化学习基于来自环境的实时评价信息，可以称之为基于行为的学习。从理论上讲，强化学习与自适应控制和最优控制相结合。

一种强化学习算法采用图 9.4 所示的执行器-评估器结构。这种结构产生实时执行的时间向前算法，其中执行器组件将行为或控制策略应用到环境中，而评估器组件评估该行为的价值。由执行器-评估器结构支持的学习机制有两个步骤，即由评估器执行策略评估，然后由执行器执行策略改进。策略评估步骤是通过从环境中观察应用当前操作的结果来执行的。这些结果使用性能指标或值函数进行评估，这些指标或值函数量化了当前操作与最优操作的距离。性能或价值可以定义为最优目标，如最低燃料、最低能源、最低风险或最大回报。基于对性能的评估，可以使用几个方案中的一个来修改或改进控制策略，即新策略生成的值相对于以前的值进行了改进。在该方案中，强化学习是通过观察环境对非最优控制策略的实时响应来学习最优行为的一种方法。

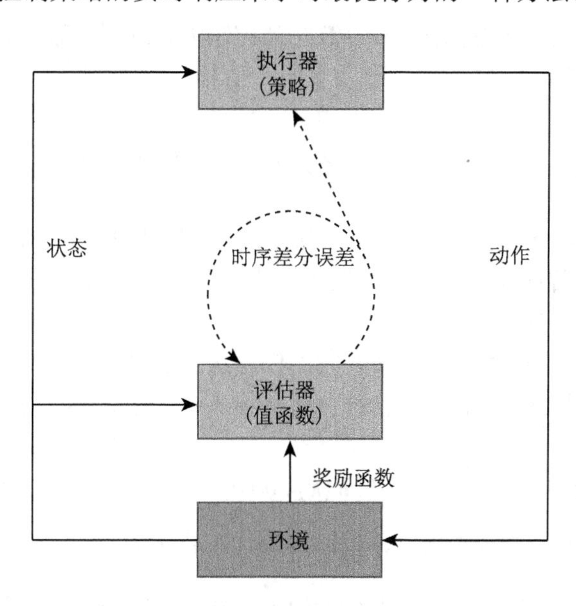

图 9.4 执行器-评估器结构图

文献 [233]、[234] 开发了用于离散时间动态系统反馈控制的执行器-评估器技术，该技术使用沿着系统轨迹测量的数据实时在线学习最优策略。这些方法被称为近似动态规划 (ADP) 或自适应动态规划,包括四种基本的学习方法。ADP 控制器是具有用于控制行为的学习网络和用于评估器的学习网络的执行器-评估器结构。伯特赛卡斯（Bertsekas）和齐齐克利斯（Tsitsiklis）开发了用于控制离散时间动态系统的强化学习方法 [112]。这种方法称为神经动态规划，使用离线解决方案。ADP 在反馈控制中得到了广泛的应用。

9.3.2 自适应动态规划法

动态系统在自然界中是普遍存在的，对于动态系统的稳定性分析长期以来一直是研究热点，且已经提出了一系列方法。然而控制科技工作者往往在保证控制系统稳定性的基础上还要求其最优性。20 世纪 50~60 年代，在空间技术发展和数字计算机实用化的推动下，动态系统的优化理论得到了迅速的发展，形成了一个重要的学科分支：最优控制。它在空间技术、系统工程、经济管理与决策、人口控制、多级工艺设备的优化等许多领域都有越来越广泛的应用。1957 年贝尔曼提出了一种求解最优控制问题的有效工具：动态规划方法。该方法的核心是贝尔曼最优性原理，即多级决策过程的最优策略具有这种性质，不论初始状态和初始决策如何，其余的决策对于由初始决策所形成的状态来说，必定也是一个最优策略。这个原理可以归结为一个基本的递推公式，求解多级决策问题时，要从末端开始，到始端为止，逆向递推。该原理适用的范围十分广泛，如离散系统、连续系统、线性系统、非线性系统、确定系统及随机系统等。

下面分别就离散和连续两种情况对 DP 方法的基本原理进行说明。首先考虑离散非线性系统。假设一个系统的动态方程为

$$\boldsymbol{x}(k+1)=\boldsymbol{F}(\boldsymbol{x}(k),\boldsymbol{u}(k),k) \qquad (k=0,1,\cdots) \tag{9.23}$$

式中，$\boldsymbol{x}\in\mathbf{R}^n$ 为系统的状态向量；$\boldsymbol{u}\in\mathbf{R}^m$ 为控制输入向量。系统相应的代价函数（或性能指标函数）形式为

$$J\left(\boldsymbol{x}\left(i\right),i\right)=\sum_{k=i}^{\infty}\gamma l\left(\boldsymbol{x}\left(k\right),\boldsymbol{u}\left(k\right),k\right) \tag{9.24}$$

式中，初始状态由 $\boldsymbol{x}\left(k\right)=\boldsymbol{x}_k$ 给定；$l\left(\boldsymbol{x}\left(k\right),\boldsymbol{u}\left(k\right),k\right)$ 是效用函数；γ 为折扣因子且满足 $0<\gamma\leqslant 1$。控制目标就是求解允许决策 (或控制) 序列 $\boldsymbol{u}\left(k\right)\left(k=i,i+1,\cdots\right)$，使得代价函数式 (9.24) 最小。

根据贝尔曼最优性原理，始自第 k 时刻任意状态的最小代价包括两部分，其中一部分是第 k 时刻内所需最小代价，另一部分是从第 $k+1$ 时刻开始到无穷的最小代价累加和，即

$$J^*\left(\boldsymbol{x}\left(k\right)\right)=\min\left[l\left(\boldsymbol{x}\left(k\right),\boldsymbol{u}\left(k\right)\right)+\gamma J^*\left(\boldsymbol{x}\left(k+1\right)\right)\right] \tag{9.25}$$

相应的 k 时刻的控制决策 $\boldsymbol{u}\left(k\right)$ 也达到最优，表示为

$$\boldsymbol{u}^*\left(k\right)=\arg\min_{\boldsymbol{u}(k)}\left[l\left(\boldsymbol{x}\left(k\right),\boldsymbol{u}\left(k\right)\right)+\gamma J^*\left(\boldsymbol{x}\left(k+1\right)\right)\right] \tag{9.26}$$

接下来，考虑连续非线性 (时变) 动态 (确定) 系统的最优控制问题。假设如下非线性系统：

$$\dot{\boldsymbol{x}}\left(t\right)=\boldsymbol{F}\left(\boldsymbol{x}\left(t\right),\boldsymbol{u}\left(t\right),t\right),\quad t\geqslant t_0 \tag{9.27}$$

式中，$\boldsymbol{F}\left(\boldsymbol{x},\boldsymbol{u},t\right)$ 为任意连续函数。求一个允许控制策略 $\boldsymbol{u}\left(t\right)$ 使得代价函数（或性能指标函数）最小，即

$$J\left(\boldsymbol{x}\left(t\right),t\right)=\int_t^{\infty}l\left(\boldsymbol{x}\left(\tau\right),\boldsymbol{u}\left(\tau\right)\right)\mathrm{d}\tau \tag{9.28}$$

我们可以通过离散化的方法将连续问题转换为离散问题，然后通过离散动态规划方法求出最优控制，当离散化时间间隔趋于零时，两者必趋于一致。通过应用贝尔曼最优性原理，可以得到 DP 的连续形式为

$$\begin{aligned}-\frac{\partial J^*}{\partial t}&=\min_{\boldsymbol{u}\in U}\left\{l\left(\boldsymbol{x}\left(t\right),\boldsymbol{u}\left(t\right),t\right)+\left[\frac{\partial J^*}{\partial \boldsymbol{x}\left(t\right)}\right]^{\mathrm{T}}\boldsymbol{F}\left(\boldsymbol{x}\left(t\right),\boldsymbol{u}\left(t\right),t\right)\right\}\\&=l\left(\boldsymbol{x}\left(t\right),\boldsymbol{u}\left(t\right),t\right)+\left[\frac{\partial J^*}{\partial \boldsymbol{x}\left(t\right)}\right]^{\mathrm{T}}\boldsymbol{F}\left(\boldsymbol{x}\left(t\right),\boldsymbol{u}\left(t\right),t\right)\end{aligned} \tag{9.29}$$

可以看出，上式是 $\partial J^*\left(\boldsymbol{x}\left(t\right),t\right)$ 以 $\boldsymbol{x}(t)$、t 为自变量的一阶非线性偏微分方程，在数学上称其为哈密顿-雅可比-贝尔曼（HJB）方程。

如果系统是线性的且代价函数是状态和控制输入的二次型形式，那么其最优控制策略是状态反馈的形式，可以通过求解标准的里卡蒂方程得到。如果系统是非线性系统或者代价函数不是状态和控制输入的二次型形式，就需要通过求解 HJB 方程进而获得最优控制策略。然而，HJB 方程这种偏微分方程的求解是一件非常困难的事情。此外，DP 方法还有一个明显的弱点：随着 x 和 u 维数的增加，计算量和存储量有着惊人的增长，也就是我们平常所说的“维数灾”问题 [235-236]。为了克服这些弱点，沃波斯（Werbos）首先提出了（ADP）方法的框架 [120]，其主要思想是利用一个函数近似结构（如神经网络、模糊模型、多项式等）来估计代价函数用于按时间正向求解 DP 问题。

ADP 是最优控制领域新兴起的一种近似最优方法，是当前国际最优化领域的研究热点。ADP 方法利用寒素近似结构来近似哈密顿-雅可比-贝尔曼方程的解，采用离线迭代或者在线更新的方法，来获得系统的近似最优控制策略，从而能够有效地解决非线性系统的优化控制问题。

ADP 算法经历了一个由离线迭代到在线实现的发展过程。其理论研究主要设计稳定性分析和收敛性证明。

2002 年，默里（Murray）等首次提出了针对连续系统的迭代 ADP 算法。考虑如下一个连续微分方程：

$$\dot{\boldsymbol{x}} = \boldsymbol{f}\left(\boldsymbol{x}\right) + \boldsymbol{g}\left(\boldsymbol{x}\right)\boldsymbol{u}, \quad \boldsymbol{x}\left(t_0\right) = \boldsymbol{x}_0 \tag{9.30}$$

相应代价函数如式 (9.28)，其中 $l(\boldsymbol{x},\boldsymbol{u}) = Q(\boldsymbol{x}) + \boldsymbol{u}^{\mathrm{T}}\boldsymbol{R}(\boldsymbol{x})\boldsymbol{u}$，那么最优控制策略可以表示为

$$\boldsymbol{u}^*\left(x\right) = -\frac{1}{2}\boldsymbol{R}^{-1}\left(\boldsymbol{x}\right)\boldsymbol{g}^{\mathrm{T}}\left(\boldsymbol{x}\right)\left[\frac{\partial J^*\left(\boldsymbol{x}\right)}{\partial \boldsymbol{x}}\right]^{\mathrm{T}} \tag{9.31}$$

由于 $J^*(\boldsymbol{x})$ 需要通过求解 HJB 方程式 (9.29) 得到，而偏微分方程很难求出解析解，所以提出了下面的迭代方法。首先给定一个初始稳定的控制策略，之后在如下两个式子之间进行迭代：

$$J_i\left(\boldsymbol{x}_0\right) = \int_{t_0}^{+\infty} l\left(\boldsymbol{x}_{i-1}, \boldsymbol{u}_{i-1}\right)\mathrm{d}t \tag{9.32}$$

$$\boldsymbol{u}_i\left(\boldsymbol{x}\right) = -\frac{1}{2}\boldsymbol{R}^{-1}\left(\boldsymbol{x}\right)\boldsymbol{g}^{\mathrm{T}}\left(\boldsymbol{x}\right)\left[\frac{\partial J_i\left(\boldsymbol{x}\right)}{\partial \boldsymbol{x}}\right]^{\mathrm{T}} \tag{9.33}$$

默里（Murray）等在文献 [116] 中给出了系统的稳定性和迭代的收敛性的证明。这是第一次从数学上证明了从初始稳定的控制策略开始进行迭代的迭代算法能够保证系统的稳定性和迭代性能指标的收敛性，是 ADP 理论的巨大突破。随后，阿布-哈里发（Abu-Khalaf）等研究了具有饱和约束的连续非线性系统的最优控制问题，提出了一个基于广义 HJB 方程的迭代 ADP 算法，得到了近似最优饱和控制器，并严格证明了该算法的收敛性。与文献 [116] 中的 ADP 迭代算法不同的是，文献 [237] 采用的是策略迭代的算法，每次迭代更新的都是策略方程。而文献 [116] 采用的是值迭代的算法，每次迭代更新的是值函数。

对于离散时间系统，文献 [120] 给出了一种不要求初始稳定控制策略的迭代 ADP 算法。考虑如下离散系统：

$$\boldsymbol{x}(k+1)=\boldsymbol{f}(\boldsymbol{x}(k))+\boldsymbol{g}(\boldsymbol{x}(k),\boldsymbol{u}(k)) \tag{9.34}$$

相应的代价函数如式 (9.24)，其中 $\gamma=1$，$l(\boldsymbol{x},\boldsymbol{u})=\boldsymbol{x}^{\mathrm{T}}(k)\boldsymbol{Q}\boldsymbol{x}(k)+\boldsymbol{u}^{\mathrm{T}}(k)\boldsymbol{R}\boldsymbol{u}(k)$，$\boldsymbol{Q}$ 和 $\boldsymbol{R}$ 是正定矩阵。控制目标就是寻找最优的控制策略使得代价函数最小。该迭代算法从初始值函数 $V_0(\cdot)=0$ 开始，在控制策略和值函数之间进行迭代，即

$$\boldsymbol{u}_i(\boldsymbol{x}(k))=-\frac{1}{2}\boldsymbol{R}^{-1}\boldsymbol{g}^{\mathrm{T}}(\boldsymbol{x}(k))\left[\frac{\partial V_i(\boldsymbol{x}(k))}{\partial \boldsymbol{x}(k)}\right]^{\mathrm{T}} \tag{9.35}$$

$$V_{i+1}(\boldsymbol{x}(k))=\boldsymbol{x}(k)^{\mathrm{T}}\boldsymbol{Q}\boldsymbol{x}(k)+\boldsymbol{u}_i^{\mathrm{T}}(\boldsymbol{x}(k))\boldsymbol{R}\boldsymbol{u}_i(\boldsymbol{x}(k))+V_i(\boldsymbol{x}(k+1)) \tag{9.36}$$

式中，$\boldsymbol{x}(k+1)=\boldsymbol{f}(\boldsymbol{x}(k))+\boldsymbol{g}(\boldsymbol{x}(k))\boldsymbol{u}_i(\boldsymbol{x}(k))$。Zhang 等首次在理论上证明了迭代的控制策略收敛到最优控制策略，值函数序列收敛到最优的代价函数，即由所有容许控制策略得到的代价函数里的最小值，同时证明这个最优的代价函数满足 HJB 方程。即当 $i\to\infty$ 时，$u_\infty(\boldsymbol{x}(k))=J^*(\boldsymbol{x}(k))$ 和 $u_\infty(\boldsymbol{x}(k))=\boldsymbol{u}^*(\boldsymbol{x}(k))$。

9.3.3 强化学习与自适应动态规划算法比较

强化学习是机器学习领域内的研究热点 [111,229]，主要用来实现决策优化。它是 Agent 学习如何将环境状态映射到行为动作才能获取最大回报的过程，是一种奖惩式的学习方式。Agent 寻求能够产生较大奖赏的动作，同时避免低奖赏的动作，是一种适应性比较强的学习方法。近年来，强化学习方法成为智能系统设计的核心技术之一，被广泛应用于人工智能和机器人学等领域。而 ADP 方法与现存的其他最优控制方法相比，具有独特的算法和结构，其克服了经典变分理论不能处理控制变量具有闭集约束条件的最优控制问题的缺点。和极大值原理一样，ADP 方法不仅适用于处理带有开集约束条件的最优控制问题，而且也适用于处理带有闭集约束条件的最优控制问题。ADP 方法也是 DP 方法的近似解法，克服了 DP 方法局限性，从而更适合应用在具有强耦合、强非线性、高复杂性的系统中。ADP 及 DL 都是为了克服维数增加而导致的计算量和存储量惊人增长的问题。

9.4 自适应动态规划法迭代算法

自适应动态规划方法是在给定环境模型的情况下，求解值函数和最优策略的方法，在实际应用中虽然有很大的局限性，但它是研究强化学习方法的理论基础。根据迭代方式的不同，可以将动态规划分为策略迭代（policy iteration）和值迭代（value iteration）两种方法 [110,231,233]。

9.4.1 值函数

值函数动态规划是由值函数发展而来的。值函数是动态规划中的重要概念，其主要用于将多阶段优化问题解耦成一系列单阶段优化问题来求解，值函数解耦的原理可以用

贝尔曼方程表示如下：

$$V_t(\boldsymbol{S}_t)=\max_{\boldsymbol{x}_t\in\chi_t}\left\{C_t(\boldsymbol{S}_t,\boldsymbol{x}_t)+\lambda\left[V_{t+1}(\boldsymbol{S}_{t+1})|\boldsymbol{S}_t\right]\right\}$$

式中，$\boldsymbol{S}_t$ 为系统当前状态变量；$\boldsymbol{x}_t$ 为决策变量；$C_t(\boldsymbol{S}_t,\boldsymbol{x}_t)$ 为即时收益；$V_t(\boldsymbol{S}_t)$ 为 $\boldsymbol{S}_t$ 的值函数；$V_{t+1}(\boldsymbol{S}_{t+1})|\boldsymbol{S}_t$ 为 $\boldsymbol{S}_{t+1}$ 的条件值函数，表示当前状态下系统后续各阶段收益总和的最优值；λ 为衰减率，本文取为 1。在上式中，值函数是解耦的关键。一般而言，值函数的输入是当前阶段的状态变量，输出是后续阶段的总费用，相应地，我们可以通过值函数来刻画当前阶段决策对其他阶段的影响，将多阶段问题解耦成上式所示的一系列单阶段子问题，也就是说，值函数具有“远视”作用。

由于直接对值函数进行求解的计算量非常大，并且当问题的规模很大时，容易出现“维数灾难”问题 [229]，这就限制了值函数理论的应用。为此，沃波斯（Werbos）率先提出，可以利用近似值函数来代替原来的值函数，从而避免对值函数的精确求解所带来的一系列问题。此理论一经提出，便得到了广泛的应用和发展，其中，美国学者鲍威尔（Powell）对值函数近似理论的发展有非常大的贡献。Powell[118] 根据值函数近似原理的不同，提出了一系列相应算法，如 SPAR，CAVE，LAMA 等，并且成功将这些研究成果应用于求解库存管理、能量管理和车辆调度等运筹学问题。而在国内，值函数近似理论则主要被应用于交通控制、飞行器策略等自动化控制领域。

9.4.2 策略迭代

策略迭代法主要包括策略评估和策略改善两步，并且这两步在学习的过程中依次交替进行 [184]。具体地，当进行策略评估的时候，算法每轮都需要进行多次迭代，并且在每次迭代时，需要根据上一轮改善后的策略对状态空间里的每个状态进行扫描，然后使用贝尔曼方程进行状态值的更新，经过不断的迭代后，使值函数最终收敛至不动点，之后进入这一轮的策略改善步骤。在进行策略改善的时候，算法利用上一轮策略评估得到的值函数，以贪心的方式生成一个新的策略。接着，不断循环以上两个步骤，直至收敛至最优策略。特别地，在进行策略评估的时候，状态值 $V_\pi(s)$ 的计算需要利用其后续状态的值函数 $V_\pi(s')$，所以，用到了自举（bootstrapping）的思想。

下面以状态行的值函数的策略迭代过程为例，进行详细的介绍：

$$\pi_0\xrightarrow{E}q_{\pi_0}\xrightarrow{I}\pi_1\xrightarrow{E}q_{\pi_1}\cdots\xrightarrow{I}\pi_*\xrightarrow{E}q_{\pi_*}$$

式中，E 代表策略评估过程；I 代表策略改善过程。初始时，策略和值函数都是随机的。在策略评估时，针对每一个状态行为值，使用贝尔曼方程进行值函数的更新，直到 q_{k+1} 稳定便结束本轮迭代，其中 k 表示本轮迭代的次数，即

$$q_{k+1}(s,a)=\sum_{s'}p(s'|s,a)\left[r(s,a,s')+\gamma\sum_{a'}\pi(a'|s')\,q_k(s',a')\right]$$

在策略改善时，对每一个状态，使用贪婪策略对当前策略进行改善，即

$$\pi(s)=\arg\max_a q(s,a)$$

在收敛到最优策略之前，每一轮的策略都好于前一轮的策略。当策略 π 稳定时，动态规划过程结束，即可得到最优值函数 $q_*(s,a)$ 和最优策略 π_*。

9.4.3 值迭代

值迭代包含基本值函数迭代算法和 Q 函数迭代算法两种 [121]。

1. *值函数迭代算法*

选择初始策略 $\pi_0(\boldsymbol{x},\boldsymbol{u})$。初始 $j=0$，不断迭代直到收敛。

值更新为

$$V_{j+1}(\boldsymbol{x})=\sum_{u}\pi_j(\boldsymbol{x},\boldsymbol{u})\sum_{x'}P_{xx'}^{u}\left[R_{xx'}^{u}+\gamma V_j\left(\boldsymbol{x}'\right)\right],\boldsymbol{x}\in S_j\subseteq X \tag{9.37}$$

策略改进为

$$\pi_{j+1}(\boldsymbol{x},\boldsymbol{u})=\underset{\pi}{\arg\min}\sum_{x'}P_{xx'}^{u}\left[R_{xx'}^{u}+\gamma V_{j+1}\left(\boldsymbol{x}'\right)\right],\boldsymbol{x}\in S_j\subseteq X \tag{9.38}$$

值更新和策略改进可以合并为一个等式，得到如下值迭代的等价形式：

$$V_{j+1}(\boldsymbol{x})=\min_{\pi}\sum_{u}\pi(\boldsymbol{x},\boldsymbol{u})\sum_{x'}P_{xx'}^{u}\left[R_{xx'}^{u}+\gamma V_j\left(\boldsymbol{x}'\right)\right],\boldsymbol{x}\in S_j\subseteq X \tag{9.39}$$

或者，在遍历性假设下，在确定性策略中，有

$$V_{j+1}(\boldsymbol{x})=\min_{u}\sum_{x'}P_{xx'}^{u}\left[R_{xx'}^{u}+\gamma V_j\left(\boldsymbol{x}'\right)\right],\boldsymbol{x}\in S_j\subseteq X \tag{9.40}$$

注意，现在式 (9.37) 是简单的单步递归，而不是一个线性方程组。实际上，值迭代在其值更新步骤中使用迭代。它不查找与当前策略对应的值，而只对该值进行一次迭代。同样，j 不是时间指数，而是值迭代步骤指数。

接下来描述如何通过观察沿着系统轨迹测量的数据来实现动态系统的实时在线值迭代。需要多次 k 的数据来解决每个步骤 j 的更新式 (9.37)。

对于所有 j，标准值迭代将更新集取为 $S_j=X$。也就是说，同时更新所有状态的值和策略。异步值迭代方法在每一步仅对状态的一个子集执行更新。在极端情况下，每一步只能对一个状态执行更新。

对于所有的 j，$S_j=X$ 标准值迭代，在所有的初始条件下，当衰减因子满足 $0<\gamma<1$ 时收敛于有限的 MDP。当 $S_j=X$ 时，对于所有的 j 和 $\gamma=1$，加入一个接受状态，需要一个“适当”的假设来保证收敛到最优值。当每一步都选择一个状态进行值和策略更新时，如果每个状态都无限频繁地进行更新，那么对于所有初始值的选择，算法都收敛到最优成本和策略。如果在策略改进之前对 S_j 的不同选择多次进行值更新式

(9.37)，则会得到更通用的算法。然后，需要对每个状态无限次进行更新式 (9.37) 和式 (9.38)，并且初始值必须满足单调性假设。

将贝尔曼最优性方程视为不动点方程，值迭代基于关联的迭代映射式 (9.37) 和式 (9.38)，在一定条件下可表示为收缩映射。与策略迭代在特定条件下以有限步数收敛不同，值迭代通常采用无限步数来收敛。考虑有限的 MDP，并考虑具有对应于最优策略 $\pi^*(\boldsymbol{x},\boldsymbol{u})$ 马尔可夫链的概率的转移概率图。如果这个图对于某些 $\pi^*(\boldsymbol{x},\boldsymbol{u})$ 是非循环的，那么当用一个大的值初始化时，值迭代最多收敛 N 步。

2. *Q 函数迭代算法*

Q 函数可以看作广义的值函数，字母 Q 来自“质量函数”。Q 函数被称作 action-value 函数 [238]。

Q 函数条件期望值为

$$
\begin{aligned}
Q_k(\boldsymbol{x},\boldsymbol{u}) &= \sum_{\boldsymbol{x}'} P_{xx'}^{u}\left[R_{xx'}^{u}+\gamma V_{k+1}^{*}(\boldsymbol{x}')\right] \\
&= E_{\pi}\left\{r_k+\gamma V_{k+1}^{*}(\boldsymbol{x}')\,|\boldsymbol{x}_k=\boldsymbol{x},\boldsymbol{u}_k=\boldsymbol{u}\right\}
\end{aligned}
\tag{9.41}
$$

Q 函数等于在 $\boldsymbol{x}$ 状态下，在 k 时刻采取任意行为 $\boldsymbol{u}$，然后遵循最优策略的期望回报。Q 函数是当前状态 $\boldsymbol{x}$ 和行为 $\boldsymbol{u}$ 的函数。

对于 Q 函数，Bellman 最优性方程的形式特别简单，即

$$
V_k^*(\boldsymbol{x}) = \min_{\boldsymbol{u}} Q_k^*(\boldsymbol{x},\boldsymbol{u}) \tag{9.42}
$$

$$
\boldsymbol{u}_k^* = \arg\min_{\boldsymbol{u}} Q_k^*(\boldsymbol{x},\boldsymbol{u}) \tag{9.43}
$$

给定某个固定的策略 $\pi(\boldsymbol{x},\boldsymbol{u})$，将该策略的 Q 函数定义为

$$
\begin{aligned}
Q_k^{\pi}(\boldsymbol{x},\boldsymbol{u}) =& E_{\pi}\left[r_k+\gamma V_{k+1}^{\pi}(\boldsymbol{x}')\,|\boldsymbol{x}_k=\boldsymbol{x},\boldsymbol{u}_k=\boldsymbol{u}\right] \\
=& \sum_{\boldsymbol{x}'} P_{xx'}^{u}\left[R_{xx'}^{u}+\gamma V_{k+1}^{\pi}(\boldsymbol{x}')\right]
\end{aligned}
\tag{9.44}
$$

这个函数等于在状态 x 的时刻 k 对任意行为 $\boldsymbol{u}$ 的期望收益，然后遵循现有的策略 $\pi(\boldsymbol{x},\boldsymbol{u})$。$Q$ 函数的意义和离散时间 LQR 的 Q 函数一并给出。

因为 $V_k^n(\boldsymbol{x}) = Q_k^n(\boldsymbol{x},\pi(\boldsymbol{x},\boldsymbol{u}))$，式 (9.44) 可以写成 Q 函数中的向后递归：

$$
Q_k^{\pi}(\boldsymbol{x},\boldsymbol{u}) = \sum_{\boldsymbol{x}'} P_{xx'}^{u}\left[R_{xx'}^{u}+\gamma Q_{k+1}^{\pi}(\boldsymbol{x}',\pi(\boldsymbol{x}',\boldsymbol{u}'))\right] \tag{9.45}
$$

Q 函数是当前状态和行为的函数，而值函数是状态的函数。对于有限的 MDP，Q 函数可以存储为每个状态 / 行为对的查找表。式 (9.11)、式 (9.12) 中的直接极小化要求了解状态转移概率 (对应于系统动态) 和代价。相反，式 (9.42)、式 (9.43) 的最小化只需要 Q 函数的知识，而不需要系统动态的知识。

Q 函数的效用是双重的。首先，它包含关于每个状态中的控制操作的信息。因此，仅使用 Q 函数，就可以使用式 (9.43) 选择每个状态下的最佳控制。其次，在不知道系

统动态信息，即系统转移概率的情况下，可以直接从沿系统轨迹观测的数据实时在线估计 Q 函数。

指定固定策略的无穷时域 Q 函数为

$$Q^{\pi}(\boldsymbol{x},\boldsymbol{u})=\sum_{x'}P_{xx'}^{u}\left[R_{xx'}^{u}+\gamma V^{\pi}\left(\boldsymbol{x}'\right)\right] \tag{9.46}$$

Q 函数也满足贝尔曼方程。给定一个固定策略 $\pi(\boldsymbol{x},\boldsymbol{u})$，即

$$V^{\pi}(\boldsymbol{x})=Q^{\pi}(\boldsymbol{x},\pi(\boldsymbol{x},\boldsymbol{u})) \tag{9.47}$$

因此根据式 (9.47)，Q 函数满足贝尔曼方程，即

$$Q^{\pi}(\boldsymbol{x},\boldsymbol{u})=\sum_{x'}P_{xx'}^{u}\left[R_{xx'}^{u}+\gamma Q^{\pi}\left(\boldsymbol{x}',\pi\left(\boldsymbol{x}',\boldsymbol{u}'\right)\right)\right] \tag{9.48}$$

Q 函数的贝尔曼最优性方程为

$$Q^{*}(\boldsymbol{x},\boldsymbol{u})=\sum_{x'}P_{xx'}^{u}\left[R_{xx'}^{u}+\gamma Q^{*}\left(\boldsymbol{x}',\pi^{*}\left(\boldsymbol{x}',\boldsymbol{u}'\right)\right)\right] \tag{9.49}$$

$$Q^{*}(\boldsymbol{x},\boldsymbol{u})=\sum_{x'}P_{xx'}^{u}\left[R_{xx'}^{u}+\gamma\min_{\boldsymbol{u}'}Q^{*}(\boldsymbol{x}',\boldsymbol{u}')\right] \tag{9.50}$$

根据 Q 函数式 (9.44)，策略迭代和值迭代特别容易实现。

为了便于理解，以简单的离散时间 LQR 为例，介绍具体的步骤。

式 (9.44) 中定义了遵循给定策略的 Q 函数 $\boldsymbol{u}_k=\mu(\boldsymbol{x}_k)$，对于离散时间 LQR，$Q$ 函数为

$$Q\left(\boldsymbol{x}_k,\boldsymbol{u}_k\right)=\frac{1}{2}\left(\boldsymbol{x}_k^{\mathrm{T}}\boldsymbol{Q}x_k+\boldsymbol{u}_k^{\mathrm{T}}\boldsymbol{R}\boldsymbol{u}_k\right)+V\left(\boldsymbol{x}_{k+1}\right) \tag{9.51}$$

式中，控制 $\boldsymbol{u}_k$ 是任意的，而 $k+1$ 及其后的时间的遵循策略 $\boldsymbol{u}_k=\mu(\boldsymbol{x}_k)$ 为

$$Q\left(\boldsymbol{x}_k,\boldsymbol{u}_k\right)=\boldsymbol{x}_k^{\mathrm{T}}\boldsymbol{Q}\boldsymbol{x}_k+\boldsymbol{u}_k^{\mathrm{T}}\boldsymbol{R}\boldsymbol{u}_k+\left(\boldsymbol{A}\boldsymbol{x}_k+\boldsymbol{B}\boldsymbol{u}_k\right)^{\mathrm{T}}\boldsymbol{P}\left(\boldsymbol{A}\boldsymbol{x}_k+\boldsymbol{B}\boldsymbol{u}_k\right) \tag{9.52}$$

以 P 为里卡蒂解，得到离散时间 LQR 的 Q 函数为

$$Q\left(\boldsymbol{x}_k,\boldsymbol{u}_k\right)=\frac{1}{2}\begin{bmatrix}\boldsymbol{x}_k\\ \boldsymbol{u}_k\end{bmatrix}\begin{bmatrix}\boldsymbol{A}^{\mathrm{T}}\boldsymbol{P}\boldsymbol{A} & \boldsymbol{B}^{\mathrm{T}}\boldsymbol{P}\boldsymbol{A}\\ \boldsymbol{A}^{\mathrm{T}}\boldsymbol{P}\boldsymbol{B} & \boldsymbol{B}^{\mathrm{T}}\boldsymbol{P}\boldsymbol{B}+\boldsymbol{R}\end{bmatrix}\begin{bmatrix}\boldsymbol{x}_k\\ \boldsymbol{u}_k\end{bmatrix} \tag{9.53}$$

定义

$$Q\left(\boldsymbol{x}_k,\boldsymbol{u}_k\right)=\frac{1}{2}\begin{bmatrix}\boldsymbol{x}_k\\ \boldsymbol{u}_k\end{bmatrix}^{\mathrm{T}}\boldsymbol{S}\begin{bmatrix}\boldsymbol{x}_k\\ \boldsymbol{u}_k\end{bmatrix}=\frac{1}{2}\begin{bmatrix}\boldsymbol{x}_k\\ \boldsymbol{u}_k\end{bmatrix}^{\mathrm{T}}\begin{bmatrix}\boldsymbol{S}_{xx} & \boldsymbol{S}_{xu}\\ \boldsymbol{S}_{ux} & \boldsymbol{S}_{uu}\end{bmatrix}\begin{bmatrix}\boldsymbol{x}_k\\ \boldsymbol{u}_k\end{bmatrix} \tag{9.54}$$

式中，$\boldsymbol{S}$ 为核矩阵。

对上式求偏导数 $\partial Q\left(\boldsymbol{x}_k,\boldsymbol{u}_k\right)/\partial\boldsymbol{u}_k=\boldsymbol{0}$ 可得

$$\boldsymbol{u}_k=-\boldsymbol{S}_{uu}^{-1}\boldsymbol{S}_{ux}\boldsymbol{x}_k \tag{9.55}$$

根据式 (9.55) 可得

$$\boldsymbol{u}_k=-\left(\boldsymbol{B}^{\mathrm{T}}\boldsymbol{P}\boldsymbol{B}+\boldsymbol{R}\right)^{-1}\boldsymbol{B}^{\mathrm{T}}\boldsymbol{P}\boldsymbol{A}\boldsymbol{x}_k \tag{9.56}$$

后一个方程需要系统动态的知识 $(\boldsymbol{A}, \boldsymbol{B})$ 来执行策略迭代或值迭代的策略改进步骤。而且，式 (9.56) 只需要知道 Q 函数矩阵的核函数。

9.4.4　策略迭代和值迭代的实现方法

有多种方法可用于执行策略迭代和值迭代的值与策略更新。主要的三种方法是精确计算法、蒙特卡罗方法和时间差分学习法 [121]。后两种方法可以在不了解系统动态的情况下实现。下一节将讨论时域差分学习，通过这种方法可以得到动态系统的最优自适应控制算法。

策略迭代需要贝尔曼方程的每个步骤的解来进行值更新。对于有 N 个状态的有限的 MDP，这是一组 N 个未知数的线性方程，即每个状态的值。值迭代需要在值更新的每一步执行一步递归更新。如果已知 MDP 的转移概率 $P_{xx'}^{u} = \Pr\{\boldsymbol{x}'|\boldsymbol{x}, \boldsymbol{u}\}$ 和代价 $R_{xx'}^{u}$，这两个迭代都可以准确地完成，这相当于知道了整个系统的动态信息。同样，如果动态已知，则可以显式地计算策略改进。

1. 蒙特卡罗方法

蒙特卡罗方法是基于值函数的定义，利用数据的重复测量来近似期望值。期望值是通过对样本路径上的重复结果求平均值来近似得到的，隐式地假设了具有转移概率的马尔可夫链的遍历性。这种假设适用于情景任务，将经验划分为情景，即在初始状态中启动并运行到终止，然后在新的初始状态中重新启动的流程。对于有限 MDP，如果所有状态都被无限次访问，蒙特卡罗方法收敛于真值函数。因此，为了确保值函数的精确逼近，事件样本路径必须遍历所有状态 $\boldsymbol{x} \in X$ 多次。这个问题被称为持续探索的问题。有几种方法可以确保这一数量的探索，其中一种方法是使用探索开始，在这种方法中，每个状态被选择为事件的初始状态的概率不为零。

蒙特卡罗技术对于动态控制是有用的，因为事件样本路径可以解释为系统轨迹开始在规定的初始状态。但是，直到事件结束后，才会对值函数估计值或控制策略进行更新。事实上，蒙特卡罗学习方法与重复或迭代学习控制密切相关。这些方法不是沿着轨迹实时学习，而是随着轨迹重复学习。

2. 时域差分学习方法

研究表明，求解贝尔曼方程的时域差分方法产生了一类最优自适应控制器，即在不了解整个系统动态的情况下在线学习最优控制问题的解的自适应控制器。时域差分学习是一种真实的在线强化学习，通过观察系统轨迹上的测量数据来估计控制行为的值函数，实时改进控制动作。

时域差分强化学习方法是基于贝尔曼方程求解策略迭代、策略更新方程，不使用系统动态知识，而是使用沿系统单轨迹观测的数据。因此，时域差分学习适用于反馈控制应用。当数据沿着轨迹进行观测时，时间差异会更新每个时间步长的值。新值定期用于更新策略。时间差分方法是一种自适应控制方法，它沿系统轨迹实时在线调整系统的动作和数值。

时域差分方法可以被认为是一种随机逼近技术，用贝尔曼方程或其变体来代替沿着 MDP 单样本路径的计算。然后，贝尔曼方程变成了一个确定性方程，它允许定义时间差误差。

根据式 (9.7)~ 式 (9.9)，贝尔曼方程的另一种形式为

$$V^{\pi}(\boldsymbol{x}_k) = E_{\pi}[r_k|\boldsymbol{x}_k] + \gamma E_{\pi}[V^{\pi}(\boldsymbol{x}_{k+1})|\boldsymbol{x}_k] \tag{9.57}$$

这个方程构成了时域差分学习的基础。

时间差分强化学习使用一个样本路径，即当前系统轨迹来更新值。将式 (9.57) 代入确定性贝尔曼方程，有

$$V^{\pi}(\boldsymbol{x}_k) = r_k + \gamma V^{\pi}(\boldsymbol{x}_{k+1}) \tag{9.58}$$

对于每一个观测数据经验集 $(\boldsymbol{x}_k, \boldsymbol{x}_{k+1}, r_k)$，在每一个阶段 k 都成立。这个数据集包括当前状态 $\boldsymbol{x}_k$、已发生的观测代价 r_k 以及下一个状态 $\boldsymbol{x}_{k+1}$。时域差分误差定义为

$$e_k = -V^{\pi}(\boldsymbol{x}_k) + r_k + \gamma V^{\pi}(\boldsymbol{x}_{k+1}) \tag{9.59}$$

并对数值估计进行了更新，使时域差分误差减小。

在时域差分学习的背景下，贝尔曼方程的解释如图 9.5 所示，其中 $V^{\pi}(\boldsymbol{x}_k)$ 被视为一种预测性能或值，r_k 为观测单步奖励，$\gamma V^{\pi}(\boldsymbol{x}_{k+1})$ 为未来价值的当前估计。如果当前对预测值 $V^{\pi}(\boldsymbol{x}_k)$ 的估计是正确的，则可以将贝尔曼方程解释为一致性方程。时域差分方法更新预测值估计值 $\widehat{V}^{\pi}(\boldsymbol{x}_k)$，使时域差分误差较小。基于随机逼近的思想是，如果在策略迭代或值迭代中重复使用贝尔曼方程的确定性版本，那么这些算法平均收敛于随机贝尔曼方程的解。

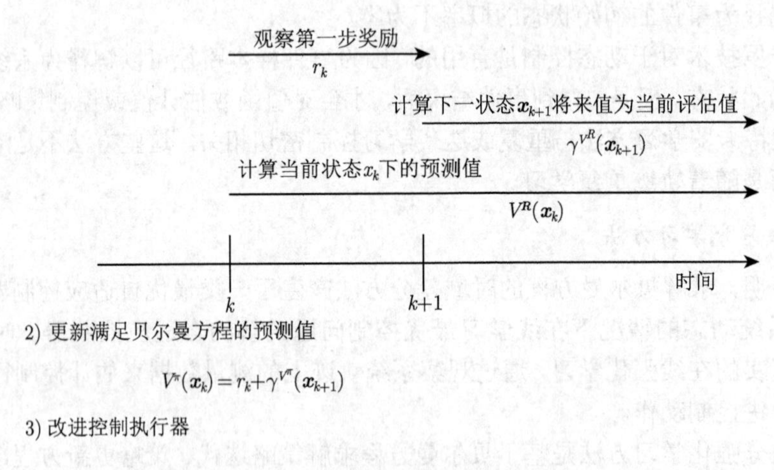

图 9.5 贝尔曼方程的时间差分解释

9.5 离散时间随机线性系统自适应最优控制

对于离散时间随机线性系统自适应最优控制问题，文献 [124]、[125]、[130] 进行了详细的研究，以下内容主要来源于此。

9.5.1 问题描述

$$\begin{cases} \boldsymbol{x}_{k+1} = \boldsymbol{A}\boldsymbol{x}_k + \boldsymbol{B}\boldsymbol{u}_k + (\boldsymbol{C}\boldsymbol{x}_k + \boldsymbol{D}\boldsymbol{u}_k) W_k \\ \boldsymbol{y}_k = \boldsymbol{G}\boldsymbol{x}_k \end{cases} \tag{9.60}$$

式中，W_k 是随机摄动输入，满足 $E[W_{k+1}|\mathcal{F}_{e_k}] = 0$，$E[W_{k+1}^2|\mathcal{F}_{e_k}] = 1$。其中 $\mathcal{F}_{e_k} = \sigma\{W_k|k = 0, 1, 2, \cdots\}$ 是由 W_k 构成的 σ 代数。

假设 $\boldsymbol{x}_0$ 与 $W_k(k = 0, 1, \cdots)$ 互不相关，代价函数为

$$J(\boldsymbol{x}_k, \bar{\boldsymbol{r}}_i) = E\left\{\sum_{i=k}^{\infty}\left[(\boldsymbol{G}\boldsymbol{x}_i - \boldsymbol{r}_i)^{\mathrm{T}}\bar{\boldsymbol{Q}}(\boldsymbol{G}\boldsymbol{x}_i - \boldsymbol{r}_i) + \boldsymbol{u}_i^{\mathrm{T}}\boldsymbol{R}\boldsymbol{u}_i\right]\right\} \tag{9.61}$$

式中，$\bar{\boldsymbol{r}}_i = \{\boldsymbol{x}_i, \boldsymbol{x}_{i+1}, \cdots\}$ 是参考轨迹，$\bar{\boldsymbol{Q}} > 0, \boldsymbol{R} > 0, E\{\cdot\}$ 是数学期望。跟踪误差为

$$\boldsymbol{e}_k = \boldsymbol{y}_k - \boldsymbol{r}_k \tag{9.62}$$

定义 9.1 $\boldsymbol{u}_k$ 称为关于式（9.61）在 $\mathcal{F}_{e_k}$ 是可允许的，即 $\boldsymbol{u}_k \in \boldsymbol{u}(x)$，$\boldsymbol{u}_k$ 是 $\mathcal{F}_{e_k}$ 适定的（adapted）和可测的随机过程，$\boldsymbol{u}_k\,(\boldsymbol{u}_0 = \boldsymbol{0})$ 不仅稳定跟踪误差式 (9.62)，而且确保式 (9.61) 对任意 $k \in \mathbf{N}$ 是有限的。

9.5.2 问题转换

假设 SLQ 最优跟踪控制问题的参考轨迹由下列指令产生：

$$\boldsymbol{r}_{k+1} = \boldsymbol{F}\boldsymbol{r}_k \tag{9.63}$$

将动态系统式 (9.60) 和参考轨迹动态式 (9.63) 构造如下的扩展系统：

$$\begin{aligned} \boldsymbol{X}_{k+1} = \begin{bmatrix} \boldsymbol{x}_{k+1} \\ \boldsymbol{r}_{k+1} \end{bmatrix} &= \begin{bmatrix} \boldsymbol{A} + \boldsymbol{C}W_k & \boldsymbol{0} \\ \boldsymbol{0} & \boldsymbol{F} \end{bmatrix}\begin{bmatrix} \boldsymbol{x}_k \\ \boldsymbol{r}_k \end{bmatrix} + \begin{bmatrix} \boldsymbol{B} + \boldsymbol{D}W_k \\ \boldsymbol{0} \end{bmatrix}\boldsymbol{u}_k \\ &\triangleq \boldsymbol{T}\boldsymbol{X}_k + \boldsymbol{B}_0\boldsymbol{u}_k, \end{aligned} \tag{9.64}$$

式中，$\boldsymbol{T} = \begin{bmatrix} \boldsymbol{A} + \boldsymbol{C}W_k & \boldsymbol{0} \\ \boldsymbol{0} & \boldsymbol{F} \end{bmatrix}$，$\boldsymbol{B}_0 = \begin{bmatrix} \boldsymbol{B} + \boldsymbol{D}W_k \\ \boldsymbol{0} \end{bmatrix}$。

当 $\boldsymbol{F}$ 是赫尔维茨矩阵时，通常使用代价函数式 (9.61)。下面在代价函数中引进折扣因子，这样可以不用假设 $\boldsymbol{F}$ 是赫尔维茨矩阵也可以求解 SLQ 问题，考虑如下的折扣代价函数：

$$V(\boldsymbol{x}_k, \bar{\boldsymbol{r}}_i) = E\left\{\sum_{i=k}^{\infty}\gamma^{i-k}\left[(\boldsymbol{G}\boldsymbol{x}_i - \boldsymbol{r}_i)^{\mathrm{T}}\bar{\boldsymbol{Q}}(\boldsymbol{G}\boldsymbol{x}_i - \boldsymbol{r}_i) + \boldsymbol{u}_i^{\mathrm{T}}\boldsymbol{R}\boldsymbol{u}_i\right]\right\} \tag{9.65}$$

式中，$0 < \gamma < 1$ 表示折扣因子。

基于扩展状态，值函数式 (9.65) 可以表示为

$$V(\boldsymbol{X}_k, \bar{\boldsymbol{r}}_k) = E\sum_{i=k}^{\infty}\gamma^{i-k}\left(\boldsymbol{X}_i^{\mathrm{T}}\bar{\boldsymbol{Q}}_1\boldsymbol{X}_i + \boldsymbol{u}_i^{\mathrm{T}}\boldsymbol{R}\boldsymbol{u}_i\right) \tag{9.66}$$

式中，$\overline{Q}_1 = [G - I]^{\mathrm{T}} \bar{Q} [G - I]$。

本节中假设最优轨迹控制由下列线性反馈序列给出：

$$u_k = KX_k, \quad K \in \mathbf{R}^{n \times (r+p)} \tag{9.67}$$

值函数式 (9.66) 可转化为

$$V(X_k, K) = E\left[\sum_{i=k}^{\infty} \gamma^{i-k} X_i^{\mathrm{T}} \left(\overline{Q} + K^{\mathrm{T}} R K\right) X_i\right] \tag{9.68}$$

定义 9.2 SLQ 最优跟踪控制问题被称为是适定的，若 $-\infty < V(X_k) < t_{\infty}$，则 $\forall X_k \in \mathbf{R}^{k+p}$。

在求解 SLQ 最优跟踪控制问题时，需要知道问题适定的，故给出下面引理。

引理 9.1 若反馈 $u_k = KX_k$ 是可允许的，则 SLQ 最优跟踪控制问题是适定的，则相应的值函数为

$$V(X_k, K) = E\left(X_k^{\mathrm{T}} P X_k\right) \tag{9.69}$$

若 P 为对称矩阵，满足下列扩展随机代数方程（stochastic algebra equation，SAE)：

$$P = \gamma(A_1 + B_1 K)^{\mathrm{T}} P (A_1 + B_1 K) + \gamma(C_1 + D_1 K)^{\mathrm{T}} P (C_1 + D_1 K) + \bar{Q} + K^{\mathrm{T}} R K \tag{9.70}$$

式中，$A_1 = \begin{bmatrix} A & 0 \\ 0 & F \end{bmatrix}$，$B_1 = \begin{bmatrix} B \\ 0 \end{bmatrix}$，$C_1 = \begin{bmatrix} C & 0 \\ 0 & 0 \end{bmatrix}$，$D_1 = \begin{bmatrix} D \\ 0 \end{bmatrix}$。

证明：令 $u_k = KX_k$ 是可允许的，则 P 满足扩展 SAE 式 (9.70)，则有

$$\begin{aligned}
& E\left[\sum_{i=k}^{\infty} \gamma^{i-k} \left(\gamma X_{i+1}^{\mathrm{T}} P X_{i+1} - X_i^{\mathrm{T}} P X_i\right)\right] \\
=& E\left\{\sum_{i=k}^{\infty} \gamma^{i-k} \left[\gamma (TX_i + B_0 K X_i)^{\mathrm{T}} P (TX_i + B_0 K X_i) - X_i{}^{\mathrm{T}} P X_i\right]\right\} \\
=& E\left\{\sum_{i=k}^{\infty} \gamma^{i-k} \left[\gamma X_i^{\mathrm{T}} (T + B_0 K)^{\mathrm{T}} P (T + B_0 K) X_i - X_i^{\mathrm{T}} P X_i\right]\right\}
\end{aligned}$$

由于

$$T + B_0 K = (A_1 + C_1 W_k) + (B_1 + D_1 W_k) K = (A_1 + B_1 K) + (C_1 + D_1 K) W_k$$

式中，$T = A_1 + C_1 W_k, B_0 = B_1 + D_1 W_k$，从而

$$\begin{aligned}
& (T + B_0 K)^{\mathrm{T}} P (T + B_0 K) \\
=& [(A_1 + B_1 K) + (C_1 + D_1 K) W_k)^{\mathrm{T}} P ((A_1 + B_1 K) + (C_1 + D_1 K) W_k] \\
=& (A_1 + B_1 K)^{\mathrm{T}} P (A_1 + B_1 K) + (A_1 + B_1 K)^{\mathrm{T}} P (C_1 + D_1 K) W_k \\
& + (C_1 + D_1 K)^{\mathrm{T}} P (A_1 + B_1 K) W_k + (C_1 + D_1 K)^{\mathrm{T}} P (C_1 + D_1 K) W_k^2
\end{aligned}$$

从而有

$$E\left[\sum_{i=k}^{\infty}\gamma^{i-k}\left(\gamma \boldsymbol{X}_{i+1}^{\mathrm{T}}\boldsymbol{P}\boldsymbol{X}_{i+1}-\boldsymbol{X}_i^{\mathrm{T}}\boldsymbol{P}\boldsymbol{X}_i\right)\right]$$

$$=E\left(\sum_{i=1}^{\infty}\gamma^{i-k}\left\{\gamma \boldsymbol{X}_i^{\mathrm{T}}\left[(\boldsymbol{A}_1+\boldsymbol{B}_1\boldsymbol{K})^{\mathrm{T}}\boldsymbol{P}(\boldsymbol{A}_1+\boldsymbol{B}_1\boldsymbol{K})+(\boldsymbol{A}_1+\boldsymbol{B}_1\boldsymbol{K})^{\mathrm{T}}\boldsymbol{P}(\boldsymbol{C}_1+\boldsymbol{D}_1\boldsymbol{K})W_k\right.\right.\right.$$

$$\left.\left.\left.+\ (\boldsymbol{C}_1+\boldsymbol{D}_1\boldsymbol{K})^{\mathrm{T}}\boldsymbol{P}(\boldsymbol{A}_1+\boldsymbol{B}_1\boldsymbol{K})W_k+(\boldsymbol{C}_1+\boldsymbol{D}_1\boldsymbol{K})^{\mathrm{T}}\boldsymbol{P}(\boldsymbol{C}_1+\boldsymbol{D}_1\boldsymbol{K})W_k^2-\boldsymbol{P}\right]\boldsymbol{X}_i\right\}\right)$$

由于 $E(W_k)=0$，$E(\boldsymbol{X}_kW_k)=E(\boldsymbol{X}_k)E(W_k)$，$E(\boldsymbol{X}_kW_k^2)=E(\boldsymbol{X}_k)E(W_k^2)$，$E(W_k^2)=1$ 且 W_k 为标量，故

$$\begin{aligned}&E\left[\sum_{i=1}^{\infty}\gamma^{i-k}\left(\gamma \boldsymbol{X}_{i+1}^{\mathrm{T}}\boldsymbol{P}\boldsymbol{X}_{i+1}-\boldsymbol{X}_i^{\mathrm{T}}\boldsymbol{P}\boldsymbol{X}_i\right)\right]\\&=E\left(\sum_{i=1}^{m}\gamma^{i-k}\{\gamma \boldsymbol{X}_i^{\mathrm{T}}[(\boldsymbol{A}_1+\boldsymbol{B}_1\boldsymbol{K})^{\mathrm{T}}\boldsymbol{P}(\boldsymbol{A}_1+\boldsymbol{B}_1\boldsymbol{K})\right.\\&\quad\left.+(\boldsymbol{C}_1+\boldsymbol{D}_1\boldsymbol{K})^{\mathrm{T}}\boldsymbol{P}(\boldsymbol{C}_1+\boldsymbol{D}_1\boldsymbol{K})-\boldsymbol{P}]\boldsymbol{X}_i\}\right)\end{aligned}$$

由式 (9.68) 和式 (9.70) 可得

$$\begin{aligned}V(\boldsymbol{X}_k,\boldsymbol{K})&=E\left[\sum_{i=1}^{\infty}\gamma^{i-k}\boldsymbol{X}_i^{\mathrm{T}}\left(\bar{\boldsymbol{Q}}+\boldsymbol{K}^{\mathrm{T}}\boldsymbol{R}\boldsymbol{K}\right)\boldsymbol{X}_i\right]\\&=E\left\{\sum_{i=1}^{\infty}\left[\gamma^{i-k}\boldsymbol{X}_i^{\mathrm{T}}(\boldsymbol{P}-\gamma(\boldsymbol{A}_1+\boldsymbol{B}_1\boldsymbol{K})^{\mathrm{T}}\boldsymbol{P}(\boldsymbol{A}_1+\boldsymbol{B}_1\boldsymbol{K})\right.\right.\\&\quad\left.\left.-\gamma(\boldsymbol{C}_1+\boldsymbol{D}_1\boldsymbol{K})^{\mathrm{T}}\boldsymbol{P}(\boldsymbol{C}_1+\boldsymbol{D}_1\boldsymbol{K}))\boldsymbol{X}_i\right]\right\}\\&=-E\left[\sum_{i=k}^{\infty}\gamma^{i-k}\left(\gamma \boldsymbol{X}_{i+1}^{\mathrm{T}}\boldsymbol{P}\boldsymbol{X}_{i+1}-X_i^{\mathrm{T}}\boldsymbol{P}\boldsymbol{X}_i\right)\right]\\&=E\left(\boldsymbol{X}_k^{\mathrm{T}}\boldsymbol{P}\boldsymbol{X}_k\right)-\lim_{i\to\infty}\gamma^{i-k+1}E\left(\boldsymbol{X}_i^{\mathrm{T}}\boldsymbol{P}\boldsymbol{X}_i\right)\end{aligned}$$

显然，当 $i\to\infty, 0<\gamma<1$ 时，$V(\boldsymbol{X}_k,\boldsymbol{K})=E\left(\boldsymbol{X}_k^{\mathrm{T}}\boldsymbol{P}\boldsymbol{X}_k\right)$。

注解 9.1 当 $\boldsymbol{u}_k$ 是可允许的，扩展 SAE 的解 SLQ 最优跟踪问题的适定解。

考虑 ADP 已经成功应用到确定性动态规划中，下面将 SLQ 最优跟踪问题转化到确定性问题中。令 $\boldsymbol{Z}_k=E\left(\boldsymbol{X}_k^T\boldsymbol{X}_k\right)$，则式 (9.64) 转化为

$$\boldsymbol{Z}_{k+1}=E\left(\boldsymbol{X}_{k+1}\boldsymbol{X}_{k+1}^{\mathrm{T}}\right)=(\boldsymbol{A}_1+\boldsymbol{B}_1\boldsymbol{K})\boldsymbol{Z}_k(\boldsymbol{A}_1+\boldsymbol{B}_1\boldsymbol{K})^{\mathrm{T}}+(\boldsymbol{C}_1+\boldsymbol{D}_1\boldsymbol{K})\boldsymbol{Z}_k(\boldsymbol{C}_1+\boldsymbol{D}_1\boldsymbol{K})^{\mathrm{T}} \tag{9.71}$$

式中，$\boldsymbol{Z}_k\in\mathbf{R}^{(k+p)\times(k+p)}$ 是一个新的确定性系统状态方程，且初始状态为 $\boldsymbol{Z}_0$。

代价函数式 (9.68) 转化为

$$J(\boldsymbol{Z}_k,\boldsymbol{K})=\mathrm{tr}\left\{\sum_{i=1}^{\infty}\gamma^{i-k}\left[\left(\bar{\boldsymbol{Q}}_1+\boldsymbol{K}^{\mathrm{T}}\boldsymbol{R}\boldsymbol{K}\right)\boldsymbol{Z}_k\right]\right\} \tag{9.72}$$

注解 9.2 在引进上述变换后，确定性系统式 (9.61) 完全去掉了随机扰动 W_k，且只依赖于初始状态 $\boldsymbol{Z}_0$，以及控制增益 $\boldsymbol{K}$，这为利用 ADP 方法做好了准备。

9.5.3 ADP 算法及收敛性算法

1. 迭代 ADP 算法推导

本小节中，利用值迭代算法求解 SLQ 最优跟踪问题，首先给出最优控制公式及相关的 SAE。

引理 9.2 令 $\boldsymbol{u}_k$ 是系统式 (9.64) 的可允许控制向量，则任一最优控制 $\boldsymbol{u}_k$ 可表示为

$$\boldsymbol{u}_k = \boldsymbol{K}\boldsymbol{X}_k = -\left(\boldsymbol{R} + \gamma \boldsymbol{B}_1^{\mathrm{T}}\boldsymbol{P}\boldsymbol{B}_1 + \gamma \boldsymbol{D}_1^{\mathrm{T}}\boldsymbol{P}\boldsymbol{D}_1\right)^{-1}\gamma\left(\boldsymbol{B}_1^{\mathrm{T}}\boldsymbol{P}\boldsymbol{A}_1 + \boldsymbol{D}_1^{\mathrm{T}}\boldsymbol{P}\boldsymbol{C}_1\right)\boldsymbol{X}_k \tag{9.73}$$

最优值函数为

$$V\left(\boldsymbol{X}_k\right) = \operatorname{tr}\left(\boldsymbol{P}\boldsymbol{X}_k\right) \tag{9.74}$$

式中，$\boldsymbol{P}$ 可以表示成如下的 SAE:

$$\begin{aligned}\boldsymbol{P} =& \bar{\boldsymbol{Q}}_1 - \gamma\left(\boldsymbol{A}_1^{\mathrm{T}}\boldsymbol{P}\boldsymbol{B}_1 + \boldsymbol{C}_1^{\mathrm{T}}\boldsymbol{P}\boldsymbol{D}_1\right)\left(\boldsymbol{R} + \gamma\boldsymbol{B}_1^{\mathrm{T}}\boldsymbol{D}\boldsymbol{B}_1 + \gamma\boldsymbol{D}_1^{\mathrm{T}}\boldsymbol{P}\boldsymbol{D}_1\right)^{-1}\gamma\left(\boldsymbol{B}_1^{\mathrm{T}}\boldsymbol{P}\boldsymbol{A}_1 + \boldsymbol{D}_1^{\mathrm{T}}\boldsymbol{P}\boldsymbol{C}_1\right)\\ &+ \gamma\left(\boldsymbol{A}_1^{\mathrm{T}}\boldsymbol{P}\boldsymbol{A}_1 + \boldsymbol{C}_1^{\mathrm{T}}\boldsymbol{P}\boldsymbol{C}_1\right) + \boldsymbol{R} + \gamma\boldsymbol{B}_1^{\mathrm{T}}\boldsymbol{P}\boldsymbol{B}_1 + \gamma\boldsymbol{D}_1^{\mathrm{T}}\boldsymbol{P}\boldsymbol{D}_1 > \boldsymbol{0}\end{aligned} \tag{9.75}$$

证明：令 $\boldsymbol{u}_k = \boldsymbol{K}\boldsymbol{X}_k$ 是可允许控制向量，由引理 9.1 及式 (9.72) 得出的代价函数为

$$\begin{aligned}J\left(\boldsymbol{Z}_k, \boldsymbol{K}\right) =& \operatorname{tr}\left[\sum_{i=k}^{\infty}\gamma^{i-k}\left(\bar{\boldsymbol{Q}}_1 + \boldsymbol{K}^{\mathrm{T}}\boldsymbol{R}\boldsymbol{K}\right)\boldsymbol{Z}_k\right]\\ =& \operatorname{tr}\left[\left(\bar{\boldsymbol{Q}} + \boldsymbol{K}^{\mathrm{T}}\boldsymbol{R}\boldsymbol{K}\right)\boldsymbol{Z}_k\right] + \gamma\operatorname{tr}\left[\sum_{i=k+1}^{\infty}\gamma^{i-(k+1)}\left(\bar{\boldsymbol{Q}}_1 + \boldsymbol{R}^{\mathrm{T}}\boldsymbol{R}\boldsymbol{K}\right)\boldsymbol{Z}_k\right]\\ =& \operatorname{tr}\left[\left(\bar{\boldsymbol{Q}}_1 + \boldsymbol{K}^{\mathrm{T}}\boldsymbol{R}\boldsymbol{K}\right)\boldsymbol{Z}_k\right] + \gamma J\left(\boldsymbol{Z}_{k+1}, \boldsymbol{K}\right)\end{aligned} \tag{9.76}$$

由最优控制的贝尔曼原理可知，最优值函数 $V^*\left(\boldsymbol{Z}_k, \boldsymbol{K}\right)$ 满足下列方程:

$$V^*\left(\boldsymbol{Z}_k, \boldsymbol{K}\right) = \min_{\boldsymbol{K}}\left\{\operatorname{tr}\left[\left(\bar{\boldsymbol{Q}}_1 + \boldsymbol{K}^{\mathrm{T}}\boldsymbol{R}\boldsymbol{K}\right)\boldsymbol{Z}_K\right] + \gamma V^*\left(\boldsymbol{Z}_{K+1}, \boldsymbol{K}\right)\right\} \tag{9.77}$$

则最优控制增益矩阵为

$$\boldsymbol{K}^* = \arg\min_{\boldsymbol{K}}\left\{\operatorname{tr}\left[\left(\bar{\boldsymbol{Q}}_1 + \boldsymbol{K}^{\mathrm{T}}\boldsymbol{R}\boldsymbol{K}\right)\boldsymbol{Z}_k\right] + \gamma\boldsymbol{V}^*\left(\boldsymbol{Z}_{k+1}, \boldsymbol{K}\right)\right\} \tag{9.78}$$

式中，$\boldsymbol{Z}_{k+1} = \left(\boldsymbol{A}_1 + \boldsymbol{B}_1\boldsymbol{K}\right)\boldsymbol{Z}_k\left(\boldsymbol{A}_1 + \boldsymbol{B}_1\boldsymbol{K}\right)^{\mathrm{T}} + \left(\boldsymbol{C}_1 + \boldsymbol{D}_1\boldsymbol{K}\right)\boldsymbol{Z}_k\left(\boldsymbol{C}_1 + \boldsymbol{D}_1\boldsymbol{K}\right)^{\mathrm{T}}$。

由一阶必要性条件和引理 9.1 可知

$$\frac{\partial\left\{\operatorname{tr}\left[\left(\bar{\boldsymbol{Q}}_1 + \boldsymbol{K}^{\mathrm{T}}\boldsymbol{R}\boldsymbol{K}\right)\boldsymbol{Z}_k\right] + \gamma\boldsymbol{V}\left(\boldsymbol{Z}_{k+1}, \boldsymbol{K}\right)\right\}}{\partial\boldsymbol{K}} = \boldsymbol{0} \tag{9.79}$$

求解式 (9.79) 并化简，得

$$\left(\boldsymbol{R} + \gamma\boldsymbol{B}_1^{\mathrm{T}}\boldsymbol{P}\boldsymbol{B}_1 + \gamma\boldsymbol{D}_1^{\mathrm{T}}\boldsymbol{P}\boldsymbol{D}_1\right)\boldsymbol{K}\boldsymbol{Z}_k + \gamma\left(\boldsymbol{B}_1^{\mathrm{T}}\boldsymbol{P}\boldsymbol{A}_1 + \boldsymbol{P}_1^{\mathrm{T}}\boldsymbol{P}\boldsymbol{C}_1\right)\boldsymbol{Z}_k = \boldsymbol{0}$$

式中，$\boldsymbol{P}$ 满足扩展 SAE 式（9.70）。

假设 $\boldsymbol{R}+\gamma\boldsymbol{B}_1^{\mathrm{T}}\boldsymbol{P}\boldsymbol{B}_1+\gamma\boldsymbol{D}_1^{\mathrm{T}}\boldsymbol{P}\boldsymbol{D}_1>\boldsymbol{0}$ 及 $\boldsymbol{Z}_k$ 的任意性，从而有

$$\boldsymbol{K}^*=-\left(\boldsymbol{R}+\gamma\boldsymbol{B}_1^{\mathrm{T}}\boldsymbol{P}\boldsymbol{B}_1+\gamma\boldsymbol{D}_1^{\mathrm{T}}\boldsymbol{P}\boldsymbol{D}_1\right)^{-1}\gamma\left(\boldsymbol{B}_1^{\mathrm{T}}\boldsymbol{P}\boldsymbol{A}_1+\boldsymbol{D}_1^{\mathrm{T}}\boldsymbol{P}\boldsymbol{C}_1\right) \tag{9.80}$$

将 $\boldsymbol{K}^*$ 代入式 (9.11) 得到扩展 SAE 式 (9.75)。证毕。

由引理 9.2，可以看出求解扩展 SAE 是 SLQ 最优跟踪问题的有效方法。然而，由于 SAE 的复杂性，很难对式（9.75）进行求解。

下面利用 ADP 策略来在线求解 SLQ 最优跟踪问题，在值迭代 ADP 算法中，设置初始值函数 $V_0(\cdot)=0$，则计算初始控制矩阵增益 $\boldsymbol{K}_0$ 为

$$\begin{aligned}\boldsymbol{K}_0&=\arg\min_{\boldsymbol{K}}\left\{\mathrm{tr}\left[\left(\bar{\boldsymbol{Q}}+\boldsymbol{K}^{\mathrm{T}}\boldsymbol{R}\boldsymbol{K}\right)\boldsymbol{Z}_k\right]+\gamma V_0\left(\boldsymbol{Z}_k+1\right)\right\}\\&=\arg\min_{\boldsymbol{K}}\left\{\mathrm{tr}\left[\left(\bar{\boldsymbol{Q}}_1+\boldsymbol{K}^{\mathrm{T}}\boldsymbol{R}\boldsymbol{K}\right)\boldsymbol{Z}_k\right]\right\}\end{aligned} \tag{9.81}$$

当 $\boldsymbol{K}_0$ 获得后，则 V_1 可计算如下：

$$V_1\left(\boldsymbol{Z}_k\right)=\min_{\boldsymbol{K}}\left\{\mathrm{tr}\left[\left(\bar{\boldsymbol{Q}}_1+\boldsymbol{K}^{\mathrm{T}}\boldsymbol{R}\boldsymbol{K}\right)\boldsymbol{Z}_k\right]+\gamma\boldsymbol{V}_0(\boldsymbol{Z}_{k+1})\right\}=\mathrm{tr}\left[\left(\bar{\boldsymbol{Q}}_1+\boldsymbol{K}_0^{\mathrm{T}}\boldsymbol{R}\boldsymbol{K}_0\right)\boldsymbol{Z}_k\right] \tag{9.82}$$

对于 $i=1,2\cdots$，迭代算法如下：

$$\boldsymbol{K}_i=\arg\min_{\boldsymbol{K}}\left\{\mathrm{tr}\left[\left(\bar{\boldsymbol{Q}}_1+\boldsymbol{K}^{\mathrm{T}}\boldsymbol{R}\boldsymbol{K}\right)\boldsymbol{Z}_k\right]+\gamma\boldsymbol{V}_i\left(\boldsymbol{Z}_{k+1}\right)\right\} \tag{9.83}$$

而

$$\begin{aligned}V_{i+1}\left(\boldsymbol{Z}_k\right)&=\min_{\boldsymbol{K}}\left\{\mathrm{tr}\left[\left(\bar{\boldsymbol{Q}}_1+\boldsymbol{K}^{\mathrm{T}}\boldsymbol{R}\boldsymbol{K}\right)\boldsymbol{Z}_k\right]+\gamma V_i\left(\boldsymbol{Z}_{k+1}\right)\right\}\\&=\mathrm{tr}\left[\left(\bar{\boldsymbol{Q}}_1+\boldsymbol{K}_i^{\mathrm{T}}\boldsymbol{R}\boldsymbol{K}_i\right)\boldsymbol{Z}_k+\gamma V_i\left(\boldsymbol{Z}_{k+1}\right)\right]\end{aligned} \tag{9.84}$$

注意：i 为迭代指标，而 $\boldsymbol{R}$ 为时间指标，则下面证明值迭代 ADP 算法式（9.83）和式（9.84）的收敛性。

2. 值迭代算法的收敛性

首先讨论跟踪误差的稳定性。

定理 9.1 考虑系统式 (9.64) 的 LQT 问题，假设指令生成器为式（9.63），值函数为式（9.68），设置 $\tilde{\boldsymbol{e}}=\gamma^{k/2}\boldsymbol{e}_k$，其中 $\boldsymbol{e}_k$ 为由式（9.62）定义的跟踪误差，则最优控制输入使 $\tilde{\boldsymbol{e}}_k$ 渐近稳定，进一步，它使值函数式（9.68）达到最小。

证明：首先证明 $\tilde{\boldsymbol{e}}_k$ 是渐近稳定的，考虑扩展系统式（9.64），并设置 $\tilde{\boldsymbol{X}}=\gamma^{k/2}\boldsymbol{X}_k$。由于 $\boldsymbol{e}_k=[\boldsymbol{G}-\boldsymbol{I}]\boldsymbol{X}_k$，且 $\boldsymbol{G}-\boldsymbol{I}\neq 0$，考虑 $\tilde{\boldsymbol{X}}_k\to 0$，则 $\tilde{\boldsymbol{e}}_k\to 0$。

考虑如下值函数：

$$V\left(\tilde{\boldsymbol{X}}_k\right)=\tilde{\boldsymbol{X}}_k^{\mathrm{T}}\boldsymbol{P}\tilde{\boldsymbol{X}}_k$$

式中，$\boldsymbol{P}$ 是式（9.75）SAE 的解，则有

$$V\left(\tilde{\boldsymbol{X}}_{k+1}\right)-V\left(\tilde{\boldsymbol{X}}_k\right)=E\left(\tilde{\boldsymbol{X}}_{k+1}^{\mathrm{T}}\boldsymbol{P}\tilde{\boldsymbol{X}}_{k+1}\right)-E\left(\tilde{\boldsymbol{X}}_k^{\mathrm{T}}\boldsymbol{P}\tilde{\boldsymbol{X}}_k\right) \tag{9.85}$$

利用 $\boldsymbol{X}_k=\gamma^{k/2}\tilde{\boldsymbol{X}}_k$，以及控制输入式 (9.77) 到扩展系统式 (9.64)，则有

$$\tilde{\boldsymbol{X}}_{k+1}=\gamma^{1/2}\left(\boldsymbol{T}\tilde{\boldsymbol{X}}_k+\boldsymbol{B}_0\tilde{\boldsymbol{u}}_k\right)=r^{1/2}\left(\boldsymbol{T}+\boldsymbol{B}_0\boldsymbol{K}\right)\tilde{\boldsymbol{X}}_k \tag{9.86}$$

式中

$$\boldsymbol{K}=\left(\boldsymbol{R}+\gamma\boldsymbol{B}_1'\boldsymbol{P}\boldsymbol{B}_1+\gamma\boldsymbol{D}_1^{\mathrm{T}}\boldsymbol{P}\boldsymbol{D}_1\right)^{-1}\gamma\left(\boldsymbol{B}_1^{\mathrm{T}}\boldsymbol{P}\boldsymbol{A}_1+\boldsymbol{D}_1^{\mathrm{T}}\boldsymbol{P}\boldsymbol{C}_1\right) \tag{9.87}$$

将式（9.86）和式（9.87）代入式（9.85）中得

$$\begin{aligned}V\left(\tilde{\boldsymbol{X}}_{k+1}\right)-V\left(\tilde{\boldsymbol{X}}_k\right)=&E\{\tilde{\boldsymbol{X}}_k^{\mathrm{T}}[-\boldsymbol{P}+\gamma\left(\boldsymbol{A}_1^{\mathrm{T}}\boldsymbol{P}\boldsymbol{A}_1+\boldsymbol{C}_1^{\mathrm{T}}\boldsymbol{P}\boldsymbol{C}_1\right)\\&-\gamma\left(\boldsymbol{A}_1^{\mathrm{T}}\boldsymbol{P}\boldsymbol{B}_1+\boldsymbol{C}_1^{\mathrm{T}}\boldsymbol{P}\boldsymbol{D}_1\right)\boldsymbol{K}-\boldsymbol{K}^{\mathrm{T}}\boldsymbol{R}\boldsymbol{K}]\tilde{\boldsymbol{X}}_k\}\end{aligned} \tag{9.88}$$

式中，$\boldsymbol{K}$ 由式（9.87）给定。由式（9.75）得

$$-\boldsymbol{P}+\gamma\left(\boldsymbol{A}_1^{\mathrm{T}}\boldsymbol{P}\boldsymbol{A}_1+\boldsymbol{C}_1^{\mathrm{T}}\boldsymbol{P}\boldsymbol{C}_1\right)-\gamma\left(\boldsymbol{A}_1^{\mathrm{T}}\boldsymbol{P}\boldsymbol{B}_1+\boldsymbol{C}_1^{\mathrm{T}}\boldsymbol{P}\boldsymbol{D}_1\right)\boldsymbol{K}=-\boldsymbol{Q}_1 \tag{9.89}$$

将式（9.89）代入式（9.88）得

$$V\left(\tilde{\boldsymbol{X}}_{k+1}\right)-V\left(\tilde{\boldsymbol{X}}_k\right)=E\left[\tilde{\boldsymbol{X}}_k^{\mathrm{T}}\left(-\bar{\boldsymbol{Q}}_1-\boldsymbol{K}^{\mathrm{T}}\boldsymbol{R}\boldsymbol{K}\right)\tilde{\boldsymbol{X}}_k\right]<0 \tag{9.90}$$

证毕。

注解 9.3 定理 9.1 表明当最优控制输入应用到系统中时跟踪误差是有界的，而且式 (9.90) 表明 $\bar{\boldsymbol{Q}}$ 越大，跟踪误差下降越快。因此，通过选择越小的折扣因子或越大的 $\bar{\boldsymbol{Q}}_1$, 使得跟踪误差在 γ 变得很小之前变得如所期望的那样小。

下面证明收敛性。

引理 9.3 假设 $\left\{\boldsymbol{K}_i^{\xi}\right\}$ 表示可能的控制增量序列，$\{V_i\}$ 和 $\{\boldsymbol{K}_i\}$ 分别由式（9.82）和式（9.83）确定，$\boldsymbol{\Psi}\left(\boldsymbol{Z}_k\right)$ 可表示为

$$\boldsymbol{\Psi}_{i+1}\left(\boldsymbol{Z}_k\right)=\operatorname{tr}\left[\left(\bar{\boldsymbol{Q}}_1+\boldsymbol{K}_i^{\xi^{\mathrm{T}}}\boldsymbol{R}\boldsymbol{K}_i^{\xi}\right)\boldsymbol{Z}_k\right]+\gamma\boldsymbol{\Psi}_i\left(\boldsymbol{Z}_{k+1}\right)$$

若 $\boldsymbol{\Psi}_0(\cdot)=V_0(\cdot)=0$，则 $V_i(\boldsymbol{Z}_k)\leqslant\boldsymbol{\Psi}_i\left(\boldsymbol{Z}_k\right),\forall i$。

证明：明显地，$V_i\left(\boldsymbol{Z}_k\right)=\min\left\{\boldsymbol{\Psi}_i\left(\boldsymbol{Z}_k\right)\right\}\leqslant\boldsymbol{\Psi}_i\left(\boldsymbol{Z}_k\right),\forall i$。证毕。

引理 9.4 假设值函数由式（9.84）确定，由于跟踪误差是稳定的，则存在一个上界满足 $V_i(\boldsymbol{Z}_k)\leqslant V^*\left(\boldsymbol{Z}_k\right)\leqslant\boldsymbol{\Psi}\left(\boldsymbol{Z}_k\right)$，其中最优值函数 $V^*\left(\boldsymbol{Z}_k\right)$ 由式（9.77）确定。

证明：设 $\xi\left(\boldsymbol{X}_k\right)=\boldsymbol{K}_1^{\xi}\boldsymbol{X}_k\in\boldsymbol{u}(\chi)$，且 $\boldsymbol{\Psi}_0\left(\cdot\right)=V_0\left(\cdot\right)=0$。其中 $\Theta_{i+1}\left(\boldsymbol{Z}_k\right)$ 可表示为

$$\Theta_{i+1}\left(\boldsymbol{Z}_k\right)=\operatorname{tr}\left[\left(\bar{\boldsymbol{Q}}_1+\boldsymbol{K}_i^{\xi^{\mathrm{T}}}\boldsymbol{R}\boldsymbol{K}_i^{\xi}\right)\boldsymbol{Z}_k\right]+\gamma\Theta_i\left(\boldsymbol{Z}_{k+1}\right) \tag{9.91}$$

则有下列差分公式：

$$\begin{aligned}\Theta_{i+1}\left(\boldsymbol{Z}_k\right)-\Theta_i\left(\boldsymbol{Z}_k\right)=&\gamma[\Theta_i\left(\boldsymbol{Z}_{k+1}\right)-\Theta_{i-1}(\boldsymbol{Z}_{k+1})]\\=&\gamma^2\left[\Theta_{i-1}\left(\boldsymbol{Z}_{k+2}\right)-\Theta_{i-1}\left(\boldsymbol{Z}_{k+2}\right)\right]\\&\cdots\end{aligned}$$

$$
\begin{aligned}
&= \gamma^{i}\left[\Theta_{1}\left(\boldsymbol{Z}_{k+i}\right)-\Theta_{i-1}\left(\boldsymbol{Z}_{k+i}\right)\right] \\
&= \gamma^{i}\Theta_{1}\left(\boldsymbol{Z}_{k+i}\right)
\end{aligned}
$$

因此

$$
\begin{aligned}
\Theta_{i+1}\left(\boldsymbol{Z}_{k}\right) &= \gamma^{i}\Theta_{1}\left(\boldsymbol{Z}_{k+i}\right)+\Theta_{i}\left(\boldsymbol{Z}_{k}\right) \\
&= \gamma^{i}\Theta_{1}\left(\boldsymbol{Z}_{k+i}\right)+\gamma^{i-1}\Theta_{1}\left(\boldsymbol{Z}_{k+i-1}\right)+\Theta_{i-1}\left(\boldsymbol{Z}_{k}\right) \\
&\cdots \\
&= \gamma^{i}\Theta_{1}\left(\boldsymbol{Z}_{k+i}\right)+\gamma^{i-1}\Theta_{1}\left(\boldsymbol{Z}_{k+i-1}\right)+\cdots+\Theta_{1}\left(\boldsymbol{Z}_{k}\right)
\end{aligned} \tag{9.92}
$$

从而式 (9.92) 可以转化为

$$
\begin{aligned}
\Theta_{i+1}\left(\boldsymbol{Z}_{k}\right) &= \sum_{j=0}^{i}\gamma^{j}\Theta_{1}\left(\boldsymbol{Z}_{k+j}\right) \\
&= \sum_{j=0}^{i}\gamma^{j}\operatorname{tr}\left[\left(\bar{\boldsymbol{Q}}_{1}+\boldsymbol{K}_{i}^{\xi^{\mathrm{T}}}\boldsymbol{R}\boldsymbol{K}_{i}^{\xi}\right)\boldsymbol{Z}_{k+j}\right] \\
&\leqslant \sum_{j=0}^{\infty}\gamma^{j}\operatorname{tr}\left[\left(\bar{\boldsymbol{Q}}_{1}+\boldsymbol{K}_{i}^{\xi^{\mathrm{T}}}\boldsymbol{R}\boldsymbol{K}_{i}^{\xi}\right)\boldsymbol{Z}_{k+j}\right]
\end{aligned}
$$

由于 $\xi\left(\boldsymbol{X}_{k}\right)=\boldsymbol{K}_{1}^{\xi}\boldsymbol{X}_{k}$ 是可允许的，则存在一个上界使 $\Theta_{i+1}\left(\boldsymbol{Z}_{k}\right)\leqslant\boldsymbol{\Psi}\left(\boldsymbol{Z}_{k}\right)$。证毕。

引理 9.5 控制增益序列 $\{\boldsymbol{K}_{i}\}$ 和值函数序列 $\{V_{i}\}$，其中 $\{V_{0}\}=0$ 由式（9.83）和式（9.84）表示，则 $\{V_{i}\}$ 满足 $V_{i}\left(\boldsymbol{Z}_{k}\right)\leqslant V_{i+1}\left(\boldsymbol{Z}_{k}\right),\forall i$。

证明：定义如下新序列：

$$
\Lambda_{i}\left(\boldsymbol{Z}_{k}\right)=\operatorname{tr}\left[\left(\boldsymbol{Q}+\boldsymbol{K}_{i}^{\mathrm{T}}\boldsymbol{R}\boldsymbol{K}_{i}\right)\boldsymbol{Z}_{k}\right]+\gamma\Lambda_{i-1}\left(\boldsymbol{Z}_{k+1}\right) \tag{9.93}
$$

式中，$\Lambda_{0}(\cdot)=V_{0}(\cdot)=0$，利用归纳法证明。

首先，当 $i=0$ 时，$V_{1}\left(\boldsymbol{Z}_{k}\right)-\Lambda_{0}\left(\boldsymbol{Z}_{k}\right)=\operatorname{tr}\left[\left(\boldsymbol{Q}_{1}+\boldsymbol{K}_{t}^{\mathrm{T}}\boldsymbol{R}\boldsymbol{K}_{t}\right)\boldsymbol{Z}_{k}\right]\geqslant 0$。明显地，$V_{1}\left(\boldsymbol{Z}_{k}\right)\geqslant\Lambda_{0}\left(\boldsymbol{Z}_{k}\right)$。

其次，假设 $V_{i}\left(\boldsymbol{Z}_{k}\right)\geqslant\Lambda_{i-1}\left(\boldsymbol{Z}_{k}\right)$，利用式（9.93）减去式（9.84）得

$$
\begin{aligned}
V_{i+1}\left(\boldsymbol{Z}_{k}\right)-\Lambda_{i}\left(\boldsymbol{Z}_{k}\right) &= \operatorname{tr}\left[\left(\bar{\boldsymbol{Q}}_{1}+\boldsymbol{K}_{i}^{\mathrm{T}}\boldsymbol{R}\boldsymbol{K}_{i}\right)\boldsymbol{Z}_{k}\right]+\gamma V_{i}\left(\boldsymbol{Z}_{k+1}\right) \\
&\quad -\operatorname{tr}\left[\left(\bar{\boldsymbol{Q}}_{1}+\boldsymbol{K}_{i}^{\mathrm{T}}\boldsymbol{R}\boldsymbol{K}_{i}\right)\boldsymbol{Z}_{k}\right]-\gamma\Lambda_{i-1}\left(\boldsymbol{Z}_{k+1}\right) \\
&= \gamma\left(V_{i}\left(\boldsymbol{Z}_{k+1}\right)-\Lambda_{i-1}\left(\boldsymbol{Z}_{k+1}\right)\right) \\
&\geqslant 0
\end{aligned}
$$

从而有

$$
V_{i}\left(\boldsymbol{Z}_{k}\right)\leqslant V_{i+1}\left(\boldsymbol{Z}_{k}\right) \tag{9.94}
$$

由引理 9.3 可知 $V_{i}\left(\boldsymbol{Z}_{k}\right)\leqslant\Lambda_{i}\left(\boldsymbol{Z}_{k}\right)$，结合式（9.94）得 $V_{i}\left(\boldsymbol{Z}_{k}\right)\leqslant V_{i+1}\left(\boldsymbol{Z}_{k}\right),\forall i$。证毕。

注解 9.4 由引理 9.3 和引理 9.4 可知，式（9.84）的值函数序列 $\{V_i\}$ 是非单调递减且有上界的，故存在极限使得 $\lim_{i\to\infty} V_i = V_\infty$，而由式（9.83），可得 $\lim\limits_{i\to\infty} \boldsymbol{K}_i = \boldsymbol{K}_\infty$。

定理 9.2 由于对式（9.84）确定的值函数序列 $\{V_i\}$ 其极限为

$$V_\infty(\boldsymbol{Z}_k) = \min_{\boldsymbol{K}} \left\{ \left[\operatorname{tr}(\bar{\boldsymbol{Q}}_1 + \boldsymbol{K}^{\mathrm{T}}\boldsymbol{R}\boldsymbol{K})\boldsymbol{Z}_k \right] + \gamma V_\infty(\boldsymbol{Z}_{k+1}) \right\} \tag{9.95}$$

证明：一方面，由于 $\{V_i\}$ 是非单调递减的即 $V_i(\boldsymbol{Z}_k) \leqslant V_{i+1}(\boldsymbol{Z}_k)$，显然，$V_\infty(\boldsymbol{Z}_k) \geqslant \min\limits_{\boldsymbol{K}} \left\{ \operatorname{tr}\left[\left(\bar{\boldsymbol{Q}}_1 + \boldsymbol{K}^{\mathrm{T}}\boldsymbol{R}\boldsymbol{K} \right) \boldsymbol{Z}_k \right] + \gamma V_\infty(\boldsymbol{Z}_{k+1}) \right\}$。

令 $i \to \infty$，则

$$V_\infty(\boldsymbol{Z}_k) \geqslant \min_{\boldsymbol{K}} \left\{ \operatorname{tr}\left[\left(\bar{\boldsymbol{Q}}_1 + \boldsymbol{K}^{\mathrm{T}}\boldsymbol{R}\boldsymbol{K} \right) \boldsymbol{Z}_k \right] + \gamma V_\infty(\boldsymbol{Z}_{k+1}) \right\} \tag{9.96}$$

另一方面，考虑 $\lim_{i\to\infty} V_i = V_\infty$，故存在一个正整数 m，对于任意的 $\varepsilon > 0$，使得 $V_m(\boldsymbol{Z}_k) \leqslant V_\infty(\boldsymbol{Z}_k) \leqslant V_m(\boldsymbol{Z}_k) + \varepsilon$。

因此

$$\begin{aligned} V_\infty(\boldsymbol{Z}_k) =& \min_{\boldsymbol{K}} \left\{ \operatorname{tr}\left[\left(\bar{\boldsymbol{Q}}_1 + \boldsymbol{K}^{\mathrm{T}}\boldsymbol{R}\boldsymbol{K} \right) \boldsymbol{Z}_k \right] + \gamma V_{m-1}(\boldsymbol{Z}_{k+1}) \right\} + \varepsilon \\ \leqslant& \min_{\boldsymbol{K}} \left\{ \operatorname{tr}\left[\left(\bar{\boldsymbol{Q}}_1 + \boldsymbol{K}^{\mathrm{T}}\boldsymbol{R}\boldsymbol{K} \right) \boldsymbol{Z}_k \right] \right\} + \gamma V_\infty(\boldsymbol{Z}_{k+1}) + \varepsilon \end{aligned}$$

对于 ε 的任意性，则

$$V_\infty(\boldsymbol{Z}_k) \leqslant \min_{\boldsymbol{K}} \left\{ \operatorname{tr}\left[\left(\overline{\boldsymbol{Q}}_1 + \boldsymbol{K}^{\mathrm{T}}\boldsymbol{R}\boldsymbol{K} \right) \boldsymbol{Z}_k \right] + \gamma V_\infty(\boldsymbol{Z}_{k+1}) \right\} \tag{9.97}$$

由式（9.96）和式（9.97）可得

$$V_\infty(\boldsymbol{Z}_k) = \min_{\boldsymbol{K}} \left\{ \operatorname{tr}\left[\left(\overline{\boldsymbol{Q}}_1 + \boldsymbol{K}^{\mathrm{T}}\boldsymbol{R}\boldsymbol{K} \right) \boldsymbol{Z}_k \right] + \gamma V_\infty(\boldsymbol{Z}_{k+1}) \right\}$$

证毕。

定理 9.3 给定如式（9.83）和式（9.84）所求的序列 $\{\boldsymbol{K}_i\}$ 和 $\{V_i\}$，则 $V_\infty = V^*, \boldsymbol{K}_\infty = \boldsymbol{K}^*$，其中 $\boldsymbol{K}^*$ 是一个最优控制增益。

证明：由引理 9.4 可知，$V_\infty(\boldsymbol{Z}_k)$ 是 $V^*(\boldsymbol{Z}_k)$ 的一个上界，故 $V^*(\boldsymbol{Z}_k) \leqslant V_\infty(\boldsymbol{Z}_k)$。由式（9.95），$V_\infty(\boldsymbol{Z}_k)$ 又是一个适定的值函数。

由引理 9.4 可知 $V^*(\boldsymbol{Z}_k) \leqslant V_\infty^*(\boldsymbol{Z}_k)$，从而 $V^*(\boldsymbol{Z}_k) = \boldsymbol{V}_\infty(\boldsymbol{Z}_k)$。根据定理 9.2，得

$$V^*(\boldsymbol{Z}_k) \leqslant \min_{\boldsymbol{K}} \left\{ \operatorname{tr}\left[\left(\bar{\boldsymbol{Q}}_1 + \boldsymbol{K}^{\mathrm{T}}\boldsymbol{R}\boldsymbol{K} \right) \boldsymbol{Z}_k \right] + \gamma V^*(\boldsymbol{Z}_{k+1}) \right\}$$

由于

$$\boldsymbol{K}_\infty = \arg\min_{\boldsymbol{K}} \left\{ \operatorname{tr}\left[\left(\bar{\boldsymbol{Q}}_1 + \boldsymbol{K}^{\mathrm{T}}\boldsymbol{R}\boldsymbol{K} \right) \boldsymbol{Z}_k \right] + \gamma V_\infty(\boldsymbol{Z}_{k+1}) \right\}$$

则

$$\boldsymbol{K}_\infty = \arg\min_{\boldsymbol{K}} \left\{ \operatorname{tr}\left[\left(\bar{\boldsymbol{Q}}_1 + \boldsymbol{K}^{\mathrm{T}}\boldsymbol{R}\boldsymbol{K} \right) \boldsymbol{Z}_k \right] + \gamma V^*(\boldsymbol{Z}_{k+1}) \right\}$$

从而 $\boldsymbol{K}_\infty = \boldsymbol{K}^*$。证毕。

3. 值迭代算法的收敛性

本小节研究如何实现值迭代 ADP 方法。式（9.76）可以改写为

$$V_{i+1}(\boldsymbol{Z}_k)=E(\boldsymbol{X}_k^{\mathrm{T}}\boldsymbol{P}_{i+1}\boldsymbol{X}_k)=E[\boldsymbol{X}_k^{\mathrm{T}}(\bar{\boldsymbol{Q}}_1+\boldsymbol{K}_i^{\mathrm{T}}\boldsymbol{R}\boldsymbol{K}_i)\boldsymbol{X}_k+\gamma\boldsymbol{X}_{k+1}^{\mathrm{T}}\boldsymbol{P}_i\boldsymbol{X}_{k+1}] \tag{9.98}$$

上式可以简化为

$$\mathrm{tr}(\boldsymbol{P}_{i+1}\boldsymbol{Z}_k)=\mathrm{tr}[(\bar{\boldsymbol{Q}}_1+\boldsymbol{K}_i^{\mathrm{T}}\boldsymbol{R}\boldsymbol{K}_i)\boldsymbol{Z}_k+\gamma\boldsymbol{P}_i\boldsymbol{Z}_{k+1}] \tag{9.99}$$

在控制增益 $\boldsymbol{K}_i$ 的作用下，可得到系统在初始状态下的轨迹。进行 N 次迭代，得

$$\mathrm{tr}(\boldsymbol{P}_{i+1}\boldsymbol{Z}_{k+j})=\mathrm{tr}[(\bar{\boldsymbol{Q}}_1+\boldsymbol{K}_i^{\mathrm{T}}\boldsymbol{R}\boldsymbol{K}_i)\boldsymbol{Z}_{k+j}+\gamma\boldsymbol{P}_i\boldsymbol{Z}_{k+j+1}] \quad (j=1,2,\cdots,N) \tag{9.100}$$

且增益矩阵可以修正为

$$\boldsymbol{K}_{i+1}=(R-\boldsymbol{K}+\gamma\boldsymbol{B}_1^{\mathrm{T}}\boldsymbol{P}_{i+1}\boldsymbol{B}_1+\gamma\boldsymbol{D}_1^{\mathrm{T}}\boldsymbol{P}_{i+1}\boldsymbol{D}_1)^{-1}\gamma(\boldsymbol{B}_1^{\mathrm{T}}\boldsymbol{P}_{i+1}\boldsymbol{A}_1+\boldsymbol{D}_1^{\mathrm{T}}\boldsymbol{P}_{i+1}\boldsymbol{C}_1) \tag{9.101}$$

注解 9.5 值迭代算法可以用最小平方（least-square）方法在线进行。系统的动态对于求解贝尔曼方程式（9.99）是非本质的，但必须知道修正控制增益矩阵式（9.101），而且噪声被加到系统式（9.71）中确保持续激励被满足。

由于原始系统状态 $\boldsymbol{X}_k$ 的随机性，要获得 $\boldsymbol{X}_{k+1}$ 是很困难的。因此 $E(\boldsymbol{X}_{k+1})$ 可以计算如下。

根据式（9.71），可计算

$$\begin{aligned}\boldsymbol{Z}_{k+1}&=E(\boldsymbol{X}_{k+1}\boldsymbol{X}_{k+1}^{\mathrm{T}})=E\left\{\begin{bmatrix}\boldsymbol{x}_{k+1}\\ \boldsymbol{r}_{k+1}\end{bmatrix}\begin{bmatrix}\boldsymbol{x}_{k+1}^{\mathrm{T}} & \boldsymbol{r}_{k+1}^{\mathrm{T}}\end{bmatrix}\right\}\\ &=E\left\{\begin{bmatrix}\boldsymbol{x}_{k+1}\boldsymbol{x}_{k+1}^{\mathrm{T}} & \boldsymbol{x}_{k+1}\boldsymbol{r}_{k+1}^{\mathrm{T}}\\ \boldsymbol{r}_{k+1}\boldsymbol{x}_{k+1}^{\mathrm{T}} & \boldsymbol{r}_{k+1}\boldsymbol{r}_{k+1}^{\mathrm{T}}\end{bmatrix}\right\}\end{aligned} \tag{9.102}$$

式中

$$E(\boldsymbol{x}_{k+1}\boldsymbol{r}_{k+1}^{\mathrm{T}})=E(\boldsymbol{x}_{k+1})\boldsymbol{r}_{k+1}^{\mathrm{T}} \tag{9.103}$$

一旦获得 $\boldsymbol{Z}_{k+1}$ 的轨迹和 $\boldsymbol{r}_{k+1}$ 的指令，$E(\boldsymbol{x}_{k+1})$ 轨迹由式（9.103）可得到。进一步可获得时间 k 的 $E(\boldsymbol{y}_{k+1})$ 。

例 9.1[125]：将给出一个例子验证其有效性，考虑如下随机线性系统：

$$\begin{aligned}\boldsymbol{x}_{k+1}=&\left(\begin{bmatrix}0.2728 & -0.6429\\ 0.5044 & -0.6949\end{bmatrix}\boldsymbol{x}_k+\begin{bmatrix}-0.0413 & 0.4016\\ -0.3011 & 0.0299\end{bmatrix}\boldsymbol{x}_kW_k\right)\\ &+\left(\begin{bmatrix}0.0239\\ -0.4908\end{bmatrix}\boldsymbol{u}_k+\begin{bmatrix}0.0548\\ -0.2886\end{bmatrix}\boldsymbol{u}_kW_k\right)\end{aligned}$$

初始指标值选取：$Q=10, k=1, \gamma=0.5$。假设参考轨迹由下列指令产生器产生，$r_{k+1}=-r_k$。最优矩阵 $\boldsymbol{P}$ 满足扩展 SAE 式（9.61）为

$$\boldsymbol{P}^*=\begin{bmatrix} 268.3511 & 132.9762 & -20.3604 \\ 132.9762 & 938.1414 & -101.1150 \\ -20.3604 & -101.1150 & 11.9441 \end{bmatrix}$$

基于上述 $\boldsymbol{P}^*$，由式（9.70）可计算 $\boldsymbol{K}^*$ 为

$$\boldsymbol{K}^*=\begin{bmatrix} 0.5551 & -1.0404 & 0.1639 \end{bmatrix}$$

则将本文所提算法应用到上述问题中。

扩展初始状态 $\boldsymbol{X}_0$ 设置为 $\boldsymbol{X}_0=\begin{bmatrix} 5 & -5 & 10 \end{bmatrix}^{\mathrm{T}}$。初始控制向量设置为 $\boldsymbol{K}_0=\begin{bmatrix} -1.8540 & -1.0746 & 3.0540 \end{bmatrix}$。

在每次迭代中，需要 10 个数据组来实现最小平方方法（LS），在 20 次迭代后，矩阵参数 $\boldsymbol{P}$ 收敛到

$$\boldsymbol{P}=\begin{bmatrix} 268.3438 & 132.9789 & -20.3601 \\ 132.9789 & 938.1476 & -101.1157 \\ -20.3601 & -101.1157 & 11.9456 \end{bmatrix}$$

增益 $\boldsymbol{K}^*$ 收敛到

$$\boldsymbol{K}^*=\begin{bmatrix} 0.5551 & -1.0401 & 0.1639 \end{bmatrix}$$

4. Q 学习算法

由于上述 SAE 完全依赖于系统参数，当系统参数是未知时，上述方法是无效的，下面基于 Q 学习算法进行在线求解，主要结论和推导过程类似于文献 [129]。

由于最优代价函数满足哈密顿-雅可比-贝尔曼（HJB）方程，即

$$V(\boldsymbol{X}_k)=\min_{\boldsymbol{u}_k}\left[E\left(\boldsymbol{X}_k^{\mathrm{T}}\bar{\boldsymbol{Q}}_1\boldsymbol{X}_k+\boldsymbol{u}_k^{\mathrm{T}}\boldsymbol{R}\boldsymbol{u}_k\right)+\gamma V\left(\boldsymbol{X}_{k+1}\right)\right] \tag{9.104}$$

这里，定义 Q 函数为

$$Q\left(\boldsymbol{X}_k,\boldsymbol{u}_k\right)=E\left(\boldsymbol{X}_k^{\mathrm{T}}\bar{\boldsymbol{Q}}_1\boldsymbol{X}_k+\boldsymbol{u}_k^{\mathrm{T}}\boldsymbol{R}\boldsymbol{u}_k\right)+\gamma V\left(\boldsymbol{X}_{k+1}\right) \tag{9.105}$$

由引理 9.1 可知，$V(\boldsymbol{X}_{k+1})$ 可以表示为

$$\begin{aligned} V(\boldsymbol{X}_{k+1})&=E(\boldsymbol{X}_{k+1}^{\mathrm{T}}\boldsymbol{P}\boldsymbol{X}_{k+1}) \\ &=E\{[(\boldsymbol{A}_1\boldsymbol{X}_k+\boldsymbol{C}_1\boldsymbol{X}_kW_k)+(\boldsymbol{B}_1\boldsymbol{u}_k+\boldsymbol{D}_1\boldsymbol{u}_kW_k)]^{\mathrm{T}} \\ &\quad\times\boldsymbol{P}[(\boldsymbol{A}_1\boldsymbol{X}_k+\boldsymbol{C}_1\boldsymbol{X}_kW_k)+(\boldsymbol{B}_1\boldsymbol{u}_k+\boldsymbol{D}_1\boldsymbol{u}_kW_k)]\} \\ &=E[\boldsymbol{X}_k^{\mathrm{T}}(\boldsymbol{A}_1^{\mathrm{T}}\boldsymbol{P}\boldsymbol{A}_1+\boldsymbol{C}_1^{\mathrm{T}}\boldsymbol{P}\boldsymbol{C}_1)\boldsymbol{X}_k \\ &\quad+2\boldsymbol{X}_k^{\mathrm{T}}\boldsymbol{A}_1^{\mathrm{T}}\boldsymbol{P}\boldsymbol{B}_1\boldsymbol{u}_k+\boldsymbol{u}_k^{\mathrm{T}}(\boldsymbol{B}_1^{\mathrm{T}}\boldsymbol{P}\boldsymbol{B}_1+\boldsymbol{D}_1^{\mathrm{T}}\boldsymbol{P}\boldsymbol{D}_1)\boldsymbol{u}_k] \end{aligned} \tag{9.106}$$

将式（9.106）代入式（9.105），得

$$
\begin{aligned}
&Q(\boldsymbol{X}_k, \boldsymbol{u}_k) \\
=&E[\boldsymbol{X}_k^{\mathrm{T}}\left(\bar{\boldsymbol{Q}}_1+\gamma \boldsymbol{A}_1^{\mathrm{T}} \boldsymbol{P} \boldsymbol{A}_1+\gamma \boldsymbol{C}_1^{\mathrm{T}} \boldsymbol{P} \boldsymbol{C}_1\right) \boldsymbol{X}_k+2 \gamma \boldsymbol{X}_k^{\mathrm{T}} \boldsymbol{A}_1^{\mathrm{T}} \boldsymbol{P} \boldsymbol{B}_1 \boldsymbol{u}_k \\
&+\boldsymbol{u}_k^{\mathrm{T}}\left(\boldsymbol{R}+\gamma \boldsymbol{B}_1^{\mathrm{T}} \boldsymbol{P} \boldsymbol{B}_1+\gamma \boldsymbol{D}_1^{\mathrm{T}} \boldsymbol{P} \boldsymbol{D}_1\right) \boldsymbol{u}_k] \\
=&E\left\{\left[\boldsymbol{X}_k^{\mathrm{T}}, \boldsymbol{u}_k^{\mathrm{T}}\right]\begin{bmatrix}\bar{\boldsymbol{Q}}_1+\gamma \boldsymbol{A}_1^{\mathrm{T}} \boldsymbol{P} \boldsymbol{A}_1+\gamma \boldsymbol{C}_1^{\mathrm{T}} \boldsymbol{P} \boldsymbol{C}_1 & \gamma \boldsymbol{A}_1^{\mathrm{T}} \boldsymbol{P} \boldsymbol{B}_1 \\ \gamma \boldsymbol{B}_1^{\mathrm{T}} \boldsymbol{P} \boldsymbol{A}_1 & \boldsymbol{R}+\gamma \boldsymbol{B}_1^{\mathrm{T}} \boldsymbol{P} \boldsymbol{B}_1+\gamma \boldsymbol{D}_1^{\mathrm{T}} \boldsymbol{P} \boldsymbol{D}_1\end{bmatrix}\begin{bmatrix}\boldsymbol{X}_k \\ \boldsymbol{u}_k\end{bmatrix}\right\}
\end{aligned} \tag{9.107}
$$

记

$$
\boldsymbol{H}=\begin{bmatrix}\bar{\boldsymbol{Q}}_1+\gamma \boldsymbol{A}_1^{\mathrm{T}} \boldsymbol{P} \boldsymbol{A}_1+\gamma \boldsymbol{C}_1^{\mathrm{T}} \boldsymbol{P} \boldsymbol{C}_1 & \gamma \boldsymbol{A}_1^{\mathrm{T}} \boldsymbol{P} \boldsymbol{B}_1 \\ \gamma \boldsymbol{B}_1^{\mathrm{T}} \boldsymbol{P} \boldsymbol{A}_1 & \boldsymbol{R}+\gamma \boldsymbol{B}_1^{\mathrm{T}} \boldsymbol{P} \boldsymbol{B}_1+\gamma \boldsymbol{D}_1^{\mathrm{T}} \boldsymbol{P} \boldsymbol{D}_1\end{bmatrix} \triangleq\begin{bmatrix}\boldsymbol{H}_{xx} & \boldsymbol{H}_{xu} \\ \boldsymbol{H}_{ux} & \boldsymbol{H}_{uu}\end{bmatrix} \tag{9.108}
$$

则 Q 函数可以表示为

$$
Q(\boldsymbol{X}_k, \boldsymbol{u}_k)=E\left\{\left[\boldsymbol{X}_k^{\mathrm{T}}, \boldsymbol{u}_k^{\mathrm{T}}\right] \boldsymbol{H}\begin{bmatrix}\boldsymbol{X}_k \\ \boldsymbol{u}_k\end{bmatrix}\right\} \tag{9.109}
$$

由引理 9.2 可知，最优控制向量 $\boldsymbol{u}_k^*$，可以表示为

$$
\boldsymbol{u}_k^*=-\boldsymbol{H}_{uu}^{-1} \boldsymbol{H}_{ux} \boldsymbol{X}_k \triangleq \boldsymbol{K}^* \boldsymbol{X}_k \tag{9.110}
$$

式中，$\boldsymbol{K}^*=-\boldsymbol{H}_{uu}^{-1} \boldsymbol{H}_{ux}$。

由于 $V(\boldsymbol{X}_k)=\min\limits_{\boldsymbol{u}_k} Q(\boldsymbol{X}_k, \boldsymbol{u}_k)=Q(\boldsymbol{X}_k, \boldsymbol{u}_k^*)=E\left\{\boldsymbol{X}_k^{\mathrm{T}}\begin{bmatrix}\boldsymbol{I} & \boldsymbol{K}^{*T}\end{bmatrix} \boldsymbol{H}\begin{bmatrix}\boldsymbol{I} \\ \boldsymbol{K}^*\end{bmatrix} \boldsymbol{X}_k\right\}$

而由引理 9.1 得，$V(\boldsymbol{X}_k)=E\left[\boldsymbol{X}_k^{\mathrm{T}} \boldsymbol{P} \boldsymbol{X}_k\right]$，从而有

$$
\boldsymbol{P}=\begin{bmatrix}\boldsymbol{I} & \boldsymbol{K}^{*\mathrm{T}}\end{bmatrix} \boldsymbol{H}\begin{bmatrix}\boldsymbol{I} \\ \boldsymbol{K}^*\end{bmatrix} \tag{9.111}
$$

由式（9.110）可知，最优控制向量只依赖于矩阵 $\boldsymbol{H}$，从而避免了系统模型参数。明显地，矩阵 $\boldsymbol{H}$ 包含了系统的动态信息，从而将 SLQ 问题等价于如何获取矩阵 $\boldsymbol{H}$ 的问题。下面给出 Q 学习算法来估计矩阵 $\boldsymbol{H}$。

Q 学习算法的迭代步骤如下。

1）初值为 $Q_0(\boldsymbol{X}_k, \boldsymbol{u}_k)=0$，$\boldsymbol{u}_0(\boldsymbol{X}_k)$ 使得控制系统均方稳定。

2）计算 $Q_1(\boldsymbol{X}_k, \boldsymbol{u}_k)$ 和 $\boldsymbol{u}_1(\boldsymbol{X}_k)$ 如下：

$$
Q_1(\boldsymbol{X}_k, \boldsymbol{u}_0(\boldsymbol{X}_k))=E\left[\boldsymbol{X}_k^{\mathrm{T}} \bar{\boldsymbol{Q}}_1 \boldsymbol{X}_k+\boldsymbol{u}_0^{\mathrm{T}}(\boldsymbol{X}_k) \boldsymbol{R} \boldsymbol{u}_0(\boldsymbol{X}_k)\right]+\gamma \boldsymbol{Q}_0(\boldsymbol{X}_{k+1}, \boldsymbol{u}_0(\boldsymbol{X}_{k+1})) \tag{9.112}
$$

$$
\boldsymbol{u}_1(\boldsymbol{X}_k)=\arg \min_{\boldsymbol{u}_k} \boldsymbol{Q}_1(\boldsymbol{X}_k, \boldsymbol{u}_k) \tag{9.113}
$$

3）对于 $i \geqslant 1$，则 Q 学习算法按照下式进行迭代：

$$\begin{aligned}Q_{i+1}(\boldsymbol{X}_k,\boldsymbol{u}_i(\boldsymbol{X}_k)) &= E\left[\boldsymbol{X}_k^{\mathrm{T}}\bar{\boldsymbol{Q}}_1\boldsymbol{X}_k+\boldsymbol{u}_i^{\mathrm{T}}(\boldsymbol{X}_k)\boldsymbol{R}\boldsymbol{u}_i(\boldsymbol{X}_k)\right]+\gamma V_i(\boldsymbol{X}_{k+1})\\ &= E\left[\boldsymbol{X}_k^{\mathrm{T}}\bar{\boldsymbol{Q}}_1\boldsymbol{X}_k+\boldsymbol{u}_i^{\mathrm{T}}(\boldsymbol{X}_k)\boldsymbol{R}\boldsymbol{u}_i(\boldsymbol{X}_k)\right]+\gamma Q_i(\boldsymbol{X}_{k+1},\boldsymbol{u}_i(\boldsymbol{X}_{k+1}))\end{aligned} \tag{9.114}$$

$$\boldsymbol{u}_{i+1}(\boldsymbol{X}_k)=\arg\min_{\boldsymbol{u}_k}\left[E\left(\boldsymbol{X}_k^{\mathrm{T}}\bar{\boldsymbol{Q}}_1\boldsymbol{X}_k+\boldsymbol{u}_k^{\mathrm{T}}\boldsymbol{R}\boldsymbol{u}_k\right)+\min_{\boldsymbol{u}_{k+1}}\gamma Q_i(\boldsymbol{X}_{k+1},\boldsymbol{u}_{k+1})\right] \tag{9.115}$$

式中，i 为迭代指标，k 为时间指标。

为了实现 Q 学习算法，本章给出如下等价形式。

由式（9.109）和式（9.114）可知

$$\begin{aligned}&Q_{i+1}(\boldsymbol{X}_k,\boldsymbol{u}_i(\boldsymbol{X}_k))=E\left\{\begin{bmatrix}\boldsymbol{X}_k^{\mathrm{T}} & \boldsymbol{u}_i^{\mathrm{T}}(\boldsymbol{X}_k)\end{bmatrix}\boldsymbol{H}_{i+1}\begin{bmatrix}\boldsymbol{X}_k\\ \boldsymbol{u}_i(\boldsymbol{X}_k)\end{bmatrix}\right\}\\ &=E\left\{\begin{bmatrix}\boldsymbol{X}_k^{\mathrm{T}} & \boldsymbol{u}_i^{\mathrm{T}}(\boldsymbol{X}_k)\end{bmatrix}\begin{bmatrix}Q_1^{\mathrm{T}} & \boldsymbol{0}\\ \boldsymbol{0} & \boldsymbol{R}\end{bmatrix}\begin{bmatrix}\boldsymbol{X}_k\\ \boldsymbol{u}_i(\boldsymbol{X}_k)\end{bmatrix}+\begin{bmatrix}\boldsymbol{X}_{k+1}^{\mathrm{T}} & \boldsymbol{u}_i^{\mathrm{T}}(\boldsymbol{X}_{k+1})\end{bmatrix}\boldsymbol{H}_i\begin{bmatrix}\boldsymbol{X}_{k+1}\\ \boldsymbol{u}_i(\boldsymbol{X}_{k+1})\end{bmatrix}\right\}\end{aligned} \tag{9.116}$$

而

$$\boldsymbol{u}_i(\boldsymbol{X}_k)=\boldsymbol{K}_i\boldsymbol{X}_k=-\boldsymbol{H}_{uu,i}^{-1}\boldsymbol{H}_{ux,i}\boldsymbol{X}_k \tag{9.117}$$

由式（9.111），有

$$\boldsymbol{P}_i=\begin{bmatrix}\boldsymbol{I} & \boldsymbol{K}_i^{\mathrm{T}}\end{bmatrix}\boldsymbol{H}_i\begin{bmatrix}\boldsymbol{I}\\ \boldsymbol{K}_i\end{bmatrix} \tag{9.118}$$

5. Q 学习算法的收敛性证明

在证明上述 Q 学习算法收敛性之前，先给出如下两个引理。

引理 9.6　Q 学习算法（9.116）和（9.117）等价于下列迭代公式

$$\begin{aligned}\boldsymbol{P}_{i+1}=&\bar{\boldsymbol{Q}}_1+\gamma\left(\boldsymbol{A}_1^{\mathrm{T}}\boldsymbol{P}_i\boldsymbol{A}_1+\boldsymbol{C}_1^{\mathrm{T}}\boldsymbol{P}_i\boldsymbol{C}_1\right)-\gamma\left(\boldsymbol{A}_1^{\mathrm{T}}\boldsymbol{P}_i\boldsymbol{B}_1+\boldsymbol{C}_1^{\mathrm{T}}\boldsymbol{P}_i\boldsymbol{D}_1\right)\\ &\times\left(\boldsymbol{R}+\gamma\boldsymbol{B}_1^{\mathrm{T}}\boldsymbol{P}_i\boldsymbol{B}_1+\gamma\boldsymbol{D}_1^{\mathrm{T}}\boldsymbol{P}_i\boldsymbol{D}_1\right)^{-1}\gamma\left(\boldsymbol{B}_1^{\mathrm{T}}\boldsymbol{P}_i\boldsymbol{A}_1+\boldsymbol{D}_1^{\mathrm{T}}\boldsymbol{P}_i\boldsymbol{C}_1\right)\end{aligned} \tag{9.119}$$

证明：式（9.116）的最后一项可以重写为

$$\begin{aligned}&E\{[\boldsymbol{X}_{k+1}^{\mathrm{T}}\ \ \boldsymbol{u}_i^{\mathrm{T}}(\boldsymbol{X}_{k+1})]\boldsymbol{H}_i[\boldsymbol{X}_{k+1}^{\mathrm{T}}\ \ \boldsymbol{u}_i^{\mathrm{T}}(\boldsymbol{X}_{k+1})]^{\mathrm{T}}\}\\ =&E\{\boldsymbol{X}_{k+1}^{\mathrm{T}}[\boldsymbol{I}\ \ \boldsymbol{K}_i^{\mathrm{T}}]\boldsymbol{H}_i[\boldsymbol{I}\ \ \boldsymbol{K}_i^{\mathrm{T}}]^{\mathrm{T}}\boldsymbol{X}_{k+1}\}\\ =&E\{[(\boldsymbol{A}_1\boldsymbol{X}_k+\boldsymbol{C}_1\boldsymbol{X}_kW_k)+(\boldsymbol{B}_1\boldsymbol{u}_i(\boldsymbol{X}_k)+\boldsymbol{D}_1\boldsymbol{u}_i(\boldsymbol{X}_k)W_k)]^{\mathrm{T}}[\boldsymbol{I}\ \ \boldsymbol{K}_i^{\mathrm{T}}]\\ &\times\boldsymbol{H}_i[\boldsymbol{I}\ \ \boldsymbol{K}_i^{\mathrm{T}}]^{\mathrm{T}}[(\boldsymbol{A}_1\boldsymbol{X}_k+\boldsymbol{C}_1\boldsymbol{X}_kW_k)+(\boldsymbol{B}_1\boldsymbol{u}_i(\boldsymbol{X}_k)+\boldsymbol{D}_1\boldsymbol{u}_i(\boldsymbol{X}_k)W_k)]\}\\ =&E\{[\boldsymbol{X}_k^{\mathrm{T}}\ \ \boldsymbol{u}_i^{\mathrm{T}}(\boldsymbol{X}_k)][\boldsymbol{A}_1\ \ \boldsymbol{B}_1]^{\mathrm{T}}[\boldsymbol{I}\ \ \boldsymbol{K}_i^{\mathrm{T}}]\boldsymbol{H}_i[\boldsymbol{I}\ \ \boldsymbol{K}_i^{\mathrm{T}}]^{\mathrm{T}}[\boldsymbol{A}_1\ \ \boldsymbol{B}_1][\boldsymbol{X}_k^{\mathrm{T}}\ \ \boldsymbol{u}_i^{\mathrm{T}}(\boldsymbol{X}_k)]^{\mathrm{T}}\\ &+[\boldsymbol{X}_k^{\mathrm{T}}\ \ \boldsymbol{u}_i^{\mathrm{T}}(\boldsymbol{X}_k)][\boldsymbol{C}_1\ \ \boldsymbol{0}]^{\mathrm{T}}[\boldsymbol{I}\ \ \boldsymbol{K}_i^{\mathrm{T}}]\boldsymbol{H}_i[\boldsymbol{I}\ \ \boldsymbol{K}_i^{\mathrm{T}}]^{\mathrm{T}}[\boldsymbol{C}_1\ \ \boldsymbol{0}][\boldsymbol{X}_k^{\mathrm{T}}\ \ \boldsymbol{u}_i^{\mathrm{T}}(\boldsymbol{X}_k)]^{\mathrm{T}}\\ &+[\boldsymbol{X}_k^{\mathrm{T}}\ \ \boldsymbol{u}_i^{\mathrm{T}}(\boldsymbol{X}_k)][\boldsymbol{0}\ \ \boldsymbol{D}_1]^{\mathrm{T}}[\boldsymbol{I}\ \ \boldsymbol{K}_i^{\mathrm{T}}]\boldsymbol{H}_i[\boldsymbol{I}\ \ \boldsymbol{K}_i^{\mathrm{T}}]^{\mathrm{T}}[\boldsymbol{0}\ \ \boldsymbol{D}_1][\boldsymbol{X}_k^{\mathrm{T}}\ \ \boldsymbol{u}_i^{\mathrm{T}}(\boldsymbol{X}_k)]^{\mathrm{T}}\}\end{aligned} \tag{9.120}$$

将式（9.120）代入式（9.119），得

$$
\begin{aligned}
&E\{[\boldsymbol{X}_k^{\mathrm{T}}\ \ \boldsymbol{u}_i^{\mathrm{T}}(\boldsymbol{X}_k)]\boldsymbol{H}_{i+1}[\boldsymbol{X}_k^{\mathrm{T}}\ \ \boldsymbol{u}_i^{\mathrm{T}}(\boldsymbol{X}_k)]^{\mathrm{T}}\}\\
=&E([\boldsymbol{X}_k^{\mathrm{T}}\ \ \boldsymbol{u}_i^{\mathrm{T}}(\boldsymbol{X}_k)]\Big\{\gamma[\boldsymbol{A}_1\ \ \boldsymbol{B}_1]^{\mathrm{T}}[\boldsymbol{I}\ \ \boldsymbol{K}_i^{\mathrm{T}}]\boldsymbol{H}_i[\boldsymbol{I}\ \ \boldsymbol{K}_i^{\mathrm{T}}]^{\mathrm{T}}[\boldsymbol{A}_1\ \ \boldsymbol{B}_1][\boldsymbol{X}_k^{\mathrm{T}}\ \ \boldsymbol{u}_i^{\mathrm{T}}(\boldsymbol{X}_k)]^{\mathrm{T}}\\
&+\gamma[\boldsymbol{X}_k^{\mathrm{T}}\ \ \boldsymbol{u}_i^{\mathrm{T}}(\boldsymbol{X}_k)][\boldsymbol{C}_1\ \ \boldsymbol{0}]^{\mathrm{T}}[\boldsymbol{I}\ \ \boldsymbol{K}_i^{\mathrm{T}}]\boldsymbol{H}_i[\boldsymbol{I}\ \ \boldsymbol{K}_i^{\mathrm{T}}]^{\mathrm{T}}[\boldsymbol{C}_1\ \ \boldsymbol{0}][\boldsymbol{X}_k^{\mathrm{T}}\ \ \boldsymbol{u}_i^{\mathrm{T}}(\boldsymbol{X}_k)]^{\mathrm{T}}\\
&+\gamma[\boldsymbol{X}_k^{\mathrm{T}}\ \ \boldsymbol{u}_i^{\mathrm{T}}(\boldsymbol{X}_k)][\boldsymbol{0}\ \ \boldsymbol{D}_1]^{\mathrm{T}}[\boldsymbol{I}\ \ \boldsymbol{K}_i^{\mathrm{T}}]\boldsymbol{H}_i[\boldsymbol{I}\ \ \boldsymbol{K}_i^{\mathrm{T}}]^{\mathrm{T}}[\boldsymbol{0}\ \ \boldsymbol{D}_1]\\
&+\begin{bmatrix}\bar{\boldsymbol{Q}}_1 & \boldsymbol{0}\\ \boldsymbol{0} & \boldsymbol{R}\end{bmatrix}\Big\}[\boldsymbol{X}_k^{\mathrm{T}}\ \ \boldsymbol{u}_i^{\mathrm{T}}(\boldsymbol{X}_k)]^{\mathrm{T}})
\end{aligned}
$$

由于 $\boldsymbol{X}_k$ 的任意性，有

$$
\begin{aligned}
\boldsymbol{H}_{i+1}=&\begin{bmatrix}\bar{\boldsymbol{Q}}_1 & \boldsymbol{0}\\ \boldsymbol{0} & \boldsymbol{R}\end{bmatrix}+\gamma\begin{bmatrix}\boldsymbol{A}_1 & \boldsymbol{B}_1\end{bmatrix}^{\mathrm{T}}\begin{bmatrix}\boldsymbol{I} & \boldsymbol{K}_i^{\mathrm{T}}\end{bmatrix}\boldsymbol{H}_i\begin{bmatrix}\boldsymbol{I} & \boldsymbol{K}_i^{\mathrm{T}}\end{bmatrix}^{\mathrm{T}}\begin{bmatrix}\boldsymbol{A}_1 & \boldsymbol{B}_1\end{bmatrix}\\
&+\gamma\begin{bmatrix}\boldsymbol{C}_1 & \boldsymbol{0}\end{bmatrix}^{\mathrm{T}}\begin{bmatrix}\boldsymbol{I} & \boldsymbol{K}_i^{\mathrm{T}}\end{bmatrix}\boldsymbol{H}_i\begin{bmatrix}\boldsymbol{I} & \boldsymbol{K}_i^{\mathrm{T}}\end{bmatrix}^{\mathrm{T}}\begin{bmatrix}\boldsymbol{C}_1 & \boldsymbol{0}\end{bmatrix}\\
&+\gamma\begin{bmatrix}\boldsymbol{0} & \boldsymbol{D}_1\end{bmatrix}^{\mathrm{T}}\begin{bmatrix}\boldsymbol{I} & \boldsymbol{K}_i^{\mathrm{T}}\end{bmatrix}\boldsymbol{H}_i\begin{bmatrix}\boldsymbol{I} & \boldsymbol{K}_i^{\mathrm{T}}\end{bmatrix}^{\mathrm{T}}\begin{bmatrix}\boldsymbol{0} & \boldsymbol{D}_1\end{bmatrix}
\end{aligned}\tag{9.121}
$$

对式（9.121）右边进行计算并整理，得

$$
\begin{aligned}
\boldsymbol{H}_{i+1}=&\begin{bmatrix}\bar{\boldsymbol{Q}}_1 & \boldsymbol{0}\\ \boldsymbol{0} & \boldsymbol{R}\end{bmatrix}+\gamma\begin{bmatrix}\boldsymbol{A}_1^{\mathrm{T}}\boldsymbol{P}_i\boldsymbol{A}_1 & \boldsymbol{A}_1^{\mathrm{T}}\boldsymbol{P}_i\boldsymbol{B}_1\\ \boldsymbol{B}_1^{\mathrm{T}}\boldsymbol{P}_i\boldsymbol{A}_1 & \boldsymbol{B}_1^{\mathrm{T}}\boldsymbol{P}_i\boldsymbol{B}_1\end{bmatrix}\\
&+\gamma\begin{bmatrix}\boldsymbol{C}_1^{\mathrm{T}}\boldsymbol{P}_i\boldsymbol{C}_1 & \boldsymbol{0}\\ \boldsymbol{0} & \boldsymbol{0}\end{bmatrix}+\gamma\begin{bmatrix}\boldsymbol{0} & \boldsymbol{0}\\ \boldsymbol{0} & \boldsymbol{D}_1^{\mathrm{T}}\boldsymbol{P}_i\boldsymbol{D}_1\end{bmatrix}\\
=&\begin{bmatrix}\bar{\boldsymbol{Q}}_1+\gamma\boldsymbol{A}_1^{\mathrm{T}}\boldsymbol{P}_i\boldsymbol{A}_1+\gamma\boldsymbol{C}_1^{\mathrm{T}}\boldsymbol{P}_i\boldsymbol{C}_1 & \gamma\boldsymbol{A}_1^{\mathrm{T}}\boldsymbol{P}_i\boldsymbol{B}_1\\ \gamma\boldsymbol{B}_1^{\mathrm{T}}\boldsymbol{P}_i\boldsymbol{A}_1 & \boldsymbol{R}+\gamma\boldsymbol{B}_1^{\mathrm{T}}\boldsymbol{P}_i\boldsymbol{B}_1+\gamma\boldsymbol{D}_1^{\mathrm{T}}\boldsymbol{P}_i\boldsymbol{D}_1\end{bmatrix}
\end{aligned}\tag{9.122}
$$

而由式（9.118），有

$$
\boldsymbol{P}_{i+1}=\begin{bmatrix}\boldsymbol{I} & \boldsymbol{K}_{i+1}^{\mathrm{T}}\end{bmatrix}\boldsymbol{H}_{i+1}\begin{bmatrix}\boldsymbol{I} & \boldsymbol{K}_{i+1}^{\mathrm{T}}\end{bmatrix}^{\mathrm{T}}\tag{9.123}
$$

由式（9.122），式（9.123）重写为

$$
\boldsymbol{P}_{i+1}=\begin{bmatrix}\boldsymbol{I} & \boldsymbol{K}_{i+1}^{\mathrm{T}}\end{bmatrix}\begin{bmatrix}\bar{\boldsymbol{Q}}_1+\gamma\boldsymbol{A}_1^{\mathrm{T}}\boldsymbol{P}_i\boldsymbol{A}_1+\gamma\boldsymbol{C}_1^{\mathrm{T}}\boldsymbol{P}_i\boldsymbol{C}_1 & \gamma\boldsymbol{A}_1^{\mathrm{T}}\boldsymbol{P}_i\boldsymbol{B}_1\\ \gamma\boldsymbol{B}_1^{\mathrm{T}}\boldsymbol{P}_i\boldsymbol{A}_1 & \boldsymbol{R}+\gamma\boldsymbol{B}_1^{\mathrm{T}}\boldsymbol{P}_i\boldsymbol{B}_1+\gamma\boldsymbol{D}_1^{\mathrm{T}}\boldsymbol{P}_i\boldsymbol{D}_1\end{bmatrix}\begin{bmatrix}\boldsymbol{I}\\ \boldsymbol{K}_{i+1}^{\mathrm{T}}\end{bmatrix}\tag{9.124}
$$

结合式（9.117）和式（9.122），得

$$
\boldsymbol{K}_{i+1}=-\left(\boldsymbol{R}+\gamma\boldsymbol{B}_1^{\mathrm{T}}\boldsymbol{P}_i\boldsymbol{B}_1+\gamma\boldsymbol{D}_1^{\mathrm{T}}\boldsymbol{P}_i\boldsymbol{D}_1\right)^{-1}\boldsymbol{B}_1^{\mathrm{T}}\boldsymbol{P}_i\boldsymbol{A}_1\tag{9.125}
$$

将式（9.125）代入式（9.124），得

$$
\boldsymbol{P}_{i+1}=\bar{\boldsymbol{Q}}_1+\boldsymbol{A}_1^{\mathrm{T}}\boldsymbol{P}_i\boldsymbol{A}_1+\boldsymbol{C}_1^{\mathrm{T}}\boldsymbol{P}_i\boldsymbol{C}-\boldsymbol{A}_1^{\mathrm{T}}\boldsymbol{P}_i\boldsymbol{B}_1\left(\boldsymbol{R}+\boldsymbol{B}_1^{\mathrm{T}}\boldsymbol{P}_i\boldsymbol{B}_1+\boldsymbol{D}_1^{\mathrm{T}}\boldsymbol{P}_i\boldsymbol{D}_1\right)^{-1}\boldsymbol{B}_1^{\mathrm{T}}\boldsymbol{P}_i\boldsymbol{A}_1
$$

证毕。

引理 9.7 假设如下的值迭代算法:

$$V_{i+1}(\boldsymbol{X}_k) = E\left[\boldsymbol{X}_k^{\mathrm{T}}\left(\bar{\boldsymbol{Q}}_1 + \boldsymbol{K}_i^{\mathrm{T}}\boldsymbol{R}\boldsymbol{K}_i\right)\boldsymbol{X}_k\right] + V_i(\boldsymbol{X}_{k+1}) \tag{9.126}$$

而

$$\boldsymbol{K}_{i+1} = \arg\min_{\boldsymbol{K}}\left\{E\left[\boldsymbol{X}_k^{\mathrm{T}}\left(\bar{\boldsymbol{Q}}_1 + \boldsymbol{K}^{\mathrm{T}}\boldsymbol{R}\boldsymbol{K}\right)\boldsymbol{X}_k\right] + V_i(\boldsymbol{X}_{k+1})\right\} \tag{9.127}$$

式中，$\boldsymbol{X}_{k+1} = \left(\boldsymbol{A}_1 + \boldsymbol{B}_1\boldsymbol{K}_i\right)\boldsymbol{X}_k + \left(\boldsymbol{C}_1 W_k + \boldsymbol{D}\boldsymbol{K}_i W_k\right)\boldsymbol{X}_k$，则

$$\lim_{i\to\infty} V_i\left(\boldsymbol{X}_k\right) = V\left(\boldsymbol{X}_k\right) = E\left(\boldsymbol{X}_k^{\mathrm{T}}\boldsymbol{P}\boldsymbol{X}_k\right)$$

$$\lim_{i\to\infty}\boldsymbol{K}_i = \boldsymbol{K}^* = -\left(\boldsymbol{R} + \gamma\boldsymbol{B}_1^{\mathrm{T}}\boldsymbol{P}\boldsymbol{B}_1 + \gamma\boldsymbol{D}_1^{\mathrm{T}}\boldsymbol{P}\boldsymbol{D}\right)^{-1}\boldsymbol{B}_1^{\mathrm{T}}\boldsymbol{P}\boldsymbol{A}$$

式中，矩阵 $\boldsymbol{P}$ 满足 SAE 式（9.75）。

证明：收敛性证明类似于定理 9.3。

定理 9.4 假设扩展系统式（9.64）是均方可镇定的，由 Q 学习算法式（9.116）产生的序列 $\{\boldsymbol{H}_i\}$ 收敛于矩阵，由式（9.118）产生的 $\{\boldsymbol{H}_i\}$ 收敛到 SAE 的解 $\boldsymbol{P}$。

证明：值迭代算法式（9.126）可以重写为

$$\begin{aligned}
&E(\boldsymbol{X}_k^{\mathrm{T}}\boldsymbol{P}_{i+1}\boldsymbol{X}_k) = E[\boldsymbol{X}_k^{\mathrm{T}}(\bar{\boldsymbol{Q}}_1 + \boldsymbol{K}_i^{\mathrm{T}}\boldsymbol{R}\boldsymbol{K}_i)\boldsymbol{X}_k + \boldsymbol{X}_{k+1}^{\mathrm{T}}\boldsymbol{P}_i\boldsymbol{X}_{k+1}]\\
&= E\{\boldsymbol{X}_k^{\mathrm{T}}(\bar{\boldsymbol{Q}}_1 + \boldsymbol{K}_i^{\mathrm{T}}\boldsymbol{R}\boldsymbol{K}_i)\boldsymbol{X}_k + [(\boldsymbol{A}_1 + \boldsymbol{B}_1\boldsymbol{K}_i)\boldsymbol{X}_k + (\boldsymbol{C}_1 W_k + \boldsymbol{D}\boldsymbol{K}_i W_k)\boldsymbol{X}_k]^{\mathrm{T}}\boldsymbol{P}_i\\
&\quad\times[(\boldsymbol{A}_1 + \boldsymbol{B}_1\boldsymbol{K}_i)\boldsymbol{X}_k + (\boldsymbol{C}_1 W_k + \boldsymbol{D}\boldsymbol{K}_i W_k)\boldsymbol{X}_k]\}\\
&= E\{\boldsymbol{X}_k^{\mathrm{T}}[\bar{\boldsymbol{Q}}_1 + \boldsymbol{K}_i^{\mathrm{T}}\boldsymbol{R}\boldsymbol{K}_i + (\boldsymbol{A}_1 + \boldsymbol{B}_1\boldsymbol{K}_i)^{\mathrm{T}}\boldsymbol{P}_i(\boldsymbol{A}_1 + \boldsymbol{B}_1\boldsymbol{K}_i)\\
&\quad + \boldsymbol{C}_1^{\mathrm{T}}\boldsymbol{P}_i\boldsymbol{C}_1 + \boldsymbol{K}_i^{\mathrm{T}}\boldsymbol{D}_1^{\mathrm{T}}\boldsymbol{P}_i\boldsymbol{D}_1\boldsymbol{K}_i]\boldsymbol{X}_k\}
\end{aligned} \tag{9.128}$$

由式（9.127），可以计算迭代控制增益矩阵 $\boldsymbol{K}_i$ 为

$$\boldsymbol{K}_i = -\left(\boldsymbol{R} + \gamma\boldsymbol{B}_1^{\mathrm{T}}\boldsymbol{P}_i\boldsymbol{B}_1 + \gamma\boldsymbol{D}_1^{\mathrm{T}}\boldsymbol{P}_i\boldsymbol{D}_1\right)^{-1}\boldsymbol{B}_1^{\mathrm{T}}\boldsymbol{P}_i\boldsymbol{A} \tag{9.129}$$

将式（9.128）代入式（9.129），得

$$\begin{aligned}
\boldsymbol{P}_{i+1} =& \bar{\boldsymbol{Q}}_1 + \gamma\boldsymbol{A}_1^{\mathrm{T}}\boldsymbol{P}_i\boldsymbol{A}_1 + \gamma\boldsymbol{C}_1^{\mathrm{T}}\boldsymbol{P}_i\boldsymbol{C}_1\\
&- \gamma\boldsymbol{A}_1^{\mathrm{T}}\boldsymbol{P}_i\boldsymbol{B}_1\left(\boldsymbol{R} + \gamma\boldsymbol{B}_1^{\mathrm{T}}\boldsymbol{P}_i\boldsymbol{B}_1 + \gamma\boldsymbol{D}_1^{\mathrm{T}}\boldsymbol{P}_i\boldsymbol{D}_1\right)^{-1}\boldsymbol{B}_1^{\mathrm{T}}\boldsymbol{P}_i\boldsymbol{A}_1
\end{aligned}$$

结合引理 9.3 和引理 9.4，得

$$\lim_{i\to\infty}\boldsymbol{P}_i = \boldsymbol{P}$$

从而当 $i\to\infty$ 时，由式（9.124）得

$$\lim_{i\to\infty}\boldsymbol{H}_i - \boldsymbol{H}$$

式中，$\boldsymbol{H} = \begin{bmatrix}\bar{\boldsymbol{Q}}_1 + \gamma\boldsymbol{A}_1^{\mathrm{T}}\boldsymbol{P}\boldsymbol{A}_1 + \gamma\boldsymbol{C}_1^{\mathrm{T}}\boldsymbol{P}\boldsymbol{C}_1 & \gamma\boldsymbol{A}_1^{\mathrm{T}}\boldsymbol{P}\boldsymbol{B}_1\\ \gamma\boldsymbol{B}_1^{\mathrm{T}}\boldsymbol{P}\boldsymbol{A}_1 & \boldsymbol{R} + \gamma\boldsymbol{B}_1^{\mathrm{T}}\boldsymbol{P}\boldsymbol{B}_1 + \gamma\boldsymbol{D}_1^{\mathrm{T}}\boldsymbol{P}\boldsymbol{D}_1\end{bmatrix}$。证毕。

注解 9.6 尽管值迭代算法等价于 Q 学习算法，但值迭代算法依赖于模型参数，而 Q 学习算法仅在线依赖于系统状态，不需要知道系统的模型参数。

6. Q 学习算法的实现

由于系统状态 $\boldsymbol{X}_k$ 的随机性，在实际中很难得到不同时间段内的 $\boldsymbol{X}_{k+1}$，因此，必须将随机 Q 学习算法转化为确定性的算法。

类似于前面将 SLQ 最优问题转化为确定性的模型式（9.75），记 $\boldsymbol{Z}_k = E\left(\boldsymbol{X}_k^{\mathrm{T}}\boldsymbol{X}_k\right)$，则式（9.166）的左边可以重写为

$$
\begin{aligned}
& E\left\{\begin{bmatrix}\boldsymbol{X}_k^{\mathrm{T}} & \boldsymbol{u}_i^{\mathrm{T}}(\boldsymbol{X}_k)\end{bmatrix}\boldsymbol{H}_{i+1}\begin{bmatrix}\boldsymbol{X}_k^{\mathrm{T}} & \boldsymbol{u}_i^{\mathrm{T}}(\boldsymbol{X}_k)\end{bmatrix}^{\mathrm{T}}\right\} \\
=& E\left\{\boldsymbol{X}_k^{\mathrm{T}}\begin{bmatrix}\boldsymbol{I} & \boldsymbol{K}_i^{\mathrm{T}}\end{bmatrix}\boldsymbol{H}_{i+1}\begin{bmatrix}\boldsymbol{I} & \boldsymbol{K}_i^{\mathrm{T}}\end{bmatrix}^{\mathrm{T}}\boldsymbol{X}_k\right\} \\
=& \operatorname{tr}\left\{\begin{bmatrix}\boldsymbol{I} & \boldsymbol{K}_i^{\mathrm{T}}\end{bmatrix}\boldsymbol{H}_{i+1}\begin{bmatrix}\boldsymbol{I} & \boldsymbol{K}_i^{\mathrm{T}}\end{bmatrix}^{\mathrm{T}}\boldsymbol{Z}_k\right\}
\end{aligned}
\tag{9.130}
$$

而式（9.116）的右边可以重写为

$$
\begin{aligned}
& E\left\{\boldsymbol{X}_k^{\mathrm{T}}\begin{bmatrix}\boldsymbol{I} & \boldsymbol{K}_i^{\mathrm{T}}\end{bmatrix}\begin{bmatrix}\bar{\boldsymbol{Q}}_1 & 0\\ 0 & \boldsymbol{R}\end{bmatrix}\boldsymbol{\Phi}\begin{bmatrix}\boldsymbol{I} & \boldsymbol{K}_i^{\mathrm{T}}\end{bmatrix}^{\mathrm{T}}\boldsymbol{X}_k + \boldsymbol{X}_{k+1}^{\mathrm{T}}\begin{bmatrix}\boldsymbol{I} & \boldsymbol{K}_i^{\mathrm{T}}\end{bmatrix}\boldsymbol{H}_i\begin{bmatrix}\boldsymbol{I} & \boldsymbol{K}_i^{\mathrm{T}}\end{bmatrix}^{\mathrm{T}}\boldsymbol{X}_{k+1}\right\} \\
=& \operatorname{tr}\left\{\begin{bmatrix}\boldsymbol{I} & \boldsymbol{K}_i^{\mathrm{T}}\end{bmatrix}\begin{bmatrix}\bar{\boldsymbol{Q}}_1 & 0\\ 0 & \boldsymbol{R}\end{bmatrix}\begin{bmatrix}\boldsymbol{I} & \boldsymbol{K}_i^{\mathrm{T}}\end{bmatrix}^{\mathrm{T}}\boldsymbol{Z}_k + \begin{bmatrix}\boldsymbol{I} & \boldsymbol{K}_i^{\mathrm{T}}\end{bmatrix}\boldsymbol{H}_i\begin{bmatrix}\boldsymbol{I} & \boldsymbol{K}_i^{\mathrm{T}}\end{bmatrix}^{\mathrm{T}}\boldsymbol{Z}_{k+1}\right\}
\end{aligned}
\tag{9.131}
$$

为便于表述，记

$$
\boldsymbol{L}_i(\boldsymbol{H}_i) = \begin{bmatrix}\boldsymbol{I} & \boldsymbol{K}_i^{\mathrm{T}}\end{bmatrix}\boldsymbol{H}_i\begin{bmatrix}\boldsymbol{I} & \boldsymbol{K}_i^{\mathrm{T}}\end{bmatrix}^{\mathrm{T}} \qquad (i = 0, 1, 2, \cdots) \tag{9.132}
$$

因此，式（9.59）可以简化为

$$
\begin{aligned}
\operatorname{tr}\left[\boldsymbol{L}_i(\boldsymbol{H}_{i+1})\boldsymbol{Z}_k\right] = \operatorname{tr}\Bigg[&\boldsymbol{L}_i\left(\begin{bmatrix}\bar{\boldsymbol{Q}}_1 & 0\\ 0 & \boldsymbol{R}\end{bmatrix}\right)\boldsymbol{Z}_{k+j} \\
&+ \boldsymbol{L}_i(\boldsymbol{H}_{i+1})\boldsymbol{Z}_{k+j+1}\Bigg] \qquad (j = 1, 2, \cdots, N)
\end{aligned}
\tag{9.133}
$$

反馈增益 $\boldsymbol{K}_i$ 为

$$
\boldsymbol{K}_i = -\boldsymbol{H}_{uu,i}^{-1}\boldsymbol{H}_{ux,i} \tag{9.134}
$$

确定性系统状态 $\boldsymbol{Z}_k$ 由式（9.71）表示

$$
\boldsymbol{Z}_{k+1} = (\boldsymbol{A}_1 + \boldsymbol{B}_1\boldsymbol{K}_i)\boldsymbol{Z}_k(\boldsymbol{A}_1 + \boldsymbol{B}_1\boldsymbol{K}_i)^{\mathrm{T}} + (\boldsymbol{C}_1 + \boldsymbol{D}_1\boldsymbol{K}_i)\boldsymbol{Z}_k(\boldsymbol{C}_1 + \boldsymbol{D}_1\boldsymbol{K}_i)^{\mathrm{T}} \tag{9.135}
$$

因此，由式（9.133）～式（9.135）就构成了 Q 学习算法。

下面给出 Q 学习算法结构图如图 9.6 所示。

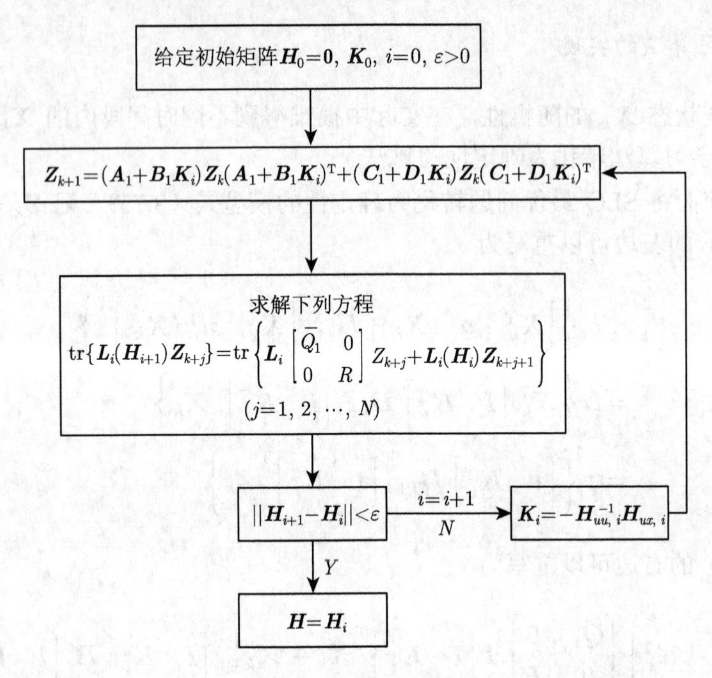

图 9.6 Q 学习算法结构图

注解 9.7 关于 $\boldsymbol{L}_i(\boldsymbol{H}_{i+1})$ 的求解问题，可由线性方程 $\boldsymbol{Ax}=\boldsymbol{b}$，其中 $\boldsymbol{A}\in\mathbf{R}^{m\times n}$，$\boldsymbol{b}\in\mathbf{R}^m$ 是已知矩阵，$\boldsymbol{x}\in\mathbf{R}^n$ 是未知向量。若 $R(\boldsymbol{A})=m$，则线性方程的最小范数解为 $\boldsymbol{x}=\boldsymbol{A}^{\mathrm{T}}\left(\boldsymbol{AA}^{\mathrm{T}}\right)^{-1}\boldsymbol{b}$。

注解 9.8 由注解 9.7 的分析可知，要获得关于 $\boldsymbol{L}_i(\boldsymbol{H}_{i+1})$ 的方程的解，必须增大线性方程系数矩阵的秩，而状态 $\boldsymbol{Z}_{k+j}$ 即是线性方程的系数，因此只有当迭代次数 $N\geqslant\dfrac{n(n+1)}{2}$，其中 n 为系统状态的维数时，才能够求解出 $\boldsymbol{L}_i(\boldsymbol{H}_{i+1})$。同时，必须将噪声引入系统式（9.12），只有这样，才能确保持续的激励条件被满足。

下面进一步分析 Q 学习算法中随机噪声的影响。给定初始状态 $\boldsymbol{X}_0$ 和初始控制增益 $\boldsymbol{K}_i$，则有

$$\begin{aligned}\boldsymbol{u}_k&=E(\boldsymbol{X}_k)=E\left[(\boldsymbol{A}_1\boldsymbol{X}_{k-1}+\boldsymbol{C}_1\boldsymbol{X}_{k-1}W_{k-1})+(\boldsymbol{B}_1\boldsymbol{u}_{k-1}+\boldsymbol{D}_1\boldsymbol{u}_{k-1}W_{k-1})\right]\\&=E(\boldsymbol{AX}_{k-1}+\boldsymbol{Bu}_{k-1})\\&=(\boldsymbol{A}+\boldsymbol{BK}_i)\boldsymbol{E}(\boldsymbol{X}_{k-1})\\&=\cdots=(\boldsymbol{A}+\boldsymbol{BK}_i)^k\boldsymbol{X}_0\end{aligned}\tag{9.136}$$

$$\begin{aligned}\sigma_k^2&=D(\boldsymbol{X}_k)=E\left\{\left[\boldsymbol{X}_k-E(\boldsymbol{X}_k)\right]\left[\boldsymbol{X}_k-E(\boldsymbol{X}_k)\right]^{\mathrm{T}}\right\}\\&=E\left(\boldsymbol{X}_k\boldsymbol{X}_k^{\mathrm{T}}\right)-E(\boldsymbol{X}_k)E\left(\boldsymbol{X}_k^{\mathrm{T}}\right)=\boldsymbol{Z}_k-\boldsymbol{u}_k\boldsymbol{u}_k^{\mathrm{T}}\end{aligned}\tag{9.137}$$

式中，D 为方差。

将式（9.136）和式（9.137）代入式（9.131）的两边，化简得

$$\mathrm{tr}\left\{\boldsymbol{L}_i(\boldsymbol{H}_{i+1})D(\boldsymbol{X}_k)\right\}+\boldsymbol{u}_k^{\mathrm{T}}\boldsymbol{L}_i(\boldsymbol{H}_{i+1})\boldsymbol{u}_k$$

$$=\mathrm{tr}\left\{\boldsymbol{L}_i\begin{bmatrix}\bar{\boldsymbol{Q}}_1 & \boldsymbol{0}\\ \boldsymbol{0} & \boldsymbol{R}\end{bmatrix}D\left(\boldsymbol{X}_k\right)\right\}+\boldsymbol{u}_k^{\mathrm{T}}\boldsymbol{L}_i\begin{bmatrix}\bar{\boldsymbol{Q}}_1 & \boldsymbol{0}\\ \boldsymbol{0} & \boldsymbol{R}\end{bmatrix}\boldsymbol{u}_k$$
$$+\mathrm{tr}\left\{\boldsymbol{L}_i\left(\boldsymbol{H}_i\right)D\left(\boldsymbol{X}_{k+1}\right)\right\}+\boldsymbol{u}_{k+1}^{\mathrm{T}}\boldsymbol{L}_i\left(\boldsymbol{H}_i\right)\boldsymbol{u}_{k+1} \tag{9.138}$$

注解 9.9 由式（9.136）~ 式（9.138）可知，Q 学习算法仍然需要已知系统的部分参数，即 $\boldsymbol{A}_1$，$\boldsymbol{B}_1$ 已知才能计算 $\boldsymbol{u}_k$，$D(\boldsymbol{X}_k)$ 。

注解 9.10 随机状态调节问题，可以看作本节介绍的随机跟踪问题的特例，只要将本节中扩展随机系统的所有系数矩阵 $\boldsymbol{A}_1$、$\boldsymbol{B}_1$、$\boldsymbol{C}_1$ 和 $\boldsymbol{D}_1$ 变为原来的 $\boldsymbol{A}$、$\boldsymbol{B}$、$\boldsymbol{C}$ 和 $\boldsymbol{D}$，代价函数由 $\bar{Q_1}$ 变为 Q_1 即可。

9.6 离散时间非线性随机最优控制 Q 学习算法

9.6.1 问题描述

假设随机非线性系统为 [129]

$$\boldsymbol{X}\left(k+1\right)=\boldsymbol{f}\left(\boldsymbol{X}\left(k\right)\right)+\boldsymbol{g}\left(\boldsymbol{X}\left(k\right)\right)\boldsymbol{u}\left(k\right)+\boldsymbol{h}\left(\boldsymbol{X}\left(k\right)\right)\boldsymbol{V}\left(k\right) \tag{9.139}$$

式中，$\boldsymbol{X}\left(k\right)\in\mathbf{R}^n$ 为状态向量；$\boldsymbol{u}\left(k\right)\in\mathbf{R}^m$ 为控制向量；$\boldsymbol{V}\left(k\right)$ 为离散白噪声向量，且 $\boldsymbol{V}\left(k\right)\in\mathcal{N}\left(\boldsymbol{0},\boldsymbol{G}\left(k\right)\right)$；$\boldsymbol{f}\left(\cdot\right)$、$\boldsymbol{g}\left(\cdot\right)$、$\boldsymbol{h}\left(\cdot\right)$ 为已知确定性函数，且 $\boldsymbol{f}\left(\boldsymbol{0}\right)=\boldsymbol{h}\left(\boldsymbol{0}\right)=\boldsymbol{0}$，$\boldsymbol{g}\left(\boldsymbol{0}\right)\neq\boldsymbol{0}$。

注解 9.11 由 $\boldsymbol{f}$、$\boldsymbol{g}$、$\boldsymbol{h}$ 函数的假设条件，得到 $\boldsymbol{X}(k)=\boldsymbol{0}$ 在 $\boldsymbol{u}(k)=\boldsymbol{0}$ 情况下为系统平衡点。从而可以利用随机均方稳定性的概念。

假设系统为完全信息状态情形，则 $\boldsymbol{X}(k)$ 为完全可观测。代价函数定义为

$$J\left(\boldsymbol{X}\left(0\right),\boldsymbol{u}\left(0\right)\right)=E\left[\sum_{k=0}^{\infty}U\left(\boldsymbol{X}\left(k\right),\boldsymbol{u}\left(k\right)\right)|\boldsymbol{X}\left(v\right)\right]\qquad\left(v=0,1,\cdots\right) \tag{9.140}$$

式中,$\boldsymbol{u}\left(0\right)=\left\{u\left(0\right),u\left(1\right),\cdots\right\}$ 为控制序列;$U\left(\boldsymbol{X}\left(k\right),\boldsymbol{u}\left(k\right)\right)>0$,对任意 $\boldsymbol{X}\left(k\right)$,$\boldsymbol{u}\left(k\right)\neq\boldsymbol{0}$ 成立，称为效用函数；$E\left(\cdot\right)$ 为求数学期望。

最优控制目的：求解最优控制向量序列 $\left\{\boldsymbol{u}\left(k\right),k=0,1,\cdots\right\}$，使系统式（9.139）均方稳定，且使代价函数式（9.140）达到最小。

定义最优性能指标函数为

$$J^*\left(\boldsymbol{X}\left(k\right)\right)=\min_{\underline{u}(k)}\left[J\left(\boldsymbol{X}\left(k\right),\boldsymbol{u}\left(k\right)\right):\boldsymbol{u}\left(k\right)\in\underline{u}_k\right] \tag{9.141}$$

式中，$\underline{u}_k=\left\{\underline{u}\left(k\right):\underline{\boldsymbol{u}}\left(k\right)=\left(\boldsymbol{u}\left(k\right),\boldsymbol{u}\left(k+1\right),\cdots\right),\forall\boldsymbol{u}\left(k+i\right)\in\mathbf{R}^m,i=0,1,\cdots\right\}$

由贝尔曼方程，得

$$J^*\left(\boldsymbol{X}\left(k\right)\right)=\min_{\boldsymbol{u}(k)}\{E[U(\boldsymbol{X}(k),\boldsymbol{u}\left(k\right)|\boldsymbol{X}\left(v\right))]$$
$$+E[J^*(\boldsymbol{X}\left(k+1\right)|\boldsymbol{X}\left(v\right))]\}$$

$$=\min_{\boldsymbol{u}(k)}\left\{U\left(\boldsymbol{X}\left(k\right),\boldsymbol{u}\left(k\right)\right)+E\left[J^{*}\left(\boldsymbol{X}\left(k+1\right)\right)\middle|\,\boldsymbol{X}\left(k\right)\right]\right\}$$
$$(v=k,k+1,\cdots) \tag{9.142}$$

定义最优性能函数 Q^* 为

$$\begin{aligned}&Q^{*}\left(\boldsymbol{X}\left(k\right),\boldsymbol{u}\left(k\right)\right)\\&=U\left(\boldsymbol{X}\left(k\right),\boldsymbol{u}\left(k\right)\right)+\min_{\boldsymbol{u}(k+1)}E\left[Q^{*}\left(\boldsymbol{X}\left(k+1\right),\boldsymbol{u}\left(k+1\right)\right)\middle|\,\boldsymbol{X}\left(k\right)\right]\end{aligned} \tag{9.143}$$

最优性能指标函数为

$$J^{*}\left(\boldsymbol{X}\left(k\right)\right)=\min_{\boldsymbol{u}(k)}Q^{*}\left(\boldsymbol{X}\left(k\right),\boldsymbol{u}\left(k\right)\right)$$

最优控制向量为

$$\boldsymbol{u}^{*}\left(\boldsymbol{X}\left(k\right)\right)=\arg\min_{\boldsymbol{u}(k)}Q^{*}\left(\boldsymbol{X}\left(k\right),\boldsymbol{u}\left(k\right)\right) \tag{9.144}$$

由于 Q 函数 $Q^{*}\left(\boldsymbol{X}\left(k\right),\boldsymbol{u}\left(k\right)\right)$ 通常情况下是未知的且非解析函数,很难由式(9.143)求出。下面利用策略迭代 Q 学习算法来逼近最优 Q 函数。

9.6.2 策略迭代 Q 学习算法

对于最优控制问题，所设计的控制向量不仅要使非线性系统式（9.139）均方稳定，而且要使代价函数为有限值。即控制向量必须是可允许的。

定义 9.3[129] 控制向量 $\boldsymbol{u}\left(\boldsymbol{X}\left(k\right)\right)$ 被称为关于系统式（9.139）在某集 Ω 上是可允许的，若 $\boldsymbol{u}\left(\boldsymbol{X}\left(k\right)\right)$ 在 Ω 上是连续的，且 $\boldsymbol{u}(0)=\boldsymbol{0}$，$\boldsymbol{u}\left(\boldsymbol{X}\left(k\right)\right)$ 使系统在 Ω 上是随机均方稳定的，且对任意的 $\boldsymbol{X}(0)\in\Omega$，$J\left(\boldsymbol{X}\left(0\right)\right)$ 是有限值。

在下面的 Q 学习算法中，假设 i 为迭代次数，从 $i=0$ 到 $i\to\infty$。对于 $i=0$，以及任何可允许的控制向量 $\boldsymbol{u}_0\left(k\right)$，初始迭代 Q 函数 $Q_0\left(\boldsymbol{X}\left(k\right),\boldsymbol{u}\left(k\right)\right)$ 构造如下：

$$Q_{0}\left(\boldsymbol{X}\left(k\right),\boldsymbol{u}\left(k\right)\right)=U\left(\boldsymbol{X}\left(k\right),\boldsymbol{u}\left(k\right)\right)+E\left[Q_{0}\left(\boldsymbol{X}\left(k+1\right),\boldsymbol{u}\left(k+1\right)\right)\middle|\,\boldsymbol{X}\left(k\right)\right] \tag{9.145}$$

则迭代控制向量可以进行如下计算：

$$\boldsymbol{u}_{1}\left(\boldsymbol{X}\left(k\right)\right)=\arg\min_{\boldsymbol{u}(k)}Q_{0}\left(\boldsymbol{X}\left(k\right),\boldsymbol{u}\left(k\right)\right) \tag{9.146}$$

对于 $i=1,2,\cdots$，迭代 Q 函数 $Q_i\left(\boldsymbol{X}\left(k\right),\boldsymbol{u}\left(k\right)\right)$ 满足下列方程：

$$Q_{i}\left(\boldsymbol{X}\left(k\right),\boldsymbol{u}\left(k\right)\right)=U\left(\boldsymbol{X}\left(k\right),\boldsymbol{u}\left(k\right)\right)+E\left[Q_{i}\left(\boldsymbol{X}\left(k+1\right),\boldsymbol{u}\left(k+1\right)\right)\middle|\,\boldsymbol{X}\left(k\right)\right] \tag{9.147}$$

而迭代控制向量为

$$\boldsymbol{u}_{i+1}\left(\boldsymbol{X}\left(k\right)\right)=\arg\min_{\boldsymbol{u}(k)}Q_{i}\left(\boldsymbol{X}_{k},\boldsymbol{u}_{k}\right) \tag{9.148}$$

9.6.3 策略迭代 Q 学习算法分析

本小节详细分析式（9.145）～式（9.148）策略迭代 Q 学习算法[121,129-130]。

定理 9.5 对于 $i=0,1,\cdots$，令 $Q_i(\boldsymbol{X}(k),\boldsymbol{u}(k))$ 和 $\boldsymbol{u}_i(\boldsymbol{X}(k))$ 为 Q 学习算法式（9.145）～式（9.148）得到的 Q 函数和控制向量，则对所有 $i=0,1,\cdots$，迭代控制向量序列使系统式（9.139）均方实用稳定。

证明：定义如下李雅普诺夫函数：

$$V(\boldsymbol{X}(k))=E\left[Q_i(\boldsymbol{X}(k),\boldsymbol{u}_i(\boldsymbol{X}(k)))|\boldsymbol{X}(v)\right] \qquad (v=k,k+1,\cdots) \tag{9.149}$$

则

$$\begin{aligned}
&V(\boldsymbol{X}(k+1))-V(\boldsymbol{X}(k))\\
=&E\left[Q_i(\boldsymbol{X}(k+1),\boldsymbol{u}_i(\boldsymbol{X}(k+1)))|\boldsymbol{X}(v)\right]\\
&-E\left[Q_i(\boldsymbol{X}(k),\boldsymbol{u}_i(\boldsymbol{X}(k)))|\boldsymbol{X}(v)\right]\\
=&E\left[Q_i(\boldsymbol{X}(k+1),\boldsymbol{u}_i(\boldsymbol{X}(k+1)))|\boldsymbol{X}(k)\right]-Q_i(\boldsymbol{X}(k),\boldsymbol{u}_i(\boldsymbol{X}(k)))\\
=&-U(\boldsymbol{X}(k),\boldsymbol{u}_i(\boldsymbol{X}(k)))<0 \qquad (v=k,k+1,\cdots)
\end{aligned} \tag{9.150}$$

故 $\boldsymbol{u}_i(\boldsymbol{X}(k))$ 使系统式（9.139）均方稳定。证毕。

下面证明策略迭代 Q 学习算法的收敛性。

引理 9.8 假设对于任意 i，$Q_i(\boldsymbol{X}(k),\boldsymbol{u}(k))$ 和 $\boldsymbol{u}_i(\boldsymbol{X}(k))$ 由式（9.145）和式（9.148）给定，则迭代 Q 函数 $Q_i(\boldsymbol{X}(k),\boldsymbol{u}(k))$ 是单调非减的，即

$$Q_{i+1}(\boldsymbol{X}(k),\boldsymbol{u}(k))\leqslant Q_i(\boldsymbol{X}(k),\boldsymbol{u}(k)) \tag{9.151}$$

证明：由式（9.148）可知

$$Q_i(\boldsymbol{X}(k),\boldsymbol{u}_{i+1}(\boldsymbol{X}(k)))=\min_{\boldsymbol{u}(k)}Q_i(\boldsymbol{X}(k),\boldsymbol{u}(k))\leqslant Q_i(\boldsymbol{X}(k),\boldsymbol{u}_i(\boldsymbol{X}(k))) \tag{9.152}$$

对于 $i=0,1,\cdots$，定义一个新的 Q 函数 $\bar{Q}_{i+1}(\boldsymbol{X}(k),\boldsymbol{u}(k))$ 为

$$\bar{Q}_{i+1}(\boldsymbol{X}(k),\boldsymbol{u}(k))=U(\boldsymbol{X}(k),\boldsymbol{u}(k))+E\left[Q_i(\boldsymbol{X}(k+1),\boldsymbol{u}_{i+1}(\boldsymbol{X}(k+1)))|\boldsymbol{X}(k)\right] \tag{9.153}$$

式中，$\boldsymbol{u}_{i+1}(\boldsymbol{X}(k))$ 由式（9.148）求得。

由式（9.152）可知，对于所有 $\boldsymbol{X}(k)$, $\boldsymbol{u}(k)$ 得

$$\begin{aligned}
&\bar{Q}_{i+1}(\boldsymbol{X}(k),\boldsymbol{u}(k))\\
=&U(\boldsymbol{X}(k),\boldsymbol{u}(k))+E\left[Q_i(\boldsymbol{X}(k+1),\boldsymbol{u}_{i+1}(\boldsymbol{X}(k+1)))|\boldsymbol{X}(k)\right]\\
=&U(\boldsymbol{X}(k),\boldsymbol{u}(k))+\min_{\boldsymbol{u}(k+1)}E\left[Q_i(\boldsymbol{X}(k+1),\boldsymbol{u}(k+1))|\boldsymbol{X}(k)\right]\\
\leqslant&U(\boldsymbol{X}(k),\boldsymbol{u}(k))+E\left[Q_i(\boldsymbol{X}(k+1),\boldsymbol{u}(k+1))|\boldsymbol{X}(k)\right]\\
=&Q_i(\boldsymbol{X}(k),\boldsymbol{u}(k))
\end{aligned} \tag{9.154}$$

下面用归纳法证明。

对于 $i=0,1,\cdots,\boldsymbol{u}_{i+1}(\boldsymbol{X}_k)$ 是均方稳定的控制序列，即当 $N\to\infty$ 时，$E\|\boldsymbol{X}(N)\|^2\to 0$。因此，对于充分大的 N，样本 $\boldsymbol{X}(N)\approx\mathbf{0}$。由系统状态方程式（9.139）可知 $\boldsymbol{u}(\boldsymbol{X}(N))\approx\mathbf{0}$。因此，$\boldsymbol{u}_{i+1}(\boldsymbol{X}(N))=\boldsymbol{u}_i(\boldsymbol{X}(N))\approx\mathbf{0}$，从而得

$$\begin{aligned}Q_{i+1}(\boldsymbol{X}(N),\boldsymbol{u}_{i+1}(\boldsymbol{X}(N)))&=\bar{Q}_{i+1}(\boldsymbol{X}(N),\boldsymbol{u}_{i+1}(\boldsymbol{X}(N)))\\&=Q_i(\boldsymbol{X}(N),\boldsymbol{u}_i(\boldsymbol{X}_N))\approx 0\end{aligned}\tag{9.155}$$

从而有

$$\begin{aligned}&E\left[Q_{i+1}(\boldsymbol{X}(N),\boldsymbol{u}_{i+1}(\boldsymbol{X}(N)))|\,\boldsymbol{X}(N-1)\right]\\=&E\left[\bar{Q}_{i+1}(\boldsymbol{X}(N),\boldsymbol{u}_{i+1}(\boldsymbol{X}(N)))\big|\,\boldsymbol{X}(N-1)\right]\\=&E\left[Q_i(\boldsymbol{X}(N),\boldsymbol{u}_i(\boldsymbol{X}(N)))|\,\boldsymbol{X}(N-1)\right]=0\end{aligned}\tag{9.156}$$

$$\begin{aligned}&Q_{i+1}(\boldsymbol{X}(N-1),\boldsymbol{u}(N-1))\\=&U(\boldsymbol{X}(N-1),\boldsymbol{u}(N-1))+E\left[Q_i(\boldsymbol{X}(N),\boldsymbol{u}_i(\boldsymbol{X}(N)))|\,\boldsymbol{X}(N-1)\right]\\=&U(\boldsymbol{X}(N-1),\boldsymbol{u}(N-1))\end{aligned}\tag{9.157}$$

$$\begin{aligned}&\bar{Q}_{i+1}(\boldsymbol{X}(N-1),\boldsymbol{u}(N-1))\\=&U(\boldsymbol{X}(N-1),\boldsymbol{u}(N-1))+E\left[Q_i(\boldsymbol{X}(N),\boldsymbol{u}_{i+1}(\boldsymbol{X}(N)))|\,\boldsymbol{X}(N-1)\right]\\=&U(\boldsymbol{X}(N-1),\boldsymbol{u}(N-1))+\min_{\boldsymbol{u}(\boldsymbol{X}(N))}E\left[Q_i(\boldsymbol{X}(N),\boldsymbol{u}(\boldsymbol{X}(N)))|\,\boldsymbol{X}(N-1)\right]\\=&U(\boldsymbol{X}(N-1),\boldsymbol{u}(\boldsymbol{X}(N-1)))\end{aligned}\tag{9.158}$$

从而

$$\begin{aligned}Q_{i+1}(\boldsymbol{X}(N-1),\boldsymbol{u}(N-1))&=\bar{Q}_{i+1}(\boldsymbol{X}(N-1),\boldsymbol{u}(N-1))\\&=U(\boldsymbol{X}(N-1),\boldsymbol{u}(N-1))\\&=Q_i(\boldsymbol{X}(N-1),\boldsymbol{u}(N-1))\end{aligned}\tag{9.159}$$

记 $k=N-2$，则

$$\begin{aligned}&Q_{i+1}(\boldsymbol{X}(N-2),\boldsymbol{u}(N-2))\\=&U(\boldsymbol{X}(N-2),\boldsymbol{u}(N-2))+E\left[Q_{i+1}(\boldsymbol{X}(N-1),\boldsymbol{u}_{i+1}(\boldsymbol{X}(N-1)))|\,\boldsymbol{X}(N-2)\right]\\=&U(\boldsymbol{X}(N-2),\boldsymbol{u}(N-2))+E\left[Q_i(\boldsymbol{X}(N-1),\boldsymbol{u}_{i+1}\boldsymbol{X}(N-1))|\,\boldsymbol{X}(N-2)\right]\\=&\bar{Q}_{i+1}(\boldsymbol{X}(N-2),\boldsymbol{u}(N-2))\\\leqslant&Q_i(\boldsymbol{X}(N-2),\boldsymbol{u}(N-2))\end{aligned}\tag{9.160}$$

式 (9.160) 中最后的不等式利用式（9.154）的结果。

因此，当 $k=N-2$ 时成立。

假设结论对 $k=L+1$ 也成立，则对于 $k=L$ 时，有

$$\begin{aligned}&Q_{i+1}\left(\boldsymbol{X}\left(L\right),\boldsymbol{u}\left(L\right)\right)\\=&U\left(\boldsymbol{X}\left(L\right),\boldsymbol{u}\left(L\right)\right)+E\left[Q_{i+1}\left(\boldsymbol{X}\left(L+1\right),\boldsymbol{u}_{i+1}\left(L+1\right)\right)\right|\boldsymbol{X}\left(L\right)]\\\leqslant&U\left(\boldsymbol{X}\left(L\right),\boldsymbol{u}\left(L\right)\right)+E\left[Q_{i}\left(\boldsymbol{X}\left(L+1\right),\boldsymbol{u}_{i+1}\left(L+1\right)\right)\right|\boldsymbol{X}\left(L\right)]\\=&\bar{Q}_{i+1}\left(\boldsymbol{X}\left(L\right),\boldsymbol{u}\left(L\right)\right)\\\leqslant&Q_{i}\left(\boldsymbol{X}\left(L\right),\boldsymbol{u}\left(L\right)\right)\end{aligned}\tag{9.161}$$

式（9.161）的第一个不等式利用不等式（9.160）的假设结论；第二个不等式利用式（9.154）的结果，则对于 $k=L$ 也成立，故反证法也成立。

因此，对于 $i=0,1,\cdots,n$，不等式 (9.151) 对于所有 $\boldsymbol{X}(k)$, $\boldsymbol{u}(k)$ 都成立。证毕。

引理 9.9 对于 $i=0,1,\cdots,n$，令 $Q_i(\boldsymbol{X}(k),\boldsymbol{u}(k))$ 和 $U_i(\boldsymbol{X}(k),\boldsymbol{u}(k))$ 是由策略迭代 Q 学习算法式（9.145）～ 式（9.148）获得。令

$$Q_\infty(\boldsymbol{X}(k),\boldsymbol{u}(k))=\lim_{i\to\infty}Q_i(\boldsymbol{X}(k),\boldsymbol{u}(k))\tag{9.162}$$

则 $Q_\infty(\boldsymbol{X}(k),\boldsymbol{u}(k))$ 满足最优性方程。即当 $i\to\infty$ 时，有

$$Q_\infty(\boldsymbol{X}(k),\boldsymbol{u}(k))=U(\boldsymbol{X}(k),\boldsymbol{u}(k))+\min_{\boldsymbol{u}(k+1)}E[Q_\infty(\boldsymbol{X}(k+1),\boldsymbol{u}(k+1))|\boldsymbol{X}(k)]\tag{9.163}$$

证明：由不等式（9.161），得

$$\begin{aligned}Q_\infty(\boldsymbol{X}(k),\boldsymbol{u}(k))=&\lim_{i\to\infty}Q_{i+1}(\boldsymbol{X}(k),\boldsymbol{u}(k))\\\leqslant&Q_{i+1}(\boldsymbol{X}(k),\boldsymbol{u}(k))\\\leqslant&\bar{Q}_{i+1}(\boldsymbol{X}(k),\boldsymbol{u}(k))\\=&U(\boldsymbol{X}(k),\boldsymbol{u}(k))+E[Q_i(\boldsymbol{X}(k+1),\boldsymbol{u}_{i+1}(\boldsymbol{X}(k+1)|\boldsymbol{X}(k)]\\=&U(\boldsymbol{X}(k),\boldsymbol{u}(k))+\min_{\boldsymbol{u}(k+1)}E[Q_i(\boldsymbol{X}(k+1),\boldsymbol{u}_{i+1}(\boldsymbol{X}(k+1)|\boldsymbol{X}(k)]\end{aligned}\tag{9.164}$$

令 $i\to\infty$，则有

$$Q_\infty(\boldsymbol{X}(k),\boldsymbol{u}(k))\leqslant U(\boldsymbol{X}(k),\boldsymbol{u}(k))+\min_{\boldsymbol{u}(k+1)}E[Q_\infty(\boldsymbol{X}(k+1),\boldsymbol{u}(k+1)|\boldsymbol{X}(k)]\tag{9.165}$$

令 $\varepsilon>0$，存在一个正数 m，使得

$$Q_m(\boldsymbol{X}(k),\boldsymbol{u}(k))-\varepsilon\leqslant Q_\infty(\boldsymbol{X}(k),\boldsymbol{u}(k))\leqslant Q_m(\boldsymbol{X}(k),\boldsymbol{u}(k))\tag{9.166}$$

因此，得

$$\begin{aligned}&Q_\infty(\boldsymbol{X}(k),\boldsymbol{u}(k))\\\geqslant&Q_m(\boldsymbol{X}(k),\boldsymbol{u}(k))-\varepsilon\\=&U(\boldsymbol{X}(k),\boldsymbol{u}(k))+E[Q_m(\boldsymbol{X}(k+1),\boldsymbol{u}(k+1))|\boldsymbol{X}(k)]-\varepsilon\end{aligned}$$

$$\geqslant U(\boldsymbol{X}(k), \boldsymbol{u}(k) + E[Q_\infty(\boldsymbol{X}(k+1), \boldsymbol{u}(k+1))|\boldsymbol{X}(k)] - \varepsilon$$

$$\geqslant U(\boldsymbol{X}(k), \boldsymbol{u}(k) + \min_{\boldsymbol{u}(k+1)} E[Q_\infty(\boldsymbol{X}(k+1), \boldsymbol{u}(k+1))|\boldsymbol{X}(k)] - \varepsilon \tag{9.167}$$

由于 ε 的任意性，故

$$Q_\infty(\boldsymbol{X}(k), \boldsymbol{u}(k)) \geqslant U(\boldsymbol{X}(k), \boldsymbol{u}(k) + \min_{\boldsymbol{u}(k+1)} E[Q_\infty(\boldsymbol{X}(k+1), \boldsymbol{u}(k+1))|\boldsymbol{X}(k)] \tag{9.168}$$

结合式（9.164)、式（9.167）得

$$Q_\infty(\boldsymbol{X}(k), \boldsymbol{u}(k)) = U(\boldsymbol{X}(k), \boldsymbol{u}(k)) + \min_{\boldsymbol{u}(k+1)} E[Q_\infty(\boldsymbol{X}(k+1), \boldsymbol{u}(k+1))|\boldsymbol{X}(k)] \tag{9.169}$$

证毕。

定理 9.6 假设 $U(\boldsymbol{X}(k))$ 为任意可允许控制向量序列。定义一个新的 Q 函数 $\Pi(\boldsymbol{X}(k), \boldsymbol{u}(k))$，满足下列方程：

$$\Pi(\boldsymbol{X}(k), \boldsymbol{u}(k)) + E[\Pi(\boldsymbol{X}(k+1), \boldsymbol{u}(k+1))|\boldsymbol{X}(k)] \tag{9.170}$$

令 $Q_i(\boldsymbol{X}(k), \boldsymbol{u}(k))$ 和 $\boldsymbol{X}(k)$ 由策略迭代 Q 函数算法式（9.145）~ 式（9.148）确定，则

$$Q_\infty(\boldsymbol{X}(k), \boldsymbol{u}(k)) \leqslant \Pi(\boldsymbol{X}(k), \boldsymbol{u}(k)) \tag{9.171}$$

证明：由于 $U(\boldsymbol{X}(k))$ 是一个可允许控制向量序列，则能够使闭环系统均方稳定，则当 $N \to \infty$ 时，$E\|\boldsymbol{X}(N)\|^2 \to 0$，因此，对充分大的 N，样本 $\boldsymbol{X}(N) \approx \boldsymbol{0}$，由式（9.139）和式（9.170），得

$$\begin{aligned}\Pi(\boldsymbol{X}(k), \boldsymbol{u}(k)) =& U(\boldsymbol{X}(k), \boldsymbol{u}(k)) + \lim_{N\to\infty} E[U(\boldsymbol{X}(k+1), \boldsymbol{u}(k+1))|\boldsymbol{X}(k)] \\ &+ E[U(\boldsymbol{X}(k+2), \boldsymbol{u}(k+2))|\boldsymbol{X}(k+1)] + \cdots \\ &+ E[U(\boldsymbol{X}(N-1), \boldsymbol{u}(N-1))|\boldsymbol{X}(N-2)] \\ &+ E[U(\boldsymbol{X}(N), \boldsymbol{u}(N))|\boldsymbol{X}(N-1)]\end{aligned} \tag{9.172}$$

式中，$\boldsymbol{X}(N) \approx \boldsymbol{0}$，根据式（9.169)，则迭代 Q 函数 $Q_\infty(\boldsymbol{X}(k), \boldsymbol{u}(k))$ 可以表示为

$$\begin{aligned}&\Pi(\boldsymbol{X}(N-1), \boldsymbol{u}(N-1)) \\ =& U(\boldsymbol{X}(N-1), \boldsymbol{u}(N-1)) + E[\Pi(\boldsymbol{X}(N), \boldsymbol{u}(N))|\boldsymbol{X}(N-1)] \\ \geqslant& U(\boldsymbol{X}(N-1), \boldsymbol{u}(N-1)) + \min_{\boldsymbol{u}(N)} E[\Pi(\boldsymbol{X}(N), \boldsymbol{u}(N))|\boldsymbol{X}(N-1)] \\ =& U(\boldsymbol{X}(N-1), \boldsymbol{u}(N-1)) + \min_{\boldsymbol{u}(N)} E[Q_\infty(\boldsymbol{X}(N), \boldsymbol{u}(N))|\boldsymbol{X}(N-1)] \\ =& Q_\infty(\boldsymbol{X}(N-1), \boldsymbol{u}(N-1))\end{aligned} \tag{9.173}$$

由于 $u_\infty(\boldsymbol{X}(k))$ 是一个可允许控制向量序列，且当 $N \to \infty$ 时 $\boldsymbol{X}(N) \approx \boldsymbol{0}$，则意味着

$$Q_\infty(\boldsymbol{X}(N), \boldsymbol{u}(N)) = \Pi(\boldsymbol{X}(N), \boldsymbol{u}(N)) = \boldsymbol{0}$$

对于 $N-1$，由式（9.169），得

$$\begin{aligned}
&\Pi(\boldsymbol{X}(N-1),\boldsymbol{u}(N-1))\\
=&U(\boldsymbol{X}(N-1),\boldsymbol{u}(N-1))+E[\Pi(\boldsymbol{X}(N),\boldsymbol{u}(N))|\boldsymbol{X}(N-1)]\\
\geqslant&U(\boldsymbol{X}(N-1),\boldsymbol{u}(N-1))+\min_{\boldsymbol{u}(N)}E[\Pi(\boldsymbol{X}(N),\boldsymbol{u}(N))|\boldsymbol{X}(N-1)]\\
=&U(\boldsymbol{X}(N-1),\boldsymbol{u}(N-1))+\min_{\boldsymbol{u}(N)}E[Q_\infty(\boldsymbol{X}(N),\boldsymbol{u}(N))|\boldsymbol{X}(N-1)]\\
=&Q_\infty(\boldsymbol{X}(N-1),\boldsymbol{u}(N-1))
\end{aligned}\tag{9.174}$$

假设对于 $k=L+1,L=0,1,\cdots$ 成立，则对于 $k=L$，有

$$\begin{aligned}
\Pi(\boldsymbol{X}(L),\boldsymbol{u}(L))=&U(\boldsymbol{X}(L),\boldsymbol{u}(L))+E[\Pi(\boldsymbol{X}(L+1),\boldsymbol{u}(L+1))|\boldsymbol{X}(L)]\\
\geqslant&U(\boldsymbol{X}(L),\boldsymbol{u}(L))+\min_{\boldsymbol{u}(L+1)}E[\Pi(\boldsymbol{X}(L+1),\boldsymbol{u}(L+1))|\boldsymbol{X}(L)]\\
\geqslant&U(\boldsymbol{X}(L),\boldsymbol{u}(L))+\min_{\boldsymbol{u}(L+1)}E[Q_\infty(\boldsymbol{X}(L+1),\boldsymbol{u}(L+1))|\boldsymbol{X}(L)]\\
=&Q_\infty(\boldsymbol{X}(L),\boldsymbol{u}(L))
\end{aligned}\tag{9.175}$$

因此，对于所有的 $\boldsymbol{X}(k),\boldsymbol{u}(k)(k=0,1,\cdots)$ 下列不等式成立：

$$Q_\infty(\boldsymbol{X}(k),\boldsymbol{u}(k))\leqslant\Pi(\boldsymbol{X}(k),\boldsymbol{u}(k))\tag{9.176}$$

证毕。

定理 9.7 假设 $Q_i(\boldsymbol{X}(k),\boldsymbol{u}(k))$ 和 $U_i(\boldsymbol{X}(k),\boldsymbol{u}(k))$ 由策略迭代 Q 学习算法式(9.145)～式(9.148)获得。定义 $Q_\infty(\boldsymbol{X}(k),\boldsymbol{u}(k))=\lim\limits_{i\to\infty}Q_i(\boldsymbol{X}(k),\boldsymbol{u}(k))$，则有 $Q_\infty(\boldsymbol{X}(k),\boldsymbol{u}(k))=Q^*(\boldsymbol{X}(k),\boldsymbol{u}(k))$

证明：由式（9.143）的定义可知，对于 $i=0,1,\cdots$，有

$$\begin{aligned}
&Q_\infty(\boldsymbol{X}(k),\boldsymbol{u}(k))\\
=&U(\boldsymbol{X}(k),\boldsymbol{u}(k))+E[Q_i(\boldsymbol{X}(k+1),\boldsymbol{u}_i(k+1))|\boldsymbol{X}(k)]\\
=&U(\boldsymbol{X}(k),\boldsymbol{u}(k))+\sum_{j=1}^{\infty}E[U(\boldsymbol{X}(k+j),\boldsymbol{u}_i(k+j))|\boldsymbol{X}(v)]\\
\geqslant&U(\boldsymbol{X}(k),\boldsymbol{u}(k))+\min_{\boldsymbol{u}(k+1)}\sum_{j=1}^{\infty}E[U(\boldsymbol{X}(k+j),\boldsymbol{u}_i(k+j))|\boldsymbol{X}(v)]\\
=&U(\boldsymbol{X}(k),\boldsymbol{u}(k))+E[Q^*(\boldsymbol{X}(k+1),\boldsymbol{u}^*(k+1))\boldsymbol{X}(k)]\\
=&Q^*(\boldsymbol{X}(k),\boldsymbol{u}^*(k))\qquad(v=k,k+1,\cdots)
\end{aligned}\tag{9.177}$$

令 $i\to\infty$，则有

$$Q_\infty(\boldsymbol{X}(k),\boldsymbol{u}(k))\geqslant Q^*(\boldsymbol{X}(k),\boldsymbol{u}(k))\tag{9.178}$$

另一方面，对于任意可允许控制向量序列 $\boldsymbol{u}(\boldsymbol{X}(k))$，不等式（9.176）满足，令 $\boldsymbol{u}(\boldsymbol{X}(k))=\boldsymbol{u}^*(\boldsymbol{X}(k))$，其中 $\boldsymbol{u}^*(\boldsymbol{X}(k))$ 为最优控制向量序列，则有

$$Q_\infty(\boldsymbol{X}(k), \boldsymbol{u}(k)) \leqslant Q^*(\boldsymbol{X}(k), \boldsymbol{u}(k)) \tag{9.179}$$

由不等式（9.178）和式（9.179），得

$$Q_\infty(\boldsymbol{X}(k), \boldsymbol{u}(k)) = Q^*(\boldsymbol{X}(k), \boldsymbol{u}(k)) \tag{9.180}$$

证毕。

注解 9.12　定理 9.7 说明策略迭代 Q 学习算法式（9.145）～式（9.148）可以确保 Q 函数序列能收敛到最优的 Q 函数值 Q^*。说明通过策略迭代 Q 学习算法能够确保控制向量序列收敛到最优控制向量。

注解 9.13　策略迭代 Q 学习算法要求迭代初始控制向量序列必须是可允许控制向量，因此，要找到一个可允许控制向量序列作为控制向量序列是非常关键的步骤之一。

9.6.4　策略迭代 Q 学习算法的神经网络实现

本节使用 BP 神经网络分别来逼近 $\boldsymbol{u}_i(\boldsymbol{X}_k)$ 和 $Q_i(\boldsymbol{X}(k), \boldsymbol{u}(k))$。假设隐层节点数记为 l，输入层到隐层权矩阵记为 $\boldsymbol{Y}$，隐层到输出层权矩阵记为 W，则三层神经元网络的输出由不等式（9.178）和式（9.179），得

$$\widehat{F}(\boldsymbol{X}, \boldsymbol{Y}, \boldsymbol{W}) = \boldsymbol{W}^{\mathrm{T}}\sigma(\boldsymbol{Y}^{\mathrm{T}}\boldsymbol{X} + b) \tag{9.181}$$

式中，$\boldsymbol{Y}^{\mathrm{T}}\boldsymbol{X} \in \mathbf{R}^l$，$[\sigma(z)]_r = \dfrac{\mathrm{e}^{zr} - \mathrm{e}^{-zr}}{\mathrm{e}^{zr} + \mathrm{e}^{-zr}}$ 是激活函数 $(r = 1, 2, \cdots, l)$; b 是门限值。利用两个网络即评价网络和动作网络来分别实现 Q 学习算法。都使用三层 BP 网络完成。

1. 动作网络

由图 9.7 可知，利用 $\boldsymbol{X}(k)$、$\boldsymbol{u}(k)$，可从系统模型式（9.139）获得 $\boldsymbol{X}(k+1)$，则迭代控制律 $\boldsymbol{u}_i(\boldsymbol{X}(k+1))$ 可以定义为

$$\boldsymbol{u}_i(\boldsymbol{X}(k+1)) = \operatorname*{argmin}_{\boldsymbol{u}'} Q_i(\boldsymbol{X}(k+1), \boldsymbol{u}') \tag{9.182}$$

在动作网络中，状态 $\boldsymbol{X}(k+1)$ 被看作输入构建迭代控制律作为网络的输出，则输出为

$$\widehat{\boldsymbol{u}}_i^j(\boldsymbol{X}(k+1)) = \boldsymbol{W}_{ai}^{jT}\sigma(Z_{a,k+1}) \tag{9.183}$$

式中，$Z_{a,k+1} = \boldsymbol{Y}_a^{\mathrm{T}}\boldsymbol{X}(k+1) + b_a$，$\boldsymbol{Y}_a$ 和 b_a 为已知权矩阵和门限值。

定义动作网络的输出误差为

$$\boldsymbol{e}_{ai,k+1}^j = \widehat{\boldsymbol{u}}_i^j(\boldsymbol{X}(k+1)) - \boldsymbol{u}_i(\boldsymbol{X}(k+1)) \tag{9.184}$$

则网络的权重依据使下列性能误差达到最小进行更新。

$$E_{ai,k+1}^j = \frac{1}{2}\boldsymbol{e}_{ai,k+1}^j{}^{\mathrm{T}}\boldsymbol{e}_{ai,k+1}^j \tag{9.185}$$

权更新算法使用梯度下调规则，则有

$$\boldsymbol{W}_{ai,k+1}^{j+1} = \boldsymbol{W}_{ai,k+1}^j + \Delta\boldsymbol{W}_{ai,k+1}^j$$

$$=\boldsymbol{W}_{ai,k+1}^{j}-\beta_a\left[\frac{\partial E_{ai,k+1}^{j}}{\partial \boldsymbol{e}_{ai,k+1}^{j}}\frac{\partial \boldsymbol{e}_{ai,k+1}^{j}}{\partial \widehat{\boldsymbol{u}}_i^j(\boldsymbol{X}(k+1))}\frac{\partial \widehat{\boldsymbol{u}}_i^j(\boldsymbol{X}(k+1))}{\partial \boldsymbol{W}_{ai,k+1}^{j}}\right]$$

$$=\boldsymbol{W}_{ai,k+1}^{j}-\beta_a\sigma(Z_{a,k+1})(\boldsymbol{e}_{ai,k+1}^{j})^{\mathrm{T}} \tag{9.186}$$

式中，$\beta_a>0$ 为动作网络的学习率。

如果训练精度达到要求，则称迭代控制网络 $\boldsymbol{u}_i(\boldsymbol{X}(k+1))$ 能被评价网络逼近。

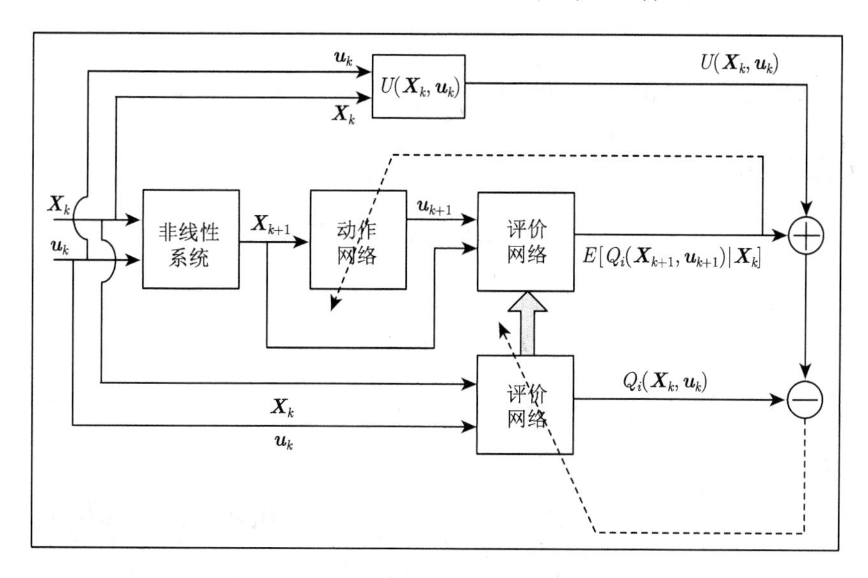

图 9.7 离散时间学习算法结构图

2. 评价网络

对于 $i=0,1,\cdots,n$，评价网络的目的是逼近迭代函数 $Q_{i+1}(\boldsymbol{X}(k),\boldsymbol{u}(k))$。首先，由 $\boldsymbol{X}(k)$、$\boldsymbol{u}(k)$ 通过系统模型输出获得 $\boldsymbol{X}(k+1)$。根据动作网络，可以得到 $\widehat{\boldsymbol{u}}_i(\boldsymbol{X}(k+1))$ 和迭代 Q 函数 $\widehat{Q}_i(\boldsymbol{X}(k+1),\widehat{\boldsymbol{u}}_i(k+1))$。将 $\boldsymbol{X}(k)$, $\boldsymbol{u}(k)$ 分别作为输入和输出来构建逼近 $\widehat{Q}_i(\boldsymbol{X}(k),\boldsymbol{u}(k))$ 的评价网络。

由于

$$Q_{i+1}(\boldsymbol{X}(k),\boldsymbol{u}(k))=U(\boldsymbol{X}(k),\boldsymbol{u}(k))+E[Q_i(\boldsymbol{X}(k+1),\boldsymbol{u}(k+1))|\boldsymbol{X}(k)] \tag{9.187}$$

在评价网络中，有

$$\widehat{Q}_{i+1}^{j}(\boldsymbol{X}(k),\boldsymbol{u}(k))=\boldsymbol{W}_{ci}^{j\mathrm{T}}a(z_{ck}) \tag{9.188}$$

式中，$Z_{ck}=\boldsymbol{Y}_c^{\mathrm{T}}\boldsymbol{Z}_k+bc$，$\boldsymbol{Z}_k=[\boldsymbol{X}_k^{\mathrm{T}},\boldsymbol{u}_k^{\mathrm{T}}]^{\mathrm{T}}$，$\boldsymbol{Y}_c$、$b_c$ 为已知的权矩阵和门限值。

注意，由式（9.187）和式（9.188）可知，$\widehat{Q}_{i+1}^{j}\approx Q_{i+1}(\boldsymbol{X}(k),\boldsymbol{u}(k))$，从而有

$$\boldsymbol{W}_{ci}^{j\mathrm{T}}\boldsymbol{a}(Z_{ck})\approx U(\boldsymbol{X}(k),\boldsymbol{u}(k))+E[Q_i(\boldsymbol{X}(k+1),\boldsymbol{u}(k+1))|\boldsymbol{X}(k)] \tag{9.189}$$

由式（9.189）可知，可以利用评价网络的输出量逼近 $\widehat{Q}_i(\boldsymbol{X}(k+1),\boldsymbol{u}(k+1))$ 的条件数学期望。因此，在仿真过程中，用蒙特卡罗方法在 $\boldsymbol{X}(k)$ 给定的情况下，利用随机

系统的状态输出向量 $\boldsymbol{X}(k+1)$、控制向量 $\boldsymbol{u}(k+1)$ 和白噪声 $\boldsymbol{v}(k)$ 情况下获得大量样本 $Q_{i(l)}(\boldsymbol{X}(k+1),\boldsymbol{u}(k+1)), l=1,2,\cdots,M_x$，然后求平均获得 $E[Q_i(\boldsymbol{X}(k+1),\boldsymbol{u}(k+1))|\boldsymbol{X}(k)]$，即

$$E[Q_i(\boldsymbol{X}(k+1),\boldsymbol{u}(k+1))|\boldsymbol{X}(k)]\approx\frac{1}{M_x}\sum_{l=1}^{M_x}Q_{i(l)}(\boldsymbol{X}_l(k+1),\boldsymbol{u}(k+1)) \tag{9.190}$$

故

$$\boldsymbol{W}_{ci}^{j\mathrm{T}}\boldsymbol{a}(Z_{ck})\approx U(\boldsymbol{X}(k),\boldsymbol{u}(k))+\frac{1}{M_x}\sum_{l=1}^{M_x}Q_{i(l)}(\boldsymbol{X}_l(k+1),\boldsymbol{u}(k+1)) \tag{9.191}$$

定义误差函数为

$$e_{ci,k}^{j}=\widehat{Q}_i^j(\boldsymbol{X}(k),\boldsymbol{u}(k))-Q_i(\boldsymbol{X}(k),\boldsymbol{u}(k)) \tag{9.192}$$

目标函数为

$$E_{ci,k}^{j}=\frac{1}{2}(e_{ci,k}^{j})^2 \tag{9.193}$$

利用梯度下降法修正权系数，即

$$\begin{aligned}W_{ci,k}^{j+1}=&W_{ci,k}^{j}+\Delta W_{ci,k}^{j}\\=&W_{ci,k}^{j}-\alpha_c\left[\frac{\partial E_{ci,k}^{j}}{\partial e_{ci,k}^{j}}\frac{\partial e_{ci,k}^{j}}{\partial\widehat{Q}_{i+1}^{j}(\boldsymbol{X}(k),\boldsymbol{u}(k))}\frac{\partial\widehat{Q}_{i+1}^{j}(\boldsymbol{X}(k),\boldsymbol{u}(k))}{\partial W_{ci,k}^{j}}\right]\\=&W_{ci,k}^{j}-\alpha_c e_{ci,k}^{j}\sigma(Z_{ck})\end{aligned} \tag{9.194}$$

式中，α_c 是评价网络的训练速率。

当训练精度达到要求时，$Q_{i+1}(\boldsymbol{X}(k),\boldsymbol{u}(k))$ 就被评价网络逼近。

综上所述，整个离散时间 Q 学习算法的结构图如图 9.7 所示。

3. 网络训练过程

通过以上分析，结合图 9.7，给出如下 Q 学习算法步骤。

初始化阶段如下：

1）搜集系统状态向量序列 $\{\boldsymbol{X}_1(k),\cdots,\boldsymbol{X}_{M_x}(k)\}$，$\boldsymbol{X}_i(k)=(X_i^{(1)}(k),\cdots,X_i^{(p_x)}(k))$ 为长度 p_x 的一次运行结果。控制向量 $\boldsymbol{u}_k=(u^{(1)}(k),\cdots,u^{(p_u)}(k))$。

2）给定一个半正定函数 $\psi(\boldsymbol{X}(k),\boldsymbol{u}(k))$。

3）给定计算精度 $\varepsilon>0$。

迭代过程如下：

1）令 $i=0$，$Q_0(\boldsymbol{X}(k),\boldsymbol{u}(k))=\psi(\boldsymbol{X}(k),\boldsymbol{u}(k))$。

2）由系统状态阵列和输出阵列，获得下一步的状态阵列，即

$$\boldsymbol{X}_i(k+1)=(X_i^{(1)}(k+1),\cdots,X_i^{(p_x)}(k+1))\qquad(i=1,2,\cdots,M_x)$$

3）训练迭代控制律的动作网络获得类似于式（9.183）的 $\boldsymbol{u}_i(\boldsymbol{X}(k+1))$。

4）利用蒙特卡罗法基于 $(\boldsymbol{X}_i(k), \boldsymbol{u}_k)(i=1,\cdots,M_x)$，通过动作网络式（9.190）的 Q 函数的条件数学期望值 $E[Q_i(\boldsymbol{X}(k+1), \boldsymbol{u}(k+1))|\boldsymbol{X}(k)]$。

5）利用式（9.194）训练动作网络的权系数获得式（9.188）的 $\widehat{Q}_{i+1}^{j}(\boldsymbol{X}(k), \boldsymbol{u}(k))$。

6）如果 $\left|\widehat{Q}_{i+1}(\boldsymbol{X}(k), \boldsymbol{u}(k)) - \widehat{Q}_i(\boldsymbol{X}(k), \boldsymbol{u}(k))\right| \leqslant \varepsilon$，则进行下一步，否则令 $i=i+1$，返回到第 1 步。

7）返回 $\widehat{Q}_i(\boldsymbol{X}(k), \boldsymbol{u}(k))$ 和 $\boldsymbol{u}_i(\boldsymbol{X}(k))$ 的数值。

注解 9.14 本小节的推导过程可以推广到非完全信息状态情形；另外，本小节的推导过程也可以推广到带有折扣因子的代价函数中以及带有学习率的 Q 函数迭代算法中。

9.7 本章小结

本章共分为四部分。第一部分详细介绍蒙特卡罗决策过程以及强化学习和自适应动态规划原理；第二部分介绍自适应动态规划法的迭代算法；第三部分针对离散时间随机线性系统，给出随机自适应动态规划法的求解步骤及收敛性证明；最后一部分针对离散时间非线性随机系统，给出最优控制及 Q 学习算法。

第 10 章　随机系统稳定性

10.1　引　　言

1892 年，李雅普诺夫在他著名的博士论文《运动稳定性的一般问题》中，给出了运动稳定性严格、精确的数学定义，奠定了稳定性理论的基础。随后由马尔金（Malkin）、克拉索夫斯基（Krasovskii）、卡尔曼（Kalman）、伯特伦（Bertram）、拉斐尔（Rafail）等创新和发展。理论研究方面，已经从原来的常微分方程发展到泛函微分方程、随机微分方程、随机时滞微分方程、差分方程、偏微分方程、脉冲微分方程及混合动态系统等。实际应用领域中，已经从力学领域发展到控制、航空航天、机械和系统工程等众多领域 [133-134]。李雅普诺夫首创的运动稳定性理论，特别是李雅普诺夫直接法（也称李雅普诺夫第二方法）受到了各国学者的高度重视。稳定性理论在美国正迅速变成训练控制论方面的工程师的一个标准部分，在国内也引起了研究热潮 [135-136]。目前形成的稳定性理论研究方面国内已经出版了很多专著，比较有代表性的有：钱学森，宋健《工程控制论》[137]；黄琳《稳定性理论》《稳定性与鲁棒性的理论基础》[138-139]；秦元勋等《运动稳定性理论及应用》[140] 等。

随机系统理论是在概率论、随机过程、随机微分方程等学科的基础上发展而来的一门综合性科学。与确定性系统一样，稳定性是随机系统最基本的也是最重要的性能之一，是任何系统分析都必须考虑的问题。经过多年的发展，随机系统稳定性理论已经从力学领域发展到众多领域，目前论述以及涉及随机系统稳定性与镇定的国内专著有：胡宣达 [141]，刘永清 [142-143]，郭雷 [144]，库什纳（Kushner）[145]，克哈斯明斯基（Khasminskii）R[146]，方洋旺 [26, 113] 等。

上述随机系统稳定性的研究一般情况下只针对带有乘性噪声的随机系统稳定性，对于带有加性噪声系统和带有混合噪声（同时带有加性和乘性噪声）系统稳定性研究比较缺乏。回避了带有加性噪声和带有混合噪声系统的稳定性的问题的主要原因是：一是由于随机系统模型中加性噪声的存在，系统的平衡点已不存在，因而无法再利用普遍应用的李雅普诺夫稳定性理论进行随机稳定性研究；二是其他李雅普诺夫稳定性如 BIBO 稳定性、均方实用稳定性等研究成果很少，且判据很抽象，难以应用。近年来，针对带有加性和乘性噪声的随机系统稳定性取得一系列的研究成果 [147,149,155,238-242]。

10.2　随机稳定性概念

10.2.1　随机微分公式

定义 10.1　若 $\boldsymbol{X}(t)\in\mathbf{R}^n$ 为随机过程，满足如下积分方程：

$$\boldsymbol{X}(t)=\boldsymbol{X}_a+\int_a^t\boldsymbol{f}(s,\boldsymbol{X}(s))\mathrm{d}s+(I)\int_a^t\boldsymbol{g}(s,\boldsymbol{X}(s))\mathrm{d}\boldsymbol{W}(s)\tag{10.1}$$

式中，$\boldsymbol{W}(s)$ 为定义在完全概率空间上的维纳（Wiener）过程，式子右端第一项积分为均方积分，第二项为 Itô 积分，用 (I) 区分于其他积分。因此有

$$\mathrm{d}\boldsymbol{X}(t)=\boldsymbol{f}(t,\boldsymbol{X}(t))\mathrm{d}t+\boldsymbol{g}(t,\boldsymbol{X}(t))\mathrm{d}\boldsymbol{W}(t),\quad \boldsymbol{X}(a)=\boldsymbol{X}_a \tag{10.2}$$

则式 (10.2) 称为 Itô 型随机微分方程，$\mathrm{d}\boldsymbol{X}(t)$ 称为解过程 $\boldsymbol{X}(t)$ 的 Itô 随机增量。

假设 $V\in C(\mathbf{R}^+\times\mathbf{R}^n,\mathbf{R})$ 满足 $\dfrac{\partial V}{\partial t}$，$\dfrac{\partial V}{\partial \boldsymbol{X}}$ 连续，$\dfrac{\partial^2 V}{\partial X_i X_j}=\boldsymbol{V}_{XX}$ 存在，则定义 $V(t)=V(t,\boldsymbol{X}(t))$，满足如下方程：

$$\begin{aligned}V(t)&=V(a)\\&\quad+\int_a^t\left\{\frac{\partial V}{\partial t}+\left(\frac{\partial V}{\partial \boldsymbol{X}}\right)^{\mathrm{T}}\boldsymbol{f}(s,\boldsymbol{X}(s))+\frac{1}{2}\mathrm{tr}[\boldsymbol{g}^{\mathrm{T}}(s,\boldsymbol{X}(s))\boldsymbol{V}_{XX}(s)\boldsymbol{g}(s,\boldsymbol{X}(s))]\right\}\mathrm{d}s\\&\quad+(I)\int_a^t\left(\frac{\partial V}{\partial \boldsymbol{X}}\right)^{\mathrm{T}}\boldsymbol{g}(s,\boldsymbol{X}(s))\mathrm{d}\boldsymbol{W}(s)\end{aligned} \tag{10.3}$$

由式 (10.3) 得到如下 Itô 微分公式：

$$\mathrm{d}V(t)=\mathscr{L}V(t,\boldsymbol{X}(t))\mathrm{d}t+\left(\frac{\partial V}{\partial \boldsymbol{X}}\right)^{\mathrm{T}}\boldsymbol{g}(t,X(t))\mathrm{d}\boldsymbol{W}(t) \tag{10.4}$$

式中

$$\mathscr{L}V(t,\boldsymbol{X}(t))=\frac{\partial V}{\partial t}+\left(\frac{\partial V}{\partial \boldsymbol{X}}\right)^{\mathrm{T}}\boldsymbol{f}(t,\boldsymbol{X}(t))+\frac{1}{2}\mathrm{tr}[\boldsymbol{g}^{\mathrm{T}}(t,\boldsymbol{X}(t))\boldsymbol{V}_{XX}(t)\boldsymbol{g}(t,\boldsymbol{X}(t))] \tag{10.5}$$

上式称为由 $\{\boldsymbol{X}(t),t\geqslant 0\}$ 产生的微分生成元，或称由式 (10.2) 生成的伴随偏微分算子，也称由式 (10.2) 生成的无穷小算子。若假设

$$E\int_a^b\left\|\left(\frac{\partial V}{\partial \boldsymbol{X}}\right)^{\mathrm{T}}\boldsymbol{g}(s,\boldsymbol{X}(s))\right\|^2\mathrm{d}s<\infty \tag{10.6}$$

则有

$$E[(I)\int_a^b\left(\frac{\partial V}{\partial \boldsymbol{X}}\right)^{\mathrm{T}}\boldsymbol{g}(s,\boldsymbol{X}(s))\mathrm{d}\boldsymbol{W}(s)]=\mathbf{0}$$

故

$$E[V(t)]-E[V(a)]=\int_a^t E[\mathscr{L}V(s)]\mathrm{d}s$$

两边微分即有

$$DE[V(t)]=E\left[\mathscr{L}V(t)\right] \tag{10.7}$$

式中，D 表示一般的微分运算；E 表示求数学期望。

10.2.2 随机系统稳定性

稳定性是控制系统应具备的重要特征之一。随机系统一般有以下三种稳定性：概率意义下的稳定性 (stability in probability)，均方稳定性 (mean-square stability) 和几乎必然稳定性 (almost sure stability)。首先给出以状态空间描述的动态系统在李雅普诺夫意义下的稳定性定义 [133,138-139]。

定义 10.2 设随机系统式 (10.2) 有平衡态 $\boldsymbol{X}=\boldsymbol{0}$，平衡态 $\boldsymbol{X}=\boldsymbol{0}$ 称为是 p-阶矩稳定的，若对于任意给出的 $\varepsilon<0$，存在 $\delta>0$，当 $E\|\boldsymbol{X}_0\|^p\leqslant\delta$ 和 $t\geqslant t_0$ 时，有 $E\|\boldsymbol{X}(t;t_0,\boldsymbol{X}_0)\|^p<\varepsilon$，这里 $\|\cdot\|$ 表示向量范数。

定义 10.3 随机系统式 (10.2) 的平衡态 $\boldsymbol{X}=0$ 称为是 p-阶矩渐近稳定的，若它是 p-阶矩稳定的，且对于任意给定的 $\boldsymbol{X}_0$ 有 $\lim\limits_{t\to\infty}E\|\boldsymbol{X}(t;t_0,\boldsymbol{X}_0)\|^p=0$。当 $p=2$ 时称此 p-阶矩稳定为均方稳定的。

定义 10.4 随机系统式 (10.2) 的平衡态 $\boldsymbol{X}=\boldsymbol{0}$ 称为是 p-阶矩指数稳定的，若存在 $\alpha>0$，$\beta>0$，使得 $E\|\boldsymbol{X}(t;t_0,X_0)\|^p\leqslant\beta\|\boldsymbol{X}_0\|^p\exp(-\alpha(t-t_0))$，$t\geqslant t_0$，当 $p=2$ 时称此矩稳定为均方指数稳定的。

上述随机系统稳定性的研究一般情况下只针对带有乘性噪声的随机系统稳定性，对于带有加性噪声系统和带有混合噪声（同时带有加性和乘性噪声）系统稳定性研究比较缺乏。回避了带有加性噪声和带有混合噪声系统的稳定性的问题的主要原因：一是由于随机系统模型中加性噪声的存在，系统的平衡点已不存在，因而无法再利用普遍应用的李雅普诺夫稳定性理论进行随机稳定性研究；二是其他李雅普诺夫稳定性如 BIBO 稳定性、均方实用稳定性等研究成果很少，且判据很抽象，难以应用。因此，目前所有基于李雅普诺夫理论定义的随机稳定性都无法应用于上述系统中。为了处理加性噪声随机系统稳定性的问题，文献 [243] 提出了实用稳定性概念、文献 [244] 较系统地论述了实用稳定性的理论和方法，并指出实用稳定性既不强于也不弱于李雅普诺夫稳定性。实用稳定性的概念在近年也得到了广泛的研究，用于解决马尔可夫（Markov）跳变系统或切换系统不存在平衡点的问题 [245-246]。结合工程应用中比较适合的均方稳定性，给出如下均方实用稳定性的概念。

定义 10.5[143] 称随机系统式 (10.2) 为相对于 $(t_0,\lambda,\varLambda)$ 均方实用稳定的，如果对于给定的 $(\lambda,\varLambda)(0<\lambda<\varLambda)$，$E\|\boldsymbol{X}_0\|^2<\lambda$ 蕴涵 $E\|\boldsymbol{X}(t,t_0,\boldsymbol{X}_0)\|^2<\varLambda,t\geqslant t_0$，对于某个 $t_0\in\mathbf{R}^+$ 成立；如果对于任意 $t_0\in\mathbf{R}^+$ 成立，则称随机系统相对于 $(\lambda,\varLambda)$ 均方一致实用稳定的。

为了给出随机系统式 (10.2) 实用稳定性判据，需要考虑如下辅助确定性系统：

$$\mathrm{d}\boldsymbol{u}(t)=\boldsymbol{h}\left(t,\boldsymbol{u}(t)\right)\mathrm{d}t,\boldsymbol{u}(t_0)=\boldsymbol{u}_0 \tag{10.8}$$

式中，$\boldsymbol{h}\in C[\mathbf{R}^+\times\mathbf{R}^n,\mathbf{R}^n]$，设 $\boldsymbol{u}(t)=\boldsymbol{u}(t,t_0,\boldsymbol{u}_0)$ 是满足 $\boldsymbol{u}(t_0)=\boldsymbol{u}_0$ 的解。

对于确定性系统式 (10.8) 同样给出实用稳定性定义。

定义 10.6[143] 称确定系统式 (10.8) 为相对于 $(t_0,\lambda,\varLambda)$ 实用稳定的，如果给定的 $(\lambda,\varLambda)(0<\lambda<\varLambda)$，有 $\|\boldsymbol{u}_0\|<\lambda$，蕴涵 $\|\boldsymbol{u}(t,t_0,\boldsymbol{u}_0)\|<\varLambda,t\geqslant t_0$，对于某个 $t_0\in\mathbf{R}^+$ 成立；如果对于任意 $t_0\in\mathbf{R}^+$ 成立，则称确定系统相对于 $(\lambda,\varLambda)$ 一致实用稳定的。

注解 10.1　实用稳定性是一种定量的性质，与给定的 (λ, Λ) 有关，而李雅普诺夫稳定性则是一种定性的性质。

10.3　带有乘性噪声的连续时间随机系统的均方稳定性

由 10.2.2 节的介绍可知，随机系统稳定性一般采用依概率稳定性和均方稳定性，而对于工程应用而言，均方稳定性比较适合 [142]。本节给出线性 Itô 随机系统均方稳定性的充要条件及随机定常系统闭环控制系统稳定性分析。

10.3.1　线性 Itô 随机系统均方稳定性的充要条件

在随机系统模型中，Itô 随机系统是最重要的类型之一，许多具有有色噪声的系统都可以借用 Itô 随机系统加以研究。关于随机系统的稳定性与控制问题，已有许多研究结果与文献。然而，有些基本问题尚未得到很好的解决。我们知道，线性系统是最基本的系统模型，当研究任一类系统时都希望首先对线性系统获得完整的结果。本节根据文献 [142]、[247] 的相关结果，介绍线性 Itô 随机系统平衡态均方稳定性的充要条件。

考虑 Itô 型线性随机系统，则有

$$\mathrm{d}\boldsymbol{X} = \boldsymbol{A}(t)\,\boldsymbol{X}\mathrm{d}t + \sum_{j=1}^{m} \boldsymbol{F}_j(t)\,\boldsymbol{X}\mathrm{d}W_j(t) \tag{10.9}$$

式中，$\boldsymbol{X}(t) \in \mathbf{R}^n$; $\boldsymbol{A}$, $\boldsymbol{F}_j \in \mathbf{R}^{n\times n}$ 是控制输入；$\boldsymbol{W}(t) = [W_1(t), W_2(t), \cdots, W_m(t)]^{\mathrm{T}}$ 是定义在完全概率空间上具有独立分量的 m 维标准维纳过程。定义 $\boldsymbol{A}\oplus\boldsymbol{A} = \boldsymbol{I}\otimes\boldsymbol{A} + \boldsymbol{A}\otimes\boldsymbol{I}$，其中 $\boldsymbol{I} = \boldsymbol{I}_n$，$\otimes$ 表示矩阵的克罗内克（Kronecker）积。根据 Itô 微分规则，可以得到对应于式 (10.9) 的确定性系统如下：

$$\mathcal{D}E[\boldsymbol{X}] = \left[\boldsymbol{A}(t)\oplus\boldsymbol{A}(t) + \sum_{j=1}^{m}\boldsymbol{F}_j(t)\otimes\boldsymbol{F}_j(t)\right]E(\boldsymbol{X}) \tag{10.10}$$

式中，$\mathcal{D} = \mathrm{d}/\mathrm{d}t$，是系统式 (10.9) 的一个二阶矩方程。

下面给出 Itô 随机系统均方稳定性的充要条件及判别时不变线性系统均方渐近稳定的算法，具体证明可参考文献 [143]。

1. 充要条件的第一种形式

随机系统式 (10.9) 的均方稳定性质等价于确定性系统式 (10.10) 的相应稳定性质。由此得出如下定理。

定理 10.1　系统式 (10.9) 的平衡态均方稳定（一致稳定、渐近稳定）的充要条件是如下确定性线性系统：

$$\dot{\boldsymbol{y}} = [\boldsymbol{A}(t)\oplus\boldsymbol{A}(t) + \sum_{j=1}^{m}\boldsymbol{F}_j(t)\otimes\boldsymbol{F}_j(t)]\boldsymbol{y}$$

的零解稳定（一致稳定、渐近稳定）。

定理 10.2 当式 (10.9) 为时不变系统 ($\boldsymbol{A}, \boldsymbol{F}_j = \text{const}$) 时，式 (10.10) 的平衡态均方渐近稳定的充要条件是矩阵 $\boldsymbol{M} = \boldsymbol{A} \oplus \boldsymbol{A} + \sum_{j=1}^{m} \boldsymbol{F}_j \otimes \boldsymbol{F}_j$ 稳定（具有赫尔维茨性质）。

注解 10.2 由通常的李雅普诺夫函数加矩阵方程得不到关于时变系统均方稳定性的定理 10.1 所述的结果。

根据定理 10.2，可以给出判别时不变线性系统为

$$\mathrm{d}\boldsymbol{X} = \boldsymbol{A}\boldsymbol{X}\mathrm{d}t + \sum_{j=1}^{m} \boldsymbol{F}_j \boldsymbol{X} \mathrm{d}\boldsymbol{W}_j \tag{10.11}$$

均方渐近稳定性的算法的主要步骤 [142] 如下。

算法

步骤 1：计算矩阵 $\boldsymbol{M} = \boldsymbol{A} \oplus \boldsymbol{A} + \sum_{j=1}^{m} \boldsymbol{F}_j \otimes \boldsymbol{F}_j$；

步骤 2：计算如下特征多项式

$$\varphi(\lambda) = |\lambda \boldsymbol{I}_N - \boldsymbol{M}| = \lambda^N + a_{N-1}\lambda^{N-1} + \cdots + a_1\lambda + a_0 \quad (N = n^2)$$

验证条件一：$a_0 > 0$, $a_2 > 0$, $\cdots$。若验证条件一成立，转步骤 3；否则，$\boldsymbol{X} = \boldsymbol{0}$ 非均方渐近稳定；

步骤 3：定义如下赫尔维茨矩阵：

$$\boldsymbol{H} = \begin{bmatrix} a_{N-1} & a_N & 0 & 0 & 0 & \cdots & \cdots \\ a_{N-3} & a_{N-2} & a_{N-1} & a_N & 0 & \cdots & \cdots \\ \vdots & \vdots & \vdots & \vdots & \vdots & & \vdots \\ 0 & 0 & 0 & 0 & 0 & \cdots & a_0 \end{bmatrix} \quad (a_N = 1, \text{当} j > n \text{时}, a_j = 0) \tag{10.12}$$

计算主子式 Δ_1, Δ_3, $\cdots$，并验证条件二：$\Delta_1 > 0$, $\Delta_3 > 0$, $\cdots$。若验证条件二成立，则 $\boldsymbol{X} = \boldsymbol{0}$ 均方渐近稳定，否则非均方渐近稳定。

2. 充要条件的第二种形式

定义

$$\boldsymbol{F} = [\boldsymbol{F}_1, \boldsymbol{F}_2, \cdots, \boldsymbol{F}_m]^{\mathrm{T}}, \ r(\boldsymbol{F}, \boldsymbol{P}) = \boldsymbol{F}^{\mathrm{T}}(\boldsymbol{I} \otimes \boldsymbol{P})\boldsymbol{F} = \sum_{j=1}^{m} \boldsymbol{F}_i^{\mathrm{T}} \boldsymbol{P} \boldsymbol{F}_i \tag{10.13}$$

考虑李雅普诺夫-Itô 型矩阵方程

$$\boldsymbol{A}^{\mathrm{T}}\boldsymbol{P} + \boldsymbol{P}\boldsymbol{A} + r(\boldsymbol{F}, \boldsymbol{P}) = -\boldsymbol{Q} \tag{10.14}$$

有如下充要条件。

定理 10.3 对上述算法中的矩阵 $\boldsymbol{M}$，$\mathrm{Re}\lambda(\boldsymbol{M}) < 0$ 的充要条件是：对任意给定的正定矩阵 $\boldsymbol{Q} \in \mathbf{R}^{n\times n}$，式 (10.14) 存在正定解 $\boldsymbol{P}$。

定理 10.4 线性 Itô 随机系统式 (10.11) 的平衡态均方渐近稳定的充要条件是：对任意给定的正定矩阵 $\boldsymbol{Q} \in \mathbf{R}^{n\times n}$，李雅普诺夫-Itô 型矩阵方程式 (10.14) 存在正定解 $\boldsymbol{P}$。

3. 李雅普诺夫-Itô 型矩阵方程的数值解法：充要条件的第三种形式

定义迭代序列为

$$\boldsymbol{A}^{\mathrm{T}}\boldsymbol{P}_{k+1}+\boldsymbol{P}_{k+1}\boldsymbol{A}+r(\boldsymbol{F},\boldsymbol{P}_k)=-\boldsymbol{Q},\boldsymbol{P}_0=\boldsymbol{0}$$

定理 10.5 设 $\boldsymbol{Q}\in\mathbf{R}^{n\times n}$ 正定，式 (10.14) 存在正定解的充要条件是：迭代序列 $\{\boldsymbol{P}_k\}$ 收敛到一个正定矩阵 $\boldsymbol{P}^*$。

定理 10.6 若 $\boldsymbol{F}_1,\boldsymbol{F}_2,\cdots,\boldsymbol{F}_m$ 满足下列不等式：

$$\sum_{j=1}^{m}\|\boldsymbol{F}_j\|_F^2<\left\|(\boldsymbol{A}\oplus\boldsymbol{A})^{-1}\right\|_2^{-1}$$

则对任意给定的 $\boldsymbol{Q}\in\mathbf{R}^{n\times n}$，矩阵方程式 (10.9) 存在唯一正定解 $\boldsymbol{P}$。

10.3.2 随机线性时延系统均方稳定性

考虑如下随机线性时延系统[241]：

$$\mathrm{d}\boldsymbol{X}(t)=(\boldsymbol{A}\boldsymbol{X}(t)+\boldsymbol{A}_1\boldsymbol{X}(t-\tau))\,\mathrm{d}t+(\boldsymbol{E}\boldsymbol{X}(t)+\boldsymbol{E}_1\boldsymbol{X}(t-\tau))\,\mathrm{d}\boldsymbol{W}(t) \tag{10.15}$$

初始条件为 $\boldsymbol{X}(t)=\boldsymbol{\phi}(t)$，$t\in[-\tau,0]$。式中，$\boldsymbol{X}(t)\in\mathbf{R}^n$，为系统状态向量；$\boldsymbol{W}(t)$ 为标准布朗运动，定义在完备概率空间 (W,F,P)，且满足 $E[\mathrm{d}\boldsymbol{W}(t)]=0$，$E[\mathrm{d}\boldsymbol{W}^2(t)]=0$；$\boldsymbol{\phi}(t)\in L_F^2([-\tau,0];\mathbf{R}^n)$ 是一个连续向量值函数；$\tau>0$ 为时延，矩阵 $\boldsymbol{A}(t)$、$\boldsymbol{A}_1(t)$、$\boldsymbol{E}(t)$、$\boldsymbol{E}_1(t)$ 为给定的相应维数矩阵。

定理 10.7 如果存在一个对称矩阵 $\boldsymbol{P}$，使下列不等式成立：

$$\boldsymbol{W}_1+\widetilde{\boldsymbol{E}}^{\mathrm{T}}\boldsymbol{P}\tilde{\boldsymbol{E}}<0 \tag{10.16}$$

式中，$\boldsymbol{W}_1=\begin{bmatrix}\boldsymbol{P}\boldsymbol{A}+\boldsymbol{A}^{\mathrm{T}}\boldsymbol{P}+\boldsymbol{Q} & \boldsymbol{P}\boldsymbol{A}_1\\ \boldsymbol{A}_1^{\mathrm{T}}\boldsymbol{P} & -\boldsymbol{Q}\end{bmatrix}$，$\widetilde{\boldsymbol{E}}=\begin{bmatrix}\boldsymbol{E} & \boldsymbol{E}_1\end{bmatrix}$，则式（10.1）是均方稳定的。

证明：考虑如下李雅普诺夫-克拉索夫斯基泛函 $V(t,\boldsymbol{X}(t))$：

$$V(t,\boldsymbol{X}(t))=\boldsymbol{X}^{\mathrm{T}}(t)\boldsymbol{P}\boldsymbol{X}(t)+\int_{t-\tau}^{t}\boldsymbol{X}^{\mathrm{T}}(\theta)\boldsymbol{Q}\boldsymbol{X}(\theta)\mathrm{d}\theta \tag{10.17}$$

式中，$\boldsymbol{P},\boldsymbol{Q}$ 为对称正定矩阵。

记 $\boldsymbol{f}(t)=\boldsymbol{A}\boldsymbol{X}(t)+\boldsymbol{A}_1\boldsymbol{X}(t-\tau)$，$\boldsymbol{g}(t)=\boldsymbol{E}\boldsymbol{X}(t)+\boldsymbol{E}_1\boldsymbol{X}(t-\tau)$, 则基于 Itô 微分公式，$V(t,\boldsymbol{X}(t))$ 沿着式（10.15）的随机导数为

$$\mathrm{d}V(t,\boldsymbol{X}(t))=\mathscr{L}V(t,\boldsymbol{X}(t))\,\mathrm{d}t+2\boldsymbol{X}^{\mathrm{T}}(t)\boldsymbol{P}\boldsymbol{g}(t)\mathrm{d}\boldsymbol{W}(t) \tag{10.18}$$

式中

$$\mathscr{L}V(t,\boldsymbol{X}(t))=2\boldsymbol{X}^{\mathrm{T}}(t)\boldsymbol{P}\boldsymbol{f}(t)+\boldsymbol{g}^{\mathrm{T}}(t)\boldsymbol{P}\boldsymbol{g}(t)+\boldsymbol{X}^{\mathrm{T}}(t)\boldsymbol{Q}\boldsymbol{X}(t)-\boldsymbol{X}^{\mathrm{T}}(t-\tau)\boldsymbol{Q}\boldsymbol{X}(t-\tau) \tag{10.19}$$

将 $\boldsymbol{f}(t)$、$\boldsymbol{g}(t)$ 的表达式代入式 (10.19)，并化简得

$$\begin{aligned}\mathscr{L}V(t,\boldsymbol{X}(t)) =& 2\boldsymbol{X}^{\mathrm{T}}(t)\boldsymbol{PAX}(t)+2\boldsymbol{X}^{\mathrm{T}}(t)\boldsymbol{PA}_1\boldsymbol{X}(t-\tau)+\boldsymbol{X}^{\mathrm{T}}(t)\boldsymbol{E}^{\mathrm{T}}\boldsymbol{PX}(t)\\&+\boldsymbol{X}^{\mathrm{T}}(t-\tau)\boldsymbol{E}_1^{\mathrm{T}}\boldsymbol{PEX}(t)-\boldsymbol{X}^{\mathrm{T}}(t-\tau)\boldsymbol{Q\Delta}(t-\tau)+\boldsymbol{X}^{\mathrm{T}}(t)\boldsymbol{QX}(t)\\&\times\boldsymbol{X}^{\mathrm{T}}(t-\tau)\boldsymbol{E}_1^{\mathrm{T}}\boldsymbol{PE}_1\boldsymbol{X}(t-\tau)+\boldsymbol{X}^{\mathrm{T}}(t)\boldsymbol{E}^{\mathrm{T}}\boldsymbol{PEX}(t)\end{aligned} \tag{10.20}$$

记 $\widetilde{\boldsymbol{X}}(t)=\begin{pmatrix}\boldsymbol{X}(t)\\\boldsymbol{X}(t-\tau)\end{pmatrix}$，则

$$\mathscr{L}V(t,\boldsymbol{X}(t))=\widetilde{\boldsymbol{X}}^{\mathrm{T}}(t)\left(\boldsymbol{W}_1+\widetilde{\boldsymbol{E}}^{\mathrm{T}}\boldsymbol{P}\widetilde{\boldsymbol{E}}\right)\widetilde{\boldsymbol{X}}(t) \tag{10.21}$$

式中，$\boldsymbol{W}_1=\begin{bmatrix}\boldsymbol{PA}+\boldsymbol{A}^{\mathrm{T}}\boldsymbol{P}+\boldsymbol{Q} & \boldsymbol{PA}_1\\\boldsymbol{A}_1^{\mathrm{T}}\boldsymbol{P} & -\boldsymbol{Q}\end{bmatrix}$，$\widetilde{\boldsymbol{E}}=\begin{bmatrix}\boldsymbol{E} & \boldsymbol{E}_1\end{bmatrix}$。

故当 $\boldsymbol{W}_1+\widetilde{\boldsymbol{E}}^{\mathrm{T}}\boldsymbol{P}\widetilde{\boldsymbol{E}}<\boldsymbol{0}$ 时，有 $E[\mathscr{L}V(t,\boldsymbol{X}(t))]=E\left[\boldsymbol{X}^{\mathrm{T}}(t)\left(\boldsymbol{W}+\widetilde{\boldsymbol{E}}^{\mathrm{T}}\boldsymbol{P}\widetilde{\boldsymbol{E}}\right)\boldsymbol{X}(t)\right]<\boldsymbol{0}$。

记 $\widetilde{\boldsymbol{W}}=\left(\boldsymbol{W}_1+\widetilde{\boldsymbol{E}}^{\mathrm{T}}\boldsymbol{P}\widetilde{\boldsymbol{E}}\right)>\boldsymbol{0}$，则 $\mathscr{L}V(t,\boldsymbol{X}(t))=-\widetilde{\boldsymbol{X}}^{\mathrm{T}}(t)\widetilde{\boldsymbol{W}_1}\widetilde{\boldsymbol{X}}(t)$。
从而有

$$(E(V))'=E(\mathscr{L}V)=-E[\widetilde{\boldsymbol{X}}^{\mathrm{T}}(t)\widetilde{\boldsymbol{W}_1}\widetilde{\boldsymbol{X}}(t)]\leqslant-\lambda_{\min}(\widetilde{\boldsymbol{W}_1})E\left(\left\|\widetilde{\boldsymbol{X}}^2\right\|\right)\leqslant\frac{-\lambda_{\min}(\widetilde{\boldsymbol{W}}_1)}{\beta}E(V) \tag{10.22}$$

式中，$\beta=\left\|\tilde{\boldsymbol{W}}_1\right\|$。
从而有

$$E(V)\leqslant E(V(t_0))\mathrm{e}^{-\beta(t-t_0)},t\geqslant t_0 \tag{10.23}$$

由于

$$E(\|\widetilde{\boldsymbol{X}}\|^2)\leqslant\frac{E(V)}{\lambda_{\min}(\boldsymbol{P})}\leqslant\frac{1}{\lambda_{\min}(\boldsymbol{P})}E[V(t_0)]\mathrm{e}^{-\beta(t-t_0)},t\geqslant t_0,\beta>0$$

则 $\lim\limits_{t\to\infty}E(\|\widetilde{\boldsymbol{X}}\|^2)\to0$，$\lim\limits_{t\to\infty}E(\|\boldsymbol{X}\|^2)\to0$。

因此当 $\boldsymbol{W}_1+\widetilde{\boldsymbol{E}}^{\mathrm{T}}\boldsymbol{P}\widetilde{\boldsymbol{E}}<\boldsymbol{0}$ 时，随机时延线性系统随机均方稳定。

10.3.3 带有非线性干扰项的随机系统均方稳定性

考虑如下带有非线性项的随机系统：

$$\mathrm{d}\boldsymbol{X}(t)=[\boldsymbol{AX}(t)+\sigma_1(t,\boldsymbol{X}(t))]\,\mathrm{d}t+[\boldsymbol{EX}(t)+\sigma_2(t,\boldsymbol{X}(t))]\,\mathrm{d}\boldsymbol{W}(t) \tag{10.24}$$

式中，$\boldsymbol{\sigma}_1(t,\boldsymbol{X}(t))\subset\mathbf{R}^n$ 和 $\boldsymbol{\sigma}_2(t,\boldsymbol{X}(t))\in\mathbf{R}^n$ 分别表示关于状态的未知时变非线性函数，满足如下条件：

$$\begin{cases}\|\boldsymbol{\sigma}_1(t,\boldsymbol{X}(t))\|\leqslant\|\boldsymbol{F}_1\boldsymbol{X}\|,\forall t\geqslant0\\\|\boldsymbol{\sigma}_2(t,\boldsymbol{X}(t))\|\leqslant\|\boldsymbol{F}_2\boldsymbol{X}\|,\forall t\geqslant0\end{cases} \tag{10.25}$$

式中，$\boldsymbol{F}_1$、$\boldsymbol{F}_2$ 为相应维数的矩阵，其他符号同 10.3.2 节。

定理 10.8 如果存在一个对称矩阵 $\boldsymbol{P}$，使下列不等式成立，则系统方程式 (10.24) 是均方稳定的。

证明：考虑如下李雅普诺夫泛函 $V(t,\boldsymbol{X}(t))$：

$$V(t,\boldsymbol{X}(t))=\boldsymbol{X}^{\mathrm{T}}(t)\boldsymbol{P}\boldsymbol{X}(t) \tag{10.26}$$

式中，$\boldsymbol{P}$ 为正定对称矩阵。

记 $\boldsymbol{f}(t)=\boldsymbol{A}\boldsymbol{X}(t)+\boldsymbol{\sigma}_1(t,\boldsymbol{X}(t)),\boldsymbol{g}(t)=\boldsymbol{E}\boldsymbol{X}(t)+\boldsymbol{\sigma}_2(t,\boldsymbol{X}(t))$，则基于 Itô 微分公式，$V(t,\boldsymbol{X}(t))$ 沿着式 (10.24) 的随机导数为

$$\mathrm{d}V(t,\boldsymbol{X}(t))=\mathscr{L}V(t,\boldsymbol{X}(t))\,\mathrm{d}t+2\boldsymbol{X}^{\mathrm{T}}(t)\boldsymbol{P}\boldsymbol{g}(t)\mathrm{d}\boldsymbol{W}(t) \tag{10.27}$$

式中

$$\begin{aligned}\mathscr{L}V(t,\boldsymbol{X}(t))&=2\boldsymbol{X}^{\mathrm{T}}(t)\boldsymbol{P}\boldsymbol{f}(t)+\boldsymbol{g}^{\mathrm{T}}(t)\boldsymbol{P}\boldsymbol{g}(t)\\&\leqslant 2\boldsymbol{X}^{\mathrm{T}}(t)\boldsymbol{P}\boldsymbol{X}(t)+\boldsymbol{g}^{\mathrm{T}}(t)\boldsymbol{P}\boldsymbol{g}(t)+2\delta_1\boldsymbol{X}^{\mathrm{T}}(t)\boldsymbol{F}_1^{\mathrm{T}}\boldsymbol{F}_1\boldsymbol{X}(t)\\&\quad-\delta_1\boldsymbol{\sigma}_1^{\mathrm{T}}\boldsymbol{\sigma}_1+2\delta_2\boldsymbol{X}^{\mathrm{T}}(t)\boldsymbol{F}_2^{\mathrm{T}}\boldsymbol{F}_2\boldsymbol{X}(t)-\delta_2\boldsymbol{\sigma}_2^{\mathrm{T}}\boldsymbol{\sigma}_2\end{aligned} \tag{10.28}$$

由于 $\boldsymbol{f}(t)=\boldsymbol{A}\boldsymbol{X}(t)+\boldsymbol{\sigma}_1(t,\boldsymbol{X}(t)),\boldsymbol{g}(t)=\boldsymbol{E}\boldsymbol{X}(t)+\boldsymbol{\sigma}_2(t,\boldsymbol{X}(t))$, 且由式 (10.25) 得

$$\boldsymbol{\sigma}_1^{\mathrm{T}}(t,\boldsymbol{X}(t))\,\boldsymbol{\sigma}_1(t,\boldsymbol{X}(t))\leqslant\boldsymbol{X}^{\mathrm{T}}(X)\boldsymbol{F}_1^{\mathrm{T}}\boldsymbol{F}_1\boldsymbol{X}(t) \tag{10.29}$$

$$\boldsymbol{\sigma}_2^{\mathrm{T}}(t,\boldsymbol{X}(t))\,\boldsymbol{\sigma}_2(t,\boldsymbol{X}(t))\leqslant\boldsymbol{X}^{\mathrm{T}}(X)\boldsymbol{F}_2^{\mathrm{T}}\boldsymbol{F}_2\boldsymbol{X}(t) \tag{10.30}$$

将式 (10.29) 和式 (10.30) 代入式 (10.28) 中，化简得

$$E\left[\mathscr{L}V(t,\boldsymbol{X}(t))\right]\leqslant E\left[\widetilde{\boldsymbol{X}}^{\mathrm{T}}(t)\left(\boldsymbol{W}_1+\widetilde{\boldsymbol{E}}^{\mathrm{T}}\boldsymbol{P}\widetilde{\boldsymbol{E}}\right)\widetilde{\boldsymbol{X}}(t)\right] \tag{10.31}$$

式中，$\widetilde{\boldsymbol{X}}(t)=\begin{bmatrix}\boldsymbol{X}(t)\\\boldsymbol{\sigma}_1(t,\boldsymbol{X}(t))\\\boldsymbol{\sigma}_2(t,\boldsymbol{X}(t))\end{bmatrix}$；$\boldsymbol{W}_1=\begin{bmatrix}\boldsymbol{W}_{11}&\boldsymbol{P}&\boldsymbol{0}\\\boldsymbol{P}&-\delta_1\boldsymbol{I}&\boldsymbol{0}\\\boldsymbol{0}&\boldsymbol{0}&-\delta_2\boldsymbol{I}\end{bmatrix}$，$\boldsymbol{W}_{11}=\boldsymbol{P}\boldsymbol{A}+\boldsymbol{A}^{\mathrm{T}}\boldsymbol{P}+2\delta_1\boldsymbol{F}_1^{\mathrm{T}}\boldsymbol{F}_1+2\delta_2\boldsymbol{F}_2^{\mathrm{T}}\boldsymbol{F}_2$，$\delta_1$, δ_2 为任意正数；$\widetilde{\boldsymbol{E}}=\begin{bmatrix}\boldsymbol{E}&\boldsymbol{0}&\boldsymbol{I}\end{bmatrix}$。

当 $\boldsymbol{W}_1+\widetilde{\boldsymbol{E}}^{\mathrm{T}}\boldsymbol{P}\widetilde{\boldsymbol{E}}<\boldsymbol{0}$ 时，有 $E\left[\mathscr{L}V(t,\boldsymbol{X}(t))\right]<0$。余下证明类似于定理 10.7，故可以证明，当 $\boldsymbol{W}_1+\widetilde{\boldsymbol{E}}^{\mathrm{T}}\boldsymbol{P}\widetilde{\boldsymbol{E}}<\boldsymbol{0}$ 时，带有非线性干扰项的随机系统均方稳定。

10.3.4 随机非线性系统均方稳定性

假设随机非线性系统为[242]

$$\begin{cases}\mathrm{d}\boldsymbol{X}(t)=\boldsymbol{f}(\boldsymbol{X},t)\,\mathrm{d}t+\boldsymbol{\sigma}(\boldsymbol{X},t)\,\mathrm{d}\boldsymbol{W}(t)\\\boldsymbol{X}(t_0)\doteq\boldsymbol{\phi}\in\mathscr{L}^2([t-\tau,0];\mathbf{R}^n)\end{cases}\quad t\geqslant t_0 \tag{10.32}$$

式中, $\boldsymbol{f}:C\times R^+\to\mathbf{R}^n$；$\boldsymbol{\sigma}:C\times R^+\to\mathbf{R}^{n\times n}$；$\boldsymbol{W}(t)=[W_1(t),W_2(t),\cdots,W_n(t)]^{\mathrm{T}}$ 是 n 维标准布朗运动，定义在 $(W,\mathscr{H},P)$ 中。对于任意的初始状态 $\boldsymbol{X}(t_0)$，微分方程满足存在唯一性条件，且假设对于 $\forall t\in R_{t_0}^+,\boldsymbol{f}(0,t)=\boldsymbol{0},\boldsymbol{\sigma}(0,t)=\boldsymbol{0}$。

在给出随机非线性均方稳定性判据之前，先介绍几个记号。

① 记 $R_{t_0}^{+}=[0+\infty)$，$N=\{1,2,\cdots,n\}$，$\mathbf{R}^n$ 是实 n 维向量空间，$\mathbf{R}^{m\times n}$ 是 $m\times n$ 维矩阵空间，$\|\boldsymbol{X}\|$ 表示定义在 $\boldsymbol{X}\in\mathbf{R}^n$ 的范数。

② $\mathscr{K}=\{\mu|\mu: R_0^{+}\to R_0^{+}$，$\mu$连续，严格单挑递增，且$\mu(0)=0\}$。

③ $\mathscr{V}\mathscr{K}=\{\mu|\mu\in\mathscr{K}$，且$\mu$是凸函数$\}$。

④ $\mathscr{C}\mathscr{K}=\{\mu|\mu\in\mathscr{K}$，且$\mu$是凹函数$\}$。

⑤ $\psi_a=\{\psi|\psi:\mathbf{R}\to\mathbf{R}$，$\psi$是连续有界且$\psi(s)\geqslant a$，$a\in\mathbf{R}\}$。

⑥ $C=C([-\tau,0];\mathbf{R}^n)=\{\phi|\phi:[-\tau,0]\to\mathbf{R}^n$连续$\}$。

⑦ $\|\boldsymbol{\phi}\|=\sup\limits_{s\in[-\tau,0]}\|\boldsymbol{\phi}(s)\|$。

⑧ $(W,\mathscr{H},P)$ 是完备概率空间。

$\mathscr{L}^2([-\tau,0];\mathbf{R}^n)=\{\boldsymbol{\xi}|\boldsymbol{\xi}=\{\boldsymbol{\xi}(\theta):\theta\in[-\tau,0]\}$ 为随机过程, 且 $\|\boldsymbol{\xi}\|_{L^2}^2=\sup\limits_{\theta\in[-\tau,0]}E\|\boldsymbol{\xi}(\theta)\|^2<\infty\}$。

定义非负函数 $V(\boldsymbol{X},t):\mathbf{R}^n\times R_{t_0}^{+}\to R^{+}$。

记

$$
\begin{aligned}
&C^{2,1}\left(\mathbf{R}^n\times R_{t_0}^{+},R_0^{+}\right)\\
&=\{V(\boldsymbol{X},t)\,|V(\boldsymbol{X},t):\mathbf{R}^n\times R_{t_0}^{+}\to R_0^{+}\text{关于}\boldsymbol{X}\text{二次可微,关于 }t\text{ 二次可微}\}
\end{aligned}
$$

对 $\forall V(\boldsymbol{X},t)\in C^{2,1}\left(\mathbf{R}^n\times R_{t_0}^{+},R_0^{+}\right)$，定义扩散（diffusion）算子（或弱微分算子）沿着式 (10.32) 为

$$
\mathscr{L}V(\boldsymbol{X},t)=V_t(\boldsymbol{X},t)+V_X(\boldsymbol{X},t)\boldsymbol{f}(t)+\frac{1}{2}\mathrm{tr}\left[\boldsymbol{\sigma}^{\mathrm{T}}(\boldsymbol{X},t)\boldsymbol{V}_{xx}\sigma(\boldsymbol{X},t)\right] \tag{10.33}
$$

式中，$V_t=\dfrac{\partial V}{\partial t}$；$\boldsymbol{V}_X=\left(\dfrac{\partial V}{\partial X_1},\dfrac{\partial V}{\partial X_2},\cdots,\dfrac{\partial V}{\partial X_n}\right)$；$\boldsymbol{V}_{xx}=\left(\dfrac{\partial V^2}{\partial X_i\partial X_j}\right)^{n\times n}$。下面给出随机非线性系统均方稳定判据。

定理 10.9[242]　对于式 (10.32)，若存在函数 $V(\boldsymbol{X},t)\in C^{2,1}\left(\mathbf{R}^n\times R_{t_0}^{+},R_0^{+}\right)$，$C_1\in\mathscr{V}\mathscr{K}$，$C_2\in\mathscr{K}$，$\alpha\in\psi_\alpha\,(\alpha>0)$，$\beta\in\widehat{\psi}_0$ 满足如下条件:

1） 对于任意的 $(\boldsymbol{X},t)\in\mathbf{R}^n\times R_{t_0}^{+}$，有

$$
c_1\left(\|\boldsymbol{X}\|^2\right)\leqslant V(\boldsymbol{X},t)\leqslant c_2\left(\|\boldsymbol{X}\|^2\right)
$$

2） 对于 $\forall(\boldsymbol{\phi},\boldsymbol{t})\in\mathscr{L}^2([-\tau,0];\mathbf{R}^n)\times R_{t_0}^{+}$，有

$$
E(\mathscr{L}V)\leqslant\alpha(t)E\left[V(\boldsymbol{\phi}(0),t\right]+\beta(t)\sup_{\theta\in[-\tau,0]}E\left[V(\boldsymbol{\phi}(\theta),t+\theta\right]
$$

3） $\sup\limits_{t\in R_{t_0}^{+}}\displaystyle\int_{t_0}^{t}\left(\alpha(u)+\beta(u)\mathrm{e}^{at}\right)\mathrm{d}u<+\infty$，

则式 (10.32) 是均方稳定的。

证明：对于初始状态 $\phi \in \mathscr{L}^2([-\tau,0];\mathbf{R}^n) \times R_{t_0}^+$，记 $W(t)=E[V(\boldsymbol{X},t)]$，由广义 Itô 微分公式，对 $\forall t \geqslant t_0$ 和足够小 $\Delta t>0$，有

$$W(t)=W(t_0)+\int_{t_0}^{t} E[\mathscr{L}V(\boldsymbol{X}(s),s)]\,\mathrm{d}s \tag{10.34}$$

$$W(t-\Delta t)=W(t_0)+\int_{t_0}^{t-\Delta t} E[\mathscr{L}V(\boldsymbol{X}(s),s)]\,\mathrm{d}s \tag{10.35}$$

由式 (10.34) 和式 (10.35)，得

$$\begin{aligned}D^-W(t) &\leqslant \alpha(t)E[V(\boldsymbol{X},t)]+\beta(t)\sup_{\theta\in[-\tau,0]} E[V(\boldsymbol{X}(t+\theta),t+\theta)]\\ &=\alpha(t)W(t)+\beta(t)\sup_{\theta\in[-\tau,0]} W(t+\theta)\end{aligned} \tag{10.36}$$

式中，D^- 为 Dini 导数，即 $D^-f(\boldsymbol{X}_0)=\lim\limits_{\boldsymbol{\xi}\to\boldsymbol{X}_0}\dfrac{f(\boldsymbol{\xi})-f(\boldsymbol{X}_0)}{\boldsymbol{\xi}-\boldsymbol{X}_0}$。

令 $\eta>0$，构造如下辅助时延微分方程：

$$\begin{cases}\dot{u}(t)=\alpha(t)u(t)+\beta(t)\sup\limits_{\theta\in[-\tau,0]} u(t+\theta)+\eta, t\geqslant t_0\\ u(t)=u_0=c_2\left(\|\phi\|_{\mathscr{L}^2}^2\right), t\in[t_0-\tau,t_0]\end{cases} \tag{10.37}$$

下面证明：

$$u(t)\leqslant u_0\mathrm{e}^{\int_{t_0}^{t}[\alpha(u)+\beta(u)\mathrm{e}^{a\tau}]}\mathrm{d}u \tag{10.38}$$

首先证明，当 $t\in R_{t_0-\tau}^+$ 时, 有 $u(t)\geqslant 0$。

显然，当 $t\in[t_0-\tau,t_0)$，有 $u(t)=u_0=c_2(\|\phi\|_{\mathscr{L}^2}^2)>0$。当 $t\geqslant t_0$，用反证法证明 $u(t)>0$。假设当 $t\geqslant t_0$，有 $u(t)<0$，则定义 $t^*=\inf\{t\geqslant t_0|u(t)<0\}$。由于 $u(t)$ 的连续性，则 $u(t^*)$=0，且当 $t\in[t_0-\tau,t^*]$，有 $u(t)\geqslant 0$，从而 $D^-u(t^*)\leqslant 0$。

另一方面，由式 (10.37) 可知

$$\dot{u}(t^*)=\alpha(t^*)u(t^*)+\beta(t^*)\sup_{\theta\in[-\tau,0]} u(t^*+\theta)+\eta>0$$

这与 $D^-u(t^*)\leqslant 0$ 矛盾。故当 $t\in R_{t_0-\tau}^+$ 时，$u(t)\geqslant 0$。

接下来证明当 $t\in R_{t_0}^+$ 时，$\sup\limits_{\theta\in[-\tau,0]} u(t+\theta)\leqslant \mathrm{e}^{a\tau}u(t)$。

由式 (10.37)，得

$$u(t)=u_0\mathrm{e}^{\int_{t_0}^{t}\alpha(s)\mathrm{d}s}+\int_{t_0}^{t}\mathrm{e}^{\int_{t_0}^{t}\alpha(u)\mathrm{d}u}\left[\beta(s)\sup_{\theta\in[-\tau,0]} u(t+\theta)+\eta\right]\mathrm{d}s, t\in R_{t_0}^+ \tag{10.39}$$

当 $t+\theta>t_0$ 时，由于 $\beta(t)>0$，$u(t)>0$，则

$$
\begin{aligned}
u(t) &= u_0 \mathrm{e}^{\int_{t_0}^{t} \alpha(s)\mathrm{d}s} + \int_{t_0}^{t} \mathrm{e}^{\int_{t_0}^{t} \alpha(u)\mathrm{d}u} \left[\beta(s) \sup_{\theta\in[-\tau,0]} u(t+\theta)+\eta\right]\mathrm{d}s \\
&= u_0 \mathrm{e}^{\int_{t_0}^{t+\theta} \alpha(s)\mathrm{d}s} \mathrm{e}^{\int_{t+\theta}^{t} \alpha(s)\mathrm{d}s} + \int_{t_0}^{t+\theta} \mathrm{e}^{\int_{t_0}^{t} \alpha(u)\mathrm{d}u} \left[\beta(s) \sup_{\theta\in[-\tau,0]} u(t+\theta)+\eta\right]\mathrm{d}s \\
&\quad + \int_{t+\theta}^{t} \mathrm{e}^{\int_{t_0}^{t} \alpha(u)\mathrm{d}u} \left[\beta(s) \sup_{\theta\in[-\tau,0]} u(t+\theta)+\eta\right]\mathrm{d}s \\
&\geqslant \mathrm{e}^{\int_{t+\theta}^{t} \alpha(s)\mathrm{d}s} \left\{u_0 \mathrm{e}^{\int_{t_0}^{t+\theta} \alpha(s)\mathrm{d}s} + \int_{t_0}^{t+\theta} \mathrm{e}^{\int_{t_0}^{t+\theta} \alpha(u)\mathrm{d}u} \left[\beta(s) \sup_{\theta\in[-\tau,0]} u(t+\theta)+\eta\right]\mathrm{d}s\right\} \\
&\quad + \int_{t+\theta}^{t} \mathrm{e}^{\int_{t_0}^{t} \alpha(u)\mathrm{d}u} \left[\beta(s) \sup_{\theta\in[-\tau,0]} u(t+\theta)+\eta\right]\mathrm{d}s \\
&\geqslant \mathrm{e}^{\int_{t+\theta}^{t} \alpha(s)\mathrm{d}s} u(t+\theta) \\
&\geqslant \mathrm{e}^{-a\tau} u(t+\theta)
\end{aligned} \tag{10.40}
$$

当 $t+\theta \leqslant t_0$，即 $u(t+\theta)=u_0$ 时，由式 (10.39) 得

$$
\begin{aligned}
u(t) &= u_0 \mathrm{e}^{\int_{t_0}^{t} \alpha(s)\mathrm{d}s} + \int_{t_0}^{t} \mathrm{e}^{\int_{t_0}^{t} \alpha(u)\mathrm{d}u} \left[\beta(s) \sup_{\theta\in[-\tau,0]} u(t+\theta)+\eta\right]\mathrm{d}s \\
&= u(t+\theta) \mathrm{e}^{\int_{t_0}^{t} \alpha(s)\mathrm{d}s} + \int_{t_0}^{t} \mathrm{e}^{\int_{t_0}^{t} \alpha(u)\mathrm{d}u} \left[\beta(s) \sup_{\theta\in[-\tau,0]} u(t+\theta)+\eta\right]\mathrm{d}s \\
&\geqslant \mathrm{e}^{\int_{t_0}^{t} \alpha(s)\mathrm{d}s} u(t+\theta) \\
&\geqslant \mathrm{e}^{-a\tau} u(t+\theta)
\end{aligned} \tag{10.41}
$$

由式 (10.40) 和式 (10.41) 得，对于 $\forall t\in R_{t_0}^{+}, \theta\in[-\tau,0]$，有 $u(t+\theta)\mathrm{e}^{-a\tau} \leqslant u(t)$，则

$$
\sup_{\theta\in[-\tau,0]} u(t+\theta) \leqslant \mathrm{e}^{a\tau} u(t), t\in R_{t_0}^{+} \tag{10.42}
$$

最后，证明 $u(t) \leqslant u_0 \mathrm{e}^{\int_{t_0}^{t}(\alpha(u)+\beta(u)\mathrm{e}^{a\tau})\mathrm{d}u}$。

将式 (10.40) 代入辅助时延微分方程式 (10.37) 中，得

$$
\begin{cases}
\dot{u}(t) \leqslant (\alpha(t)+\beta(t)\mathrm{e}^{a\tau})\, u(t)+\eta, t\geqslant t_0 \\
u(t)=u_0=c_2\left(\|\phi\|_{\mathscr{L}^2}^2\right), t\in[t_0-\tau, t_0]
\end{cases} \tag{10.43}
$$

即

$$
u(t) \leqslant u_0 \mathrm{e}^{\int_{t_0}^{t}(\alpha(u)+\beta(u)\mathrm{e}^{a\tau})\mathrm{d}u} + \eta \int_{t_0}^{t} \mathrm{e}^{\int_{s}^{t}[a(u)+\beta(u)\mathrm{e}^{-r}]\mathrm{d}u} \mathrm{d}s, t\in R_{t_0}^{+}
$$

令 $\eta\to 0^{+}$，则

$$
u(t) \leqslant u_0 \mathrm{e}^{\int_{t_0}^{t}[a(u)+\beta(u)\mathrm{e}^{a\tau}]\mathrm{d}u}, t\in R_{t_0}^{+} \tag{10.44}
$$

由微分方程比较原理得

$$W(t) \leqslant u(t) \leqslant u_0 \mathrm{e}^{\int_{t_0}^{t}[\alpha(u)+\beta(u)\mathrm{e}^{a\tau}]\mathrm{d}u}, t \in R_{t_0}^{+} \tag{10.45}$$

由条件 3）可知，当 $t \in R_{t_0}^{+}$ 时，$\displaystyle\int_{t_0}^{t}[\alpha(u)+\beta(u)\mathrm{e}^{a\tau}]\,\mathrm{d}u \leqslant M$。注意到 c_1 和 c_2 的特性，存在 $\delta>0$，使对于 $\forall\varepsilon>0$，有 $\mathrm{e}^{M}c_2(\delta)<c_1(\varepsilon)$。

当 $\|\boldsymbol{\phi}\|_{\mathscr{L}^2}^2<\delta$ 时，由詹森（Jensen）不等式，有

$$c_1\left(E\|\boldsymbol{X}(t)\|^2\right) \leqslant E\left[c_1\left(\|\boldsymbol{X}(t)\|^2\right)\right] \leqslant W(t) \leqslant \mathrm{e}^{M}c_2(\delta) < c_1(\varepsilon) \tag{10.46}$$

故有 $E(\|\boldsymbol{X}(t)\|^2)<\varepsilon, t\in R_{t_0}^{+}$，从而，随机非线性系统式 (10.32) 是均方稳定的，证毕。

下一步进一步给出均方渐近稳定性判据。

定理 10.10 对于系统式 (10.32)，若存在函数 $V(\boldsymbol{X},t) \in C^{2,1}\left(\mathbf{R}^n \times R_{t_0}^{+}, R_0^{+}\right)$，$C_1 \in \mathscr{V}\mathscr{K}$，$C_2 \in \mathscr{K}$，$\alpha \in \widehat{\psi}_{\alpha}\ (\alpha>0)$，$\beta \in \widehat{\psi}_0$，使定理 10.9 中的条件 1）和 2）满足，而且条件 3）$\displaystyle\lim_{t\to+\infty}\int_{t_0}^{t}[\alpha(u)+\beta(u)\mathrm{e}^{a\tau}]\,\mathrm{d}u=-\infty$，则系统式 (10.32) 是全局均方渐近稳定的。

证明：由定理 10.9 中均方稳定性证明过程可知，系统仍然满足不等式 (10.45)，即

$$W(t) \leqslant u(t) \leqslant u_0 \mathrm{e}^{\int_{t_0}^{t}[\alpha(u)+\beta(u)\mathrm{e}^{a\tau}]\mathrm{d}u}, t \in R_{t_0}^{+}$$

另外，有条件 3）可知存在 $t_0>0$，使得

$$\int_{t_0}^{t}[\alpha(s)+\beta(s)\mathrm{e}^{a\tau}]\,\mathrm{d}s<0, \forall t \geqslant T_0 \tag{10.47}$$

由式 (10.45) 和式 (10.47) 可知

$$W(t) \leqslant c_2\left(\|\boldsymbol{\phi}\|_{\mathscr{L}^2}^2\right)\mathrm{e}^{\int_{t_0}^{t}[\alpha(u)+\beta(u)\mathrm{e}^{a\tau}]\mathrm{d}u} \leqslant c_2\left(\|\boldsymbol{\phi}\|_{\mathscr{L}^2}^2\right), \forall t \geqslant T_0 \tag{10.48}$$

记 $M_1=\displaystyle\sup_{t\in[t_0,T_0]}\int_{t_0}^{t}[\alpha(s)+\beta(s)\mathrm{e}^{a\tau}]\,\mathrm{d}s$，得

$$W(t) \leqslant c_2\left(\|\boldsymbol{\phi}\|_{\mathscr{L}^2}^2\right)\mathrm{e}^{\int_{t_0}^{t}[\alpha(u)+\beta(u)\mathrm{e}^{a\tau}]\mathrm{d}u} \leqslant c_2\left(\|\boldsymbol{\phi}\|_{\mathscr{L}^2}^2\right)\mathrm{e}^{M_1}, \forall t_0 \leqslant t \leqslant T_0 \tag{10.49}$$

记 $M=\max\left\{1,\mathrm{e}^{M_1}\right\}$，由式 (10.49) 可得

$$W(t) \leqslant c_2\left(\|\boldsymbol{\phi}\|_{L^2}^2\right)M, t \in R_{t_0}^{+} \tag{10.50}$$

对于 $\forall\eta>0$，令 $\delta=c_2^{-1}\dfrac{c_1(\eta)}{M}$，则当 $\|\phi\|_{L^2}^2<\delta$，有 $E(\|\boldsymbol{X}(t)\|^2)<\eta, t\in R_{t_0}^{+}$，故系统式 (10.32) 是均方稳定的。

由条件 3）可知，即

$$\lim_{t\to+\infty}\int_{t_0}^{t}[\alpha(u)+\beta(u)\mathrm{e}^{a\tau}]\,\mathrm{d}u=-\infty$$

令 $0<\varepsilon<\eta$，$T(\varepsilon)>T_0$, 有

$$\int_{t_0}^{t}\left[\alpha(u)+\beta(u)\mathrm{e}^{a\tau}\right]\mathrm{d}u<\ln\left(c_1(\varepsilon)\right)-\ln\left(c_2(\eta)\right) \tag{10.51}$$

故对满足 $\|\phi\|^2<\delta$ 的初始条件，当 $t\geqslant T(\varepsilon)$ 时，有

$$c_1\left(E(\|\boldsymbol{X}(t)\|^2)\right)\leqslant c_2(\delta)\mathrm{e}^{\int_{t_0}^{t}[\alpha(u)+\beta(u)\mathrm{e}^{a\tau}]\mathrm{d}u}\leqslant c_2(\delta)M\mathrm{e}^{\int_{t_0}^{t}[\alpha(u)+\beta(u)\mathrm{e}^{a\tau}]\mathrm{d}u}\leqslant c_1(\varepsilon) \tag{10.52}$$

从而 $E(\|\boldsymbol{X}(t)\|^2)<\varepsilon$。故系统式 (10.32) 是均方渐近稳定的。证毕。

例 10.1 霍普菲尔德（Hopfield）神经网络稳定性。

下面用本章的判据来分析 1980 年霍普菲尔德（Hopfield）提出的神经网络的稳定性。假设带有随机摄动的二维非线性时延系统为

$$\begin{cases}\mathrm{d}\boldsymbol{X}(t)=\left[-\boldsymbol{A}(t)\boldsymbol{X}+\boldsymbol{B}(t)\boldsymbol{h}(\boldsymbol{X})\right]\mathrm{d}t+\boldsymbol{\sigma}\left(\boldsymbol{X},t\right)\mathrm{d}W(t)\\ \boldsymbol{X}(0)=\boldsymbol{X}_0\end{cases},t\geqslant t_0 \tag{10.53}$$

式中，$\boldsymbol{X}(t)=(X_1(t),X_2(t))^{\mathrm{T}}$；$\boldsymbol{h}(\boldsymbol{X})=(\tanh X_1,\tanh X_2)^{\mathrm{T}}$；$\boldsymbol{A}(t)=\begin{bmatrix}2-\sin t & 0\\ 0 & 2-\sin t\end{bmatrix}$；$\boldsymbol{B}(t)=\begin{bmatrix}1 & 1\\ 1 & 1\end{bmatrix}$；$\boldsymbol{\sigma}\left(\boldsymbol{X},t\right)=\begin{bmatrix}\|X_1\|-\|X_2\| & 0\\ 0 & \|X_1\|-\|X_2\|\end{bmatrix}$。

令 $V\left(\boldsymbol{X},t\right)=X_1^2+X_2^2$，由定理 10.10，令 $c_1(\boldsymbol{X})=c_2(\boldsymbol{X})=\boldsymbol{X}$，则

$$c_1\left(\|\boldsymbol{X}\|^2\right)\leqslant V\left(\boldsymbol{X},t\right)\leqslant c_2\left(\|\boldsymbol{X}\|^2\right)$$

故条件 1）满足。

求弱微分算子 $\mathscr{L}V$，计算过程如下：

$$\begin{aligned}\mathscr{L}V\left(\boldsymbol{X},t\right)&=V_t\left(\boldsymbol{X},t\right)+V_X\left(\boldsymbol{X},t\right)f\left(\boldsymbol{X},t\right)+\frac{1}{2}\mathrm{tr}\left[\sigma^{\mathrm{T}}\left(\boldsymbol{X},t\right)\boldsymbol{V}_{xx}\sigma\left(\boldsymbol{X},t\right)\right]\\&=V_X\left(\boldsymbol{X},t\right)\left[-\boldsymbol{A}(t)\boldsymbol{X}+\boldsymbol{B}(t)\boldsymbol{h}(\boldsymbol{X})\right]+\frac{1}{2}\mathrm{tr}\left[\boldsymbol{\sigma}^{\mathrm{T}}\left(\boldsymbol{X},t\right)\boldsymbol{V}_{xx}\boldsymbol{\sigma}\left(\boldsymbol{X},t\right)\right]\\&=2\sin t(X_1^2+X_2^2)-4\left(X_1^2+X_2^2\right)+4\left(X_1\tanh X_1+X_2\tanh X_2\right)\\&\leqslant 2\sin tV\left(\boldsymbol{X},t\right)\end{aligned}$$

故 $E\left(\mathscr{L}V(\boldsymbol{X},t)\right)\leqslant 2\sin tE\left(V\left(\boldsymbol{X},t\right)\right)$。记 $\alpha(t)=2\sin t$，$\beta(t)=0$，则条件 2）满足。由于 $\int_0^t\alpha(u)\mathrm{d}u=\int_0^t 2\sin u\mathrm{d}u\leqslant 2\int_0^t\sin u\mathrm{d}u=4<\infty$，从而条件 3）满足。故系统是均方稳定的。

10.4 带有加性噪声的随机线性系统均方实用稳定性判据

根据 10.2 节的论述，对于带有加性噪声的随机系统，目前所有基于李雅普诺夫理论定义的随机稳定性都无法应用，在 10.2 节中给出了均方实用稳定性的定义，下面给出以下判定定理。

定理 10.11[143] 对于随机系统式 (10.2)，如果下列条件得到满足：

1）给定的 λ 和 Λ，使得 $0<\lambda<\Lambda$。

2）存在 $V(t,\boldsymbol{X})\in C^{(1,2)}\left[R^{+}\times\mathbf{R}^{n},R^{+}\right]$，即 V 关于 t 的一阶偏导和关于 X 的二阶偏导存在且连续，并且存在正常数 c 和函数 $h(t,u)\in C\left(R^{+}\times R^{+}\right)$，其中 $h(t,u)$ 对于固定的 t 关于 u 是凹的，使得

$$\mathscr{L}V(t,\boldsymbol{X})\leqslant h\left(t,\boldsymbol{V}(t,\boldsymbol{X})\right)$$

3）存在 $a\left(t,\cdot\right)\in CK$ 和 $b\left(\cdot\right)\in VK$，并且 $a\left(t_0,\lambda\right)<b\left(\Lambda\right)$，对于任意 $t\in R^{+},\boldsymbol{X}\in\mathbf{R}^{n}$，下式成立：

$$b\left(\|\boldsymbol{X}\|^{2}\right)\leqslant V(t,\boldsymbol{X})\leqslant a\left(t,\|\boldsymbol{X}\|^{2}\right)$$

那么辅助确定性系统相对于 $\left(t_0,a\left(t_0,\lambda\right),b\left(\Lambda\right)\right)$ 的实用稳定性蕴涵随机系统相对于 (t_0,λ,Λ) 的均方实用稳定性。

注解 10.3 定理 11.1 表明，随机系统的均方实用稳定性可由辅助确定性系统的实用稳定性作为判据，从而转化为研究确定性系统的实用稳定性问题。

10.4.1 带有加性噪声的随机系统均方实用稳定性

乘性噪声系统的解函数不仅是系数矩阵的函数，且涉及矩阵乘法是否可交换，虽然当系数矩阵完全可交换时可以显式写出表达式，但对于一般的系数矩阵，则很难凑出解析式，因此这类系统目前并无一般的解析表达式。正是以上原因，使得具有乘性加性混合噪声的随机系统长期被理论研究者忽视，而关于伊藤 (Itô) 型混合噪声随机系统的稳定性研究较少[147-148]。下面给出这类混合噪声随机系统的均方实用稳定定理。

定理 10.12 具有加性和乘性混合噪声的线性随机系统如下：

$$\mathrm{d}\boldsymbol{X}(t)=\boldsymbol{A}\boldsymbol{X}\mathrm{d}t+\sum_{i=1}^{n}\boldsymbol{F}_i\boldsymbol{X}\mathrm{d}V_i(t)+\sum_{j=1}^{m}\boldsymbol{E}_j\mathrm{d}W_j(t)\tag{10.54}$$

式中，$\boldsymbol{A}$、$\boldsymbol{F}_i$、$\boldsymbol{E}_j$ 均为适维矩阵；$V_i(i=1,\cdots,n)$，$W_j(j=1,\cdots,m)$ 均为相互独立的标准维纳过程。若 $\tilde{\boldsymbol{A}}=\boldsymbol{I}\otimes\boldsymbol{A}+\boldsymbol{A}\otimes\boldsymbol{I}+\sum\limits_{i=1}^{n}\boldsymbol{F}_i\otimes\boldsymbol{F}_i$ 为赫尔维茨稳定矩阵，则随机系统式 (10.54) 均方实用稳定。

证明：记函数 $V=\boldsymbol{X}^{\mathrm{T}}\boldsymbol{P}\boldsymbol{X}$，其中 $\boldsymbol{P}\in\mathbf{R}^{n\times n}$，则由系统方程可得

$$\mathscr{L}V=\boldsymbol{X}^{\mathrm{T}}\left(\boldsymbol{A}^{\mathrm{T}}\boldsymbol{P}+\boldsymbol{P}\boldsymbol{A}+\sum_{i=1}^{n}\boldsymbol{F}_i^{\mathrm{T}}\boldsymbol{P}\boldsymbol{F}_i\right)\boldsymbol{X}+\sum_{j=1}^{m}\boldsymbol{E}_j^{\mathrm{T}}\boldsymbol{P}\boldsymbol{E}_j\tag{10.55}$$

由 $[E(V)]'=E\left(\mathscr{L}V\right)$，可得

$$[E(V)]'=E\left[\boldsymbol{X}^{\mathrm{T}}\left(\boldsymbol{A}^{\mathrm{T}}\boldsymbol{P}+\boldsymbol{P}\boldsymbol{A}+\sum_{i=1}^{n}\boldsymbol{F}_i^{\mathrm{T}}\boldsymbol{P}\boldsymbol{F}_i\right)\boldsymbol{X}\right]+\sum_{j=1}^{m}\boldsymbol{E}_j^{\mathrm{T}}\boldsymbol{P}\boldsymbol{E}_j\tag{10.56}$$

定义向量 $[\boldsymbol{X}]=[X_1^2, X_1X_2, \cdots, X_1X_n, X_2X_1, X_2^2, \cdots, X_2X_n, \cdots, X_nX_1, \cdots, X_n^2]^{\mathrm{T}}$，$\mathrm{vec}(\boldsymbol{P})=[P_{11}-P_{1n}, P_{21}-P_{2n}, \cdots, P_{n1}-P_{nn}]$，由于 $\boldsymbol{X}^{\mathrm{T}}\boldsymbol{P}\boldsymbol{X}=\mathrm{vec}(\boldsymbol{P})^{\mathrm{T}}[\boldsymbol{X}]$，上式即有

$$\begin{aligned}\mathrm{vec}(\boldsymbol{P})[E([\boldsymbol{X}])]' &= \mathrm{vec}\left(\boldsymbol{A}^{\mathrm{T}}\boldsymbol{P}+\boldsymbol{P}\boldsymbol{A}+\sum_{i=1}^{n}\boldsymbol{F}_i^{\mathrm{T}}\boldsymbol{P}\boldsymbol{F}_i\right)^{\mathrm{T}}E([\boldsymbol{X}])+\sum_{j=1}^{m}\boldsymbol{E}_j^{\mathrm{T}}\boldsymbol{P}\boldsymbol{E}_j \\ &= \mathrm{vec}(\boldsymbol{P})\left(\boldsymbol{I}\otimes\boldsymbol{A}+\boldsymbol{A}\otimes\boldsymbol{I}+\sum_{i=1}^{n}\boldsymbol{F}_i\otimes\boldsymbol{F}_i\right)E([\boldsymbol{X}])+\sum_{j=1}^{m}\boldsymbol{E}_j^{\mathrm{T}}\boldsymbol{P}\boldsymbol{E}_j\end{aligned} \tag{10.57}$$

分别令 $\mathrm{vec}(\boldsymbol{P})=[1,0,\cdots,0],[0,1,0,\cdots,0],\cdots,[0,0,0,\cdots,1]$，则有

$$[E([\boldsymbol{X}])]'=\left(\boldsymbol{I}\otimes\boldsymbol{A}+\boldsymbol{A}\otimes\boldsymbol{I}+\sum_{i=1}^{n}\boldsymbol{F}_i\otimes\boldsymbol{F}_i\right)E([\boldsymbol{X}])+\begin{bmatrix}\sum_{j=1}^{m}\boldsymbol{E}_j^{\mathrm{T}}\boldsymbol{P}\boldsymbol{E}_j\\ \vdots\\ \sum_{j=1}^{m}\boldsymbol{E}_j^{\mathrm{T}}\boldsymbol{P}\boldsymbol{E}_j\end{bmatrix} \tag{10.58}$$

该方程即为系统的一个二阶矩方程，令 $\boldsymbol{C}=\left[\sum_{j=1}^{m}\boldsymbol{E}_j^{\mathrm{T}}\boldsymbol{P}\boldsymbol{E}_j \ \cdots \ \sum_{j=1}^{m}\boldsymbol{E}_j^{\mathrm{T}}\boldsymbol{P}\boldsymbol{E}_j\right]^{\mathrm{T}}$，并定义

$$\boldsymbol{K}=\begin{bmatrix}1 & 0 & \cdots & 0 & 0 & \cdots & 0 & 0 & \cdots & 0\\ 0 & 0 & \cdots & 1 & 0 & \cdots & 0 & 0 & \cdots & 0\\ \vdots & \vdots & & \vdots & \vdots & & \vdots & \vdots & & \vdots\\ 0 & 0 & \cdots & 0 & 0 & \cdots & 0 & 1 & \cdots & 0\end{bmatrix} \tag{10.59}$$

从而得到系统解均方估计式为

$$E\begin{bmatrix}X_1^2\\ X_2^2\\ \vdots\\ X_n^2\end{bmatrix}=\boldsymbol{K}\mathrm{e}^{\left(\boldsymbol{I}\otimes\boldsymbol{A}+\boldsymbol{A}\otimes\boldsymbol{I}+\sum_{i=1}^{n}\boldsymbol{F}_i\otimes\boldsymbol{F}_i\right)(t-t_0)}E[\boldsymbol{X}(t_0)]+\boldsymbol{K}\int_{t_0}^{t}\mathrm{e}^{\left(\boldsymbol{I}\otimes\boldsymbol{A}+\boldsymbol{A}\otimes\boldsymbol{I}+\sum_{i=1}^{n}\boldsymbol{F}_i\otimes\boldsymbol{F}_i\right)(t-s)}C\mathrm{d}s \tag{10.60}$$

若 $\tilde{\boldsymbol{A}}=\boldsymbol{I}\otimes\boldsymbol{A}+\boldsymbol{A}\otimes\boldsymbol{I}+\sum_{i=1}^{n}\boldsymbol{F}_i\otimes\boldsymbol{F}_i$ 为赫尔维茨稳定矩阵，则

$$\mathrm{e}^{\left(\boldsymbol{I}\otimes\boldsymbol{A}+\boldsymbol{A}\otimes\boldsymbol{I}+\sum_{i=1}^{n}\boldsymbol{F}_i\otimes\boldsymbol{F}_i\right)(t-t_0)}\leqslant\boldsymbol{I}$$

上述解过程即有

$$E\begin{bmatrix}X_1^2\\ X_2^2\\ \vdots\\ X_n^2\end{bmatrix}\leqslant E\begin{bmatrix}X_1^2(t_0)\\ X_2^2(t_0)\\ \vdots\\ X_n^2(t_0)\end{bmatrix}+\boldsymbol{K}\int_{t_0}^{t}\mathrm{e}^{\left(\boldsymbol{I}\otimes\boldsymbol{A}+\boldsymbol{A}\otimes\boldsymbol{I}+\sum_{i=1}^{n}\boldsymbol{F}_i\otimes\boldsymbol{F}_i\right)(t-s)}\boldsymbol{C}\mathrm{d}s \tag{10.61}$$

而 $\lim\limits_{t\to\infty}\int_{t_0}^{t}\mathrm{e}^{\left(\boldsymbol{I}\otimes\boldsymbol{A}+\boldsymbol{A}\otimes\boldsymbol{I}+\sum\limits_{i=1}^{n}\boldsymbol{F}_i\otimes\boldsymbol{F}_i\right)(t-s)}\boldsymbol{C}\mathrm{d}s$ 为一有界向量，因此根据定义 10.7，若 $E(\|\boldsymbol{X}_0\|^2)<\lambda$，总存在 $\lambda<\varLambda$，使 $E(\|\boldsymbol{X}(t)\|^2)<\varLambda$。随机系统式 (10.54) 均方实用稳定。证毕。

10.4.2 Peuteman-Aeyels 均方实用稳定定理

文献[248-250] 研究了确定性连续系统的渐近稳定性与其离散化系统渐近稳定性的关系，该结论对于研究混杂系统如切换系统的稳定性具有重要意义。

定理 10.13[248] 对于确定性系统 $\dot{\boldsymbol{x}}=\boldsymbol{f}(\boldsymbol{t},\boldsymbol{x})$，若存在正定函数 $V(t,\boldsymbol{x})$，常数 $T>0,\lambda_{\min}>0,\lambda_{\max}>0,v>0$，和一个严格递增的时间序列 $\{t_k^*\}$ 满足以下条件：

1）$\lim\limits_{k\to\infty}t_k^*=+\infty,\lim\limits_{k\to-\infty}t_k^*=-\infty,\left|t_k^*-t_{k-1}^*\right|\leqslant T$。

2）$\lambda_{\min}\|\boldsymbol{x}(t)\|^2\leqslant V(t,\boldsymbol{x})\leqslant\lambda_{\max}\|\boldsymbol{x}(t)\|^2,V(t_{k+1}^*,\boldsymbol{x}(t_{k+1}^*))-V(t_k^*,\boldsymbol{x}(t_k^*))\leqslant -v\|\boldsymbol{x}(t_k^*)\|^2$ 对任意 $k\in\mathbf{Z},x\in\mathbf{R}^n$ 成立，则系统均方指数稳定。

刘海军 [251] 将其推广到随机系统下，以随机系统平衡点为原点及李雅普诺夫稳定性为基础，得到了 Peuteman-Aeyels 一致渐近稳定和指数稳定定理。

定理 10.14[251] 对于随机系统式 (10.2)，假设 $\boldsymbol{f}(\boldsymbol{0})=\boldsymbol{0},\boldsymbol{g}(\boldsymbol{0})=\boldsymbol{0}$，$\boldsymbol{x}_e=\boldsymbol{0}$ 是系统式 (10.2) 的一个平衡点，且满足如下条件：

$$\begin{cases}\|\boldsymbol{f}(t,\boldsymbol{X})\|\leqslant K(1+\|\boldsymbol{X}\|)\\ \|\boldsymbol{g}(t,\boldsymbol{X})\|\leqslant K(1+\|\boldsymbol{X}\|)\end{cases}\tag{10.62}$$

式中，K 为一个正常数，同时假设，对任意 $N>0$，存在正常数 K_N 使得

$$\begin{cases}\|\boldsymbol{f}(t,\boldsymbol{X}_1)-\boldsymbol{f}(t,\boldsymbol{X}_2)\|\leqslant K_N\|\boldsymbol{X}_1-\boldsymbol{X}_2\|\\ \|\boldsymbol{g}(t,\boldsymbol{X}_1)-\boldsymbol{g}(t,\boldsymbol{X}_2)\|\leqslant K_N\|\boldsymbol{X}_1-\boldsymbol{X}_2\|\end{cases}\tag{10.63}$$

对 $\|\boldsymbol{X}_1\|\leqslant N,\|\boldsymbol{X}_2\|\leqslant N,t_0\leqslant t\leqslant t_0+T$ 成立。如果存在 $V(t,\boldsymbol{X}):R^+\times\mathbf{R}^n\to R^+$ 满足以下条件：

1）$V(t,x)$ 是正定的，满足 $V(t,0)=0,\forall t$ 和 $\forall\boldsymbol{X}\in\mathbf{R}^n$，使得 $\alpha\|\boldsymbol{X}\|^p\leqslant V(t,\boldsymbol{X})\leqslant\beta\|\boldsymbol{X}\|^p$，其中 α、β 为正常数，指数 p 为正整数。

2）存在严格增加的时间序列 $t_k^*(k\in\mathbf{Z})$ 满足 $t_k^*\to\infty$，当 $k\to\infty$，且 $t_k^*\to-\infty(k\to-\infty)$，存在有限的 $T>0:t_{k+1}^*-t_k^*\leqslant T(k\in\mathbf{Z})$，存在正常数 γ，使得对 $\forall k\in\mathbf{Z},\forall\boldsymbol{X}(t_k^*)\in\mathbf{R}^n$，有

$$E[V(t_{k+1}^*,\boldsymbol{X}(t_{k+1}^*))]-E[V(t_k^*,\boldsymbol{X}(t_k^*))]\leqslant -vE[\|\boldsymbol{X}(t_k^*)\|^p]<0\tag{10.64}$$

式中，$\boldsymbol{X}(t_{k+1}^*)$ 是系统对初始条件为 $\boldsymbol{X}(t_k^*)$ 在 t_{k+1}^* 时刻的解。则系统是一致渐近 p 稳定的。下面将 Penteman-Aeyels 定理进一步推广到均方实用稳定意义下，有如下定理。

定理 10.15 对于随机系统式 (10.2)，若存在正定函数 $V(t,\boldsymbol{X})$，常数 $T>0$，$\lambda_{\min}>0$，$\lambda_{\max}>0$，$v>0$，和一个严格递增的时间序列 $\{t_k^*\}$ 满足以下条件：

1）$\lim\limits_{k\to\infty}t_k^*=+\infty,\left|t_k^*-t_{k-1}^*\right|\leqslant T$。

2）$\lambda_{\min}\|\boldsymbol{X}(t)\|^2 \leqslant V(t,\boldsymbol{X}) \leqslant \lambda_{\max}\|\boldsymbol{X}(t)\|^2$。

3）$E[V(t_{k+1}^*,\boldsymbol{X}(t_{k+1}^*))]-E[V(t_k^*,\boldsymbol{X}(t_k^*))] \leqslant -vE[\|\boldsymbol{X}(t_k^*)\|^2]+c$，其中 c 为常数对任意 $k\in\{1,2,\cdots\}$ 成立，则存常数 $0<\lambda<\varLambda$，使系统关于 $(\lambda,\varLambda)$ 均方实用稳定。

证明：要证明系统关于 $(\lambda,\varLambda)$ 均方实用稳定，只需证明存在正常数 $0<\lambda<\varLambda$，使得 $E(\|\boldsymbol{X}(t_0)\|^2)<\lambda$ 蕴涵 $E(\|\boldsymbol{X}(t)\|^2)<\varLambda, t\geqslant t_0$。对于连续系统式 (10.2) 和序列 $\{t_k^*\}$，可选取 $t_{k0}^*>t_0$，且 $t_{k0}^*-t_0\leqslant T$。

由条件 2）和 3）可知，$E[V(t_{k+1}^*,\boldsymbol{X}(t_{k+1}^*))]-E[V(t_k^*,\boldsymbol{X}(t_k^*))] \leqslant -vE[\|\boldsymbol{X}(t_k^*)\|^2]+c$，故有

$$E[V(t_{k+1}^*,\boldsymbol{X}(t_{k+1}^*))] \leqslant \left(1-\frac{v}{\lambda_{\max}}\right)E[V(t_{k0}^*,\boldsymbol{X}(t_{k0}^*))]+c$$

由于以上不等式的选取与 t_0, t_{k0}^* 无关，重复上述步骤，对 $\forall n>0(n=1,2,\cdots)$ 可得

$$E[V(t_{k0+n}^*,\boldsymbol{X}(t_{k0+n}^*))] \leqslant \left(1-\frac{v}{\lambda_{\max}}\right)^n E[V(t_{k0}^*,\boldsymbol{X}(t_{k0}^*))]+c\sum_{i=0}^{n-1}\left(1-\frac{v}{\lambda_{\max}}\right)^i$$

则

$$E[\|\boldsymbol{X}(t_{k0+n}^*)\|^2] \leqslant \frac{\lambda_{\max}}{\lambda_{\min}}\left(1-\frac{v}{\lambda_{\max}}\right)^n E[\|\boldsymbol{X}(t_{k0}^*)\|^2]+c\frac{1}{\lambda_{\min}}\sum_{i=0}^{n-1}\left(1-\frac{v}{\lambda_{\max}}\right)^i$$

令 $v>0$，满足 $0<\left(1-\dfrac{v}{\lambda_{\max}}\right)<\dfrac{\lambda_{\min}}{\lambda_{\max}}<1$，因此 $\left(1-\dfrac{v}{\lambda_{\max}}\right)^n<\dfrac{\lambda_{\min}}{\lambda_{\max}}, \forall n>0$，则有

$$E[\|\boldsymbol{X}(t_{k0+n}^*)\|^2] < v^* E[\|\boldsymbol{X}(t_{k0}^*)\|^2]+c\frac{\lambda_{\max}}{\lambda_{\min}(\lambda_{\max}-v)}$$

式中，$v^*=\left(1-\dfrac{v}{\lambda_{\max}}\right)^n\dfrac{\lambda_{\max}}{\lambda_{\min}}<1$。令 $\lambda^*=-\ln(v^*)/(nT)$，则有

$$v^*=\mathrm{e}^{-\lambda^* n\mathrm{T}}=\mathrm{e}^{-\lambda^*(t_{k0+n}^*-t_{k0}^*)}$$

$$E[\|\boldsymbol{X}(t_{k0+n}^*)\|^2] < \mathrm{e}^{-\lambda^*(t_{k0+n}^*-t_{k0}^*)}E[\|\boldsymbol{X}(t_{k0}^*)\|^2]+c\frac{\lambda_{\max}}{\lambda_{\min}(\lambda_{\max}-v)}$$

因此，对于 $t>t_{k0}^*$，存在

$$E[\|\boldsymbol{X}(t)\|^2] < \mathrm{e}^{-\lambda^*(t-t_{k0}^*)}E[\|\boldsymbol{X}(t_{k0}^*)\|^2]+c\frac{\lambda_{\max}}{\lambda_{\min}(\lambda_{\max}-v)}$$

当 $t\in[t_0,t_{k0}^*]$ 时，由于

$$E[V(t)]=E[V(t_0)]+\int_{t_0}^t \mathscr{L}V(s)\mathrm{d}s$$

故

$$E[\|\boldsymbol{X}(t)\|^2] \leqslant \frac{\lambda_{\max}}{\lambda_{\min}}E[\|\boldsymbol{X}(t_0)\|^2]+\frac{1}{\lambda_{\min}}\int_{t_0}^t \mathscr{L}V(s)\mathrm{d}s, t\in[t_0,t_{k0}^*]$$

综上所述，可得

$$E[\|\boldsymbol{X}(t)\|^2] < \mathrm{e}^{-\lambda^*(t-t_{k0}^*)}\left(\frac{\lambda_{\max}}{\lambda_{\min}}E[\|\boldsymbol{X}(t_0)\|^2] + \frac{1}{\lambda_{\min}}\int_{t_0}^{t_{k0}^*}\mathscr{L}V(s)\mathrm{d}s\right) + c\frac{\lambda_{\max}}{\lambda_{\min}(\lambda_{\max}-v)}$$

若 $E[\|\boldsymbol{X}(t_0)\|^2] < \lambda$，令

$$\Lambda = \left(\frac{\lambda_{\max}}{\lambda_{\min}}\lambda + \frac{1}{\lambda_{\min}}\int_{t_0}^{t_{k0}^*}\mathscr{L}V(s)\mathrm{d}s\right) + c\frac{\lambda_{\max}^2}{\lambda_{\min}(\lambda_{\max}-v)}$$

则总能存在 $E[\|\boldsymbol{X}(t)\|^2]<\Lambda$，且 $\lambda<\Lambda$。根据定义 11.8 可知系统均方实用稳定。证毕。

注解 10.4 定理 10.15 中并未假设 $\boldsymbol{f}(\mathbf{0})=\mathbf{0}$，$\boldsymbol{g}(\mathbf{0})=\mathbf{0}$，$\boldsymbol{X}_e=\mathbf{0}$ 是系统的平衡点。

10.5 带有加性噪声的随机线性闭环系统均方实用稳定性及鲁棒控制

10.5.1 预备知识

引理 10.1[汉纳森（Hananay）不等式的推广] 若 p、q、γ 非负，且 $0<p<\gamma$，$V(t)\in C([t-\tau,\beta),\mathbf{R}^t)$，$\dot{V}(t)\leqslant -\gamma V(t)+p|V_t|+q, t\in[t_0,\beta)$，其中

$$|V_t| = \sup_{\theta\in[-\tau,0]} V(t+\theta)$$

那么

$$V(t)\leqslant |V_{t_0}|\exp(-\lambda(t-t_0))+q\lambda^{-1},\quad t\in[t_0,\beta) \tag{10.65}$$

式中，λ 为超越方程 $\lambda=\gamma-p\mathrm{e}^{\lambda\tau}$ 的唯一正解。证明参考文献 [143]。

注解 10.5 若 $p=0$，则当 $\dot{V}(t)\leqslant -\gamma V(t)+q$ 时，有 $V(t)\leqslant |V_{t_0}|\exp(-\gamma(t-t_0))+q\lambda^{-1}$。

引理 10.2[248] [瑞利-里茨（Rayleigh-Ritz）引理] 令 $\boldsymbol{A}$ 为 n 维埃尔米特（Hermitian）矩阵，则其特征根是如下瑞利-里茨商的临界点：

$$R(\boldsymbol{x}) = \frac{\boldsymbol{x}^*\boldsymbol{A}\boldsymbol{x}}{\boldsymbol{x}^*\boldsymbol{x}}$$

式中，$\boldsymbol{x}$ 是 n 维向量，满足 $\|\boldsymbol{x}\|\neq 0$；$\boldsymbol{x}^*$ 表示 $\boldsymbol{x}$ 的共轭转置。

令 $\lambda_1\geqslant\lambda_2\geqslant\cdots\geqslant\lambda_n$ 为 $\boldsymbol{A}$ 的特征值，则有

$$\lambda_1 = \max\frac{\boldsymbol{x}^*\boldsymbol{A}\boldsymbol{x}}{\boldsymbol{x}^*\boldsymbol{x}},\quad \lambda_n = \min\frac{\boldsymbol{x}^*\boldsymbol{A}\boldsymbol{x}}{\boldsymbol{x}^*\boldsymbol{x}}$$

若 $\boldsymbol{A}\in\mathbf{R}^{n\times n}$，则上式可以表达为

$$\lambda_n\boldsymbol{x}^{\mathrm{T}}\boldsymbol{x}\leqslant\boldsymbol{x}^{\mathrm{T}}\boldsymbol{A}\boldsymbol{x}\leqslant\lambda_1\boldsymbol{x}^{\mathrm{T}}\boldsymbol{x}$$

10.5.2 时不变随机线性系统均方实用稳定性及鲁棒控制

考虑如下带有加性噪声的随机不确定 Itô 系统[157]

$$\begin{cases} \mathrm{d}\boldsymbol{X}(t) = [(\boldsymbol{A}+\Delta\boldsymbol{A})\boldsymbol{X}(t)+(\boldsymbol{B}+\Delta\boldsymbol{B})\boldsymbol{u}(t)]\mathrm{d}t+(\boldsymbol{H}+\Delta\boldsymbol{H})\mathrm{d}\boldsymbol{W}(t) \\ \boldsymbol{X}(t_0)=\boldsymbol{X}_0 \end{cases} \tag{10.66}$$

式中，$\boldsymbol{X}(t)\in\mathbf{R}^n$ 为系统状态；$\boldsymbol{u}(t)\in\mathbf{R}^m$ 为控制输入；$\boldsymbol{A}\in\mathbf{R}^{n\times n}$, $\boldsymbol{B}\in\mathbf{R}^{n\times m}$, $\boldsymbol{H}\in\mathbf{R}^n$ 为常阵；$\Delta\boldsymbol{A}\in\mathbf{R}^{n\times n}$, $\Delta\boldsymbol{B}\in\mathbf{R}^{n\times m}$ 为不确定项。

二次型代价函数为

$$J=E\left[\int_0^\infty(\boldsymbol{X}^{\mathrm{T}}(t)\boldsymbol{Q}\boldsymbol{X}(t)+\boldsymbol{u}^{\mathrm{T}}(t)\boldsymbol{R}\boldsymbol{u}(t))\mathrm{d}t\right] \tag{10.67}$$

根据随机最优控制理论，可得最优控制量为

$$\boldsymbol{u}(t)=-\boldsymbol{R}^{-1}\boldsymbol{B}^{\mathrm{T}}\boldsymbol{P}(t)\boldsymbol{X}(t) \tag{10.68}$$

式中，$\boldsymbol{P}(t)$ 满足

$$\boldsymbol{P}\boldsymbol{A}+\boldsymbol{A}^{\mathrm{T}}\boldsymbol{P}-\boldsymbol{P}\boldsymbol{B}\boldsymbol{R}^{-1}\boldsymbol{B}^{\mathrm{T}}\boldsymbol{P}+\boldsymbol{Q}=\boldsymbol{0} \tag{10.69}$$

1. 不确定项部分可知

假设存在非负定对称矩阵 $\boldsymbol{Q}_0$, $\boldsymbol{R}_0$ 及正常数 γ_a, γ_b, l_a，满足下列不等式：

$$\Delta\boldsymbol{A}^{\mathrm{T}}\Delta\boldsymbol{A}\leqslant\gamma_a\boldsymbol{Q}_0,\quad \Delta\boldsymbol{B}^{\mathrm{T}}\Delta\boldsymbol{B}\leqslant\gamma_b\boldsymbol{R}_0,\quad \Delta\boldsymbol{H}^{\mathrm{T}}\Delta\boldsymbol{H}\leqslant l_a \tag{10.70}$$

最优控制权重矩阵选为

$$\Delta\boldsymbol{A}^{\mathrm{T}}\Delta\boldsymbol{A}\leqslant\gamma_a\boldsymbol{Q}_0,\quad \Delta\boldsymbol{B}^{\mathrm{T}}\Delta\boldsymbol{B}\leqslant\gamma_b\boldsymbol{R}_0,\quad \Delta\boldsymbol{H}^{\mathrm{T}}\Delta\boldsymbol{H}\leqslant l_a \tag{10.71}$$

此处 $\boldsymbol{Q}_1$ 和 $\boldsymbol{R}_1$ 为给定对称阵，则有如下定理。

定理 10.16[252] 称随机不确定系统式 (10.66) 是均方实用稳定的，如果存在正常数 γ_a、γ_b 使如下线性矩阵不等式（linear matrix inequality, LMI）成立：

$$-\boldsymbol{Q}+\boldsymbol{Q}_0+(\gamma_a+\gamma_b)\boldsymbol{P}^2+\boldsymbol{P}\boldsymbol{B}(\boldsymbol{R}^{-1}\boldsymbol{R}_0\boldsymbol{R}^{-1}-\boldsymbol{R}^{-1})\boldsymbol{B}^{\mathrm{T}}\boldsymbol{P}<\boldsymbol{0} \tag{10.72}$$

证明：令 $\boldsymbol{X}(t)=\boldsymbol{X}(t,t_0,\boldsymbol{X}_0)$ 为系统式 (10.66) 的解，定义李雅普诺夫函数为

$$V(\boldsymbol{X}(t),t)=\boldsymbol{X}^{\mathrm{T}}(t)\boldsymbol{P}\boldsymbol{X}(t) \tag{10.73}$$

记 $\bar{\boldsymbol{A}}=(\boldsymbol{A}+\Delta\boldsymbol{A})-(\boldsymbol{B}+\Delta\boldsymbol{B})\boldsymbol{R}^{-1}\boldsymbol{B}^{\mathrm{T}}\boldsymbol{P}$，$\bar{\boldsymbol{H}}=\boldsymbol{H}+\Delta\boldsymbol{H}$，根据 Itô 微分公式，得

$$\mathrm{d}V(\boldsymbol{X},t)=\mathscr{L}V(\boldsymbol{X},t)\mathrm{d}t+2\boldsymbol{X}^{\mathrm{T}}(t)\boldsymbol{P}\bar{\boldsymbol{H}}\mathrm{d}\boldsymbol{W}(t) \tag{10.74}$$

式中微分生成元为

$$\mathscr{L}V=\boldsymbol{X}^{\mathrm{T}}(\bar{\boldsymbol{A}}^{\mathrm{T}}\boldsymbol{P}+\boldsymbol{P}\bar{\boldsymbol{A}})\boldsymbol{X}+\frac{1}{2}\sigma^2\mathrm{tr}(\bar{\boldsymbol{H}}\,\bar{\boldsymbol{H}}^{\mathrm{T}}2\boldsymbol{P})=\boldsymbol{X}^{\mathrm{T}}(\bar{\boldsymbol{A}}^{\mathrm{T}}\boldsymbol{P}+\boldsymbol{P}\bar{\boldsymbol{A}})\boldsymbol{X}+\sigma^2\bar{\boldsymbol{H}}^{\mathrm{T}}\boldsymbol{P}\bar{\boldsymbol{H}} \tag{10.75}$$

将式 (10.74) 代入式 (10.75)，得

$$\begin{aligned}\mathscr{L}V =& \boldsymbol{X}^{\mathrm{T}}(\boldsymbol{A}^{\mathrm{T}}\boldsymbol{P}+\boldsymbol{P}\boldsymbol{A}-2\boldsymbol{P}\boldsymbol{B}\boldsymbol{R}^{-1}\boldsymbol{B}^{\mathrm{T}}\boldsymbol{P})\boldsymbol{X}\\ &+\boldsymbol{X}^{\mathrm{T}}(\Delta\boldsymbol{A}^{\mathrm{T}}\boldsymbol{P}+\boldsymbol{P}\Delta\boldsymbol{A}-\boldsymbol{P}\boldsymbol{B}\boldsymbol{R}^{-1}\Delta\boldsymbol{B}^{\mathrm{T}}\boldsymbol{P}-\boldsymbol{P}\Delta\boldsymbol{B}\boldsymbol{R}^{-1}\boldsymbol{B}^{\mathrm{T}}\boldsymbol{P})\boldsymbol{X}\\ &+\sigma^2(\Delta\boldsymbol{H}^{\mathrm{T}}\boldsymbol{P}\Delta\boldsymbol{H}+\boldsymbol{H}^{\mathrm{T}}\boldsymbol{P}\Delta\boldsymbol{H}+\Delta\boldsymbol{H}^{\mathrm{T}}\boldsymbol{P}\boldsymbol{H}+\boldsymbol{H}^{\mathrm{T}}\boldsymbol{P}\boldsymbol{H})\end{aligned}\tag{10.76}$$

利用 $\boldsymbol{X}^{\mathrm{T}}\boldsymbol{Y}\leqslant\varepsilon\boldsymbol{X}^{\mathrm{T}}\boldsymbol{X}+\dfrac{1}{\varepsilon}\boldsymbol{Y}^{\mathrm{T}}\boldsymbol{Y}$，$\forall\varepsilon>0$ 得

$$\boldsymbol{X}^{\mathrm{T}}(\Delta\boldsymbol{A}^{\mathrm{T}}\boldsymbol{P}+\boldsymbol{P}\Delta\boldsymbol{A})\boldsymbol{X}\leqslant\gamma_a\boldsymbol{X}^{\mathrm{T}}\boldsymbol{P}\boldsymbol{P}\boldsymbol{X}+\frac{1}{\gamma_a}\boldsymbol{X}^{\mathrm{T}}\Delta\boldsymbol{A}^{\mathrm{T}}\Delta\boldsymbol{A}\boldsymbol{X}\leqslant\gamma_a\boldsymbol{X}^{\mathrm{T}}\boldsymbol{P}^2\boldsymbol{X}+\boldsymbol{X}^{\mathrm{T}}\boldsymbol{Q}_0\boldsymbol{X}\tag{10.77}$$

$$\begin{aligned}&\boldsymbol{X}^{\mathrm{T}}(-\boldsymbol{P}\boldsymbol{B}\boldsymbol{R}^{-1}\Delta\boldsymbol{B}^{\mathrm{T}}\boldsymbol{P}-\boldsymbol{P}\Delta\boldsymbol{B}\boldsymbol{R}^{-1}\boldsymbol{B}^{\mathrm{T}}\boldsymbol{P})\boldsymbol{X}\\ &\leqslant\gamma_b\boldsymbol{X}^{\mathrm{T}}\boldsymbol{P}^2\boldsymbol{X}+\frac{1}{\gamma_b}\boldsymbol{X}^{\mathrm{T}}\boldsymbol{P}\boldsymbol{B}\boldsymbol{R}^{-1}\Delta\boldsymbol{B}\Delta\boldsymbol{B}^{\mathrm{T}}\boldsymbol{R}^{-1}\boldsymbol{B}^{\mathrm{T}}\boldsymbol{P}\boldsymbol{X}\\ &\leqslant\gamma_b\boldsymbol{X}^{\mathrm{T}}\boldsymbol{P}^2\boldsymbol{X}+\boldsymbol{X}^{\mathrm{T}}\boldsymbol{P}\boldsymbol{B}\boldsymbol{R}^{-1}\boldsymbol{R}_0\boldsymbol{R}^{-1}\boldsymbol{B}^{\mathrm{T}}\boldsymbol{P}\boldsymbol{X}\end{aligned}\tag{10.78}$$

$$\Delta\boldsymbol{H}^{\mathrm{T}}\boldsymbol{P}\Delta\boldsymbol{H}\leqslant\frac{1}{2}\Delta\boldsymbol{H}^{\mathrm{T}}\Delta\boldsymbol{H}+\frac{1}{2}\Delta\boldsymbol{H}^{\mathrm{T}}\boldsymbol{P}\boldsymbol{P}\Delta\boldsymbol{H}\leqslant\frac{1}{2}[l_a+\lambda_{\max}(\boldsymbol{P}^2)l_a]\tag{10.79}$$

$$\Delta\boldsymbol{H}^{\mathrm{T}}\boldsymbol{P}\boldsymbol{H}+\boldsymbol{H}^{\mathrm{T}}\boldsymbol{P}\Delta\boldsymbol{H}\leqslant\Delta\boldsymbol{H}^{\mathrm{T}}\Delta\boldsymbol{H}+\boldsymbol{H}^{\mathrm{T}}\boldsymbol{P}\boldsymbol{P}\boldsymbol{H}\leqslant l_a+\lambda_{\max}(\boldsymbol{P}^2)\|\boldsymbol{H}\|^2\tag{10.80}$$

将上述不等式代入式 (10.76) 得

$$\begin{aligned}\mathscr{L}V\leqslant&\boldsymbol{X}^{\mathrm{T}}(\boldsymbol{A}^{\mathrm{T}}\boldsymbol{P}+\boldsymbol{P}\boldsymbol{A}-2\boldsymbol{P}\boldsymbol{B}\boldsymbol{R}^{-1}\boldsymbol{B}^{\mathrm{T}}\boldsymbol{P})\boldsymbol{X}\\ &+\boldsymbol{X}^{\mathrm{T}}[\boldsymbol{Q}_0+(\gamma_a+\gamma_b)\boldsymbol{P}^2+\boldsymbol{P}\boldsymbol{B}\boldsymbol{R}^{-1}\boldsymbol{R}_0\boldsymbol{R}^{-1}\boldsymbol{B}^{\mathrm{T}}\boldsymbol{P}]\boldsymbol{X}\\ &+\sigma^2\left\{\frac{1}{2}[l_a+\lambda_{\max}(\boldsymbol{P}^2)l_a]+l_a+\lambda_{\max}(\boldsymbol{P}^2)\|\boldsymbol{H}\|^2+\lambda_{\max}(\boldsymbol{P})\|\boldsymbol{H}\|^2\right\}\\ =&\boldsymbol{X}^{\mathrm{T}}[-\boldsymbol{Q}+\boldsymbol{Q}_0+(\gamma_a+\gamma_b)\boldsymbol{P}^2+\boldsymbol{P}\boldsymbol{B}(\boldsymbol{R}^{-1}\boldsymbol{R}_0\boldsymbol{R}^{-1}-\boldsymbol{R}^{-1})\boldsymbol{B}^{\mathrm{T}}\boldsymbol{P}]\boldsymbol{X}\\ &+\sigma^2\left\{\frac{l_a}{2}[3+\lambda_{\max}(\boldsymbol{P}^2)]+(\lambda_{\max}(\boldsymbol{P}^2)+\lambda_{\max}(\boldsymbol{P}))\|\boldsymbol{H}\|^2\right\}\end{aligned}\tag{10.81}$$

记

$$-\bar{\boldsymbol{Q}}=-\boldsymbol{Q}+\boldsymbol{Q}_0+(\gamma_a+\gamma_b)\boldsymbol{P}^2+\boldsymbol{P}\boldsymbol{B}(\boldsymbol{R}^{-1}\boldsymbol{R}_0\boldsymbol{R}^{-1}-\boldsymbol{R}^{-1})\boldsymbol{B}^{\mathrm{T}}\boldsymbol{P}\tag{10.82}$$

$$\mu=\sigma^2\left\{\frac{l_a}{2}[3+\lambda_{\max}(\boldsymbol{P}^2)]+(\lambda_{\max}(\boldsymbol{P}^2)+\lambda_{\max}(\boldsymbol{P}))\|\boldsymbol{H}\|^2\right\}\tag{10.83}$$

式 (10.81) 可以表示为

$$\mathscr{L}V\leqslant-\boldsymbol{X}^{\mathrm{T}}\bar{\boldsymbol{Q}}\boldsymbol{X}+\mu$$

利用 $[E(V)]'=E(\mathscr{L}V)$，可以得到如下不等式：

$$[E(V)]'=E(\mathscr{L}V)\leqslant-E(\boldsymbol{X}^{\mathrm{T}}\bar{\boldsymbol{Q}}\boldsymbol{X})+\mu\leqslant-\lambda_{\min}(\bar{\boldsymbol{Q}})E(\|\boldsymbol{X}\|^2)+\mu\tag{10.84}$$

再由式 (11.75)，得

$$-\bar{\boldsymbol{Q}}=-\boldsymbol{Q}+\boldsymbol{Q}_0+(\gamma_a+\gamma_b)\boldsymbol{P}^2+\boldsymbol{P}\boldsymbol{B}(\boldsymbol{R}^{-1}\boldsymbol{R}_0\boldsymbol{R}^{-1}-\boldsymbol{R}^{-1})\boldsymbol{B}^{\mathrm{T}}\boldsymbol{P}<0\tag{10.85}$$

所以 $\bar{\boldsymbol{Q}} > \boldsymbol{0}$。再根据 $E(V) = E(\boldsymbol{X}^{\mathrm{T}}\boldsymbol{P}\boldsymbol{X}) \leqslant \lambda_{\max}(P)E\|\boldsymbol{X}\|^2$，可得

$$[E(V)]' \leqslant -\frac{\lambda_{\min}(\bar{\boldsymbol{Q}})}{\lambda_{\max}(\boldsymbol{P})}E(V) + \mu = -\beta E(V) + \mu \tag{10.86}$$

式中，$\beta = \dfrac{\lambda_{\min}(\bar{\boldsymbol{Q}})}{\lambda_{\max}(\boldsymbol{P})}$。

根据微分方程解的比较原理，有如下不等式成立：

$$E(V) \leqslant E[V(t_0)]\mathrm{e}^{-\beta(t-t_0)} + \frac{\mu}{\beta}, \quad t \geqslant t_0 \tag{10.87}$$

注意：$\beta > 0$，即 $\mathrm{e}^{-\beta(t-t_0)} \leqslant 1$，$\forall t \geqslant t_0$。式 (11.87) 可写为

$$E(V) \leqslant E(V(t_0)) + \frac{\mu}{\beta} \leqslant \lambda_{\max}(\boldsymbol{P})E[\|\boldsymbol{X}(t_0)\|^2] + \frac{\mu}{\beta} < [\lambda_{\max}(\boldsymbol{P}) + 1]E[\|\boldsymbol{X}(t_0)\|^2] + \frac{\mu}{\beta} \tag{10.88}$$

根据引理 10.2 可知，$\lambda_{\min}(\boldsymbol{P})E(\|\boldsymbol{X}\|^2) \leqslant E(V)$。

注意：$\boldsymbol{P}(t)$ 正定，可知下式成立：

$$E(\|\boldsymbol{X}\|^2) \leqslant \frac{E(V)}{\lambda_{\min}(\boldsymbol{P})} \tag{10.89}$$

将式 (11.81) 代入式 (11.82) 得

$$\begin{aligned} E(\|\boldsymbol{X}\|^2) &\leqslant \frac{E(V)}{\lambda_{\min}(\boldsymbol{P})} < \left(1 + \frac{1}{\lambda_{\min}(\boldsymbol{P})}\right)E[\|\boldsymbol{X}(t_0)\|^2] + \frac{\mu}{\beta\lambda_{\min}(\boldsymbol{P})} \\ &< \alpha E[\|\boldsymbol{X}(t_0)\|^2] + \frac{\mu}{\beta\lambda_{\min}(\boldsymbol{P})} \end{aligned} \tag{10.90}$$

式中，$\alpha \triangleq \max\left\{1 + \dfrac{1}{\lambda_{\min}(\boldsymbol{P})}, 1\right\}$。

更进一步，对于任意的 $E[\|\boldsymbol{X}(t_0)\|^2] < \lambda$，有

$$E[\|\boldsymbol{X}(t)\|^2] < \alpha E[\|\boldsymbol{X}(t_0)\|^2] + \frac{\mu}{\beta\lambda_{\min}(\boldsymbol{P})} < \alpha\lambda + \frac{\mu}{\beta\lambda_{\min}(\boldsymbol{P})} \tag{10.91}$$

记 $\theta(\lambda) = \alpha\lambda + \dfrac{\mu}{\beta\lambda_{\min}(\boldsymbol{P})}$，由于 $\alpha > 1$，故 $\theta(\lambda) > \lambda$。即存在正数 $\varLambda$，满足 $\varLambda > \theta(\lambda) > \lambda > 0$，使得下式成立：

$$E[\|\boldsymbol{X}(t)\|^2] < \varLambda$$

根据定义可知闭环不确定随机系统在最优反馈情况下，关于 $(\lambda, \varLambda)$ 均方一致实用稳定。

2. 不确定项满足匹配性条件

若不确定项满足匹配性条件，即

$$\Delta\boldsymbol{A} = \boldsymbol{E}_1\boldsymbol{\Sigma}_1\boldsymbol{F}_1, \quad \Delta\boldsymbol{B} = \boldsymbol{E}_2\boldsymbol{\Sigma}_2\boldsymbol{F}_2 \tag{10.92}$$

式中，$\boldsymbol{E}_i$、$\boldsymbol{F}_i$ $(i=1,2)$ 是已知适当维数实数矩阵；$\boldsymbol{\Sigma}_1$、$\boldsymbol{\Sigma}_2$ 是有界时变不确定矩阵。且

$$\boldsymbol{\Sigma}_i^{\mathrm{T}}\boldsymbol{\Sigma}_i \leqslant \boldsymbol{I}, \quad i=1,2 \tag{10.93}$$

则有如下定理。

定理 10.17[252] 称随机不确定系统式 (10.66) 是均方实用稳定的，如果存在正常数 γ_a、γ_b，使如下线性矩阵不等式成立：

$$-\boldsymbol{Q}+\boldsymbol{F}_1^{\mathrm{T}}\boldsymbol{F}_1+\boldsymbol{P}[\boldsymbol{E}_1\boldsymbol{E}_1^{\mathrm{T}}+\boldsymbol{E}_2\boldsymbol{E}_2^{\mathrm{T}}+\boldsymbol{B}(\boldsymbol{R}^{-1}\boldsymbol{F}_2^{\mathrm{T}}\boldsymbol{F}_2\boldsymbol{R}^{-1}-\boldsymbol{R}^{-1})\boldsymbol{B}^{\mathrm{T}}]\boldsymbol{P}<\boldsymbol{0} \tag{10.94}$$

证明：证明过程与情形 1 基本相同。微分生成元可以表示为

$$\begin{aligned}\mathscr{L}V=&\boldsymbol{X}^{\mathrm{T}}(\boldsymbol{A}^{\mathrm{T}}\boldsymbol{P}+\boldsymbol{P}\boldsymbol{A}-2\boldsymbol{P}\boldsymbol{B}\boldsymbol{R}^{-1}\boldsymbol{B}^{\mathrm{T}}\boldsymbol{P})\boldsymbol{X}\\&+\boldsymbol{X}^{\mathrm{T}}(\Delta\boldsymbol{A}^{\mathrm{T}}\boldsymbol{P}+\boldsymbol{P}\Delta\boldsymbol{A}-\boldsymbol{P}\boldsymbol{B}\boldsymbol{R}^{-1}\Delta\boldsymbol{B}^{\mathrm{T}}\boldsymbol{P}-\boldsymbol{P}\Delta\boldsymbol{B}\boldsymbol{R}^{-1}\boldsymbol{B}^{\mathrm{T}}\boldsymbol{P})\boldsymbol{X}\\&+\sigma^2(\Delta\boldsymbol{H}^{\mathrm{T}}\boldsymbol{P}\Delta\boldsymbol{H}+\boldsymbol{H}^{\mathrm{T}}\boldsymbol{P}\Delta\boldsymbol{H}+\Delta\boldsymbol{H}^{\mathrm{T}}\boldsymbol{P}\boldsymbol{H}+\boldsymbol{H}^{\mathrm{T}}\boldsymbol{P}\boldsymbol{H})\end{aligned} \tag{10.95}$$

同时，根据不确定项匹配性条件，可以得到如下不等式：

$$\begin{aligned}&\boldsymbol{X}^{\mathrm{T}}(\Delta\boldsymbol{A}^{\mathrm{T}}\boldsymbol{P}+\boldsymbol{P}\Delta\boldsymbol{A})\boldsymbol{X}\\&=\boldsymbol{X}^{\mathrm{T}}[(\boldsymbol{E}_1\boldsymbol{\Sigma}_1\boldsymbol{F}_1)^{\mathrm{T}}\boldsymbol{P}+\boldsymbol{P}^{\mathrm{T}}(\boldsymbol{E}_1\boldsymbol{\Sigma}_1\boldsymbol{F}_1)]\boldsymbol{X}\\&=\boldsymbol{X}^{\mathrm{T}}[(\boldsymbol{\Sigma}_1\boldsymbol{F}_1)^{\mathrm{T}}\boldsymbol{E}_1^{\mathrm{T}}\boldsymbol{P}+(\boldsymbol{E}_1^{\mathrm{T}}\boldsymbol{P})^{\mathrm{T}}\boldsymbol{\Sigma}_1\boldsymbol{F}_1]\boldsymbol{X}\\&\leqslant\boldsymbol{X}^{\mathrm{T}}[(\boldsymbol{\Sigma}_1\boldsymbol{F}_1)^{\mathrm{T}}\boldsymbol{\Sigma}_1\boldsymbol{F}_1+(\boldsymbol{E}_1^{\mathrm{T}}\boldsymbol{P})^{\mathrm{T}}\boldsymbol{E}_1^{T}\boldsymbol{P}]\boldsymbol{X}\leqslant\boldsymbol{X}^{\mathrm{T}}(\boldsymbol{F}_1^{\mathrm{T}}\boldsymbol{F}_1+P\boldsymbol{E}_1\boldsymbol{E}_1^{\mathrm{T}}\boldsymbol{P})\boldsymbol{X}\end{aligned} \tag{10.96}$$

$$\begin{aligned}&\boldsymbol{X}^{\mathrm{T}}(-\boldsymbol{P}\boldsymbol{B}\boldsymbol{R}^{-1}\Delta\boldsymbol{B}^{\mathrm{T}}\boldsymbol{P}-\boldsymbol{P}\Delta\boldsymbol{B}\boldsymbol{R}^{-1}\boldsymbol{B}^{\mathrm{T}}\boldsymbol{P})\boldsymbol{X}\\&=\boldsymbol{X}^{\mathrm{T}}[(-\boldsymbol{\Sigma}_2\boldsymbol{F}_2\boldsymbol{R}^{-1}\boldsymbol{B}^{\mathrm{T}}\boldsymbol{P})^{\mathrm{T}}\boldsymbol{E}_2^{\mathrm{T}}\boldsymbol{P}+(\boldsymbol{E}_2^{\mathrm{T}}\boldsymbol{P})^{\mathrm{T}}(-\boldsymbol{\Sigma}_2\boldsymbol{F}_2\boldsymbol{R}^{-1}\boldsymbol{B}^{\mathrm{T}}\boldsymbol{P})]\boldsymbol{X}\\&\leqslant\boldsymbol{X}^{\mathrm{T}}[\boldsymbol{P}\boldsymbol{B}\boldsymbol{R}^{-1}\boldsymbol{F}_2^{\mathrm{T}}\boldsymbol{\Sigma}_2^{\mathrm{T}}\boldsymbol{\Sigma}_2\boldsymbol{F}_2\boldsymbol{R}^{-1}\boldsymbol{B}^{\mathrm{T}}\boldsymbol{P}+\boldsymbol{P}\boldsymbol{E}_2\boldsymbol{E}_2^{\mathrm{T}}\boldsymbol{P}]\boldsymbol{X}\\&\leqslant\boldsymbol{X}^{\mathrm{T}}[\boldsymbol{P}\boldsymbol{B}\boldsymbol{R}^{-1}\boldsymbol{F}_2^{\mathrm{T}}\boldsymbol{F}_2\boldsymbol{R}^{-1}\boldsymbol{B}^{\mathrm{T}}\boldsymbol{P}+\boldsymbol{P}\boldsymbol{E}_2\boldsymbol{E}_2^{\mathrm{T}}\boldsymbol{P}]\boldsymbol{X}\end{aligned} \tag{10.97}$$

$$\Delta\boldsymbol{H}^{\mathrm{T}}\boldsymbol{P}\Delta\boldsymbol{H}\leqslant\frac{1}{2}\Delta\boldsymbol{H}^{\mathrm{T}}\Delta\boldsymbol{H}+\frac{1}{2}\Delta\boldsymbol{H}^{\mathrm{T}}\boldsymbol{P}\boldsymbol{P}\Delta\boldsymbol{H}\leqslant\frac{1}{2}[l_a+\lambda_{\max}(\boldsymbol{P}^2)l_a] \tag{10.98}$$

$$\Delta\boldsymbol{H}^{\mathrm{T}}\boldsymbol{P}\boldsymbol{H}+\boldsymbol{H}^{\mathrm{T}}\boldsymbol{P}\Delta\boldsymbol{H}\leqslant\Delta\boldsymbol{H}^{\mathrm{T}}\Delta\boldsymbol{H}+\boldsymbol{H}^{\mathrm{T}}\boldsymbol{P}\boldsymbol{P}\boldsymbol{H}\leqslant l_a+\lambda_{\max}(\boldsymbol{P}^2)\|\boldsymbol{H}\|^2 \tag{10.99}$$

将式 (10.96)~ 式 (10.99) 代入式 (10.95) 得

$$\begin{aligned}\mathscr{L}V\leqslant&\boldsymbol{X}^{\mathrm{T}}(\boldsymbol{A}^{\mathrm{T}}\boldsymbol{P}+\boldsymbol{P}\boldsymbol{A}-2\boldsymbol{P}\boldsymbol{B}\boldsymbol{R}^{-1}\boldsymbol{B}^{\mathrm{T}}\boldsymbol{P})\boldsymbol{X}+\boldsymbol{X}^{\mathrm{T}}(\boldsymbol{F}_1^{\mathrm{T}}\boldsymbol{F}_1+\boldsymbol{P}\boldsymbol{E}_1\boldsymbol{E}_1^{\mathrm{T}}\boldsymbol{P})\boldsymbol{X}\\&+\boldsymbol{X}^{\mathrm{T}}(\boldsymbol{P}\boldsymbol{B}\boldsymbol{R}^{-1}\boldsymbol{F}_2^{\mathrm{T}}\boldsymbol{F}_2\boldsymbol{R}^{-1}\boldsymbol{B}^{\mathrm{T}}\boldsymbol{P}+\boldsymbol{P}\boldsymbol{E}_2\boldsymbol{E}_2^{\mathrm{T}}\boldsymbol{P})\boldsymbol{X}\\&+\sigma^2\left\{\frac{l_a}{2}[3+\lambda_{\max}(\boldsymbol{P}^2)]+(\lambda_{\max}(\boldsymbol{P}^2)+\lambda_{\max}(\boldsymbol{P}))\|\boldsymbol{H}\|^2\right\}\\=&\boldsymbol{X}^{\mathrm{T}}(-\boldsymbol{Q}-\boldsymbol{P}\boldsymbol{B}\boldsymbol{R}^{-1}\boldsymbol{B}^{\mathrm{T}}\boldsymbol{P})\boldsymbol{X}\\&+\boldsymbol{X}^{\mathrm{T}}(\boldsymbol{P}\boldsymbol{E}_1\boldsymbol{E}_1^{\mathrm{T}}\boldsymbol{P}+\boldsymbol{F}_1^{\mathrm{T}}\boldsymbol{F}_1+\boldsymbol{P}\boldsymbol{E}_2\boldsymbol{E}_2^{\mathrm{T}}\boldsymbol{P}+\boldsymbol{P}\boldsymbol{B}\boldsymbol{R}^{-1}\boldsymbol{F}_2^{\mathrm{T}}\boldsymbol{F}_2\boldsymbol{R}^{-1}\boldsymbol{B}^{\mathrm{T}}\boldsymbol{P})\boldsymbol{X}\\&+\sigma^2\left\{\frac{l_a}{2}[3+\lambda_{\max}(\boldsymbol{P}^2)]+(\lambda_{\max}(\boldsymbol{P}^2)+\lambda_{\max}(\boldsymbol{P}))\|\boldsymbol{H}\|^2\right\}\\=&\boldsymbol{X}^{\mathrm{T}}\{-\boldsymbol{Q}+\boldsymbol{F}_1^{\mathrm{T}}\boldsymbol{F}_1+\boldsymbol{P}[\boldsymbol{E}_1\boldsymbol{E}_1^{\mathrm{T}}+\boldsymbol{E}_2\boldsymbol{E}_2^{\mathrm{T}}+\boldsymbol{B}(\boldsymbol{R}^{-1}\boldsymbol{F}_2^{\mathrm{T}}\boldsymbol{F}_2\boldsymbol{R}^{-1}-\boldsymbol{R}^{-1})\boldsymbol{B}^{\mathrm{T}}]\boldsymbol{P}\}\boldsymbol{X}\\&+\sigma^2\left\{\frac{l_a}{2}[3+\lambda_{\max}(\boldsymbol{P}^2)]+(\lambda_{\max}(\boldsymbol{P}^2)+\lambda_{\max}(\boldsymbol{P}))\|H\|^2\right\}\end{aligned} \tag{10.100}$$

记

$$-\bar{\boldsymbol{Q}} = -\boldsymbol{Q} + \boldsymbol{F}_1^{\mathrm{T}}\boldsymbol{F}_1 + \boldsymbol{P}[\boldsymbol{E}_1\boldsymbol{E}_1^{\mathrm{T}} + \boldsymbol{E}_2\boldsymbol{E}_2^{\mathrm{T}} + \boldsymbol{B}(\boldsymbol{R}^{-1}\boldsymbol{F}_2^{\mathrm{T}}\boldsymbol{F}_2\boldsymbol{R}^{-1} - \boldsymbol{R}^{-1})\boldsymbol{B}^{\mathrm{T}}]\boldsymbol{P} \tag{10.101}$$

$$\mu = \sigma^2\left\{\frac{l_a}{2}[3 + \lambda_{\max}(\boldsymbol{P}^2)] + (\lambda_{\max}(\boldsymbol{P}^2) + \lambda_{\max}(\boldsymbol{P}))\|\boldsymbol{H}\|^2\right\} \tag{10.102}$$

则式 (10.100) 可写为

$$\mathscr{L}V \leqslant -\boldsymbol{X}^{\mathrm{T}}\bar{\boldsymbol{Q}}\boldsymbol{X} + \mu \tag{10.103}$$

之后的证明步骤与情形 1 相同，此处省略。即闭环不确定随机系统在最优反馈情况下，关于均方一致实用稳定。证毕。

10.5.3 带加性噪声随机线性时变系统均方实用稳定性

考虑如下带加性随机不确定 Itô 时变系统[252]：

$$\begin{cases} \dot{\boldsymbol{X}}(t) = [\boldsymbol{A}(t) + \Delta\boldsymbol{A}(t)]\boldsymbol{X}(t) + [\boldsymbol{B}(t) + \Delta\boldsymbol{B}(t)]\boldsymbol{u}(t) + [\boldsymbol{H}(t) + \Delta\boldsymbol{H}(t)]\boldsymbol{W}(t) \\ \boldsymbol{X}(t_0) = \boldsymbol{X}_0 \end{cases} \tag{10.104}$$

式中，$\boldsymbol{A}(t) \in \mathbf{R}^{n\times n}$, $\boldsymbol{B}(t) \in \mathbf{R}^{n\times m}$, $\boldsymbol{H}(t) \in \mathbf{R}^n$ 为时变矩阵；$\Delta\boldsymbol{A}(t) \in \mathbf{R}^{n\times n}$, $\Delta\boldsymbol{B}(t) \in \mathbf{R}^{n\times m}$, $\Delta\boldsymbol{H}(t) \in \mathbf{R}^n$ 为不确定项；$\boldsymbol{W}(t)$ 为一维标准布朗运动。

针对系统式 (10.104) 的标称系统，最优二次型代价函数为

$$J = E\left[\frac{1}{2}\int_0^{\infty}(\boldsymbol{X}^{\mathrm{T}}(t)\boldsymbol{Q}(t)\boldsymbol{X}(t) + \boldsymbol{u}^{\mathrm{T}}(t)\boldsymbol{R}(t)\boldsymbol{u}(t))\mathrm{d}t\right] \tag{10.105}$$

式中，$\boldsymbol{Q}(t)$ 为非负定矩阵；$\boldsymbol{R}(t)$ 为正定矩阵。

根据最优控制理论，最优控制量为

$$\boldsymbol{u}^*(t) = -\boldsymbol{R}(t)^{-1}\boldsymbol{B}^{\mathrm{T}}(t)\bar{\boldsymbol{P}}(t)\boldsymbol{X}(t) \tag{10.106}$$

式中，$\bar{\boldsymbol{P}}(t) = \lim\limits_{t_f\to\infty}\boldsymbol{P}(t, t_f)$，$\boldsymbol{P}(t) = \boldsymbol{P}(t, t_f)$ 是如下里卡蒂方程的非负定解：

$$\begin{cases} \dot{\boldsymbol{P}}(t) = -\boldsymbol{P}(t)\boldsymbol{A}(t) - \boldsymbol{A}^{\mathrm{T}}(t)\boldsymbol{P}(t) - \boldsymbol{Q}(t) + \boldsymbol{P}(t)\boldsymbol{B}(t)\boldsymbol{R}^{-1}(t)\boldsymbol{B}^{\mathrm{T}}(t)\boldsymbol{P}(t) \\ \lim\limits_{t,t_f\to\infty}\boldsymbol{P}(t, t_f) = 0 \end{cases} \tag{10.107}$$

若存在对称非负定矩阵 $\boldsymbol{Q}_0(t)$、$\boldsymbol{R}_0(t)$ 和正常数 γ_a、γ_b、γ_h，使

$$\Delta\boldsymbol{A}^{\mathrm{T}}\Delta\boldsymbol{A} \leqslant \gamma_a\boldsymbol{Q}_0(t), \quad \Delta\boldsymbol{B}^{\mathrm{T}}\Delta\boldsymbol{B} \leqslant \gamma_b\boldsymbol{R}_0(t), \quad \Delta\boldsymbol{H}^{\mathrm{T}}\Delta\boldsymbol{H} \leqslant \gamma_h \tag{10.108}$$

且权重矩阵 $\boldsymbol{Q}(t)$、$\boldsymbol{R}(t)$ 选取为

$$\boldsymbol{Q}(t) = \boldsymbol{Q}_0(t) + \boldsymbol{Q}_1(t), \quad \boldsymbol{R}(t) = \boldsymbol{R}_0(t) + \boldsymbol{R}_1(t) \tag{10.109}$$

式中，$\boldsymbol{Q}_1(t)$、$\boldsymbol{R}_1(t)$ 是给定对称矩阵。

定理 10.18 称闭环随机不确定系统式 (10.104) 在最优控制式 (10.106) 下是均方实用稳定的，如果如下两个条件成立：

1）存在 $\bar{\boldsymbol{P}}_1(t)=\lim\limits_{t_f\to\infty}\boldsymbol{P}_1(t,t_f)$，其中 $\boldsymbol{P}_1(t)=\boldsymbol{P}_1(t,t_f)$ 是如下李雅普诺夫方程的解：

$$\begin{cases} -\dot{\boldsymbol{P}}_1(t)=\boldsymbol{P}_1(t)\boldsymbol{A}(t)+\boldsymbol{A}^{\mathrm{T}}(t)\boldsymbol{P}_1(t)+\boldsymbol{Q}(t) \\ \lim\limits_{t,t_f\to\infty}\boldsymbol{P}_1(t,t_f)=0 \end{cases} \tag{10.110}$$

且如下不等式成立：

$$\left\|\bar{\boldsymbol{P}}_1\right\|\leqslant\rho_1,\quad \|\boldsymbol{H}\|\leqslant\rho_2,\quad \boldsymbol{Q}_1>\bar{\boldsymbol{P}}_1[(\gamma_a+\gamma_b)\boldsymbol{I}-\boldsymbol{B}\boldsymbol{R}^{-1}\boldsymbol{R}_1\boldsymbol{R}^{-1}\boldsymbol{B}^{\mathrm{T}}]\bar{\boldsymbol{P}}_1 \tag{10.111}$$

2）存在 $\bar{\boldsymbol{P}}_2(t)=\lim\limits_{t_f\to\infty}\boldsymbol{P}_2(t,t_f)$，其中 $\boldsymbol{P}_2(t)=\boldsymbol{P}_2(t,t_f)$ 是如下李雅普诺夫方程的解：

$$\begin{cases} -\dot{\boldsymbol{P}}_2(t)=\boldsymbol{P}_2(t)\boldsymbol{A}(t)+\boldsymbol{A}^{\mathrm{T}}(t)\boldsymbol{P}_2(t)+\boldsymbol{Q}(t)-\boldsymbol{P}_1(t)\boldsymbol{B}(t)\boldsymbol{R}(t)^{-1}\boldsymbol{B}(t)^{\mathrm{T}}\boldsymbol{P}_1(t) \\ \lim\limits_{t,t_f\to\infty}\boldsymbol{P}_2(t,t_f)=0 \end{cases} \tag{10.112}$$

证明：将最优控制量代入系统方程得

$$\dot{\boldsymbol{X}}=[(\boldsymbol{A}+\Delta\boldsymbol{A})-(\boldsymbol{B}+\Delta\boldsymbol{B})\boldsymbol{R}^{-1}\boldsymbol{B}^{\mathrm{T}}\bar{\boldsymbol{P}}]\boldsymbol{X}+(\boldsymbol{H}+\Delta\boldsymbol{H})\boldsymbol{W}=(\bar{\boldsymbol{A}}+\Delta\bar{\boldsymbol{A}})\boldsymbol{X}+\bar{\boldsymbol{H}}\boldsymbol{W} \tag{10.113}$$

式中，$\bar{\boldsymbol{A}}=\boldsymbol{A}-\boldsymbol{B}\boldsymbol{R}^{-1}\boldsymbol{B}^{\mathrm{T}}\bar{\boldsymbol{P}}$；$\Delta\bar{\boldsymbol{A}}=\Delta\boldsymbol{A}-\Delta\boldsymbol{B}\boldsymbol{R}^{-1}\boldsymbol{B}^{\mathrm{T}}\bar{\boldsymbol{P}}$；$\bar{\boldsymbol{H}}=\boldsymbol{H}+\Delta\boldsymbol{H}$。

记 $\boldsymbol{X}(t)=\boldsymbol{X}(t,t_0,\boldsymbol{X}_0)$ 为系统的解，定义李雅普诺夫函数为

$$V(\boldsymbol{X}(t),t)=\boldsymbol{X}^{\mathrm{T}}(t)\bar{\boldsymbol{P}}(t)\boldsymbol{X}(t) \tag{10.114}$$

式中，$\bar{\boldsymbol{P}}$ 即为式 (10.107) 中定义的里卡蒂方程解的极限。V 函数的微分生成元为

$$\mathscr{L}V=\frac{\partial V}{\partial t}+\left(\frac{\partial V}{\partial \boldsymbol{X}}\right)^{\mathrm{T}}(\bar{\boldsymbol{A}}+\Delta\bar{\boldsymbol{A}})\boldsymbol{X}+\bar{\boldsymbol{H}}^{\mathrm{T}}\frac{\partial^2 V}{\partial \boldsymbol{X}^2}\bar{\boldsymbol{H}} \tag{10.115}$$

展开可得

$$\begin{aligned} \mathscr{L}V&=\boldsymbol{X}^{\mathrm{T}}[\dot{\bar{\boldsymbol{P}}}+\bar{\boldsymbol{P}}(\boldsymbol{A}+\Delta\bar{\boldsymbol{A}})+(\boldsymbol{A}+\Delta\boldsymbol{A})^{\mathrm{T}}\bar{\boldsymbol{P}}]\boldsymbol{X}+\bar{\boldsymbol{H}}^{\mathrm{T}}\bar{\boldsymbol{P}}\bar{\boldsymbol{H}} \\ &=\boldsymbol{X}^{\mathrm{T}}[(\dot{\bar{\boldsymbol{P}}}+\bar{\boldsymbol{P}}\bar{\boldsymbol{A}}+\bar{\boldsymbol{A}}^{\mathrm{T}}\bar{\boldsymbol{P}})+(\bar{\boldsymbol{P}}\Delta\bar{\boldsymbol{A}}+\Delta\bar{\boldsymbol{A}}^{\mathrm{T}}\bar{\boldsymbol{P}})]\boldsymbol{X} \\ &\quad+\boldsymbol{H}^{\mathrm{T}}\bar{\boldsymbol{P}}\boldsymbol{H}+\Delta\boldsymbol{H}^{\mathrm{T}}\bar{\boldsymbol{P}}\boldsymbol{H}+\boldsymbol{H}^{\mathrm{T}}\bar{\boldsymbol{P}}\Delta\boldsymbol{H}+\Delta\boldsymbol{H}^{\mathrm{T}}\boldsymbol{P}\Delta\boldsymbol{H} \\ &=\lim_{t_f\to\infty}[\boldsymbol{X}^{\mathrm{T}}(\dot{\boldsymbol{P}}+\boldsymbol{P}\boldsymbol{A}+\boldsymbol{A}^{\mathrm{T}}\boldsymbol{P}-2\boldsymbol{P}\boldsymbol{B}\boldsymbol{R}^{-1}\boldsymbol{B}^{\mathrm{T}}\boldsymbol{P})\boldsymbol{X}] \\ &\quad+\lim_{t_f\to\infty}[\boldsymbol{X}(\boldsymbol{P}\Delta\boldsymbol{A}+\Delta\boldsymbol{A}^{\mathrm{T}}\boldsymbol{P}-\boldsymbol{P}\Delta\boldsymbol{B}\boldsymbol{R}^{-1}\boldsymbol{B}\boldsymbol{P}-\boldsymbol{P}\boldsymbol{B}\boldsymbol{R}^{-1}\Delta\boldsymbol{B}^{\mathrm{T}}\boldsymbol{P})\boldsymbol{X}] \\ &\quad+\lim_{t_f\to\infty}(\boldsymbol{H}^{\mathrm{T}}\bar{\boldsymbol{P}}\boldsymbol{H}+\Delta\boldsymbol{H}^{\mathrm{T}}\bar{\boldsymbol{P}}\boldsymbol{H}+\boldsymbol{H}^{\mathrm{T}}\bar{\boldsymbol{P}}\Delta\boldsymbol{H}+\Delta\boldsymbol{H}^{\mathrm{T}}\bar{\boldsymbol{P}}\Delta\boldsymbol{H}) \\ &=\lim_{t_f\to\infty}[\boldsymbol{X}^{\mathrm{T}}(-\boldsymbol{Q}-\boldsymbol{P}\boldsymbol{B}\boldsymbol{R}^{-1}\boldsymbol{B}^{\mathrm{T}}\boldsymbol{P})\boldsymbol{X}] \\ &\quad+\lim_{t_f\to\infty}[\boldsymbol{X}(\boldsymbol{P}\Delta\boldsymbol{A}+\Delta\boldsymbol{A}^{\mathrm{T}}\boldsymbol{P}-\boldsymbol{P}\Delta\boldsymbol{B}\boldsymbol{R}^{-1}\boldsymbol{B}\boldsymbol{P}-\boldsymbol{P}\boldsymbol{B}\boldsymbol{R}^{-1}\Delta\boldsymbol{B}^{\mathrm{T}}\boldsymbol{P})\boldsymbol{X}] \\ &\quad+\lim_{t_f\to\infty}(\boldsymbol{H}^{\mathrm{T}}\bar{\boldsymbol{P}}\boldsymbol{H}+\Delta\boldsymbol{H}^{\mathrm{T}}\bar{\boldsymbol{P}}\boldsymbol{H}+\boldsymbol{H}^{\mathrm{T}}\bar{\boldsymbol{P}}\Delta\boldsymbol{H}+\Delta\boldsymbol{H}^{\mathrm{T}}\bar{\boldsymbol{P}}\Delta\boldsymbol{H}) \end{aligned} \tag{10.116}$$

根据 10.5.1 节中的相关引理和不等式，可得如下不等式成立：

$$\boldsymbol{X}^{\mathrm{T}}[\boldsymbol{P}\Delta\boldsymbol{A}+\Delta\boldsymbol{A}^{\mathrm{T}}\boldsymbol{P}]\boldsymbol{X}\leqslant\gamma_a\boldsymbol{X}^{\mathrm{T}}\boldsymbol{P}^2\boldsymbol{X}+\frac{1}{\gamma_a}\boldsymbol{X}^{\mathrm{T}}\Delta\boldsymbol{A}^{\mathrm{T}}\Delta\boldsymbol{A}\boldsymbol{X}\leqslant\gamma_a\boldsymbol{X}^{\mathrm{T}}\boldsymbol{P}^2\boldsymbol{X}+\boldsymbol{X}^{\mathrm{T}}\boldsymbol{Q}_0\boldsymbol{X} \tag{10.117}$$

$$\begin{aligned}&\boldsymbol{X}^{\mathrm{T}}(-\boldsymbol{P}\Delta\boldsymbol{B}\boldsymbol{R}^{-1}\boldsymbol{B}\boldsymbol{P}-\boldsymbol{P}\boldsymbol{B}\boldsymbol{R}^{-1}\Delta\boldsymbol{B}^{\mathrm{T}}\boldsymbol{P})\boldsymbol{X}\\&\leqslant\gamma_b\boldsymbol{X}^{\mathrm{T}}\boldsymbol{P}^2\boldsymbol{X}+\frac{1}{\gamma_b}\boldsymbol{X}^{\mathrm{T}}\boldsymbol{P}\boldsymbol{B}\boldsymbol{R}^{-1}\Delta\boldsymbol{B}\Delta\boldsymbol{B}^{\mathrm{T}}\boldsymbol{R}^{-1}\boldsymbol{B}^{\mathrm{T}}\boldsymbol{P}\boldsymbol{X}\\&\leqslant\gamma_b\boldsymbol{X}^{\mathrm{T}}\boldsymbol{P}^2\boldsymbol{X}+\boldsymbol{X}^{\mathrm{T}}\boldsymbol{P}\boldsymbol{B}\boldsymbol{R}^{-1}\boldsymbol{R}_0\boldsymbol{R}^{-1}\boldsymbol{B}^{\mathrm{T}}\boldsymbol{P}\boldsymbol{X}\end{aligned} \tag{10.118}$$

$$\Delta\boldsymbol{H}^{\mathrm{T}}\boldsymbol{P}\Delta\boldsymbol{H}\leqslant\|\boldsymbol{P}\|\,\Delta\boldsymbol{H}^{\mathrm{T}}\Delta\boldsymbol{H}\leqslant\|\boldsymbol{P}\|\,\gamma_h \tag{10.119}$$

$$\Delta\boldsymbol{H}^{\mathrm{T}}\boldsymbol{P}\boldsymbol{H}+\boldsymbol{H}^{\mathrm{T}}\boldsymbol{P}\Delta\boldsymbol{H}\leqslant\Delta\boldsymbol{H}^{\mathrm{T}}\Delta\boldsymbol{H}+\boldsymbol{H}^{\mathrm{T}}\boldsymbol{P}\boldsymbol{P}\boldsymbol{H}\leqslant\gamma_h+\boldsymbol{H}^{\mathrm{T}}\boldsymbol{P}^2\boldsymbol{H} \tag{10.120}$$

将式 (10.117)~ 式 (10.120) 代入式 (10.116) 得到

$$\begin{aligned}\mathscr{L}V\leqslant&\lim_{t_f\to\infty}\{\boldsymbol{X}^{\mathrm{T}}[-\boldsymbol{Q}+\boldsymbol{Q}_0+(\gamma_a+\gamma_b)\boldsymbol{P}^2+\boldsymbol{P}\boldsymbol{B}(\boldsymbol{R}^{-1}\boldsymbol{R}_0\boldsymbol{R}^{-1}-\boldsymbol{R}^{-1})\boldsymbol{B}^{\mathrm{T}}\boldsymbol{P}]\boldsymbol{X}\}\\&+\lim_{t_f\to\infty}[\boldsymbol{H}^{\mathrm{T}}(\boldsymbol{P}+\boldsymbol{P}^2)\boldsymbol{H}+(1+\|\boldsymbol{P}\|)\gamma_h]\end{aligned} \tag{10.121}$$

记

$$\begin{cases}\boldsymbol{L}_1=\lim\limits_{t_f\to\infty}[\boldsymbol{Q}+\boldsymbol{P}\boldsymbol{B}\boldsymbol{R}^{-1}\boldsymbol{B}^{\mathrm{T}}\boldsymbol{P}-\boldsymbol{Q}_0-(\gamma_a+\gamma_b)\boldsymbol{P}^2-\boldsymbol{P}\boldsymbol{B}\boldsymbol{R}^{-1}\boldsymbol{R}_0\boldsymbol{R}^{-1}\boldsymbol{B}^{\mathrm{T}}\boldsymbol{P}]\\\boldsymbol{L}_2=\lim\limits_{t_f\to\infty}[\boldsymbol{H}^{\mathrm{T}}(\boldsymbol{P}+\boldsymbol{P}^2)\boldsymbol{H}+(1+\|\boldsymbol{P}\|)\gamma_h]\end{cases} \tag{10.122}$$

可得

$$\mathscr{L}V\leqslant-\boldsymbol{X}^{\mathrm{T}}\boldsymbol{L}_1\boldsymbol{X}+\boldsymbol{L}_2 \tag{10.123}$$

从以上不等式中可以看出，必须解出矩阵 $\boldsymbol{P}$ 的表达式，才能进行进一步推导。然而里卡蒂方程式 (10.107) 很难获得解析解。因此，下面提出一种通过解李雅普诺夫方程代替解里卡蒂方程来分析稳定性问题的方法。

记 $\bar{\boldsymbol{Q}}=\boldsymbol{Q}-\boldsymbol{P}\boldsymbol{B}\boldsymbol{R}^{-1}\boldsymbol{B}^{\mathrm{T}}\boldsymbol{P}\leqslant\boldsymbol{Q}$，式 (10.107) 可以表示为

$$\dot{\boldsymbol{P}}=-\boldsymbol{P}\boldsymbol{A}-\boldsymbol{A}^{\mathrm{T}}\boldsymbol{P}-\bar{\boldsymbol{Q}} \tag{10.124}$$

注意：定理的第一个条件，即 $\dot{\boldsymbol{P}}_1=-\boldsymbol{P}_1\boldsymbol{A}-\boldsymbol{A}^{\mathrm{T}}\boldsymbol{P}_1-\boldsymbol{Q}$。根据积分理论，可得

$$\boldsymbol{P}\leqslant\boldsymbol{P}_1 \tag{10.125}$$

即 $\bar{\boldsymbol{P}}\leqslant\bar{\boldsymbol{P}}_1$，$\|\bar{\boldsymbol{P}}\|\leqslant\|\bar{\boldsymbol{P}}_1\|<\rho_1$ 成立。

将以上结果代入式 (10.122) 得到

$$\begin{aligned}\boldsymbol{L}_1&=\lim_{t_f\to\infty}[\boldsymbol{Q}+\boldsymbol{P}\boldsymbol{B}\boldsymbol{R}^{-1}\boldsymbol{B}^{\mathrm{T}}\boldsymbol{P}-\boldsymbol{Q}_0-(\gamma_a+\gamma_b)\boldsymbol{P}^2-\boldsymbol{P}\boldsymbol{B}\boldsymbol{R}^{-1}\boldsymbol{R}_0\boldsymbol{R}^{-1}\boldsymbol{B}^{\mathrm{T}}\boldsymbol{P}]\\&=\boldsymbol{Q}-\boldsymbol{Q}_0+\bar{\boldsymbol{P}}\boldsymbol{B}(\boldsymbol{R}^{-1}\boldsymbol{R}\boldsymbol{R}^{-1}-\boldsymbol{R}^{-1}\boldsymbol{R}_0\boldsymbol{R}^{-1})\boldsymbol{B}^{\mathrm{T}}\bar{\boldsymbol{P}}-(\gamma_a+\gamma_b)\boldsymbol{P}^2\\&=\boldsymbol{Q}_1+\bar{\boldsymbol{P}}\boldsymbol{B}\boldsymbol{R}^{-1}\boldsymbol{R}_1\boldsymbol{R}^{-1}\boldsymbol{B}^{\mathrm{T}}\bar{\boldsymbol{P}}-(\gamma_a+\gamma_b)\bar{\boldsymbol{P}}^2\\&=\boldsymbol{Q}_1-\bar{\boldsymbol{P}}[(\gamma_a+\gamma_b)\boldsymbol{I}-\boldsymbol{B}\boldsymbol{R}^{-1}\boldsymbol{R}_1\boldsymbol{R}^{-1}\boldsymbol{B}^{\mathrm{T}}]\bar{\boldsymbol{P}}\\&\geqslant\boldsymbol{Q}_1-\bar{\boldsymbol{P}}_1[(\gamma_a+\gamma_b)\boldsymbol{I}-\boldsymbol{B}\boldsymbol{R}^{-1}\boldsymbol{R}_1\boldsymbol{R}^{-1}\boldsymbol{B}^{\mathrm{T}}]\bar{\boldsymbol{P}}_1\triangleq\boldsymbol{M}\end{aligned} \tag{10.126}$$

$$\begin{aligned}
\boldsymbol{L}_2 &= \lim_{t_f\to\infty}[\boldsymbol{H}^{\mathrm{T}}(\boldsymbol{P}+\boldsymbol{P}^2)\boldsymbol{H}+(1+\|\boldsymbol{P}\|)\gamma_h] \\
&= \boldsymbol{H}^{\mathrm{T}}\bar{\boldsymbol{P}}\boldsymbol{H}+\boldsymbol{H}^{\mathrm{T}}\bar{\boldsymbol{P}}^2\boldsymbol{H}+(1+\|\bar{\boldsymbol{P}}\|)\gamma_h \\
&\leqslant \|\boldsymbol{H}\|^2\|\bar{\boldsymbol{P}}\|+\|\boldsymbol{H}\|^2\|\bar{\boldsymbol{P}}\|^2+(1+\|\boldsymbol{P}\|)\gamma_h \\
&\leqslant \|\boldsymbol{H}\|^2\|\bar{\boldsymbol{P}}_1\|+\|\boldsymbol{H}\|^2\|\bar{\boldsymbol{P}}_1\|^2+\gamma_h(1+\|\bar{\boldsymbol{P}}_1\|) \\
&< \rho_2^2\rho_1+\rho_2^2\rho_1^2+\gamma_h(1+\rho_1)\triangleq\mu
\end{aligned} \tag{10.127}$$

由于 $\boldsymbol{Q}_1>\bar{\boldsymbol{P}}_1[(\gamma_a+\gamma_b)\boldsymbol{I}-\boldsymbol{B}\boldsymbol{R}^{-1}\boldsymbol{R}_1\boldsymbol{R}^{-1}\boldsymbol{B}^{\mathrm{T}}]\bar{\boldsymbol{P}}_1$，因此上式中 $\boldsymbol{M}>0$，故下式成立：

$$\mathscr{L}V\leqslant-\boldsymbol{X}^{\mathrm{T}}\boldsymbol{M}\boldsymbol{X}+\mu,\quad M>0 \tag{10.128}$$

利用 $[E(V)]'=E(\mathscr{L}V)$，可得

$$\begin{aligned}
[E(V)]' &= E(\mathscr{L}V)=-E(\boldsymbol{X}^{\mathrm{T}}\boldsymbol{M}\boldsymbol{X})+\mu \\
&\leqslant -\lambda_{\min}(\boldsymbol{M})E(\|\boldsymbol{X}\|^2)+\mu=-\frac{\lambda_{\min}(\boldsymbol{M})}{\|\bar{\boldsymbol{P}}_1\|}E(V)+\mu \\
&\leqslant \frac{\lambda_{\min}(\boldsymbol{M})}{\rho_1}E(V)+\mu\triangleq-\beta E(V)+\mu
\end{aligned} \tag{10.129}$$

式中，$\beta=\lambda_{\min}(\boldsymbol{M})/\rho_1>0$。由式 (10.124) 可以看出，可被直接求解的李雅普诺夫方程的解，代替了不容易求解的里卡蒂方程的解，用于推导稳定性条件。根据微分方程解的比较原理，有

$$E(V)\leqslant E(V(t_0))\mathrm{e}^{-\beta(t-t_0)}+\frac{\mu}{\beta},\quad t\geqslant t_0 \tag{10.130}$$

由于 $\beta>0$，故有 $\mathrm{e}^{-\beta(t-t_0)}\leqslant1$，$\forall t\geqslant t_0$，可得

$$\begin{aligned}
E(V) &\leqslant E[V(t_0)]+\frac{\mu}{\beta}\leqslant E[\boldsymbol{X}(t_0)^{\mathrm{T}}\bar{\boldsymbol{P}}\boldsymbol{X}(t_0)]+\frac{\mu}{\beta} \\
&\leqslant \|\bar{\boldsymbol{P}}\|\,E[\|\boldsymbol{X}(t_0)\|^2]+\frac{\mu}{\beta}<(\|\bar{\boldsymbol{P}}_1(t)\|+1)E[\|\boldsymbol{X}(t_0)\|^2]+\frac{\mu}{\beta}
\end{aligned} \tag{10.131}$$

注意：$E(V)=E(\boldsymbol{X}\bar{\boldsymbol{P}}\boldsymbol{X})\geqslant\lambda_{\min}(\bar{\boldsymbol{P}})E(\|\boldsymbol{X}\|^2)$。必须对矩阵 $\boldsymbol{P}$ 进行相关限制，才能分解出 $E(\|\boldsymbol{X}\|^2)$ 以继续推导。

由 $\boldsymbol{P}\leqslant\boldsymbol{P}_1$ 知如下不等式成立：

$$\boldsymbol{Q}-\boldsymbol{P}_1\boldsymbol{B}\boldsymbol{R}^{-1}\boldsymbol{B}^{\mathrm{T}}\boldsymbol{P}_1\leqslant\boldsymbol{Q}-\boldsymbol{P}\boldsymbol{B}\boldsymbol{R}^{-1}\boldsymbol{B}^{\mathrm{T}}\boldsymbol{P} \tag{10.132}$$

结合式 (10.107) 和式 (10.112)，根据积分理论可得

$$\boldsymbol{P}_2\leqslant\boldsymbol{P} \tag{10.133}$$

即 $\bar{\boldsymbol{P}}_2\leqslant\bar{\boldsymbol{P}}$。根据定理条件 2 可知 $\bar{\boldsymbol{P}}_2$ 是正定的，因此 $\bar{\boldsymbol{P}}_1$ 是正定的。再由 $\lambda_{\min}(\bar{\boldsymbol{P}})\cdot E(\|\boldsymbol{X}\|^2)\leqslant E(V)$ 可知如下不等式成立：

$$E[\|\boldsymbol{X}(t)\|^2]\leqslant\frac{E(V)}{\lambda_{\min}(\bar{\boldsymbol{P}})}\leqslant\frac{E(V)}{\lambda_{\min}(\bar{\boldsymbol{P}}_2)} \tag{10.134}$$

将式 (11.124) 代入上式得

$$\begin{aligned}E[\|\boldsymbol{X}(t)\|^2] &< \frac{1}{\lambda_{\min}(\bar{\boldsymbol{P}}_2)}\left[\left(\|\bar{\boldsymbol{P}}_1\|+1\right)E(\|\boldsymbol{X}(t_0)\|^2)+\frac{\mu}{\beta}\right] \\ &< \frac{\rho_1+1}{\lambda_{\min}(\bar{\boldsymbol{P}}_2)}E(\|\boldsymbol{X}(t_0)\|^2)+\frac{\mu}{\lambda_{\min}(\bar{\boldsymbol{P}}_2)\beta} \\ &\triangleq \alpha E[\|\boldsymbol{X}(t_0)\|^2]+W \end{aligned} \tag{10.135}$$

式中

$$\alpha=\frac{\rho_1+1}{\lambda_{\min}(\bar{\boldsymbol{P}}_2)}>1,\quad W=\frac{\mu}{\lambda_{\min}(\bar{\boldsymbol{P}}_2)\beta}$$

因此，对于任意的 $E[\|X(t_0)\|^2]<\lambda$，记 $\theta(\lambda)=\alpha\lambda+\dfrac{\mu}{\beta\lambda_{\min}(\boldsymbol{P})}$。由于 $\alpha>1$，故有 $\theta(\lambda)>\lambda$，即存在实数 $\varLambda$ 满足 $\varLambda>\theta(\lambda)>\lambda>0$，使得下式成立：

$$E[\|\boldsymbol{X}(t)\|^2]<\varLambda$$

根据定义可知，不确定性随机时变系统在最优控制器 $\boldsymbol{u}^*(t)$ 下的闭环系统是均方实用稳定的。证毕。

注解 10.6 若不用李雅普诺夫方程的解 $\bar{\boldsymbol{P}}_1(t)$、$\bar{\boldsymbol{P}}_2(t)$ 作为判别条件，而只用 $\bar{\boldsymbol{P}}(t)$ 作为判别条件也可以，定理的条件为：$\left\|\bar{\boldsymbol{P}}(t)\right\|\leqslant\rho_1$，$\|\boldsymbol{H}(t)\|\leqslant\rho_2$，且 $\bar{\boldsymbol{P}}(t)$ 为正定矩阵即可。但此判据只有理论价值，在实际应用中无法获得里卡蒂微分方程的解。而上述定理可以求解并进行判断。

10.6 本章小结

本章共分为四部分。第一部分给出了各种稳定性的定义；第二部分详细研究了带有乘性噪声的随机系统均方稳定性，给出了一系列均方稳定性判据；第三部分针对带有加性噪声随机线性系统，给出了一系列均方实用稳定性判据；最后一部分针对随机闭环系统，给出了相应的稳定性判据，以及相应的鲁棒控制器算法。

第 11 章　随机系统参数优化

11.1　引　　言

在最优控制中，常用的方法可以分为解析方法和数值方法[15,70,78-79]。

解析方法通常是指所求问题的解可以用具体的数学表达式来表示；而数值方法通常是指不能直接用某种形式的数学表达式来表达，但它必须有规则、算法及运算来确保可求出问题的解。解析方法必须具备大量的关于被控对象的方程及过程的先验信息，首先将系统表示成具体的数学表达式，然后利用已知的数学规则来获得此问题的具体数学表达式的解。

除非是线性问题，许多优化问题都很难获得解析解。对于非线性问题，要想得到解析解是非常困难的。在实际应用中也是没有必要的。通常使用线性化方法或使用数值方法获得近似解。

最优系统理论及应用的重要方面就是研究在复杂的非线性情况下求解优化问题的方法。一般情况下，尽可能地使用解析方法，从而获得以微分方程或代数方程表示的解析解，并且，确保它的数值解在实际中可以很方便地使用。例如，使用统计线性化的卡尔曼滤波方法。

大多数数值优化算法采用指定结构的数学模型。此模型的结构通过实验、仿真建模或解析算法获得，而模型中的某些参数可以使用优化算法来确定。

目前，最复杂的数值算法就是从一些非常复杂的系统结构中选出一种，以确保此种结构的所有必需的参数为最优[78-79,159,162]。比较典型的算法是随机搜索法[78-79]，以及近年来广泛应用于人工智能领域的随机梯度下降法等[164-167,174-179,253-257]。

11.2　基于随机搜索法的参数优化

11.2.1　问题提出

假设，最优系统的结构为

$$\boldsymbol{Y} = A(\boldsymbol{S}, \boldsymbol{Y}, \boldsymbol{X}, t)\boldsymbol{X} \tag{11.1}$$

式中，$\boldsymbol{X} = [X_1, \cdots, X_n]^{\mathrm{T}}$ 为输入向量；$\boldsymbol{Y} = [Y_1, \cdots, Y_n]^{\mathrm{T}}$ 为输出向量；A 为系统算子（系统的运算结构）；$\boldsymbol{S} = [s_1, \cdots, s_r]^{\mathrm{T}}$ 为最优参数向量；t 为时间。系统结构由算子结构 A 确定。通过获得系统参数，可以完全确定整个系统。算子 A 与 $\boldsymbol{X}$ 及 $\boldsymbol{Y}$ 的非线性依赖关系确定了系统的非线性特性，而 A 与 t 的依赖关系决定系统的时变性，因此算子 A 具有形式 $A(\boldsymbol{S}, t)$。若 A 只依赖于参数 $\boldsymbol{S}$，即 $A = A(\boldsymbol{S})$，则系统是时间不变的。

一般情况下，我们对系统结构不作限制。

若系统为一般动力学系统，则连续时间情形可以表示为

$$\dot{\boldsymbol{Y}} = \boldsymbol{f}(\boldsymbol{S}, \boldsymbol{Y}, \boldsymbol{X}, t)$$

离散时间情形为

$$\boldsymbol{Y}_{k+1} = \boldsymbol{f}(\boldsymbol{S}, \boldsymbol{Y}_k, \boldsymbol{X}_k, t_k)$$

若系统的结构是可变的，如它可以表示为

$$\boldsymbol{Y} = \begin{cases} \int_{t_0}^{t} \boldsymbol{f}(\boldsymbol{S}, \boldsymbol{Y}, \boldsymbol{X}, \tau)\mathrm{d}\tau, & \boldsymbol{X} \leqslant a_x \\ \boldsymbol{f}(\boldsymbol{S}, \boldsymbol{X}), & \boldsymbol{X} > a_x \end{cases}$$

输入向量 $\boldsymbol{X}(t)$ 可以是随机的，它包含有用信号和干扰噪声。此时，假设有用信号及干扰噪声的概率特征已知，或者假设在真实环境中可获得其样本。

系统参数优化问题：确定向量 $\boldsymbol{S} = \boldsymbol{S}_0$, 使其满足下式：

$$I(\boldsymbol{S}_0) = \max_{\boldsymbol{S} \subseteq \Omega_S} I(\boldsymbol{S}), \text{或} \quad I(\boldsymbol{S}_0) = \min_{\boldsymbol{S} \subseteq \Omega_S} I(\boldsymbol{S})$$

式中，$\boldsymbol{S}_0$ 为参数向量 $\boldsymbol{S}$ 的最优值；$I(\boldsymbol{S})$ 为系统的泛函值；Ω_S 为 $\boldsymbol{S}$ 的可达集。一般情况下，$I(\boldsymbol{S})$ 可表示为

$$I(\boldsymbol{S}) = E[F(\boldsymbol{S}, \boldsymbol{Y}, \boldsymbol{Y}_T, t_k)] \tag{11.2}$$

式中，$F(\boldsymbol{S}, \boldsymbol{Y}, \boldsymbol{Y}_T, t_k)$ 为给定的泛函；$\boldsymbol{S}$ 为系统参数；$\boldsymbol{Y}, \boldsymbol{Y}_T$ 分别为实际的输出信号和需求信号；t_k 为系统终止时间，它可以是固定的，也可以是不固定的；E 为求数学期望运算。

与式 (11.2) 有关的泛函通常表示为概率 $P(\theta|\boldsymbol{S})$。其中，θ 为某个概率事件，反映系统的某些需求及约束分量。下面引入新的变量，称它为特征随机值：

$$F_\theta(\boldsymbol{S}) = \begin{cases} 1, & \theta\text{出现} \\ 0, & \overline{\theta}\text{出现} \end{cases} \tag{11.3}$$

则泛函 $P(\theta|\boldsymbol{S})$ 可以表示为

$$I(\boldsymbol{S}) = P(\theta|\boldsymbol{S}) = E[F_\theta(\boldsymbol{S})] \tag{11.4}$$

由于参数优化问题是从一类参数集 Ω_S 中寻找某个 $\boldsymbol{S}_0$，使泛函 $I(\boldsymbol{S})$ 在 $\boldsymbol{S}_0$ 达到最大值或最小值。集合 Ω_S 可以是参数向量 $\boldsymbol{S}$ 的约束集或无约束集。

由等式表示的如下约束集：

$$\Omega_S: \ q_i(\boldsymbol{S}) = 0 \qquad (i = 1, \cdots, m) \tag{11.5}$$

称为第一类约束集。

由不等式表示的如下约束集：

$$\Omega_S:\ h_i(\boldsymbol{S})\geqslant 0 \qquad (i=m+1,\cdots,p) \tag{11.6}$$

称为第二类约束集。

一般情况下，约束集 Ω_S 既包含第一类，也包含第二类，即

$$\Omega_S:\ \begin{cases} q_i(\boldsymbol{S})=0 & (i=1,\cdots,m) \\ h_i(\boldsymbol{S})\geqslant 0 & (i=m+1,\cdots,p) \end{cases} \tag{11.7}$$

式中，$p\leqslant r$，r 为 $\boldsymbol{S}$ 的维数。这样，求系统参数优化问题就转化为确定系统参数的向量 $\boldsymbol{S}=\boldsymbol{S}_0$，满足限制条件式 (11.7), 并使泛函 $I(\boldsymbol{S})$ 在参数 $\boldsymbol{S}_0$ 达到极大值或极小值。

为了便于理解，下面给出一些实际优化的例子加以说明。

例 11.1 考虑由 n 维状态方程描述的如下系统：

$$\dot{\boldsymbol{X}}=\boldsymbol{AX}+\boldsymbol{u}+\boldsymbol{V},\ \boldsymbol{X}(0)=\boldsymbol{X}_0$$
$$\boldsymbol{Y}=\boldsymbol{X}+\boldsymbol{N}$$

式中，$\boldsymbol{X}$ 系统状态向量；$\boldsymbol{Y}$ 为观测向量；$\boldsymbol{u}$ 为控制向量；$\boldsymbol{A}$ 为已知矩阵，满足 $|u_i|\leqslant U_{0i}$；高斯白噪声向量 $\boldsymbol{V}(t)\in\mathcal{N}(\boldsymbol{0},\boldsymbol{G}\delta(t))$，$\mathcal{N}(\boldsymbol{0},\boldsymbol{Q}\delta(t))$。

使用第 7 章介绍的局部最大值原理，使用局部最优准则，即

$$\min_{u\in U_0} E(\boldsymbol{\eta}^{\mathrm{T}}\boldsymbol{\Gamma}\boldsymbol{\eta})$$

可获得最优控制的解析结构，即

$$\boldsymbol{u}=-\boldsymbol{U}_0\mathrm{sign}(\boldsymbol{\Gamma}\widehat{\boldsymbol{\eta}})$$

式中，$\widehat{\boldsymbol{\eta}}=\widehat{\boldsymbol{X}}(t)-\boldsymbol{x}_T(t)$，$\widehat{\boldsymbol{X}}(t)$ 为状态向量 $\boldsymbol{X}(t)$ 的最优估计，$\boldsymbol{x}_T(t)$ 为状态向量的理论需求值；矩阵 $\boldsymbol{\Gamma}$ 为正定对角矩阵。

要求选择正定对角矩阵 $\boldsymbol{\Gamma}$ 的元素，使系统的状态 $\boldsymbol{X}(t)$ 能够很好地跟踪理论需求值 $\boldsymbol{x}_T(t)$。

解：定义向量参数 $\boldsymbol{S}$ 为矩阵 $\boldsymbol{\Gamma}$ 的所有对角元素；定义 θ_i 为满足条件 $|X_i(t)-X_{T_i}(t)|\leqslant\varepsilon_i(t)$ 的随机事件，而 $\varepsilon_i(t)\,(i=1,\cdots,n)$ 为事先确定的正数。事件 θ 为 θ_i 的积事件，即 $\theta=\prod_{i=1}^{n}\theta_i$。因此，参数优化问题就是确定一组参数向量 $\boldsymbol{S}=\boldsymbol{S}_0$，满足下列方程

$$P(\theta|\boldsymbol{S}_0)=\max_{\boldsymbol{S}}P(\theta|\boldsymbol{S})$$

式中，$P(\theta|\boldsymbol{S})$ 为向量 $\boldsymbol{S}$ 确定时事件 θ 出现的条件概率，在此问题中，系统的函数值为 $I(\boldsymbol{S})=P(\theta|\boldsymbol{S})$。

例 11.2 考虑卡尔曼滤波器结构的参数优化问题。假设卡尔曼滤波器结构为

$$\dot{\widehat{\boldsymbol{X}}}=\boldsymbol{A}\widehat{\boldsymbol{X}}+\boldsymbol{B}(\boldsymbol{Y}-\boldsymbol{CX}),\ \boldsymbol{X}(0)=\boldsymbol{X}_0$$

式中，测量向量 $\boldsymbol{Y}$ 由下列方程确定：

$$\boldsymbol{Y} = \boldsymbol{C}\boldsymbol{X} + \boldsymbol{N}$$

式中，$\boldsymbol{A}$、$\boldsymbol{C}$ 为已知矩阵；高斯白噪声向量 $\boldsymbol{N} \in \mathcal{N}(\boldsymbol{0}, \boldsymbol{Q}\delta(t))$。

要求选择矩阵 $\boldsymbol{B}$ 的元素，使滤波器的状态估计 $\widehat{\boldsymbol{X}}(t)$ 能够很好地估计系统状态 $\boldsymbol{X}(t)$。

解： 定义向量参数 $\boldsymbol{S}$ 为矩阵 $\boldsymbol{B}$ 的所有元素；定义 θ_i 为满足条件 $|\widehat{X}_i(t) - X_i(t)| \leqslant \varepsilon_i(t)$ 的随机事件，而 $\varepsilon_i(t)\,(i = 1, \cdots, n)$ 为事先确定的正数。事件 θ 为 θ_i 的积事件，即 $\theta = \prod_{i=1}^{n} \theta_i$。因此，参数优化问题就是确定一组参数向量 $\boldsymbol{S} = \boldsymbol{S}_0$，满足下列方程：

$$I(\boldsymbol{S}_0) = P(\theta|\boldsymbol{S}_0) = \max_{\boldsymbol{S}} P(\theta|\boldsymbol{S})$$

式中，$P(\theta|\boldsymbol{S})$ 为向量 $\boldsymbol{S}$ 确定时事件 θ 出现的条件概率。此时，系统的函数值 $I(\boldsymbol{S}) = P(\theta|\boldsymbol{S})$。

11.2.2 随机搜索法分类

随机搜索法与通常所介绍的各种调节算法不同。在随机搜索法中，序列 $\boldsymbol{S}(n), n = 1, 2, \cdots$ 是随机的。在随机系统中，序列的随机性既与函数值 $F(\boldsymbol{S})$ 的随机性有关，也与在计算过程中的每一步所选择的系统参数 $\boldsymbol{S}$ 的随机性有关。

在自然界中，随机搜索法的最好例子就是达尔文的进化论——自然或人工抽样。在这里，随机元素以变异的形式出现，它具有随机特性。这种变异可能是好的，也可能是不好的。通常情况下，前一种变异存活的机会及随机繁殖子代的能力比后一种大。这样，在下一次人工或自然选择时，存活下来的子代的存活能力就更强。这个过程类似本书介绍的随机搜索法。

随机搜索法可以按条件分为以下几组。

（1）被动随机搜索法

此算法可以表示为

$$\boldsymbol{S} = A^{\Gamma}(f_c(\boldsymbol{S})) \tag{11.8}$$

式中，A^{Γ} 为带有概率密度 $f_c(\boldsymbol{S})$ 的随机状态向量 $\boldsymbol{S}$ 的振荡发生器运算。被动搜索方法的主要特点是在搜索过程中其概率分布规则 $f_c(\boldsymbol{S})$ 是不变的。它的主要任务就是在 $f_c(\boldsymbol{S})$ 的某一确定概率分布规则下，通过对随机搜索结果的统计处理来确定系统参数向量的最优值 $\boldsymbol{S}_0$。

（2）参数递归的随机搜索法

此算法可表示为

$$\boldsymbol{S}_{n+1} = \boldsymbol{S}_n + r_n \boldsymbol{\Delta}_n^0 \tag{11.9}$$

式中，r_n 为搜索步长；$\boldsymbol{\Delta}_n^0$ 为单位向量，由它来确定搜索方向。

一般情况下，搜索步长 r_n 及单位向量 $\boldsymbol{\Delta}_n^0$ 是随机的，但在有些搜索步骤中它们也可以是确定的。

（3）特征概率可调节的随机搜索法

此算法可以表示为如下形式：

$$\boldsymbol{S}_{n+1} = A^{\Gamma}(f_{n+1}^{(c)}(\boldsymbol{S})) \tag{11.10}$$

式中

$$f_{n+1}^{(c)}(\boldsymbol{S}) = f_n^{(c)}(\boldsymbol{S}) + \Delta_n f_c(\boldsymbol{S}) \tag{11.11}$$

在状态参数 $\boldsymbol{S}$ 的每一次搜索中，随机选择的概率密度 $f_c(\boldsymbol{S})$ 可随式 (11.11) 做相应的改变。在有些情况下, 式 (11.11) 可以表示成特征矩的形式。它由产生随机向量 $\boldsymbol{S}$ 的随机振荡器 A^{Γ} 的分布规律确定。此方法是由苏联学者格纳科夫首先提出的，称为非梯度随机搜索法。关于此方法中概率特征的调节问题可以由搜索过程的“区域”来刻画。当式 (11.11) 中的 $\Delta_n f_c(\boldsymbol{S})$ 确定后，可以使用前面步骤获得的先验知识，如在非梯度自学习随机搜索法中，由概率密度 $f_c(\boldsymbol{S})$ 确定搜索区域，当 $n \to \infty$ 时，它收敛于系统参数向量的最优值。

（4）混合随机搜索法

此方法是由以上几种方法组合而成的。在有些情况下，组合算法既包含参数调节，又包含概率特征的调节。随机算法可以这样进行，在每一个独立的搜索步骤中可以使用不同的组合算法。

若在搜索过程中，进行下一步计算时使用了前一步获得的关于系统的后验信息，则称此搜索算法为自适应搜索算法。根据自适应算法原理，既可以构造参数调节算法，也可以构造概率特征调节算法。

由自适应搜索算法的定义，很容易看出，被动随机搜索法不是自适应的。由于它的概率密度 $f_c(\boldsymbol{S})$ 在搜索过程中是固定不变的, 通常基于先验知识事先给定。以上讨论了随机搜索法的分类问题，下面，给出两种常用的梯度随机搜索法。非梯度随机搜索法将从下一节开始逐步地介绍。

11.2.3 随机逼近法

随机逼近法是梯度随机搜索法的一种。它主要用来解决随机系统中的参数优化问题，即寻找最优的系统参数向量 $\boldsymbol{S} = \boldsymbol{S}_0$，满足下式：

$$I(\boldsymbol{S}_0) = \max_{\boldsymbol{S} \subseteq \Omega_S} I(\boldsymbol{S}), \text{或} \quad I(\boldsymbol{S}_0) = \min_{\boldsymbol{S} \subseteq \Omega_S} I(\boldsymbol{S}) \tag{11.12}$$

式中，$I(\boldsymbol{S}) = E[F(\boldsymbol{S})]$，$F(\boldsymbol{S})$ 为随机函数，E 为求数学期望运算。具体算法如下：

$$\boldsymbol{S}_{n+1} = \boldsymbol{S}_n - r_n \widehat{\nabla} F(\boldsymbol{S}_n) \tag{11.13}$$

式中，$\widehat{\nabla} F(\boldsymbol{S}_n)$ 为函数 $F(\boldsymbol{S}_n)$ 的梯度估计值，它也是随机的，由下式确定 (图 11.1)：

$$\widehat{\nabla}_i F(\boldsymbol{S}_n) = \frac{1}{2g_n}[F(\boldsymbol{S}_n + g_n \boldsymbol{e}_i) - F(\boldsymbol{S}_n - g_n \boldsymbol{e}_i)] \qquad (i = 1, 2, 3, \cdots, r) \tag{11.14}$$

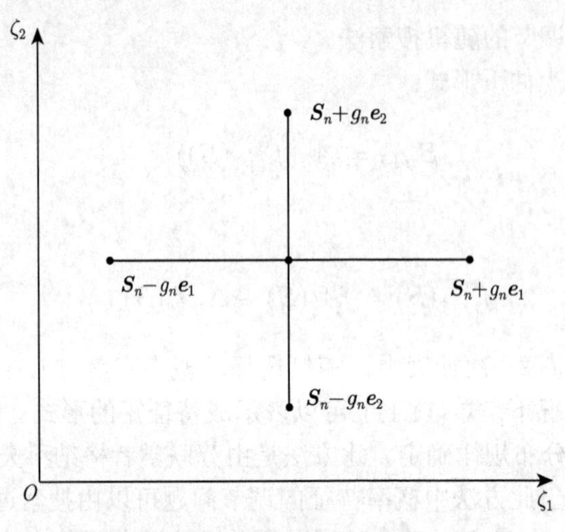

图 11.1　成对样本构成

图中，仅考虑二维情形，ζ_1, ζ_2 分别为随机变量，g_n 为第 n 步试验步长，$\boldsymbol{S}_n$ 为第 n 步状态向量，$\boldsymbol{e}_1, \boldsymbol{e}_2$ 分别为单位坐标矢量。为了随机逼近过程能收敛到极值点 $\boldsymbol{S}_0$，即 $\boldsymbol{S}_0$ 满足式 (11.12)，必须满足下列条件：

$$\begin{cases} r_n > 0,\, g_n > 0 \\ \lim_{n\to\infty} r_n = 0,\, \lim_{n\to\infty} g_n = 0 \\ \displaystyle\sum_{n=1}^{\infty} r_n = \infty \\ \displaystyle\sum_{n=1}^{\infty} \left(\frac{r_n}{g_n}\right)^2 < \infty \end{cases} \tag{11.15}$$

下面对这四个条件逐一作以说明。

1）对于求极小化问题是必须的，若求极大化问题，必须 $r_n < 0$。

2）对于寻找精确的极值点是必须的。若 r_n 不趋于 0，则由于 $F(\boldsymbol{S})$ 的随机性，搜索过程将永远不会停止。若 $\lim_{n\to\infty} g_n \neq 0$，则基于上述算法的 $\widehat{\nabla}F(\boldsymbol{S})$ 的均值可能不趋于梯度值。这样，$\widehat{\nabla}I(\boldsymbol{S})$ 的估计是有偏差的，从而不可能精确地确定 $I(\boldsymbol{S})$ 的极值。

3）与能否达到极值点无关，目的是使当 n 增加时，r_n 不至于减少得太快。

4）确保在函数极限附近领域的搜索过程快速地逼近函数极限。比例大小 $\left(\dfrac{r_n}{g_n}\right)^2$ 刻画了第 $n+1$ 步的搜索方差。这个方差与 r_n 的平方成正比，步长 g_n 的大小刻画梯度的估计精度，g_n 越大, 梯度 $\nabla F(\boldsymbol{S}_n)$ 的估计越精确。偏差 $\Delta_n = r_n \widehat{\nabla}F(\boldsymbol{S}_n)$ 的方差与 g_n^2 成反比。

为了说明问题，取一个一维系统为例。

假设

$$F(\xi) = \xi^2 + \xi$$

式中，ξ 为干扰信号，表示均值为零、方差为 D_ξ 的独立增量过程。下面给定搜索增量的方差。由于

$$\Delta_n = r_n \widehat{\nabla} F(\varsigma_n) = \frac{r_n}{2g_n}[(\varsigma_n + g_n)^2 + \xi_{n,1} - (\varsigma_n - g_n)^2 - \xi_{n,2}]$$

式中，$\xi_{n,1}$、$\xi_{n,2}$ 为当 $F(\varsigma)$ 在第一、第二个成对样本点取值时的随机干扰。因此，可求出方差 D_{Δ_n} 为

$$D_{\Delta_n} = \left(\frac{r_n}{g_n}\right)^2 D_\xi$$

在实际应用中，通常还要增加一些并不困难的条件。

1）在极值点 S_0 的领域，应该满足下列条件：

$$\langle (S - S_0), \nabla I(S) \rangle > 0 \tag{11.16}$$

这是指向量 $(S - S_0)$ 与函数值梯度向量 $\nabla I(S)$ 在极值点的邻域内夹角为锐角。

2）满足如下不等式：

$$\nabla^{\mathrm{T}} I(S) \nabla I(S) \leqslant K[1 + (S - S_0)^{\mathrm{T}}(S - S_0)] \tag{11.17}$$

式中，$K > 0$ 为任意值。这个条件在执行的最后阶段总是满足，因为 K 的任意性，可以将 K 值取得很大以满足上述不等式。这样，使用随机逼近搜索法必须满足式 (11.15)~式 (11.17) 的条件。

11.2.4 带有线性策略的随机搜索法

带有线性策略的随机搜索法就是若在某一步搜索成功，则保持原步长不变；若搜索不成功，则改变原步长。最简单的带有线性策略的随机搜索算法如下：

$$\boldsymbol{S}_{n+1} = \boldsymbol{S}_n + \boldsymbol{\Delta}_n \tag{11.18}$$

式中

$$\boldsymbol{\Delta}_n = \begin{cases} \boldsymbol{\Delta}_c, & \Delta I_n \geqslant 0 \\ \boldsymbol{\Delta}_{n-1}, & \Delta I_n < 0 \end{cases}$$

式中，$\boldsymbol{\Delta}_c$ 是随机增量，其模长足够小，通常假设它们具有相同维数的概率分布。

这个算法非常简单，也很自然。把此随机搜索过程分为正的算法实现 R^+ 与负的算法实现 R^- 两个过程。正的算法实现就是不停地重复原步骤，直到系数值不再递减为止，即到 $\Delta I_n \geqslant 0$ 为止；然后转到负的算法实现，而在负的算法实现中，每次必须选择随机步长 $\boldsymbol{\Delta}_c$，且也重复进行这样的步骤，直到系数值不再递增为止，即到 $\Delta I_n < 0$ 为止；然后又转到正的算法实现 R^+。这样，式 (11.18) 的搜索过程就是在 R^+ 与 R^- 之间随机地来回切换。当 $\Delta I_n \geqslant 0$ 时，R^- 为被动搜索且 $\boldsymbol{\Delta}_c$ 的分布规则不变；当 $\Delta I_n < 0$ 时，算法在参数空间内以固定的步长及方向改变。在此步，先验假设：

$$\nabla I(\boldsymbol{S}_{n+1}) \approx \nabla I(\boldsymbol{S}_n) \tag{11.19}$$

此算法可以用图 11.2 来表示，即

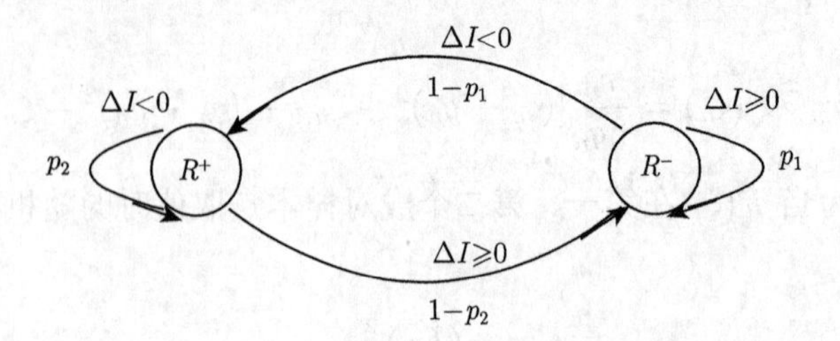

图 11.2　带有线性策略的随机搜索过程

这个图说明此随机算法像一个随机自动机，在两种状态 R^+ 及 R^- 之间随机切换。此结构可以看作随机自动机从一个状态转换到另一个状态，可表示为

$$\begin{matrix} R^+ \\ R^- \end{matrix} \begin{bmatrix} p_1 & 1-p_1 \\ 1-p_2 & p_2 \end{bmatrix}$$

此矩阵称为转移矩阵，转移概率 p_1、p_2 取决于目标优化性质，它的改变依赖参数 S_n。首先，此算法的有效性就是经常重复 R^+ 操作，也就是在循环中，经常重复 $R^+ \to R^+ \to \cdots \to R^+$，使系数值不断减小，从而向极值点 S_0 靠近。因此，概率 P_2 在很大程度上决定了此算法的有效性。若某个优化问题使概率 p_2 接近于 1，这相当于满足条件式 (11.19)。从而，使用此算法非常合适。但是，此算法的有效性还取决于跳出指定循环的概率，即概率 $1-p_1$ 的大小。它相应于确定成功搜索的方向，即满足 $\Delta I < 0$。

下面给出几种下降方向的算法。

（1）纯随机估计算法

此算法就是沿着随机选定的方向进行试验，以确定下降方向的单位向量 $\boldsymbol{\Delta}_c^0$。它是从由均匀分布规则构成的优化参数的所有可能方向的样本中随机选出。$\boldsymbol{\Delta}_c^0$ 可表示为

$$\boldsymbol{\Delta}_c^0 = \mathrm{dir}\boldsymbol{C}$$

式中

$$\mathrm{dir}\boldsymbol{C} = \frac{1}{|\boldsymbol{C}|}\boldsymbol{C} = \sum_{j=1}^{\frac{1}{n}} c_j \begin{bmatrix} c_1 \\ \vdots \\ c_r \end{bmatrix}$$

式中，c_j, j 为 r 个 0 到 1 之间的独立同分布的随机数。

（2）随机样本法

此方法是根据最优性原则选出某个随机样本作为下降方向。具体地说，首先随机给出 m 个单位随机数 $\Delta_{ci}^0(i-1,2,\cdots,m)$，构成 m 个随机样本 $\boldsymbol{S}_n + g_c\boldsymbol{\Delta}_{ci}^0(i=1,2,\cdots,m)$，再针对每个随机样本求出函数值 $I(\boldsymbol{S}_n + g_c\boldsymbol{\Delta}_{ci}^0)(i=1,2,\cdots,m)$；然后根据使函数值 $I(\boldsymbol{S}_n + g_c\boldsymbol{\Delta}_{ci}^0)(i=1,2,\cdots,m)$ 达到最小求出下降方向 $\boldsymbol{\Delta}_c^0$，即下降方向 $\boldsymbol{\Delta}_c^0$ 满足下列方程：

$$I(\boldsymbol{S}_n + g_c\boldsymbol{\Delta}_c^0) = \min_{i=1,2,\cdots,m} I(\boldsymbol{S}_n + g_c\boldsymbol{\Delta}_{c_i}^0)$$

（3）统计梯度法

这种方法是利用所选取的 n 个随机方向的加权平均作为下降方向，即

$$\boldsymbol{\Delta}_c^0 = -\text{dir}\sum_{i=1}^{m}\boldsymbol{\Delta}_{c_i}^0[I(\boldsymbol{S}_n + g_c\boldsymbol{\Delta}_{c_i}^0) - I(\boldsymbol{S}_n)]$$

显然，当 $m = 1$ 时, 这个下降方向即为梯度方向，但不一定是最成功的。实际上，若 $\Delta I < 0$，那么选择 $\boldsymbol{\Delta}_c^0 = \boldsymbol{\Delta}_{ci}^0$ 比较成功；若 $\Delta I > 0$，对于一大类函数来说，选择 $\boldsymbol{\Delta}_c^0 = -\boldsymbol{\Delta}_{ci}^0$ 可证明是成功的。

（4）梯度正交化方法

此方法是从 m 个随机选定的正交下降方向 $\boldsymbol{\Delta}_{ci}^0(i = 1, 2, \cdots, m, m \leqslant r)$ 中选择下降方向 $\boldsymbol{\Delta}_c^0$。即 $\boldsymbol{\Delta}_{ci}^0$ 满足下列方程：

$$(\boldsymbol{\Delta}_{c_i}^0)^{\text{T}}\boldsymbol{\Delta}_{c_i}^0 = \begin{cases} 1, & i = j \\ 0, & i \neq j \end{cases}$$

当 $m = r$ 时，正交样本的个数等于向量 $\boldsymbol{S}$ 的维数，此时，正交方向退化成梯度方向。

实际上，当 $\boldsymbol{\Delta}_{ci}^0 = \boldsymbol{e}_i$ 时，其中，$\boldsymbol{e}_i$ 为单位坐标向量，此方法就回到通过成对样本法确定负梯度方向的方法上。

下面，继续讨论带有线性策略的随机搜索法的第二步——下降算法。下降过程包括沿着由第一步确定的下降方向在参数优化空间内搜索。通常，它的下降过程可以表示成如下迭代算法：

$$\boldsymbol{S}_{n+1} = \boldsymbol{S}_n + \boldsymbol{\Delta}_n \tag{11.20}$$

在每迭代一步之后都要进行计算并判断，以确定是继续下降，还是停止下降并返回到第一步。通常使用以下两种不同的下降算法。

1）成对样本法，$\boldsymbol{\Delta}_n$ 取如下数值：

$$\boldsymbol{\Delta}_n = \begin{cases} r^*\boldsymbol{\Delta}_c^0, & I(\boldsymbol{S}_n + g\boldsymbol{\Delta}_{c_i}^0) - I(\boldsymbol{S}_n - g\boldsymbol{\Delta}_{c_i}^0) < \delta \\ 0, & I(\boldsymbol{S}_n + g\boldsymbol{\Delta}_{c_i}^0) - I(\boldsymbol{S}_n - g\boldsymbol{\Delta}_{c_i}^0) \geqslant \delta \end{cases} \tag{11.21}$$

2）匹配下降法，$\boldsymbol{\Delta}_n$ 取如下数值：

$$\boldsymbol{\Delta}_n = \begin{cases} r^*\boldsymbol{\Delta}_c^0, & I(\boldsymbol{S}_n) - I(\boldsymbol{S}_{n-1}) < \delta \\ 0, & I(\boldsymbol{S}_n) - I(\boldsymbol{S}_{n-1}) \geqslant \delta \end{cases} \tag{11.22}$$

在式 (11.21) 和式 (11.22) 中，下降过程的步长 r^* 为常数，$\delta > 0$ 为某个指定数值。当 $\boldsymbol{\Delta}_n = \boldsymbol{0}$ 时，转到下降过程的第一步。

当然，还有更复杂的下降算法，由于篇幅限制，在这里就不再叙述。

11.3 非梯度随机搜索法

11.3.1 问题提出

前面已经介绍了系统参数优化的一般问题，本节借助非梯度随机搜索法来研究此问题。

假设系统优化结构的运算用 A 表示，它是一个向量变换，可表示为

$$\boldsymbol{Y} = A(\boldsymbol{S}, \boldsymbol{Y}, \boldsymbol{X}, t)\boldsymbol{X}$$

式中，$\boldsymbol{X}(t)$ 为随机输入信号；$\boldsymbol{Y}(t)$ 为随机输出向量；$\boldsymbol{S} = [\xi_1, \cdots, \xi_r]^{\mathrm{T}}$ 为系统参数向量。

首先定义系统的需求，包括对输出信号 $\boldsymbol{Y}(t)$ 的需求及对系统本身的限制；然后定义事件 θ，它是指系统在指定的实现过程中必须完成上述定义的全部需求。

系统参数优化的任务就是要确定系统参数向量，确保以最大概率来执行系统提出的全部需求，即

$$p(\theta|\boldsymbol{S}_0) = \max_{\boldsymbol{S}} p(\theta|\boldsymbol{S})$$

在这里，准则函数 $I(\boldsymbol{S})$ 取为概率 $p(\theta|\boldsymbol{S})$，即

$$I(\boldsymbol{S}) = p(\theta|\boldsymbol{S}) \tag{11.23}$$

在 11.1 节已经介绍，式 (11.23) 的函数值可归结为下述一般类型的函数值，即

$$I(\boldsymbol{S}) = M[F(\boldsymbol{S}, \boldsymbol{Y}, \boldsymbol{Y}_T, t_k)]$$

式中

$$F(\cdot) = F_\theta(\boldsymbol{S}) = \begin{cases} 1, & \theta \quad (\theta \text{ 出现}) \\ 0, & \overline{\theta} \quad (\theta \text{ 未出现}) \end{cases}$$

从而

$$M[F_\theta(\boldsymbol{S})] = 1 \cdot p(\theta|\boldsymbol{S}) + 0 \cdot p(\overline{\theta}|\boldsymbol{S}) = p(\theta|\boldsymbol{S})$$

因此

$$I(\boldsymbol{S}) = M[F_\theta(\boldsymbol{S})] = p(\theta|\boldsymbol{S})$$

明显可以看出，函数 $F_\theta(\boldsymbol{S})$ 为随机函数，取值分别为 0 和 1，此函数是不连续的，从而优化问题的梯度算法不能使用。因此，研究一种针对不连续随机函数的随机搜索法——非梯度随机搜索法。在这里，执行所有需求的最大概率准则非常适用。为了加深对非梯度随机搜索法的了解，先来讨论两个实际问题。

（1）飞机控制系统设计

选择飞机控制系统结构，且该系统应满足某些需求，如当飞机飞向某个指定目标或机场时，应按照某个需求路线飞行。此时，控制误差为

$$E = |\boldsymbol{Y}(t) - \boldsymbol{Y}_T(t)|$$

它不能超过某个指定值，即

$$E \leqslant E_\xi \tag{11.24}$$

并且飞机的飞行参数，如负载、速度、倾角等也不能超过指定值。在这里，准则函数使用最大概率准则，即

$$\max_{\boldsymbol{S}} p(\theta|\boldsymbol{S})$$

式中，$\theta=\theta_1\theta_2\theta_3\cdots$；$\theta_1$ 为执行条件式 (11.24) 的事件；θ_2、θ_3 分别为执行其他各种限制的事件。要求确定导弹控制系统的参数向量 $\boldsymbol{S}=\boldsymbol{S}_0$，使概率 $p(\theta|\boldsymbol{S}))$ 达到最大值。

（2）导弹控制系统设计

在导弹控制系统的设计中，必须选择一系列的需求参数以确保导弹的脱靶量小于某个指定值。这就要求定时引信在导弹与目标之间的距离小于某指定值的地方引爆导弹。在导弹飞向目标的过程中，它的过载不能超过某一个容许值，目标方位也不能超过临界值，它是由导弹上的坐标器决定的。

要求确定导弹控制系统的参数向量 $\boldsymbol{S}=\boldsymbol{S}_0$，使概率 $p(\theta|\boldsymbol{S}))$ 达到最大值。这里，$\theta=\theta_1\theta_2\theta_3$，$\theta_1$ 为导弹满足脱靶量要求的事件，θ_2、θ_3 分别为导弹在飞行过程中满足过载及目标方位限制的事件。

11.3.2 非自学习搜索法

在每一次搜索中，根据指定概率密度 $f_c(\boldsymbol{S})$ 的随机样本，选择系统优化的参数向量 $\boldsymbol{S}$，即

$$\boldsymbol{S}=A^{\Gamma}(f_c(\boldsymbol{S}))$$

式中，A^{Γ} 为带有概率密度 $f_c(\boldsymbol{S})$ 的随机向量 $\boldsymbol{S}$ 发生器。

不难发现，这是一个被动随机搜索法。如图 11.3 所示，在每一次搜索过程中，都需要重构输入信号 $\boldsymbol{X}(t)$，在事件模块 θ 中，将实际输出信号 $\boldsymbol{Y}(t)$ 与理论需求信号 $\boldsymbol{Y}_{\tau}(t)$ 进行比较，并检查是否满足所有限制条件。若系统满足所有限制条件，则认为事件 θ 发生了，并打开开关 K_1，此时，参数向量 $\boldsymbol{S}$ 将通过开关 K_1 进入模块 $\boldsymbol{S}_0$；若在某指定的搜索过程中事件 θ 没有发生，则开关 K_1 保持关闭，参数向量 $\boldsymbol{S}$ 将不能进入模块 $\boldsymbol{S}_0$。图 11.3 中模块 $\boldsymbol{S}_0$ 的任务是求解系统最优参数向量 $\boldsymbol{S}_0$。

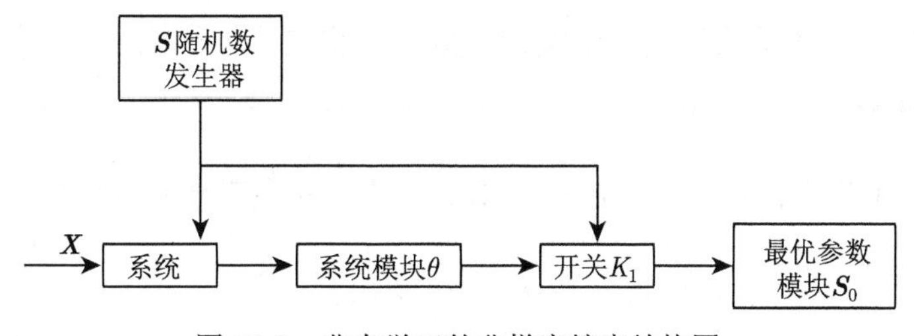

图 11.3 非自学习的非梯度搜索结构图

由概率论的知识可知，随机向量 $\boldsymbol{S}$ 及事件 θ 满足下列关系：

$$f_c(\boldsymbol{S})p(\theta|\boldsymbol{S})=p(\theta)f_{\theta}(\boldsymbol{S}|\theta) \tag{11.25}$$

式中，$p(\theta)$ 为事件 θ 出现时的无条件概率；$p(\theta|\boldsymbol{S})$ 为在系统参数给定时事件 θ 出现的概率；$f_{\theta}(\boldsymbol{S}|\theta)$ 为事件 θ 出现时，向量 $\boldsymbol{S}$ 的概率密度函数。

由式 (11.25)，得

$$p(\theta|\boldsymbol{S}) = p(\theta)\frac{f_\theta(\boldsymbol{S}|\theta)}{f_c(\boldsymbol{S})} \tag{11.26}$$

再由式 (11.26)，可获得系统参数优化的最优性条件为

$$I(\boldsymbol{S}) = p(\theta|\boldsymbol{S}) = \max_{\boldsymbol{S}}\left[p(\theta)\frac{f_\theta(\boldsymbol{S}|\theta)}{f_c(\boldsymbol{S})}\right] \tag{11.27}$$

式中，概率 $p(\theta)$ 不依赖于 $\boldsymbol{S}$，这样，最优参数 $\boldsymbol{S}_0$ 即为下列函数:

$$f^*(\boldsymbol{S}) := \frac{f_\theta(\boldsymbol{S}|\theta)}{f_c(\boldsymbol{S})} \tag{11.28}$$

的最大值。

一般情况下，可以通过求解下列方程得到，即

$$\nabla f^*(\boldsymbol{S}) = \left(\frac{\partial f^*(\boldsymbol{S})}{\partial \boldsymbol{S}}\right)^{\mathrm{T}} = 0 \tag{11.29}$$

由于函数 $f_c(\boldsymbol{S})$ 通常是指定的，称为先验函数；函数 $f_\theta(\boldsymbol{S}|\theta)$ 是由搜索结果得到，因此称为后验函数。

在有些情况下，求解式 (11.28) 的最大值问题非常简单。例如，若先验函数选为等概率规则，即

$$f_c(\boldsymbol{S}) = \begin{cases} a, & \boldsymbol{S} \in \Omega_S \\ 0, & \boldsymbol{S} \notin \Omega_S \end{cases} \tag{11.30}$$

式中，Ω_S 为 $\boldsymbol{S}$ 的允许集；a 为常数。而后验概率密度函数 $f_\theta(\boldsymbol{S}|\theta)$ 为正态分布函数，则

$$\boldsymbol{S}_0 = E[\boldsymbol{S}|\theta] = M_\theta \tag{11.31}$$

显然，模块 $\boldsymbol{S}_0$ 就是求后验数学期望向量，并将它作为最优参数 $\boldsymbol{S}_0$。

11.3.3 搜索速度

假设 $\Omega(n_{k_1})$ 为事件从第一次出现到第 n_{k_1} 次为止所有随机搜索的次数，则有

$$\Delta(n_{k_1}) = \Omega(n_{k_1}) - \Omega(n_{k_1} - 1)$$

为事件第 n_{k_1} 次出现时所需要的随机搜索次数。因此，搜索速度可定义为

$$\Lambda(n_{k_1}) = \frac{1}{\Delta(n_{k_1})} \tag{11.32}$$

明显地，$\Lambda(n_{k_1})$ 越大，事件 θ 在第 n_{k_1} 次出现所需随机搜索次数越少，从而搜索速度越大，形成模块 $\boldsymbol{S}_0$ 的信息就越快。这样，参数优化所需要的时间就越少。

搜索速度 $\Lambda(n_{k_1})$ 为离散变量 n_{k_1} 的函数。当 n_{k_1} 固定时，搜索速度将是随机离散值，但只取正数。对于任意 n_{k_1}，$\Lambda(n_{k_1})$ 的最大值不会超过 1，因此，搜索速度的最大可能值为 1，即

$$\max\Lambda(n_{k_1}) = 1$$

通常使用平均搜索速度$\overline{\Lambda}$ 来讨论搜索过程的有效性。若事件 θ 仅出现一次所需搜索的平均次数记为 $\overline{\Lambda}$，则

$$\overline{\Lambda} = \frac{1}{\overline{\Delta}} \tag{11.33}$$

可以证明，平均搜索速度等于 $p(\theta)$。实际上，当搜索次数 n 很大时，在相同的条件下，概率 $p(\theta)$ 由下式确定：

$$p(\theta) = \frac{n_{k_1}}{n} \tag{11.34}$$

式中，n_{k_1} 为事件 θ 出现的次数。它的总搜索次数 n 为

$$n = \sum_{\nu=1}^{n_{k_1}} \Delta(\nu) \tag{11.35}$$

利用式 (11.34) 和式 (11.35)，可以将 $p(\theta)$ 表示为

$$p(\theta) = \frac{n_{k_1}}{\sum\limits_{\nu=1}^{n_{k_1}} \Delta(\nu)} = \frac{1}{\frac{1}{n_{k_1}} \sum\limits_{\nu=1}^{n_{k_1}} \Delta(\nu)}$$

或利用

$$\frac{1}{n_{k_1}} \sum_{\nu=1}^{n_{k_1}} \Delta(\nu) = \overline{\Delta}$$

最后得

$$p(\theta) = \frac{1}{\overline{\Delta}} \tag{11.36}$$

由式 (11.36) 及式 (11.37)，得

$$p(\theta) = \overline{\Lambda}$$

从而，概率 $p(\theta)$ 刻画了搜索过程的有效性。

由式 (11.26) 可知，概率 $p(\theta)$ 可表示为

$$p(\theta) = p(\theta|\boldsymbol{S}) \frac{f_c(\boldsymbol{S})}{f_\theta(\boldsymbol{S}|\theta)}$$

由上式可以看出，若先验概率分布函数 $f_c(\boldsymbol{S})$ 选择不合理，则随机搜索效果很差；若先验概率分布函数 $f_c(\boldsymbol{S})$ 选择合适，则搜索速度非常快，最优参数向量 $\boldsymbol{S}_0$ 很快被形成。

11.3.4 自学习搜索过程

搜索过程的效率取决于先验概率密度函数 $f_c(\boldsymbol{S})$，那么，是否可以调整任意选取的先验概率密度函数 $f_c(\boldsymbol{S})$，以提高搜索效率并缩短求解优化问题的时间呢？回答是肯定的。可以通过使用后验信息来解决此问题。由于下列不等式成立（图 11.4）：

$$p(\theta)\leqslant p(\theta|\boldsymbol{S}_0) \tag{11.37}$$

因为

$$p(\theta)=\int_{\Omega_c} p(\theta|\boldsymbol{S})f_c(\boldsymbol{S})\mathrm{d}\boldsymbol{S} \tag{11.38}$$

则有

$$p(\theta|\boldsymbol{S}_0)=\sup\{p(\theta|\boldsymbol{S})\}$$

那么，$p(\theta)$ 为关于所有可能值 $\boldsymbol{S}\in\Omega_c$ 的函数 $p(\theta|\boldsymbol{S})$ 取平均，而 $p(\theta|\boldsymbol{S}_0)$ 为函数 $p(\theta|\boldsymbol{S})$ 对 $\boldsymbol{S}$ 取最大值。故不等式 (11.37) 成立。

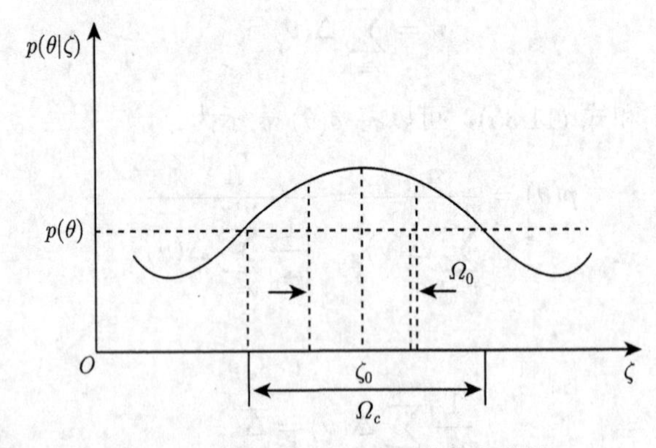

图 11.4 函数 $p(\theta|\zeta)$ 随 ζ 的变化曲线

搜索过程的最大效率应对应于

$$p(\theta)=p(\theta|\boldsymbol{S}_0) \tag{11.39}$$

式中，$\boldsymbol{S}_0$ 为最优参数向量。一般情况下，当 $p(\theta|\boldsymbol{S})$，$\boldsymbol{S}\in\Omega_c$ 接近于 $p(\theta|\boldsymbol{S}_0)$ 时，概率函数 $p(\theta|\boldsymbol{S})$ 变化趋于平缓，存在集合 Ω_0，使得对于任意 $\boldsymbol{S}\in\Omega_0$，$p(\theta|\boldsymbol{S})$ 接近于 $p(\theta|\boldsymbol{S}_0)$。因而，在实际应用中，搜索的最大效率应为

$$p(\theta)=p(\theta|\boldsymbol{S}),\ \boldsymbol{S}\in\Omega_0 \tag{11.40}$$

由式 (11.25) 及式 (11.40) 可得

$$f_0(\boldsymbol{S}|\theta)=f_c(\boldsymbol{S}),\ \boldsymbol{S}\in\Omega_0 \tag{11.41}$$

由以上分析可知，式 (11.41) 可以理解为非梯度随机搜索过程的最大效率特征。当分布函数 $f_c(\boldsymbol{S})$ 任意选定时，若式 (11.41) 不满足，则在最大搜索速度意义下，搜索过

程不可能是最优的。通过观察分布函数 $f_c(\boldsymbol{S})$ 与 $f_\theta(\boldsymbol{S}|\theta)$ 的差，就能知道搜索过程是否变得更有效。可以使用 $f_c(\boldsymbol{S})$ 与 $f_\theta(\boldsymbol{S})$ 的偏差来形成新的更有效的先验分布函数 $f_c(\boldsymbol{S})$。关于对于后验信息有关的先验分布函数 $f_c(\boldsymbol{S})$ 的调整，可以通过反向连接来实现，通过不断的调整，$f_c(\boldsymbol{S})$ 逐渐地向 $f_\theta(\boldsymbol{S})$ 靠近，称此调整过程为自学习过程，图 11.5 给出了自学习过程的流程。当开关 K_2 断开时，自学习过程停止，此时，概率密度函数 $f_c(\boldsymbol{S})$ 与 $f_\theta(\boldsymbol{S}|\theta)$ 将不依赖于搜索步骤 n，搜索过程是平稳的；当开关 K_2 闭合后，自学习过程开始，此时，概率分布函数 $f_c(\boldsymbol{S};n)$ 与 $f_\theta(\boldsymbol{S}|\theta;n)$ 依赖于 n，搜索过程是非平稳的。当搜索步骤 n 增加时，函数 $f_c(\boldsymbol{S};n)$ 接近于函数 $f_\theta(\boldsymbol{S}|\theta;n)$。而任意参数集 Ω_c 收缩到集 Ω_0，从而，函数 $f_c(\boldsymbol{S})$ 可能等于 $f_\theta(\boldsymbol{S}|\theta)$，而当 $n\geqslant n_0$ 时（n_0 为某个固定值），函数 $f_c(\boldsymbol{S};n)$ 与 $f_\theta(\boldsymbol{S}|\theta;n)$ 相等。此时，$\Omega_c=\Omega_0$，从而，搜索过程又转为平稳的，此平稳性说明搜索过程已结束。

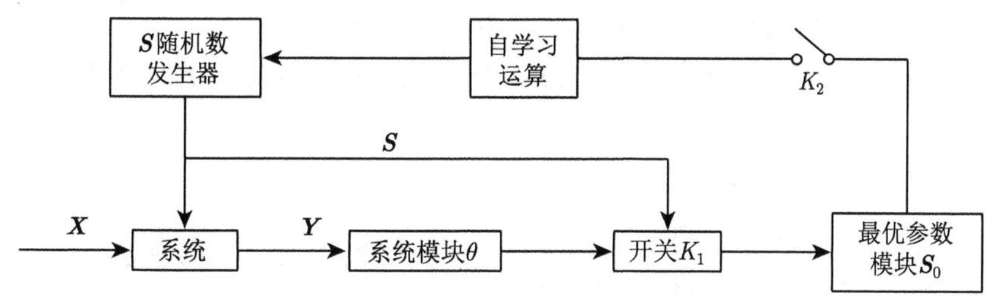

图 11.5 自学习非梯度搜索结构图

$f_c(\boldsymbol{S})$ 逼近 $f_\theta(\boldsymbol{S}|\theta)$ 的过程可以表示成如下迭代算法：

$$f_c(\boldsymbol{S};n+1)=f_c(\boldsymbol{S};n)+\Delta f_c(\boldsymbol{S};n) \tag{11.42}$$

式中，$f_c(\boldsymbol{S};n)$ 为函数 $f_c(\boldsymbol{S})$ 在第 n 步逼近时的函数值；$f_c(\boldsymbol{S};n+1)$ 为此函数在第 $n+1$ 步逼近时的函数值；$\Delta f_c(\boldsymbol{S};n)$ 为 $f_c(\boldsymbol{S})$ 的增量函数。增量 $\Delta f_c(\boldsymbol{S};n)$ 应与后验信息有关，这可以从自学习结构中得到。由于 $f_c(\boldsymbol{S})$ 逼近 $f_\theta(\boldsymbol{S}|\theta)$，那么增量应为

$$\Delta f_c(\boldsymbol{S};n)=f_\theta(\boldsymbol{S}|\theta;n)-f_c(\boldsymbol{S};n) \tag{11.43}$$

将式 (11.41) 代入式 (11.42) 得

$$f_c(\boldsymbol{S};n+1)=f_\theta(\boldsymbol{S}|\theta;n) \tag{11.44}$$

式 (11.44) 说明，在自学习搜索过程中，第 $n+1$ 步搜索时的先验概率密度函数等于第 n 步搜索时的条件概率分布密度函数。

式 (11.42) 与式 (11.43) 称为自学习过程，它可以表示为差分或微分形式，即

$$\Delta f_c(\boldsymbol{S};n)=f_\theta(\boldsymbol{S}|\theta;n)-f_c(\boldsymbol{S};n),\ f_c(\boldsymbol{S};0)=f_0(\boldsymbol{S}) \tag{11.45}$$

式中

$$\Delta f_c(\boldsymbol{S};n)=f_c(\boldsymbol{S};n+1)-f_c(\boldsymbol{S};n)$$

或

$$\frac{\mathrm{d}f_c(\boldsymbol{S},t)}{\mathrm{d}t}=f_\theta(\boldsymbol{S}|\theta;t)-f_c(\boldsymbol{S};t),\ f_c(\boldsymbol{S};0)=f_0(\boldsymbol{S}) \tag{11.46}$$

在式 (11.45) 与式 (11.46) 中，$f_0(\boldsymbol{S})$ 为 $\boldsymbol{S}$ 的先验概率密度函数，它是优化过程的起始值。

11.4 非梯度搜索解析法

11.4.1 自学习搜索过程的收敛性

离散过程 $f_c(\boldsymbol{S};n)(n=1,2,3,\cdots)$ 或连续过程 $f_c(\boldsymbol{S};t)$ 分别为相应于离散方程式 (11.45) 和式 (11.46) 的解，它完全刻画了自学习搜索过程。通过研究发现，当 $n\to\infty$（$t\to\infty$）时，这个过程收敛到 δ 函数在点 $\boldsymbol{S}=\boldsymbol{S}_0$ 的值。

为了分析自学习过程，利用式 (11.25) 及式 (11.38)，将式 (11.45) 及式 (11.46) 转化为

$$\Delta f_c(\boldsymbol{S};n)=\left[\frac{p(\theta|\boldsymbol{S})}{\displaystyle\int_{\Omega_c}p(\theta|\boldsymbol{S})f_c(\boldsymbol{S};n)\mathrm{d}s}-1\right]f_c(\boldsymbol{S};n),\ f_c(\boldsymbol{S};0)=f_0(\boldsymbol{S}) \tag{11.47}$$

或

$$\frac{\mathrm{d}f_c(\boldsymbol{S};t)}{\mathrm{d}t}=\left[\frac{p(\theta|\boldsymbol{S})}{\displaystyle\int_{\Omega_c}p(\theta|\boldsymbol{S})f_c(\boldsymbol{S};t)\mathrm{d}\boldsymbol{S}}-1\right]f_c(\boldsymbol{S};t),\ f_c(\boldsymbol{S};0)=f_0(\boldsymbol{S}) \tag{11.48}$$

在式 (11.45) 及式 (11.46) 中，概率 $p(\theta|\boldsymbol{S})$ 不依赖于 n 及 t。

由于概率

$$p(\theta)=\int_{\Omega_c}p(\theta|\boldsymbol{S})f_c(\boldsymbol{S})\mathrm{d}\boldsymbol{S}$$

依赖于 $f_c(\boldsymbol{S})$，但满足下列条件：

$$0\leqslant p(\theta)\leqslant 1$$

而关于变量 $\boldsymbol{S}$ 的函数 $p(\theta|\boldsymbol{S})$ 也是非负的，且不超过 1。记

$$\Omega_1=\{\boldsymbol{S};\ p(\theta|\boldsymbol{S})>p(\theta)\}$$

对于 $\boldsymbol{S}\in\Omega_1$，有

$$p(\theta|\boldsymbol{S})>p(\theta)$$

从而，得

$$\Delta f_c(\boldsymbol{S};\, n) > 0, \text{或} \quad \mathrm{d}f_c(\boldsymbol{S};\, t)/\mathrm{d}t > 0$$

故自学习过程为非平稳的，函数 $f_c(\boldsymbol{S})$（$\boldsymbol{S} \in \Omega_1$）不受限制地增长，对于 $\boldsymbol{S} \in \Omega_1$，$p(\theta|\boldsymbol{S})/p(\theta)$ 越大，则 $f_c(\boldsymbol{S})$ 增长越快，而在点 $\boldsymbol{S} = \boldsymbol{S}_0$，增长是最快的。从而在点 $\boldsymbol{S} = \boldsymbol{S}_0$，$p(\theta|\boldsymbol{S})/p(\theta)$ 取得最大值。

记

$$\Omega_2 = \left\{ \boldsymbol{S}; \text{满足}\, 0 < \frac{p(\theta|\boldsymbol{S})}{p(\theta)} < 1 \right\}$$

当 $\boldsymbol{S} \in \Omega_2$ 时，式 (11.47) 及式 (11.48) 是平稳的，且随着 n 或 t 的增大，$f_c(\boldsymbol{S})$ 递减，直到最后趋于零。对于 $\boldsymbol{S} \in \Omega_2$，若 $p(\theta|\boldsymbol{S})/p(\theta)$ 越小，则 $f_c(\boldsymbol{S})$ 递减也越快。

我们注意到，在上述讨论中，对于任意的 n（t），若 $f_c(\boldsymbol{S};\, n)$（$f_c(\boldsymbol{S};\, t)$）满足下式：

$$\int_{\Omega_c} f_c(\boldsymbol{S};\, n)\mathrm{d}\boldsymbol{S} = 1, \quad \text{或} \int_{\Omega_c} f_c(\boldsymbol{S};\, t)\mathrm{d}\boldsymbol{S} = 1$$

则当 $p(\theta)$ 增大时，过程平稳区域 Ω_2 将增大，而过程非平稳区域 Ω_1 将减小。当 $n \to \infty$（$t \to \infty$）时，Ω_1 将收缩到点 $\boldsymbol{S} = \boldsymbol{S}_0$，函数 $p(\theta|\boldsymbol{S})$ 在此点达到最大值。图 11.6 和图 11.7 分别给出了单维向量 $S = \xi$ 的函数 $f_c(\xi,\, t)$ 在两个时刻 $t = t_1$ 及 $t = t_2 = t + \Delta t$ 时的变化曲线。图 11.6 中，用箭头表明导数 $\mathrm{d}f_c(S;\, t)/\mathrm{d}t$ 在时刻 t_1 的值，其中，$\Omega_2 = \Omega_2' + \Omega_2''$；箭头向上说明导数值为正，箭头向下为负。

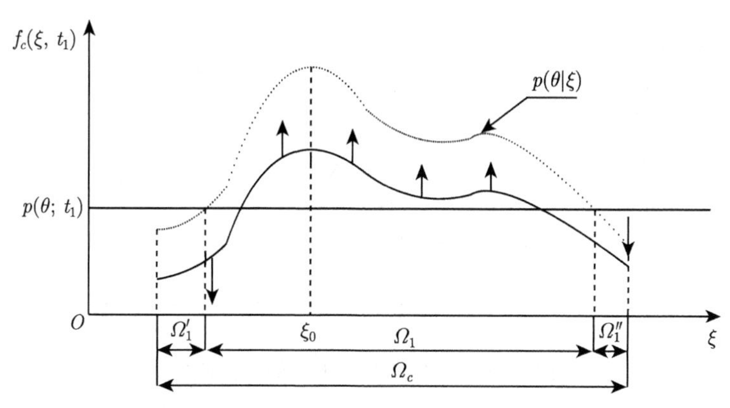

图 11.6 函数 $f_c(\xi, t_1)$ 随 ξ 的变化曲线

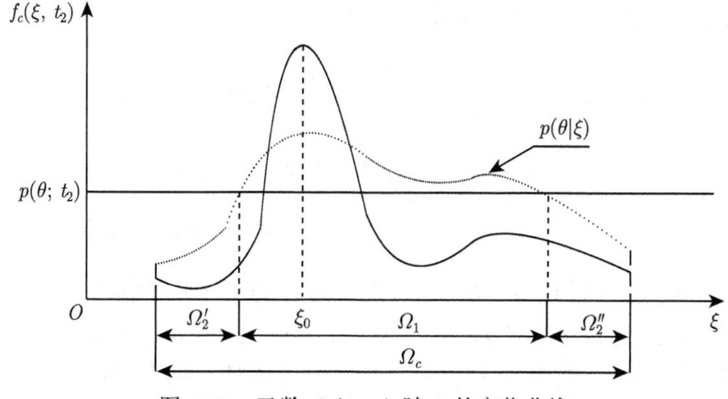

图 11.7 函数 $f_c(\xi, t_2)$ 随 ξ 的变化曲线

随着 $n(t)$ 的增加，当 $p(\theta|S_0)=p(\theta)$ 时，函数 $f_c(S;\,n)$（$f_c(S;\,t)$）在点 $S=S_0$ 的增加可能停止。此时，有

$$f_c(S,\,n)=\delta(S-S_0),\quad 或\quad f_c(S,\,t)=\delta(S-S_0)$$

这是因为

$$p(\theta)=\int_{\Omega_c}p(\theta|S)f_c(S,\,n)\mathrm{d}S=\int_{\Omega_c}p(\theta|S)\delta(S-S_0)\mathrm{d}S=p(\theta|S_0)$$

或

$$p(\theta)=\int_{\Omega_c}p(\theta|S)f_c(S,\,t)\mathrm{d}S=\int_{\Omega_c}p(\theta|S)\delta(S-S_0)\mathrm{d}S=p(\theta|S_0)$$

由以上分析可知，当 $n\to\infty$（$t\to\infty$）时，则

$$f_c(S;\,n)\to\delta(S-S_0),\quad 或\quad f_c(S;\,t)\to\delta(S-S_0)$$

若函数 $p(\theta|S)$ 在某些点 $S_{01},S_{02},\cdots,S_{0i},\cdots,S_{0N_m}$ 上具有相同的最大值（图 11.8），则当 $n\to\infty$（$t\to\infty$）时，函数 $f_c(S;\,n)$（$f_c(S;\,t)$）趋于

$$f_c^*(S)=\frac{1}{N_m}\sum_{i=1}^{N_m}\delta(S-S_{0i})$$

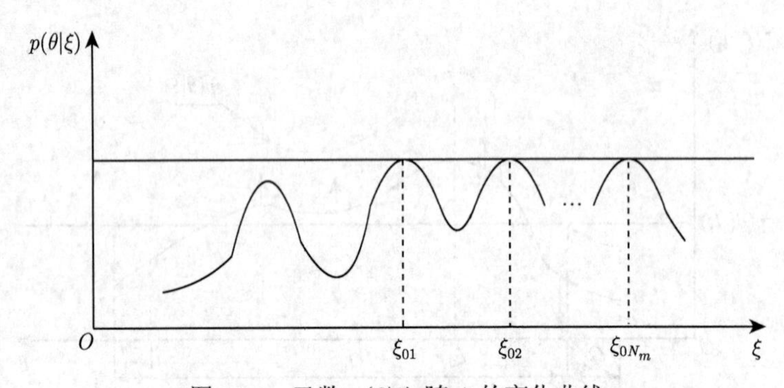

图 11.8 函数 $p(\theta|\xi)$ 随 ξ 的变化曲线

若函数 $p(\theta|S)$ 在某个区间 $(S_{0H},\,S_{0K})$ 具有最大值（图 11.8），则当 $n\to\infty$（$t\to\infty$）时，函数 $f_c(S;\,n)$（$f_c(S;\,t)$）趋于函数

$$\begin{aligned}f_c^*(S)&=\frac{1}{|S_{0K}-S_{0H}|}\int_{S_{0H}}^{S_{0K}}\delta(S-S_0)\mathrm{d}S\\&=\begin{cases}\dfrac{1}{|S_{0K}-S_{0H}|}, & 当S_{0H}\leqslant S\leqslant S_{0K}\\0, & 当S<S_{0H}或S>S_{0K}\end{cases}\end{aligned}$$

在实际应用中，常常发现 $p(\theta|\boldsymbol{S})$ 在最大值附近的变化是平缓的，如在区域 $\Omega_1=\Omega_0$ 内而不是在某个点上函数 $p(\theta|\boldsymbol{S})/p(\theta)=1$，且函数 $f_c(\boldsymbol{S};\,n)$（$f_c(\boldsymbol{S};\,t)$）也不同于函数 δ。在这种情况下，向量 $\boldsymbol{S}_0$ 的估计值可选为 Ω_0 内的任一向量 $\boldsymbol{S}_0$。

11.4.2 概率矩分析法

在上一节已讨论利用非梯度随机搜索法寻找最优参数的自学习过程必须调节向量 S 的概率特性，即满足下式：

$$f_c(\boldsymbol{S}; n+1) = f_\theta(\boldsymbol{S}|\theta; n) \tag{11.49}$$

此等式说明在第 $n+1$ 步，先验概率密度函数 $f_c(\boldsymbol{S}; n+1)$ 必须等于与前 n 步搜索有关的信息的后验率密度函数 $f_\theta(\boldsymbol{S}|\theta)$。显然，这里必须要解决两个问题：① 根据后验信息进行学习，构造后验率密度函数 $f_\theta(\boldsymbol{S}|\theta; n)$；② 根据 $f_\theta(\boldsymbol{S}|\theta; n)$ 的变化来改变函数 $f_c(\boldsymbol{S}; n+1)$。

在一般情况下，实际解答上述两个问题是不可能的，因此必须进行简化。简化的本质就是从多维概率密度问题转到特征矩问题上来，也就是用下列数学期望、协方差矩阵来近似地刻画概率密度函数 $f_c(\boldsymbol{S}; n+1)$ 和 $f_\theta(\boldsymbol{S}|\theta; n)$。关于随机参数变量 $\boldsymbol{S}$ 和 $\boldsymbol{S}|\theta = \boldsymbol{S}_\theta$ 的数学期望分别为

$$\boldsymbol{m}_c(n+1) = \boldsymbol{E}[\boldsymbol{S}(n+1)] \tag{11.50}$$

$$\boldsymbol{m}_\theta(n) = \boldsymbol{E}[\boldsymbol{S}_\theta(n)] \tag{11.51}$$

它们的协方差矩阵分别为

$$\boldsymbol{K}_c(n+1) = \boldsymbol{E}\{[\boldsymbol{S}(n+1) - \boldsymbol{m}_c(n+1)][\boldsymbol{S}(n+1) - \boldsymbol{m}_c(n+1)^{\mathrm{T}}]\} \tag{11.52}$$

$$\boldsymbol{K}_\theta(n) = \boldsymbol{E}\{[\boldsymbol{S}_\theta(n) - \boldsymbol{m}_\theta(n)][\boldsymbol{S}_\theta(n) - \boldsymbol{m}_\theta(n)]^{\mathrm{T}}\} \tag{11.53}$$

也就是说，在一般情况下，不需要用高于二阶矩来对向量进行概率描述。因为在实际应用中，大多数的概率分布为正态分布，因而，用数学期望及协方差矩进行描述已经足够了。这样将关于 $f_c(\boldsymbol{S}; n+1)$ 和 $f_\theta(\boldsymbol{S}|\theta; n)$ 的式 (11.49) 用关于数学期望的式 (11.50) 和式 (11.51) 及关于协方差矩阵的式 (11.52) 和式 (11.53) 来替换，得

$$\boldsymbol{m}_c(n+1) = \boldsymbol{m}_\theta(n) \tag{11.54}$$

$$\boldsymbol{K}_c(n+1) = \boldsymbol{K}_\theta(n) \tag{11.55}$$

根据后验数据对矩阵 $\boldsymbol{m}_\theta(n)$ 及 $\boldsymbol{K}_\theta(n)$ 进行估计在原理上并不困难。因此，下面构造向量 $\boldsymbol{S}(n+1)$ 的迭代算法，使其数学期望和协方差矩阵分别为 $\boldsymbol{m}_\theta(n)$ 及 $\boldsymbol{K}_\theta(n)$。此算法可以表示为

$$\boldsymbol{S}(n+1) = \boldsymbol{m}_s(n+1) + \boldsymbol{\varGamma}(n+1)\boldsymbol{S}_\varGamma \tag{11.56}$$

式中，$\boldsymbol{S}_\varGamma$ 为随机数值向量，满足下列条件：

$$\boldsymbol{E}(\boldsymbol{S}_\varGamma) = 0,\ \boldsymbol{K}_\varGamma = \boldsymbol{E}(\boldsymbol{S}_\varGamma \boldsymbol{S}_\varGamma^{\mathrm{T}}) = \boldsymbol{I} \tag{11.57}$$

式中，$\boldsymbol{I}$ 为单位矩阵；$\boldsymbol{\varGamma}(n+1)$ 和 $\boldsymbol{m}_s(n+1)$ 分别为待定的非随机矩阵和向量。

下面，求待定的非随机矩阵 $\boldsymbol{\Gamma}(n+1)$ 和向量 $\boldsymbol{m}_s(n+1)$，使由式 (11.56) 所确定的随机向量 $\boldsymbol{S}(n+1)$ 的概率特征满足式 (11.54) 和式 (11.55)。

对式 (11.56) 两边求数学期望，得

$$\boldsymbol{E}[\boldsymbol{S}(n+1)] = \boldsymbol{m}_s(n+1) + \boldsymbol{\Gamma}(n+1)\boldsymbol{E}(S_\Gamma)$$

利用条件式 (11.56)，得

$$\boldsymbol{E}[\boldsymbol{S}(n+1)] = \boldsymbol{m}_s(n+1) \tag{11.58}$$

再根据式 (11.50)，有

$$\boldsymbol{m}_c(n+1) = \boldsymbol{m}_s(n+1) \tag{11.59}$$

将式 (11.56) 转化为

$$\boldsymbol{S}(n+1) - \boldsymbol{m}_s(n+1) = \boldsymbol{\Gamma}(n+1)\boldsymbol{S}_\Gamma \tag{11.60}$$

则有

$$[\boldsymbol{S}(n+1) - \boldsymbol{m}_s(n+1)][\boldsymbol{S}(n+1) - \boldsymbol{m}_s(n+1)]^{\mathrm{T}} = \boldsymbol{\Gamma}(n+1)\boldsymbol{S}_\Gamma\boldsymbol{S}_\Gamma^{\mathrm{T}}\boldsymbol{G}^{\mathrm{T}}(n+1) \tag{11.61}$$

对上式两边取数学期望，并利用等式 $\boldsymbol{E}(S_\Gamma S_\Gamma^{\mathrm{T}}) = I$，则

$$\boldsymbol{K}_c(n+1) = \boldsymbol{\Gamma}(n+1)\boldsymbol{\Gamma}^{\mathrm{T}}(n+1) \tag{11.62}$$

将式 (11.59) 和式 (11.62) 分别代入式 (11.54) 和式 (11.55)，得

$$\boldsymbol{m}_s(n+1) = \boldsymbol{m}_\theta(n) \tag{11.63}$$

$$\boldsymbol{\Gamma}(n+1)\boldsymbol{\Gamma}^{\mathrm{T}}(n+1) = \boldsymbol{K}_\theta(n) \tag{11.64}$$

下面，具体求出矩阵 $\boldsymbol{\Gamma}(n+1)$ 和向量 $\boldsymbol{m}_s(n+1)$ 的分量 $\boldsymbol{m}_i^{(s)}(n+1)(i=1,2,\cdots,r)$。由式 (11.63)，可得

$$\boldsymbol{m}_i^{(s)}(n+1) = \boldsymbol{m}_i^{(\theta)}(n) \qquad (i=1,2,\cdots,r) \tag{11.65}$$

而对于矩阵 $\boldsymbol{\Gamma}(n+1)$ 的分量 $\gamma_{ij}\,(i,j=1,2,\cdots,r)$ 的计算，为了达到简化计算的目的，可选其为下三角矩阵，即

$$\boldsymbol{\Gamma} = \begin{bmatrix} \gamma_{11} & 0 & 0 & \cdots & 0 \\ \gamma_{21} & \gamma_{22} & 0 & \cdots & 0 \\ \vdots & \vdots & \vdots & & \vdots \\ \gamma_{r1} & \gamma_{r2} & \gamma_{r3} & \cdots & \gamma_{rr} \end{bmatrix}$$

则矩阵方程式 (11.64) 可以表示成下列标量形式：

$$\sum_{\nu=1}^{r} \gamma_{i\nu}(n+1)\gamma_{j\nu}(n+1) = K_{ij}^{\theta}(n) \qquad (i,j=1,2,\cdots,r;\gamma_{\mu\nu}=0,\ 当\ \mu=\nu) \tag{11.66}$$

可以求出上述标量方程的解析解。

当 $i=j=1$ 时，则由

$$\gamma_{11}(n+1)\gamma_{11}(n+1)=K_{11}^{(\theta)}(n)$$

可得

$$\gamma_{11}(n+1)=\sqrt{K_{11}^{(\theta)}(n)} \tag{11.67}$$

当 $i=2, j=1$ 时，则由

$$\gamma_{21}(n+1)\gamma_{11}(n+1)=K_{21}^{(\theta)}(n)$$

可得

$$\gamma_{21}(n+1)=\frac{K_{21}^{(\theta)}(n)}{\sqrt{K_{11}^{(\theta)}(n)}} \tag{11.68}$$

当 $i=2, j=2$ 时，有

$$\gamma_{21}(n+1)\gamma_{21}(n+1)+\gamma_{22}(n+1)\gamma_{22}(n+1)=K_{22}^{(\theta)}(n)$$

故得

$$\gamma_{22}(n+1)=\sqrt{K_{22}^{(\theta)}(n)-\frac{K_{21}^{(\theta)}(n)K_{21}^{(\theta)}(n)}{K_{11}^{(\theta)}(n)}} \tag{11.69}$$

继续下去，可以求出每个元素：

$$\gamma_{ij}=\begin{cases}\sqrt{K_{ij}^{(\theta)}}, & i=j=1\\ \dfrac{K_{ij}^{(\theta)}}{\gamma_{jj}}, & i=2,3,\cdots,r;j=1\\ \sqrt{K_{ij}^{(\theta)}-\gamma_{i(j-1)}^2-\cdots-\gamma_{r1}^2}, & i=j=2,3,\cdots,r\\ \dfrac{K_{ij}^{(\theta)}-\gamma_{i(j-1)}\gamma_{j(j-1)}-\cdots-\gamma_{i1}\gamma_{j1}}{\gamma_{jj}}, & i=3,4,\cdots,r;\ j=2,3,\cdots,r;\ i>j\end{cases} \tag{11.70}$$

当构造简单的带有自学习功能的非梯度随机搜索，而不考虑向量 S_θ 元素的相关性时，可以使用如下简单形式：

$$\xi_i(n+1)=m_i^{(\theta)}(n)+\sigma_i^{(\theta)}(n)xi_i^{(\Gamma)} \qquad (i=1,2,\cdots,r)$$

式中，$\sigma_i^{(\theta)}(n)$ 为向量 $S_\theta(n)$ 的第 i 个元素的均方差；$\xi_i(n+1)$ 为 $S(n+1)$ 的第 i 个元素；$m_i^{(\theta)}(n)$ 为 $m_\theta(n)$ 的第 i 个元素。

11.4.3 自学习搜索过程

图 11.9 给出了自学习非梯度随机搜索法的一般结构图。

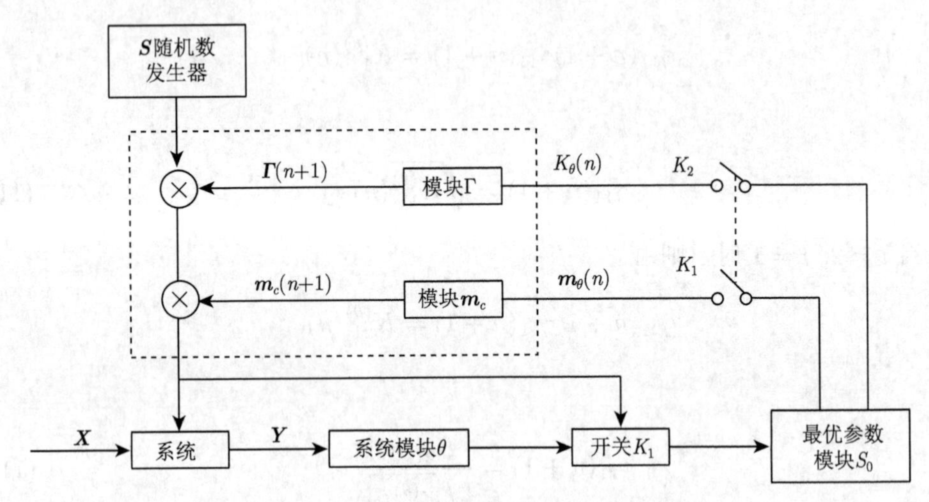

图 11.9 自学习非梯度随机搜索法一般结构图

在表达式 (11.56) 的算法实现中，构造向量 $\boldsymbol{S}(n+1)$，它的概率特性随着概率特性 $\boldsymbol{m}_\theta(n)$ 及 $\boldsymbol{K}_\theta(n)$ 的变化而改变。可以通过研究向量 $\boldsymbol{S}_\theta$ 的样本实现过程进行统计分析。图 11.9 中，模块 $\boldsymbol{\Gamma}$ 计算由式 (11.70) 确定矩阵 $\boldsymbol{\Gamma}(n+1)$ 的元素 γ_{ij}；模块 M_s 实现 $\boldsymbol{m}_s(n+1)=\boldsymbol{m}_\theta(n)$ 的功能；模块 $\boldsymbol{S}_0$ 计算向量 $\boldsymbol{S}(n)$ 所需求的数学期望向量 $\boldsymbol{m}_\theta(n)$ 及协方差矩阵 $\boldsymbol{K}_\theta(n)$，并形成 $\boldsymbol{S}_0$ 的估计 $\widehat{\boldsymbol{S}}_0$。

搜索过程可以按以下两种方式进行，即离散自学习搜索过程及连续自学习搜索过程。

1. 离散自学习搜索过程

在此搜索过程中，自学习运算器通过开关 K_2 与模块 $\boldsymbol{S}_0$ 相连。此时，在模块 S_0 中，按下列公式计算概率特征 $\boldsymbol{m}_\theta$ 和 $\boldsymbol{K}_\theta$ 的估计值 $\widehat{\boldsymbol{m}}_\theta$ 和 $\widehat{\boldsymbol{K}}_\theta$：

$$\widehat{\boldsymbol{m}}_\theta(n_{K_2})=\frac{1}{n^*_{K_1}}\sum_{\nu=1}^{n^*_{K_1}}\boldsymbol{S}_\theta(n_{K_2},\nu) \tag{11.71}$$

$$\widehat{\boldsymbol{K}}_\theta(n_{K_2})=\frac{1}{n^*_{K_1}-1}\sum_{\nu=1}^{n^*_{K_1}}\left[\boldsymbol{S}_\theta(n_{K_2},\nu)-\boldsymbol{m}_\theta(n_{K_2})\right]\left[\boldsymbol{S}_\theta(n_{K_2},\nu)-\boldsymbol{m}_\theta(n_{K_2})\right]^{\mathrm{T}} \tag{11.72}$$

当开关 K_2 打开时，在时间间隔 n_{K_2} 与 $n_{K_2}+1$ 内随机向量 $\boldsymbol{S}_\theta$ 的实现样本可用来估计 $\widehat{\boldsymbol{m}}_\theta(n_{K_2})$ 和 $\widehat{\boldsymbol{K}}_\theta(n_{K_2})$；$n^*_{K_1}$ 为在开关 K_2 闭合期间指定的事件 θ 所出现的次数。显然，$n^*_{K_1}$ 越大，概率特征 $\boldsymbol{m}_\theta$ 和 $\boldsymbol{K}_\theta$ 的估计越精确。

搜索停止的条件是 $\boldsymbol{m}_\theta(n_{K_2})$ 和 $\boldsymbol{K}_\theta(n_{K_2})$ 趋于平稳，此停止条件可以根据是否满足下列不等式来确定：

$$\frac{1}{n_0}\sum_{\nu=1}^{n_0}\frac{|H_{n^*-\nu}-H_{n^*-\nu-1}|}{H_{n^*-\nu}}\leqslant\varepsilon_0 \tag{11.73}$$

式中，$n^*=n_{K_2}$；$H_{n^*-\nu}, H_{n^*-\nu-1}$ 为相应搜索时 $\boldsymbol{m}_\theta$ 的归一化数值；n_0 为平均记忆容量参数；ε_0 为事先指定的正数。

当搜索结束时，向量 $\boldsymbol{m}_\theta$ 的值被当作向量参数 $\boldsymbol{S}_0$ 的最优估计值 $\widehat{\boldsymbol{S}}_0$。

2. 连续自学习过程

在连续自学习过程中，开关 K_2 一直是闭合的，先验信息连续地进入自学习运算器中，此时，模块 $\boldsymbol{S}_0$ 根据下列公式计算概率特征 $\boldsymbol{m}_\theta(n)$ 和 $\boldsymbol{K}_\theta(n)$:

$$\boldsymbol{m}_\theta(n)=\rho_0(n_{K_1})\boldsymbol{m}_0+\rho_1(n_{K_1})\widehat{\boldsymbol{m}}_\theta(n) \tag{11.74}$$

$$\boldsymbol{K}_\theta(n)=\rho_0(n_{K_1})\boldsymbol{K}_0+\rho_1(n_{K_1})\widehat{\boldsymbol{K}}_\theta(\theta) \tag{11.75}$$

式中，$\boldsymbol{m}_0$ 和 $\boldsymbol{K}_0$ 分别为事先给定的初始值。

$$\widehat{\boldsymbol{m}}_\theta(n)=\frac{1}{n_{K_1}}\sum_{\nu=1}^{n_{K_1}}\boldsymbol{S}_0(\nu)$$

和

$$\widehat{\boldsymbol{K}}_\theta(n)=\frac{1}{n_{K_1}-1}\sum_{\nu=1}^{n}[\boldsymbol{S}_\theta(\nu)-\widehat{\boldsymbol{m}}_\theta(n)][\boldsymbol{S}_\theta(\nu)-\widehat{\boldsymbol{m}}_\theta(n)]^{\mathrm{T}}$$

标量系数 $\rho_0(n_{K_1})$ 和 $\rho_1(n_{K_1})$ 的形式由自学习算法的类型来确定。在梯形自学习算法中，$\rho_0(n_{K_1})$ 和 $\rho_1(n_{K_1})$ 可表示为

$$\rho_0(n_{K_1})=\begin{cases}1, & n_{K_1}\leqslant n_c\\ 0, & n_{K_1}>n_c\end{cases} \tag{11.76}$$

$$\rho_1(n_{K_1})=\begin{cases}0, & n_{K_1}\leqslant n_c\\ 1, & n_{K_1}>n_c\end{cases} \tag{11.77}$$

式中，参数 n_c 确定保持自学习开关 K_2 接通的时间大小，可根据在自学习制式下获得关于确定 $\widehat{\boldsymbol{m}}_\theta$ 及 $\widehat{\boldsymbol{K}}_\theta$ 的信息条件来确定。

在均匀自学习算法中，$\rho_0(n_{K_1})$ 和 $\rho_1(n_{K_1})$ 由下列公式计算：

$$\rho_0(n_{K_1})=\begin{cases}1-\dfrac{n_{K_1}}{n_c}, & n_{K_1}\leqslant n_c\\ 0, & n_{K_1}>n_c\end{cases} \tag{11.78}$$

$$\rho_1(n_{K_1})=\begin{cases}\dfrac{n_{K_1}}{n_c}, & n_{K_1}\leqslant n_c\\ 1, & n_{K_1}>n_c\end{cases} \tag{11.79}$$

式中，参数 n_c 决定从确定 $\boldsymbol{m}_0$ 和 $\boldsymbol{K}_0$ 特性的先验信息到确定 $\boldsymbol{m}_\theta$ 和 $\boldsymbol{K}_\theta$ 的后验信息的转换速度。在实际应用中，此参数值通常取 5~12 之间的值。随机搜索总是从概率特性 $\boldsymbol{m}_c(0)=\boldsymbol{m}_0, \boldsymbol{K}_c(0)=\boldsymbol{K}_0$ 开始，这些初始值是通过初步分析 $\boldsymbol{S}_0$ 所在的区域得到的。

搜索停止的条件是 $\boldsymbol{m}_\theta(n)$ 和 $\boldsymbol{K}_\theta(n)$ 趋于平稳，它的停止条件可以根据是否满足下列不等式来确定：

$$\frac{1}{n_0}\sum_{\nu=1}^{n_0}\frac{|H_{n^*-\nu}-H_{n^*-\nu-1}|}{H_{n^*-\nu}}\leqslant \varepsilon_0$$

式中，$n^*=n_{K_1}$；$H_{n^*-\nu}, H_{n^*-\nu-1}$ 为相应搜索时 $\boldsymbol{m}_\theta$ 的归一化数值；n_0 为平均记忆容量参数；ε_0 为事先指定的正数。

当搜索结束时，向量 $\boldsymbol{m}_\theta$ 的值被当作向量参数 $\boldsymbol{S}_0$ 的最优估计值 $\widehat{\boldsymbol{S}}_0$。

11.5 随机梯度下降算法

随着人工智能、大数据及强化学习和自适应最优控制理论等在实际工程中的广泛应用，其所使用的一系列优化算法也得到广泛关注，其中之一就是随机梯度下降算法（stochastic radient descent，SGD）。随机梯度下降算法源于 1951 年罗宾斯 (Robbins) 和门罗 (Monro)[161] 提出的随机逼近，最初被应用于模式识别 [160] 和神经网络 [159]。这种方法在迭代过程中随机选择一个或几个样本的梯度来替代总体梯度，从而大大降低了计算复杂度。1958 年罗森布拉特 (Rosenblatt) 等研制出的感知机采用了随机梯度下降法的思想，即每轮随机选取一个误分类样本，求其对应损失函数的梯度，再基于给定的步长更新参数 [162]。1986 年鲁梅尔哈特 (Rumelhart) 等分析了多层神经网络的误差反向传播算法，该算法每次按顺序或随机选取一个样本来更新参数，它实际上是小批量梯度下降法的一个特例 [163-164]。近年来，随着深度学习、强化学习和自适应最优控制理论的快速发展，随机梯度下降算法已成为求解大规模机器学习优化、自适应最优控制理论问题的一类主流且非常有效的方法。目前，随机梯度下降算法除了求解逻辑回归、支持向量机 [160] 和神经网络 [162] 等传统的监督机器学习任务外，还被成功地应用于深度神经网络 [162]、主成分分析 [163-164]、奇异值分解 [163]、稀疏学习和编码 [160] 等其他机器学习任务。

随着大数据的不断普及和对优化算法的深入研究，许多改进的随机梯度下降算法被提出, 通过在传统的随机梯度下降算法的基础上引入了许多新思想，从多个方面不同程度地提升了算法性能。搜索方向的选取和步长的确定是梯度下降算法研究的核心。按照搜索方向和步长选取的方式不同，将随机梯度下降算法的改进策略大致分为动量、方差缩减、增量梯度和自适应学习率等四种类型 [158]。其中，前三类方法主要是校正梯度或搜索方向，适用于逻辑回归、岭回归等凸优化问题；第四类方法针对参数变量的不同分量自适应地设置步长，适用于深度神经网络等非凸优化问题。

在传统梯度下降算法的基础上添加量项形成的经典动量算法（classical momentum，CM）[158, 165] 可以有效避免振荡，加速逼近最优解。一般随机梯度下降算法在随机取样的过程中产生了方差并且随着迭代次数的增加而不断累加，无法保证达到线性收敛。文

献 [168] ~ [170] 提出了随机方差缩减梯度算法（stochastic variance reduced gra-dient，SVRG)，为了使 SVRG 能更好地应用到非光滑目标函数问题中，文献 [171]、[172]、[174] 提出了近端随机方差缩减梯度算法 (proximal stochastic variance reduction gradient，Prox-SVRG)，有效解决了函数的优化问题。此外，随着深度神经网络的成功应用，自适应学习率的随机梯度下降法被广泛研究 [175-179]。

本小节重点围绕自动控制中目标函数多为凸函数的优化问题所使用的随机梯度下降算法进行讨论，重点分析一般随机梯度下降算法、带有动量的随机梯度下降算法、随机方差缩减梯度算法和近端随机方差缩减梯度算法。

11.5.1 问题描述

考虑如下优化模型：

$$I(\boldsymbol{S}^*) = \min_{\boldsymbol{S}\in\Omega} I(\boldsymbol{S}) = \min_{S\in\Omega} \frac{1}{N}\sum_{i=1}^{N} I_n(\boldsymbol{S}) \tag{11.80}$$

式中，$I_i : \mathbf{R}^d \to \mathbf{R}(i = 1, 2, \cdots, N)$, 为一列代价函数或损失函数；$I$ 为总的代价函数或损失函数。

为便于后面介绍随机梯度下降算法，首先给出几个相关的定义 [158]。

定义 11.1 设 D 为实向量空间中的非空凸集，$I : D \to \mathbf{R}$ 为一可微函数。如果存在 $\sigma > 0$ ，对 $\forall \boldsymbol{S}_1, \boldsymbol{S}_2 \in \mathbf{R}^d$，有

$$I(\boldsymbol{S}_1) \geqslant I(\boldsymbol{S}_2) + \nabla I(\boldsymbol{S}_2)^{\mathrm{T}}(\boldsymbol{S}_1 - \boldsymbol{S}_2) + \frac{\sigma}{2}\|\boldsymbol{S}_1 - \boldsymbol{S}_2\|_2^2$$

则称 I 在 $\mathbf{R}^d$ 上是 $\sigma-$ 强凸的，其中 $\nabla I(\boldsymbol{S})$ 表示函数 I 在 $\boldsymbol{S}$ 处的梯度，$\|\cdot\|_2$ 表示向量的 l_2 范数。如果 $\sigma = 0$ 时，上式仍成立，称 I 在 $\mathbf{R}^d$ 上是凸的。

定义 11.2 设 $D \subset \mathbf{R}^d$ 为非空凸集，函数 $I : D \to \mathbf{R}$。给定 $\boldsymbol{S}_0 \in D$，若对 $\forall \boldsymbol{S} \in D$, $\exists \boldsymbol{J} \in \mathbf{R}^d$，满足下列不等式：

$$I(\boldsymbol{S}) - I(\boldsymbol{S}_0) \geqslant \boldsymbol{J}^{\mathrm{T}}(\boldsymbol{S} - \boldsymbol{S}_0)$$

则称向量 $\boldsymbol{J}$ 为函数 I 在点 $\boldsymbol{S}_0 \in D$ 处的梯度（或次梯度）。特别地，如果 I 是凸函数，则其在任意 $\boldsymbol{S}_0 \in D$ 处的梯度（或次梯度）总是存在的。

定义 11.3 若存在一个常数 $L > 0$，对 $\forall \boldsymbol{S}_1, \boldsymbol{S}_2 \in \mathbf{R}^d$ 都有

$$\|\nabla I(\boldsymbol{S}_1) - \nabla I(\boldsymbol{S}_2)\|_2 \leqslant L\|\boldsymbol{S}_1 - \boldsymbol{S}_2\|_2$$

则称函数 I 是 $L-$ 光滑的或 $\nabla I(\boldsymbol{S})$ 是 L–Lipschitz (利普希茨) 连续的，其中 L 为利普希茨常数。

定义 11.4 若函数 I 是 $L-$ 光滑且 $\sigma-$ 强凸的，则称 I 的利普希茨常数与强凸系数 σ 的比值为 I 的条件数 κ，即 $\kappa = L/\sigma$。

11.5.2 随机梯度下降法

众所周知，求解上述优化问题的经典方法是梯度下降法，即使用如下迭代规则：

$$\boldsymbol{S}_{n+1} = \boldsymbol{S}_n - \frac{\alpha_n}{N} \sum_{i=1}^{N} \nabla I_i(\boldsymbol{S}_n) \tag{11.81}$$

式中，α_n 为第 n 轮迭代学习率，用于调整参数更新的幅度。

然而，在每一步迭代中，梯度下降算法需要计算全部的 N 个梯度，计算的代价非常大。于是，文献 [158]、[165] 中提出每次只随机选择一个函数来计算一个梯度取代每次计算全部 N 个梯度的方法，即随机梯度下降法（SGD）。SGD 的参数更新公式为

$$\boldsymbol{S}_{n+1} = \boldsymbol{S}_n - \alpha_n \nabla I_{i_n}(\boldsymbol{S}_n) \tag{11.82}$$

式中，$i_n \in \{1, 2, \cdots, n\}$ 表示第 n 轮迭代中按均匀分布随机抽取的序号。则条件数学期望 $E[S_{n+1} | S_n]$ 等于式（11.81）的右边。

SGD 的参数更新过程简单、高效，且迭代成本独立于 N。但由于时间数据存在噪声，使用 SGD 常难以沿着最佳的更新方向逼近最优参数。当目标函数 I 分别为凸函数和强凸函数时，SGD 可取得次线性收敛速度 $O(1/\sqrt{N})$ 和 $O(1/N)$。对于 SGD，还可以表示成更一般的形式：

$$\boldsymbol{S}_{n+1} = \boldsymbol{S}_n - \alpha_n \boldsymbol{g}_{n+1}(\boldsymbol{S}_n, \boldsymbol{\xi}_{n+1}) \tag{11.83}$$

式中，$\boldsymbol{\xi}_{n+1}$ 为一个依赖 $\boldsymbol{S}_n$ 的随机变量，它的数学期望为

$$E[\boldsymbol{g}_{n+1}(\boldsymbol{S}_n, \boldsymbol{\xi}_{n+1}) | \boldsymbol{S}_n] = \nabla I(\boldsymbol{S}_n)$$

SGD 的缺点之一是为了确保迭代算法收敛, 学习率不得不退化为 0，这将使收敛速度变慢。

11.5.3 基于动量的随机梯度下降算法

为了加速 SGD 算法速度，文献 [158]、[165] 提出了在 SGD 的基础上增加动量项，综合历史参数改变量，以加快优化进程。在 SGD 更新公式中，令 $\Delta \boldsymbol{S}_n = \boldsymbol{S}_{n+1} - \boldsymbol{S}_n$，则有 $\Delta \boldsymbol{S}_n = -\alpha_n \nabla I_{i_n}(\boldsymbol{S}_n)$，因此基于动量的随机梯度下降算法为

$$\Delta \boldsymbol{S}_n = -\alpha_n \nabla I_{i_n}(\boldsymbol{S}_n) + \gamma \Delta \boldsymbol{S}_{n-1} \tag{11.84}$$

式中，γ 为动量系数（一般取 0.9）关于添加动量项的有效性，文献 [158]、[165] 基于二阶微分方程的求解，从物理学的角度分析了加入动量项可以加快优化进程。有些学者认为可以将梯度看作施加在粒子上的力，将 $\boldsymbol{v}_n = -\Delta \boldsymbol{S}_n$ 看作速度，通过力改变速度，从而改变位置。利用式 (11.84)，有

$$\boldsymbol{v}_n = -\alpha_n \nabla I_{i_n}(\boldsymbol{S}_n) + \gamma \boldsymbol{v}_{n-1} \tag{11.85}$$

式中，$\gamma \boldsymbol{v}_{n-1}$ 为动量项；$\boldsymbol{v}_{n-1}$ 为历史累积梯度。因此，基于动量的随机梯度下降算法为

$$\boldsymbol{S}_{n+1} = \boldsymbol{S}_n - \boldsymbol{v}_n$$

11.5.4 随机方差缩减梯度算法

1. SVRG 算法分析

在 SGD 中，单个样本的梯度是全体样本平均梯度的无偏估计，但梯度方差往往随着迭代次数的增加而不断增加，这使得 SGD 无法保证能够达到线性收敛。“方差缩减”策略通过构造特殊的梯度估计量，使得每轮梯度的方差有一个不断缩减的上界，从而取得较快的收敛速度 [168-170]。具体算法如下。

参数 S 每经过若干次更新就为它保留一个“快照”，记为 $\tilde{\boldsymbol{S}}$。例如，初始化参数 $\boldsymbol{S}_0$ 经过 l 次随机迭代更新得到 $\boldsymbol{S}_l$，则记 $\tilde{\boldsymbol{S}} = \boldsymbol{S}_l$ （一般设 $l = N$ 或 $l = 2N$）。计算 $\tilde{\boldsymbol{S}}$ 处的全体样本平均梯度为

$$\tilde{\boldsymbol{\mu}} = \frac{1}{N}\sum_{i=1}^{N} \nabla I_i(\tilde{\boldsymbol{S}}) \tag{11.86}$$

注意到

$$E[\nabla I_i(\tilde{\boldsymbol{S}}) - \tilde{\boldsymbol{\mu}}] = \mathbf{0}$$

将

$$\tilde{\boldsymbol{\nabla}}_n = \nabla I_{i_n}(\boldsymbol{S}_n) - \nabla I_{i_n}(\tilde{\boldsymbol{S}}) + \tilde{\boldsymbol{\mu}} \tag{11.87}$$

作为第 n 轮迭代中的梯度估计量，可得 SVRG 的参考更新公式为

$$\boldsymbol{S}_{n+1} = \boldsymbol{S}_n - \alpha_n \tilde{\boldsymbol{\nabla}}_n \tag{11.88}$$

则

$$E(\boldsymbol{S}_{n+1} | \boldsymbol{S}_n) = \boldsymbol{S}_n - \alpha_n \nabla I(\boldsymbol{S}_n) \tag{11.89}$$

若令 $\xi_n = i_n$ 且 $g_{n+1}(S_n, \xi_{n+1}) = \nabla I_{i_n}(\boldsymbol{S}_n) - \nabla I_{i_n}(\tilde{\boldsymbol{S}}) + \tilde{\boldsymbol{\mu}}$，则式（11.89）是式（11.83）的特殊情况。

为了清楚看出更新规则式（11.88）的方差是缩减的，注意到当 $\tilde{\boldsymbol{S}}$ 和 $\boldsymbol{S}_n$ 都收敛到相同的参数 $\boldsymbol{S}^*$ 时，则 $\tilde{\boldsymbol{\mu}} \to \mathbf{0}$，因此，若 $\nabla I_i(\tilde{\boldsymbol{S}}) \to \nabla I_i(\boldsymbol{S}^*)$，则

$$\nabla I_i(\boldsymbol{S}_n) - \nabla I_i(\tilde{\boldsymbol{S}}) + \tilde{\boldsymbol{\mu}} \to \nabla I_i(\boldsymbol{S}_n) - \nabla I_i(\boldsymbol{S}^*) \to \mathbf{0} \tag{11.90}$$

2. SVRG 的迭代计算

综合上述分析，得 SVRG 的迭代计算步骤如下 [168]。

1）参数化：设置更新频率 m 和学习率 α。

2）初始化：$\tilde{\boldsymbol{S}}_0$。

3）迭代过程。

迭代：对于 $l = 1, 2, \cdots$，$\tilde{\boldsymbol{S}} = \tilde{\boldsymbol{S}}_{l-1}, \tilde{\boldsymbol{\mu}} = \frac{1}{N}\sum_{i=1}^{N} \nabla I_i(\tilde{\boldsymbol{S}}), \boldsymbol{S}_0 = \tilde{\boldsymbol{S}}$。

迭代：对于 $n = 1, 2, \cdots, m$。

随机选择 $i_n \in \{1, 2, \cdots, N\}$，并更新权值 $\boldsymbol{S}_{n+1} = \boldsymbol{S}_n - \alpha(\nabla I_{i_n}(\boldsymbol{S}_n) - \nabla I_{i_n}(\tilde{\boldsymbol{S}}) + \tilde{\boldsymbol{\mu}})$。

结束。

随机选择，设置 $\tilde{\boldsymbol{S}}_l = \boldsymbol{S}_n$。

结束。

下面，对 SVRG 的收敛性进行分析。

为便于分析，这里仅考虑每一个是光滑的凸函数，且是强凸函数情形。

定理 11.1 考虑带有选择 II 的上述算法的 SVRG，假设所有的 I_i 是凸函数，且对于 $\gamma > 0$，式（11.90）和式（11.91）成立。令 $\boldsymbol{S}^* = \arg\min_S I(\boldsymbol{S})$，假设 m 足够大，使得

$$\beta = \frac{1}{\gamma\alpha(1-L\alpha)m} + \frac{2L\alpha}{1-2L\alpha} < 1$$

$$I_i(\boldsymbol{S}) - I_i(\boldsymbol{S}') - 0.5L\|\boldsymbol{S}-\boldsymbol{S}'\|_2 \leqslant \nabla I_i(\boldsymbol{S}')^{\mathrm{T}}(\boldsymbol{S}-\boldsymbol{S}') \tag{11.91}$$

$$I(\boldsymbol{S}) - I(\boldsymbol{S}') - 0.5\gamma\|\boldsymbol{S}-\boldsymbol{S}'\|_2 \geqslant \nabla I(\boldsymbol{S}')^{\mathrm{T}}(\boldsymbol{S}-\boldsymbol{S}') \tag{11.92}$$

式中，$L > \gamma > 0$。则 SVRG 关于数学期望的几何收敛性为

$$E[I(\tilde{\boldsymbol{S}}_l)] \leqslant E[I(\boldsymbol{S}^*)] + \beta^l[I(\tilde{\boldsymbol{S}}_0) - I(\boldsymbol{S}^*)] \tag{11.93}$$

证明：参见文献 [171]、[172]、[174]。

注解 11.1 SVRG 可以应用到光滑且非强凸函数中，其收敛速率为 $O(1/\sqrt{N})$，而 SGD 的收敛速率为 $O(1/\sqrt{N})$。

注解 11.2 为了将 SVRG 应用到非凸函数中，如神经网络，通常将初始值选在局部极点附近，然后使用此方法加速局部收敛性。

11.5.5 随机近端方差缩减梯度算法

1. Prox-SVRG 算法分析

SVRG 虽然能够加快收敛速度，但只适用于光滑的目标函数，对于添加了非光滑正则项的目标函数，虽然可以通过计算次梯度函数近似替代梯度，但速度很慢。随机近端梯度下降算法（stochastic proximal gradient descent, SPGD）通过计算投影算子间接地估计目标参数，巧妙地避开了正则项不光滑的问题。随机近端方差缩减梯度算法（Prox-SVRG）将 SVRG 和 SPGD 相结合，为含非光滑正则项的目标函数使用方差缩减技巧提供了解决方案 [171-172,174]。

考虑模型 11.1 的正则化版本：

$$I(\boldsymbol{S}^*) = \min_{\boldsymbol{S}\in\mathbf{R}^d} I(\boldsymbol{S}) = \min_{\boldsymbol{S}\in\mathbf{R}^d}\left[\frac{1}{N}\sum_{i=1}^{N} I_n(\boldsymbol{S}) + H(\boldsymbol{S})\right] \tag{11.94}$$

Prox-SVRG 的目标参数更新公式为

$$\boldsymbol{S}_{n+1} = \mathrm{prox}_{\alpha_n}^{H}(\boldsymbol{S}_n - \alpha_n \tilde{\boldsymbol{\nabla}}_n) \tag{11.95}$$

式中，$\mathrm{prox}_{\alpha_n}^{H}$ 为函数 H 关于超参数 α_n 的近端投影算子，其计算公式为

$$\mathrm{prox}_{\alpha_n}^{H}(\boldsymbol{y}) = \arg\min_{\boldsymbol{S}\in\mathbf{R}^d}\left[H(\boldsymbol{S}) + \frac{1}{2\alpha_n}\|\boldsymbol{S}-\boldsymbol{y}\|_2^2\right] \tag{11.96}$$

Prox-SVRG 的算法思路可以归结为以下三步：首先暂不考虑正则项，沿用 SVRG 的方差缩减技巧计算第 n 轮梯度的估计量 $\tilde{\boldsymbol{\nabla}}_n$；其次计算目标参数的近似点；最后计算投影算子 $\text{prox}_{\alpha_n}^{H}(\widehat{\boldsymbol{S}}_{n+1})$。随机投影算子在保证目标参数 $\boldsymbol{S}_{n+1}$ 与近似估计点 $\widehat{\boldsymbol{S}}_{n+1}$ 距离很近的前提下，尽可能使 H 达到最小。

参数 S 每经过若干次更新就为它保留一个“快照”，记为 $\tilde{\boldsymbol{S}}$。例如，初始化参数 S_0 经过 l 次随机迭代更新得到 $\boldsymbol{S}_l$，则记 $\tilde{\boldsymbol{S}}=\boldsymbol{S}_l$（一般设 $l=N$ 或 $l=2N$）。计算 $\tilde{\boldsymbol{S}}$ 处的全体样本平均梯度为

$$\tilde{\boldsymbol{\mu}}=\frac{1}{N}\sum_{i=1}^{N}\nabla I_i(\tilde{\boldsymbol{S}}) \tag{11.97}$$

注意到

$$E[\nabla I_i(\tilde{\boldsymbol{S}})-\tilde{\boldsymbol{\mu}}]=\boldsymbol{0}$$

首先计算

$$\tilde{\boldsymbol{\nabla}}_n=\nabla I_{i_n}(\boldsymbol{S}_n)-\nabla I_{i_n}(\tilde{\boldsymbol{S}})+\tilde{\boldsymbol{\mu}} \tag{11.98}$$

注意：Prox-SVRG 与 SVRG 的区别是 Prox-SVRG 使用如下的更新迭代公式，而不同于上面介绍的 SVRG 的参考更新公式，即

$$\boldsymbol{S}_{n+1}=\text{prox}_{\alpha_n}^{H}(\boldsymbol{S}_n-\alpha_n\tilde{\boldsymbol{\nabla}}_n) \tag{11.99}$$

则

$$E[\tilde{\boldsymbol{\nabla}}_n\,|\boldsymbol{S}_{n-1}]=\frac{1}{N}\sum_{i=1}^{N}\nabla I_i(\boldsymbol{S}_{n-1}) \tag{11.100}$$

且可以证明

$$E\left\|\tilde{\boldsymbol{\nabla}}_n-\frac{1}{N}\sum_{i=1}^{N}\nabla I_i(\boldsymbol{S}_{n-1})\right\|^2\leqslant 4L_{\max}[I(\boldsymbol{S}_{n-1})-I(\boldsymbol{S}^*)+I(\tilde{\boldsymbol{S}})-I(\boldsymbol{S}^*)] \tag{11.101}$$

因此，当 $\boldsymbol{S}_{n-1}$ 和 $\tilde{\boldsymbol{S}}$ 都收敛到 $\boldsymbol{S}^*$ 时，$\tilde{\boldsymbol{\nabla}}_n$ 的方差也收敛到 $\boldsymbol{0}$。

2. Prox-SVRG 的迭代计算

综合上述分析，得 Prox-SVRG 的迭代计算步骤如下。

1）参数化：设置更新频率 m 和学习率 α。

2）初始化：$\tilde{\boldsymbol{S}}_0$。

3）迭代过程。

迭代：对于 $l=1,2,\cdots$，$\tilde{\boldsymbol{S}}=\tilde{\boldsymbol{S}}_{l-1}$，$\tilde{\mu}=\frac{1}{N}\sum_{i=1}^{N}\nabla I_i(\tilde{\boldsymbol{S}})$，$\boldsymbol{S}_0=\tilde{\boldsymbol{S}}$。

迭代：对于 $n=1,2,\cdots,m$。

随机选择 $i_n\in\{1,2,\cdots,N\}$。

计算 $\tilde{\boldsymbol{\nabla}}_n=\nabla I_{i_n}(\boldsymbol{S}_n)-\nabla I_{i_n}(\tilde{\boldsymbol{S}})+\tilde{\boldsymbol{\mu}}$。

更新权值 $\boldsymbol{S}_{n+1}=\text{prox}_{\alpha_n}^{H}(\boldsymbol{S}_n-\alpha_n\tilde{\boldsymbol{\nabla}}_n)$。

结束。

设置 $\tilde{\boldsymbol{S}}_l = \frac{1}{m}\sum_{n=1}^{m} \boldsymbol{S}_n$。

结束。

对于随机采样的要求并不一定严格要求是均匀采样，可以将此要求放宽为服从一般分布 $\{q_1, q_2, \cdots, q_N\}$ 的采样。此时将修正随机梯度更改为

$$\tilde{\boldsymbol{\nabla}}_n = \frac{\nabla I_{i_n}(\boldsymbol{S}_n) - \nabla I_{i_n}(\tilde{\boldsymbol{S}})}{(q_{i_n} N)} + \tilde{\boldsymbol{\mu}} \tag{11.102}$$

则仍有 $E[\tilde{\boldsymbol{\nabla}}_n] = \frac{1}{N}\sum_{n=1}^{N} \nabla I_n(\boldsymbol{S}_{n-1})$。且方差仍然是有界的。从而，对于一般采样 $\{q_1, q_2, \cdots, q_N\}$ 的 Prox-SVRG 的迭代计算步骤如下。

1）参数化：设置更新频率 m 和学习率 α。

2）初始化：$\tilde{\boldsymbol{S}}_0$。

3）初始过程。

迭代：对于 $l = 1, 2, \cdots$，$\tilde{\boldsymbol{S}} = \tilde{\boldsymbol{S}}_{l-1}$，$\tilde{\boldsymbol{\mu}} = \frac{1}{N}\sum_{i=1}^{N} \nabla I_i(\tilde{\boldsymbol{S}})$，$\boldsymbol{S}_0 = \tilde{\boldsymbol{S}}$。

迭代：对于 $n = 1, 2, \cdots m$，设定从 $\{1, 2, \cdots, N\}$ 的分布 $Q = \{q_1, q_2, \cdots, q_N\}$，按分布 $Q = \{q_1, q_2, \cdots, q_N\}$ 随机选择 $i_n \in \{1, 2, \cdots, N\}$。

计算 $\tilde{\boldsymbol{\nabla}}_n = \nabla I_{i_n}(\boldsymbol{S}_n) - \nabla I_{i_n}(\tilde{\boldsymbol{S}}) + \tilde{\boldsymbol{\mu}}$。

更新权值 $\boldsymbol{S}_{n+1} = \mathrm{prox}_{\alpha_n}^{H}(\boldsymbol{S}_n - \alpha_n \tilde{\boldsymbol{\nabla}}_n)$。

结束。

设置 $\tilde{\boldsymbol{S}}_l = \frac{1}{m}\sum_{n=1}^{m} \boldsymbol{S}_n$。

结束。

3. 收敛性分析

假设 11.1 假设 $I: D \to \mathbf{R}$ 是强凸的，即存在 $\sigma > 0$，使得对于所有的 $\boldsymbol{S} \in \mathrm{dom}(H)$ 和 $\boldsymbol{T} \in \mathbf{R}^d$，有

$$I(\boldsymbol{T}) \geqslant I(\boldsymbol{S}) + \varsigma^{\mathrm{T}}(\boldsymbol{T} - \boldsymbol{S}) + \frac{\sigma}{2}\|\boldsymbol{T} - \boldsymbol{S}\|_2^2, \forall \varsigma \in \partial I(\boldsymbol{S}) \tag{11.103}$$

假设 11.2 函数 H 是下半连续的、凸的，它的有效定义域 $\mathrm{dom}(H) := \{\boldsymbol{S} \in \mathbf{R}^d \,|\, H(\boldsymbol{S}) < +\infty\}$ 是闭集。

假设 11.3 每个 $I_i (i = 1, 2, \cdots, N)$ 在包含 $\mathrm{dom}(H)$ 的开集上是可微的，且它们的梯度满足利普希茨连续的，即存在 $L_i > 0 (i = 1, 2, \cdots, N)$ 使得对于 $\forall \boldsymbol{S}_1, \boldsymbol{S}_2 \in \mathrm{dom}(H)$，满足下列不等式：

$$\|\nabla I(\boldsymbol{S}_1) - \nabla I(\boldsymbol{S}_2)\|_2 \leqslant L_i \|\boldsymbol{S}_1 - \boldsymbol{S}_2\|_2 \tag{11.104}$$

注解 11.3 根据假设 11.3，则存在 $L > 0$，使得对于 $\forall \boldsymbol{S}_1, \boldsymbol{S}_2 \in \mathrm{dom}(H)$，满足下列不等式：

$$\|\nabla I_i(\boldsymbol{S}_1) - \nabla I_i(\boldsymbol{S}_2)\|_2 \leqslant L \|\boldsymbol{S}_1 - \boldsymbol{S}_2\|_2 \tag{11.105}$$

进一步，可得

$$L \leqslant (1/N)\sum_{i=1}^{N} L_i$$

定理 11.2 假设式 (11.1)~ 式 (11.3) 的条件满足，令 $L_Q = \max_i\{L_i/(q_i N)\}$，假设 $\boldsymbol{S}^* = \arg\min_{S\in\mathbf{R}^d}\left\{\frac{1}{N}\sum_{i=1}^{N} I_n(\boldsymbol{S}) + H(\boldsymbol{S})\right\}$，且 m 足够大，使得

$$\rho = \frac{1}{\sigma\alpha(1-4L_Q\alpha)m} + \frac{4L_Q\alpha(m+1)}{(1-4L_Q\alpha)m} < 1 \tag{11.106}$$

则基于上述计算步骤的 Prox-SVRG 方法根据数学期望有如下几何收敛性：

$$E[I(\tilde{\boldsymbol{S}}_n)] - I(\boldsymbol{S}^*) < \rho^n[I(\tilde{\boldsymbol{S}}_0) - I(\boldsymbol{S}^*)] \tag{11.107}$$

证明：参见文献 [171]。

推论 11.1[171] 所有的假设条件同定理 11.2，则对于任意的 $\varepsilon > 0$，如果第 n 阶段迭代满足下列不等式：

$$n \geqslant \frac{\log\left(\dfrac{I(\tilde{S}_n) - I(S^*)}{\delta\varepsilon}\right)}{\log\left(\dfrac{1}{\rho}\right)} \tag{11.108}$$

则有

$$\text{prob}(I(\tilde{\boldsymbol{S}}_n) - I(\boldsymbol{S}^*) \leqslant \varepsilon) > 1 - \delta \tag{11.109}$$

11.6 定常线性系统的参数优化实例

在本节中，使用前几节介绍的非梯度随机搜索法具体地求解实际应用问题，从而获得它们的最优参数[70,78]。

如图 11.10 所示的跟踪系统，它的输入信号为

$$X(t) = S(t) + N(t) \tag{11.110}$$

有用信号为

$$S(t) = U_1 + U_2(t) \tag{11.111}$$

式中，U_1、U_2 为随机数，它们的数学期望为 0，方差分别为 $D_1 = 0.01$度^2, $D_2 = 0.16$度^2/秒^2，噪声 $N(t)$ 为平稳随机过程，概率谱密度为 $G_N = 10^{-5}$度^2·秒（在系统的整个工作频带范围内）。所需求的理论输出信号为

$$Y_T = U_1 + U_2 t \tag{11.112}$$

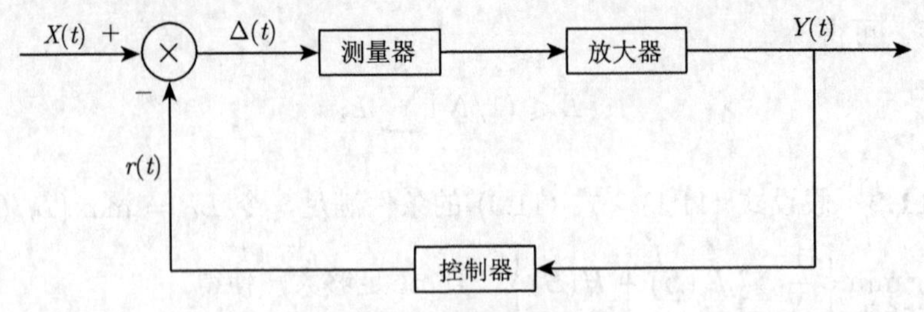

图 11.10 跟踪系统结构图

假设系统所包含的测量器、放大器与控制器的传递函数分别为

$$\varPhi_u(P)=\frac{K_u}{T_uP+1},\ \varPhi_y(P)=\frac{K_y}{T_yP+1},\ \varPhi_n(P)=\frac{K_n}{T_nP+1}$$

式中，测量器与控制器参数分别为

$$K_u=1.0，T_u=0.05\text{s}；K_n=2.0，T_n=0.01\text{s}$$

因此，跟踪系统的参数优化任务就是选择合适的放大器参数 K_y、T_y。

上述跟踪系统用微分方程表示为

$$\begin{cases}\dot{Y}_u=-20Y_u+20(X-Y)\\ \dot{Y}_y=-\dfrac{1}{T_y}Y_y+\dfrac{k_y}{T_y}Y_u\\ \dot{Y}_1=-100Y_1+200Y_y\\ \dot{Y}=Y_1\end{cases}\tag{11.113}$$

式中，Y_u、Y_y 分别为测量器与放大器的输出信号。假设系统工作时间为 $T=20\text{s}$，且系统无初始振动干扰。

为了使用非梯度随机搜索法来求解上述参数优化问题，定义事件 θ 为满足如下终止条件：

$$|Y(t_k)-Y_T(t_k)|\leqslant 3\sigma_0(t_k)$$

式中，误差上界 $\sigma_0(t)$ 可利用公式求得[52]。对于图 11.14 所示的系统，若系统输入信号 $X(t)$ 为

$$X(t)=S(t)+N(t)\tag{11.114}$$

式中

$$S(t)=\sum_{r=1}^{n}U_r\varphi_r(t)\tag{11.115}$$

理论输出信号 $Y_T(t)$ 为

$$Y_T(t)=\sum_{r=1}^{n}U_r\psi_r(t)\tag{11.116}$$

则线性动力学系统均方差最小可能的上限为

$$\sigma_0^2(t) = \sum_{q=1}^{n} \lambda_q(t)\psi_q(t) \tag{11.117}$$

式中

$$\lambda_q(t) = \sum_{p=1}^{n} \gamma_{pq}[\psi_p(t) - \sum_{r=1}^{n} \lambda_r(t) b_{pr}(t)] \qquad (q = 1, 2, \cdots, n) \tag{11.118}$$

$$b_{pr}(t) = \int_{t-T}^{t} g^{(r)}(t,\, \tau)\varphi_r(\tau)\mathrm{d}\tau, \qquad (p,\, r = 1, 2, \cdots, n) \tag{11.119}$$

$$\gamma_{pq} = M[U_p U_q] \qquad (p,\, q = 1, 2, \cdots, n) \tag{11.120}$$

函数 $g^{(r)}(t,\, \tau)$ 为下列积分方程的解：

$$\int_{t-T}^{t} K_N(\tau,\, \sigma) g^{(r)}(t,\, \tau)\mathrm{d}\tau = \varphi_r(\sigma) \qquad (r = 1, 2, \cdots, n) \tag{11.121}$$

式中，T 为信号观测时间；$K_N(\tau,\, \sigma)$ 为噪声相关函数。

若 $N(t)$ 为白噪声，则其相关函数为

$$K_N(\tau,\, \sigma) = G_N \delta(\tau - \sigma)$$

式中，G_N 为白噪声强度。因此，由积分方程式 (11.119) 可得

$$g^{(r)}(t,\, \sigma) = \frac{\varphi_r(\sigma)}{G_N} \qquad (r = 1, 2, \cdots, n) \tag{11.122}$$

接下来，直接利用以上公式计算线性动力学系统均方差最小可能的上限 $\sigma_0(t)$，即

$$\sigma_0^2(t) = \sum_{q=1}^{n} \lambda_q(t)\psi_q(t)$$

式中，$n = 2,\ \varphi_1(t) = 1,\ \varphi_2(t) = t,\ \psi_1(t) = 1,\ \psi_2(t) = t$，故利用式 (11.117)，有

$$\sigma_0^2(t) = \lambda_1(t)\psi_1(t) + \lambda_2(t)\psi_2(t)$$

由于 U_1、U_2 互不相关，利用式 (11.119)，得

$$\begin{cases} \lambda_1(t) = D_1[\psi_1(t) - \lambda_1(t) b_{11}(t) - \lambda_2(t) b_{12}(t)] \\ \lambda_2(t) = D_2[\psi_2(t) - \lambda_1(t) b_{21}(t) - \lambda_2(t) b_{22}(t)] \end{cases} \tag{11.123}$$

由式 (11.122)，可得

$$g^{(1)}(t,\, \sigma) = \frac{1}{G_N},\ g^{(2)}(t,\, \sigma) = \frac{\sigma}{G_N}$$

从而，有

$$b_{11} = \frac{t}{G_N},\ b_{12} = \frac{t^2}{2G_N},\ b_{21} = \frac{t^2}{2G_N},\ b_{22} = \frac{t^3}{3G_N}$$

将这些系数代入式 (11.118)，求解得

$$\lambda_1(t)=\frac{1/D_2-t^3/6G_N}{(1/D_1+t/G_N)(1/D_2+t^3/3G_N)-t^4/4G_N^2}$$
$$\lambda_2(t)=\frac{1/D_1+t^2/2G_N}{(1/D_1+t/G_N)(1/D_2+t^3/3G_N)-t^4/4G_N^2}$$

故

$$\sigma_0^2(t)=\frac{1/D_2+t^2/D_1+t^2/3G_N}{(1/D_1+t/G_N)(1/D_2+t^3/3G_N)-t^4/4G_N^2} \tag{11.124}$$

通过选择 D_1、D_2、G_N，则上式可表示为

$$\sigma_0^2(t)=\frac{1.3\times10^{-5}+1.92\times10^{-4}t^2+6.4\times10^{-2}t^3}{1.2\times10^{-3}+1.2t+6.4t^3+1.6\times10^2t^4}$$

当 $t>10$ 秒时，上式可简化成

$$\sigma_0^2(t)\approx\frac{4G_N}{t}=\frac{4\times10^{-5}}{t} \tag{11.125}$$

当 $D_1=\infty, D_2=\infty$ 时，式 (11.125) 很容易从式 (11.124) 中得到。因此，事件 θ 满足终止条件 $|Y(t_k)-Y_T(t_k)|\leqslant 4.2\times10^{-3}$。

图 11.11 表明均方误差随时间变化的曲线，当 $t_k=20\text{s}$ 时，$\sigma_0=0.14\times10^{-3}$度。

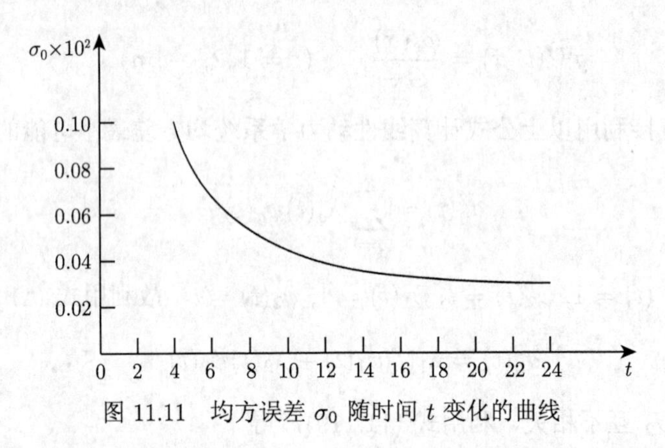

图 11.11 均方误差 σ_0 随时间 t 变化的曲线

下面，使用非梯度随机搜索法来求解上述参数优化问题。定义参数矩阵 $\boldsymbol{S}_c$ 为

$$\boldsymbol{S}_c=\begin{bmatrix}k_y\\T_y\end{bmatrix}$$

搜索结构图如图 11.9 所示，使用连续自学习搜索算法，系数 $K(n_{k1})$ 由式 (11.78) 计算，这里，$n_c=20$；其余的按式 (11.73) 计算。

搜索结果为

$$k_y^*=4.473，T_y^*=0.134$$

总的搜索步骤 $N = 415$。

使用统计试验法获得 $\sigma_0(T_y^*, k_y^*) = 0.04$。而当样本 $K_{y1} = 3.355$，$T_{y1} = 0.134\text{s}$ 和 $K_{y2} = 5.591$，$T_{y2} = 0.134\text{s}$ 时，$\sigma(T_{y1}, K_{y1}) = 0.05$ 度，$\sigma(T_{y1}, K_{y1}) = 0.05$ 度。明显地，有

$$\sigma_0(T_{y1}, k_{y1}) > \sigma_0(T_y^*, k_y^*), \sigma_0(T_{y2}, k_{y2}) > \sigma_0(T_y^*, k_y^*)$$

11.7 本章小结

本章内容主要包括三部分。第一部分介绍随机搜索法概念，分类及搜索原理；第二部分详细介绍了非梯度随机搜索法原理，搜索过程以及解析法等；第三部分介绍目前引起广泛关注的随机梯度下降法，并给出三种广泛用于人工智能等领域的随机梯度下降算法的步骤及收敛性分析。

第 12 章　随机最优控制及优化应用实例

12.1　引　　言

在本章中，我们利用本书所介绍的随机系统最优状态估计和最优控制理论，来具体地分析五个实例[40,157,209,258-260]。详细介绍本书中具有代表性、新颖性的滤波理论，随机最优控制理论，随机最优预测控制理论、强化学习理论以及随机参数优化方法在不同领域中应用实例。为读者深入理解本书的理论知识提供一定的帮助。

12.2　空中交通管制中的分布式协同状态估计目标信息

本实例中，针对空中交通管制中的非线性系统状态估计的问题，采用本书 3.11 节中介绍的分布式容积信息滤波算法（DCIF）进行分析，并通过仿真与分布式 CKF 滤波算法进行比较[40]。

考虑空中交通管制中的非线性系统状态估计情形。假设目标进行机动转弯，在 X/Y 平面以固定的转弯率 ω 进行。转弯动力学由下列非线性差分方程确定：

$$\boldsymbol{X}_k=\begin{bmatrix}1 & \dfrac{\sin\omega h}{\omega} & 0 & -\dfrac{1-\cos\omega h}{\omega}\\ 0 & \cos\omega h & 0 & -\sin\omega h\\ 0 & \dfrac{1-\cos\omega h}{\omega} & 1 & \dfrac{\sin\omega h}{\omega}\\ 0 & \sin\omega h & 0 & \cos\omega h\end{bmatrix}\boldsymbol{X}_{k-1}+\begin{bmatrix}\dfrac{h^2}{2} & 0\\ h & 0\\ 0 & \dfrac{h^2}{2}\\ 0 & h\end{bmatrix}\boldsymbol{W}_{k-1} \tag{12.1}$$

式中，状态向量 $\boldsymbol{X}_k=\begin{bmatrix}\xi_k & \eta_k & \dot{\xi}_k & \dot{\eta}_k\end{bmatrix}$，$\xi_k$ 和 η_k 表示辨识位置，$\dot{\xi}_k$ 和 $\dot{\eta}_k$ 表示在 X 和 Y 方向上的速度；$h=1$ 是采样周期；$\boldsymbol{W}_{k-1}\in\mathcal{N}(\boldsymbol{0},\boldsymbol{Q}_{k-1})$ 为白噪声向量，其强度为 $\boldsymbol{Q}_{k-1}=0.01\boldsymbol{I}_2$。

假设有 12 部地面固定雷达测量目标的距离和方位。它们的坐标分别为（0,30），（80,30），（160,30），（240,30），（0,60），（80,60），（160,60），（240,60），（0,90），（80,90），（160,90），（240,90）。因此，传感器量测方程可以表示为

$$\boldsymbol{Z}_k^s=\begin{bmatrix}r_k^s\\ \theta_k^s\end{bmatrix}=\begin{bmatrix}\sqrt{(\xi_k-X_0^s)^2+(\eta_k-Y_0^s)^2}\\ \arctan\left(\dfrac{\eta_k-Y_0^s}{\xi_k-X_0^s}\right)\end{bmatrix}+\boldsymbol{V}_k^s \tag{12.2}$$

式中，$s=1,\cdots,12$ 和 (X_0^s,Y_0^s) 表示第 s 部雷达传感器的位置；$\boldsymbol{V}_k^s\in\mathcal{N}(\boldsymbol{0},\boldsymbol{R}_k^s)$ 为白噪声向量，其强度为 $\boldsymbol{R}_k^s=\mathrm{diag}(\sigma_r^2,\sigma_\theta^2)$。假设系统参数 $\sigma_r=0.02\mathrm{m}$，$\sigma_\theta=0.015$ 度。实际初始状态 $\boldsymbol{X}_0=\begin{bmatrix}-40\mathrm{m} & 2\mathrm{ms}^{-1} & 10\mathrm{m} & 1\mathrm{ms}^{-1}\end{bmatrix}^{\mathrm{T}}$，且相应的协方差矩阵 $\boldsymbol{P}_0=\mathrm{diag}\begin{bmatrix}5\mathrm{m}^2 & 0.5\mathrm{m}^2\mathrm{s}^{-2} & 4\mathrm{m}^2 & 0.5^2\mathrm{m}^2\mathrm{s}^{-2}\end{bmatrix}^{\mathrm{T}}$。

在每一次运行时，初始状态估计值从 $\mathcal{N}(\boldsymbol{X}_0, \boldsymbol{P}_0)$ 中随机选取 $\widehat{\boldsymbol{X}}_{0|0}^{s}$ 。每次运行扫描的总数为 100。通信拓扑图如图 12.1 所示。其中，任何两个节点的连线表示它们可以通信。在后续仿真中所采用的权矩阵为梅特罗波利斯 (Metropolis) 权，即

$$\pi^{s,j} = \begin{cases} (1+\max\{d_s, d_j\})^{-1}, & (s,j) \in \varepsilon \\ 1 - \sum\limits_{(s,j)\in\varepsilon} \pi^{s,j}, & s = j \\ 0, & \text{其他} \end{cases} \tag{12.3}$$

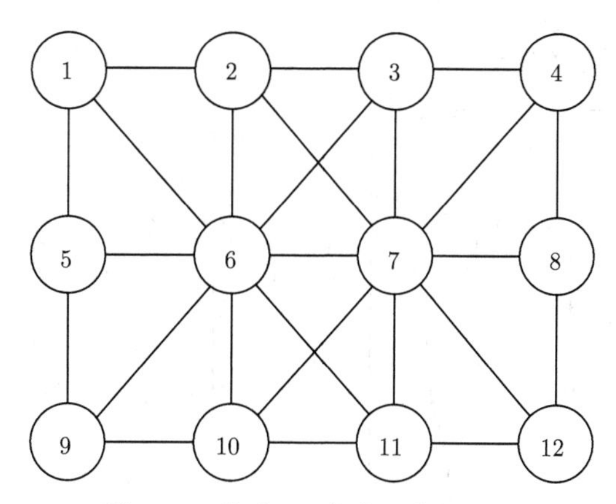

图 12.1 传感器网络的通信拓扑图

需要对如下仿真结果做几点说明。

1）在 12 个传感器网络中仅画出其中 4 个传感器的仿真曲线。

2）关于 DCIF 的一致性分析，仅给出传感器 2 的性能仿真曲线，因为网络中所有传感器的性能是相同的。

3）位置均方误差的平方根（PRMSE）作为性能度量指标，即所有网络节点的平均值被计算。

性能度量：在时刻 k 的 PRMSE 为

$$\mathrm{PRMSE}(k) = \left[\frac{1}{M}\sum_{i=1}^{M}\left(\left(\xi_k^i - \widehat{\xi}_k^i\right)^2 + \left(\eta_k^i - \widehat{\eta}_k^i\right)^2\right)\right]^{\frac{1}{2}} \tag{12.4}$$

式中，(ξ_k, η_k) 和 $(\widehat{\xi}_k, \widehat{\eta}_k)$ 分别是第 i 轮蒙特卡罗仿真时的实际值和估计值；M 为蒙特卡罗仿真次数。为了进行综合比较，在相同条件下进行 100 次蒙特卡罗仿真试验。图 12.2 显示系统的实际状态和估计状态。点线显示真实的状态轨迹，而其他 4 条线显示 4 个独立的滤波性能曲线。特别地，在图中，当 $k \in [0,2]$ 时，4 种估计器与真值有一些差异；但是当 $k \in [3,100]$ 时，后续与真值基本一致，可见每个滤波器都达到一致性。此结果表明所提出的加权平均一致性算法是有效的，且基于 CIF 算法的一致性展示了令人满意的估计性能。

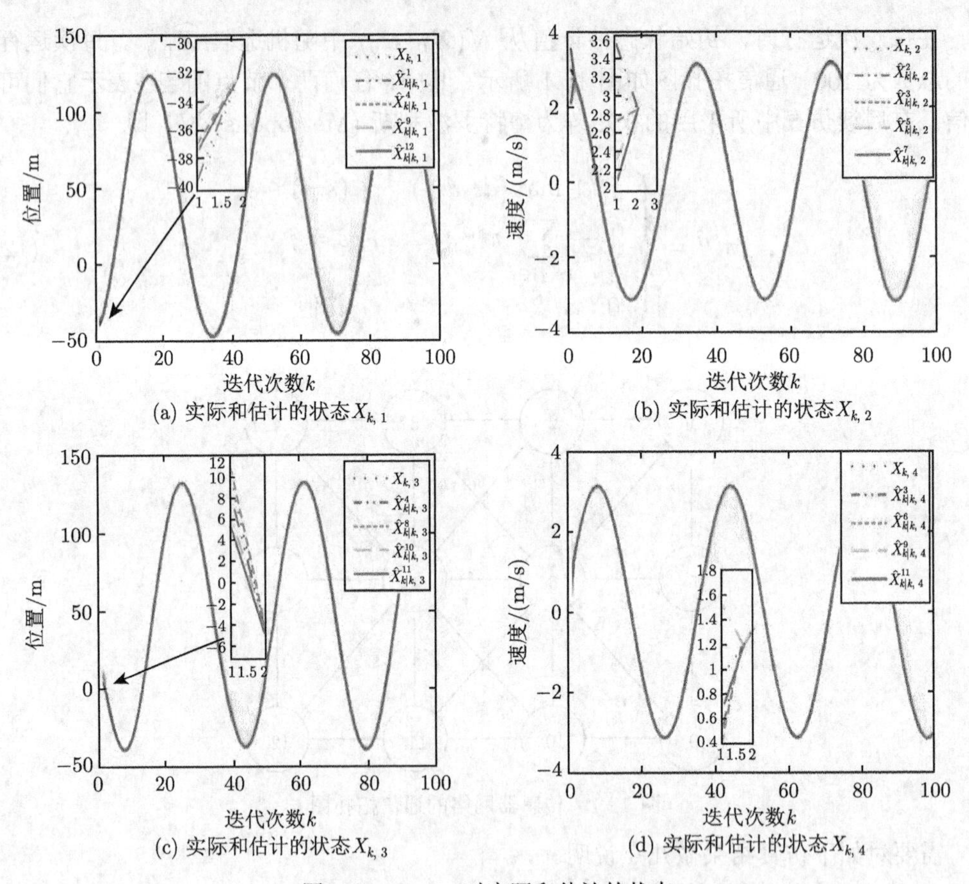

图 12.2　L=12 时实际和估计的状态

对于传感器 2，也给出局部后验估计误差，以及相应的两个标准偏差界的估计，是标准偏差。这些界是通过计算 DCIF 算法两次逼近误差协方差的对角线元素的平方根获得的。其结果显示在图 12.3 中。根据非线性估计的知识，如果称滤波器保持一致性，则估计误差应在 95%时间内保持在这些界的内部。明显地，误差总是很好地保持在这两个标准偏差的里面，这说明所提出的 DCIF 算法是一致的。

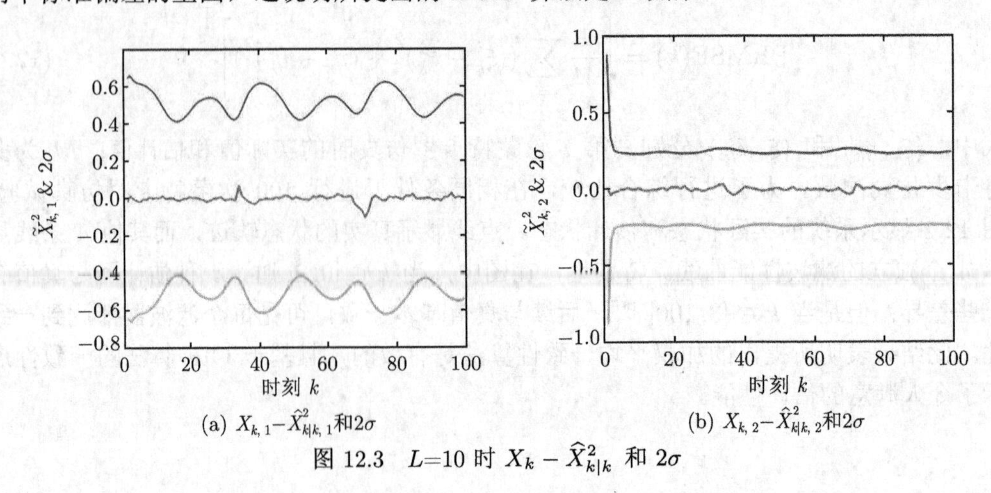

图 12.3　L=10 时 $X_k-\hat{X}_{k|k}^2$ 和 2σ

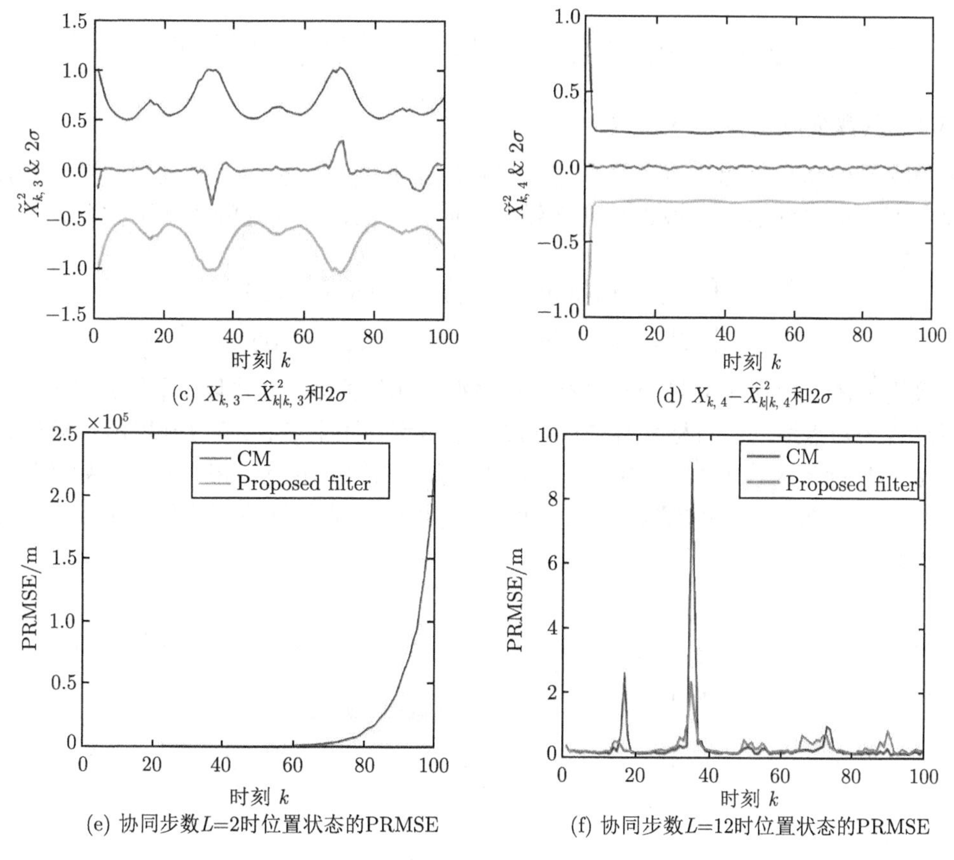

(c) $X_{k,3}-\hat{X}^2_{k|k,3}$和$2\sigma$　(d) $X_{k,4}-\hat{X}^2_{k|k,4}$和$2\sigma$

(e) 协同步数L=2时位置状态的PRMSE　(f) 协同步数L=12时位置状态的PRMSE

图 12.3 (续)

图 12.3(e) 和 (f) 绘制了在 $L = 2$ 和 $L = 12$ 协同步情况下 DCIF 算法和现有的 CKF 算法的性能比较。显然，CM 需要一个最小的协同步数来处理稳定性的问题（这里，$L = 12$ 协同步数是需要的）。相反，DCIF 算法仅需要更少的协同步数就能展示出令人满意的性能。

进一步，表 12.1 给出了在 $L = 2$ 和 $L = 12$ 协同步数情况下均方 PRMSE 和运行时间。显然，DCIF 算法具有较小的运算量，说明其具有良好的实时性。背后的原因是 CM 在协同步数之后还需要不止一次乘法运算来求取 $\hat{\boldsymbol{Y}}^s_{k|k}$ 和 $\boldsymbol{L}^s_{k|k}$，而 DCIF 算法在协同步数之后直接获得 $\hat{\boldsymbol{Y}}^s_{k|k}$ 和 $\boldsymbol{L}^s_{k|k}$。

表 12.1 平均花费时间和 PRMSE 的性能比较

协同步数	$L=2$	$L=2$	$L=12$	$L=12$
算法	CM	DCIF	CM	DCIF
时间/s	2749	0,2579	0.2798	0.2623
PRMSE/m	15841	24.018	0.3627	0.3207

12.3 基于视线角速度的随机预测导引律

12.3.1 问题描述

根据导弹和目标相对运动关系建立以视线角速度为变量的状态模型，考虑导弹在一个平面内的寻的运动，假设导弹在铅垂平面内寻的，运动过程由如下微分方程组描述[93, 209]：

$$\begin{cases} R\dot{q} = v_M \sin(q-\theta_M) - v_T \sin(q-\theta_T) \\ \dot{R} = v_T \cos(q-\theta_T) - v_M \cos(q-\theta_M) \end{cases} \tag{12.5}$$

采用如图 12.4所示的导弹与目标运动模型的几何关系，并作以下假设：导弹、目标的运动视为质点运动；目标和导弹的速度大小恒定。图中 T、M 分别表示目标和导弹，MT 表示目标瞄准线 [简称目标线（line of sight，LOS）]；v_M 和 v_T 分为导弹与目标的速度；θ_M、θ_T 分别为导弹弹道角与目标航向角；q 为目标线方位角；R 为导弹相对目标的距离。

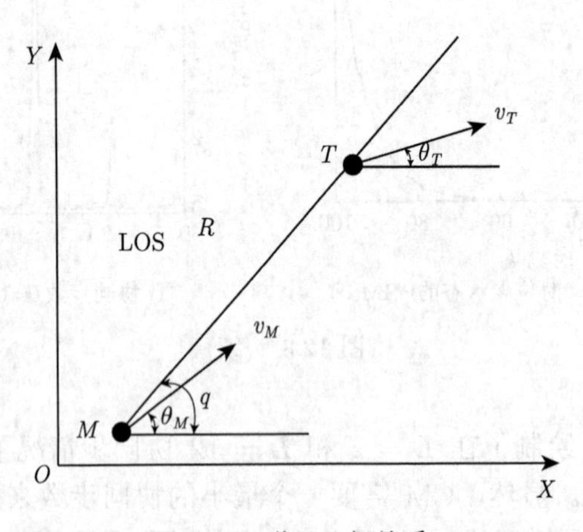

图 12.4 弹目几何关系

通过对式进行简化，可以获得关于角速度 $X=\dot{q}$ 的微分方程为

$$\begin{aligned} \dot{X} = &-\frac{2\dot{R}}{R}X + \frac{1}{R}\left[a_T\cos(q-\theta_T) - \dot{v}_T\sin(q-\theta_T)\right] \\ &-\frac{1}{R}\left[a_M\cos(q-\theta_M) - \dot{v}_M\sin(q-\theta_M)\right] \end{aligned} \tag{12.6}$$

对上式进行分析，通常情况下认为导弹和目标运动速率保持不变，即 $\dot{v}_T=0$、$\dot{v}_M=0$，假设目标加速度在视线法向上的分量为一个高斯马尔可夫随机过程，其数学期望为 0，方差为 $\sigma_{a_T}^2$。至此，式 (12.6) 可以转化为

$$\dot{X} = a(t)X + b(t)u + \xi(t) \tag{12.7}$$

式中，系数 $a(t) = -2\dot{R}/R$，$b(t) = -1/R$；控制变量 $u = a_M\cos(q-\theta_M)$，为导弹加速度在视线法向上的分量；假设 $\xi(t)$ 为高斯噪声，$\xi(t)\in\mathcal{N}(0, Q\delta(t))$。考虑有限终时

二次型性能指标函数为

$$J=\frac{1}{2}E\left[cX^2(t+T)+\int_t^{t+T}ru^2(s)\mathrm{d}s\right] \tag{12.8}$$

式中，T 为预测时间长度；c、r 为正数。导弹有效拦截目标的关键就是如何控制 u 使视线角速度 X 趋近于零，从而实现准平行接近，即使 J 取值最小。

12.3.2 随机预测导引律

根据预测控制原理，需要在每个时刻求解优化问题，即

$$J(t)=\frac{1}{2}E\left[cX^2(t+T)+\int_t^{t+T}r(s)u^2(s)\mathrm{d}s\right]$$

受限于

$$\dot{X}(s)=a(s)X(s)+b(s)u(s)+\xi(s), s\in[t,t+T] \tag{12.9}$$

并实施控制量 $u(t)$，下面进一步推导随机预测导引律。

根据随机最优预测控制原理，可知最优预测控制律为

$$u(s)=-r^{-1}b(s)p(s)X(s), s\in[t,t+T] \tag{12.10}$$

式中，$p(s)$ 满足如下里卡蒂方程：

$$\dot{p}(s)=-2a(s)p(s)+r^{-1}(s)b^2(s)p^2(s), s\in[t,t+T] \tag{12.11}$$

终端条件为 $p(t+T)=c(t+T)$，此时记

$$w(s)=p^{-1}(s) \tag{12.12}$$

则有

$$\dot{w}(s)=-p^{-2}(s)\dot{p}(s) \tag{12.13}$$

将式 (12.12) 和式 (12.13) 代入式 (12.11) 可得

$$\dot{w}(s)=2a(s)w(s)-r^{-1}(s)b^2(s), s\in[t,t+T] \tag{12.14}$$

则式 (12.14) 的解析解为

$$w(s)=\mathrm{e}^{\int_s^{t+T}2a(\tau)\mathrm{d}\tau}\left[\int_s^{t+T}\mathrm{e}^{-\int_s^{t+T}2a(\tau_2)\mathrm{d}\tau_2}r^{-1}(\tau_1)b^2(\tau_1)\mathrm{d}\tau_1+C\right] \tag{12.15}$$

进一步可得

$$w(s)=\frac{1}{R^4(s)}\int_s^{t+T}r^{-1}(\tau_1)\frac{R^2(\tau_1)}{\dot{R}(\tau_1)}\mathrm{d}R(\tau_1)+\frac{C}{R^4(s)} \tag{12.16}$$

考虑终端条件 $w(t+T)=c^{-1}$，则 $C=c^{-1}R^4(t+T)$。由于 $\dot{R}(t)<0$，选择 $r(s)=-1/\dot{R}(s)$，则式 (12.16) 转化为

$$w(s)=\frac{R^3(s)-R^3(t+T)+3c^{-1}R^4(t+T)}{3R^4(s)} \tag{12.17}$$

则最优预测控制律为

$$u_0(t) = \frac{3R^3(t)\dot{R}(t)}{R^3(t+T) - 3c^{-1}R^4(t+T) - R^3(t)}X(t) \tag{12.18}$$

事实上，若选择 $r(s) = -1/(R^k(s)\dot{R}(s)), k = 0, 1, 2, \cdots$，则式 (12.17) 可转化为

$$w(s) = \frac{R^{3+k}(s) - R^{3+k}(t+T) + (3+k)c^{-1}R^4(t+T)}{(3+k)R^4(s)} \tag{12.19}$$

可得最优预测控制律为

$$u_k(t) = \frac{(3+k)R^{3+k}(t)\dot{R}(t)}{R^{3+k}(t+T) - (3+k)c^{-1}R^4(t+T) - R^{3+k}(t)}X(t) \tag{12.20}$$

取 $c = 4$，$k = 1$ 时，最优预测导引律为比例导引律，即

$$u_1(t) = -4\dot{R}(t)X(t)$$

将预测终端时刻的弹目相对距离 $R(t+T)$ 展开为

$$R(t+T) \approx R(t) + T\dot{R}(t) + T^2/2\ddot{R}(t) \tag{12.21}$$

若取 $c = (3+k)R^4(t+T)$，考虑 $\dfrac{1}{R^{3+k}(t)} \to 0$，则式 (12.21) 进一步可转化为

$$\begin{aligned} u(t) &= \frac{(3+K)R^{3+k}(t)\dot{R}(t)}{\left[R(t) + T\dot{R}(t) + T^2/2\ddot{R}(t)\right]^{3+k} - R^{3+k}(t) - 1}X(t) \\ &= \frac{3\dot{R}(t)}{\left\{1 + \dfrac{1}{R}\left[T\dot{R}(t) + \dfrac{1}{2}T^2\ddot{R}(t)\right]\right\}^{3+k} - 1 - \dfrac{1}{R^{3+k}(t)}}X(t) \\ &\approx \frac{3\dot{R}(t)}{\left\{1 + \dfrac{1}{R}\left[T\dot{R}(t) + \dfrac{1}{2}T^2\ddot{R}(t)\right]\right\}^{3+k} - 1}X(t) \end{aligned} \tag{12.22}$$

由式 (12.22) 可知，预测导引律与预测时域长度，以及弹目视线方向的速度及加速度有关，可以视为一种变比例系数的比例导引律。

12.3.3 具有控制约束的预测导引律

目前大多数导引律的设计，通常假设导弹能够提供足够大的过载，进而考察导引律在各种条件下的需用过载是否满足导弹的过载性能，但导弹的可用过载是有限的，对于末端制导而言更是如此，本小节提出一种饱和控制约束的预测导引律算法。

考虑如下随机线性系统：

$$\dot{X}(t) = AX(t) + Bu(t) + G\omega(t) \tag{12.23}$$

式中，$u(t) \in U$ 为控制输入，满足 $U = \{u|, \|u\| \leqslant U_0\}$；$\omega(t)$ 为零均值高斯噪声，且 $\omega(t) \in \mathcal{N}(0, W)$。考虑预测性能指标为

$$J_T(t)=E\left\{\int_t^{t+T}\left[X^{\mathrm{T}}(\tau)QX(\tau)+u^{\mathrm{T}}(\tau)Ru(\tau)\right]\mathrm{d}\tau+X^{\mathrm{T}}(t+T)Q_TX(t+T)\right\} \tag{12.24}$$

定理 12.1 对于具有控制约束的随机线性系统式 (6.50)，存在如下满足控制约束的状态反馈控制律：

$$u(\tau) = K(\tau)X(\tau) + C(\tau), t \leqslant \tau \leqslant t + T$$

式中，$K = -N_u R^{-1} B^{\mathrm{T}} P$，$C = f_0^u - N_u R^{-1} B^{\mathrm{T}} P_1$，使得系统的最优性能指标为

$$J(X(t), t) = E\left[X^{\mathrm{T}}(t)P(t)X(t) + 2X^{\mathrm{T}}(t)P_1(t)\right] + P_0(t)$$

式中，P、P_1、P_0 分别满足以下里卡蒂微分方程组：

$$\left\{\begin{array}{l}\dot{P} + Q + PB^{\mathrm{T}}N_u^{\mathrm{T}}R^{-1}(N_u - 2I)B^{\mathrm{T}}P + PA + A^{\mathrm{T}}P = 0 \\ \dot{P}_1 + PB^{\mathrm{T}}f_0^u + PB^{\mathrm{T}}N_u^{\mathrm{T}}R^{-1}N_uB^{\mathrm{T}}P_1 - PBN_u^{\mathrm{T}}f_0^u - 2PBR^{-1}N_uB^{\mathrm{T}}P_1 + A^{\mathrm{T}}P_1 = 0 \\ \dot{P}_0 + (f_0^u)^{\mathrm{T}}Rf_0^u - 2P_1^{\mathrm{T}}BR^{-1}N_u^{\mathrm{T}}Rf_0^u + P_1B^{\mathrm{T}}N_u^{\mathrm{T}}R^{-1}N_uB^{\mathrm{T}}P_1 + 2P_1^{\mathrm{T}}Bf_0^u \\ \quad -2P_1^{\mathrm{T}}BN_uR^{-1}B^{\mathrm{T}}P_1 + G^{\mathrm{T}}PG = 0\end{array}\right. \tag{12.25}$$

终端条件为 $P(t+T) = Q_T, P_1(t+T) = 0, P_0(t+T) = 0$。式中，$N_u$、$f_0^u$ 由饱和函数统计线性化得到，并与下式有关：

$$\left\{\begin{array}{l}\dot{m}(t) = (A + BK)m + BC \\ \dot{\theta}(t) = \theta(t)(A + BK)^{\mathrm{T}} + (A + BK)\theta(t) + GWG^{\mathrm{T}}\end{array}\right. \tag{12.26}$$

考虑式 (12.7) 基于视线角速度的状态模型为

$$\dot{X} = a\,(t)\,X + b\,(t)\,u + \xi\,(t)$$

代价函数为

$$J(t) = E\left[cX^2(t+T) + \int_t^{t+T} r^2 u(\tau)\mathrm{d}\tau\right]$$

由定理 12.1 可知具有饱和控制约束的滚动预测导引律为

$$u(t) = K(t)X(t) + C(t) \tag{12.27}$$

式中，$K = -n_u r^{-1} bP$，$C = f_0^u - n_u r^{-1} bP_1$，$P$、$P_1$ 满足以下方程：

$$\dot{P} + n_u(n_u - 2)r^{-1}b^2P^2 + 2aP = 0 \tag{12.28}$$

$$\dot{P}_1 + (1 - n_u)Pbf_0^u + (n_u^2 - 2n_u)r^{-1}b^2PP_1 + aP_1 = 0 \tag{12.29}$$

终端条件为 $P(t+T) = c$，$P_1(t+T) = 0$。式中，n_u、f_0^u 由饱和函数的统计线性化方法得到。

与具有解析形式的预测导引律（PGL）不同，饱和控制约束预测导引律式 (12.27) 需要实时求解微分方程式 (12.28) 和式 (12.29)，是一种数值型导引律。

12.3.4 仿真研究

随机线性系统式 (12.9) 满足分离定律，因此在设计导引律时可不考虑噪声的影响。假设弹目相对距离 R 和相对速度 $\dot{R}$ 可通过弹载雷达获得，而视线角速度 $X(t)$ 的状态估计 $\widehat{X}(t)$ 通过卡尔曼滤波器实现，视线角速度观测方程为

$$y(t) = X(t) + \zeta(t) \tag{12.30}$$

式中，$\zeta(t)$ 为观测噪声，且 $\zeta(t) \in \mathcal{N}(0, Q_y\delta(t))$。

（1）无约束情形

以水平面为例，假设目标和导弹飞行高度 H=12000m，初始弹目距离为 R_0=9900m，目标速度为 v_T=340m/s，导弹平均速度为 v_M=750m/s，仿真步长为 0.01s，系统高斯噪声 $\xi(t) \in \mathcal{N}(0, 0.01)$，观测噪声 $\zeta(t) \in \mathcal{N}(0, 0.01)$，在导弹开始发射时目标开始机动，其过载为：$n = 9 \times 9.8\mathrm{sgn}\,(\sin(0.5t))$。为了比较所得导引律的性能，将最优导引律（OGL）、预测导引律（PGL）与扩展比例导引律（APN）做比较，其中预测时间设为 $T = 0.2\mathrm{s}$。其弹道轨迹如图 12.5(a) 所示。

从图 12.5(a) 中可以看出，在追击过程前期距离目标较远时，最优导引律的弹道较为平缓，而扩展比例导引律和预测导引律的弹道较为弯曲；在制导后期距离目标 6700m 时，预测导引律的弹道最为平直，扩展比例导引律次之，这样保证了较小的脱靶量。导弹过载控制量如图 12.5(b) 所示，从图中可以看出，在最后交汇阶段最优导引律（OGL）需用过载峰值达到了 200m/s^2；扩展比例导引律（APN）需用过载为 120m/s^2；预测导引律（PGL）需用过载仅为 100m/s^2，其主要原因是 APN 和 PGL 提前使用了较大的过载，这就使得在最后交汇段时需用过载小。相应的视线角速度如图 12.5(c) 所示。

利用蒙特卡罗统计分析可知，仿真次数设为 100，其初始条件不变，统计脱靶量均值如图 12.5(d) 所示，仿真时间均值见表 12.2。从图 12.5(d) 中可以看出，由于 APN 利用了目标加速度信息，获得了较小的脱靶量，但其在整个追击过程中的平均需用过载是最大的，如图 12.5(b) 所示，从表 12.2 中可以看出，其拦截时间较长，所需能量较大，意味着需要更多的燃料。因此，APN 与 PGL 相比较并未显示出更优良的特性。PGL 导引律能在中段提前支付较大的过载，末端交汇所需过载较小，平均过载小于 APN，保证了较小的脱靶量，且与 APN 不同，PGL 本身并不需要目标加速度信息，因此 PGL 具有更好的适应性。

（2）控制受约束情形

考虑导弹过载受限情形，仿真条件与前文一致，目标过载为 $n = 9g\mathrm{sgn}(\sin(0.6t))$，假设末端制导段导弹的最大可用过载为 $12g$，采用固定时域滚动策略考察控制约束预测导引律（CPGL），预测时间设为 $T = 0.2\mathrm{s}$，预测终端条件取 $c = 90R(l)$，并与比例导引律（PNG）比较，弹道轨迹与过载和 p 值的变化量如图 12.6(a)、(b)、(c) 所示，仿真次数设为 100，脱靶量如表 12.3 所示，图 12.6(a) 为倒向里卡蒂方程解。

如图 12.6(a) 所示，利用本文提出的控制约束预测导引律，过载在初始段及中段较大，便于快速指向目标，这一特性与 PGL 相同。如图 12.6(b) 所示，在追击过程中，需

用过载均满足约束条件的限制，终端弹目交汇段过载为 8.9g，而比例导引律在交汇段所需过载已处于过载极限。如表 12.3 所示，在相同过载限制下，采用对导弹脱靶，而采用 CPGL 的脱靶量仅为 0.21m。

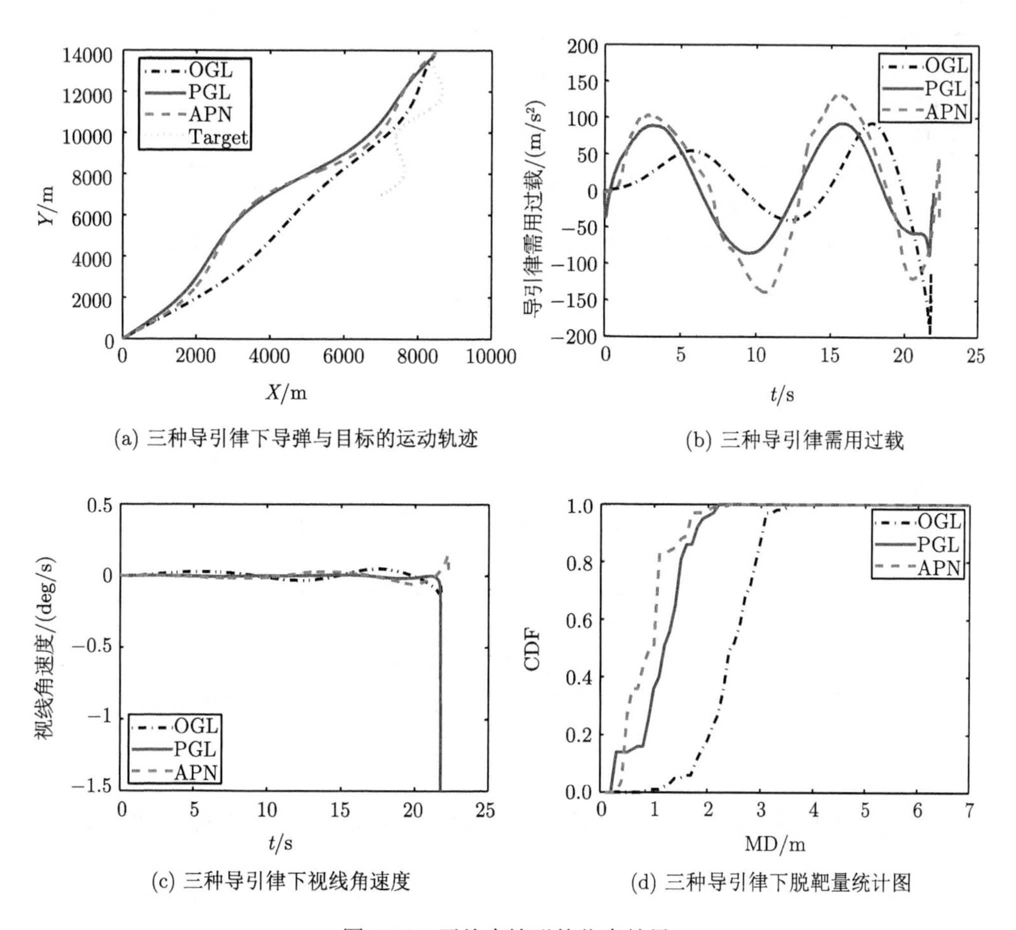

(a) 三种导引律下导弹与目标的运动轨迹　(b) 三种导引律需用过载

(c) 三种导引律下视线角速度　(d) 三种导引律下脱靶量统计图

图 12.5　无约束情形的仿真结果

表 12.2　导弹拦截目标所用时间

导引律	OGL	PGL	APN
时间/s	21.68	21.79	22.29

表 12.3　平均脱靶量

导引律	CPGL	PNG
脱靶量/m	0.21	27.51

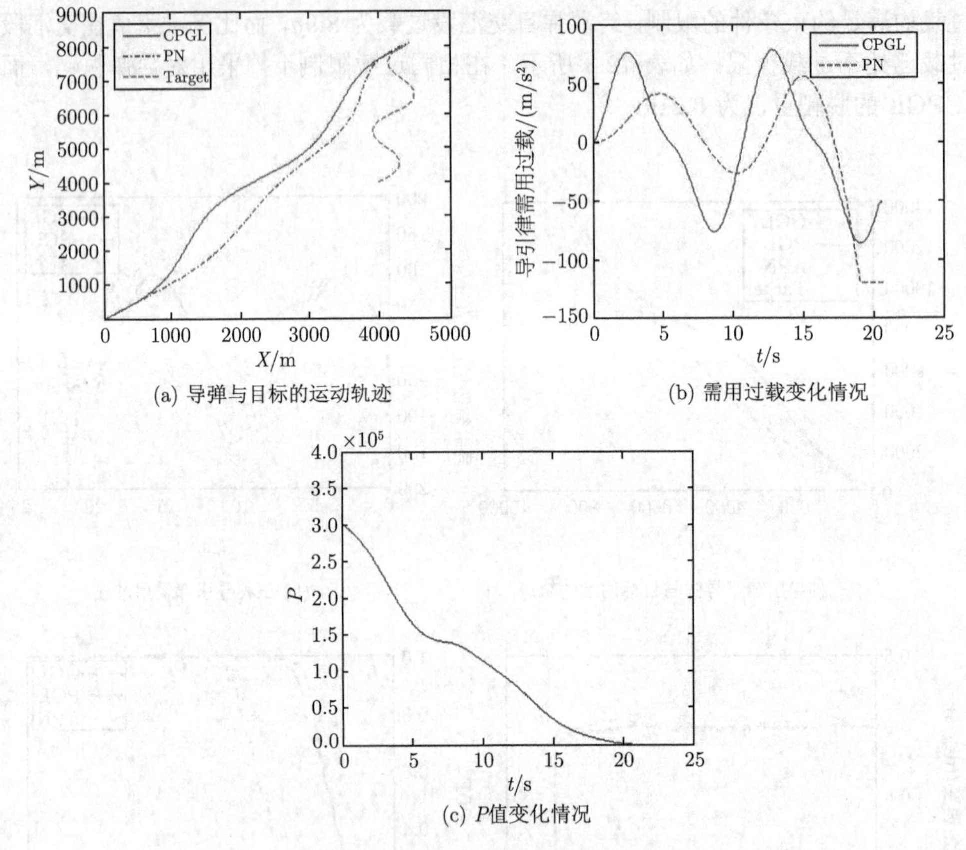

(a) 导弹与目标的运动轨迹　(b) 需用过载变化情况

(c) P值变化情况

图 12.6　控制受约束情形的仿真结果

12.4　基于模糊-Q 学习算法的双机协同被动雷达探测航路规划

隐身飞机的出现，极大压缩了主动雷达探测目标的距离，因此，人们很快将目光投向红外/被动雷达型传感器对目标的探测上，但由于此类传感器的最大缺点是只能探测目标的方位信息，无法获得距离线性，而且探测精度不稳定。但如果通过三角定位法，利用双机协同探测，不但可以提供探测精度，还能获得相当距离信息。但缺点是要求双机必须实时进行协同以确保双机和目标的位置构成一个理想的三角形，因此，需要在三角构型约束条件下对双机的路径规划提出要求。本小节首先将此问题转化为动态优化问题，然后基于第 10 章介绍的强化学习理论和模糊理论结合的方法求解，从而获得满足要求的双机协同飞行轨迹。本节的主要内容来源于文献 [132]、[260]。

12.4.1　问题描述

假设双机协同被动雷达探测的空中几何态势如图 12.7 所示。

假设载机被动雷达天线指向与其航向相同，被动雷达的最大搜索方位角为 $2\varphi_p$，最大探测距离为 D_p，双机间距为 R_b。首先给出以下定义：

1）目标视线（F_iF_T）：执行被动探测任务的载机 F_i（$i=1,2$）与目标 F_T 的连线，

载机 F_i 与目标之间距离为 R_i；

2）目标视线角（q_i）：目标视线 F_iF_T 与参考方向的夹角，$0 \leqslant |q_i| \leqslant 180°$；

3）目标进入角（θ_i）：目标航向与目标视线 F_iF_T 的夹角，$0 \leqslant |\theta_i| \leqslant 180°$；

4）目标天线角（ϕ_i）：目标天线指向与目标视线 F_iF_T 的夹角，$0 \leqslant |\phi_i| \leqslant 180°$；

5）载机方位角（β_i）：载机 F_i 航向与参考方向的夹角，$0 \leqslant |\beta_i| \leqslant 180°$。

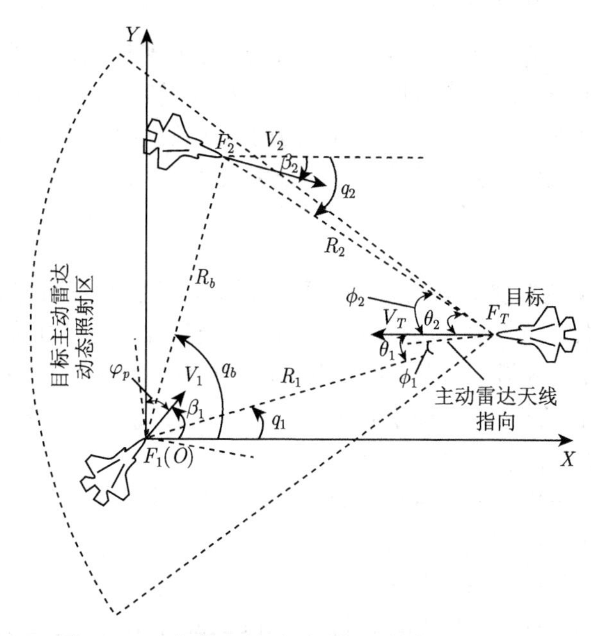

图 12.7 双机协同被动雷达探测的空中几何态势

双机协同被动雷达探测就是利用载机 F_1、F_2 测得目标方位角 q_1、q_2，结合已知的双机距离 $|F_1F_2|$，在三角形 $F_1F_2F_T$ 中利用正弦定理对目标 F_T 进行定位。可见，双机在探测过程中的任务可以分为两个阶段来实施：一是搜索阶段，主要解决如何发现目标的问题；二是定位阶段，该阶段主要解决如何提高探测精度的问题。本实例主要针对如何提高探测精度来规划双机的飞行路径。

为了保证良好的三角构型，双机应增大自身间距，以扩大高精度定位区，但双机距离应在其有效通信范围 D_c 内，因此，必须满足如下条件：

$$\dot{R}_b \geqslant 0, \quad R_b \leqslant D_c \tag{12.31}$$

为降低测向误差对定位精度的影响，应尽量使载机靠近目标，但同时应避免进入目标武器威胁区，则该条件可以表示为

$$\dot{R}_i < 0, \quad R_i \geqslant D_w \tag{12.32}$$

为避免双机与目标位于同一直线时定位精度迅速下降，应满足如下条件：

$$\frac{y_2 - y_1}{x_2 - x_1} \neq \frac{y_T - y_1}{x_T - x_1} \neq \frac{y_T - y_2}{x_T - x_2} \tag{12.33}$$

式中，(x_1, y_1)、(x_2, y_2)、(x_T, y_T) 分别记为 $\mathbf{X}_{F_1}$、$\mathbf{X}_{F_2}$、$\mathbf{X}_T$，表示载机 1、载机 2 及目标的状态。任务执行过程中还应满足的一个约束条件为双机之间的距离不能小于载机间安全距离 D_f，即

$$R_b \geqslant D_f \tag{12.34}$$

12.4.2 双机协同被动雷达探测模型

本小节将双机协同被动雷达探测的飞行路径规划问题描述为离散的 MDP 问题。假设时间步长为 T，则一个时间步可以表示为 $[kT, (k+1)T]$（$k = 0, 1, 2, \cdots$），控制器一般在 kT 时刻做出决策。一个完整的 MDP 问题描述包括四部分，分别为问题的状态空间、动作空间、转移概率和奖惩函数。下面分别进行介绍。

1. 状态空间

双机协同被动雷达探测问题的状态空间包括载机的状态空间与目标的状态空间两部分。首先给出状态空间的定义，然后对状态空间离散化，但是面临一个难题，即由于状态空间巨大造成维数灾难。本小节结合双机协同被动雷达探测任务分析与模糊理论给出一种状态空间泛化方法，有效缩小状态空间，并保证 Q 学习收敛到最优策略。

（1）基于相对态势的状态空间划分

在远距离条件下考虑载机与目标之间的初始相对态势，按照目标视线角和进入角的定义，可以得到如下四种初始态势关系。

态势一：载机与目标构成迎头关系，即 $0 < |q_i - \beta_i| < 90°$ ，$0 < |\theta_i| < 90°$。

态势二：目标尾追载机，即 $90° \leqslant |q_i - \beta_i| \leqslant 180°$，$0 < |\theta_i| < 90°$。

态势三：载机尾追目标，即 $0 < |q_i - \beta_i| < 90°$，$90° \leqslant |\theta_i| \leqslant 180°$。

态势四：载机与目标背离，即 $90° \leqslant |q_i - \beta_i| < 180°$，$90° \leqslant |\theta_i| \leqslant 180°$。

分析态势三与态势四（$90° \leqslant |\theta_i| \leqslant 180°$）不符合空中探测任务的一般规律。所以，这里主要研究态势一和态势二下（$0 < |\theta_i| < 90°$）的被动探测问题。

通过双机被动探测目标的有效性，可以将原状态空间 S 按载机与目标态势划分为五部分，即

$$S = \begin{cases} s_1 = \begin{cases} R_i > D_d \\ D_w < R_i \leqslant D_d, \varphi_d < |\theta_i| < 90° \\ D_w < R_i \leqslant D_d, \varphi_p \leqslant |q_i - \beta_i| \leqslant 180°, 0 < |\theta_i| < \varphi_d \end{cases} \\ s_2 = \{D_w < R_i \leqslant D_d, 0 < |q_i - \beta_i| < \varphi_p, 0 < \theta_i < \varphi_d\} \\ s_3 = \{D_w < R_i \leqslant D_d, 0 < |q_i - \beta_i| < \varphi_p, -\varphi_d < \theta_i < 0\} \\ s_4 = \{D_w < R_i \leqslant D_d, 0 < |q_i - \beta_i| < \varphi_p, 0 < |\phi_i| < \varphi_m\} \\ s_5 = \{R_l \leqslant D_w, 0 < |\theta_i| < \varphi_d\} \end{cases} \tag{12.35}$$

式 (12.35) 实际上构成了从载机的状态空间 X_{F_i} 与目标的状态空间 X_T 到一个新状态空间 S 的对应关系，记为 χ，则有

$$\chi : (X_{F_i}, X_T) \to S = \{s_1, s_2, s_3, s_4, s_5\} \tag{12.36}$$

（2）状态空间的模糊近似

本小节采用模糊推理的方法尽量压缩状态空间规模，减少运算量，因此，并不直接利用 X_{F_i} 和 X_T 进行原状态空间到新状态空间的映射，而是先通过 X_{F_i} 和 X_T 计算出目标的相对态势关系 $(R_i,\theta_i,q_i-\beta_i,\phi_i)$，记为 X_i，再完成原状态空间到新状态空间的映射。若映射采用隶属度函数来表示，则可将式 (12.36) 进一步表示为

$$\mu_n:(X_i)\to[0,1] \tag{12.37}$$

式中，$n=1,2,\cdots,N$，根据前面对状态空间的划分，这里 $N=5$。

为了保证近似 Q 值函数收敛，每个隶属度函数必须在唯一点取得最大值，且其余隶属度函数在该点的取值为零。三角形隶属度函数满足该要求，对于每一维度 z_g，$g\in\{1,2,3,4\}$ 而言，它的三角形隶属度函数可以定义为

$$\begin{cases}\xi_{g,1}(z_g)=\max\left(0,\dfrac{c_{g,2}-z_g}{c_{g,2}-c_{g,1}}\right)\\ \xi_{g,m}(z_g)=\max\left[0,\min\left(\dfrac{z_g-c_{g,m-1}}{c_{g,m}-c_{g,m-1}},\dfrac{c_{g,m+1}-z_g}{c_{g,m+1}-c_{g,m}}\right)\right]\\ \xi_{g,N_g}(z_g)=\max\left(0,\dfrac{z_g-c_{g,N_g-1}}{c_{g,N_g}-c_{g,N_g-1}}\right)\end{cases} \tag{12.38}$$

式中，$c_{g,1},\cdots,c_{g,N_g}$ 为状态分量 z_g 的分界点，且满足 $c_{g,1}<\cdots<c_{g,N_g}$ 。

以状态分量 R_i 为例给出具体的隶属度函数，由式 (12.38) 可知的分界点为 0、R_w、R_d、R_∞，把 $z_g=R_i$, $c_{g,1}=0$, $c_{g,2}=R_w$, $c_{g,3}=R_d$, $c_{g,4}=R_\infty$ 代入式 (12.38) 可得 R_i 隶属度函数：

$$\begin{cases}\xi_{1,1}(R_i)=\max\left(0,\dfrac{R_w-R_i}{R_w}\right)\\ \xi_{1,2}(R_i)=\max\left[0,\min\left(\dfrac{R_i}{R_w},\dfrac{R_d-R_i}{R_d-R_w}\right)\right]\\ \xi_{1,3}(R_i)=\max\left[0,\min\left(\dfrac{R_i-R_w}{R_d-R_w},\dfrac{R_\infty-R_i}{R_\infty-R_d}\right)\right]\\ \xi_{1,4}(R_i)=\max\left(0,\dfrac{R_i-R_d}{R_\infty-R_d}\right)\end{cases} \tag{12.39}$$

采用相同的方法可得另外三个状态分量的隶属度函数为

$$\begin{cases}\xi_{2,1}(\theta_i)=\max\left(0,\dfrac{-\varphi_d-\theta_i}{-\varphi_d+180^\circ}\right)\\ \xi_{2,2}(\theta_i)=\max\left[0,\min\left(\dfrac{\theta_i+180^\circ}{-\varphi_d+180^\circ},\dfrac{-\theta_i}{\varphi_d}\right)\right]\\ \xi_{2,3}(\theta_i)=\max\left[0,\min\left(\dfrac{\theta_i+\varphi_d}{\varphi_d},\dfrac{\varphi_d-\theta_i}{\varphi_d}\right)\right]\\ \xi_{2,4}(\theta_i)=\max\left[0,\min\left(\dfrac{\theta_i}{\varphi_d},\dfrac{180^\circ-\theta_i}{180^\circ-\varphi_d}\right)\right]\\ \xi_{2,5}(\theta_i)=\max\left(0,\dfrac{\theta_i-\varphi_d}{180^\circ-\varphi_d}\right)\end{cases} \tag{12.40}$$

$$\begin{cases} \xi_{3,1}(|q_i-\beta_i|)=\max\left(0,\dfrac{\varphi_p-|q_i-\beta_i|}{\varphi_p}\right) \\ \xi_{3,2}(|q_i-\beta_i|)=\max\left[0,\min\left(\dfrac{|q_i|}{\varphi_p},\dfrac{180^\circ-|q_i-\beta_i|}{180^\circ-\varphi_p}\right)\right] \\ \xi_{3,3}(|q_i-\beta_i|)=\max\left(0,\dfrac{|q_i-\beta_i|-\varphi_p}{180^\circ-\varphi_p}\right) \end{cases} \tag{12.41}$$

$$\begin{cases} \xi_{4,1}(|\phi_i|)=\max\left(0,\dfrac{\varphi_m-|\phi_i|}{\varphi_m}\right) \\ \xi_{4,2}(|\phi_i|)=\max\left[0,\min\left(\dfrac{|\phi_i|}{\varphi_p},\dfrac{\varphi_d-|\phi_i|}{\varphi_d-\varphi_m}\right)\right] \\ \xi_{4,3}(|\phi_i|)=\max\left(0,\dfrac{|\phi_i|-\varphi_m}{\varphi_d-\varphi_m}\right) \end{cases} \tag{12.42}$$

得到各状态分量的隶属度函数后，通过乘积推理就能得到状态变量 x_i 的四维隶属度函数，即

$$\mu_n(x_i)=\xi(R_i)\cdot\xi(\theta_i)\cdot\xi(|q_i-\beta_i|)\cdot\xi(|\phi_i|) \tag{12.43}$$

上式是对式 (12.40) 的具体化，它给出了原状态 x_i 属于新状态 s_n 的隶属度，原状态空间巨大，而新状态的空间维数为 5。这样就实现了原状态空间的模糊近似以及原状态与邻近状态之间的泛化。

2. 动作空间

假设双机速度大小 V 不变，只进行航向控制，则载机 F_i 的运动模型为

$$\begin{cases} x_i[k+1]=x_i[k]+V\cos(\beta_i[k])T \\ y_i[k+1]=y_i[k]+V\sin(\beta_i[k])T \end{cases} \tag{12.44}$$

式中，$(x_i[k],y_i[k])$ 为任务机 F_i 在 k 时刻的位置。载机航向的控制方程为

$$\beta_i[k]=\beta_i[k-1]+\Delta\beta_i \tag{12.45}$$

式中，$\Delta\beta_i\in U_i=\{|u_m^i|\leqslant\Delta\beta_{\max},m=1,\cdots,M\}$，$U_i$ 为载机 F_i 的动作空间，M 为其包含动作的个数。规定逆时针方向旋转为正，则当 $\Delta\beta_i$ 为正时表示载机逆时针旋转，为负时为顺时针旋转，为 0 时表示保持原来航向。$\Delta\beta_{\max}$ 为载机的最大旋转角度，它受载机自身可用过载的限制。

3. 转移概率

假设载机所选的动作不会对目标的运动产生影响，即载机的状态转移与目标相互独立。

当系统状态为 x_i 时，载机 F_i 采用动作 u_m^i 和目标采用动作 u 使得系统状态转移到 x_i' 的转移概率函数可以定义为

$$p_i(x_i'|x_i,u_m^i,u)=P({x_i}^{(k+1)}=x'|{x_i}^{(k)}=x_i,u_i^{(k)}=u_m^i,u_T^{(k)}=u \tag{12.46}$$

式中，$u_m^i\in U_i$。

根据载机的状态转移与目标独立的假设，$p_i(x_i'|x_i,u_m^i,u)$ 可以进一步表示为

$$p_i(x_i'|x_i,u_m^i,u)=p_i(x_{F_i}'|x_{F_i},u_m^i)p_i(x_T'|x_T,u) \tag{12.47}$$

式中，$p_i(x_{F_i}'|x_{F_i},u_m^i)$ 表示载机 F_i 的转移概率函数，为已知量；$p_i(x_T'|x_T,u)$ 表示目标的转移概率函数，虽然未知，但可以根据任务特点对其进行近似。

由于载机可以根据目标的辐射信号获得目标的当前状态 x_T，则可以假设目标下一时刻的状态 x'_T 服从以当前状态 x_T 为中心、σ_T^2 为强度的正态分布，即此时目标的状态转移函数可用下式表示：

$$p_i(x_T'|x_T,u)=\frac{1}{\sqrt{2\pi}\sigma_T}\exp\left(-\frac{(x'_T-x_T)^2}{2\sigma_T^2}\right) \tag{12.48}$$

式中，强度 σ_T 通常根据目标的速度大小选取，目标速度越大，该值越大。

4. 奖惩函数

根据状态空间的定义及双机协同被动雷达探测的任务模型，系统的奖惩函数可以用下列确定性形式来表示：

$$\rho(x_i,u_m^i)=\begin{cases}-1x_i'\to s_1\\-10x_i'\to s_5\\1x_i'\to s_2\text{or}x_i'\to s_3\\5x_i'\to s_4\end{cases} \tag{12.49}$$

上式表明当载机无法获取目标辐射信号时，得到值为 -1 的惩罚信号；当载机被动雷达天线接收范围进入目标主动雷达动态照射区时，得到值为 1 的奖励信号；当载机进入目标雷达主瓣照射区时，得到的奖励信号为 5；而载机一旦进入目标武器威胁区后，得到的值为 -10 的惩罚信号。

12.4.3 基于模糊 Q 学习算法的双机协同路径规划

由第 10 章介绍的内容可知，经典 Q 学习算法的核心思想是状态动作对的最优值函数为即时奖励与在下一状态 x'_i 获得最优值的折扣和，即

$$Q(x_i,u_m^i)=\rho(x_i,u_m^i)+\gamma\max_{u_{m'}^i\in U_i}Q(x'_i,u_{m'}^i) \tag{12.50}$$

式中，$\gamma\in[0,1]$ 为折扣因子。最优策略为在每一状态使得值函数最优的动作的集合，即

$$h^*=\arg\max_{u_m^i}Q(x_i,u_m^i) \tag{12.51}$$

完成状态空间的模糊近似和动作空间的划分后，可采用下列线性权值函数对上述值函数进行逼近：

$$Q(x_i,u_m^i)=\sum_{n=1}^{N}\psi_n(x_i)\varOmega_{[n,m]} \tag{12.52}$$

式中，$\varOmega_{[n,m]}$ 为迭代参数；$\psi_n(x_i)$ 为归一化后的隶属度函数，其值为

$$\psi_n(x_i) = \frac{\mu_n(x_i)}{\sum\limits_{n'=1}^{5} \mu_{n'}(x_i)} \tag{12.53}$$

可得模糊 Q 学习算法的值函数更新公式为

$$\Omega^i_{k+1,[n,m]} \leftarrow \rho(x_i, u^i_m) + \gamma \max_{u^i_{m'} \in U_i} \sum_{n'=1}^{N} \psi_{n'}(x'_i)\Omega^i_{k,[n',m']} \tag{12.54}$$

结合前面的探测任务分析，基于模糊 Q 学习的双机协同被动雷达探测路径规划方法就可以描述为寻找满足约束条件式（12.31）和式（12.34）的双机动作序列，对式（12.54）进行更新，具体的流程如图 12.8 所示。

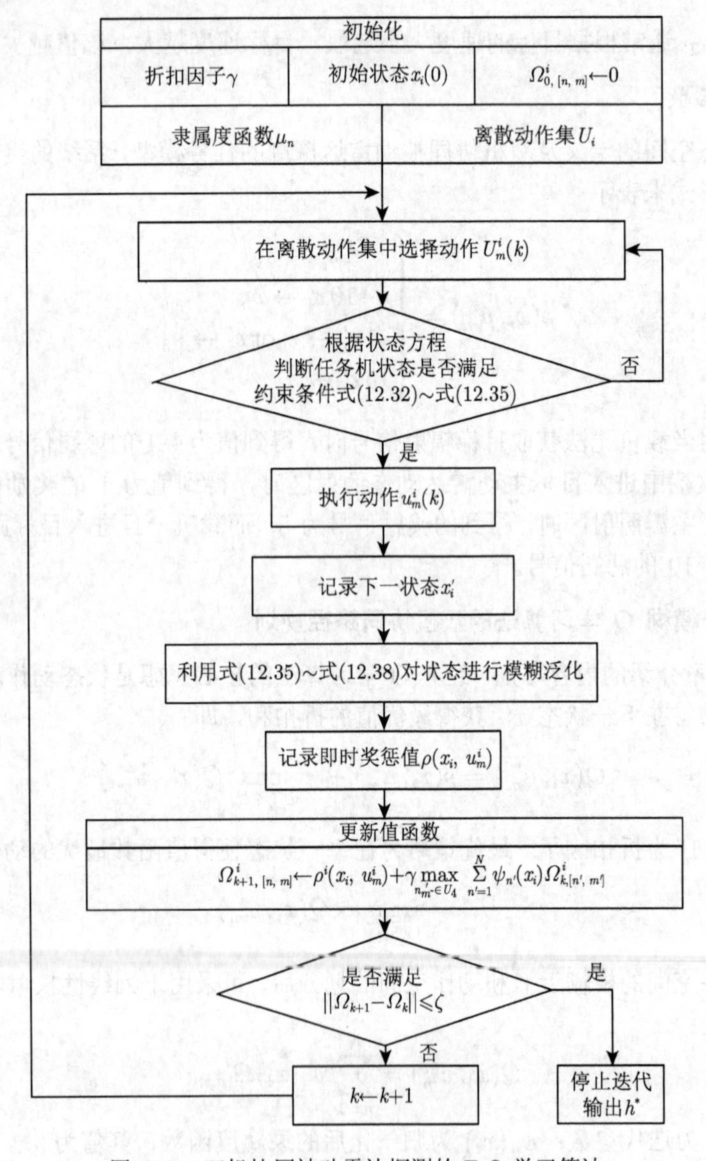

图 12.8 双机协同被动雷达探测的 F-Q 学习算法

算法进行过程中每架载机均进行各自 Q 值的迭代更新，但在选出动作 $u_m^i(k)$ 之后，需要将 $u_m^i(k)$ 代入各自的状态方程并结合双机定位出的目标位置判断是否满足约束条件式（12.31）$\sim$ 式（12.34），若满足则继续进行 Q 学习算法，若不满足则需要返回上一步重新选择 $u_m^i(k)$, 当满足该条件才转入下一步状态的模糊泛化。模糊泛化一方面完成奖惩函数的求解，另一方面实现 Q 值函数的模糊近似。ζ 为一个很小的正数，表示当 Ω 值基本稳定时，则停止迭代，输出控制量。

12.4.4 仿真结果分析

1. *仿真参数*

仿真时的参数设置:双机与目标所在的欧氏空间大小满足 $0 \leqslant x \leqslant 150\text{km}, -10\text{km} \leqslant y \leqslant 10\text{km}$。目标主动雷达的最大作用距离 $D_d = 100\text{km}$，最大动态视场角 $2\varphi_d = 120°$，主瓣宽度 $2\varphi_m = 6°$，扫描周期 $T_m = 5\text{s}$。目标武器的射程 $D_w = 60\text{km}$，最大离轴发射角 $2\varphi_w = 120°$。双机与目标速度大小均为 200m/s。双机装备被动雷达性能相同，对目标主动雷达的有效截获距离 $D_p = 100\text{km}$，最大搜索方位角为 $2\varphi_p = 60°$。双机通信距离为 20km，安全距离为 0.1km。双机与目标的初始态势按照（X 坐标，Y 坐标，航向）格式设为两组，分别如下：

（i）F_1（0km, −2.5km, 0°）、F_2（0km, 2.5km, 0°）、F_T（150km, 0km, 180°）；

（ii）（0km, −2.5km, 0°）、（0km, 2.5km, 0°）、（150km, 6km, 180°）。

$\bar{C}$ 为目标的初始坐标，σ_C 取 10^4，σ_T 取 200。双机 F_1、F_2 具有相同的离散化动作空间，共包含五个动作，为 $U_1 = U_2 = \{-3°, -1.5°, 0°, 1.5°, 3°\}$。

模糊 Q 学习算法的参数定义为：折扣因子 $\gamma = 0.95$，初始 $\Omega_{0,[n,m]}^i = 0$，最大学习步数 $k = 500$ ，终止条件 $\zeta = 0.01$，仿真步长 $T = 1\text{s}$。这样，根据前面对双机与目标活动空间的限制及目标与双机速度的定义，可以粗略地估算出原始状态空间的大小至少为 87500，再与动作空间相联系，则可得状态–动作对的数目不少于 437500。从理论上分析，若运用标准 Q 学习算法，则每一步迭代都要更新的 Q 值数目庞大，不能满足实时规划的要求，下面的仿真对比将进一步说明该问题。

2. *仿真结果分析*

分别运用标准 Q 学习算法与模糊 Q 学习算法对初始态势（i）和态势（ii）进行仿真。图 12.9 所示为初始态势（i）条件下目标保持匀速直线运动时双机协同探测的仿真图。图 12.10 所示为初始态势（ii）条件下目标机动时双机协同探测的仿真图。为了便于说明双机定位精度，图 12.9(a) 和图 12.10(a) 中给出了载机 F_1 与载机 F_2 自身位置误差为 50m，测角误差为 0.009rad 时，计算得到的双机位于初始位置时的定位精度几何稀释（GDOP）分布 [260]（由计算公式 $\text{GDOP} = \sqrt{\sigma_{x_t}^2 + \sigma_{y_t}^2 + \sigma_{z_t}^2}$ 求得）。等高线上的数值为定位精度，其值越大表明对该等高线上的目标定位精度越低。

（1）目标匀速直线运动情形

首先对目标作目标匀速直线运动情形进行仿真分析。图 12.9(a) 的下图为上图的局部放大，可以看出，目标无机动时，利用模糊 Q 学习算法规划的双机路径可以大致分为搜索、跟踪定位及逃逸三个阶段。在搜索阶段，双机在惩罚信号的激励下，每隔一段时间后改变各自运动方向，使得双机分别对不同的区域进行搜索，这样可以有效提高双机截获目标的概率。跟踪定位阶段的仿真曲线表明双机能够稳定地跟踪目标主动雷达的主瓣照射区，实现对目标的有效定位。当进入目标机载武器的攻击距离后，双机能够实现逃逸，但由于双机运动控制信号在获得即时奖惩信号后做出，因此这种策略存在一定的延时，即可能使双机在目标机载武器威胁区的时间过长，一种解决方法是增加双机关于目标武器威胁区的最大距离，使双机提前实现逃逸。

图 12.9(b) 所示为目标无机动时，双机被动雷达探测路径规划所对应的目标定位精度 GDOP 变化曲线。虚线部分为搜索段按照仿真中双机和目标位置计算出的 GDOP 值，实际过程中由于无法获得目标辐射信号而无法计算，这里为了保持完整性仍将其画出。实线部分为跟踪定位阶段的实时 GDOP 值，可以看出，按照基于模糊 Q 学习算法的规划路径，双机对目标的定位误差持续下降，表明所提方法不仅能够实现双机对目标的稳定跟踪定位，而且能够提高定位精度。

图 12.9(c) 所示为双机奖惩值变化曲线，也反映了搜索、定位与逃逸三阶段特点，即搜索阶段由于无目标信号奖励一直为负，这种负激励使双机每隔一段时间改变其运动方向，从而搜索不同区域，提高了双机对目标的探测概率。从进入目标主动雷达动态照射区到主瓣照射区奖励逐渐增加，这种正激励使双机能够控制自身使其尽量位于目标雷达主瓣照射区，从而获得更强的能量信号，提高了跟踪定位精度。当进入目标威胁区后再次下降，惩罚信号促使双机尽可能快地逃离该区域。

图 12.9(d) 给出了目标无机动时双机控制量变化曲线。由于仿真时间较长，这里给出了载机 F_1 在 0～50s（反映搜索阶段）和载机 F_2 在 150～200s（反映定位跟踪阶段）内的值。可以看出，搜索阶段控制量变化较大，而定位跟踪段的控制量则相对稳定，这是因为搜索阶段无目标信号可用，惩罚信号促使控制量在较大范围内变化，从而使双机不断改变其运动方向，以尽快发现目标；而定位跟踪阶段，由于能够获得周期性的目标信号，奖励信号的引导更具目的性，因此控制量输出也较为稳定。

（2）目标机动情形

下面主要针对目标机动情形进行仿真分析。图 12.10(a) 中的下图为上图的放大图。与目标无机动时相比，目标机动时双机路径稍微复杂，大致可以分为搜索、跟踪定位、再搜索、再跟踪定位及逃离五个阶段。每个阶段的特点与目标无机动时基本相同，主要不同点在于目标机动后，双机丢失目标，进入再搜索阶段，直至再次发现目标，这说明基于模糊 Q 学习的双机协同被动雷达探测路径规划方法能够控制双机应对目标机动带来的问题。

图 12.10(b) 所示为目标机动时双机被动雷达探测路径规划所对应的目标定位精度 GDOP 变化曲线。图中第二段虚线表示双机处于再搜索阶段时的计算结果。从图中可以看出，无论是跟踪定位阶段还是目标机动后再跟踪定位阶段，按照基于 F Q 学习算法的规划路径，双机对目标的定位误差均能保持下降趋势，这说明所提算法在应对目标机动的同时，仍能够实现对定位精度的要求。

图 12.10(c) 所示为目标机动时双机奖惩值变化曲线，可以看出其阶段特征十分明显，目标机动造成双机跟踪丢失后，奖惩值下降带来的负激励使双机进入再搜索阶段对

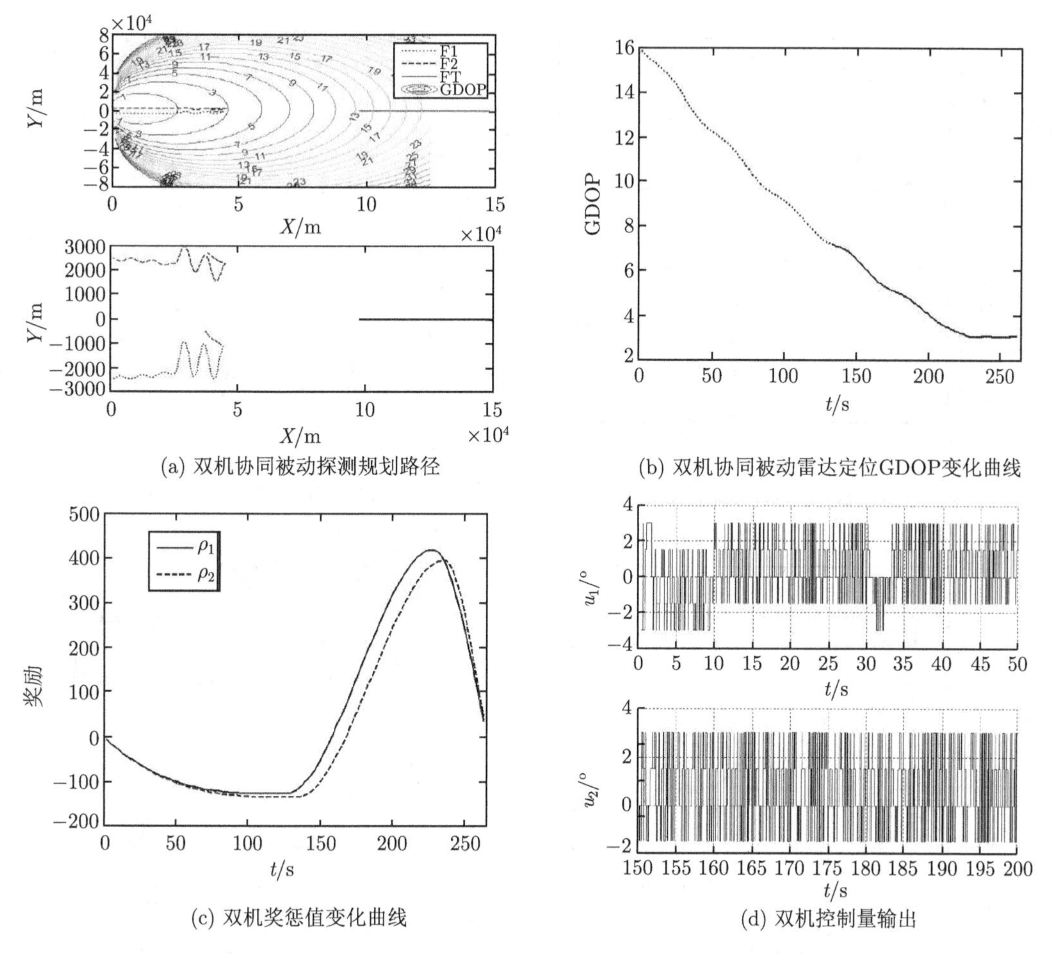

(a) 双机协同被动探测规划路径

(b) 双机协同被动雷达定位GDOP变化曲线

(c) 双机奖惩值变化曲线

(d) 双机控制量输出

图 12.9 目标保持均速直线运动时双机协同探测的仿真图 [初始态势（i）条件下]

目标进行重新搜索直至发现目标。这表明本文定义的奖惩函数对机动目标具有同样的适应性。

图 12.10(d) 所示为目标机动时双机控制量变化曲线。由于仿真时间较长，这里只给出了载机 F_2 在 160～190s（反映再搜索阶段）和载机 F_1 在 200～250s（反映再跟踪定位阶段）内的值。可以看出，再搜索阶段的控制量变化比较大，每隔一段时间控制量方向即发生改变，以满足快速发现目标的要求；再跟踪定位阶段的初始段控制量变化较大，但随着双机对目标主动雷达主瓣照射区的稳定跟踪，控制量也趋于平稳。

两种 Q 学习算法性能比较基于上述仿真结果，将标准 Q 学习算法与模糊 Q 学习算法所得到的仿真结果列表，如表 12.4 所示。可以看出，标准 Q 学习算法无论是在初始态势（i）或是初始态势（ii）条件下的计算时间远大于模糊 Q 学习。标准 Q 学习每一时间步都必须在线完成大量状态动作对的更新，无法满足路径规划的实时性要求。模糊 Q 学习通过离线时计算出各个状态的隶属度，然后在线时只需对新状态隶属度进行判断，更新的状态动作对数目仅为 5×5=25，因此能够实现实时规划。

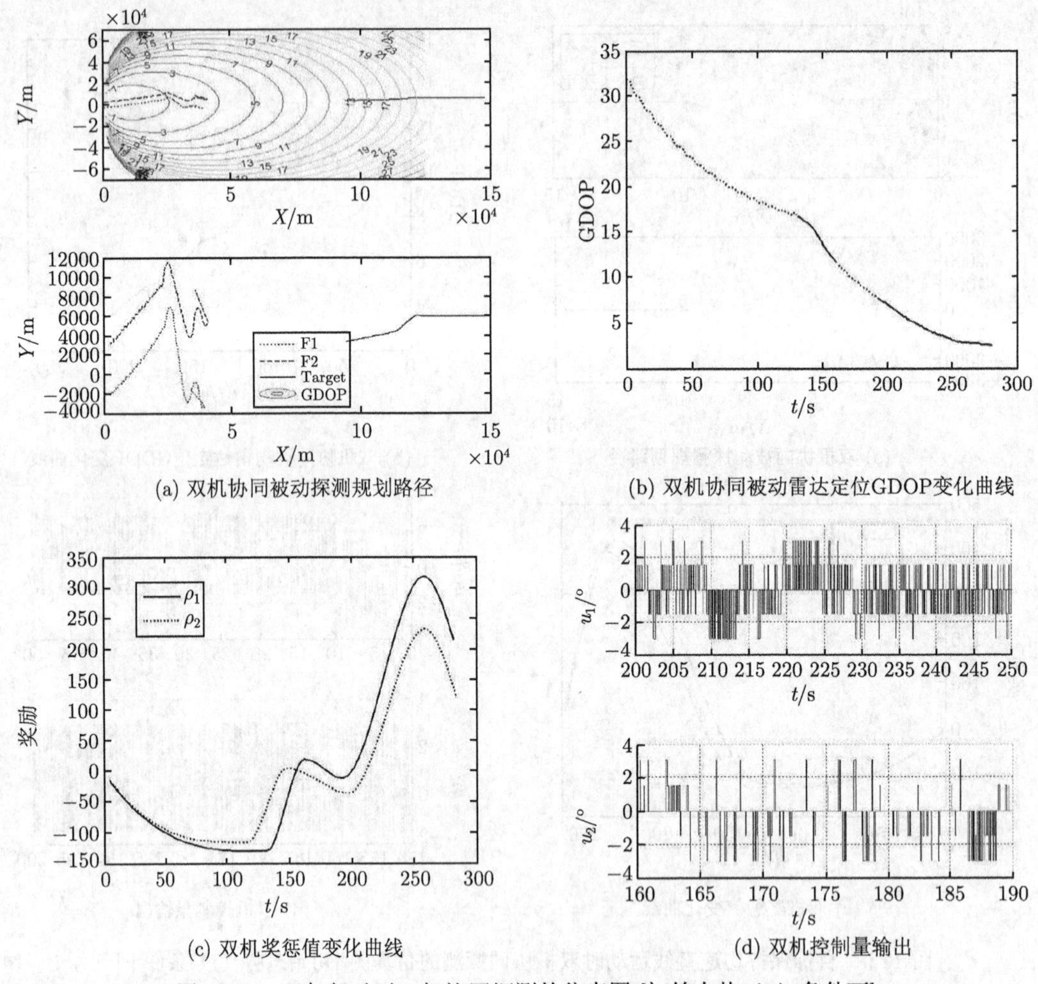

(a) 双机协同被动探测规划路径

(b) 双机协同被动雷达定位GDOP变化曲线

(c) 双机奖惩值变化曲线

(d) 双机控制量输出

图 12.10 目标机动时双机协同探测的仿真图 [初始态势（ii）条件下]

表 12.4 不同算法的性能比较 单位：s

算法	初始态势（i）		初始态势（ii）	
	离线	在线	离线	在线
经典 Q 学习	0	1447	0	1568
模糊 Q 学习	450	263	621	282

12.5 航天器再入弹头最优导引律

要实现航天器再入弹头以特定的弹道倾角命中目标，就应将再入弹头在大气层复杂环境中的各主要干扰因素考虑在内，建立合理的再入弹头数学模型，即包含随机干扰项的再入弹头运动模型，并利用随机控制算法进行再入弹头的最优控制。

12.5.1 航天器再入弹头运动学模型

假设地球为旋转的圆球，不考虑发动机推力，气动系数用平衡动力系数，则再入机

动弹头质心运动方程为[258-259]

$$
\begin{cases}
\dot{v} = (R_{xh}/m) + g_{xh} \\
\dot{\theta} = \dfrac{R_{yh}}{mv\cos\sigma} + \dfrac{g_{yh}}{v\cos\sigma} + \xi_1 \\
\dot{\sigma} = -\left(\dfrac{R_{zh}}{mv} + \dfrac{g_{zh}}{v}\right) + \xi_2 \\
\dot{x} = v\cos\theta\cos\sigma \\
\dot{y} = v\sin\theta\cos\sigma \\
\dot{z} = -v\sin\sigma
\end{cases}
\tag{12.55}
$$

式中，θ、σ 分别为速度倾角和航迹偏航角；v 为弹头径向速度的大小；x、y、z 分别为再入弹头质心在目标坐标系中的坐标；R_{xh}、R_{yh}、R_{zh} 为空气动力在半速度坐标系（参看文献 [260]）中的投影；g_{xh}、g_{yh}、g_{zh} 为引力加速度在半速度坐标系中的投影；ξ_1、ξ_2 为风对再入弹头运动的干扰 [260]，遵循下列公式：

$$
\xi_1 = \frac{C_Z^{\beta} S q}{m v^2} w_n, \quad \xi_2 = \frac{C_Z^{\alpha} S q}{m v^2} w_n
$$

$$
\begin{bmatrix} R_{xh} \\ R_{yh} \\ R_{zh} \end{bmatrix} = \begin{bmatrix} -C_x \\ C_y \\ C_z \end{bmatrix} qS, \quad \begin{bmatrix} g_{xh} \\ g_{yh} \\ g_{zh} \end{bmatrix} = H_0 \begin{bmatrix} x \\ y + R_0 \\ z \end{bmatrix} \left(-\frac{\mu}{\gamma^3}\right)
$$

各物理量相互关系示意图如图 12.11 所示。

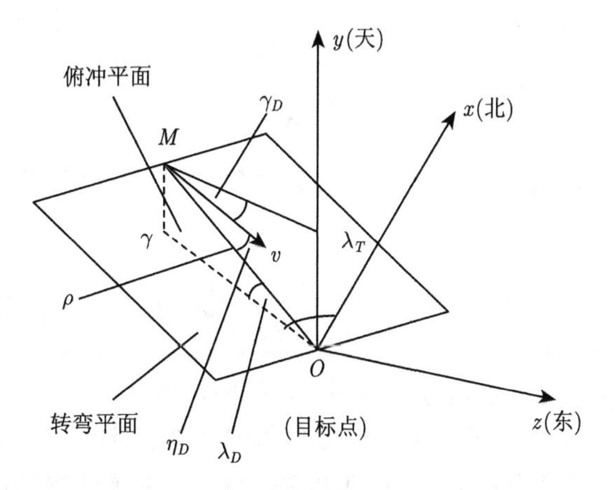

图 12.11 各物理量相互关系示意图

12.5.2 航天器再入弹头最优导引律设计

为简化问题，以目标和再入机动弹头质心为基准，将运动分解为俯仰平面运动和转弯平面运动，如图 12.11 所示。

俯仰平面定义为再入机动弹头质心 M 和目标 O 及地心 O_E 所确定的平面，其转弯平面定义为过目标和再入机动弹头质心垂直俯冲的平面。v 为速度矢量，γ_D 为速度在俯冲平面内的方位角，λ_D 为视线角，η_D 为速度方向与视线间的夹角；γ_T 为速度在转弯平面内的方位角，λ_T 为视线角，ρ 为视线距离。下面针对不同的平面进行最优控制算法研究及应用。

（1）俯仰平面

运动方程为

$$\begin{cases} \dot{\rho} = -v\cos(\lambda_D - \gamma_D) \\ \rho\dot{\lambda}_D = y\sin(\lambda_D - \gamma_D) \end{cases} \tag{12.56}$$

对上述第二式两边对 t 微分，化简得

$$\ddot{\lambda}_D = \left(\frac{\dot{v}}{v} - \frac{2\dot{\rho}}{\rho}\right)\dot{\lambda}_D - \frac{\dot{\rho}}{\rho}\dot{\gamma}_D$$

终端约束取视线角与要求的速度偏角相等，且视线转率等于零，即

$$\begin{cases} \lambda_D(t_f) = -\gamma_{DF} \\ \dot{\lambda}_D(t_f) = 0 \end{cases}$$

记 $x_1 = \lambda_D + \gamma_{DF}$，$x_2 = \dot{\lambda}_D$，则可得状态方程为

$$\dot{\boldsymbol{X}} = \boldsymbol{AX} + \boldsymbol{Du}, \quad \boldsymbol{X}(t_f) = \boldsymbol{0} \tag{12.57}$$

式中，$\boldsymbol{X} = \begin{bmatrix} x_1 & x_2 \end{bmatrix}^{\mathrm{T}}$，$\boldsymbol{A} = \begin{bmatrix} 0 & 1 \\ 0 & 2/T_g \end{bmatrix}$，$\boldsymbol{D} = \begin{bmatrix} 0 \\ 1/T_g \end{bmatrix}$，$u = \dot{\gamma}_D$（假设舵机无惯性延时，则攻角 α 与 $\dot{\gamma}_D$ 成正比，$|u| \leqslant u_0$，$\dfrac{\dot{v}}{v} \approx 0$，$T_g = -\dfrac{\rho}{\dot{\rho}}(\rho \neq 0)$。

观测方程为

$$\boldsymbol{Y} = \boldsymbol{CX} + \boldsymbol{N} \tag{12.58}$$

式中，$\boldsymbol{C} = \mathrm{diag}(c_1, c_2)$ 为对角矩阵；$\boldsymbol{N}$ 为强度为 Q 的零均值高斯白噪声。

二次型代价函数取为

$$J = E[\boldsymbol{X}(t_f)\boldsymbol{FX}(t_f) + \frac{1}{2}\int_0^{t_f}(\boldsymbol{X}^{\mathrm{T}}\boldsymbol{LX} + u^{\mathrm{T}}u)\mathrm{d}t]$$

式中，$\boldsymbol{X}^{\mathrm{T}}(t_f)\boldsymbol{FX}(t_f)$ 为补偿函数，当 $\boldsymbol{F} \to \infty$ 时，$\boldsymbol{X}(t_f) \to 0$。

控制目的是求最优控制变量 $u(t)$，使再入弹头在指定时间 (t_0, t_f) 内从初始状态 $\boldsymbol{X}(t_0)$ 转移到终止状态 $\boldsymbol{X}(t_f)$（即速度倾角为 $-90°$），并使代价函数的条件数学期望达到最小。

利用随机最优控制原理，有

$$u^* = -\boldsymbol{D}^{\mathrm{T}}\boldsymbol{P}\widehat{\boldsymbol{X}} \tag{12.59}$$

$\boldsymbol{P}$ 由逆里卡蒂分数方程得

$$\dot{\boldsymbol{P}}^{-1} - \boldsymbol{AP}^{-1} - \boldsymbol{P}^{-1}\boldsymbol{A} + \boldsymbol{P}^{-1}L\boldsymbol{P}^{-1} = 0, \quad \boldsymbol{P}^{-1}(t_f) = \boldsymbol{F}^{-1} = \boldsymbol{0} \tag{12.60}$$

状态向量估计 $\widehat{\boldsymbol{X}}$ 满足下列方程：

$$\dot{\widehat{\boldsymbol{X}}} = \boldsymbol{A}\widehat{\boldsymbol{X}} + \boldsymbol{D}u + \boldsymbol{B}(\boldsymbol{Y} - \boldsymbol{Y}_0 - \boldsymbol{C}\widehat{\boldsymbol{X}}) \tag{12.61}$$

$$\boldsymbol{B} = \widehat{\boldsymbol{R}}\boldsymbol{C}^{\mathrm{T}}\boldsymbol{Q}^{-1} \tag{12.62}$$

$$\dot{\widehat{\boldsymbol{R}}} = \boldsymbol{A}\widehat{\boldsymbol{R}} + \widehat{\boldsymbol{R}}\boldsymbol{A}^{\mathrm{T}} - \widehat{\boldsymbol{R}}\boldsymbol{C}^{\mathrm{T}}\boldsymbol{Q}^{-1}\boldsymbol{C}\widehat{\boldsymbol{R}} + \boldsymbol{G}, \quad \widehat{\boldsymbol{R}}(t_0) = \widehat{\boldsymbol{R}}_0 \tag{12.63}$$

（2）转弯平面

运动方程为

$$\begin{cases} \dot{\rho} = -\nu\cos\eta_T \\ \rho\dot{\lambda}_{TT} = \nu\sin\eta_T \end{cases} \tag{12.64}$$

且 $\eta_T = \lambda_{TT} - \gamma_T$，$\lambda_{TT}$ 遵循公式 $\dot{\lambda}_{TT} = \dot{\lambda}_T\cos\lambda_D$。类似于俯仰平面推导过程，有

$$\ddot{\lambda}_{TT} = \left(\frac{\dot{v}}{v} - \frac{\dot{\rho}}{\rho}\right)\dot{\lambda}_{TT} + \frac{\dot{\rho}}{\rho}\dot{\gamma}_T \tag{12.65}$$

假设命中目标时仅要求 $\dot{\lambda}_{TT}(t_f) = 0$，而对 $\lambda_{TT}(t_f)$ 无要求，故 $\lambda_{TT}(t_f)$ 是自由的。取

$$\dot{X} = AX + Du, \quad X(t_f) = 0 \tag{12.66}$$

式中，$A = \dfrac{2}{T_g}$；$D = -\dfrac{1}{T_g}$ 观测方程为

$$Y = CX + N \tag{12.67}$$

式中，C 为常数；N 为零均值高斯白噪声过程。取性能指标为

$$J = E[X(t_f)FX(t_f) + \frac{1}{2}\int_0^{t_f}(X^{\mathrm{T}}LX + u^{\mathrm{T}}u)\mathrm{d}t] \tag{12.68}$$

得

$$\dot{\gamma}_T = -D^{\mathrm{T}}P\widehat{X} \tag{12.69}$$

P 满足

$$\dot{P}^{-1} - AP^{-1} - P^{-1}A + P^{-1}LP^{-1} = 0, \quad P^{-1}(t_f) = F^{-1} = 0 \tag{12.70}$$

状态估计 $\widehat{X}$ 满足式 (12.61)～式 (12.63)。

12.5.3 再入弹头随机最优制导仿真分析

针对上述模型，取某型再入弹头初速 4000m/s，导弹质量 1000kg，再入弹头初始位置（60000，37000，500）(m)，再入弹头初始倾角为 45°（π/4），飞行速度 $V_0 = 4000\text{m/s}$，$m = 600\text{kg}$，$S = 0.754\text{m}^2$，$C_{x0} = 0.0774$，$C_x^\alpha = 0.00084$，$C_y^\alpha = C_z^\beta = 0.0333$，连续时间高斯白噪声遵循 N（0, 0.001）分布。

终端约束条件：$\gamma_{DF} = -90°$。

过程约束条件：$\alpha \leqslant \alpha_{\max} = 30°$，$n_y \leqslant n_{y\max}$。

Simulink 仿真条件：求解器 solver 为 ode3，start time=0.0，stop time=20.0，fixed-step size=auto，每秒仿真步长 decimation=10。

仿真中相关插值数据见表 12.5，其仿真结果如图 12.12 所示。

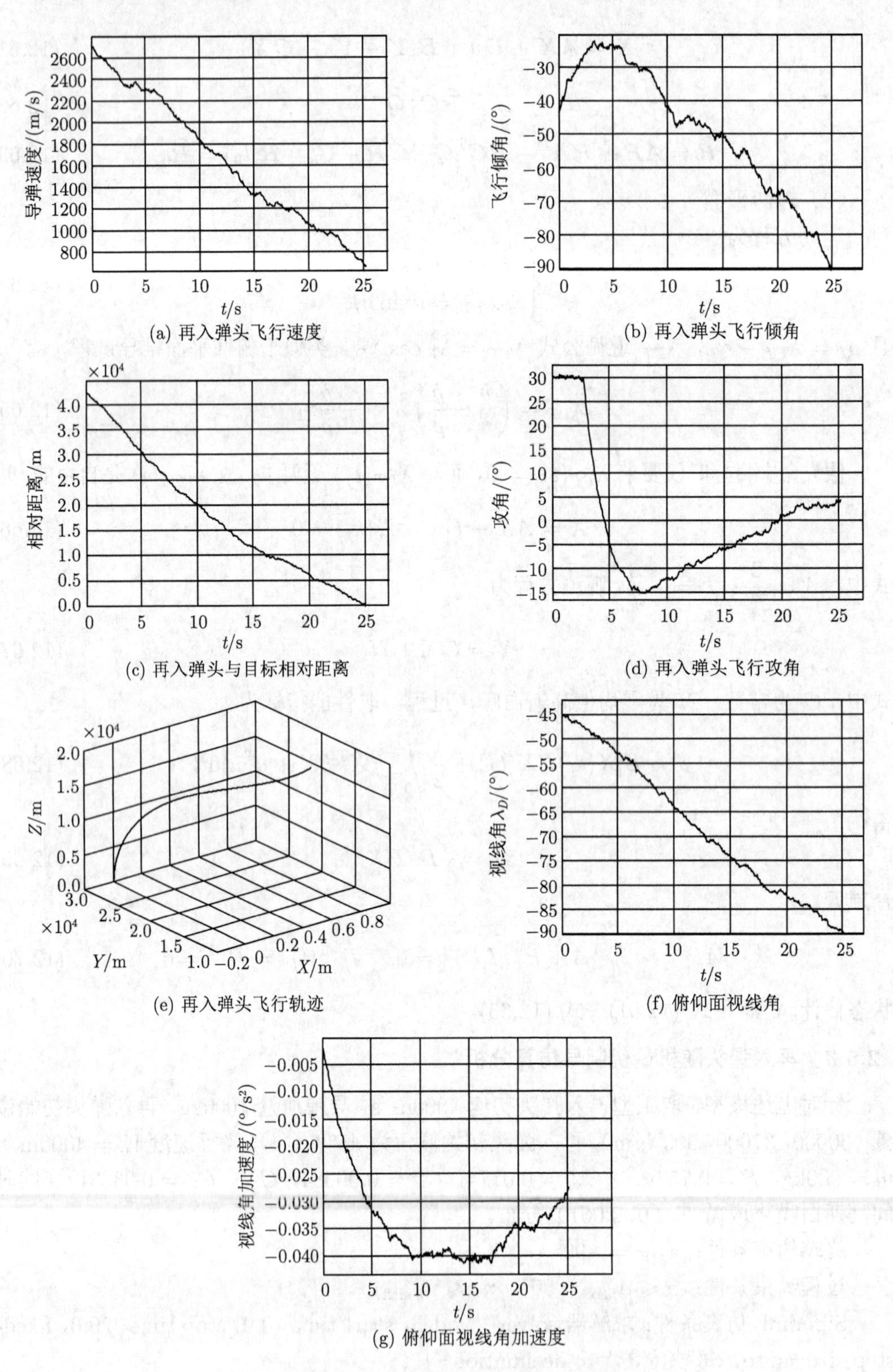

(a) 再入弹头飞行速度

(b) 再入弹头飞行倾角

(c) 再入弹头与目标相对距离

(d) 再入弹头飞行攻角

(e) 再入弹头飞行轨迹

(f) 俯仰面视线角

(g) 俯仰面视线角加速度

图 12.12 再入弹头飞行仿真示意图

表 12.5　仿真插值数据简表

高度/m	大气密度/(kg/m^3)	高度/m	大气密度/(kg/m^3)
0	0.1249	14000.0	0.0232
2000.0	0.1027	15000.0	0.0198
3000.0	0.0927	16000.0	0.0169
4000.0	0.0836	17000.0	0.0145
5000.0	0.0751	18000.0	0.0124
6000.0	0.0673	19000.0	0.0106
7000.0	0.0602	20000.0	0.0091
8000.0	0.0536	30000.0	0.0070
10000.0	0.0422	40000.0	0.0050
12000.0	0.0318	50000.0	0.0030

仿真结果说明，随机最优控制算法在再入弹头制导过程中较好地满足了终端约束条件和过程约束条件，确保在命中点处满足速度与方向要求。在模型基础上的随机最优控制理论的应用有效避免了制导系统的随机干扰信号，使再入弹头在相对最大的速度范围内直接俯冲（从图 12.12 得知飞行倾角为 $-90°$）地面击毁目标以提高再入弹头随机最优制导能力，此时再入弹头速度、飞行高度、飞行倾角等如图 12.12 所示。

从仿真过程可以看出，仿真初始条件的选择对仿真结果有一定程度的影响和制约。

在实际系统中，应考虑整个系统的级联调试以修正卡尔曼滤波器和制导系统两者之间的参数，以提升整个再入弹头系统的制导精度。

12.6　基于非梯度随机搜索的导弹自寻的控制参数优化

12.6.1　导弹自寻的控制参数优化模型建立

导弹制导系统组成示意图如图 12.13 所示，其导弹自寻的控制系统结构图如图 12.14[157] 所示。

采用如下导弹在铅垂平面内相对运动模型式：

$$\begin{cases} \dot{R} = V_t \cos(\phi_t - q) - V_m \cos(\phi - q) \\ R\dot{q} = V_t \sin(\phi_t - q) - V_m \sin(\phi - q) \end{cases} \tag{12.71}$$

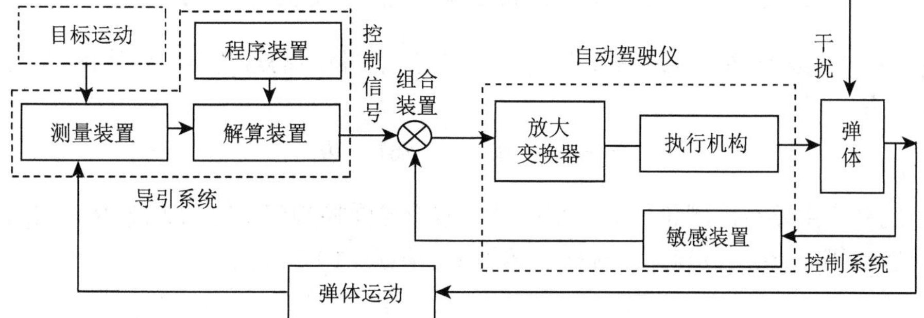

图 12.13　导弹制导系统组成示意图

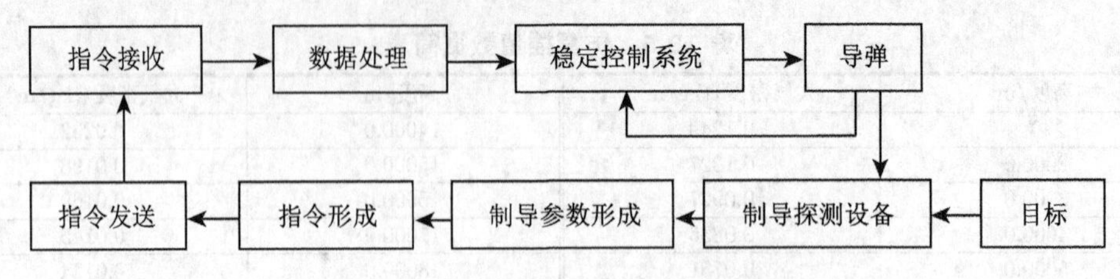

图 12.14 导弹自寻的控制系统结构图

将上述方程改写为如下形式：

$$\begin{cases} \dot{R} = V_t\cos(q-\theta_t) - V_m\cos(q-\theta_m) \\ R\dot{q} = V_m\sin(q-\theta_m) - V_t\sin(q-\theta_t) \end{cases} \tag{12.72}$$

式中，R 为弹目相对距离，且初始值 $R(t_0)=R_0$；V_m、V_t 分别为导弹与目标速度；θ_m、θ_t 分别为导弹、目标运动方位角；q 为视线角且 $q(t_0)=q_0$。

为实现精确打击，必须考虑系统本身的惯性及其他干扰因素的影响所造成的误差。这里采用平行接近法，即 $\dot{q}=0$，且假设控制参数 $\dot{q}=\Delta$。考虑实际控制中的加速度计、速率陀螺等，使用如下 PID 控制律 [156,261]：

$$\delta = k_1(\Delta+N_1) + k_2(a_{nm}+N_2) + k_3(\dot{\vartheta}+N_3) \tag{12.73}$$

式中，δ 为确定控制执行机构的位置角；$\dot{\vartheta}$ 为铅直平面内导弹相对质心运动的角速度；k_1、k_2 和 k_3 为确定范围内的 PID 比例系数；N_1、N_2 和 N_3 为测量误差；a_{nm} 为导弹法向加速度，可表示为 $a_{nm}=V_m\dot{\theta}_m$。

导弹运动方程为 [226,261-262]：

$$\begin{cases} \dot{\theta}_m = A_0 + A_\alpha\alpha \\ \ddot{\alpha} + C_{\dot{\alpha}}\dot{\alpha} + C_\alpha\alpha = C_0 - C_\delta\delta \end{cases} \tag{12.74}$$

式中，α 为攻角，且初始值为 $\theta_m(t_0)=\theta_{m0}$，$\dot{\alpha}(t_0)=\dot{\alpha}_0$，$\alpha(t_0)=\alpha_0$；$A_0$、$A_\alpha$、$C_{\dot{\alpha}}$、$C_\alpha$、$C_0$、$C_\delta$ 分别为已知函数或常数，且

$$\theta_m - \alpha = \vartheta \tag{12.75}$$

由于目标运动规律不可预测，但考虑在导弹飞向目标的短暂时间内目标很难做复杂的机动，所以假设

$$\frac{1}{g}V_t\dot{\theta}_t = n_t,\quad \theta_t(t_0)=\theta_{t0}$$

控制精度主要以脱靶量的大小来衡量，假设导弹控制停止时的距离 $R=R_B$，且上式中的参数等于 $\dot{\varepsilon}_B$，故导弹与目标之间的误差距离由下式确定：

$$y_k = \frac{R_B^2}{|\dot{R}_B|}\dot{\varepsilon}_B,\quad R_B = R(t_B),\quad \dot{q}_B = \dot{q}(t_B) \tag{12.76}$$

式中，t_B 为自寻的系统终止时间。

式 (12.71)~ 式 (12.75) 共同确定了系统运动过程，依据各自的物理关系，记

$$\boldsymbol{X}=\begin{bmatrix} n_t \\ N_1(t) \\ N_2(t) \\ N_3(t) \end{bmatrix},\quad Y=[y_k],\quad \boldsymbol{S}=\begin{bmatrix} k_1 \\ k_2 \\ k_3 \end{bmatrix} \tag{12.77}$$

最优准则使用极小平方误差准则，即

$$\rho(\boldsymbol{S})=\min_{\boldsymbol{S}\in\Omega_c} E(y_k^2) \tag{12.78}$$

式中，Ω_c 为系数 k_1、k_2、k_3 的可达集。事件 θ 发生的判断条件为：$y_k\leqslant y_T$，其中 y_T 表示容许导引误差上限。

12.6.2 基于自学习非梯度随机搜索的参数优化

基于自学习非梯度随机搜索算法，构造如图 12.15 所示基于自学习非梯度随机搜索的导弹自寻的系统参数优化实现算法。在自学习模块中，为有效实现最优搜索，构建合理的搜索策略是必要的。

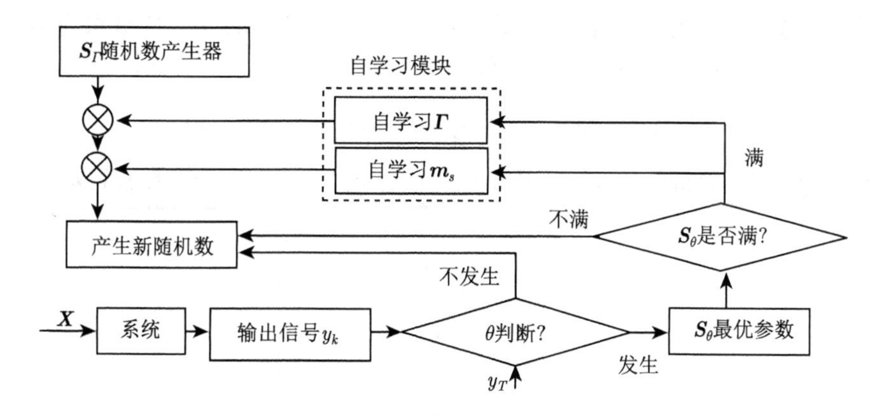

图 12.15 导弹自寻的参数优化的随机自学习搜索结构图

下面构造自学习随机搜索策略为

$$\boldsymbol{S}(n+1)=\boldsymbol{m}_s(n+1)+\boldsymbol{\Gamma}(n+1)\boldsymbol{S}_\Gamma \tag{12.79}$$

式中，$\boldsymbol{S}_\Gamma$ 为随机数值向量，且 $E(\boldsymbol{S}_\Gamma)=0$，$E(\boldsymbol{S}_\Gamma\boldsymbol{S}_\Gamma^{\mathrm{T}})=\boldsymbol{I}$，$\boldsymbol{I}$ 为单位矩阵，且 $\boldsymbol{m}_s(n+1)$ 和 $\boldsymbol{\Gamma}(n+1)$ 为待求向量。

由 $f_c(\boldsymbol{S};n+1)=f_\theta(\boldsymbol{S}|\theta;n)$ 可知，$\boldsymbol{S}$ 和 $\boldsymbol{S}|\theta:=\boldsymbol{S}_\theta$ 两个事件存在以下关系：

$$\begin{cases} \boldsymbol{m}_c(n+1)=E[\boldsymbol{S}(n+1)] \\ \boldsymbol{m}_\theta(n)=E[\boldsymbol{S}_\theta(n)] \end{cases} \tag{12.80}$$

其相对应的协方差矩阵为

$$\begin{cases} \boldsymbol{K}_c(n+1)=E\{[\boldsymbol{S}(n+1)-\boldsymbol{m}_c(n+1)][\boldsymbol{S}(n+1)-\boldsymbol{m}_c(n+1)]^{\mathrm{T}}\} \\ \boldsymbol{K}_\theta(n)=E\{[\boldsymbol{S}_\theta(n)-\boldsymbol{m}_\theta(n)][\boldsymbol{S}_\theta(n)-\boldsymbol{m}_\theta(n)]^{\mathrm{T}}\} \end{cases} \tag{12.81}$$

根据式 (12.77) 及条件得

$$E[\boldsymbol{S}(n+1)]=\boldsymbol{m}_s(n+1) \tag{12.82}$$

$$\boldsymbol{S}(n+1)-\boldsymbol{m}_s(n+1)=\boldsymbol{\Gamma}(n+1)\boldsymbol{S}_{\Gamma} \tag{12.83}$$

综合式 (12.78) 和式 (12.79) 可得

$$\boldsymbol{m}_c(n+1)=\boldsymbol{m}_s(n+1) \tag{12.84}$$

式（12.146）转换为

$$(\boldsymbol{S}(n+1)-\boldsymbol{m}_s(n+1))(\boldsymbol{S}(n+1)-\boldsymbol{m}_s(n+1))^{\mathrm{T}}=\boldsymbol{\Gamma}(n+1)\boldsymbol{S}_{\Gamma}\boldsymbol{S}_{\Gamma}^{\mathrm{T}}\boldsymbol{\Gamma}^{\mathrm{T}}(n+1)$$

取数学期望并结合式 (12.78) 和式 (12.79) 化简得

$$\boldsymbol{K}_{\theta}(n+1)=\boldsymbol{\Gamma}(n+1)\boldsymbol{\Gamma}^{\mathrm{T}}(n+1) \tag{12.85}$$

综合式 (12.78)~ 式 (12.82) 和式 (12.77) 的待定向量分别满足式 (12.83)，则有

$$\begin{cases}\boldsymbol{m}_s(n+1)=\boldsymbol{m}_{\theta}(n)\\ \boldsymbol{\Gamma}(n+1)\boldsymbol{\Gamma}^{\mathrm{T}}(n+1)=\boldsymbol{K}_{\theta}(n)\end{cases} \tag{12.86}$$

为求解上式，即求解矩阵 $\boldsymbol{\Gamma}(n+1)$ 和 $\boldsymbol{m}_s(n+1)$。假设 $\boldsymbol{m}_s(n+1)$ 分量为 $\boldsymbol{m}_i^s(n+1)$，$i=1,2,3,\cdots,r$。由式 (12.84) 第一式可得

$$m_i^s(n+1)=m_i^{(\theta)}(n)\quad(i=1,2,3,\cdots,r)$$

矩阵 $\boldsymbol{\Gamma}(n+1)$ 分量 γ_{ij}（$i=1,2,3,\cdots,r$，$j=1,2,3,\cdots,r$）的求解如下。矩阵 $\boldsymbol{\Gamma}$ 构造如下式：

$$\boldsymbol{\Gamma}=\begin{bmatrix}\gamma_{11}&\gamma_{12}&\cdots&\gamma_{1r}\\ \gamma_{21}&\gamma_{22}&\cdots&\gamma_{2r}\\ \vdots&\vdots&&\vdots\\ \gamma_{r1}&\gamma_{r2}&\cdots&\gamma_{rr}\end{bmatrix} \tag{12.87}$$

则有

$$\begin{aligned}\boldsymbol{\Gamma}(n+1)\boldsymbol{\Gamma}^{\mathrm{T}}(n+1)&=\begin{bmatrix}\gamma_{11}&\gamma_{12}&\cdots&\gamma_{1r}\\ \gamma_{21}&\gamma_{22}&\cdots&\gamma_{2r}\\ \vdots&\vdots&&\vdots\\ \gamma_{r1}&\gamma_{r2}&\cdots&\gamma_{rr}\end{bmatrix}\cdot\begin{bmatrix}\gamma_{11}&\gamma_{21}&\cdots&\gamma_{r1}\\ \gamma_{12}&\gamma_{22}&\cdots&\gamma_{r2}\\ \vdots&\vdots&&\vdots\\ \gamma_{1r}&\gamma_{2r}&\cdots&\gamma_{rr}\end{bmatrix}\\ &=\begin{bmatrix}\sum\limits_{k=1}^{r}\gamma_{1k}\gamma_{1k}&\sum\limits_{k=1}^{r}\gamma_{1k}\gamma_{2k}&\cdots&\sum\limits_{k=1}^{r}\gamma_{1k}\gamma_{rk}\\ \sum\limits_{k=1}^{r}\gamma_{2k}\gamma_{1k}&\sum\limits_{k=1}^{r}\gamma_{2k}\gamma_{2k}&\cdots&\sum\limits_{k=1}^{r}\gamma_{2k}\gamma_{rk}\\ \vdots&\vdots&&\vdots\\ \sum\limits_{k=1}^{r}\gamma_{rk}\gamma_{1k}&\sum\limits_{k=1}^{r}\gamma_{rk}\gamma_{2k}&\cdots&\sum\limits_{k=1}^{r}\gamma_{rk}\gamma_{rk}\end{bmatrix}\end{aligned} \tag{12.88}$$

结合式 (12.84) 得到上式的标量形式为

$$\sum_{k=1}^{r}\gamma_{ik}(n+1)\gamma_{jk}(n+1)=K_{ij}^{\theta}(n) \qquad (i=1,2,3,\cdots,r;j=1,2,3,\cdots,r) \tag{12.89}$$

上式求解比较复杂，若假设 $\boldsymbol{\Gamma}$ 为上对角阵，即式 (12.83) 中当 $i>j$ 时 $r_{ij}=0$，根据式 (12.85)，当 $i=j=r$ 时，则有

$$K_{rr}^{\theta}(n)=\sum_{k=1}^{r}\gamma_{rk}(n+1)\gamma_{rk}(n+1)=\gamma_{rr}(n+1)\gamma_{rr}(n+1)=\gamma_{rr}^{2}(n+1)$$

故

$$\gamma_{rr}(n+1)=\sqrt{K_{rr}^{\theta}(n)}$$

当 $i=r-1$，$j=r$ 时，则有

$$K_{r-1,r}^{\theta}(n)=\sum_{k=1}^{r}\gamma_{r-1,k}(n+1)\gamma_{r,k}(n+1)=\gamma_{r-1,r}(n+1)\gamma_{rr}(n+1)$$

因此

$$\gamma_{r-1,r}(n+1)=\frac{K_{r-1,r}^{\theta}(n)}{\gamma_{rr}(n+1)}$$

继续推导，当 $i=r$，$j=k$（$k=r-1,r-2,\cdots,1$）时，可得

$$\gamma_{ij}(n+1)=\frac{K_{ij}^{\theta}(n)}{\gamma_{rr}(n+1)}$$

当 $i=j=l$（$l=r-1,r-2,\cdots,1$）时，有

$$K_{ij}^{\theta}(n)=\sum_{k=1}^{r}\gamma_{ik}(n+1)\gamma_{jk}(n+1)=\gamma_{ll}^{2}(n+1)+\gamma_{l,l+1}^{2}(n+1)+\cdots+\gamma_{lr}^{2}(n+1)$$

化简得

$$\gamma_{ij}(n+1)=\sqrt{K_{ij}^{\theta}(n)-\gamma_{i,j+1}^{2}(n+1)-\cdots-\gamma_{ir}^{2}(n+1)}$$

当 $i=1,2,3,\cdots,r$；$j=1,2,3,\cdots,r$，且 $i<j$ 时，有

$$\begin{aligned}K_{ij}^{\theta}(n)=&\sum_{k=1}^{r}\gamma_{ik}(n+1)\gamma_{jk}(n+1)\\=&\gamma_{ij}(n+1)\gamma_{jj}(n+1)+\gamma_{i,j+1}(n+1)\gamma_{j,j+1}(n+1)+\cdots+\gamma_{ir}(n+1)\gamma_{jr}(n+1)\end{aligned} \tag{12.90}$$

可得

$$\gamma_{ij}(n+1)=\frac{K_{ij}^{\theta}(n)-\gamma_{i,j+1}(n+1)\gamma_{j,j+1}(n+1)-\cdots-\gamma_{ir}(n+1)\gamma_{jr}(n+1)}{\gamma_{jj}(n+1)}$$

至此矩阵 $\boldsymbol{\Gamma}(n+1)$ 和 $\boldsymbol{m}_s(n+1)$ 求解完成。

下面仿真着重研究脱靶量，并且优化的参数分别为 k_1、k_2 和 k_3，自学习过程依式 (12.80) 和式 (12.83) 对 S_0 进行优化。

12.6.3 算法仿真与分析

1. 仿真初始化

根据导弹自寻的情况，设置如下参数：$y_T = 1.08$，$R_0 = 10^4$m，$q_0 = 30°$，$A_0 = 1.0$/s，$\theta_{m0} = 20°$，$\dot{\alpha}_0 = 0$，$\alpha_0 = 0$，$C_0 = 0$，$C_{\dot{\alpha}} = 1.2$/s，$C_\alpha = 0.32/\text{s}^2$，$C_\delta = 0.3/\text{s}^2$，相对速度 $|\dot{R}| = 720$m/s，重力加速度 $g = 9.8\text{m/s}^2$，$t_k = 0.1$s，S_0 容量为 50。Matlab/Simulink 仿真设置：离散仿真步长为 0.01，离散仿真时长为 800，外循环仿真自学习 3000 次，并且由于 N_1、N_2 和 N_3 比较小，设定其方差数量级为 10^{-3} 的白噪声分布，Simulink 仿真主要 S 函数参见文献 [5]。

2. 脱靶量仿真结果比较

本次仿真参数初始值为 $k_1 = 15$，$k_2 = 3$，$k_3 = 5$，表 12.6 为随机产生 4 组参数直接计算的结果；表 12.7 中数据为非梯度自学习随机搜索仿真平稳后的任意 3 组搜索参数结果。

表 12.6 参数取样计算结果实例

k_1	k_2	k_3	脱靶量/m
15.042	3.118	4.966	4.395
14.895	3.166	5.062	12.461
15.042	3.189	4.938	15.353

表 12.7 自学习仿真实例搜索结果

k_1	k_2	k_3	脱靶量/m
15.099	2.768	5.134	0.384
15.123	2.822	5.119	0.399
15.080	2.821	5.126	0.401

3. 参数优化仿真结果示意图

本次仿真参数初始值 $k_1 = 10$，$k_2 = 1.1$，$k_3 = 1$。仿真结果示意图如图 12.16 所示。

4. 仿真结果分析

由于此参数优化方法是基于随机最优搜索的，且其随机分布遵循白噪声。下面首先利用蒙特卡罗统计方法进行可行度和有效性分析。

仿真第一组：设置 $k_1 = 15, k_2 = 3, k_3 = 5$ 为参数初始值，每次蒙特卡罗仿真次数计算 50 次，共仿真 24 次，且每次蒙特卡罗仿真中参数初值由上次搜索结果均值和方程确定，其优化参数 k_1, k_2, k_3 均值和相应的脱靶量均值如表 12.8 所示。

仿真第二组：设置 $k_1 = 12, k_2 = 1.9, k_3 = 5$ 为参数初始值，每次蒙特卡罗仿真次数计算 50 次，共仿真 24 次，且每次蒙特卡罗仿真中参数初值由上次搜索结果的均值和方程确定，其搜索的优化参数 k_1、k_2、k_3 均值和相应的脱靶量均值如表 12.9 所示。

从蒙特卡罗统计分析数据可以看出，尽管 k_1、k_2 和 k_3 的值在搜索中由于干扰寻优产生了振荡，但控制算法使其脱靶量逐渐减小，且满足需求，增强了有效性；从数据可以得出，其搜索过程是一个逐步求精的过程，即初始值需要经过多次训练才能切实有效地实现目标要求，这一点从表 12.8 和表 12.9 可以看出。

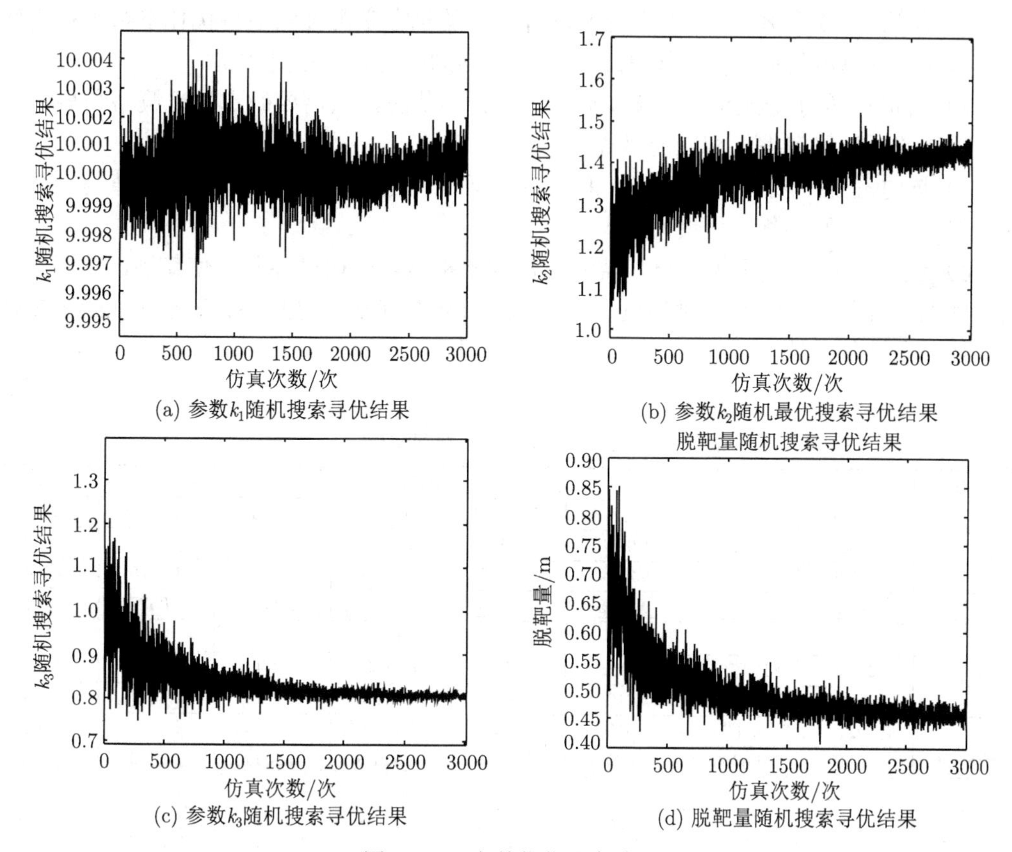

(a) 参数k_1随机搜索寻优结果

(b) 参数k_2随机最优搜索寻优结果

(c) 参数k_3随机搜索寻优结果

(d) 脱靶量随机搜索寻优结果

图 12.16 参数优化仿真结果

表 12.8 自学习仿真实例搜索结果（一）

参数	第一组仿真值							
k_1	14.8338	14.8475	15.2105	14.8559	14.9888	15.0320	14.7347	14.8508
k_2	3.1927	3.1800	3.2530	3.1660	3.3433	3.3387	3.1396	3.1214
k_3	4.8740	4.9656	5.0793	4.9389	4.9259	4.9205	5.1037	5.1128
脱靶量	14.5150	13.7930	12.0810	10.5830	8.2969	7.8945	7.8371	5.3556
参数	第一组仿真值							
k_1	14.9991	15.0733	15.0951	15.0406	14.8279	14.9953	15.1245	14.8834
k_2	3.1259	3.1157	3.0940	3.2408	3.2607	3.0790	3.0386	3.0367
k_3	4.9865	5.0631	5.0075	5.0023	4.9285	4.9872	5.0594	5.0101
脱靶量	5.2654	4.5386	2.6732	2.2682	1.9546	1.8475	0.6319	0.5974
参数	第一组仿真值							
k_1	15.0654	14.7838	15.1703	15.0840	14.9610	15.0588	14.8685	15.1031
k_2	3.0337	3.0283	3.0221	3.0152	3.0116	2.8045	2.9868	2.9735
k_3	4.8908	5.0092	5.0294	5.2170	5.1239	4.8526	5.0416	5.0126
脱靶量	0.5463	0.4615	0.3709	0.2276	0.2253	0.1136	0.0604	0.0068

从脱靶量仿真结果分析，其随机搜索学习的结果使得终端脱靶量趋于稳定

（图 12.16），且误差幅度可实现不超过 0.1m 的精确值；从参数优化自学习看 k_1、k_2 和 k_3 的搜索结果（图 12.16），其最终趋于稳定。从仿真数据与图示可以看出：

1）从表 12.6 和表 12.7 的比较可以看出，随机自学习搜索通过优化参数使得系统达到所要求的精度目的，并从图 12.16 得到这样的解是趋于稳定的。

2）随机自学习搜索过程不依赖于参数的初始状态，只需要确定学习策略和事件 θ，则可以按照寻优路线搜索相应的最优值。

3）该过程虽不依赖于初始值，但其对搜索过程有一定的影响，若初始值与实际需求值偏差过大，则寻优过程缓慢。

4）S_0 容量的设计至关重要，若太大，则随机搜索的内循环不易使其满，从而不能启动外循环寻优；若太小，则通过 S_0 内存储的样本方差、均值不能充分体现随机参数的整体分布特征。

表 12.9 自学习仿真实例搜索结果（二）

参数	第二组仿真值							
k_1	12.017	12.0555	11.9799	12.0610	11.9520	11.8939	12.0567	12.0652
k_2	1.8627	1.5893	1.9318	1.9404	1.6909	1.8415	2.0030	2.0731
k_3	5.0726	5.1520	5.2774	5.0917	4.9635	4.9572	4.8916	4.9949
脱靶量	0.00421	0.0051	0.0295	0.0318	0.0045	0.0015	0.0585	0.1145
参数	第二组仿真值							
k_1	12.0610	12.0714	11.9821	12.1160	11.9048	12.1909	12.1626	12.0564
k_2	1.8934	1.9491	2.0103	1.9140	2.0695	1.7250	1.8827	2.0841
k_3	4.9238	5.0626	5.0566	4.9831	5.0357	5.1223	4.9825	5.1001
脱靶量	0.0118	0.0360	0.0794	0.0184	0.1218	0.0045	0.0090	0.1480
参数	第二组仿真值							
k_1	12.0480	12.1172	11.9768	12.0203	12.0158	12.0554	11.9992	12.0038
k_2	1.9267	1.4558	1.4693	1.8460	1.7768	1.7774	1.9101	1.4632
k_3	5.0957	4.9697	5.1036	5.0021	5.1282	4.9844	5.0538	5.1274
脱靶量	0.0245	0.0061	0.0064	0.0019	0.0038	0.0033	0.0175	0.0065

12.7 本章小结

本章精选了五个不同领域的应用实例。重点介绍分布式网络传感器状态估计理论在空中交通管制中的应用；随机预测控制算法在导弹制导中的应用；强化学习算法在飞航航路规划中的应用；随机最优控制方法在航天器控制中的应用；参数优化算法在导弹控制中的应用。

参 考 文 献

[1] Колмогоров А Н. Интерполирование и экстраполирование стационарных случайныхпос ледовательностей [J]. Изв АН СССР, 1941, 5(1):5-16.

[2] WIENER N. Extrapolation, interpolation and smoothing of stationary time series [M]. John-Wiley & Sons, Inc., New York, 1949.

[3] KALMAN R E. Contribution to the theory of optimal control[J]. Bol.soc.mexicana, 1960, 5(63):102-119.

[4] KALMAN R E，KOEPCKE R W.Optimal synthesis of linear sampling control systems using generalized performance index [J]. Trans. ASME, 1960, 80: 1820-1828.

[5] Калман Р Е. Об общей теориисистем управления, Труды 1 КонгрессаИФАК, Теория дискретных, оптимальных и амонастраивающияся систем [J]. изд-во АН СССР, 1961,1: 521-547.

[6] KALMAN R E，HO Y C，NAREBDRA K S. Controllability of linear dynamical systems [J].Contributions to Differential Equations, 1963, 1(3):189-213.

[7] SASTRY S S，DESOER C A. The robustness of controllability and observability of linear time-varying systems [J]. IEEE Transactions on automatic control, 1982, 27(4):933-939.

[8] PUGACHEV V S. Conditionally optimal estimation in stochastic differential systems [J]. Automatica, 1982, 18(6):685-696.

[9] PUGACHEV V S. The finite-dimensional distributions of a random process determined by a stochastic differential equation and their application to control problems [J]. Problems Control Inform.theory/problemy Upravlen.teor.inform, 1981, 10(2):95-114.

[10] Казаков И Е. Методы исследования нелинейных автоматических систем, основанные на статистической линеаризации, современные методы проектирования систем управления[М]. Москва: Машиностроение, 1967.

[11] Казаков И Е.Оценка точности метода статистической линеаризйции исследований автоматических систем [J]. В Кн.: Труды IV Всесоюзного совещание по автоматическому управлению, 1972, с.185-192.

[12] Казаков И Е.Оптимальное управление при вероятностном локальном критерии качества и ограничениях [J]. Автоматика и телемеханика, 1973, 2: 44-51.

[13] Казаков И Е，Гладков Д И，Криксунов Л З，и др. Системы упрвления и динамика наведения ракет [М]. Москва: ВВИА, 1973.

[14] Казаков И Е.Статистическая теория систем управления в проспрастве состояний [М]. Москва: Наука, 1975.

[15] Казаков И Е，Мальчиков С В.Анализ стохостических систем в проспранстве состояний [М]. Москва: Наука, 1983.

[16] 韩崇昭，王月娟，万百五，随机系统理论 [M]. 西安：西安交通大学出版社，1987.

[17] Казаков И Е, Моисеев А Г. Методы оптимизации динамических систем [M]. Москва: ВВИА.1983.

[18] JULIER S J, UHLMANN J K, DURRANT H F, et al. A new method for the nonlinear transformation of means and covariances in filters and estimators [J]. IEEE Transactions on Automatic Control, 2000, 45(3): 477-482.

[19] DOUCET A, FREITAS F, GORDON N J. An introduction to sequential Monte Carlo methods, sequential Monte Carlo methods in practice [M]. New York: Springer-Verlag, 2001.

[20] ARULAMPALA M S, MASKELL S, GORDON N, et al. A tutorial on particle filters for online nonlinear/non-Gaussian Bayesian tracking [J]. IEEE Transactions on Signal Processing. 2002,50(2): 174-188.

[21] LIU J S, CHEN R. Sequential Monte Carlo methods for dynamic systems [J]. Journal of the American Statistical Association, 1998,93(443): 1032-1044.

[22] GORDON N J, SALMOND D J, SMITH A F M. Novel approach to nonlinear/non-Gaussian Bayesian state estimation[J]. IEEE Proceedings F Radar and Signal Processing, 1993, 140(2):107.

[23] Бухалев В А. Реккурентные алгоритмы оценивания и распознавания состояния динамического объекта по информации от измерителей и индикаторов. Ч 1 [M]. Москва: изв. АН СССР Техническая кибернетика, 1991, 6.

[24] Бухалев В А. Реккуентные алгоритмы оценивания и распознавания состояния динамического объекта по информации от измерителей и индикаторов. Ч 2 [M].Москва: изв. АН СССРТехническая кибернетика, 1992, 1.

[25] Бухалев В А. Распознавание оценивание и управлуние в системах со случайной скачкообразной структуной [M]. Москва:Наука, 1996.

[26] 方洋旺, 伍友利，王洪强. 结构随机跳变系统最优控制理论 [M]. 北京：国防工业出版社，2012.

[27] 方洋旺，潘进. 随机系统分析及应用 [M]. 西安：西北工业大学出版社，2006.

[28] 方洋旺, 王洪强, 伍友利. 具有条件马尔可夫结构的离散随机系统最优控制 [J]. 控制理论与应用, 2010(01):102-105.

[29] 方洋旺，王洪强，伍友利. 一类线性离散时间结构随机跳变系统的逼近滤波算法 [J]. 控制理论与应用，2009，26(8):889-892.

[30] LI W Y, WANG Z D, WEI G L, et al. A survey on multisensor fusion and consensus filtering for sensor networks [J]. Discrete Dynamics in Nature and Society,2015:12.

[31] LI W，JIA Y，DU J. Distributed Kalman consensus filter with intermittent observations [J]. Journal of the Franklin Institute, 2015, 352(9):3764-3781.

[32] LI L, XIA Y. Stochastic stability of the unscented Kalman filter with intermittent observations[J]. Automatica, 2012, 48(5):978-981.

[33] SAFARINEJADIAN B, KOWSARI E. Fault detection in non-linear systems based on GP-EKF and GP-UKF algorithms [J]. Systems science & Control Engineering: an Open Access Journal, 2014,2(1):610-620.

[34] LONG H, QU Z, FAN X, et al. Distributed extended Kalman filter based on consensus filter for wireless sensor network[C].Intelligent Control & Automation. IEEE, 2012, 4315-4319.

[35] LI W, WEI G, HAN F, et al. Weighted average consensus-based unscented Kalman filtering [J]. IEEE Transactions on Cybernetics, 2017, 46(2):558-567.

[36] LEE D J. Nonlinear estimation and multiple sensor fusion using unscented information filtering [J]. IEEE Signal Processing Letters, 2008, 15:861-864.

[37] ARASARATNAM I, HAYKIN S. Cubature Kalman filters [J]. IEEE Transactions on Automatic Control, 2009,54(6):1254-1269.

[38] WANASINGHE T R, MANN G K I, GOSINE R G. Stability analysis of the discrete-time cubature Kalman filter [C].IEEE Conference on Decision & Control. IEEE, 2015:5031-5036.

[39] XU B, ZHANG P, WEN H, et al. Stochastic stability and performance analysis of cubature Kalman filter [J]. Neurocomputing 2016, 186: 218-227.

[40] CHEN Q, WANG W, YIN C, et al. Distributed cubature information filtering based on weighted average consensus [J]. Neurocomputing, 2017, 243: 115-124.

[41] TAN Q, DONG X, LIU F, et al. Weighted average consensus-based cubature information filtering for mobile sensor networks with intermittent observations [C].2017 36th Chinese Control Conference (CCC). IEEE, 2017: 8946-8951.

[42] OLFATI-SABER R, MURRAY R M. Consensus problems in networks of agents with switching topology and time-delays [J]. IEEE Transactions on Automatic Control, 2004, 49(9):1520-1533.

[43] Понтрягин Л С, и др.Математическая теория оптимальных процессов [M]. Москва: Физматгиз, 1961.

[44] BELLMAN R. Dynamic programming[D]. New Jersey: Princeton University Press, 1957.

[45] WONHAM W M. On stparation theory of stochastic control[J]. SIAM J. Control, 1968, 6(2):312-326.

[46] 郭尚来. 随机控制 [M]. 北京：清华大学出版社，1999.

[47] 张贤达. 现代信号处理 [M]. 北京：清华大学出版社，1995.

[48] 郑大钟. 线性系统理论 [M]. 北京：清华大学出版社，1990.

[49] 朱位秋. 非线性随机动力学与控制: Hamiton 理论体系框架 [M]. 北京：科学出版社，2003.

[50] Пугачев В С. Теория вероятностей и математическая статистика [M]. Москва:Наука, 1980.

[51] Пугачев В С. Конечномерные распределения процессов определяемых стохастическими дифференциальными уравнениями и экстраполяция таких процессов [J]. ДАН, СССР, 1980, 1: 40-43.

[52] Пугачев В С. Теория случайных функций и ее применение к задачам автоматического управления, 3-е изд [M]. Москва: изматгиз, 1962.

[53] Сысоев Л П. Оценка параметров, обнаружение и различение сигналов [M]. Москва: Наука,1969.

[54] Тихонов В И. Статистическая радиотехника [M]. Москва: Сов Радао, 1966

[55] Стратонович Р Л. Применение теории процессов Маркова для оптимальной фальтрации сигналов [J]. Радиотехника и Электроника, 1960,11(5): 1751-1763.

[56] Ширяев А Н. Теория оптимальной нелинейной фильпрации [J]. Труды МИАН, 1968,4:181-187

[57] Ярлыков М С. Применение марковской тперии неленейной фильтрации в радиотехнике [M]. Москва: Сов. Радио, 1980.

[58] FANG Y W, JIAO L C, ZHANG X D, et al. On the convergence of volterra filter equalizers using a Pth-order inverse approach [J]. Signal Processing IEEE Transactions on, 2001,49(8):1734-1744.

[59] Пугачев В С. Оценивание состояния и параметров непрерывных неленейных систем [M]. Москва:Автоматика и телемеханика, 1979.

[60] Пугачев В С. Обобщение теории условно оптимального оценивания и экстраполяции [J]. ДАН, СССР, 1982, 262(3) :535-538.

[61] Пугачев В С. Условно оптимальная фильтрация и экстраполяция непренывных процессов [J]. Автоматика и телемеханика, 1984, 2: 82-89.

[62] Пугачев В С, Синицын И Н. Стохастические диференциальные сисмемы [M]. Москва: Наука, 1985.

[63] Казаков И Е. Оценка точности метода статистической линеаризйции исследований автоматических систем [J], В Кн.: Труды IV Всесоюзного совещание по автоматическому управлению, 1972, 185-192.

[64] Мельц И О, Пухова Т А, Усков Г В. Многомерная статистическая линеаризация функяий, содержащих множители степенного,показательного и пригонометрического типов [J]. Автоматика и телемеханика, 1967, 12: 65-75.

[65] Моросанов И С. Практические методы вычесления коэффициентов ленеаризации произвольных нелинейностй [J]. Автоматика и телемеханика, 1968, 10: 43-51.

[66] Никитин А К, Уланов Г М. Исследование случайных процессов в системах управления с переменной структурой методами статистической линеаризации [J]. Автоматика и телемеханика, 1968, 10: 50-62.

[67] Синицин И Н. О статистической линеаризации стохастических нелинейностей, В Кн.: V Всесоюзное совещание по автоматическому упралению [J]. Москва: Наука, 1971, 50-54.

[68] Синицин И Н. Метод статистической линеаризации (обзор) [J]. Автоматика и телемеханика, 1974, 5: 36-48.

[69] Казаков И Е. Аналитический синтез квазиоптимального аддитивного управление в нелинейной стохостической системе [J]. Автоматика и телемеханика, 1984, 10: 20-31.

[70] Казаков И Е, Гладков Д И. Методы оптимизации стохостических систим [M]. Москва: Наука, 1987.

[71] Казаков И Е. Синтез условно оптимального управления по локальному критерию [M]. Москва: Автоматика и телемеханика, 1987.

[72] Казаков И Е. Условно оптимальный адаптивный закон самонаведения ракеты воздухвоздух [M]. Москва: ВВИА, 1989.

[73] Казаков И Е,Артемьев В А. Анализ систем случайной структуры [M]. Москва: ВВИА, 1995.

[74] Красовский А А.Системы автоматического управления полетом и их аналитическое конструирование [M]. Москва: Наука, 1973.

[75] Красовский А А, Буков В Н, Шендрик В С. Универсальные алгоритиы оптимального управление непрерывными процессами [M]. Москва: Наука, 1977.

[76] Красовский А А, Белоглазов И Н, Чигин Г П. Теория корреляционно-экстремальныъ навигационныъ систем [M]. Москва: наука, 1979.

[77] Красовский А А, Вавилов Ю А, Сучков А И. Системы автоматического управления летательных аппаратов [M]. Москва: ВВИА, 1986.

[78] Гладков Д И.Оптимизация систем неградиентным случайным поиском[M]. Москва: Энергоатомиздат, 1984.

[79] Гладков Д И, Прямостанов А Е. Оптимизация систем управления вооруэением неградинтным случайным поиском с орсированной адаптацией. НММ по установкам и системам управления АВ [M]. Москва: ВВИА, 1986.

[80] Максимов М В, Горгонов Г И. Радиоэлектронные системы самонаведения[M]. Москва: Радио и связь, 1982.

[81] Максимов М В. Снитез радиоэлектронных следящих измерителей методами теории оптимального управления[J]. Радио техника. 1985, 5: 11-17.

[82] Малысиев В В, Кибзун А И. Анализ и синтез высокоточного управления летательными аппаратами [M]. Москва: Машиностроение, 1987.

[83] Максимов М В, Меркулов В И. Радиоэлектронные следящие системы-синтез методами теории оптимального упраления [M]. Москва: Радио и связь, 1990.

[84] Меркулов В И. Синтез фильтра Калмана при использованим следящих измерителей [J]. Радиотехника, 1985,10:19-21.

[85] Меркулов В И. Модифицированный алгоритм оптимального управления радиоэлектронный следящими системами в постановке Детова-Калмана [J]. Радиотехника. 1986, 9: 21-23.

[86] Меркулов В И, Ефимов В А. Модифицированный алгоритм дискретного управления радиоэлектроггыми следящими системами. Оптимальными по критерию Летова-Калмана [J]. Радиотехника. 1987, 4: 71-74.

[87] Меркулов В И, Антипов В Н, Бирюков П А. Авиационные системы радиоавтоматики [M]. Москва: ВВИА, 2003.

[88] Моисеев А Г. Оптимальное управление конечным состоянием многоступенчатых динамических систем " самолет -оружие" [M]. Москва: ВВИА, 1995.

[89] Моисеев А Г. Новые приципы интеграции систем упраления [M]. Москва: Сборник международного форума информатизации, 1995.

[90] Моисеев А Г. Метод оптимального-прогнозируемого управления и его применение для решения различных задач [M]. Москва: Сборник международного академии информатизации, 1996.

[91] 李锐，方洋旺，蔡文新，等. 随机系统预测控制稳定性分析及快速预测算法 [J]. 信息与控制, 2013, 42(2): 145-151.

[92] 李锐，方洋旺，轩永波，等. 基于滚动随机预测控制的逼近制导律设计 [J]. 弹道学报, 2012(2): 15-19.

[93] 李锐，方洋旺，张平, 等. 随机预测控制及其在导弹制导中的应用 [J]. 弹道学报, 2011(2): 6-10.

[94] 李锐, 方洋旺, 张平, 等. 随机离散线性系统的鲁棒预测控制 [C]. 中国航空学会, 2010.

[95] 韩崇昭. 随机系统概论-分析、估计与控制 (上册) [M]. 北京：清华大学出版社，2014.

[96] CAO Y, YU W, REN W, et al. An overview of recent progress in the study of distributed multi-agent coordination[J]. IEEE Transactions on Industrial Informatics, 2013, 9(1):427-438.

[97] KIM Y, GU D W, POSTLETHWAITE I. Spectral radius minimization for optimal average consensus and output feedback stabilization[J]. Automatica, 2009, 45(6):1379-1386.

[98] NEDIC A, OZDAGLAR A. Distributed subgradient methods for multi-agent optimization[J]. IEEE Transactions on Automatic Control, 2009, 54(1):48-61.

[99] NEDIC A, OZDAGLAR A, PARRILO P A. Constrained consensus and optimization in multi-agent networks[J]. IEEE Transactions on Automatic Control, 2010, 55(4):922-938.

[100] 纪良浩，王慧维，李华青. 分布式多智能体网络一致性协调控制理论 [M]. 北京：科学出版社，2015.

[101] RENWEI, BEARD R. 多航行体协同控制中的分布式一致性——理论与应用 [M]. 吴晓锋, 译. 北京：电子工业出版社，2014.

[102] 高利新，徐晓乐. 多智能体系统基于观察器的一致性控制 [M]. 上海：上海交通大学出版社，2018.

[103] CAO Y, MEMBER S, IEEE, et al. Optimal linear-consensus algorithms: an LQR perspective[J]. IEEE Transactions on Systems Man & Cybernetics Part B Cybernetics A Publication of the IEEE Systems Man & Cybernetics Society, 2010, 40(3):819.

[104] 姚蒙. 基于 LQR 的多智能体系统协同最优控制 [D]. 广州：华南理工大学，2016.

[105] 冯涛. 线性多智能体系统的一致性及其全局最优性研究 [D]. 沈阳: 东北大学，2016.

[106] JAMESON A, KREINDLER E. Inverse problem of linear optimal control [J]. SIAM Journal on Control, 1973,11(1):1-19.

[107] FUJII T. A new approach to the LQ design from the viewpoint of the inverse regulator problem[J].IEEE Transactions on Automatic Control，1987,32(11):995-1004.

[108] WERBOS P J. Advanced forecasting methods for global crisis warning and models of intelligence[M]. Gen.Syst.Year b. 1977, 22: 25-38.

[109] WERBOS P J. A menu of designs for reinforcement learning over time [J]. Neural Networks for Control, 1990, 3: 67-95.

[110] 张化光，张欣，罗艳红，等. 自适应动态规划综述 [J]. 自动化学报, 2013, 39(4): 303-311.

[111] 马骋乾，谢伟，孙伟杰. 强化学习研究综述 [J]. 指挥控制与仿真, 2018, 40(6): 68-72.

[112] 刘全，翟建伟，章宗长，等. 深度强化学习综述 [J]. 计算机学报，2018(1): 1-27.

[113] 方洋旺. 随机系统最优控制理论与应用 [M]. 北京：清华大学出版社，2017.

[114] AL-TAMIMI A, ABU-KHALAF M, LEWIS F L. Adaptive critic designs for discrete-time zero-sum games with application to H control [J]. IEEE Transactions on Systems Man & Cybernetics Part B Cybernetics, 2007, 37(1): 240-247.

[115] PROKHOROV D V, WUNSCH D C I. Adaptive critic designs[J]. IEEE Transactions on Neural Networks, 1997, 8(5): 997-1007.

[116] MURRAY J J, COX C J, LENDARIS G G, et al. Adaptive dynamic programming[J]. IEEE Transactions on Systems Man & Cybernetics Part C, 2002, 32(2):140-153.

[117] LIU D, WEI Q, WANG D, et al. Adaptive dynamic programming with applications in optimal control [M]. Berlin: Springer-Verleeg, 2017.

[118] POWELL W B. Approximate dynamic programming: solving the curses of dimensionality [M]. Hoboken: Wiley, 2007.

[119] BERTSEKAS D P, TSITSIKLIS J N, TSITSIKLIS J. Neuro-dynamic programming [M]. Belmont: Athena Scientifc, 1996.

[120] RICHARD S S, ANDREW G B. Reinforcement learning: an introduction [M]. Cambridge. MA:MIT Press, 1998.

[121] WEI Q L, SONG R Z, LI B K, et al. Self-learning optimal control of nonlinear systems [M].Beijing: Science Press,2017.

[122] Al-TAMIMI, ASMA, LEWIS, et al. Discrete-time nonlinear HJB solution using approximate dynamic programming: Convergence proof [J]. IEEE Transactions on Systems, 2008,38:943-944.

[123] 韦化，龙丹丽，黎静华. 求解大规模机组组合问题的策略迭代近似动态规划 [J]. 中国电机工程学报, 2014, 34(25): 4420-4429.

[124] WANG, TAO, ZHANG, et al. Stochastic linear quadratic optimal control for model-free discretetime systems based on Q-learning algorithm [J]. Neurocomputing, 2018, 312(OCT.27):1-8.

[125] FANG, WANG, XIN, et al. Optimal tracking control for linear discrete-time stochastic system based on adaptive dynamic programming [C]// Proceedings of the 38th CCC, Guangzhou,China, July 27-30, 2019:1398-1403.

[126] ZHANG H, WEI Q, LUO Y. A novel infinite-time optimal tracking control scheme for a class of discrete-time nonlinear systems via the greedy HDP iteration algorithm [J]. IEEE Transactions on Systems Man & Cybernetics, Part B (Cybernetics), 2008,38(4):937-942.

[127] WANG D, LIU D, WEI Q. Finite-horizon neuro-optimal tracking control for a class of discrete-time nonlinear systems using adaptive dynamic programming approach [J]. Neurocomputing, 2012,78(1):14-22.

[128] KIUMARSI B, LEWIS F L. Actor-critic-based optimal tracking for partially unknown nonlinear discrete-time systems [J]. IEEE Transactions on Neural Networks & Learning Systems, 2017, 26(1):140-151.

[129] WARRINGTON J. Transfer learning for constrained stochastic control using adjustable Benders cuts[J]. IEEE Control Systems Letters, doi: 10.1109/LCSYS.2021.3053180.

[130] BIAN T, JIANG Y, JIANG Z P. Adaptive dynamic programming for stochastic systems with state and control dependent noise [J]. IEEE Transactions on Automatic Control, 2016, 61(12):4170-4175.

[131] ZHANG H, WEI Q, LIU D. An iterative adaptive dynamic programming method for solving a class of nonlinear zero-sum differential games [J]. Automatica, 2011, 47(1): 207-214.

[132] GAO X, FANG Y W, WU Y L, et al. Fuzzy Q learning algorithm for dual-aircraft path planning to cooperatively detect targets by passive radars[J]. 系统工程与电子技术: 英文版, 2013(5):800-810.

[133] BAXENDALE P H, LOTOTSKY S V. Stochastic differential equations: theory and applications: a volume in honor of professor Boris L Rozovskii [M]. New Jersey: World Scientific, 2007.

[134] SCHIOLER H, SIMONSEN M, LETH J. Stochastic stability of systems with semi-Markovian switching [J]. Automatica, 2014, 50(10): 2961-2964.

[135] 廖晓昕. 稳定性的理论、方法和应用 [M]. 武汉: 华中理工大学出版社，1999.

[136] 廖晓昕. 动力系统的稳定性理论和应用 [M]. 北京: 国防工业出版社，2000.

[137] 钱学森，宋健. 工程控制论 [M]. 北京: 科学出版社，1958.

[138] 黄琳. 稳定性理论 [M]. 北京: 北京大学出版社，1992.

[139] 黄琳. 稳定性与鲁棒性的理论基础 [M]. 北京: 科学出版社，2003.

[140] 秦元勋，王慕秋，王联. 运动稳定性理论及应用 [M]. 北京: 科学出版社，1981.

[141] 胡宣达. 随机微分方程稳定性理论 [M]. 南京: 南京大学出版社，1986.

[142] 刘永清，邓飞其. 大型动力系统的理论与应用: 随机系统的变结构控制 卷10[M]. 广州：华南理工大学出版社，1998.

[143] 刘永清，冯昭枢. 大型动力系统的理论与应用: 随机 · 稳定与控制 卷4[M]. 广州：华南理工大学出版社, 1992.

[144] 郭雷. 时变随机系统: 稳定性、估计与控制 [M]. 长春: 吉林科学技术出版社, 1993.

[145] KUSHNER H J. Stochastic stability and control [M]. New York:Academic Press, 1967.

[146] KHASMINSKII R. Stochastic stability of differential equations[M]. Berlin Heidelberg: Springer-Verlag, 2012.

[147] LI B. A note on stability of hybrid stochastic differential equations [J]. Applied Mathematics and Computation, 2017, 299:45-57.

[148] TEEL A R, SUBBARAMAN A, SFERLAZZA A. Stability analysis for stochastic hybrid systems: A survey [J]. Automatica, 2014, 50:2435-2456.

[149] ZHANG H, XU J. Control for Itô stochastic systems with input delay[J]. IEEE Transactions on Automatic Control, 2016, 62(1):350-365.

[150] DENG F Q, CHEN J T, LIU Y Q. Mean-square stability and robust stabilization of multiple mode it stochastic systems[J]. Control Theory & Applications, 2000, 17(4):569-572.

[151] RAKKIYAPPAN R, BALASUBRAMANIAM P. Delay-dependent asymptotic stability for stochastic delayed recurrent neural networks with time varying delays [J]. Applied Mathematics & Computation, 2008,198(2):526-533.

[152] WU J, CHEN T, XU S. Stochastic stabilization and H control for discrete jumping systems with time delays [J]. Asian Journal of Control, 2005, 7(3):223-230.

[153] MAO X. LaSalle-type theorems for stochastic differential delay equations [J]. Journal of Mathematical Analysis & Applications, 1999, 236:350-369.

[154] MAO X. A Note on the LaSalle-type theorems for stochastic differential delay equations [J]. Journal of Mathematical Analysis and Applications, 2002, 268:125-142.

[155] LIU Y, PENG S. Infinite horizon backward stochastic differential equation and exponential convergence index assignment of stochastic control systems [J]. Automatica, 2002,38:1417-1423.

[156] 方洋旺. 随机系统最优控制 [M]. 北京: 清华大学出版社,2005.

[157] 周晓滨. 导弹随机最优制导方法及仿真研究 [D]. 西安: 空军工程大学，2008.

[158] 史加荣，王丹，尚凡华，等. 随机梯度下降算法研究进展 [J/OL]. 自动化学报.https://doi.org/10.16383/j.aas.c190260.

[159] ROBBINS H, MONRO S. A stochastic approximation method [J]. Annals of Mathematical Statistics, 1951, 22(3): 400-407.

[160] 焦李成，赵进，杨淑媛, 等. 深度学习、优化与识别 [M]. 北京: 清华大学出版社, 2017.

[161] BOTTOU L, CURTIS F E, NOCEDAL J. Optimization methods for large-scale machine learning [J]. SIAM Review, 2018, 60(2):223-311.

[162] BOTTOU L. Online algorithms and stochastic approximations. Online Learning and Neural Networks [M]. Cambridge: Cambridge University Press, 1998.

[163] SHAMIR O. Fast stochastic algorithms for SVD and PCA: convergence properties and convexity[C]// Proceeding of the 33rd International Conference on Machine Learning. NewYork, USA:ACM, 2016: 248-256.

[164] SHAMIR O. Convergence of stochastic gradient descent for PCA [C]// Proceeding of the 33rd International Conference on Machine Learning. New York, USA: ACM, 2016: 257-265.

[165] RUDER S. An overview of gradient descent optimization algorithms[Online]. available:https://arxiv.org/pdf/1609.04747.pdf, June 15, 2017.

[166] QIAN N. On the momentum term in gradient descent learning algorithms [J]. Neural Networks,1999, 12(1): 145-151.

[167] BOTEV. A, LEVER. G, BARBER. D. Nesterov' s accelerated gradient and momentum as approximations to regularised update descent [C]// Proceeding of the 30th International Joint Conference on Neural Networks. Alaska, USA: IEEE,2017: 1899-1903.

[168] ZHANG X, WANG L, GU Q. Stochastic variance-reduced gradient descent for low-rank matrix recovery from linear measurements[Online]. available:https://arxiv.org/pdf/1701.00481.pdf, January 16, 2017.

[169] JOHNSON R, ZHANG T. Accelerating stochastic gradient descent using predictive variance reduction [C]// Proceeding of the 27th Neural Information Processing Systems. Nevada,USA:MIT Press, 2013: 315-323.

[170] 朱小辉，陶卿，邵言剑, 等. 一种减小方差求解非光滑问题的随机优化算法[J]. 软件学报, 2015,26(11):2752-2761.

[171] XIAO L, ZHANG T. A proximal stochastic gradient method with progressive variance reduction[J]. SIAM Journal on Optimization, 2014, 24(4): 2057-2075.

[172] ATCHADE Y F, FORT G, MOULINES E. On stochastic proximal gradient algorithms [Online].available:https://arxiv.org/pdf/1402.2365.pdf, November 19, 2016.

[173] NITANDA A. Stochastic proximal gradient descent with acceleration techniques [C]// Proceeding of the 28th Neural Information Processing Systems. Montréal, Canada: MIT Press, 2014: 1574-1582.

[174] ROCKAFELLAR R T. Monotone operators and the proximal point algorithm [J]. SIAM Journal on Control and Optimization, 1976, 14(5): 877-898.

[175] DUCHI J, HAZAN E, SINGER Y. Adaptive subgradient methods for online learning and stochastic optimization [J]. Journal of Machine Learning Research, 2011, 12(7): 2121-2159.

[176] BOTTOU L. Large-scale machine learning with stochastic gradient descent [C]// Proceeding of the 19th International Conference on Computational Statistics. Paris, France: Physica Verlag HD, 2010: 177-186.

[177] CHEN Z, XU Y, CHEN E, et al. SADAGRAD: strongly adaptive stochastic gradient methods[C]//Proceeding of the35th International.

[178] WILSON A C, ROELOFS R, STERN M, et al. The marginal value of adaptive gradient methods in machine learning [C]// Proceeding of the 31st Neural Information Processing Systems.Long Beach, USA: MIT Press, 2017: 4148-4155.

[179] LUO L, XIONG Y, LIU Y, et al. Adaptive gradient methods with dynamic bound of learning rate [C]// Proceeding of the7th International Conference on Learning Representations. New Orleans, USA: Workshop Track, 2019.

[180] LI Z, DUAN Z, CHEN G, et al. Consersus of multi-agent systems and synchronization of complex networks: a unified viewpoint [J]. IEEE Transactions on Circuits and Systems I: Regular Papers, 2010,57(1):213-224.

[181] MOVRIC K H, LEWIS F L. Cooperative optimal control for multi-agent systems on directed graph topologies [J]. IEEE Transactions on Automatic Control, 2014,59(3):769-774.

[182] ZHANG H, LEWIS F L, QU Z. Lyapunov, adaptive and optimal design techniques for cooperative systems on directed communication graphs [J]. IEEE Transactions on Industrial Electronics,2012,59(7):3026-3041.

[183] 虞文武，温广辉，陈关荣, 等. 多智能体系统分布式协同控制 [M]. 北京：高等教育出版社，2016.

[184] 龙丹丽. 大规模电力系统机组组合问题的近似动态规划模型与算法 [D]. 南宁: 广西大学, 2014.

[185] 李刚, 苗国英, 张静怡. 基于观测器的多智能体系统的自适应一致性控制 [J]. 南京信息工程大学学报 (自然科学版), 2019, 11(4): 373-379.

[186] 朱英达. 基于多智能体一致性理论的分布式聚类和推断算法研究 [D]. 北京：中国科学技术大学, 2020.

[187] SORENSON H W, STUBBERUD A R. Nonlinear filtering by approximation of a posteriori density[J]. International Journal of Control, 1968, 8(1): 33-51.

[188] KITAGAWA G. The two-filter formula for smoothing and an implementation of the Gaussian-sum smoother [J]. Annals of the Institute of Statistical Mathematics, 1994, 46(4): 605-623.

[189] AOKI M. Optimization of Stochastic Systems [M]. New York:Academic Press, 1967.

[190] MASRELIEZ C J. Approximate non-Gaussian filtering with linear state and observation relations[J]. IEEE Transactions on Automatic Control, 1975, 20(1): 107-110.

[191] MASRELIEZ C J, MARTIN R D. Robust Bayesian estimation for the linear model and robustifying the Kalman filter [J]. IEEE Transactions on Automatic Control, 1977, 22(3): 361-371.

[192] LIU Y，YANG G H . Event-triggered distributed state estimation for cyber-physical systems under DoS attacks[J]. IEEE Transactions on Cybernetics, 2020:1-12.

[193] KIM D Y, YOON J H, KIM Y H, et al. Distributed information fusion filter with intermittent observations [J]. 2010 13th International Conference on Information Fusion, Edinburgh, 2010: 1-7.

[194] JIE S, QI G Q, Li Y Y, et al. Stochastic convergence analysis of cubature Kalman filter with intermittent observations [J]. Journal of Systems Engineering and Electronics, 2018, 29(4): 823-833.

[195] 王照林. 现代控制理论基础 [M]. 北京：国防工业出版社，1981.

[196] Резоноэр Л Н., Принцип максимума Л С. Понтрягина в теории оптимальных систем [J].Аитоматика и телемехника, т 20, 10, 1959: 1320-1334.

[197] 吴受章. 应用最优控制 [M]. 西安: 西安交通大学出版社，1987.

[198] Пророй А И. О принципе максимума для дискретных систем управления [J]. Автоматика и телемеханика, 1965, 26(7) : 781-791.

[199] Моисеев Н Н. злементы теории оптимальных систем [M]. Москва: Наука, 1975.

[200] Летов А М. Аналитическое конструирование регулятор[J]. Автоматика и телемехника, 1960, 21(4):436-441.

[201] Летов А М. Аналитическое конструирование регулятор [J]. Автоматика и телемехника, 1961, 22(4): 425-435.

[202] Летов А М. Аналитическое конструирование регулятор [J]. Автоматика и телемехника, 1962, (11): 1405-1413.

[203] Летов А М. Теория оптимального управления, ТруДы, Конгресса ИФАК оптимальные системы, статистические методы [J]. Наука, 1965, 1: 7-38.

[204] Красовский А А. Аналитическое конструрование контуров управления летательными аппаратами [M]. Москва: Машиностроение, 1969.

[205] Красовский А А. О преимуществах систем управления, саоиструированных по критерию обобщенной работы [J]. изд АН СССР, Техническая кибериетика, 1970, 5: 37-44.

[206] Брайсон А Е. Хо Ю Ши [M]. Прикладная теония оптимального управления[M]. М: Мир, 1972.

[207] REKASIUS Z, HSIA T. On an inverse problem in optimal control [J]. IEEE Transactions on Automatic Control, 1964, 9(4): 370-375.

[208] 丁宝苍. 预测控制的理论与方法 [M]. 北京: 机械工业出版社, 2008.

[209] ZIDEK R A E, KOLMANOVSKY I V, BEMPORAD A. Model predictive control for drift counteraction of stochastic constrained linear systems [J]. Automatica, 2021, 123:109304.

[210] Моисеев А Г. Метод оптимально-прогнозируемого упраления[M]. М:Техническая кибернетика, 1992.

[211] 包俊东. 时滞随机系统的鲁棒稳定性、镇定与控制 [D]. 广州：华南理工大学, 2004.

[212] MONGOLIAN SURIGUGA，KAO YONGGUI，WANG CHANGHONG，et al. Robust mean square stability of delayed stochastic generalized uncertain impulsive reaction-diffusion neural networks[J]. Journal of the Franklin Institute, 2021, 358(1).

[213] SABINE, GORNER，BENNER P. MPC for the burgers equation based on an LQG design [J]. Pamm, 2010, 6(1):781-782.

[214] BENNE P, HEIN S. Model predictive control based on an LQG design for time-varying linearizations [J]. Chemnitz Scientifc Computing Preprints, 2010.

[215] RUTQUIST P, BREITHOLTZ C, WIK T. On the infinite time solution to state-constrained stochastic optimal control problems [J]. Automatica, 2007, 44(7): 1800-1805.

[216] DOYLE J, HUANG Y, PRIMBS J, et al. Nonlinear control: Comparisons and case studies [C]// Notes from the Nonlinear Control Workshop conducted at the American Control Conference,Albuquerque, NM. IEEE, Los Alamitos, 1998.

[217] BANKS H T, LEWIS B M, TRAN H T. Nonlinear feedback controllers and compensators: a state-dependent Riccati equation approach [J]. Comput Optim Appl., 2007, 37(4): 177-218.

[218] HAMMETT K D. Control of Nonlinear Systems via state feedback state-dependent Riccati equation techniques [D]. Ph.D. dissertation, Air Force Institute of Technology, Wright-Patterson AFB, Ohio, 1997.

[219] ERDEM E B, ALLEYNE A G. Globally stabilizing second order nonlinear systems by SDRE control[C]. American Control Conference. IEEE, 1999.

[220] MRACEK C P, CLOUTIER J R. Control designs for the nonlinear benchmark problem via the state-dependent Riccati equation method[J]. International Journal of Robust & Nonlinear Control, 1998, 8(4-5): 401-433.

[221] QU Z, CLOUTIER J R, MRACEK C P. A new sub-optimal nonlinear control design technique-SDRE[J]. IFAC Proceedings Volumes, 1996, 29(1): 2242-2247.

[222] SHAMMA J S, CLOUTIER J R. Existence of SDRE stabilizing feedback[J]. IEEE Transactions on Automatic Control, 2001, 6(3): 513-517.

[223] DAVIDSON. On the turning and steering of ship [M]. SNAME,1994.

[224] Бухалев В А. Анализ точности динамических систем со случайной структурой имеющей два возможных состояния [J]. Автоматики и Телемеханика, 1975, 4: 6-17.

[225] Бухалев В А. Анализ точности динамических систем со случайной структурой. описывакмой условной марковской цепью [J]. Изв. АН СССР, Техническая кибернетика,1976, 2: 31-38.

[226] 李新国，方群. 有翼导弹飞行动力学 [M]. 西安: 西北工业大学出版社，2005.

[227] ALEFELD G, SCHNEIDER N. On square roots of m-matrices[J]. Linear Algebra & Its Applications，1982,42(1): 119-132.

[228] KOKOTOVIC P. A Riccati equation for block-diagonalization of ill -conditioned systems [J]. IEEE Transactions on Automatic Control, 2003,20(6):812-814.

[229] ZHANG Z, WANG D，GAO J. Learning automata-based multiagent reinforcement learning for optimization of cooperative tasks[J]. IEEE Transactions on Neural Networks and Learning Systems, 2020: 1-14.

[230] 张汕璠. 基于强化学习的路径规划方法研究 [D]. 哈尔滨: 哈尔滨工业大学, 2018.

[231] 刘建伟，高峰，罗雄麟. 基于值函数和策略梯度的深度强化学习综述 [J]. 计算机学报, 2019, 42(6):1406-1438.

[232] 李鹏程. 基于值函数的强化学习在直复营销中的研究 [D]. 合肥: 中国科学技术大学, 2018.

[233] BERTSEKAS D P. Dynamic programming and optimal control. Approximate dynamic programming II [M]. 4th ed. Belmont: Athena Scientific, 2012.

[234] 孔松涛, 刘池池, 史勇, 等. 深度强化学习在智能制造中的应用展望综述[J]. 计算机工程与应用, 2021, 57(2): 49-59.

[235] 孙景亮, 刘春生. 基于自适应动态规划的导弹制导律研究综述 [J]. 自动化学报, 2017, 43(7): 1101-1113.

[236] WANG H N, LIU N, ZHANG Y Y, et al. Deep reinforcement learning: a survey [J]. Frontiers of Information Technology & Electronic Engineering, 2020, 21(12): 1726-1745.

[237] Моисеев А Г. Метод замены независимого аргумента в терминальных задачах оптимального управления [M]. Москва: Сборник международного форума информатизации, 1994.

[238] 蒋子阳. 基于深度强化学习的路径规划方法研究 [D]. 济南：山东大学, 2020.

[239] LIU L, SHEN Y. The asymptotic stability and exponential stability of nonlinear stochastic differential systems with Markovian switching and with polynomial growth[J]. Journal of Mathematical Analysis & Applications, 2012, 391(1):323-334.

[240] ZHANG H, LI L, XU J, et al. Linear quadratic regulation and stabilization of discrete-time systems with selay and multiplicative noise[J]. IEEE Transactions on Automatic Control, 2015, 60(10): 2599-2613.

[241] XU J, ZHANG H. Exponential mean square stabilization for It stochastic systems with input delay[C]. 2019 Chinese Control Conference (CCC). 2019：1405-1410.

[242] LIU H, SHEN L. Stability of nonlinear stochastic time varying systems [C]// 2019 Chinese Control Conference (CCC). 2019: 339-1344.

[243] SALLE J L, LEFSCHETZ S, ALVERSON R C. Stability by Liapunov's direct method with applications [M]. New York: Academic Press, 1961.

[244] LAKSHMIKANTHAM V, LEELA S, MARTYNYUK A A. Practical stability of dynamical systems [M]. Singapore World Scientific, 1990.

[245] ZHAO P. Practical stability, controllability and optimal control of stochastic Markovian jump systems with time-delays [J]. Automatica, 2008, 44(12): 3120-3125.

[246] ZHAI G, XU X. A commutation condition for stability analysis of switched linear descriptor systems [J]. Nonlinear Analysis: Hybrid Systems, 2011, 5: 383-393.

[247] 邓飞其，冯昭枢，刘永清. 时不变线性 Itô 随机系统均方稳定性的充要条件 [J]. 自动化学报,1996, 22 (4): 510-512.

[248] PEUTEMAN J, AEYELS D. Averaging results and the study of uniform asymptotic stability of homogeneous differential equations that are not fast time-varying [J]. SIAM Journal on Control and Optimization, 1999, 37(4): 997-1010.

[249] AEYELS, DIRK, PEUTEMAN, et al. A new asymptotic stability criterion for nonlinear time-variant differential equations[J]. IEEE Transactions on Automatic Control, 1998，43: 968-971.

[250] AEYELS D, PEUTEMAN J, PEUTEMAN J. On exponential stability of nonlinear time-varying differential equations. 3[J]. Automatica, 1999, 35(6): 1091-1100.

[251] 刘海军. 非线性随机系统的稳定性与最优控制 [D]. 河南：郑州大学, 2006.

[252] MAO D H, FANG Y W, YANG P F, et al. Mean-square practical stability for uncertain stochastic systems with additive noise controlled by optimal feedback [J]. International Journal for Light and Electron Optics, 2016, 127(13): 5334-5340.

[253] SORENSON H W ， ALSPACH D L. Recursive Bayesian estimation using Gaussian sum[J]. Automatic, 1971, 7(1): 465-479.

[254] PENG S G, ZHANG Y. Some new criteria on pth moment stability of stochastic functional differential equations with Markovian switching[J]. IEEE Transactions on Automatic Control, 2011, 55(12):2886-2890.

[255] NESTEROV Y. A method of solving a convex programming problem with convergence rate $O(1/k^2)$[C]. Soviet Mathematics Doklady, 1983, 27(2): 372-376.

[256] KINGMA D, BA, J. Adam: a method for stochastic optimization [C]// Proceeding of the 3rd International Conference on Learning Representations(ICLR 2015): 1-13.

[257] NESTEROV Y. Gradient methods for minimizing composite functions [J]. Mathematical Programming, 2013, 140(1):125-161.

[258] 赵汉元. 飞行器再入动力学和制导 [M]. 长沙: 国防科技大学出版社,1997.

[259] 程国采. 航天飞行器最优控制理论与方法 [M]. 北京: 国防工业出版社,1999.

[260] 高翔. 纯方位双机协同探测与制导关键技术研究 [D]. 西安: 空军工程大学，2013.

[261] Гладков Д И. Оптимизация систем неградиентным случайным поиском [M]. М:Энергоатомиздат, 1984.

[262] Казаков И Е, Гладков Д И, Криксунов Л З, и др.А. П. Харитонов, Системы упрвления и динамика наведения ракет [M]. М: ВВИА, 1973.

名　词

A

ADP 策略　361
ADP 算法　4

B

伴随函数　136
伴随函数估计方程　137
贝尔曼泛函　160
贝尔曼泛函方程　160
贝尔曼最优性原理　163
贝叶斯极小条件风险准则　54
逼近概率矩　40
逼近概率密度函数　6
边值条件　136
不固定终止时间　169
不完全状态信息　195
布朗运动　215

C

参数化设计　332
参数优化问题　412
策略迭代　4
成形滤波器　20
乘性噪声　1
冲激响应函数　39
传感器网络　2
纯随机估计算法　418

D

单零特征根　291
导引律　452
第二类约束　413
第一类约束　412
第一特征函数　25
迭代算法　157
动态规划方法　269
动作网络　380
多智能体一致性　4

E

二次型代价函数　130

F

非奇异 M 矩阵　291
非梯度随机搜索法　415
非线性滤波　2
非线性统计特征向量　36
非线性准最优滤波器　213
分布式动态系统　47
分布式控制协议　291
分布式容积滤波　116
分布式无迹卡尔曼滤波　122
分布式最优控制协议　291

G

概率分布　13
概率密度转移函数　29
概率事件　412
高斯白噪声　413
高斯分布　10
高斯和滤波　110
固定终止时间　129
惯性量测　69
广义准则函数　222

H

哈密顿函数　223
赫尔维茨稳定　309
横截条件　137
后验概率　169
后验估计　448
HJB 方程　4
霍普菲尔德 (Hopfield) 神经网络　396

I

Itô 微分公式 320

J

激励 365
极小均方误差准则 54

均方核空间 215
均方渐近稳定性 218
均方实用稳定性 396
均方稳定域 324

K

卡尔曼滤波器 53
卡申变换 10
卡申形式 10
控制最优解析结构 177
扩散（diffusion）算子 392
扩展二次型代价函数 222

L

拉普拉斯矩阵 291
离散时间随机系统 9
离散时间随机状态模型 11
离散时间最大值原理 152
离散线性最优滤波器 74
离散自学习搜索过程 432
李雅普诺夫函数 218
粒子滤波 105
连续时间随机线性系统 9
连续自学习搜索过程 432
两点边值问题 130
量测方程 138
邻接矩阵 290
领导-跟随多智能体系统 317
滤波一致性 118

M

马尔可夫过程 29
马尔可夫决策过程 29
蒙特卡罗方法 105
模糊 Q 学习 461
M 矩阵 291

迹运算 14
加权平均一致性 118
结构随机跳变滤波 7
解析方法 411
解析综合方法 177
局部最优控制 208

N

内插 53
能量花费最小控制 131
逆最优控制 215

O

耦合增益 319

P

庞特里亚金泛函 133
匹配下降法 419
平均搜索速度 423
评价网络 380
普加乔夫方程 25
Prox-SVRG 435

Q

牵制增益矩阵 296
强化学习 339
强凸函数 436
全局动态模型 318
全局状态变量 291
全局状态跟踪误差 319
全局最优一致性协议 318
Q 函数 352
Q 学习算法 366

R

容积滤波 116
弱微分算子 216

S

神经网络实现 380
时变非线性系统 5
时不变系统 232

时间最短控制　7
时延微分方程　393
时延系统　389
时域差分方法　356
时域滚动策略　269
数学期望　12
双机协同路径规划　461
搜索速度　422
随机逼近法　415
随机非线性系统　9
随机近端方差缩减梯度算法　438
随机梯度下降算法　434
随机自适应最优控制　339
随机最大值原理　135
随机最优控制　177
SGD　434
SLQ 最优控制　4
SPGD　438
SVRG　438

T

梯度正交化方法　419
条件概率密度函数　63
条件数学期望　71
统计放大系数矩阵　36
统计线性化　32
统计线性化模型　39
凸函数　392
脱靶量　421

U

UKF 滤波　103

W

完全状态信息　156
伪量测矩阵　119
无迹卡尔曼滤波　122
无限终时　126
无向传感器网络　119
无向网络　293

X

下降方向　418
线性策略　419
线性时延系统　389
线性最优滤波　57
相关矩　63
协同最优控制　290
信道噪声　47
信息矩阵　117
信息状态向量估计　118

Y

一步预测估计　71
一阶多智能体系统　134
一致性加权矩阵　120
有色量测噪声　61
有向生成树　296
预测制导律　284

Z

增强学习　346
正则方程　10
值迭代算法　360
值函数　350
中心化随机误差　14
状态模型　9
状态转移概率　107
状态转移矩阵　11
准则（代价函数）　128
准最优非线性滤波　96
自适应动态规划　339
自适应最优控制　339
自学习过程　425
自寻的控制系统　471
最优拉普拉斯矩阵　292
最优牵制增益矩阵　293
最优调节器　177
最优预测控制　248
最优预测控制向量　264
最优终端状态控制　131